일반기계
기사 필기

시대에듀

편·저·자·약·력

신원장

現 용산철도고등학교 교사
국민대학교 기계공학과(학사 및 석사) 졸업

 끝까지 책임진다! 시대에듀!
QR코드를 통해 도서 출간 이후 발견된 오류나 개정법령, 변경된 시험 정보, 최신기출문제, 도서 업데이트 자료 등이 있는지 확인해 보세요! **시대에듀 합격 스마트 앱**을 통해서도 알려 드리고 있으니 구글 플레이나 앱 스토어에서 다운받아 사용하세요.
또한, 파본 도서인 경우에는 구입하신 곳에서 교환해 드립니다.

편집진행 윤진영 · 최 영 · 천명근 | **표지디자인** 권은경 · 길전홍선 | **본문디자인** 정경일 · 이현진

PREFACE

오랫동안 기다려온 Win-Q 일반기계기사 필기편을 출간하게 되어 매우 기쁘게 생각합니다.

근래 설비 분야 자격의 실용적 가치가 높아지고 있지만, 일반기계기사는 그중 기계 분야의 일반적인 지식들을 일정 수준 이상 이해하고 갖추고 있다는 것을 증빙하는 자격으로 활용도가 높은 자격증입니다.

일반기계기사에서 다루는 재료역학, 유체역학, 열역학과 기계일반, 기계제작 및 취급, 동역학, 유압공학, 기계재료, 기계제어, 제어공학 등의 내용은 기계공학에 관하여 주요한 과목으로 범위가 넓고, 학습의 깊이가 깊습니다. 시험 준비를 처음하는 수험생들은 어떻게 공부해야 할지, 이론적으로 접해 온 수험자들은 실무에 적용되는 내용이 막막하게 느껴질 수 있습니다. 수험자로서, 교수자로서, 연구자로서 관련 과목들을 공부하고 가르쳤던 필자 또한 이러한 학습의 어려움을 알고 있기에 수험자들에게 어떻게 기초를 탄탄하게 다질 것인지, 수험서로서 합격에 도움이 되고자 고민하지 않을 수 없었습니다.

한국산업인력공단의 기사 자격은 각각의 과목에서 해당 영역의 지식을 일정 수준 갖추고, 실무적인 역량을 가진 수험자에게 자격을 부여함으로써 국가 자격 체계의 신뢰도를 높이는 것이 목적입니다. 따라서 어느 정도의 학습능력을 갖추고 있는 수험자가 이 책을 통해 부족한 부분은 채우고, 습득한 영역은 충분한 점수를 획득할 수 있도록 안내하는 것을 목표로 집필하였습니다.

대학에서 전공 후 리뷰가 필요하신 분, 다년간의 경험으로 기계 분야의 실무경험을 갖추어 별도의 도움 없이 수험을 준비하시는 분, 독학과 여러 경로를 통해 관련 학습능력을 가지고 있지만 체계가 필요한 수험생은 전 영역을 일관하는 목적으로 학습하면 도움이 되고, 본격적인 학습이 처음인 수험생은 수험서를 토대로 전체 과목을 학습하여 기초가 필요한 부분은 해당 과목 전공 서적 등으로 보충하여 빠르게 실력을 향상할 수 있습니다.

각자의 상황에 맞게 본 교재를 잘 활용하여 국가가 요구하는 일정 수준을 갖추고, 일반기계기사 자격을 취득의 목적을 이루시길 바랍니다.

수험생 여러분의 건승을 기원합니다.

편저자 신원장

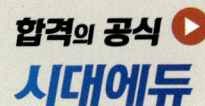

자격증・공무원・금융/보험・면허증・언어/외국어・검정고시/독학사・기업체/취업
이 시대의 모든 합격! 시대에듀에서 합격하세요!
www.youtube.com → 시대에듀 → 구독

[일반기계기사] 필기

시험안내

개요

기존 중화학공업의 육성책에 따라 각종 공업 분야에서 중추가 되는 에너지 변환, 열유체 역학, 기계제작, 기계설계 등 기계 관련 산업 전반에 걸쳐 괄목할만한 성장을 이루었다. 그러나 핵심기술 분야는 아직도 해외 의존도가 높은 편이다. 이에 따라 고도의 기술집약산업인 기계산업의 기계설계 분야에 종사할 전문기술인력을 양성하기 위해 자격을 제정하였다.

수행직무

재료역학, 기계 열역학, 기계 유체역학, 기계재료 및 유압기기, 기계제작법 및 기계동력학 등 기계에 관한 지식을 활용하여 일반기계 및 구조물을 설계, 견적, 제작, 시공, 감리 등과 기능 인력에 대한 기술 지도·감독 등을 하여 주어진 조건보다 더 능률적으로 실무를 완수하도록 하는 직무수행능력을 평가한다.

시험일정

구분	필기원서접수 (인터넷)	필기시험	필기합격 (예정자)발표	실기원서접수	실기시험	최종 합격자 발표일
제1회	1월 중순	2월 초순	3월 중순	3월 하순	4월 중순	6월 중순
제2회	4월 중순	5월 초순	6월 중순	6월 하순	7월 중순	9월 중순
제3회	7월 하순	8월 초순	9월 초순	9월 하순	11월 초순	12월 하순

※ 상기 시험일정은 시행처의 사정에 따라 변경될 수 있으니, www.q-net.or.kr에서 확인하시기 바랍니다.

시험요강

❶ 시행처 : 한국산업인력공단
❷ 관련 학과 : 대학의 기계공학, 기계금형공학, 기계생산공학, 기계설계공학 등 관련 학과
❸ 시험과목
　㉠ 필기 : 1. 기계제도 및 설계 2. 기계재료 및 제작 3. 구조 해석 4. 열·유체 해석
　㉡ 실기 : 기계설계 실무
❹ 검정방법
　㉠ 필기 : 객관식 4지 택일형 과목당 20문항(과목당 30분)
　㉡ 실기 : 복합형[필답형(2시간, 50점)+작업형(5시간, 50점)]
❺ 합격기준 : 100점 만점에 60점 이상 득점자
　㉠ 필기 : 100점을 만점으로 하여 과목당 40점 이상, 전 과목 평균 60점 이상
　㉡ 실기 : 100점을 만점으로 하여 60점 이상

검정현황

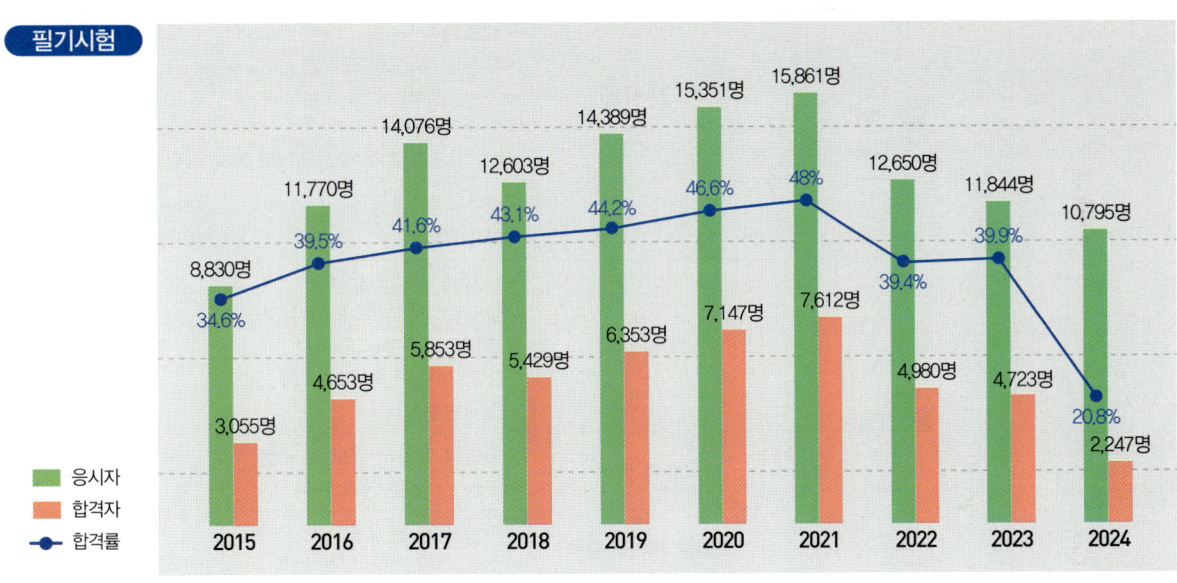

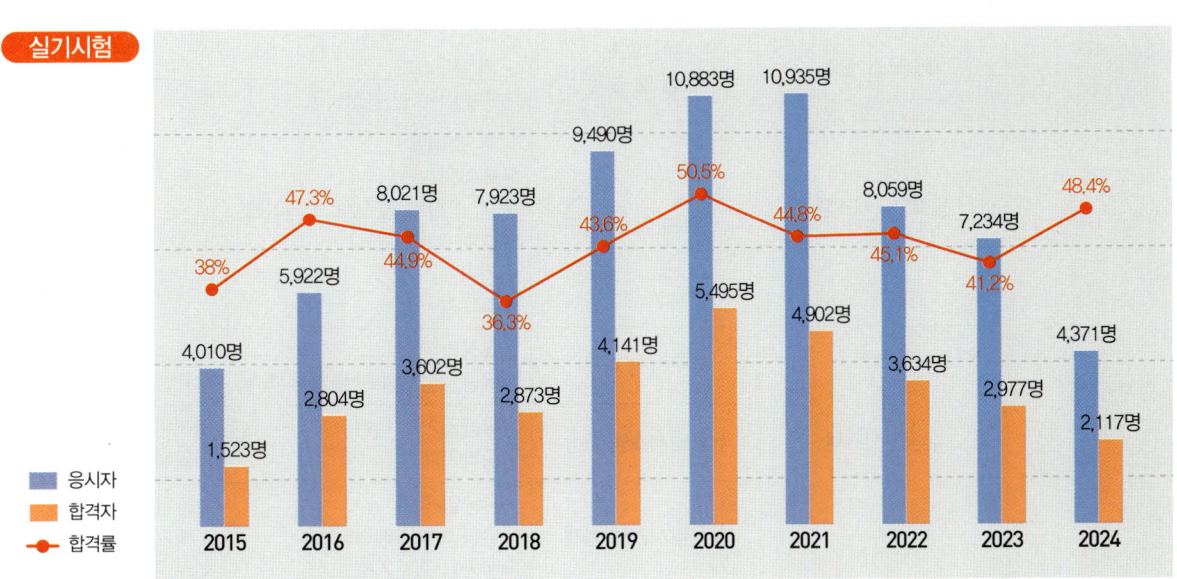

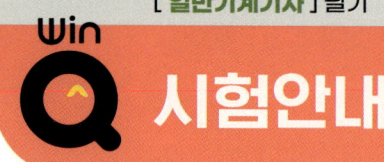

시험안내

출제기준

필기 과목명	주요항목	세부항목	세세항목
기계제도 및 설계	도면 작업 및 검토	도면 작성	• 좌표계 • 투상법 및 도형 표시법 • 치수기입법 • 가공기호 • KS 및 ISO 규격 산업규격의 이해와 활용
		공차 검토	• 치수공차　　　　• 기하공차 • 표면거칠기　　　• 끼워맞춤
	형상모델링	모델링 작업	• 모델링 데이터 생성 • 모델링 프로그램 환경 설정 • 모델트리 구성 • CAD 모델의 종류와 특성 • 모델링 방법
		모델링 분석	• 모델링 데이터 검토 및 수정 • 부품 간 결합 상태 분석
		모델링 데이터 출력	• 파일 저장 및 출력 • 소요 자재 목록, 부품 목록 등 정보 산출
	요소공차 및 설계 검토	요구기능 파악	• 기계요소 부품의 종류와 기능, 특성 • 요소 부품 정밀도 확인 및 공차
	체결요소 설계	체결요소 선정 및 설계	• 나사, 나사 부품 • 키, 핀, 코터 • 리벳이음 및 용접이음
	동력전달시스템 설계	설계 및 검토	• 축, 축이음 • 베어링 • 캠, 마찰차, 클러치, 브레이크 • 벨트, 체인, 로프 • 기어 • 스프링
	유공압시스템 설계	요구사항 파악	• 유공압 기초 • 유공압장치의 구성 및 작동유
		유공압시스템 구상	• 유공압기계 일반　　• 하역운반기계 • 공작기계　　　　　• 자동차 및 중장비
		유공압시스템 설계	• 유공압 펌프　　　　• 유공압 밸브 • 유공압 액추에이터　• 부속기기 • 유공압 회로기호　　• 회로 구성 및 제어

필기 과목명	주요항목	세부항목	세세항목
기계 재료 및 제작	요소 부품 재질	요소 부품 재료 파악	• 요소 부품 재료의 종류(금속 · 비금속)
		요소 부품 재질 선정	• 재질 적합성
		요소 부품 공정 검토	• 요소 부품 가공공정 • 재료 제조공정 • 열처리 공정
		열처리	• 열처리 종류 • 탄소강의 열처리 • 표면경화 열처리 • 기타 표면처리방법 • 열처리에 따른 강도 · 경도의 변화 • 열처리에 따른 변형
	절삭가공	작업 준비 및 가공	• 절삭이론 • 절삭가공법 및 CNC 가공 • 손다듬질 가공 • 지그 및 고정구
		검사	• 측정법 • 측정기기
	기계제작법	비절삭가공	• 원형 및 주조 • 소성가공 • 용접 및 판금 · 제관
		특수가공	• 특수가공 • 정밀입자가공
구조 해석	구조 및 진동 해석	준비	• 데이터 오류 확인 및 수정 • 해석조건 정의 • 경계조건 설정 • 입력 데이터 문서화
		해석	• 해석 모델 수정 • 경계조건 수정 및 재해석 • 보고서 작성
		결과 평가	• 해석결과 확인 및 개선 • 검증 방법 선정 및 해석결과 검증 • 해석결과의 데이터베이스화

시험안내

필기 과목명	주요항목	세부항목	세세항목	
구조 해석	재료역학	개요	• 힘과 모멘트 평형	• 자유물체도
		응력과 변형률	• 응력-변형률 선도 • 응력집중 • 허용응력과 안전계수 • 탄성변형에너지	• 크리프 및 피로 • 파손이론 • 부정정 문제 • 열응력
		비틀림	• 비틀림 모멘트, 강성, 변형에너지 • 박막튜브의 비틀림	
		굽힘 및 전단	• 굽힘 모멘트 선도 • 하중, 전단력 및 굽힘 모멘트 이론	
		보	• 곡률, 변형률 및 굽힘 모멘트 관계 • 보의 처짐 • 카스틸리아노 정리	• 전단류 • 부정정보
		응력과 변형률 해석	• 평면 응력과 평면 변형률 • 주응력과 최대전단응력	
		평면응력의 응용	• 삼축 응력 상태(Bulk modulus & Dilatation) • 압력용기 • 보의 최대응력(굽힘응력과 전단응력 조합)	
		기둥	• 편심하중을 받는 단주	• 좌굴
	동역학	동역학의 기본이론	• 힘의 평형 • 질점의 운동	• 위치, 속도, 가속도
		질점의 동역학	• 뉴턴의 운동 제2법칙 • 질점의 선형 운동량과 각 운동량 • 질점의 운동에너지와 위치에너지 • 일과 에너지 법칙 • 충격량과 운동량 법칙 • 질점계의 동역학	
		강체의 동역학	• 강체의 속도, 가속도, 각속도, 각가속도 • 순간 회전 중심 • 평면운동에서의 절대속도와 상대속도 • 에너지 방법과 운동량 방법 • 강체의 각운동량	
	기계 진동	기계 진동 기본이론	• 힘의 평형, 스프링의 합성 • 단순조화운동, 주기운동, 진폭·과 위상각 • 진동 관련 용어 • 1자유도 진동	

필기 과목명	주요항목	세부항목	세세항목	
열·유체 해석	열응력 및 유동 해석	준비	• 데이터 오류 확인 및 수정 • 경계조건 설정	• 해석조건 정의 • 입력데이터 문서화
		해석	• 해석 모델 수정 • 보고서 작성	• 경계조건 수정 및 재해석
		결과 평가	• 해석결과 확인 및 개선 • 검증방법 선정 및 해석결과 검증 • 해석결과의 데이터베이스화	
	열역학	개요	• 시스템과 검사체적 • 과정과 사이클	• 물질의 상태와 상태량
		순수 물질의 성질	• 순수 물질의 열역학적 상태량 • 순수 물질의 상변화 및 습증기 • 이상기체의 성질 및 상태변화 • 이상기체와 실제기체	
		일과 열	• 일과 열의 정의 및 비교 • 열전달	• 일의 계산
		열역학 기본법칙	• 열역학 제0법칙 • 열역학 제2법칙	• 열역학 제1법칙 • 카르노 사이클
		사이클 및 장치	• 동력사이클 • 열역학적 장치	• 냉동사이클
	유체역학	개요	• 유체의 정의와 연속체 • 점성법칙	• 차원 및 단위 • 유체의 기타 특성
		유체정역학	• 유체정역학의 기초 • 유체작용력	• 정수압 분포 및 액주계
		유체역학의 기본법칙	• 연속 방정식 • 운동량 방정식	• 베르누이 방정식 • 에너지 방정식
		유체운동학	• 속도장, 가속도장 • 속도 퍼텐셜, 유동함수, 와도	• 유선, 유적선
		차원 해석 및 상사법칙	• 무차원수, 차원 해석 • 모형과 원형, 상사법칙	
		관 내 유동	• 관 내 유동의 특성 • 관로 내 손실	• 층류점성 유동
		물체 주위의 유동	• 경계층 유동 • 항력, 양력	• 박리, 후류
		유체계측	• 유량계, 점도계, 압력계 등	

[일반기계기사] 필기

CBT 응시 요령

전면 CBT 시행에 따른
CBT 완전 정복!

"CBT 가상 체험 서비스 제공"
한국산업인력공단
(http://www.q-net.or.kr) 참고

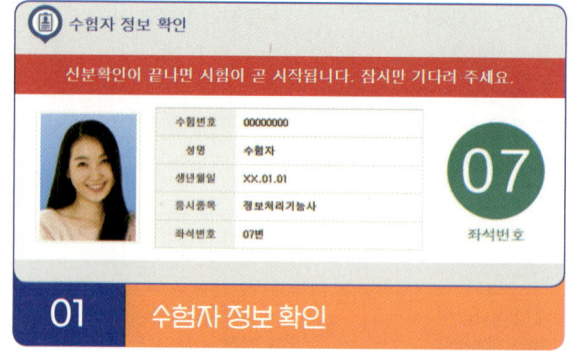

01 수험자 정보 확인

시험장 감독위원이 컴퓨터에 나온 수험자 정보와 신분증이 일치하는지를 확인하는 단계입니다. 수험번호, 성명, 생년월일, 응시종목, 좌석번호를 확인합니다.

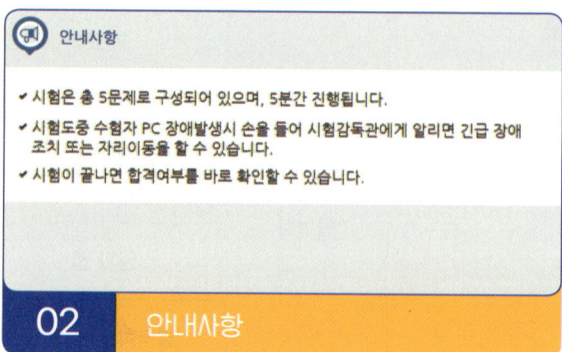

02 안내사항

시험에 관한 안내사항을 확인합니다.

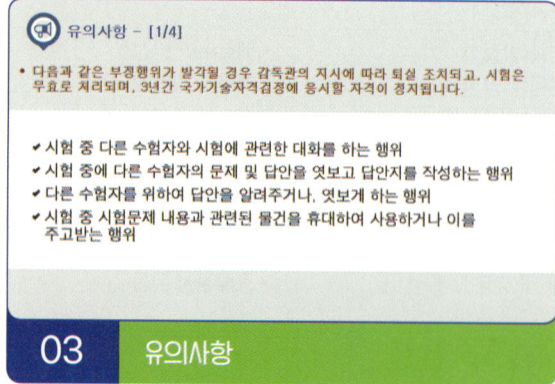

03 유의사항

부정행위에 관한 유의사항이므로 꼼꼼히 확인합니다.

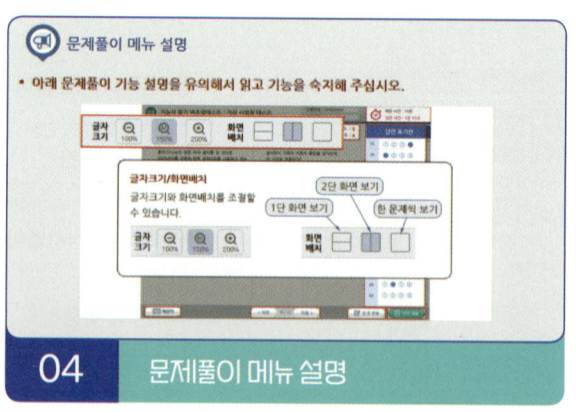

04 문제풀이 메뉴 설명

문제풀이 메뉴의 기능에 관한 설명을 유의해서 읽고 기능을 숙지해 주세요.

CBT GUIDE

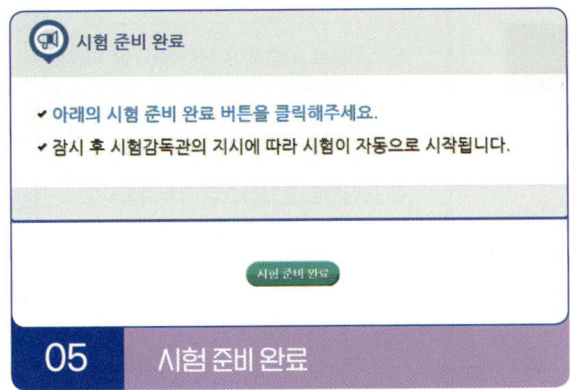

05　시험 준비 완료

시험 안내사항 및 문제풀이 연습까지 모두 마친 수험자는 시험 준비 완료 버튼을 클릭한 후 잠시 대기합니다.

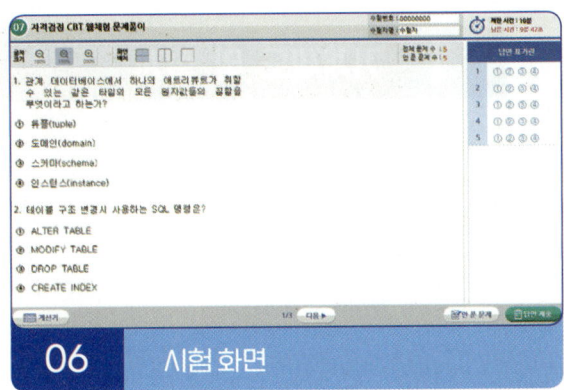

06　시험 화면

시험 화면이 뜨면 수험번호와 수험자명을 확인하고, 글자크기 및 화면배치를 조절한 후 시험을 시작합니다.

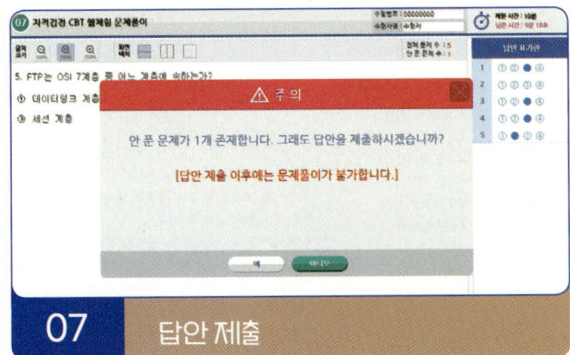

07　답안 제출

[답안 제출] 버튼을 클릭하면 답안 제출 승인 알림창이 나옵니다. 시험을 마치려면 [예] 버튼을 클릭하고 시험을 계속 진행하려면 [아니오] 버튼을 클릭하면 됩니다. 답안 제출은 실수 방지를 위해 두 번의 확인 과정을 거칩니다. [예] 버튼을 누르면 답안 제출이 완료되며 득점 및 합격여부 등을 확인할 수 있습니다.

CBT 완전 정복 Tip

내 시험에만 집중할 것
CBT 시험은 같은 고사장이라도 각기 다른 시험이 진행되고 있으니 자신의 시험에만 집중하면 됩니다.

이상이 있을 경우 조용히 손을 들 것
컴퓨터로 진행되는 시험이기 때문에 프로그램상의 문제가 있을 수 있습니다. 이때 조용히 손을 들어 감독관에게 문제점을 알리며, 큰 소리를 내는 등 다른 사람에게 피해를 주는 일이 없도록 합니다.

연습 용지를 요청할 것
응시자의 요청에 한해 연습 용지를 제공하고 있습니다. 필요시 연습 용지를 요청하며 미리 시험에 관련된 내용을 적어놓지 않도록 합니다. 연습 용지는 시험이 종료되면 회수되므로 들고 나가지 않도록 유의합니다.

답안 제출은 신중하게 할 것
답안은 제한 시간 내에 언제든 제출할 수 있지만 한 번 제출하게 되면 더 이상의 문제풀이가 불가합니다. 안 푼 문제가 있는지 또는 맞게 표기하였는지 다시 한 번 확인합니다.

[일반기계기사] 필기

구성 및 특징

핵심이론

필수적으로 학습해야 하는 중요한 이론들을 각 과목별로 분류하여 수록하였습니다. 시험과 관계없는 두꺼운 기본서의 복잡한 이론은 이제 그만! 시험에 꼭 나오는 이론을 중심으로 효과적으로 공부하십시오.

CHAPTER 01 기계제도 및 설계

핵심이론 01 | 기계요소

① 기계요소
  ㉠ 기계를 구성하는 공통적인 기본 부품이다.
  ㉡ 복잡한 기계를 구성하는 최소 단위이다.
② 기계요소의 분류
  ㉠ 체결(결합)용 기계요소 : 두 개 이상의 기계 부품을 결합하거나 고정할 때 사용하는 기계요소(예 나사, 핀, 키 등)
  ㉡ 동력 전달(전동)용 기계요소 : 동력이나 운동을 전달할 때 사용하는 기계요소(예 마찰차, 기어, 벨트와 벨트 풀리, 체인과 스프로킷 등)
  ㉢ 축용 기계요소 : 회전체의 중심을 고정하거나 축을 받쳐 줄 때 사용하는 기계요소(예 축, 베어링, 클러치 등)
  ㉣ 제어용 기계요소 : 기계의 제동 또는 진동의 완충에 사용하는 기계요소(예 브레이크, 스프링 등)
  ㉤ 관용 기계요소 : 기체나 액체를 수송할 때 사용하는 기계요소(예 관, 밸브, 관이음 등)

10년간 자주 출제된 문제

다음 중 기계의 제동 또는 진동을 잡아 주는 기계요소는?
① 관용 기계요소
② 축용 기계요소
③ 제어용 기계요소
④ 동력 전달용 기계요소

핵심이론 02 | 도면의 기초

① 도면이 구비하여야 할 기본 요건(KS A 0005)
  ㉠ 대상물의 도형과 함께 필요로 하는 크기, 모양, 자세, 위치의 정보를 포함하여야 하며, 필요에 따라서 면의 표면, 재료, 가공방법 등의 정보를 포함하여야 한다.
  ㉡ ㉠의 정보를 명확하고 이해하기 쉬운 방법으로 표현하고 있어야 한다.
  ㉢ 애매한 해석이 생기지 않도록 표현상 명확한 뜻을 가져야 한다.
  ㉣ 기술의 각 분야 교류의 입장에서 가능한 한 넓은 분야에…
  ㉤ 무역 및…
  마이크… 보존, 을 구비…
② 도면의 양…

10년간 자주 출제된 문제

출제기준을 중심으로 출제 빈도가 높은 기출문제와 필수적으로 풀어보아야 할 문제를 핵심이론당 1~2문제씩 선정했습니다. 각 문제마다 핵심을 찌르는 명쾌한 해설이 수록되어 있습니다.

핵심이론 42 | 공유압 회로의 구성

① 공유압 회로의 특징
  ㉠ 공압과 유압을 이용한 회로이므로 공유압의 경로에 따라 액추에이터가 동작한다.
  ㉡ 공유압의 양 또는 속도를 조절하여 필요한 출력을 얻을 수 있다.
  ㉢ 제어 대상은 공유압의 경로, 압력의 크기, 유체의 양 또는 속도를 통한 제어 등으로 나눌 수 있다.
② 공유압 회로
  ㉠ 미터 인 회로 : 액추에이터로 들어가는 공기를 조절하여 액추에이터의 속도를 제어하는 방식이다. 액추에이터 작동 전에 제어를 하므로 제어는 변별이 확실하지만 액추에이터의 작동성이 떨어질 수 있다.

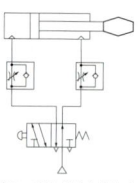

  ㉡ 미터 아웃 회로 : 액추에이터에서 나오는 공기를 조절하여 액추에이터의 속도를 제어하는 방식이다. 액추에이터 작동 전에 제어를 하므로 작동성이 확실하고, 일반적으로 많이 사용하는 방식이다.

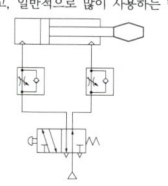

  ㉢ 블리드 오프 회로 : 액추에이터로 공급되는 유량이 작동속도에 비해 너무 많을 때 밀려나는 유량을 탱크로 회수하는 방식이다. 내부의 압력이 조정되므로 각 밸브의 과도한 부하를 막을 수 있다. 유압제어의 경우 회수되는 유류에 대한 관리가 다시 필요하다.

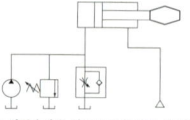

  ㉣ 공압 또는 작동유압을 신호로 이용하고, 여러 종류의 밸브를 적절히 배치·사용하여 원하는 제어를 하는 회로를 구성할 수 있다.
  • 자기유지회로 : 한 번 on 신호가 입력되면 별도의 off 신호를 입력하기 전까지 액추에이터가 작동된 상태를 유지하는 회로이다. 액추에이터 쪽 공유압 신호의 일부를 밸브회로 입력신호의 일부로 사용하여 만들 수 있다.
  • on/off 우선회로 : on 우선회로는 두 개 이상의 신호가 동시에 들어왔을 때 그 중 on이 있다면, 출력할 수 있게 구성한 회로이다. off 우선회로는 두 개 이상의 신호가 동시에 입력되었을 때 그중 off가 있다면, 출력작동을 하지 않도록 제어하는 회로이다.

10년간 자주 출제된 문제

실린더 입구의 분기회로에 유량제어밸브를 설치하여 실린더 입구 측의 불필요한 압유를 배출시켜 작동효율을 증진시키는 회로는?
① 로킹회로
② 증강회로
③ 동조회로
④ 블리드 오프 회로

|해설|
블리드 오프 회로 : 액추에이터로 공급되는 유량이 작동속도에 비해 너무 많을 때 밀려나는 유량을 탱크로 회수하는 방식이다. 내부의 압력이 조정되므로 각 밸브의 과도한 부하를 막을 수 있다. 유압제어의 경우 회수되는 유류에 대한 관리가 다시 필요하다.

정답 ④

FORMULA OF PASS · SDEDU.CO.KR

STRUCTURES

과년도 기출문제

2020년 제 1·2회 통합 과년도 기출문제

제1과목 재료역학

01 원형 단면축에 147[kW]의 동력을 회전수 2,000 [rpm]으로 전달시키고자 한다. 축지름은 약 몇 [cm] 로 해야 하는가?(단, 허용 전단응력은 $\tau_w = 50$[MPa] 이다)

① 4.2   ② 4.6
③ 8.5   ④ 9.9

해설
$T = 9,550\dfrac{P[kW]}{n[rpm]} = 9,550 \times \dfrac{147[kW]}{2,000[rpm]} = 701.925[N \cdot m]$
$T = \tau_w Z_P$
$\dfrac{\pi d^3}{16} = \dfrac{701.925[N \cdot m]}{50[MPa]}$
$d^3 = \dfrac{16 \times 701.925[N \cdot m]}{50\pi \times 10^6[N/m^2]}$
$d = 0.0415[m] = 4.2[cm]$

02 다음 그림과 같이 외팔보의 중앙에 집중하중 P가 작용하는 경우 집중하중 P가 작용하는 지점에서의 처짐은?(단, 보의 굽힘 강성 EI는 일정하고, L은 보의 전체 길이이다)

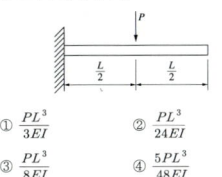

① $\dfrac{PL^3}{3EI}$ ② $\dfrac{PL^3}{24EI}$
③ $\dfrac{PL^3}{8EI}$ ④ $\dfrac{5PL^3}{48EI}$

해설
외팔보 처짐은 $\delta_{max} = \dfrac{PL^3}{3EI}$ 이므로
$\delta_{max} = \dfrac{P\left(\dfrac{L}{2}\right)^3}{3EI} = \dfrac{PL^3}{24EI}$

03 직사각형 단면의 단주에 150[kN] 하중이 중심에서 1[m]만큼 편심되어 작용할 때, 이 부재 BD에서 생기는

① 25
③ 75

해설
$\sigma_a + \sigma_b$

압축응력
[kPa]이

366 ■ PART 02 과년도 기출문제

적중 예상문제

2024년 개정된 출제기준을 분석하여 반드시 풀어 봐야 할 문제로 구성하였습니다. 새롭게 출제되는 문제 유형을 익혀 처음 접하는 문제도 모두 맞힐 수 있도록 하였습니다.

과년도 기출문제

지금까지 출제된 과년도 기출문제를 수록하였습니다. 각 문제에는 자세한 해설이 추가되어 핵심이론만으로는 아쉬운 내용을 보충 학습하고 출제경향의 변화를 확인할 수 있습니다.

제 1 회 적중 예상문제

제1과목 기계제도 및 설계

01 원점이 중심이고 장축이 x축, 그 길이가 a, 단축이 y축이고 그 길이가 b인 타원을 표현하는 매개변수 식은?

① $x = (a-b)\cos\theta$
    $y = (a-b)\sin\theta[0 \le \theta \le 2\pi]$
② $x = a\cos\theta$, $y = b\sin\theta[0 \le \theta \le 2\pi]$
③ $x = a\cosh\theta$, $y = b\sinh\theta[0 \le \theta \le 2\pi]$
④ $x = (a-b)\cos\theta$
    $y = (a-b)\sinh\theta[0 \le \theta \le 2\pi]$

해설
조건의 타원 방정식은 $\dfrac{x^2}{a^2} + \dfrac{y^2}{b^2} = 1$과 같고, 대입해서 조건의 타원 방정식과 같아지는 조건은 $\dfrac{(a\cos\theta)^2}{a^2} + \dfrac{(b\sin\theta)^2}{b^2} = 1$이다.

02 치수 기입에 관한 설명으로 옳지 않은 것은?

① 원기둥, 각기둥, 홈 구멍 등의 중심을 기준으로 치수 지시하며, 정면도에 크기가 지시되면 위치 치수는 측면도나 평면도 등에 지시한다.
② 면의 기울기, 원기둥, 각기둥, 홈, 구멍 등의 자세 치수는 가로, 세로 치수나 각도로 지시한다.
③ 마무리 치수는 완성된 제품의 치수를 의미하고, 완성 치수라고 하며 가공 여유를 포함하여 표시한다.
④ 재료 치수는 강판, 형강, 각강, 관 등의 재료를 구입하는 데 필요한 치수로 잘림 여유를 포함한 치수이다.

해설
마무리 치수는 완성되었을 때의 모양을 치수로 표현해야 하므로 가공 여유 등을 포함하지 않은 정확한 치수이다.

03 다음 기호가 의미하는 것으로 옳은 것은?

① 구의 반지름 치수 앞에 붙인다.
② 구가 굴러가는 방향을 표시할 때 앞에 붙인다.
③ 전개되었을 때의 길이를 표시할 때 앞에 붙인다.
④ 누진 및 좌표 치수를 표시할 때 기준이 되는 점 앞에 붙인다.

606 ■ PART 03 적중 예상문제

1 ② 2 ③ 3 ③ **정답**

최신 기출문제 출제경향

[일반기계기사] 필기

2020년 3회
- 굽힘에 의한 탄성 변형에너지(외팔보가 균일 분포하중을 받는 경우)
- 보의 체적 변형률
- 최대 안전 내경
- 이상적인 교축과정의 해석
- 상태량의 종류
- 역카르노 사이클에 의한 열펌프의 성능계수
- 냉매의 요건
- 유체
- 버킹엄의 π정리
- 프랜틀의 혼합거리
- 마우러 조직도
- Fe-Fe₃C 평형상태도
- 피로한도
- 피복아크용접봉 피복제의 역할
- 전해연마가공법
- 저온뜨임

2020년 4회
- 외팔보에 저장된 굽힘 변형에너지
- 공칭응력과 진응력 사이의 관계식
- 미소 원뿔의 처짐량에 의한 탄성 변형에너지
- 열역학 제2법칙
- 맥스웰 관계식
- 점함수와 도정함수
- 가역등온과정
- 점성계수의 변화
- 각 금속의 비중과 용융점 비교
- 결정격자의 구조
- 적열취성
- 작동유의 종류 및 성분
- 등가속운동
- 진동 전달률
- 와이어 컷 방전가공
- 기공의 방지대책

2021년 1회
- 푸아송비
- 체적 변형률
- 극관성 모멘트
- 보의 처짐각 및 처짐
- 절대압=게이지압+대기압
- 열펌프
- 재열사이클
- 일률의 단위
- 스토크스 유동
- 경계층의 박리
- 유체역학에서의 연속 방정식
- 마텐자이트의 변태
- 오버라이드 압력
- 힘의 전달률
- 현형
- 방전가공의 특징

2021년 2회
- 단순 지지보의 최대 굽힘응력
- 단면 2차 모멘트
- 랭킨사이클의 열효율
- 대류 열전달
- 냉매의 구비조건
- 열역학 제2법칙
- 수력 구배선
- 레이놀즈수
- 뜨임
- 탄소강의 5대 불순물
- 라우탈 합금
- 항온 열처리
- 스칼라
- 질량 관성 모멘트
- 공기 마이크로미터
- 서브 머지드 아크용접

TENDENCY OF QUESTIONS

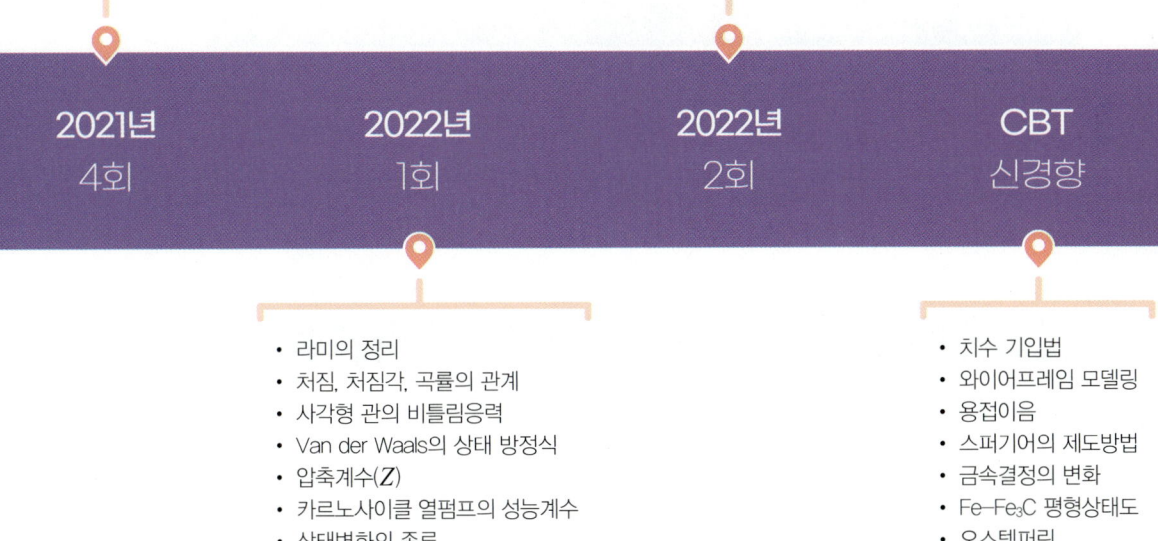

2021년 4회
- 공학적 변형률과 진변형률 사이의 관계식
- 압축응력과 벤디에 의한 응력
- 역카르노 사이클
- 증기압축 냉동사이클 성능계수
- 비열비
- 랭킨사이클의 순환
- 버킹엄의 π 정리
- 세이볼트법
- 수직면의 전압력
- 자기확산과 상호확산
- 주철의 성장
- 오일탱크의 필요조건
- 축압기(accumulator)
- 드로잉률
- 불림(normalizing)
- 다이캐스팅

2022년 1회
- 라미의 정리
- 처짐, 처짐각, 곡률의 관계
- 사각형 관의 비틀림응력
- Van der Waals의 상태 방정식
- 압축계수(Z)
- 카르노사이클 열펌프의 성능계수
- 상태변화의 종류
- 강도성 상태량
- 펌프의 효율
- 마찰계수
- 항온열처리의 종류
- 결정격자의 구조
- 수축량과 진동수의 관계
- 절삭칩의 형태
- 항온열처리의 종류
- 물체의 회전력

2022년 2회
- 수직 탄성 변형에너지
- 라미의 정리
- 오일러의 공식
- 증기압축 냉동사이클 성능계수
- 열교환기
- 열펌프
- 상사법칙
- 나비에–스토크 방정식
- 피로한도
- 서브제로처리
- 고속도 공구강
- 스트레이너
- 점도지수
- 감쇠 고유 각진동수
- 줄의 법칙
- 실리코나이징

CBT 신경향
- 치수 기입법
- 와이어프레임 모델링
- 용접이음
- 스퍼기어의 제도방법
- 금속결정의 변화
- Fe–Fe$_3$C 평형상태도
- 오스템퍼링
- 재료의 변형
- 변형에너지의 공식
- 강재의 응력과 변형률
- 랭킨사이클
- 열교환기
- 열역학 상태량
- 사바테 사이클
- 항력
- 속도 퍼텐셜 함수

[일반기계기사] 필기

이 책의 목차

빨리보는 간단한 키워드

PART 01	핵심이론	
CHAPTER 01	기계제도 및 설계	002
CHAPTER 02	기계재료 및 제작	118
CHAPTER 03	구조 해석	203
CHAPTER 04	열 · 유체 해석	303

PART 02	과년도 기출문제	
2020년	과년도 기출문제	366
2021년	과년도 기출문제	454
2022년	과년도 기출문제	544

PART 03	적중 예상문제	
제1회	적중 예상문제	606
제2회	적중 예상문제	631

빨리보는 간단한 키워드

빨간키

#합격비법 핵심 요약집 #최다 빈출키워드 #시험장 필수 아이템

CHAPTER 01 기계제도 및 설계

■ **기계요소의 분류** : 체결용, 동력 전달용, 축용, 제어용, 관용으로 구분한다.

■ **도면의 양식** : 표제란, 도면 크기, 경계, 윤곽, 재단마크, 중심마크 등으로 구성되어 있다.

■ **선의 우선순위** : 도면에서 두 종류 이상의 선이 같은 장소에서 중복되는 경우
외형선 > 숨은선 > 절단선 > 중심선 > 무게중심선 > 치수보조선 순으로 표시한다.

■ **좌표계** : 직선(1차원), 평면(2차원), 공간(3차원)의 위치를 수치화하여 표현하기 위한 시스템이다. 기준점(원점)을 하나 지정하고, 그 원점에 대해 각 방향으로 떨어진 거리를 표현하는 방식이다.

■ **투상법의 기호**

제1각법의 기호	제3각법의 기호

■ **치수 기입의 원칙**
- 길이, 높이 치수의 지시 위치는 주로 정면도에 지시하며, 모양에 따라 평면도, 측면도 등에 지시할 수 있다.
- 두께 치수는 주로 평면도나 측면도에 지시한다. 다만 부분적인 특징에 따라 다른 투상도에 지시할 수 있다.
- 원기둥, 각기둥, 홈 구멍 등의 위치 중심을 기준으로 치수 지시하며, 정면도에 크기가 지시되면 위치 치수는 측면도나 평면도 등에 지시한다.
- 면의 기울기, 원기둥, 각기둥, 홈, 구멍 등의 자세 치수는 가로, 세로의 치수나 각도로 지시한다.

IT 공차

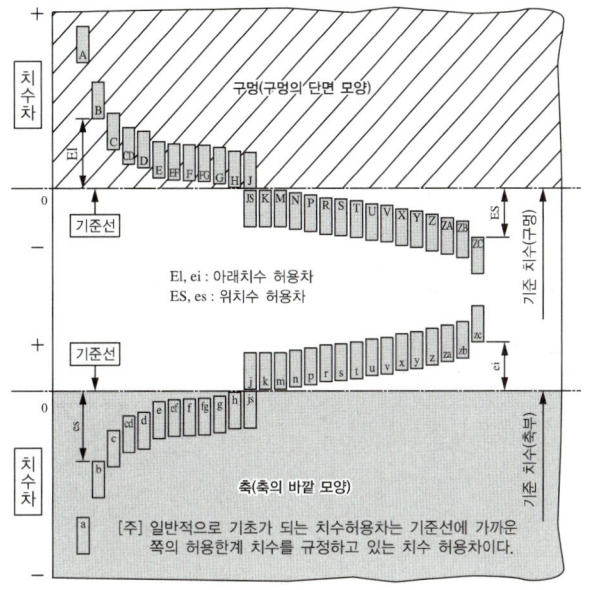

- 끼워맞춤
  - 헐거운 끼워맞춤 : 축이 작은 경우
  - 억지 끼워맞춤 : 구멍이 작은 경우
  - 중간 끼워맞춤 : 공차범위 내에서 축이 작거나 구멍이 작은 경우

기하공차의 종류

적용하는 형체	공차의 종류		기호
단독 형체	모양공차	진직도	───
		평면도	▱
		진원도	○
		원통도	⌭
단독 형체 또는 관련 형체		선의 윤곽도	⌒
		면의 윤곽도	⌓
관련 형체	자세공차	평행도	∥
		직각도	⊥
		경사도	∠
	위치공차	위치도	⊕
		동축도 또는 동심도	◎
		대칭도	≡
	흔들림 공차	원주 흔들림 공차	↗
		온 흔들림 공차	↗↗

가공기호

• 표면거칠기 기호

거칠기 구분값	산술평균거칠기의 표면 거칠기의 범위[$\mu m R_a$]		거칠기 번호(표준편 번호)	거칠기 기호
	최솟값	최댓값		
정밀 다듬질	0.025a	0.02	0.03	N1	
	0.05a	0.04	0.06	N2	
	0.1a	0.08	0.11	N3	
	0.2a	0.17	0.22	N4	z
	0.4a	0.33	0.45	N5	
상다듬질	0.8a	0.66	0.90	N6	
	1.6a	1.3	1.8	N7	y
	3.2a	2.7	3.6	N8	
중다듬질	6.3a	5.2	7.1	N9	
	12.5a	10	14	N10	x
	25a	21	28	N11	
거친 다듬질	50a	42	56	N12	w
제거 가공 안 함				

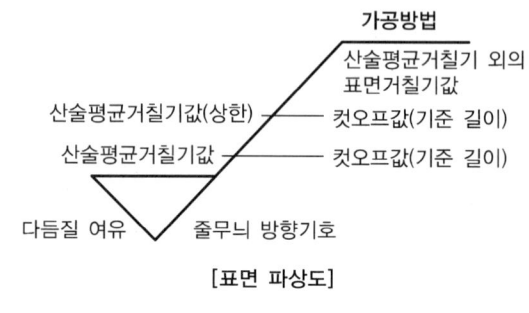

[표면 파상도]

주요 가공방법의 기호

가공방법	기호	가공방법	기호
선삭	L	리밍(다듬질)	FR
밀링	M	브러싱	FB
드릴	D	스크레이핑	FS
보링	B	방전가공	SPED
리밍	DR	전해가공	SPEC
태핑	DT	레이저	SPLB
셰이핑	SH	블라스팅	SB
연삭	G	전자빔	SPEB
평면절삭	P	초음파	SPU
슬로팅	SL	용접	W
브로칭	BR	가스용접	WA
기어 절삭	TC	열처리	H
호빙	TCH	담금질	HQ
시효처리	HG	어닐링	HA
연삭	G	템퍼링	HT
호닝	GH	침탄	HC
벨트 연삭	GBL	표면처리	S
페이퍼	FCA	쇼트피닝	SHS
래핑	FL	양극산화	SA
줄	FF	피막코팅	SCT
폴리싱	FP	슈퍼피니싱	GSP

■ 3차원 모델링
- CAD 모델링의 종류에는 와이어프레임 모델링, 서피스 모델링, 솔리드 모델링이 있으며, 부품 모델링·조립 모델링·도면 작성환경으로 구성된다.
- 프로그래밍은 파라메트릭 모델링 방식으로 치수나 조건을 바꿔 자동 수정 가능하며, 매개변수 기반 설계가 주류를 이룬다.

■ 3D 설계과정
- 표현 1 : 요구 파악 → 콘셉트 구상 → 개발결과 분석 → 프로토 타입 생성 → 모델링 → 편집
- 표현 2 : 개념 설계 → 스케치 → 특징 형상 → 3차원 솔리드 모델 → 모델링 완성
  (설계변수 변경)

■ 모델링 분석
모델은 FEA(유한요소해석)로 응력, 처짐, 진동 등을 해석하여 성능을 예측한다.

■ 모델링의 수정 및 출력
수정은 히스토리를 기반으로 하고, 출력은 STL, IGES, STEP 등의 형식으로 한다.

■ 모델링의 명령어 그룹
프로파일 명령어, 작업 명령어, 제약조건 명령어

■ 모델링 분석
- 상향식 설계 : 조립품을 구축하는 방식이다.
- 하향식 설계 : 완성된 제품을 분석하여 세부적인 작업을 진행하는 방식이다.
- 혼합형 설계 : 상향식 설계 방식과 하향식 설계 방식을 적절하게 혼합하여 사용하는 방식이다. 하나의 완성품을 만들기 위하여 사용자의 의도대로 설계하는 경우와 기존 완성품에서 단품이나 서브 어셈블리를 그대로 복사하는 경우가 있다.

■ 기계요소의 종류

기계요소군	기계요소	기능
결합용 기계요소	나사	임시적 체결
	리벳, 용접	반영구적 체결
축계 기계요소	축	회전 및 동력 전달
	축이음(커플링, 클러치)	축과 축을 연결
	베어링	축 지지
	키, 핀, 코터	축과 회전체 연결
전동용 기계요소	마찰차, 기어, 캠	직접 전동장치
	벨트, 체인, 로프	간접 전동장치
제어용 기계요소	스프링	에너지 저장, 완충
	브레이크	속도 조절, 감속, 정지

기계요소군	기계요소	기능
관용 기계요소	관	기체나 액체 운반
	밸브, 콕	유량 및 압력제어, 개폐
	관이음	관 연결, 수송 방향 전환
자동화 기계요소	볼나사, LM 가이드	직선운동 위치제어
	타이밍 벨트, 감속기	회전운동 위치제어
	제어용 모터(스테핑모터, 서보모터)	제어용 동력 발생

■ **나사** : 삼각나사, 사다리꼴나사, 사각나사, 톱니나사, 둥근나사 등이 있으며, 체결·운반·전동 등에 사용한다.

■ **특수너트의 종류** : 와셔붙이 너트(washer based nut), 캡너트(cap nut), 홈붙이 둥근너트, 둥근너트, 스프링판 너트 등

■ **나사의 표시방법**

나사산의 감김 방향	나사산의 줄의 수	나사의 호칭	나사의 등급
예시) 왼	2줄	M50×3	6H

■ **나사 체결 회전력 Q와 W의 관계**

$$Q = W\tan(\rho + \lambda) = W\frac{f + \tan\lambda}{1 - f\tan\lambda}$$

■ **나사의 자립조건**

- $\rho > \lambda$일 때 $Q > 0$이며, 나사를 풀 때 힘이 필요하다.
- $\rho = \lambda$일 때 $Q = 0$이며, 평형 상태로 임의의 위치에 정지시킬 수 있다(자동결합 상태).
- $\rho < \lambda$일 때 $Q < 0$이며, 힘을 가하지 않아도 자연히 풀어져 내려오는 상태이다.

■ **키의 호칭**

<u>표준번호</u> <u>종류 및 호칭</u> <u>치수</u> <u>길이</u> 끝 모양의 특별 지정 재료
KS B 1311 평행키 <u>10</u> × <u>8</u> × <u>25</u>   양끝 둥금   SM45C
                       폭 × 높이 × 길이

■ **핀의 호칭방법**

명칭	호칭방법	핀의 호칭
평행핀	표준번호 또는 명칭, 종류, 형식, 호칭지름×길이, 재료	m6A-6×45 SB41 평행핀 h7B-5×32 SM 50C
테이퍼핀	명칭, 등급, 호칭지름×길이, 재료	테이퍼핀 1급 2×10 SM 50C
분할 테이퍼핀(KS B 1323)	명칭, 호칭지름×길이, 재료, 지정사항	슬롯 테이퍼핀 6×70 SM 35C 핀 갈라짐의 깊이 10
분할핀(KS B ISO 1234)	표준번호 또는 명칭, 호칭지름×호칭 길이, 재료	분할핀 KS B ISO 1234 - 5×50-st

리벳의 호칭 : 리벳의 종류, 지름×길이, 재료

(예) 열간 접시머리 리벳 16×40 SV 330)

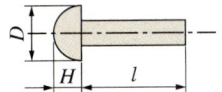

키의 설계

- 키에 작용하는 압축력

$$\sigma = \frac{P}{\frac{h}{2}l} = \frac{2P}{hl}$$

- 키에 작용하는 전단력

$$\tau = \frac{P}{bl} = \frac{\frac{T}{d/2}}{bl} = \frac{2T}{bdl}$$

(여기서, T : 단면에 작용하는 토크)

너클핀의 강도 설계

- 핀 면압

$$p = \frac{P}{da}$$

- 전단응력

$$\tau = \frac{P}{2A} = \frac{P}{2 \times \frac{\pi d^2}{4}} = \frac{2P}{\pi d^2}$$

- 굽힘응력

$$M = \sigma_b Z, \quad \frac{Pl}{8} = \sigma_b \times \frac{\pi d^3}{32}$$

리벳이음의 효율

- 리벳의 효율

$$\eta_t = \frac{\text{리벳이 버티는 인장강도}}{\text{원판의 인장강도}} = \frac{\sigma_t \cdot \frac{\pi d^2}{4} n}{\sigma_t \cdot p \cdot t} = \frac{n\pi d^2}{4p \cdot t} = \frac{nA}{pt}$$

(여기서, n : 피치(기준 길이) 내 리벳의 개수, 기준 길이를 리벳 중심부터 잡을 때 리벳 개수의 세기 주의)

- 강판의 효율

$$\eta_t = \frac{\text{리벳 구멍이 있는 판의 인장강도}}{\text{원판의 인장강도}}$$

$$= \frac{\sigma_t \cdot (p-d) \cdot t}{\sigma_t \cdot p \cdot t} = 1 - \frac{d}{p}$$

(여기서, p : 피치(또는 기준 길이), d : 리벳의 지름, t : 판 두께)

맞대기 용접의 강도

- $W = \sigma_t \cdot t \cdot L = \sigma_t \cdot h \cdot L [\text{N}]$
  - 인장 방향 : $\sigma_t = \dfrac{W}{tL}$
- $W_t = \tau \cdot t \cdot L = \tau \cdot h \cdot L$
  - 전단 방향 : $\tau = \dfrac{W_t}{tL}$

용접이음의 종류

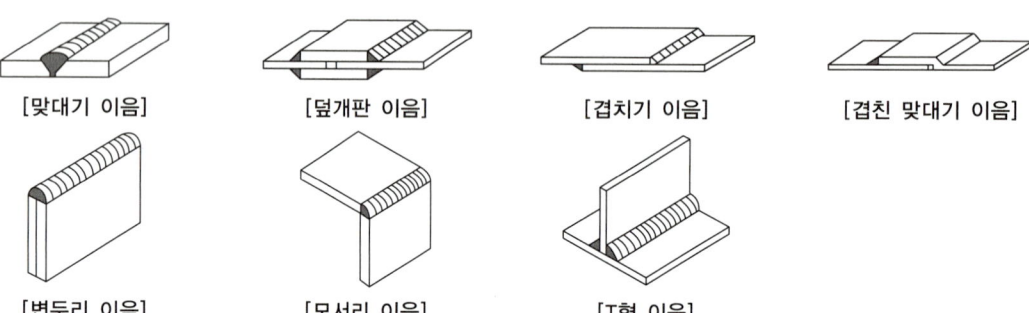

[맞대기 이음]   [덮개판 이음]   [겹치기 이음]   [겹친 맞대기 이음]

[변두리 이음]   [모서리 이음]   [T형 이음]

축의 설계

- 휨을 받는 속이 찬 축

$$M = \sigma_b \cdot Z = \sigma_b \cdot \frac{\pi d^3}{32}$$

$$\therefore d = \sqrt[3]{\frac{32M}{\pi \sigma_a}}$$

- 비틀림을 받는 속이 찬 축

$$T = \tau_{\max} Z_p = \tau_{\max} \frac{\pi}{16} d^3$$

$$\therefore d = \sqrt[3]{\frac{16T}{\pi \tau_a}}$$

마찰클러치 설계 시 고려사항
- 마찰계수를 적절히 잡아야 한다.
- 관성을 작게 하기 위해 경량, 소형이어야 한다.
- 마멸면이 발생해도 수정이 가능해야 한다.
- 마찰열 대책이 필요하며, 눌어붙지 않아야 한다.
- 원활한 단속이 가능해야 한다.
- 단속 시 큰 외력이 들지 않아야 한다.
- 균형이 좋아야 한다.

베어링의 수명 계산식

$$L_{hour} = \frac{10^6}{60n}\left(\frac{C}{P}\right)^r, \quad L_{number} = \left(\frac{C}{P}\right)^r \times 10^6$$

(여기서, P : 동등가하중, C : 동정격하중, r : 베어링 지수(볼 : 3, 롤러 : 3.3333))

베어링 설계

$$p = \frac{P}{A} = \frac{P}{dl}$$

기어의 백래시
한쪽 기어를 고정하고 상대 기어를 움직이면 원주 방향, 법선 방향, 축 방향에 약간의 틈새가 남는다. 이 틈새만큼 반대 방향의 힘이 작용할 때 여유가 생기는 데 이를 백래시라고 한다.

사이클로이드 기어
주어진 피치원의 안밖에서 롤링 서클(rolling circle)이 미끄럼 없이 구를 때, 구름원 위의 한 점의 자취를 따라 그린 곡선이 사이클로이드 곡선이다.

인벌류트 기어
주어진 원 위에 감긴 실을 팽팽히 잡아당기면서 풀 때, 실의 끝점이 그리는 궤적이 인벌류트 곡선이다.

이의 간섭 방지방법
- 압력각을 20° 이상으로 크게 한다.
- 이의 높이를 낮춘다.
- 치형의 이끝면을 깎아낸다.
- 피니언의 반지름 방향의 이뿌리면을 파낸다.

▌ 스퍼기어의 제도방법
- 이끝원(잇봉우리원)은 굵은 실선으로 그린다.
- 피치원은 가는 1점 쇄선으로 그린다.
- 이뿌리원은 가는 실선으로 그린다. 단, 축에 직각방향으로 단면 투상할 경우에는 굵은 실선으로 그린다.

▌ 기어의 설계
$$D_p = mz, \quad p = \frac{\pi D_p}{z}$$

▌ 기어 간 중심거리
$$C = \frac{D_1 + D_2}{2} = \frac{m(z_1 + z_2)}{2}$$

▌ 루이스 이의 굽힘응력 공식
$P = \sigma b m y$

(여기서, σ : 허용응력, b : 이폭, m : 모듈, y : 치형계수)

▌ 언더컷 : 이의 간섭이 일어나는 상태로 래크공구나 호브로 기어를 절삭하면 이뿌리가 가늘어지는데, 이를 언더컷이라 한다. 이의 간섭원인과 유사하며 표준기어에서 잇수가 적을 때, 양쪽 잇수비가 클 때, 피니언의 잇수비가 작을 때 발생한다.

▌ 마찰차의 설계
원동축 A와 종동축 B의 관계

- 원주속도 : $v = \dfrac{D_A \omega_A}{2} = \dfrac{D_B \omega_B}{2}$

- 각속도 : $\omega_A = \dfrac{2\pi n_A}{60}, \ \omega_B = \dfrac{2\pi n_B}{60}$

- 속도비 : $i = \dfrac{\omega_A}{\omega_B} = \dfrac{n_A}{n_B} = \dfrac{D_B}{D_A}$

- 중심거리
  - 외접 : $C = \dfrac{D_A + D_B}{2} = r_A + r_B$
  - 내접 : $C = r_B - r_A$

▌ V-벨트풀리 도시방법

- 축 직각 방향의 투상을 정면도로 한다.
- 측면도는 키 홈 부분만을 국부투상도로 표현하는 것을 권장한다.
- 암(arm) 부분은 직각 방향으로 회전도시 단면하여 투상한다.

▌ 평벨트 걸기의 계산

- 엇걸기

$$l \fallingdotseq 2l_c + \frac{\pi}{2}(D_1 + D_2) + \left(\frac{D_2 + D_1}{4l_c}\right)^2$$

- 바로걸기

$$l \fallingdotseq 2l_c + \frac{\pi}{2}(D_1 + D_2) + \left(\frac{D_2 - D_1}{4l_c}\right)^2$$

▌ 벨트 장력비와 아이텔바인 식

- 벨트 장력비

$$e^{\mu\theta} = \frac{T_t - \frac{\omega}{g}v^2}{T_s - \frac{\omega}{g}v^2}$$

- 아이텔바인 식

$$e^{\mu\theta} = \frac{T_t}{T_s} \text{ (속도가 10[m/s] 이하인 경우)}$$

▌ 전달 동력

- 평벨트

$$P_f = \frac{T_e \cdot v}{1,000}[\text{kW}]$$

(여기서, $T_e = T_t - T_s[\text{N}]$, 유효 장력 = 긴장측 장력 − 이완측 장력)

- 스프로킷

$$P_r = \frac{Tv_m}{1,000}(k_r/k_l)[\text{kW}]$$

- 로프

$$P_R = \frac{zv}{1,000}(T_t - \rho A v^2)\frac{e^{\mu'\theta} - 1}{e^{\mu'\theta}}[\text{kW}]$$

■ **캠의 등속도선도** : 종동절이 등속운동을 하면 변위선도, 속도선도는 모두 직선, 가속도선도는 시작과 끝에서는 무한대, 그 외에는 0이 된다. 캠이 등속운동을 하면 시점, 종점에서 큰 충격이 작용하며, 하중이 큰 장치에 캠을 적용하기에는 더욱 부적합하므로 등속 구간을 줄여야 한다.

■ **스프링의 설계**

- 스프링 상수

$$k = \frac{F}{\delta} = \frac{FGd^4}{8nFD^3} = \frac{Gd^4}{8nD^3}$$

- 스프링의 조합
  - 병렬연결 : $k = k_1 + k_2 + \cdots + k_n$
  - 직렬연결 : $\frac{1}{k} = \frac{1}{k_1} + \frac{1}{k_2} + \cdots + \frac{1}{k_n}$

- 스프링 저장에너지

$$U = \frac{1}{2}F\delta = \frac{1}{2}k\delta^2$$

  - 스프링의 처짐 : $\delta = \frac{8nFD^3}{Gd^4}$

■ **스프링에 작용하는 전단응력**

- $\tau_{\max} = \frac{8FDK}{\pi d^3} \leq \tau_a$

  (여기서, K : 응력 수정계수)

- $K = \frac{4C-1}{4C-4} + \frac{0.615}{C}$

  (여기서, C : 스프링 지수, $C = \frac{D}{d}$)

■ **브레이크 제동**

- 우회전 시 : $F \cdot a - Q \cdot b - \mu Q \cdot c = 0$
- 좌회전 시 : $F \cdot a - Q \cdot b + \mu Q \cdot c = 0$

■ **브레이크 용량**

$$H = \frac{\mu Q[\text{N}]v[\text{m/s}]}{735}[\text{kW}]$$

제동토크를 이용한 축동력

$$H = \frac{T \cdot n}{9,550} [\text{kW}]$$

(여기서, T : [N·m], n : 분당 회전수)

공압의 장단점

장점	단점
• 에너지원을 쉽게 얻을 수 있다.	• 에너지 변환효율이 나쁘다.
• 힘의 전달 및 증폭이 용이하다.	• 위치제어가 어렵다.
• 속도, 압력, 유량 등의 제어가 쉽다.	• 압축성에 의한 응답성의 신뢰도가 낮다.
• 보수, 점검 및 취급이 쉽다.	• 윤활장치를 요구한다.
• 인화 및 폭발의 위험성이 작다.	• 배기 소음이 있다.
• 에너지 축적이 쉽다.	• 이물질에 약하다.
• 과부하의 염려가 작다.	• 힘이 약하다.
• 환경오염의 우려가 작다.	• 출력에 비해 가격이 비싸다.
• 고속 작동에 유리하다.	• 균일한 속도를 얻을 수 없다.

공압의 유닛기호

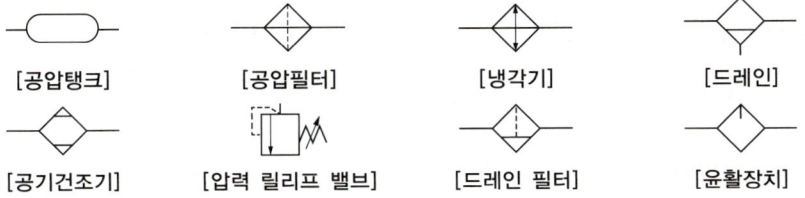

[공압탱크]   [공압필터]   [냉각기]   [드레인]

[공기건조기]   [압력 릴리프 밸브]   [드레인 필터]   [윤활장치]

유압

• 실린더의 경우 실린더 안쪽 면적에 작용하는 압력을 이용하여 힘을 구한다.

$$\text{유체에 작용하는 압력(유압)} = \frac{\text{작용력}}{\text{작용하는 단면적}}$$

• 체적탄성계수

$$K = -\frac{\Delta P}{\Delta V/V}, \quad \beta = -\frac{\Delta V/V}{\Delta P}$$

(여기서, β : 압축률)

공유압 밸브

• 압력제어밸브 : 릴리프 밸브, 감압밸브, 시퀀스 밸브, 무부하밸브, 카운터 밸런스 밸브 등
• 유량제어밸브 : 교축밸브, 일방향 유량제어밸브, 압력보상형 유량제어밸브, 급속배기밸브, 분류밸브, 스톱밸브 등
• 방향제어밸브 : 포트 수와 방의 수로 구분한다.

■ **주밸브 구조** : 스풀형(구조 간단함), 포핏형(실(seal)효과가 좋음), 슬라이드형(큰 유량을 얻음) 등

■ **공유압의 주요 밸브기호**

체크밸브	무부하밸브	감압밸브
이압밸브	셔틀밸브	릴리프 밸브

■ **공압모터의 장단점**

장점	단점
• 속도를 무단으로 조절할 수 있다. • 출력을 조절할 수 있다. • 속도범위가 크다. • 회전수와 토크를 자유로이 조절할 수 있으며 과부하 시 위험성이 낮다. • 오물, 물, 열, 냉기에 민감하지 않다. • 작동과 정지, 회전 변환 등에 부드럽게 동작하며, 폭발의 위험성이 작다. • 비교적 보수 유지가 쉽다. • 높은 속도를 얻을 수 있다.	• 입력된 에너지에 비해 출력되는 에너지의 비율이 나쁘거나 일정하지 않다. • 정확한 제어가 힘들다. • 유압에 비해 소음이 발생한다.

■ **유압펌프의 종류**

용적형 펌프(고정용량형)	• 용적이 밀폐되어 있어 부하압력이 변동해도 토출량이 거의 일정하다. • 정압을 사용하므로 큰 힘을 요구하는 유압장치용 유압펌프로 사용한다.
	• 기어펌프, 나사펌프, 베인펌프, 피스톤 펌프
비용적형 펌프(가변용량형)	• 용적이 밀폐되어 있지 않아 부하압력이 변동하면 토출량이 변하여 유압장치에는 부적당하다. • 펌프용량을 0에서 최대까지 변화시킬 수 있어 효율적으로 운전할 수 있다.
	• 원심형 펌프, 액시얼 펌프, 혼류(mixed flow)펌프, 로토제트 펌프, 터빈펌프

■ **공유압 회로** : 미터 인 회로(액추에이터 들어가는 유체제어), 미터 아웃 회로(나오는 유체제어), 블리드 오프 회로(탱크 회수), 자기유지회로, on/off 우선회로

CHAPTER 02 기계재료 및 제작

■ **금속의 일반적인 특징**
- 상온에서 고체 상태이며 결정조직을 갖는다.
- 전기 및 열의 양도체이다.
- 일반적으로 다른 기계재료에 비해 전연성이 좋다.
- 소성변형성을 이용하여 가공하기 쉽다.
- 금속은 각기 고유의 광택을 가지고 있다.
- 비중 4.5 정도를 기준으로 중금속(重金屬)과 경금속(輕金屬)으로 나눈다.

■ **이온화 경향** : K >Ca >N>Mg >Al >Zn >Fe >Co >Sn >Pb >(H) >Cu >Hg >Ag > Au

■ **금속결함** : 점결함, 선결함, 면결함, 3차원 결함

■ **Fe–Fe₃C 평형상태도**

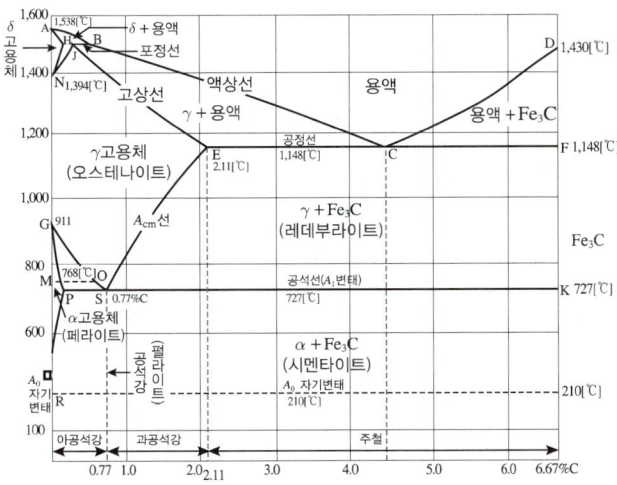

■ 플라스틱 분류

구분	열가소성	열경화성
소성	고온에서 소성이 부여된다.	열을 받으면 경화된다.
재가공성	재가공이 가능하다.	재가공이 불가능하다.
주요 가공법	압출, 사출, 중공, 진공 등	압축, 인발, 와인딩, 프레스 등
종류	PE, PC, PVC 등	에폭시, 폴리아마이드, 페놀, 멜라민 수지 등

■ 고로 : 선철을 생산하는 설비이다. 상부로부터 철광석, 코크스, 석회석 등을 장입하고, 하부의 풍구로 열풍을 취입하여 노 내에 코크스를 연소시켜 환원가스를 발생시킨다. 가열과 환원작용으로 용융철이 제조된다.

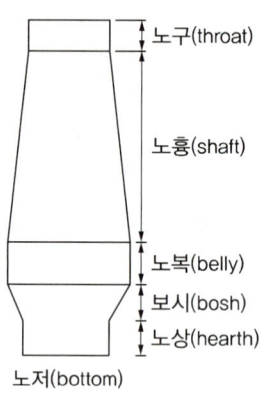

[고로의 구조]

■ 제강의 원료 : 선철, 철광석, 밀 스케일, 망간 광석, 석회석과 생석회, 형석, 탈산제, 코크스 등

■ 탄소강의 취성
- 청열취성(blue shortness) : 탄소강이 200~300[℃]에서 상온일 때보다 인성이 저하하여 취성이 커지는 특성이다.
- 적열취성(red shortness) : 황을 많이 함유한 탄소강이 약 950[℃]에서 인성이 저하하여 취성이 커지는 특성이다.
- 상온취성(cold shortness) : P을 많이 함유한 탄소강이 상온에서도 인성이 저하하여 취성이 커지는 특성이다.

■ 탄소강 분류 : 연강($C \leq 0.25[\%]$), 중탄소강($0.25[\%] < C \leq 0.6[\%]$), 고탄소강($C > 0.6[\%]$)

■ 주철의 감쇠능 : 물체에 진동이 전달되면 흡수된 진동을 점차 작아지게 하는 능력이다.

마우러 조직도

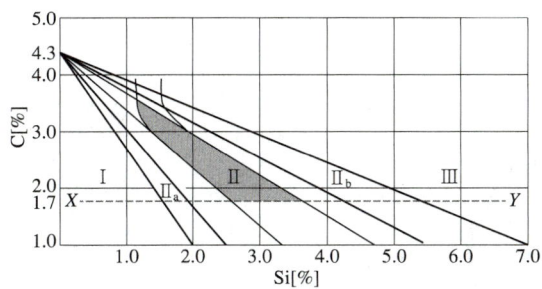

- Ⅰ : 백주철(펄라이트 + 시멘타이트)
- Ⅱₐ : 반주철(펄라이트 + 시멘타이트 + 흑연)
- Ⅱ : 펄라이트 주철(레데부라이트 + 펄라이트 + 흑연)
- Ⅱ_b : 회주철(펄라이트 + 흑연 + 페라이트)
- Ⅲ : 펄라이트 주철(펄라이트 + 흑연)

일반구조용 압연강재 표시방법

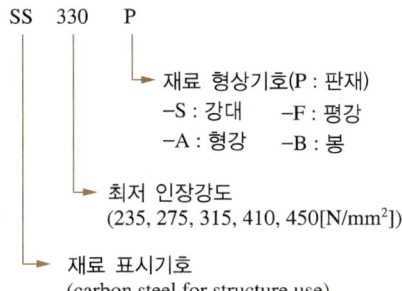

SS 330 P
- 재료 형상기호(P : 판재)
  - -S : 강대   -F : 평강
  - -A : 형강   -B : 봉
- 최저 인장강도
  (235, 275, 315, 410, 450[N/mm²])
- 재료 표시기호
  (carbon steel for structure use)

기계구조용 탄소강 표시방법

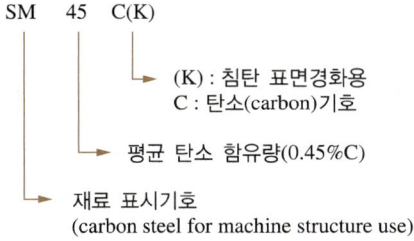

SM 45 C(K)
- (K) : 침탄 표면경화용
  C : 탄소(carbon)기호
- 평균 탄소 함유량(0.45%C)
- 재료 표시기호
  (carbon steel for machine structure use)

합금원소의 영향 : Cr(내식성), Ni(인성), Mo(고온강도), V(정련)

담금질

- A_3 이상 가열 → 급랭 → 경도 증가, 인성 감소
- 담금질 조직 : 마텐자이트, 트루스타이트, 소르바이트, 오스테나이트

- **뜨임** : 담금질 후 150~650[℃] 가열 → 취성 감소

- **펄라이트(pearlite)**
  - 0.8%C(0.77%C)의 γ 고용체가 723[℃]에서 분해하여 생긴 페라이트와 시멘타이트의 공석정이며, 혼합 층상조직이다.
  - 강도와 경도가 높고(HB225 정도), 어느 정도 연성이 있다.
  - 현미경으로 보면 층상조직이 진주조개껍질처럼 보여 펄라이트라고 한다.

- **TTT 선도** : A_1에서 냉각이 시작되어 수 초가 지나면 Ac'점을 지난다. 우선 Ac' 이하의 온도영역으로 급랭한 후 온도를 유지하면 개선된 품질의 담금질 강을 얻을 수 있는데, 이를 항온열처리라고 한다. 이해를 돕기 위해 변태의 시작선과 완료선을 시간과 온도에 따라 그린 선도를 TTT 선도라고 한다.

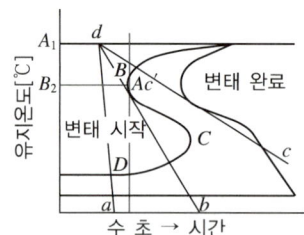

- **시효경화** : 시간이 지남에 따라 경화가 일어나는 현상으로, 연하고 연성이 있는 기지 내에 매우 미세한 정합 석출물의 균일한 분산을 일으키는 일련의 상변태에 의해 생긴다. 비교적 간단한 열처리로 밀도 변화 없이 금속재의 항복강도를 증가시킬 수 있다는 이점이 있다. 다만, 한정된 온도 변위에서만 가능하다.

- **표면경화법**
  - 화학적 경화법 : 질화처리, 침탄법 등
  - 물리적 경화법 : 화염경화법, 고주파경화법, 쇼트피닝 등
  - 금속침투법 : 세라다이징(아연), 칼로라이징(알루미늄), 크로나이징(크로뮴), 실리코나이징(규소), 보로나이징(붕소)
  - 그 외 : 하드페이싱, 전해경화법, 금속착화법, 금속용사법, PVD법, CVD법

- **절삭저항의 크기**

  주분력 > 배분력 > 이송분력

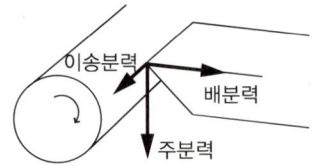

절삭속도

$$V = \frac{\pi D n}{1,000} [\text{m/min}]$$

(여기서, V : 절삭속도[m/min], D : 밀링커터의 지름[mm], n : 절삭공구의 분당 회전수[rpm, rev/min])

칩의 종류

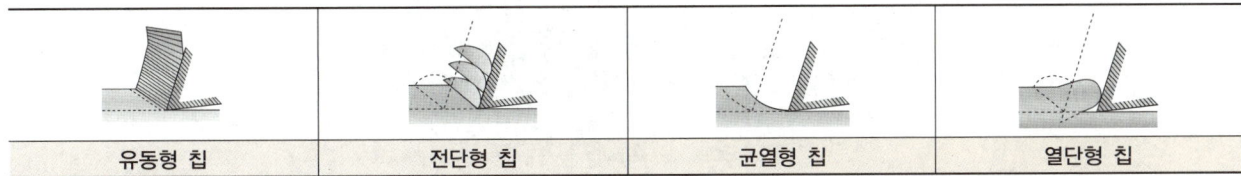

| 유동형 칩 | 전단형 칩 | 균열형 칩 | 열단형 칩 |

구성인선(built-up edge)

- 절삭력과 절삭열에 의한 고온·고압으로 칩의 일부가 날 끝에 녹아 붙거나 압착되는 것이다.
- 구성인선은 매우 짧은 시간에 발생·성장·분열·탈락의 주기를 반복하기 때문에 탈락할 때마다 가공면에 흠집을 만들고, 진동을 일으켜 가공면을 나쁘게 만든다.
- 구성인선의 발생을 감소시키기 위해서는 깎는 깊이를 작게 하거나 공구 경사각을 크게 하고, 날 끝을 예리하게 한다. 또한, 절삭속도를 크게 하고(구성인선 임계 절삭속도 : 120[m/min]) 윤활유를 사용한다.
- 구성인선의 생애 : 발생 → 성장 → 분열 → 탈락

공구의 마멸
: 공구의 윗면 또는 옆면의 마찰로 인해 마모가 나타난다. 경사면 마멸(크레이터 마모), 여유면 마멸(플랭크 마모), 치핑 등이 있다.

공구수명식

$VT^n = C$

공구수명의 판정방법

- 날의 마멸이 일정량에 달했을 때
- 완성된 공작물의 치수 변화가 일정량에 달했을 때
- 가공면 또는 절삭한 직후의 면에 광택이 있는 무늬 또는 점들이 생길 때
- 절삭저항의 주분력, 배분력, 이송 방향 분력 또는이 힘 중 하나 이상이 급격히 증가되었을 때

선반의 구조

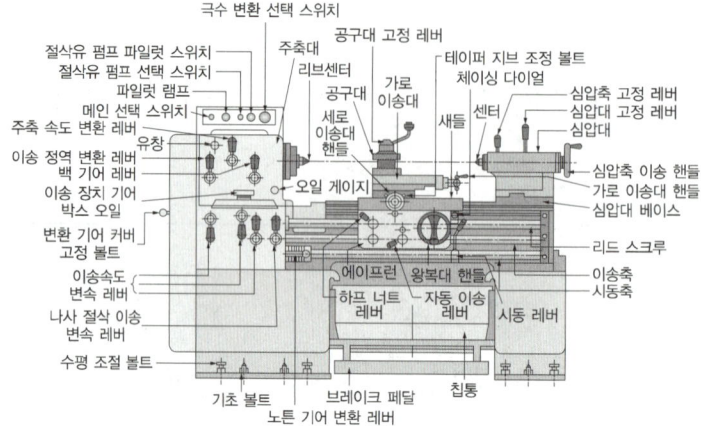

변환기어

$$\frac{\text{공작물의 피치}}{\text{이송나사의 피치}} = \frac{A}{B} \times \frac{B}{D} = \frac{A}{D}$$

절삭동력(실제 절삭에 사용되는 동력(N_n))

$$F_1 \times v[\text{W}] = \frac{F_1 \times v_1}{60 \times 75}[\text{PS}] = \frac{F_1 \times v_1}{60 \times 102}[\text{kW}]$$

표면거칠기

$$H = \frac{f^2}{8R}$$

(여기서, H : 표면거칠기 높이, f : 이송, R : 공구의 날 끝 반지름)

밀링가공의 절삭 방향

상향절삭(올려 깎기)	하향절삭(내려 깎기)
커터날의 회전 방향과 일감의 이송이 서로 반대 방향이다.	커터날의 회전 방향과 일감의 이송이 서로 같은 방향이다.
• 커터날이 일감을 들어 올리는 방향이므로 기계에 무리를 주지 않는다. • 커터날에 처음 작용하는 절삭저항이 작다. • 깎인 칩이 새로운 절삭을 방해하지 않는다. • 백래시의 우려가 없다.	• 커터날에 마찰작용이 작아 날의 마멸이 작고 수명이 길다. • 커터날을 밑으로 향하게 하여 절삭한다. 따라서 일감을 밑으로 눌러서 절삭하므로, 일감의 고정이 쉽다. • 날자리 간격이 짧고, 가공면이 깨끗하다.
• 커터날이 일감을 들어 올리는 방향으로 일을 하므로 일감의 고정이 어렵다. • 날의 마찰이 커서 날의 마멸이 크다. • 회전과 이송이 반대여서 이송의 크기가 상대적으로 크다. 이에 따라 피치가 커져서 가공면이 거칠다. • 가공할 면을 보면서 작업하기 어렵다.	• 상향절삭과는 달리 기계에 무리를 준다. • 커터날이 새로운 면을 절삭저항이 큰 방향에서 진입하므로 날이 약할 경우 부러질 우려가 있다. • 가공된 면 위에 칩이 쌓이므로, 절삭열이 남아 있는 칩에 의해 가공된 면이 열 변형을 받을 우려가 있다. • 백래시 제거장치가 필요하다.

CNC 가공의 프로그램 형식

```
N__  G__  X__ Y__ Z__  F__  S__  T__  M__;
전개  준비      좌푯값   이송  주축  공구  보조  end of
번호  기능              기능  기능  기능  기능  block
```

CNC 가공의 일반적인 특징
- 제조 단가를 낮출 수 있다.
- 품질이 균일한 제품을 얻을 수 있다.
- 작업시간 단축으로 생산성이 향상된다.
- 파트 프로그램을 매크로 형태로 저장시켜 필요시 불러올 수 있다.

CNC 기계의 구성요소
- 서보검출기구
- 컨트롤러
- 리졸버 : CNC 공작기계의 움직임을 전기적인 신호로 속도와 위치를 표시하는 회전형 피드백 장치
- 인코더(encoder) : 시스템의 구성요소 중 실제 테이블의 이송량을 감지하는 장치

절삭가공
- 선반(lathe) : 공작물이 회전운동을 하고, 공구를 이송시키면서 원하는 모양으로 절삭하는 가공이다.
- 밀링(milling) : 밀링커터를 회전시키면서 공작물을 이송시켜 원하는 모양으로 절삭한다. 밀링머신은 가공 스핀들의 방향에 따라 수평 밀링머신과 수직 밀링머신으로 나뉜다.
- 드릴링(drilling) : 구멍 뚫기, 스폿 페이싱, 카운터 싱킹, 카운터 보링, 보링 및 리밍작업이 가능하다.
- 연삭(grinding) : 숫돌바퀴(grinder)의 회전으로 절삭하는 미세 절삭작업이다.

정밀 입자가공
- 호닝(honing) : 막대형 숫돌 혼(hone)을 회전시켜 원통 내면을 다듬질하는 작업이다.
- 슈퍼피니싱(super finishing) : 입도가 작고 결합도가 작은 숫돌을 공작물에 가볍게 누르고 숫돌을 진동시켜 가공면을 초정밀가공하는 것이다.
- 래핑(super finishing) : 일감과 공구 사이에 미세한 랩제를 넣고 일감에 압력을 가하며 상대운동을 시켜 매끈하게 다듬질하는 방법이다.
- 폴리싱(ployshing) : 연삭재를 묻힌 목재, 피혁, 직물 등을 회전시키며 공작물의 표면을 다듬는 작업이다.
- 버핑(buffing) : 털, 면 원판을 회전시키면서 표면의 광을 내는 작업이다.

특수가공

- 방전가공(EDM ; Electric Discharge Machining) : 아크 방전을 일으켜 모재를 용해시켜 전극 형상으로 가공한다.
- 초음파 가공 : 초음파로 진동시켜 연삭입자가 공구의 진동으로 인한 충격으로 가공물이 부딪쳐 정밀하게 다듬는 가공방법이다.
- 화학연마 : 가열된 산성 용액 속에서 표면을 녹여 광택을 내는 방법이다.
- 쇼트피닝 : 숏(shot)을 이용하여 피닝(peening)하는 작업으로, 작은 쇠공을 재료 표면에 분사하여 단련가공한다.
- 전해연마 : 전해 용액 속에서 전기분해를 일으켜 표면을 녹여 광택을 내는 작업으로, 도금을 응용한 방법이다.

방전가공 전극재료의 구비조건

- 기계가공이 쉬워야 한다.
- 가공 전극의 소모가 작아야 한다.
- 가공 정밀도가 높아야 한다.
- 방전이 안전하고, 가공속도가 빨라야 한다.
- 경제성이 있어야 한다.
- 전극의 전도율이 좋아야 한다.

업세팅의 3원칙

- 한 번의 타격으로 작업이 가능한 조건 : $L < 3d_0$
- $L \geq 3d_0$ 인 경우 다이 공동 지름 ≤ 재료 지름×1.5이어야 업세팅이 가능하다.
- $L \geq 3d_0$ 이며 다이공동 지름 = 재료 지름×1.5인 경우 다이면 위로 돌출된 재료의 길이는 재료 지름보다 작아야 한다.

금형재료의 종류

- 기계구조용 탄소강 : S45C, S50C, S10C, S20C 등
- 구조용 합금강 : SCM4 등
- 비조질강 : MF, HMF 등
- 탄소공구강 : SK3, SK4, SK5 등
- 합금공구강 : SKS3, SKD종, DC53 등
- 고속도 공구강 : SKH55 등
- 특수용도강 : SUP, SUM 등
- 플라스틱 금형강 : KP1, KP4, KP4M, HPPM, NAK 등

용접의 장단점

장점	단점
• 이음효율이 높다. • 재료가 절약된다. • 제작비가 적게 든다. • 이음구조가 간단하다. • 유지와 보수가 용이하다. • 재료의 두께에 제한이 없다. • 이종재료도 접합이 가능하다. • 제품의 성능과 수명이 향상된다. • 유밀성, 기밀성, 수밀성이 우수하다. • 작업 공정이 줄고, 자동화가 용이하다.	• 취성이 생기기 쉽다. • 균열이 발생하기 쉽다. • 용접부의 결함 판단이 어렵다. • 용융 부위의 금속 재질이 변한다. • 저온에서 쉽게 약해질 우려가 있다. • 용접 모재의 재질에 따라 영향을 크게 받는다. • 용접 기술자(용접사)의 기량에 따라 품질이 다르다. • 용접 후 변형 및 수축에 따라 잔류응력이 발생한다.

용접 결함
- 언더컷, 오버랩, 용입 불량, 균열, 기공, 슬래그 혼입
- 기타 균열 : 저온균열, 루트균열, 크레이터 균열, 설퍼균열, 세로 굽힘 변형, 가로 굽힘 변형, 좌굴, 래미네이션 불량, 비드 밑 균열

아베의 원리
측정 대상물과 표준자는 측정 방향상 일직선 위에 있어야 한다.

오차의 종류
- 계통오차(계기오차, 환경오차, 개인오차), 우연오차, 과실오차
- 특수상황 오차(되돌림 오차, 히스테리시스 오차)

길이 및 두께의 측정도구
버니어 캘리퍼스, 마이크로미터, 하이트게이지

각도측정기
요한슨식 각도게이지, NPL식 각도게이지, 만능각도기, 사인바, 광선정반(옵티컬 플랫), 수준기(평형수준기, 각형수준기, 특수용 수준기, 조정식 수준기, 전자식 수준기 등)

비교 측정
- 기계식 : 미니미터, 다이얼게이지, 오르도테스트, 미크로케이터
- 광학식 : 옵티미터, 울트라옵티미터, 미크로룩스, 간섭측미기
- 유체식 : 수준기, 공기 마이크로미터
- 전기식 : 볼트미터, 일렉트로리미터, 전기 마이크로미터, 전자관식 측미기

한계게이지
구멍용 한계게이지, 축용 한계게이지, 기준게이지, 점검게이지, 공작용 게이지, 검사용 게이지

■ 형상 측정 : 오토콜리메이터, 텔레스코핑 게이지, 투영기, 3차원 측정기 등

■ 나사 측정 : 삼침법, 나사 마이크로미터, 나사 피치게이지 등

■ 주조과정 : 모형 제작 → 주조 방안 → 주형 제작 → 금속의 용해 → 주물 후처리

■ 주조 방안 : 주물 제작을 위해 제작 도면에 따라 주물 제작방법을 검토하는 것이다.

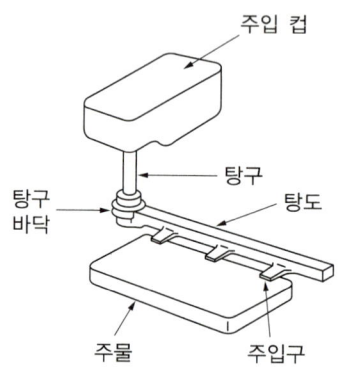

■ 탕구비
- 탕구계를 이루는 각 부분의 최소 단면적 비율이다.
- 탕구계의 단면적 : 탕도의 단면적 : 게이트의 총단면적 비(대략 1 : 0.75 : 0.5)

■ 숫돌바퀴 결합제 : 비트리파이드 숫돌바퀴, 실리케이트 숫돌바퀴, 탄성 숫돌바퀴, 금속 숫돌바퀴

■ 연삭숫돌 결함 : 로딩, 스필링, 글레이징, 제품의 연삭가공면 결함(가공 변질, 잔류응력, 연삭균열 등)

■ 연삭작업 시 결함과 원인 및 대책

결함	원인	대책
떨림	• 숫돌축 불균형 • 숫돌 눈메움 • 숫돌바퀴의 결합도가 지나친 경우 • 숫돌이 기울어진 경우	• 균형을 맞추고 트루잉을 실시한다. • 드레싱을 한다. • 공작속도를 조정한다. • 평형을 맞춘다.
진원도 불량	• 숫돌축 불균형 • 숫돌 구성의 불균형	• 균형을 맞추고 트루잉을 실시한다. • 숫돌을 교체한다.
원통도 불량	• 테이블의 운동 불량 • 작업법의 불량	• 윤활처리를 한다. • 올바른 작업법으로 수정한다.
가공면의 이송 흔적	• 숫돌바퀴의 고정 이상 • 관계면 이상	• 균형을 맞추고 트루잉을 실시한다. • 드레싱, 윤활처리를 한다.

호닝의 숫돌입도

구분	거친 호닝	보통 호닝	다듬질
입도	80~120	220~280	400~500
깎는 두께	25~500[μm]	5~25[μm]	

특수가공의 종류 : 와이어 컷 방전가공, 초음파 가공, 레이저 가공, 화학적 가공(전해가공, 전해연마, 전해연삭)

방전가공기의 원리

- 구리나 흑연 등의 도전성 재료를 전극으로 하여 전극과 공작물 사이에 60~300[V] 정도의 전압을 걸어 방전현상을 유도한다.
- 음극의 전극에서 전하가 튀어나와 양극의 공작물에 연결되므로, 전하의 충격력에 의해 공작물이 가공되는 원리를 이용한다. 따라서 극성을 반대로 연결하면 전극이 소모되고, 공작물 가공이 원활히 이루어지지 않는다.
- 전압과 전류의 특성

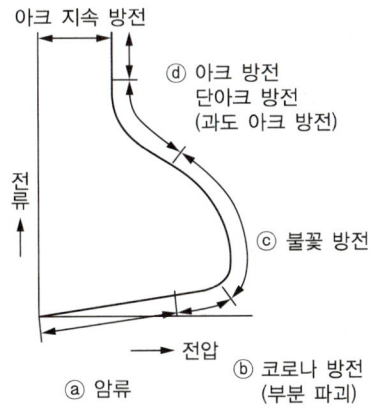

- ⓐ, ⓑ, ⓓ는 안정된 방전, ⓒ는 불안정한 비지속방전, ⓑ는 부분방전이다.
- 안정된 아크가 발생하기 전 불안정한 불꽃 방전을 거치며, 그 이전에 코로나 방전이 형성된다.
- 암류란 전극을 접근시킬 때 약간의 전류가 흐르는 상태이다. 이때 이온이 점점 중화·소멸되어 균형을 이루게 되는 상태이다.

CHAPTER 03 구조 해석

- **힘** : 물체의 속도, 운동방향, 형태를 바꾸는 능력이다.

- **힘의 3요소** : 크기, 방향, 작용점

- **라미의 정리** : 한 점에 세 힘이 작용할 때, 이 힘 사이에는 다음과 같은 관계가 있다.

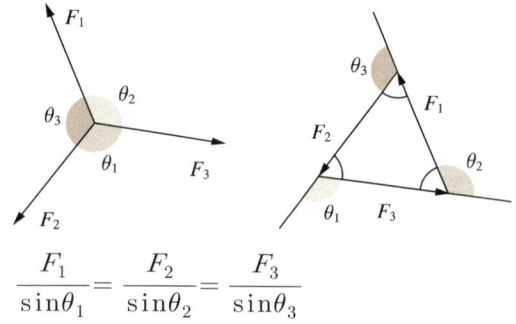

$$\frac{F_1}{\sin\theta_1} = \frac{F_2}{\sin\theta_2} = \frac{F_3}{\sin\theta_3}$$

- **모멘트** : 물체를 회전시키려는 힘으로, 수직 방향의 힘과 거리의 곱으로 나타낸다($M = F \times r$).

- **단면 1차 모멘트**
  - 도형의 단면적이 1차원 축에 대해 갖는 회전하려는 힘(모멘트)이다.
  - $Q_y = \bar{y} \times A$ (여기서, Q_y : 단면 1차 모멘트, $\bar{y}$: 도형의 도심과 축으로부터의 거리, A : 도형의 면적)

- **단면 2차 모멘트(관성 모멘트)**
  - 외력이 작용할 때 도심에서도 모멘트(회전시키려는 힘)가 분명히 작용하지만, 단면 1차 모멘트로는 도심에서의 모멘트를 나타낼 수 없어 좌표로 나타내는 거리 y를 제곱하여 단면적과의 곱으로 모멘트를 표현한다.

$$I_x = \int_{-\frac{h}{2}}^{\frac{h}{2}} y^2 \, dA = \int_{-\frac{h}{2}}^{\frac{h}{2}} y^2 \, b \, dy = b \left[\frac{y^3}{3} \right]_{-\frac{h}{2}}^{\frac{h}{2}} = \frac{b}{3} \times \frac{h^3}{4}$$

$$\therefore I_x = \frac{bh^3}{12}$$

각 단면의 도심축에서의 단면 2차 모멘트

평면도형과 주요 축(x')	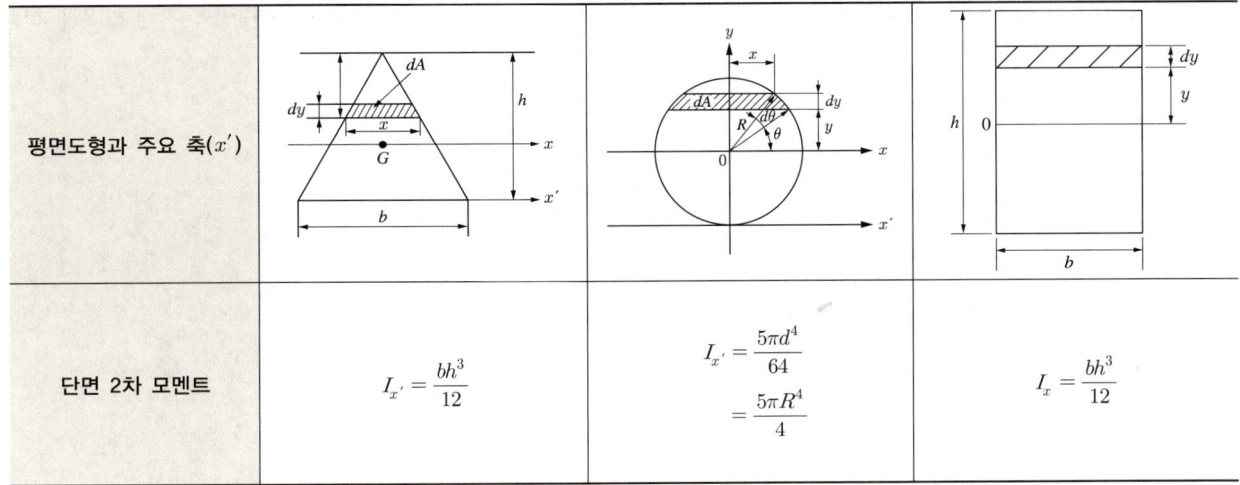		
단면 2차 모멘트	$I_{x'} = \dfrac{bh^3}{12}$	$I_{x'} = \dfrac{5\pi d^4}{64} = \dfrac{5\pi R^4}{4}$	$I_x = \dfrac{bh^3}{12}$

극관성 모멘트의 평행축 정리

$I_p = I_x + I_y = I_{x'} + Ad_1^2 + I_{y'} + Ad_2^2$

진응력

$\sigma_T = \dfrac{F}{A_i} = \dfrac{Fl_i}{A_0 l_0} = \sigma_n \dfrac{l_i}{l_0} = \sigma_n (\varepsilon + 1)$

푸아송의 비

- $\varepsilon_x = \dfrac{\sigma_x}{E} - \nu \dfrac{\sigma_y}{E} = \dfrac{1}{E}(\sigma_x - \nu \sigma_y)$
- $\varepsilon_y = \dfrac{\sigma_y}{E} - \nu \dfrac{\sigma_x}{E} = \dfrac{1}{E}(\sigma_y - \nu \sigma_x)$
- $\varepsilon_z = -\nu \dfrac{\sigma_x}{E} - \nu \dfrac{\sigma_y}{E} = \dfrac{\nu}{E}(\sigma_x + \sigma_y)$

크리프 현상 : 온도가 있는 환경에서 재료를 일정 하중에 노출하면 시간에 따라 서로 다른 정도로 변형이 일어나는 현상이다.

■ **크리프 곡선** : 시간에 따른 신장량의 변화율은 세 번 변화하는데, 초기 신장 이후의 구간을 1차 크리프, 크리프 응력이 작용해도 완만하게 신장하는 구간을 2차 크리프, 일정 시간 이후 급격히 파손으로 치닫는 3차 크리프 구간으로 나뉜다.

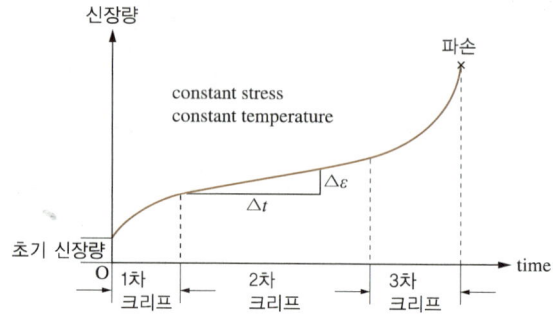

■ **축하중 선도**
- 작용력을 도선화하여 표현한 선도이다.
- 축의 끝부분이나 자중에 의한 힘 외에도 축의 중간 어디에선가 작용력이 있을 수 있다.
- 구조물의 내력을 시각적으로 표현하면 하중 집중과 분포를 쉽게 식별하여 안전성 평가에도 유리하다.

■ **축동력**

$$P = T[\text{N} \cdot \text{m}] \cdot \omega[\text{rad/s}] = T\omega[\text{J/s}] = T\omega[\text{W}]$$

$$T[\text{N} \cdot \text{m}] = 9.55 \frac{P[\text{W}]}{n[\text{rpm}]}$$

■ **바하의 축공식**
- 중실축의 지름

$$d = 12\sqrt[4]{\frac{H[\text{PS}]}{n}}\,[\text{cm}], \quad d = 13\sqrt[4]{\frac{H[\text{kW}]}{n}}\,[\text{cm}]$$

- 중공축의 지름 중 바깥지름

$$d = 12\sqrt[4]{\frac{H[\text{PS}]}{n(1-x^4)}}\,[\text{cm}], \quad d = 13\sqrt[4]{\frac{H[\text{kW}]}{n(1-x^4)}}\,[\text{cm}]$$

(여기서, x : 바깥지름에 대한 안지름의 비)

■ **스프링**
- 구조는 강선을 원통에 감아 놓은 형상이며, 단면은 원형이다.
- 인장 또는 압축력을 탄성을 이용해 흡수하거나 발현하는 작용이다.

■ 스프링에 작용하는 전단응력

- 하방 하중

$$\tau = \frac{4P}{\pi d^2} (\because P' = P)$$

- 신장에 의한 비틀림

$$\tau = \frac{8PD}{\pi d^3}$$

■ 스프링에 저장되는 탄성에너지

$$U = \frac{1}{2}P\delta = \frac{1}{2}k\delta^2 (\because P = k\delta, \; k : 스프링 상수)$$

■ 주요 단면의 단면적, 단면 2차 모멘트, 단면계수

단면	단면적(A)	중심의 거리(e)	단면 2차 모멘트(I)	단면계수(Z)
직사각형	bh	$\dfrac{h}{2}$	$\dfrac{bh^3}{12}$	$\dfrac{bh^2}{6}$
정사각형	h^2	$\dfrac{h}{2}$	$\dfrac{h^4}{12}$	$\dfrac{h^3}{6}$
마름모	h^2	$\dfrac{h}{2}\sqrt{2}$	$\dfrac{h^4}{12}$	$\dfrac{\sqrt{2}}{12}h^3$
삼각형	$\dfrac{bh}{2}$	$\dfrac{2}{3}h$	$\dfrac{bh^3}{36}$	$\dfrac{bh^2}{24}$
원	$\pi r^2 = \dfrac{\pi d^2}{4}$	$\dfrac{d}{2}$	$\dfrac{\pi d^4}{64}$	$\dfrac{\pi d^3}{32}$
중공 사각형	$b(H-h)$	$\dfrac{H}{2}$	$\dfrac{b}{12}(H^3 - h^3)$	$\dfrac{b}{6H}(H^3 - h^3)$
중공 정사각형	$A^2 - a^2$	$\dfrac{A}{2}$	$\dfrac{A^4 - a^4}{12}$	$\dfrac{1}{6}\dfrac{A^4 - a^4}{A}$
중공 마름모	$A^2 - a^2$	$\dfrac{A}{2}\sqrt{2}$	$\dfrac{A^4 - a^4}{12}$	$\dfrac{A^4 - a^4}{12A}\sqrt{2}$
중공 원	$\dfrac{\pi}{4}(d_2^2 - d_1^2)$	$\dfrac{d_2}{2}$	$\dfrac{\pi}{64}(d_2^4 - d_1^4)$	$\dfrac{\pi}{32}\left(\dfrac{d_2^4 - d_1^4}{d_2}\right)$

처짐, 처짐각, 곡률의 관계

처짐(δ)	처짐각(θ)	곡률$\left(\dfrac{1}{\rho}\right)$
↙ 미분 ↗ ↖ 적분 ↘		↙ 미분 ↗ ↖ 적분 ↘
—	$\theta = \dfrac{d\delta}{dx}$	$\dfrac{1}{\rho} = \dfrac{d^2\delta}{dx^2}$
$\delta = \dfrac{1}{EI}\iint M dx$	$\theta = \dfrac{1}{EI}\int M dx$	$\dfrac{1}{\rho} = \dfrac{M}{EI}$

보의 종류	처짐각(θ_{max})	처짐(δ_{max})
(캔틸레버 + 단부모멘트 M)	$\theta_{max} = \dfrac{ML}{EI}$	$\delta_{max} = \dfrac{ML^2}{2EI}$
(캔틸레버 + 단부하중 P)	$\theta_{max} = \dfrac{PL^2}{2EI}$	$\delta_{max} = \dfrac{PL^3}{3EI}$
(캔틸레버 + 등분포하중 w)	$\theta_{max} = \dfrac{wL^3}{6EI}$	$\delta_{max} = \dfrac{wL^4}{8EI}$
(단순보 + 단부모멘트 M_B)	$\theta_A = \dfrac{ML}{6EI}$, $\theta_B = \theta_{max} = \dfrac{ML}{3EI}$	$\delta_{max} = \dfrac{ML^2}{9\sqrt{3}\,EI}$ (at $x = \dfrac{L}{\sqrt{3}}$) $\delta_{centre} = \dfrac{ML^2}{16EI}$
(단순보 + 집중하중 P, $a+b=L$)	$\theta_{max} = \dfrac{Pab}{6EIL} \times (L+a)$ $a=b=L/2$이면 $\theta_{max} = \dfrac{PL^2}{16EI}$	$\delta^{centre}_{max} = \dfrac{PL^3}{48EI}$
(단순보 + 등분포하중 w)	$\theta_{max} = \dfrac{wL^3}{24EI}$	$\delta^{centre}_{max} = \dfrac{5wL^4}{384EI}$

카스틸리아노의 정리

- 탄성에너지(U)가 모멘트의 함수로 표시될 때, 임의의 지점에서의 모멘트값에 대해 편미분한 결과는 처짐각과 같다.
  $\theta = \dfrac{\partial U}{\partial M_i}$

- 탄성에너지(U)가 하중에 관한 함수로 표시될 때, 임의의 지점에서의 하중에 대해 편미분한 결과는 처짐량과 같다.
  $\delta = \dfrac{\partial U}{\partial P_i}$

부정정보의 처짐

구분				
반력	$R_A = \dfrac{Pb^2}{l^3}(3a+b)$, $R_B = \dfrac{Pa^2}{l^3}(3b+a)$	$R_A = R_B = \dfrac{P}{2}$	$R_A = R_B = \dfrac{wl}{2}$	$R_A = \dfrac{2wl}{9}$, $R_B = \dfrac{5wl}{18}$
$M_{\max}$	$M_A = \dfrac{-Pab^2}{l^2}$, $M_B = \dfrac{-Pba^2}{l^2}$, $M_C = \dfrac{2Pa^2b^2}{l^3}$	$M_{\frac{l}{2}} = \dfrac{Pl}{8}$	$M_{\frac{l}{2}} = \dfrac{wl^2}{24}$	$M_A = \dfrac{wl^2}{30}$, $M_B = \dfrac{wl^2}{20}$
$\theta_{\max}$	-	$\theta_{\frac{l}{4}} = \dfrac{Pl^2}{64EI}$	$\theta_{0.789l} = \dfrac{wl^3}{125EI}$	$\theta_{\sqrt{0.3}\,l} = 0.168wl^3$
$\delta_{\max}$	-	$\delta_{\frac{l}{2}} = \dfrac{Pl^3}{192EI}$	$\delta_{\frac{l}{2}} = \dfrac{wl^4}{384EI}$	$\delta_{\frac{-5+\sqrt{105}}{10}l} = 0.0013\dfrac{wl^4}{EI}$

■ **주평면** : 최대 주응력이 작용하는 면이다.

$$\tan 2\theta = \dfrac{-2\tau_{xy}}{(\sigma_x - \sigma_y)}$$

■ **모어원** : 부재에 작용하는 방향에 따른 응력을 좌표상에서 찾을 수 있도록 그린 원이다.

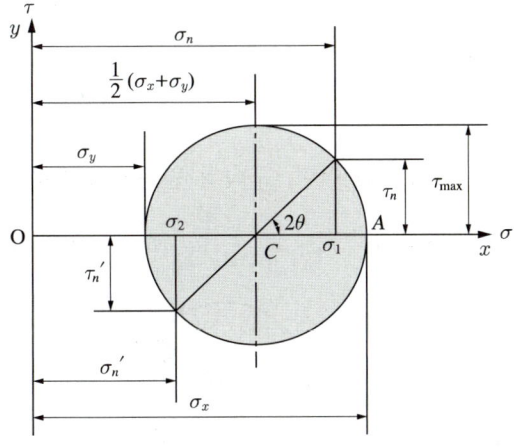

■ **조합하중** : 회전하는 얇은 링에 작용하는 응력이다.

$\sigma_{단면} = \rho V^2$

- **압력용기** : 보일러 탱크, 고압가스탱크, 유류탱크 등 내부 또는 외부의 압력을 받는 용기로 용기에 담기는 재료에 따라 내·외부에서 발생하는 압력, 제작재료의 재질, 두께, 무게를 고려하여 적절한 크기와 두께, 재질을 결정한다.

$$\sigma_1 = p\frac{d}{2t}, \ \sigma_2 = p\frac{d}{4t}$$

- **편심단주**

$$\bullet\ \sigma_{\max} = \frac{P}{A}\left(1 + \frac{ae_1}{I/A}\right) = \frac{P}{A}\left(1 + a\frac{e_1}{K^2}\right)$$

$$\bullet\ \sigma_{\min} = \frac{P}{A}\left(1 - \frac{ae_2}{I/A}\right) = \frac{P}{A}\left(1 - a\frac{e_2}{K^2}\right)$$

$$\left(\text{여기서, } K = \sqrt{\frac{I_z}{A}}\right)$$

- **오일러의 공식** : 좌굴현상에 대해 오일러(Euler)가 연구하여 좌굴현상을 설명하는 식을 오일러의 공식이라고 한다.

$$P_{cr} = n\pi^2 \frac{EI}{l^2}$$

(여기서, P_{cr} : 좌굴하중, n : 단말계수, 이 기둥의 회전점을 몇 개로 보느냐에 따라 정한 계수, I : 단면의 최소 회전 반경이 나오는 방향의 단면 2차 모멘트, E : 부재의 세로탄성계수)

- **등가속도 직선운동** : 가해지는 힘이 일정하여 가속도가 일정한 운동이다.

$$v^2 - v_0^2 = 2a\Delta s$$
$$s = s_0 + v_0 t + \frac{1}{2}at^2$$

- **원운동의 가속도** : 원운동에서의 위치는 $r\theta$이며, 구속된 원운동의 경우 r은 고정이므로 시간에 대한 변위는 $\dot{\theta}$가 되어 속도와 가속도의 크기는 $v = r\dot{\theta} = r\omega$, $a = \frac{v^2}{r} = r\dot{\theta}^2 = v\dot{\theta} = v\omega = r\omega^2$이다.

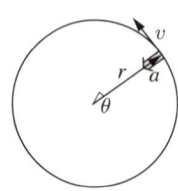

▎**뉴턴의 운동방정식** : 운동은 질점에 작용하는 힘의 합, 즉 합력에 의해 최종 운동이 표현된다.

$\sum F = ma$

▎**스프링이 한 일**

$\Delta U = -\frac{1}{2}k(x_2^2 - x_1^2)$

▎**곡선운동이 한 일**

$\Delta U = -\frac{1}{2}m(v_2^2 - v_1^2)$

▎**여러 물체의 회전 관성 모멘트**
- 가는 막대의 관성 모멘트
  - 끝점 기준 : $I_z = \frac{1}{3}ma^2$
  - 중점 기준 : $I_z = \frac{1}{12}ma^2$
- 원통의 관성 모멘트
  - 관통축 기준 : $I_O = \frac{1}{2}mR^2$
  - 직각축 기준 : $I_y = \frac{1}{4}mR^2 + \frac{1}{12}mL^2$
- 속이 찬 구의 관성 모멘트 : $I_O = \frac{2}{5}MR^2$
- 속이 빈 구의 관성 모멘트 : $I_O = \frac{2}{3}MR^2$

▎**회전운동에너지**

$T_{rot} = \frac{1}{2}I_z\omega^2$

▎**진동**
- 떨림현상을 정형화하여 물리적으로 나타낸 것이다. 스프링으로 대표하는 진동계를 통해 그 움직임을 표현할 수 있으며, 시간과 변위의 2차원 평면에서 주기함수로 나타낸다.
- 진폭은 진동의 크기를 나타내는 변수의 하나로, 진동을 파장으로 보았을 때 파장의 상한과 하한의 차이를 의미한다.

- 양진폭 : 진동을 파장으로 보았을 때 양의 피크(상한)와 음의 피크(하한)의 차이이다.
- 편진폭 : 진동을 파장으로 보았을 때 양의 피크(상한)와 0값의 차이, 진동량 절댓값 중 최댓값이다.
- 평균값 : 위 그림의 ⓑ에 해당하는 값으로, 정현파의 경우 진동량을 전부 합하여 그 기간 동안 평균은 $X_{ave} = \dfrac{2}{\pi} V_p$ 이다.

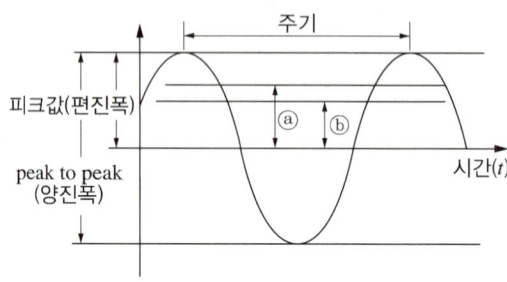

■ **맥놀이현상** : 인간의 귀로 맥(파장)의 노는 것이 들리는 현상으로, 각기 다른 파장들이 여러 가지 조건으로 합성되어 '웅~웅~'하며 일정한 파장을 이루어 생기는 현상이다.

$f_{맥놀이} = \sum f$ 또는 $f_1 - f_2 \cdots$

■ **진동을 위한 외력의 지속력에 따른 구분**
- 자유진동 : 지속적인 외력의 작용 없이 탄성계가 충격, 즉 외란을 받은 후 스스로 진동하는 현상이다.
- 강제진동 : 지속적인 외력을 받아 탄성계의 위치가 변하거나 가속도를 갖는 현상이다.

■ **진동 감쇠 마찰에 따른 구분**
- 비감쇠진동
  - 진폭이 감소하지 않는 진동이다.
  - 이론적 계산을 위해 감쇠가 없다고 가상·가정한 진동이다.
  - 감쇠의 양이 매우 적어 공학적 계산을 위해 감쇠를 무시한 진동이다.
- 감쇠진동
  - 진동하는 동안 마찰이나 저항으로 인하여 시스템의 에너지가 손실되는 진동이다.
  - 실제의 진동, 진동은 시간이 지남에 따라 진동의 감쇠가 발생한다.
  - 외력, 마찰에 의해 감쇠되는 진동이다.

■ **비감쇠 자유진동의 일반 해**

$x = C_1 e^{i\omega_n t} + C_2 e^{-i\omega_n t}$

- **단순조화운동** : 단순히 진폭을 시간에 따라 반복 왕복, 반복 진동하는 운동을 단순조화운동이라고 한다. 용수철에 매달린 물체, 등속 원운동의 그림자, 비틀림 진자의 각단순조화운동, 물리 진자의 운동처럼 시간에 따라 변위, 속도, 에너지가 변하는 가장 단순한 형태의 주기적인 운동이다.

$x(t) = A\cos(\omega t + \phi)$

- **대수 감소율** : 자유진동의 진폭이 감소되는 정도를 나타낸다. 어느 파장에 대해 다음 파장의 비를 자연로그를 이용하여 표현한다.

$\delta = \zeta\omega_n \dfrac{2\pi}{\omega_d} = \zeta\omega_n \dfrac{2\pi}{\sqrt{1-\zeta^2}\omega_n} = \dfrac{2\pi\zeta}{\sqrt{1-\zeta^2}}$

- **감쇠(damping)** : 진동의 진폭이 점차 감소해 가는 과정이다.
  - 감쇠의 종류
    - 점성 감쇠 : 감쇠력이 속도에 비례하는 감쇠이다.
    - 내부 마찰 : 히스테리시스 감쇠, 건마찰 감쇠, 유체 감쇠 등
  - 감쇠의 기능
    - 진동에너지의 전달을 감소시킨다.
    - 고유 진동수에 의한 공진 시 진동의 진폭이 감소한다.
    - 충격 시 진동이 감소한다.

- **동적 배율** : 정적 스프링 정수와 비교한 동적 스프링 정수의 비로, 방진고무의 정확한 사용을 위하여 고유 진동수를 구할 때 동적 배율을 고려한다.

$\alpha = \dfrac{K_d}{K_s} \rightarrow \dfrac{\delta_{st}}{\alpha} = \dfrac{W}{K_d}$

(여기서, K_d : 동적 스프링 상수, K_s : 정적 스프링 정수, δ_{st} : 방진물의 정적 수축량)

CHAPTER 04 열·유체 해석

- **외부일** : 열역학적인 일이란 시스템(계(界))과 주위(surround, 환경)의 상호작용에 의해 외부에 힘이 작용하여 하는 일을 의미하는데, 의미를 분명히 하기 위해 외부일(external work)로 나타낸다.

$$\int_1^2 \delta W = W_{12} = \int_1^2 P dV$$

- **유동일** : 개방시스템의 경우 시스템을 V_1, V_2처럼 한정할 수 없으므로 어느 한 지점 1을 두고, 그 지점을 단위시간에 통과하는 양(단위시간당 체적)을 계산하여 일량을 구한다.

$$\dot{w}_{flow} = \frac{P_1 A_1 V_1}{\rho A_1 V_1} = P_1 v_1$$

(여기서, V_1 : 지점 1에서의 속도, v_1 : 지점 1에서의 비체적, ρ : 유체의 질량, $\rho A V$: 유량)

- **비열** : 단위 질량을 1[K] 올리기 위해 대상물에 가해진 열량이다.

$$C_m = \frac{1}{T_2 - T_1} \int_{T_1}^{T_2} D dT$$

- **내부에너지** : 역학적 에너지와 전기적 에너지를 제외한 물질이 보유하고 있는 열에너지이다.

$$\Delta U = m \cdot Cv \cdot \Delta T$$

- **이상기체** : 보일-샤를의 법칙을 따르는 기체로, 이상적인 완전한 가스이다.

$$PV = nRT$$

 • 보일의 법칙 : 일정량의 기체가 등온을 유지할 때 압력과 부피는 서로 반비례한다.
 • 샤를의 법칙 : 일정한 부피의 기체는 온도가 상승하면 압력 또한 상승한다.

- **이상기체의 엔탈피** : 엔탈피는 내부에너지와 변화된 열에너지의 합이다.

$$h = u + Pv = u + RT$$

- **열역학 제1법칙** : 에너지 보존 법칙에 관한 내용으로, 계(system)의 내부에너지 변화는 계에 가해진 열과 계가 수행한 일의 차이를 나타낸다.

  $\Delta Q = \Delta U + \Delta W$

- **열역학 제2법칙** : 열과 일 사이의 에너지 이동의 방향성을 설명하는 법칙으로, 어떤 열기관도 100[%] 열효율을 내는 것은 불가능하다는 것을 설명한다.

  $\eta = 1 - \dfrac{TL}{TH}$ (카르노 효율)

- **카르노 사이클 선도**

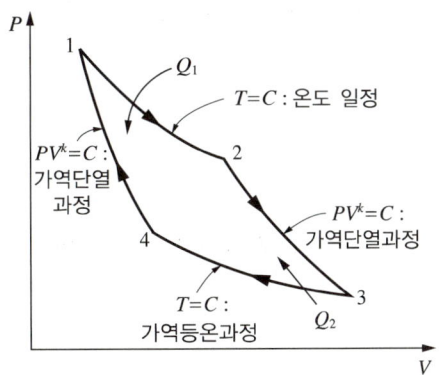

- **이상기체의 엔트로피**

  - $\int_1^2 TdS = U_2 - U_1 + \int_1^2 PdV$

  - $\int_1^2 TdS = H_2 - H_1 - \int_1^2 VdP$

- **각 상태별 엔트로피 변화 식**

  - 정적변화일 때 : $s_2 - s_1 = C_v \ln \dfrac{T_2}{T_1} = C_v \ln \dfrac{P_2}{P_1}$

  - 정압변화일 때 : $s_2 - s_1 = C_p \ln \dfrac{T_2}{T_1} = C_p \ln \dfrac{v_2}{v_1}$

  - 등온변화일 때 : $s_2 - s_1 = R \ln \dfrac{v_2}{v_1} = R \ln \dfrac{P_2}{P_1}$

  - 가역 단열변화일 때 : $s_2 - s_1 = 0$

- 폴리트로픽 변화일 때

$$s_2 - s_1 = C_v \ln \frac{T_2}{T_1} + R \ln \frac{v_2}{v_1}$$

$$= C_v \frac{n-\kappa}{n-1} \ln \frac{T_2}{T_1} = C_v \frac{n-\kappa}{n} \ln \frac{P_2}{P_1}$$

■ **오토사이클** : 가솔린 기관 또는 전기 점화 내연기관의 기본이 되는 이론사이클이다.

$$\eta_{otto} = 1 - \frac{Q_2}{Q_1} = 1 - \frac{T_1}{T_2} = 1 - \left(\frac{1}{\varepsilon}\right)^{\kappa-1} = 1 - \varepsilon^{1-\kappa}$$

■ **디젤사이클** : 압축과정 중 압축열을 이용하여 자연발화 연소하는 형태로, 폭발력 조절을 위해 연소 시 정압연소를 하므로 정압사이클이라고도 한다.

$$\eta_{thd} = \frac{q_{in} - q_{out}}{q_{in}} = 1 - \frac{C_v \Delta T_{out}}{\kappa C_v \Delta T_{in}} = 1 - \frac{T_4 - T_1}{\kappa(T_3 - T_2)} = 1 - \left(\frac{1}{\varepsilon}\right)^{\kappa-1} \left[\frac{\xi^\kappa - 1}{\kappa(\xi - 1)}\right]$$

■ **브레이턴 사이클** : 가스터빈의 이상적인 사이클로, 터빈의 날개차의 날개에 직접 연소가스를 분출시켜 회전일을 얻는 직접회전식 내연기관에 적용한다.

■ **랭킨사이클(증기사이클)** : 수증기 – 증기 – 냉각수 – 냉각수 열교환을 통해 열을 움직이는 사이클이다.

$$\eta_{rankine} = \frac{W_t}{Q_{in}} (여기서,\ W_t = \dot{W}_{터빈} - \dot{W}_{펌프})$$

■ **냉동능력**
- 냉동기가 단위시간당 증발기에서 흡입하는 열량이다.
- 냉동톤 : 0[℃] 물 1[ton]을 하루 동안 0[℃] 얼음으로 만드는 데 필요한 열량이다.
  - RT(냉동톤) : 1[RT]=1,000[kg] × 79.68[kcal/kg] /24[hr] = 3,320[kcal/h]
  - USRT(미국 냉동톤) : 1[USRT] = 0.9108[RT]

■ **대기압** : 대기압을 1기압으로 나타내면, 1[atm] = 760[mmHg] = 10.33[mAq] = 1.03323[kgf/cm^2] = 1.013[bar] = 1,013[hPa]

▌ Van der Waals의 상태 방정식

$$\left(P+\frac{a}{v^2}\right)(v-b)=RT$$

(여기서, P : 압력, v : 비체적, R : 기체상수, T : 온도, $\frac{a}{v^2}$: 분자 간 인력으로 인해 용기 벽에 작용하는 압력 감소, b : 분자 자신의 크기에 따른 배제체적)

▌ **열전도율** : 열은 전달 매개물질에 따라 전달되는 정도가 달라지는데, 이는 물질의 고유한 성질이며 단위길이에 단위온도를 전달할 때 필요한 에너지 형태로 나타낸다.

▌ **푸리에의 법칙** : 두 물체 사이에 단위시간에 전도되는 열량은 두 물체의 온도 차와 접촉된 단면적에 비례하고, 거리에 반비례한다. 단위시간을 Δt, 전도되는 열량을 ΔQ, 두 물체의 온도차를 ΔT, 접촉된 단면적을 A, 거리를 Δx라 하면

$$\frac{\Delta Q}{\Delta t}=-kA\frac{\Delta T}{\Delta x}$$

▌ **대류 열전달** : 물체의 표면에서 주변으로 열이 전달되는 형태로 공기, 수증기, 물 등 열전달매체의 운동에 의해 열을 전달한다.

$q=h\times A\times \Delta T$

(여기서, q : 열전달률, h : 대류 열전달계수, A : 접촉면적, ΔT : 온도차)

복사열 : $q=\sigma\varepsilon(T^4-T_0^4)$

▌ **뉴턴유체**
- 비압축성으로 간주한다.
- 관계곡선이 원점을 지나는 유체이다.
- 전단응력과 전단변형률의 관계가 선형적인 유체이다.
- $\tau=\mu\frac{du}{dx}$ 의 관계를 갖는 유체이다(여기서, μ : 점성계수).

▌ **무차원수** : 유체역학에서 물체 크기의 영향을 고려하지 않기 위해 단위를 제거한 수를 개발하여 유체역학 해석에 사용하는 수이다.

- **레이놀즈수(Reynolds number)** : 점성력에 대한 관성력의 비율로, 유체의 흐름을 파악하거나 층류 또는 난류를 판정할 때 사용한다.

$$Re = \frac{\rho v D}{\mu}$$

(여기서, Re : 레이놀즈수, ρ : 밀도, v : 속도, D : 특성 길이, μ : 점도)

- **마하수(Mach number)** : 유체의 유속 대비 음속의 비율이다.

$$Mach = \frac{v}{c}$$

- **크누센수(Knudsen number)** : 기체가 연속체 가정을 정의할 수 있지를 나타내며, 기체의 입자 간의 상호관계를 표현한다.

$$K_N = \frac{\lambda}{L}$$ (특성 길이 대비 평균 자유행로값의 비)

- **프루드수(Froude number)** : 수평 유동에서 중력의 영향에 따라 유동 형태의 변화를 판별한다.

$$F_r = \frac{V}{\sqrt{gL}}$$ (관성력과 중력의 비)

- **웨버수(Weber number)** : 관성력과 표면장력의 비로 나타내며, 웨버수에 따라 물방울의 모양을 설명한다. $We < 3$ 이면 표면장력이 커서 물방울이 깨진 모양을 갖지 않고, 350 이상이 되면 유체의 방울이 힘을 받았을 때 분무되는 형태로 퍼진다.

$$We = \frac{\rho V^2 L_c}{\sigma}$$

- **버킹엄의 π 정리** : 수학기호 π에서 유래되었으며, 어떤 수의 곱을 나타낸다는 의미이다. 어느 물리계가 n개의 변수와 관련 있고, 기본 차수가 m일 때, 독립 무차원 매개변수 π는 $n-m$개로 나타낼 수 있다.

- **전압력** : 유체 속에 잠긴 면 전체에 작용하는 압력으로, 전압력의 방향은 면에 수직이다.

$$P = pA$$

- **작용점의 깊이**

$$y_p = \frac{I_G}{\bar{y}A} + \bar{y}$$

(여기서, $\bar{y}$: 도형의 도심, I_G : 도형 도심에서의 단면 관성 모멘트, A : 도형의 면적)

- **표면장력** : 액체가 내부 응집력에 의해 그 부피를 최소로 하도록 표면을 잡아당기는 힘이다.

- **모세관현상** : 액체의 응집력과 담고 있는 용기와 액체 사이의 부착력의 차이로 생기는 현상이다.

- **베르누이의 정리** : 점성이 없고, 비압축성인 유체의 흐름을 에너지 보존의 관점에서 나타낸 정리이다.

  $$\frac{P_1}{\gamma} + \frac{V_1^2}{2g} + Z_1 = \frac{P_2}{\gamma} + \frac{V_2^2}{2g} + Z_2 = H$$

  (여기서, H : 전수두)

- **수력 기울기선** : 베르누이 정리를 가시적으로 보기 위해 유로관에 피토관을 설치하면, 그림의 EL(Energy Line)은 에너지선으로 동압수두를 고려한 총에너지 라인은 같고, HGL(Hydraulic Grade Line)은 수력 기울기선, 수력 구배선으로 유동하는 유체가 갖고 있는 힘의 구성을 볼 수 있는 라인이다.

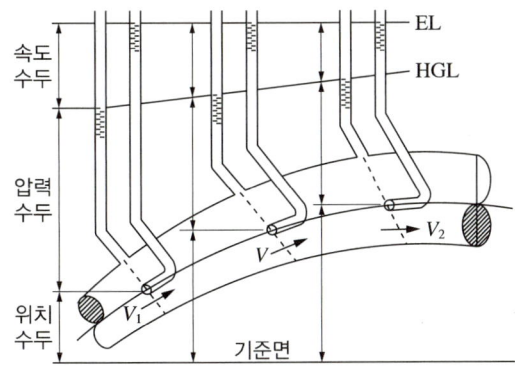

- **연속 방정식**
  - 연결되고 닫혀 있는 관에서 흐르는 유체는 단면 1을 통과한 질량과 단면 2를 통과한 질량은 같다.
  - 유체의 검사체적에 대한 질량 보존의 법칙에 해당한다.
    $$Q = A_1 V_1 = A_2 V_2$$

- **나비에-스토크스 방정식**
  - 뉴턴유체(newtonian fluid)의 응력-변형률 관계식에서 물질 - 시간도함수를 대입하여 연속 방정식으로 정리한 것이다.
  - 오일러의 운동 방정식을 3차원으로 나타내고, 점성력을 고려하여 나타낸 방정식이다.
    $$\left(\frac{\partial}{\partial t} + u\frac{\partial}{\partial x} + v\frac{\partial}{\partial y} + w\frac{\partial}{\partial z}\right) = f_y - \frac{1}{\rho}\frac{\partial p}{\partial y} + \frac{\mu}{\rho}\left(\frac{\partial^2 v}{\partial x^2} + \frac{\partial^2 v}{\partial y^2} + \frac{\partial^2 v}{\partial z^2}\right)$$

무한 평행 평판 사이의 유동

$$u = \frac{d'^2}{2\mu}\left(\frac{\partial p}{\partial x}\right)\left[\left(\frac{y}{d'}\right)^2 - \left(\frac{y}{d'}\right)\right], \quad V_m = \frac{d'^2}{12\mu}\left(\frac{\partial p}{\partial x}\right), \quad Q = \frac{d'^3 \Delta p}{12\mu L}$$

(여기서, μ : 점성, d' : 평판 간격, p : 압력, L : 간극 길이)

유동함수

유선에 대한 미분방정식 $\frac{dy}{dx} = \frac{v}{u}$ 에서 u와 v가 x와 y로 파악되는 함수일 때 이를 적분하여 $\psi(x, y) = c$ 형태를 유동함수라고 한다.

$$u = -\frac{\partial \psi}{\partial y}, \quad v = \frac{\partial \psi}{\partial x}$$

퍼텐셜 유동
: $\mu = 0$으로 가정한 유동으로, 속도 퍼텐셜은 유체의 속도벡터를 벡터유동과 스칼라 함수의 곱으로 구분하였을 때 스칼라 함수를 속도 퍼텐셜이라고 나타낸 것이다. ϕ를 속도 퍼텐셜이라 하고, 비회전유동은 속도 퍼텐셜로 나타낼 수 있으며, 퍼텐셜 유동이라고 한다.

$\nabla \times (\nabla b) = 0, \quad \nabla \times v = 0, \quad v = \nabla \phi$

$\therefore \nabla \times (\nabla \phi) = 0$

손실수두

손실은 여러 가지 방법 중 베르누이의 방식처럼 수두(水頭)의 손실로 설명하며, 이를 손실수두라 한다.

$$\frac{P_1}{\gamma} + \frac{V_1^2}{2g} + Z_1 = \frac{P_2}{\gamma} + \frac{V_2^2}{2g} + Z_2 + H_L$$

프루드의 상사법칙
: 실선과 모형선이 같은 프루드수를 갖는다면, 실선 대 모형비의 축척비를 갖는 동일한 파형을 만들어 낼 수 있다.

항력과 양력

- 유체 중에 놓인 물체가 받는 힘으로, 흐름이 있는 유체 또는 운동하는 물체가 유체 속에 있을 때 이 유체는 운동 방향의 반대 방향으로 저항이 발생하는데, 이를 항력이라 한다.
- 항력이 발생할 때 항력과 수직이 되는 방향의 힘을 양력이라고 한다.

$F = F_f + F_D$ (전항력 = 마찰항력 + 압력항력)

$$F_f = C_f \frac{1}{2}\rho V^2 \times A$$

(여기서, C_f : 마찰항력계수, V : 유체의 속도, A : 유체와 물체가 닿는 표면적)

■ **피토관** : 흐르는 유체의 속도를 측정하기 위한 기구이다.

$$V = \sqrt{2gH\left(\frac{\gamma_s}{\gamma} - 1\right)} = \sqrt{2gH\left(\frac{S_s}{S} - 1\right)}$$

■ **파스칼의 정리**

$$p = \frac{F}{A} = \frac{F_1}{A_1} = \frac{F_2}{A_2}$$

■ **음파의 속도**

$$\alpha = \sqrt{\frac{E}{\rho}}$$

(여기서, α : 음파의 속도, E : 체적 탄성률, ρ : 밀도)

■ **난류유동**

- 난류에서의 전단응력

$$\tau = \eta \frac{d\overline{u}}{dy}$$

(여기서, η : 와점성계수, $\overline{u}$: 시간에 대한 평균 유속)

- 난류에서 레이놀즈 응력

$$\tau = -\rho \overline{u'v'}$$

(여기서, $\overline{u'}, \overline{v'}$: 변동 성분요소의 시간에 대한 평균값, u, v방향을 곱하면 단면에 대한 밀도체적의 곱)

■ **운동량 보존의 법칙** : 제한된 시스템 내에서 외부력이 작용하지 않는 한 시스템의 총운동량은 변하지 않는다. 이 법칙은 유체의 압축성, 점성에 관계없이 적용되며, 유체기계 내의 운동에 관련된 힘, 동력을 계산하는 데 활용된다.

■ **충격량** : 물체에 가해지는 힘을 시간에 대해 적분한 양이다. 같은 힘이라도 작용된 시간에 따라 충격량은 달라진다.
충격량 = 힘 $\times \Delta$시간, $I = F \cdot ds [\text{N} \cdot \text{s} (\text{kg} \cdot \text{m/s})]$

■ **회전하는 유체** : 표면에서의 압력은 $p = p_0$ 일 때이므로 거리가 r_r 인 벽면의 표면에서 받는 압력은 $\rho g h_h = \frac{1}{2} \rho r_r^2 w^2$ 이다.

▌ 와도

- 유체의 소용돌이 정도, 유체 입자의 회전 정도를 나타내는 것으로, 순환도(circulaion)를 순환면적으로 나누는 개념이다.
- $\omega = \frac{1}{2}(\nabla \times V)$ 에서 $(\nabla \times V)$ 부분을 ζ로 나타내어 와도라고 한다.

▌ 전양정 : 흡입양정 + 배출양정 + 손실수두

▌ 수동력 : 펌프 내의 회전자의 회전에 의해 펌프를 통과하는 유체에 주어지는 동력이다.

$$L_w = \frac{\gamma QH}{75}[\text{PS}] = \frac{\gamma QH}{102}[\text{kW}]$$

(여기서, $L_w = \rho g QH\,(\rho : 1{,}000[\text{kg/m}^3])$, H : 전양정[m], Q : 배출량[m³/s], γ : 비중량[kgf/cm³])

핵심이론

#출제 포인트 분석　　#자주 출제된 문제　　#합격 보장 필수이론

CHAPTER 01	기계제도 및 설계	회독 CHECK 1 2 3
CHAPTER 02	기계재료 및 제작	회독 CHECK 1 2 3
CHAPTER 03	구조 해석	회독 CHECK 1 2 3
CHAPTER 04	열·유체 해석	회독 CHECK 1 2 3

CHAPTER 01 기계제도 및 설계

핵심이론 01 | 기계요소

① 기계요소
  ㉠ 기계를 구성하는 공통적인 기본 부품이다.
  ㉡ 복잡한 기계를 구성하는 최소 단위이다.

② 기계요소의 분류
  ㉠ 체결(결합)용 기계요소 : 두 개 이상의 기계 부품을 결합하거나 고정할 때 사용하는 기계요소(예 나사, 핀, 키 등)
  ㉡ 동력 전달(전동)용 기계요소 : 동력이나 운동을 전달할 때 사용하는 기계요소(예 마찰차, 기어, 벨트와 벨트 풀리, 체인과 스프로킷 등)
  ㉢ 축용 기계요소 : 회전체의 중심을 고정하거나 축을 받쳐 줄 때 사용하는 기계요소(예 축, 베어링, 클러치 등)
  ㉣ 제어용 기계요소 : 기계의 제동 또는 진동의 완충에 사용하는 기계요소(예 브레이크, 스프링 등)
  ㉤ 관용 기계요소 : 기체나 액체를 수송할 때 사용하는 기계요소(예 관, 밸브, 관이음 등)

10년간 자주 출제된 문제

다음 중 기계의 제동 또는 진동을 잡아 주는 기계요소는?
① 관용 기계요소
② 축용 기계요소
③ 제어용 기계요소
④ 동력 전달용 기계요소

정답 ③

핵심이론 02 | 도면의 기초

① 도면이 구비하여야 할 기본 요건(KS A 0005)
  ㉠ 대상물의 도형과 함께 필요로 하는 크기, 모양, 자세, 위치의 정보를 포함하여야 하며, 필요에 따라서 면의 표면, 재료, 가공방법 등의 정보를 포함하여야 한다.
  ㉡ ㉠의 정보를 명확하고 이해하기 쉬운 방법으로 표현하고 있어야 한다.
  ㉢ 애매한 해석이 생기지 않도록 표현상 명확한 뜻을 가져야 한다.
  ㉣ 기술의 각 분야 교류의 입장에서 가능한 한 넓은 분야에 걸쳐 정합성과 보편성을 가져야 한다.
  ㉤ 무역 및 기술의 국제 교류의 입장에서 국제성을 가져야 한다.
  ㉥ 마이크로 필름 촬영 등을 포함한 도면의 복사 및 보존, 검색, 이용이 확실하게 되도록 내용과 양식을 구비하여야 한다.

② 도면의 양식
  ㉠ 표제란(KS B ISO 7200 참조)
    • 표제란에 반드시 들어가야 할 내용 : 법적 소유자, 식별번호, 발행 일자, 시트번호, 제목, 승인자, 작성자, 문서형식
    • 표제란에 들어가야 할 내용 옵션 : 개정 표시, 시트수, 언어 부호, 보조 제목, 주관부서, 기술 책임, 분류/키워드, 문서 상태, 쪽 번호, 전체 쪽수, 용지 크기

ⓒ 도면의 크기, 경계와 윤곽

(단위 : [mm])

크기의 호칭		A0	A1	A2	A3	A4
a×b		841×1,189	594×841	420×594	297×420	210×297
도면의 윤곽 (최소)	c(최소)	20	20	10	10	10
	d 철하지 않을 때	20	20	10	10	10
	철할 때	20	20	20	20	20

ⓒ 재단마크 및 중심마크
- 재단마크

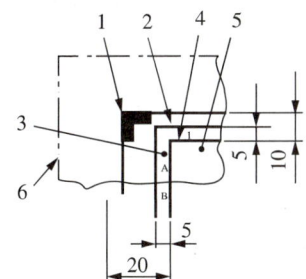

1. 재단마크
2. 재단용지
3. 구역 표시
4. 구역 표시 경계선
5. 제도영역
6. 재단하지 않은 용지의 가장자리

- 중심마크 : 도면을 다시 만들거나 필름으로 만들 때 위치를 잘 잡기 위하여 길이 10[mm], 두께 0.7[mm]의 굵은 실선을 네 곳에 그린다.

ⓔ 도면의 구역
- 각 구역은 용지의 위쪽에서 아래쪽으로는 대문자로 표시하고, 왼쪽에서 오른쪽으로는 숫자로 표시한다.
- 오인을 방지하기 위해 영문자 I와 O는 사용하지 않는다.
- 한 구역의 길이는 재단된 용지 대칭축(중심마크)부터 50[mm]이다.

③ 가급적 원도는 접지 않는다. 복사한 도면을 접을 때는 표제란이 보이도록 접고, 보관의 용이성을 고려하여 A4 크기로 접는다.

④ 도면의 종류
ⓐ 사용 용도에 따른 분류 : 주문도, 견적도, 승인도, 계획도, 제작도(공정도, 시공도, 상세도 등), 설명도

ⓑ 내용에 따른 분류 : 스케치도(본뜨기, 사진 촬영, 프린트 등), 조립도, 부품도, 구조도, 배치도, 장치도, 실측도

ⓒ 표현형식에 따른 분류 : 외관도, 전개도, 곡면선도, 계통선도(플랜트 공정도, 접속도, 배선도, 배관도, 계장도 등), 입체도

⑤ 척도 : 대상물의 실제치수와 도면에 표시한 대상물의 비율

ⓐ 종류
- 현척 : 같은 비율로 그린다.
- 축척 : 도면에 더 작게 그린다.
- 배척 : 도면에 더 크게 그린다.

ⓑ 척도의 표시방법

종류	척도			종류
배척	50:1 20:1 10:1 5:1 2:1			실물 크기보다 크다.
현척	1:1			실물 크기와 같다.
축척	1:2 1:5 1:10 1:20 1:50 1:100 1:200 1:500 1:1,000 1:2,000 1:5,000 1:10,000			실물 크기보다 작다.

10년간 자주 출제된 문제

2-1. 다음 중 도면이 갖추어야 할 요건으로 옳지 않은 것은?

① 도면에 그려진 투상이 너무 작아 애매하게 해석될 경우에는 아예 그리지 않는다.
② 도면에 담긴 정보는 간결하고 확실하게 이해할 수 있도록 표시한다.
③ 도면은 충분한 내용과 양식을 갖추어야 한다.
④ 도면에는 제품의 거칠기 상태, 재질, 가공방법 등의 정보도 포함하고 있어야 한다.

2-2. 실물에서 한 변의 길이가 25[mm]일 때, 척도 1:5인 도면에서 그 변이 그려진 길이와 그 변에 기입해야 할 치수를 순서대로 옳게 나열한 것은?

① 길이 5[mm], 치수 5
② 길이 5[mm], 치수 25
③ 길이 25[mm], 치수 5
④ 길이 25[mm], 치수 25

10년간 자주 출제된 문제

2-3. 다음 중 도면의 양식에 반드시 표시하지 않아도 되는 항목은?
① 표제란
② 그림영역을 한정하는 윤곽선
③ 비교 눈금
④ 중심마크

2-4. 다음 중 도면의 내용에 따른 분류가 아닌 것은?
① 부품도
② 전개도
③ 조립도
④ 부분 조립도

2-5. 도면에서 표제란에 기록하는 사항으로 거리가 먼 것은?
① 도면번호
② 도면의 크기
③ 도명
④ 작성 일자

2-6. 기계제도의 기본 원칙에 어긋나는 것을 보기에서 모두 고른 것은?

보기
a. 도면을 보관하기 위해 표제란이 보이도록 A4 크기로 접었다.
b. 도면에 윤곽선, 표제란, 중심마크를 반드시 그려 넣어야 한다.
c. 실제 크기보다 2배 크기로 그림을 그려서 척도를 1:2로 기입했다.
d. 문장은 위에서 아래로 세로쓰기를 원칙으로 한다.

① a, b
② b, c
③ c, d
④ a, d

2-7. 도면 양식에서 용지를 여러 구역으로 나누는 구역 표시를 할 때 세로 방향으로는 대문자 영어로 표시한다. 이때 사용해서는 안 되는 문자는?
① A
② H
③ K
④ O

| 해설 |

2-1
투상도가 너무 작아 애매한 경우에는 상세도를 그린다.

2-2
문제의 척도는 축척이다. 도면에는 실제 길이의 1/5로 그리고, 치수는 제작할 치수로 기입한다.

2-3
표제란, 도면 크기나 윤곽, 재단마크/중심마크, 구역 표시는 반드시 표시하여야 하는 항목이다.

2-4
전개도는 표현형식에 따른 분류이다.
내용에 따른 분류 : 스케치도, 조립도, 부품도, 구조도, 배치도, 장치도, 실측도

2-5
도면의 크기는 KS에 규정하지 않았고, 용지의 크기는 옵션으로 기재하기도 한다.

2-6
c. 1:2는 축척으로 실물의 1/2로 그렸다는 의미이다.
d. 문장은 가로쓰기를 원칙으로 한다.

2-7
영문자 O와 I는 숫자 0, 1과 혼동 가능성이 있어 사용하지 않는다.

정답 2-1 ① 2-2 ② 2-3 ③ 2-4 ② 2-5 ② 2-6 ③ 2-7 ④

핵심이론 03 | 도면에서 선의 사용

① 선의 종류

종류	명칭	용도에 따른 명칭
———————	굵은 실선	외형선
———————	가는 실선	치수선 치수보조선 인출선 회전단면선 (작은)중심선 수준면선 평면 지시선
— — — — —	파선 (가는 파선, 굵은 파선)	숨은선
—·—·—·—	가는 1점 쇄선	중심선, 기준선, 피치선
—·—·—·—	굵은 1점 쇄선	기준선, 특수 지정선
—··—··—··	가는 2점 쇄선	가상(상상)선
∼∼∼	파형의 가는 실선	파단선
⟋⟍⟋	지그재그선	–
⌐┘	가는 1점 쇄선으로 끝부분 및 방향이 바뀌는 부분을 굵게 한 것	절단선
/////	가는 실선으로 규칙적으로 나열한 것	해칭

명칭	용도	명칭	용도
외형선	물체가 보이는 부분의 모양을 나타내기 위한 선	숨은선	물체의 보이지 않는 부분의 모양을 나타내기 위한 선
치수선	치수를 기입하기 위한 선	중심선	도형의 중심을 표시하거나 중심이 이동한 궤적을 나타내기 위한 선
치수보조선	치수를 기입하기 위하여 도형에서 끌어낸 선	기준선	위치결정의 근거임을 나타내기 위한 선
지시선	각종 기호나 지시사항을 기입하기 위한 선	피치선	반복 도형의 피치를 잡는 기준이 되는 선
중심선	도형의 중심을 간략하게 표시하기 위한 선	가상선	가공 부분의 특정 이동 위치, 가공 전후의 모양, 이동 한계 위치 등을 나타내기 위한 선
수준면선	수면·유면 등의 위치를 나타내기 위한 선	무게중심선	단면의 무게중심을 연결한 선
파단선	물체의 일부를 자른 곳의 경계를 표시하거나 중간 생략을 나타내기 위한 선	해칭	단면도의 절단면을 나타내기 위한 선
특수 지정선	특별한 지시를 위해 특정영역을 표시한 선	평면 지시선	둥근 물체 중 평면 부분을 표시하기 위해 X자 대각선으로 나타낸 선

② 선의 우선순위

도면에서 두 종류 이상의 선이 같은 장소에서 중복되는 경우에는 외형선 > 숨은선 > 절단선 > 중심선 > 무게중심선 > 치수보조선 순으로 표시한다.

③ 선의 굵기(KS A ISO 128-2 참조)
  ㉠ 모든 종류의 선 굵기는 도면의 형식과 크기에 따라 다음 중 하나이어야 한다.
    • 0.13, 0.18, 0.25, 0.35, 0.5, 0.7, 1, 1.4, 2(단위 [mm])
  ㉡ 선의 넓은 굵기(아주 굵은 선), 보통 굵기(굵은 선), 좁은 굵기(가는 선)의 비는 4 : 2 : 1이다.
  ㉢ 선의 굵기는 서로 다른 굵기의 인접한 2개의 선 사이에 확실하게 구분된다면, 위의 규정에서 편차가 생길 수도 있다. 편차는 ±0.1d 이하이다.

10년간 자주 출제된 문제

3-1. 도면에서 두 종류 이상의 선이 같은 장소에서 겹치게 될 경우 표시되는 선의 우선순위가 높은 것부터 낮은 순서대로 나열되어 있는 것은?

① 외형선, 숨은선, 절단선, 중심선
② 외형선, 절단선, 숨은선, 중심선
③ 외형선, 중심선, 숨은선, 절단선
④ 절단선, 중심선, 숨은선, 외형선

3-2. 단면도의 절단된 부분을 나타내는 해칭선을 그리는 선은?

① 가는 2점 쇄선
② 가는 실선
③ 가는 파선
④ 가는 1점 쇄선

10년간 자주 출제된 문제

3-3. 가공 전 또는 가공 후의 모양을 표시하는 선은?
① 파단선　　② 절단선
③ 가상선　　④ 숨은선

3-4. 다음 그림과 같은 도면에서 치수 20 부분의 굵은 1점 쇄선 표시가 의미하는 것으로 가장 적합한 설명은?

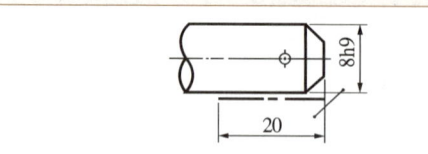

① 공차가 φ8h9 되게 축 전체 길이 부분에 필요하다.
② 공차가 φ8h9 부분은 축 길이 20 되는 곳까지만 필요하다.
③ 치수 20 부분을 제외하고 나머지 부분은 공차가 φ8h9 되게 가공한다.
④ 공차를 φ8h9보다 약간 작게 한다.

3-5. 다음 그림에서 가는 실선으로 나타낸 대각선 부분의 의미는?

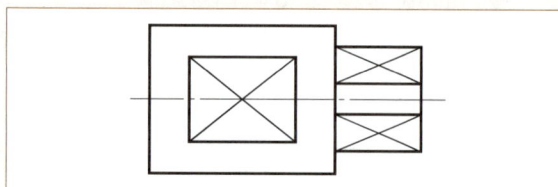

① 대각선으로 표시된 면이 구면임을 나타냄
② 대각선으로 표시된 면이 평면임을 나타냄
③ 대각선으로 표시된 면은 가공하지 않음을 표시함
④ 대각선으로 표시된 면만 열처리할 것을 표시함

3-6. 선의 종류와 용도에 대한 내용으로 틀린 것은?
① 굵은 실선 : 대상물이 보이는 부분의 모양을 표시하는 데 사용된다.
② 가는 1점 쇄선 : 중심이 이동한 중심 궤적을 표시하는 데 사용된다.
③ 가는 2점 쇄선 : 얇은 두께를 가진 부분을 나타내는 데 사용된다.
④ 굵은 1점 쇄선 : 특수한 가공을 하는 부분 등 특별한 요구 사항을 적용할 수 있는 범위를 표시하는 데 사용된다.

|해설|

3-1
도면에서 두 종류 이상의 선이 같은 장소에서 중복되는 경우에는 외형선 > 숨은선 > 절단선 > 중심선 > 무게중심선 > 치수보조선 순으로 표시한다.

3-2

가는 실선으로 규칙적으로 나열한 것을 해칭선이라 한다.
가는 실선은 치수선, 치수보조선, 인출선, 회전단면선, 수준면선 등에 사용한다.

3-3
가상선은 용도에 따른 명칭이며, 현재 위치하지 않은 그림을 그릴 때는 가는 2점 쇄선을 이용하여 가상선을 그린다.

3-4
굵은 1점 쇄선은 특수 지정선으로, 그 부분에 대하여 특수한 지시를 하는 경우에 부분을 표시한다.

3-5
물체 전반적으로 원형인 경우 정투상도로는 평면과 둥근 면을 구별할 수 없으므로 평면인 부분에 X자형 대각선을 그려 평면임을 표시한다.

3-6
얇은 두께를 가진 부분은 아주 굵은 실선을 이용하고, 가는 2점 쇄선은 가상선 등을 표현한다.

정답 3-1 ①　3-2 ②　3-3 ③　3-4 ②　3-5 ②　3-6 ③

핵심이론 04 | 좌표계와 투상법

① 좌표계
  ㉠ 직선(1차원), 평면(2차원), 공간(3차원)의 위치를 수치화하여 표현하기 위한 시스템이다.
  ㉡ 기준점(원점)을 하나 지정하고, 그 원점에 대해 각 방향으로 떨어진 거리를 표현하는 방식이다.
  ㉢ 2차원 도면에서는 주로 $x-y$ 좌표계 또는 $r-\theta$ 좌표계를 이용한다. $x-y$ 좌표계에서는 표현하고자 하는 위치를 원점에서 서로 직각인 수선을 긋고, 각 직선을 x축, y축으로 하여 원점에서 떨어진 위치를 각 수선의 위치로 나타낸다. 예를 들어, (5, -6)과 같은 형태로 표현한다. 극좌표계라고도 하는 $r-\theta$ 좌표계에서는 나타내고자 하는 위치의 거리와 기준이 되는 방향으로부터의 각도를 숫자(예 10, 35°)로 나타낸다.

② 투상법
  ㉠ 제1각법 및 제3각법 : 제1각법은 1면각 위에 물체를 올려놓고 보이는 면을 동그라미가 그려진 스크린에 투영하여 그린다. 제3각법은 3면각 위에 물체를 올려놓고 보이는 면을 동그라미가 그려진 스크린에 투영하여 그린다. 따라서 제1각법은 그림을 그리면 보이는 면이 상하좌우가 바뀌어서 표현되고, 제3각법은 보이는 대로 표현된다.

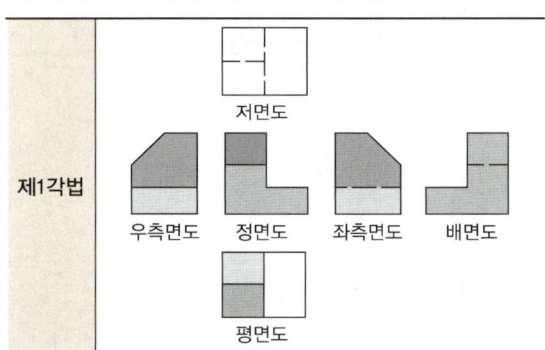

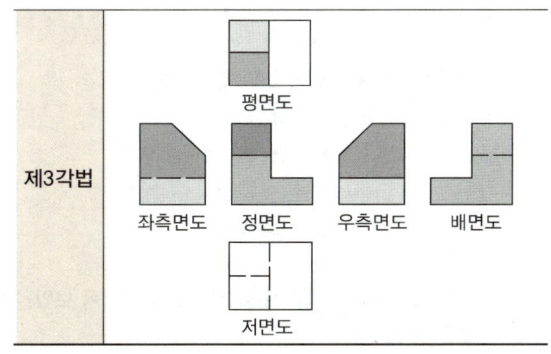

  ㉡ 기호

제1각법의 기호	제3각법의 기호

  ㉢ 투상도의 분류

투상의 분류				
평행투상				투시투상
투영선이 투상선에 수직이며 평행함				투상선이 시점에 모여짐
직각투상			사투상	1소점 투상	다소점 투상
정투상	축측투상			
	물체의 정면·평면·측면을 한 번에 볼 수 있도록 그린 투상		물체의 정면을 실제 치수로 그리고 한쪽으로 경사지게 그려 입체적으로 보이게 한 투상	투상선이 한 점에 모여짐	투상선이 두 점 이상의 점에 모여짐
	등각 투상	부등각 투상			
입체를 직면한 시선 방향에서 본 대로 그린 투상	보이는 세 직각 축이 120°로 그려지는 투상	보이는 세 직각 축이 120°가 아닌 각도로 그려지는 투상			

※ 정투상도를 가장 많이 사용하며, 정투상도를 제외한 모든 투상도를 특수투상도라고 한다.

10년간 자주 출제된 문제

4-1. 제1각법에 관한 설명으로 옳은 것은?
① 정면도 우측에 좌측면도가 배치된다.
② 정면도 아래에 저면도가 배치된다.
③ 평면도 아래에 저면도가 배치된다.
④ 정면도 위에 평면도가 배치된다.

4-2. 다음 그림과 같은 입체도를 화살표 방향에서 보았을 때 가장 적합한 투상도는?

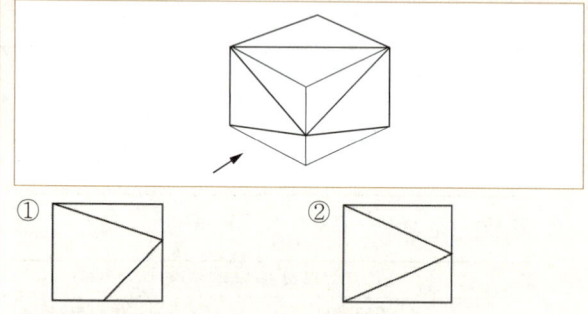

4-3. 다음 그림과 같은 정투상도의 입체도로 옳은 것은?

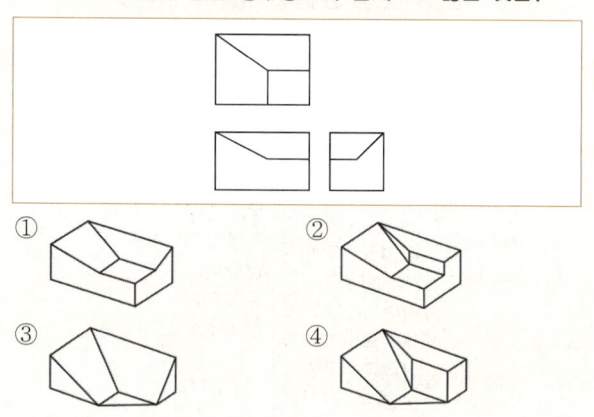

4-4. 다음 그림과 같은 입체도에서 화살표 방향이 정면일 때 평면도로 가장 적합한 것은?

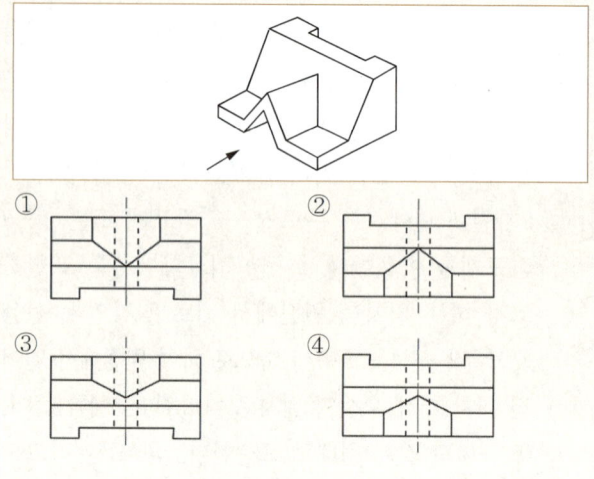

4-5. 제3각법으로 투상한 다음 그림과 같은 정면도와 우측면도에 가장 적합한 평면도는?

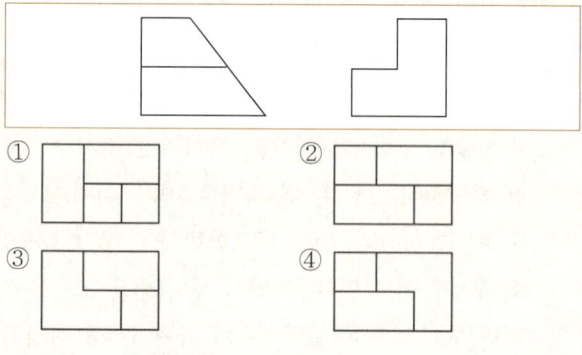

4-6. 그림과 같은 입체도에서 화살표 방향이 정면일 때 정투상법으로 나타낸 투상도 중 잘못된 도면은?

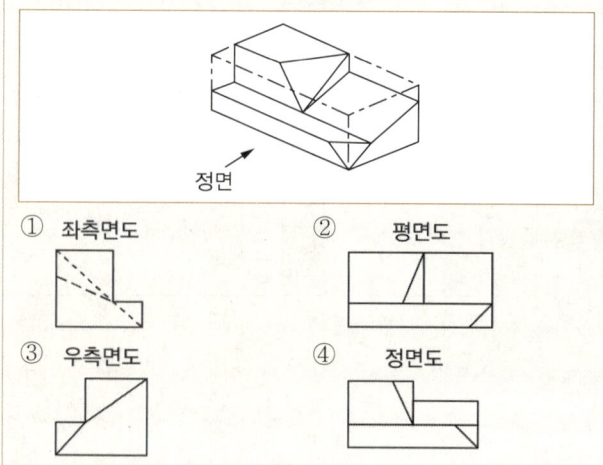

10년간 자주 출제된 문제

4-7. 다음 그림과 같은 입체도를 화살표 방향에서 본 투상도로 가장 적합한 것은?

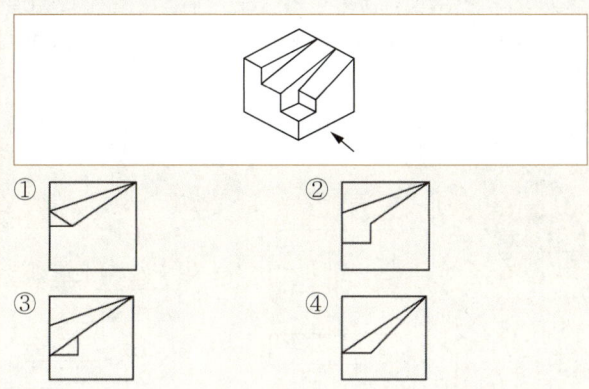

4-8. 다음 그림과 같이 절단된 편심원뿔의 전개법으로 가장 적합한 것은?

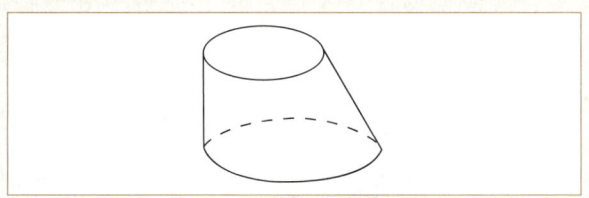

① 삼각형법 ② 동심원법
③ 평행선법 ④ 사각형법

4-9. 다음 그림과 같은 입체도에서 화살표 방향이 정면일 경우 제3각법으로 투상한 도면으로 가장 적합한 것은?

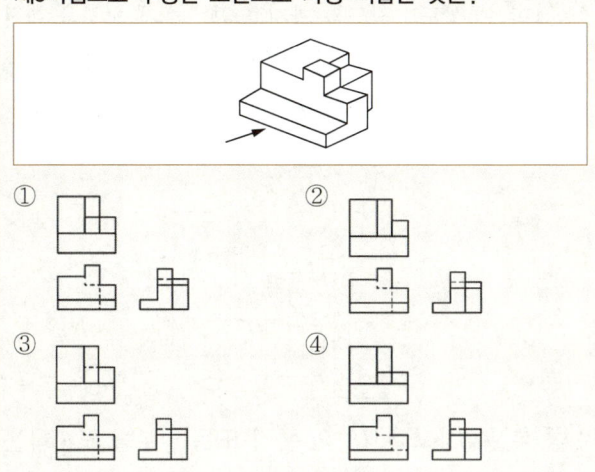

해설

4-1

제1각법은 정면도를 기준으로 하여 투상도의 배치가 제3각법과 반대이다.

4-2

평면도, 우측면도 등도 모두 투상도이기 때문에 투상도가 정면도라고 표기되었으면 더 정확했을 것이다. 화살표를 정면으로 두면 보이는 면의 우측에 변이 만나는 꼭짓점이 생기는 것을 알 수 있다.

4-3

정면도만으로도 입체도를 알 수 있다. 정면도의 중심부 정도에 가로선이 있는 5각형과 4각형만이 생기는 도형은 ①이다.

4-4

평면도는 화살표 방향의 위에서 본 투상도이다. ①과 ③은 뚫린 부분이 하단이어서 적합하지 않다. ②와 ④의 차이는 가운데에 모서리 5개가 만나느냐 만나지 않느냐로 구분하여야 한다. 도형을 우측에서 보면 기울어져 있고, ∧자 부분이 중간에서 돌출되어 있으므로 모서리가 만나지 않는다.

4-5

다음 그림과 같은 입체도가 나오게 된다.

4-6

우측면도는 다음과 같이 나타내야 한다.

4-7

시선의 가까운 곳부터 머릿속으로 그림을 그려 가며 투상도를 그려 본다. 화살표 방향에서 보이는 것은 다음과 같다.

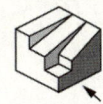

| 해설 |

4-8
전개도의 전개방법
- 평행선을 이용하는 방법 : 각종 각기둥과 원기둥에 적합한 방법
- 방사선을 이용하는 방법 : 각종 각뿔과 원뿔에 적합한 방법
- 삼각형을 이용하는 방법 : 꼭짓점이 먼 각뿔, 원뿔, 절단된 편심 원뿔 등을 삼각형으로 분할하여 그리는 방법

4-9
등각투상도에서 정투상법으로 표현할 때는 보이는 대로 외형선을 표시하고, 가려져서 보이지 않는 외형은 숨은선으로 표시한다. ②는 평면도의 솟은 부분의 외형선이 없다. ③은 평면도에서 솟은 부분이 숨은선이 아닌 외형선으로 표시되어야 한다. ④는 정면도에서 숨은선 부분이 바닥까지 연결되어야 한다.

정답 4-1 ① 4-2 ② 4-3 ① 4-4 ④ 4-5 ④
     4-6 ③ 4-7 ② 4-8 ① 4-9 ①

핵심이론 05 | 투상도와 단면도

① 투상도

㉠ 보조투상도 : 경사면이 있는 제품의 실제 모양을 투상할 때 보이는 전체 또는 일부분만을 나타내는 것이다.

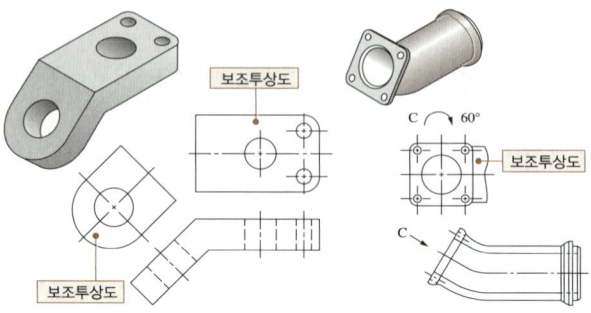

㉡ 국부투상도 : 제품의 구멍, 홈 등과 같이 특정한 부분의 모양을 나타내는 것으로 충분한 경우에 제도하며, 관계를 표시하기 위해 중심선, 치수보조선 등을 연결한다.

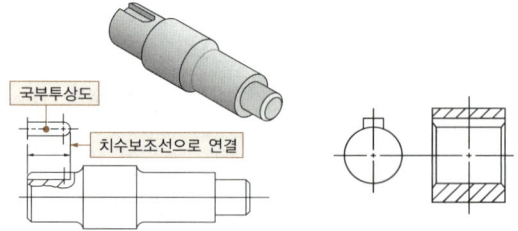

㉢ 회전투상도 : 각도를 가지고 있는 실제 모양을 회전해서 실제 모양을 나타내며, 잘못 볼 우려가 있는 경우에는 작도에 사용한 가는 실선을 남겨 표시한다.

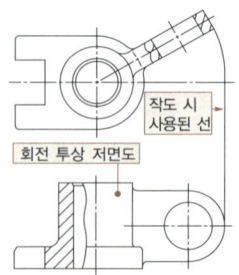

㉣ 부분투상도 : 모양의 특징 또는 일부를 도시하는 것으로 충분한 경우, 부분 투상을 도시한 경우, 대칭인 경우 등 모양을 전체 도시하지 않고 표현한 투상도이다.

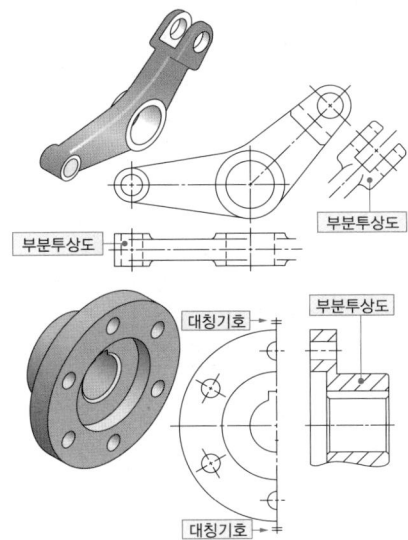

ⓜ 부분확대도 : 자세하게 나타내고 싶은 부분을 가는 실선으로 에워싸고 영문 대문자로 지시하고 확대한다.

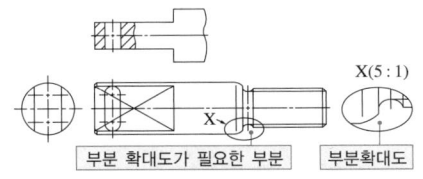

ⓗ 대칭 모양의 제품투상도는 대칭 부분을 생략한다.

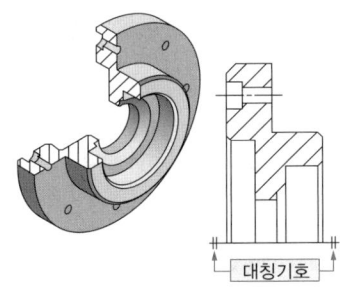

ⓢ 특정 모양이 반복되어 잘못 볼 우려가 있는 경우에는 반복을 생략한다.

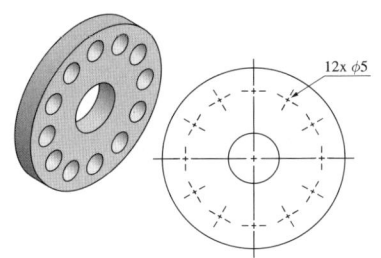

ⓞ 제품이 긴 경우 파단선으로 제품을 줄여 표현한다.

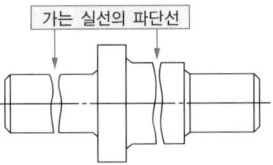

ⓙ 원통축 중간 및 끝 면의 평면 투상의 경우에 가는 실선으로 대각선을 긋는다.

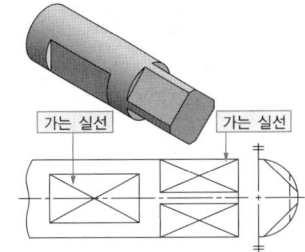

ⓒ 가공에 사용하는 공구 등의 모양을 투상할 때는 가상으로 그리므로 2점 쇄선으로 공구 모양을 그린다.
ⓚ 투상도의 숨은선이 오히려 헷갈리는 경우에는 숨은선을 생략한다.
ⓔ 절단면 뒤의 선에 대해 이해가 가능한 경우에는 생략한다.

② 단면도
 ⓐ 투상으로부터 밖으로 이동된 단면도는 가급적 가까운 곳에 위치하도록 하여 가는 1점 쇄선으로 연결하여 제도한다.
 ⓛ 온단면도는 전체를 절단하여 그린 단면도이다.
 ⓒ 한쪽단면도는 중심선을 기준으로 단면하여 안쪽과 겉모양을 동시에 볼 수 있게 나타낸다.
 ⓔ 부분단면도는 필요한 부분만 파단선으로 잘라내어 단면도를 제도한다.
 ⓜ 회전단면도는 절단한 단면의 모양을 90° 회전시켜서 투상도의 안이나 밖에 그리는 단면도이다.
  • 핸들, 벨트풀리, 기어 등의 암, 림, 리브, 훅, 축, 구조물에 사용하는 형강 등이 대상이다.
  • 길이가 긴 제품은 파단선으로 중간을 생략하고 그 사이에 굵은 실선으로 회전단면도를 그린다.

• 투상도 밖으로 끌어내는 회전투상도는 가는 1점 쇄선으로 절단면 위치를 표시하고 굵은 1점 쇄선으로 한계를 표시하여 굵은 실선으로 긋는다.

5-4. 투상도법에서 다음 그림과 같이 경사진 부분의 실제 모양을 도시하기 위하여 사용하는 투상도의 명칭은?

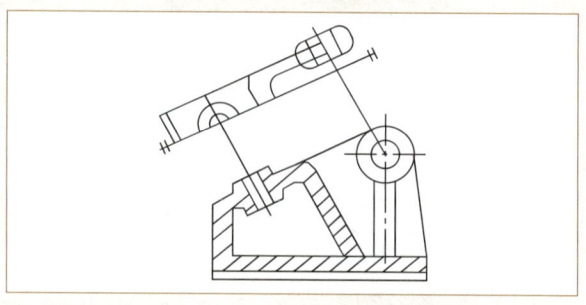

① 부분투상도 ② 국부투상도
③ 부분확대도 ④ 보조투상도

10년간 자주 출제된 문제

5-1. 다음 그림의 조립도에서 부품 ⓐ의 기능 및 조립 시와 가공 시를 고려할 때 가장 적합하게 투상된 부품도는?

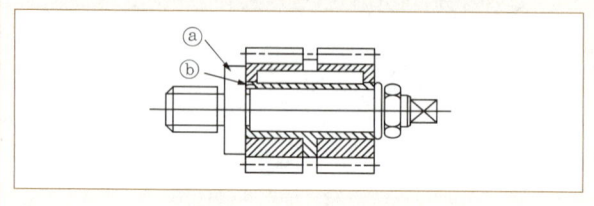

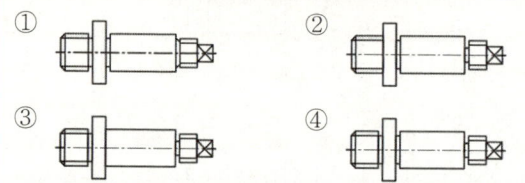

5-2. 다음 중 단면도의 분류에 있어서 종류가 다른 것은?

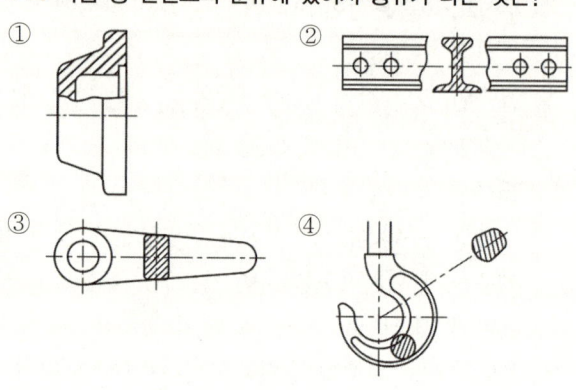

5-3. 다음 그림과 같이 나타난 단면도의 명칭은?

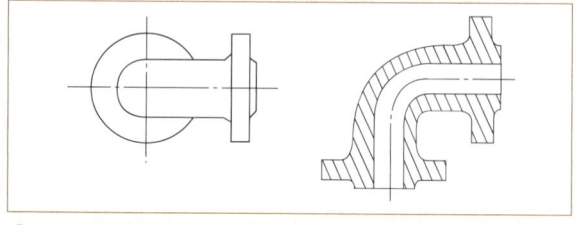

① 온단면도
② 회전도시단면도
③ 한쪽단면도
④ 부분단면도

|해설|

5-1

문제의 의도는 조립된 단면도를 그렸을 경우, 축으로 표시되는 부분은 해칭하지 않는다는 것과 너트와 연결되는 나사 부분의 제도를 정확히 읽을 수 있는지를 묻는 것이다.

5-2

① 부분단면도
②~④ 회전도시단면도
보기의 그림은 KS에서 사용한 도면으로, 단면도를 설명하기 위해서 자주 사용하므로 그림을 보고 단면도를 구분하는 것도 좋은 방법이다.

5-3

구부러진 관의 전체를 단면하여 도시하였다. 전체 단면을 한 것을 온단면도라 한다.

5-4

투상도
• 보조투상도 : 경사면이 있는 제품의 실제 모양을 투상할 때 보이는 전체 또는 일부분만 나타내는 것이다.
• 국부투상도 : 제품의 구멍, 홈 등과 같이 특정한 부분의 모양을 나타내는 것으로 충분한 경우 제도하며, 관계를 표시하기 위해 중심선, 치수보조선 등을 연결한다.
• 회전투상도 : 각도를 가지고 있는 실제 모양을 회전해서 실제 모양을 나타내며, 잘못 볼 우려가 있는 경우에는 작도에 사용한 가는 실선을 남겨 표시한다.
• 부분투상도 : 모양의 특징 또는 일부를 도시하는 것으로 충분한 경우, 부분투상을 도시한 경우, 대칭인 경우 등 모양을 전체 도시하지 않고 표현한 투상도이다.
• 부분확대도 : 자세하게 나타내고 싶은 부분을 가는 실선으로 에워싸고 영문 대문자로 지시하고 확대한다.

정답 5-1 ④ 5-2 ① 5-3 ① 5-4 ④

핵심이론 06 | 도형의 표시방법

① 절단면을 설치하는 원리

숨은선으로 표현하기 어려운 안쪽 형상을 명확하게 하기 위해 다음 그림과 같이 절단면을 떼어낸다.

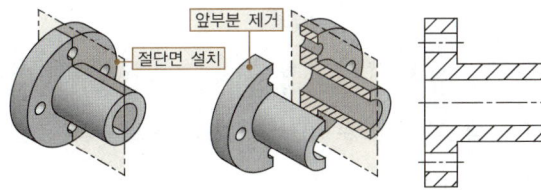

[절단면의 설치]　[앞부분을 잘라낸 모양]　[단면도]

② 절단면의 한계 표시

한계 표시는 다음 그림과 같이 투상도의 안쪽은 굵은 실선으로, 바깥 부분은 굵은 1점 쇄선으로 제도한다.

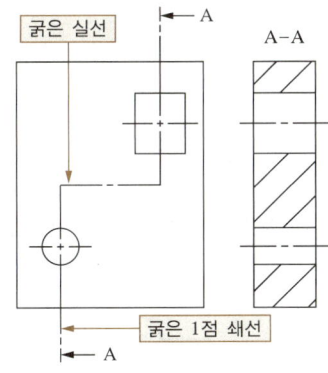

③ 해칭과 스머징

단면도에서 절단된 부분을 표시하기 위해 빗금으로 채우는 해칭을 하거나 스머징을 한다.

　㉠ 해칭은 45°의 가는 실선을 단면부의 면적에 따라 3~5[mm]의 등간격으로 표시하고, 스머징은 단면부의 전체를 색칠한다.

　㉡ 해칭과 스머징 시 치수, 문자 및 기호는 피하고, 해칭을 끊거나 스머징을 부분적으로 하지 않도록 한다.

　㉢ 엇갈린 단면, 즉 절단면에 서로 다른 단면이 있을 경우 경사선을 엇갈리게 그어 서로 단면임을 알 수 있도록 한다. 조립도에서는 이와 같은 경우가 많은데 이때는 큰 부품부터 작은 부품으로, 해칭면적이 큰 부분부터 작은 부분으로 방향을 엇갈리거나 간격을 조정하여 구분한다.

④ 개스킷이나 철판, 형강 등의 아주 얇은 제품을 외형선으로 그리면 외형선이 겹칠 뿐 내부 형상을 나타내기 힘들므로 단면한 면을 한 개의 아주 굵은 실선으로 긋는다.

⑤ 절단면의 안쪽 모양은 다음 그림과 같이 원통면 한계와 끝을 외형선으로 긋는다.

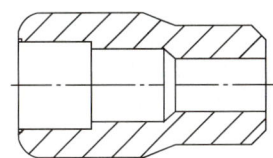

⑥ 절단면의 수에 따라 절단하는 방법은 다음과 같다.

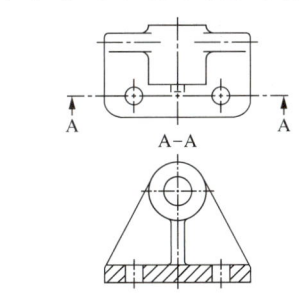

[한 개의 절단면]

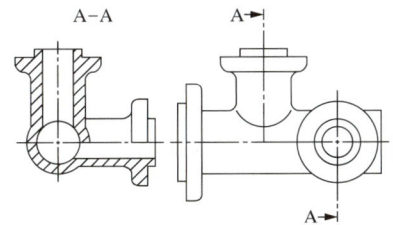

[두 개의 절단면]

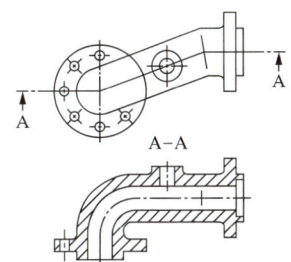

[세 개 또는 교차하는 절단면]

　㉠ 등간격을 가진 부분을 포함한 회전투상이 가능한 제품의 부품도는 애매함이 없다면 회전하는 것으로 간주한다.

ⓛ 투상도에서 밖으로 이동된 단면도는 절단면이 설치된 투상도에서 가까운 곳에 위치하게 하여 1점 쇄선으로 연결하여 표시한다.
⑦ 단면도를 연속 배열할 때는 이해하기 쉽도록 충분한 수의 투상도를 배열하고 절단면 뒤의 윤곽선, 가장자리의 투상선은 생략 가능하다.

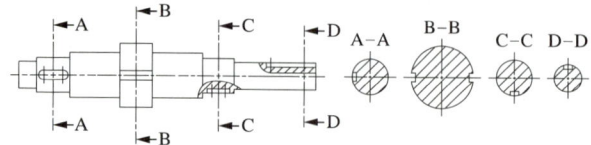

⑧ 절단해도 의미가 없는 축, 핀, 볼트, 너트, 와셔, 스크루, 리벳, 키, 강구, 원통 롤러 등이나 절단하면 더 헷갈리는 리브, 기어 암, 기어 이 등은 특수한 경우를 제외하고는 다음 그림과 같이 길이 방향으로 절단하지 않는다.

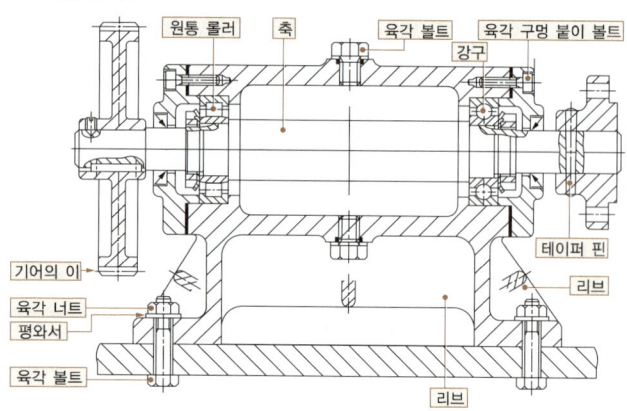

⑨ 가공 전후는 가상선(가는 2점 쇄선)을 이용하여 나타낸다.
⑩ 용접 부품의 용접부를 참고 표시할 필요가 있을 때
  ㉠ 용접 비트 크기만 표시한다(a).
  ㉡ 용접 구성 부재 겹침관계 및 용접의 종류와 크기를 표시한다(b).
  ㉢ 부재 겹침을 표시한다(c).

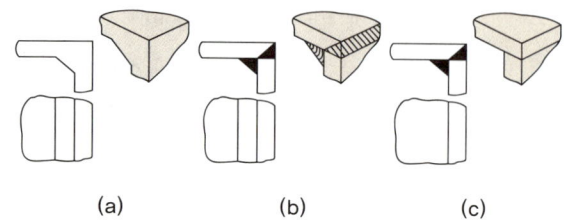

⑪ 널링과 무늬를 표시할 때는 널링, 무늬를 가공할 면에 특징을 일부 그려 넣는다.

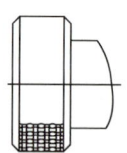

10년간 자주 출제된 문제

6-1. 다음 중 길이 방향으로 절단하지 않는 제품으로만 묶은 것은?
① 축, 볼트, 기어 암
② 볼트, 지그, 형판
③ 훅, 볼트, 리벳
④ 지그, 너트, 기어 암

6-2. 다음 중 일반적으로 길이 방향으로 단면하여 나타내도 무방한 것은?
① 볼트(bolt)
② 키(key)
③ 리벳(rivet)
④ 미끄럼 베어링(sliding bearing)

6-3. 다음과 같은 간략도의 전체를 표현한 것으로 가장 적합한 것은?

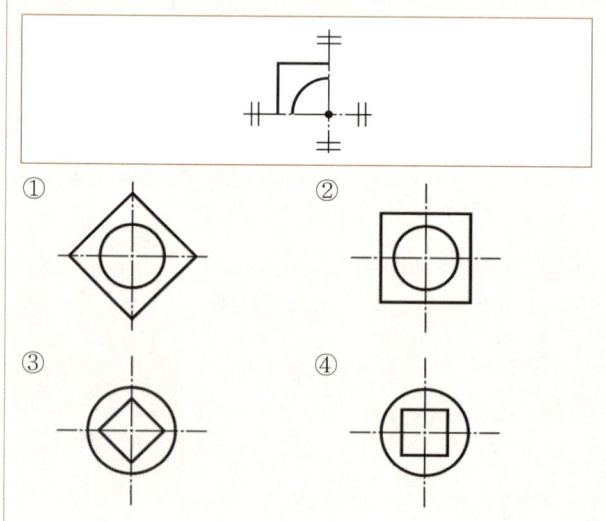

10년간 자주 출제된 문제

6-4. 단면의 표시와 단면도의 해칭에 관한 설명으로 옳은 것은?

① 단면 면적이 넓은 경우에는 그 외형선을 따라 적절한 범위에 해칭 또는 스머징을 한다.
② 해칭선의 각도는 주된 중심선에 대하여 60°로 하여 굵은 실선을 사용하여 등간격으로 그린다.
③ 인접한 다른 부품의 단면은 해칭선의 방향이나 간격을 변경하지 않고 동일하게 사용한다.
④ 해칭 부분에 문자, 기호 등을 기입할 때는 해칭을 중단하지 않고 겹쳐서 나타내야 한다.

6-5. 다음 투상도 중 KS 제도통칙에 따라 올바르게 작도된 투상도는?

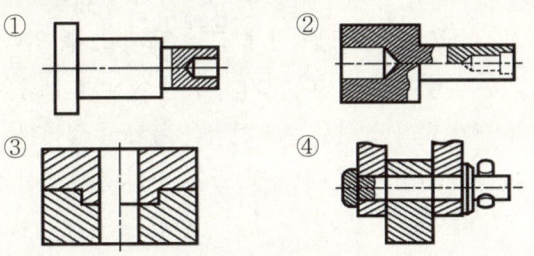

6-6. 다음과 같은 도면에서 플랜지 A부분의 드릴 구멍의 지름은?

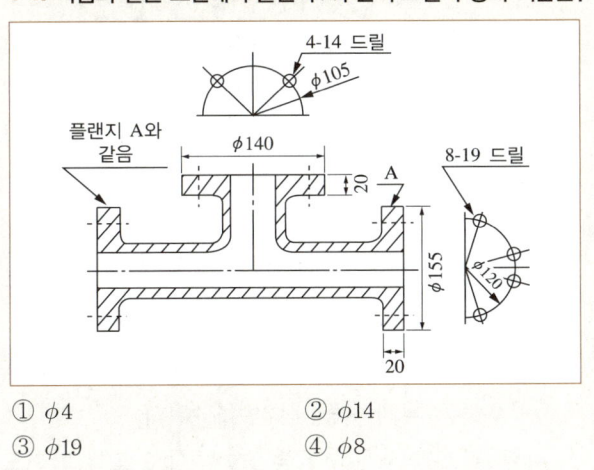

① ϕ4
② ϕ14
③ ϕ19
④ ϕ8

|해설|

6-1, 6-2

축, 핀, 볼트, 너트, 와셔, 스크루, 리벳, 키, 강구, 원통 롤러 등이나 절단하면 더 헷갈리는 리브, 기어 암, 기어 이 등은 길이 방향으로 절단하지 않는다.

6-3

대칭 모양의 제품의 투상도는 중심선 양끝에 '=' 표시를 하고 대칭 부분을 생략한다.

6-4

② 해칭선의 각도는 45°로 하고 가는 실선을 이용한다.
③ 인접한 다른 부품은 해칭선의 방향 등을 변경하여 구분한다.
④ 해칭 부분에 문자, 기호 등을 기입할 때는 겹치지 않게 한다.

6-5

② 부분 단면을 그릴 때 외형 부분은 숨은선으로 나사부를 표현하지 않는다.
③ 축이 관통하는 부분은 축이 있다고 여기고 숨은선이나 실선으로 외형을 표현하지 않는다.
④ 단면도와 축 부분을 그릴 때 축을 다시 그리는 것은 혼동을 줄 수 있어 적절하지 않다.

6-6

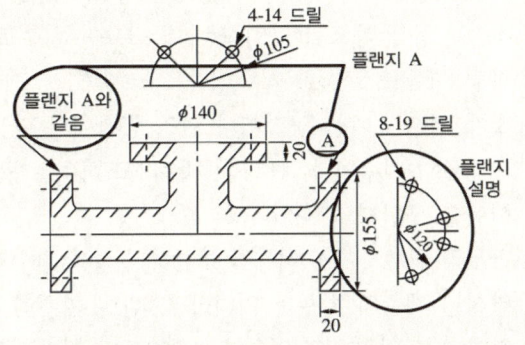

그림을 보면 플랜지 부분은 바깥지름이 155, 드릴 구멍의 중심을 이은 원의 지름이 120, 8개 뚫린 드릴 구멍의 지름은 19라고 표기되어 있다.

정답 6-1 ① 6-2 ④ 6-3 ② 6-4 ① 6-5 ① 6-6 ③

핵심이론 07 | 치수기입법

① 치수 기입의 원칙
  ㉠ 길이, 높이 치수의 지시 위치는 주로 정면도에 지시하며, 모양에 따라 평면도, 측면도 등에 지시할 수 있다.
  ㉡ 두께 치수는 주로 평면도나 측면도에 지시한다. 다만 부분적인 특징에 따라 다른 투상도에 지시할 수 있다.
  ㉢ 원기둥, 각기둥, 홈 구멍 등의 위치 중심을 기준으로 치수 지시하며, 정면도에 크기가 지시되면 위치 치수는 측면도나 평면도 등에 지시한다.
  ㉣ 면의 기울기, 원기둥, 각기둥, 홈, 구멍 등의 자세 치수는 가로, 세로의 치수나 각도로 지시한다.

② 치수 기입의 종류
  ㉠ 재료 치수 : 저장용 탱크, 다리, 건물 등의 철골 구조물 등을 제작하는 데 사용되는 강판, 형강, 각강, 관 등의 재료를 구입하는 데 필요한 치수로, 잘림 여유를 포함한 치수이다.
  ㉡ 소재 치수 : 주물 공장이나 단조 공장에서 만든 그대로의 치수이다. 반제품 치수라고 하며, 가공 여유를 포함한 치수이다.
  ㉢ 마무리 치수 : 가공 여유를 포함하지 않은 치수로 완성된 제품의 치수를 의미하며, 완성 치수라고 한다. 별도의 명시가 없으면 마무리 치수로 표시하며, 소재 치수를 마무리 치수와 함께 지시하고자 할 때는 가상선으로 지시할 수 있다.

③ 치수 지시
  ㉠ 관련 치수는 모아서 지시하고, 동시에 투상도와 대조 비교하여 읽기 쉽도록 지시 구역을 나누어 지시한다.
  ㉡ 치수는 제품 모양이 뚜렷한 투상도 또는 단면도에 지시해야 한다.
  ㉢ 치수 지시 요소에는 치수보조선, 치수선, 끝부분 기호(화살표), 기준 지점의 표시 및 기준 치수(치수값)가 있다.

④ 치수보조선
  ㉠ 치수보조선은 치수 지시를 위해 투상도로부터 치수를 지시할 위치까지 끌어낸 선으로 크기, 자세, 위치의 관계를 표시한다.
  ㉡ 투상도 밖으로 끌어내는 것이 읽기 곤란한 경우에는 외형선을 치수보조선으로 사용할 수 있다.
  ㉢ 치수보조선은 투상도의 외형선으로부터 치수선 굵기의 4배(1[mm])의 틈새를 두고 긋되 치수선을 약 2~3[mm] 지나도록 긋고, 같은 도면 내에서는 길이가 일정해야 한다.
  ㉣ 선과 점의 명확한 위치 표시를 위해서 양쪽 치수보조선을 60°로 평행하게 그어 표시할 수 있다.
  ㉤ 외형의 끝이 둥글거나 모따기가 된 형상 등 제품의 모양이 변화한 경우는 교차점을 2[mm] 넘어서도록 연장선을 긋고, 교차점으로부터 치수보조선을 긋는다.
  ㉥ 좁은 곳의 치수선은 밖으로 이끌어 내어 수평으로 긋고 그 위쪽에 치수를 지시한다. 이끌어 내는 쪽의 끝에는 아무것도 붙이지 않는다.
  ㉦ 모양의 특징과 면이 같은 경우, 즉 높이가 같은 면을 지시하기 위해서는 치수보조선 굵기의 4배만큼 외형선과 띄어서 치수보조선을 연결하여 긋는다.

⑤ 치수선
  ㉠ 제품의 길이가 길어서 투상도를 단축할 경우에는 실제 길이에 해당하는 치수를 지시해야 한다.
  ㉡ 한쪽 단면을 한 주투상도에서 지름을 지시할 때 치수선은 끝까지 긋지 않아도 된다.
  ㉢ 대칭기호를 사용하여 생략한 투상도 또는 단면도에 치수를 지시할 때 치수선은 끝까지 긋지 않아도 된다.
  ㉣ 치수 지시에 대한 기준 중심이 없거나 지시할 필요가 없을 때 치수선은 끝까지 긋지 않아도 된다.
  ㉤ 공간이 비좁은 경우에는 치수선을 한 방향으로 연장하여 그 위에 치수를 지시한다.

⑥ 지시선과 인출선
　㉠ 지시선은 치수와 함께 나사 치수, 가공방법 및 기호, 표면거칠기 기호 등 개별 주서를 지시하기 위해 사용한다.
　㉡ 지시선이나 인출선의 긋기 방향은 가급적 수평선을 기준으로 60°로 긋고, 오른쪽으로 필요한 길이만큼 긋는다.
　㉢ 원이나 암나사의 부품도에서 지시선을 사용할 때는 중심 방향으로 수평선으로부터 60° 꺾어서 긋는다.
　㉣ 인출선은 조립도, 부품도 등에서 지시와 설명을 위한 선으로, 그 끝에 0.7[mm], 1[mm] 점이나 화살표를 붙인다.

⑦ 끝부분 기호(화살표)
　㉠ 치수의 한계를 명확하게 하기 위해 치수선의 양 끝에 붙이는 기호로 화살표, 사선, 검고 둥근 점으로 나타낸다.
　㉡ 화살표는 끝이 열린 것, 끝이 닫힌 것, 빈틈없이 칠한 것이 있으며, 치수 한계가 명확하도록 빈틈없이 칠한 것을 사용하는 것이 좋다.
　㉢ 검고 둥근 점은 좁은 간격의 치수 지시에 사용하며, 지름 1.4[mm] 크기로 지시한다.
　㉣ 사선은 치수선의 45° 방향으로 치수 숫자의 선 굵기로 그으며, 좁은 간격의 치수 지시에만 사용한다.

⑧ 주서
　㉠ 주서는 문자기호나 문장으로 지시하며 개별 주서, 일반 주서로 나눈다.
　㉡ 개별 주서는 'A-A', 'A' 등, 투상도 위에 지시하는 것, 부품번호의 옆이나 아래에 지시하는 것 등으로 설명하고자 하는 가까운 곳에 지시한다.
　㉢ 일반 주서는 도면 전체에 내용을 설명하거나 지시할 때 사용하며, 표제란의 위쪽이나 가까운 곳에 지시한다.
　㉣ 일반 주서란의 제목은 주서 또는 주라고 지시하며, 그 크기는 치수나 개별 주서의 한 단계 위의 크기로 한다.
　㉤ 주서내용을 구성하는 문자, 숫자, 기호는 치수 크기로 한다.

10년간 자주 출제된 문제

7-1. 치수 기입의 원칙으로 옳지 않은 것은?
① 길이, 높이 치수의 지시 위치는 주로 정면도에 지시하며, 모양에 따라 평면도, 측면도 등에 지시할 수 있다.
② 두께 치수는 주로 정면도에 지시한다. 다만 부분적인 특징에 따라 다른 투상도에 지시할 수 있다.
③ 원기둥, 각기둥, 홈 구멍 등의 위치 중심을 기준으로 치수 지시하며, 정면도에 크기가 지시되면 위치 치수는 측면이나 평면도 등에 지시한다.
④ 면의 기울기, 원기둥, 각기둥, 홈, 구멍 등의 자세 치수는 가로, 세로의 치수나 각도로 지시한다.

7-2. 치수 기입방법에 대한 설명으로 옳지 않은 것은?
① 관련 치수는 투상도와 대조 비교하여 읽기 쉽도록 지시 구역을 나누어 지시하며 가급적 정면도, 평면도, 측면도에 나누어 지시한다.
② 제품의 길이가 길어서 투상도를 단축할 경우에는 실제 길이에 해당하는 치수를 지시해야 한다.
③ 치수 지시에 대한 기준 중심이 없거나 지시할 필요가 없을 때 치수선은 끝까지 긋지 않아도 된다.
④ 화살표는 끝이 열린 것, 끝이 닫힌 것, 빈틈없이 칠한 것이 있으며, 치수의 한계가 명확하도록 빈틈없이 칠한 것을 사용하는 것이 좋다.

|해설|

7-1
두께 치수는 주로 평면도나 측면도에 지시한다.

7-2
관련 치수는 모아서 지시하고, 동시에 투상도와 대조 비교하여 읽기 쉽도록 지시 구역을 나누어 지시한다.

정답 7-1 ② 7-2 ①

핵심이론 08 | 기하공차, 치수공차

① 기하공차의 종류

적용하는 형체	공차의 종류		기호
단독 형체	모양공차	진직도	─
		평면도	▱
		진원도	○
		원통도	⌭
단독 형체 또는 관련 형체		선의 윤곽도	⌒
		면의 윤곽도	⌓
관련 형체	자세공차	평행도	∥
		직각도	⊥
		경사도	∠
	위치공차	위치도	⌖
		동축도 또는 동심도	◎
		대칭도	⌯
	흔들림 공차	원주 흔들림 공차	↗
		온 흔들림 공차	↗↗

※ 관련 형체가 있는 공차의 경우, 데이텀 등의 기준이 주어져야 한다.

② 기하공차의 표시방법

㉠ 기하공차는 │//│0.011│A│ 등과 같이 표시하며 // 자리에는 공차기호, 0.011자리에는 공차값, A자리에는 데이텀(기준)을 표시한다.

㉡ 데이텀의 표시방법

- 대상면에 직접 관련되는 경우는 문자기호로 지시하고, 삼각기호에 지시선을 연결해서 지시한다.
- 문자기호에 의한 데이텀이 선, 면 자체인 경우에는 대상면의 외형선 위나 치수선 위치를 명확히 피해서 지시한다.
- 치수가 지정되어 있는 대상면의 축 직선이나 중심 원통면이 데이텀인 경우에는 치수선의 연장선에 지시한다.
- 대상 축 직선 또는 원통면이 모두 공통으로 데이텀인 경우에는 중심선에 데이텀 각기호를 붙인다.
- 잘못 볼 염려가 없는 경우에는 직접 지시선에 의하여 데이텀면 또는 선과 연결함으로써 데이텀 지시문자기호를 생략할 수 있다.
- 데이텀을 지시하는 문자기호를 공차 지시틀에 지시할 경우
  - 한 개를 설정하는 데이텀은 한 개의 문자기호로 나타낸다.
  - 두 개의 데이텀을 설정하는 공통 데이텀은 두 개의 문자기호를 하이픈으로 연결한 기호로 나타낸다.
  - 데이텀에 우선순위를 지정할 때는 우선순위가 높은 순서로 왼쪽에서 오른쪽으로 각각 다른 구획에 지시한다.
  - 두 개 이상의 데이텀 우선순위를 문제 삼지 않을 때는 문자기호를 같은 구획 내에 나란히 지시한다.

㉢ 데이텀 표적(datum target)

- 공작물에 따라 표면 상태가 좋지 않아서 이상적인 형체와 다른 형체를 데이텀으로 지시해야 할 경우에는 데이텀으로 표면 전체 대신 가공되는 몇 군데의 점선 또는 영역을 규제하여 데이텀으로 사용한다. 이러한 점, 선 또는 영역을 데이텀 표적이라 한다.
- 주조품, 단조품, 소성품 등 표면이 거칠고 평평하지 않은 표면 또는 용접부의 구부러지거나 휜 표면에 재연성, 반복성을 확보하기 위해 사용한다.

데이텀 형체와 데이텀 표적기호(KS B ISO 5459)

설명	기호
데이텀 형체의 기호	
데이텀 형체의 문자	대문자(A, B, C, AA 등)
단일 데이텀 표적 프레임	
기둥 데이텀 표적 프레임	
데이텀 표적점	×
연결된 데이텀 표적선	
연결되지 않은 데이텀 표적선	×----×
데이텀 표적면	

부가기호(KS B ISO 5459)

기호	설명
[PD]	유효지름(Pitch Diameter)
[MD]	나사의 바깥지름(Major Diameter)
[LD]	나사의 골지름(Minor Diameter)
[ACS]	임의 횡단면(Any Cross Section)
[ALS]	임의 종단면(Any Longitudinal Section)
[CF]	접속 형체(Contacting Feature)
[DV]	공통 데이텀을 위한 가변거리 [Variable Distance (for Common Datum)]
[PT]	위치 형체의 점[(Situation Feature of Type) Point]
[SL]	위치 형체의 직선 [(Situation Feature of Type) Straight Line]
[PL]	위치 형체의 평면 [(Situation Feature of Type) Plane]
⋊	방향만 구속(for Orientation Constraint Only)
ⓟ	제2차 또는 제3차 데이텀의 돌출 [Projected (for secondary or Tertiary Datum)]
ⓛ	최소 재료조건(Least Material Requirement)
Ⓜ	최대 재료조건(Maximum Material)

- 데이텀 표적 중 점은 데이텀 형체와 점 접촉을 하며 데이텀 형체의 표면 상태가 매우 불량한 경우에 적합하다. 그러나 이와 접하는 가상 데이텀 형체가 쉽게 마모될 수 있으므로 주의한다.

- 데이텀 표적의 기호와 용도

기호	표시방법	용도
×	굵은 실선인 X표를 한다.	데이텀 표적이 점일 때
×—×	2개의 X표시를 가는 실선으로 연결한다.	데이텀 표적이 선일 때
(원)	원칙적으로 가는 2점 쇄선으로 둘러싸고 해칭한다. 다만, 도시하기 어려운 경우 2점 쇄선 대신 가는 실선을 사용해도 좋다.	데이텀 표적이 원 모양의 영역일 때
(사각)		데이텀 표적이 직사각형 영역일 때

③ 치수공차

㉠ 기준 치수를 기준으로 위치수오차와 아래치수오차의 범위 안에 실제로 측정한 치수에 들도록 제작하라고 지시하는 형식으로 제시된다.

㉡ 허용차는 기준 치수에서 큰 쪽과 작은 쪽의 오차범위로, 모든 치수에 해당해서 일반공차라고 한다.

㉢ 치수허용차 : 허용한계치수에서 그 기준 치수를 뺀 값으로, 위치수 허용차와 아래치수 허용차가 있다.

㉣ 공차 : 최대 허용한계 치수와 최소 허용한계 치수의 차이값으로, 위치수 허용차와 아래치수 허용차의 차이다.

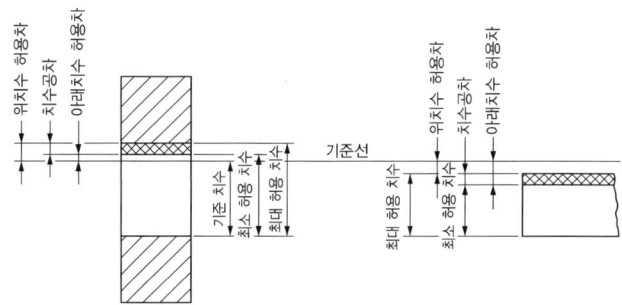

④ 치수공차의 표시방법

㉠ 공차는 $25^{+0.05}_{-0.05}$ 형태로 표시한다. 기준이 되는 치수는 25[mm]이며, 해당 치수를 크게는 25.05[mm], 작게는 24.95[mm]까지 제작이 가능하다는 의미이다.

㉡ ㉠의 경우 +0.05를 위치수 공차, -0.05를 아래치수 공차라고 한다.

ⓒ 허용한계 치수
- ㉠의 경우 25.05[mm]를 최대 허용한계 치수, 24.95[mm]를 최소 허용한계 치수라고 한다.
- 허용한계 치수 표시방법
  - 허용한계차값으로 표시하는 방법

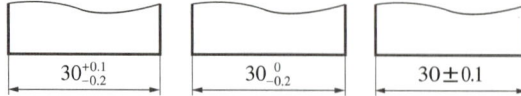

  - 허용한계 치수로 지시 = 공차기호로 지시 = 공차기호와 치수 함께 지시

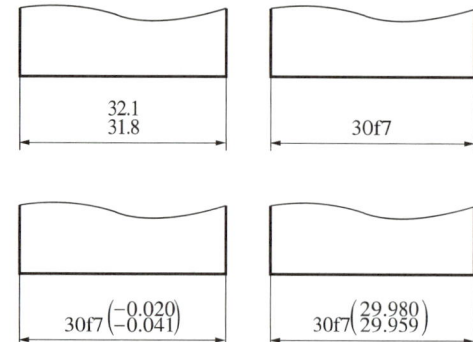

  - 각도 치수의 허용한계 지시

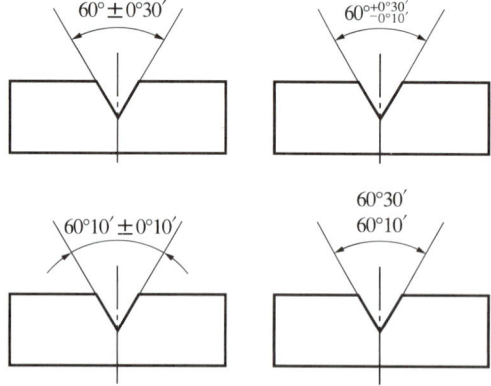

⑤ 최대실체조건(MMC ; Maximum Material Conditions)
  ㉠ 최대실체조건이란 도면 중 실체를 갖는 영역의 부피가 가장 크게 될 때의 조건을 의미한다.
  ㉡ 개념 도입의 목적 : 각종 오차가 각각의 치수를 기준으로 규정되는 경우, 열을 맞춘 볼트와 구멍 결합의 경우, 마지막 결합 부분에서는 주어진 오차를 맞추어 구성품을 제작하였음에도 결합할 수 없는 경우에 이를 수 있다. 이 때문에 실제 제작에서 앞 열의 구멍오차에 따라 뒤의 열에서 추가 오차가 허용되므로 현실적인 구성품 제작이 가능하다.
  ㉢ 최대실체치수(MMS ; Maximum Material Size)란 MMC일 때의 크기를 의미한다. 최대실체치수를 구하는 문제에서 도면에서 재료가 있는 쪽의 부피가 가장 크게 될 때의 치수를 구한다. 다음 그림에서 도면의 검은 부분이 구조물이고, 흰 부분이 공간이라면 MMS는 50.2이다. 그러나 하얀 부분이 구조물이고 검은 부분이 공간이라면 MMS는 49.8이다.

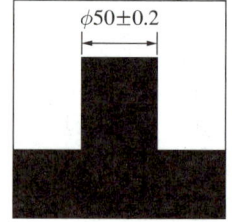

  ㉣ 최대실체실효치수(최대실체가상크기, MMVS ; Maximum Material Virtual Size) : 같은 몸체 형체의 유도 형체에 대해 주어진 몸체 형체와 기하공차의 최대실체크기의 집합적 효과에 의해서 만들어진 크기이다.
  ㉤ 최대실체요구사항(MMR ; Maximum Material Requirement) : MMVS와 같은 본질적 특성(치수)에 대해 주어진 값을 가지고 있으며, 같은 형식과 완전한 형상의 기하학적 형체를 정의하는 몸체 형체에 대한 요구사항으로 실체의 외부에 비이상적 형체를 제한한다.
  ㉥ 상호요구사항(RPR ; Reciprocity Requirement)
  - 상호요구사항은 기호 Ⓜ 다음에 기호 Ⓡ을 놓거나 기호 Ⓛ 다음에 기호 Ⓡ을 최대실체요구사항 또는 최소실체요구사항에 부가요구사항으로 도면에 지시한다.

- 최대실체요구사항(MMR) 또는 최소실체요구사항(LMR)에 부가함으로써 사용되는 몸체 형체에 대한 부가적인 요구사항으로, 치수공차가 기하공차와 실제 기하편차 사이의 차에 의해 증가됨을 나타내기 위함이다.

Ⓢ 포락조건 : 최대실체 상태일 때의 완전 형상을 초과하지 않는다. $\phi 20 \pm 0.1$Ⓔ와 같이 표시한다. 치수가 변하면 크기도 변하는 기하학적 형태를 사이즈 형체라고 하며 사이즈 공차의 최대실체 상태로 만들어진 형태가 무너지지 않은 영역을 포락면이라고 한다. 치수허용차 안에 들면서 최대실체치수 범주에 들어가며, 한계게이지에 적용하는 테일러 원리를 적용한 공차이다.

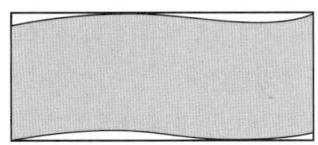

⑥ IT공차

㉠ 치수공차와 끼워맞춤으로 정해진 모든 공차를 의미하는 것으로, KS B 0401에 규정되어 있다. 치수공차와 끼워맞춤 공차 방식에서 전체의 기준 치수에 대하여 동일 수준에 속하는 치수공차의 한 무리를 IT(ISO tolerance)공차 등급이라 하며, 한국산업표준인 KS 규격에서는 IT01, IT0, IT1~IT18까지 총 20등급으로 구분한다.

㉡ IT공차 등급의 표기법 : 공차 등급은 IT7과 같이 기호 IT에 등급을 나타내는 숫자를 연속하여 나타내며, IT 등급 숫자가 작을수록 공차가 작아지고 정밀하다. 같은 IT 등급에서 기준 치수가 커지면 허용되는 공차는 커진다.

구분 등급	초과 이하	- 3	3 6	6 10	10 18	18 30	30 50	50 80	80 120	120 180	180 250
IT01	기본공차의 수치 (μm)	0.3	0.4	0.4	0.5	0.6	0.6	0.8	1.0	1.2	2.0
IT0		0.5	0.6	0.6	0.8	1.0	1.0	1.2	1.5	2.0	3.0
IT1		0.8	1.0	1.0	1.2	1.5	1.5	2.0	2.5	3.5	4.5
IT2		1.2	1.5	1.5	2.0	2.5	2.5	3.0	4.0	5.0	7.0
IT3		2.0	2.5	2.5	3.0	4.0	4.0	5.0	6.0	8.0	10
IT4		3.0	4.0	4.0	5.0	6.0	7.0	8.0	10	12	14
IT5		4.0	5.0	6.0	8.0	9.0	11	13	15	18	20
IT6		6.0	8.0	9.0	11	13	16	19	22	25	29
IT7		10	12	15	18	21	25	30	35	40	46
IT8		14	18	22	27	33	39	46	54	63	72
IT9		25	30	36	43	52	62	74	87	100	115
IT10		40	48	58	70	84	100	120	140	160	185
IT11		60	75	90	110	130	160	190	220	250	290
IT12	기본공차의 수치 (mm)	0.10	0.12	0.15	0.18	0.21	0.25	0.30	0.35	0.40	0.46
IT13		0.14	0.18	0.22	0.27	0.33	0.39	0.46	0.54	0.63	0.72
IT14		0.26	0.30	0.36	0.43	0.52	0.62	0.74	0.87	1.00	1.15
IT15		0.40	0.48	0.58	0.70	0.84	1.00	1.20	1.40	1.60	1.85
IT16		0.60	0.75	0.90	1.10	1.30	1.60	1.90	2.20	2.50	2.90
IT17		1.00	1.20	1.50	1.80	2.10	2.50	3.00	3.50	4.00	4.60
IT18		1.40	1.80	2.20	2.27	3.30	3.90	4.60	5.40	6.30	7.60

㉢ IT 기본공차의 등급 적용 : IT 공차의 등급은 크게 세 분야로 분류할 수 있는데 이들 중 IT01~4급은 게이지류나 고정밀 기능이 요구되는 부품에, IT5~10급은 끼워맞춤에, IT11~18등급은 끼워맞춤이 필요 없는 부분에 적용한다.

용도	게이지 제작공차	끼워맞춤 공차	끼워맞춤 이외 공차
구멍	IT01~IT5	IT6~IT10	IT11~IT18
축	IT01~IT4	IT5~IT9	IT10~IT18

㉣ 구멍과 축의 기초가 되는 기호의 종류(공차역) : 공차역이란 최대 허용치수와 최소 허용치수를 나타내는 2개 직선 사이의 영역이다. 구멍의 공차역 위치는 A에서 ZC까지의 알파벳의 대문자로 표시하고, 축은 a에서 zc까지 소문자 기호로 나타낸다.

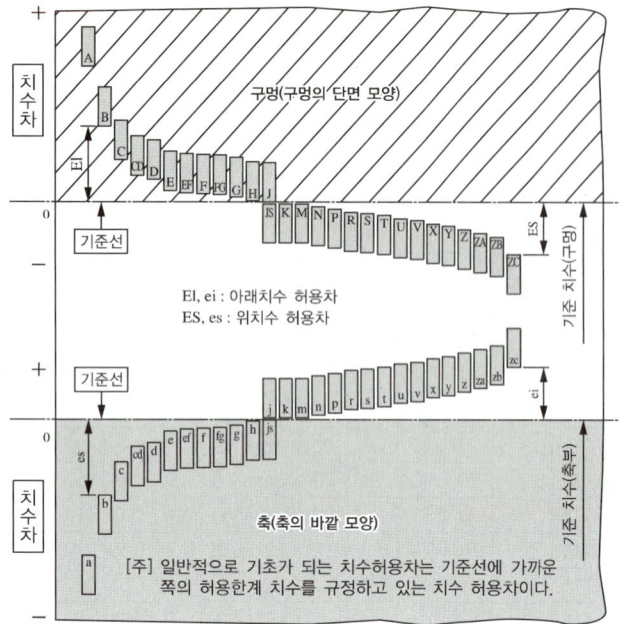

- 억지 끼워맞춤 : 공차를 고려할 때 축이 구멍보다 항상 크거나 같게 되는 경우
- 중간 끼워맞춤 : 공차범위 내에서 경우에 따라 헐거운 끼워맞춤이 되거나 억지 끼워맞춤이 되는 경우

  예 축 $25^{+0.05}_{-0.05}$와 구멍 $25^{+0.05}_{-0.05}$의 끼워맞춤

- 기준 : 구멍 기준식과 축 기준식으로 설명되는 경우, 허용차가 0인 위치수나 아래치수를 가지고 있는 쪽이 기준이 된다. 구멍의 경우 아래치수가 0이 되고, 축의 경우 위치수가 0이 되는 치수를 가지면 기준이 된다.
- 상용하는 끼워맞춤 : 표에서 정확한 값을 찾기 어렵고, 끼워맞춤의 판단이 어려운 경우가 있어 KS는 각 기호 간의 끼워맞춤을 다음과 같이 분류해 놓았다.

  – 구멍 기준 끼워맞춤

ㅁ 끼워맞춤

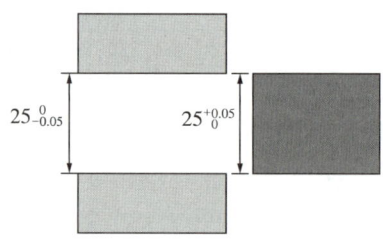

예를 들어 위의 그림과 같이 구멍의 크기가 $25^{0}_{-0.05}$이고, 들어가는 축의 크기가 $25^{+0.05}_{0}$이라고 하면 두 물체를 결합하는 경우, 설계자가 허용한 구멍의 가장 큰 경우는 25[mm]이고, 축의 가장 작은 경우는 20[mm]이다. 두 경우를 결합하면 딱 맞는다. 그러나 구멍을 허용범위 안에서 24.95[mm]로 만들고, 축을 허용범위 안에서 25.05[mm]로 만들면 두 물체는 억지로 끼워 넣지 않는 한 결합되지 않는다. 즉, 죔새가 생긴다. 설계자는 두 물체를 끼워 맞출 때 필요에 따라 억지로 끼워 넣거나 헐겁게 끼워 맞출 수 있게 지정한다. 헐거운 경우는 틈새가 생긴다. 따라서 끼워맞춤에는 다음 3가지 경우가 있다.

- 헐거운 끼워맞춤 : 축과 구멍의 경우, 공차를 고려하여 축이 구멍보다 항상 작거나 같게 되는 경우

	축의 공차역 클래스											
	헐거운 끼워맞춤				중간 끼워맞춤			억지 끼워맞춤				
H6			g5	h5	js5	k5	m5					
		f6	g6	h6	js6	k6	m6	n6	p6			
H7		f6	g6	h6	js6	k6	m6	n6	p6	r6	s6	t6	u6	x6
	e7	f7		h7	js7							
		f7		h7								
H8	e8	f8		h8								
	d9	e9										

– 축 기준 끼워맞춤

	구멍의 공차역 클래스											
	헐거운 끼워맞춤				중간 끼워맞춤			억지 끼워맞춤				
h5				H6	JS6	K6	M6	N6	P6			
h6		F6	G6	H6	JS6	K6	M6	N6	P6			
			F7	G7	H7	JS7	K7	M7	N7	P7	R7	S7	T7	U7	X7
h7	E7	F7		H7								
		F8		H8								
h8	D8	E8	F8		H8							
	D9	E9		H9								

10년간 자주 출제된 문제

8-1. 다음 그림과 같은 도면에서 '가' 부분에 들어갈 가장 적절한 기하공차 기호는?

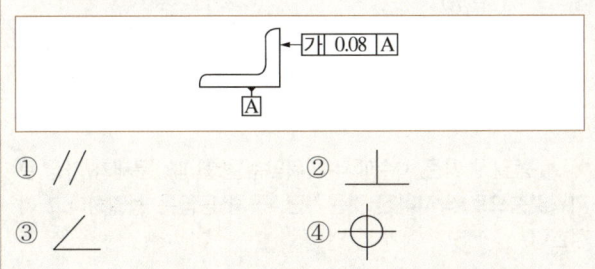

① //   ② ⊥
③ ∠   ④ ⊕

8-2. 다음 그림과 같은 기하공차의 해석으로 가장 적합한 것은?

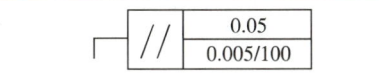

① 지정 길이 100[mm]에 대하여 0.05[mm], 전체 길이에 대해 0.005[mm]의 대칭도
② 지정 길이 100[mm]에 대하여 0.05[mm], 전체 길이에 대해 0.005[mm]의 평행도
③ 지정 길이 100[mm]에 대하여 0.005[mm], 전체 길이에 대해 0.05[mm]의 대칭도
④ 지정 길이 100[mm]에 대하여 0.005[mm], 전체 길이에 대해 0.05[mm]의 평행도

8-3. 다음 도면에서 기하공차에 관한 설명으로 가장 적합한 것은?

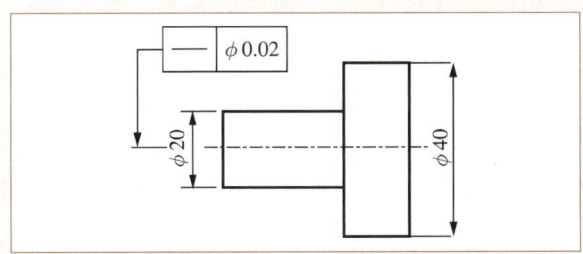

① $\phi 20$ 부분만 원통도가 $\phi 0.01$ 범위 내에 있어야 한다.
② $\phi 20$과 $\phi 40$ 부분의 원통도가 $\phi 0.02$ 범위 내에 있어야 한다.
③ $\phi 20$과 $\phi 40$ 부분의 진직도가 $\phi 0.02$ 범위 내에 있어야 한다.
④ $\phi 20$ 부분만 진직도가 $\phi 0.02$ 범위 내에 있어야 한다.

8-4. 기하공차 중 단독 형체에 관한 것들로만 짝지어진 것은?

① 진직도, 평면도, 경사도
② 평면도, 진원도, 원통도
③ 진직도, 동축도, 대칭도
④ 진직도, 동축도, 경사도

8-5. 기하공차의 분류에서 위치공차에 속하지 않는 것은?

① ◎   ② ═
③ ⊕   ④ ⊥

8-6. 기하학적 형상공차를 사용하는 이유가 아닌 것은?

① 최대 생산공차를 주어 생산성을 높인다.
② 끼워맞춤 부품의 호환성을 보증한다.
③ 직각 좌표의 치수방법을 변환시켜 간편하게 표시한다.
④ 끼워맞춤, 조립 등 그 형상이 요구하는 기능을 보증한다.

8-7. KS 기하공차 도시방법 중 ⓟ로 표시되는 기호가 의미하는 것은?

① 돌출 공차역을 표시하는 기호
② 비례하지 않는 치수를 표시하는 기호
③ 테이텀을 직접 도시하는 경우 사용하는 기호
④ 공차붙이 형체를 직접 도시하는 경우 사용하는 기호

8-8. $50^{+0.025}_{+0.001}$인 구멍에 조립되는 축의 치수가 $50^{\ 0}_{-0.025}$이라면 이 끼워맞춤의 종류는?

① 구멍 기준식 헐거운 끼워맞춤
② 구멍 기준식 중간 끼워맞춤
③ 축 기준식 헐거운 끼워맞춤
④ 축 기준식 중간 끼워맞춤

8-9. 다음 중 치수공차가 가장 작은 것은?

① 50 ± 0.01 ② $50^{+0.01}_{-0.02}$
③ $50^{+0.02}_{-0.01}$ ④ $50^{+0.03}_{-0.02}$

8-10. 기준치수 49.000[mm], 최대 허용치수 49.011[mm], 최소 허용치수 48.985[mm]일 때, 위치수 허용차와 아래치수 허용차는?

	(위치수 허용차)	(아래치수 허용차)
①	+0.011[mm]	-0.085[mm]
②	-0.015[mm]	+0.011[mm]
③	-0.025[mm]	+0.025[mm]
④	+0.011[mm]	-0.015[mm]

10년간 자주 출제된 문제

8-11. 다음 중 각도치수의 허용한계값 지시방법이 틀린 것은?

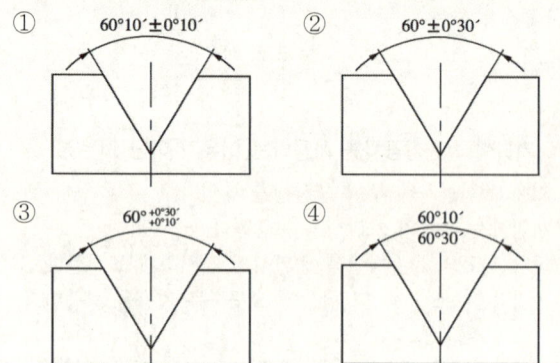

8-12. 끼워맞춤에서 H7/r6은 어떤 끼워맞춤인가?
① 구멍 기준식 중간 끼워맞춤
② 구멍 기준식 억지 끼워맞춤
③ 구멍 기준식 헐거운 끼워맞춤
④ 구멍 기준식 고정 끼워맞춤

8-13. 도면의 공차치수는 어떤 끼워맞춤인가?

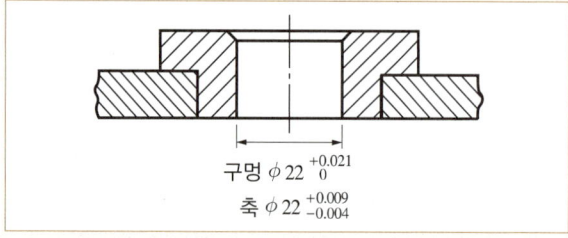

① 헐거운 끼워맞춤 ② 가열 끼워맞춤
③ 중간 끼워맞춤 ④ 억지 끼워맞춤

8-14. 다음 중 용어의 설명이 틀린 것은?
① 최소 죔새 : 억지 끼워맞춤에서 축의 최소 허용치수와 구멍의 최대 허용치수의 차
② 최대 틈새 : 헐거운 끼워맞춤에서 구멍의 최대 허용치수와 축의 최소 허용치수의 차
③ 억지 끼워맞춤 : 항상 죔새가 생기는 끼워맞춤
④ 틈새 : 축의 치수가 구멍의 치수보다 클 때의 치수차

8-15. 다음 축의 치수 중 최대 허용치수가 가장 큰 것은?
① $\phi 45n7$ ② $\phi 45g7$
③ $\phi 45h7$ ④ $\phi 45m7$

8-16. 구멍과 축이 끼워맞춤 상태에 있을 때 치수공차 기입이 옳은 것은?
① ⊢ $\phi 12\,h6/H7$ ⊣ ② $\phi 12\,\dfrac{H7}{h6}$
③ ⊢ $h6/H7\,\phi 12$ ⊣ ④ ⊢ $h6\,\phi 12\,H7$ ⊣

8-17. 동일한 기준 치수에서 끼워맞춤을 할 때, 틈새가 가장 큰 끼워맞춤으로 짝지어진 것은?(단, 공차 등급은 동일하다고 가정한다)
① 구멍의 공차역 : A, 축의 공차역 : a
② 구멍의 공차역 : A, 축의 공차역 : z
③ 구멍의 공차역 : Z, 축의 공차역 : a
④ 구멍의 공차역 : Z, 축의 공차역 : z

8-18. 다음 그림에서 기준 치수 50 기둥의 최대실체치수(MMS)는 얼마인가?

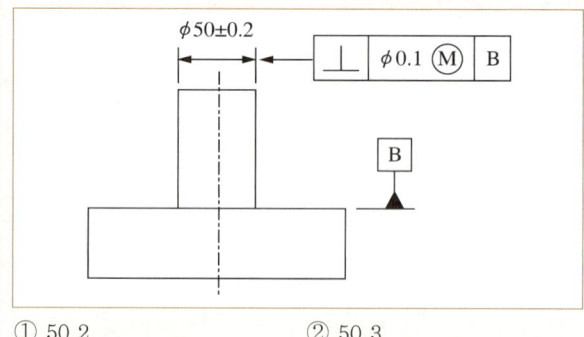

① 50.2 ② 50.3
③ 49.8 ④ 49.7

8-19. 기계 부품을 조립하는 데 있어서 치수공차와 기하공차의 호환성과 관련된 용어의 설명 중 옳지 않은 것은?
① 최대실체조건(MMC)은 한계 치수에서 최소 구멍지름과 최대 축지름과 같이 몸체 형체의 실체가 최대인 조건이다.
② 최대실체가상크기(MMVS)는 같은 몸체 형체의 유도 형체에 대해 주어진 몸체 형체와 기하공차의 최대실체크기의 집합적 효과에 의해서 만들어진 크기이다.
③ 최대실체요구사항(MMR)은 LMVS와 같은 본질적 특성(치수)에 대해 주어진 값을 가지고 있으며, 같은 형식과 완전한 형상의 기하학적 형체를 정의하는 몸체 형체에 대한 요구사항으로 실체의 내부에 비이상적 형체를 제한한다.
④ 상호요구사항(RPR)은 최대실체요구사항(MMR) 또는 최소실체요구사항(LMR)에 부가함으로써 사용되는 몸체 형체에 대한 부가적인 요구사항이다.

10년간 자주 출제된 문제

8-20. 다음과 같이 상호 관련된 구멍 4개의 치수 및 위치 허용공차에 대한 설명으로 틀린 것은?

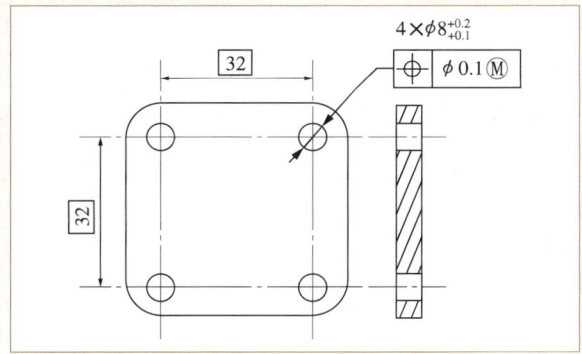

① 각 형태의 실제 부분 크기는 크기에 대한 허용공차 0.1의 범위에 속해야 하며, 각 형태는 φ8.1에서 8.2 사이에서 변할 수 있다.
② 각 형태의 지름이 φ8.2인 최소 재료 크기일 경우 각 형태의 축은 φ0.1인 허용공차 영역 내에서 변할 수 있다.
③ 각 형태의 지름이 φ8.1인 최대 재료 크기일 경우 각 형태의 축은 φ0.1의 위치 허용공차 범위에 속해야 한다.
④ 모든 허용공차가 적용된 형태는 실질 조건 경계, 즉 φ8 (=φ8.1-0.1)의 완전한 형태의 내접 원주를 지켜야 한다.

|해설|

8-1
데이텀 A를 기준으로 한 것은 직각도이다.

8-2
// 기호는 평행도 기호이다. 기하공차는 데이텀이 표시되어야 하나 문제에는 제시되어 있지 않다. 제시되었다고 간주하고 문제를 해결하면, 평행도는 데이텀에 대해 전체 0.05[mm], 기준 길이 100[mm]에 대해서는 0.005[mm]의 공차를 허용한다는 의미이다.

8-3
기호는 중심선의 직진도가 가상의 정확한 중심선을 중심으로 하는 지름 2[mm]짜리 원 안에 전 범위에 걸쳐 중심이 존재해야 한다는 의미이다. 이 의미와 가장 유사한 설명은 ③이다.

8-4

적용하는 형체	공차의 종류
단독 형체	진직도
	평면도
	진원도
	원통도
단독 형체 또는 관련 형체	선의 윤곽도
	면의 윤곽도
관련 형체	평행도
	직각도
	경사도
	위치도
	동축도 또는 동심도
	대칭도
	원주 흔들림 공차
	온 흔들림 공차

8-5
④는 직각도로 자세공차에 속한다.

위치공차		
위치도	동축도 또는 동심도	대칭도
⌖	◎	=

8-6
직각 좌표의 치수방법은 치수의 표시방법에 관한 사항으로 치수공차, 기하학적 형상공차의 정도와는 무관하다.

8-7

ⓟ	제2차 또는 제3차 데이텀의 돌출 [Projected (for Secondary or Tertiary Datum)]
ⓛ	최소 재료조건(Least Material Requirement)
ⓜ	최대 재료조건(Maximum Material)

8-9
치수공차 = 위치수 공차 - 아래치수 공차
① 0.01-(-0.01) = 0.02
② 0.01-(-0.02) = 0.03
③ 0.02-(-0.01) = 0.03
④ 0.03-(-0.02) = 0.05

8-10
문제의 공차는
$49^{49.011 - 49.000}_{48.985 - 49.000} = 49^{+0.011}_{-0.015}$

|해설|

8-11
각도치수의 허용한계값 지시방법

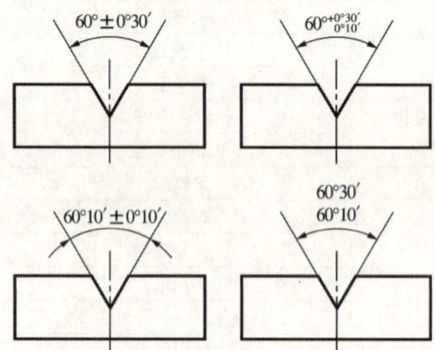

8-12
이와 같은 문제에서는 범위(기준치수)가 주어져 있지 않고 제품 치수가 없어서 쉽게 판단하기가 어렵다. 이를 위해 KS는 상용하는 끼워맞춤을 분류해 놓았다.

축의 공차역 클라스													
	헐거운 끼워맞춤			중간 끼워맞춤			억지 끼워맞춤						
H7		f6	g6	h6	js6	k6	m6	n6	p6	r6	s6	t6	u6	x6
	e7	f7		h7	js7								

8-13
구멍과 축의 허용오차를 적용함에 따라 헐거워지기도 하고 억지 끼워 맞춰지기도 하므로, 중간 끼워맞춤이다.

8-14
축의 치수가 구멍의 치수보다 클 때는 죔새가 생긴다.

8-15
기초가 되는 허용값이 알파벳 기호가 z에 가까워질수록 축은 커지고, 구멍은 작아진다. 상호 간 점점 죔새가 커진다. 따라서 보기에서는 n이 가장 큰 알파벳 수이다.
※ 표를 찾아보면 쉽게 알 수 있으나 시험 상황에서 표를 볼 수 없으므로 위의 내용을 알아둔다.

8-16
끼워맞춤은 구멍 – 축의 공통 기준 치수에 구멍의 치수공차 기호와 축의 치수공차 기호를 계속하여 표시한다.
예) 52H7/g6, 52H7-g6, $52\dfrac{H7}{g6}$

8-17
구멍은 대문자, 축은 소문자로 표시하며 J를 기준으로 A쪽으로 갈수록 모재가 많이 깎이는 기호로 생각한다. 즉, A로 갈수록 많이 깎아서 구멍은 커지고, 축은 작아진다.

8-18
기둥의 크기가 가장 큰 경우는 50+0.2로 50.2[mm]이다. ⊥기호는 데이텀 A를 기준으로 하여 직각을 이루는 선이 지름 1[mm]의 원 안에 들어가야 한다는 표시이다.

8-19
최대실체요구사항(MMR ; Maximum Material Requirement) : MMVS와 같은 본질적 특성(치수)에 대해 주어진 값을 가지고 있으며 같은 형식과 완전한 형상의 기하학적 형체를 정의하는 몸체 형체에 대한 요구사항으로 실체의 외부에 비이상적 형체를 제한한다.

8-20
문제의 도면에는 두 가지 공차가 적용되어 있다.
첫째, $4 \times \phi 8^{+0.2}_{+0.1}$은 치수공차로, 기준 치수 지름 8[mm], 아래 치수 +0.1, 위치수 +0.2인 원이 4개라는 것이다.
둘째, ⊕ ϕ 0.1Ⓜ 는 두 가지 조건이 주어지는데, 최대실체 치수를 적용하며, 위치공차는 정확한 가상 위치에서 중심이 지름 0.1[mm] 원 안에 들어와 있어야 한다는 것이다.

정답 8-1 ② 8-2 ④ 8-3 ③ 8-4 ② 8-5 ② 8-6 ③ 8-7 ① 8-8 ③ 8-9 ① 8-10 ④ 8-11 ④ 8-12 ② 8-13 ③ 8-14 ④ 8-15 ① 8-16 ② 8-17 ① 8-18 ① 8-19 ③ 8-20 ②

핵심이론 09 | 제도기호

① 문자 및 그림기호(치수 보조기호)의 종류

명칭	모양	사용방법
지름	φ	원형의 지름 치수 앞에 붙인다.
반지름	R	원형의 반지름 치수 앞에 붙인다.
구의 지름	Sφ	구의 지름 치수 앞에 붙인다.
구의 반지름	SR	구의 반지름 치수 앞에 붙인다.
정사각형의 변	□	정사각형의 모양이나 위치 치수 앞에 붙인다.
판의 두께	t =	판재의 두께 치수 앞에 붙인다.
원호의 길이	⌒	원호의 길이 치수 앞에 붙인다.
45° 모따기	C	45° 모따기 치수 앞에 붙인다.
카운트 보어	⊔	카운트 보어 지름 앞에 붙인다.
카운트 싱크	∨	카운트 싱크 각도 앞에 붙인다.
깊이	↧	깊이 치수 앞에 붙인다.
전개 길이	◯→	전개 길이 앞에 붙인다.
실제 둥글기	TR	실제 둥글기(True Radius) 치수 앞에 붙인다.
등간격	EQS	등간격(EQually Spaced) 치수 앞에 붙인다.
이론적으로 정확한 치수	50	위치 공차기호를 지시할 때 이론적으로 정확한 치수를 사각형으로 둘러싼다.
참고치수	(50)	참고로 지시하는 치수는 괄호로 표시하고 제작 치수로 사용하지 않는 치수에 사용한다.
치수의 취소	~~50~~	치수를 가로질러 직선을 붙이며 치수를 수정할 때 사용한다.
비례 척도가 아닌 치수	<u>50</u>	치수 밑에 직선을 붙이며 투상도의 크기와 치수값이 일치하지 않을 때 사용한다.
치수의 기준(기점)	⊢	누진·좌표 치수를 지시할 때 치수의 기준이 되는 지점을 표시한다.

② 가공기호

㉠ 표면거칠기 기호

거칠기 구분값	산술평균거칠기의 표면 거칠기의 범위($\mu m R_a$)		거칠기 번호(표준편 번호)	거칠기 기호
	최솟값	최댓값		
0.025a	0.02	0.03	N1	
0.05a	0.04	0.06	N2	
0.1a (정밀다듬질)	0.08	0.11	N3	
0.2a	0.17	0.22	N4	z
0.4a	0.33	0.45	N5	
0.8a (상다듬질)	0.66	0.90	N6	
1.6a	1.3	1.8	N7	y
3.2a	2.7	3.6	N8	
6.3a (중다듬질)	5.2	7.1	N9	
12.5a	10	14	N10	x
25a	21	28	N11	
50a (거친다듬질)	42	56	N12	w
제거가공 안 함				

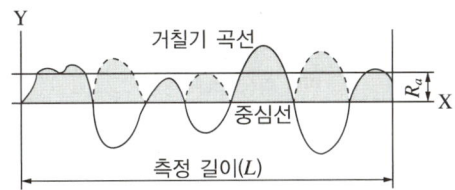

- R_a : 중심선 평균거칠기

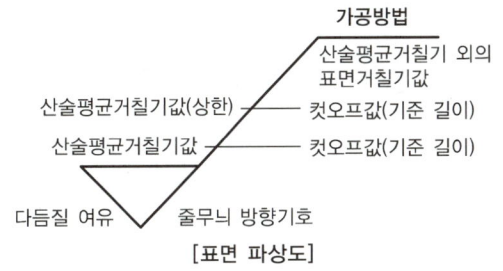

- R_y : 기준 길이를 정하여 취하고 그 부분의 가장 높은 곳과 가장 깊은 골의 차로 표현한다.
- R_z : 10점 평균거칠기, 기준 길이 안의 가장 높은 다섯 개와 가장 낮은 다섯 개를 절댓값으로 더하여 평균값으로 표현한다.

㉡ 가공기호

[표면 파상도]
- 가공방법
- 산술평균거칠기 외의 표면거칠기값
- 산술평균거칠기값(상한) — 컷오프값(기준 길이)
- 산술평균거칠기값 — 컷오프값(기준 길이)
- 다듬질 여유
- 줄무늬 방향기호

ⓒ 가공 줄무늬 방향기호

기호	의미	설명 그림과 도면 지시 보기
=	커터의 줄무늬 방향이 기호를 지시한 도면의 투상면에 평행 예 셰이핑면	
⊥	커터의 줄무늬 방향이 기호를 지시한 도면의 투상면에 직각 예 셰이핑면(옆으로부터 보는 상태), 선삭, 원통 연삭면	
X	커터의 줄무늬 방향이 기호를 지시한 도면의 투상면에 경사지고 두 방향으로 교차 예 호닝 다듬질면	
M	커터의 줄무늬 방향이 여러 방향으로 교차 또는 무방향 예 래핑 다듬질면, 슈퍼 피니싱면, 가로 이송을 한 정면 밀링 또는 앤드밀 절삭면	
C	가공에 의한 커터의 줄무늬가 기호를 지시한 면의 중심에 대하여 대략 동심원 모양 예 끝면 절삭면	
R	커터의 줄무늬가 기호를 지시한 면의 중심에 대하여 대략 레이디얼 모양	

ⓓ 주요 가공방법의 기호

가공방법	기호	가공방법	기호
선삭	L	리밍(다듬질)	FR
밀링	M	브러싱	FB
드릴	D	스크레이핑	FS
보링	B	방전가공	SPED
리밍	DR	전해가공	SPEC
태핑	DT	레이저	SPLB
셰이핑	SH	블라스팅	SB
연삭	G	전자빔	SPEB
평면절삭	P	초음파	SPU
슬로팅	SL	용접	W
브로칭	BR	가스용접	WA
기어 절삭	TC	열처리	H
호빙	TCH	담금질	HQ
시효처리	HG	어닐링	HA
연삭	G	템퍼링	HT
호닝	GH	침탄	HC
벨트 연삭	GBL	표면처리	S
페이퍼	FCA	쇼트피닝	SHS
래핑	FL	양극산화	SA
줄	FF	피막코팅	SCT
폴리싱	FP	슈퍼피니싱	GSP

③ 용접기호

㉠ 기본기호 : 접합부가 지정되지 않고 용접, 브레이징 또는 솔더링 접합부를 나타낼 때 다음 기호를 사용한다.

용접부의 모양	기본기호	비고
I형	||	업셋용접, 플래시 용접, 마찰용접 등을 포함한다.
V형, X형 (양면 V형)	V	X형은 설명선의 기선(이하 기선이라 함)에 대칭으로, 이 기호를 기재한다. 업셋용접, 플래시 용접, 마찰용접 등을 포함한다.
⋎형, K형 (양면 ⋎형)	⋎	K형은 기선에 대칭으로 이 기호를 기재한다. 기호의 세로선은 왼쪽에 쓴다. 업셋용접, 플래시 용접, 마찰용접 등을 포함한다.
J형, 양면 J형		양면 J형은 기선에 대칭으로 이 기호를 기재한다. 기호의 세로선은 왼쪽에 쓴다.
U형, H형 (양면 U형)	U	H형은 기선에 대칭으로 이 기호를 기재한다.
플레어 ⋎형 플레어 X형		플레어 X형은 기선에 대칭으로 이 기호를 기재한다.
플레어 ⋎형 플레어 K형		플레어 K형은 기선에 대칭으로 이 기호를 기재한다. 기호의 세로선은 왼쪽에 쓴다.
양쪽 플런저형	⋌⋋	-
한쪽 플런저형	⋋	-

용접부의 모양	기본기호	비고
필릿	△	기호의 세로선은 왼쪽에 쓴다. 병렬 접속 필릿용접일 때에는 기선에 대칭으로 이 기호를 기재한다. 다만, 지그재그 계속 필릿용접일 때에는 ◁▽, ▽◁와 같은 기호를 사용할 수 있다.
플러그, 슬롯	▢	-
덧살올림	⌒	덧살올림용접일 때에는 이 기호 2개를 나란히 기재한다.
스폿, 프로젝션, 심	✳	겹치기 이음의 저항용접, 아크용접, 전자 빔용접 등에 의한 용접부를 나타낸다. 다만, 필릿용접은 제외한다. 심용접일 경우에는 이 기호 2개를 나열하여 기재한다.

ⓒ 보조기호

구분		보조기호	비고
용접부의 표면 모양	평탄	—	–
	볼록	⌒	기선의 바깥쪽을 향하여 볼록하다.
	오목	⌣	기선의 바깥쪽을 향하여 오목하다.
다듬질 방법	치핑	C	–
	연삭	G	그라인더 다듬질일 때
	절삭	M	기계 다듬질일 때
	지정하지 않음	F	다듬질 방법을 지정하지 않을 때
현장용접		▶	전체 둘레용접이 분명할 때는 생략해도 좋다.
전체 둘레용접		○	
전체 둘레현장용접		⦿	

④ 체결 부품 간략 표시기호(KS B ISO 5845-1)
 ㉠ 체결품의 위치는 십자(+)에 의해 지시된다.
 ㉡ 구멍에 끼워 맞추기 위한 구멍, 볼트, 리벳의 기호를 표시한다.

구멍*, 볼트, 리벳	구멍			
	카운터 싱크 없음	가까운 면에 카운터 싱크 있음	먼 면에 카운터 싱크 있음	양쪽 면에 카운터 싱크 있음
공장에서 드릴가공 및 끼워맞춤	+	✳	✳	✳
공장에서 드릴가공, 현장에서 끼워맞춤	✳▶	✳▶	✳▶	✳▶
현장에서 드릴가공 및 끼워맞춤	✳▶▶	✳▶▶	✳▶▶	✳▶▶

* 구멍과 리벳을 구분하기 위해 구멍이나 체결품의 올바른 표시법이 관련 표준에 따라 주어져야 한다.

보기 : 지름 13[mm]의 구멍 표시법은 φ13, 지름 12[mm], 길이 50[mm]의 미터나사의 볼트에 대한 표시방법은 M12×50이며, 지름 12[mm], 길이 50[mm]의 리벳 표시법은 φ12×50이다.

 ㉢ 구멍에 끼워 맞추기 위한 볼트나 리벳의 기호 표시

볼트, 리벳*	구멍			표시된 너트 위치를 가진 볼트
	카운터 싱크 없음	한쪽 면에만 카운터 싱크 있음	양쪽 면에 카운터 싱크 있음	
공장에서 끼워맞춤	┼	┼	┼	┼
현장에서 끼워맞춤	┼▶	┼▶	┼▶	┼▶
현장에서 구멍 드릴가공, 현장에서 볼트/리벳 끼워맞춤	┼▶▶	┼▶▶	┼▶▶	┼▶▶

* 볼트 및 리벳을 구분하기 위해 구멍이나 체결품의 올바른 표시법이 관련 표준에 따라 주어져야 한다.

보기 : 지름 12[mm], 길이 50[mm]의 미터나사의 볼트에 대한 표시방법은 M12×50이며, 지름 12[mm], 길이 50[mm]의 리벳 표시법은 φ12×50이다.

10년간 자주 출제된 문제

9-1. 치수 500과 같이 치수 밑에 굵은 실선을 적용하였을 때 이 치수에 대한 해석으로 옳은 것은?

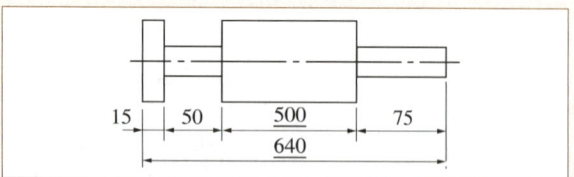

① 500의 치수 부분은 비례척이 아님
② 치수 500만큼 표면처리를 함
③ 치수 500 부분을 정밀가공함
④ 치수 500은 참고 치수임

9-2. 다음 그림은 가공에 의한 커터의 줄무늬 기호 그림이다. ( ) 안에 들어갈 기호는?

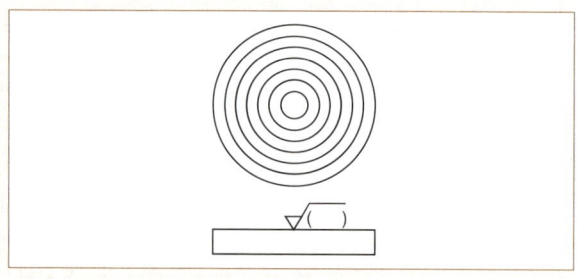

① M ② F
③ R ④ C

9-3. 치수 보조기호의 설명으로 틀린 것은?

① R15 : 반지름 15
② t15 : 판 두께 15
③ (15) : 절대 치수 15
④ SR15 : 구의 반지름 15

9-4. 다음 그림과 같이 표면의 결 도시기호가 있을 때 이에 대한 설명으로 옳지 않은 것은?

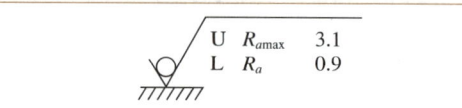

① 양측 상한 및 하한치를 적용한다.
② 재료 제거를 허용하지 않는 공정이다.
③ 10개의 샘플링 길이를 평가 길이로 적용한다.
④ 상한치는 산술평균편차에 max-규칙을 적용한다.

9-5. 표면의 결 도시기호가 다음 그림과 같이 나타났을 때 설명으로 틀린 것은?

$$R_a\,3.2 \diagup \begin{array}{l} \text{Fe/Ni 10bCrr} \\ 0.8 \\ 2.5/R_z\,16 \\ \perp 2.5/R_z\,6.3 \end{array}$$

① 니켈-크로뮴 코팅이 적용되어 있다.
② 가공 여유는 0.8[mm]를 준다.
③ 샘플링 길이 2.5[mm]에서 R_z 6.3~16[μm]를 만족해야 한다.
④ 투상면에 대해 대략 수직인 줄무늬 방향이다.

9-6. 다음 용접 기본기호 중 플러그 용접기호는?

① 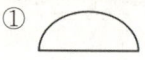 ②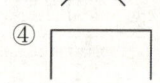
③  ④

9-7. 가공방법에 관한 약호 중 스크레이퍼 가공을 의미하는 것은?

① FR ② FL
③ FF ④ FS

9-8. 구멍에 끼워 맞추기 위한 구멍, 볼트, 리벳의 기호 표시에서 구멍 가까운 면에 카운터 싱크가 있고, 공장에서 드릴가공, 현장에서 끼워맞춤에 해당하는 것은?

① 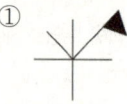 ②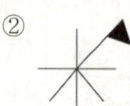

③ 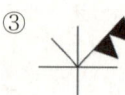 ④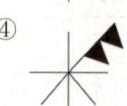

|해설|

9-1
500과 같이 사용하는 치수는 비례척도가 아닌 치수로 치수 밑에 직선을 붙이며, 투상도의 크기와 치수값이 일치하지 않을 때 사용한다.

9-2
가공 줄무늬 기호에는 =, ⊥, ×, M, C, R 등이 있다. 각각 커터 줄무늬 가로, 세로, X자 줄무늬, 원(circle), 레이디얼 모양을 의미한다.

| 해설 |

9-3
(15) : 참고치수로 기재하지 않아도 알 수 있는 치수를 편의상 기입할 때 사용한다.

9-4
표면거칠기가 R_a로 표현되어 있어 산술평균거칠기를 이용하는 것을 알 수 있다. ③은 10점 평균거칠기(R_z)에 대한 설명이다.

9-5
문제의 0.8은 산술평균표면거칠기 외의 표면거칠기이다. 가공여유는 다음 그림과 같은 곳에 표기해야 한다.

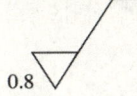

9-6
① 덧살올림
② 스폿용접
③ 필릿용접

9-7
주요 표면가공 기호

래핑	줄	폴리싱	리밍(다듬질)	브러싱	스크레이핑
FL	FF	FP	FR	FB	FS

9-8

구멍*, 볼트, 리벳	구멍			
	카운터 싱크 없음	가까운 면에 카운터 싱크 있음	먼 면에 카운터 싱크 있음	양쪽 면에 카운터 싱크 있음
공장에서 드릴가공 및 끼워맞춤	┼	※	＊	※
공장에서 드릴가공, 현장에서 끼워맞춤	╱	※	＊	※
현장에서 드릴가공 및 끼워맞춤	╱	※	＊	※

* 구멍과 리벳을 구분하기 위해 구멍이나 체결품의 올바른 표시법이 관련 표준에 따라 주어져야 한다.

보기 : 지름 13[mm]의 구멍 표시법은 ϕ13, 지름 12[mm], 길이 50[mm]의 미터나사의 볼트에 대한 표시방법은 M12×50이며, 지름 12[mm], 길이 50[mm]의 리벳 표시법은 ϕ12×50이다.

정답 9-1 ① 9-2 ④ 9-3 ③ 9-4 ③ 9-5 ② 9-6 ② 9-7 ④ 9-8 ①

핵심이론 10 | 3차원 모델링

① 3차원 모델링의 종류

㉠ 와이어프레임 모델링(wire-frame modeling) : 모서리, 꼭짓점 두 종류의 설계요인이 데이터베이스에 정의되는 간단한 모델링 방식이다. 면의 크기, 위치, 방향과 같은 정보도 포함할 수 있다. 모서리는 2개의 점으로 정의되고, 면은 3개 이상의 모서리로 정의된다. 다만 표면의 상태는 정의할 수 없다. 와이어프레임 모델링을 위한 통합 규칙은 다음과 같다.
- 각 꼭짓점은 유일한 좌표 위치를 가져야 한다.
- 각 꼭짓점은 적어도 3개의 모서리와 연결되어야 한다.
- 각 모서리는 오직 2개의 꼭짓점만 갖는다.
- 각 면은 폐루프를 이루는 적어도 3개의 모서리를 가져야 한다.

㉡ 서피스 모델링(surface modeling) : 표면 정보를 제공하는 모델링이다. 선과 점으로 형상이 표현되는 와이어프레임 모델에서 선과 점에 면의 정보를 추가하여 표현한다. 표현은 곡선 방정식과 곡면 방정식을 활용하여 수학적 표현으로 나타낸다. 따라서 화면 위의 모델을 조작하면 곡면 방정식의 목록, 곡선 방정식의 목록 및 끝점의 좌표로 이루어진 모델 데이터가 수정되어 표시된다. 수학적으로 곡선 표면을 정의하며 우주항공, 자동차, 조선 등의 설계에 활용도가 높다.

㉢ 솔리드 모델링(solid modeling) : 서피스 모델링에 면 및 질량을 표현한 형상 모델을 솔리드 모델링이라고 한다. 서피스 모델링은 아주 얇은 면으로 이루어져 있어 이론적으로는 체적을 표시할 수 없으나, 솔리드 모델링은 면과 질량이 추가되어 물체의 다양한 성질을 좀 더 정확하게 표현할 수 있다. 현재 솔리드 모델링은 입체적 형상의 표현이 가능

할 뿐만 아니라 무게중심 등의 해석과 질량 등을 나타내는 것이 가능하다. 기본 도형 모델링의 모델러는 정육면체, 블록 직각삼각형, 구, 원추, 원기둥 등 기본 형태를 지원한다. 기하학적 기본 모형 모델러를 이용하면 제한된 수의 기하학적 기본 모형만을 사용하여 특정 위상(topology)만 가능하다.

② 3차원 모델링의 형상

㉠ 피처 기반 설계(featured based design) : 솔리드를 구성할 수 있는 구멍, 필릿, 컷 등 최소 단위 형상을 피처라고 하는데, 이 피처를 조합하여 3차원 모델을 구성할 수 있다. 프로그램 구성 방식의 활용이 비교적 단순하여 적용 및 활용하기 쉽다. 상업프로그램이 지속적으로 발달함에 따라 예전의 단점을 보완하였다.

㉡ 완전 결합(full associatively) : 단품, 조립품, 도면 사이의 데이터 연계성을 유지시켜 주어 각 모델링 정보가 연계되도록 한다.

㉢ 다양한 기본 설계(variable based design) : 기존 파라메트릭 모델링 기법을 포함하는 다양한 설계 기본을 동시에 채택한 3D CAD 시스템으로 정확한 치수 없이도 초기 설계 데이터만 이용하여 설계자가 의도하는 형상을 표현할 수 있다.

> **더 알아보기**
>
> **파라메트릭 모델링(parametric modeling)**
> 매개변수를 활용한 모델링으로 변수 모델링이라고도 한다. 모델을 구성하고 있는 최하 단위 객체들 사이의 종속, 상호 연관변수를 부여하여 생성할 수 있고, 생성된 객체는 미리 정의한 변수 수정을 통해 형상 수정이 쉽다. 대상 구조물의 변화 분석, 변수 속성 정의, 변수 상호관계 설정, 구조 모델 적용 등의 과정을 거치는데, 직접 측정이 어려운 대상을 모델링하기 적합하여 대형 구조물 모델링에 적용된다.

㉣ 디자인 의도는 설계 모델을 필요에 따라 변경할 때 모델이 변화되는 방식을 결정해 준다.

㉤ 3D 설계과정
- 표현 1 : 요구 파악 → 콘셉트 구상 → 개발결과 분석 → 프로토 타입 생성 → 모델링 → 편집
- 표현 2 : 개념 설계 → 스케치 → 특징 형상 → 3차원 솔리드 모델 → 모델링 완성 (설계변수 변경)

③ 3D 모델링 작업을 위한 정보 확인

㉠ 프로그램 정보 : 회사의 소프트웨어 관련 요구사항, 활용 가능한 소프트웨어, 제품에 적합한 소프트웨어 정보 확인

㉡ 관련 소프트웨어 매뉴얼 확보 및 교육

㉢ 모델링과 데이터 활용 시의 회사 지침 및 작업표준

㉣ 3D 모델링 요구사항 검토
- 3D 모델링 데이터의 범위 : 부품의 수와 어셈블리
- 모델링 디렉터리 구조 : 부품과 어셈블리의 수가 많아질 경우 관리가 필요하다.
- 어셈블리 단계(하위 어셈블리의 범위 등)
- 조립성 정보 : 조립 시 유의사항의 여부
- 간섭 주의사항 : 간섭 유의사항의 여부
- 설계 변경의 범위 확인

㉤ 도면 출력의 여부

㉥ CAM, CAE, 3D 프린터기 연동의 활용 여부

㉦ 제품 관련 디자인 특이사항 여부

㉧ 작업기간 및 모델링 시간

④ 3D 모델링 프로그램의 종류

㉠ 3D 모델링을 위한 프로그램은 여러 세대의 발전을 거듭하였고, 현대에는 그래픽 성능과 사용자의 편의, 해석 엔지니어링에 이르기까지 많은 부분의 프로그램별 특장점이 통합되는 추세이다. 대표적인 3D CAD 프로그램에는 CREO, CATIA, UG, Solid-Works, Inventor 등이 있으며 이외에도 여러 소프트웨어가 활용된다.

㉡ 3차원 모델링 프로그램의 화면은 대체적으로 4개의 창으로 구성되어 있다.

- 메인 화면(main window) : 화면의 가장 큰 부분을 차지하는 부분으로, 작업에 대한 결과를 볼 수 있다.
- 메뉴창(menu window) : main window에 작업 수행을 위한 명령을 입력하는 곳이다.
- 트리창(tree window) : 지금까지 작업한 내용을 한눈에 볼 수 있는 곳이다.
- 메시지창(message window) : 작업을 수행할 때 필요한 파라미터값이나 작업에 대한 오류가 생길 경우 확인할 수 있는 곳이다.

⑤ 모델링 프로그램의 환경 설정
  ㉠ 3D 모델링 프로그램별로 서로 다른 환경 유지하고 있다. 대부분은 '도구' 혹은 '파일' 메뉴의 하단에 있는 '옵션'에서 설정한다.
  ㉡ 옵션에서 설정할 수 있는 기능들은 글꼴, 커서 모양, 색상, 저장 방식, 화면 표시, 도면 표시방법, 클릭 설정, 문서 설정, 프롬프트 등 대부분 설정이 가능하다. 관련 기능은 이론 교재에서 다루기 적당하지 않으므로, 적절한 프로그램을 선택하여 실제로 학습해 본다.
  ㉢ 프로그램별 환경 설정방법
    - CREO : 메뉴 툴바의 '파일'을 클릭한 후 풀다운(pull-down)창에서 '옵션'을 선택하여 사용자 환경을 설정한다.
    - CATIA : 메뉴 툴바의 '도구(tools)'를 클릭한 후 풀다운(pull-down)창에서 '옵션'을 선택하여 사용자 환경을 설정한다.
    - Inventer : 메뉴 툴바의 '파일'을 클릭한 후 '옵션'을 선택하여 사용자 환경을 설정한다.
    - SolidWorks : 메뉴 툴바의 '도구'를 클릭한 후 풀다운(pull-down)창에서 '옵션'을 선택하여 사용자 환경을 설정한다.
    - UG NX : 메뉴 툴바의 '환경 설정(preferences)'을 클릭한 후 풀다운(pull-down)창에서 '사용자 환경(user interface)'을 선택하면 팝업창이 뜬다. 작업환경을 설정할 수 있는 부분으로 모델링 작업 중 설정을 변경하면 그 상태의 환경이 적용된다.

⑥ 모델링 파일
3차원 모델 작업 후 저장하여 활용되는 데 프로그램별로 파일의 확장자 이름이 다르게 활용된다. CREO는 *.prt, SolidWorks는 *.stl, CATIA는 *.cat, 표준화된 파일구조를 갖는 형식은 대표적으로 *.IGES, *.STEP 등이 있다.

⑦ 3차원 모델 작업 순서
  ㉠ 문서 열기 → 평면 선택 및 평면 스케치 → 스케치 구속 → 스케치 윤곽 작성(폐곡선 생성) → 스케치 피처 생성(돌출, 회전, 컷-삽입). 기타 피처(필릿, 모따기, 스윕, 회전 등)
  ㉡ 기본 솔리드 모델링 작업
    - 평면의 도형을 리프팅, 스위핑 등의 작업에 의해 3차원으로 형성한다.
    - 형성된 입체들을 유니언(union, 합치기), 서브트랙션(subtraction, 빼기), 인터섹션(intersection, 교차 추출) 등의 불리언(boolean) 작업을 통해 복잡한 형상체로 조합한다.
    - 평면에 대한 세부작업(곡면화 등)을 할 때 스키닝(skinning), 전개 기능(flattering)을 이용한다.
    - 작업된 곡면을 불러들여 기존 모델링 곡면을 변경할 때 작성된 모서리, 꼭짓점을 잡아 비틀어 트위킹(tweaking)한다.

⑧ 3D 형상모델링 검토
  ㉠ 어셈블리 구조
    - 상향식 설계 방식 : 어셈블리 설계가 기본 구조 또는 기능요소에서 시작하고, 개별 파트가 전체 어셈블리에서 상대적으로 떨어진 위치에서 설계되는 파트 중심의 모델링 방법이다.

- 하향식 설계 방식 : 어셈블리 설계가 최상위 수준에서 시작되고, 개별 파트와 하위 어셈블리가 전체 어셈블리의 요구조건 내에 정의되는 어셈블리 중심 모델링 방법이다.
- 미들 아웃 설계 방식 : 혼합형 설계라고도 하며, 상향식 설계 방식과 하향식 설계 방식을 적절하게 혼합하여 사용하는 설계 방식이다. 기존 제품의 단계별 업그레이드에 적절하다.

ⓒ 조립 구속조건 : 고정(단품 및 서브 어셈블리가 움직이지 않도록 하는 명령), 일치(2개 이상의 대상 선택요소를 붙여 정렬시키는 데 사용), 동심(둘 이상의 원, 또는 원형 모델의 중심을 일치시키는 명령), 옵셋(둘 이상의 대상물이 정해진 간격 유지), 각도 설정, 평행, 수직, 탄젠트(둘 이상의 대상물을 서로 접하게 한다), 대칭 등의 구속조건을 사용한다.

10년간 자주 출제된 문제

10-1. 3차원 모델링에 관련된 설명으로 옳지 않은 것은?
① 와이어프레임 모델링(wire-frame modeling)은 모서리, 꼭짓점 두 종류의 설계요인이 데이터베이스에 정의되는 간단한 모델링 방식이다.
② 서피스 모델링(surface modeling)은 수학적으로 곡선 표면을 정의하며 우주항공, 자동차, 조선 등의 설계에 활용도가 높다.
③ 솔리드 모델링(solid modeling)은 물체의 표면 정보 외에도 입체 정보, 체적 정보가 필요한 경우가 많으며, 이를 위해 재질요인을 반영한 모델링이다.
④ 솔리드 모델링(solid modeling)에서 기본 도형 모델링의 모델러는 프로그램이 임의의 형상을 난수로 생성하여 디자인이 시행된다.

10-2. 3차원 모델링 중 와이어프레임 모델링의 통합 규칙으로 옳지 않은 것은?
① 각 꼭짓점은 유일한 좌표 위치를 가져야 한다.
② 각 꼭짓점은 적어도 3개의 모서리와 연결되어야 한다.
③ 각 모서리는 오직 2개의 꼭짓점만을 갖는다.
④ 각 면은 폐루프를 이루는 적어도 5개의 모서리를 가져야 한다.

|해설|

10-1
솔리드 모델링(solid modeling)의 기본 도형 모델링의 모델러는 정육면체, 블록 직각삼각형, 구, 원추, 원기둥 등 기본 형태를 지원한다. 기하학적 기본 모형 모델러를 이용하면 제한된 수의 기하학적 기본 모형만을 사용하여 특정 위상(topology)만 가능하다.

10-2
와이어프레임 모델링의 통합 규칙
- 각 꼭짓점은 유일한 좌표위치를 가져야 한다.
- 각 꼭짓점은 적어도 3개의 모서리와 연결되어야 한다.
- 각 모서리는 오직 2개의 꼭짓점만 갖는다.
- 각 면은 폐루프를 이루는 적어도 3개의 모서리를 가져야 한다.

정답 10-1 ④ 10-2 ④

핵심이론 11 | 3차원 모델링 프로그래밍

① 디렉터리 관리

　㉠ 작업 디렉터리 설정 : 모델링 작업을 시작하기에 앞서 모델링할 위치의 작업 디렉터리 설정을 통해 데이터의 혼선을 방지하고, 효율적으로 관리를 해야 한다. 초기에 모델링 작업 디렉터리를 관리하지 않으며 모델링을 완성한 후에 모델링의 위치를 찾는 데 많은 시간을 낭비할 수 있으니 주의해야 한다.

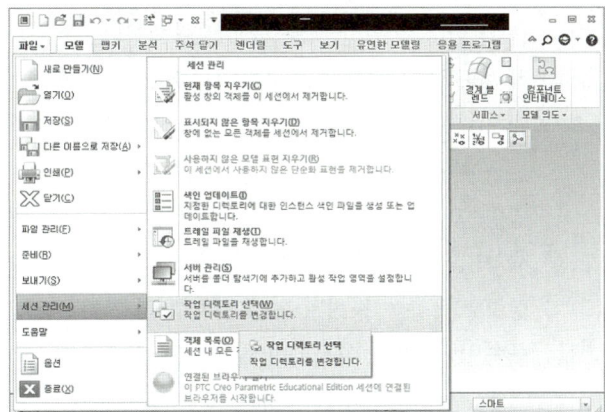

[CREO 작업 디렉터리]

　㉡ 세션 데이터 지우기 : 3차원 모델링 프로그램에 따라 다를 수 있으나 형상 모델링 중에 모델의 파일을 열어 작업할 때 데이터는 자동으로 세션에 저장된다. 파일창을 종료해도 세션의 메모리상에는 저장되어 있다. 따라서 이 기능으로 중간에 모델이 없어지거나 안 보일 경우 세션창으로 데이터를 회복할 수 있다.

　㉢ 작업 디렉터리 클린-업(purge) : 모델링 작업 중에 모델링 데이터의 저장을 위해 작업 중인 파일을 반복적으로 저장하는 경우가 있는데, 일부 소프트웨어의 경우 파일의 확장명 뒤에(xx.prt.1) 일련번호가 생성되어 파일의 버전을 구분한다. 디렉터리 클린-업은 작업이 완료된 모델의 최종 버전을 제외한 나머지 데이터를 삭제하는 기능이다.

② 환경 설정

　㉠ 단위계 설정 : 미국의 inch계와 SI의 mm, cm 등 기본으로 세팅된 단위계를 사용자가 필요한 도면의 종류에 따라 설정하여야 한다. 한 번 단위계를 적용하여 모델링한 후 단위계 변환은 단품 모델의 경우에도 어려우며, 어셈블리나 복수의 모델을 디자인한 후에는 변경하기 매우 어렵다.

　㉡ 단축키의 활용 및 설정 : 단축키를 잘 활용하면 작업속도가 향상되고, 불필요한 오류를 줄일 수 있다. 또한 사용자에 따라 단축키를 작성하여 사용할 수도 있다. 다음은 일반적으로 사용하는 대표적인 단축키이다.

Ctrl + C	형상 또는 스케치 복사
Ctrl + V	붙여넣기
Ctrl + Z	명령 취소 또는 선택 해제
Ctrl + Y	명령 복구
Ctrl + F	찾기
Ctrl + N	새 작업
Ctrl + R	재작업
Ctrl + O	불러오기
Ctrl + G	모델 재생성(새로 고침)
Ctrl + D	모델의 기본 뷰(view)

　㉢ 기타 설정 : 글꼴, 커서 모양, 색상, 저장 방식, 화면 표시, 도면 표시방법, 클릭 설정, 문서 설정, 프롬프트 등 대부분의 기능은 환경 설정에서 조정 가능하다.

③ 스케치

　㉠ 스케치 평면 선택 : 스케치는 2D 작업이 이루어질 평면(예 xy, yz, zx 평면)을 선택한 후 시작한다. 모델링 과정에서는 점, 선, 면 등으로 새롭게 만들어진 평면을 활용하여 스케치할 수 있다.

　㉡ 스케치화면의 내용
- 스케치 아이콘(스케치 윈도우로 들어가는 시작점)을 활용하여 사각형, 원, 삼각형 등을 스케치한다.
- 직사각형, 원, 호, 스플라인, 치수 입력 등 아래의 옵션에 따라 수행한다.

- 삭제 : 필요한 내용을 제외하고 불필요한 부분은 삭제한다.
- 스케치 도구 : 선, 직사각형, 원, 호, 타원, 스플라인, 필렛, 모따기, 텍스트, 오프셋, 접선, 참조선

④ 구속

㉠ 구속조건은 스케치에서 실행한 선, 점, 원 등에 대한 구속을 주는 것으로 프로그램별로 조금씩 차이는 있으나 구속의 종류에는 9가지가 있다. 각각의 구속에는 생성 이후에 해당 기호를 작업창에서 확인하고 삭제할 수 있다.

기능	아이콘	내용
수직	⊥	선 또는 두 교점에 수직 구속 생성
수평	─	선 또는 두 교점에 수평 구속 생성
직각	⊥	두 개체에 직교 구속 생성
탄젠트	⌒	두 개체에 탄젠트 구속 생성
중점	╲	점을 선 또는 호의 중점에 배치 구속 생성
일치	⊙	점 또는 개체상에 점 일치 구속 생성
대칭	⊹│⊹	두 점 또는 교점이 중심선에 대칭하는 구속 생성
동일	=	동일한 길이, 동일한 반지름, 동일한 치수, 동일한 곡률 구속 생성
평행	//	선에 평행한 구속 생성

㉡ 치수 적용에 의한 구속 : 도면화 과정에서의 치수 기입과는 달리 형상 모델링에서의 치수 기입은 사용자가 화면상에서 작업하는 가운데 그 내용을 확인하고, 설계된 형상의 수정·변경이 필요할 경우에 사용한다. 치수 적용에 의한 구속조건 및 정의와 관련하여 스케치상에서의 작업을 완료하기 위한 수단으로 정의된다.

㉢ 기하학적 형상 구속 : 구속조건의 종류는 여러 가지가 있다. 여러 구속조건을 복수 실행하더라도 구속조건의 특성상 실행되는 경우가 있고, 과다 구속으로 실행되지 않는 경우가 있다.

⑤ 명령어 그룹

스케치 명령어 그룹은 일반적으로 세 가지의 소그룹으로 구성된다. 첫째는 형상 스케치를 위한 프로파일 명령어 그룹, 두 번째는 프로파일화된 스케치를 기반으로 실행하는 작업 명령어 그룹, 마지막으로 스케치에 치수나 기하 요소를 정의하는 제약 조건 명령어 그룹으로 이루어진다.

㉠ 프로파일 명령어 그룹 : 2D 스케치에서 제일 먼저 사용하는 명령어 그룹으로 선 그리기, 원 및 사각형과 다각형 그리기, 곡선 그리기 등의 프로파일 형상을 정의하기 위한 도구들의 집합체이다.

㉡ 작업 명령어 그룹 : 프로파일화된 스케치 형상에 대하여 모서리 부분에 곡률 또는 모따기를 주거나 선을 자르고 연장하기, 이동·복사 등의 부가적인 명령을 실행하는 도구들의 집합체이다.

㉢ 제약조건 명령어 그룹 : 프로파일 명령어 및 작업 명령어를 통해 정의된 형상에 치수 및 기하 조건의 구속 및 제약을 설정하여 형상화된 스케치를 고정(또는 변형되지 않도록)하는 도구이다. 제약 및 구속조건이 확정되었다는 것은 2D 스케치가 완료되었음을 의미한다.

⑥ 3D 피처 형상작업

3D 피처 형상작업의 완성된 2D 스케치 모델을 기반으로 3D 형상을 구현하는 기능을 갖춘 명령어 요소들이다. 3D 형상 파트 명령어 그룹은 크게 두 가지 소그룹, 즉 스케치 기반 형상 명령어 그룹과 참조요소 기반 명령어 그룹으로 나누어진다.

㉠ 스케치 기반 형상 명령어

- 2D 스케치 작업에서 만든 프로파일을 밑그림으로 하여 3D 형상을 생성하기 위해 가장 기본적인 작업을 할 수 있는 도구 모음이다. 스케치 기반 형상 명령어는 스케치 없이는 3D 형상을 만들 수 없는 명령어이며, 2D 스케치가 없는 상태에서 명령어를 실행할 때 참조 평면을 선택하면 자동으로 2D 스케치 모드로 전환되어 스케치를 실행하게 된다.

- 돌출 : 2D 스케치에 그린 형상을 기초면으로 하여 단방향 또는 양방향으로 높이를 주어 3D 모델을 생성시키는 기능이다.
- 회전 돌출 : 2D 스케치에 그린 형상을 기초면으로 하여 선택한 축을 기준으로 회전시켜 3D 모델을 생성시키는 기능이다.
- 경로곡선 돌출 : 2D 스케치에 그린 형상을 기초면으로 하여 선택된 경로곡선을 중심선으로 하여 경로를 따라 3D 모델을 생성시키는 기능이다. 형상 스케치 평면과 경로곡선 스케치 평면은 서로 다른 평면에 존재한다.
- 돌출 빼기 : 기존에 생성된 솔리드 형상 모델(돌출 등의 명령어를 통해 생성된 3D 형상 모델)에 새로운 스케치 형상으로 파내거나 제거하는 명령어이다. 빼기기능의 특성상 기존의 형상 없이 사용 불가능한 명령어이다.
- 회전 돌출 빼기 : 기존 3D 형상 모델에 2D 스케치에 그린 형상을 기초면으로 하여 선택한 축으로 회전시켜 솔리드를 제거하는 명령어이다.
- 경로곡선 돌출 빼기 : 2D 스케치에 그린 형상을 기초면으로 하여 선택된 경로곡선을 중심선으로 경로를 따라 3D 모델을 제거하는 기능이다.
- 구멍가공 : 솔리드 형상에 홀을 가공해 준다. 프로파일은 점요소만 인식하며, 해당 점을 기준으로 사용자가 입력한 정보를 이용하여 형상을 만든다.

ⓛ 참조요소 기반 명령어
- 기존에 작업한 솔리드 모델에서 임의의 요소(꼭짓점, 모서리(선), 면) 등에 대한 참조를 통하여 만들어지는 작업으로, 대략적인 솔리드 형상을 세밀한 솔리드 형상으로 가공하는 작업을 할 수 있게 하는 도구 모음이다.

- 3D 필릿 : 생성된 솔리드 형상의 모서리를 부드러운 곡면으로 처리하는 명령어이다. 단수 또는 복수의 모서리를 선택하거나 면을 선택하여 면과 연관된 모서리 전체를 선택할 수 있다. 주의하여야 할 점은 복수의 면, 모서리, 면과 모서리를 선택하여 실행할 경우 수학적 모델링이 불가능한 형상이면 모서리 생성이 불가능하다.
- 3D 챔퍼 : 생성된 솔리드 형상의 모서리에 모따기를 하는 명령어로, 주의사항은 위의 3D 필릿과 동일하다.

10년간 자주 출제된 문제

작업이 완료된 모델의 최종 버전을 제외한 나머지 데이터를 삭제하는 디렉터리 작업은?

① 작업 디렉터리 설정
② 세션 데이터 지우기
③ 클린 업
④ 환경 설정

|해설|

작업 디렉터리 클린 업(purge) : 모델링 작업 중에 모델링 데이터를 저장하기 위해 작업 중인 파일을 반복적으로 저장하는 경우가 있는데, 일부 소프트웨어의 경우 파일의 확장명 뒤에(xx.prt.1) 일련번호가 생성되어 파일의 버전을 구분한다. 디렉터리 클린-업은 작업이 완료된 모델의 최종 버전을 제외한 나머지 데이터를 삭제하는 기능이다.

정답 ③

핵심이론 12 | 모델링 분석

① 어셈블리 구조
  ㉠ 어셈블리 : 파트 모델링에서 디자인한 여러 개의 단품 또는 다른 어셈블리를 불러 조립하기 위한 작업이다.
  ㉡ 어셈블리의 작업 방식
   • 상향식 설계(bottom up design)
    – 조립품을 구축하는 전통적인 방법이다. 각 부품을 설계하고 조립품의 구속조건을 이용하여 서브 조립품을 만들고, 그 서브 조립품을 상위 조립품에 배치하여 최상위 조립품까지 만드는 과정이다.
    – 융통성이 부족한 설계로 설계 충돌과 오류의 위험이 증가할 수 있다.
    – 현재 설계 업계에서 가장 많이 사용하는 패러다임이다.
    – 유사한 제품이나 제품의 라이프 사이클 동안 수정이 많지 않은 제품을 설계하는 회사에서 사용한다.
    – 상향식 설계 방식의 단점은 설계시스템의 자원을 많이 사용하여 성능을 저하시키고, 부품 간의 상호 참조를 많이 하여 참조 형상이 삭제되었을 때 모델 변경에 어려움이 발생할 수 있다.
   • 하향식 설계(top down design)
    – 완성된 제품에서 제품을 분석하여 세부적인 작업을 진행하는 방식이다.
    – 마스터 어셈블리부터 시작하여 해당 어셈블리를 어셈블리와 서브 어셈블리로 나눈 후 주 어셈블리 컴포넌트와 핵심 모델을 확인한다. 마지막으로 어셈블리 간의 관계를 이해하고 제품이 조립되는 방법을 평가한다.
    – 이 정보를 사용하면 설계를 계획하고, 전체 설계 의도를 특정 모델에 적용할 수 있다.
    – 설계 변경이 빈번하게 발생하는 제품을 설계하거나 광범위한 제품을 설계하는 회사에서 많이 사용하는 설계 패러다임이다.
    – 스케치 등을 통하여 대략적인 밑그림을 그리고, 어셈블리상에서 단품들의 형상을 구체화시킨다.
    – 하향식 설계방법에는 골격 모델링, 물체 모델링, 레이아웃 디자인 등이 있다. 기본적으로 설계 의도가 반영된 마스터 파일이라고 할 수 있으나 하나의 부품이 전체 디자인과 새로운 부품을 제어하는 기준이 된다.
    – 하향식 설계에서 가장 중요한 단계는 모델링을 시작하고 마스터 부품을 작성하기 전에 설계 의도를 정의하는 것이다.
    – 어셈블리상에서 사용자가 원하는 단품 및 서브 어셈블리에 대한 구조를 만들고, 각각의 단품이나 서브 어셈블리 모델링을 어셈블리상에서 진행하면 다른 단품이나 다른 서브 어셈블리와의 간섭 등을 바로 체크할 수 있다.
   • 혼합형 설계
    – 상향식 설계 방식과 하향식 설계 방식을 적절하게 혼합하여 사용하는 방식이다. 예를 들어, 하나의 완성품을 만들기 위하여 사용자의 의도대로 설계하는 경우와 기존 완성품에서 단품이나 서브 어셈블리를 그대로 복사하는 경우가 있다(예 볼트, 너트 등의 표준품은 제품을 구상한 후 조립한다).
    – 사용자의 의도대로 설계해야 하는 단품인 경우에는 다른 부품에 대한 간섭 등을 체크하면서 설계하는 것이 편리하다.
    – 단품에 대한 설계 방식에 따라 파트에서 작업을 하든, 어셈블리상에서 파트작업을 하든 사용자가 원하는 방식을 선택적으로 진행하는 방식이다.

- 현장에서는 대부분 비슷한 프로젝트를 하기 때문에 기존에 모델링하였던 동일한 형상들이 많다. 간단한 수정작업으로 모델링을 완료시킬 수 있는 단품 및 서브 어셈블리가 많고, 회사 사내표준에 따른 기성 부품이 많다. 이러한 단품들은 회사에서 데이터베이스로 보관하고 있기 때문에 기존 부품의 활용도를 높이면 설계하는 시간을 단축시킬 수 있다.

② 구속조건
  ㉠ 본드, 핀 또는 볼트 등으로 부품을 몸체 등에 고정시키거나 원하는 방향, 원하는 각도로만 움직일 수 있게 한다. 이러한 본드나 볼트 등의 역할을 하는 것이 조립 구속조건을 부여하는 것과 같다.
  ㉡ 선택요소가 1개인 경우는 구속조건을 부여하려는 대상을 선택해야 하며, 선택요소가 2개인 경우는 기준으로 설정하려는 대상의 요소(기준요소)와 구속조건을 부여하려는 대상의 요소를 선택해야 한다. 그리고 선택요소가 3개인 경우는 구속조건을 부여하려는 대상의 요소와 기준요소 2개를 선택해야 한다.
  ㉢ 구속조건의 종류는 선택요소의 개수에 따라 다음과 같이 나뉜다.
    • 1개 : 고정
    • 2개 : 일치, 동심, 오프셋, 각도, 평행, 수직, 탄젠트
    • 3개 : 대칭

10년간 자주 출제된 문제

12-1. 3차원 모델링의 어셈블리 구속조건의 선택요소 개수가 다른 것은?
① 고정　　　　　② 일치
③ 평행　　　　　④ 수직

12-2. 어셈블리의 작업 방식 중 상향식 설계 방식의 특징은?
① 이 정보를 사용하면 설계를 계획하고, 전체 설계 의도를 특정 모델에 적용할 수 있다.
② 설계 변경이 빈번하게 발생하는 제품을 설계하거나 광범위한 제품을 설계하는 회사에서 많이 사용하는 설계 패러다임이다.
③ 대략적인 구상은 스케치 등을 통하여 밑그림을 그리고 어셈블리상에서 단품들의 형상을 구체화시키는 것이다.
④ 융통성이 부족한 설계로 설계 충돌과 오류의 위험이 증가할 수 있다.

|해설|

12-1
고정은 점 하나를 선택하여 구속한다.

12-2
상향식 설계(bottom up design)
• 조립품을 구축하는 전통적인 방법이다. 각 부품을 설계하고 조립품의 구속조건을 이용하여 서브 조립품을 만들고, 그 서브 조립품을 상위 조립품에 배치하여 최상위 조립품까지 만드는 과정이다.
• 융통성이 부족한 설계로 설계 충돌과 오류의 위험이 증가할 수 있다.
• 현재 설계 업계에서 가장 많이 사용하는 패러다임이다.
• 유사한 제품이나 제품의 라이프 사이클 동안 수정이 많지 않은 제품을 설계하는 회사에서 사용한다.
• 상향식 설계 방식의 단점은 설계시스템의 자원을 많이 사용하여 성능을 저하시키고, 부품 간의 상호 참조를 많이 하여 참조 형상이 삭제되었을 때 모델 변경에 어려움이 발생할 수 있다.

정답 12-1 ① 12-2 ④

핵심이론 13 | 모델링의 수정 및 출력

① 모델링 수정

　㉠ 모델링 오류의 검토
　　• 정보 명령어를 이용하여 형상에 대한 정보를 비교·검토하여 오류 발견 시 수정할 수 있도록 도와 모델링의 오류를 검토한다. 즉, 정보 명령어란 선택한 요소 및 형상에 대한 정보를 사용자에게 알려 주는 기능을 모아 놓은 도구 모음이다.
　　• 측정 : 선택한 점, 선, 면 등의 요소 간 성분을 알려 주는 기능이다. 선택요소가 점과 점인 경우에는 두 점에 대한 길이 정보를, 점과 직선인 경우에는 점과 직선의 최단 거리의 정보를 보여 준다.
　　• 물성치 : 선택한 형상의 겉면적, 밀도, 질량, 부피, 면적, 무게중심 좌표, 관성 모멘트 등 물성치 정보를 측정해 주는 기능이다. 질량 등과 같은 물성치 정보는 재질을 적용해야 알 수 있다. 재질은 프로그램에서 제공하는 재질 데이터베이스에서 선택하거나, 사용자가 조사한 물성치 정보를 입력하여 적용할 수 있다.
　　• 두께 검사 : 일정 두께 이상의 형상을 요구할 때는 두께 검사를 통하여 최소 두께 등을 확인할 수 있다.

　㉡ 간섭 확인과 수정
　　• 간섭 확인과 수정을 통하여 3D 형상 모델링 관련 정보를 도출·수정할 수 있고, 조립품의 간섭 및 조립 여부를 점검하고 수정할 수 있다.
　　• 모델링 조립 후 체크를 해야 한다. 일반적인 3D 모델링 프로그램은 그래픽만 표현하여 실제적인 조립이 가능한지는 별도의 체크가 필요하다.
　　• 간섭 체크 명령어란 여러 개의 단품 및 서브 어셈블리와의 간섭이 있는지 확인하는 명령어로, 일반적으로 명령어를 실행하면 간섭 여부를 그래픽창에 보여 주거나 대화식 창에 수치를 표시해 준다. 간섭 체크 명령어에는 어셈블리상에서 여러 단품 및 서브 어셈블리가 결합된 상태의 절단면 상태를 보여 주는 섹션 명령어, 홀의 정렬이 제대로 되어 있는지를 검토하는 구멍 정렬 명령어, 단품과 단품의 여유분이 제대로 설정되어 있는지를 확인하는 여유분 명령어 등이 있다.

② 모델링 데이터의 출력

　㉠ 2D 도면 유형 설정과 치수 입력 : 부품 또는 제품의 제작을 위한 도면은 KS 및 ISO 규격에 맞는 도면 양식으로 적용한다. 적용 투상법에 따라 정면도, 평면도, 측면도, 단면도, 상세도, 입체 형상을 배치하며, 필요한 치수 정보를 입력하는 방법에 대한 설명을 포함한다.
　㉡ 2D 도면 유형 설정 : 도면화를 하는 경우 위에서 언급한 적용 도면의 크기를 사용자가 설정할 수 있다. 기본적으로 제공되는 표제란에 사용자, 검토자, 승인자의 정보와 도면의 제목, 소속 기관명 등을 입력할 수 있다.
　㉢ 투상도 배치 및 치수를 입력한다.
　㉣ 도면화 작업의 흐름 : 도면 템플릿 열기 → 템플릿 속성(축척, 투상 등) → 표준 뷰(배치 확인) → 치수 기입 → 뷰 추가

③ 모델링 데이터 출력의 실행

　㉠ 데이터 저장 : 여러 형식으로 저장 가능하며 출력할 프로그램에 맞는 확장자로 변환·저장할 수도 있다.
　㉡ 데이터 출력 : 인쇄물로 출력하는 경우는 다음과 같다.
　　• 파트 및 어셈블리 파일은 이미지 파일로 저장하여 출력한다.
　　• 도면화 작업을 통해 도면을 인쇄한다.
　　• 동영상으로 저장한다. 어셈블리 과정을 영상으로 만들면 어셈블리를 효과적으로 할 수 있다.

④ 모델링 데이터 정보의 변환
  ㉠ 데이터 형식
  ㉡ 2D 도면 데이터의 경우 가장 널리 사용되는 프로그램인 AutoCAD에서 데이터를 읽어올 수 있도록 각 프로그램에서 작성한 도면 데이터를 dwg 확장자를 사용한다.
  ㉢ 3D 데이터의 경우 특별한 프로그램의 특성에 따르지 않는 일반적인 중립 확장자인 STEP(STandard for the Exchange of Product model data, 국제 표준)이나 IGES 형식이 많이 사용된다. 일반적으로 STEP은 솔리드 모델에, IGES 파일은 서피스 모델에 대해 호환성이 좋다.
  ㉣ SAT 형식은 AutoCAD나 Iventor와의 호환성이 뛰어나다.
  ㉤ JT형식은 UG NX와 데이터 교환이 좋다.
  ㉥ 3D 형상 모델을 CAM 가공을 위한 프로그램과 연동하려면 STL 형식으로 저장한다. 독일 도면 규격으로 형상의 보존성이 좋아서 일반적으로 사용되며, 급속조형기나 3D 프린터와의 데이터 교환에도 널리 사용된다.
  ㉦ 윈도우 프로그램에서 제공되는 다양한 양식(PNG, TIFF, JPEG, GIF, BMP, PNG)을 사용한다.

10년간 자주 출제된 문제

모델링 오류 검토에 대한 내용으로 옳지 않은 것은?

① 정보 명령어를 이용하여 형상에 대한 정보를 비교·검토하여 오류 발견 시 수정할 수 있게 도와 모델링의 오류를 검토한다.
② 측정을 통해 두 점에 대한 길이 정보를, 점과 직선의 최단거리의 정보를 보여 준다.
③ 선택한 형상의 재질의 선택 없이도 겉면적, 밀도, 질량, 부피, 면적, 무게중심 좌표, 관성 모멘트 등 물성치 정보의 측정 가능하다.
④ 일정 두께 이상의 형상을 요구할 때는 두께 검사를 통하여 최소 두께 등을 확인할 수 있다.

|해설|

선택한 형상의 겉면적, 밀도, 질량, 부피, 면적, 무게중심 좌표, 관성 모멘트 등 물성치 정보를 측정해 주는 기능이다. 질량 등과 같은 물성치 정보는 재질을 적용해야 알 수 있다. 재질은 프로그램에서 제공하는 재질 데이터베이스에서 선택하거나, 사용자가 조사한 물성치 정보를 입력하여 적용할 수 있다.

정답 ③

| 핵심이론 14 | 기계요소 부품의 요구기능 파악 |

① 기계
　㉠ 기계의 구성 : 기계의 주요 부분은 외부로부터 에너지를 공급받는 부분, 받아들인 에너지를 전달 또는 변환시키는 부분, 유용한 일을 하는 부분과 각 기계요소를 고정하는 프레임으로 구성된다.
　㉡ 기계의 종류
　　• 동력기계 : 화학적 에너지나 물리적 에너지 또는 그 밖의 에너지를 기계적 에너지, 즉 동력으로 변환시키는 기계를 동력기계라고 한다. 대표적으로 전기모터, 유압모터, 내연기관, 증기터빈 등이 있다.
　　• 작업기계: 동력기계로부터 받은 에너지를 목적에 맞게 작업하는 기계이다. 종류로는 공작기계, 제조기계, 수송기계, 건설기계, 기타 산업기계 등이 있다.

② 기계요소
　㉠ 여러 가지 기계에 사용되는 부품을 모두 기계요소(machine element)라고 하지만, 일반적으로 기계요소란 그중에서도 나사, 기어, 축, 베어링, 스프링, 파이프 이음 등 기계에 공통으로 사용되는 부품을 의미한다.
　㉡ 기계요소는 그 기능과 목적에 따라 크게 결합용 요소, 축계요소, 동력 전달용 요소, 관용 기계요소, 운동제어용 요소로 분류된다.

기계요소군	기계요소	기능
결합용 기계요소	나사	임시적 체결
	리벳, 용접	반영구적 체결
축계 기계요소	축	회전 및 동력 전달
	축이음(커플링, 클러치)	축과 축을 연결
	베어링	축 지지
	키, 핀, 코터	축과 회전체 연결
전동용 기계요소	마찰차, 기어, 캠	직접 전동장치
	벨트, 체인, 로프	간접 전동장치
제어용 기계요소	스프링	에너지 저장, 완충
	브레이크	속도 조절, 감속, 정지
관용 기계요소	관	기체나 액체 운반
	밸브, 콕	유량 및 압력제어, 개폐
	관이음	관 연결, 수송 방향 전환
자동화 기계요소	볼나사, LM 가이드	직선운동 위치제어
	타이밍 벨트, 감속기	회전운동 위치제어
	제어용 모터(스테핑모터, 서보모터)	제어용 동력 발생

　㉢ 동력 전달장치 기계요소의 예

번호	명칭	기능
1	본체	전체 부품을 지지하는 프레임 역할을 하며 구조물에 고정한다.
2	V-벨트풀리	V-벨트로 거리가 떨어진 외부의 축에 동력을 전달하는 역할을 한다.
3	스퍼기어	기어를 통하여 외부에서 전달받은 동력으로 연결된 축을 회전시킨다.
4	하우징	베어링을 위치에 고정시키고 지지한다.
5	축	회전축으로 기어의 회전 동력을 풀리로 전달한다.
6, 7	커버	베어링을 고정시키고, 이물질의 침입을 방지하고, 윤활유가 흘러나가지 않도록 한다.
8	칼라	베어링과 풀리의 간격을 유지한다.
기타	베어링	축을 지지하고, 마찰저항을 감소시켜 회전을 부드럽게 한다.
	키	축에 풀리, 기어 등의 회전체를 고정시켜 축과 회전체가 미끄러지지 않고 회전을 정확하게 전달한다.
	볼트	분해·조립이 가능하도록 둘 이상의 부품을 체결한다.
	그리스 니플	그리스를 주입하는 입구로, 주입된 그리스가 흘러나오지 않도록 한다.

③ 요소 부품의 정밀도
　㉠ 치수의 정밀함을 나타내는 척도이다. 기계요소 부품에서 정밀도는 치수공차, 기하공차 등을 이용하여 표시하며, 허용치수오차의 범위가 좁을수록 정밀도가 높다. 기계 부품은 제품이므로 사용목적에 따라 적절한 정밀도를 부여하여 적절한 가격에 적절한 품질을 갖도록 할 필요가 있다.

ⓛ 치수공차는 치수의 허용범위의 상한과 하한의 차로 각 기준 치수별로 공차 등급을 부여한다.

10년간 자주 출제된 문제

다음 중 스프링, 브레이크 등 에너지의 저장, 완충을 목적으로 사용하는 기계요소는?

① 결합용 기계요소
② 관용 기계요소
③ 자동화 기계요소
④ 제어용 기계요소

|해설|

기계요소군	기계요소	기능
결합용 기계요소	나사	임시적 체결
	리벳, 용접	반영구적 체결
축계 기계요소	축	회전 및 동력 전달
	축이음(커플링, 클러치)	축과 축을 연결
	베어링	축 지지
	키, 핀, 코터	축과 회전체 연결
전동용 기계요소	마찰차, 기어, 캠	직접 전동장치
	벨트, 체인, 로프	간접 전동장치
제어용 기계요소	스프링	에너지 저장, 완충
	브레이크	속도 조절, 감속, 정지
관용 기계요소	관	기체나 액체 운반
	밸브, 콕	유량 및 압력제어, 개폐
	관이음	관 연결, 수송 방향 전환
자동화 기계요소	볼나사, LM 가이드	직선운동 위치제어
	타이밍 벨트, 감속기	회전운동 위치제어
	제어용 모터(스테핑모터, 서보모터)	제어용 동력 발생

정답 ④

핵심이론 15 | 나사

① 나사의 정의

ⓐ 나선곡선(helix) : 가상 원통 위의 한 점이 축 방향의 직선운동과 접선 방향의 회전운동을 일정한 비율로 동시에 하였을 경우 원통 위에 그려지는 궤적이다.

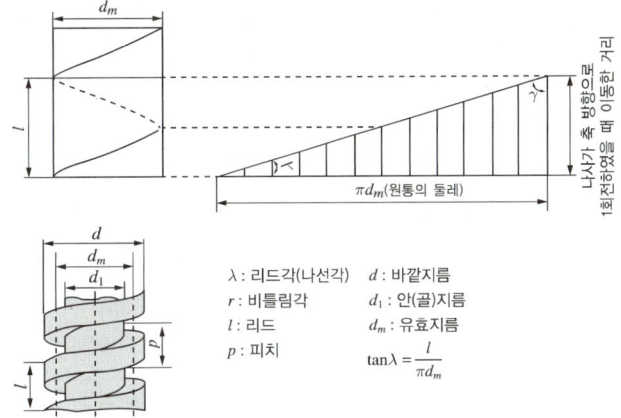

λ : 리드각(나선각) d : 바깥지름
r : 비틀림각 d_1 : 안(골)지름
l : 리드 d_m : 유효지름
p : 피치 $\tan\lambda = \dfrac{l}{\pi d_m}$

ⓑ 나사의 구조 : 바깥지름(수나사의 호칭지름), 안지름, 나사산 각도, 나사산 높이, 리드각, 피치(이웃한 산과 산의 거리), 리드(lead, 나사 1회전 시 전진 거리, 리드와 피치는 줄 수에 비례한다).

② 체결용 나사

ⓐ 미터나사(metric thread) : 나사산 각이 60°인 미터계 삼각나사로, 가장 많이 사용된다. 나사의 지름과 피치의 크기는 [mm] 단위를 기준으로 사용한다. 미터보통나사는 'M 호칭지름'으로 표기하고 미터가는나사는 'M 호칭지름×피치'로 표기한다.

ⓑ 유니파이나사(unified screw thread) : 1948년 영국, 미국, 캐나다의 협정에 의해 만들어진 나사로, ABC 나사라고도 한다. 나사산 각이 60°인 인치계 삼각나사로, [inch] 단위를 사용하며 나사 호칭에 관한 숫자는 1[inch]당 나사산 수, 나사 종류의 순으로 표기한다. 나사의 크기를 정하기 위한 표준 치수를 1[inch]에서의 나사산 수(n)를 기준으로 정하였으므로, [mm] 단위의 피치(p)와 나사산 수($p = 25.4/n$)의 관계이다.

ⓒ 관용나사(pipe thread) : 절단된 파이프를 연결할 때 파이프 끝에 나사산을 내고 원통 이음쇠관으로 연결하여 사용한다. 나사의 생성으로 인한 파이프의 강도 저하를 작게 하기 위하여 나사산의 높이가 낮은 관용나사를 사용한다. 관용나사에서 나사산 각은 55°이며, 나사의 크기를 정하기 위한 표준 치수는 1[inch]에서의 나사산 수(n)를 기준으로 한다.

③ 운동용 나사
ⓐ 사각나사(square thread) : 나사산의 모양이 사각이며, 삼각나사에 비해 풀어지기 쉽지만 저항이 작은 이점으로 동력 전달용 잭(jack), 나사 프레스, 선반의 피드(feed)에 쓰인다.
ⓑ 사다리꼴나사(trapezoidal screw thread) : 나사의 효율면에서 사각나사가 이상적이지만, 가공의 어려움이 있어 사다리꼴나사로 대체하여 사용한다.

구분	인치계 사다리꼴나사(TW)	미터계 사다리꼴나사(Tr)
나사산각	29°	30°
피치 크기	1[inch]에 대한 나사산 수를 기준으로 나타낸다.	[mm]로 나타낸다.

ⓒ 톱니나사(buttless screw thread) : 축선의 한쪽에 힘을 받는 곳(잭, 프레스, 바이스)에 사용된다. 힘을 받는 면은 축에 직각이고, 받지 않는 면은 30°의 각도로 경사져 있다.
ⓓ 둥근나사(round thread) : 너클나사, 전구나사라고도 하며, 나사산과 골이 같은 반지름의 원호를 이은 모양으로 둥글게 되어 있다. 먼지, 모래, 녹가루 등이 나사산을 통하여 들어갈 우려가 있을 때 사용한다. 나사의 크기는 1[inch] 내에 있는 나사산의 수를 기준으로 정한다.
ⓔ 볼나사(ball thread) : 마찰에 의한 손실이 매우 작다(효율이 90[%] 이상). 나사축을 회전시키기 위해 필요한 힘이 각나사에 비해 약 1/3 이하로 좋다. 구름 접촉이므로, 미끄럼 접촉에 비해 마모가 작아 로봇, 공작기계 등 정밀한 위치결정이 필요한 경우에 사용한다.

④ 나사 체결의 종류
ⓐ 관통볼트(trough bolt) : 연결할 두 부분에 구멍을 뚫은 후 볼트를 관통시켜 반대쪽에 너트를 끼워 결합한다.
ⓑ 탭볼트(tap bolt) : 죄려고 하는 부분이 두꺼워 관통 구멍을 뚫을 수 없는 경우에 사용한다. 한 부분에 구멍을 뚫고 다른 한 부분은 중간까지 나사를 죄어 이것에 머리 달린 나사를 박는다.
ⓒ 스터드볼트(stud bolt) : 자주 분해·결합하는 경우에 사용하며 양쪽에 나사를 만든다.
ⓓ 리머볼트(reamer bolt) : 다듬질한 구멍에 꼭 끼워 미끄럼을 방지한다. 전단력이 발생하는 부분에 링을 끼워 링으로 하여금 전단력을 받도록 하거나 볼트의 축 부분을 테이퍼지게 하여 움직이지 않도록 고정한다.

⑤ 특수볼트의 종류
ⓐ 아이볼트(eye bolt) : 볼트의 머리부에 핀을 끼우거나 훅을 걸 수 있도록 되어 있어 무거운 물체를 들어 올릴 때 사용한다.
ⓑ 리프팅 아이볼트(lifting eye bolt) : 물건을 매달 때 사용한다.
ⓒ 나비볼트(wing bolt) : 나사의 머리를 나비 모양으로 만들어 스패너 없이 손으로 조일 수 있다.
ⓓ 간격유지볼트 : 스테이볼트(stay bolt)라고도 하며, 기계 부품의 간격을 일정하게 유지해야 할 때 사용한다.
ⓔ 기초볼트(foundation bolt) : 기계, 구조물 등을 바닥에 고정시키기 위하여 사용하는 볼트이다. 한쪽 끝은 수나사로 파여 있어 기계를 고정시키는 데 사용하고, 다른 쪽 끝은 콘크리트에 고정되었을 때 움직이지 않도록 되어 있다.
ⓕ T볼트 : 공작기계 테이블에는 다른 물체를 용이하게 고정시킬 수 있도록 T자형 홈이 파여 있다. 나사의 머리를 사각형으로 만들어 T자형 홈에 끼우면 너트를 조일 때 나사머리가 회전하지 않는다.

⑥ 특수너트의 종류

　㉠ 와셔붙이너트(washer based nut) : 너트의 밑면에 너트를 끼운 모양으로 만든 너트이다. 접촉하는 재료와의 접촉 면적을 크게 하여 접촉압력을 줄인다.

　㉡ 캡너트(cap nut) : 너트의 한쪽이 관통되지 않도록 만든 너트이다. 볼트의 한쪽 끝부분이 막혀 있어 외부로부터의 오염(기름, 먼지)을 방지할 수 있다.

　㉢ 홈붙이 둥근너트 : 너트의 두께가 얇고 균형이 잘 잡혀 있다. 구름 베어링의 부속품으로 사용된다.

　㉣ 둥근너트 : 너트를 외부에 노출시키지 않을 때 흔히 사용된다.

　㉤ 스프링판 너트 : 스프링판을 굽혀서 만들며, 사용이 간단하다.

⑦ 와셔

볼트머리 밑면에 끼우는 것으로, 일반적인 볼트머리 부분의 압력을 넓게 분산시키는 역할을 한다. 스프링 와셔 또는 접시 와셔는 진동에 의한 풀림을 줄인다.

10년간 자주 출제된 문제

15-1. 볼트의 머리부에 핀을 끼우거나 훅을 걸 수 있도록 되어 있어 무거운 물체를 들어 올릴 때 사용되는 특수볼트는?

① 아이볼트
② 나비볼트
③ 기초볼트
④ 간격유지볼트

15-2. 다음 보기에서 설명하는 나사는?

|보기|
- 너클나사라고도 하며, 나사산과 골이 같은 반지름의 원호를 이은 모양으로 둥글게 되어 있다.
- 전구나사라고도 하며 먼지, 모래, 녹가루 등이 나사산을 통하여 들어갈 염려가 있을 때 사용한다.
- 나사의 크기는 1[inch] 내에 있는 나사산의 수를 기준으로 정한다.

① 미터나사　　　② 사다리꼴나사
③ 둥근나사　　　④ 톱니나사

|해설|

15-1

② 나비볼트(wing bolt) : 나사의 머리를 나비 모양으로 만들어 스패너 없이 손으로 조일 수 있다.
③ 기초볼트(foundation bolt) : 기계, 구조물 등을 바닥에 고정시키기 위하여 사용하는 볼트이다. 한쪽 끝은 수나사로 파여 있어 기계를 고정시키는 데 사용하고, 다른 쪽 끝은 콘크리트에서 고정되었을 때 움직이지 않도록 되어 있다.
④ 간격유지볼트 : 스테이볼트(stay bolt)라고도 하며 기계 부품의 간격을 일정하게 유지해야 할 때 사용한다.

15-2

① 미터나사 : 나사산 각이 60°인 미터계 삼각나사로, 가장 많이 사용된다. 나사의 지름과 피치의 크기는 [mm] 단위를 기준으로 사용한다. 미터보통나사는 'M 호칭지름'으로 표기하고 미터가는나사는 'M 호칭지름×피치'로 표기한다.
② 사다리꼴나사 : 나사의 효율면에서 사각나사가 이상적이지만, 가공의 어려움이 있어 사다리꼴나사로 대체하여 사용한다.
④ 톱니나사 : 축선의 한쪽에 힘을 받는 곳(잭, 프레스, 바이스)에 사용된다. 힘을 받는 면은 축에 직각이고, 받지 않는 면은 30°의 각도로 경사져 있다.

정답 15-1 ①　15-2 ③

핵심이론 16 | 기계요소 제도 – 나사

① 나사의 표시방법

나사산의 감김 방향	나사산의 줄의 수	나사의 호칭	나사의 등급
핵심이론 ⑤에 설명	핵심이론 ⑥에 설명	핵심이론 ②에 설명	핵심이론 ④에 설명

② 나사의 호칭, 등급, 산의 감김 방향 및 산의 줄 수 표시

㉠ 피치를 [mm]로 표시하는 나사

| 나사의 종류를 표시하는 기호 | 나사의 호칭지름을 표시하는 숫자 | × | 피치 |

※ 미터 보통나사 및 미니추어 나사와 같이 동일한 지름에 대하여 피치가 하나만 규정되어 있는 나사는 원칙적으로 피치를 생략한다.

㉡ 피치를 산의 수로 표시하는 나사(유니파이나사 제외)의 경우

| 나사의 종류를 표시하는 기호 | 나사의 지름을 표시하는 숫자 | 산 | 산의 수 |

※ 관용나사와 같이 동일한 지름에 대하여 산의 수가 단 하나만 규정되어 있는 나사에서는 원칙적으로 산의 수를 생략한다. 또한, 혼동의 우려가 없을 경우 '산'이라는 글자 대신 '-'을 사용할 수 있다.

㉢ 유니파이나사의 경우

| 나사의 지름을 표시하는 숫자 또는 번호 | - | 산의 수 | 산 | 나사의 종류를 표시하는 기호 |

③ 나사의 종류 표시

구분		나사의 종류	나사의 종류를 표시하는 기호	나사의 호칭에 대한 표시방법의 예
일반용	ISO 표준에 있는 것	미터 보통나사[1]	M	M8
		미터 가는나사[2]	M	M8×1
		미니추어 나사	S	S0.5
		유니파이 보통나사	UNC	3/8-16UNC
		유니파이 가는나사	UNF	No.8-36UNF
		미터 사다리꼴나사	Tr	Tr10×2
		관용 테이퍼나사 테이퍼 수나사	R	R3/4
		테이퍼 암나사	Rc	Rc3/4
		평행 암나사[3]	Rp	Rp3/4
	ISO 표준에 없는 것	관용 평행나사	G	G1/2
		30° 사다리꼴나사	TM	TM18
		29° 사다리꼴나사	TW	TW20
		관용 테이퍼나사 테이퍼나사	PT	PT7
		평행 암나사[4]	PS	PS7
		관용 평행나사	PF	PF7
특수용		후강 전선관나사	CTG	CTG16
		박강 전선관나사	CTC	CTC19
	자전거나사	일반용	BC	BC3/4
		스포크용	BC	BC2.6
		미싱나사	SM	SM1/4 산40
		전구나사	E	E10
		자동차용 타이어 밸브나사	TV	TV8
		자전거용 타이어 밸브나사	CTV	CTV8 산30

[1] 미터 보통나사 중 M1.7, M2.3 및 M2.6은 ISO 표준에 규정되어 있지 않다.
[2] 가는나사임을 특별히 명확하게 나타낼 필요가 있을 때는 피치 다음에 '가는나사'의 글자를 ( ) 안에 넣어서 기입할 수 있다. 예 M8×1(가는나사)
[3] 이 평행 암나사 Rp는 테이퍼 수나사 R에 대해서만 사용한다.
[4] 이 평행 암나사 PS는 테이퍼 수나사 PT에 대해서만 사용한다.

④ 나사의 등급 표시

구분	나사의 종류	암나사 – 수나사의 구별		나사의 등급을 표시하는 보기
ISO 표준에 있는 등급	미터 나사	암나사	유효지름과 안지름의 등급이 같은 경우	6H
		수나사	유효지름과 바깥지름의 등급이 같은 경우	6g
		수나사	유효지름과 바깥지름의 등급이 다른 경우	5g, 6g
		암나사와 수나사를 조합한 것		6H/6g, 5H/5g 6g
	미니추어 나사	암나사		3G6
		수나사		5h3
		암나사와 수나사를 조합한 것		3g6/5h3
	미터 사다리꼴 나사	암나사		7H
		수나사		7e
		암나사와 수나사를 조합한 것		7H/7e
	관용 평행나사	수나사		A
ISO 표준에 없는 등급	미터 나사	암나사 수나사	암나사와 수나사의 등급 표시가 같은 것	2급, 혼동될 우려가 없을 경우에는 '급'의 문자를 생략해도 좋다.
		암나사와 수나사를 조합한 것		3급/2급, 혼동될 우려가 없을 경우에는 3/2로 해도 좋다.
	유니파이 나사	암나사		2B
		수나사		2A
	관용 평행나사	암나사		B
		수나사		A

⑤ 나사산의 감김 방향은 왼나사의 경우 '왼'의 글자로 표시하고, 오른나사의 경우에는 표시하지 않는다. 또한, '왼' 대신 'L'을 사용할 수 있다.

⑥ 나사산의 줄 수는 여러 줄 나사의 경우에는 '2줄', '3줄' 등과 같이 표시하고, 한 줄 나사의 경우에는 표시하지 않는다. 또한, '줄' 대신 'N'을 사용할 수 있다.

⑦ 나사의 각부, 선의 종류 및 제도방법

나사의 각부	선의 종류	나사부의 그림	비고
수나사 바깥지름, 암나사 안지름	굵은 실선		
수나사와 암나사의 골	가는 실선		
완전 나사부와 불완전 나사부의 경계선	굵은 실선		
불완전 나사부의 끝밑선	가는 실선		축선에 대하여 30° 경사
가려서 보이지 않는 나사부	파선		
수나사와 암나사의 측면 도시에서 골지름	가는 실선 (3/4 원)		

10년간 자주 출제된 문제

16-1. 왼 2줄 M50×3-6H의 나사기호 해석으로 옳은 것은?
① 리드가 3[mm]
② 암나사 등급 6H
③ 왼쪽 감김 방향 1줄 나사
④ 나사산의 수가 3개

16-2. 다음 중 미터 사다리꼴나사를 표시하는 기호는?
① R
② M
③ Tr
④ UNC

16-3. KS 규격에 따른 나사의 표시에 관한 설명 중 옳은 것은?
① 나사산의 감김 방향은 오른나사인 경우만 RH로 명기하고, 왼나사인 경우 따로 명기하지 않는다.
② 미터 가는나사는 피치를 생략하거나 산의 수로 표시한다.
③ 2줄 이상인 경우 그 줄수를 표시하며 줄 대신에 L로 표시할 수 있다.
④ 피치를 산의 수로 표시하는 나사(유니파이 나사 제외)의 경우 나사호칭은 나사의 종류를 표시하는 기호 나사의 지름을 표시하는 숫자 산 산의 수 으로 나타낸다.

16-4. 유니파이 보통나사의 표시가 '3/8-16UNC-2B'일 때 설명으로 틀린 것은?
① '3/8'은 호칭지름을 나타낸 것이다.
② '16'은 리드를 나타낸 것이다.
③ 'UNC'는 나사의 종류이다.
④ '2B'는 나사 등급을 나타낸 것이다.

16-5. 다음 그림과 같이 나사 표시가 있을 때 옳은 것은?

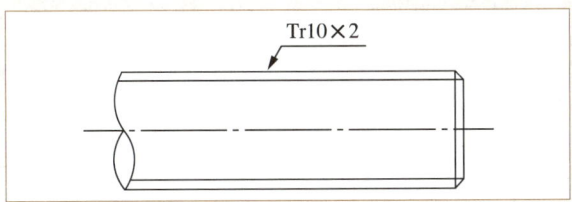

① 볼나사 호칭지름 10[inch]
② 둥근나사 호칭지름 10[mm]
③ 미터 사다리꼴나사 호칭지름 10[mm]
④ 관용 테이퍼 수나사 호칭지름 10[mm]

16-6. 나사의 도시에서 완전 나사부와 불완전 나사부의 경계를 나타내는 선은?
① 굵은 실선
② 가는 실선
③ 가는 파선
④ 가는 1점 쇄선

16-7. 다음 중 나사 표기가 'G1/2'인 나사는?
① 관용 평행나사
② 29° 사다리꼴나사
③ 관용 테이퍼나사
④ 30° 사다리꼴나사

| 해설 |

16-1

나사산의 감김 방향	나사산의 줄의 수	나사의 호칭	나사의 등급
왼	2줄	M50×3	6H

②

암나사-수나사의 구별		나사의 등급을 표시하는 보기
암나사	유효지름과 안지름의 등급이 같은 경우	6H

① 피치가 3이고, 2줄 나사이므로 리드는 6[mm]이다.
③ 왼 감김 2줄 나사
④ 나사산 표기는 없다.

16-3
① 나사산의 감김 방향은 왼나사의 경우 '왼'의 글자로 표시하고, 오른 나사의 경우에는 표시하지 않는다. 또한 '왼' 대신 'L'을 사용할 수 있다.

②

나사의 종류	나사의 종류를 표시하는 기호	나사의 호칭에 대한 표시방법의 예
미터가는 나사	M	M8×1

③ 나사산의 줄의 수는 여러 줄 나사의 경우에는 '2줄', '3줄' 등과 같이 표시하고, 한 줄 나사의 경우에는 표시하지 않는다. 또한 '줄' 대신 'N'을 사용할 수 있다.

16-4
16은 지정 길이당 산의 수, 즉 피치를 나타낸다.

유니파이나사의 경우

나사의 지름을 표시하는 숫자 또는 번호	-	산의 수	나사의 종류를 표시하는 기호	나사의 등급
3/8	-	16	UNC	2B

16-5
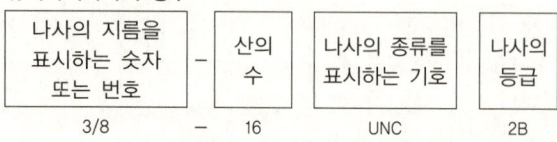

Tr	10	×2
미터 사다리꼴나사	지름	피치

16-6
완전 나사부는 영역에 모두 나사산이 있는 부분이고, 불완전 나사부는 나사산이 형성되지 않은 몸통 부분이다. 굵은 실선으로 구분한다.

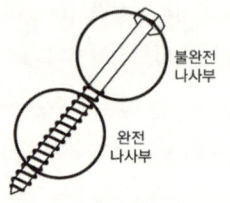

16-7

나사의 종류		나사의 종류를 표시하는 기호	나사의 호칭에 대한 표시방법의 예
관용 평행나사		G	G1/2
30° 사다리꼴나사		TM	TM18
29° 사다리꼴나사		TW	TW20
관용 테이퍼 나사	테이퍼나사	PT	PT7
	평행 암나사	PS	PS7

정답 16-1 ② 16-2 ③ 16-3 ④ 16-4 ② 16-5 ③ 16-6 ① 16-7 ①

핵심이론 17 | 나사 설계

① 나사의 구성

지름 d인 원기둥에 밑변 $AB = \pi d$인 직각삼각형 ABC를 원통의 축선에 직각이 되게 A를 기점으로 감아 올라가면 빗변 AC는 원통 위에 하나의 곡선을 만드는데, 이 곡선이 나사곡선(helix)이다.

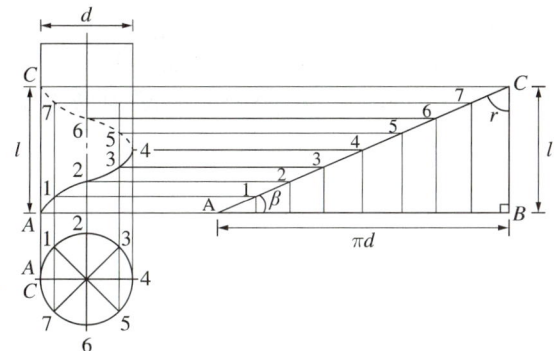

② 피치와 리드, 리드각

㉠ 피치와 리드
- 리드(l) : 나사를 한 바퀴 회전시켰을 때 전진하는 거리
- 피치(p) : 산과 산 사이의 거리
- $l = np$(여기서, n : 줄 수), 한 줄 나사에서는 $l = p$

㉡ 리드각(나선각) : 나사곡선의 경사각
$$\tan\beta = \frac{l}{\pi d}, \quad 즉 \ \beta = \tan^{-1}\frac{l}{\pi d}$$

㉢ 비틀림 각(γ) : 나사의 곡선과 나사곡선 위의 한 점을 통과하며, 나사의 축에 평행한 직선과 맺는 각
$$\beta + \gamma = 90°$$

③ 나사 역학

㉠ 축 방향의 힘(d_1 : 안지름, d_2 : 바깥지름)
$$\sigma = P/A = 작용력 / \left(\frac{\pi}{4}d_1^2\right),$$
$$\sigma = P/A = 작용력 / \left(\frac{\pi}{4}(0.8d_2)^2\right)$$
$$d_1 = \sqrt{\frac{4P}{\pi\sigma_u}}, \quad d_2 = \sqrt{\frac{4P}{2\sigma_u}}$$

㉡ 전단
$$\tau = F/A = 작용력 / \left(\frac{\pi}{4}d_e^2\right), \quad d_e = \sqrt{\frac{4F}{\pi\tau}}$$

㉢ 축 방향과 비틀림 동시
$$d_e = \sqrt{\frac{8P}{3\sigma_u}}$$

㉣ 나사에서 밀어 올리는 힘과 저항력의 관계를 해석하기 위해
- 바닥을 누르는 힘을 구해서 마찰계수를 곱하면 저항하는 힘

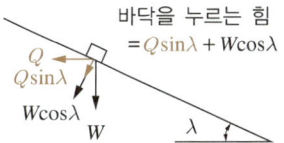

즉, 빗면을 따라 밀어 올리는 것에 대한 저항력은
$$f(Q\sin\lambda + W\cos\lambda)$$

- 밀어 올리는 힘

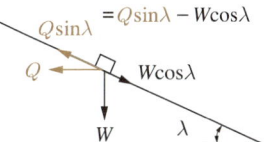

㉤ 나사를 체결하려면 최소한 회전력 Q와 W의 관계는
$$Q\cos\lambda - W\sin\lambda = f(Q\sin\lambda + W\cos\lambda)$$
$$Q(\cos\lambda - f\sin\lambda) = W(f\cos\lambda + \sin\lambda)$$
$$Q = W\frac{f\cos\lambda + \sin\lambda}{\cos\lambda - f\sin\lambda}$$

분자와 분모를 모두 $\cos\lambda$로 나누면
$$Q = W\frac{f + \tan\lambda}{1 - f\tan\lambda}$$

마찰계수 f를 $\tan\rho$라고 표시하고, 탄젠트 정리에 의해($f = \tan\rho$인 ρ는 반드시 존재한다)
$$Q = W\frac{f + \tan\lambda}{1 - f\tan\lambda} = W\frac{\tan\rho + \tan\lambda}{1 - \tan\rho \times \tan\lambda}$$
$$= W\tan(\rho + \lambda)$$

$$Q = W\tan(\rho+\lambda) = W\frac{\tan\rho + \tan\lambda}{1 - \tan\rho \times \tan\lambda}$$

$$= W\frac{\mu + \dfrac{p}{\pi d_e}}{1 - \mu \times \dfrac{p}{\pi d_e}} = W\frac{\pi d_e \mu + p}{\pi d_e - \mu \times p}$$

ⓑ 나사의 자립조건
- $\rho > \lambda$일 때 $Q > 0$이며, 나사를 풀 때 힘이 필요하다.
- $\rho = \lambda$일 때 $Q = 0$이며, 평형 상태로 임의의 위치에 정지시킬 수 있다(자동결합 상태).
- $\rho < \lambda$일 때 $Q < 0$이며, 힘을 가하지 않아도 자연히 풀어져 내려오는 상태이다.

ⓢ 사각나사로 하중을 들어 올리는 나사토크 관련 식
$$T_{screw} = \frac{d_m}{2}Q = \frac{d_m}{2}W\tan(\rho+\lambda)$$

ⓞ 너트 마찰을 고려하지 않은 사각나사의 효율 관련 식
$$e = \frac{W \times \tan\lambda \times \pi \times d_m}{2\pi\left(\dfrac{d_m}{2}W\tan(\rho+\lambda)\right)}$$
$$= \frac{\tan\lambda \times d_m}{d_m \times \tan(\rho+\lambda)} = \frac{\tan\lambda}{\tan(\rho+\lambda)}$$

일반적으로 위의 식을 이용하여 나사의 효율을 계산한다.

> **더 알아보기**
>
> 너트의 마찰을 고려한 사각나사의 효율 관련 식
> $$e = \frac{W \times \tan\lambda \times \pi \times d_m}{2\pi\left\{\dfrac{d_m}{2}W\tan(\rho+\lambda) + \dfrac{d_c}{2}f_c W\right\}}$$
> $$= \frac{\tan\lambda \times d_m}{d_m \times \tan(\rho+\lambda) + d_o f_c}$$

ⓩ 너트의 설계
$$H = Z \cdot p$$
$$q = \frac{W}{\dfrac{\pi}{4}(d_2^2 - d_1^2) \times Z} = \frac{W}{\pi D_e h Z}$$

(여기서, Z : 잇수, p : 피치, H : 너트 높이, q : 면압, W : 축하중)

10년간 자주 출제된 문제

17-1. 자중을 1,000[kgf] 받고 있는 지름 20[mm] 사각나사에 회전력을 가하여 밀어 올리려고 한다. 마찰계수가 0.3이고, λ가 20°일 때 가해야 하는 최소 토크[kgf·cm]는?

① 약 70[kgf·cm]
② 약 75[kgf·cm]
③ 약 700[kgf·cm]
④ 약 750[kgf·cm]

17-2. 바깥지름이 4.4[mm]이고, 안지름이 3.6[mm]인 1줄 나사의 피치가 2[mm]라면 이 나사의 리드각은 약 몇 도인가?

① 8 ② 9
③ 10 ④ 11

|해설|

17-1
$$T = \frac{d}{2}Q = \frac{d}{2}W\frac{f + \tan\lambda}{1 - f\tan\lambda}$$
$$= \frac{20mm}{2} 1,000[kgf] \frac{0.3 + \tan 20°}{1 - 0.3\tan 20°}$$
$$= 10 \times 1,000 \frac{0.6640}{0.8908}[kgf \cdot mm]$$
$$= 7,454[kgf \cdot mm] = 745.4[kgf \cdot cm]$$

17-2
$$\tan\lambda = \frac{l}{\pi d_m} = \frac{np}{\pi d_m} = \frac{1 \times 2[mm]}{\pi \times 4[mm]} = 0.159°$$
$$\lambda = \tan^{-1} 0.159° = 9.03°$$

정답 17-1 ④ 17-2 ②

핵심이론 18 | 키의 제도와 설계

① 키는 기어나 풀리, 커플링, 클러치 등을 축에 고정시켜 회전력을 전달하는 장치이다. 강 또는 특수강으로 만들며, 주로 전단력에 의해 파괴된다.

② 키의 종류
  ㉠ 안장키(saddle key) : 축에 홈을 파지 않고 보스 쪽에만 키 홈을 파서 회전축 마찰면을 맞추어 마찰력에 의하여 동력을 전달하는 키이다. 보스의 기울기는 1/100이며, 큰 힘의 동력 전달에는 적합하지 않다.
  ㉡ 평키(flat key) : 납작키라고도 하며 키가 닿는 면만 평평하게 깎은 형태로, 보스의 기울기는 1/100이다.
  ㉢ 성크키(sunk key) : 묻힘키라고도 한다. 축과 보스 양쪽에 키 홈이 있으며, 가장 많이 사용하는 형태이다.
  ㉣ 접선키(tangential key) : 축의 접선 방향에 키 홈을 파서 1/100의 기울기가 있는 두 개의 키를 반대로 합쳐서 조합한 것으로, 역회전하는 경우 두 쌍을 120°로 배치하여 사용한다. 고정력이 강하고 중·하중용에 쓰인다. 케네디키는 단면이 정사각형이고, 90°로 배치된 키이다.
  ㉤ 반달키(woodruff key) : 키 홈을 축에 반달 모양으로 판 것으로, 키를 끼운 후에 보스를 끼운 형태이다. 축이 약해지는 결점이 있으며, 공작기계 핸들축과 같은 테이퍼축에 사용된다.
  ㉥ 미끄럼키(sliding key) : 키의 기울기가 없는 키로 페더키(feather key)라고도 한다. 기어나 풀리를 축 방향으로 이동할 경우에 사용하며, 축 방향으로 보스의 이동이 가능하다.
  ㉦ 둥근키(cone key) : 핀을 구멍에 끼워서 회전력이 매우 작은 곳에 사용하며, 핀키(pin key)라고도 한다. 핸들과 같이 토크가 작은 것의 고정 및 동력 전달에 사용한다.
  ㉧ 원뿔키(cone key) : 축과 보스에 홈을 내지 않고, 원뿔 슬롯을 끼워 박아 축의 임의의 곳에 마찰력으로 고정한다.
  ㉨ 스플라인축(spline shaft) : 축 주위에 피치가 같은 평행한 키 홈을 4~20개 만든 형태이다. 보스를 축 방향으로 움직일 수 있으며, 큰 회전력 전달이 가능하다.
  ㉩ 세레이션(serration) : 축에 작은 삼각형 키 홈을 만들어 축과 보스를 고정시킨 것이다. 같은 지름의 스플라인에 더 많은 돌기가 있어 동력 전달이 크며, 자동차의 핸들이나 전동기, 발전기의 축 등에 사용한다.
  ㉪ 키의 기호 및 종류

기호	종류
P	나사용 구멍 없는 평행키
T	머리 없는 경사키
WA	둥근 바닥 반달키
PS	나사용 구멍 있는 평행키
TG	머리 있는 경사키
WB	납작 바닥 반달키

  ㉫ 키의 호칭

표준번호　종류 및 호칭　치수　길이　끝 모양의 특별 지정　재료
KS B 1311　평행키　10 × 8 × 25　　양끝 둥굼　SM45C
　　　　　　　　폭 × 높이 × 길이

③ 키의 전달력, 회전력, 토크의 크기
세레이션 > 스플라인 > 접선키 > 성크키 > 반달키 > 평키 > 안장키 > 핀키

④ 키에 작용하는 응력

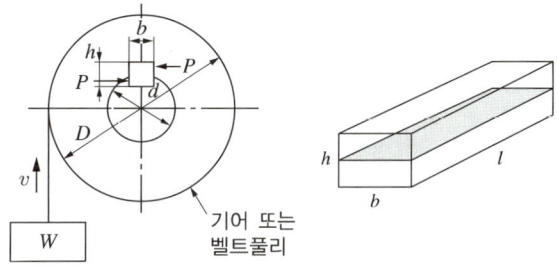

⊙ 키에 작용하는 압축력

$$\sigma = \frac{P}{\frac{h}{2}l} = \frac{2P}{hl}$$

ⓒ 키에 작용하는 전단력

$$\tau = \frac{P}{bl} = \frac{\frac{T}{d/2}}{bl} = \frac{2T}{bdl}$$

(여기서, T : 단면에 작용하는 토크)

10년간 자주 출제된 문제

18-1. KS B 1311에서 TG 20×12×70으로 호칭되는 키의 설명으로 옳은 것은?

① 나사용 구멍이 있는 평행키로서 양쪽 네모형이다.
② 나사용 구멍이 없는 평행키로서 양쪽 둥근형이다.
③ 머리붙이 경사키이며, 호칭치수는 20×12이고 호칭 길이는 70이다.
④ 둥근 바닥 반달키이며, 호칭 길이는 70이다.

18-2. 허용전단응력이 50[MPa]이고, 20×10인 묻힘키를 지름 100[mm]인 축에 사용하여 240[rpm]으로 40[kW]를 전달하고 있을 때 키의 길이의 최솟값은?

① 15.9[mm] ② 31.8[mm]
③ 63.6[mm] ④ 159[mm]

|해설|
18-1
KS B 1311에서 TG는 머리 있는 경사키이다.

18-2
$H = 2\pi n T$
$T = \frac{H}{2\pi n} = \frac{40[\text{kN} \cdot \text{m/s}]}{2\pi \times 4[\text{rev/s}]} = \frac{5}{\pi}[\text{kN} \cdot \text{m}]$

$50[\text{MPa}] = \frac{2T}{bdl} = \frac{2 \times \frac{5}{\pi} \times 10^6 [\text{N} \cdot \text{mm}]}{20[\text{mm}] \times 100[\text{mm}] \times l}$

$l = 31.8[\text{mm}]$

※ $240[\text{rpm}] = \frac{240[\text{rpm}]}{60[\text{s}]} = 4[\text{rev/s}]$

정답 18-1 ③ 18-2 ②

핵심이론 19 | 핀의 제도 및 설계

① 핀은 고정된 물체의 이탈 방지 및 위치결정을 위해 너트의 풀림 방지 등에 사용되며, 축 방향에 직각으로 끼워서 사용한다.

② 핀의 호칭방법

명칭	호칭방법	핀의 호칭
평행핀	표준번호 또는 명칭, 종류, 형식, 호칭지름 × 길이, 재료	m6A-6×45 SB41 평행핀 h7B-5×32 SM 50C
테이퍼핀	명칭, 등급, 호칭지름× 길이, 재료	테이퍼핀 1급 2×10 SM 50C
분할 테이퍼핀 (KS B 1323)	명칭, 호칭지름×길이, 재료, 지정사항	슬롯 테이퍼핀 6×70 SM 35C 핀 갈라짐의 깊이 10
분할핀 (KS B ISO 1234)	표준번호 또는 명칭, 호칭지름 × 호칭 길이, 재료	분할핀 KS B ISO 1234 -5×50-st

③ 핀의 표준 치수(호칭지름 : d)

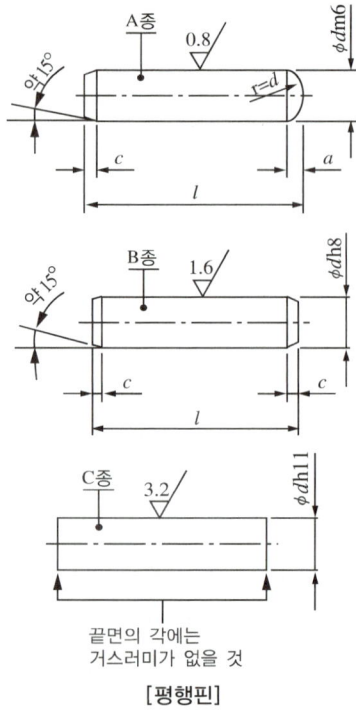

[평행핀]

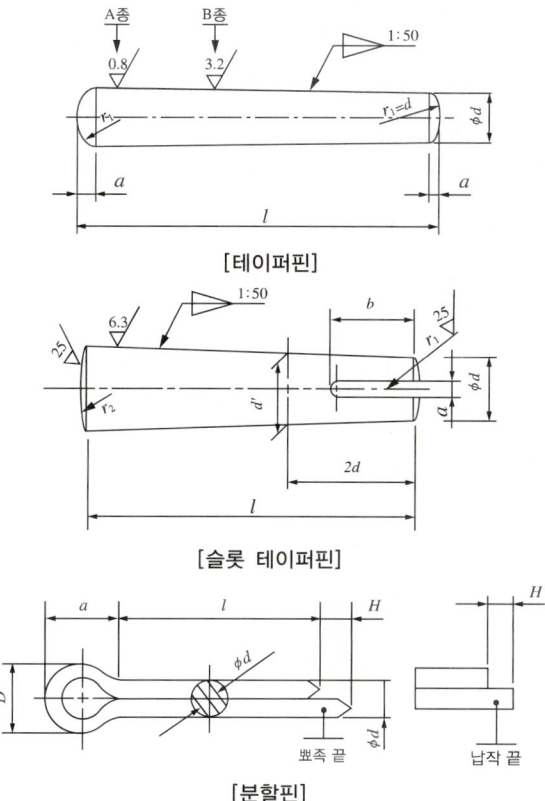

[테이퍼핀]

[슬롯 테이퍼핀]

[분할핀]

④ 핀의 종류
  ㉠ 평행핀 : 너클핀이라고도 하며, 부품의 관계 위치를 항상 일정하게 유지할 때 사용한다.
  ㉡ 테이퍼핀(taper pin) : 축에 보스를 고정시킬 때 사용하며, 호칭지름은 작은 쪽 지름으로 한다.
  ㉢ 분할핀(split pin) : 핀 전체가 갈라진 형태이며 너트의 풀림 방지에 사용한다. 크기는 분할핀이 들어가는 구멍의 지름으로 한다.
  ㉣ 스프링핀(spring pin) : 세로 방향으로 쪼개져 있어서 크기가 정확하지 않을 때 해머로 박아 고정 또는 이완을 방지할 수 있는 핀으로, 탄성을 이용하여 물체를 고정시키는 데 사용한다.

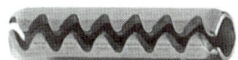

⑤ 너클핀의 강도 설계

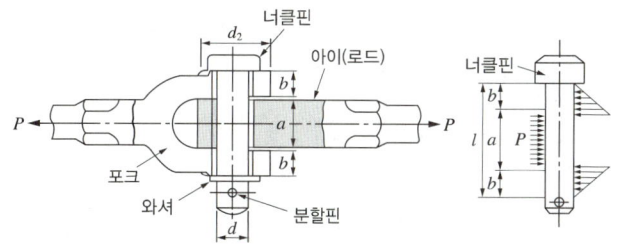

(여기서, d : 핀의 지름, a : 핀과 구멍부분의 접촉길이, P : 축하중, p : 구멍과 접촉하고 있는 핀의 면압)

㉠ 핀 면압
$$p = \frac{P}{da}$$

㉡ 전단응력
$$\tau = \frac{P}{2A} = \frac{P}{2 \times \frac{\pi d^2}{4}} = \frac{2P}{\pi d^2}$$

㉢ 굽힘응력
$$M = \sigma_b Z, \quad \frac{Pl}{8} = \sigma_b \times \frac{\pi d^3}{32}$$

10년간 자주 출제된 문제

19-1. 평행핀에 대한 호칭방법을 옳게 나타낸 것은?(단, 오스테나이트계 스테인리스강 A1 등급이고, 호칭지름 5[mm], 공차 h7, 호칭 길이 25[mm]이다)

① 평행핀 – h7 5×25 – A1
② 5 h7×25 – A1 – 평행핀
③ 평행핀 – 5 h7×25 – A1
④ 5 h7×25 – 평행핀 – A1

19-2. 분할핀의 호칭지름을 나타내는 것은?

① 판구멍의 지름
② 분할핀의 한쪽의 지름
③ 분할핀의 가장 긴 길이
④ 분할핀 머리 부분의 지름

19-3. 스플릿 테이퍼핀의 호칭방법을 옳게 나타낸 것은?

① 규격 명칭, 호칭지름×호칭길이, 재료, 지정사항
② 규격 명칭, 등급, 호칭지름×호칭길이, 재료
③ 규격 명칭, 재료, 호칭지름×호칭길이, 등급
④ 규격 명칭, 재료, 호칭지름×호칭길이, 지정사항

10년간 자주 출제된 문제

19-4. 다음 그림처럼 하중이 작용할 때 핀에 걸리는 전단응력은?(단, 핀의 지름은 5[mm]이다)

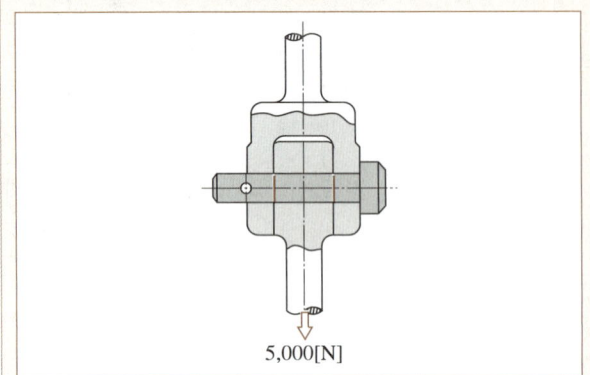

① 12.73[MPa] ② 25.46[MPa]
③ 127.32[MPa] ④ 254.64[MPa]

|해설|

19-1
h7B-5×32 SM50C의 형태로 나타낸다.

19-2

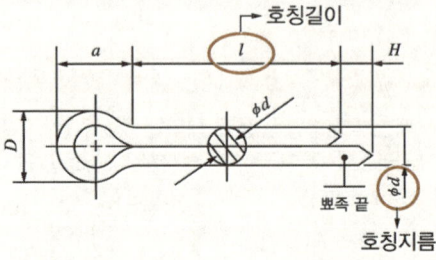

19-3
스플릿 테이퍼핀(taper with pin split)은 분할 테이퍼핀으로, 다음과 같이 호칭한다.

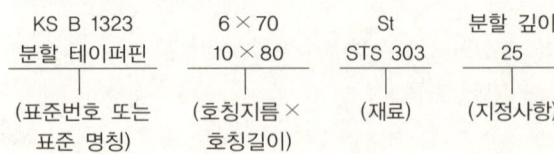

19-4
$$\tau = \frac{2P}{\pi d^2} = \frac{2 \times 5,000[\text{N}]}{\pi \times 5^2 [\text{mm}^2]} = 127.32[\text{N/mm}^2] = 127.32[\text{MPa}]$$

정답 19-1 ① 19-2 ① 19-3 ① 19-4 ③

핵심이론 20 | 리벳이음

① 리벳의 형태와 규격

㉠ 리벳이음은 반영구적인 접합방법으로, 작업방법이 비교적 간단하고 강도 계산이 쉬워 철골 구조물, 교량, 압력용기 등에 폭넓게 사용된다.

㉡ 리벳의 머리 모양에 따라 둥근머리 리벳, 접시머리 리벳, 납작머리 리벳, 둥근 접시머리 리벳, 얇은 납작머리 리벳, 냄비머리 리벳 등으로 나누어진다.

㉢ 리벳의 길이
$l = $ (접합시킬 판의 두께) $+ (1.2 \sim 1.5)d$

㉣ 리벳의 재료 : 리벳이 큰 내력을 받게 되므로 가단성이 크고, 항복점이 높은 저탄소강을 사용한다. KS 규격에서는 일반용으로 리벳강을 세분하여 규정한다.

㉤ 리벳의 호칭 : 리벳의 종류, 지름×길이, 재료
(예 열간 접시머리 리벳 16×40 SV 330)

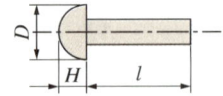

㉥ 리벳의 크기 표시
- 머리 부분을 제외한 길이 : 둥근머리 리벳, 납작머리 리벳, 냄비머리 리벳
- 머리 부분을 포함한 전체 길이 : 접시머리 리벳

② 리벳의 종류

㉠ 머리 모양에 따른 종류

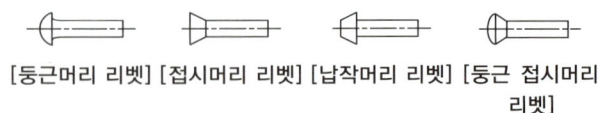

[둥근머리 리벳] [접시머리 리벳] [납작머리 리벳] [둥근 접시머리 리벳]

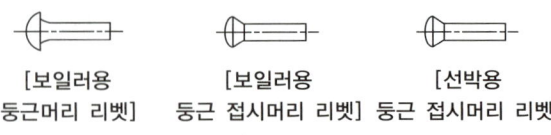

[보일러용 둥근머리 리벳] [보일러용 둥근 접시머리 리벳] [선박용 둥근 접시머리 리벳]

(a) 열간 성형 리벳

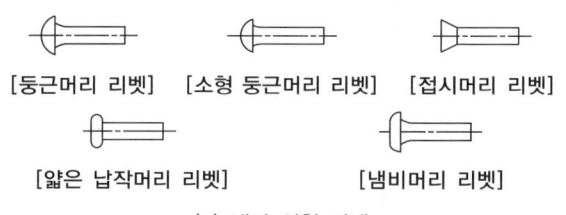

[둥근머리 리벳]   [소형 둥근머리 리벳]   [접시머리 리벳]

[얇은 납작머리 리벳]   [냄비머리 리벳]

(b) 냉간 성형 리벳

　ⓒ 목적에 따른 종류 : 보일러용, 저압용, 구조용
③ 리벳이음
　㉠ 종류 : 겹치기 이음/맞대기 이음, 평행형 이음/지그재그형 이음, 길이 방향 이음/원주 방향 이음, 한 줄 이음/여러 줄 이음

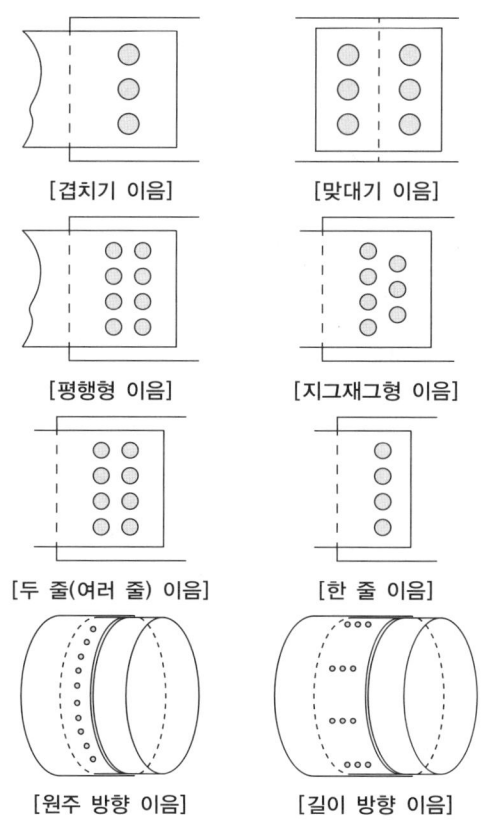

[겹치기 이음]   [맞대기 이음]

[평행형 이음]   [지그재그형 이음]

[두 줄(여러 줄) 이음]   [한 줄 이음]

[원주 방향 이음]   [길이 방향 이음]

　ⓒ 리벳이음의 특징
　　• 열응력에 의한 잔류 변형이 생기지 않는다.
　　• 용접이음보다 이음작업이 쉽고, 부수 장비의 소요가 거의 없다.
　　• 용접이 어려운 재료에 대해 이음 신뢰성이 높다.
　　• 매우 두꺼운 강판에는 부적합하며, 이음효율이 낮다.
④ 리베팅
　㉠ 리베팅 : 펀칭된 리벳 구멍을 맞대고 리벳을 이용하여 접합하는 작업이다. 수작업이 가능한 리베팅과 프레스를 이용해야 하는 작업이 있다.
　ⓒ 코킹 : 리베팅이 끝난 뒤 리벳머리의 주위 또는 강판의 가장자리를 끌로 때려 그 부분을 밀착시키는 작업이다. 강판의 가장자리는 75~85° 기울어지게 한다.
　ⓒ 풀러링 : 기밀을 더욱 완전하게 하기 위해 특정 공구로 때려 붙이는 작업으로, 이때 사용하는 공구를 풀러링 공구라고 한다.
　ⓔ 두께가 5[mm] 이하인 강판에서는 코킹, 풀러링이 어려우므로 안료를 묻힌 베, 기름종이, 패커를 끼워 리베팅한다.
⑤ 리벳이음의 설계
　㉠ 리벳이음의 종류별 이음강도

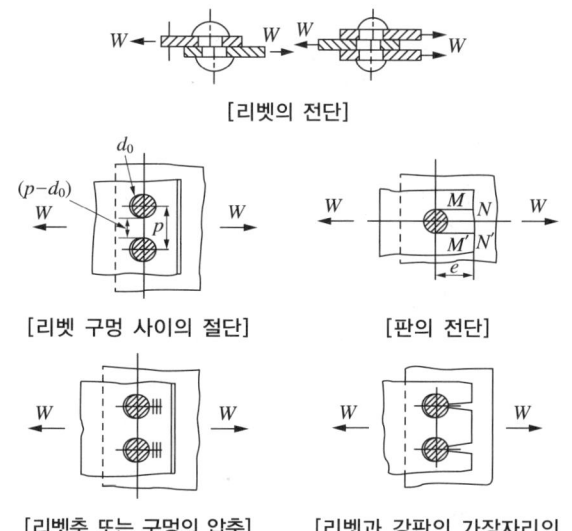

[리벳의 전단]

[리벳 구멍 사이의 절단]   [판의 전단]

[리벳축 또는 구멍의 압축]   [리벳과 강판의 가장자리의 절개 절단]

- W : 1피치마다의 하중[N]
- σ_t : 판재의 허용인장응력[N/mm^2]
- t : 판재의 두께[mm]
- σ_c : 판재의 허용압축응력[N/mm^2]
- d : 리벳의 지름[mm]
- τ_a : 리벳의 허용전단응력[N/mm^2]
- p : 리벳의 피치[mm]
- τ_0 : 판재의 전단응력[N/mm^2]
- d_0 : 리벳 구멍의 지름[mm]
- e : 리벳 중심에서 가장자리까지의 거리[mm]

ⓒ 리벳이음의 효율
- 겹치기 이음에서 한 줄은 45~60[%], 두 줄은 60~75[%], 세 줄은 65~85[%], 맞대기 이음에서 한 줄은 55~65[%], 두 줄은 70~80[%], 세 줄은 75~88[%], 네 줄은 85~95[%]의 효율을 나타낸다.
- 리벳의 효율

$$\eta_t = \frac{\text{리벳이 버티는 인장강도}}{\text{원판의 인장강도}}$$

$$= \frac{\sigma_t \cdot \frac{\pi d^2}{4} n}{\sigma_t \cdot p \cdot t} = \frac{n\pi d^2}{4p \cdot t} = \frac{nA}{pt}$$

(여기서, n : 피치(기준 길이) 내 리벳의 개수, 기준 길이를 리벳 중심부터 잡을 때 리벳 개수의 세기 주의)

- 강판의 효율

$$\eta_t = \frac{\text{리벳 구멍이 있는 판의 인장강도}}{\text{원판의 인장강도}}$$

$$= \frac{\sigma_t \cdot (p-d) \cdot t}{\sigma_t \cdot p \cdot t} = 1 - \frac{d}{p}$$

(여기서, p : 피치(또는 기준 길이), d : 리벳의 지름, t : 판 두께)

ⓒ 리벳이음의 응력
- 리벳의 전단응력

$$W = \frac{\pi}{4} d^2 \tau_a$$

$$\tau_a = \frac{4W}{\pi d^2}$$

$$W = 2 \times \frac{\pi}{4} d^2 \tau_a$$

$$\tau_a = \frac{2W}{\pi d^2}$$

- 리벳 사이의 파괴

$$W = (p - nd)t \times \sigma_a$$

- 판 끝과 리벳 구멍 사이 판의 전단

$$W = 2 \cdot e \cdot t \cdot \tau_r$$

- 판재의 인장응력

$$W = t(p - d_0)\sigma_t$$

$$\therefore \sigma_t = \frac{W}{(p - d_0)t}$$

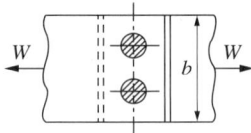

위의 그림과 같다면

$$\sigma_t = \frac{W}{(b - nd_0)t}$$

- 판재의 전단응력

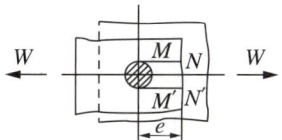

위의 그림과 같을 때

$$W = 2et\tau_0$$

$$\tau_0 = \frac{W}{2et}$$

- 판재의 압축응력

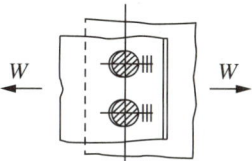

위의 그림과 같을 때

$$W = dt\sigma_c$$

$$\therefore \sigma_c = \frac{W}{dt}$$

㉣ 리벳지름의 설계 : 리벳의 전단응력과 판재의 압축응력이 같다면

$$\frac{\pi}{4}d^2\tau_a = dt\sigma_c$$

$$\therefore d = \frac{4t\sigma_c}{\pi\tau_a}$$

㉤ 리벳 피치의 설계 : 리벳의 전단응력과 판재의 인장응력이 같다면

$$\frac{\pi}{4}d^2\tau_a = (p-d_0)t\sigma_t$$

$$\therefore P = d_0 + \frac{\pi d^2\tau_a}{4t\sigma_t}$$

10년간 자주 출제된 문제

20-1. 두께 10[mm]인 강판을 지름 18[mm], 구멍 지름 19.5[mm]의 리벳을 한 줄 겹치기 리벳이음으로 결합한다고 하면, 피치는 몇 [mm]로 하여야 하는가?(단, 강판의 인장응력은 40[MPa], 리벳의 전단응력은 36[MPa]이다)

① 41.1　　　② 42.4
③ 43.8　　　④ 46.8

20-2. 150[kN]의 인장하중을 받는 양쪽 덮개판 맞대기 이음에서 리벳의 지름이 22[mm], 리벳의 전단응력이 60[MPa]일 때, 필요한 최소 리벳의 개수는?

① 3개　　　② 4개
③ 6개　　　④ 8개

20-3. 두께 10[mm], 판 구멍 21.5[mm]인 판에서 인장응력 σ_t = 60[MPa], 폭 110[mm]라면 작용하는 하중은 얼마여야 하는가?

① 40[kN]　　　② 45[kN]
③ 50[kN]　　　④ 55[kN]

|해설|

20-1

$$W = \frac{\pi}{4}d^2\tau_a = \frac{\pi \times 18^2}{4}[mm^2] \times 36[N/mm^2] \fallingdotseq 9,160[N]$$

$$p = d_0 + \frac{\pi d^2\tau_a}{4t\sigma_t} = d_0 + \frac{W}{t\sigma_t}$$

$$= 19.5[mm] + \frac{9,160[N]}{10[mm] \times 40[N/mm^2]} = 42.4[mm]$$

20-2

안전율을 고려하여

$$W = \frac{\pi}{4}d^2\tau_a n \times 1.8$$

$$n = \frac{4W}{\pi d^2\tau_a \times 1.8}$$

$$= \frac{4 \times 150,000[N]}{\pi \times 22^2[mm^2] \times 60[N/mm^2] \times 1.8}$$

$$\fallingdotseq 4개$$

20-3

$$W = (b - nd_0)t\sigma_t$$

$$= (110[mm] - 2 \times 21.5[mm]) \times 10[mm] \times 60[N/mm^2]$$

$$= 40,200[N] = 40.2[kN]$$

정답 20-1 ②　20-2 ②　20-3 ①

핵심이론 21 | 용접이음

① 용접이음은 용접법, 구조물의 종류와 형상 및 재질, 판재의 두께 등에 의하여 여러 가지 용접이음 형태가 채택 및 개발되고 있다.

② 용접이음의 종류
  ㉠ 용접에 사용되는 이음은 맞대기 이음(butt joint), 모서리 이음(corner joint), 변두리 이음(edge joint), 겹치기 이음(lap joint), T이음, 덮개판 이음(strapped joint) 등이 있다.
  ㉡ 형상에 의한 용접부에는 맞대기 용접(butt welding), 필릿용접(fillet welding), 플러그 용접(plug welding), 덧살올림 용접(built-up welding) 등이 있다.

③ 용접기호
  ㉠ 기본 용접기호 : 화살표쪽을 지시할 때는 실선과 점선으로 구성된 이중 기준선을 사용하고, 그 반대쪽을 지시할 때는 실선만 사용한다.

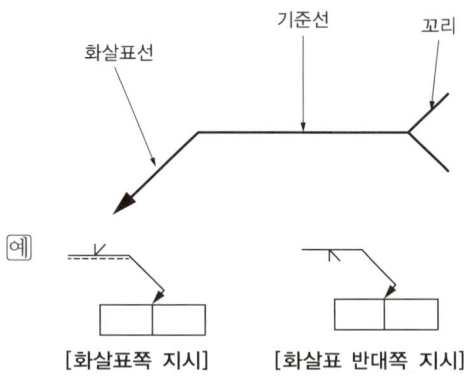

㉡ 용접부 종류의 기호(KS B ISO 2553)

명칭 (용접부 종류)	예 (점선은 용접 전 이음부 개선)	기호
정방형 맞대기 용접		
단면 V 맞대기 용접		
넓은 루트면을 가진 단면 V 맞대기 용접		
단면 개선 맞대기 용접		
넓은 루트면을 가진 단면 개선 맞대기 용접		
단면 U 맞대기 용접		
단면 J 맞대기 용접		
플레어 V용접		
플레어 개선용접		
필릿용접		
플러그 용접		
저항 점용접		
프로젝션 용접		시스템 A 시스템 B
용융 점용점		

명칭 (용접부 종류)	예 (점선은 용접 전 이음부 개선)	기호
저항 심용접		
용융 심용접		
스터드 용접		
가파르게 경사진 V 맞대기 용접		
가파르게 한쪽만 경사진 맞대기 용접		
가장자리 용접		
플랜지형 맞대기 용접		
플랜지형 모서리 용접		
오버레이 용접		
스테이크 용접		
양면 V 맞대기 용접		
양면 개선 맞대기 용접		
양면 U 맞대기 용접		

명칭 (용접부 종류)	예 (점선은 용접 전 이음부 개선)	기호
넓은 루트면을 가진 양면 개선 맞대기 용접과 필릿용접		또는

ⓒ 주요 용접방법의 특징
- 정방형 맞대기 용접 : 홈가공이 쉽고 용착량이 적어 경제적이지만, 판이 두꺼워지면 이음부를 완전히 녹이는 데 어려움이 있다.
- 단면 V 맞대기 용접 : 한쪽 방향에서 완전한 용입을 얻으려고 할 때 사용한다. 홈가공이 용이하지만 두꺼운 판에서는 용착량이 많고 변형의 우려가 있다.
- 단면 U 맞대기 용접 : 두꺼운 판을 한쪽 방향에서 충분한 용입을 얻으려고 할 때 사용한다. 홈가공은 어렵지만, 두꺼운 판에서는 비드의 너비가 좁고 용착량도 적다.
- 단면 개선 맞대기 용접 : 홈가공이 경제적이며 용착량이 적다. V형에 비해 용입량을 조절할 수 있다.
- 단면 J 맞대기 용접 : 두꺼운 판에 사용하며, 홈가공에 적당하다.
- 양면 V 맞대기 용접 : 양쪽에서 용접하므로 완전한 용입을 얻을 수 있어 두꺼운 판에 적합하다. 홈가공은 V형 홈에 비하면 어렵지만, 용착량이 적게 든다.
- 양면 개선 맞대기 용접 : 양쪽에서 용접하므로 완전한 용입을 얻을 수 있어 두꺼운 판에 적합하다. 양면 V형 홈에 비해 홈가공이 개선되었다.

- 필릿용접 : 한 면 위에 부재 끝을 대고 ㄴ자 틈새를 용접하는 것이다. 겹치기 이음이 있고, 볼록한 필릿용접과 오목한 필릿용접으로 나타낸다. 용접부에 용입되는 접착 금속의 단면 두께를 목두께(throat)라고 하며, T이음 등에서 목의 방향이 모재의 면과 대략 45° 이루는 용접을 필릿용접이라 한다.
- 플러그 용접 : 포개진 두 부재의 한쪽에 구멍을 뚫고 부재를 겹쳐서 구멍 전체를 표면까지 용접하는 것이다. 주로 얇은 판재에 적용하며 구멍은 원형이나 타원형을 이용한다.
- 슬롯용접 : 구멍지름과 용접 길이가 긴 경우에 구멍을 모두 메울 필요 없이 구멍 속을 필릿용접한다.

㉣ 용접 보조기호

명칭	기호	적용 예
동일 평면(편평하게 마감처리된)	─	
볼록함	⌒	
오목함	⌣	
매끄럽게 혼합된 토		
백런(단면 V 맞대기 용접 후에 만들어진)		
뒷면 용접부(단면 V 맞대기 용접 후에 만들어진)		
명시된 루트용접 덧살(맞대기 용접부)		
백킹(명시되지 않음)	□	
영구 백킹	M	
제거성/일시적인 백킹	MR	

명칭	기호	적용 예
스페이서		
소모성 삽입물		
전방위 용접	○	
두 지점 사이의 용접	↔	A→B 또는 A→B 또는 A←B
현장용접	▶	
지그재그 단속용접		$a \triangleright n \times l \, (e)$ / $a \triangleright n \times l \, (e)$ 또는 $z \triangleright n \times l \, (e)$ / $z \triangleright n \times l \, (e)$

④ 용접이음의 종류

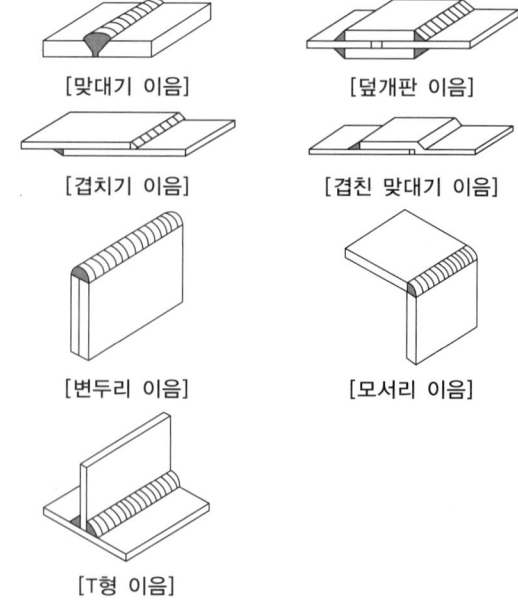

[맞대기 이음]   [덮개판 이음]
[겹치기 이음]   [겹친 맞대기 이음]
[변두리 이음]   [모서리 이음]
[T형 이음]

⑤ 맞대기 용접의 강도

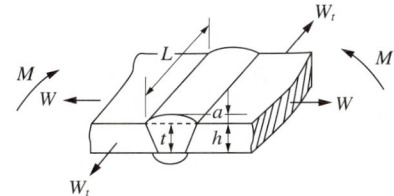

㉠ $W = \sigma_t \cdot t \cdot L = \sigma_t \cdot h \cdot L [\text{N}]$

$\sigma_t = \dfrac{W}{tL}$

㉡ $W_t = \tau \cdot t \cdot L = \tau \cdot h \cdot L$

$\tau = \dfrac{W_t}{tL}$

㉢ $Z = \dfrac{t^2 L}{6}$

$\sigma_b = \dfrac{M}{Z} = \dfrac{6M}{t^2 L}$

10년간 자주 출제된 문제

21-1. $t = 12[\text{mm}]$, $L = 300[\text{mm}]$인 맞대기용접에서 $50[\text{kN}]$ 인장하중 작용 시 용접부에 작용하는 인장응력은?

① 12.5[MPa]　② 13.1[MPa]
③ 13.9[MPa]　④ 15.1[MPa]

21-2. 다음 그림에 해당하는 용접이음은?

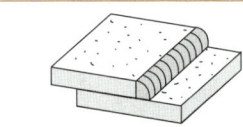

① 겹치기 이음　② 맞대기 이음
③ 전면 필릿 이음　④ 모서리 이음

|해설|

21-1

$\sigma_t = \dfrac{W}{tL} = \dfrac{50{,}000[\text{N}]}{12[\text{mm}] \times 300[\text{mm}]} = 13.89[\text{N/mm}^2] = 13.89[\text{MPa}]$

21-2

① 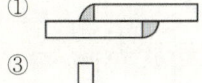　②
③ 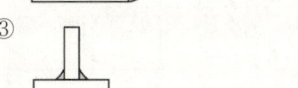　④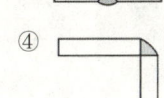

정답 21-1 ③　21-2 ①

핵심이론 22 | 축의 제도와 설계

① 축의 종류

㉠ 단면 모양에 의해 : 원형축, 각축

㉡ 회전 여부에 의해 : 회전축(동력 전달용), 정지축(힘을 받는 용도, 보)

㉢ 작용하중에 의해 : 차축(axle, 휨하중을 받음), 스핀들(spindle, 비틀림 하중을 받음), 전동축(transmission, 휨하중과 비틀림 하중을 받음)

㉣ 외형에 의해 : 직선축, 경사축(테이퍼축), 크랭크(crank)축/유연(flexible)축

② 축의 도시방법

㉠ 축은 길이 방향으로 단면도시를 하지 않지만, 부분단면은 가능하다.

㉡ 긴 축은 중간을 파단하여 짧게 그린다. 그러나 치수는 실제 길이를 기입해야 한다.

㉢ 축 끝에는 모따기를 한다.

㉣ 축에 단을 주는 부분의 치수는 따로 표시한다.

㉤ 축에 있는 널링은 바른 줄이나 빗금을 긋고 따로 지시하여 도시한다. 빗금의 경우 축선에 대해 30°로 엇갈리게 그린다.

㉥ 축의 구석부나 단이 형성되어 있는 부분의 형상에 대한 세부적인 지시가 필요할 경우 부분 확대도로 표시할 수 있다.

㉦ 축의 절단면은 90° 회전하여 회전도시 단면도로 나타낼 수 있다.

ⓒ 축의 센터 구멍 표시는 KS B ISO 6411에 따른다.

센터 구멍의 종류	A 모따기가 없는 경우 (KS B ISO 866)
도시방법의 예	KS B ISO 6411-A 4/8.5
표시의 보기	$d=4$ $D_2=8.5$

③ 축의 설계

   ⊙ 휨을 받는 속이 찬 축

$$M = \sigma_b \cdot Z = \sigma_b \cdot \frac{\pi d^3}{32}$$

$$\therefore d = \sqrt[3]{\frac{32M}{\pi \sigma_a}}$$

   ⓒ 휨을 받는 속이 빈 축

$$M = \sigma_b \cdot Z = \sigma_b \cdot \frac{\pi d_o^3}{32}(1 - f_d^4)$$

$$\therefore f_d = \frac{d_i}{d_o}$$

   ⓒ 비틀림을 받는 속이 찬 축

$$T = \tau_{\max} Z_p = \tau_{\max} \frac{\pi}{16} d^3$$

$$\therefore d = \sqrt[3]{\frac{16T}{\pi \tau_a}}$$

   ⓔ 비틀림을 받는 속이 빈 축

$$T = \tau_{\max} Z_p = \tau_{\max} \frac{\pi d_o^3}{16}(1 - f_d^4)$$

   ⓜ 휨과 비틀림을 동시에 받는 축

$$T_e \sqrt{T^2 + M^2}, \quad M_e = \frac{M + \sqrt{T^2 + M^2}}{2}$$

④ 축이음

   ⊙ 축을 길이 방향으로 너무 길게 연결하면 진동, 처짐, 휨에 의한 강도 저하와 작은 비틀림각으로도 큰 비틀림이 유발되는 등 기계적으로 좋지 않은 면이 많아 적절하게 축을 받쳐 주거나 이어줄 필요가 있다. 이때 사용되는 기계요소가 베어링과 축이음이다.

   ⓒ 축에 영향을 끼치는 요인 : 진동(공진, 주파수), 부식, 온도(크리프, 열팽창), 하중, 응력집중, 표면거칠기(notching)

   ⓒ 축이음의 종류 : 커플링, 클러치, 조인트(핀, 볼), 코터 등

⑤ 커플링의 종류

   ⊙ 고정 커플링

- 머프 커플링 : 두 축을 맞대고 키 홈 사이를 키로 고정하고, 주철제 원통으로 커버한 간단한 커플링으로, 압축력과 회전력 전달에 적당하다.
- 반중첩 커플링 : 머프 커플링과 비슷하지만 주철 원통 속에 한 축의 단면 기울기를 주어 중첩시켜 인장력을 받을 수 있도록 하였다.
- 마찰 원통 커플링 : 설치 및 분해가 쉽고, 축 임의의 곳에서 고정 가능하다. 지름 15[cm] 이하이며, 진동이 거의 없는 곳에서 사용 가능하다.

 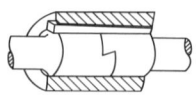 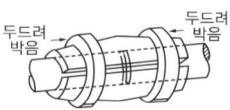

[머프 커플링]　　[반중첩 커플링]　　[마찰 원통 커플링]

- 클램프(clamp) 커플링 : 다음 그림처럼 키와 클램프로 연결한 커플링이다.

 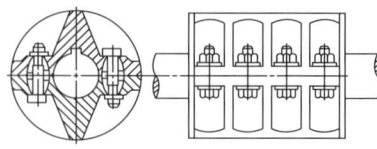

- 확장 테이퍼 링 커플링 : 작은 축을 큰 축의 안지름에 끼우거나 축에 기어 또는 풀리를 고정할 때 사용한다.
- 셀러 커플링 : 테이퍼 슬리브 커플링이라고도 한다. 다음 그림처럼 셀러가 바깥면이 원뿔인 주철제 안통 2개를 양쪽이 원뿔형인 주철제 바깥 통에 끼워 3개의 긴 볼트로 결합한 후 페더키로 고정한 머프 커플링의 일종이다. 자동조심(自動調心)성이 있어 두 축 지름의 약간 차이가 있는 지름 135[mm] 이하 축이음에 사용한다.

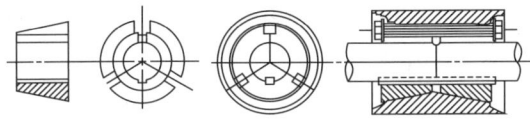

ⓛ 플랜지 커플링 : 두 축 끝에 플랜지(flange)를 달아 볼트로 조여 커플링으로 사용한다. 매우 큰 토크의 전달이 가능하며 다양한 플랜지 커플링이 개발되어 있다.

ⓒ 플렉시블(flexible) 커플링(유연 커플링) : 플랜지 플렉시블 커플링, 그리드 플렉시블 커플링(경강 그리드의 탄성을 이용하여 연결), 고무 커플링, 기어 커플링(한 쌍의 내접기어로 연결), 체인 커플링(롤러 체인 + 스프로킷 휠), 체인 커플링, 유체 커플링 등 다양한 종류가 있다.

[그리드 플렉시블]

[플랜지 플렉시블]

[고무 커플링]

[기어 커플링]

ⓔ 올덤(oldham's) 커플링 : 다음 그림처럼 두 축이 평행하며 두 축 사이가 비교적 가까운 경우, 두 축 사이에 직각 모양의 돌출부가 양면에 있는 중간 원판을 양쪽 축의 플랜지 홈에 끼워 움직이도록 한 이음이다. 회전 전달이 쉽지 않아 고속 회전축 이음으로는 적당하지 않으며, 윤활이 어렵고 진동이 발생한다.

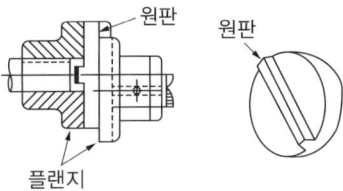

ⓜ 유니버설 조인트(universal joint, hook's joint) : 두 축의 만나는 각이 수시로 변하는 경우와 공작기계, 자동차 등의 축이음에 사용한다. 유니버설 핀 조인트와 유니버설 볼 조인트 등이 있다.

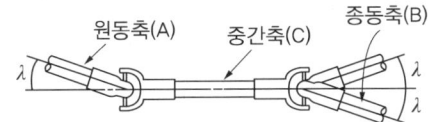

⑥ 클러치

원동축과 종동축의 토크를 전달하거나 단절하는 축이음이다.

㉠ 맞물림 클러치 : 다음 그림처럼 서로 맞물리도록 물었다 놓았다 하며 클러치 작용을 한다. 맞물리는 모양에 따라 삼각형, 톱니형, 스파이럴형, 사다리형 등이 있다.

㉡ 마찰 클러치 : 원동축과 종동축의 접촉면을 강하게 접촉시켜 마찰력으로 동력을 전달하고 떼는 클러치로, 마찰면의 재료에 따라 성능이 달라진다. 설계 시 접촉면의 마찰계수, 관성을 작게 하기 위한 크기, 마멸에 대한 대책, 마찰열 처리대책, 접촉-

단속의 원활성, 외력의 최소화, 형상 균형 등을 고려하여 형상과 재료를 선택한다. 다음 그림과 같이 마찰판을 두며, 마찰판이 하나이면 단판식, 둘 이상이면 다판식으로 구분한다.

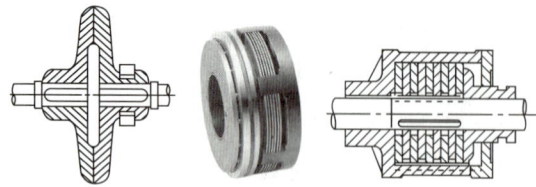

[다판식 마찰 클러치]

- 단판식 마찰 클러치 : 마찰면의 모양과 마찰 방식에 따라 원판 클러치, 원뿔 클러치, 원심력 클러치(회전 시 원심 슈가 열려 마찰력 전달), 전자력 클러치, 원주 클러치, 일방향 클러치, 유체 클러치 등이 있다.
  - 원뿔 클러치 : 접촉면을 비스듬히 설계하여 접촉면을 넓혀 마찰력의 조정성을 높인 클러치이다.
  - 원심력 클러치 : 회전 시 원심력에 의해 마찰을 유지하여 동력을 전달하고, 회전력이 줄어들면 마찰력이 줄도록 설계한 클러치이다.

> 더 알아보기
>
> 마찰클러치 설계 시 고려사항
> - 마찰계수를 적절하게 잡아야 한다.
> - 관성을 작게 하기 위해 경량, 소형이어야 한다.
> - 마멸면이 발생해도 수정이 가능해야 한다.
> - 마찰열 대책이 필요하며, 눌어붙지 않아야 한다.
> - 원활한 단속이 가능해야 한다.
> - 단속 시 큰 외력이 들지 않아야 한다.
> - 균형이 좋아야 한다.

ⓒ 전자력 클러치 : 내장 코일에 의해 결합・분리되도록 설계한 클러치이다.

ⓔ 유체 클러치 : 원동축의 회전력으로 클러치 내부 유체에 회전력을 주어 종동축에 동력을 전달하는 원리를 사용하는 클러치이다.

⑦ 코터이음

㉠ 다음 그림처럼 한쪽 축은 로드 끝(로드 엔드)에 홈을 파고, 한쪽 축은 소켓을 만들어서 홈을 판 후 두 축을 맞물리고, 쐐기 모양의 코터로 연결하는 축이음이다.

㉡ 사용 중에는 결합한 상태 그대로 사용하나 분해가 필요한 곳에 사용한다.

㉢ 코터는 인장력이나 압축력을 받는 두 축을 연결하는 것이고, 분해할 필요가 있을 때 사용한다. 압축하중이 작용하는 축을 연결할 때는 로드에 턱을 붙이고, 코터를 때려 박을 때 소켓이 쪼개질 염려가 있으므로 지브를 사용한다.

㉣ 핀보다 인장과 압축력을 더 감당할 수 있도록 설계한다.

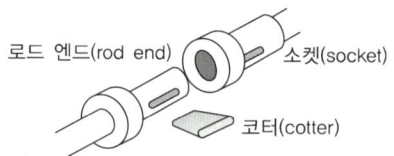

10년간 자주 출제된 문제

22-1. 센터 구멍의 간략 도시방법 중 다음 설명을 옳게 도시한 것은?

> 센터 구멍은 반드시 필요하며 B형으로 카운터 싱크 구멍지름은 8[mm], 드릴 구멍지름은 2.5[mm]이다.

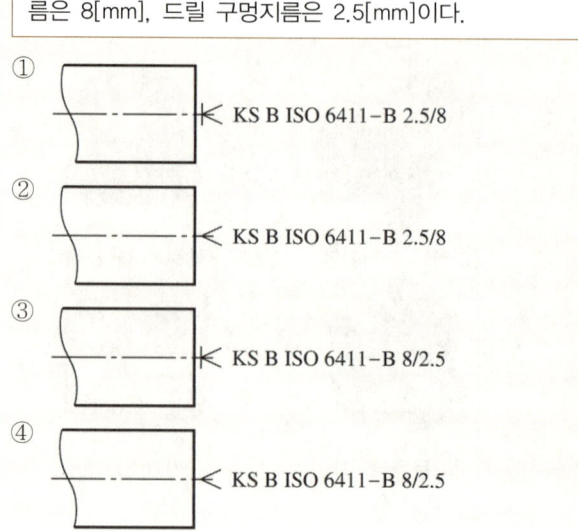

10년간 자주 출제된 문제

22-2. 축의 도시방법에 관한 일반적인 설명으로 틀린 것은?

① 축의 구석부나 단이 형성되어 있는 부분에 형상에 대한 세부적인 지시가 필요할 경우 부분 확대도로 표시할 수 있다.
② 긴 축은 단축하여 그릴 수 있으나 길이는 실제 길이를 기입해야 한다.
③ 축은 통상 길이 방향으로 단면도시하여 나타낼 수 있다.
④ 축의 절단면은 90° 회전하여 회전도시 단면도로 나타낼 수 있다.

22-3. 다음 중 고정식 커플링이 아닌 것은?

① 머프 커플링
② 반중첩 커플링
③ 원통 커플링
④ 플렉시블 커플링

22-4. 커플링의 바깥 통을 벨트풀리로도 사용할 수 있는 커플링은?

① 머프 커플링
② 셀러 커플링
③ 클램프 커플링
④ 확장 테이퍼 링 커플링

22-5. 다음 그림처럼 중앙에 집중하중 25,000[N]을 받는 중실축의 지름으로 적절한 것은?(단, σ_a = 50[MPa], 길이의 단위는 [mm])

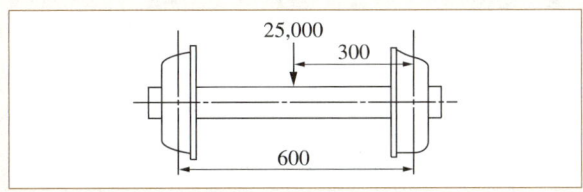

① 85
③ 100
② 92
④ 102

|해설|

22-1
KS B ISO 6411에 의하여 가공이 필요한 구멍의 표시는 ②, ④와 같다. ②와 같이 드릴 구멍을 앞에, 카운터 싱크지름을 뒤에 표시한다.

22-2
축은 길이 방향으로 단면도시를 하지 않지만, 부분 단면은 가능하다.

22-3
고정식 커플링에는 머플 커플링, 반중첩 커플링, 마찰 원통 커플링, 클램프 커플링, 확장 테이퍼 링 커플링, 셀러 커플링 등이 있다.

 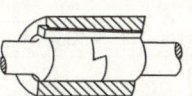
[머프 커플링] [반중첩 커플링]

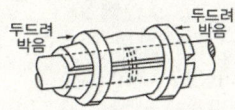
[마찰 원통 커플링] [클램프 커플링]

22-4
② 셀러 커플링(테이퍼 슬리브 커플링) : 머프 커플링을 개량한 커플링이다. 안통이 원뿔형이어서 자동조심성(自動調心性, 중심이 자동으로 맞춰지는 성질)이 있어 두 축의 지름이 약간 차이가 있는 축이음에 사용된다. 이 커플링의 바깥 통은 벨트풀리로도 이용된다.
① 머프 커플링 : 두 축을 맞대고, 키 홈 사이를 키로 고정하는 가장 단순한 형태이다.
③ 클램프 커플링 : 두 축을 죄어 매고 공통키로 연결한다.
④ 확장 테이퍼 링 커플링 : 작은 축을 큰 축의 안지름에 끼우거나 축에 기어 또는 풀리를 고정할 때 사용한다.

22-5
$$M = \frac{25{,}000[\text{N}] \times 600[\text{mm}]}{4} = 3{,}750{,}000[\text{N} \cdot \text{mm}]$$

$$d = \sqrt[3]{\frac{32M}{\pi\sigma_a}} = \sqrt[3]{\frac{32 \times 3{,}750{,}000[\text{N} \cdot \text{mm}]}{\pi \times 50[\text{N/mm}^2]}} = 91.42[\text{mm}]$$

정답 22-1 ② 22-2 ③ 22-3 ④ 22-4 ② 22-5 ②

핵심이론 23 | 베어링의 제도와 설계

① 구름 베어링의 호칭 : 호칭번호는 제조나 사용 시 혼란을 방지하고, 구별하기 쉽도록 다음과 같이 붙인다.

계열번호	안지름 번호	접촉각 기호	보조기호
63	12		Z
	안지름 60[mm] (×5한 값)		
72	06	C	DB
	안지름 30[mm]		

6312 Z → 단열 깊은 홈 볼 베어링
7206C DB → 단식 앵귤러 볼 베어링

② 계열번호에 따른 베어링의 종류(KS B 2012)
자세한 규격은 각 KS 규정을 참조한다. 본 교재는 베어링의 호칭방법에 대하여 학습하는 것이 목적이므로, 다음 표와 같이 계열번호에 따라 베어링의 종류가 나뉜다는 것과 지름 표시방법이 각 계열마다 다르다는 것을 학습한다.

계열	종류
60, 62, 63, 64, 68, 69	깊은 홈 볼 베어링
70, 72, 73, 74	앵귤러 볼 베어링
NU2, NU22, NU3, NU23, NU4, NU10, NUP2, NUP22, NUP3, NUP23, NUP4, N2, N22, N3, N23, N4, NF2, NF3, NF23, NF4	원통 롤러 베어링
12, 13, 22, 23	자동 조심 볼 베어링
302, 303, 303D, 320, 322, 323	테이퍼 롤러 베어링
NA49, RNA49	니들 롤러 베어링
511, 512, 513, 514, 522, 523, 524	평면자리형 스러스트 볼 베어링

③ 구름 베어링의 안지름 번호(KS B 2012)

안지름 번호	안지름 치수	안지름 번호	안지름 치수
1	1	01	12
2	2	02	15
3	3	03	17
4	4	04	20
5	5	/22	22
6	6	05	25
7	7	/28	28
8	8	06	30
9	9	/32	32
00	10	07	35

④ 보조기호
㉠ 보조기호의 의미

기호	Z	ZZ	U	UU
의미	한쪽 실드 부착	양쪽 실드 부착	한쪽 실링	양쪽 실링
기호	K	N	NR	없음
의미	내륜 테이퍼 구멍	링 홈붙이	멈춤 링붙이	내륜 원통 구멍
기호	DB	DF	DT	C2
의미	뒷면 조합	정면 조합	병렬 조합	작은 레이디얼 틈새
기호	C3	C4	C5	P6X
의미	보통보다 큰 레이디얼 틈새	C3보다 큰 틈새	C4보다 큰 틈새	6X급
기호	P6	P5	P4	P2
의미	6급	5급	4급	2급

㉡ 보조기호의 배열 순서

| 기밀 유지 | 실드 | 궤도륜 모양 | 조합 | 내부 틈새 | 등급 |

⑤ 베어링의 구조

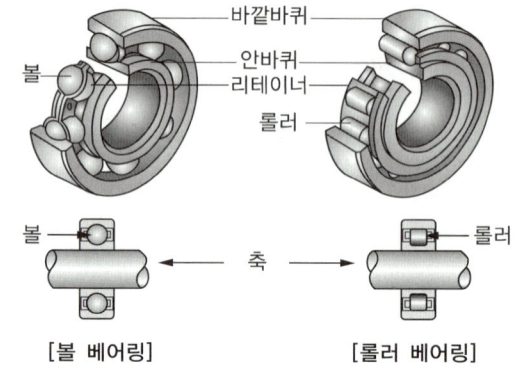

[볼 베어링] [롤러 베어링]

⑥ 베어링의 간략기호(KS B ISO 8826-2)
㉠ 제도에서 베어링을 그릴 필요가 있는 경우 정확한 단면도가 필요하지 않을 때에는 간략도를 사용한다.

ⓒ 간략도 도시요소

번호	요소	설명	적용
1.1	——a	긴 연속 직선	정렬의 가능성이 없는 구름 베어링의 축을 나타내는 선
1.2	⌒a	긴 연속 원호	정렬의 가능성이 있는 구름 베어링의 축을 나타내는 선
1.3	별도 표시 (보기)	각 전동요소의 중심선(레이디얼)과 일치하는 위치에서 1.1 또는 1.2와 같은 긴 연속선을 90°로 지나는 짧은 연속 직선 (바람직한 간략 표시)	전동요소의 열의 수와 위치
	○b □b ▭b	휨 너비가 큰 직사각형 너비가 작은 직사각형	볼 롤러 니들-롤러, 핀

이 요소는 베어링의 형태에 따라 기울어지게 보일 수도 있다. 짧은 연속 직선 대신에 이러한 변칙 모양이 구름 베어링을 도시하는 데 사용될 수 있다.

※ 이 요소에 따라 간략도를 그린 예가 KS B ISO 8826-2에 제시되어 있으나 수험 학습에서 이를 암기하는 것은 적절하지 않다. KS에 제시되었다는 것과 문제를 해결하는 정도의 학습을 하면 충분하다.

ⓒ 예시

- ┼ 단열 깊은 홈 볼 베어링, 인서트 베어링, 단열 원통 롤러 베어링
- ╳ 단열 앵귤러 콘택트 분리형 볼 베어링, 단열 앵귤러 콘택트 테이퍼 롤러 베어링
- ⌒ 복렬 자동 조심 볼 베어링, 복렬 구형 롤러 베어링
- ╳╳ 복렬 앵귤러 콘택트 고정형 볼 베어링
- ╳╳ 두 조각 내륜 복렬 앵귤러 콘택트 분리형 볼 베어링

⑦ 베어링의 수명

ⓐ 구름 피로에 의한 구름 베어링의 내륜과 외륜 또는 회전체의 최초 손상이 일어날 때까지의 회전수나 시간을 의미하지만, 실제로는 베어링 몸체 내 구름체 간 약간의 차이가 존재하므로 동일한 조건에서 베어링 집단의 90[%]가 피로파괴현상을 일으키지 않고 회전할 수 있는 총회전수나 시간으로 표현한다.

ⓑ 정격하중
- 정(停)정격하중 : 회전체의 영구변형이 0.01[%] 일어나는 하중이다.
- 동(動)정격하중 : 베어링이 100만 회전하거나 500시간 사용할 수 있는 하중이다.

ⓒ 수명 계산식

$$L_{hour} = \frac{10^6}{60n}\left(\frac{C}{P}\right)^r, \ L_{number} = \left(\frac{C}{P}\right)^r \times 10^6$$

(여기서, P : 동등가하중, C : 동정격하중, r : 베어링 지수(볼 : 3, 롤러 : 3.3333))

ⓓ 구름 베어링의 손상
- 마멸(abrasion) : 베어링과 축의 연마작용 등에 의해 발생하거나 모래, 금속 칩과 같은 미립자가 섞여 발생한다.
- 부식(corrosion) : 화학적 반응의 결과로 전해물과 유기산물 등에 의해 발생한다.
- 와이핑(wiping) : 흔들어 긁은 자국이다. 간극의 협소, 축 정렬의 불량, 탄성 열적 변형, 과도한 부하, 오일 부족 등으로 인해 발생한다.
- 스코어링(scoring) : 긁혀서 생긴 흠집으로, 베어링 링에 조립할 때 중심 간 불일치 또는 기울어진 상태의 큰 힘이 원인이다.
- 피팅(pitting) : 파임, 균열, 전식, 부식, 침식 등에 의하여 여러 개의 작은 홈이 발생하는 것이다.
- 전기적 피팅(electronic pitting) : 축 전압에 의한 베어링면에 아크가 발생하는 것이다.

- 피로파괴, 피로융착
- 과열(overheating) : 열에 의한 노출, 과도한 열적 변화로 인해 발생한다.
- 눌어붙음(seizure) : 윤활유 부족, 부분 접촉 등으로 접촉부가 눌어붙는 현상이다.

⑧ 베어링 설계

㉠ 미끄럼 베어링의 설계

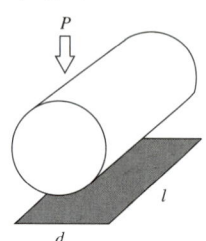

- 회전축을 받치는 미끄럼 베어링에 작용하는 압력 p는

$$p = \frac{P}{A} = \frac{P}{dl}$$

- 저널 직경(d) : 저널을 외팔보로 간주한다.

$$M = \sigma Z$$

$$\frac{Pl}{2} = \sigma \frac{\pi d^3}{32}$$

$$d \simeq \sqrt[3]{\frac{5.1 Pl}{\sigma}}$$

㉡ 구름 베어링의 설계

- 계산 수명

$$L_n = \left(\frac{C}{P}\right)^r \times 10^6$$

(여기서, P : 작용하중, C : 베어링 정격하중, r : 3(볼 베어링), $\frac{10}{3}$(롤러 베어링))

즉, 베어링 하중이 정격하중에서 회전할 때 100만 회전하는 것을 수명으로 하여 설계한다. 정격하중 이하로 회전 시 100만 회전이 이상이 되고, 정격하중 이상으로 회전 시 수명 감소한다.

- 수명시간 : 작용하중을 정격하중으로 하여 $\frac{100}{3}$[rpm]일 때 500시간 사용한다.

$$L_h = \left(\frac{C}{P}\right)^r \times 500 \times \frac{100}{3n}$$

㉢ 상당하중 : 레이디얼 하중과 스러스트 하중이 함께 작용하는 경우 하중을 상당하중으로 변환하여 적용한다.

10년간 자주 출제된 문제

23-1. 깊은 홈 볼 베어링의 안지름이 25[mm]일 때 이 베어링의 안지름 번호는?

① 00 ② 05
③ 25 ④ 50

23-2. 베어링 기호 '6012 C2 P4'에서 각 기호의 뜻을 설명한 것으로 틀린 것은?

① 60 : 베어링 계열기호
② 12 : 안지름 번호
③ C2 : 레이디얼 내부 틈새기호
④ P4 : 베어링 조합기호

23-3. 구름 베어링의 기호 중 'NF307' 베어링의 안지름은 몇 [mm]인가?

① 7   ② 10
③ 30 ④ 35

23-4. 롤러 베어링에서 전동체가 접촉되지 않고 일정한 간격을 유지할 수 있게 하는 것은?

① 내륜   ② 저널(journal)
③ 외륜   ④ 리테이너(retainer)

23-5. 자동조심 볼 베어링의 베어링 계열 기호로만 짝지어진 것은?

① 60, 62, 63   ② 70, 72, 73
③ 12, 22, 23   ④ 511, 522

23-6. 1,000[N]을 받고 100[rpm]으로 회전하는 수명 500시간짜리 볼 베어링의 정격하중[N]은?

① 1,000   ② 1,442
③ 1,821   ④ 2,402

|해설|

23-1
구름베어링의 안지름 번호(KS B 2012)

안지름 번호	1	2	3	4	5	6	7	8	9	00
안지름 치수	1	2	3	4	5	6	7	8	9	10
안지름 번호	01	02	03	04	/22	05	/28	06	/32	07
안지름 치수	12	15	17	20	22	25	28	30	32	35

23-2
P4는 등급을 의미한다.

23-3
NF307에서 NF3까지 계열번호이므로, 안지름은 07이다.
07 × 5[mm] = 35[mm]

23-40
전동체는 내·외륜상의 궤도를 따라 움직이며, 샤프트를 중심으로 서로 같은 간격으로 접촉하지 않도록 케이지(cage) 또는 리테이너(retainer)에 의해 분리되어 있다.

23-5

계열	종류
60, 62, 63, 64, 68, 69	깊은 홈 볼 베어링
70, 72, 73, 74	앵귤러 볼 베어링
NU2, NU22, NU3, NU23, NU4, NU10, NUP2, NUP22, NUP3, NUP23, NUP4, N2, N22, N3, N23, N4, NF2, NF3, NF23, NF4	원통 롤러 베어링
12, 13, 22, 23	자동 조심 볼 베어링
302, 303, 303D, 320, 322, 323	테이퍼 롤러 베어링
NA49, RNA49	니들 롤러 베어링
511, 512, 513, 514, 522, 523, 524	평면자리형 스러스트 볼 베어링

23-6
$\frac{100}{3}$[rpm]으로 100만 회전할 때 500시간이 정격 수명이므로 정격하중은 사용하중의 $\sqrt[3]{3}$ 배이다.
$1{,}000\sqrt[3]{3} = 1{,}442$[N]

정답 23-1 ② 23-2 ④ 23-3 ④ 23-4 ④ 23-5 ③ 23-6 ②

핵심이론 24 | 기어의 종류

① 축의 위치에 따른 기어의 종류
  ㉠ 축이 평행일 때

[평기어]

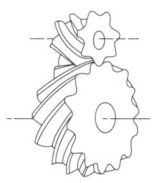
[헬리컬 기어]

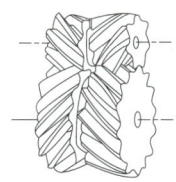
[더블 헬리컬 기어]

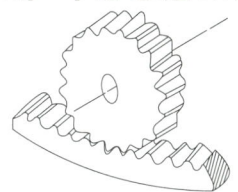

[래크와 작은 기어] [내접기어와 외접기어]

- 평행축이 있는 기어이다.
- 종류 : 평기어(스퍼기어), 헬리컬 기어, 헤링본(이중 헬리컬) 기어
- 고정밀기어는 전송효율이 높고 장시간 운전이 가능하며, 표준기어로 생산 단가가 낮다.
- 헬리컬 기어를 사용하는 경우 물림률이 높고 소음이 작다. 축 방향의 힘이 발생할 수 있다.
- 헤링본(이중 헬리컬) 기어를 사용하는 경우 축 방향으로 발생하는 힘을 상쇄시킬 수 있다.

  ㉡ 축이 교차할 때

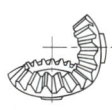
[스퍼 베벨기어]

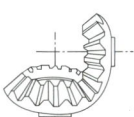
[헬리컬 베벨기어]

[스파이럴 베벨기어]

[제롤 베벨기어]

[크라운 기어] [앵귤러 베벨기어]

- 직교축이 있는 기어이다.
- 종류 : 직선형 베벨기어, 헬리컬 베벨기어, 나선형 베벨기어, 페이스 기어, 크라운 기어
- 정밀도는 평행축형보다 낮고 기계적 전달력 등은 다소 떨어지지만, 운동 방향을 전환시킬 수 있다.

ⓒ 축이 엇갈린 경우

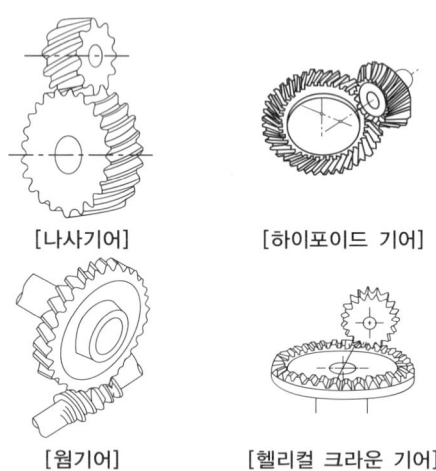

[나사기어]   [하이포이드 기어]
[웜기어]   [헬리컬 크라운 기어]

- 교차하지 않는 축이 있는 기어이다.
- 웜기어 : 매우 높은 감속비를 가지고 있으며, 전동축과 종동축이 교차하지 않지만 직각을 이룬다. 슬라이딩 접점을 사용하여 마찰 손실이 발생하고, 이에 따라 마찰열이 발생하여 효율이 낮다. 역전이 방지되고 소음이 작다.
- 하이포이드 기어 : 두 개의 축이 교차하지 않는 베벨기어의 한 유형으로, 소음은 작으나 제작이 어렵다. 맞물림면에 큰 슬라이딩이 발생하여 효율이 낮다.

ⓔ 같은 축을 갖는 기어
- 유성기어장치가 대표적이다. 유성기어는 작은 부피에 큰 감속비를 얻을 수 있으며, 소음이 작고 수명이 길어서 자동 변속기 등에 사용한다.
- 무단변속기(CVT ; Continuously Variable Transmission)
  - 변속을 위해 동력을 끊을 필요 없이 연속적으로 기어비를 변경시킬 수 있다.
  - 고장이 적고 연비가 높지만, 변속효율은 좋지 않다.
  - 구동 풀리와 바퀴 사이에 푸시 벨트 또는 링크 체인으로 연결하여 변속한다.
  - 회전 중에만 점검이 가능하며 체인을 사용하면 고무벨트에 비해 한계토크가 올라간다.

② 모듈

모듈이란 기어를 정의하기 위한 단위로, 기어의 피치원을 잇수로 나누어 계산한다. 기어는 피니언 또는 다른 기어와 물려서 운동하는데, 서로 다른 치형을 가지면 상대운동을 하거나 정확한 운동을 전달할 수 없다. 따라서 서로 다른 기어 간 일치하는 치형을 갖기 위해 모듈을 계산하여 사용한다.

$$D = mz, \quad D_o = m(z+2)$$

(여기서, D : 유효지름, D_o : 바깥지름, m : 모듈, z : 잇수)

③ 치형곡선

기어의 치형은 인벌류트 곡선과 사이클로이드 곡선을 기초로 제작한다. 인벌류트 곡선이란 기초원에 감긴 실이 풀리면서 그리는 곡선이고, 사이클로이드 곡선은 기초원의 한 점이 굴러가면서 남긴 궤적곡선이다.

④ 이의 간섭

ⓒ 서로 맞물리고 있는 기어의 한쪽 끝이 상대 기어의 이뿌리부에 닿아 정상적인 회전을 방해하는 것이다.

ⓒ 방지방법
- 압력각을 20° 이상으로 크게 한다.
- 이의 높이를 낮춘다.
- 치형의 이끝면을 깎아낸다.
- 피니언의 반지름 방향의 이뿌리면을 파낸다.

⑤ 물림률
  ㉠ 한 쌍의 이가 맞물려 회전할 때 한 쌍의 이가 물림을 그치기 전에 다음 이의 물림이 시작되어야 한다. 이때 원주 피치의 길이에 대한 접촉호 길이의 비를 물림률이라고 한다.
  ㉡ 물림률이 너무 낮으면 진동과 소음이 크며, 이에 가해지는 부담도 커진다. 물림률이 너무 크면 맞물리는 두 개의 기어 이가 모두 접촉하지 않을 가능성이 높으므로, 물림률은 1.2~2.0 사이가 적당하다.
  ㉢ 치형 맞물림 : 치형의 축 방향 길이 80[%] 이상, 유효 이높이 20[%] 이상 닿아야 한다.

⑥ 기어의 백래시
  ㉠ 한쪽 기어를 고정하고 상대 기어를 움직이면 원주 방향, 법선 방향, 축 방향에 약간의 틈새가 남는다. 이 틈새만큼 반대 방향의 힘이 작용할 때 여유가 생기는 데 이를 백래시라고 한다.
  ㉡ 백래시를 작게 하려면 이 두께의 감소량이 작은 기어를 사용하거나 중심거리 조정, 조립거리 조정 등을 실시한다.
  ㉢ 백래시가 0이 되면 부드러운 회전력 전달을 방해하고, 기어 제작의 오차에 따른 여유를 보정할 수 없다. 또한 장시간 사용하기 어렵고, 온도 변화에 따른 기어의 변형을 흡수할 수 없다.

⑦ 치형곡선에 따른 기어의 종류
  ㉠ 사이클로이드 기어
    • 주어진 피치원의 안밖에서 롤링 서클(rolling circle)이 미끄럼 없이 구를 때, 구름원 위의 한 점의 자취를 따라 그린 곡선이 사이클로이드 곡선이다.
    • 사이클로이드 곡선으로 만든 이 윤곽이 사이클로이드 치형이다.
    • 사이클로이드 치형으로 만든 기어가 사이클로이드 기어이다.
    • 장점 : 미끄러짐이 작아 회전이 원활하고, 전동 효율이 좋아 주로 시계나 계기류의 운동 전달용 기어로 사용된다.
    • 단점 : 가공이 어렵고 호환성이 좋지 않으며, 이 뿌리가 약해서 동력 전달용으로 적당하지 않다.
  ㉡ 인벌류트 기어
    • 주어진 원 위에 감긴 실을 팽팽히 잡아당기면서 풀 때 실의 끝점이 그리는 궤적이 인벌류트 곡선이다.
    • 인벌류트 곡선으로 만든 치형이 인벌류트 치형이다.
    • 인벌류트 치형을 적용한 기어를 인벌류트 기어라고 한다.
    • 장점 : 곡선이 단조로워 가공이 쉽고, 가격이 저렴하며 호환성이 좋다. 이뿌리가 튼튼하고 중심거리 오차에 둔감하다. 주로 동력 전달용 기어에 사용한다.
    • 단점 : 맞물린 기어를 미는 힘이 크고 미끄러짐이 커서 마멸되기 쉽다.
  ㉢ 치형 제작방법에 의한 기어의 종류
    • 커터, 바이트 등으로 절삭하여 치형이 만들어지는 기어이다.
      - 성형 절삭기어의 특징 : 밀링머신으로 깎아내며 성형 치절법을 사용한다. 이의 형태를 계산하여 바이트로 이를 하나씩 셰이퍼와 같은 공작기계로 깎아내며, 정밀도가 낮은 기어 제작에 사용한다.
      - 창성 절삭기어의 특징 : 커터와 기어요소와의 관계 운동, 즉 호브, 피니언 커터, 래크형 커터 등 전용 절삭기계에 의해 깎아내는 기어로 대부분의 기어는 창성법으로 절삭한다.
    • 절삭 외에 주조기어, 전조기어, 식치(이를 심는 방법)기어, 인발기어(기어 단면으로 뽑아내는 기어), 사출기어(기어 단면으로 밀어내는 기어) 등이 있다.

ㄹ. 전위에 따른 기어의 종류
  - 표준기어 : 기어 제작 시 래크 기준 피치선과 기어 기준 피치원이 접하도록 제작한다.
  - 전위기어
    - 기준 래크의 기준 피치선이 기어 기준 피치원과 접하지 않도록 제작한다.
    - 전위기어는 전위량과 전위계수 계산이 필요하다. 계산이 복잡하지만, 중심거리 변화가 가능하며 언더컷을 피할 수 있고 기어의 강도를 개선하는 데 목적이 있다.

⑧ 기어 감속기

변속기의 대표적인 예이다. 일반적으로 기어는 감속기를 의미하며 평행축이 있는 기어 감속기, 직교축이 있는 기어 감속기, 수직 교차하지 않는 축이 있는 기어 감속기, 같은 축을 갖는 기어 감속기로 나눌 수 있다.

10년간 자주 출제된 문제

24-1. 다음 기어 중 축(shaft)의 방향을 변화시키는 기어가 아닌 것은?

① 헬리컬 기어 ② 스파이럴 베벨기어
③ 하이포이드 기어 ④ 웜기어

24-2. 전위기어의 사용목적으로 옳지 않은 것은?

① 전위량과 전위계수 계산을 하기 위해
② 중심거리 변화를 시키기 위해
③ 기어의 강도를 개선을 위해
④ 언더 컷을 피하기 위해

24-3. 기어에서 백래시(backlash)가 필요한 이유가 아닌 것은?

① 기어 제작의 오차에 대한 여유
② 부하에 의한 기어 변형 여유
③ 기어 마모에 대한 오차 여유
④ 온도차에 의한 열팽창 여유

|해설|

24-1
헬리컬기어는 기어 이에 헬리컬각을 부여하여 연속으로 물리게 한 기어로, 축을 평행하게 연결한 것이다.

24-2
전위기어는 전위량과 전위계수를 계산하기 위해 만드는 것이고, 전위량 계산이 전위기어 사용목적은 아니다.

24-3
백래시가 0이 되면 부드러운 회전력 전달을 방해하고, 기어 제작의 오차에 따른 여유를 보정할 수 없다. 또한, 장시간 사용하기 어렵고 온도 변화에 따른 기어의 변형을 흡수할 수 없다.

정답 24-1 ① 24-2 ① 24-3 ③

핵심이론 25 | 기어의 제도

① 스퍼기어의 제도방법
  ㉠ 이끝원(잇봉우리원)은 굵은 실선으로 그린다.
  ㉡ 피치원은 가는 1점 쇄선으로 그린다.
  ㉢ 이뿌리원은 가는 실선으로 그린다. 단, 축에 직각 방향으로 단면 투상할 경우에는 굵은 실선으로 그린다.

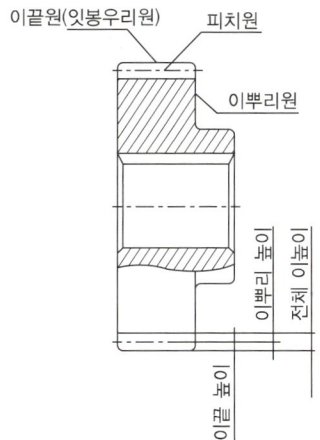

② 요목표
도면에 기어의 치형을 나타내는 것은 비효율적이므로 기어 도시방법에 의해 도시하고, 요목표를 이용하여 기어를 설명한다. 스퍼기어 요목표는 다음과 같다.

스퍼기어 요목표			
기어 치형		표준	- 표준 치형, 전위 치형
기준 래크	치형	보통 이	- 낮은 이, 보통 이, 높은 이
	모듈	2	
	압력각	20°	- 14.5°, 17°, 20°(표준), 22.5°, 25°
잇수		36	
피치원지름		72	- 피치원지름 = 모듈 × 잇수
전위량		0	- 전위 치형일 경우에만 기입
전체 이높이		4.5	- 전체 이높이 = 2.25 × 모듈
걸치기 이 두께		27.5778 (잇수 : 5)	- 가공 후 이 두께 측정방법 (KS B 1406)
다듬질 방법		연삭	- 다듬질 방법 또는 가공방법
정밀도		KS B ISO 1328-1 5급	- 정밀도에 따른 기어 등급/ 0~12급
비고	재료	SCM415	일반적으로 부품란과 개별 주(note)에 기입
	열처리	침탄 담금질	
	경도	55~60H$_R$C	

③ 헬리컬 기어에서 잇줄의 방향은 정면도에 항상 3줄의 가는 실선을 그린다. 정면도가 단면으로 표시된 경우 3줄의 가는 2점쇄선으로 그린다.

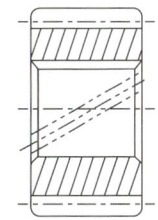

④ 피니언과 기어가 맞물려야 기어의 종류를 도시할 수 있는 경우에는 피니언(원동기어)과 기어(종동기어)를 함께 그린다.

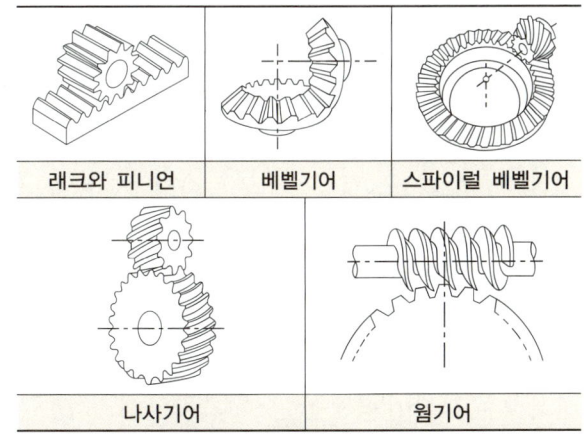

⑤ 기어의 간략도(KS B 0002)

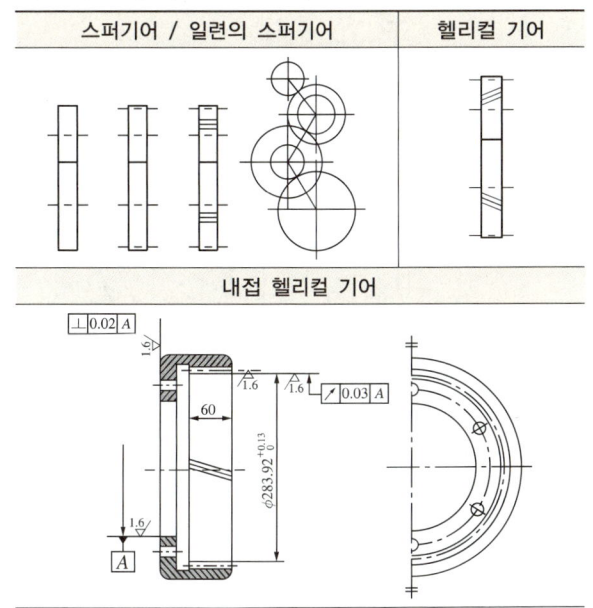

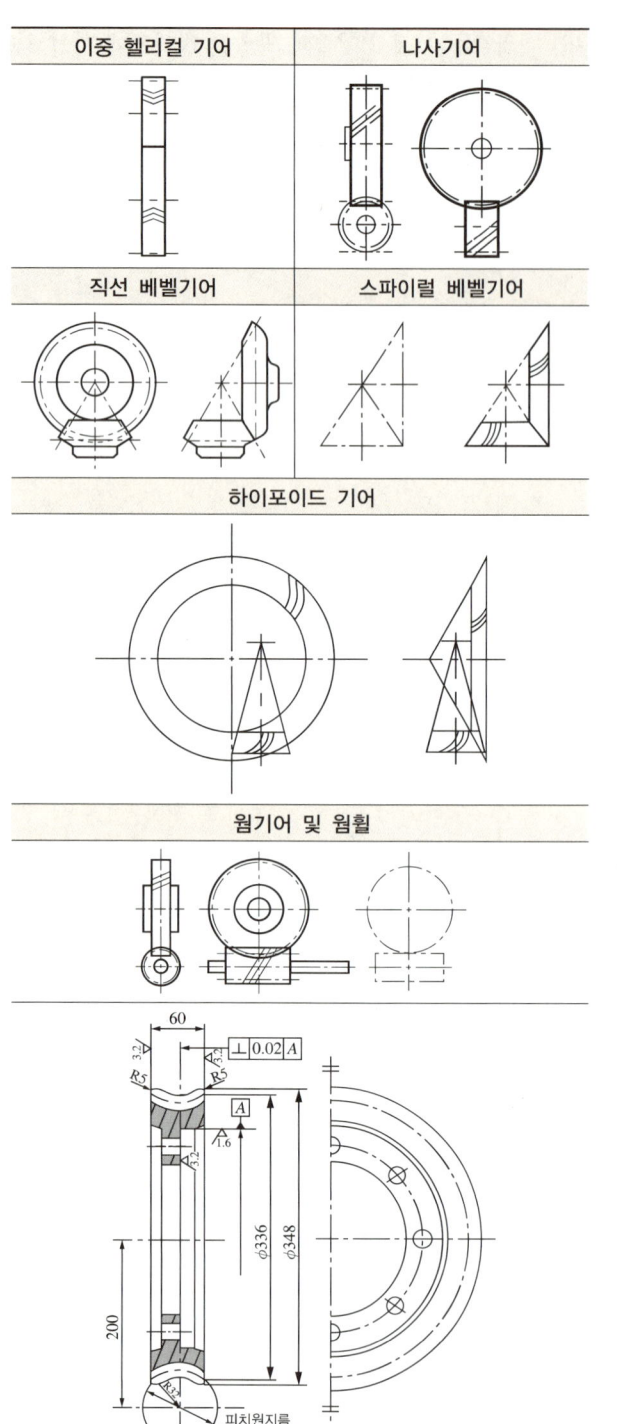

10년간 자주 출제된 문제

25-1. 스퍼기어를 제도할 경우 스퍼기어 요목표에 일반적으로 기입하지 않는 것은?

① 피치원지름 ② 모듈
③ 압력각 ④ 기어의 치폭

25-2. 다음 그림은 맞물리는 어떤 기어를 나타낸 간략도인가?

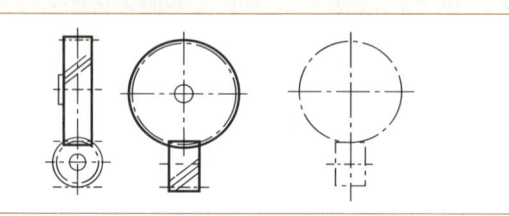

① 스퍼기어 ② 헬리컬 기어
③ 나사기어 ④ 스파이럴 베벨기어

25-3. 다음 그림은 어느 기어를 도시한 것인가?

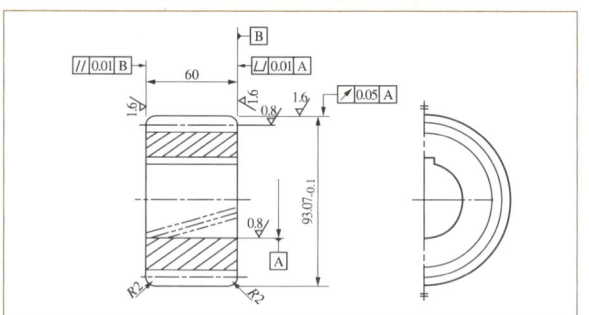

① 스퍼기어 ② 헬리컬 기어
③ 직선 베벨기어 ④ 웜기어

|해설|

25-1
기어의 치폭은 일반적으로 도면에 표기가 가능하다.

25-2
피니언과 기어를 함께 그려야 알 수 있는 기어는 함께 도시한다. 문제의 그림은 헬리컬 나사가 달려 있는 나사기어이다.

25-3
가상선으로 치형이 비스듬하게 배치되었음을 보여 주므로 톱니가 비스듬히 배치된 헬리컬 기어의 도시이다.

정답 25-1 ④ 25-2 ③ 25-3 ②

핵심이론 26 | 기어의 설계

① 스퍼기어의 치수 계산

㉠ $D_p = mz$, $p = \dfrac{\pi D_p}{z}$, $m = \dfrac{D_p}{z} = \dfrac{p}{\pi}$

(여기서, p : 원주 피치, m : 모듈, D_p : 피치원지름, z : 잇수)

㉡ 지름 피치(P_d)

$$P_d = \dfrac{z}{D} = \dfrac{25.4}{m} \text{ (1/inch)}$$

② 기어의 속도비

$$i = \dfrac{\text{원동축 회전속도}}{\text{종동축 회전속도}} = \dfrac{\omega_1}{\omega_2} = \dfrac{n_1}{n_2} = \dfrac{z_2}{z_1}$$

③ 기어 간 중심거리

$$C = \dfrac{D_1 + D_2}{2} = \dfrac{m(z_1 + z_2)}{2}$$

④ 이에 작용하는 힘

$$P_1 = P_n \cos\beta$$

(여기서, P_n : 전하중, P_1 : 회전하중, P_2 : 축 직각하중, β : 압력각)

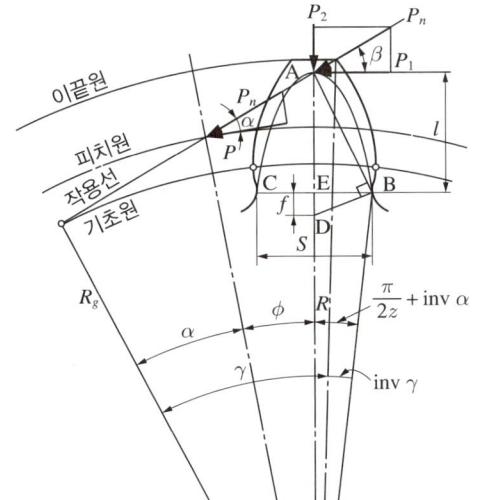

⑤ 이의 굽힘강도(루이스 설계 공식)

㉠ 조건
- 맞물림률 1로 가정하고, 전달토크에 의한 하중이 한 개의 이끝에 작용한다는 조건에 의해 이뿌리가 견디는 강도에 관한 식이다(물림률 : 물림 길이를 법선 피치로 나눈 값, 피치 대비 물림 길이의 비율).
- 이의 모양은 이뿌리 곡선에 내접하는 포물선을 가로 단면으로 하는 균일 강도의 외팔보로 가정한다.

㉡ 루이스 이의 굽힘응력 공식

$$P = \sigma b m y$$

(여기서, σ : 허용응력, b : 이폭, m : 모듈, y : 치형계수)

㉢ 속도계수 : 실제 기어는 이뿌리에 집중응력이 작용한다. 따라서 속도가 빠르면 큰 하중이 이뿌리에 작용하므로 동적 하중을 고려한 속도계수를 고려한다.

$$P = f_v \sigma b m y$$

(여기서, f_v : 속도계수, 예 : 전동기의 $f_v = \dfrac{6.1}{6.1 + v}$)

㉣ 하중계수(충격계수) : 하중의 종류를 고려하여 조용한 하중 0.8, 변동하중 0.74, 충격하중 0.67으로 하중계수를 적용한다.

$$P = f_w f_v \sigma b m y$$

(여기서, f_w : 하중계수)

⑥ 한계 잇수

$$Z_g \geq \dfrac{2}{\sin^2\beta} \text{(표준기어일 때)}$$

⑦ 헤르츠의 면압강도식

㉠ 피팅 : 한 쌍의 기어의 접촉압력이 지나치면 마멸과 함께 점 부식인 피팅이 생긴다. 소음, 진동, 효율 저하 등의 원인이 된다.

- P형 피팅 : 피치원 부근에 작은 구멍들이 많이 생기고, 이 구멍이 모여 큰 구멍이 생기는 현상이다.
- B형 피팅 : 강하게 맞물림이 일어나는 이뿌리 부분이나 이끝 부분에서 표면이 불규칙하게 거친 면이 나타나는 현상이다.
- S형 피팅 : 맞물림에서 미끄럼이 가장 심한 이끝 주위에 나타나며, 치폭 전체 또는 치폭 일부에서 예리한 바늘 긁은 자국 같은 형태로 나타나는 현상이다.
- PS형 피팅 : S형 피팅현상이 커지면서 P형 피팅과 연결되어 나타나는 현상이다.

ⓒ 스코어링
- 윤활 마찰에서 온도 상승에 의한 윤활 유막 파손으로 금속면끼리 녹아 붙는 현상이다.
- 고속·고하중으로 운전하는 경우 유막 파손에 의해 면 손상이 일어난다.
- 스코어링 방지방법
  - 단위면적의 압력 p와 기어 원주속도 v와의 곱으로 한계를 결정하는 방법
  - pv에 물림 길이 s를 곱하여 pvs 값으로 한계를 결정하는 방법

ⓒ 헤르츠 공식 : 피팅 등을 방지하기 위해 면압을 계산한다.

$$P = f_r k m n \frac{2 z_1 z_2}{z_1 + z_2}$$

(여기서, k : 상수(비응력계수 또는 비접촉면 응력계수))

⑧ 이의 간섭과 언더컷
  ㉠ 카뮤의 정리 : 기어가 일정 속도비로 회전하기 위해 만족해야 하는 조건은 접촉점의 공통법선은 항상 피치점을 통과해야 한다는 것이다.
  ㉡ 인벌류트 기어가 회전할 때 한쪽 기어의 이끝과 상대쪽 기어의 이뿌리가 맞부딪히는 현상을 이의 간섭이라 한다. 잇수가 적거나 압력각이 작은 경우, 유효 이높이나 잇수비가 너무 큰 경우에 발생한다.
  ㉢ 언더컷 : 이의 간섭이 일어나는 상태로 래크공구나 호브로 기어를 절삭하면 이뿌리가 가늘어지는데 이를 언더컷이라 한다. 이의 간섭원인과 유사하며 표준기어에서 잇수가 적을 때, 양쪽 잇수비가 클 때, 피니언의 잇수비가 작을 때 발생한다.
  ㉣ 전위기어 : 이의 간섭이나 언더컷 방지를 위해 기준 래크공구의 기준 피치선을 피치원으로부터 적당히 이동하여 만든 기어이다. 전위기어를 쓰면 모듈에 비해 강한 이가 얻어지고 최소 잇수를 매우 작게 할 수 있으며 물림률이 증대되고 여러 종류의 기어컷에 적용 가능하다. 그러나 계산이 복잡하고, 다른 기어와 호환하기 어려우며 베어링의 압력을 증대시킨다.

⑨ 기어열
  ㉠ 기어열 : 3개 이상의 기어가 맞물려 회전하는 기어로, 기어의 회전 방향 변환이나 큰 속도 변환에 사용한다.
  ㉡ 단순 기어열 : 중간 기어를 사용하여 속도비를 변화시키지 않고 회전 방향을 변화시킨다.

$$i = \frac{n_1}{n_3} = \frac{n_1}{n_2} \cdot \frac{n_2}{n_3} = \frac{D_2}{D_1} \cdot \frac{D_3}{D_2} = \frac{Z_2}{Z_1} \cdot \frac{Z_3}{Z_2}$$

  ㉢ 복합 기어열 : 두 개 이상의 중간 기어를 설치하여 10배보다 높은 각속도 변화를 설계한다.

$$i = \frac{n_1}{n_4} = \frac{n_1}{n_2} \cdot \frac{n_3}{n_4} = \frac{D_2}{D_1} \cdot \frac{D_4}{D_3} = \frac{Z_2}{Z_1} \cdot \frac{Z_4}{Z_3}$$

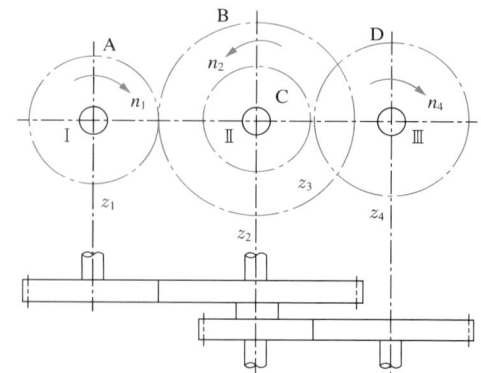

⑩ 유성기어

㉠ 태양(sun)기어, 내접기어, 캐리어, 유성 피니언으로 구성된다. 태양기어를 중심으로 피니언이 내접기어 형태로 맞물려 돌아가고, 캐리어가 유성기어를 연결한다.

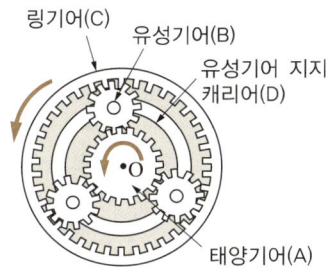

㉡ 유성기어는 작은 부피로 만들지만 강도가 높고 정밀한 회전비를 줄 수 있으며, 구동효율이 높고 높은 토크비를 구현할 수 있는 특징이 있다.

㉢ 원동축을 링기어로 하고 종동축을 태양기어로 하면 회전수가 감소하고 회전력이 커진다. 원동축을 유성기어로 하고 종동축을 링기어로 하면 회전수가 증가하고 회전력은 감소한다.

㉣ 유성기어의 회전수 계산

$$\varepsilon = \frac{\omega_i - \omega_c}{\omega_o - \omega_c} = (-1)^n \frac{Z_o}{Z_i}$$

(여기서, ε : 속도비, ω_i : 입력축 각속도, ω_o : 출력축 각속도, Z : 잇수, n : 유성기어의 차 수, 즉 유성기어가 홀수 번 접하면 -1, 짝수 번 접하면 +1)

10년간 자주 출제된 문제

26-1. 원동축 기어 잇수가 50개, 종동축 기어 잇수가 30개이며 모듈이 2인 표준 스퍼기어 쌍의 중심거리를 구하면?

① 60
② 70
③ 80
④ 100

26-2. 기어의 중심거리가 100[mm], 속도비가 1/4, 모듈 6, 압력각 20°인 한쌍의 기어의 잇수와 언더컷이 발생하지 않는 최소 잇수 z_g를 구하면?

① $z_1 = 6$, $z_2 = 26$, $z_g = 6$
② $z_1 = 7$, $z_2 = 20$, $z_g = 15$
③ $z_1 = 7$, $z_2 = 27$, $z_g = 17$
④ $z_1 = 10$, $z_2 = 30$, $z_g = 15$

26-3. 유성기어열에서 $D_A = 200$[mm], $D_B = 100$[mm], $D_C = 400$[mm]이다. 기어 C를 고정하고 암 D를 반시계 방향 600[rpm]으로 회전 시 기어 A의 각속도와 기어 A의 회전 방향을 구하면?

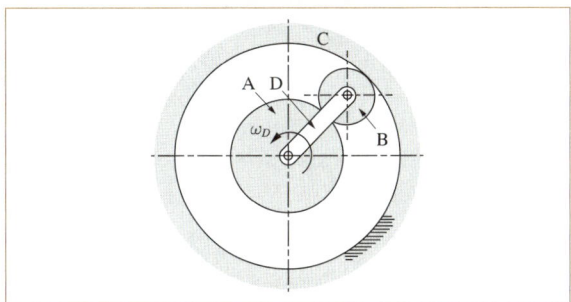

① 600[rpm], 반시계 방향
② 600[rpm], 시계 방향
③ 1,800[rpm], 반시계 방향
④ 1,800[rpm], 시계 방향

26-4. 주축의 회전수 1,400[rpm]을 700[rpm]으로 감속하는 기어시스템에서 모듈이 6, 축간거리가 180[mm]일 때 피니언의 바깥지름은 몇 [mm]인가?

① 132
② 252
③ 306
④ 418

| 해설 |

26-1
$$C = \frac{D_1 + D_2}{2} = \frac{m(z_1 + z_2)}{2} = \frac{2(50+30)}{2} = 80$$

26-2
$$C = \frac{D_1 + D_2}{2} = 100[\text{mm}], \quad i = \frac{D_1}{D_2} = \frac{n_2}{n_1} = \frac{1}{4}$$
$$D_1 + D_2 = 200, \quad 4D_1 = D_2$$
$$\therefore D_1 = 40[\text{mm}], \quad D_2 = 160[\text{mm}]$$
$$z_1 = \frac{D_1}{m} = \frac{40[\text{mm}]}{6} = 6.67 ≒ 7개$$
$$z_2 = \frac{D_2}{m} = \frac{160[\text{mm}]}{6} = 26.67 ≒ 27개$$
$$z_g = \frac{2}{\sin^2 \alpha} = \frac{2}{\sin^2 20°} ≒ 17개$$

26-3
$$\varepsilon = \frac{\omega_i - \omega_c}{\omega_o - \omega_c} = (-1)^n \frac{Z_o}{Z_i}$$

이 문제의 경우 어느 쪽을 입출력으로 가정해도 링기어의 각속도가 0이므로,
$$\frac{\omega_i - 600[\text{rpm}]}{0 - 600[\text{rpm}]} = (-1)^1 \times \frac{400[\text{mm}]}{200[\text{mm}]}$$
$$\therefore \omega_i = 1,800[\text{rpm}]$$

링기어가 고정된 상태에서 D를 반시계로 돌리면 B가 시계 방향으로 돌고, B는 A를 반시계 방향으로 회전시킬 것이다. 위 식의 계산에서도 ω_c와 ω_i의 부호가 같으므로 같은 방향임을 알 수 있다.

26-4
기어시스템에서 원동축에 물린 작은 기어를 피니언이라고 한다.
$$i = \frac{n_2}{n_1} = \frac{z_1}{z_2} = \frac{700[\text{rpm}]}{1,400[\text{rpm}]}, \quad z_2 = 2z_1$$
축간거리 $C = \frac{D_1 + D_2}{2} = \frac{m}{2}(z_1 + z_2) = \frac{6}{2}(3z_1)$
$180[\text{mm}] = 9z_1$
$z_1 = 20 (\therefore z_2 = 40)$
$D_1 = m(z_1 + 2) = 6 \times (20 + 2) = 132[\text{mm}]$

정답 26-1 ③ 26-2 ③ 26-3 ③ 26-4 ①

핵심이론 27 | 마찰차

① 마찰차의 종류

㉠ 원통 마찰차 : 평행한 두 축 사이의 동력을 전달한다.

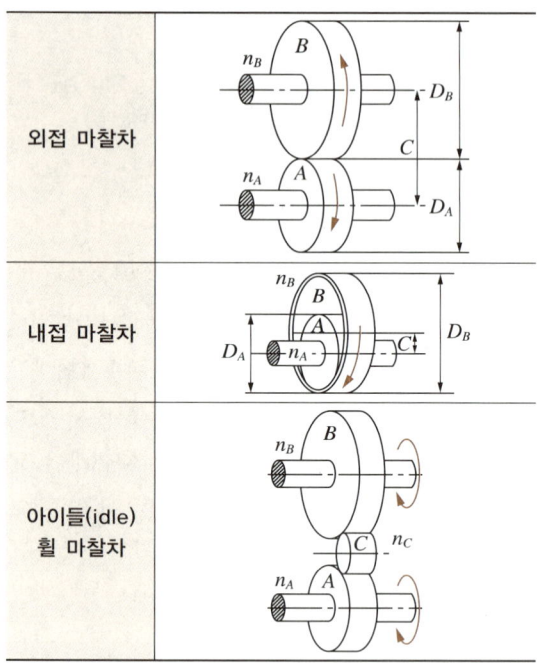

㉡ 홈 마찰차 : 원통 마찰차의 둘레에 V형 홈을 파서로 물려 큰 회전력을 얻는다.

㉢ 원뿔 마찰차 : 교차하는 두 축 사이의 동력을 전달할 때 사용한다.

② 마찰차의 설계

㉠ 원동축 A와 종동축 B의 관계

• 원주속도 : $v = \dfrac{D_A \omega_A}{2} = \dfrac{D_B \omega_B}{2}$

• 각속도 : $\omega_A = \dfrac{2\pi n_A}{60}, \quad \omega_B = \dfrac{2\pi n_B}{60}$

• 속도비 : $i = \dfrac{\omega_A}{\omega_B} = \dfrac{n_A}{n_B} = \dfrac{D_B}{D_A}$

• 중심거리

— 외접 : $C = \dfrac{D_A + D_B}{2} = r_A + r_B$

— 내접 : $C = r_B - r_A$

ⓒ 전달 동력 : 마찰차를 서로 누르는 힘을 F, 접촉 마찰계수를 P라고 하면 관계는 다음 그림과 같다. $F \leq \mu P$일 때, 즉 마찰력이 전달력보다 더 클 때 미끄러지지 않고 안정적으로 전달한다. 회전력은 $F = \mu P$, $\mu = \dfrac{F}{P} = \tan\rho$이다.

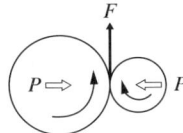

- 종동차의 회전토크
$$T = F\frac{D_B}{2} = \mu P \frac{D_B}{2}$$

- 마찰차의 원주속도
$$v = \frac{\pi D_A n_A}{1{,}000 \times 60} = \frac{\pi D_B n_B}{1{,}000 \times 60} [\text{m/s}]$$

- 마찰차의 전달 동력
$$H = \frac{Fv}{1{,}000} = \frac{\mu P v}{1{,}000} [\text{kW}]$$

- 마찰차의 폭 : 단위 폭당 미는 힘 $f[\text{N/mm}]$를 이용하여 계산한다.

ⓒ 홈 마찰차의 설계
- 등가 마찰계수를 이용하여 원통 마찰차의 식을 적용한다.
$$\mu' = \frac{\mu}{\sin\alpha + \mu\cos\alpha}$$
(여기서, P : 축 방향 미는 힘, Q : 경사 접촉면 수직력, 2α : 홈 각도)

- 홈의 깊이(h)
$$h = 0.28\sqrt{\mu' P} [\text{mm}]$$
(여기서, P : 축 방향 미는 힘[N])

- 홈의 수
$$Z = \frac{Q}{2hf}$$
(여기서, h : 홈 깊이, Q : 경사 접촉면 수직력, f : 접촉선 압력)

ⓒ 원추 마찰차
- 외접 원추 마찰차의 속도비
$$i = \frac{\sin\alpha}{\sin\beta}$$
(여기서, α, β : 각 원추 마찰차의 중심선과 접촉면의 중심각)

- 원추 마찰차가 이루는 각도를 알고 원하는 속도비가 있을 때 마찰차의 크기
$$\tan\alpha = \frac{i\sin\theta}{1 + i\cos\theta}$$
만약 $\theta = 90°$라면
$$\tan\alpha = i, \ \tan\beta = 1/i \, (\theta = \alpha + \beta)$$

- 내접 원추 마찰차
$$\tan\alpha = \frac{i\sin\theta}{i\cos\theta - 1} (\theta = \alpha - \beta)$$

ⓒ 무단 변속 마찰차 : 다음 그림의 메커니즘을 산술 비례식을 이용하여 속도비를 구한다.

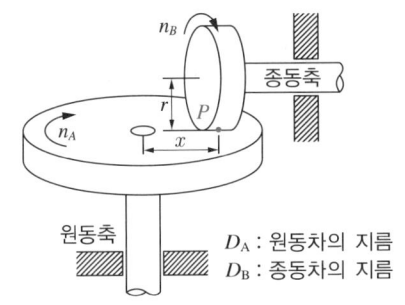

D_A : 원동차의 지름
D_B : 종동차의 지름

10년간 자주 출제된 문제

27-1. 지름 400[mm], 600[rpm] 원동차가 600[mm] 종동차에 회전력을 전달할 때 회전력은?(단, 마찰계수는 0.25, 접촉면압은 30[N/mm]이다)

① 400[N] ② 600[N]
③ 1[kN] ④ 1.2[kN]

27-2. 지름 400[mm] 원통 마찰차의 원동차가 500[rpm]으로 회전하면서 지름이 500[mm]인 종동차에 회전을 전달한다. 폭 80[mm], 마찰계수 $\mu = 0.2$, 허용 접촉면압은 30[N/mm]이다. 마찰차의 전달 동력은 약 몇 [kW]인가?

① 2 ② 3
③ 4 ④ 5

|해설|

27-1
$P = b \cdot p = 80[mm] \times 30[N/mm] = 2,400[N]$
$F = \mu P = 0.25 \times 2,400[N] = 600[N]$

27-2
- 누르는 힘 : $80[mm] \times 30[N/mm] = 2,400[N]$
- 회전력 : $0.2 \times 2,400[N] = 480[N]$

$$H = Fv = F \times \frac{\pi D_A n_A}{1,000 \times 60}$$
$$= 480[N] \times \frac{\pi \times 400[mm] \times 500[rpm]}{1,000 \times 60}$$
$$= 5,026[N \cdot m/s] = 5,026[W] \fallingdotseq 5[kW]$$

정답 27-1 ② 27-2 ④

핵심이론 28 | V-벨트풀리의 제도

① V-벨트
  ㉠ 사다리꼴 단면의 이음매 없는 고리 모양 벨트로 마찰력을 증대시킨 것이다.
  ㉡ 기어와 평벨트의 중간쯤 되는 축간에서 사용하며 좁은 폭으로도 벨트를 걸 수 있고, 미끄럼이 작다.
  ㉢ 회전속도와 토크 등을 계산하여 형별과 호칭지름에 따라(KS B 1400) 종류를 A, B, C 등으로 구분한다.
  ㉣ 모양과 치수

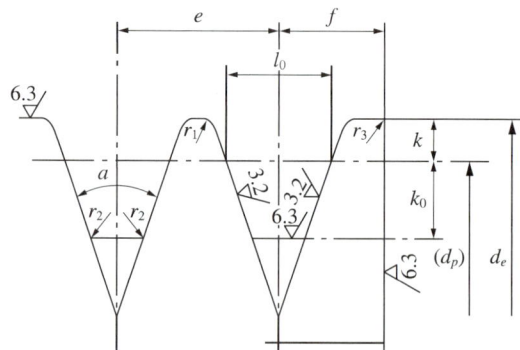

[V-벨트풀리 홈 부분의 모양과 치수]

(단위 : [mm])

V-벨트의 종류	M			A		
호칭지름	50 이상 71 이하	71 초과 90 이하	90 초과	71 이상 100 이하	100 초과 125 이하	125 초과
$\alpha(°)$	34	36	38	34	36	38
l_0	8.0			9.2		
k	2.7			4.5		
k_0	6.3			8.0		
e	–			15.0		
f	9.5			10.0		
r_1	0.2~0.5			0.2~0.5		
r_2	0.5~1.0			0.5~1.0		
r_3	1~2			1~2		
V-벨트의 두께(참고)	5.5			9		
V-벨트 단면각(참고)	40°			40°		

(단위 : [mm])

V-벨트의 종류	B			C		
호칭지름	125 이상 165 이하	165 초과 200 이하	200 초과	200 이상 250 이하	250 초과 315 이하	315 초과
$\alpha(°)$	34	36	38	34	36	38
l_0	12.5			16.9		
k	5.5			7.0		
k_0	9.5			12.0		
e	19.0			25.5		
f	12.5			17.0		
r_1	0.2~0.5			0.2~0.5		
r_2	0.5~1.0			1.0~1.6		
r_3	1~2			2~3		
V-벨트의 두께(참고)	11			14		
V-벨트 단면각(참고)	40°			40°		
V-벨트의 종류	D		E			
호칭지름	355 이상 450 이하	450 초과	500 이상 630 이하	630 초과		
$\alpha(°)$	36	38	36	38		
l_0	24.6		28.7			
k	9.5		12.7			
k_0	15.5		19.3			
e	37.0		44.6			
f	24.0		29.0			
r_1	0.2~0.5		0.2~0.5			
r_2	1.6~2.0		1.6~2.0			
r_3	3~4		4~5			
V-벨트의 두께(참고)	19		25.5			
V-벨트 단면각(참고)	40°		40°			

※ M형은 원칙적으로 한 줄만 걸친다.

② 도시하는 방법

  ㉠ 축 직각 방향의 투상을 정면도로 한다.

  ㉡ 측면도는 키 홈 부분만 국부투상도로 표현하는 것을 권장한다.

  ㉢ 암(arm) 부분은 직각 방향으로 회전도시 단면하여 투상한다.

10년간 자주 출제된 문제

28-1. V-벨트풀리의 도시에 관한 설명으로 옳지 않은 것은?

① 홈 부분의 치수는 형별과 호칭지름에 따라 결정된다.
② 축 직각 방향의 투상을 정면도로 할 수 있다.
③ 암(arm)은 길이 방향으로 절단하여 도시한다.
④ 일반용 V-고무벨트는 단면 치수에 따라 6가지 종류가 있다.

28-2. 다음 중 V-벨트 전동장치에서 사용하는 벨트의 단면각은?

① 34° ② 36°
③ 38° ④ 40°

|해설|

28-1
암은 암축의 직각 방향으로 회전도시 단면한다.

28-2
V-벨트풀리는 종류에 따라 34°, 36°, 38°의 단면각을 갖는데, V-벨트는 마찰을 높이기 위해 해당 종류에 따라 40°의 단면각을 갖는다.

정답 28-1 ③ 28-2 ④

핵심이론 29 | 벨트 전동장치

① 벨트 전동장치의 종류

㉠ 평벨트 : 직사각형 단면의 평벨트와 풀리에 의하여 동력을 전달한다. 벨트는 가죽, 직물, 고무, 강철 등의 재료를 사용한다.

- 소가죽벨트는 탄성이 좋고 마찰계수가 크며, 방열성과 내구성이 좋지만, 온도와 습도에 따라 길이가 변한다.
- 직물벨트는 직물을 이어 짜서 이음매 없이 폭과 길이의 조절이 가능하고, 인장강도가 크며 고속 회전에 적합하다. 그러나 상대적으로 마찰력이 작아 접촉성이 좋지 않다.
- 고무벨트는 직물벨트에 고무를 입힌 것으로, 직물벨트의 접촉성은 개선하였지만, 내화학성이 약하고 박리될 수 있다.
- 강철벨트는 담금질한 탄소강판으로 제조한다. 인장강도가 크고, 신장률이 작으며 수명이 길다. 온도에 의해 고장이 발생할 우려가 있고, 돌발적 끊어짐(전단) 우려로 안전율을 10으로 한다.

㉡ 평벨트 풀리 : 림(rim), 보스(boss), 암(arm)으로 구성되며 주로 주철, 주강으로 만든다. 림의 형상에 따라 다음과 같이 구분한다.

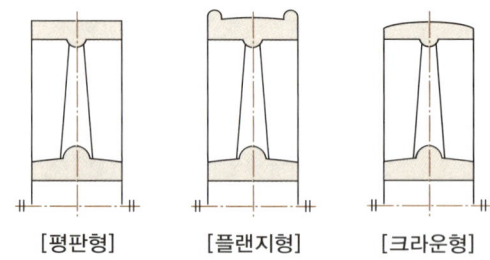

[평판형]   [플랜지형]   [크라운형]

㉢ 평벨트풀리의 치수

- $B ≒ 1.1b + 10 [\text{mm}]$

  (여기서, b : 벨트 너비)

- $S = \dfrac{D}{300} + A$

  (여기서, S : 림의 두께, A : 2(C형), A : 3(F형))

- $d_b = \dfrac{5}{3}d + 10 [\text{mm}]$

  (여기서, d_b : 보스지름)

- 보스의 길이

  $l = kB$

  $B = 1.2 \sim 1.5d$ 일 때 $k = 1$

  $B > 1.5d$ 일 때 $k = 0.7$

  암의 개수 $z = \left(\dfrac{1}{3} \sim \dfrac{1}{6}\right)\sqrt{D}$

㉣ V-벨트

- V-벨트의 구조

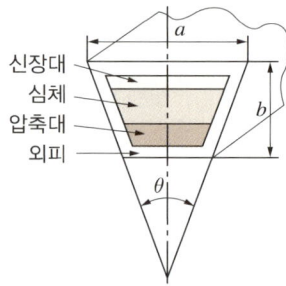

- 신장대와 압축대는 고무층으로 만들고, 심체는 인견직물이나 합성섬유로 만든다. 외피는 고무 입힌 면직물로 만든다.
- 종류 : 일반형과 가는형
- V-벨트의 회전비를 계산할 때는 각 풀리의 호칭지름을 이용한다.
- 벨트의 속도는 10~18[m/s] 정도로 한다.
- 속도비는 7 : 1 ~ 10 : 1이다.
- 중심거리 2~5[m]에서 적당하지만, 몇 십 [cm]에서도 효과적이다.
- 전동효율이 높다(95[%] 이상).
- 동력 전달이 원활하여 정숙하며, 충격이 작다.
- 엇걸기를 사용할 수 없다.
- 이어서 사용할 수 없다.
- 초기 장력 부여를 위한 장치가 필요하다.

ⓜ 타이밍 벨트
- 미끄럼 없는 벨트 전동을 위해 벨트 표면에 치형을 만들어 넣은 벨트로, 모양에 따라 사다리꼴과 원호형으로 나뉜다.
- 타이밍 벨트풀리는 벨트의 굽힘저항이 작아 작은 지름으로도 사용 가능하다.

② 벨트 걸기
ⓐ 바로 걸기 : 원동축과 종동축의 회전 방향이 같다. 회전 방향에 따라 벨트의 긴장측과 이완측이 발생한다.
ⓑ 엇걸기 : 원동축과 종동축의 회전 방향이 반대이다. 접촉각이 커서 작은 풀리로도 큰 동력 전달에 유리하고 고속전동에 적합하지만, 벨트에 비틀림 응력이 발생하고 벨트 회전 시 접촉에 의한 손상 우려가 있다.

③ 벨트의 계산
ⓐ 평벨트 걸기
- 엇걸기 : 큰 동력 전달에 적합하지만, 너무 긴 축간거리에는 부적합하다.

$$l ≒ 2l_c + \frac{\pi}{2}(D_1 + D_2) + \left(\frac{D_2 + D_1}{4l_c}\right)^2$$

- 바로걸기 : 일반적인 경우에 사용하는 115[m] 이상은 벨트로 힘을 전달하기 적합하지 않다.

$$l ≒ 2l_c + \frac{\pi}{2}(D_1 + D_2) + \left(\frac{D_2 - D_1}{4l_c}\right)^2$$

ⓑ 벨트의 속도비(회전비) : 벨트의 마찰력, 탄성, 미끄럼, 자중 등 다른 조건을 무시할 때

$$i = \frac{\omega_1}{\omega_2} = \frac{n_1}{n_2} = \frac{D_2}{D_1}$$

(회전비 계산 시 미끄럼 2[%] 손실을 고려한다)

ⓒ 속도

$$v = \frac{\pi D_1 n_1}{60 \times 1,000} = \frac{\pi D_2 n_2}{60 \times 1,000} [\text{mm}]$$

(여기서, ω_1 : [rad/s], D_1 : [mm], n_1 : [rpm])

ⓓ 전달 동력

$$P_f = \frac{T_e \cdot v}{1,000} [\text{kW}]$$

(여기서, $T_e = T_t - T_s [\text{N}]$, 유효 장력 = 긴장측 장력 − 이완측 장력)

ⓔ 장력비

$$e^{\mu\theta} = \frac{T_t - \frac{\omega}{g}v^2}{T_s - \frac{\omega}{g}v^2}$$

(여기서, ω : 단위 길이당 벨트의 무게, T_t : 긴장측 장력, T_s : 이완측 장력, θ : 접촉각, μ : 마찰력)

만약 벨트 길이에 비해 속도가 작다면(일반적으로 10[m/s] 이하)

$$e^{\mu\theta} = \frac{T_t}{T_s} (\text{아이텔바인(Eytelwein)의 식})$$

$$T_e = T_t - T_s = (e^{\mu\theta} - 1)T_s = \frac{(e^{\mu\theta} - 1)}{e^{\mu\theta}} T_t$$

∴ 전달 동력 $P = \frac{T_t v}{1,000} [\text{kW}]$이다.

ⓕ 응력 및 단면적

$$bt = \frac{T_t}{\sigma_a \eta}$$

(여기서 η : 벨트 이음효율, 휨응력은 무시한다)

10년간 자주 출제된 문제

29-1. 9[kW] 전달 동력을 가진 평벨트에서 풀리지름 150[mm], 접촉각 135°, 마찰계수 0.2일 때 벨트의 허용응력이 2[MPa]이라면 벨트 폭은 약 몇 [mm]로 해야 하는가?(단, 평벨트의 이음효율 0.8, 벨트 두께 5[mm], 벨트 자중 0.01[N/mm²], 벨트 회전속도 9[m/s], 휨응력은 무시한다)

① 200
② 280
③ 330
④ 400

29-2. 평벨트를 엇걸기로 장착하려 한다. 원동풀리의 지름이 500[mm], 종동풀리의 지름이 80[mm], 두 풀리의 간격이 2[m]라고 하면 여기에 걸어야 할 평벨트의 길이[mm]로 적당한 것은?

① 3,141.5
② 4,121.1
③ 4,911.1
④ 5,021.1

|해설|

29-1

$$T_e = \frac{1,000 \times P}{v} = \frac{1,000 \times 9[\text{kW}]}{9[\text{m/s}]} = 1,000[\text{N}]$$

$$T_e = \frac{(e^{\mu\theta}-1)}{e^{\mu\theta}} T_t$$

$$T_t = \frac{e^{\mu\theta}}{e^{\mu\theta}-1} T_e = \frac{e^{0.2 \times \frac{3\pi}{4}}}{e^{0.2 \times \frac{3\pi}{4}}-1} \times 1,000[\text{N}] = 2,661[\text{N}]$$

$$bt = \frac{T_t}{\sigma_a \eta}$$

$$b = \frac{T_t}{\sigma_a \eta} \times \frac{1}{t} = \frac{2,661[\text{N}]}{2[\text{N/mm}^2] \times 0.8} \times \frac{1}{5[\text{mm}]} = 332.6[\text{mm}]$$

※ $\theta = 135° \times \frac{\pi}{180} = \frac{3\pi}{4}$

29-2

$$l ≒ 2l_c + \frac{\pi}{2}(D_1 + D_2) + \left(\frac{D_2 + D_1}{4l_c}\right)^2$$

$$= 2 \times 2,000[\text{mm}] + \frac{\pi}{2}(500[\text{mm}] + 80[\text{mm}])$$

$$+ \left(\frac{500[\text{mm}] + 80[\text{mm}]}{4 \times 2,000[\text{mm}]}\right)^2$$

$$= 4,911.067[\text{mm}]$$

정답 29-1 ③ 29-2 ③

핵심이론 30 | 체인

① 체인의 종류

㉠ 전동용 체인

- **블록체인** : 안경 모양의 블록과 연결 링크 역할을 하는 판을 핀으로 연결한 체인이다. 4~4.5[m/s] 이하의 저속에 적당하며, 고하중에는 적합하지 않다. 비교적 가격이 저렴하다.

- **롤러체인** : 핀을 이용하여 롤러 링크판과 핀 링크판을 연속적으로 엇갈리게 연결한 체인이다. 체인과 스프로킷 휠의 마찰을 작게 하고, 구름접촉을 유지하기 위하여 핀에는 롤러가 끼어져 있다. 핀과 롤러 사이에는 부시(bush)가 있어 롤러와 핀 사이의 마찰을 줄여 준다. 보전을 위해 벗겨낼 수 있도록 이음매 중 하나는 코킹하지 않고 연결한다. 롤러 없이 부시만으로 구성된 체인을 부시체인이라고 한다.

- **사일런트 체인** : 삼각형 모양의 다리를 가지는 특수한 형태의 강판을 여러 장 연결한 체인이다. 체인과 스프로킷 휠 사이의 접촉 면적이 커서 운전이 원활하고 전동효율도 높아 장시간 사용해도 물림 상태가 나빠지지 않는다. 소음이 작아 고속 정숙 회전이 필요할 때 사용한다.

㉡ 하중용 체인

- 하중을 들어 올리거나 지탱하는 데 사용하는 체인이다. 수동 작동이나 소형 하중에 사용하며, 타원형 고리를 연속적으로 연결하여 제작하여 코일체인 또는 링크체인이라고 한다.

- **핀틀체인** : 오프셋 링크에서 링크 플레이트와 부시를 압입하여 치수 정밀도와 강도를 높여 일체화시킨 체인이다. 오프셋 링크와 이음핀으로 연결되어 있으며, 중용량의 건설현장 컨베이어, 엘리베이터용으로 사용한다.

② 롤러체인 전동장치
  ㉠ 체인을 스프로킷 휠의 이에 물어 동력을 전달하므로 정확한 동력 전달이 필요하나 거리가 길 때 사용한다.
  ㉡ 특징
    • 정확한 속도비를 얻을 수 있고, 큰 동력 전달이 가능하다.
    • 벨트와 비교하여 초기 장력이 필요 없어 베어링의 마모가 작다.
    • 여러 개의 축을 동시에 구동할 수 있다.
    • 전동효율이 높다.
    • 기어에 비해 충격하중의 흡수도 다소 가능하다.
  ㉢ 구조

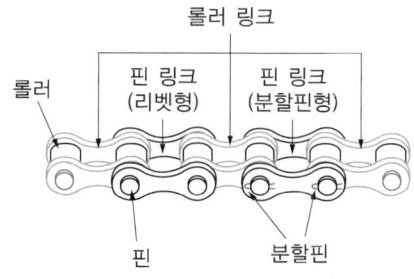

  ㉣ A계 롤러체인 1종
    • 호칭번호 = $\dfrac{\text{기준 피치값} \times 10}{3.175}$
    • 끝자리 수 0 : 롤러 있는 것, 끝자리 수 5 : 롤러 없는 것, 끝자리 수 1 : 경량형
    • 표기방법 : '규격번호, 호칭번호, 줄 수, 핀 링크 형식, 링크의 총 수'

③ 스프로킷
  ㉠ 체인과 접촉하여 돌아가는 바퀴로, 스프로킷의 호칭은 맞물리는 롤러체인의 호칭번호를 사용한다.
  ㉡ 종류
    • 몸통의 형식 : 평판형(A형), 한쪽 허브형(B형), 양쪽 허브형(C형) 및 허브 분리형(D형)
    • 이의 형식 : S형, U형
  • 잇수 : 10~70범위에서 선정한다. 잇수가 적으면 운전이 원활하지 않고 진동이 생겨 수명이 단축되고, 잇수가 많으면 체인이 늘어나서 벗겨지기 쉽다. 17개 이상의 홀수로 사용하면 마멸을 균일하게 할 수 있다.
  ㉢ 전달 동력
    • 전달 동력은 긴장측의 장력을 회전력으로 하여 계산한다.
    $$P_r = \dfrac{Tv_m}{1{,}000}(k_r/k_l)[\text{kW}]$$
    (여기서, k_r : 다열계수, k_l : 부하계수)
    • 롤러체인의 평균 속도는 1~4[m/s]이고, 최고 속도는 5[m/s]이다.
    $$v_m = \dfrac{\pi Dn}{100 \times 60} = \dfrac{pZn}{100 \times 60}$$
    (여기서, D : 스프로킷 피치원지름[cm], n : 스프로킷 회전속도[rpm], p : 체인의 피치[cm], Z : 스프로킷 잇수(개)

④ 사일런트 체인
  ㉠ 정숙하고 원활한 운전을 하고자 하는 경우에 사용한다.
  ㉡ 종류
    • 레이놀즈(reynolds)형과 모스(morse)형을 사용한다.
    • 체인의 면각 a는 52°, 60°, 70° 및 80° 등 네 종류가 있고, 피치가 큰 체인일수록 면각이 작은 것을 사용한다.
  ㉢ 전달 동력
    • $P_s = \dfrac{W_s \cdot v_m}{1{,}000}[\text{kW}]$, $W_s = \dfrac{W_b}{S}[\text{N}]$
    (여기서, $W_b = 385pb \times 9.8$: 체인의 파단하중[N], p : 체인의 피치[cm], b : 체인의 너비[cm]
    • 사일런트 체인의 평균속도는 4~6[m/s]이고, 최고속도는 10[m/s]이다.

10년간 자주 출제된 문제

A계 롤러체인 1종이 '160-2CP-80L'로 표기되었다면 이 롤러체인의 링크 수는?

① 160
② 2
③ 80
④ 알 수 없다.

|해설|

A계 롤러체인 1종 표기방법 : 규격번호, 호칭번호, 줄 수, 핀 링크 형식, 링크의 총 수

정답 ③

핵심이론 31 | 로프

① 로프 전동장치는 재질에 따라 엘리베이터, 동력 전달 및 화물 운송 등에 사용하는 와이어로프와 일상 물품의 묶음, 수분 접촉이 많은 곳 등 일반적으로 많이 사용하는 직물 및 플라스틱 섬유로프로 구분할 수 있다.

② 와이어로프의 꼬임

　㉠ 보통꼬임(ordinary lay) : 일반적인 꼬임으로, 로프의 꼬임 방향과 스트랜드의 꼬임 방향이 서로 반대이다. 스트랜드는 섬유실이나 철사를 여섯 가닥씩 꼬아서 만든 것을 의미한다. 랭 꼬임은 로프의 꼬임과 스트랜드의 꼬임 방향이 서로 같다. 두 꼬임을 비교하면 다음과 같다.

꼬임 특징	보통 꼬임	랭 꼬임
바깥 모양	• 소선과 로프축은 평행하다.	• 소선과 로프축은 각도를 가진다.
장점	• 킹크가 잘 발생하지 않아 취급이 간편하다. • 꼬임이 견고하기 때문에 모양이 잘 흐트러지지 않는다.	• 소선이 긴 거리에 걸쳐 외부와 접촉하므로 로프의 내마멸성이 크다. • 유연성이 있다.
단점	• 소선이 짧은 거리에 걸쳐 외부와 접촉하기 때문에 국부적으로 단선이 일어나기 쉽다.	• 줄이 서로 엉키기 쉬워 취급에 주의가 필요하다.
용도	• 일반용	• 케이블카, 광산용

　㉡ 로프 꼬임의 종류

[보통 Z 꼬임]

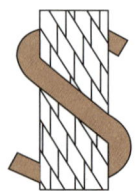
[보통 S 꼬임]

[랭 Z 꼬임]

[랭 S 꼬임]

- 교차 꼬임 : 스트랜드 안의 각층 소선이 점 접촉을 한다.
- 평행 꼬임 : 스트랜드 안의 각층 소선이 선 접촉을 한다. 실형, 워링톤형, 필러형, 워링톤 실형, 세미 실형 등이 있다.

③ 로프 전동장치

㉠ 로프 전동 전달 동력

$$P_R = \frac{zv}{1,000}(T_t - \rho A v^2)\frac{e^{\mu'\theta} - 1}{e^{\mu'\theta}}[\text{kW}]$$

(여기서, P_R : 전달 동력, z : 로프 가닥 수, v : 속도[m/s], T_t : 긴장측 장력, ρ : 밀도[kg/m], A : 단면적(m^2), e : 오일러의 수(약 2.718),

μ'(등가 마찰계수) $= \dfrac{\mu}{\sin\left(\dfrac{\theta}{2}\right) + \mu\cos\left(\dfrac{\theta}{2}\right)}$,

θ : 풀리 홈각(°))

㉡ 로프 전동장치의 특징
- 먼 거리까지 동력 전달이 가능하다.
- 큰 동력 전달 시 벨트 전동보다 유리하다.
  - 벨트 전동에 비하여 미끄럼이 작고, 고속운전에 적합하다.
  - 벨트에 비해 감거나 벗기기가 쉽지 않다.
  - 로프가 직선이 아니라 꺾인 경우도 동력 전달이 가능하다.
  - 한 개의 원동축 풀리에서 여러 개의 종동축으로 동력 전달이 가능하다.
  - 장치가 복잡하다.
  - 조정이 어렵고, 로프 절단 시 수리가 어렵다.
  - 속도비가 부정확하다.

10년간 자주 출제된 문제

로프 전달에 관한 설명으로 옳지 않은 것은?

① 로프의 재질에 따라 와이어를 사용하기도 하며 와이어를 사용하는 경우 큰 힘을 전달하기 적당하다.
② 로프를 평행 꼬임하면 스트랜드 안의 각층 소선이 선 접촉을 한다.
③ 로프는 다른 전동에 비해 멀리까지 전동 전달이 가능하다.
④ 장치가 단순하고 절단 시 수리가 쉽다.

|해설|

로프 전동장치는 장치가 복잡하고, 로프 절단 시 벗겨내고 교체하거나 임의로 잇기가 곤란하다.

정답 ④

핵심이론 32 | 캠

① 캠의 종류
　㉠ 캠이란 특수한 모양을 가진 원동절에 회전운동 또는 직선운동을 주어 짝을 이루고 있는 종동절이 복잡한 왕복 직선운동이나 각운동을 하도록 하는 기구이다.
　㉡ 운동 방향에 따라 평면 캠과 입체 캠, 종동절 운동의 구속성 여부에 따라 소극 캠(negative cam)과 확동 캠(positive cam), 종동절의 운동 방향에 따라 왕복 종동절과 흔들이 종동절로 구분한다. 또한, 접촉 부분의 모양에 따라 뾰족 종동절, 평판 종동절, 곡면 종동절, 롤러 종동절로 구분한다.

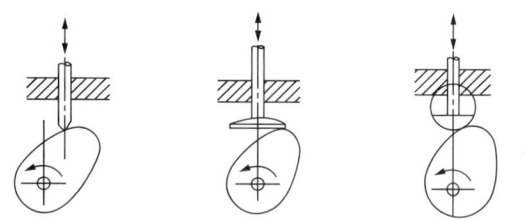
[뾰족 왕복 종동절]　[평판 왕복 종동절]　[곡면 왕복 종동절]

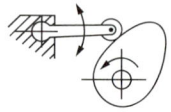 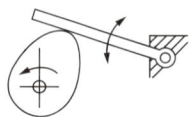
[롤러 흔들이 종동절]　[평판 흔들이 종동절]

② 평면 캠
　㉠ 소극 평면 캠 : 윤곽곡선이 평면인 판 모양의 판 캠과 윤곽곡선을 한 변에만 가진 판 모양의 직선운동 캠이 있다.
　㉡ 확동 평면 캠 : 정면에 윤곽곡선의 홈이 있는 판으로 된 성면 캠과 원동절에 롤러를 붙이고 종동절에 윤곽곡선의 홈을 낸 반대 캠(inverse cam)이 있다.

③ 입체 캠
　㉠ 소극 입체 캠 : 원통의 단면을 윤곽곡선으로 한 단면 캠, 원판을 회전축에 기울어지게 한 경사판 캠 등이 있다.
　㉡ 확동 입체 캠 : 원통 표면에 윤곽곡선이 있는 원통 캠과 원뿔 표면에 윤곽곡선이 있는 원뿔 캠, 구의 표면에 윤곽곡선이 있는 구형 캠 등이 있다.

④ 캠의 각 부분

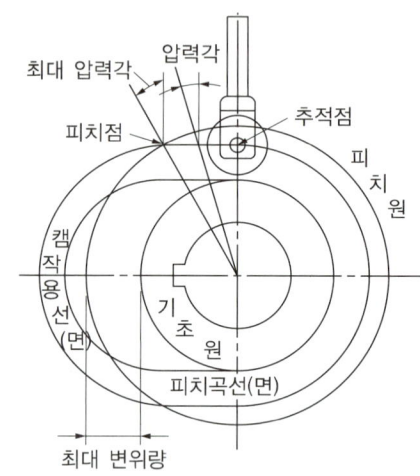

　㉠ 추적점 : 종동절 끝점 또는 롤러의 중심점이다.
　㉡ 피치곡선 : 추적점의 자취이다.
　㉢ 캠 작용면 : 롤러와 접촉되는 캠의 곡선, 즉 윤곽곡선이다.
　㉣ 기초 원 : 윤곽곡선에 내접하는 제일 작은 원이다.
　㉤ 압력각 : 피치곡선 위의 한 점에서 법선과 종동절의 운동 방향이 이루는 각이다. 100[rpm]을 기준으로 느린 속도에서는 압력각을 45°까지 높일 수 있고, 높은 속도에서는 30° 이하로 낮춘다.
　㉥ 피치 원 : 캠의 중심과 피치점(최대 압력각일 때의 추적점)의 거리를 반지름으로 하는 원이다.
　㉦ 최대 변위 : 제일 높이 밀어 올린 높이와 제일 낮게 밀어 올린 높이의 차이다.

⑤ 캠선도

㉠ 캠의 윤곽 결정을 위해 각 순간의 종동절 위치, 속도, 가속도를 알아야 한다. 이때 필요한 변위선도(기초곡선), 속도선도, 가속도 선도 등 세 가지로 구성된 캠 선도를 알아야 한다.

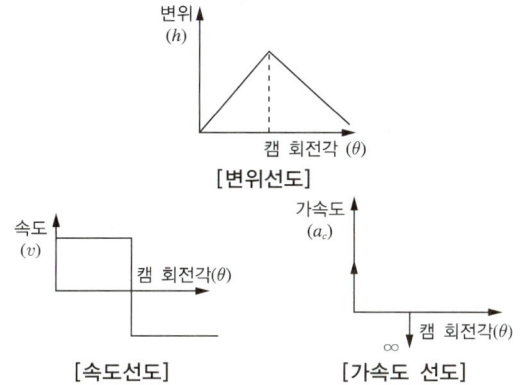

㉡ 등속도선도 : 종동절이 등속운동을 하면 변위도, 속도선도는 모두 직선, 가속도 선도는 시작과 끝에서는 무한대, 그 외에는 0이 된다. 캠이 등속운동을 하면 시점, 종점에서 큰 충격이 작용하며, 하중이 큰 장치에 캠을 적용하기에는 더욱 부적합하므로 등속 구간을 줄여야 한다.

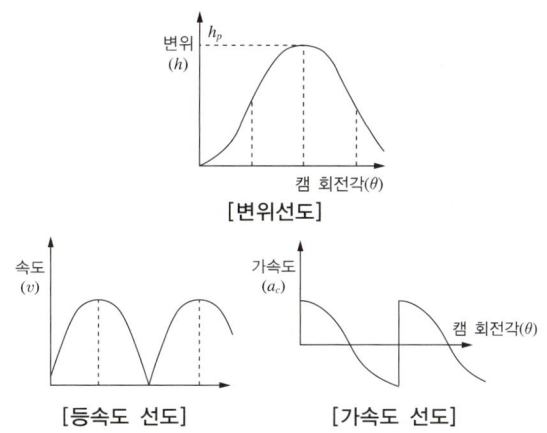

㉢ 등가속도 선도 : 종동절이 등가속도운동을 하면 가속도선도에서 가속도가 운동의 처음과 끝, 그리고 중앙에서 급격히 변화한다. 그러므로 이 캠은 중속으로 회전하는 장치에 사용된다.

㉣ 단순조화운동선도 : 종동절이 단순조화운동을 하면 가속도 선도에서 가속도가 운동의 끝부분에서 급격히 변화한다. 그러므로 이 캠은 중속으로 회전하는 장치에 사용된다.

⑥ 캠의 윤곽곡선 그리기

변위선도가 주어졌을 때 윤곽곡선을 작성하는 방법은 다음과 같다.

㉠ 변위선도를 등간격으로 나누어 각 구간에서 변위를 변위선도에 표시한다.

㉡ 적절한 크기의 기초 원을 그리고 등 구간으로 구분한다.

㉢ 기초 원상의 등 구간점에 변위선도의 변위만큼 방사선 방향으로 표시하여 추적점을 결정한다.

㉣ 각 기초 원을 부드럽게 연결한다.

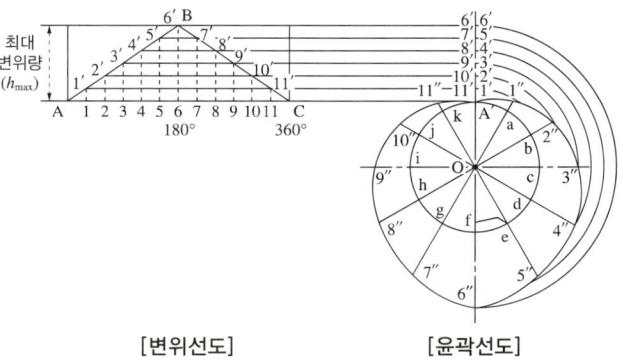

10년간 자주 출제된 문제

32-1. 캠선도에서 변위곡선이 직선으로 나타날 때 캠이 하는 운동은?

① 등가속도 운동   ② 등속도운동
③ 요동운동   ④ 단순조화운동

32-2. 다음 중 확동 입체 캠이 아닌 것은?

① 정면 캠   ② 원통 캠
③ 원뿔 캠   ④ 구형 캠

10년간 자주 출제된 문제

33-3. 캠의 설명으로 적절하지 않은 것은?
① 판 캠을 이용하면 원동절의 회전운동을 종동절의 직선운동으로 바꿀 수 있다.
② 구형 캠은 평면 캠의 종류가 아니다.
③ 입체 캠에는 원통 캠, 원뿔 캠, 단면 캠이 있다.
④ 등속운동의 변위선도를 가진 캠은 힘이 작용하는 운동에 적합하다.

|해설|

32-1
변위가 1차원으로 변한다면 그 미분값이 상수이므로 등속운동에 해당한다.

32-2
확동 입체 캠에는 원통 표면에 윤곽곡선이 있는 원통 캠과 원뿔 표면에 윤곽곡선이 있는 원뿔 캠, 구의 표면에 윤곽곡선이 있는 구형 캠 등이 있다.

32-3
등속운동은 가속도가 0이므로 힘이 작용하는 운동에는 부적합하다.

정답 32-1 ② 32-2 ① 32-3 ④

핵심이론 33 | 스프링

① 스프링의 일반

㉠ 스프링, 고무 등의 기계요소는 운동이나 압력을 억제하고 진동과 충격을 완화하며, 에너지를 축적하거나 그 변형으로 힘을 측정하는 데 쓰인다.

㉡ 스프링의 재료
- 강, 인청동, 스테인리스강, 고무, 합성수지, 유체 등이 사용되며, 금속 스프링과 비금속 스프링으로 나뉜다.
- 탄성한도와 피로한도가 높으며 충격에 잘 견디는 스프링강(SPS)이 널리 사용된다. 또한 피아노강, 합금강선 등을 사용한다.
- 부식의 우려가 있는 곳에는 스테인리스강(STS), 구리 합금 등을 사용한다.
- 고온을 사용하는 곳에는 고속도강, 합금공구강, 스테인리스강을 사용한다.
- 스프링용 비철금속은 내식성이 있고 비자성체이며 전기전도율이 높은 인청동, 양은, 베릴륨, 황동 등의 구리 합금과 자성이 없고 사용온도 범위가 넓은 모넬메탈, 퍼머니켈 등 니켈 합금이 쓰인다.
- 고정밀도가 요구되는 정밀기계나 측정기에는 열팽창성이 작은 인바(invar)나 탄성계수가 작은 엘린바(elinvar)를 사용한다.

㉢ 스프링재의 요구사항
- 열처리가 쉬워야 한다.
- 적절한 탄성력을 가져야 한다.
- 영구변형이 없어야 한다.
- 피로강도가 높아야 한다.
- 가공이 쉬운 재료여야 한다.
- 높은 응력에 견딜 수 있어야 한다.
- 표면 상태가 양호하고, 부식에 강해야 한다.

② 스프링의 종류
  ㉠ 코일 스프링
    - 압축 코일 스프링 : 압축력에 의해 탄성이 저장되는 스프링이다(볼펜 등 일반 스프링).
    - 인장 코일 스프링 : 압축력에 의해 탄성이 저장되는 스프링이다(저울, 게이지 등).
    - 비틀림 코일 스프링 : 비틀림 힘에 의해 탄성이 저장되는 스프링이다(집게, 클립 등).
  ㉡ 겹판 스프링(단판 스프링 포함) : 판 형태로, 힘이 작용하면 굽혀졌다 복원하는 힘의 탄성을 갖는다.
    - 토션바 : 강봉을 고정하고 비틀림력에 의한 탄성을 갖는 스프링이다(자동차 서스펜션 등).
    - 벌류트 스프링 : 원추 모양의 스프링이다.
    - 스파이럴 스프링 : 태엽 형태의 스프링이다.
    - 접시 스프링 : 접시 모양이며, 단위 체적당 탄성력이 크다.
  ㉢ 고무 스프링
    - 감쇠작용이 커서 주로 방진(方振)용으로 사용된다. 천연이나 합성재를 이용하며 가볍고 저렴하지만, 0~70[℃] 온도범위와 습도에 취약하고 지속적인 하중에 의해 변형의 우려가 있다.
    - 압축력에는 강하지만, 인장력에 약하므로 인장하중은 피해야 한다.
    - 개발에 따라 크기와 모양을 자유롭게 선택할 수 있고 여러 가지 용도로 사용 가능하다.

③ 쇼크 업소버
  지면에 수직 방향으로 타이어의 변위 x와 속도 $v = dx/dt$가 발생하며 이 변위에 의한 복원력을 흡수하는 것을 목적으로 사용하는 완충장치이다.

④ 스프링의 제도
  ㉠ 코일 스프링, 벌류트 스프링, 스파이럴 스프링 및 접시 스프링은 일반적으로 무하중 상태에서 그리고, 겹판 스프링은 스프링판이 수평인 하중이 가해진 상태에서 그린다.
  ㉡ 그림에 단서가 없는 코일 스프링 및 벌류트 스프링은 모두 오른쪽 감은 것을 나타낸다. 왼쪽 감긴 것은 '감김 방향 왼쪽'이라고 표시한다.
  ㉢ 그림으로 그리기 힘든 내용은 표에 일괄 표시한다.
  ㉣ 스프링의 모든 부분을 도시하는 경우 KS B 0001을 따르며, 코일 스프링의 정면도는 나선 모양이지만 직선으로 나타낸다.
  ㉤ 피치 및 각도는 연속적으로 변화하지만 이를 직선으로 꺾인 선으로 나타낸다.

  ㉥ 단면 모양의 치수 표시가 필요한 경우나 외관도에서 나타내기 어려운 경우에는 단면도에 나타내도 된다.
  ㉦ 조립도, 설명도 등에서 코일 스프링을 도시하는 경우에는 그 단면만 나타내도 된다.
  ㉧ 스프링의 종류 및 모양만 간략도로 나타내는 경우에는 스프링 재료의 중심선만 굵은 실선으로 그린다.
  ㉨ 코일 스프링에서 양끝을 제외한 동일 모양 부분의 일부를 생략하는 경우에는 생략하는 부분의 선지름 중심선을 가는 1점 쇄선으로 나타낸다.

⑤ 스프링의 설계
  ㉠ 스프링 상수
    - 스프링 상수는 작용하는 힘에 대해 처짐이 일어나는 비로, 스프링의 성능을 나타내는 상수이다.

    $$k = \frac{F}{\delta}$$

    (여기서, F : 작용하중력, δ : 처짐)

    - 비틀림이 일어나는 스프링의 경우 작용하는 비틀린 양에 대한 비틀림 모멘트의 비

    $$k_t = \frac{T}{\theta}$$

    (여기서, T : 비틀림 모멘트, θ : 비틀림각)
  ㉡ 스프링의 조합 : 다음 그림과 같이 스프링의 연결에 따라 직렬과 병렬로 구분한다. (a), (b)는 병렬

연결이고 (c)는 직렬연결이다. 병렬의 경우 스프링이 하중을 분산하여 감당하므로 조합된 스프링 상수는 각 스프링 계수의 단순 합과 같고, 직렬의 경우 스프링 간의 상호작용도 고려한다.

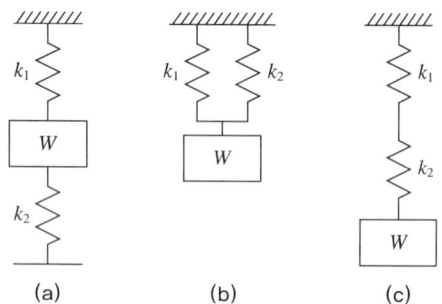

(a)　　　　(b)　　　　(c)

- 병렬연결 : $k = k_1 + k_2 + ... + k_n$
- 직렬연결 : $\dfrac{1}{k} = \dfrac{1}{k_1} + \dfrac{1}{k_2} + ... + \dfrac{1}{k_n}$

ⓒ 완충장치 저장에너지(저장된 탄성에너지)
- 가장 많이 사용하는 스프링은 스프링강을 이용한 코일 스프링으로 탄성체의 대표로 사용한다.
- 저장에너지는 완충장치를 코일 스프링으로 가정하여 다음 그림을 이용하여 역학적 계산을 실시한다.

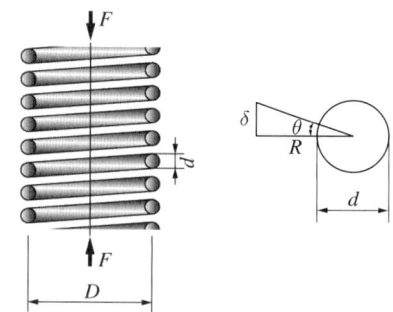

- $F = k\delta$, $U = \dfrac{1}{2} F\delta = \dfrac{1}{2} k\delta^2$

  (여기서, k : 스프링 상수, δ : 처짐량, F : 압축력, U : 저장에너지)

- F에 의한 비틀림 모멘트 : $T = \dfrac{FD}{2}$

- 처짐 : $\delta = \dfrac{8nFD^3}{Gd^4}$

- 스프링 상수 : $k = \dfrac{F}{\delta} = \dfrac{FGd^4}{8nFD^3} = \dfrac{Gd^4}{8nD^3}$

- 소선의 체적 : $V = Al = \dfrac{\pi d^2}{4} \times \pi Dn$

- 저장에너지 : $U = \dfrac{1}{2}F\delta = \dfrac{\tau^2}{4G}V$

ⓔ 스프링에 작용하는 전단응력
- 스프링을 단일체로 보았을 때는 하중에 대해 하중 방향으로 탄성이 작용하는 것 같지만, 원통 코일 스프링의 경우 하중이 작용하면 감긴 스프링의 소선은 비틀림이 발생한다. 이때 작용하는 비틀림 응력이 허용응력 안에 들어와야 한다.

- $\tau_{\max} = \dfrac{8FDK}{\pi d^3} \leq \tau_a$

  (여기서, K : 응력 수정계수)

- $K = \dfrac{4C-1}{4C-4} + \dfrac{0.615}{C}$

  (여기서, C : 스프링 지수, $C = \dfrac{D}{d}$)

ⓜ 토션바(비틀림 탄성에너지 저장장치)의 강도 계산
- 비틀림각 : $\theta = \dfrac{32Tl}{G\pi d^4}$

- 스프링계수 : $k_t = \dfrac{T}{\theta} = \dfrac{G\pi d^4}{32l}$

- 탄성에너지 : $U = \dfrac{1}{2}T\theta = \dfrac{16T^2 l}{G\pi d^4}$

- 단위 체적당 탄성에너지 : $u = \dfrac{U}{V} = \dfrac{\tau^2}{4G}$

ⓑ 판 스프링
- 외팔보 판 스프링은 삼각형, 단순보 겹판 스프링은 가느다란 판자를 겹치는 형태이다.
- 스프링 응력
  - 외팔보형 : $\sigma = \dfrac{M}{Z} = \dfrac{6Pl}{Bh^2}$

- 겹판 스프링 : $\sigma = \dfrac{6Pl}{bnh^2}$

  (여기서, B : 연결부의 폭($B = bn$), h : 판의 두께, l : 스프링의 길이)

- 스프링의 처짐
  - 외팔보형 : $\delta = \dfrac{6Pl^3}{Bh^2 E}$
  - 겹판 스프링 : $\delta = \dfrac{6Pl^3}{bnh^3 E}$

- 단순보 겹판 스프링
  - 응력 : $\sigma = \dfrac{3Pl}{2nbh^2}$
  - 처짐 : $\delta = \dfrac{3Pl^3}{8bnh^3 E}$

10년간 자주 출제된 문제

스프링에 대한 설명으로 옳지 않은 것은?

① 운동이나 압력을 억제하고 진동과 충격을 완화하는 데 사용하는 기계요소이다.
② 스프링 재료로 탄성한도와 피로한도가 높으며 충격에 잘 견디는 스프링강(SPS)이 널리 사용된다.
③ 스프링 재료는 강도 유지를 위해 가공성이 낮아야 한다.
④ 굽힘을 복원하는 힘을 이용하는 스프링은 겹판 스프링이다.

|해설|

스프링재의 요구사항
- 열처리가 쉬워야 한다.
- 적절한 탄성력을 가져야 한다.
- 영구변형이 없어야 한다.
- 피로강도가 높아야 한다.
- 가공이 쉬운 재료여야 한다.
- 높은 응력에 견딜 수 있어야 한다.
- 표면 상태가 양호하고, 부식에 강해야 한다.

정답 ③

핵심이론 34 | 브레이크

① 정의

운동체와 정지체의 기계적 접촉에 의해 운동체를 감속 또는 정지시키고, 정지 상태를 유지하는 기능을 가진 기계요소이다.

② 브레이크의 종류

브레이크는 제동력이 작용하는 방향에 따라 구분하며, 가장 널리 사용되는 것은 마찰 브레이크이다.

㉠ 제동력이 축의 중심 방향으로 작용하는 브레이크
- 블록 브레이크 : 회전하는 브레이크 드럼을 브레이크 블록으로 눌러 제동하는 구조이다.
  - 단식 브레이크 : 브레이크 블록이 하나인 블록 브레이크이다. 제동 시 브레이크 드럼의 축에 휨 모멘트가 작용하여 200[N] 이상 큰 제동토크에는 적당하지 않다.
  - 복식 브레이크 : 브레이크 블록이 두 개 이상인 블록 브레이크이다. 축 방향의 힘이 양쪽으로 작용하여 축 베어링에는 양쪽 힘이 상쇄되어 추가 모멘트가 작용하지 않아 큰 하중이 걸리는 경우에도 사용할 수 있다.
- 띠(band) 브레이크 : 마찰 브레이크의 일종으로, 휠의 표면에 제동용 밴드를 감고 외부의 힘을 작동시키면 표면의 드럼에서 제동력이 발생하는 방식이다.

㉡ 제동력이 축의 바깥 방향으로 작용하는 브레이크
- 내부 확장식 또는 팽창(expansion)식 브레이크 : 내부에 유압실린더 등이 장착된 브레이크 슈를 바깥으로 밀어내면 회전하는 브레이크 패드에 닿아 제동력이 발생하는 방식이다.

㉢ 제동력이 축 방향으로 작용하는 브레이크
- 원판(디스크) 브레이크 : 회전체의 디스크면에 제동력을 걸어 주는 방식이다. 회전력 T에 대해 제동력은 Q가 클수록, R이 클수록, 블록의 마찰면이 클수록 크다.

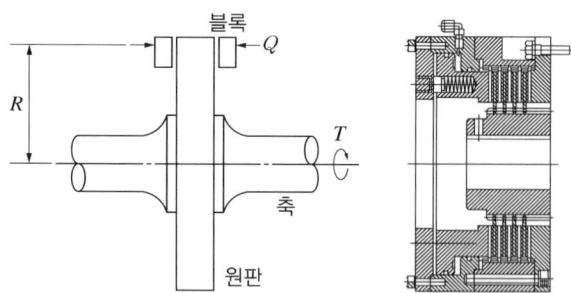

- 다판 브레이크 : 마찰하는 디스크의 수가 많을수록 제동력이 커지므로 마찰을 많이 하는 경우, 마찰력이 크게 필요한 경우, 필요 제동력에 비해 원판을 크게 하기 곤란한 경우에 사용한다. 일반적으로 굴삭기와 같은 중기계에 쓰이는 차축의 브레이크 시스템에 사용한다. 습식 브레이크는 감소된 마찰력을 보상하기 위해 다판 브레이크를 사용한다. 습식 브레이크를 사용하면 마찰열을 방출하거나 마찰력의 조절이 용이한 장점이 있다.
- 원추 브레이크 : 회전체의 디스크면을 원추 모양으로 제작하여 접촉면을 늘려 주는 방식이다.

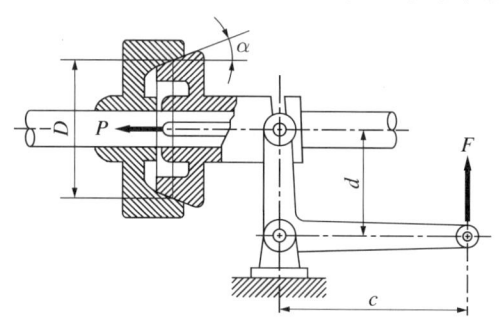

㉣ 힘이 작용하는 원리에 따른 브레이크
- 수동 브레이크
- 자동 하중 브레이크 : 회전을 허용한 방향의 역회전인 경우에는 자동으로 브레이크가 걸리도록 고안된 브레이크이다.
  - 웜 브레이크 : 하중이 작용하면 웜축을 축 방향으로 눌러 제동되는 방식의 브레이크이다.
  - 나사 브레이크 : 웜 브레이크의 웜 대신 나사를 사용한 것으로, 기어 내측과 연결된 축 외측에 왼나사를 깎아 넣었다.

- 원심 브레이크 : 정지를 위한 제동이 아니라 물체를 들어 올릴 때 속도를 일정하게 유지시키기 위한 브레이크로, 고정된 케이스 내에서 회전에 의한 원심력이 커지면 브레이크 슈가 확장되어 속도를 제어한다.

③ 브레이크의 역학
  ㉠ 제동력 : 제동에 사용되는 힘과 마찰되는 부분에 작용하는 제동력은 다음 그림과 같은 관계일 때 $P = \mu Q$이므로, 제동에 사용되는 토크는
  $T = \mu Q \cdot \dfrac{D}{2}$ 이다.

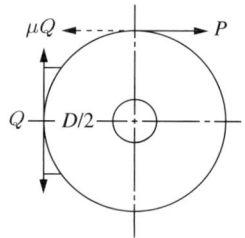

  ㉡ 단식 브레이크의 형식

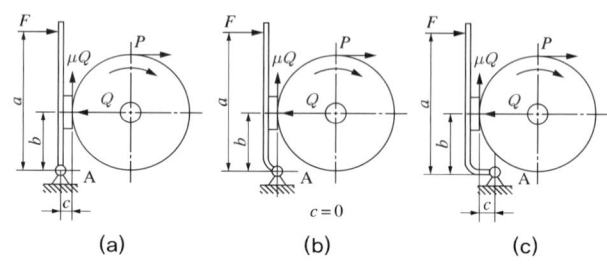

  - 제동력 F
    - (a)의 우회전 시 $F \cdot a - Q \cdot b - \mu Q \cdot c = 0$,
      $F = \dfrac{Q}{a}(b + \mu c)$
    - (a)의 좌회전 시 $F \cdot a - Q \cdot b + \mu Q \cdot c = 0$,
      $F = \dfrac{Q}{a}(b - \mu c)$
    - (b)는 $c = 0$이므로 좌우 회전이 무관하여
      $F \cdot a - Q \cdot b = 0$, $F = \dfrac{b}{a}Q$
    - (c)의 우회전 시 $F \cdot a - Q \cdot b + \mu Q \cdot c = 0$,
      $F = \dfrac{Q}{a}(b - \mu c)$

- (c)의 좌회전 시 $F \cdot a - Q \cdot b - \mu Q \cdot c = 0$,

$$F = \frac{Q}{a}(b + \mu c)$$

(a)의 좌회전과 (c)의 우회전 시 $(b - \mu c) \leq 0$이 되는 조건이면 F가 (−)값을 갖는다. 이는 자동 브레이크 조건이 되어 브레이크로서 적절한 용도의 설계가 아니다.

- 이 제동토크를 이용하여 축에 사용할 수 있는 동력

$$H = \frac{T \cdot n}{9,550}[\text{kW}]$$

(여기서, T : [N·m], n : 분당 회전수)

- 허용 브레이크의 압력 : 브레이크 블록이 다음 그림과 같을 때 접촉압력(Q)과 블록의 관계는 $q = \frac{Q}{A} = \frac{Q}{de}$ 이다.

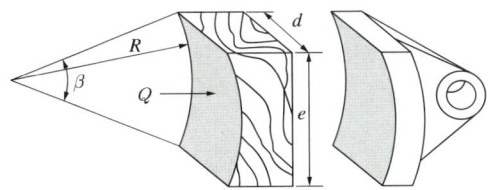

- 브레이크의 용량
  - 브레이크에 발생하는 발열량은 접촉면에서 마찰력에 의한 마찰일과 같다.

$$H = \frac{\mu Q[\text{N}]v[\text{m/s}]}{735}[\text{kW}]$$

  - 브레이크 용량은 단위 마찰 면적에 대한 일률 또는 시간당 발생하는 열량이다.

$$\frac{735H}{A} = \mu q v [\text{N/mm}^2 \cdot \text{m/s}]$$

(여기서, μ : 마찰계수, q : 마찰압력, v : 속도)

- 브레이크 용량에 따른 브레이크의 사용조건
  - 가혹한 사용환경 : 용량을 0.6 이하로
  - 일반적 사용환경 : 용량을 1.0 이하로
  - 방열이 좋은 사용환경 : 용량을 3.0 이하로

10년간 자주 출제된 문제

34-1. 운동체와 정지체의 기계적 접촉에 의해 운동체를 감속 또는 정지시키고, 정지 상태를 유지하는 기능을 가진 요소는?

① 클러치 ② 브레이크
③ 래칫 휠 ④ 감속기

34-2. 다음 중 화물을 올릴 때는 제동작용을 하지 않고 화물을 내릴 때는 자중에 의한 제동작용을 하는 브레이크는?

① 원판 브레이크(disc brake)
② 밴드 브레이크(band brake)
③ 블록 브레이크(block brake)
④ 나사 브레이크(screw brake)

34-3. 다음 그림과 같은 블록 브레이크에서 드럼축이 우회전할 때와 좌회전할 때의 제동을 비교해 보고자 한다. 우회전할 때 레버 끝단에 가해지는 힘을 F_1이라 하고, 좌회전할 때 레버 끝단에 가해지는 힘을 F_2라고 할 때 두 경우에 대하여 제동토크가 동일하기 위해서 F_1/F_2의 값은 약 얼마이어야 하는가?(단, 그림에서 $a = 3b = 3D$이며, 레버 힌지점과 블록 접촉부는 동일한 높이에 있다)

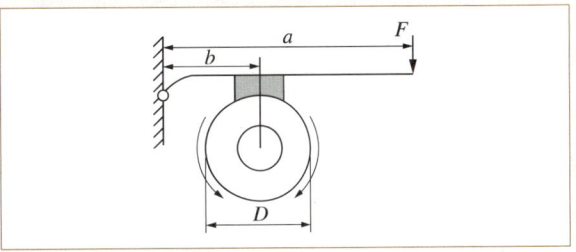

① 0.5 ② 1
③ 0.33 ④ 3

|해설|

34-2

④ 나사 브레이크 : 회전을 허용한 방향의 역회전인 경우에는 자동으로 브레이크가 걸리도록 고안된 자동 하중 브레이크의 한 종류로, 웜 브레이크의 웜 대신 나사를 사용한 것으로 기어 내측과 연결된 축 외측에 왼나사를 깎아 넣었다.

① 원판(디스크) 브레이크 : 회전체의 디스크면에 제동력을 걸어 주는 방식이다.

② 밴드 브레이크 : 마찰 브레이크의 일종으로, 휠의 표면에 제동용 밴드를 감고 외부의 힘을 작동시키면 표면의 드럼에서 제동력이 발생하는 방식이다.

③ 블록 브레이크 : 회전하는 브레이크 드럼을 브레이크 블록으로 눌러 제동하는 구조로 단식 브레이크, 복식 브레이크가 있다.

| 해설 |

34-3

$c=0$이므로 좌우 회전이 무관하다.

$F_1 \cdot a - Q \cdot b = 0, \ F_1 = \dfrac{b}{a}Q$

$F_2 \cdot a - Q \cdot b = 0, \ F_2 = \dfrac{b}{a}Q$

$\therefore \dfrac{F_1}{F_2} = \dfrac{\dfrac{b}{a}Q}{\dfrac{b}{a}Q} = 1$

정답 34-1 ② 34-2 ④ 34-3 ②

핵심이론 35 | 공압과 유압

① 공압의 장단점

장점	단점
• 에너지원을 쉽게 얻을 수 있다.	• 에너지 변환효율이 나쁘다.
• 힘의 전달 및 증폭이 용이하다.	• 위치제어가 어렵다.
• 속도, 압력, 유량 등의 제어가 쉽다.	• 압축성에 의한 응답성의 신뢰도가 낮다.
• 보수, 점검 및 취급이 쉽다.	• 윤활장치를 요구한다.
• 인화 및 폭발의 위험성이 작다.	• 배기 소음이 있다.
• 에너지 축적이 쉽다.	• 이물질에 약하다.
• 과부하의 염려가 작다.	• 힘이 약하다.
• 환경오염의 우려가 작다.	• 출력에 비해 가격이 비싸다.
• 고속 작동에 유리하다.	• 균일한 속도를 얻을 수 없다.

② 공압과 유압의 비교

공압의 특징	유압의 특징
• 공기는 무료이며 무한으로 존재한다. 또한 공기 채취의 장소에 제한을 받지 않는다.	• 제어가 쉽고, 정확한 제어가 가능하다.
• 속도의 변경이 용이하다.	• 파스칼 원리를 이용하여 작은 힘으로 큰 힘을 낼 수 있다.
• 환경오염 및 악취의 염려가 없다.	• 일정한 힘과 토크를 낼 수 있다.
• 인화의 위험이 거의 없다.	• 작동의 신뢰성이 있다.
• 압축성이 있어서 완충작용을 한다.	• 비압축성으로 간주하여 힘 전달의 즉시성이 있다.
• 압력에너지로 축적이 가능하다.	• 작동유를 회수하도록 밀폐시스템으로 구성해야 한다.
• 큰 힘을 얻을 수 없다.	
• 에너지 전달효율이 좋지 않다.	

③ 유압유(작동유)

㉠ 공압장치와 유압장치의 원리는 비슷하지만 용도가 많이 다르다. 공압은 작은 동력을 쉽게 사용하는 곳에 사용하며 복잡한 회로 구성을 쉽게 할 수 있다. 또한, 부속장치의 사용 부담이 작으며 청결하다. 공압과 다르게 유압을 사용할 때의 확실한 특징은 힘을 전달한다는 것이다.

㉡ 점도지수 : 점도지수의 기준은 온도에 따른 점도 변화가 낮은 펜실베니아계 기름을 100으로, 변화가 큰 걸프코스트계 기름을 0으로 하여 비율적으로 표시하므로, 점도지수는 그 수치가 높을수록 온도 변화에 따른 점도 변화가 작다. 점도 변화가 크면 안정적으로 계산된 출력을 내보내기 힘들기 때문에 가능한 한 안정적인 점도를 유지해야 한다.

ⓒ 작동유의 종류와 성분 : 작동유는 광유계와 합성유계, 가연성과 난연성으로 구분된다. 가연성 작동유는 열 발생 우려가 적은 곳에 사용하며 광유에 첨가제를 넣어 가연성을 낮춘다(R&O형). 난연성 작동유는 합성계(인산에스테르, 폴리올에스테르)와 수성계(수중 유적형, 유중 수적형)로 구분한다. 유화제, 방청제, 산화방지제, 마모방지제, 부식방지제, 극압제, 마찰력개선제, 유동점강하제, 점도지수향상제 등 작동유의 사용하는 곳에 따라 적절한 첨가제를 첨가하여 사용한다.

ⓔ 유압기기에서 작동유의 주요 역할
- 힘을 전달하는 기능을 감당한다.
- 밸브 사이에서 윤활작용을 돕는다.
- 마찰 등에 의해 발생하는 열을 분산시키며 냉각시킨다.
- 흐름에 의해 불순물을 씻어내는 작용을 한다.
- 유막을 형성하여 녹의 발생을 방지한다.

ⓜ 유압작동유의 특징
- 비압축성이어야 한다.
- 열에 영향을 작게 받을 수 있어야 한다.
- 장시간 사용하여도 화학적으로 안정하여야 한다.
- 다양한 조건에서도 적정 점도가 유지되어야 한다.
- 기밀성, 청결성을 가지고 있어야 한다.

10년간 자주 출제된 문제

35-1. 다음 중 유압유의 온도 변화에 대한 정도의 변화량을 표시하는 것은?

① 밀도 ② 점도지수
③ 비체적 ④ 비중량

35-2. 유압유의 구비조건으로 옳지 않은 것은?

① 압축성이어야 한다.
② 점도지수가 커야 한다.
③ 열을 방출시킬 수 있어야 한다.
④ 기름 중의 공기를 분리시킬 수 있어야 한다.

|해설|

35-1
점도지수 : 점도지수의 기준은 온도에 따른 점도 변화가 낮은 펜실베니아계 기름을 100으로, 변화가 큰 걸프코스트계 기름을 0으로 하여 비율적으로 표시하므로, 점도지수는 그 수치가 높을수록 온도 변화에 따른 점도 변화가 작다. 점도 변화가 크면 안정적으로 계산된 출력을 내보내기 힘들기 때문에 가능한 한 안정적인 점도를 유지해야 한다.

35-2
유압 작동유의 구비조건
- 비압축성이어야 한다.
- 열의 영향을 작게 받을 수 있어야 한다.
- 장시간 사용하여도 화학적으로 안정하여야 한다.
- 다양한 조건에서도 적정 점도가 유지되어야 한다.
- 기밀성, 청결성이 있어야 한다.

정답 35-1 ② 35-2 ①

핵심이론 36 | 공유압의 공급

① 압축공기 공급 유닛의 구성
  ㉠ 공기압축기(air compressor) : 공기를 압축하여 공압의 동력을 발생시키는 장치이다.
  ㉡ 공기압축기의 종류

원심형	축류식	여러 날개형	
		레이디얼형	
		터보형	
	사류식		
용적형	왕복동식	이동 여부에 따라	고정식 / 이동식
		실린더 위치에 따라	횡형 / 입형
		피스톤 수량에 따라	단동식 / 복동식
	회전식		

② 공압 조정 유닛(또는 서비스 유닛)
  ㉠ 공급받은 압축공기를 필요한 압력만큼 조정하는 유닛이다.
  ㉡ 공기탱크에 저장된 압축공기는 배관을 통하여 각종 공기압기기로 전달된다.
  ㉢ 공기압기기로 공급하기 전 압축공기의 상태를 조정해야 한다.
  ㉣ 공기여과기(압축공기 필터)를 이용하여 압축공기를 청정화한다.
  ㉤ 압력조정기를 이용하여 회로압력을 설정한다.
  ㉥ 윤활기에서 윤활유를 분무하여 구동부의 윤활을 좋게 한다.
  ㉦ 공기압장치로 압축공기를 공급한다.
  ㉧ 공압의 유닛기호

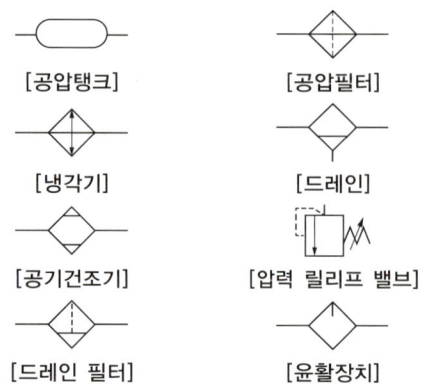

[공압탱크] [공압필터]
[냉각기]   [드레인]
[공기건조기] [압력 릴리프 밸브]
[드레인 필터] [윤활장치]

③ 유류탱크

유압은 펌프를 이용하여 공급되며 반드시 작동유를 보관하여야 하는 장치가 있어야 하고, 작동유를 회수할 수 있는 시스템을 함께 구비해야 한다.
  ㉠ 기름탱크는 중력 등에 의해서 되돌아오는 장치 내의 모든 기름을 받아들일 수 있을 만큼 커야 한다.
    • 고정식인 경우 : 분당 토출량의 3~5배 정도의 크기
    • 이동식인 경우 : 분당 토출량의 115~120[%] 정도의 크기
  ㉡ 기름면을 흡입 라인 위까지 항상 유지할 수 있어야 한다.
  ㉢ 정상적인 작동에서 발생한 열을 발산할 수 있어야 한다.
  ㉣ 공기나 이물질을 기름으로부터 분리시킬 수 있는 구조이어야 한다.
    • 대책 1 : 내부에 격판을 두어 내부 유동 경로를 길게 만들고 이물질을 침전시킨다.
    • 대책 2 : 내부와 입구에 여과기를 설치하여 이물질을 걸러낸다.
    • 대책 3 : 공기 구멍을 두어 기포를 제거한다.
  ㉤ 탱크의 바닥면은 바닥에서 15[cm] 정도의 간격을 가져야 한다.
  ㉥ 스트레이너의 유량은 유압펌프 토출량의 2배 이상이어야 한다.
    ※ 스트레이너 : 유류탱크로 회귀하는 유체 속의 이물질 등을 거르는 여과장치로 이물질 제거, 유체의 흐름 정돈 등의 역할을 한다.
  ㉦ 공기청정기의 통기 용량은 유압펌프 토출량의 2배 이상이어야 한다.
  ㉧ 탱크는 완전히 세척할 수 있도록 제작하여야 한다.

ⓒ 유류탱크의 구조

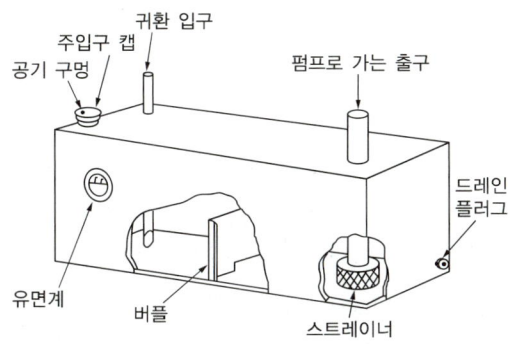

④ 유체퓨즈

회로의 압력이 일정 압력을 넘어서면 압력 과다에 의해 압력을 견디던 막이 파열될 수 있다. 이를 방지하기 위해 압력을 낮추어 주어 급격한 압력 변화로 인해 유압기기가 손상되는 것을 막을 수 있도록 장착해 놓은 장치이다.

10년간 자주 출제된 문제

36-1. 공기압 발생장치에서 보낸 공기 중에는 수분·먼지 등이 포함되어 있는데, 이러한 것을 막아 공압기기를 보호하기 위해 설치하는 것은?

① 압축공기 필터
② 압축공기 조절기
③ 압축공기 드라이어
④ 압축공기 윤활기

36-2. 다음 중 오일탱크의 구비조건이 아닌 것은?

① 스트레이너의 유량은 유압펌프 토출량과 같을 것
② 유면을 흡입 라인 위까지 항상 유지할 것
③ 공기나 이물질을 오일로부터 분리할 수 있을 것
④ 공기청정기의 통기 용량은 유압펌프 토출량의 2배 이상일 것

36-3. 스트레이너에 대한 설명으로 옳지 않은 것은?

① 스트레이너의 연결부는 오일탱크의 작동유를 방출하지 않아도 분리가 가능하도록 하여야 한다.
② 스트레이너의 여과능력은 펌프 흡입량의 1.2배 이하의 용적을 가져야 한다.
③ 스트레이너가 막히면 펌프가 규정 유량을 토출하지 못하거나 소음을 발생시킬 수 있다.
④ 스트레이너의 보수는 오일을 교환할 때마다 완전히 청소하고 주기적으로 여과재를 분리하여 손질하는 것이 좋다.

|해설|

36-1
① 공기여과기(압축공기 필터)를 이용하여 압축공기를 청정화한다.
② 압축공기 조절기(압력조정기)로 압력의 크기를 조절한다.
③ 압축공기 드라이어(건조기)는 냉각식·흡착식·흡수식이 있다.
④ 압축공기 윤활기에서 윤활유를 분무하여 구동부의 윤활을 좋게 한다.

36-2
오일탱크의 스트레이너 유량은 유압펌프 토출량의 2배 이상이어야 한다.

36-3
스트레이너란 유류탱크로 회귀하는 유체 속의 이물질 등을 거르는 여과장치로 이물질 제거, 유체의 흐름 정돈 등의 역할을 한다. 스트레이너의 유량은 유압펌프 토출량의 2배 이상이어야 한다.

정답 36-1 ① 36-2 ① 36-3 ②

핵심이론 37 | 유압

① 유체에 작용하는 힘
  ㉠ 실린더의 경우 실린더 안쪽 면적에 작용하는 압력을 이용하여 힘을 구한다.

  $$\text{유체에 작용하는 압력(유압)} = \frac{\text{작용력}}{\text{작용하는 단면적}}$$

  ㉡ 체적탄성계수

  $$K = -\frac{\Delta P}{\Delta V/V}, \quad \beta = -\frac{\Delta V/V}{\Delta P}$$

  (여기서, β : 압축률)

② 유압제어의 특징
  작은 장치로 큰 출력을 얻을 수 있고, 전기·전자의 조합으로 자동제어와 무단 변속이 가능하다. 또한, 입력에 대한 출력 응답이 빠르다.

③ 축압기(어큐뮬레이터, accumulator)
  유체의 압력을 축적하여 압력의 흐름을 일정하게 조절해 주는 장치로서, 압력을 축적하는 방식으로 맥동을 방지하는 데 사용한다.
  ㉠ 스프링형 축압기 : 소형이고, 저압에 적용한다.
  ㉡ 중추형 축압기 : 대형이고 유압 배출은 가능하지만, 맥동방지효과는 약하다.
  ㉢ 가스압축형 축압기 : 공기나 질소와 같은 기체를 이용하여 축압한다. 구조가 간단하고 대용량이지만, 소음의 우려가 있다.
  ㉣ 다이어프램형 축압기 : 소형이지만, 다이어프램을 이용하여 높은 압력을 저장할 수 있다. 압력 저장을 위해 기체를 사용하지만, 액체 부분과 기체 부분이 분리되어 있다.
  ㉤ 피스톤형 축압기 : 피스톤 실린더를 이용하여 축압한다. 가스실과 액체실을 피스톤에 의해 분리하는 간단한 구조이다. 강도가 높고 내구력이 있으나 피스톤을 작동시킬만한 크래킹 압력이 필요하여 진동이 발생할 수 있다.
  ㉥ 블래더(bladder)형 축압기 : 질소 등 가스를 이용하여 축압한다. 대형이고 효율이 좋으며, 이상방지효과가 좋다.

④ 유압기기 내의 압력
  ㉠ 배압(back pressure) : 유압회로의 흐름 뒤쪽, 귀로쪽 또는 작동면 뒤쪽의 압력이다.
  ㉡ 서지압력(surge pressure) : 과도하게 상승할 수 있는 압력의 최댓값으로 갑자기 올라가는 압력, 충격압력이다.
  ㉢ 공동현상(cavitation) : 유압회로 내 저압 기화 또는 기포로 인해 공동(空洞)이 생기는 현상이다. 이 현상으로 인해 생긴 공동을 급하게 압력차로 채우면 노킹(knocking), 해머링(hammering), 부식 등이 유발할 수 있다.

⑤ 밸브 내의 압력
  ㉠ 크래킹 압력 : 밸브의 구조 설계에 의도된 작동을 하기 위해서 내부 격판을 열거나 닫기 위해 필요한 압력이다. 체크밸브가 일방향으로 흐르기 위해서는 밸브 내부를 개방할 수 있는 약간의 추가 압력이 필요하고, 릴리프 밸브가 설정압력을 제거하기 위해서는 밸브를 열 수 있는 약간의 추가 압력이 필요하다. 이를 크래킹 압력이라 한다.
  ㉡ 오버라이드 압력 : 과도압력이다. 밸브의 구조 설계에 의도한 작동을 하기 위해 설정한 압력과 크래킹 압력의 차로, 이 차이가 클수록 원하지 않는 압력파가 발생한다.
  ㉢ 리시트 압력 : 체크밸브나 릴리프 밸브가 다시 닫혀 누설이 제거될 때의 압력이다.
  ㉣ 인터플로(interflow) : 밸브 내부에서의 흐름으로, 일반적으로 의도된 밸브 작동 시 내부에 필요한 압력 및 흐름이다.

10년간 자주 출제된 문제

37-1. 다음 그림과 같은 편로드 실린더에서 $F = 200[N]$의 힘을 발생시키려면 최소 얼마의 유압이 필요한가?(단, 실린더 내경의 단면적은 $0.2[m^2]$이다)

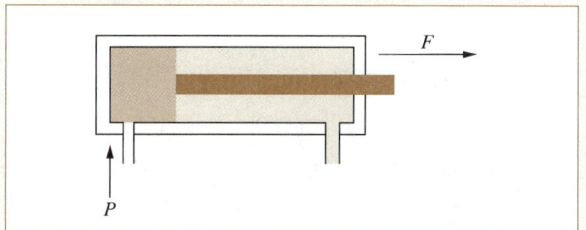

① 40[Pa] ② 500[Pa]
③ 1,000[Pa] ④ 2,000[Pa]

37-2. 유압에서 체적탄성계수에 대한 설명으로 옳지 않은 것은?

① 압력의 단위와 같다.
② 압력의 변화량과 체적의 변화량과 관계있다.
③ 체적탄성계수의 역수는 압축률로 표현한다.
④ 유압에 사용되는 유체가 압축되기 쉬운 정도를 나타낸 것으로, 체적탄성계수가 클수록 압축이 잘된다.

37-3. 릴리프 밸브의 크랭킹 압력이 $60[kgf/cm^2]$, 전량압력이 $100[kgf/cm^2]$이면, 이 밸브의 압력 오버라이드는 몇 $[kgf/cm^2]$인가?

① 40 ② 60
③ 100 ④ 160

37-4. 압력제어밸브에서 어느 최소 유량에서 어느 최대 유량까지의 사이에 증대하는 압력은?

① 오버라이드 압력
② 전량압력
③ 정격압력
④ 서지압력

|해설|
37-1
유체에 작용하는 압력 = $\dfrac{\text{작용력}}{\text{작용하는 단면적}}$

$= \dfrac{200[N]}{0.2[m^2]} = 1,000[N/m^2]$

※ $[N/m^2] = [Pa]$

37-2
체적탄성계수 : 체적탄성계수와 압축률은 역수관계로 체적탄성계수가 클수록 압축률은 떨어진다.

$K = -\dfrac{\Delta P}{\Delta V/V}, \ \beta = -\dfrac{\Delta V/V}{\Delta P}$ (여기서, β : 압축률)

37-3
• 오버라이드 : 크랭킹 압력과 전량압력의 차이로 밸브가 열리기 시작할 때부터 더 수용할 수 있는 범위이다. 이 문제에서의 오버라이드는 $40[kgf/cm^2]$이다.
• 릴리프 밸브 : 탱크나 실린더 내의 최고압력을 제한하여 과부하 방지를 목적으로 하며 안전밸브라고도 한다.
• 크랭킹 압력 : 릴리프밸브 등에서 압력이 상승되어 밸브가 열리기 시작할 때의 압력이다.
• 전량압력 : 크랭킹 압력에서 밸브가 열리기 시작해 밸브가 완전히 열려 흐르는 압력이다.

37-4
오버라이드 압력 : 과도압력이다. 밸브의 구조 설계에 의도한 작동을 하기 위해 설정한 압력과 크래킹 압력의 차로, 이 차이가 클수록 원하지 않는 압력파가 발생한다.

정답 37-1 ③ 37-2 ④ 37-3 ① 37-4 ①

핵심이론 38 | 공유압밸브

① 압력제어밸브
  ㉠ 릴리프 밸브 : 탱크나 실린더 내의 최고압력을 제한하여 과부하(오버라이드) 방지를 목적으로 하며, 안전밸브라고도 한다.
    • 직동형 : 스프링에 직접 압력을 가하여 입구를 막고 있다가 더 큰 힘이 걸리면 입구가 열려서 흐름이 생긴다.
    • 파일럿 작동형 : 간접 작동형으로 작동밸브에 오리피스를 달아서 더 작은 스프링으로 오리피스의 압력을 조절한다. 더 민감한 압력 조정이 가능하여 많이 사용된다.
  ㉡ 감압밸브 : 출구쪽 압력을 일정하게 유지하는 역할을 하는 밸브로, 릴리프 밸브가 1차 쪽 압력제어밸브이면, 감압밸브는 2차 쪽 압력조정밸브이다.
  ㉢ 시퀀스 밸브 : 주회로의 압력을 일정하게 유지하면서 조작의 순서를 제어할 때 사용하는 밸브이다.
  ㉣ 무부하밸브 : 펌프의 무부하 운전을 시키는 밸브로, 출구쪽이 닫혀 있다.
  ㉤ 카운터 밸런스 밸브 : 액추에이터쪽에 배압(back pressure, 빠지는 쪽의 압력)을 걸어 주어 적절한 움직임을 제어하고자 하는 밸브이다.
  ㉥ 압력 스위치, 유체퓨즈 등도 압력제어밸브이다.

② 유량제어밸브
  유압회로에서 유압 실린더나 액추에이터로 공급하는 유체 흐름의 양을 제어하는 밸브이다.
  ㉠ 교축밸브 : 유로의 단면적을 변화시켜서 유량을 조절하는 밸브로, 고정형과 가변형이 있다. 가변형의 구조가 복잡하지 않아 대부분 가변형을 사용한다. 단면적을 조절하는 부속 모양에 따라 니들형, 스풀형, 플레이트형으로 나뉜다.
  ㉡ 한 방향 교축밸브(일방향 유량제어밸브) : 체크밸브를 달아서 한 방향의 흐름만 제어하는 형태로, 속도제어밸브의 역할을 한다.
  ㉢ 압력보상형 유량제어밸브 : 교축밸브는 입력쪽 유량과 출력쪽 유량이 달라질 수밖에 없는데, 이를 보상하여 유량을 일정하게 하려면 교축 전후의 압력을 보상해야 한다. 이를 압력보상형 유량제어밸브라고 한다.
  ㉣ 급속배기밸브 : 배기구를 확 열어 유속을 조절하는 밸브로, 주로 공압밸브에 적용된다.
  ㉤ 분류밸브 / 집류밸브 : 유압원에서 압력이 다른 두 개의 유압 관로에 항상 일정한 유량으로 분할하는 밸브를 분류밸브라 한다. 반대로 두 개의 유입 관로에서 들어온 유량을 항상 일정한 유량으로 내보내는 밸브를 집류밸브라고 한다.
  ㉥ 스톱밸브 : 핸들로 교축(throttle) 부분의 단면적을 조절하여 통과 유량을 조절한다.

③ 이압(2압)밸브 / 셔틀밸브
  이압밸브는 다음 그림과 같이 작동하므로 A, B포트에 모두 공기가 들어가야 출력이 나오는 형태의 밸브로, AND 밸브라고 한다. 셔틀밸브는 양쪽 중 한쪽에만 공기가 들어가도 출력이 나오는 형태의 밸브로 OR 밸브라고도 한다.

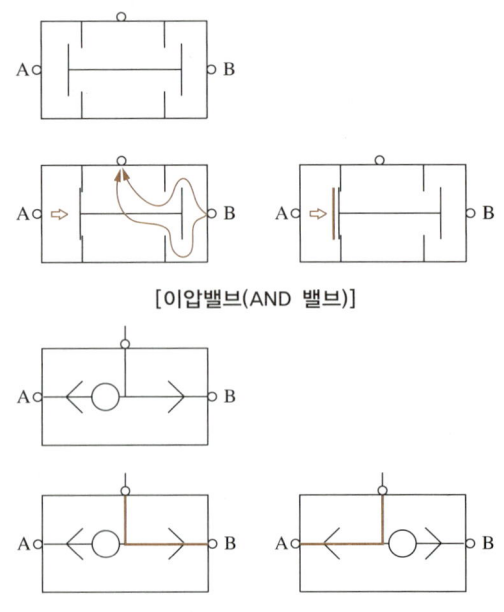

[이압밸브(AND 밸브)]

[셔틀밸브(OR 밸브)]

④ 방향제어밸브
  ㉠ 선택할 수 있는 위치의 개수 : 방의 개수
  ㉡ 포트의 개수 : 방 하나당 뚫린 구멍의 수(모든 방의 뚫린 구멍의 수)로, 각 네모 칸(방)에는 같은 위치의 구멍(검은 점으로 표시)이 같은 수만큼 뚫려 있다. 밸브를 작동하면 방의 위치를 옮겨서 공압의 흐름을 변경시켜 주는 구조이다. 따라서 이 밸브는 각 방별로 포트가 4개씩 뚫려 있어 4port 밸브이고, 방의 수가 3개로 세 가지 방법의 제어를 선택할 수 있어 3way 밸브라고 하거나 세 가지 위치를 선택할 수 있어 3위치 밸브라고 한다.

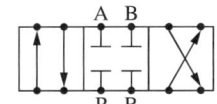 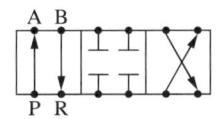

⑤ 주밸브 기본 구조의 원리와 특징
  ㉠ 스풀형
    • 기본구조 및 원리 : 원통형으로 된 슬리브나 밸브 몸체의 미끄럼면에 내접하여 스풀(실패) 형상의 축이 축 방향으로 이동하면서 압축공기의 흐름을 전환한다.

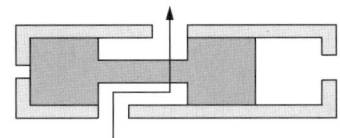

    • 장점
      - 압력이 축 방향으로 작용하고 있어 비교적 높은 공압에서도 작은 힘으로 밸브를 전환할 수 있다.
      - 비교적 구조가 간단하다.
      - 대량 생산에 적합하다.
      - 스풀의 형상이나 배관구의 위치에 따라 각종 밸브를 만들 수 있다.
      - 밸브의 크기에 비해서 비교적 큰 유량을 얻을 수 있다.
    • 단점
      - 고정밀도의 기계가공이 필요하다.
      - 약간의 공기 누설이 있다.
      - 배관 중 먼지 등의 이물질이 혼입된 압축공기를 사용하면 고장의 원인이 된다.
      - 급유가 필요하다.
  ㉡ 포핏형
    • 기본구조 및 원리 : 밸브 몸체가 밸브시트의 직각 방향으로 이동하면서 압축공기의 흐름을 전환한다.

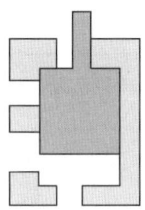

    • 장점
      - 실(seal)효과가 좋다.
      - 밸브의 이동거리가 짧아 밸브의 개폐시간이 빠르다.
      - 먼지 등의 이물질이 혼입돼도 고장이 적다.
      - 대부분 급유를 필요로 하지 않는다.
    • 단점
      - 고정밀도의 기계가공이 필요하다.
      - 약간의 공기 누설이 있다.
      - 공기압력이 높아지면 밸브를 개폐하는 조작력이 커진다.
      - 배관구가 많아지면 형상이 복잡하게 되어 자유도가 작아진다.
  ㉢ 슬라이드형
    • 기본구조 및 원리 : 슬라이드면과 고정측면과의 위치 변화에 의해 압축공기의 흐름을 전환한다.

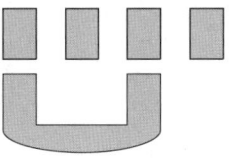

- 장점
  - 큰 유량을 얻을 수 있다.
  - 구조가 간단하고, 유량 조정이 가능하다.
  - 여러 가지 기능의 밸브를 만들 수 있다.
- 단점
  - 응답성이 나쁘고 수명이 짧다.
  - 밸브가 커짐에 따라 조작에 힘이 많이 든다.
  - 약간의 공기 누설이 있다.

⑥ 중립 위치에 따른 밸브의 분류

중립 위치의 모양, 즉 센터만으로 종류를 구분하면 다음과 같다.

이름	모양	특징
오픈 센터 (open center)	A B / P T	중립 상태에서 모든 통로가 열려 있어 중립 상태 시 부하를 받지 않는다.
탠덤 센터 (tandem center)	A B / P T	중립 시 들어온 공기를 탱크로 회수한다. 실린더의 위치 고정이 가능하고 경제적으로 사용된다.
플로트 센터 (float center)	A B / P T	주로 파일럿 체크밸브와 짝이 되어 사용하며, 원하는 공기압 외의 입력 공기압을 모두 배출한다.
클로즈드 센터 (closed center)	A B / P T	모든 포트가 막혀 있어 펌프로 들어올 공기가 들어오지 못하고 다른 회로와 연결이 되어 있는 경우, 다른 회로에서 모두 사용한다.

⑦ 조작 방식에 따른 분류

㉠ 솔레노이드 : 솔레노이드의 흡인력에 의해 밸브를 개폐시킨다.

㉡ 공기압 작동 방식 : 공기압력으로 밸브를 개폐시킨다. 일반적으로 주흐름 공기압과 같은 압력이거나, 다소 낮은 압력의 파일럿 공기압을 이용하여 주밸브를 전환한다.

㉢ 기계 작동 방식
- 캠 등의 기계적인 운동에 의해 밸브를 전환한다. 전기기기의 마이크로 스위치나 리밋 스위치에 상당하는 동작을 행한다.
- 전기를 사용하지 않고 공기압만으로 자동제어를 행할 때 사용하며, 주로 고온 다습이나 폭발성 가스 등을 취급하는 곳에 사용한다(예 플런저, 스프링, 롤러).

㉣ 수동 방식 : 공기의 흐름을 사람의 손으로 개폐한다(예 버튼, 레버, 페달 등).

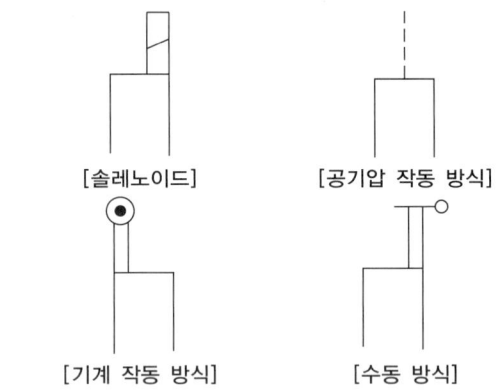

⑧ 솔레노이드 밸브

㉠ 전자석의 힘을 이용하여 플런저를 움직여 공기압의 방향을 전환시키는 밸브이다.

㉡ 특징
- 낮은 전력 소모
- 짧은 스위칭 시간
- 높은 접점 완성률
- 긴 내구 수명

㉢ 교류 솔레노이드의 장단점

장점	단점
• 개폐시간이 짧다.	• 개폐 주기수가 제한된다.
• 흡인력이 크다.	• 잡음이 발생한다.
• 정류기나 스파크 억제회로가 불필요하다.	• 과부하, 저전압, 기계적 속박에 민감하다.
• 기계적 응력이 크다.	• 공기 갭이 있으면 온도가 상승하고, 과전류가 발생한다.
	• 수명이 짧다.

② 직류 솔레노이드의 장단점

장점	단점
• 작동이 쉽다. • 간단하다. • 코어의 내구성이 좋다. • 열을 발산한다. • 유지 전력과 턴온(turn-on) 전력이 낮다. • 소음이 작고 수명이 길다.	• 스위치 off 시 과전압이 발생한다. • 스파크 억제회로가 필요하다. • 접촉 마모가 크고, 개폐시간이 길다. • AC 전원을 사용하면 정류기가 필요하다.

10년간 자주 출제된 문제

38-1. 다음 중 압력제어밸브의 종류가 아닌 것은?

① 체크밸브
② 감압밸브
③ 릴리프 밸브
④ 카운터 밸런스 밸브

38-2. 밸브의 작동방법 중 기계적 작동방법은?

① 누름 스위치
② 솔레노이드
③ 페달
④ 스프링

|해설|

38-1
① 체크밸브 : 한 방향으로만 흐르게 하는 밸브이다.
② 감압밸브 : 출구쪽 압력을 일정하게 유지하는 역할을 하는 밸브로, 릴리프 밸브가 1차 쪽 압력제어밸브이면, 감압밸브는 2차 쪽 압력조정밸브이다.
③ 릴리프 밸브 : 탱크나 실린더 내의 최고압력을 제한하여 과부하(오버라이드) 방지를 목적으로 하며, 안전밸브라고도 한다.
④ 카운터 밸런스 밸브 : 액추에이터쪽에 배압(back pressure, 빠지는 쪽의 압력)을 걸어 주어 적절한 움직임을 제어하고자 하는 밸브이다.

38-2
• 기계 작동 방식의 예 : 플런저, 스프링, 롤러 등
• 수동 작동 방식의 예 : 버튼, 레버, 페달 등

정답 38-1 ① 38-2 ④

핵심이론 39 | 공유압의 기호

① 실린더의 기호

명칭	기호	비고
단동 실린더	[상세기호] [간략기호]	• 공압 • 압출형 • 편로드형 • 대기 중의 배기(유압의 경우는 드레인)
단동 실린더 (스프링붙이)	(1) (2)	• 유압 • 편로드형 • 드레인축은 유압유 탱크에 개방 (1) 스프링 힘으로 로드 압출 (2) 스프링 힘으로 로드 흡인

복동 실린더	(1)
	(2)
		(1) • 편로드
		  • 공압
		(2) • 양로드
		  • 공압

복동 실린더 (쿠션붙이)	2:1 2:1	• 유압 • 편로드형 • 양 쿠션, 조정형 • 피스톤 면적비 2:1
단동 텔레스코프형 실린더		• 공기압
복동 텔레스코프형 실린더		• 유압
증압기		• 공압을 유압으로 변환하며 압력을 높임

② 공압 실린더의 형식에 따른 분류

종류		유형	
기본형		SD	–
클레비스형 실린더		1산	CA
		2산	CB
플랜지형	장방향	로드측	FA
		헤드측	FB
	정방향	로드측	FC
		헤드측	FD
풋형		축 직각	LA
		축 방향	LB
트러니언형		로드측	TA
		센터	TC

③ 주요 밸브기호

체크밸브	무부하밸브	감압밸브
이압밸브	셔틀밸브	릴리프 밸브

④ 유압 공기압 기호의 표시방법과 해석의 기본사항(KS B 0054)

㉠ 기호는 기능, 제어방법 및 외부 접속구를 표시한다.
㉡ 기호는 기기의 실제 구조를 나타내는 것이 아니다.
㉢ 복잡한 기능을 나타내는 기호는 원칙적으로 KS B 0054의 기호요소와 기능요소를 조합하여 구성한다. 단, 이들 요소로 표시되는 않는 기능에 대하여 특별한 기호를 그 용도에 한정시켜 사용해도 좋다.
㉣ 기호는 원칙적으로 통상의 운휴 상태 또는 기능적인 중립 상태를 나타낸다. 단, 회로도 속에서는 예외도 인정된다.
㉤ 기호는 해당 기기의 외부 포트의 존재를 표시하나, 그 실제 위치를 나타낼 필요는 없다.
㉥ 포트는 관로와 기호요소의 접점으로 나타낸다.
㉦ 포위선 기호를 사용하고 있는 기기의 외부 포트는 관로와 포위선의 접점으로 나타낸다.
㉧ 복잡한 기호의 경우, 기능상 사용되는 접속구만 나타내면 된다. 단, 식별하기 위한 목적으로 기기에 표시하는 기호는 모든 접속구를 나타내야 한다.
㉨ 기호 속의 문자(숫자는 제외)는 기호의 일부분이다.
㉩ 기호의 표시법은 한정되어 있는 것을 제외하고는 어떠한 방향이라도 좋으나, 90° 방향마다 쓰는 것이 바람직하다. 또한, 표시방법에 따라 기호의 의미가 달라지는 것은 아니다.
㉪ 기호는 압력, 유량 등의 수치 또는 기기의 설정값을 표시하는 것이 아니다.

㉫ 간략기호는 그 표준에 표시되어 있는 것 및 그 표준의 규정에 따라 고안해 낼 수 있는 것에 한하여 사용하여도 좋다.
㉬ 두 개 이상의 기호가 한 개의 유닛에 포함되어 있는 경우에는 특정한 것을 제외하고, 전체를 1점 쇄선의 포위선 기호로 둘러싼다. 단, 단일기능의 간략기호에는 통상 포위선을 필요로 하지 않는다.
㉭ 회로도 중에서 동일 형식의 기기가 수 개소에 사용되는 경우에는 제도를 간략화하기 위하여 각 기기를 간단한 기호요소로 대표시킬 수 있다. 단, 기호요소 중에는 적당한 부호를 기입하고, 회로도 속에 부품란과 그 기기의 완전한 기호를 나타내는 기호표를 별도로 붙여서 대조할 수 있게 한다.

⑤ 주요 유공압 기호

모든 기호를 암기할 수 없기 때문에 기호의 구성 성분을 살펴보면서 어떤 의미로 기호를 제작하였는지 이해한다.

기호	주요 표시사항	비고
① ▼ ② ▽	① 유압 ② 공기압 또는 기타의 기체압	• 검은 삼각형은 액체, 흰 삼각형은 기체인 경우에 표시한다. • 도형은 정삼각형을 원칙으로 한다.
↑↓↓	• 흐름의 방향	• 밸브 내의 흐름의 방향, 온도 조절 마디 등의 열의 흐름 방향을 표시한다. • 도형에서의 화살의 열림 각도는 30°로 한다.
⟲⟲	• 회전 방향	• 도형은 회전 방향의 수를 표시한다. －↑: 화살이 1개일 때는 1방향만의 회전을 표시한다. －↕: 화살이 2개일 때는 양쪽 방향의 회전을 표시한다. • 한 방향일 때 오른쪽 또는 왼쪽 회전의 구별을 명시할 필요가 있을 때는 부기에 따른다.

기호	주요 표시사항	비고
◇	• 여과기, 열교환기, 루브리케이터, 배수기	• 정사각형을 45° 기울인 것을 원칙으로 한다.
▭ (점선)	• 조립 유닛	• 몇 개의 요소(기기)가 하나의 유닛으로 조립되어 하나의 완성된 기능을 가지는 경우에 필요에 따라 사용한다.
↗	• 조정 가능한 경우	• 기기의 기능 조정이 가능하다는 것을 표시하는 기호이다. • 회로에서 기능을 명시할 필요가 있을 때에 한해서 사용한다. • 조정 가능의 화살표 빗금은 본 기호 및 스프링의 방향과 관계 없이 오른쪽 위(약 45°)의 일정 방향으로 표시한다.
——	• 주관로	• 주관로는 흡입 관로, 압력 관로 및 배출 관로를 뜻한다.
⊣_□_⊢ E / L	• 파일럿 관로	• 파일럿 관로는 파일럿 방식으로 작동시키기 위한 작동 유체를 보내는 관로를 뜻한다. $L < 5E$ (여기서, L : 선의 길이, E : 선의 굵기)
╂ ╂	• 관로의 접속	• 관로를 접속할 때는 그 접속점에 검은 원을 붙인다. 교차와 틀리지 않도록 주의한다. $d ≒ 5E$ (여기서, d : 검은 원의 지름, E : 선의 굵기)
⌣	• 처짐 관로	• 휨 관로는 고무호스와 같이 유연성이 있는 관로이다. $d ≒ 5E$ (여기서, d : 검은 원의 지름, E : 선의 굵기)

기호	주요 표시사항	비고
↑ ⤹ ╋	• 관로의 교차	• 관로가 그림 가운데에서 교차할 때는 선을 ⌒ 와 같이 쓰고, 한쪽의 관로를 넘어가는 것을 뜻한다. • 분명하지 않을 우려가 있을 때에는 ╋의 사용을 피하는 것이 바람직하다.
① ▶▶ ② ▷▷	• 흐름의 방향 ① 액체의 흐름 ② 기체의 흐름	• 작동유체의 구별, 흐름의 방향을 명시할 필요가 있을 때 관로에 표시한다. • 제도상 다음과 같이 기호를 관로에 따라 표시해도 된다. → → • 공기압 관로에 대해서는 다음과 같이 표시해도 된다. 다만, 흰 삼각형이 작고, 검은 삼각형과 구별이 어려울 때는 이 표시를 피하는 것이 좋다. → →
① ⨯ ② ⨯⨯	• 취출구 ① 닫힌 상태 ② 열린(접속) 상태	• 취출 관로는 기기와 접속된다.
① ⟩⟨ ② ⟩⟨	• 교축	① 초크 : 단면 치수에 비하여 비교적 길이가 긴 조리개 저항 ② 오리피스 : 단면 치수에 비하여 비교적 길이가 짧은 조리개 저항
① ⊣├ ⊢⊣ ② ⊸⊶ ⊶⊸ [떨어진 상태] ⊣├⊢⊣ ⊸⊷⊶ [접속 상태]	• 급속 이음	① 체크밸브 없음 ② 체크밸브붙이
① ⊖ ② ⊜	• 회전 이음	• 기호는 가압 상태하에서도 회전할 수 있는 유체 접속 쇠붙이를 표시한다. ① 1관로의 경우 ② 3관로의 경우

기호	주요 표시사항	비고
① ② (기계식 연결 그림)	• 기계식의 연결 – 회전축 – 레버, 로드 – 연결부 – 고정점붙이 연결부	$D < 5E$ $d = (2-3)D$ (여기서, D : 선간 거리, E : 선의 굵기, d : 원의 지름) ① 1방향만인 경우 ② 양쪽 방향의 경우 • 회전 방향을 표시하는 화살표는 그 원호의 중심을 원동기쪽으로 한다. • 연결부는 가동 또는 고정의 어느 것이든 좋으며, 직각이 아니어도 된다.
(신호전달로 기호)	• 신호 전달로 • 전기신호	• 공압 회로도에서 특히 계측 및 제어용의 신호가 전달되는 것을 표시한다. • 전기신호는 기호의 신호 전달로 중에서 전류, 전압에 대해서 사용한다.
(그 밖의 신호 기호)	• 그 밖의 신호	• 그 밖의 신호기호는 전기 이외의 신호 전달로(예를 들면, 공학 계기로부터의 공압신호나 온도제어용 검열관으로부터의 봉입 증기압 등)에 대해서 사용한다. • 양 기호에 대한 것인데, 일반적으로 이들의 기호는 신호 전달의 정확한 회로 상황을 표시한다기보다는 오히려 어느 부분으로부터의 신호에 의해 제어되는가라는 개념을 표시하는 데 사용된다. 정확한 회로의 표현에는 별개의 전기회로도 등을 작성하여 표시한다.
(압축기 기호)	• 압축기 및 송풍기	–
(진공펌프 기호)	• 진공펌프	–
① ② (공기압모터 기호)	• 공기압모터 ① 한 방향 흐름 ② 두 방향 흐름	–

기호	주요 표시사항	비고
① ② (정용량형 유압펌프)	• 정용량형 유압펌프 ① 한 방향 흐름 ② 두 방향 흐름	• 삼각형은 액체의 출구를 나타낸다. • 삼각형의 높이는 원의 지름의 약 $\frac{1}{5}$로 한다.
(가변 용량형 유압펌프)	• 가변 용량형 유압펌프	–
① ② (정용량형 유압모터)	• 정용량형 유압모터 ① 한 방향 흐름 ② 두 방향 흐름 • 가변 용량형 유압모터	–
(요동형 공기압 액추에이터)	• 요동형 공기압 액추에이터	• 삼각형은 유체의 입구를 나타낸다. • 2방향 요동형

기호	실린더	비고
① ② (단동 실린더 - 스프링 없음)	• 단동 실린더 – 스프링 없음	① 상세기호 ② 간략기호 • 실린더에 피스톤이 들어 있는 상태를 표시한다. 실린더의 로드 쪽이 열려 있는 것은 대기와 통하는 것을 표시한다.
① ② (단동 실린더 - 스프링붙이)	• 단동 실린더 – 스프링붙이	① 상세기호 ② 간략기호 • 피스톤의 리턴 스프링은 역W형으로 표시한다. • 스프링쪽 실린더가 닫혀 있으나 상기와 마찬가지로 대기에 통하고 있다.
(램형 실린더)	• 램형 실린더	• 수압 부분의 바깥지름이 로드의 바깥지름과 같은 단동 실린더를 램형 또는 플런저형 실린더라고 한다. • 기호 중앙의 ⊏이 로드를 표시한다.

기호	실린더	비고
① ②	• 복동 실린더 – 한쪽 로드	① 상세기호 ② 간략기호 • 실린더의 한쪽에 피스톤 로드가 나와 있는 것인데, 왕복의 어느 방향에도 공기압에 의해 운동할 수 있는 실린더를 표시한다.
① ②	• 복동 실린더 – 양쪽 로드	① 상세기호 ② 간략기호 • 상기의 것과 동일 형식의 것이나, 실린더의 양쪽에 피스톤 로드가 나와 있는 실린더를 표시한다.
① ②	• 복동 실린더 – 쿠션붙이 실린더(한쪽 쿠션형)	① 상세기호 ② 간략기호 • 쿠션붙이를 나타내는 []은 실린더의 쿠션이 작용하는 정지 끝을 향하여 기입하며, ↗은 외부로부터 조정이 가능한 것을 표시한다.
① ②	• 복동 실린더 – 양쪽 쿠션형	① 상세기호 ② 간략기호 • 양 정지 끝 모두에서 쿠션이 작용되고, 외부로부터 조정이 가능한 것을 표시한다(가장 일반적인 실린더의 모양).
① ②	• 텔레스코프 실린더	① 단동(공기압) ② 복동(유압)
	• 다이어프램형 실린더	–
	• 증압기 (이종 유체)	• 공압을 유압으로 변환하며 압력을 높인다.
단동형 연속형	• 공기 유압 변환기	• 입력쪽 공기압↓과 동일 압력의 출력쪽 유압↑을 내보내는 기기를 표시한다.

기호	제어 방식
	• 스프링 방식
	• 조정 스프링 방식
① ②	• 파일럿 방식 ① 직접 작동형 ② 간접 작동형
① ② ③ ④	• 인력 방식 ① 인력제어 방식(기본기호) ② 레버 방식 ③ 누름 버튼 방식 ④ 페달 방식
① ② ③	• 기계 방식 ① 플런저 ② 스프링 방식 ③ 롤러 방식
① ②	• 실린더 방식 ① 단동형 – 스프링 없음 – 스프링붙이 ② 복동형
① ②	• 전기 조작 방식 ① 단동 솔레노이드 ② 복동 솔레노이드
① ②	• 유압모터 방식 ① 1방향형 ② 2방향형
① ②	• 전동기 방식 ① 1방향형 ② 2방향형 • 조합 방식 순차 작동 방식(솔레노이드-공압 제어)
	• 선택 작동 방식(솔레노이드 또는 공압 제어)

기호	제어 방식	
(그림)	• 보조 방식 　- 위치 멈춤 방식 　- 고정 방식 　- 오버 센터 방식	

기호	압력제어밸브	비고
(그림)	• 기본 표시 　- 상시 닫힘 　- 상시 열림	• 기호는 원칙적으로 밸브의 정상 위치 또는 정지 위치에서의 기능을 나타낸다. • 기본 표시에 제어기호를 붙인 것이 압력제어밸브의 기호가 된다. • 정사각형(직사각형)의 상·하변의 바깥쪽에 접속하고 있는 실선은 관로를 나타낸다. • 상시 닫힘 밸브에서는 관로를 나타내는 실선과 흐름의 방향을 나타내는 화살표를 어긋나게 나타냄으로써 정상의 위치에서는 관로나 밸브 내의 통로가 접속하고 있지 않음을 나타낸다. 상시 열림 밸브에서는 실선과 화살표가 접속되어 정상 위치에서 통로가 접속되고 있음을 나타낸다.
(그림)	• 릴리프 밸브	-
(그림)	• 감압밸브	-
(그림)	• 파일럿 작동형 감압밸브	-

기호	유량제어밸브	비고
(그림)	• 가변 교축밸브	-
(그림)	• 1방향 교축밸브 • 속도제어밸브 　(공기압)	• 가변 교축 • 1방향 자유 흐름, 반대 방향 제어 흐름 　- 롤러에 의한 기계 조작 　- 스프링 부하
(그림)	• 속도조정밸브 　(직렬형 온도 보상붙이 간략 기호)	유로의 화살표는 압력 보상을 나타낸다. • ──●─는 온도 보상을 뜻한다.

기호	방향제어밸브	비고
(그림)	• 기본 표시 　- 2포트 2위치 전환밸브	• 기본 표시에 기호를 붙인 것이 전환기호로 된다. • 정사각형(직사각형) 상·하변의 바깥쪽에 접속하고 있는 실선을 관로로 나타낸다. • 관로는 원칙적으로 밸브의 정상 위치 또는 중립 위치로 나타내는 정사각형(직사각형)에 접속한다. • 연속한 정사각형(직사각형)의 수는 밸브의 전환 위치 수를 나타낸다. • 각 정사각형(직사각형)에 기입된 화살표는 하나의 전환 위치에서의 흐름 방향을 나타낸다. • ⊥, ┬는 밸브 내의 통로가 닫혀 있음을 나타낸다. • 제어 동작에 대응하여 흐름의 전환을 연속적으로 할 때는 직사각형의 바깥쪽에 평행선을 기입한다. • 4포트 3위치 전환밸브의 중립 위치에서 흐름의 모양은 원칙으로 밸브 내의 통로가 접속되어 있는 구멍의 명칭을 연결하여 나타낸다.
(그림)	- 4포트 3위치 전환밸브	
(그림)	- 5포트 3위치 전환밸브	
(그림)	- 2포트 2위치 전환밸브 인력 방식 - 스프링 오프셋 파일럿 방식	-

기호	방향제어밸브	비고
	– 3포트 2위치 전환밸브 외부 파일럿 방식 – 스프링 설정 방식 – 4포트 2위치 전환밸브 스프링 오프셋 솔레노이드 내부 파일럿 방식	–
	– 5포트 2위치 전환밸브 외부 파일럿 방식	–
	• 체크밸브	–

기호	체크밸브	비고
	• 고정 교축체크밸브	• 1방향 유량제어밸브
	• 고압 우선형 셔틀밸브	–
	• 급속배기밸브	–
	• 스톱밸브	–

기호	부속 기기	비고
	• 공기탱크	–
	• 전동기	–
	• 원동기	• 전동기 제외
	• 압력 스위치	–
① ▶ ② ▷	• 동력원	① 유압 ② 공기압
① ②	• 드레인 배출기	① 수동 배출 ② 자동 배출
① ② ③	• 필터	① 일반 기호 ② 자석붙이 ③ 눈 막힘 표시기 붙이

기호	부속 기기	비고
	• 공기건조기	–
① ②	• 냉각기	① 냉각액용 관로를 표시 하지 않는 경우 ② 냉각액용 관로를 표시 하는 경우
	• 루브리케이터	–
	• 공기압조정 유닛	–
	• 접점붙이 압력계	–
① ② ③	• 압력계측기 ① 압력표시기 ② 압력계 ③ 차압계	• 계측은 되지 않고, 단지 지시만 하는 표시기이다.
	• 유면계	• 평행선은 수평으로 표시한다.
	• 온도계	–
① ② ③	• 유량 계측기 ① 검류기 ② 유량계 ③ 적산 유량계	–
	• 회전속도계	–
	• 토크계	–
	• 압력 스위치	• 오해의 염려가 없는 경우에는 다음과 같이 표시해도 된다. *
	• 리밋 스위치	• 오해의 염려가 없는 경우에는 다음과 같이 표시해도 된다. *
	• 아날로그 변환기	• 공기압
	• 소음기	• 공기압
	• 경음기	• 공기압용
	• 마그넷 세퍼레이터	–

10년간 자주 출제된 문제

공유압 기호에서 기호의 표시방법과 해석에 관한 설명으로 옳지 않은 것은?

① 기호는 기기의 실제 구조를 나타내는 것은 아니다.
② 기호는 원칙적으로 통상의 운휴 상태 또는 기능적인 중립 상태를 나타낸다.
③ 숫자를 제외한 기호 속의 문자는 기호의 일부분이다.
④ 기호는 압력, 유량 등의 수치 또는 기기의 설정값을 표시하는 것이다.

|해설|

유압 공기압 기호의 표시방법과 해석의 기본사항
기호는 압력, 유량 등의 수치 또는 기기의 설정값을 표시하는 것이 아니다(KS B 0054).

정답 ④

핵심이론 40 실린더

① 실린더의 종류
  ㉠ 단동 실린더 : 실린더에 공기압 포트가 하나만 있고, 복귀는 스프링으로 하는 형식의 실린더이다.
  ㉡ 복동 실린더 : 실린더의 양쪽에 공기압 포트가 있어서 실린더 헤드의 전진과 후진을 공기압으로 제어하는 실린더이다.
  ㉢ 양로드 실린더 : 로드와 실린더 헤드가 양쪽으로 달린 복동 실린더이다.
  ㉣ 쿠션 내장형 실린더 : 내부에 쿠션이 내장되어 있어 스트로크의 충격을 완화할 때 사용한다.
  ㉤ 충격 실린더 : 급격한 출력을 내고자 할 때 사용하는 실린더이다.
  ㉥ 탠덤 실린더 : 격판이 두 개 존재하여 로드를 길게 사용하거나, 공기압을 두 배로 받을 수 있도록 하여 출력을 두 배로 사용할 수 있도록 만든 실린더이다.

② 실린더의 작동압력
  ㉠ 공압 액추에이터의 압력은 0.7[MPa](약 7.1[kgf/cm^2]) 이하로 작동할 수 있도록 제작해야 하지만, 공압에서도 가능한 강한 압력을 작용할 수 있도록 제작하는 편이 효율과 성능면에서 유리하다.
  ㉡ 유압 액추에이터의 압력은 용도에 따라 7[MPa], 14[MPa], 21[MPa]으로 구분된다. 작동이 안정적이고, 공압에 비해 힘이 연속적으로 표현될 수 있도록 제어할 수 있어야 한다.

③ 실린더의 구조

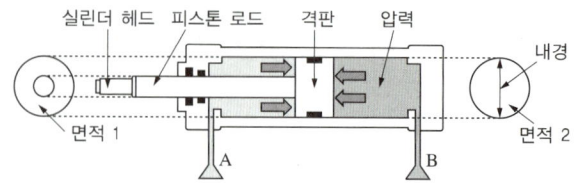

㉠ 실린더의 작동이 가능한 범위의 거리를 행정거리라고 한다. 단동 실린더를 예로 들면, 복귀되어 있는 상태의 실린더 헤드의 위치를 0이라 하고, 공압이 끝까지 작동된 후 실린더 헤드의 위치를 +250[mm]라고 하면, 이 실린더의 행정거리는 250[mm]이다.

㉡ 실린더가 전달할 수 있는 힘의 크기는 작용하는 유체의 작동압력과 힘을 받는 단면적의 곱으로 나타낸다. 예를 들어, 1[kgf/cm²]의 압력이 작용하였고, 격판의 단면적이 4[cm²]이면 이 실린더가 나타낼 수 있는 출력은 4[kgf]이다.

$$F = PA$$

(여기서, P : 작용압력[kgf/cm²], A : 단면적[cm²], F : 작용력[kgf])

㉢ 패킹 : 오일 누출을 방지하기 위해 단동, 복동의 피스톤 또는 로드에 패킹을 끼운다. 패킹재는 내마모성, 내유성, 내화학성, 내식성이 있어야 하고, 열화학적으로 안정되어야 한다.

- 라비린스 실(labyrinth seals) : 압축기나 스팀터빈 및 가스터빈과 같은 고성능 유체기계의 회전부(rotor)와 비회전부(stator) 사이 틈새로부터 작동유체의 누설을 최소화함으로써 터보기계의 효율 향상을 추구한다. 실(seal)의 틈새로부터 발생되는 유체 가진력에 기인된 진동 불안정성을 최소화하기 위해 설계되는 기계요소이다.
- 개스킷(gasket) : 이음매나 배관 등 두 부품의 접합부 사이에 넣는 얇은 판 모양의 밀봉재이다.
- V 패킹(V packing) : 대표적인 실 형태의 패킹으로, 단면이 V형인 패킹이 내압에 의해 내벽에 작용하여 밀봉작용을 한다.
- 백업 링(back up ring) : 피스톤에 O링을 사용한 실린더에 압력이 생겨 실린더의 배럴과 피스톤의 간극 사이로 O링이 밀려나오는 것을 방지하는 데 사용하는 패킹이다.

- 유압 실린더의 경우 실린더 하우징의 끝에는 로드 와이퍼 실(wiper seal)이 있어 피스톤 로드를 깨끗하게 유지한다.
- 피스톤과 실린더 커버가 충돌하여 발생하는 충격의 경감, 실린더 수명 연장, 충격파 발생 방지의 목적으로 쿠션장치가 있다.

10년간 자주 출제된 문제

개스킷(gasket)에 대한 설명으로 옳은 것은?

① 고정 부분에 사용되는 실
② 운동 부분에 사용되는 실
③ 대기로 개방되어 있는 구멍
④ 흐름의 단면적을 감소시켜 관로 내 저항을 갖게 하는 기구

|해설|

개스킷(gasket) : 이음매나 배관 등 두 부품의 접합부 사이에 넣는 얇은 판 모양의 밀봉재이다.

정답 ①

핵심이론 41 | 액추에이터

① 공압모터(공압 액추에이터)
  ㉠ 장점
   • 속도를 무단으로 조절할 수 있다.
   • 출력을 조절할 수 있다.
   • 속도범위가 크다.
   • 회전수와 토크를 자유로이 조절할 수 있으며, 과부하 시 위험성이 낮다.
   • 오물, 물, 열, 냉기에 민감하지 않다.
   • 작동과 정지, 회전 변환 등에 부드럽게 동작하며, 폭발의 위험성이 작다.
   • 비교적 보수 유지가 쉽다.
   • 높은 속도를 얻을 수 있다.
  ㉡ 단점
   • 입력된 에너지에 비해 출력되는 에너지의 비율이 나쁘거나 일정하지 않다.
   • 정확한 제어가 힘들다.
   • 유압에 비해 소음이 발생한다.
  ㉢ 종류 : 반경류 피스톤 모터(피스톤과 커넥팅 로드에 의해 운전), 축류 피스톤 모터(축 방향 5개 피스톤 위에 비스듬한 원판을 붙여 회전), 베인모터(베인에 의해 회전), 기어모터, 요동모터 외 터빈모터 등

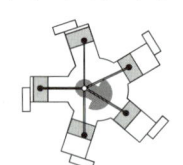
[반경류 피스톤 모터]

[축류 피스톤 모터]

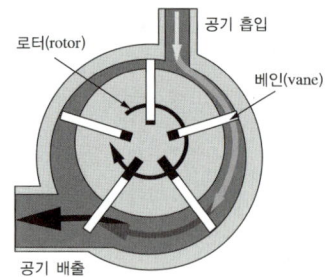
[베인모터]

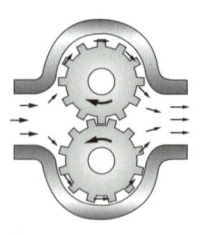
[기어모터]

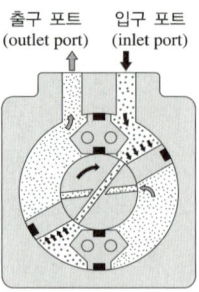
[요동모터]

② 유압펌프(유압 액추에이터)
  ㉠ 종류

용적형 펌프(고정용량형)	비용적형 펌프(가변용량형)
• 용적이 밀폐되어 있어 부하압력이 변동해도 토출량이 거의 일정하다. • 정압을 사용하므로 큰 힘을 요구하는 유압장치용 유압펌프로 사용한다.	• 용적이 밀폐되어 있지 않아 부하압력이 변동하면 토출량이 변하여 유압장치에는 부적당하다. • 펌프용량을 0에서 최대까지 변화시킬 수 있어 효율적으로 운전할 수 있다.
• 기어펌프, 나사펌프, 베인펌프, 피스톤 펌프	• 원심형 펌프, 액시얼 펌프, 혼류(mixed flow)펌프, 로토제트 펌프, 터빈펌프

  ㉡ 유압펌프 기호

명칭	기호	비고
펌프 및 모터	유압펌프 공기압 모터	• 일반기호
유압펌프		• 1방향 유동 • 정용량형 • 1방향 회전형
유압모터		• 1방향 유동 • 가변용량형 • 제어기구를 특별히 지정하지 않는 경우 • 외부 드레인 • 1방향 회전형 • 양축형

명칭	기호	비고
공기압모터		• 2방향 유동 • 정용량형 • 2방향 회전형
정용량형 펌프·모터		• 1방향 유동 • 정용량형 • 1방향 회전형
가변용량형 펌프·모터 (인력 조작)		• 2방향 유동 • 가변용량형 • 외부 드레인 • 2방향 회전형

ⓒ 유압펌프의 비교

구분	기어펌프	베인펌프	피스톤 펌프
주요 특징	오물과 점도가 높은 곳에 사용 가능하다.	베인의 마모에 의한 압력 저하가 발생하지 않는다.	밸브가 필요 없으며, 고장이 적다.
구조	구조가 가장 간단하다.	부품이 많고, 정밀한 제작을 요구한다.	구조가 복잡하고 매우 높은 가공 정밀도를 요구하며, 크기가 크다.
성능	큰 힘으로 흡입이 가능하다.	큰 힘으로 흡입하기는 힘들지만, 크기에 비해 출력이 좋다.	흡입할 수 있는 힘의 크기에 제한이 있으나, 예민한 압력의 변화에 적합하다.
점도의 영향	점도가 크면 효율에 영향을 미치지만, 다른 큰 영향은 없다.	점도에 영향을 받지만, 효율과는 대체로 무관하다.	점도에 영향을 받는다.
이물질의 영향	거의 없다.	영향을 받는다.	예민한 압력에 영향을 크게 받는다.
비용	제작비용이 저렴하다.	제작비용이 보통이며, 수리비가 적게 든다.	제작비용이 비싸다.

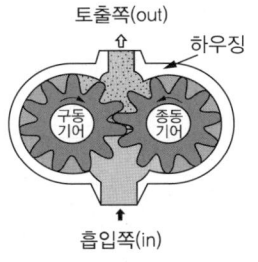

[기어펌프]   [베인펌프]

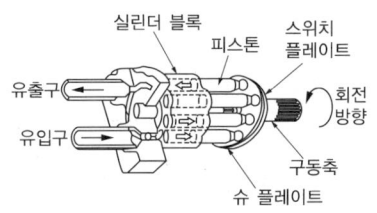

[피스톤 펌프]

ⓔ 이외에 터빈펌프(터보형 펌프)도 많이 사용되는데, 터보형 펌프는 비용적형에 해당하는 것으로 날개차의 형상에 따라 원심식, 경사류식, 축류식이 있다. 이들 펌프에서 케이싱 내에서 날개차가 회전하고, 액체에 압력 및 운동에너지를 공급하여 액체를 송출해 내는 원리를 적용한다.

ⓜ 펌프의 동력 : 펌프가 내는 동력은 시간당 할 수 있는 일의 양이고, 유체를 이용하여 일을 하므로 일정 압력으로 유량이 공급될 때의 동력은

$$동력 = 송출압력 \times 송출유량$$

(단, 시간당 동력의 단위를 잘 맞춰야 함)

ⓗ 펌프의 효율

펌프 전효율 = 용적효율 × 기계효율(× 압력효율)

• 용적효율 : 이론 토출량과 실제 토출량의 비율

$$\left(\frac{Q}{Q_0}\right)$$

• 기계효율 : 펌프의 기계적 손실이 감안된 효율

$$\left(\frac{L_h}{L_s}\right)$$

• 압력효율 : 이론상 토출압력과 실제 토출압력의 비

$$\left(\frac{P}{P_0}\right)$$

③ 유압 액추에이터의 계통도

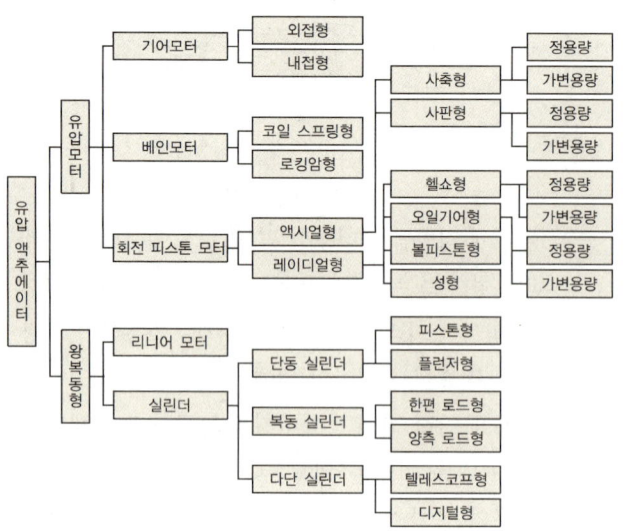

10년간 자주 출제된 문제

41-1. 펌프의 효율을 구하는 식으로 옳지 않은 것은?(단, 펌프에 손실이 없을 때 토출압력은 P_0, 실제 펌프 토출압력은 P, 이론 펌프 토출량은 Q_0, 실제 펌프 토출량은 Q, 유체 동력은 L_h, 축 동력은 L_s이다)

① 용적효율 = $\dfrac{Q}{Q_0}$

② 압력효율 = $\dfrac{P_0}{P}$

③ 기계효율 = $\dfrac{L_h}{L_s}$

④ 전효율 = 용적효율 × 압력효율 × 기계효율

41-2. 일반적인 베인펌프의 특징으로 옳지 않은 것은?

① 부품수가 많다.
② 비교적 고장이 적고, 보수가 용이하다.
③ 펌프의 구동 동력에 비해 형상이 소형이다.
④ 기어펌프나 피스톤 펌프에 비해 토출압력의 맥동이 크다.

41-3. 펌프에 대한 설명으로 옳지 않은 것은?

① 피스톤 펌프는 피스톤을 경사판, 캠, 크랭크 등에 의해서 왕복운동시켜 액체를 흡입쪽에서 토출쪽으로 밀어내는 형식의 펌프이다.
② 레이디얼 피스톤 펌프는 피스톤의 왕복운동 방향이 구동축에 거의 직각인 피스톤 펌프이다.
③ 기어펌프는 케이싱 내에 물리는 2개 이상의 기어에 의해 액체를 흡입쪽에서 토출쪽으로 밀어내는 형식의 펌프이다.
④ 터보펌프는 덮개차를 케이싱 외에 회전시켜 액체로부터 운동에너지를 뺏어 액체를 토출하는 형식의 펌프이다.

|해설|

41-1

압력효율 : 이론상 토출압력과 실제 토출압력의 비 $\left(\dfrac{P}{P_0}\right)$

41-2

구분	기어펌프	베인펌프	피스톤 펌프
주요 특징	오물과 점도가 높은 곳에 사용 가능하다.	베인의 마모에 의한 압력 저하가 발생하지 않는다.	밸브가 필요 없으며, 고장이 적다.
구조	구조가 가장 간단하다.	부품이 많고, 정밀한 제작을 요구한다.	구조가 복잡하고 매우 높은 가공 정밀도를 요구하며, 크기가 크다.
성능	큰 힘으로 흡입이 가능하다.	큰 힘으로 흡입하기는 힘들지만, 크기에 비해 출력이 좋다.	흡입할 수 있는 힘의 크기에 제한이 있으나, 예민한 압력의 변화에 적합하다.
점도의 영향	점도가 크면 효율에 영향을 미치지만, 다른 큰 영향은 없다.	점도에 영향을 받지만, 효율과는 대체로 무관하다.	점도에 영향을 받는다.
이물질의 영향	거의 없다.	영향을 받는다.	예민한 압력에 영향을 크게 받는다.
비용	제작비용이 저렴하다.	제작비용이 보통이며, 수리비가 적게 든다.	제작비용이 비싸다.

41-3

터보형 펌프는 비용적형에 해당하는 것으로 날개차의 형상에 따라 원심식, 경사류식, 축류식이 있다. 이들 펌프에서 케이싱 내에서 날개차가 회전하고 액체에 압력 및 운동에너지를 공급하여 액체를 송출해 내는 원리를 적용한다.

정답 41-1 ② 41-2 ④ 41-3 ④

핵심이론 42 | 공유압 회로의 구성

① 공유압 회로의 특징
  ㉠ 공압과 유압을 이용한 회로이므로 공유압의 경로에 따라 액추에이터가 동작한다.
  ㉡ 공유압의 양 또는 속도를 조절하여 필요한 출력을 얻을 수 있다.
  ㉢ 제어 대상은 공유압의 경로, 압력의 크기, 유체의 양 또는 속도를 통한 제어 등으로 나눌 수 있다.

② 공유압 회로
  ㉠ 미터 인 회로 : 액추에이터로 들어가는 공기를 조절하여 액추에이터의 속도를 제어하는 방식이다. 액추에이터 작동 전에 제어를 하므로 제어는 변별이 확실하지만 액추에이터의 작동성이 떨어질 수 있다.

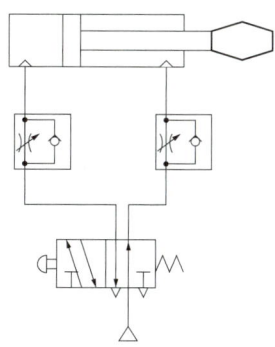

  ㉡ 미터 아웃 회로 : 액추에이터에서 나오는 공기를 조절하여 액추에이터의 속도를 제어하는 방식이다. 액추에이터 작동 전에 제어를 하므로 작동성이 확실하고, 일반적으로 많이 사용하는 방식이다.

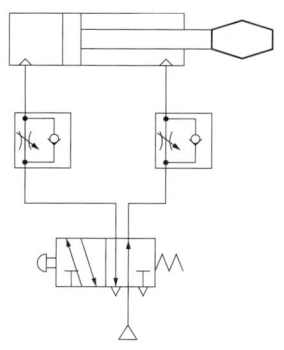

  ㉢ 블리드 오프 회로 : 액추에이터로 공급되는 유량이 작동속도에 비해 너무 많을 때 밀려나는 유량을 탱크로 회수하는 방식이다. 내부의 압력이 조정되므로 각 밸브의 과도한 부하를 막을 수 있다. 유압제어의 경우 회수되는 유류에 대한 관리가 다시 필요하다.

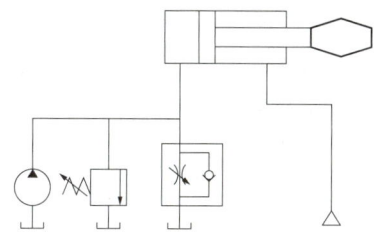

  ㉣ 공압 또는 작동유압을 신호로 이용하고, 여러 종류의 밸브를 적절히 배치·사용하여 원하는 제어를 하는 회로를 구성할 수 있다.
  • 자기유지회로 : 한 번 on 신호가 입력되면 별도의 off 신호를 입력하기 전까지 액추에이터가 작동된 상태를 유지하는 회로이다. 액추에이터 쪽 공유압 신호의 일부를 밸브회로 입력신호의 일부로 사용하여 만들 수 있다.
  • on/off 우선회로 : on 우선회로는 두 개 이상의 신호가 동시에 들어왔을 때 그 중 on이 있다면, 출력할 수 있게 구성한 회로이다. off 우선회로는 두 개 이상의 신호가 동시에 입력되었을 때 그중 off가 있다면, 출력작동을 하지 않도록 제어하는 회로이다.

10년간 자주 출제된 문제

실린더 입구의 분기회로에 유량제어밸브를 설치하여 실린더 입구 측의 불필요한 압유를 배출시켜 작동효율을 증진시키는 회로는?

① 로킹회로　　② 증강회로
③ 동조회로　　④ 블리드 오프 회로

|해설|

블리드 오프 회로 : 액추에이터로 공급되는 유량이 작동속도에 비해 너무 많을 때 밀려나는 유량을 탱크로 회수하는 방식이다. 내부의 압력이 조정되므로 각 밸브의 과도한 부하를 막을 수 있다. 유압제어의 경우 회수되는 유류에 대한 관리가 다시 필요하다.

정답 ④

CHAPTER 02 기계재료 및 제작

핵심이론 01 | 금속재료

① 금속의 일반적인 특징
  ㉠ 상온에서 고체 상태이며 결정조직을 갖는다.
  ㉡ 전기 및 열의 양도체이다.
  ㉢ 일반적으로 다른 기계재료에 비해 전연성이 좋다.
  ㉣ 소성변형성을 이용하여 가공하기 쉽다.
  ㉤ 금속은 각기 고유의 광택을 가지고 있다.
  ㉥ 비중 4.5 정도를 기준으로 중금속(重金屬)과 경금속(輕金屬)으로 나눈다.

② 금속의 성질
  ㉠ 색상 : 금속은 고유의 색상이 있고, 귀한 금속일수록 고유의 색상은 변하지 않는다.

  금속의 변색 정도
  Sn > Ni > Al > Mn > Fe > Cu > Zn > Pt > Ag > Au
  ← 비금속   귀금속 →

  ㉡ 비중 : 물과 비교했을 때 몇 배의 무게를 갖고 있느냐의 척도이다.
  ㉢ 용융 : 모든 물체는 고체, 액체, 기체의 상태를 가질 수 있는데, 고체에서 액체 상태로의 상태 변화를 용융이라고 한다. 용융 시에는 용융잠열이라는 열이 있는데, 이 온도가 되면 가열을 해도 일정 열 용량만큼 공급되기 전에 온도가 올라가지 않는다. 이는 숨어 있는 구조의 변형에너지로 사용되기 때문이다.

[금속의 비중과 용융점 비교]

금속명	비중	용융점[℃]	금속명	비중	용융점[℃]
Hg(수은)	13.65	-38.9	Cu(구리)	8.93	1,083
Cs(세슘)	1.87	28.5	U(우라늄)	18.7	1,130
P(인)	2	44	Mn(망간)	7.3	1,247
K(칼륨)	0.862	63.5	Si(규소)	2.33	1,440
Na(나트륨)	0.971	97.8	Ni(니켈)	8.9	1,453
Se(셀렌)	4.8	170	Co(코발트)	8.8	1,492
Li(리튬)	0.534	186	Fe(철)	7.876	1,536
Sn(주석)	7.23	231.9	Pd(팔라듐)	11.97	1,552
Bi(비스무트)	9.8	271.3	V(바나듐)	6	1,726
Cd(카드뮴)	8.64	320.9	Ti(타이타늄)	4.35	1,727
Pb(납)	11.34	327.4	Pt(플래티늄)	21.45	1,769
Zn(아연)	7.13	419.5	Th(토륨)	11.2	1,845
Te(텔루륨)	6.24	452	Zr(지르코늄)	6.5	1,860
Sb(안티몬)	6.69	630.5	Cr(크로뮴)	7.1	1,920
Mg(마그네슘)	1.74	650	Nb(나이오븀)	8.57	1,950
Al(알루미늄)	2.7	660.1	Rh(로듐)	12.4	1,960
Ra(라듐)	5	700	Hf(하프늄)	13.3	2,230
La(란탄)	6.15	885	Ir(이리듐)	22.4	2,442
Ca(칼슘)	1.54	842	Mo(몰리브데넘)	10.2	2,610
Ge(게르마늄)	5.32	958.5	Os(오스뮴)	22.5	2,700
Ag(은)	10.5	960.5	Ta(탄탈)	16.6	3,000
Au(금)	19.29	1,063	W(텅스텐)	19.3	3,380

  ㉣ 전도성 : 열이나 전기를 잘 전달하는 성질이다.
  ㉤ 이온화 경향 : K > Ca > N > Mg > Al > Zn > Fe > Co > Sn > Pb > (H) > Cu > Hg > Ag > Au 순서이며, 수소를 기준으로 왼쪽이 전자를 방출한다.

③ 금속의 결정
  ㉠ 용융 상태의 순금속이 냉각하여 일정 온도가 되면 원자가 서로 결합하여 규칙적인 배열을 하면서 작은 결정핵이 발생한다. 결정핵을 중심으로 점점 결정이 성장하여 이웃하는 결정과 만나면 결정립계를 형성한다.

   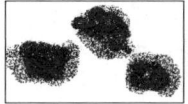 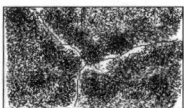
  [결정핵 생성]　[결정의 성장]　[결정립계 형성]

  ㉡ 금속의 결정구조 : 금속의 응고 중 결정핵이 한 개로만 이루어진 것을 단결정이라고 하며, 반도체에 쓰이는 실리콘 등이 이에 해당한다. 대부분의 금속은 크고 작은 매우 많은 결정이 모여 다결정체(poly-crystal)를 이룬다. 결정입자의 원자들은 금속마다 특유의 입체적이고 규칙적인 배열을 가지고 있는데 이를 공간격자(space lattice) 또는 결정격자(crystal lattice)라고 한다. 결정격자의 단위격자 내 원자 수는 4개, 배위수는 12개인 면심입방격자(FCC ; Face-Centered Cubic lattice), 입방체의 각 모서리에 1개씩의 원자와 입방체의 중심에 1개의 원자가 존재하는 매우 간단한 격자구조를 이루는 체심입방격자(BCC ; Body-Centered Cubic lattice), 단위격자 수는 2개, 배위수는 8개인 조밀육방격자(HCP ; Hexagonal Close Packed lattice) 등이 있다.

  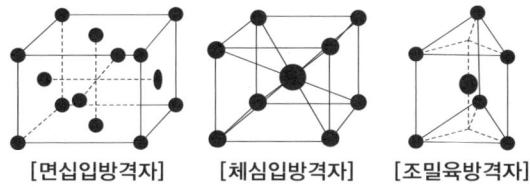
  [면심입방격자]　[체심입방격자]　[조밀육방격자]

  ㉢ 결정의 표시법(밀러지수) : 입방체로 된 단위격자의 한 꼭짓점을 원점으로 하여 3차원의 좌표계가 있다고 가정한 후, 격자 상수를 단위로 길이를 나타내고 밀러지수를 이용하여 격자면을 표시하면 다음 그림과 같다. 밀러지수는 비율을 이용하여 단위격자면을 표시하므로 평행면끼리는 동일한 밀러지수로 표시한다.

  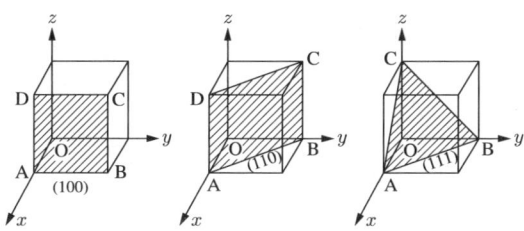

④ 금속결함
  ㉠ 점결함(point defect)
    • 공공(vacancy) : 원래 있었던 자리에 원자가 하나 또는 그 이상 빠져서 빈 공간이 되는 결함이다.
    • 침입형 원자(interstitial atom) : 기준(standard) 조직 사이에 다른 원자가 끼어든 결함이다.
    • 치환(substitution) : 기존 원자 자리에 다른 조직의 원자가 바뀌어 들어간 결함이다.
  ㉡ 선결함(line defect)
    • 전위(dislocation) : 공공으로 인하여 전체 금속 이온의 위치가 밀리고, 그 결과로 구조적인 결함이 발생하는 결함이다.
      - 칼날 전위 : 조직이 연결되다 끊겨 끝선(edge line)이 조직 내에 칼날처럼 남아 있는 형태이다.
      - 나사 전위 : 전위선을 중심으로 나선 형상의 격자면이 존재하는 형태이다.
    • 전위결함은 금속의 성질에 큰 영향을 주므로, 전위를 잘 이해하면 전성, 연성 등 금속의 성질을 이해하는 데 도움이 된다.
  ㉢ 면결함(plane defect)
    • 적층결함(stacking fault) : 2차원적 전위로, 층층이 쌓이는 순서가 틀어진다.

- 쌍정(twin) : 전위면을 기준으로 대칭이 일어나는 형태로, 결정립 경계를 결함으로 보기도 한다.
- 슬립 : 미끄러짐을 뜻하는 결함으로, 점층적 변형이 아닌 원자밀도가 높은 격자면에서 일시에 힘을 받아 발생하는 결함이다.

ㄹ. 3차원적 결함(volume defect)
- 석출(precipitation, 石出) : 용융액 속이나 다른 고체조직 속에서 돌덩이리가 나오는 현상이다.
- 주조 시 나오는 수축공, 기공 등의 결함이 3차원 결함이다.

ㅁ. 확산속도 : 단위면적을 정해진 시간에 지나가는 물질의 양(mass)을 표현한다.

⑤ 확산

금속재료는 격자 내 원자가 완벽하게 구성되어 있는 것은 아니라 공공이라는 결함이 존재한다. 공공이 만들어낸 무질서 사이에서 격자 내 원자는 공공을 이용하여 이동한다.

㉠ 자기확산(순수확산) : 공공이 있는 재료가 한 격자점에서 다른 격자로 이동하는 확산이다.

㉡ 상호확산 : 서로 다른 종류의 원자들이 각기 다른 방향으로 확산하는 것이다.

㉢ 공공확산 : 자기확산과 치환형 원자가 관련된 확산에서는 공공을 채우고 새로운 공공이 생기며, 확산이 계속되면서 공공이 이동하는 것과 같은 현상이 발생한다. 이는 온도가 높을수록 활발히 일어난다.

㉣ 침입형 확산 : 작은 침입형 원자나 이온이 결정구조 내에 존재할 때 원자나 이온이 하나의 침입형 자리로부터 다른 자리로 이동하는 확산이다. 공공이 필요하지 않은 확산으로, 원자의 상대 크기가 작은 경우에 더 잘 일어난다.

10년간 자주 출제된 문제

1-1. 맞닿은 서로 다른 종류의 원자들이 각기 다른 방향으로 확산하는 것은?

① 자기확산
② 상호확산
③ 공공확산
④ 침입형 확산

1-2. 다음 중 결합력이 가장 약한 것은?

① 이온결합(ionic bond)
② 공유결합(covalent bond)
③ 금속결합(metallic bond)
④ 반데르발스 결합(Van der Waals bond)

|해설|

1-1

② 상호확산 : 서로 다른 종류의 원자들이 각기 다른 방향으로 확산하는 것이다.
① 자기확산 : 공공이 있는 재료가 한 격자점에서 다른 격자로 이동하는 확산이다.
③ 공공확산 : 자기확산과 치환형 원자가 관련된 확산에서는 공공을 채우고 새로운 공공이 생기며, 확산이 계속되면서 공공이 이동하는 것과 같은 현상이 발생한다. 이는 온도가 높을수록 활발히 일어난다.
④ 침입형 확산 : 작은 침입형 원자나 이온이 결정구조 내에 존재할 때 원자나 이온이 하나의 침입형 자리로부터 다른 자리로 이동하는 확산이다. 공공이 필요하지 않은 확산으로, 원자의 상대 크기가 작은 경우에 더 잘 일어난다.

1-2

④ 반데르발스 결합 : 최외곽이 채워진 원자는 이온결합, 공유결합이 일어나지 않는다. 그러나 다른 원자의 영향을 받아 분극현상이 발생하는 경우 인력이 발생하며, 약한 인력의 결합이 발생한다.
① 이온결합 : 이온결합재료는 전기적 중성을 유지하며, 서로 다른 크기의 이온들이 잘 충진되는 결정구조를 가져야 한다. 음이온은 양이온이 적절하게 침입하여 맞춰 들어갈 수 있도록 구조를 형성한다.
② 공유결합 : 공유결합재료는 결합에 의한 방향성 제한조건을 만족하기 위해 복잡한 구조를 갖는다. 자신의 고유구조를 만들기 위해 부족한 원자를 복수의 결정이 공유하여 결합하는 결합구조를 형성한다.
③ 금속결합 : 금속에서 나타나는 방식으로 전자운 속에 양이온이 존재한다. 궤도 전자의 에너지 준위는 원자가 가까워지면 상호 영향을 받아 일정한 거리를 갖는다.

정답 1-1 ② 1-2 ④

핵심이론 02 | 금속의 상태도

① 평형상태도

가로축을 A금속–B금속(또는 A합금, B합금)의 2원 조성[%]으로 하고, 세로축을 온도[℃]로 하여 각 조성의 비율에 따라 나타나는 변태점을 연결하여 만든 도선이다.

※ 순수한 A금속과 A금속에 B금속이 조금 고용된 α 고용체, 순수한 B금속과 B금속에 A금속이 조금 고용된 β고용체의 성분비와 온도에 따른 금속조직의 상태를 나타내는 평형상태도의 예

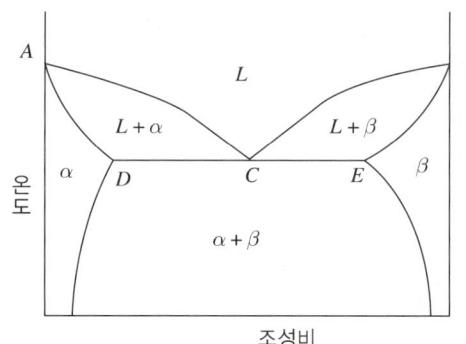

② Fe–Fe$_3$C 평형상태도

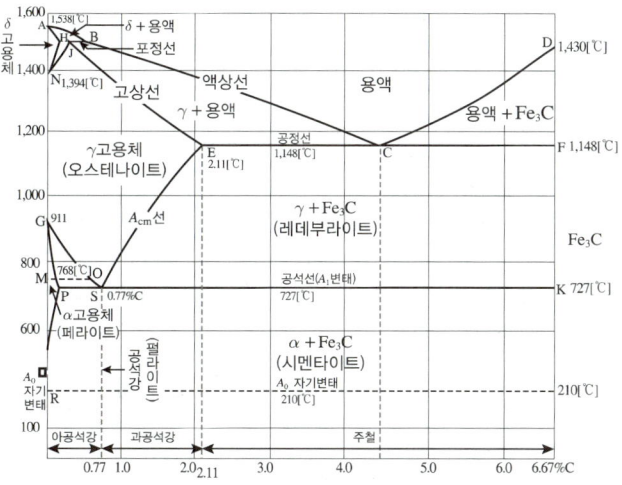

③ Fe–Fe$_3$C 평형상태도의 각 점과 선

기호	내용
A	순철의 용융점. 1,538±3[℃]
AB	δ고용체의 정출 개시선(액상선)
AH	δ고용체의 정출 완료선(고상선)
B	점 H 및 J를 이은 선이 용액과 만나는 점. 0.53%C, 1,495[℃]
BC	γ고용체의 정출 개시선(액상선)
C	γ고용체와 시멘타이트가 동시에 정출되는 공정점. 4.3%C, 1,148[℃]
CD	시멘타이트(Fe$_3$C)의 정출 개시선(액상선)
D	시멘타이트의 용융점. 6.68%C, 1,430[℃]
E	γ고용체에 시멘타이트가 최대로 고용된 포화점. 1,148[℃], 2.11%C
ECF	공정선. 1,148[℃], 용액(C점) ⇌ γ고용체 + 시멘타이트
ES	γ고용체에서 시멘타이트 석출 개시선. 이 선을 특별히 A_{cm}이라고 하는데 각 %C 지점에서 γ고용체(오스테나이트)에서 시멘타이트가 석출되는 온도가 열처리에서는 매우 중요한 선이다.
F	시멘타이트의 공정점. 6.67[%], 1,148[℃]
G	순철의 A_3변태점. 911[℃]
GO	온도가 하강하면서 γ고용체에서 α고용체가 석출을 시작하는 선
GP	온도가 하강하면서 γ고용체에서 α고용체가 석출을 종료하는 선
H	δ고용체에서 탄소를 최대 고용하는 점. 0.09%C, 1,495[℃]
HJB	포정선. 용액(B)이 δ고용체(H)와 반응하여 γ고용체(J)로 되는 포정반응 시작점
J	포정점. 0.17%C, 1,495[℃]
JE	온도가 하강하면서 액상에서 γ고용체의 정출이 끝나는 선. 100[%] γ고용체
K	시멘타이트의 공석점. 6.67%C, 727[℃]
M	0.0000%C 순철의 자기변태점. 768[℃], A_2변태점
MO	α고용체의 자기변태선. 768[℃]
N	순철의 A_4변태점. 1,394[℃]
NH	온도가 하강하면서 δ고용체에서 γ고용체가 석출을 시작하는 선. A_4변태 시작
NU	온도가 하강하면서 δ고용체에서 γ고용체가 석출을 마치는 선. A_4변태 시작
O	고용체의 자기변태점. 0.67%C, 768[℃]
P	α고용체에 대한 탄소의 최대 고용 정도. 0.02%C, 727[℃]
PSK	공석선. 727[℃], A_1변태점
R	α고용체의 A_0변태점. 0.005%C, 210[℃]
S	γ고용체에서 펄라이트(페라이트 + 시멘타이트 = 동시 석출)가 석출되는 공석점. 0.77%C, 727[℃]
T	시멘타이트의 A_0변태점. 6.67%C, 210[℃]

10년간 자주 출제된 문제

2-1. Fe-Fe₃C 평형상태도에서 펄라이트가 나타나는 상태는?

① 100[℃], 0.11%C
② 210[℃], 0.66%C
③ 400[℃], 0.77%C
④ 1,000[℃], 0.88%C

2-2. Fe-Fe₃C 평형상태도에 대한 설명 중 옳지 않은 것은?

① 철 용액의 공정점은 0.77%C에서 일어난다.
② 첫 번째 자기변태가 나타나는 온도는 210[℃]이다.
③ 레데부라이트는 오스테나이트와 시멘타이트의 조합물이다.
④ 순수한 철은 1,538[℃]에서 순 액체 상태가 된다.

|해설|

2-1
펄라이트는 탄소강의 공석강 상태로 727[℃] 이하의 온도, 0.77%C 조성에서 나타난다.

2-2
철 용액에서 공정이 일어나는 상태는 1,148[℃], 4.3%C이다. 0.77%C에서는 727[℃]일 때 공석이 일어난다.

정답 2-1 ③ 2-2 ①

핵심이론 03 │ 플라스틱(수지) 재료 및 가공

① 플라스틱은 고분자화합물을 일컫는 용어로, 합성수지라고도 한다. 원료는 원유에서 추출하며 가볍고, 단단하고, 매우 저렴하여 현대사회에서는 식기, 의료, 의류, 가구, 구조물, 생활용품 및 기계 부품의 재료로 매우 폭넓게 사용된다. 플라스틱은 종류가 다양하고, 구성구조에 따라 성질 및 특성도 매우 다양하여 플라스틱 재료의 성질을 일반화하기 어렵다. 또한, 플라스틱의 성질은 중합도에 따라 달라지며 단량체(monomoer)와 다르게 중합체(polymer)는 구조가 반복되어 재료의 성질을 결정한다. 중합도가 높으면 분자당 무게가 무거워지고 변형이 힘들며, 강한 성질을 갖는다. 따라서 필요한 플라스틱의 성질을 유도하기 위해서는 적절한 중합도를 갖고 있어야 한다.

② 플라스틱의 분류

㉠ 재료의 강도 기준 : 일반 플라스틱/공업용 플라스틱

㉡ 열가소성 기준 : 열가소성 플라스틱/열경화성 플라스틱

구분	열가소성	열경화성
소성	고온에서 소성이 부여된다.	열을 받으면 경화된다.
재가공성	재가공이 가능하다.	재가공이 불가능하다.
주요 가공법	압출, 사출, 중공, 진공 등	압축, 인발, 와인딩, 프레스 등
종류	PE, PC, PVC 등	에폭시, 폴리아마이드, 페놀, 멜라민 수지 등

㉢ 결정조직의 존재 유무 : 결정성 플라스틱/비결정성 플라스틱

구분	결정성 수지	비결정성 수지
구조 변화	용융점 이상에서 비결정구조이다.	용융점과 무관하게 비결정구조이다.
수축	용융점 상하로 조직이 변해 수축이 크다.	수축이 작다.
온도 변화	용융점 기준 조직 변화를 위해 충분한 열량 공급이 필요하다.	온도 증가에 따른 유동성, 수축, 온도 변화율이 크지 않다.

③ 플라스틱의 종류
　㉠ 폴리에틸렌(PE) : 가장 널리 사용되는 플라스틱이다. 경량이고 내수성과 내약품성 등이 우수하며, 전기 절연성이 뛰어나다. 분자량에 따라 다양한 성질을 부여하며, 저분자량은 액상, 중분자량은 왁스, 고분자량은 공업재료로 사용한다. 포장 자재, 가정용품, 전선케이블 피복 등 매우 다양하게 사용된다.
　㉡ 폴리프로필렌(PP) : 매우 가볍고 전기 특성이 우수하며, 내수성과 내약품성 등이 우수하여 해양산업 재료로도 많이 사용한다. 주방용품, 욕실용품, 전기용품, 산업용 소형 컨테이너, 로프, 자동차 부품, 파이프, 문구, 섬유 등에 사용한다.
　㉢ 폴리스티렌(PS) : 스티렌에 발포제를 사용하여 성형한 것으로 용기, 단열재 등으로 널리 사용된다. 열과 충격에 약하지만, 성형 수축이 작고 치수 정밀도가 우수하며, 광택이 좋은 제품을 얻을 수 있다. 접착, 도장, 착색 등이 용이해 완구, 미장재 등으로 사용된다.
　㉣ ABS 수지(ABS) : 강도가 높고 강성과 내충격성 등이 우수하지만, 내후성이 좋지 않아 실외에서 사용하기 부적당하다. 전기제품의 케이스 및 부품, 자동차 부품, 문구, 가구, 생활용품, 스포츠용품, 악기, 카메라 부품 등에 사용된다.
　㉤ 폴리염화비닐(PVC) : 원재료의 배합에 따라 경질제품부터 연질제품까지 다양한 소재를 만들 수 있다. 내산성・내알칼리성・내수성 등이 우수하고, 내후성도 있어 건축재료로도 사용된다. 염소를 많이 함유하여 다이옥신류의 발생원이 된다. 다양한 건축재료, 농업용품, 전선, 커버 등 전기 관련 제품, 의자 커버, 인조가죽, 가방, 신발, 호스 등과 포장필름 등에 사용된다.
　㉥ 폴리아세탈(POM) : 표면의 마찰이 작고 마모성이 낮아 마찰이 발생하는 기계 작동부에 사용 가능하다. 내열성과 내피로성이 좋아 전자레인지・스위치・키보드 등 전자제품, 라디에이터・히터 팬・도어락・와이퍼・윈도우 실・속도계 등 자동차 부품, 기어・캠・베어링・광학기계・자판기・자전거 등 기계 부품, 건설 배관, 전기밥솥 부품, 마킹 펜, 스키 부품 등에 사용된다.
　㉦ 폴리테트라플루오로에틸렌(PTFE, 사불화에틸렌수지) : 프라이팬 코팅에 사용될 정도로 내열성과 내유성이 높아 다양한 공업용품에 사용된다.
　㉧ 페놀(PF) : 초기부터 매우 다양한 분야에 사용된 플라스틱 재료이다. 현재도 테이프・시트 모양의 재료로 일반적으로는 전기 관련이나 반도체 제조장치 관련 등에 폭넓게 사용된다. 기계적 강도가 높고 전기 특성, 내열성, 난연성 등이 우수하며 비교적 저렴하여 폭넓은 용도로 사용된다. 소켓, 배선 기판, 단자판, 모터 부품, 배전반, 교환기, 릴레이, 튜너, 제어기, 스페이서, 롤러, 베어링, 개스킷, 자동차 브레이크, 계기, 배선부 부품, 점화장치, 핸들 손잡이, 톱밥, 펄프, 면직물, 종이, 유리섬유 등 우수한 공업용 부재로 이용된다.
　㉨ 폴리우레탄(PUR) : 발포성과 탄성이 있어 관련 성질이 필요한 곳에 널리 사용된다. TV, 캐비닛, 냉장고 문, 자판기, PC, 자동차 범퍼, 각종 컴포넌트, 프런트, 스키화 심재, 신발 바닥, 라켓 프레임 등 스포츠용품과 의료 관련 각종 튜브 및 도료로 사용된다.
　㉩ 에폭시(EP) : 열경화성(열을 받으면 경화되어 변형 및 변성되는 성질) 수지로 분류되는 플라스틱의 총칭이다. 접착성, 강도, 화학적 안정성, 내수성, 전기 절연성 등이 뛰어나다. 제품으로 만들 때 주로 경화제를 사용하며 도료 분야, 전기・전자 분야,

토목 · 접착 분야에 사용된다. 전기 · 전자 분야의 IC 기판, 반도체 패키징 재료, 변압기의 주형 애자, 커넥터 커버와 콘크리트 보수재, 바닥재, 지수재, 통조림용 금속 캔 내부 코팅, 선박 방식 도료, 화학 플랜트 방식 도료, 자동차용 차체 전착 도장, 각종 구조 접착제, 전장 부품, 화학공업탱크, 파이프, 급수탑탱크, 자동차 부품, 수지 틀 등 구조재 등에 사용된다.

④ 플라스틱 가공
  ㉠ 압축성형 : 성형할 재료를 금형에 넣고 가열 후 가압하여 제품 형상으로 성형하는 방법이다. 열경화성이 있는 플라스틱을 경화조건을 피하여 성형 후 가열시켜 완성한다. 금형에 이형제 등을 분포하여 분리속도를 높이면 생산성이 향상된다.
  ㉡ 압연 : 가열하여 고분자를 연화시킨 후 롤러 사이를 통과시키며 성형하는 방법이다. 장판이나 코팅 무늬가 있는 시트 등을 제작할 때 유용한 방법이다.
  ㉢ 압출(extruder) : 플라스틱 펠릿을 가열 · 용융 후 가압하여 틀(die) 사이로 밀어 넣어 성형한다. 틀의 형상을 연속적으로 이용하는 형상의 제품, 즉 파이프나 필름, 전선 피복 등에 적합하다.
  ㉣ 방사(fiber forming) : 고분자 플라스틱을 가늘게 섬유처럼 만들어서 제품의 소재로 제작하면 다양한 분야에서 고성능재를 만드는 원료로 사용 가능하다. 건식방사와 습식방사가 있는데 건식방사를 많이 사용한다.
  ㉤ 사출(injection) : 펠릿을 가열 · 용융시켜 틀에 밀어 넣어 성형한다. 압출과는 힘의 방향이 반대로 작용한다.
  ㉥ 그 외 플라스틱의 고분자성과 용융성 및 반용융 상태를 만들 수 있는 점을 이용하여 다양한 성형방법이 이용되고 있다.
  ㉦ 성형성은 열 변형성과 전연성에 크게 영향을 받으므로 플라스틱의 종류에 따라 적절한 열의 부여와 제거, 열 제거속도 등에 유의하여야 한다.

10년간 자주 출제된 문제

3-1. 결정성 플라스틱 및 비결정성 플라스틱을 비교한 설명으로 옳지 않은 것은?
① 비결정성에 비해 결정성 플라스틱은 많은 열량이 필요하다.
② 비결정성에 비해 결정성 플라스틱은 금형 냉각시간이 길다.
③ 결정성 플라스틱에 비해 비결정성 플라스틱은 치수 정밀도가 높다.
④ 결정성 플라스틱에 비해 비결정성 플라스틱은 특별한 용융온도나 고화온도를 갖는다.

3-2. 플라스틱의 성형가공성을 좋게 하는 방법이 아닌 것은?
① 가공온도를 높여 준다.
② 폴리머의 중합도를 내린다.
③ 성형기의 표면 미끄럼 정도를 좋게 한다.
④ 폴리머의 극성을 높게 하여 분자 간 응집력을 크게 한다.

3-3. 다음 중 열경화성 수지가 아닌 것은?
① 페놀수지　　　② ABS 수지
③ 멜라민 수지　　④ 에폭시 수지

|해설|

3-1

구분	결정성 수지	비결정성 수지
구조 변화	용융점 이상에서 비결정 구조이다.	용융점과 무관하게 비결정구조이다.
수축	용융점 상하로 조직이 변해 수축이 크다.	수축이 작다.
온도 변화	용융점 기준 조직 변화를 위해 충분한 열량 공급이 필요하다.	온도 증가에 따른 유동성, 수축, 온도 변화율이 크지 않다.

3-2
폴리머(polymer)의 극성을 높여 분자 간 응집력이 커지면 성형가공을 하는 데 더 많은 힘이 필요하다.

3-3

구분	열가소성	열경화성
소성	고온에서 소성이 부여된다.	열을 받으면 경화된다.
재가공성	재가공이 가능하다.	재가공이 불가능하다.
주요 가공법	압출, 사출, 중공, 진공 등	압축, 인발, 와인딩, 프레스 등
종류	PE, PC, PVC 등	에폭시, 폴리아미드, 페놀, 멜라민 수지 등

정답 3-1 ④　3-2 ④　3-3 ②

핵심이론 04 | 요소 부품 재질의 선정 (기계적 성질에 따라)

① 항장특성

인장응력, 항복강도, 경도가 크면 항장특성(길이 방향 변화에 대한 저항성)이 좋아진다. 경도의 영향이 커서 담금질의 완성도에 따라 항장특성이 영향을 받는다.

② 내피로성

피로강도는 인장강도와 밀접한 관계가 있으며, 인장강도와 경도는 비례관계이다. 로크웰 경도로 HRC 45 정도까지 경도가 높아질수록 피로강도는 증가한다. 큰 부품에는 합금강을 사용한다. 부품 표면에 압축응력이 잔류되도록 처리하면 피로강도를 높이는 데 효과가 있다. 고주파담금질, 화염담금질, 침탄담금질 또는 질화 등의 처리를 하거나 쇼트피닝, 롤러가공으로 표면경화를 한다.

③ 내충격성

담금질의 완성도가 높아 마텐자이트 조직을 형성하여 뜨임하면 내충격성이 크다. 뜨임 시 어느 온도에서는 오히려 취성이 생기기도 하는데, 이를 뜨임취성이라고 한다.

④ 내마모성

일반적으로 경도가 크면 내마모성이 좋지만, 내부응력이 잔존하면 내마모성이 좋지 않다. 이 내부응력을 줄이기 위해 저온뜨임(180~200[℃])을 하면 경도는 약간 저하되지만 내마모성은 향상된다. 고탄소강일수록 내마모성은 증가한다. 고탄소강은 내마모성 및 여러 성질을 개선하기 위해 과잉 탄소를 구상화처리할 필요가 있다. 마텐자이트 > 트루스타이트 > 펄라이트 순으로 내마모성이 높다.

⑤ 내식성

잔류응력이나 내부응력이 존재하면 녹이 발생하기 쉽고, 부식을 유발할 수 있다. Cr이 첨가되면 내식성이 개선된다. 오스테나이트 > 페라이트 > 마텐자이트 > 펄라이트 > 소르바이트 > 트루스타이트 순으로 내식성이 좋다. Cu와 P이 첨가되면 기후에 견디는 성질(내후성)이 좋아진다. STS304, STS430, STS403 계통의 것이 좋고, 내마모와 내식용으로는 STS420J2, STS440이 적합하다. 또한, STS304(오스테나이트계)에 질화 또는 침탄하면 내마모용 스테인리스 강재가 얻어진다.

⑥ 용접성

용접성이란 용접부 또는 용접부 부근의 모재부에 용접 균열이 발생하지 않고, 용접부가 경화되지 않는 성질을 일컫는다. 천이(遷移)온도가 낮아야 한다. C, P, S은 용접성을 해치고 V은 용접성을 좋게 한다. 일반적으로 자경성(自硬性)을 주는 원소(예를 들면 C, Cr, Mn, Mo)는 모두 용접성을 나쁘게 한다. 림드강은 천이온도가 높아 저온취성을 나타내고 용접에는 좋지 않다. 반면, 킬드강은 천이온도가 낮아서 용접에 좋다. 저탄소(C < 0.15[%])의 킬드강은 용접성이 좋다. 강도가 부족한 경우에 Mn, Ni, V을 첨가하여 용접성이 좋은 고장력강으로 합금한다.

⑦ 피삭성(피절삭성)

첨가하는 원소와 조직에 따라 피삭성이 다르다. A_3 변태점 이상에서 담금질, 중탄소강(0.5%C)은 입자를 크게 하거나 페라이트의 입자를 조밀하게 하고, 시멘타이트 층상으로 점성이 감소하므로 피절삭성이 좋아진다. 풀림 열처리를 하면 인장강도를 낮추기 때문에 피절삭성은 향상되고, 고탄소 특수강이면 고탄소강과 마찬가지로 구상화하면 피절삭성이 좋아진다. 반대로 강인성을 증대시키거나 고탄소강의 조직이 조밀하면 피삭성이 낮아진다. 쾌삭강은 피절삭성을 좋게 한 재료로 황을 첨가한 S 쾌삭강(0.08~0.33%S), 납을 첨가한 Pb쾌삭강(0.1~0.3%Pb)이 있다.

원소	피절삭성에 미치는 영향
C	0.3[%]까지는 C가 많으면 피절삭성이 향상된다.
Mn	Mn은 C와 유사하다. 1[%]까지는 강도, 경도, 취성을 증가시키므로 피절삭성이 좋아진다.
Si	일반적으로 피절삭성을 나쁘게 한다.

원소	피절삭성에 미치는 영향
P	P은 피절삭성을 향상시키고, 0.1[%] 정도가 가장 좋다.
S	S은 피절삭성을 좋게 한다. 0.3[%] 이하가 좋다.
Pb	Pb은 강 중에 용입되지 않고 소립자(小粒子)로 되어 점 모양으로 존재하여 피절삭성이 좋아진다. 일반적으로 0.2[%] 정도 첨가하며 이를 Pb 쾌삭강이라고 한다.

조직	피절삭성에 미치는 영향
페라이트	점성이 있어 연해 피절삭성이 나쁘다.
시멘타이트	지나치게 경해 피절삭성이 나빠지며, 크기와 분포 상태에 따라 달라진다.
층상 펄라이트	저탄소일 때는 층상 펄라이트가 피절삭성을 좋게 하지만, 고탄소일 때는 강도가 커서 나빠진다.
구상 펄라이트	C > 0.5[%]로 되어 구상화하면 피절삭성은 좋아진다.
마텐자이트	절삭은 거의 불가능하다.
소르바이트	강인해서 피절삭성이 매우 좋다.
오스테나이트	연질이고, 점성이 있어 피절삭성이 나쁘다.
결정입도	입자가 크고, 굵은 것이 피절삭성이 좋다.

⑧ 연삭성

탄소의 함유량이 적을수록 연삭성이 올라가며 W, Cr, V 등이 함유되면 연삭이 어렵다. 마텐자이트 > 잔류 오스테나이트 > 망상 시멘타이트의 순서대로 연삭성이 나쁘다. 이 재료에 대해 굳이 연삭이 필요한 경우는 저온뜨임을 통해 재료를 연화한다.

⑨ 합금재료의 첨가 원소별 효과

㉠ Ni : 내식성·내산성·담금성·강인성이 향상되고, 저온취성이 억제된다.

㉡ Mo
- 페라이트 고용 시 : 고온 인장강도 및 크리프 저항이 향상된다.
- 오스테나이트 고용 시 : 담금성과 내식성이 향상되고, 뜨임메짐 방지효과가 있다.
- 스테인리스강에 첨가 시 : 내식성이 향상된다.

㉢ Cr
- 페라이트 고용 시 : 강도와 경도가 증가한다.
- 오스테나이트 고용 시 : 담금성과 내마모성이 향상되고, 내식성·내산성·내열성·고온강도가 증가한다.

㉣ Mn : Ni과 효과가 유사하다. 함량이 증가하면 강도와 경도가 향상되고, 내마모성도 증가한다. S에 의한 적열메짐(열간취성)이 방지된다.

㉤ Si : 적은 함량의 범위에서 강도와 경도가 약간 증가(1[%]마다 98[MPa] 정도 상승)한다. 고함량 시 내마모성이 향상되고, 저합금강의 강도 증가에 효과적이며, 전자기 성질이 개선된다.

㉥ B : 미량만 첨가해도 담금질 성질이 개선되지만, 첨가량이 늘어나면 열간취성의 가능성이 늘어난다.

㉦ Pb : 쾌삭성이 향상된다.

㉧ S : 쾌삭성이 향상되고, 열간취성이 유발된다.

㉨ P : 냉간취성이 유발된다.

㉩ Ca : 탈황·탈산효과가 있다.

㉪ Al : 탈산으로 질화물 생성에 의한 결정립 성장을 억제하여 미세화에 효과적이다.

㉫ W : 함량이 많아지면 탄화물 생성이 쉬워 고온에서의 경도와 내마모성이 향상된다.

㉬ Co : Cr과 함께 사용하면 고온강도와 경도가 크게 향상된다.

㉭ V : 결정립을 미세화하여 강인성 및 내마모성을 증가시킨다.

㉮ Cu : Cr 또는 W과 함께 첨가하면 석출경화가 쉽게 일어나 내후성과 내산화성이 증가한다.

㉯ Ti : 저밀도이며 높은 비강도를 갖고 있는 원소로, 내식성을 증가시킨다. 철강과 합금하면 높은 수소 흡수 특성으로 배터리 관련 재료로 쓰이며, 형상 메모리 기능이 있다.

㉰ Nb : 크리프 강도를 크게 하지만, 담금질 성질을 저하시킨다.

㉱ Zr : 탈가스작용으로 킬드효과를 가져와서 강괴의 결함을 방지한다.

㉲ N : 경도와 내마모성을 증가시키고, 변형시효 등으로 재료를 취화시킨다.

㉥ H : 헤어크랙(hair crack)을 포함하는 백점(white spot)을 발생시키며, 수소취성을 유발한다.

㉦ O : 비금속 개재물로 존재하여 전반적으로 기계적 성질을 하락시키고, 산화를 유발한다.

10년간 자주 출제된 문제

니켈-크로뮴 합금강에서 뜨임메짐을 방지하는 원소는?

① Cu
② Ti
③ Mo
④ Zr

|해설|

③ Mo
- 페라이트 고용 시 : 고온 인장강도 및 크리프 저항이 향상된다.
- 오스테나이트 고용 시 : 담금성과 내식성이 향상되고, 뜨임 메짐 방지효과가 있다.
- 스테인리스강에 첨가 시 : 내식성이 향상된다.

① Cu : Cr 또는 W과 함께 첨가하면 석출경화가 쉽게 일어나 내후성과 내산화성이 증가한다.

② Ti : 저밀도이며 높은 비강도를 갖고 있는 원소로, 내식성을 증가시킨다. 철강과 합금하면 높은 수소 흡수 특성으로 배터리 관련 재료로 쓰이며, 형상 메모리 기능이 있다.

④ Zr : 탈가스작용으로 킬드효과를 가져와서 강괴의 결함을 방지한다.

정답 ③

핵심이론 05 | 제선, 제강

① 선철을 제조하는 과정을 제선, 강을 제조하는 과정을 제강이라고 한다.

② 제선

㉠ 선철 : 막 만든 철로, 제강과 주철의 원료이다. 철광석 상태에서 불순물을 걸러낼수록 순철에 가까워지므로 가스, 슬러지, 광물성 불순물 등을 걸러낸 상태의 철이다. 흙의 성분인 규소는 철에 주조성을 부여하는 성질이 있어 규소가 많이 함유된 선철은 주조성이 높다.

㉡ 주요 불순물

(단위 : [%])

성분	선철	강
C	2.5~4.5	0.03~1.2
Si	0.5~3.0	0.01~0.3
Mn	0.5~2.0	0.3~0.8
P	0.02~0.5	0.01~0.05
S	0.01~0.1	0.01~0.05

㉢ 제선의 원료 : 철광석, 석회석, 규석, 망간, 코크스(환원제) 등

㉣ 고로 : 선철을 생산하는 설비이다. 상부로부터 철광석, 코크스, 석회석 등을 장입하고, 하부의 풍구로 열풍을 취입하여 노 내에 코크스를 연소시켜 환원가스를 발생시킨다. 가열과 환원작용으로 용융철이 제조된다.

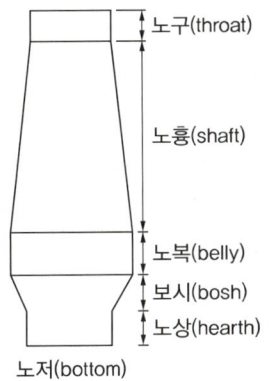

- 고로의 주요 부분
  - 노구 : 노구의 지름은 노흉의 각도와 높이에 따라 결정된다. 노구의 높이는 1.5~2.0[m] 정도이다.
  - 노흉 : 노흉각이 너무 작으면 많은 양의 가스가 노벽을 따라 상승하고, 노흉각이 너무 크면 장입물의 원활한 강하가 방해되어 노벽연와가 손상될 우려가 있다.
  - 노복 : 노상의 지름, 보시 각도와 높이로 인하여 노복의 지름이 결정된다. 노복의 높이는 보시 높이, 노흉각의 높이를 감안하며 약 3[m] 전후이다.
  - 보시 : 노흉, 노복으로부터 강하한 장입물이 용해되어 용적이 줄어들므로 보시 부위는 하부 지름이 상부 지름보다 작은 형상으로 되어 있다. 보시 각도는 80~83° 정도이며, 높이는 3~4[m] 정도이다. 고온에서 장입물이 용해되는 영역이기 때문에 내화물의 침식이 매우 심한 부분이다.
  - 노상 : 용선과 용재를 일시 저장하는 부분으로, 풍구 앞에서 연료를 연소시킨다. 노상의 크기는 저선재의 용량과 연료의 연소능력, 즉 선철의 생산능력과 밀접한 관계가 있다.
- 고로의 이상
  - 노벽 손상 : 주로 장입물에 의해 노벽이 마멸되며, 국부 침식을 받기도 한다.
  - 풍구의 파손 또는 누수 : 냉각 통로에는 조업 중 지속적으로 냉각수가 순환하므로, 파손되면 노 안에 냉각수가 흐르게 되어 고로 이상의 원인이 된다.
  - 행잉(걸림, hanging)과 행잉드롭(hanging drop) : 장입물이 수 시간 강하하지 않고 걸려 있는 것을 행잉이라 하고, 행잉이 한 번에 떨어지는 것을 행잉드롭이라 한다. 행잉은 통풍을 방해하며, 행잉드롭은 가스의 동요를 일으켜 심하면 노정을 폭발시키기도 한다.

③ 제철

선철을 거치지 않고 바로 철을 제조하는 방법이다. 분말야금법 등이 사용되고, 신기술이 지속적으로 개발되고 있다.

④ 제강

㉠ 선철에서 주요 불순물을 제거하여 탄소 함유량 2[%] 미만의 강을 제조하는 작업이다. 선철을 용융하는 용선과정과 정련, 2차 정련, 탈가스, 탈탄 등의 과정을 거쳐 강을 제조한다.

㉡ 제강의 원료 : 선철, 철광석, 밀 스케일, 망간 광석, 석회석과 생석회, 형석, 탈산제, 코크스 등

㉢ 전로 제강 : 베서머 전로법(산성전로법, 탈인과 탈황이 어려움), 토마스 전로법(염기성 전로법, 돌로마이트 연와 내장), 염기성 평로법 등의 방법을 이용한다. LD 전로법이 개발되어 널리 사용된다.

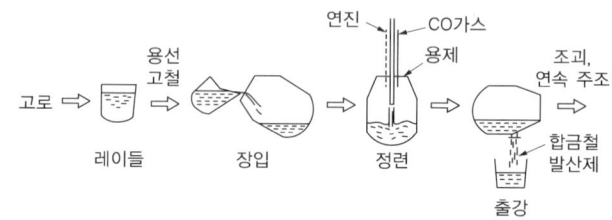

[전로의 조업공정]

㉣ 취련 : 용선과 고철을 장입하고 노체를 바로 세워 산소를 불어넣으며 랜스를 강하하면서 CaO을 장입한다. 용제로 스케일, 형석 등을 동시에 장입한다.

㉤ 전기로 제강 : 용강의 온도 조절이 쉽고 조업이 간단하며, 노 내의 환원·산화를 조절할 수 있어 불순물 제거에 용이하다. 열효율과 생산성이 높고, 건설비는 낮다. 아크로와 유도로로 구분한다.

㉥ 강괴의 종류 : 탈산의 정도에 따라 림드강, 세미킬드강, 킬드강으로 구분한다. 킬드강으로 갈수록 강질은 좋지만, 비용이 높아지고 버려지는 부분이 많아진다.

⑤ 연속 주조법

㉠ 선철을 제조하고, 다시 용선하여 정련과 2차 정련하고 강괴를 만든 후 강판을 만드는 작업을 연속화하는 방법이다. 재가열의 에너지를 절약하고, 강판의 연속적인 생산을 가능하도록 구축한 공정이다.

㉡ 자본이 집약 가능해지면서 대형화, 자동화가 동반되어 원료부터 압연강판을 생산하는 공정까지 일련의 공정으로 이룰 수 있도록 만든다.

㉢ 연속 주조법의 장점
- 연속적으로 용탕이 공급되어 수축공이 발생하지 않는다.
- 열의 이용률이 높고, 공정의 자동화로 생산성이 높다.
- 냉각속도가 빨라 미세하면서 균일한 결정조직을 얻을 수 있다.

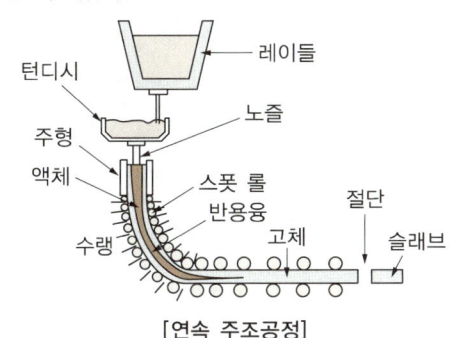

[연속 주조공정]

10년간 자주 출제된 문제

5-1. 연속 주조법에 대한 설명으로 옳지 않은 것은?

① 선철 제조와 정련을 통한 강괴, 강판을 만드는 작업을 연속화한 것이다.
② 재가열 에너지가 절약된다.
③ 자본력이 약할 때부터 사용하던 전통적인 방식이다.
④ 연속 주조를 하면 생산력이 높아지고, 공정 일정을 줄일 수 있다.

5-2. 강을 생산하는 제강로를 염기성과 산성으로 구분하는 것은?

① 노 내의 내화물
② 사용되는 철광석
③ 발생하는 가스의 성질
④ 주입하는 용제의 성질

|해설|

5-1
연속 주조를 도입하려면 대형화, 자동화 공정이 필요하기 때문에 자본력이 뒷받침되어야 한다.

5-2
제강작업이 처음에는 산성 제강방법이었는데 돌로마이트를 내화재로 사용하면서부터 염기성 제강이 가능하게 되었다. 산성과 염기성은 노 내의 분위기가 산화성인지 환원성인지에 따라 구분한다.

정답 5-1 ③ 5-2 ①

핵심이론 06 | 압연강판재

냉간압연 스테인리스 강판재의 종류는 다음과 같다(KS D 3698).

① 오스테나이트계
  ㉠ 종류의 기호 : STS201~STS350, STS869L, 890D
  ㉡ 입계부식을 방지하기 위해 고용화 열처리한다.
  ㉢ 열처리 후 기계적 성질
    • 항복강도 : 175~350[MPa]
    • 인장강도 : 450~674[MPa]
    • 연신율 : 약 40[%]

② 오스테나이트계・페라이트계
  ㉠ 종류의 기호 : STS329J1, STS329J3L, STS329J4L, STS329LD, STS329FLD
  ㉡ 입계부식을 방지하기 위해 고용화 열처리한다.
  ㉢ 열처리 후 기계적 성질
    • 항복강도 : 390~450[MPa]
    • 인장강도 : 590~620[MPa]
    • 연신율 : 18~30[%]

③ 페라이트계
  ㉠ 종류의 기호 : STS405~447(마텐자이트계 제외)
  ㉡ 안정화를 위해 어닐링 열처리를 한다.
  ㉢ 기계적 성질
    • 항복강도 : 175~295[MPa]
    • 인장강도 : 360~450[MPa]
    • 연신율 : 20~22[%]

④ 마텐자이트계
  ㉠ 종류의 기호 : STS403, STS410, STS410S STS420J1, STS429J2, STS440A
  ㉡ 안정화를 위해 어닐링 열처리를 한다.
  ㉢ 기계적 성질
    • 항복강도 : 205~245[MPa]
    • 인장강도 : 440~590[MPa]
    • 연신율 : 15~20[%]

⑤ 석출경화계
  ㉠ 종류의 기호 : STS630, STS631
  ㉡ 입계부식을 방지하기 위해 고용화 열처리한다.
  ㉢ 기계적 성질
    • 항복강도 : 725~1175[MPa]
    • 인장강도 : 930~1310[MPa]
    • 연신율 : 3~10[%]
    • STS631 S열처리 시 항복 : 380[MPa]
    • 연신율 : 20[%]

10년간 자주 출제된 문제

오스테나이트형 스테인리스강에 대한 설명으로 옳지 않은 것은?
① 내식성이 우수하다.
② 공식을 방지하기 위해 할로겐 이온의 고농도를 피한다.
③ 자성을 띠고 있으며, 18%Co와 8%Cr을 함유한 합금이다.
④ 입계부식 방지를 위하여 고용화처리를 하거나 Nb 또는 Ti을 첨가한다.

|해설|

오스테나이트는 비자성이고, 오스테나이트형 스테인리스강은 18%Cr, 8%Ni 정도를 함유하고 있다. 입계부식 방지를 위해 고용화처리를 하고 스테인리스는 계열에 상관없이 내식성이 우수하다.

정답 ③

| 핵심이론 07 | 탄소강

① 탄소강의 조직
  ㉠ 페라이트(ferrite, α고용체)
    • 상온에서 최대 0.025%C까지 고용되어 있다.
    • HB90 정도이며, 금속현미경으로 보면 다각형의 결정입자로 나타난다.
    • 다소 흰색을 띠며, 매우 연하고 전연성이 큰 강자성체이다.
  ㉡ 오스테나이트(austenite, γ고용체)
    • 보통 공정선 위에서 나타나고 최대 2.0%C까지 고용되어 있는 고용체이다.
    • 결정구조는 면심입방격자이며, 상태도의 A_1점 이상에서 안정적인 조직이다.
    • 상자성체이며 HB155 정도이고, 인성이 크다.
  ㉢ 시멘타이트(cementite, Fe_3C)
    • 6.67[%]의 C를 함유한 철탄화물이다.
    • 매우 단단하고 취성이 커서 부스러지기 쉽다.
    • 1,130[℃]로 가열하면 빠른 속도로 흑연을 분리시킨다.
    • 현미경으로 보면 희게 보이고 페라이트와 흡사하다.
    • 순수한 시멘타이트는 210[℃] 이상에서 상자성체이고, 그 이하의 온도에서는 강자성체이다. 이 온도를 A_0변태, 시멘타이트의 자기변태라고 한다.
  ㉣ 펄라이트(pearlite)
    • 0.8%C(0.77%C)의 γ고용체가 723[℃]에서 분해하여 생긴 페라이트와 시멘타이트의 공석정이며, 혼합 층상조직이다.
    • 강도와 경도가 높고(HB225 정도), 어느 정도 연성이 있다.
    • 현미경으로 보면 층상조직이 진주조개껍질처럼 보여 펄라이트라고 한다.

② 탄소강의 강괴
  ㉠ 금속제품을 만드는 원재료 또는 덩어리를 '괴', 원어로 '잉곳(ingot)'이라 하며, 금덩어리를 '금괴', 강덩어리를 '강괴'라고 한다.
  ㉡ 강괴는 탈산 정도에 따라 림드강, 킬드강, 세미킬드강, 캡드강으로 구분한다.
  ㉢ 림드(rimmed)강
    • 평로 또는 전로 등에서 용해한 강에 페로망간(Fe-Mn)을 첨가하여 가볍게 탈산시킨 후 주형에 주입한 것이다.
    • 주형에 접하는 부분의 용강이 더 응고되어 순도가 높은 층이 된다.
    • 탈산이 충분하지 않은 상태로 응고되어 Co가 많이 발생하고, 방출되지 못한 가스 기포가 많이 남아 있다.
    • 편석이나 기포는 제조과정에서 압착되어 결함은 아니지만, 편석과 질소 함유량이 많아서 품질이 좋은 강은 아니다.
    • 수축에 의해 버려지는 부분이 적어서 경제적이다.
  ㉣ 킬드(killed)강
    • 용융철 바가지(ladle) 안에서 강력한 탈산제인 페로실리콘(Fe-Si), 알루미늄 등을 첨가하여 충분히 탈산시킨 후 주형에 주입하여 응고시킨다.
    • 기포나 편석은 없으나 표면에 헤어크랙이 생기기 쉬우며, 상부의 수축공 때문에 10~20[%]는 잘라낸다.
  ㉤ 세미킬드(semikilled)강
    • 탈산의 정도를 킬드강과 림드강의 중간 정도로 한 것이다.
    • 상부에 작은 수축공과 약간의 기포만 존재한다.
    • 경제성과 기계적 성질이 중간 정도이고, 일반구조용 강, 두꺼운 판의 소재로 쓰인다.

ⓑ 캡드강(capped)
- 페로망간으로 가볍게 탈산한 용강을 주형에 주입한 후 다시 탈산제를 투입하거나 주형에 뚜껑을 덮고 비등교반운동(rimming action)을 조기에 강제적으로 끝마치게 한 것이다.
- 조용히 응고시킴으로써 내부를 편석과 수축공이 적은 상태로 만든 강이다.
- 화학적 캡드강과 기계적 캡드강으로 구분한다.

③ 탄소강의 성질
ⓐ 물리·화학적 성질
- 비중과 선팽창계수는 탄소 함유량이 증가함에 따라 감소한다.
- 비열, 전기저항, 보자력 등은 탄소 함유량이 증가함에 따라 증가한다.
- 탄소강의 내식성은 탄소량이 증가할수록 저하된다.
- 시멘타이트는 페라이트보다 내식성이 우수하지만, 페라이트와 시멘타이트가 공존하면 페라이트의 부식을 촉진시킨다.
- 탄소강은 알칼리에 거의 부식되지 않지만, 산에는 약하다. 0.2%C 이하의 탄소강은 산에 대한 내식성이 있으나, 그 이상의 탄소강은 탄소가 많을수록 내식성이 저하된다.

ⓑ 기계적 성질
- 아공석강에서는 탄소 함유량이 많을수록 강도와 경도가 증가하지만, 연신율과 충격값이 낮아진다.
- 과공석강에서는 망상 시멘타이트가 생기면서부터 변형이 잘 안 된다.
- 탄소 함유량이 많을수록 경도는 증가하나 강도가 감소되므로 냉간가공이 잘되지 않는다.
- 온도를 높이면 강도가 감소하면서 연신율이 올라간다.

ⓒ 청열취성(blue shortness) : 탄소강이 200~300[℃]에서 상온일 때보다 인성이 저하하여 취성이 커지는 특성이다.
ⓓ 적열취성(red shortness) : 황을 많이 함유한 탄소강이 약 950[℃]에서 인성이 저하하여 취성이 커지는 특성이다.
ⓔ 상온취성(cold shortness) : P을 많이 함유한 탄소강이 상온에서도 인성이 저하하여 취성이 커지는 특성이다.

10년간 자주 출제된 문제

7-1. 0.8%C를 고용한 탄소강을 800[℃]로 가열하였다가 서서히 냉각시켰을 때 나타나는 조직은?

① 펄라이트(pearlite)
② 오스테나이트(austenite)
③ 시멘타이트(cementite)
④ 레데부라이트(ledeburite)

7-2. S을 많이 함유한 탄소강에서 950[℃] 전후의 고온에서 발생하는 취성은?

① 청열취성　　② 불림취성
③ 적열취성　　④ 상온취성

|해설|

7-1
펄라이트(pearlite)
- 0.8%C(0.77%C)의 γ고용체가 723[℃]에서 분해하여 생긴 페라이트와 시멘타이트의 공석정이며, 혼합 층상조직이다.
- 강도와 경도가 높고(HB225 정도), 어느 정도 연성이 있다.
- 현미경으로 보면 층상조직이 진주조개껍질처럼 보여 펄라이트라고 한다.

7-2
① 청열취성 : 탄소강이 200~300[℃]에서 상온일 때보다 인성이 저하하여 취성이 커지는 특성
④ 상온취성 : 인을 많이 함유한 탄소강이 상온에서도 인성이 저하하여 취성이 커지는 특성

정답 7-1 ①　7-2 ③

핵심이론 08 | 주철

① 주철

㉠ 주철은 평형상태도에서 2.0~6.67%C Fe-C 합금이지만, 실제는 4.0[%] 이하로 한정한다. 주철 중 탄소는 용융 상태에서 전부 균일하게 용융되어 있으나 응고될 때 급랭하면 시멘타이트로, 서랭 시에는 흑연으로 석출한다.

㉡ 주철의 기계적 성질 : 경도가 높고, 인장강도는 다소 낮으며, 압축강도는 좋은 편이다. 취성이 있어 충격에 약하고, 조직 내 있는 흑연의 윤활제 역할로 인해 내마멸성이 높다. 절삭가공 시 흑연의 윤활작용으로 칩이 쉽게 파쇄되는 효과가 있다.

㉢ 고온에서 나타나는 성질
- 주철의 성장(growth of cast iron) : 주철조직의 시멘타이트는 고온에서 불안정한 상태이다. 주철이 450~600[℃]이 되면 Fe과 흑연이 분해하기 시작하여 750~800[℃]에서 $Fe_3C \rightarrow 3Fe + C$로 분해된다(시멘타이트의 흑연화(graphitizing)). A_1 변태점 이상의 온도에서 장시간 방치하거나 되풀이하여 가열하면 그 부피가 점차 증가된다.
- 주철은 400[℃]가 넘으면 내열성이 낮아진다.
- 주철의 주조성 : 고온 유동성이 높고, 냉각 후 부피 변화가 일어난다.
- 주철의 감쇠능 : 물체에 진동이 전달되면 흡수된 진동을 점차 작아지게 하는 능력이 있는데, 이를 진동의 감쇠능이라고 한다. 회주철은 감쇠능이 뛰어나다.

㉣ 흑연의 구상화 : 흑연의 함유량과 형태는 주철의 성질을 결정하는 데 큰 영향을 준다. 주철이 강에 비하여 강도와 연성 등이 나쁜 이유는 주로 흑연의 상이 편상으로 되어 있기 때문이다. 용융된 주철에 Mg, Ce, Ca 등을 첨가하여 흑연을 구상화하면 강도와 연성이 개선된다.

㉤ 마우러 조직도 : 세로축을 탄소 함유량, 가로축은 규소 함유량으로 하고, 두 성분관계에 따른 주철조직의 변화를 정리한 선도를 마우러 조직도라고 한다. 펄라이트 주철이 형성되는 탄소, 규소의 조합을 표시하여 질 좋은 펄라이트 주철의 조성영역을 찾는다.

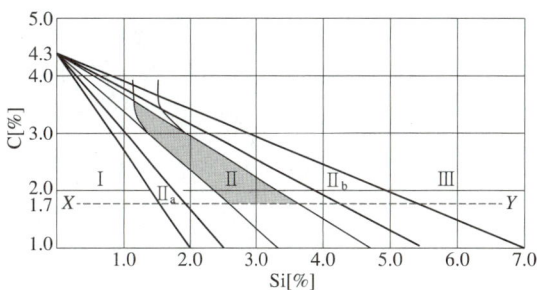

- Ⅰ : 백주철(펄라이트 + 시멘타이트)
- Ⅱ$_a$: 반주철(펄라이트 + 시멘타이트 + 흑연)
- Ⅱ : 펄라이트 주철(레데부라이트 + 펄라이트 + 흑연)
- Ⅱ$_b$: 회주철(펄라이트 + 흑연 + 페라이트)
- Ⅲ : 펄라이트 주철(펄라이트 + 흑연)

② 주철의 종류

㉠ 보통주철
- 주철의 조성 : 3.2~3.8%C, 1.4~2.5%Si, 0.4~1.0%Mn, 0.3~0.8%P, S < 0.06[%] 정도이다.
- 주철의 조직 : 주로 편상 흑연과 페라이트, 약간의 펄라이트로 구성되어 있다.
- 주철의 용도 : 기계가공성이 좋고 가격이 저렴해서 일반 기계의 부품, 수도관, 난방용품, 가정용품, 농기구 등에 쓰인다. 특히 공작기계의 베드(bed), 프레임(frame) 및 구조물의 몸체에 사용한다.

㉡ 고급주철 : 인장강도가 245[MPa] 이상인 주철이다(예 펄라이트 주철).
- 미하나이트주철 : 저탄소, 저규소의 주철을 용해하고, 주입 전에 Fe-Si(규소철) 또는 Ca-Si(칼슘-실리케이트)로 접종(inoculation)처리하여 흑연을 미세화시켜 강도를 높인 것이다. 연성과 인성이 매우 크며, 두께 차에 의한 성질의 변화가 아주 작다. 피스톤링 등에 적용한다.

- 합금주철 : 고합금계와 저합금계, 페라이트계, 마텐자이트계, 오스테나이트계, 베이나이트계로 구분한다.
  - 고력 합금주철 : 0.5~2.0%Ni을 첨가하거나 약간의 Cr, Mo을 배합하여 강도를 높인 것이다.
  - 니켈-크로뮴계 주철 : 기계구조용으로 가장 많이 사용하며 강인성, 내마멸성, 내식성, 절삭성이 있다.
  - 침상주철 : 1~1.5%Mo, 0.5~4.0%Ni, 별도의 Cu, Cr을 소량 첨가한다. 흑연조직이 편상 흑연이나 베이나이트 침상조직으로 된 것이다. 인장강도 440~637[MPa], HB300를 가진다.
- 내마멸주철 : C 및 Si 함유량을 높여 흑연을 조대화시켜 흑연의 윤활작용을 이용한다. 애시큘러주철은 내마멸용 주철로 보통주철에 Mo, Mn, 소량의 Cu 등을 첨가하여 강인성과 내마멸성이 높아 크랭크축, 캠축, 실린더 등에 쓰인다.
- 내열주철
  - 니크로실랄(Nicrosilal, Ni-Cr-Si 주철)은 오스테나이트계 주철이다. 고온에서 성장현상이 없고 내산화성이 우수하며, 강도가 높다. 열충격에 좋고 내열성은 950[℃](일반적으로 400[℃])이다.
  - 니레지스트(Niresist, Ni-Cr-Cu 주철)은 오스테나이트계로, 500~600[℃]에서 안정성이 좋아 내열주철로 많이 사용한다. 고크로뮴주철은 내산화성이 우수하고, 성장이 작다. 강도도 높아 14~17%Cr은 1,000[℃]에서도 견딘다.
- 내산주철 : 회주철은 백주철보다 산류에 약하지만, 내산주철은 흑연이 미세하거나 오스테나이트계이므로 내산성을 갖는다.

ⓒ 특수용도 주철
- 가단주철 : 주철의 결점인 여리고 약한 인성을 개선하기 위하여 먼저 백선철의 주물을 만들고, 이것을 장시간 열처리하여 탄소의 상태를 분해 또는 소실시켜 인성 또는 연성을 증가시킨 주철이다. 가단주철은 주강과 같은 정도의 강도를 가지며, 주조성과 피삭성이 좋고, 대량 생산에 적합해 자동차 부품, 파이프 이음쇠 등의 대량 생산에 많이 이용된다. 적은 양의 규소는 다소 경도와 인장강도를 증가시키고, 함유량이 많아지면 내식성과 내열성을 증가시키며, 전자기적 성질을 개선한다.
- 백심가단주철 : 파단면이 흰색을 나타낸다. 백선 주물을 산화철 또는 철광석 등의 가루로 된 산화제로 싸서 900~1,000[℃]의 고온에서 장시간 가열하면 탈탄반응에 의하여 가단성이 부여되는 과정을 거친다. 이때 주철 표면의 산화가 빨라지고, 내부의 탄소 확산 상태가 불균형을 이루게 되면 표면에 산화층이 생긴다. 강도는 흑심가단주철보다 다소 높으나 연신율이 작다.
- 흑심가단주철 : 표면은 탈탄되어 있고, 내부는 시멘타이트가 흑연화되었을 뿐이지만, 파단면이 검게 보인다. 백선 주물을 풀림상자 속에 넣어 풀림로에서 가열하고, 2단계의 흑연화처리를 행하여 제조한다. 흑심가단주철의 조직은 페라이트 중에 미세 괴상 흑연이 혼합된 상태로 나타난다.
- 펄라이트 가단주철 : 입상 펄라이트 조직으로 되어 있다. 흑심가단주철을 제2단계 흑연화처리 중 제1단계 흑연화처리만 한 다음 500[℃] 전후로 서랭하고, 다시 700[℃] 부근에서 20~30시간 유지하여 필요한 조직과 성질로 조절한 것으로, 조직은 흑심가단주철과 거의 같다. 뜨임된 탄소와 펄라이트가 혼재되어 있어서 인성은 약간 떨어지지만, 강력하고 내마멸성이 좋다.

- 구상흑연주철 : 흑연을 구상화한 것으로 노듈러 주철, 덕타일 주철 등으로도 불린다.
- 칠드주철 : 보통주철보다 규소 함유량을 적게 하고, 적당량의 망간을 가한 쇳물을 주형에 주입할 때 경도를 필요로 하는 부분에만 칠 메탈(chill metal)을 사용하여 빨리 냉각시키면 그 부분의 조직만 백선화되어 단단한 칠층이 형성된다. 이를 칠드(chilled)주철이라고 한다.

③ 주강

㉠ 특징
- 주조법에 의해 용강을 주형에 주입하여 만든 강 제품을 주강품이라 한다. 주강품은 압연재나 단조품과 같은 수준의 기계적 성질을 가지고 있어 주철 주물과 유사한 방법으로 제품을 얻을 수 있다. 주철에 비해 용융점이 고온이며, 이에 따라 수축률도 커서 주조가 어렵다.
- 주철에 비해 기계적 성질이 우수하고 용접에 의한 보수도 용이해서 형상이 큰 제품이나 단조 등을 적용하기 힘든 제품, 주철로는 원하는 성질을 얻을 수 없는 제품 등에 사용한다.

㉡ 종류
- 탄소주강 : 저탄소주강(0.2%C 이하), 중탄소주강(0.2~0.5%C), 고탄소주강(0.5%C 이상)이 있다. 연신율은 중탄소영역에서 가장 높고, 인장강도와 내력은 고탄소로 갈수록 높다.
- 합금주강 : 중탄소주강의 범주에서 비철금속을 합금하여 만든다.
  - 니켈주강 : 연신율 저하가 방지되고, 강인성을 높이며 내마멸성이 향상된다.
  - 크로뮴주강 : 3%Cr 이하로 첨가하면, 강도와 내마멸성이 증가한다.
  - 니켈-크로뮴주강 : 저합금주강이다. 강도가 크고 인성이 양호하며, 피로한도와 충격값이 크다.
  - 망간주강 : Mn 펄라이트계로, 열처리 후 제지용 롤에 이용한다.
  - 해드필드강 : 0.9%C, 11~14%Mn 함유된 고망간주강이다. 레일의 포인트, 분쇄기 롤, 착암기의 날 등 광산 및 토목용 기계 부품에 사용한다.

㉢ 주강의 열처리 : 주강품은 조직이 억세고 메지기 때문에 주조 후 반드시 풀림처리를 시행하여 조직을 미세화하고 응력을 제거한다. 보통주강은 주입 후 냉각속도가 빠르면 페라이트가 그물 모양으로 석출(망상조직)되고, 냉각속도가 느리면 불균일한 급랭 상태의 조직인 비트만 스텐 조직이 생기므로 반드시 열처리한 후 사용한다.

10년간 자주 출제된 문제

8-1. 주철에 대한 설명으로 옳지 않은 것은?
① 흑연이 많으면 그 파단면이 회색을 띤다.
② 600[℃] 이상의 온도에서 가열 및 냉각을 반복하면 부피가 감소하여 파열을 저지한다.
③ 주철 중에 전 탄소량은 흑연과 화합탄소를 합한 것이다.
④ C와 Si의 함량에 따른 주철의 조직관계를 나타낸 것을 마우러 조직도라고 한다.

8-2. 주강품에 대한 설명으로 옳지 않은 것은?
① 용접에 의한 보수가 용이하다.
② 주조 후에는 반드시 풀림을 실시하여 주조응력을 제거한다.
③ 주조방법에 의하여 용강을 주형에 주입하여 만든 강제품을 주강품이라 한다.
④ 중탄소주강은 탄소의 함유량이 약 0.1~0.15%C 범위이다.

8-3. 주철의 성질에 대한 설명으로 옳은 것은?
① C, Si 등이 많을수록 용융점은 높아진다.
② C, Si 등이 많을수록 비중은 작아진다.
③ 흑연편이 클수록 자기감응도는 좋아진다.
④ 주철의 성장원인으로 마텐자이트의 흑연화에 의한 수축이 있다.

10년간 자주 출제된 문제

8-4. 표면은 단단하고 내부는 인성을 가지고 주철로 압연용 롤, 분쇄기 롤, 철도 차량 등 내마멸성이 필요한 기계 부품에 사용되는 것은?

① 회주철
② 칠드주철
③ 구상흑연주철
④ 펄라이트주철

| 해설 |

8-1
주철의 성장 : 주철조직의 시멘타이트는 고온에서 불안정한 상태이다. 주철이 450~600[℃]이 되면 Fe과 흑연이 분해하기 시작하여 750~800[℃]에서 $Fe_3C \rightarrow 3Fe + C$로 분해된다(시멘타이트의 흑연화(graphitizing)). A_1 변태점 이상의 온도에서 장시간 방치하거나 다시 되풀이하여 가열하면 그 부피가 점차 증가된다.

8-2
탄소주강 : 저탄소주강(0.2%C 이하), 중탄소주강(0.2~0.5%C), 고탄소주강(0.5%C 이상)이 있다. 연신율은 중탄소영역에서 가장 높고, 인장강도와 내력은 고탄소로 갈수록 높다.

8-3
마우러 조직도 : 세로축을 탄소 함유량, 가로축을 규소 함유량으로 하고, 두 성분관계에 따른 주철조직의 변화를 정리한 선도이다. 펄라이트 주철이 형성되는 탄소, 규소의 조합을 표시하여 질 좋은 펄라이트 주철의 조성영역을 찾는다. 마우러 조직도에 따르면 C, Si가 적을수록 비중이 높은 백주철로, 많을수록 비중이 작은 페라이트주철로 조직이 변해간다.

8-4
칠드주철 : 보통주철보다 규소 함유량을 적게 하고, 적당량의 망간을 가한 쇳물을 주형에 주입할 때 경도를 필요로 하는 부분에만 칠 메탈(chill metal)을 사용하여 빨리 냉각시키면 그 부분의 조직만 백선화되어 단단한 칠층이 형성된다. 이를 칠드(chilled)주철이라고 한다.

정답 8-1 ② 8-2 ④ 8-3 ② 8-4 ②

핵심이론 09 | 철강

① **철강재료**

㉠ 강도, 경도, 인성 등의 기계적 성질이 우수하고, 열처리를 통해서 재료의 성질을 개선시킬 수 있어 널리 쓰인다.

㉡ 순철은 너무 물러서 기계재료로 사용하지 않는다.

㉢ 탄소강 및 합금강은 기계적 성질이 우수하고, 가공성이 좋아 압연, 단조 등의 소성가공 또는 절삭가공을 하여 사용한다.

② **탄소강(carbon steel)의 종류**

> 모든 종류의 강재를 교재에 수록하기에는 분량이 너무 많으므로 대략의 내용을 유추가 가능하도록 학습하고 문제가 나올 때마다 구체적인 강종(鋼種)에 대해 익혀 둔다.

㉠ 일반구조용 압연강재(SS재) : 최저 인장강도에 따라 5종(SS235, 275, 315, 410, 450)이 규정되어 있고, SS275가 가장 많이 사용된다. 특별한 기계적 성질이 필요하지 않은 구조물에 사용한다.

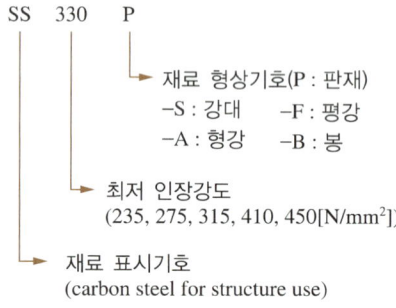

[일반구조용 압연강재의 표시방법]

㉡ 기계구조용 탄소강(SM재) : 0.1~0.58%C의 탄소 함유량에 따라 SM10C~SM58C가 있고, 침탄 표면 경화용으로는 SM9CK, SM15CK, SM20CK가 있다. 탄소 함유량이 증가함에 따라 항복강도와 인장강도, 경도가 증가하고 담금질성이 좋아지며, 연신율은 감소한다. 각종 기계류의 부품용 재료 및 구조용재로 열처리하여 사용한다.

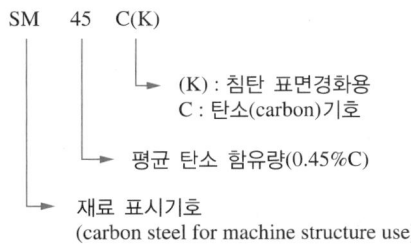

[기계구조용 탄소강의 표시방법]

ⓒ 탄소공구강 강재(STC재) : 0.6~1.5%C의 고탄소강으로 탄소 함유량에 따라 STC60~STC140이 있다. 탄소량이 적은 공구강은 인성이 필요한 공구에, 탄소량이 많은 공구강은 절삭능력, 경도, 내마모성이 요구되는 절삭공구, 게이지(gauge), 수공구, 치공구, 금형 등에 사용한다. STC강재는 합금공구강이나 고속도공구강 등 다른 공구강에 비하여 성능이 떨어지지만, 가격이 저렴해서 저급의 용도에 널리 사용된다.

ⓔ 단강(SF재) : 탄소강 단조제품을 만들기 위한 재료를 단강(forged steel)이라 하고, 인장강도에 따라 SF340A~SF590A가 있다. 불림, 풀림 또는 담금질-뜨임처리를 해서 사용한다. SF440A 이하는 기계구조용 부품, 핀, 레버, 핸들 등에 사용하며, SF 490A, SF540A는 축, 볼트, 너트, 키, 클램프 등에 사용된다.

ⓜ 주강(SC재) : 주철로는 강도가 부족할 때 탄소강 주조제품을 만들기 위한 재료를 주강(cast steel)이라고 한다. 인장강도에 따라 SC360~SC480이 있고, 강도를 요구하는 주물품에는 SC450, SC480을 많이 사용한다.

ⓗ 열간금형용재료 : SKT4계와 STD61계를 많이 사용한다. SKT4계는 내충격성을 고려하여 단조 등에 사용하고, STD61계는 강도, 내마모성, 내열성 등을 고려하여 열간소성가공 등에 사용한다. 또한, 프레스 금형에는 SKD11, S45C, S20C 등을 사용하고, 사출에는 S45C 외에도 SK3, SKD61 등을 사용한다.

ⓢ 규소강 : 규소가 1~5[%] 함유된 강이다. 다른 불순물이 적고 전자기 특성을 의도하여 생산하며 회전기, 변압 등의 철심 등에 사용한다. 자기특성에 따라 방향성 강판, 무방향성 강판으로 구분한다.

③ 탄소강의 표준조직
  ㉠ $Fe-Fe_3C$ 평형상태도를 참조한다.
  ㉡ 공석강은 페라이트(α 고용체)와 시멘타이트(Fe_3C)가 동시에 석출되어 층층이 쌓인 펄라이트(pearlite)라는 독특한 조직을 갖는다. 따라서 0.8%C 이하의 탄소강은 페라이트(α 고용체) + 펄라이트의 조직으로 0.8%C 이상의 탄소강은 펄라이트 + 시멘타이트의 조직이라고 본다.

④ 탄소강의 5대 불순물과 기타 불순물
  ㉠ C : 강도, 경도, 연성, 조직 등에 전반적인 영향을 미친다.
  ㉡ Si : 페라이트 중 고용체로 존재하며, 단접성과 냉간가공성을 해친다(0.2[%] 이하로 제한).
  ㉢ Mn : 강도와 고온가공성을 증가시키고, 연신율 감소를 억제한다. 주조성과 담금질효과가 향상되며, 적열취성을 일으키는 황화철(FeS) 형성을 막아 준다.
  ㉣ P : 인화철 편석으로 충격값을 감소시켜 균열을 유발하고, 연신율이 감소하며, 상온취성을 유발시킨다.
  ㉤ S : 황화철을 형성하여 적열취성을 유발하지만 절삭성을 향상시킨다.
  ㉥ 기타 불순물
    • Cu : Fe에 매우 적은 양이 고용되며, 열간가공성을 저하시키고, 인장강도와 탄성한도는 높여 주며 부식에 대한 저항도 높여 준다. 다른 개재물은 열처리 시 균열을 유발할 수 있다.
    • 산화철, 알루미나, 규사 등은 소성가공 중 균열 및 고온메짐을 유발할 수 있다.

10년간 자주 출제된 문제

9-1. 탄소강에 함유된 인(P)의 영향에 대한 설명으로 옳은 것은?

① 경도를 감소시킨다.
② 결정립을 미세화시킨다.
③ 연신율을 증가시킨다.
④ 상온취성의 원인이 된다.

9-2. 다음 중 탄소 함유량이 가장 많은 강종은?

① SM25C
② SKH51
③ STC105
④ STD11

|해설|

9-1

탄소강의 5대 불순물
- C : 강도, 경도, 연성, 조직 등에 전반적인 영향을 미친다.
- Si : 페라이트 중 고용체로 존재하며, 단접성과 냉간가공성을 해친다(0.2[%] 이하로 제한).
- Mn : 강도와 고온가공성을 증가시키고, 연신율 감소를 억제한다. 주조성과 담금질효과가 향상되며, 적열취성을 일으키는 황화철(FeS) 형성을 막아 준다.
- P : 인화철 편석으로 충격값을 감소시켜 균열을 유발하고, 연신율이 감소하며, 상온취성을 유발시킨다.
- S : 황화철을 형성하여 적열취성을 유발하지만, 절삭성을 향상시킨다.

9-2

④ STD11(냉간금형용 강) : 1.40~1.60%C
① SM25C : 0.25%C
② SKH51(고속도공구강(하이스)) : 0.80~0.88%C
③ STC105(실린더 튜브용 탄소강관, Steel Tube Cylinder) : 1.05%C

정답 9-1 ④ 9-2 ④

핵심이론 10 | 합금강, 비철금속

① 알루미늄과 그 합금

㉠ 알루미늄의 성질
- 물리적 성질

비중(20[℃])	2.70
용융점[℃]	660.2
선팽창계수(20~100[℃])	23.68×10^{-6}
비열[cal/g]	0.2226
전기전도[%]	64.94
전기 비저항[$\mu\Omega \cdot cm$]	2.6548
저항온도계수(상온)	0.00429

- 알루미늄의 부식성 : 공기 중과 물에서 천천히 산화하고, 산화된 피막을 알루미나라고 한다. 알루미나는 부식을 막는 피막역할을 하지만, 바닷물(해수)에는 쉽게 부식된다. 염산, 황산, 알칼리 등에도 잘 부식된다. 이를 해결하기 위해 주로 양극산화처리로 피막을 형성하며 수산법, 황산법, 크로뮴산법이 있다.

㉡ 알루미늄 합금
- 알코아 : 주물용 Cu계 합금으로 Mg을 0.2~1.0[%] 첨가하여 내열기관의 크랭크 케이스, 브레이크 등에 사용한다.
- 라우탈 합금 : 알루미늄에 구리 4[%], 규소 5[%]를 가한 주조용 알루미늄 합금으로, 490~510[℃]로 담금질한 후 120~145[℃]에서 16~48시간 뜨임을 하면 기계적 성질이 좋아진다. 적절한 시효경화를 통해 두랄루민과 같은 강도를 만들 수도 있다. 자동차, 항공기, 선박 등의 부품재로 공급된다.
- 실루민(또는 알팍스)
  - Al에 Si를 11.6[%] 첨가한 합금이다. 공정점은 577[℃]이다.
  - 이 합금에 Na, F, NaOH, 알칼리 염류를 용탕에 넣어 처리하면 조직이 미세화되고, 공정점

도 조정되는데 이를 개량처리라고 한다. 주조용 알루미늄을 다이캐스팅하면 개량처리가 필요 없다.
 - 실용 합금은 10~13%Si가 함유된 실루민으로 용융점이 낮고, 유동성이 좋아 얇고 복잡한 주물에 적합하다.
- 하이드로날륨 : Mn을 함유한 Mg계 알루미늄 합금이다. 주조성은 좋지 않지만, 비중이 작고 내식성이 매우 우수하여 선박용품, 건축용 재료에 사용된다. 내열성이 좋지 않아 내연기관에는 사용하지 않는다.
- Y 합금 : 4%Cu, 2%Ni, 1.5%Mg 등을 함유하는 Al 합금이다. 고온에 강한 모래형 또는 금형 주물 및 단조용 합금이다. 경도가 적당하고 열전도율이 크며, 고온에서 기계적 성질이 우수하다. 내연기관용 피스톤, 공랭 실린더 헤드 등에 널리 쓰인다.
- Alloy사의 히듀미늄(hiduminium)계 여러 합금이 있으며 그중 RR50, RR53은 Cu와 Ni을 Y 합금보다 적게 하고, 대신 Fe, Ti을 약간 함유한다. 주조성이 좋아 실린더 블록, 크랭크 케이스 등 대형 주물과 강도가 큰 실린더 헤드에 사용한다.
- 코비탈륨 : Y 합금의 일종으로 Ti과 Cu를 0.2[%] 정도씩 첨가한 합금으로 피스톤의 재료이다.
- Lo-Ex 합금 : 팽창률이 낮은(low expansion) 합금이다. 0.8~0.9%Cu, 1.0%Mg, 1.0~2.5%Ni, 11~14%Si, 1.0%Fe 등을 함유하고 내열성과 내마멸성이 좋다. 피스톤용으로 쓰인다.
- 두랄루민 : 단련용 Al 합금으로, Al-Cu-Mg계이다. 4%Cu, 0.5%Mg, 0.5%Mn으로 구성된 시효경화성 Al 합금이다. 가볍고 강도가 커서 항공기, 자동차, 운반기계 등에 사용된다. 초두랄루민은 보통 두랄루민에서 Mg을 다소 증가시킨 것이고, 초초두랄루민은 인장강도를 530[MPa] 이상으로 향상시킨 것이다. 알코아 75S 가속하며 Al-Mg-Zn계에 균열 방지로 Mn, Cr을 첨가하고, 석출경화의 과정을 거친다.

> **더 알아보기**
>
> **용체화처리** : 금속재료를 적정 온도로 가열하여 단상의 조직을 만든 후 급랭시켜 단상의 과포화 고용체를 만드는 것이다. 용체화처리를 이해하기 위해서는 금속이 온도에 따른 불순물의 함유량이 달라지는 것을 알아야 한다. 상온에서 가질 수 없는 함유량을 갖게끔 처리하여 시효경화를 실시한다. 반드시 그렇지는 않지만 시효경화 전 단계로 이해하면 쉽다.
>
> **시효경화** : 시간이 지남에 따라 경화가 일어나는 현상으로, 연하고 연성이 있는 기지 내에 아주 미세한 정합 석출물의 균일한 분산을 일으키는 일련의 상변태에 의해 생긴다. 비교적 간단한 열처리로 밀도 변화 없이 금속재의 항복강도를 증가시킬 수 있다는 이점이 있다. 다만, 한정된 온도 변위에서만 가능하다.

- 알민(almin) : 내식용 알루미늄 합금으로 1~1.5% Mn 함유한다. 가공 상태에서 비교적 강하고 내식성의 변화도 없다. 저장탱크, 기름탱크 등에 사용한다.
- 알드리 : Al-Mg-Si계 합금으로, 상온가공과 고온가공이 가능하다. 내식성이 우수하고 전기전도율이 좋으며, 비중이 낮아서 송전선 등에 사용한다.
- 알클래드(alclad) : 두랄루민에 Al 또는 Al 합금을 피복한 것으로, 강도와 내식성을 증가시킨다.
- SAP(Al 분말소결체) : 특수한 방법으로 제조한 알루미나 가루와 알루미늄 가루를 압축성형하고, 소결한 후 열간에서 압출가공한 일종의 분산강화형 합금이다. 500[℃]까지 재결정의 연화 없이 내산화성과 고온강도가 우수하며, 열과 전기전도율, 내식성이 좋아 피스톤, 블레이드 등에 사용된다.

ⓒ 알루미늄 합금의 질별 기호

기본기호	정의	뜻
F[a]	제조한 그대로의 것	• 가공경화 또는 열처리에 대하여 특별한 조정을 하지 않는 제조공정에서 얻어진 그대로의 것
O	어닐링한 것	• 전신재에 대해서는 가장 부드러운 상태를 얻도록 어닐링한 것 • 주물에 대해서는 연신의 증가 또는 치수 안정화를 위하여 어닐링한 것
H[b]	가공경화한 것	• 적절하고, 부드럽게 하기 위한 추가 열처리의 유무에 관계없이 가공경화에 의해 강도를 증가한 것
W	용체화처리한 것	• 용체화 열처리 후 상온에서 자연시효하는 합금에만 적용하는 불안정한 질별
T	열처리에 의해 F, O, H 이외의 안정한 질별로 한 것	• 안정한 질별로 하기 위하여 추가 가공경화의 유무에 관계없이 열처리한 것

[a] : 전신재에 대해서는 기계적 성질을 규정하지 않는다.
[b] : 전신재에만 적용한다.

② 구리와 그 합금

㉠ 구리의 성질
- 물리적 성질

구분	물리량	구분	물리량
밀도 (20[°C], [g/cm³])	8.89	열팽창률 ($\times 10^{-6}$[°C])	16.8
용융점[°C]	1,083	용융 숨은열[cal/g]	48.9
끓는점[°C]	2,595	열전도율([cal/cm², 10[m/s/°C])	0.934
응고점[°C]	1,065	도전율(IACS)	약 101
비열[cal/g·°C]	0.092	저항[$\mu\Omega \cdot cm$]	1.71

- Cu는 전기전도율과 열전도율이 높고 내식성이 우수하며, 가공성이 양호할 뿐만 아니라 인장강도도 크다. 용접 등에 적당하고 아연, 주석과 합금하여 기계 부품으로도 활용도가 높다. 이러한 성질 때문에 철보다 먼저 폭넓게 사용된 금속이다. 기계적 성질은 합금에 따라 많이 다르며, 기본적으로 면심입방격자 구조를 갖는다. 화학적으로 CO_2가 있는 공기 중에서 $CuCO_3$가 생겨 녹청색을 띤다. 해수에는 부식되고, 묽은 황산이나 염산에는 서서히 용해된다.

㉡ 구리의 종류
- 전기구리 : 전기분해에 의해 얻어지는 순도 높은 구리이다.
- 전해인성구리 : 99.9%Cu 이상이고, 0.02~0.05[%]의 O_2를 함유하며 선, 봉, 판 및 스트립 등을 제조하는 데 사용한다.
- 무산소구리 : O_2나 탈산제를 품지 않는 구리로 O_2 함유량은 0.001~0.002[%] 정도이다. 전도성이 좋고 수소 메짐성이 없으며, 가공성이 우수하여 전자기기에 사용한다.
- 탈산구리 : 용해 때 흡수한 O_2를 P으로 탈산하여 O_2는 0.01[%] 이하가 되고, 잔류 P의 양은 0.02[%] 정도로 조절한다. 환원기류 중에서 수소 메짐성이 없고 고온에서 O_2를 흡수하지 않으며 연화온도도 약간 높아 용접용으로 적합하다.

㉢ 황동 합금 : Cu와 Zn의 합금이다. Cu에 비하여 주조성, 가공성 및 내식성이 좋고 가격이 저렴하며 색깔이 아름다워 공업용으로 많이 사용한다. 일반적으로 40%Zn이나 높은 온도에서 Zn이 탈출하는 현상이 발생할 수 있다(고온 탈아연).
- 문쯔메탈 : 영국인 Muntz가 개발한 합금으로 6-4 황동이다. 적열하면 단조할 수 있어서 가단황동이라고도 한다. 배의 밑바닥에 피막을 입히거나 그 외 해수에 직접 닿을 수 있는 장소의 볼트 및 리벳 등에 사용된다.
- 탄피황동 : 7-3 Cu-Zn 합금으로 강도와 연성이 좋아 딥드로잉(deep drawing)용으로 사용된다.
- 톰백(tombac) : 8~20[%]의 아연을 구리에 첨가한 구리 합금이다. 황동 중에서 가장 금빛에 가까우며, 소량의 납을 첨가하여 가격이 저렴한 금색 합금을 만든다. 특히, 금종이의 대용품으로서 서적의 금박 입히기, 금색 인쇄에 사용한다.

- 납황동(leaded brass) : 황동에 1.5~3.7[%]의 납을 첨가하여 절삭성을 좋게 한 것으로, 쾌삭황동(free cutting brass)이라 한다. 쾌삭황동은 정밀 절삭가공이 필요한 시계나 계기용 기어, 나사 등의 재료로 쓰인다.
- 주석황동(tin brass) : 주석은 탈아연 부식을 억제하기 때문에 황동에 1[%] 정도의 주석을 첨가하면 내식성 및 내해수성이 좋아진다. 황동은 주석 함유량의 증가에 따라 강도와 경도는 상승하지만, 고용 한도 이상 넣으면 취약해지므로 인성이 필요할 때는 0.7%Sn이 최대 첨가량이다.
- 애드미럴티 황동 : 7-3 황동에 Sn을 넣은 것으로, 70%Cu-29%Zn-1%Sn이다. 전연성이 좋아 관 또는 판을 만들어 복수기, 증발기, 열교환기 등의 관에 이용한다.
- 네이벌 황동(naval brass) : 6-4 황동에 Sn을 넣은 것으로, 62%Cu-37%Zn-1%Sn이다. 판, 봉 등으로 가공되어 복수기판, 용접봉, 밸브대 등에 이용한다.
- 알루미늄 황동 : 고온가공으로 관을 만들어 복수기관, 급수가열기, 열교환기 관, 증류기 관 등으로 이용한다. 대표적으로 알브락(albrac)이 있다.
- 규소황동(silzin bronze) : 10~16%Zn 황동에 4~5%Si를 넣은 것으로 주물을 만들기 쉽다. 내해수성이나 강도가 우수하고 가격이 저렴해서 선박 부품 등의 주물에 사용된다.
- 망간황동 : 6-4 황동에 Mn, Fe, Al, Ni 및 Sn 등을 첨가한 합금으로, 청동과 유사하여 Mn청동이라고도 한다. 화학약품에 약하고 탈아연이 쉬우며, 내해수성은 비교적 크다. 프로펠러, 선박 기계의 부품, 피스톤, 밸브 등에 많이 사용된다.
- 니켈황동 : 양은 또는 양백이라고도 하며, 7-3 황동에 7~30%Ni을 첨가한 것이다. 예로부터 장식용, 식기, 악기, 기타 Ag 대용으로 사용되었고, 탄성과 내식성이 좋아 탄성재료, 화학기계용 재료에 사용된다. 30%Zn 이상이면 냉간가공성은 저하되지만, 열간가공성이 좋아진다.
- 델타메탈 : 6-4 황동에 1[%] 내외의 철을 첨가한 것으로 주조재, 가공재로 사용된다.

ㄹ 청동 합금
- 청동 : Cu-Sn 합금 또는 Sn의 일부를 다른 원소로 바꾼 것을 의미하며, Sn 대신 Al이나 Si를 넣은 것도 청동이라고 한다. 황동보다 강하고 가벼우며, 내식성이나 마찰저항이 크다. 주조성이 좋고 광택이 있어 고대부터 가구, 장신구, 동상, 종, 무기, 스프링, 기계 부품, 베어링 재료, 미술 공예품 등으로 널리 사용한다.
- 포금 : 기계용 청동으로 기어, 밸브, 콕, 부싱, 플랜지, 프로펠러 등에 사용한다.
- 애드미럴티 포금 : 88%Cu-10%Sn-2%An을 함유하며 물에 대한 내압력이 크다. 열처리 후 연성도 증가시킬 수 있다.
- 베어링용 청동 : 10~14% Sn청동으로 경도가 크다. 특히, 내마멸성이 커서 베어링, 차축 등에 사용된다. 특히 5~15% Pb을 첨가한 것은 윤활성이 우수하여 철도 차량, 공작기계, 압연기 등의 고압용 베어링에 적당하다.
  - 켈밋(kelmet) : 28~42%Pb, 2[%] 이하의 Ni 또는 Ag, 0.8[%] 이하의 Fe, 1[%] 이하의 Sn을 함유하고 있으며 고속 회전용 베어링, 토목·광산기계에 사용한다.
  - 소결 베어링용 합금 : Cu 분말에 8~12%Sn 분말과 4~5[%] 흑연 분말을 배합하여 압축성형하여 소결한다. 오일리스 베어링이라고도 한다.

- 인청동 : Sn 청동 주조 시 P을 0.05~0.5[%] 남게 하여 용탕의 유동성을 개선하고, 합금의 경도와 강도를 증가시킨다. 내마멸성과 탄성을 개선한 합금이다.
- 니켈청동 : Ni을 함유한 Cu-Sn 합금으로, Cu와 Ni에 다시 Al이나 Fe, Mn 등을 첨가한 합금이다. 이로 인하여 점성이 강하고, 내식성도 크며, 표면이 평활한 합금이 된다.
- 규소청동 : Si는 탈산제로 첨가되었으며 잉여 Si가 있는 청동을 규소구리, 규소청동이라고 한다. Si는 합금의 강도를 증가시킬 뿐만 아니라 내식성도 크게 한다. 또한, Cu의 전기저항을 크게 하지 않고, 강도를 현저히 증가시켜 Cu-Si 합금은 전신 전화선 또는 전차의 트롤리선으로 사용한다.
- 베릴륨 청동 : Cu에 2~3%Be을 첨가하여 시효경화성이 강력한 구리 합금이다. 가장 큰 강도와 경도를 얻을 수 있으며 내식성, 도전성, 내피로성, 베어링, 스프링, 전기 접점 및 전극재료로 쓰인다.
- 망간청동 : 20%Mn 정도이며 보일러 연소실 재료, 증기관, 증기밸브, 터빈 날개 등에 사용한다. 망가닌(Manganin)은 전기저항 온도계수가 작아 정밀 계기 부품에 많이 사용한다.
- 코슨합금 : 금속간 화합물 Ni_2Si의 시효경화성 합금이다. 열처리 후 인장강도가 개선되고 전도율이 커서 통신선, 스프링 등에 사용한다.
- 타이타늄 청동 : 고강도 합금이며 내열성이 좋지만, 도전율이 낮다.

③ 기타 비철금속과 합금

㉠ 마그네슘 합금 : 비중(1.74) 대 강도 비가 커서 항공기, 자동차 등에 사용된다. 주조용과 단조용이 있다. 대표적인 합금으로 일렉트론(독일, Mg-Al계, Zn, Mn 첨가)과 다우메탈(미국, Mg-Al계, Zn, Mn, Cu, Cd 첨가)이 있고, Mg-Al 합금인 내식성의 개선방법으로 소량의 Mn을 첨가한 것으로 Zn의 함량이 어느 정도 이상이 되면 주조성을 해친다. 일반적으로 Al을 10[%] 정도까지 첨가한 것과 여기에 Zn을 첨가한 것을 사용한다.

㉡ 주물용 마그네슘 합금 용해 시 주의사항
- 고온에서 산화하기 쉽고, 연소하기 쉬우므로 산화방지책이 필요하다.
- 수소가스를 흡수하기 쉬우므로 탈가스처리를 해야 한다.
- 주물 조각을 사용할 때는 모재를 잘 제거하여야 한다.
- 주조조직 미세화를 위하여 용탕온도를 적당히 조절해야 한다.

㉢ Mg-RE계 합금 : 미시메탈(52%Ce-18%Nd-5%Pr-1%Sn-24%La), 다이디뮴(미시메탈에서 Ce 제외)

㉣ Ni-Cu계 합금 : 콘스탄탄(55~60%Cu), 어드밴스(54%Cu-1%Mn-0.5%Fe), 모넬메탈(60~70%Ni), K모넬(고온에서 압연뜨임하여 인장강도 개선), R모넬, KR모넬(쾌삭성), H모넬, S모넬(경화성 및 강도)

㉤ Ni-Cr계 합금 : 내식성과 내마멸성, 강도와 경도 등이 개선되며 스테인리스강의 주요 합금으로 사용된다. 크로멜은 Ni에 Cr을 첨가한 합금이고, 알루멜은 Ni에 Al을 첨가한 합금으로 크로멜-알루멜을 이용하여 열전대를 형성한다.

㉥ Ni-Fe계 합금 : 인바(invar, 불변강 표준자 등에 사용), 엘린바(elinvar, 36%Ni-12%Cr-나머지 Fe, 각종 게이지 등에 사용), 플래티나이트(platinite, 열팽창계수가 백금과 유사하고, 전등의 봉입선에 사용한다), 니칼로이(nicalloy, 50%Ni-50%Fe로 구성되며 초투자율, 포화자기, 저출력 변성기, 저주파 변성기 등에 사용한다), 퍼멀로이(70~90%Ni-10~30%Fe로 구성되어 있으며, 투자율이 높다) 퍼민바(perminvar, 일정 투자율, 고주파용 철심, 오디오 헤드 등에 사용한다)

Ⓢ 내식성 Ni 합금 : 하스텔로이(염산 내식성, 가공성, 용접성), 인코넬(가공성, 기계적 성질), 인콜로이(고급 스테인리스강-Ni계 합금의 접점, 유전관, 인산제조용 관재, 공해방지용 관)

ⓞ 아연과 그 합금 : 알루미늄, 구리 다음으로 많이 생산되는 아연은 비중 7.13, 용융점 420[℃]이다. Al, Cu, Mg, Fe과 합금하여 다이캐스팅용 합금으로 많이 사용된다. 그 외 금형용, 고망간-아연, 가공용 아연합금으로 사용된다.

ⓩ 주석과 그 합금 : 주석의 비중은 7.3, 변태점은 17.3[℃]이다. 상온에서 연성이 풍부하여 소성가공이 쉽고, 내식성이 우수하고, 피복가공처리가 쉽다. 무독성으로 얇은 강관용, 피복용, 의약품, 식품 등의 포장 튜브, 장식품, 땜납 등에 사용된다.

ⓒ 베어링용 합금
- 주석계 화이트 메탈(배빗 메탈)은 안티몬, 구리의 함유량에 따라 경도, 인장강도, 내압력이 증가하며 철, 아연, 알루미늄, 비소 등의 불순물에 의해 성질이 저하된다.
- 납계 화이트 메탈은 납-안티몬-주석 합금으로 안티몬과 주석에 따라 내압력이 상승하지만, 안티몬이 과하면 취약해진다.
- 구리계 베어링 합금은 켈밋이라고 하며, 구리-납 외에도 주석청동, 인청동, 납청동 등이 있다. 내소착성이 좋고, 내압력도 화이트 메탈계보다 커서 고속・고하중 베어링으로 적합하여 자동차, 항공 등에 사용된다.
- 오일리스 베어링은 다공질재료에 윤활유가 함유되어 있어 급유가 필요없고, 분말야금으로 제조한다. 강인성은 다소 낮지만, 주유가 어려운 지소에 사용하기 좋다.

10년간 자주 출제된 문제

10-1. 알루미늄 특성에 대한 설명으로 옳은 것은?
① 온도에 관계 없이 항상 체심입방격자이다.
② 강(steel)에 비하여 비중이 가볍다.
③ 주조품 제작 시 주입온도는 1,000[℃]이다.
④ 전기전도율이 구리보다 높다.

10-2. Si가 10~13[%] 함유된 Al-Si계 합금으로, 녹는점이 낮고 유동성이 좋아 크고 복잡한 사형주조에 이용되는 것은?
① 알민 ② 알드리
③ 실루민 ④ 알클래드

10-3. 4%Cu, 2%Ni 및 1.5%Mg이 첨가된 알루미늄 합금으로 내연기관용 피스톤이나 실린더 헤드 등으로 사용되는 재료는?
① Y 합금
② Lo-Ex 합금
③ 라우탈(lautal)
④ 하이드로날륨(hydronalium)

10-4. Cu에 3~4%Ni 및 1%Si를 첨가한 합금으로 금속간 화합물 Ni_2Si를 생성하며 시효경화성을 가진 합금은?
① 켈밋 합금(kelmet alloy)
② 코슨 합금(corson alloy)
③ 망가닌 합금(manganin alloy)
④ 애드미럴티 포금(admiralty gun metal)

10-5. 고용체 합금의 시효경화를 위한 조건으로 옳은 것은?
① 급랭에 의해 제2상의 석출이 잘 이루어져야 한다.
② 고용체의 용해도 한계가 온도가 낮아짐에 따라 증가해야만 한다.
③ 기지상은 단단하여야 하며, 석출문은 연한 상이어야 한다.
④ 최대 강도 및 경도를 얻기 위해서는 기지조직과 정합 상태를 이루어야만 한다.

10-6. 5~20[%]의 Zn황동으로, 강도는 낮지만 전연성이 좋고 색깔이 금색에 가까워 모조금이나 판 및 선 등에 사용되는 구리 합금은?
① 톰백 ② 문쯔메탈
③ 네이벌황동 ④ 애드미럴티 메탈

10년간 자주 출제된 문제

10-7. 6-4 황동에 Sn을 1[%] 첨가한 것으로 판, 봉으로 가공되어 용접봉, 밸브대 등에 사용되는 것은?

① 톰백
② 니켈황동
③ 네이벌 황동
④ 애드미럴티 황동

10-8. 다음 중 켈밋 합금(kelmet alloy)의 주요 성분은?

① Pb-Sn ② Cu-Pb
③ Sn-Sb ④ Zn-Al

| 해설 |

10-1
알루미늄의 비중은 약 2.70으로 철의 약 7.86에 비해 2.5배 정도 가볍다.

10-2
실루민(또는 알팍스)
- Al에 Si를 11.6[%] 첨가한 합금이다. 공정점은 577[℃]이다.
- 이 합금에 Na, F, NaOH, 알칼리 염류를 용탕에 넣어 처리하면 조직이 미세화되고, 공정점도 조정되는데 이를 개량처리라고 한다. 주조용 알루미늄을 다이캐스팅하면 개량처리가 필요 없다.
- 실용 합금은 10~13%Si가 함유된 실루민으로 용융점이 낮고, 유동성이 좋아 얇고 복잡한 주물에 적합하다.

10-3
① Y 합금 : 4%Cu, 2%Ni, 1.5%Mg 등을 함유하는 Al 합금이다. 고온에 강한 모래형 또는 금형 주물 및 단조용 합금이다. 경도가 적당하고 열전도율이 크며, 고온에서 기계적 성질이 우수하다. 내연기관용 피스톤, 공랭 실린더 헤드 등에 널리 쓰인다.
② Lo-Ex 합금 : 팽창률이 낮은(low expansion) 합금이다. 0.8~0.9%Cu, 1.0%Mg, 1.0~2.5%Ni, 11~14%Si, 1.0%Fe 등을 함유하고 내열성과 내마멸성이 좋고 피스톤용으로 쓰인다.
③ 라우탈 합금 : 알루미늄에 구리 4[%], 규소 5[%]를 가한 주조용 알루미늄 합금으로, 490~510[℃]로 담금질한 후 120~145[℃]에서 16~48시간 뜨임을 하면 기계적 성질이 좋아진다. 적절한 시효경화를 통해 두랄루민과 같은 강도를 만들 수도 있다. 자동차, 항공기, 선박 등의 부품재로 공급된다.
④ 하이드로날륨 : Mn을 함유한 Mg계 알루미늄 합금이다. 주조성은 좋지 않지만, 비중이 작고 내식성이 매우 우수하여 선박용품, 건축용 재료에 사용된다. 내열성이 좋지 않아 내연기관에는 사용하지 않는다.

10-4
코슨 합금 : 1927년, 미국인 코슨(Corson)이 발명한 3~4%Cu-Ni-0.8~1.0%Si 합금이다. 담금질 시효경화가 큰 합금으로 C 합금이라고도 한다. 강도가 크고 도전율이 양호하므로 군용 전화선과 산간에 가설하는 장거리 지점 전화선 등에 사용된다.

10-5
시효경화 : 시효경화는 시간이 지남에 따라 경화가 일어나는 현상으로, 연하고 연성이 있는 기지 내에 아주 미세한 정합 석출물의 균일한 분산을 일으키는 일련의 상변태에 의해 생긴다. 비교적 간단한 열처리로 밀도 변화 없이 금속재의 항복강도를 증가시킬 수 있다는 이점이 있다. 다만, 한정된 온도 변위에서만 가능하다.

10-6
톰백(tombac) : 8~20[%]의 아연을 구리에 첨가한 구리 합금이다. 황동 중에서 가장 금빛에 가까우며, 소량의 납을 첨가하여 가격이 저렴한 금색 합금을 만든다. 특히 금종이의 대용품으로서 서적의 금박 입히기, 금색 인쇄에 사용한다.

10-7
③ 네이벌 황동 : 6-4 황동에 Sn을 넣은 것으로, 62%Cu-37%Zn-1%Sn이다. 판, 봉 등으로 가공되어 복수기판, 용접봉, 밸브대 등에 이용한다.
① 톰백 : 8~20[%]의 아연을 구리에 첨가한 구리 합금은 황동 중에서 가장 금빛에 가까우며, 소량의 납을 첨가하여 가격이 저렴한 금색 합금을 만든다.
② 니켈황동 : 양은 또는 양백이라고도 하며, 7-3 황동에 7~30%Ni을 첨가한 것이다. 예로부터 장식용, 식기, 악기, 기타 Ag 대용으로 사용되었고, 탄성과 내식성이 좋아 탄성재료, 화학기계용 재료에 사용된다. 30%Zn 이상이면 냉간가공성은 저하되지만 열간가공성이 좋아진다.
④ 애드미럴티 황동 : 7-3 황동에 Sn을 넣은 것으로, 70%Cu-29%Zn-1%Sn이다. 전연성이 좋아 관 또는 판을 만들어 복수기, 증발기, 열교환기 등의 관에 이용한다.

10-8
켈밋(Kelmet) : 28~42%Pb, 2[%] 이하의 Ni 또는 Ag, 0.8[%] 이하의 Fe, 1[%] 이하의 Sn을 함유하고 있으며 고속 회전용 베어링, 토목·광산기계에 사용한다.

정답 10-1 ② 10-2 ③ 10-3 ① 10-4 ②
10-5 ④ 10-6 ① 10-7 ③ 10-8 ①

핵심이론 11 | 기계재료

① 공구용 합금강
  ㉠ 탄소공구강에 Ni, Cr, Mn, W, V, Mo 등을 첨가하여 고속절삭, 강력 절삭용으로 제작한다.
  ㉡ 담금질효과가 좋고 결정입자가 미세하며, 경도와 내마멸성이 우수하다.

② 고속도 공구강
  ㉠ 500~600[℃]까지 가열하여도 뜨임에 의하여 연화되지 않고, 고온에서 경도의 감소가 작다.
  ㉡ 18W-4Cr-1V이 표준 고속도강이다. 1,250[℃]에서 담금질하고, 550~600[℃]에서 뜨임한다. 뜨임 시 2차 경화시킨다.
  ㉢ W계 표준 고속도강에 Co를 3[%] 이상 첨가하면 경도가 더 커지고, 인성이 증가된다.
  ㉣ Mo계는 W의 일부를 Mo로 대치할 수 있다. W계보다 가격이 저렴하고 인성이 높으며, 담금질온도가 낮을 뿐만 아니라 열전도율이 양호하여 열처리가 잘된다.

③ 세라믹
  세라믹은 천연재료부터 화학재료까지 여러 성분이 있으나 일반적으로 요업재료가 세라믹 재료이다. 공구재료로 사용하는 세라믹을 화학적으로 설명하면 산화알루미늄(Al_2O_3) 분말을 주성분으로 Mg, Si 등의 산화물과 소량의 다른 원소를 첨가하여 소결한 재료이다.

④ 서멧(cermet)
  세라믹+메탈로 만든 금속조직(metal matrix) 내에 세라믹 입자를 분산시킨 복합재료이다. 절삭공구, 다이스, 치과용 드릴 등과 같은 내충격성, 내마멸용 공구로 사용된다.

⑤ CBN
  입방질화붕소로 다이아몬드의 구조와 유사한 강도를 내는 재료로, 탄소공구강·고속도강 등 고온용 강합금의 연마·절삭공구 등으로 이용한다.

⑥ 초경 합금
  절삭 팁 등에 사용하는 초경질 공구강이다.
  ㉠ 주조 초경질 공구강
    • 40~55%Co, 15~33%Cr, 10~20%W, 3%C, 5%Fe 등을 함유한 주조 합금이다. Co를 주로 하는 고용체의 기지에 침상의 큰 탄화물로 조직한다.
    • Co-Cr-W-C계의 스텔라이트(stellite)가 대표적이다.
    • 주조 후 연삭하여 사용한다.
  ㉡ 소결 초경질 공구강(일반적인 초경 합금)
    • WC(텅스텐 카바이드), TiC 및 TaC 등에 Co를 점결제로 혼합하여 소결한 비철합금이다.
    • 비디아(widia) : WC 분말을 Co 분말과 혼합하여 예비 소결성형 후 수소 분위기에서 소결한 것이다.
    • 유사품 : 카볼로이(carboloy), 미디아(midia), 텅갈로이(tungalloy)
  ㉢ 코팅 초경합금
    • 특징 : 내열성, 내마모성, 내크레이터, 내산화, 내용착 등의 성질을 가진다.
    • 영향
      - 절삭속도를 높일 수 있다.
      - 공작물의 품질과 공구수명을 향상시킨다.

⑦ 베어링강
  ㉠ 표면경화용 Cr강은 내충격성, 스테인리스강은 내식성과 내열성, 고속도 공구강 및 Ni-Co합금은 내고온성이 요구되는 베어링 재료이다.
  ㉡ 고탄소-크로뮴 베어링강 : 0.95~1.10%C, 0.15~0.35%Si, 0.5%Mn 이하, 0.025%P 이하, 0.025%S 이하, 0.9~1.2%Cr
  ㉢ 오일리스 베어링 : Cu에 10[%] 정도의 Sn과 2[%] 정도의 흑연의 각 분말상을 윤활제나 휘발성 물질과 가압 소결성형한 합금으로, 극압 상황에서 윤활제 없이 윤활이 가능한 재질이다.

⑧ 스테인리스강

페라이트계, 마텐자이트계, 오스테나이트계, 석출경화계가 있다.

㉠ 고Cr-Ni계 스테인리스강 : 표준 성분은 18%Cr-8%Ni로 내식성과 내산성이 우수하며, 비자성이다. 경화 후 약간의 자성을 갖고 있으며, 탄화물 입계 석출로 입계 부식이 생기기 쉽다.

㉡ 내열강은 탄소강에 Ni, Cr, Al, Si 등을 첨가하여 내열성과 고온강도를 부여한 것이다. 물리·화학적으로 조직이 안정해야 하며, 일정 수준 이상의 기계적 성질을 요구한다.

㉢ 불변강 : 온도 변화에 따른 선팽창계수나 탄성률의 변화가 없는 강이다.
- 인바(invar) : 35~36%Ni, 0.1~0.3%Cr, 0.4% Mn+Fe로 구성되어 내식성이 좋다. 바이메탈, 진자, 줄자 등에 사용한다.
- 슈퍼인바(superinvar) : Cr와 Mn 대신 Co를 사용하여 인바를 개선한 것이다.
- 엘린바(elinvar) : 36%Ni-12%Cr-나머지 Fe로 이루어졌으며 각종 게이지, 정밀한 부품에 사용한다.
- 코엘린바(coelinvar) : 10~11%Cr, 26~58%Co, 10~16%Ni+Fe로 이루어졌으며, 공기 중에서 내식성이 좋다.
- 플래티나이트(platinite) : 열팽창계수가 백금과 유사하며, 전등의 봉입선에 사용한다.

㉣ 스텔라이트 : 비철 합금공구 재료의 일종으로 2~4%C, 15~33%Cr, 10~17%W, 40~50%Co, 5%Fe의 합금이다. 그 자체의 경도가 높아 담금질할 필요 없이 주조한 그대로 사용하고, 단조는 할 수 없다. 절삭공구와 의료기구에 적합하다.

㉤ 게이지용 강 : 팽창계수가 보통 강보다 작고 시간에 따른 변형이 없다. 담금질 변형이나 담금질 균형이 없어야 하고, HRC55 이상의 경도를 갖추어야 한다.

⑨ 비정질 합금

원자가 규칙적으로 배열된 결정이 아닌 상태로 만들어 쓰는 합금이다.

㉠ 제조방법 : 진공증착(예 스퍼터링(sputtering)법), 용탕에 의한 급랭법(예 원심급랭법, 단롤법, 쌍롤법), 액체급랭법(예 분무법(대량 생산의 장점))과 고체 금속에서 레이저를 이용하여 제조하는 방법이 있다.

㉡ 특성 : 구조적으로 규칙성은 없지만, 균질한 재료이며 결정 이방성이 없다. 광범위한 조성에 걸쳐 단상, 균질한 재료를 얻을 수 있다. 조성에 따라 전자기적·기계적·열적 특성이 변한다. 강도가 높고 연성이 양호하며, 가공경화현상이 나타나지 않는다. 전기저항이 크고, 저항의 온도 의존성은 낮다. 열에 약하며, 고온에서는 결정화되어 비정질 상태를 벗어난다. 얇은 재료에서 제조 가능하다.

⑩ 복합재료

어떤 목적을 위해 2종 또는 그 이상의 다른 재료를 서로 합하여 하나의 재료로 만든 것이다.

㉠ 섬유강화금속 복합재료(FRM) : 금속 모재 중에 매우 강한 섬유상의 물질을 분산시켜 요구되는 특성을 갖도록 만든 재료이다.

㉡ 분산강화금속 복합재료(SAP, TD Ni) : 기지 금속 중에 0.01~0.1[m] 정도의 산화물 등의 미세한 분산 입자를 균일하게 분포시킨 재료이다.

㉢ 입자강화금속 복합재료(cermet) : 1~5[m] 정도의 비금속 입자가 금속이나 합금의 기지 중 분산되어 있는 재료이다.

㉣ 클래드(clad) 재료 : 두 종 이상의 금속재료를 합리적으로 짝을 맞추어 각각의 소재가 가진 특성을 복합적으로 얻을 수 있는 재료이다. 일반적으로 얇은 특수금속을 두껍고 저렴한 모재에 야금적으로 접합시킨 것이다.

㉤ 휘스커(whisker) : 전위 등의 내부결함이 적은 침상의 금속이나 무기물의 결정이다.

ⓑ 용융금속침투법 : 용융금속을 섬유 사이에 침투시켜 복합재료를 제조하는 방법이다.

⑪ 고망간강

강에 함유된 망간의 성질은 강도와 고온가공성을 증가시킨다. 연신율 감소를 억제하고, 주조성과 담금질효과가 향상된다. 적열취성을 일으키는 황화철(FeS) 형성을 막아 주고, 내충격성과 내마모성이 뛰어나다. 열전도율이 낮고, 가공경화성이 높은 특징이 있다. 해드필드강(1~1.3%C, 11.5~13%Mn)은 고망간강으로 오스테나이트 계열이다. 냉간가공이나 표면 슬라이딩에 의해 경도와 내마모성이 증대하기 때문에 파쇄기의 날, 버킷의 날, 레일, 레일의 포인트 등에 사용된다. 고온가공성과 소성가공성이 좋고 내마멸성이 우수하지만, 고온에서 서랭하면 결정립계 탄화물이 석출되어 취약해지는데, 수중 담금질인 수인법을 이용하여 오스테나이트 조직이 되고, 응력을 받으면 마텐자이트가 되어 성질이 개선된다.

⑫ 신소재

㉠ 센더스트 : Fe에 Si 및 Al을 첨가한 합금이다. 풀림상태에서 우수한 자성을 나타내는 고투자율 합금으로, 오디오 헤드용 재료로 사용되며 가공성은 나쁘다. 5%Al, 10%Si, 85%Fe의 조성을 가진 고투자율(高透磁率) 합금이다. 주물로 되어 있어 정밀교류계기의 자기차폐로 쓰이며, 무르기 때문에 지름 10[m] 정도의 작은 입자로 분쇄하여 절연체의 접착제로 굳혀서 압분자심(壓粉磁心)으로서 고주파용으로 사용한다.

㉡ 리드 프레임 재료 : IC(Integrated Circuit)의 리드를 받치는 틀 구조에 쓰이는 도전재료의 총칭이다. 이 재료는 발열을 방지하므로 전기 및 열전도도가 크고, 얇게 만드는 재료의 강도가 높다. 또한 열팽창계수가 작고, 피로강도가 높은 것을 구할 수 있다. 현재 Fe-Ni계와 Fe-Co계의 Fe기 합금과 Cu기 합금 등이 쓰인다. Fe기 합금은 강도는 높지만 전기 및 열전도도가 작고, Cu기 합금은 그 반대의 특성이 있어 양 합금의 장점을 가진 합금의 개발이 지향되고 있다.

㉢ 경질 자성재료

- 알니코 자석 : Fe에 Al, Ni, Ci를 첨가한 합금이다. 주조 알니코와 소결 알니코, 이방성(異方性) 알니코, 등방성(等方性) 알니코가 있다.
- 페라이트 자석 : 바륨 페라이트계, 스트론튬 페라이트계로 구분된다. 가격은 바륨 페라이트가 저렴하고, 성능은 스트론튬 페라이트가 우수하다. 분말야금에 의해 제조된다.
- 희토류계 자석 : 희토류-Co계 자석으로, 자기적 특성이 우수하여 영구자석으로서 최고의 성능을 가지고 있다.
- 네오디뮴 자석 : Co 대신 Fe과 화합할 희토류 중 Nd가 적당하다.

㉣ 연질 자성재료

- Si 강판 : 5[%] 미만의 Si를 첨가한 것으로, 전력의 송수신용 변압기의 철심으로 사용된다.
- 퍼멀로이 : Ni-Fe계 합금으로, 78%Ni의 78 퍼멀로이가 대표적이다. Mo을 첨가한 슈퍼멀로이, Cr, Cu를 첨가한 미시메탈 등도 있다. 퍼멀로이는 가공성이 양호하고, 투자율이 높아 오디오용 헤드 재료로 가장 많이 사용된다.
- 알펌(alperm, Fe-Al 합금), 퍼멘더(permendur 49 Co-2V), 슈퍼멘들 등이 있다.

㉤ 초소성 합금 : 금속이 변형하는 성질을 소성이라고 하는데 변형시키는 온도·속도를 적당하게 선택함으로써 통상 수십 배~수천 배의 연성(초소성)을 나타내는 합금이다. 초소성 합금에는 결정을 미세화시켜 만든 미세립 초소성 합금과 결정구조의 변화를 이용하여 만든 변화 초소성 합금이 있다. 실용 합금으로서는 Zn-22%Al 합금 등 미세립 타입이 많고, 초소성 니켈기 합금은 형상의 복잡한 터빈의 날개 등의 제조에 이용된다.

10년간 자주 출제된 문제

11-1. 가공용 다이스나 발동기용 밸브에 많이 사용하는 특수 합금으로 주조한 그대로 사용되는 것은?

① 고속도강 ② 화이트 메탈
③ 스텔라이트 ④ 하스텔로이

11-2. 비정질 합금의 제조법 중 기체급랭법이 아닌 것은?

① 진공증착법 ② 스퍼터링법
③ 화학증착법 ④ 스프레이법

11-3. 고망간강(hadfeld steel)에 대한 설명으로 옳은 것은?

① 고온에서 서랭하면 M_3C가 석출하여 취약해진다.
② 소성변형 중 가공경화성이 없으며, 인장강도가 낮다.
③ 1,200[℃] 부근에서 급랭하여 마텐자이트 단상으로 하는 수인법을 이용한다.
④ 열전도성이 좋고 팽창계수가 작아 열변형을 일으키지 않는다.

11-4. 다음 중 스테인리스강의 조직계에 해당되지 않는 것은?

① 펄라이트계 ② 페라이트계
③ 마텐자이트계 ④ 오스테나이트계

|해설|

11-1

③ 스텔라이트 : 비철 합금공구 재료의 일종으로 2~4%C, 15~33%Cr, 10~17%W, 40~50%Co, 5%Fe의 합금이다. 그 자체의 경도가 높아 담금질할 필요 없이 주조한 그대로 사용하고, 단조는 할 수 없다. 절삭공구와 의료기구에 적합하다.
① 고속도강 : 고속도 공구강이라고도 하고 탄소강에 Cr, W, V, Co 등을 첨가하면 500~600[℃]의 고온에서도 경도가 저하되지 않는다. 내마멸성이 크며, 고속도의 절삭작업이 가능하다. 주성분은 0.8%C-18%W-4%Cr-1%V로 된 18-4-1형이 있으며 이를 표준형으로 한다.
② 화이트 메탈 : Pb-Sn-Sb계, Sn-Sb계 합금을 총칭한다. 녹는점이 낮고 부드러우며, 마찰이 작아서 베어링 합금, 활자합금, 납 합금 및 다이케스트 합금에 많이 사용한다.
④ 하스텔로이(hastelloy) : 미국 Haynes Stellite사의 특허품으로 내염산 합금이며 A, B, C종이 있다.
　• A종의 경우 Ni : Mo : Mn : Fe = 58 : 20 : 2 : 20
　• B종의 경우 Ni : Mo : W : Cr : Fe = 58 : 17 : 5 : 14 : 6
　• C종의 경우 Ni : Si : Al : Cu = 85 : 10 : 2 : 3

11-2
스프레이법은 액체급랭법에 해당한다.

11-3
고망간강 : 강에 함유된 망간의 성질은 강도와 고온가공성을 증가시킨다. 연신율 감소를 억제하고, 주조성과 담금질효과가 향상된다. 적열취성을 일으키는 황화철(FeS) 형성을 막아 주고, 내충격성과 내마모성이 뛰어나다. 열전도율이 낮고, 가공경화성이 높은 특징이 있다. 해드필드강(1~1.3%C, 11.5~13%Mn)은 고망간강으로 오스테나이트 계열이다. 냉간가공이나 표면 슬라이딩에 의해 경도와 내마모성이 증대하기 때문에 파쇄기의 날, 버킷의 날, 레일, 레일의 포인트 등에 사용된다. 고온가공성과 소성가공성이 좋고 내마멸성이 우수하지만, 고온에서 서랭하면 결정립계 탄화물이 석출되어 취약해지는데, 수중 담금질인 수인법을 이용하여 오스테나이트 조직이 되고, 응력을 받으면 마텐자이트가 되어 성질이 개선된다.

11-4
스테인리스강에는 페라이트계, 마텐자이트계, 오스테나이트계, 석출경화계가 있다.

정답 11-1 ③　11-2 ④　11-3 ①　11-4 ①

핵심이론 12 | 금속의 열처리

① 강의 열처리

  ㉠ 불림(normalizing)
  - 조직을 가열하여 오스테나이트화한 후 조용한 공기 또는 약간 교반시킨 공기에서 냉각시키는 과정이다.
  - 뒤틀어지고, 응력이 생기고, 불균일해진 조직을 균일화, 표준화하는 것이 가장 큰 목적이다.
  - 주조조직을 미세화하고 냉간가공, 단조 등에 의해 생긴 내부응력을 제거하여 결정조직, 기계적·물리적 성질 등을 표준화시킨다.
  - 가열온도영역은 그림 (a)와 같다.

  ㉡ 완전풀림(full annealing)
  - 일반적인 풀림이다. 주조조직이나 고온에서 오랜 시간 단련되면 오스테나이트의 결정입자가 크고 거칠어지며, 기계적 성질이 나빠진다.
  - 가열온도영역으로 일정시간 가열하여 고용체로 만든 후 노 안에서 서랭시키면 변태로 인하여 새로운 미세 결정입자가 생겨 내부응력이 제거되면서 연화된다.
  - 아공석강은 페라이트 + 층상 펄라이트, 공석강은 층상 펄라이트, 과공석강은 시멘타이트 + 층상 펄라이트의 이상적인 표준조직을 얻을 수 있다.
  - 가열온도영역은 그림 (b)와 같다.

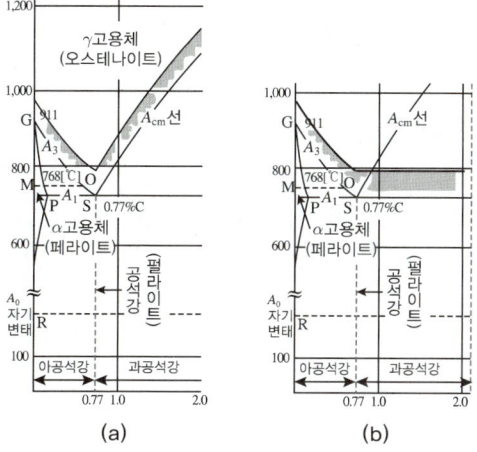

(a)   (b)

  ㉢ 항온풀림(isothermal annealing) : 짧은 시간에 풀림처리를 할 수 있도록 풀림 가열영역으로 가열하였다가 노 안에서 냉각이 시작되어 변태점 이하로 온도가 떨어지면 A_1 변태점 이하에서 온도를 유지하여 원하는 조직을 얻은 뒤 서랭한다.

  ㉣ 응력제거풀림(stress relief annealing)
  - 금속재료의 잔류응력을 제거하기 위해서 적당한 온도에서 적당한 시간을 유지한 후에 냉각시키는 처리이다.
  - 주조, 단조, 압연 등의 가공, 용접 및 열처리에 의해 발생된 응력을 제거한다.
  - 주로 450~600[℃] 정도에서 시행하므로 저온풀림이라고도 한다.

  ㉤ 연화풀림(softening annealing)
  - 냉간가공을 계속하기 위해 가공 도중 경화된 재료를 연화시키기 위한 열처리로 중간풀림이라고도 한다.
  - 온도영역은 650~750[℃]이다.

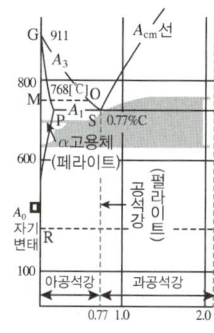

  - 연화과정 : 회복 → 재결정 → 결정립 성장

  ㉥ 구상화 풀림 : 과공석강에서 펄라이트 중 층상 시멘타이트 또는 초석 망상 시멘타이트가 그대로 있으면 좋지 않으므로, 소성가공이나 절삭가공을 쉽게 하거나 기계적 성질을 개선할 목적으로 탄화물을 구상화시키는 열처리이다.

② 담금질(quenching)
가열하여 오스테나이트화한 강을 급랭하여 마텐자이트로 변태시켜 경화시키는 조작이다. 온도영역은 A_3

변태점 이상이다. 아공석강은 A_3점보다 30~50[℃] 높게 가열한 후 급랭하고, 공석강과 과공석강은 A_1점 보다 30~50[℃] 높게 가열한 후 급랭한다. 담금질온도가 너무 낮으면 담금질해도 잘 경화되지 않고, 온도가 너무 높으면 조대한 마텐자이트 조직이 생겨 기계적 성질이 저하된다.

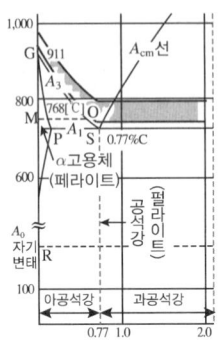

- ㉠ 담금질의 질량효과 : 강재의 질량 크기에 따라 담금질의 효과가 달라진다. 질량이 큰 재료일수록 담금질효과가 작아진다. 가해지는 열량과 조직의 열전도에 따른 열처리 정도의 차이로 인해 발생한다.
- ㉡ 경화능 : 담금질 시 마텐자이트가 생기는 깊이를 측정하여 재료경화가 되는 능력을 나타낸 것이다.

③ 담금질 조직
- ㉠ 마텐자이트 : 급랭할 때만 나오는 조직으로, 마텐자이트 변태는 확산변태와는 달리 무확산변태이다. 매우 순간적으로 바늘조직 같은 침상조직이 생겨 매우 경하고 내식성이 강한 강자성체이다.
- ㉡ 트루스타이트 : 오스테나이트를 기름에 냉각할 때 500[℃] 부근에서 마텐자이트를 뜨임하면 생긴다. 마텐자이트보다 덜 경하며, 인성은 다소 높다. 절삭날 등에 사용한다.
- ㉢ 소르바이트 : 트루스타이트보다 약간 더 천천히 냉각할 때 생긴다. 마텐자이트를 뜨임할 때 트루스타이트보다 조금 더 높은 온도영역(500~600[℃])에서 뜨임하면 생긴다. 조금 덜 경하지만, 강인성은 조금 더 좋다. 탄성이 필요한 스핑, 와이어로프 등에 사용된다.
- ㉣ 잔류 오스테나이트 : 냉각 후 상온에서도 변태를 끝내지 못한 오스테나이트가 조직 내에 남는다. 남은 오스테나이트는 조직 내에서 어울리지 못하여 문제가 되므로 심랭처리(0[℃] 이하로 담금질, 서브제로, 과랭)하여 마텐자이트화하여 없앤다.
- ㉤ 강도 순서 : 마텐자이트 > 트루스타이트 > 소르바이트 > 오스테나이트
- ㉥ 펄라이트 : 공석강은 페라이트(α고용체)와 시멘타이트(Fe_3C)가 동시에 석출되어 층층이 쌓인 펄라이트(pearlite)라는 독특한 조직을 갖는다. 0.8%C 이하의 탄소강은 페라이트(α고용체)+펄라이트의 조직이고, 0.8%C 이상의 탄소강은 펄라이트+시멘타이트(Fe_3C)의 조직이다.
- ㉦ 뜨임(tempering) : 담금질과 연결해서 실시하는 열처리로, 담금질 후 강의 내부응력을 제거하거나 인성을 개선시켜 주기 위해 100~200[℃] 온도로 천천히 뜨임하거나, 500[℃] 부근에서 고온으로 뜨임한다. 200~400[℃] 범위에서 뜨임하면 뜨임메짐현상이 발생한다.

④ 항온 열처리
- ㉠ TTT 선도 : A_1에서 냉각이 시작되어 수 초가 지나면 Ac'점을 지난다. 우선 Ac' 이하의 온도영역으로 급랭한 후 온도를 유지하면 개선된 품질의 담금질 강을 얻을 수 있는데, 이를 항온열처리라고 한다. 이해를 돕기 위해 변태의 시작선과 완료선을 시간과 온도에 따라 그린 선도를 TTT 선도라고 한다. d에서 시작하여 a의 냉각은 마텐자이트 변태, d에서 c로의 변태는 공랭에 의한 풀림이며, d에서 b로의 냉각이 마텐자이트가 생길 수 있는 최대 속도인 임계냉각속도이다. BCD를 하부 임계냉각곡선이라 한다.

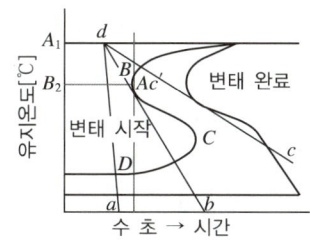

ⓒ 마퀜칭 : D 윗점까지 급랭 후 안팎이 같은 온도가 될 때까지 항온을 유지하고 이후 공기 중에서 냉각하는 방법이다.

ⓒ 마템퍼링 : D점 이하까지 급랭한 후 항온 유지 후 공랭하는 방법이다.

ⓔ 오스템퍼링 : D 윗점까지 급랭 후 계속 항온을 유지하여 완전 조직을 만든 후 냉각시키는 방법이다. 이 과정에서 나온 조직이 베이나이트이며, 인성이 크고 조직이 강하다.

ⓜ 오스포밍 : D점 이하까지 급랭한 후 항온을 유지하며, 소성가공을 실시하는 열처리이다.

ⓑ 오스풀림 : B점 바로 위까지 급랭한 후 항온 유지하여 변태 완료선을 지난 후 공랭한다.

ⓢ 항온뜨임 : 뜨임경화가 일어나는 고속도강이나 금형강(die steel)의 뜨임에 적당하다. D점 위로 항온 유지하여 베이나이트 조직을 얻는 방법이다.

10년간 자주 출제된 문제

12-1. 서브제로(sub-zero)처리에 관한 설명으로 옳지 않은 것은?
① 내마모성 및 내피로성이 감소한다.
② 잔류 오스테나이트를 마텐자이트화한다.
③ 담금질한 강의 조직이 안정화된다.
④ 시효 변화가 작으며 부품의 치수 및 형상이 안정된다.

12-2. 서브제로(sub-zero)처리를 하는 주요 목적은?
① 잔류 오스테나이트 조직을 유지하기 위해
② 잔류 오스테나이트를 레데부라이트화하기 위해
③ 잔류 오스테나이트를 베이나이트화하기 위해
④ 잔류 오스테나이트를 마텐자이트화하기 위해

12-3. 다음 중 항온 열처리방법이 아닌 것은?
① 질화법   ② 마퀜칭
③ 마템퍼링   ④ 오스템퍼링

12-4. 담금질한 공석강의 냉각곡선에서 시편을 20[℃]의 물속에 넣었을 때 ㉠과 같은 곡선을 나타낼 때의 조직은?

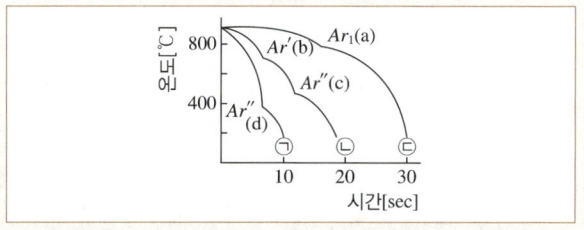

① 펄라이트   ② 오스테나이트
③ 마텐자이트   ④ 베이나이트+펄라이트

|해설|

12-1, 12-2
잔류 오스테나이트 : 냉각 후 상온에서도 변태를 끝내지 못한 오스테나이트가 조직 내에 남는다. 남은 오스테나이트는 조직 내에서 어울리지 못하여 문제가 되므로 심랭처리(0[℃] 이하로 담금질, 서브제로, 과랭)하여 마텐자이트화하여 없앤다.

12-3
항온열처리의 종류
- 마퀜칭 : D 윗점까지 급랭 후 안팎이 같은 온도가 될 때까지 항온을 유지하고 이후 공기 중에서 냉각하는 방법이다.
- 마템퍼링 : D점 이하까지 급랭한 후 항온 유지 후 공랭하는 방법이다.
- 오스템퍼링 : D 윗점까지 급랭 후 계속 항온을 유지하여 완전 조직을 만든 후 냉각시키는 방법이다. 이 과정에서 나온 조직이 베이나이트이며, 인성이 크고 조직이 강하다.
- 오스포밍 : D점 이하까지 급랭한 후 항온을 유지하며, 소성가공을 실시하는 열처리다.
- 오스풀림 : B점 바로 위까지 급랭한 후 항온 유지하여 변태 완료선을 지난 후 공랭한다.
- 항온뜨임 : 뜨임경화가 일어나는 고속도강이나 금형강(die steel)의 뜨임에 적당하다. D점 위로 항온 유지하여 베이나이트 조직을 얻는 방법이다.

12-4
문제의 냉각곡선을 TTT 선도에 대입하면 조직을 식별할 수 있다.

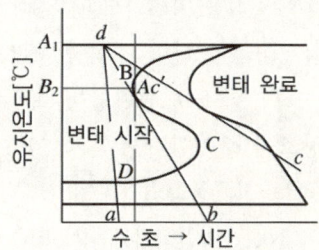

정답 12-1 ① 12-2 ④ 12-3 ① 12-4 ③

핵심이론 13 | 표면경화법

① 화학적 경화법

㉠ 질화처리 : 가스침투법의 하나로, 암모니아 가스를 이용한 표면처리법이다. 경화에 따른 변형이 작고 HV 800~1,200 정도의 높은 표면경도를 얻을 수 있으며, 재질의 내마모성과 내식성이 우수하고 고온경도가 높다. 침탄법보다 시간과 비용이 많이 들지만, 따로 후속 열처리는 필요 없다. 종류에는 가스질화법, 신속 염욕질화법인 연질화법, N+이온을 침투시키는 이온질화법 등이 있다.

㉡ 침탄법(carburizing) : 0.2%C 이하의 저탄소강 표면에 탄소를 침입·확산시키고 퀜칭, 템퍼링하여 표면을 경화시키는 방법이다. 침탄처리는 침탄제에 의해 고체침탄법, 액체침탄법, 가스침탄법으로 구별한다.

- 고체침탄법 : 침탄상자에 강재 부품을 목탄, 코크스 등의 고체침탄제와 탄산바륨($BaCO_3$), 탄산나트륨(Na_2CO_3) 등의 침탄촉진제와 함께 넣어 밀폐시킨 후 노 속에서 900~950[℃] 온도로 가열하여 4~6시간 정도 유지하면 0.5~2[mm] 정도의 침탄경화층을 얻을 수 있다.
  - 침탄의 깊이는 침탄제의 종류, 강종, 침탄온도, 시간 등에 의해 결정된다. 유효경화층의 깊이는 경화층 표면부터 경도가 HV550까지의 깊이를 의미한다.
  - 침탄 후 열처리 : 900[℃]에서 1차 담금질을 실시하여 중심부 조직을 미세화하고, 800[℃]에서 2차 담금질을 실시하여 경화층 표면을 만든다. 150~180[℃]에서 템퍼링을 실시하여 인성 및 강도를 부여한다.
- 액체침탄법(침탄질화법, 청화법, 사이안화법)
  - 사이안화칼륨(KCN), 사이안화나트륨(NaCN) 등에 염화물이나 탄산염을 첨가하여 600~900[℃]로 가열된 염욕 중에 침탄 소재를 30분~1시간 침지시키면 C와 N이 동시에 침입하여 침탄과 질화가 이루어지므로 침탄질화 또는 청화(cyaniding)라고도 한다. 침탄시간이 짧기 때문에 담금질 후 뜨임한다. 침탄경화층의 깊이는 0.2~0.5[mm], 침탄 부분의 탄소 함유량은 0.7~1.0[%] 정도가 된다.
- 가스침탄법 : 침탄제로 사용되는 천연가스(LNG), 메탄, 에탄, 프로판, 부탄가스를 변성로를 통과시켜 변성된 캐리어가스(RX가스)에 소량의 프로판, 메탄가스 등 증탄가스(enrich gas)를 혼합시켜 가열로에 불어 넣어 침탄처리한다. 침탄성가스를 침탄 가열로에 보내어 900~950[℃]로 3~4시간 가열하면 깊이 1[mm] 정도로 침탄된다. 침탄 후 150~200[℃]로 뜨임한다.

② 물리적 경화법

㉠ 화염경화법 : 표면에 불꽃을 염사하여 닿는 부위만 열처리되는 효과를 얻는 표면경화법이다. 국부 담금질이 가능하고 온도 조절이 쉬우며, 대상물의 크기나 형상에 제한이 없지만, 균일한 가열이나 균일한 열처리에 어려움이 있다.

㉡ 고주파경화 : 맴돌이 전류의 표피효과에 의해 표면부를 가열경화시킨다. 전류 주파수에 따라 품질과 깊이의 조절이 가능하다. 고주파 표면경화의 특징은 다음과 같다.

- 담금질 경화 깊이의 조절이 용이하다.
- 국부 가열이 가능하다.
- 열처리할 품목의 크기에 따른 질량효과의 문제는 없다.
- 전체 변형은 작지만, 급열·급랭으로 인해 재료 변형이 일어난다.
- 가열시간이 짧아 산화, 탈탄, 결정입자의 조대화를 방지할 수 있다.
- 양산과 전자동화가 가능하다.

ⓒ 쇼트피닝
- 경화된 철의 작은 볼(쇼트)을 공작물 표면에 분사하여 표면을 매끈하게 하는 동시에 공작물의 피로강도나 기계적 성질을 향상시키는 방법이다.
- 적절한 속도로 볼을 쏘아야 하며, 4기압 이상일 경우 공작물의 표면이 손상될 우려가 있다.
- 쇼트의 각도는 직각일 경우 분사층이 가장 두꺼워진다.

③ 금속침투법
ⓐ 세라다이징 : 아연을 침투·확산시키는 것이다.
ⓑ 칼로라이징 : 알루미늄 분말에 소량의 염화암모늄(NH_4Cl)을 가한 혼합물과 경화한 것이다.
ⓒ 크로마이징
- 크로뮴은 내식성, 내산성, 내마멸성이 좋아 크로뮴 침투에 사용한다.
- 고체분말법 : 혼합 분말 속에 넣어 980~1,070[℃]에서 8~15시간 가열한다.
- 가스 크로마이징 : 이 처리에 의해서 크로뮴은 강 속으로 침투하고, 0.05~0.15[mm]의 크로뮴 침투층이 얻어진다.
ⓓ 실리코나이징
- 내식성을 증가시키기 위해 강철 표면에 Si를 침투·확산시키는 처리법이다.
- 고체분말법 : 강철 부품을 Si 분말, Fe-Si, Si-C 등의 혼합물 속에 넣고, 염소가스를 통과시킨다. 염소가스는 용기 안의 Si 카바이드 또는 Fe-Si 와 작용하여 강철 속으로 침투·확산한다.
- 펌프축, 실린더, 라이너, 관, 나사 등의 부식 및 마멸이 문제되는 부품에 효과가 있다.
ⓔ 보로나이징 : 강철 표면에 붕소를 침투·확산시켜 경도가 높은 보론화층을 형성한다.

④ 하드페이싱
소재의 표면에 스텔라이트나 경합금 등을 융접 또는 압접으로 융착시키는 표면경화법이다.

⑤ 전해경화법
전해액 속에 경화처리할 부품을 넣고 전해액을 (+)극, 물품을 (-)극에 접속한 후 220~260[V], 5~10[A/cm^2], 5~10초 동안 처리하는 방법이다. 1~3[mm] 깊이까지 담금질 경화가 된다.

⑥ 금속착화법
표면에 각종 금속을 다양한 방법으로 입혀서 표면의 성질을 개선하는 방법이다.

⑦ 금속용사법
강의 표면에 용융 상태 혹은 반용융 상태의 미립자를 고속으로 분사시켜 강 표면에 매우 강력한 보호피막이 형성되는 방법이다.

⑧ PVD법(Physical Vapor Deposition)
ⓐ 진공증착법(evaporation) : 고진공 중에서 코팅 물질을 가열·증발시켜 이를 소재 표면에 응축시켜 1[μ] 이하의 박막을 형성하는 방법이다.
ⓑ 스퍼터링법(sputtering) : 진공 챔버 내에 Ar과 같은 불활성가스를 넣고 (-)극에 전압을 가하면 음극 근처의 Ar이 이온화하여 Ar^+로 되어 음극과 충돌한다. 이 이온 충격에 의해서 튀어나온 분자가 양극 기판에 부착하여 박막을 형성한다.
ⓒ 이온 플레이팅법(ion plating) : 코팅 물질을 플라스마(plasma)로 만든 후 기판 (-극)에 전압을 가하면 글로(glow) 방전이 일어나 이온화가 촉진되어 코팅 물질의 원자 증기상으로 방출하여 피처리물(+극)에 부착된다. 코팅 물질은 대부분 TiN이고, TiN 코팅층의 경도는 HV2,400 정도이다. 절삭공구, 금형, 자동차 부품, 항공기 부품 등에 적용된다.

⑨ CVD법(Chemical Vapor Deposion)
1,000[℃] 부근의 반응로 안에서 가열된 기판 위에 $TiCl_4$, H_2, CH_4 등의 혼합가스를 접촉시켜 기상반응을 일으켜 기판상에 석출시켜 증착하는 방법이다.

10년간 자주 출제된 문제

13-1. 강의 표면강화처리에서 침탄법과 비교하였을 때 질화법의 특징으로 옳지 않은 것은?

① 침탄한 것보다 경도가 높다.
② 질화 후에 열처리가 필요 없다.
③ 침탄법보다 경화에 의한 변형이 작다.
④ 침탄법보다 단시간 내에 같은 경화 깊이를 얻을 수 있다.

13-2. 금속의 표면에 Zn을 침투시켜 대기 중 청강의 내식성을 증대시켜 주기 위한 처리법은?

① 세라다이징   ② 크로마이징
③ 칼로라이징   ④ 실리코나이징

13-3. 화염경화법의 특징에 대한 설명으로 옳지 않은 것은?

① 국부 담금질이 가능하다.
② 가열온도의 조절이 쉽다.
③ 부품의 크기나 형상에 제한이 없다.
④ 일반 담금질에 비해 담금질 변형이 작다.

|해설|

13-1

질화처리 : 가스침투법의 하나로, 암모니아 가스를 이용한 표면처리법이다. 경화에 따른 변형이 작고 HV 800~1,200 정도의 높은 표면경도를 얻을 수 있으며, 재질의 내마모성과 내식성이 우수하고 고온경도가 높다. 침탄법보다 시간과 비용이 많이 들지만, 따로 후속 열처리는 필요 없다. 종류에는 가스질화법, 신속 염욕질화법인 연질화법, N+이온을 침투시키는 이온질화법 등이 있다.

13-2

③ 칼로라이징 : 알루미늄 분말에 소량의 염화암모늄(NH_4Cl)을 가한 혼합물과 경화한 것이다.

② 크로마이징
- 크로뮴은 내식성, 내산성, 내마멸성이 좋아 크로뮴 침투에 사용한다.
- 고체분말법 : 혼합 분말 속에 넣어 980~1,070[℃] 온도에서 8~15시간 가열한다.
- 가스 크로마이징 : 이 처리에 의해서 크로뮴은 강 속으로 침투하고, 0.05~0.15[mm]의 크로뮴 침투층이 얻어진다.

④ 실리코나이징
- 내식성을 증가시키기 위해 강철 표면에 Si를 침투·확산시키는 처리법이다.
- 고체분말법 : 강철 부품을 Si 분말, Fe-Si, Si-C 등의 혼합물 속에 넣고, 염소가스를 통과시킨다. 염소가스는 용기 안의 Si 카바이드 또는 Fe-Si와 작용하여 강철 속으로 침투·확산한다.
- 펌프축, 실린더, 라이너, 관, 나사 등의 부식 및 마멸이 문제되는 부품에 효과가 있다.

13-3

화염경화법 : 표면에 불꽃을 염사하여 닿는 부위만 열처리되는 효과를 얻는 표면경화법이다. 국부 담금질이 가능하고, 온도 조절이 쉬우며, 대상물의 크기나 형상에 제한이 없지만, 균일한 가열이나 균일한 열처리에 어려움이 있다.

정답 13-1 ④ 13-2 ① 13-3 ④

| 핵심이론 14 | 절삭이론 – 절삭조건 |

① 절삭저항의 3분력

회전하는 절삭재료에 발생하는 절삭저항의 3분력은 주분력, 배분력, 이송분력이다.

㉠ 주분력(절삭분력) : 공작물의 수직 아랫방향으로 작용하는 힘으로, 선반작업 시 공구에 발생하는 절삭저항 중 가장 크다.

㉡ 배분력 : 절삭 깊이의 반대 방향으로 작용하는 힘으로, 선반작업에서 절삭저항이 가장 작다.

㉢ 이송분력 : 공작물의 축 방향(절삭공구의 이송 방향과 반대쪽)으로 작용하는 힘이다.

※ 절삭저항의 크기

주분력 > 배분력 > 이송분력

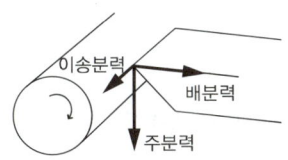

② 절삭작업 중 절삭저항에 영향을 주는 인자

㉠ 가공방법
- 선삭의 경우 공작물 회전에 대해 어느 방향에서 바이트가 진입하는지의 영향을 받는다.
- 밀링의 경우 커터 회전에 대해 상향절삭, 하향절삭 여부 등이 영향을 준다.

㉡ 절삭조건 : 이송속도, 절삭 깊이, 절삭각 등을 절삭조건이라고 한다. 이외에도 절삭량, 가공시간, 가공 재질, 절삭유의 유무 등에 따라 절삭의 품질이 달라진다.

㉢ 일감의 재질 : 일감의 강도(단단한 정도), 경도(딱딱한 정도), 연성(무른 정도) 등이 영향을 준다.

㉣ 절삭온도 : 절삭 시 마찰 등에 의해 열이 발생하고, 이에 따라 온도가 올라간다. 피삭재와 공구는 금속으로 이루어져 있기 때문에 열에 의해 팽창하거나 수축하며, 부분적으로 녹거나 들러붙기도 한다. 절삭속도를 올리면 마찰이 높아져 온도가 상승하고, 칩의 두께를 크게 하면 마찰량이 많아져 온도가 상승하기 때문에 가급적 작동유 등을 공급하여 열을 발산시킨다. 공구나 재료도 열전도가 잘되어 열을 배출하는 것이 좋다. 작업 중 절삭온도는 칩의 변색 정도로 판단하거나 광학식 열량계나 열전대를 이용한다.

③ 절삭조건

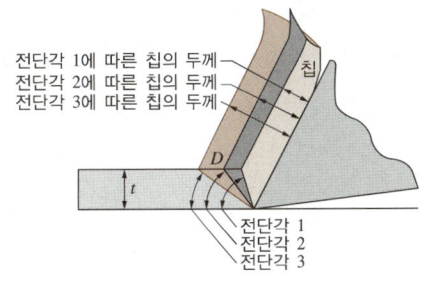

㉠ 위의 그림에 따르면 전단각이 커질수록 칩의 두께가 얇다. 즉, 전단각이 작을수록 절삭저항과 절삭력은 커진다.

㉡ 깎기 전의 두께를 t, 깎은 후의 두께를 tc라고 하면 절삭비는 $\dfrac{tc}{t}$이다. 절삭비가 클수록 전단각이 작으면서 절삭력과 절삭저항은 커지고, 절삭비가 작을수록 전단각이 커지면서 좀 더 쉽게 가공된다.

㉢ 절삭비가 1이 되면 모재가 깎여 나갈 때 거의 압축 또는 인장의 변형 없이 깎여 나가는데, 이는 절삭효율이 높아진다는 의미이다.

10년간 자주 출제된 문제

공작물의 수직 아랫방향으로 작용하는 힘으로, 선반작업 시 공구에 발생하는 절삭저항 중 가장 큰 힘은?

① 수평분력　　　　② 절삭분력
③ 배분력　　　　　④ 이송분력

|해설|

절삭저항의 3분력
- 주분력(절삭분력) : 공작물의 수직 아랫방향으로 작용하는 힘으로, 선반작업 시 공구에 발생하는 절삭저항 중 가장 크다.
- 배분력 : 절삭 깊이의 반대 방향으로 작용하는 힘으로, 선반작업에서 절삭저항이 가장 작은 분력이다.
- 이송분력 : 공작물의 축 방향(절삭공구의 이송 방향과 반대쪽)으로 작용하는 힘이다.

정답 ②

핵심이론 15 | 절삭이론 – 칩, 공구

① 칩의 종류

　㉠ 유동형 칩
　　• 칩이 공구 윗면의 경사면 위를 연속적으로 흘러 나가는 형태의 칩으로, 절삭저항이 작아서 가공 표면이 가장 깨끗하고 공구수명도 길다.
　　• 생성조건 : 절삭 깊이가 작은 경우, 공구의 윗면 경사각이 큰 경우, 절삭공구의 날 끝 온도가 낮은 경우, 윤활성이 좋은 절삭유를 사용하는 경우, 재질이 연하고 인성이 큰 재료를 큰 경사각으로 고속절삭하는 경우

　㉡ 전단형 칩
　　• 공구 윗면의 경사면과 마찰하는 재료의 표면은 편평하지만, 반대쪽 표면은 톱니 모양으로 유동형 칩에 비해 가공면이 거칠고 공구 손상도 일어나기 쉽다.
　　• 발생원인 : 공구의 윗면 경사각이 작을 때, 비교적 연한 재료를 느린 절삭속도로 가공할 때

　㉢ 균열형 칩
　　• 가공면에 깊은 홈을 만들기 때문에 재료 표면이 매우 불량해진다.
　　• 발생원인 : 주철과 같이 취성(메짐)이 있는 재료를 저속으로 절삭할 때

　㉣ 열단형 칩
　　• 칩이 날 끝에 달라붙어 경사면을 따라 원활하게 흘러 나가지 못해 공구에 균열이 생기고, 가공 표면이 뜯긴 것처럼 보인다.
　　• 발생원인 : 절삭 깊이가 크고, 윗면 경사각이 작은 절삭공구를 사용할 때

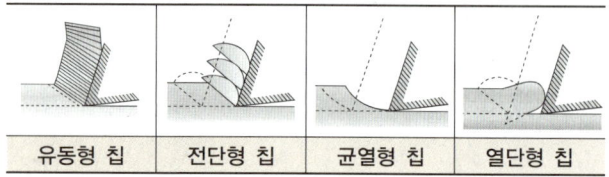

② 칩 브레이커
연속적으로 발생되는 칩으로 인해 작업자가 다치는 것을 방지하기 위하여 생성되는 칩의 곡률을 변화시켜 칩을 짧게 절단시켜 주는 안전장치이다.

칩 브레이커

③ 구성인선

　㉠ 빌트 업 에지(built-up edge)라고 한다. 절삭력과 절삭열에 의한 고온·고압으로 칩의 일부가 날 끝에 녹아 붙거나 압착되는 것이다.

　㉡ 구성인선은 매우 짧은 시간에 발생·성장·분열·탈락의 주기를 반복하기 때문에 탈락할 때마다 가공면에 흠집을 만들고, 진동을 일으켜 가공면을 나쁘게 만든다.

　㉢ 구성인선의 발생을 감소시키기 위해서는 깎는 깊이를 작게 하거나 공구 경사각을 크게 하고, 날 끝을 예리하게 한다. 또한, 절삭속도를 크게 하고(구성인선 임계 절삭속도 : 120[m/min]) 윤활유를 사용한다.

　㉣ 구성인선의 생애 : 발생 → 성장 → 분열 → 탈락

④ 공구의 마멸

　㉠ 공구의 윗면 또는 옆면의 마찰로 인해 마모가 나타난다.

　㉡ 경사면 마멸(크레이터 마모)
　　• 윗면의 마모 모양이 운석이 떨어진 자국과 같아 크레이터(crater, 분화구) 마멸 또는 경사면 마멸이라고 한다.
　　• 공구날의 윗면이 유동형 칩과의 마찰로 인해 오목하게 파이는 현상으로, 공구와 칩의 경계에서 원자의 상호 이동 역시 마멸의 원인이 된다.
　　• 공구 경사각을 크게 하면 칩이 공구의 윗면을 누르는 압력이 작아져 경사면 마멸의 발생과 성장을 줄일 수 있다.

ⓒ 여유면 마멸(플랭크 마모) : 옆면의 마모는 공구와 여유각이 벌어진 곳의 마멸이어서 여유면 마멸이라 하며, 측면이라는 의미의 플랭크(flank) 마멸이라고 한다. 절삭공구의 측면(여유면)과 가공면의 마찰에 의하여 발생되는 마모현상으로, 주철과 같이 취성이 있는 재료를 절삭할 때 발생하여 절삭날(공구인선)을 파손시킨다.

ⓓ 치핑 : 경도가 매우 크고 인성이 작은 절삭공구로 공작물을 가공할 때 발생되는 충격으로, 공구날이 모서리를 따라 작은 조각으로 떨어져 나가는 현상이다.

⑤ 공구수명의 판정방법
 ⓐ 날의 마멸이 일정량에 달했을 때
 ⓑ 완성된 공작물의 치수 변화가 일정량에 달했을 때
 ⓒ 가공면 또는 절삭한 직후의 면에 광택이 있는 무늬 또는 점들이 생길 때
 ⓓ 절삭저항의 주분력, 배분력, 이송 방향 분력 또는 이 힘 중 하나 이상이 급격히 증가되었을 때

⑥ Taylor의 공구수명식
 Taylor가 절삭공구수명과 절삭속도의 관계를 실험적으로 탐구하여 관계식을 도출하였다.
$$VT^n = C$$
(여기서, V : 가공속도[m/min], T : 공구수명[min], C : 고유상수, n : 경험지수)

10년간 자주 출제된 문제

15-1. 칩이 공구 윗면의 경사면 위를 연속적으로 흘러 나가는 형태의 칩으로, 절삭저항이 작아서 가공 표면이 가장 깨끗하며 공구수명도 긴 칩의 형태는?

① 유동형 칩
② 전단형 칩
③ 열단형 칩
④ 균열형 칩

15-2. 구성인선 방지대책으로 옳지 않은 것은?

① 절삭유를 사용한다.
② 절삭속도를 작게 한다.
③ 날 끝을 예리하게 한다.
④ 깎는 깊이를 얕게 한다.

|해설|

15-1
② 전단형 칩 : 공구 윗면의 경사면과 마찰하는 재료의 표면은 편평하지만, 반대쪽 표면은 톱니 모양으로 유동형 칩에 비해 가공면이 거칠고 공구 손상도 일어나기 쉽다.
③ 열단형 칩 : 칩이 날 끝에 달라붙어 경사면을 따라 원활하게 흘러 나가지 못해 공구에 균열이 생기고 가공 표면이 뜯긴 것처럼 보인다.
④ 균열형 칩 : 가공면에 깊은 홈을 만들기 때문에 재료 표면이 매우 불량해진다.

15-2
구성인선의 발생을 감소시키기 위해서는 깎는 깊이를 작게 하거나, 공구 경사각을 크게 하고 날 끝을 예리하게 한다. 또한절삭속도를 크게 하고(구성인선 임계 절삭속도 : 120[m/min]) 윤활유를 사용한다.

정답 15-1 ① 15-2 ②

핵심이론 16 | 선반

① 선반의 구조

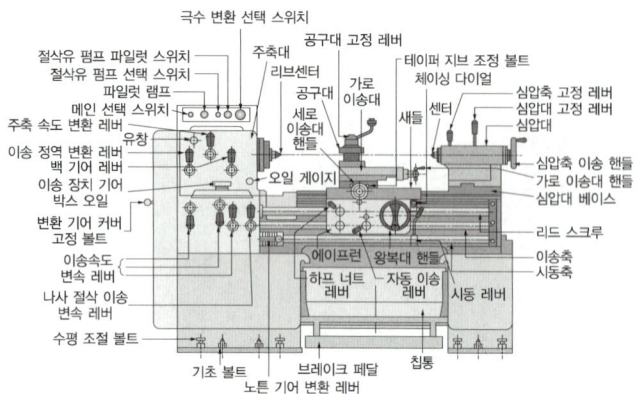

② 선반의 종류

㉠ 보통선반(범용선반) : 수직가공, 수평가공, 절단가공, 홈가공, 나사가공 등 다양한 가공이 가능하다.

㉡ 자동선반 : 보통선반에 자동화장치를 부착하여 자동으로 절삭가공을 실시하는 선반으로, 대량 생산에 적합하다.

㉢ 정면선반 : 길이가 짧고 지름이 큰 공작물 절삭에 사용되는 선반으로, 면판을 구비하고 있다. 베드의 길이가 짧고 심압대가 없는 경우가 많아서 주로 단면 절삭에 사용한다.

㉣ 터릿선반 : 보통선반과 같이 가공물을 회전시키면서 터릿에 6~8종의 절삭공구를 장착한 후 가공 순서에 맞게 절삭공구를 변경하며 가공하는 선반으로, 동일 제품의 대량 생산에 적합하다. 터릿은 절삭공구를 육각형 모양의 드럼에 가공 순서대로 장착한 기계장치이다.

㉤ 공구선반 : 보통선반과 같은 구조이지만, 테이퍼 깎기와 릴리빙이 장착되어 있다. 보통선반에 비해 정밀도가 높아 가공 정밀도를 높이고자 할 때 사용한다.

㉥ 탁상선반 : 크기가 작아서 작업대 위에 설치하며, 시계와 같은 소형 공작물 가공에 사용한다.

㉦ 차륜선반 : 면판이 부착된 주축대 두 대를 마주 세운 구조로, 차륜이나 축바퀴, 속도 조절 바퀴 등의 가공에 사용된다. 기차 바퀴와 같이 차축에 끼워 차체의 하중을 지탱하면서 구르는 바퀴를 차륜이라 한다.

㉧ 수직선반(직립선반)
- 대형 공작물이나 불규칙한 가공물을 가공하기 편하도록 테이블 위에 척을 수직으로 설치한 선반이다. 공작물은 테이블 위 수평면 내에서 회전하며, 공구는 수직 방향으로 이송되어 절삭한다.
- 가공물의 장착이나 탈착이 편하고 공구 이송 방향이 보통선반과 다른 것이 특징이다.

㉨ 모방선반 : 모방 절삭이 가능하도록 만든 선반으로, 전용 설비를 사용하거나 보통선반에 모방장치를 부착하여 사용한다.

㉩ 릴리빙 선반 : 나사 탭이나 밀링커터의 플랭크 절삭에 사용하는 특수선반으로, 릴리프면 절삭선반이라고도 한다.

㉪ 크랭크축 선반 : 크랭크축을 전문으로 가공하는 선반이다.

㉫ 차축선반 : 철도나 차량의 차축을 전문으로 가공하는 선반이다.

③ 선반의 규격

㉠ 양 센터 사이의 최대 거리 : 깎을 수 있는 공작물의 최대 거리

㉡ 베드 위의 스윙 : 일감이 베드에 닿지 않고 깎을 수 있는 공작물의 최대 지름

㉢ 왕복 위의 스윙 : 왕복 위에서 공작물이 닿지 않고 깎을 수 있는 최대 지름

④ 테이퍼 가공
  ㉠ 선반에서 테이퍼 가공(기울기가 있는 면의 가공)을 할 때는 심압대를 편위시키거나 공구대를 원하는 각도만큼 틀어 가공한다.

  $$심압대 편위량\ e = \frac{L(D-d)}{2l}$$

  (여기서, D : 큰 지름, d : 작은 지름, L : 공작물 전체 길이, l : 테이퍼 부분 길이)

  ㉡ 복식 공구대는 테이퍼 각이 크고 길이가 짧은 가공물을 복식 공구대를 선회시켜 가공하는 데 유용하다.

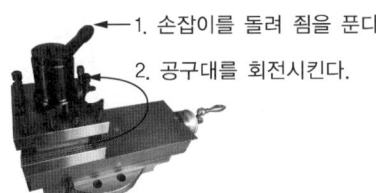

⑤ 선반가공
  ㉠ 나사가공 : 복식 공구대를 이용하여 주축의 회전속도와 이송나사의 이송속도를 비율적으로 맞추어 나사가공을 할 수 있다.
    • 변환기어
      - 중간 변환 : 주축쪽 기어와 맞닿은 변환기어 잇수(B)와 이송나사쪽 기어와 맞닿은 변환기어 잇수(C)가 같은 기어이다.

      $$\frac{공작물의\ 피치}{이송나사의\ 피치} = \frac{A}{B} \times \frac{B}{D} = \frac{A}{D}$$

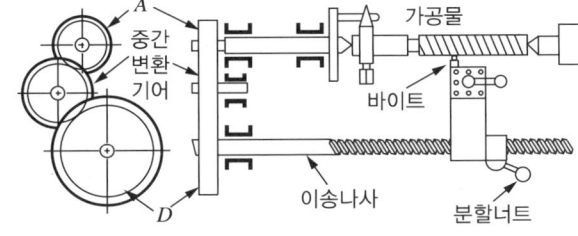

      - 기어가 두 개 이상 있는 중간 변환식

      $$\frac{공작물의\ 피치}{이송나사의\ 피치}$$
      $$= \frac{주축에\ 연결된\ 기어\ 잇수(A)}{주축쪽\ 기어와\ 맞닿은\ 변환기어\ 잇수(B)}$$
      $$\times \frac{이송나사쪽\ 기어와\ 맞닿은\ 변환기어\ 잇수(C)}{이송나사와\ 연결된\ 기어\ 잇수(D)}$$

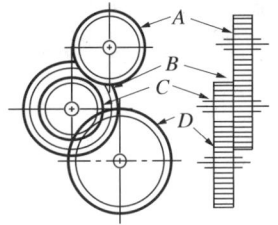

  ㉡ 절삭동력
    • 선반 등 공작기계에서 전체 절삭동력(N_t)은 실제 절삭에 사용되는 동력(N_n), 이송에 사용되는 동력(N_r), 마찰로 손실되는 동력(N_f)으로 구분할 수 있다.
    • 효율 : $\dot{\eta} = \dfrac{N_n + N_r}{N_t} \times 100$
    • 동력 계산
      실제 절삭에 사용되는 동력(N_n)
      $= F_1 \times v[\mathrm{W}] = \dfrac{F_1 \times v_1}{60 \times 75}[\mathrm{PS}] = \dfrac{F_1 \times v_1}{60 \times 102}[\mathrm{kW}]$
      (여기서, F : 절삭력[N], F_1 : 절삭력[kgf], v : 절삭속도[m/sec], v_1 : 절삭속도[m/min])

  ㉢ 절삭 시 표면거칠기 : 표면거칠기는 선삭 자국의 높이로 나타내며, 이 높이를 구하는 식은 다음과 같다.

  $$H = \frac{f^2}{8R}$$

  (여기서, H : 표면거칠기 높이, f : 이송, R : 공구의 날 끝 반지름)

10년간 자주 출제된 문제

16-1. 선반가공에서 직경 60[mm], 길이 100[mm]의 탄소강 재료 환봉을 초경 바이트로 사용하여 1회 절삭 시 가공시간은 약 몇 초인가?(단 절삭 깊이 1.5[mm], 절삭속도 150[m/min], 이송은 0.2[mm/rev]이다)

① 38
② 42
③ 48
④ 52

16-2. 어미나사의 피치가 6[mm]인 선반에서 1인치당 4산의 나사를 가공할 때, A와 D의 기어 잇수는 각각 얼마인가?(단, A는 주축기어의 잇수이고, D는 어미나사기어의 잇수이다)

① $A = 60$, $D = 40$
② $A = 40$, $D = 60$
③ $A = 127$, $D = 120$
④ $A = 120$, $D = 127$

16-3. 노즈 반지름이 있는 바이트로 선삭할 때 가공면의 이론적 표면거칠기를 나타내는 식은?(단, f는 이송, R은 공구의 날 끝 반지름이다)

① $\dfrac{f^2}{8R}$
② $\dfrac{f}{8R^2}$
③ $\dfrac{f}{8R}$
④ $\dfrac{f}{4R}$

16-4. 브라운 샤프형 분할대로 $5\dfrac{1}{2}°$의 각도를 분할할 때, 분할 크랭크의 회전을 어떻게 해야 하는가?

① 27구멍 분할판으로 14구멍씩
② 18구멍 분할판으로 11구멍씩
③ 21구멍 분할판으로 7구멍씩
④ 24구멍 분할판으로 15구멍씩

해설

16-1
한 바퀴당 0.2[mm] 가공하므로 100[mm]를 가공하는 데는 500바퀴가 필요하다. 속도가 접선속도로 주어졌고, 한 바퀴당
$\pi D = \pi \times 60 = 188.5$[mm]
150[m/min] = 2.5[m/s] 초당 2.5[m], 1초에 13.26바퀴를 도는 속도이므로 500바퀴를 도는 데 37.7초가 필요하다.

16-2
$\dfrac{D}{A} = \dfrac{\pi tch}{\rho} \times \dfrac{5}{127} = \dfrac{6}{1/4} \times \dfrac{5}{127} = \dfrac{120}{127}$

16-3
표면거칠기는 선삭 자국의 높이로 나타내며, 이 높이를 구하는 식은 다음과 같다.
$H = \dfrac{f^2}{8R}$

16-4
브라운 샤프형 분할대는 9°씩 40개로 분할되어 있으므로
$n = \dfrac{5.5}{9}$와 비율이 같은 답은 $\dfrac{11}{18}$이다.

정답 16-1 ① 16-2 ③ 16-3 ① 16-4 ②

핵심이론 17 | 밀링

① 밀링의 구조

수직 밀링머신과 수평 밀링머신의 구조는 다음 그림과 같다.

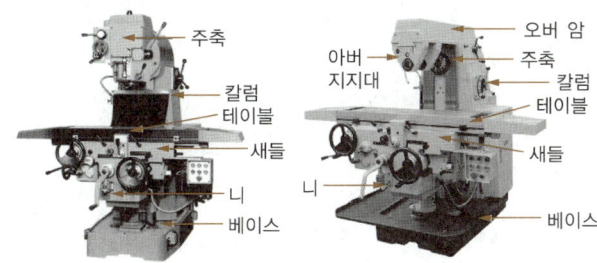

[수직 밀링머신]   [수평 밀링머신]

② 밀링의 종류

㉠ 만능 밀링머신 : 주축이 수평이며 칼럼, 니, 테이블 및 오버 암 등으로 구성되어 있다. 새들 위의 선회에서 테이블을 일정한 각도로 회전시키거나 테이블을 상하로 경사시킬 수 있다. 분할이나 헬리컬 절삭장치를 사용하여 헬리컬 기어, 트위스트 드릴의 비틀림 홈 등의 가공에 적합하다.

㉡ 모방 밀링머신 : 형판이나 모형을 본뜨는 모방장치를 사용하여 프레스나 단조, 주조용 금형과 같은 복잡한 형상을 높은 정밀도로 능률적인 가공이 가능하다.

㉢ 나사 밀링머신 : 나사를 깎는 전용 밀링머신으로 작동이 간단하고 가공 능률이 좋으며, 깨끗한 다듬질면의 나사를 가공할 수 있다.

㉣ 램형 밀링머신 : 기둥 위의 램에 주축 헤드가 장착되어 있어서 램이 재료의 앞뒤를 왕복하면서 공작물을 절삭한다.

③ 밀링의 크기 표시

㉠ 일반적으로 가공할 수 있는 최대 공작물의 크기로 표시한다.

㉡ 테이블의 상하 좌우 이송거리로 표시한다.

㉢ 호칭번호로 표시한다.

호칭번호 이동거리	0	1	2	3	4	5
좌우	450	550	700	850	1,050	1,250
전후	150	200	250	300	350	400
상하	300	400	450	450	450	500

④ 머시닝센터

㉠ NC 선반과 더불어 NC 공작기계 중 대표적인 기계이다.

㉡ NC 밀링기계에 ATC가 장착되어 있어서 프로그램에 따라 자동으로 공구를 교환한다.

㉢ 1회 고정으로 여러 종류의 공작기계가 처리해야 할 가공, 여러 종류의 공구를 자동으로 교환하면서 순차적으로 가공할 수 있어 효율성이 높다.

㉣ 밀링과 마찬가지로 수평형과 수직형이 있다.

㉤ 밀링작업에서는 NC 전용 밀링머신보다 MCT를 사용하는 경우가 많다.

⑤ 플레이너형 밀링머신

㉠ 플레이너 밀러라고도 하는데 밀러(miller)는 밀링하는 기계라는 의미이다.

㉡ 플레이너의 공구 자리에 밀링 주축이 있다.

㉢ 외관이 플레이너와 비슷하다.

㉣ 중량물 및 대형 공작물의 중절삭에 적합하다.

⑥ 밀링커터의 종류

㉠ 수평 밀링용 커터

평면 커터 (그림은 헬리컬 날)	슬로팅 소 (주로 절단 시 사용)
각도 커터	측면 커터	인벌류트 기어 커터

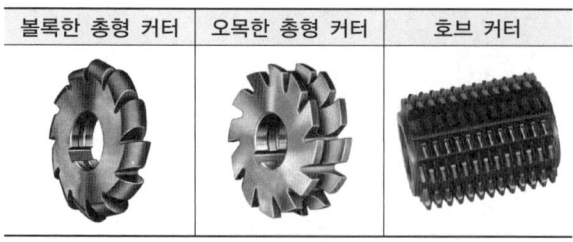

| 볼록한 총형 커터 | 오목한 총형 커터 | 호브 커터 |

ⓒ 수직 밀링용 커터

| 페이스 커터 (넓은 평면을 가공할 때) | 슬로팅 커터 | 라핑 엔드밀 (평면과 측면을 함께 가공 가능) |

엔드밀(수직 밀링머신에서 가장 많이 사용하는 커터)

스퀘어 / 볼 엔드밀 / 테이퍼 엔드밀 / 테이퍼 볼 엔드밀

⑦ 밀링가공의 절삭 방향

상향절삭(올려 깎기)	하향절삭(내려 깎기)
커터날의 회전 방향과 일감의 이송이 서로 반대 방향이다.	커터날의 회전 방향과 일감의 이송이 서로 같은 방향이다.
• 커터날이 일감을 들어 올리는 방향이므로 기계에 무리를 주지 않는다. • 커터날에 처음 작용하는 절삭저항이 작다. • 깎인 칩이 새로운 절삭을 방해하지 않는다. • 백래시의 우려가 없다.	• 커터날에 마찰작용이 작아 날의 마멸이 작고 수명이 길다. • 커터날을 밑으로 향하게 하여 절삭한다. 따라서 일감을 밑으로 눌러서 절삭하므로, 일감의 고정이 쉽다. • 날자리 간격이 짧고, 가공면이 깨끗하다.
• 커터날이 일감을 들어 올리는 방향으로 일을 하므로 일감의 고정이 어렵다. • 날의 마찰이 커서 날의 마멸이 크다. • 회전과 이송이 반대여서 이송의 크기가 상대적으로 크다. 이에 따라 피치가 커져서 가공면이 거칠다. • 가공할 면을 보면서 작업하기 어렵다.	• 상향절삭과는 달리 기계에 무리를 준다. • 커터날이 새로운 면을 절삭저항이 큰 방향에서 진입하므로 날이 약할 경우 부러질 우려가 있다. • 가공된 면 위에 칩이 쌓이므로, 절삭열이 남아 있는 칩에 의해 가공된 면이 열 변형을 받을 우려가 있다. • 백래시 제거장치가 필요하다.

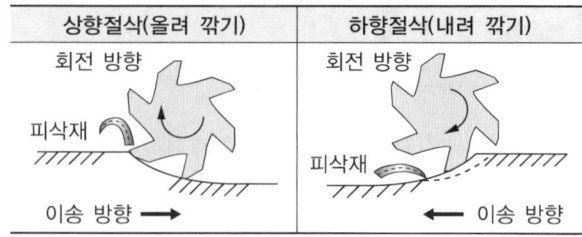

| 상향절삭(올려 깎기) | 하향절삭(내려 깎기) |

⑧ 백래시

㉠ 나사나 기어 등 이가 물려 돌아가는 기구에서 두 부품(기어와 기어 또는 나사와 나사)이 완전히 같은 크기가 아니어서 정회전과 역회전 시 약간의 공간 차가 생기는데, 이를 백래시라고 한다.

㉡ 정밀가공에서 백래시는 오차를 유발하기 때문에 제거하여야 하므로, 백래시 제거장치를 기어와 기어 사이, 나사와 나사 사이에 장착하여 정회전, 역회전 시의 오차를 없애야 한다.

㉢ 공작기계에서는 공작물 이송 시 오차가 발생하므로 이송나사에 장착하여야 한다.

⑨ 더브테일 홈가공

절삭날이 비둘기 꼬리를 닮아 더브테일(dove tail)이라고 한다. 더브테일의 각에 따라 홈이 가공된다.

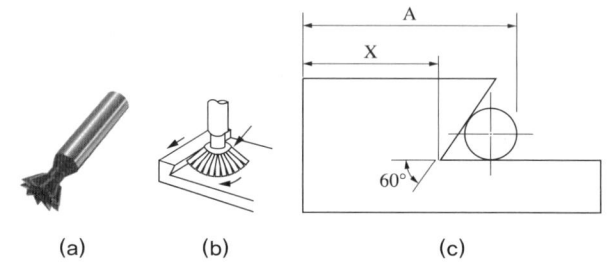

(a)　　(b)　　(c)

⑩ 밀링 절삭

㉠ 절삭속도

$$V = \frac{\pi D n}{1,000} [\text{m/min}]$$

(여기서, V : 절삭속도[m/min], D : 밀링커터의 지름[mm], n : 절삭공구의 분당 회전수[rpm, rev/min])

- 밀링 절삭속도의 선정
  - 공작물의 경도가 높으면 저속으로 절삭한다.
  - 커터날이 빠르게 마모되면 절삭속도를 낮추어 절삭한다.
  - 거친 절삭은 절삭속도를 낮추고, 이송속도를 크게 한다.
  - 다듬질 절삭에서는 절삭속도를 높이고 이송은 천천히, 절삭 깊이는 작게 한다.
ⓒ 이송속도 : 회전하는 공구를 이송하는 속도이다.
$$f_1 = f_z \cdot z$$
(여기서, f_1 : 공구의 1회전에 이송하는 거리, f_z : 절삭날 1개의 이송거리, z : 절삭날의 수)
$$V_f = f_z \cdot z \cdot n$$
(여기서, V_f : 이송속도[mm/min], n : 절삭날(공구)의 분당 회전수[rpm, rev/min])
ⓒ 절삭 깊이 : h[mm]
- 절삭 깊이가 깊으면 더 큰 힘이 작용되며 날의 수명이 줄어든다.
- 절삭 깊이가 얕으면 더 여러 번 작업해야 하므로 작업시간이 길어진다.
② 테이블 선회각
$$\tan\alpha = \frac{\pi \cdot D}{L}$$

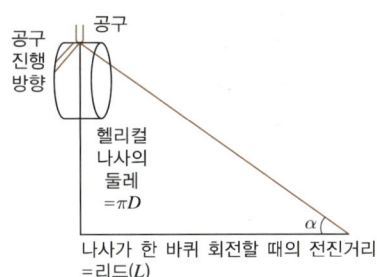

10년간 자주 출제된 문제

17-1. 다음 그림과 같이 더브테일 홈가공을 하려고 할 때 X의 값은 약 얼마인가?(단, tan60° = 1.7321, tan30° = 0.574)

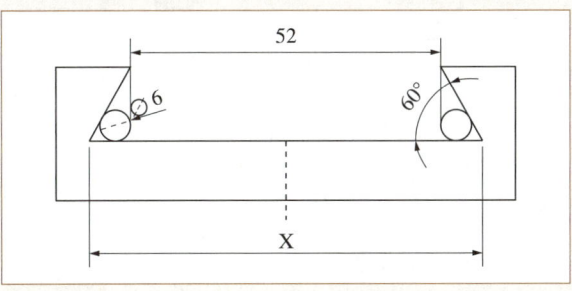

① 60.26
② 68.39
③ 82.04
④ 84.86

17-2. 밀링커터의 날 수가 10, 지름이 100[mm], 절삭속도 100[m/min], 1날당 이송을 0.1[mm]로 하면 테이블 1분간 이송량은 약 얼마인가?

① 420[mm/min]
② 318[mm/min]
③ 218[mm/min]
④ 120[mm/min]

|해설|

17-1

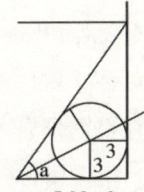
$x=5.22$

지름 6의 강구가 들어갔고 더브테일의 각이 60°이므로 a는 30°이다. 홈의 끝부터 강구의 아래 접점까지는 5.22이므로 우측 끝선까지는 8.26, 좌우에 8.26씩 52에 더하면 $X = 68.52$이다.

17-2
회전수
$$n = \frac{1{,}000V}{\pi D} = \frac{1{,}000 \times 100[\text{m/min}]}{\pi \times 100[\text{mm}]} = 318[\text{rpm}]$$
$$V_f = f_z \cdot z \cdot n = 0.1[\text{mm}] \times 10 \times 318[\text{rpm}] = 318[\text{mm/min}]$$

정답 17-1 ② 17-2 ②

핵심이론 18 | 드릴링

① 드릴의 구조

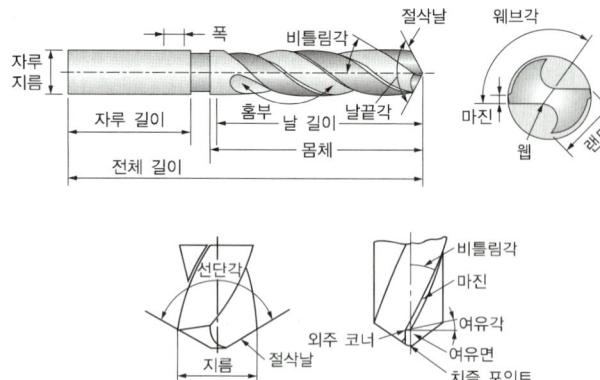

② 드릴의 종류

㉠ 드릴의 구조에 따라 : 일체형(솔리드) 드릴, 이음매 드릴(앞부분을 붙임), 날붙이 드릴(날 끝에 팁을 용접), 스로 어웨이(throw away) 드릴(선삭 날처럼 바이트가 결합된 형태), 조립드릴(날을 조립할 수 있게 설계된 형태)

㉡ 자루의 모양에 따라 : 곧은 드릴(자루의 날 부분이나 끝부분의 지름이 동일함, 일반적으로 13[mm]까지), 테이퍼 드릴(날 부분보다 끝부분이 가는 테이퍼 형태, 주로 13[mm] 이상), 밀링척용 드릴(자루가 밀링에 장착되도록 제작)

㉢ 길이에 따라 : 범용 드릴(일반 드릴), 스터브 드릴(짧은 드릴), 롱 드릴(긴 드릴)

㉣ 비틀림각에 따라 : 우측 비틀림각 드릴, 좌측 비틀림각 드릴, 직선날 드릴(비틀림각 0°)

㉤ 드릴날에 따라 : 평 드릴(중심점 가공, 날이 평평), 센터 드릴(중심점 가공), 직선 홈 드릴(드릴 홈이 직선), 트위스트 드릴(두 개의 홈이 비틀어져 있어 칩 배출 용이)

③ 드릴가공의 종류

㉠ 센터펀치 : 드릴가공을 위해 드릴 날의 끝이 닿는 자리를 잡아 주도록 펀치를 이용하여 중심을 마킹하는 작업이다.

㉡ 태핑 : 구멍에 암나사를 내는 작업으로, 태핑을 위한 드릴링 지름은 들어갈 나사의 안지름으로 한다.

㉢ 리밍 : 리머를 이용하여 구멍의 내면을 매끈하고 정확하게 가공하는 작업이다. 미세 절삭을 이용한 내면 다듬질 작업이므로 다듬질 여유를 거의 제거해 내면서 천천히 회전하고 많이 이송하는 것이 좋다.
 ※ 리머 : 리밍커터의 역할이며 절삭날 조정이 가능한 조정 리머, 절삭날과 일체형인 솔리드 리머, 자루와 절삭날 부분이 별개로 되어 있는 셸 리머, 팽창이 가능한 팽창 리머 등이 있다.

㉣ 보링 : 뚫린 구멍을 다시 절삭하여 구멍을 넓히고 정확한 치수로 다듬질하는 작업으로, 스로 어웨이 바이트를 사용한다.

㉤ 카운터 보어/카운터 보링 : 나사, 볼트의 머리부가 앉을 자리를 머리 깊이만큼 보링하는 작업이다.

㉥ 카운터 싱킹 : 카운터 보링처럼 나사나 볼트머리가 앉을 자리나 원뿔머리가 앉을 자리를 접시 모양으로 만드는 작업이다.

㉦ 스폿 페이싱 : 카운터 보링이 구멍과 평행한 원통 방향(동심원)으로 가공하여 머리자리를 만든다면, 볼트 또는 너트 등의 구멍과 직각인 방향으로 페이서의 지름만큼 구멍을 작업하여 너트나 볼트머리에 접하는 면을 편평하게 머리부를 만드는 작업이다.

10년간 자주 출제된 문제

다음 중 드릴머신으로 할 수 없는 작업은?
① 브로칭
② 스폿 페이싱
③ 카운터 싱킹
④ 카운터 보링

|해설|
브로칭은 브로치라는 커터를 이용하여 브로칭머신으로 가공하는 가공법이다.

정답 ①

핵심이론 19 | CNC 가공

① CNC는 Computerized Numerical Control의 약자로, 숫자와 코드를 이용하여 공작기계를 제어하는 CNC 공작이다.
② 수치제어 공작기계는 몸체, 제어부, 프로그램의 요소가 필요하다. 실제 제어가 프로그램에 의해 제어되고, 제어하는 프로그램 사용법을 익혀야 한다.
③ 프로그램 구성
  ㉠ 워드 형식

          G50   Z200.
    어드레스 + 데이터   어드레스 + 데이터

  ㉡ 프로그램 형식

  N_ G_ X_ Y_ Z_ F_ S_ T_ M_ ;
  전개 준비   좌푯값   이송 주축 공구 보조 end of
  번호 기능   기능 기능 기능 기능 block

④ CNC 가공의 일반적인 특징
  ㉠ 제조 단가를 낮출 수 있다.
  ㉡ 품질이 균일한 제품을 얻을 수 있다.
  ㉢ 작업시간 단축으로 생산성이 향상된다.
  ㉣ 파트 프로그램을 매크로 형태로 저장시켜 필요시 불러올 수 있다.
⑤ CNC 기계의 구성요소
  ㉠ 서보검출기구
  ㉡ 컨트롤러
  ㉢ 리졸버 : CNC 공작기계의 움직임을 전기적인 신호로 속도와 위치를 표시하는 회전형 피드백 장치
  ㉣ 인코더(encoder) : 실제 테이블의 이송량을 감지하는 장치
⑥ CNC 공작기계에서 사용되는 좌표계
  ㉠ 기계좌표계 : 기계를 제작할 때 설정한 원점을 기준으로 한 좌표계이다.
  ㉡ 공작물좌표계 : 사용자가 선정한 점을 원점으로 하여 사용하는 좌표계로, 일반적으로 프로그램 원점과 동일하게 사용한다.
  ㉢ 절대좌표계 : 원점을 기준으로 거리를 좌표로 이용하는 좌표계로 X, Y, Z를 지정변수로 사용한다.
  ㉣ 상대좌표계 : 바로 앞 지점을 기준으로 거리를 좌표로 이용하는 좌표계로 I, J, K를 지정변수로 사용한다(CNC 선반에서는 증분좌표계로 U, V, W 좌표계를 이용한다).

⑦ CNC 프로그램의 5대 코드 및 기능

종류	코드	기능
준비 기능	G코드	CNC 공작기계의 준비기능 코드로, CNC 기계의 주요 제어장치를 사용하기 위해 준비시킨다. 예 G00 : 급속이송, G01 : 직선보간, G02 : CW 공구이송
보조 기능	M코드	CNC 기계에 장착된 부수장치의 동작을 실행하기 위한 것으로 주로 on/off 기능을 한다. 예 M02 : 주축 정지, M08 : 절삭유 on, M09 : 절삭유 off
이송 기능	F코드	절삭을 위한 공구의 이송속도를 지령한다. 예 F0.02 : 0.02[mm/rev]
주축 기능	S코드	주축의 회전수 및 절삭속도를 지령한다. 예 S1800 : 1,800[rpm]으로 주축 회전
공구 기능	T코드	공구 준비 및 공구 교체, 보정 및 오프셋량을 지령한다. 예 T0101 : 1번 공구로 교체 후 공구에 01번으로 설정한 보정값을 적용한다.

10년간 자주 출제된 문제

CNC 선반에서 다음 그림과 같이 A에서 B로 이동 시 증분좌표계 프로그램으로 옳은 것은?

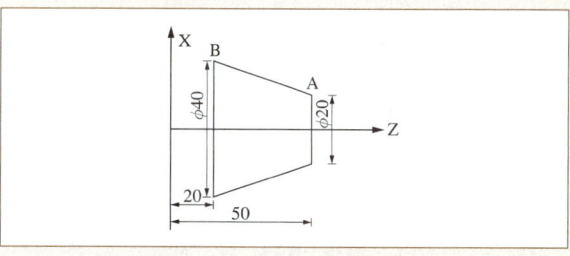

① X40.0 Z20.0;   ② U20.0 Z20.0;
③ U20.0 W-30.0;   ④ X40.0 W-30.0;

|해설|

CNC 선반에서는 증분좌표계로 U, V, W 좌표계를 사용한다.
A에서 B로 이동 시 바뀐 좌푯값을 계산한다.
• X축 방향 ϕ20에서 ϕ40으로 증가 : U20.0
• Z축 방향 50에서 20으로 감소 : W-30.0

정답 ③

핵심이론 20 | 손다듬질 가공

① 손다듬질은 쇠톱 → 정 → 줄 → 스크레이퍼 순서로, 거친 작업부터 정밀한 작업 순으로 시행한다.
② 주로 마무리 가공까지 다 마친 상태에서 단품의 일부가 잘못되었을 때 또는 기계작업을 하기 불편하거나 적당하지 않은 경우에 손다듬질을 시행한다.
③ 손다듬질
  ㉠ 기본 도구 : 정반, 바이스(vise), 작업대
  ㉡ 금긋기 공구 : 펀치, 해머, 컴퍼스, 트롬멜, 금긋기 바늘, 서피스게이지, V블록, 각도기 등
  ㉢ 쇠톱 : 몸체에 톱날을 끼워 작업하는 것으로, 피치는 1[inch] 사이의 이로, 톱날의 길이는 양단 구멍의 중심거리를 사용한다.
  ㉣ 정(chisel)은 탄소 함유량이 0.8~1.2[%]의 공구강으로 날 끝을 단단히 만든 도구이다.
  ㉤ 줄 작업 : 일감을 평면이나 곡면으로 다듬거나 기계가공이 어려운 부분을 다듬는 작업이다.
    • 줄의 종류
      - 단면 모양에 따라 : 평형, 반원형, 원형, 각형, 삼각형
      - 줄 날의 모양에 따라 : 홑줄 날, 겹줄 날, 라스프(rasp) 줄 날, 물결 줄 날
      - 줄눈의 크기에 따라 : 황목, 중목, 세목, 유목
    • 줄 작업방법
      - 직진법 : 줄을 길이 방향으로 움직여 가공하는 것으로, 좁은 면의 다듬질에 이용한다.
      - 사진법 : 경사 방향으로 전진하고, 줄을 기울여 움직이는 방법으로 거친 다듬질에 이용한다.
      - 횡진법 : 옆으로 전진하고, 길이 방향과 직각 방향으로 움직여 다듬질하는 방법으로, 좁은 곳의 최종 다듬질에 적합하다.
  ㉥ 스크레이퍼 : 날을 이용하여 줄질이 끝난 면을 정밀하게 긁어내는 도구이다.

④ 리밍(수공 리밍)
  리머를 이용하여 드릴로 뚫은 구멍의 내면을 매끄럽게 하고, 정밀도를 높일 때 하는 작업이다.
⑤ 태핑(수공 태핑)
  나사 내기, 암나사를 깎을 때는 탭, 수나사를 깎을 때는 다이스를 사용한다.

10년간 자주 출제된 문제

20-1. 일반적인 손다듬질 작업공정의 순서로 옳은 것은?
① 정 → 줄 → 스크레이퍼 → 쇠톱
② 줄 → 스크레이퍼 → 쇠톱 → 정
③ 쇠톱 → 정 → 줄 → 스크레이퍼
④ 스크레이퍼 → 정 → 쇠톱 → 줄

20-2. 부품가공 시 중심을 잡거나 정반 위에서 공작물을 이동시켜 평행선을 그을 때 사용되는 공구는?
① 펀치
② 컴퍼스
③ 서피스게이지
④ 버니어 캘리퍼스

|해설|
20-1
손다듬질 작업은 거친 작업부터 정밀한 작업 순으로 시행한다.
20-2
펀치는 뚫기, 컴퍼스는 길이나 각도 옮기기, 버니어 캘리퍼스는 길이 측정에 사용한다.

정답 20-1 ③ 20-2 ③

핵심이론 21 | 요소 부품의 가공 공정

① 절삭가공
  ㉠ 선반(lathe) : 공작물이 회전운동을 하고, 공구를 이송시키면서 원하는 모양으로 절삭하는 가공이다. 원통형 제품을 가공하고 이외에도 테이퍼, 곡면, 구멍 및 보링가공, 널링, 나사 절삭 등을 할 수 있다.
  ㉡ 밀링(milling) : 밀링커터를 회전시키면서 공작물을 이송시켜 원하는 모양으로 절삭한다. 밀링머신은 가공 스핀들의 방향에 따라 수평 밀링머신과 수직 밀링머신으로 나뉜다. 수평가공, 측면가공, 홈가공, 절단, 총형가공, 나선가공 등의 작업을 한다.
  ㉢ 드릴링(drilling) : 구멍 뚫기, 스폿 페이싱, 카운터 싱킹, 카운터 보링, 보링 및 리밍작업이 가능하다.
  ㉣ 연삭(grinding) : 숫돌바퀴(grinder)의 회전으로 절삭하는 미세 절삭작업이다.
  ㉤ 기타 절삭가공
    • 평면 절삭기 : 플레이너, 셰이퍼, 슬로터 등이 있다.
    • 호빙머신 : 기어치형가공 등에 사용한다.
    • 브로칭 : 브로치 공구를 사용하여 둥근 구멍에 키 홈, 다각형 구멍 등을 한 번의 통과로 완성하여 대량 생산을 한다.

② 정밀 입자가공
  ㉠ 호닝(honing) : 막대형 숫돌 혼(hone)을 회전시켜 원통 내면을 다듬질하는 작업이다.
  ㉡ 슈퍼피니싱(super finishing) : 입도가 작고 결합도가 작은 숫돌을 공작물에 가볍게 누르고 숫돌을 진동시켜 가공면을 초정밀가공하는 것이다.
  ㉢ 래핑(super finishing) : 일감과 공구 사이에 미세한 랩제를 넣고 일감에 압력을 가하며 상대운동을 시켜 매끈하게 다듬질하는 방법이다.
  ㉣ 폴리싱(ployshing) : 연삭재를 묻힌 목재, 피혁, 직물 등을 회전시키며 공작물의 표면을 다듬는 작업이다. 일반적으로 버핑 전 작업이다.
  ㉤ 버핑(buffing) : 털, 면 원판을 회전시키면서 표면의 광을 내는 작업이다.

③ 특수가공
  ㉠ 방전가공(EDM ; Electric Discharge Machining) : 아크 방전을 일으켜 모재를 용해시켜 전극 형상으로 가공한다.

> **더 알아보기**
>
> **방전가공 전극재료의 구비조건**
> • 기계가공이 쉬워야 한다.
> • 가공 전극의 소모가 작아야 한다.
> • 가공 정밀도가 높아야 한다.
> • 방전이 안전하고, 가공속도가 빨라야 한다.
> • 경제성이 있어야 한다.
> • 전극의 전도율이 좋아야 한다.

  ㉡ 초음파 가공 : 초음파로 진동시켜 연삭입자가 공구의 진동으로 인한 충격으로 가공물이 부딪쳐 정밀하게 다듬는 가공방법이다. 단단한 금속, 도자기 등을 가공한다.
  ㉢ 화학연마 : 가열된 산성 용액 속에서 표면을 녹여 광택을 내는 방법이다.
  ㉣ 쇼트피닝 : 숏(shot)을 이용하여 피닝(peening)하는 작업으로, 작은 쇠공을 재료 표면에 분사하여 단련가공한다.
  ㉤ 전해연마 : 전해 용액 속에서 전기분해를 일으켜 표면을 녹여 광택을 내는 작업으로, 도금을 응용한 방법이다. 음극에 모델을, 양극에 전착 금속을 설치한다. 전해액 속에서 전기를 통전하여 적당한 두께로 금속을 입힌다. 전착 도장(electrodeposition coating)은 도금작용을 이용하여 제품 표면을 코팅하는 작업이다. 포괄적으로는 같은 표면처리이나 도금은 제품의 금속 성질을 입히는 데 주목적이 있고, 도장은 표면의 색상 등을 입히는 데 주목적이 있다. 일반적으로 도금된 제품에 도장을 다시 하지만, 도장된 제품에는 도금을 하지 않는다.

④ 주조

쇳물을 녹여 원하는 형을 만드는 작업이다. 복잡한 형상도 한 번에 만들 수 있고, 대량 생산이 가능하며, 저렴한 비용이 장점이다.

- ㉠ 사형주조(모래형 주조) : 모래로 형을 만들어 주조한다.
- ㉡ 칠드주조(chilled casting) : 금형을 사용하여 전체 또는 부분적으로 급랭작업을 하는 방법이다. 급랭 부분은 탄화철, 서랭 부분은 펄라이트 주철이 된다.
- ㉢ 다이캐스팅(die casting) : 다이(형틀)에 고압으로 밀어넣어 주조하는 방법이다. 표면이 좋고 치수 정밀도가 다른 주조에 비해 좋지만, 비용이 비싸지고 크기에 제한이 생긴다. 주조성을 높이는 합금주물을 이용한 주조가 많이 연구된다.
- ㉣ 원심주조법 : 고속 회전을 일으켜 원심력에 의해 속이 비고 원주쪽으로 치밀도가 높아지는 주조법이다. 제품의 모양이 제한적이지만, 고밀도 고급 주조제품을 얻을 수 있다.
- ㉤ 인베스트먼트법(investment casting) : 녹아내리는 원형을 이용하여 주형을 만드는 방법으로, 주물 치수가 사형에 비해 정확해진다.
- ㉥ 셸 몰드법(shell moulding) : 조개 모양으로 주형을 만들어 주조하고 주형을 벌리는 작업을 반복하여 신속하고, 대량 생산에 적합한 방법이다.

⑤ 소성가공

- ㉠ 소성재료를 이용하여 형상을 만드는 가공으로, 철강을 많이 사용하는 현대 공업에서 빼놓을 수 없는 가공방법이다.
- ㉡ 단조(forging)
  - 해머나 프레스를 이용하여 금속재료를 필요한 형상으로 만드는 가장 오래된 금속가공법이다.
  - 단조가공된 금속재료는 기계적 성질이 개선되어 응력을 많이 받는 곳에 사용한다.

- 단조가공의 특징 : 단조가공한 재료는 가해 주는 하중의 방향에 따라 결정립이 방향성을 가지게 된다. 이때 재료가 흐르는 방향에 따라 섬유상 조직이 되며, 단류선(flow line)이 생긴다. 단류선 방향으로는 인장강도, 연신율, 충격값 등이 크게 향상되고, 주조나 기계가공한 재료에 비하여 입자가 미세화되어 기계적 성질이 향상된다.

- 단조가공의 종류
  - 다이에 놓고 두들기는 자유단조
  - 특정한 형상에 넣어 비교적 정밀한 치수를 맞추는 형단조
  - 재결정온도 이상으로 가열하여 가공하는 열간단조
  - 상온에서 가공하는 냉간단조
  - 유압을 이용하는 프레스 가공
  - 업세팅 : 재료를 길이 방향으로 압축하여 일부분 또는 전체의 단면적을 크게 하는 자유단조법으로 커넥팅 로드, 기어 등의 제조에 적합하다.

> **더 알아보기**
>
> **업세팅의 3원칙**
> ① 한 번의 타격으로 작업을 마무리 지으려면 업세팅할 길이 L은 재료지름 d_0의 3배(보통 2.5배) 이내로 한다.
> ② 재료 돌출부의 길이가 재료지름의 3배 이상인 경우, 다이 공동의 지름이 재료지름의 1.5배 이하일 때 업세팅이 가능하다.
> ③ 재료의 길이가 지름의 3배 이상이고, 다이 공동의 지름이 재료지름의 1.5배($d_0 \times 1.5 = D$)인 업세팅에서 다이면 위로 돌출된 재료의 길이는 재료지름보다 작아야 한다($L_1 < d_0$).

  - 압인(코이닝, coining) : 형단조로 상하의 형에 문자나 무늬의 요철을 붙이고, 이 사이에 소재를 놓고 압축하여 문자나 무늬를 생성한다. 예를 들어, 동전을 가공할 때 사용하는 가공법이다.

- 펀칭과 블랭킹 : 프레스 가공의 일종으로 판재에 구멍을 만드는 가공을 펀칭이라 하고, 금속판에서 형상의 모양대로 따내는 프레스 작업을 블랭킹이라 한다.
• 단조가공의 재료 : 탄소 함유량이 0.1~0.2[%]의 저탄소강, 탄소 함유량이 적은 합금강, 아연이 30~40[%] 정도 함유된 황동, 판재, 봉재, 축 등에 많이 사용되는 청동은 주석이 소량 첨가되면 냉간가공하고 많이 첨가된 것은 500~600°에서 열간가공한다. 가단성이 좋은 알루미늄 합금이 사용된다.
• 단조용 공구 및 기계 : 모루, 해머, 정반, 이형공대, 정, 집게, 스웨이지, 기계해머(판 낙하해머, 공기해머, 증기해머, 스프링 해머, 카운터 블로해머 등), 단조용 프레스(유압프레스, 기계프레스, 나사프레스 등)

ⓒ 압연
• 밀가루 반죽을 밀 듯이 긴 소재를 한 조의 롤 사이로 통과시켜 압축하중을 가하여 두께를 감소시키고, 단면의 형상을 변화시키는 가공공정이다.
• 열간압연
 - 재료의 재결정온도 이상에서 가공한다.
 - 재료의 가공에 필요한 동력이 작다.
 - 표면에 산화 스케일 제거 공정이 필요하다.
 - 비교적 단면적이 큰 블룸(bloom), 빌릿(billet) 또는 슬래브 등
 - 열간압연 중 조직 변화

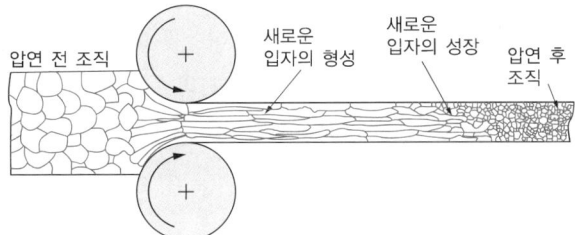

• 냉간압연
 - 재료의 두께 및 단면이 작은 경우나 열간압연 작업의 마무리 공정에 활용한다.
 - 큰 동력이 필요하지만, 치수가 정밀하고 깨끗한 제품으로 가공할 수 있다.
 - 가공경화효과가 있다.
• 재료와 압연 롤의 역학관계

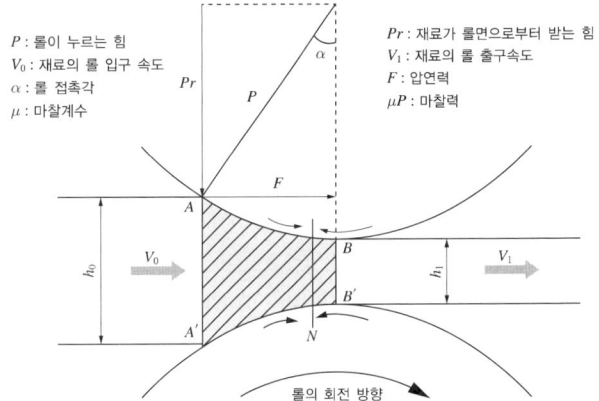

 - 중립점인 N점에서의 관계식
$$F = \mu Pr$$
 - 압연가공이 진행되기 위한 역학관계식
$$F\cos\alpha > Pr\sin\alpha$$
• 압연 변형 전후의 관계식은 감면비(단면적의 비), 감면율(단면적 감소율), 압하량, 압하율, 압하비, 연신비, 증폭량, 증폭비 등을 계산할 수 있다. 압연재를 비압축성으로 가정하면 압연 전후의 절대부피는 같다.
$$h_0 \times b_0 \times l_0 = h_1 \times b_1 \times l_1 = 상수$$
• 압연강편은 모양에 따라 다음과 같이 구분한다.

명칭	강편의 형상, 치수
슬래브	$t > 45[\text{mm}]$, $b/t > 2$
시트바	$t \leq 45[\text{mm}]$, $b/t > 2$

명칭	강편의 형상, 치수
블룸	$a, b \leq 130[\mathrm{mm}]$ 또는 $a \times b \leq 16,900[\mathrm{mm}^2]$
빌릿	$a, b \leq 130[\mathrm{mm}]$ 또는 $a \times b \leq 16,900[\mathrm{mm}^2]$
조형 강편 (빔 블랜드)	형강과 비슷한 강편
원형 강	원형 주상

- 압연기는 롤의 단수와 크기에 따라 2단식, 3단식, 4단식, 5단식 등으로 나눌 수 있다. 6단식 압연기나 다단식 압연기는 작은 압연 롤을 주변의 큰 롤이 재가압하는 구조로, 큰 감면비를 가질 수 있다.

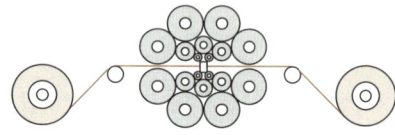

[다단식 센지미어 압연기]

ㄹ) 압출
- 재료에 압력을 가하여 다이의 구멍을 통과시키는 것으로, 다이의 형상에 따라 여러 가지 형상의 단면을 가지는 제품을 생산할 수 있다.
- 압출가공의 원리

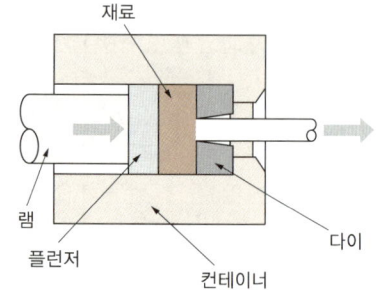

[직접압출(전방압출)의 원리]

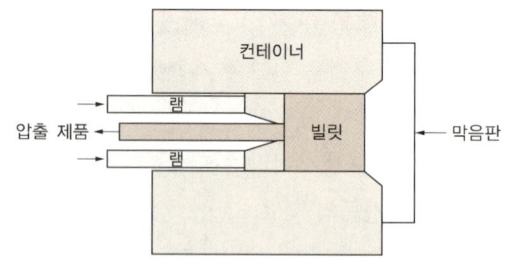

[간접압출(후방압출)의 원리]

- 경금속, 경합금의 열간압출에서는 윤활제를 사용하지 않고도 압출이 가능하지만, 압출재의 종류나 압출온도에 따라 각종 오일, 흑연, 유리 등을 사용한다. 강과 니켈 합금의 고온 열간압출에는 유리 분말을 윤활제로 사용한다.
- 충격압출(impact extrusion)은 치약 튜브와 같이 속이 빈 짧은 관에 사용한다.
- 압출결함
  - 표면 균열 및 터짐 : 재료의 온도, 압출속도, 마찰이 높은 경우 표면온도의 상승에 따라 발생한다. 재료의 온도와 속도를 조절하여 방지한다.
  - 파이프 결함 : 마찰이 큰 직접압출에서 발생한다. 재료 표면에 산화물이 유입되거나 컨테이너의 온도가 낮을수록 발생하며, 재료 유동 균일화 노력과 스케일 제거로 방지한다.
  - 중심부 균열(세브론 균열) : 정수압으로 인한 인장응력이 원인으로, 다이 안의 변형영역에서 중심선을 따라 발생한다. 재료의 특성에 따라 압출비와 마찰력을 적절히 조절하여 방지한다.

ㅁ) 인발 : 인발기로 재료를 잡아당겨 다이 구멍을 통과시켜 가공한다. 압출가공과 비슷하나 압출가공에서는 압축력이 작용하고, 인발가공에서는 인장력이 작용한다. 선, 관(tube) 등의 생산에 사용한다.

⑥ 금형재료
ㄱ) 기계구조용 탄소강 : S45C, S50C, S10C, S20C 등
ㄴ) 구조용 합금강 : SCM4 등

ⓒ 비조질강 : MF, HMF 등
ⓔ 탄소공구강 : SK3, SK4, SK5 등
ⓕ 합금공구강 : SKS3, SKD종, DC53 등
ⓗ 고속도 공구강 : SKH55 등
ⓢ 특수용도강 : SUP, SUM 등
ⓞ 플라스틱 금형강 : KP1, KP4, KP4M, HPPM, NAK 등

10년간 자주 출제된 문제

21-1. 연삭입자가 공구의 진동으로 인한 충격으로 가공물이 부딪쳐 정밀하게 다듬는 가공방법은?
① 선삭
② 밀링
③ 방전가공
④ 초음파 가공

21-2. 상하의 형에 문자나 무늬의 요철을 붙이고, 이 사이에 소재를 놓고 압축하여 문자나 무늬를 생성하는 가공방법은?
① 압인가공(coining)
② 압출가공(extruding)
③ 블랭킹 가공(blanking)
④ 업세팅 가공(up setting)

|해설|

21-1
초음파 가공 : 초음파로 진동시켜 연삭입자가 공구의 진동으로 인한 충격으로 가공물이 부딪쳐 정밀하게 다듬는 가공방법이다. 단단한 금속, 도자기 등을 가공한다.

21-2
- 압인(코이닝, coining) : 형단조로 상하의 형에 문자나 무늬의 요철을 붙이고, 이 사이에 소재를 놓고 압축하여 문자나 무늬를 생성한다. 예를 들어, 동전을 가공할 때 사용하는 가공법이다.
- 펀칭과 블랭킹 : 프레스 가공의 일종으로 판재에 구멍을 만드는 가공을 펀칭이라 하고, 금속판에서 형상의 모양대로 따내는 프레스 작업을 블랭킹이라 한다.
- 압출 : 재료에 압력을 가하여 다이의 구멍을 통과시키는 것으로, 다이의 형상에 따라 여러 가지 형상의 단면을 가지는 제품을 생산할 수 있다.
- 업세팅 : 재료를 길이 방향으로 압축하여 일부분 또는 전체의 단면적을 크게 하는 자유단조법으로 커넥팅 로드, 기어 등의 제조에 적합하다.

정답 21-1 ④ 21-2 ①

| 핵심이론 22 | 용접

① 용접(welding)이란 두 개의 서로 다른 물체의 모재를 녹여서 접합하는 기술이다.
  ㉠ 용접의 장점
    • 이음효율이 높다.
    • 재료가 절약된다.
    • 제작비가 적게 든다.
    • 이음구조가 간단하다.
    • 유지와 보수가 용이하다.
    • 재료의 두께에 제한이 없다.
    • 이종재료도 접합이 가능하다.
    • 제품의 성능과 수명이 향상된다.
    • 유밀성, 기밀성, 수밀성이 우수하다.
    • 작업 공정이 줄고, 자동화가 용이하다.
  ㉡ 용접의 단점
    • 취성이 생기기 쉽다.
    • 균열이 발생하기 쉽다.
    • 용접부의 결함 판단이 어렵다.
    • 용융 부위의 금속 재질이 변한다.
    • 저온에서 쉽게 약해질 우려가 있다.
    • 용접 모재의 재질에 따라 영향을 크게 받는다.
    • 용접 기술자(용접사)의 기량에 따라 품질이 다르다.
    • 용접 후 변형 및 수축에 따라 잔류응력이 발생한다.

② 용접의 분류

융접	접합 부위를 용융시켜 만든 용융 풀에 용가재인 용접봉을 넣어가며 접합시키는 방법
압접	접합 부위를 녹기 직전까지 가열한 후 압력을 가해 접합시키는 방법
납땜	모재를 녹이지 않고 모재보다 용융점이 낮은 금속(은납 등)을 녹여 접합부에 넣어 표면장력(원자 간 확산·침투)으로 접합시키는 방법

③ 용접작업의 순서

④ 용극식과 비용극식 아크용접법

용극식 용접법 (소모성 전극)	용가재인 와이어 자체가 전극이 되어 모재와의 사이에서 아크를 발생시키면서 용접 부위를 채워나가는 용접방법이다. 이때 전극의 역할을 하는 와이어는 소모된다. 예 서브머지드 아크용접(SAW), MIG 용접, CO_2 용접, 피복금속아크용접(SMAW)
비용극식 용접법 (비소모성 전극)	전극봉을 사용하여 아크를 발생시키고, 이 아크열로 용가재인 용접을 녹이면서 용접하는 방법이다. 이때 전극은 소모되지 않고 용가재인 와이어(피복금속아크용접의 경우 피복용접봉)는 소모된다. 예 TIG 용접

⑤ 아크(arc)

㉠ 양극과 음극 사이의 고온에서 이온이 분리되어 전류가 불꽃 방전에 의하여 전류가 흐르게 된다. 이때 청백색의 강한 불꽃이 발생하는데, 이를 아크라고 한다. 온도가 가장 높은 부분은 아크 중심에서 약 6,000[℃]이며, 보통 3,000~5,000[℃] 정도이다.

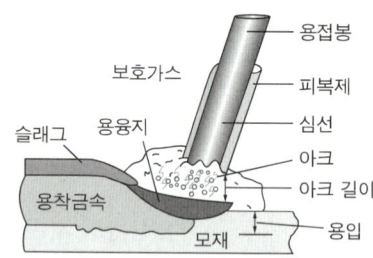

㉡ 아크전압(V_a) : 아크의 양극과 음극 사이에 걸리는 전압으로 아크의 길이에 비례하며 피복제의 종류나 아크 전류의 크기에도 영향을 크게 받는다.

$$아크전압(V_a) = 음극전압\ 강하(V_k)\\ + 양극전압\ 강하(V_A)\\ + 아크기둥의\ 전압\ 강하(V_P)$$

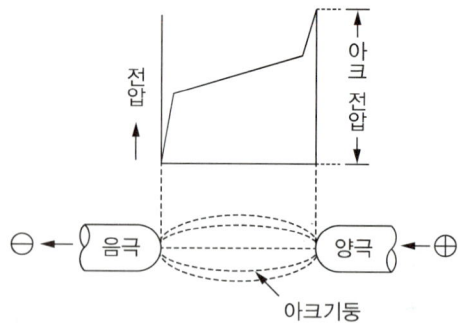

㉢ 아크쏠림(arc blow, 자기불림) : 용접봉과 모재 사이에 전류가 흐를 때 그 주위에는 자기장이 생기는데, 이 자기장이 용접봉에 대해 비대칭으로 형성되어 아크가 한쪽으로 쏠리는 현상이다. 아크쏠림현상이 발생하면 아크가 불안정하고 기공이나 슬래그 섞임, 용착금속의 재질 변화 등의 불량이 발생한다.

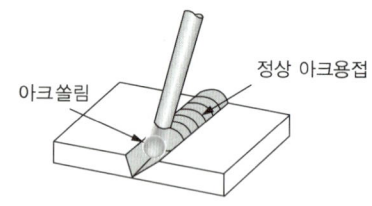

• 아크쏠림에 의한 영향
 - 아크가 불안정하다.
 - 과도한 스패터를 발생시킨다.
 - 용착금속의 재질을 변화시킨다.
 - 크레이터 결함의 원인이 되기도 한다.
 - 주로 용접 부재의 끝부분에서 발생한다.
 - 불완전한 용입이나 용착, 기공, 슬래그 섞임 불량을 발생시킨다.

• 아크쏠림의 원인
 - 철계 금속을 직류 전원으로 용접했을 경우
 - 아크전류에 의해 용접봉과 모재 사이에 형성된 자기장에 의해
 - 직류용접기에서 비피복용접봉(맨(bare) 용접봉)을 사용했을 경우

- 아크쏠림(자기불림)의 방지 대책
  - 용접전류를 줄인다.
  - 교류용접기를 사용한다.
  - 접지점을 두 개 연결한다.
  - 아크 길이를 최대한 짧게 유지한다.
  - 접지부를 용접부에서 최대한 멀리 한다.
  - 용접봉 끝을 아크쏠림의 반대 방향으로 기울인다.
  - 용접부가 긴 경우 가용접 후 후진법(후퇴용접법)을 사용한다.
  - 받침쇠, 긴 가용접부, 이음의 처음과 끝에 엔드 탭을 사용한다.

ㄹ) 핫스타트 장치 : 아크 발생 초기에 용접봉과 모재가 냉각되어 있어 아크가 불안정하게 되는데, 아크 발생을 더 쉽게 하기 위해 아크 발생 초기에만 용접전류를 특별히 크게 하는 장치이다.

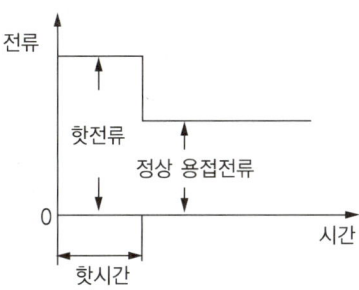

- 핫스타트 장치의 특징
  - 기공 발생을 방지한다.
  - 아크 발생을 쉽게 한다.
  - 비드의 이음을 좋게 한다.
  - 아크 발생 초기에 비드의 용입을 좋게 한다.

⑥ 이음효율(η)

용접은 리벳과 같은 기계적 접합법보다 이음효율이 좋다.

$$이음효율(\eta) = \frac{시험편\ 인장강도}{모재\ 인장강도} \times 100[\%]$$

10년간 자주 출제된 문제

22-1. 용접의 일반적인 특징에 대한 설명으로 옳지 않은 것은?

① 취성이 생기기 쉽다.
② 균열이 발생하기 쉽다.
③ 작업 후 결함 판단이 어렵다.
④ 모재의 수축이 일어나지 않는다.

22-2. 다음 그림 ㉠ 부분의 명칭은?

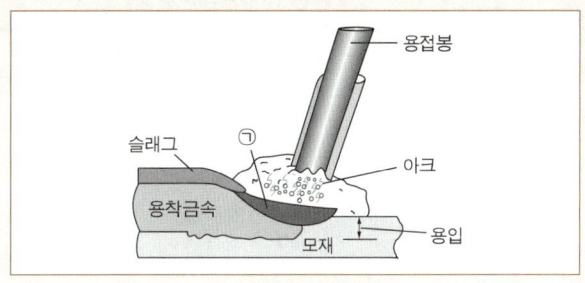

① 아크 길이
② 슬래그
③ 용융지
④ 피복재

|해설|

22-1
용접은 고열을 사용하므로 모재가 열을 받고 수축된다.
용접의 단점
- 취성이 생기기 쉽다.
- 균열이 발생하기 쉽다.
- 용접부의 결함 판단이 어렵다.
- 용융 부위의 금속 재질이 변한다.
- 저온에서 쉽게 약해질 우려가 있다.
- 용접 모재의 재질에 따라 영향을 크게 받는다.
- 용접 기술자(용접사)의 기량에 따라 품질이 다르다.
- 용접 후 변형 및 수축에 따라 잔류응력이 발생한다.

22-2
용융지는 모재와 용접봉, 피복재가 녹아서 조그만 용융 연못을 만든 것을 의미한다.

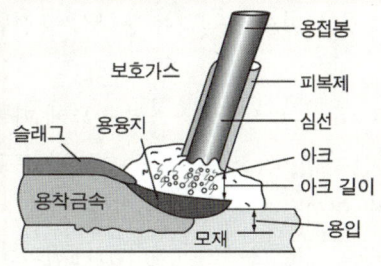

정답 22-1 ④ 22-2 ③

핵심이론 23 | 용접의 종류

① 용접법의 분류

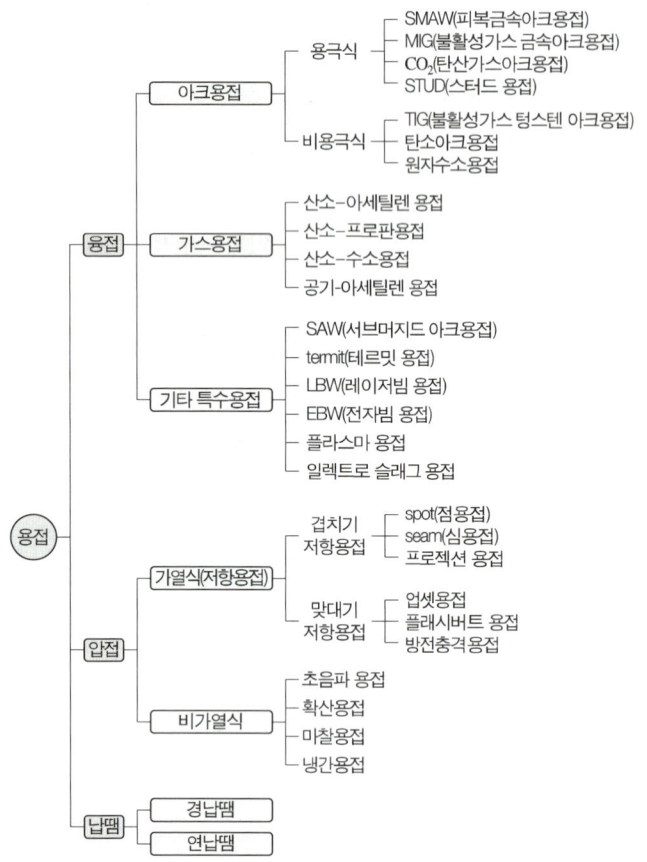

② 용접의 종류

㉠ 피복금속아크용접(SMAW ; Shielded Metal Arc Welding) : 전기용접, 피복아크용접이라고도 한다. 피복제로 심선을 둘러쌓은 용접봉과 모재 사이에서 발생하는 아크열(약 6,000[℃])을 이용하여 모재와 용접봉을 녹여서 용접하는 용극식 용접법이다.

㉡ 가스용접(gas welding) : 연료가스의 종류에 따라 산소-아세틸렌 용접, 산소-수소용접, 산소-프로판 용접, 공기-아세틸렌 용접 등이 있다. 그중 가장 많이 사용되는 것은 산소-아세틸렌 용접이다.

㉢ 불활성가스 아크용접(TIG, MIG) : 불활성가스(inert gas)인 Ar을 보호가스로 하여 용접하는 특수용접법이다. 불활성가스는 다른 물질과 화학반응을 일으키기 어려운 Ar, He, Ne 등으로 보호분위기를 형성한다.

• TIG(Tungsten Inert Gas) : 텅스텐 전극을 사용하여 금속을 녹여가며 하는 아크용접이다.
  - 장점 : 용접부의 성질이 우수하고 내식성이 좋다. 용접 시 플럭스가 필요하지 않으며, 비철금속의 용접이 가능하다. 보호가스가 투명하여 용접부 상황 파악이 용이하며, 스패터가 거의 없고 여러 자세로 용접이 가능하다.
  - 단점 : 소모성 용접봉을 사용하여 용접속도가 느리고, 용접부 취화의 우려가 있다. 용접의 비용이 높고, 용접사에 따라 품질이 달라진다.

㉣ CO_2 가스아크용접(이산화탄소 가스아크용접, 탄산가스아크용접, MIG) : 코일(coil)로 된 소모성 용접 와이어를 송급 모터에 의해 용접 토치까지 연속으로 공급시키면서 토치 팁을 통해 빠져나온 통전된 와이어 자체가 전극이 되어 모재와의 사이에 아크를 발생시켜 접합하는 용극식 용접법이다. 용접 시 용접 건에 보호가스인 CO_2 가스를 공급하며 이를 MIG 용접이라 한다. CO_2 가스에 Ar을 섞은 것을 MAG(Metal Active Gas) 용접이라 한다.

• 장점 : 용접기 조작이 쉽고 용접속도가 빠르다. 슬래그가 없고 스패터도 최소화되어 용접 후처리가 불필요하며, 여러 자세 용접이 가능하다.
• 단점 : 용접기가 비싸며 이동용접이 곤란하다. 용접부 취화의 우려가 있고, 옥외에서 사용하기 어렵다.

㉤ 서브머지드 아크용접(SAW ; Submerged Arc Welding) : 용접 부위에 미세한 입상의 플럭스를 도포한 후 용접선과 나란히 설치된 레일 위를 주행

대차가 지나가면서 와이어를 용접부로 공급시키면, 플럭스 내부에 아크가 발생하면서 용접하는 자동용접법이다. 아크가 플럭스 속에서 발생되므로 용접부가 눈에 보이지 않아 불가시 아크용접, 잠호용접이라고 한다. 용접봉인 와이어의 공급과 이송이 자동이며, 용접부를 플럭스가 덮고 있어 복사열과 연기가 많이 발생하지 않는다. 특히, 용접부로 공급되는 와이어가 전극과 용가재의 역할을 동시에 하므로 전극인 와이어는 소모된다.

ㅂ 일렉트로 슬래그 용접(ESW ; Electro Slag Welding) : 용융된 슬래그와 용융금속이 용접부에서 흘러나오지 못하도록 수랭동판으로 둘러싸고 이 용융풀에 용접봉을 연속적으로 공급한다. 이때 발생하는 용융 슬래그의 저항열에 의하여 용접봉과 모재를 연속적으로 용융시키면서 용접하는 방법이다.

ㅅ 스터드 용접(STUD welding) : 점용접의 일부로 봉재나 볼트 등의 스터드를 판 또는 프레임의 구조재에 직접 심는 능률적인 용접방법이다. 스터드란 판재에 덧대는 물체인 봉이나 볼트와 같이 긴 물체를 일컫는 용어이다.

ㅇ 전자빔 용접(EBW ; Electron Beam Welding) : 고밀도로 집속되고 가속화된 전자빔을 높은 진공($10^{-6} \sim 10^{-4}$[mmHg]) 속에서 용접물에 고속도로 조사시키면 빛과 같은 속도로 이동한 전자가 용접물에 충돌하면서 전자의 운동에너지를 열에너지로 변환시켜 국부적으로 고열을 발생시키는데, 이때 생긴 열원으로 용접부를 용융시켜 용접하는 방식이다. 텅스텐(3,410[℃])과 몰리브데넘(2,620[℃])과 같이 용융점이 높은 재료의 용접에 적합하다.

ㅈ 레이저빔 용접(레이저 용접, LBW ; Laser Beam Welding) : 레이저(LASER ; Light Amplification by Stimulated Emission or Radiation)란 유도방사에 의한 빛의 증폭이다. 레이저에서 얻은 접속성이 강한 단색 광선으로서 강렬한 에너지를 가지고 있으며, 이때의 광선 출력을 이용하여 용접하는 방법이다. 모재의 열변형이 거의 없으며, 이종금속의 용접이 가능하고 정밀한 용접을 할 수 있다. 비접촉식 방식으로 모재에 손상을 주지 않는다.

ㅊ 플라스마 아크용접(plasma arc welding) : 높은 온도를 가진 플라스마를 한 방향으로 모아서 분출시키는 것을 플라스마 제트라고 한다. 이를 이용하여 용접이나 절단에 사용하는 용접방법으로 설비비가 많이 드는 단점이 있다.

ㅋ 원자수소 아크용접 : 두 개의 텅스텐 전극 사이에서 아크를 발생시키고, 홀더의 노즐에서 수소가스를 유출시켜서 용접하는 방법이다. 연성이 좋고 표면이 깨끗한 용접부를 얻을 수 있으나 토치구조가 복잡하고 비용이 많이 들기 때문에 특수금속용접에 적합하다. 가열 열량의 조절이 용이하고, 시설비가 저렴하며 박판이나 파이프, 비철합금 등의 용접에 많이 사용된다.

ㅌ 납땜(soldering) : 금속의 표면에 용융금속을 접촉시켜 양 금속원자 간의 응집력과 확산작용에 의해 결합시키는 방법이다. 고체금속면에 용융금속이 잘 달라붙는 성질인 웨팅(wetting)성이 좋은 납땜용 용제의 사용과 성분의 확산현상이 중요하다.

ㅍ 논 가스아크용접 : 솔리드 와이어 또는 플럭스가 든 와이어를 써서 보호가스 없이 공기 중에서 직접 용접하는 방법이다. 비피복아크용접이라고도 하며 반자동용접으로서 가장 간편한 방법이다. 보호가스가 필요하지 않아 바람에도 비교적 안정되어 옥외용접도 가능하다.

③ 솔리드 와이어 용접과 플럭스 코어드 용접

용접기술이 발달함에 따라 다양한 용접방법이 개발되고 있는데, 그중 용접의 자동화가 중요하다. 아크를 발생시키고 용재, 용가재, 용접봉을 어떻게 사용하느냐에 따라 다양한 종류의 용접방법으로 구분된다.

㉠ 솔리드 와이어
- 플럭스를 내장하지 않고 용해, 압연, 신선과정을 거쳐 제조된 중간이 비어 있지 않고 금속으로 완전히 채워진 용접 와이어이다.
- 일반적으로 전도성 및 방전성을 높이기 위하여 대부분 표면에 구리를 얇게 도금을 한다.
- 구리는 용접작업장의 공기 질 유지에 좋지 않아 가스금속아크용접 와이어에 구리 대신 유기물질을 도금하기도 한다.
- 와이어는 스테인리스강, 알루미늄 합금, 구리 합금 등 다양한 종류의 금속으로도 만든다.
- 구리 도금의 이유
  - 와이어와 콘택트 팁 사이에 통전 상태가 잘 이루어지게 한다.
  - 대기 중에 노출되었을 때 녹이 스는 것을 방지하기 위해서이다.

㉡ 솔리드 와이어의 용접방법
- 용접법에 따라 크게 가스메탈아크용접용과 서브머지드 아크용접용으로 구분한다.
- 강종, 보호가스 등에 따라 다양한 종류로 구분한다.
- 솔리드 와이어는 릴에 감겨 있기 때문에 장시간 사용할 경우 대기 중에 노출되므로 수분, 먼지, 기름 등에 오염되어 용접 결과에 영향을 미칠 수 있다. 따라서 사용 전 45[℃]로 건조시키거나 비닐로 포장하여 습기의 영향을 최소화해야 한다.
- 와이어에 흠집이나 상처가 생겨 송급에 영향을 주지 않도록 주의하여 보관해야 한다.
- 과열 건조에 의해 플라스틱 릴이 변형되어 사용이 곤란한 경우가 없도록 유의해야 한다.

㉢ 플럭스 코어드 와이어 : 와이어 속에 여러 가지 플럭스가 들어 있는 방식의 용접 와이어로, 이중 굽힘형과 단일 인접형으로 구분한다.

- 이중 굽힘형
  - 박판 띠강을 사용하여 탈산제, 합금원소 및 용제를 말아 놓은 형태이다.
  - 띠강은 연강에 합금원소와 탈산제를 첨가한다.
  - 용제는 슬래그 생성제와 아크 안정제를 사용한다.
  - 와이어 지름은 2.4~3.2[mm]로 한다.
  - 교류 전원에서 아크가 안정되고 슬래그 생성으로 비드가 깨끗하다.
  - 와이어가 굵고 전류밀도가 낮아 솔리드 와이어에 비해 용착속도와 효율이 낮다.
  - 전자세 용접이 불가능하고, 와이어가 흡습되어 녹이 생기기 쉽다.
- 단일 인접형
  - 띠강으로 단순한 원통으로 하여 탈산제 및 합금원소를 충진한다.
  - 와이어 굵기는 1.2~2.0[mm]로 한다.
  - 솔리드 와이어의 능률성과 플럭스 코어드 와이어의 작업성을 겸비한 와이어이다.
  - 직류 정전압 특성의 전원을 사용한다.
- 장점 : 솔리드 와이어에 비해 비드 형상, 아크의 안정성, 스패터의 발생량과 박리성 등 용접작업성이 우수하다.
- 단점 : 와이어 송급성이 떨어지고 퓸(fume) 발생이 많으며, 가격이 비싸 경제성 문제가 생긴다.
- 유의점
  - 플럭스 코어드 와이어는 거의 모두 플라스틱 릴에 감겨 있기 때문에 장시간 사용 시 대기에 노출되므로 수분, 먼지, 기름 등에 오염이 되어 용접 결과에 많은 영향을 끼치므로 사용 전에 반드시 45[℃]로 건조시키거나 최소한 비닐 포장하여 습기의 영향을 줄여야 한다.
  - 와이어에 흠집이나 상처가 생겨 용접봉 송급에 영향을 주지 않도록 주의하여 보관해야 한다.

- 과열 건조에 의해 플라스틱 릴이 변형되어 사용이 곤란한 경우가 없도록 유의해야 한다.

10년간 자주 출제된 문제

23-1. 다음 중 압접에 속하지 않는 용접법은?

① 스폿용접 ② 심용접
③ 프로젝션 용접 ④ 서브머지드 아크용접

23-2. 용접법의 분류 중 융접에 해당하는 것은?

① 심용접 ② 테르밋 용접
③ 초음파 용접 ④ 플래시 용접

23-3. 용접 부위에 미세한 입상의 플럭스를 도포한 후 용접선과 나란히 설치된 레일 위를 주행대차가 지나가면서 와이어를 용접부로 공급시키면 플럭스 내부에 아크가 발생하면서 용접하는 자동용접법은?

① TIG ② SAW
③ ESW ④ SMAW

|해설|

23-1, 23-3

서브머지드 아크용접(SAW ; Submerged Arc Welding) : 융접에 해당하는 서브머지드 아크용접은 용접 부위에 미세한 입상의 플럭스를 도포한 후 용접선과 나란히 설치된 레일 위를 주행대차가 지나가면서 와이어를 용접부로 공급시키면, 플럭스 내부에 아크가 발생하면서 용접하는 자동용접법이다. 아크가 플럭스 속에서 발생되므로 용접부가 눈에 보이지 않아 불가시 아크용접, 잠호용접이라고 한다. 용접봉인 와이어의 공급과 이송이 자동이며, 용접부를 플럭스가 덮고 있으므로 복사열과 연기가 많이 발생하지 않는다. 특히, 용접부로 공급되는 와이어가 전극과 용가재의 역할을 동시에 하므로 전극인 와이어는 소모된다.

23-2

초음파 용접과 심용접, 플래시 용접은 압접에 해당한다.

정답 23-1 ④ 23-2 ② 23-3 ②

핵심이론 24 | **용접이음**

① 용접이음

용접은 모재를 이어붙이는 작업으로 어떤 모양이나 배치로 모재를 이어 붙이는가에 따라 이음의 종류가 나뉜다.

② 용접 홈(groove)

㉠ 용접부 홈의 형상 및 명칭

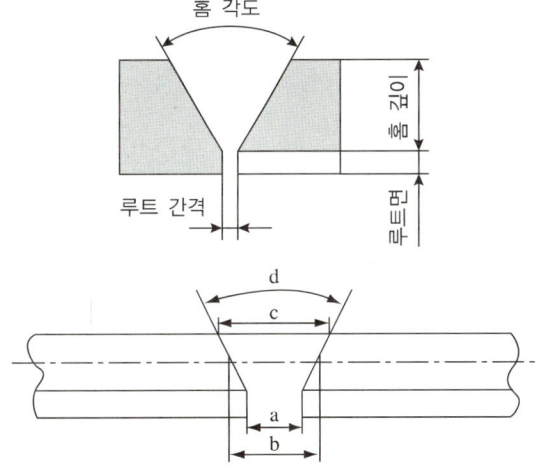

- a : 루트 간격
- b : 루트면 중심거리
- c : 용접면 간격
- d : 개선각(홈 각도)

㉡ 홈의 형상에 따른 특징

형상	특징
I형	• 가공이 쉽고 용착량이 적어서 경제적이다. • 판이 두꺼워지면 이음부를 완전히 녹일 수 없다.
V형	• 한쪽 방향에서 완전한 용입을 얻고자 할 때 사용한다. • 홈 가공이 용이하나 두꺼운 판에서는 용착량이 많아지고 변형이 일어난다.
X형	• 후판(두꺼운 판)용접에 적합하다. • V형에 비해 홈가공이 어렵지만 용착량이 적다. • 양쪽에서 용접하므로 완전한 용입을 얻을 수 있다.
U형	• 홈가공이 어렵다. • 두꺼운 판에서 비드의 너비가 좁고, 용착량이 적다. • 두꺼운 판을 한쪽 방향에서 충분한 용입을 얻고자 할 때 사용한다.
H형	• 두꺼운 판을 양쪽에서 용접하므로 완전한 용입을 얻을 수 있다.
J형	• 한쪽 V형이나 K형 홈보다 두꺼운 판에 사용한다.

ⓒ 용접부 홈의 선택방법
- 홈의 폭이 좁으면 용접시간은 짧아지지만, 용입이 나쁘다.
- 루트 간격의 최댓값은 사용 용접봉의 지름을 한도로 한다.
- 홈의 모양은 용접부가 되며, 홈가공이 용이하고 용착량이 적게 드는 것이 좋다.
- 홈의 모양이 6[mm] 이하에서는 I형 이음, V형 이음에서는 6~20[mm], 그 이상에서는 X형, U형, H형 이음 등을 적절히 적용한다.

③ 용접이음의 종류 (1)
㉠ 맞대기 이음의 종류

I형	V형	X형
U형	H형	╱형
K형	J형	양면 J형

㉡ 맞대기 용접 홈의 형상별 적용 판 두께

형상	I형	V형	╱형	X형	U형
적용 두께	6[mm] 이하	6~19 [mm]	9~14 [mm]	18~28 [mm]	16~50 [mm]

④ 용접이음의 종류 (2)

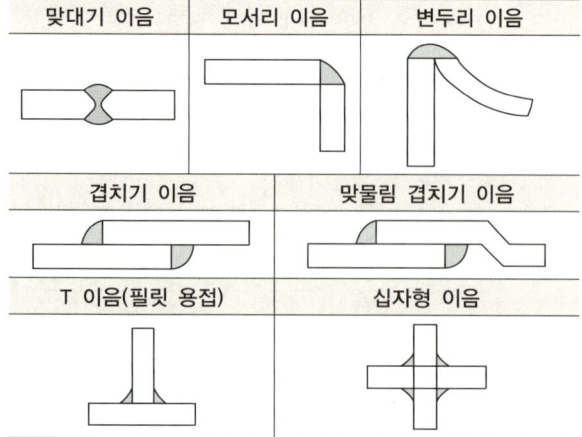

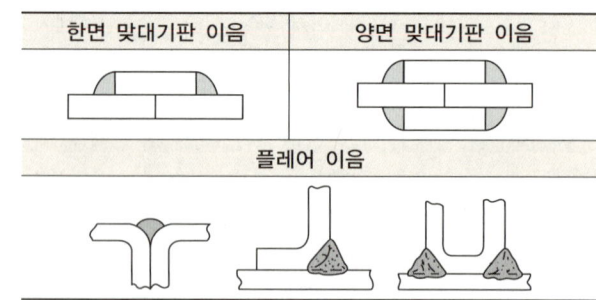

10년간 자주 출제된 문제

용접부 홈의 선택방법에 대한 설명으로 옳지 않은 것은?
① 홈의 폭이 좁으면 용접시간은 짧아지지만, 용입이 나쁘다.
② 루트 간격의 최댓값은 사용 용접봉의 지름보다 두꺼워야 한다.
③ 홈의 모양은 용접부가 되며 홈가공이 용이하고 용착량이 적게 드는 것이 좋다.
④ 홈의 간격이 2[cm]가 넘어가면 X형이나 U형, H형 등의 이음을 이용한다.

|해설|

루트 간격은 용접봉보다 좁아야 루트부터 녹여 붙이는 것이 가능하다.

정답 ②

핵심이론 25 | 용접결함, 변형 및 방지 대책

① 용접결함의 종류

종류	명칭
치수상 결함	변형
	치수 불량
	형상 불량
구조상 결함	기공
	은점
	언더컷
	오버랩
	균열
	선상조직
	용입 불량
	표면결함
	슬래그 혼입
성질상 결함	기계적 불량	인장강도 부족
		항복강도 부족
		피로강도 부족
		경도 부족
		연성 부족
		충격시험값 부족
	화학적 불량	화학성분 부적당
		부식(내식성 불량)

② 용접부의 결함과 방지 대책

결함	언더컷	오버랩
모양		
원인	• 전류가 높을 때 • 아크 길이가 길 때 • 용접속도가 적당하지 않을 때 • 적당하지 않은 용접봉 사용 시	• 전류가 낮을 때 • 운봉, 작업각과 진행각 불량 시 • 적당하지 않은 용접봉 사용 시
방지 대책	• 전류를 낮춘다. • 아크 길이를 짧게 한다. • 용접속도를 알맞게 한다. • 적절한 용접봉을 사용한다.	• 전류를 높인다. • 작업각과 진행각을 조정한다. • 적절한 용접봉을 사용한다.

결함	용입 불량	균열
모양		
원인	• 이음설계결함 • 용접속도가 빠를 때 • 용접전류가 낮을 때 • 적당하지 않은 용접봉 사용 시	• 이음부의 강성이 클 때 • 적당하지 않은 용접봉 사용 시 • 탄소, 망간 등 합금성분이 많을 때 • 과대 전류, 속도가 클 때 • 모재에 유황 성분이 많을 때
방지 대책	• 루트 간격 및 치수를 크게 한다. • 용접속도를 적당히 조절한다. • 전류를 높인다. • 적절한 용접봉을 사용한다.	• 예열, 피닝 등 열처리를 한다. • 적절한 용접봉을 사용한다. • 예열 및 후열한다. • 전류 및 속도를 적절하게 한다. • 저수소계 용접봉을 사용한다.

결함	기공	슬래그 혼입
모양		
원인	• 수소나 일산화탄소 과잉 시 • 용접부의 급속한 응고 시 • 용접속도가 빠를 때 • 아크 길이가 적절하지 않을 때	• 용접이음이 적당하지 않을 때 • 모든 층의 슬래그 제거가 불완전할 때 • 전류의 과소, 불완전한 운봉 조작 시
방지 대책	• 건조된 저수소계 용접봉을 사용한다. • 전류 및 용접속도를 적절하게 한다. • 이음 표면을 깨끗이 하고 예열한다.	• 슬래그를 깨끗이 제거한다. • 루트 간격을 넓게 한다. • 전류를 약간 세게 하며 적절하게 운봉을 조작한다.

③ 기타 균열 및 결함의 종류

㉠ 저온균열 : 상온까지 냉각한 다음 시간이 지남에 따라 균열이 발생하는 불량이다. 일반적으로는 200[℃] 이하의 온도에서 발생하지만 200~300[℃]에서 발생하기도 한다. 잔류응력이나 용착금속 내의 수소가스, 철강재료의 용접부나 HAZ(열영향부)의 경화현상에 의해 주로 발생한다.

ⓛ 루트균열(root crack) : 맞대기 용접이음의 가접이나 비드의 첫 층에서 루트면 근방 열영향부의 노치에서 발생한다. 점차 비드 속으로 들어가는 균열(세로균열)로 함유 수소량에 의해서도 발생하는 저온균열의 일종이다. 루트 간격이 넓은 경우 발생한다.

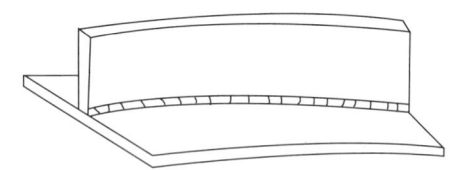

ⓒ 크레이터 균열 : 용접 루트의 노치에 의한 응력 집중부에 생기는 균열이다. 아크를 끊을 때 비드 끝부분이 오목하게 들어가는 경우에 발생하며 용접기공, 균열 등이 나타난다. 아크를 급하게 끊지 말고, 크레이터가 생기지 않게 채워 주거나 아크를 끊고 다시 아크를 일으켜 크레이터를 채워 방지한다.

ⓔ 설퍼균열 : 유황의 편석이 층상으로 존재하는 강재를 용접하는 경우, 낮은 융점의 황화철공정이 원인이 되어 용접금속 내에 생기는 1차 결정립계 균열이다.

ⓜ 세로 굽힘 변형(longgitudinal deformation) : 용접선의 길이 방향으로 발생하는 굽힘 변형으로 세로 방향의 수축 중심이 부재 단면의 중심과 일치하지 않을 경우에 발생한다.

ⓗ 가로 굽힘 변형(transverse deformation) : 각 변형이라고도 한다. 양면용접을 동시에 수행하면 용접 시 온도 변화는 양면에 대칭되지만 실제는 한쪽 면씩 용접을 수행하기 때문에 수축량 등이 달라져 가로 굽힘 변형이 발생한다.

ⓢ 좌굴 변형 : 박판용접은 입열량에 비해 판재의 강성이 낮아 용접선 방향으로 작용하는 압축응력에 의해 좌굴 형식의 변형이 발생한다.

ⓞ 래미네이션 불량 : 모재의 재질결함으로, 강괴일 때 내부에 기포가 존재해서 생기는 결함이다. 설퍼밴드와 같은 층상으로 편해하여 강재 내부에 노치를 형성한다.

ⓩ 비드 밑 균열 : 모재의 용융선 근처의 열영향부에서 발생하는 균열이다. 고탄소강이나 저합금강을 용접할 때 용접열에 의한 열영향부의 경화와 변태응력 및 용착금속 내부의 확산성 수소에 의해 발생한다.

④ 용접으로 인한 재료의 변형방지법
  ㉠ 억제법 : 지그나 보조판을 모재에 설치하거나 가접을 통해 변형을 억제하는 방법
  ㉡ 역변형법 : 용접 전에 변형을 예측하여 반대 방향으로 변형시킨 후 용접하는 방법
  ㉢ 도열법 : 용접 중 모재의 입열을 최소화하기 위해 물을 적신 동판을 덧대어 열을 흡수하는 방법

⑤ 용접 후 수축에 따른 작업 시 주의사항
  철은 열을 받으면 부피가 팽창하고, 냉각되면 부피가 수축된다. 따라서 변형을 방지하기 위해서 반드시 '용접 후 수축이 큰 이음부'를 먼저 용접한 후 '수축이 작은 부분'을 용접해야 한다.

⑥ 용접 후 재료 내부의 잔류응력 제거법
  ㉠ 노 내 풀림법 : 가열 노(furnace) 내에서 유지온도는 625[℃] 정도이며 노에 넣을 때나 꺼낼 때의 온도는 300[℃] 정도로 한다. 판 두께가 25[mm]일 경우에 1시간 동안 유지하는데, 유지온도가 높거나 유지시간이 길수록 풀림효과가 크다.
  ㉡ 국부풀림법 : 노 내 풀림이 곤란한 경우에 사용하며, 용접선 양측을 각각 250[mm]나 판 두께가 12배 이상의 범위를 가열한 후 서랭한다. 유도가열장치를 사용하며, 온도가 불균일하게 실시하면 잔류응력이 발생할 수 있다.
  ㉢ 기계적 응력완화법 : 용접 후 잔류응력이 있는 제품에 하중을 주어 용접부에 약간의 소성변형을 일으킨 후 하중을 제거하면서 잔류응력을 제거하는 방법이다.

② 저온 응력완화법 : 용접선의 양측을 정속으로 이동하는 가스불꽃에 의하여 약 150[mm]의 너비에 걸쳐 150~200°로 가열한 후 바로 수랭하는 방법으로, 주로 용접선 방향의 응력을 제거하는 데 사용한다.
⑩ 피닝법 : 끝이 둥근 특수 해머를 사용하여 용접부를 연속적으로 타격하며, 용접 표면에 소성변형을 주어 인장응력을 완화시킨다.

⑦ 용접이음부 설계 시 주의사항
㉠ 용접선의 교차를 최대한 줄인다.
㉡ 가능한 한 용착량을 적게 설계해야 한다.
㉢ 용접 길이가 감소될 수 있는 설계를 한다.
㉣ 가능한 한 아래보기 자세로 작업한다.
㉤ 용접열이 국부적으로 집중되지 않도록 한다.
㉥ 보강재 등 구속이 커지도록 구조설계를 한다.
㉦ 용접작업에 지장을 주지 않도록 공간을 남긴다.
㉧ 가능한 한 열의 분포가 부재 전체에 고루 퍼지도록 한다.

⑧ 용접 변형 방지용 지그

바이스 지그	
스트롱백 지그	
역변형 지그	

10년간 자주 출제된 문제

25-1. 아크를 끊을 때 비드 끝부분이 오목하게 들어가는 경우에 발생하며 용접기공, 균열 등이 나타나는 결함은?

① 저온균열
② 설퍼균열
③ 크레이터 균열
④ 래미네이션 불량

25-2. 언더컷 방지대책으로 적절하지 않은 것은?

① 전류를 높인다.
② 아크 길이를 짧게 한다.
③ 용접속도를 알맞게 한다.
④ 적절한 용접봉을 사용한다.

|해설|

25-1
크레이터 균열 : 용접 루트의 노치에 의한 응력 집중부에 생기는 균열이다. 아크를 끊을 때 비드 끝부분이 오목하게 들어가는 경우에 발생하며 용접기공, 균열 등이 나타난다. 아크를 급하게 끊지 말고, 크레이터가 생기지 않게 채워 주거나 아크를 끊고 다시 아크를 일으켜 크레이터를 채워 방지한다.

25-2
언더컷 방지 대책
• 전류를 낮춘다.
• 아크 길이를 짧게 한다.
• 용접속도를 알맞게 한다.
• 적절한 용접봉을 사용한다.

정답 25-1 ③ 25-2 ①

핵심이론 26 | 측정이론

① 측정 용어
  ㉠ 최소 눈금값 : 한 눈금이 갖는 값이다.
  ㉡ 감도 : 측정량 변화에 대해 눈금의 움직이는 크기이다.
  ㉢ 지시범위 : 눈금이 가리키는 범위로, 75~100[mm] 마이크로미터는 25[mm]가 지시범위이다.
  ㉣ 측정범위 : 측정 가능한 범위로, 75~100[mm] 마이크로미터는 75~100[mm]가 측정범위이다.
  ㉤ 되돌림 오차 : 같은 측정 대상물에 대해 각기 다른 방향으로 접근할 때 생기는 오차이다.
  ㉥ 측정력 : 측정을 위해 작용하는 작용력이다.

② 측정의 종류
  ㉠ 직접 측정
    • 길이 측정 : 대상물 외형의 길이나 두께를 측정한다.
    • 각도 측정 : 대상물 외형의 두 모서리 사이의 각을 측정한다.
    • 기하형상 측정 : 평면도, 직선도 등 기하형상을 측정한다.
  ㉡ 간접 측정 : 측정 대상을 직접 측정할 수 없을 때 다른 측정 대상을 측정하여 계산한다.

[직접 측정과 비교 측정의 장단점]

	직접 측정	비교 측정
장점	• 측정범위가 넓다. • 실제 치수를 직접 읽을 수 있다. • 각기 다른 종류의 제품을 측정하기에 적합하다.	• 측정기를 안정된 위치에 두고 사용할 수 있다. • 길이 외에도 형상 측정 등에 강점이 있다. • 빠른 측정이 가능하다. • 로봇으로 대체가 가능하다.
단점	• 시간이 많이 걸린다. • 오차가 많이 발생한다. • 측정기를 다루는 데 숙련이 필요하다.	• 직접 치수를 읽을 수는 없다. • 정해진 형상에서 사용 가능하다. • 표준게이지가 필요하다.

  ㉢ 절대 측정 : 조립량(길이, 무게, 시간 외의 기본량이 조합된 양)을 기본량만의 측정으로 유도하는 측정이다.
  ㉣ 비교 측정 : 기준면이나 선과의 관계를 측정한다.
  ㉤ 한계게이지 측정 : 일종의 비교 측정이다. 제품 사용의 가능 여부를 판단하기 위해 최대 허용값, 최소 허용값으로 만들어진 한계게이지를 사용하여 측정한다.

③ 측정이론
  ㉠ 아베의 원리 : 측정 대상물과 표준자는 측정 방향상 일직선 위에 있어야 한다.
  ㉡ 테일러의 원리 : 허용 한계 측정, 한계게이지를 이용한 측정에 적용된다. '통과측에는 모든 치수 또는 결정량이 동시에 검사되고, 정지측에는 각각의 치수가 개개로 검사되어야 한다.'는 원리이다. 구멍과 축의 관계로 이해한다. 축을 검사한다면 허용 오차 내의 한계게이지 두 개는 가장 큰 오차에서 축이 모두 통과하여야 하고, 가장 작은 오차에서는 각각의 치수가 해당되어야 한다.
  ㉢ 헤르츠의 원리 : 훅의 법칙(탄성 한계 내에서 일어나는 응력은 변형과 비례관계이다. $\sigma = E\varepsilon$)이 적용되는 범위의 측정에서도 측정자가 대상물을 누르면 자국이 생기고 변형 δ가 발생하는데, 각 경우에 따라 헤르츠가 정리한 식이다.

④ 오차
  ㉠ 오차의 정의
    • 공차 : 제작상 허용되는 기준 치수와의 차이이다.
    • 오차 : 측정 시 참값으로 기대되는 값과의 여러 가지 이유로 생기는 차이값이다. 물리적으로 완벽한 측정은 사실상 불가능하므로 측정에는 항상 오차가 발생한다.
  ㉡ 오차의 종류
    • 계통오차 : 측정값에 일정한 영향을 주는 원인에 의해 생기는 오차로 계기오차(기기오차), 환경오차, 개인오차로 나뉜다.

- 계기오차 : 계기의 불완전성으로 인해 생기는 오차이다. 측정기기도 기본적으로 공차를 가지고 있으며, 사용에 따라 여러 측정 오류의 요소를 갖게 된다. 선팽창계수(1.0×10^{-6}[/℃]라면 1[℃]당 1.0×10^{-6}의 비율만큼 늘어난다)가 큰 계측기의 팽창
- 환경오차 : 온도, 습도, 압력 등에 따라 측정기에 영향을 주거나 대상물이 영향을 받으면 참값과 오차가 발생한다.
- 개인오차 : 개인이 갖고 있는 신체적 특징, 습관이나 선입견 등에 생기는 오차이다.
- 우연오차 : 우연오차는 원인을 알 수 없이 우연히 생기며 사용자가 피할 수 없는 오차이다.
- 과실오차(개인오차) : 과실오차는 측정자의 부주의로 생기는 오차로, 주의해서 측정하고 결과를 보정하면 줄일 수 있다.

ⓒ 특수상황 오차
- 되돌림 오차 : 동일한 측정 대상, 측정범위에 대하여 다른 방향에서 접근할 경우, 지시의 평균값의 차를 의미한다. 원인으로 마찰력, 흔들림, 히스테리시스, 백래시 등이 있다.
- 히스테리시스 오차 : 순차 보정(입력값을 차츰 올리거나 낮추며 보정)을 실시할 때 보정값을 올릴 때와 낮출 때의 결과 사이의 차이다.

10년간 자주 출제된 문제

26-1. 20[℃]에서 20[mm]인 게이지 블록이 손과 접촉 후 온도가 36[℃]가 되었을 때 게이지 블록에 생긴 오차는 몇 [mm]인가?(단, 선팽창계수는 1.0×10^{-6}[/℃]이다)

① 3.2×10^{-4}　　② 3.2×10^{-3}
③ 6.4×10^{-4}　　④ 6.4×10^{-3}

26-2. 허용 한계 치수의 해석에서 '통과측에는 모든 치수 또는 결정량이 동시에 검사되고 정지측에는 각각의 치수가 개개로 검사되어야 한다.'는 원리는?

① 아베(Abbe)의 원리
② 테일러(Taylor)의 원리
③ 헤르츠(Hertz)의 원리
④ 훅(Hook)의 원리

|해설|

26-1
온도에 의한 선팽창계수가 1.0×10^{-6}[/℃]이므로, 1[℃]당 1.0×10^{-6}의 비율만큼 늘어난다. 온도차가 16[℃]이므로 16.0×10^{-6}만큼의 비율로 팽창한다. 전체 길이가 20[mm]이므로, 320×10^{-6} = 3.2×10^{-4}이다.

26-2
테일러의 원리 : 허용 한계 측정, 한계게이지를 이용한 측정에 적용된다. '통과측에는 모든 치수 또는 결정량이 동시에 검사되고, 정지측에는 각각의 치수가 개개로 검사되어야 한다.'는 원리이다. 구멍과 축의 관계로 이해한다. 축을 검사한다면 허용오차 내의 한계게이지 두 개는 가장 큰 오차에서 축이 모두 통과하여야 하고, 가장 작은 오차에서는 각각의 치수가 해당되어야 한다.

정답 26-1 ①　26-2 ②

핵심이론 27 | 측정방법

① 길이 및 두께의 측정도구

길이 및 두께를 측정하는 도구에는 각종 버니어 캘리퍼스, 각종 마이크로미터, 강철자 등이 있다.

② 버니어 캘리퍼스

㉠ 구조

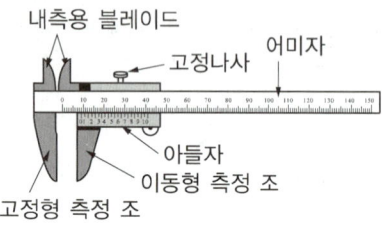

㉡ 읽는 법

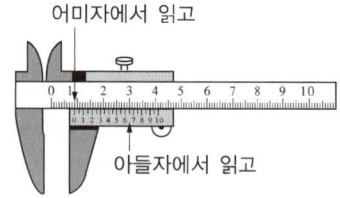

- Step 1 : 아들자의 0이 가리키는 곳의 바로 왼쪽 어미자 눈금을 [mm] 단위까지 읽는다. 위 그림의 경우 8[mm]이다.
- Step 2 : 어미자와 눈금이 일치하는 곳의 아들자 눈금을 [mm] 이하 단위로 읽는다. 위 그림의 경우 0.65[mm]이다.
- Step 3 : 이를 합하면 8.65[mm]이다.

㉢ 종류 : M1형, M2형, CM형이 있다. CM형에는 이송바퀴가 있다.

③ 마이크로미터

㉠ 어떤 길이의 변화를 확대하여 눈금을 붙여 만든 측정기이다.

㉡ 구조

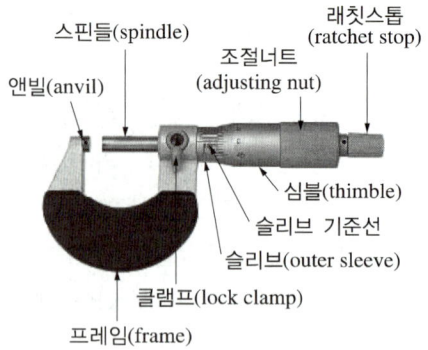

㉢ 읽는 법

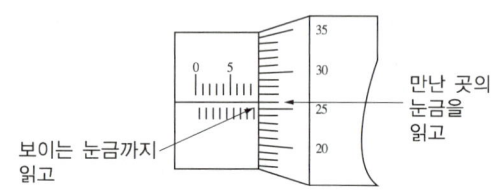

- Step 1 : 슬리브에 보이는 눈금까지 읽는다. 위의 그림에서는 8.5[mm]까지 보이므로 8.5[mm]이다.
- Step 2 : 심블에 교차된 눈금을 읽는다. 위의 그림은 0.26[mm]이다.
- Step 3 : 이를 더한 8.75[mm]로 읽는다.

㉣ 종류 : 외측 마이크로미터, 내측 마이크로미터, 깊이 마이크로미터, 그루브 마이크로미터, 지시 마이크로미터, 나사 마이크로미터, 포인트 마이크로미터

④ 하이트게이지

정반 위에 놓고 측정물의 높이를 측정하는 측정기구이다. 아베의 원리에 맞지 않는, 즉 눈금과 측정자가 동일선상이 아닌 대표적인 측정기구로, 스크라이버 끝에 초경 합금 팁이 있어 금긋기가 가능하다.

⑤ 각도 측정
  ㉠ 요한슨식 각도게이지

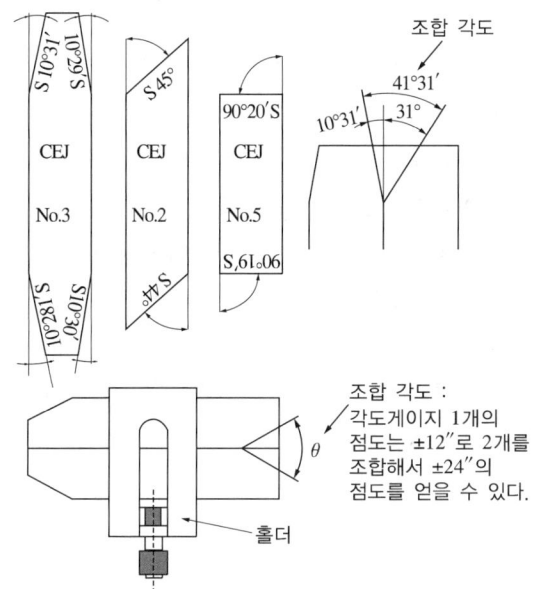

- 85개 조, 49개 조로 구성되어 있다.
- 85개조는 0~10°, 350~360°를 제외하고 1°씩 측정 가능하고, 49개조는 0~10°, 350~360°에서 1°씩 측정 가능하다.
- 홀더를 사용하여 조합한다.

  ㉡ NPL식 각도게이지
- 게이지면이 크고 개수를 적게 한 것이다.
- 블록게이지처럼 홀더 없이 밀착하여 사용 가능하다.
- 각도를 조합하여 사용한다.

  ㉢ 만능각도기

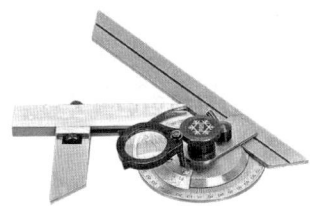

  ㉣ 사인바를 이용한 각도 측정
- 기준 길이는 바퀴처럼 보이는 원통 중심 간의 거리를 이용한다.
- 측정하고자 하는 각에 밀착시키고 블록게이지를 이용하여 높이를 측정한다.
- 사인바는 45° 이하의 각도를 측정한다. 그 이상이 되면 오차가 급격히 커진다.

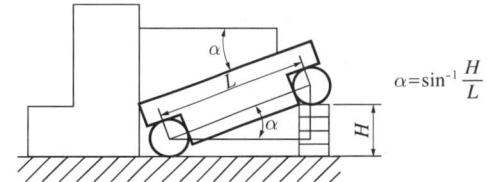

$\alpha = \sin^{-1}\dfrac{H}{L}$

  ㉤ 사인센터를 이용하여 각도를 측정한다.

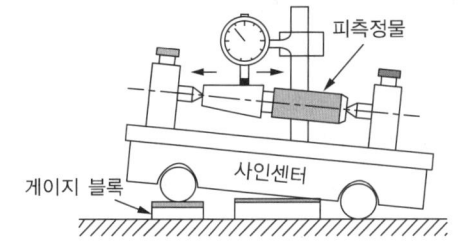

  ㉥ 광선정반(옵티컬 플랫)
- 한 면을 고정도의 평면으로 래핑가공한 원판으로, 빛의 간섭현상을 이용하여 게이지 블록이나 각종 측정자 등의 평면을 측정한다.
- 종류 : 사용면이 한쪽 면인 것과 양쪽 면인 것이 있다. 지름에 따라 450[mm], 600[mm], 800[mm], 1,000[mm], 130[mm] 등으로 구분한다.
- 평면도 측정 : 단색 광원장치 아래에서 대상물 위에 광선정반을 놓고 간섭무늬를 관찰하여 평면도를 산출한다.
- 평행도 측정 : 앤빌면과 스핀들면이 평행하지 않을 때 평행도를 측정한다. 스핀들이 한 바퀴 회전하며 진행하는 동안 앤빌은 정지 상태를 유지하지만, 스핀들면은 회전하면서 각 위치에서 옵티컬 패럴렐을 사용하여 광파 간섭무늬의 개수를 헤아리고 반파장(320[nm])값을 곱한 후 최종적으로는 그 4개의 값 중에서 최댓값을 평행도로 취한다.

  ㉦ 수준기 이용 : 유체 위에 공기방울을 띄워 놓고 중력의 균형에 의해 공기방울이 중앙에 오도록 조정

하여 수평을 맞추는 데 사용한다. 평형수준기와 각형수준기, 특수용 수준기, 조정식 수준기, 전자식 수준기 등이 있다.

⑥ 비교 측정
㉠ 게이지 블록, 표준게이지 등을 기준으로 공작물의 치수를 비교하여 측정하는 측정기이다.
㉡ 종류
- 기계식 : 미니미터, 다이얼게이지, 오르도테스트, 미크로케이터
- 광학식 : 옵티미터, 울트라옵티미터, 미크로룩스, 간섭측미기
- 유체식 : 수준기, 공기 마이크로미터
- 전기식 : 볼트미터, 일렉트로리미터, 전기 마이크로미터, 전자관식 측미기

㉢ 소형이고 경량이며, 측정범위가 넓다. 외부 전기 공급이 불필요하며, 시각적 효과(다이얼게이지)가 크다.
㉣ 다이얼게이지

- 베이스를 고정하고 접촉자를 기준면에 댄 후 측정 대상물을 회전운동이나 직선운동을 시켜 눈금의 변화를 확인하며, 원하는 측정을 실시한다.
- 직각도, 평행도, 진원도, 진직도를 측정하며, 두께와 깊이도 측정한다.
- 종류가 다양하며, 필요에 따라 적절한 다이얼게이지를 선택하여야 한다.
- 측정범위가 넓고 연속된 변위량 측정이 가능하며, 여러 개소의 동시 측정도 가능하다.

- 적용 : 측정할 때는 스핀들이 원활히 움직이는가를 확인하고, 스탠드를 앞뒤로 움직여 지시값의 차를 확인한다. 그리고 스핀들을 갑자기 작동시켜 반복 정밀도를 확인해 본다.

㉤ 공기 마이크로미터
- 종류 : 유량식, 배압식, 진공식, 유속식 등이 있다.
- 원리 : 정반 위에 물체를 놓고 그 위에 작은 사이를 띄우고 노즐을 세팅한 경우, 대상물의 높이가 낮을수록 공간이 넓어진다. 이 공간에 따라 공기 흐름의 양이 달라지는데, 이를 이용하여 측정하는 것이 공기 마이크로미터의 원리이다. 기준 블록을 놓고 비교 측정하여 높이를 측정하므로 비교측정기이다.
- 장점
  - 배율이 높다. 40,000배까지 가능하다.
  - 정밀도가 높은 편이며, 매우 작은 측정력을 사용한다.
  - 비교적 간단하게 정확한 안지름 측정이 가능하다.
  - 기계적 요소가 적어 고정도가 높고, 오래 고정할 수 있다.
  - 고장이 적고 현장용으로 적절하다.
  - 비교적 간단히 형상 측정도 할 수 있다.
- 단점
  - 한 번 장착하면 전용 측정기처럼 사용되므로 소량에는 부적합하다.
  - 공차가 넓은 경우 측정이 불가능하고, 지시범위가 좁다.
  - 측정값의 보정이 필요하다.
  - 컴프레서 등 부가설비가 필요하다.

㉥ 게이지 블록
- 단도기(양 단면의 간격을 측정기로 삼은 기구)의 대표적인 측정기이다.
- 상용되는 제품의 정밀도가 높아 조합해서 사용해도 오차를 고려하지 않아도 된다.

- 요한슨형(직사각형), 호크(hock)형(중앙에 구멍이 있는 직사각형), 캐리형(중앙에 구멍이 있는 원형)으로 나뉜다.

⑦ 한계게이지
  ㉠ 대량 측정에 적합하며 가장 큰 공차를 적용한 경우(go side)와 가장 작은 공차를 적용한 경우(no go side)를 배치하여 한쪽은 쉽게 통과하고, 한쪽은 통과하지 못하게 하여 생산품의 정밀도를 측정한다.
  ㉡ 한계게이지의 종류
    • 구멍용 한계게이지 : 구멍에 넣어 보는 방법으로 검사하므로, 다른 게이지와는 반대로 가장 큰 것이 no go side, 가장 작은 것이 go side로 구성된다.
    • 축용 한계게이지 : 원통 모양과 원뿔 모양의 링게이지, 스냅게이지
    • 사용목적에 따른 구분
      - 기준게이지 : 게이지 점검관리의 기준 치수 제공용이다.
      - 점검게이지 : 게이지 점검용이다.
      - 공작용 게이지 : 생산품의 검사에 실제 사용한다.
      - 검사용 게이지 : 검사되어 넘어온 타사 제품에 사용하고, 공작용과 동일한 것을 사용한다.

⑧ 형상 측정
  ㉠ 오토콜리메이터(autocollimator) : 미소각을 측정하는 광학측정기 콜리메이팅, 즉 광선을 수평이 되게 하는 작업을 하여 각도를 측정한다. 평면 반사경, 펜터프리즘, 다각프리즘, 각도게이지, 할출대, 할출판, 회전테이블 교정, 조정기, 변압기로 구성되어 있다. 읽는 방법과 눈금량에 따라 종류가 나눠진다.
  ㉡ 텔레스코핑 게이지 : 안지름을 측정하는 데 사용하는 것으로, 손잡이에 의해 안쪽 통을 클램핑하고 외측 마이크로미터에 의해 측정한다. 기구는 간단하지만, 매우 정밀한 숙련이 필요하여 측정하기 어렵다.
  ㉢ 투영기 : 투영검사기, 윤곽투영기, 광학적 투영기, 광학적 비교기 등으로 불리는 투영기는 대상물의 확대된 상을 스크린에 투영하여 육안으로 관측한다. 대상물의 윤곽이나 형상의 길이, 각도를 검사하거나 측정할 수 있다. 측정력에 의한 오차가 없고 복잡한 대상물을 용이하게 측정할 수 있다.
  ㉣ 3차원 측정기 : 접촉자의 공간 이동에 의한 접촉에 의해 좌표를 읽는다. 매우 정밀하며 평면 외에도 공간상의 어떤 측정도 가능하다. 데이터를 많은 곳에 활용할 수 있다. 단, 접촉자를 예민하게 다루어야 하며 비용 부담이 있다.
  ㉤ 접촉자(프로브)의 종류 : 광학식과 전자식 프로브, 전압식과 전류식 프로브, 접촉식과 비접촉식 프로브 등으로 구분한다. 기본적으로 전자식 프로브는 접촉식, 광학식 프로브는 비접촉식에 활용되는 경우가 많다.

⑨ 나사 측정
  수나사 바깥지름, 암나사 골지름, 유효지름, 피치, 리드, 플랭크, 나사산 각을 측정하는 방법은 다음과 같다.
  ㉠ 삼침법 : 연삭가공한 정밀한 나사의 유효지름 측정에 이용하고, 나사측정법 중 정밀도가 높다. 동일한 지름을 갖는 3개의 침으로 나사 한쪽에 2개, 반대쪽에 1개를 접촉하고 3침의 외측 치수를 측정하여 공식에 따라 계산한다.

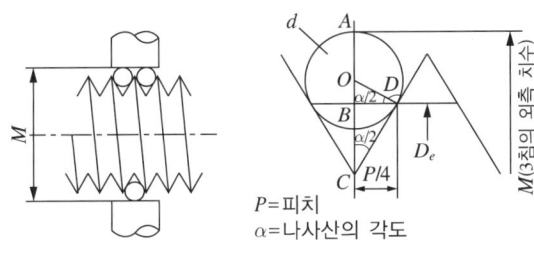

- 미터나사의 경우($\alpha = 60°$)

  $D_e = M - 3d + 0.866025 \times P$

  최적선 지름을 적용하면 $d_\omega = 0.57735 \times P$

- 유니파이 나사의 경우($\alpha = 55°$)

  $D_e = M - 3.16568d + 0.960491 \times P$

ⓒ 나사 마이크로미터 : 마이크로미터의 접촉부가 나사산 모양에 맞게 제작된 측정기이다. 간단하게 측정 가능하나 대상이 되는 나사의 각도가 너무 작거나 크면 오차가 발생한다.

ⓒ 광학적 방법 : 투영기나 공구현미경 등 광학적 측정기구를 이용한다. 축선과 직각으로 움직이는 테이블의 움직임량을 측정기로 읽어서 직접 구한다.

ⓒ 수나사 피치 측정을 위해서는 나사 피치게이지를 사용한다. 이것은 각종 피치를 지닌 판게이지를 여러 장 한 조로 구성되는 비교측정기이다. 이외에 광학적 방법을 적용할 수 있다.

ⓒ 나사산의 각도 측정은 공구현미경에 의한 방법, 투영기에 의한 방법(각도 회전 스크린을 이용한 측정), 만능 측정현미경에 의한 방법(접안렌즈의 눈금을 이용) 등이 있다. 다만, 암나사의 각도는 측정이 쉽지 않으므로 주형을 만들거나 이에 맞는 수나사를 제작하여 수나사를 측정하는 방법도 사용한다.

10년간 자주 출제된 문제

3차원 측정기에서 측정물의 측정 위치를 감지하여 X, Y, Z축의 위치 데이터를 컴퓨터에 전송하는 기능을 가진 것은?

① 프로브 ② 측정암
③ 칼럼   ④ 정반

|해설|
3차원 측정기의 접촉자를 프로브라고 한다.

정답 ①

핵심이론 28 | 주조

① 용융금속의 특징

ⓒ 금속의 흐름은 온도에 따라 크게 영향을 받고, 높은 온도에서 완전한 액체가 되지만, 온도가 내려가면 결정입자를 함유하는 상태가 된다.

ⓒ 용융금속은 비중이 크다. 상대적으로 비중이 작은 알루미늄 합금 용융액도 2.2 정도의 비중을 갖는다.

ⓒ 용융금속은 벽면에 부착되지 않는 성질을 가진다.

② 용융금속의 점성

ⓒ 온도에 따라 점성이 증감하며, 온도 변화에 대해 2~3배 정도의 변화율을 갖는다.

ⓒ 점성이 많이 증가하면 흐르지 않는다.

③ 응고

ⓒ 금속마다 특유의 응고점을 가지며 응고점 이하에서는 응고가 시작된다.

ⓒ 결정의 핵이 생성됨 → 핵을 중심으로 결정이 성장함과 동시에 새로운 핵이 생성됨 → 결정이 성장함 → 반복하여 전체가 결정립이 됨 → 액상 부분이 사라짐

ⓒ 결정립의 크기는 핵과 결정의 증가속도, 핵의 성장속도에 따라 결정된다. 핵의 증가속도보다 성장속도가 크면 조립질의 조직이, 핵의 성장속도보다 증가속도가 크면 미립질의 조직이 된다.

④ 합금의 응고

ⓒ A, B 두 가지 이상의 성분으로 된 금속을 용융 상태에서 냉각시키면 순 A, 순 B보다 대부분 A, B가 혼합된 상태의 결정립이 된다.

ⓒ A금속에 B가 고용되거나 B금속에 A가 고용되는 고용체가 생성되거나 A+B 화합물이 생성된다.

⑤ 주물의 응고

ⓒ 주형에 접한 부분부터 냉각되므로 이 부분부터 응고가 시작된다. 내부의 냉각속도는 느리기 때문에 생성된 핵과 성장하는 결정 주변으로 새로운 핵이

생기며 응고 고체는 성장해 가고, 이 고체는 주상 조직이 된다. 응고가 시작된 부분부터 수지상정으로 발달한다.

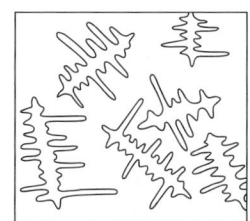

[수지상 조직]

ⓒ 중심부까지 응고시간은 주물의 체적(V)과 표면적(S)의 비와 비례한다.

⑥ 주요 주조과정

모형 제작 → 주조 방안 → 주형 제작 → 금속의 용해 → 주물 후처리

⑦ 모형 제작

㉠ 주형 도면 작성 시 상형, 하형, 분할면을 결정하여 작성한다.

㉡ 주물은 응고 시 수축되며, 미리 모형의 치수에 수축률을 고려하여 설계한다. 주물의 재질, 형태, 크기, 두께, 코어의 유무에 따라 수축률이 다르므로 모형 작성 시 이를 결정해야 한다.

㉢ 가공 여유의 결정 : 주조 후 기계가공하는 부분을 필요한 만큼 크게 제작할 필요가 있다. 설계 시 이를 반영하여 상·하형의 크기와 방향 등을 결정한다.

㉣ 기울기 : 주형으로부터 모형을 쉽게 빼도록 기울기를 준다. 핀을 이용하여 빼는 경우 1/200 정도, 목형의 경우 1/30~1/300 정도가 필요하다.

㉤ 변형 보정의 여유 : 주물 수축 시 형상이나 밀도에 따라 수축이 일정하지 않을 수 있는데, 이때 변형을 예상할 수 있다. 변형이 예측되는 방향으로 역구배를 미리 주는 형태의 설계를 할 수 있다.

㉥ 코어 프린트 : 코어는 주조 상태에서 속이 비어 있는 부분이나 오목한 부분을 만들기 위해 주형을 사용하는 것이다. 주형을 만들려면 코어를 지지해 줄 부분이 필요한데, 이를 코어 프린트라고 한다. 형태와 크기에 따라 수평 코어 프린트, 한쪽 수직 코어 프린트, 양쪽 수직 코어 프린트, 부분 삽입 코어 프린트, 드롭 코어 프린트, 한쪽 코어 프린트, 브리지 코어 프린트 등이 있다.

⑧ 모형의 종류

㉠ 재료에 따라

- 목형 : 제작 수량이 비교적 적은 주물 제조에 적합하다. 목재로 제작하여 가볍고 취급이 용이하기 때문에 대형 주물에서는 목형을 많이 사용한다.
- 금형 : 금속으로 만든 모형이다. 금속제 모형과 셸 몰드용 금형, 다이 캐스팅용 금형, 인베스트먼트 주조법에서 왁스 모형을 만드는 데 쓰이는 금형, 금형 주조법의 금형 등이 있다. 목형과 같은 용도로 재료만 금속인 금형과 조형기에 쓰이는 매치 플레이트와 같은 정반형이 있다. 제작비가 비싸지만 내구성과 정밀도가 좋아 대량 생산에 많이 사용한다.
- 현물형 : 제작 수량이 적고, 정밀도 요구가 낮고, 제품 단가가 높지 않다면 제품을 그대로 모형으로 사용할 수 있다.
- 석고형 : 석고로 만든 모형이다. 석고 그 자체가 모형이 되는 경우보다 매치 플레이트 금형이나 합성수지형 등을 제작할 때 정밀을 요구하는 상대형에 이용된다.
- 왁스형 : 밀랍, 파라핀, 로진, 합성수지 등이 있으며, 인베스트먼트 주조법에 많이 사용한다.
- 합성수지형 : 페놀수지 또는 폴리스티렌으로 모형을 만들 수 있다. 소실 모형에 사용되며 모형을 넣은 상태로 주물을 주입하여 모형을 녹이고 채우며 제품을 만든다.

㉡ 구조에 따라

- 현형 : 주물과 동일한 모양으로 분할형, 조립형 등이 있다. 조립형은 모형을 주형에서 끄집어내기 용이하게 하기 위한 경우, 코어의 삽입을 쉽게

하기 위한 경우, 모형이 복잡하고 큰 경우에 사용한다.
- 부분형 : 같은 부분, 패턴, 상하 대칭 등의 모형을 만든다. 주형 제작비를 절감하기 위해 사용한다.
- 골격형 : 큰 주물로 모양이 비교적 단순하면서 제작 개수가 적을 때 재료와 가공비를 절약하기 위해 뼈대만 목재로 만든 것이다.
- 회전형 : 회전판에 주물의 단면 형태로 가공하여 사용한다. 재료는 적게 들지만, 제작 정밀도가 필요하다.
- 굵기형 : 지름 변화가 없는 균일한 단면을 가지며 비교적 가늘고 긴 직관, 곡관 등을 조형할 때 사용하면 유리하다. 현형 대비 모형비는 저렴하지만 조형비는 비싸다.
- 매치 플레이트형 : 목재, 금속, 수지로 만든 모형을 정반에 고정시키고 탕구, 탕도, 압탕 등을 부착한 것이다.

ⓒ 모형재료에 따라
- 재질이 고르고 가공이 쉬워야 하며, 강도가 있고, 내구성과 내마멸성이 필요하다. 온도와 습도에 대한 변형이 작고 가벼우며, 값이 저렴하고 손쉽게 대량으로 구매 가능해야 한다.
- 모형재료 : 목재, 알루미늄 합금, 구리 합금, 주철, 내열주철, 내열강, 합성수지, 석고, 왁스 등을 사용한다.
- 보조재료 : 접착제(아교, 합성수지재료), 접착 보조재료(나무못, 나사못, 파형못, 꺾쇠 등), 연마재(샌드페이퍼, 사포 등), 도장재료(니스, 셀락니스, 푸란, 우레탄, 에폭시 등)

⑨ 주조 방안
ⓐ 주물 제작을 위해 제작 도면에 따라 주물 제작방법을 검토하는 것을 주조 방안이라 한다.
ⓑ 탕구계의 구성 : 주입 컵으로 주물을 넣고 주입구(게이트)를 통해 주물이 원활히 공급되도록 구성되어 있다.

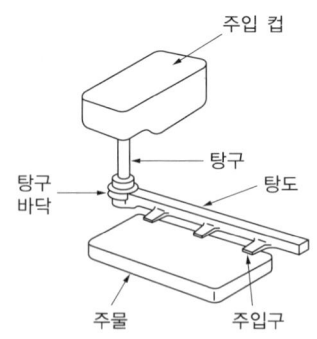

ⓒ 압탕(riser) : 주입된 용융금속은 주형 안에서 냉각·응고 시 수축에 따라 부피가 감소하므로 압력을 주어 용융금속을 추가 공급한다.
ⓓ 가스 빼기와 플로오프 : 가스 빼기는 발생 가스, 공기, 기포 등을 제거할 주조 방안으로, 플로오프는 가스 빼기보다 큰 구멍으로 떠 있는 슬래그, 혼입물 등도 제거한다.
ⓔ 탕구비
- 탕구계를 이루는 각 부분의 최소 단면적 비율이다.
- 탕구계의 단면적 : 탕도의 단면적 : 게이트의 총 단면적 비(대략 1 : 0.75 : 0.5)
ⓕ 칠메탈(chill metal) : 주형의 일부를 신속히 냉각시키기 위한 냉각쇠로, 주물의 내·외부 냉각 속도차에 따른 변형 및 각종 불량을 방지한다.

⑩ 주형
ⓐ 모래형 : 주원료로 모래와 점결제, 첨가제를 혼합한 주물사로 조형한 것이다. 주형 건조 상태에 따라 생형(생모래 사용, 수분 포함), 건조형(건조모래, 진흙 사용 시 반드시 건조), 반건조형이 있다. 주형틀에 따라 틀 주형, 개방 주형(상형 없음), 혼성 주형(하형 없음)으로 나뉘며, 특수 주형(물유리, 합성수지, 시멘트, 석고 사용), 금형 등이 있다.
ⓑ 주물사 : 4대 성분(모래, 점결제, 첨가제, 수분)에 따라 성질이 달라진다. 점결제에는 벤토나이트, 내화 점토 같은 무기질 점결제와 유류, 곡분류, 당류 등 유기물 점결제가 있고, 첨가제에는 탄소계 분말, 목분, 곡분, 당밀, 산화철 등이 있다.

⑪ 특수 주형

　㉠ 셸 주형(C법) : 2개의 셸을 클립, 접합제로 접합시킨 후 주입하는 방식이다.

　㉡ CO_2 주형
- 건조하지 않아도 경도와 강도가 큰 주형을 만들 수 있고, 코어를 만들 때 보강재를 줄일 수 있다.
- 치수가 정밀하고 가스 발생이 적다.
- 모형의 기울기는 커야 하고 주형 붕괴성, 주물사 회수율이 나쁘다.
- 흡습성이 있으므로 빠른 시간 내 주입해야 한다.

　㉢ 자경성 주형 : 모래에 경화제를 첨가하여 스스로 굳는 주형이다.

10년간 자주 출제된 문제

28-1. 주조작업에 대한 설명으로 옳지 않은 것은?
① 금속을 용융시켜 주형에 넣어 작업하는 제조법이다.
② 주물사는 주로 모래, 점결제, 첨가제, 수분으로 구성되어 있다.
③ 원형은 실제 제품을 그대로 사용하기도 한다.
④ 주형은 주로 금속을 사용하며 금속주형은 작업속도가 느린 단점이 있다.

28-2. 주조 시 주입된 용융금속이 주형 안에서 냉각·응고 시 수축에 따라 부피가 감소하므로 압력을 주어 용융금속을 추가 공급하는 작업은?
① 응고작업　　② 칠 메탈
③ 압탕　　　　④ 주조 방안

|해설|

28-1
주형은 주형재료에 따라 모래형, 금형, 특수 주형 등으로 나뉘고, 금형을 사용하는 경우 대량 생산에 적합하다.

28-2
② 칠 메탈 : 주형의 일부를 신속히 냉각시키기 위한 냉각쇠로 주물의 내·외부 냉각속도차에 따른 변형 및 각종 불량을 막기 위한 방법이다.
④ 주조 방안 : 주물 제작을 위해 제작 도면에 따라 주물 제작방법을 검토하는 것이다.

정답 28-1 ④　28-2 ③

핵심이론 29 | 입자가공

① 연삭가공

　㉠ 연삭가공은 숫돌바퀴를 고속으로 회전시켜 일감의 원통면이나 평면을 매우 소량씩 깎는 정밀가공이다.
- 연삭가공은 숫돌바퀴의 단단하고 미세한 숫돌입자가 각각 커터의 날로 작용하여 치수 정밀도가 높고 매끈한 다듬질면을 얻을 수 있다.
- 절삭가공하기 어려운 담금질강이나 초경 합금 등 단단한 재료의 가공이 가능하다.

　㉡ 원통연삭기
- 크기 표시 : 테이블 위의 스윙, 양 센터 간의 최대 거리, 숫돌 크기로 표시한다.
- 트래버스 연삭 : 숫돌을 일정한 위치에서 회전시키면서 일감을 좌우로 이송시키거나, 연삭숫돌을 좌우로 이송시켜 연삭한다.
- 플런지 연삭 : 일감은 그 자리에서 회전시키고, 숫돌바퀴에 회전과 전후 이송을 주어 연삭한다.
- 만능연삭기 : 보통 원통연삭기와 같으나 테이블, 숫돌대, 주축대를 각각 선회시킬 수 있고 주축대는 척을 고정할 수 있다. 내면연삭장치가 설치되어 있어 내면연삭을 할 수 있으며, 작업범위가 넓다.

　㉢ 내면연삭기
- 일감 회전형 : 일감에 회전운동을 주어 연삭하는 방식으로 일감이 작고 균형이 잡혀 있을 때 사용한다.
- 일감 고정형 : 숫돌축이 회전운동과 공전운동을 함께하는 방식으로, 유성(플래니터리, planetary)형이라고도 한다.
- 센터리스형 : 일감을 고정하지 않은 상태에서 연삭하는 방식으로, 전용 연삭기를 제작한 경우가 많으며 소형, 대량 생산에 이용한다.

ㄹ 평면연삭기
- 일감의 평면을 연삭하는 연삭기이다. 숫돌의 연삭면의 사용에 따라 숫돌바퀴의 바깥 둘레를 사용하여 연삭하는 방식과 숫돌바퀴의 끝면을 사용하여 연삭하는 방식으로 나뉜다.
- 사각 테이블이 왕복 직선운동하는 테이블과 회전운동하는 테이블이 있다.
- 숫돌바퀴의 바깥 둘레를 이용하여 연삭하는 경우, 연삭량이 작으나 표면거칠기 및 치수 정밀도가 좋다.
- 숫돌바퀴의 끝면을 사용하는 연삭은 일감과 숫돌바퀴가 면 접촉을 하여 많고 거친 연삭에 적합하다.

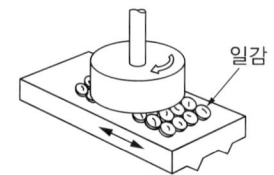
[왕복테이블 숫돌 끝면 사용]

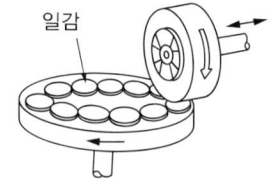
[회전테이블 숫돌 바깥 둘레 사용]

ㅁ 센터리스 연삭기
- 장점
  - 센터가 필요하지 않아 센터 구멍을 뚫을 필요가 없고 중공 원통연삭에 편하다.
  - 연속작업이 가능하여 대량 생산에 적합하다.
  - 긴 축 연삭이 가능하다.
  - 연삭 여유가 작다.
  - 연삭 숫돌바퀴의 너비가 커서 지름의 마멸이 적고, 수명이 길다.
  - 작업자의 숙련이 필요 없다.
- 단점
  - 긴 홈이 있는 일감은 가공이 어렵다.
  - 대형 중량(重量)물 가공은 어렵다.
  - 숫돌바퀴보다 긴 일감은 전후 이송을 할 수 없다.

- 설계

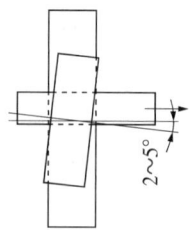

$$f = \pi d \sin\alpha$$

(여기서, d : 숫돌바퀴의 지름, α : 조정숫돌과 연삭숫돌의 경사각)

ㅂ 나사연삭기와 기어연삭기
- 나사연삭기는 정밀나사, 나사게이지, 탭 등의 연삭에 사용하는 연삭기로, 숫돌 형상이 나사 형상이므로 숫돌바퀴가 트루잉되어 있어야 한다.
- 기어연삭기는 절삭된 기어의 이를 정밀하게 다듬는 기계로, 숫돌 모양은 기어의 형상에 따라 결정된다. 기어연삭은 총형 숫돌연삭법과 랙형 창성연삭법으로 나뉜다.

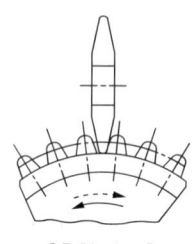
[총형 숫돌]

② 숫돌바퀴
㉠ 연삭숫돌은 숫돌(abrasive)입자, 결합제(bond), 기공(pore)의 3가지로 구성되어 있고, 이를 숫돌바퀴의 3요소라 한다. 연삭숫돌의 성능은 숫돌입자, 입도, 결합도, 조직, 결합제에 따라 결정된다.
㉡ 연삭 숫돌입자의 종류
- 천연 숫돌입자 : 다이아몬드, 에머리(emery, 자철석, 적철석, 스피넬 등을 함유한 강옥), 커런덤(corundum, 유색 보석이며, 모스경도 9의 강옥)

- 인조 숫돌입자

구분	기호	용도
알루미나계	A	인성이 큰 재료의 강력 연삭이나 절단작업용, 거친 연삭용, 일반강재
	WA	연삭 깊이가 얕은 정밀 연삭용, 경연삭용, 담금질강, 특수강, 고속도강
천연 숫돌입자	C	인장강도가 작고 취성이 있는 재료, 경합금, 비철금속, 비금속
	GC	경도가 매우 높고 발열이 적은 초경합금, 특수주철, 칠드주철, 유리

ⓒ 결합제
- 비트리파이드(V, Vitrified) 숫돌바퀴
  - 점토, 장석을 주성분으로 하여 약 1,300[℃] 정도로 구워서 굳힌 숫돌이다.
  - 결합도 조절이 광범위하고, 기공이 균일하다. 대부분 숫돌을 사용하며, 거친 연삭과 연한 연삭에도 사용한다.
  - 강도가 약해 지름이 크거나 얇은 숫돌바퀴에는 적당하지 않다.
- 실리케이트(S, Silicate) 숫돌바퀴
  - 규산나트륨을 주재료로 한 결합제이다.
  - 대형 숫돌바퀴를 만들 수 있다.
  - 고속도강과 같이 균열이 생기기 쉬운 재료를 연삭할 때, 연삭에 의한 발열을 피해야 할 경우에 사용한다.
  - 비트리파이드에 비해 결합도가 낮으므로 중연삭을 피한다.
- 탄성 숫돌바퀴
  - 유기질의 결합제를 사용해 만든 것이다.
  - 숫돌에 탄성이 있고 얇은 숫돌을 만들 수 있다.
  - 열에 약하고 일반적으로 절단용 숫돌에 사용한다.
  - 결합제로 셸락(E, Shellac), 고무(R, Rubber), 레지노이드(B, Resinoid), 비닐(PVA, Vinyle) 등을 사용한다.
- 금속 숫돌바퀴
  - 금속결합제는 주로 다이아몬드 숫돌의 결합제로 사용한다.
  - 철, 구리, 황동, 니켈 등의 작은 입자와 숫돌입자를 혼합하여 압력을 가해 성형한다.
  - 금속결합제는 숫돌입자의 지지력이 크고, 기공이 작아 수명이 길다.
  - 과격한 사용에는 견디지만, 연삭능률은 낮다.

ⓔ 연삭 숫돌의 결함
- 로딩(loading) : 숫돌의 눈메움을 의미한다. 연신율이 큰 재료, 가는 조직, 조밀한 연삭숫돌을 사용할 때, 원주속도를 너무 느리게 할 때, 연삭 깊이가 깊을 때 일어나기 쉽다. 결합도가 높은 숫돌에 연한 금속을 연삭하였을 때 숫돌 표면의 기공에 칩이 메워지는 현상으로, 드레싱으로 해결한다.
- 스필링(spilling) : 입자 탈락, 날 결손, 숫돌바퀴의 결합도가 지나치게 낮으면 아직 다 사용하지도 않은 숫돌입자가 쉽게 떨어져 나가는 현상으로, 드레싱으로 해결한다.
- 글레이징(grazing) : 연삭입자가 쉽게 탈락하거나 너무 탈락하지 않아 결합도가 높을 때 연삭숫돌에 열이 나고 표면이 잘 깎이지 않는 현상이다. 숫돌바퀴의 결합도가 지나치게 높으면 둔하게 된 숫돌입자가 떨어져 나가지 않아 무뎌지는 현상이다.
- 제품의 연삭가공면 결함
  - 가공 변질 : 연삭열에 의한 표면의 변질로, 변질층이 생성된다.
  - 잔류응력 : 연삭작업 후 가공물에 잔류응력이 남기 때문에 잔류응력이 예상되는 제품은 풀림처리를 통해 제거할 필요가 있다.

- 연삭균열 : 공석강에 가까운 탄소강에서 자주 발생하며, 마찰열에 의해 부분 팽창이 일어나 발생한다. 결합도가 연한 숫돌을 사용하거나 이송을 빠르게 하여 마찰시간을 줄이고, 연삭액을 충분히 사용하여 방지한다.

ⓓ 연삭숫돌의 조정
- 드레싱(dressing) : 숫돌바퀴에서 눈메움이나 무딤이 일어나면 절삭 상태가 나빠지므로, 숫돌바퀴의 표면에서 무뎌진 숫돌입자를 제거하는 작업이다.
- 트루잉(truing) : 숫돌바퀴가 작업 시 압력을 받아 진원(眞圓)이 되지 않는 경우, 모양을 바로잡는 작업이다.

ⓔ 연삭작업 시의 결함과 원인 및 대책

결함	원인	대책
떨림	• 숫돌축 불균형 • 숫돌 눈메움 • 숫돌바퀴의 결합도가 지나친 경우 • 숫돌이 기울어진 경우	• 균형을 맞추고 트루잉을 실시한다. • 드레싱을 한다. • 공작속도를 조정한다. • 평형을 맞춘다.
진원도 불량	• 숫돌축 불균형 • 숫돌 구성의 불균형	• 균형을 맞추고 트루잉을 실시한다. • 숫돌을 교체한다.
원통도 불량	• 테이블의 운동 불량 • 작업법의 불량	• 윤활처리를 한다. • 올바른 작업법으로 수정한다.
가공면의 이송 흔적	• 숫돌바퀴의 고정 이상 • 관계면 이상	• 균형을 맞추고 트루잉을 실시한다. • 드레싱, 윤활처리를 한다.

③ 연삭입자를 이용한 가공
㉠ 래핑
- 공구와 공작물 사이에 랩제(숫돌입자 또는 액체)를 끼워 넣고 압력을 가한 상태로 상대운동을 하는 마무리 가공이다.
- 가공이 간단하지만, 정밀도가 높은 제품의 대량생산이 가능하다.
- 랩제 : 주철, 연강, 구리 등 금속입자나 연삭입자와 경유, 석유나 스핀들유 또는 점성이 작은 식물성유를 혼합하여 사용한다.
- 가공 시 미세먼지가 발생할 수 있고, 가공면에 랩제가 잔류할 수 있으므로 관리가 필요하다.
- 습식래핑 : 거친 래핑에 사용하고 연마입자를 혼합한 래핑액을 공작물에 주입하며 가공한다.
- 건식래핑 : 고운 입자를 사용하며 습식래핑 이후 고운 마무리에 사용한다. 건조한 상태에서 가공한다.

㉡ 호닝
- 내연기관의 실린더 등 원통 내면의 정밀 다듬질의 하나로 보링이나 연삭기를 이용하고 혼(hone)을 사용하여 진원도, 진직도, 표면거칠기 등을 향상시키는 것이 목적이다.
- 특징
  - 정확한 치수가공을 할 수 있다.
  - 표면 정밀도를 향상시킬 수 있다.
  - 전 가공에서 나타난 테이퍼, 진원도 등에 발생한 오차를 수정할 수 있다.
  - 호닝숫돌 : 연삭입자는 WA, GC, 다이아몬드, CBN 등을 사용한다.

[숫돌입도]

구분	거친 호닝	보통 호닝	다듬질
입도	80~120	220~280	400~500
깎는 두께	25~500[μm]	5~25[μm]	

- 가공방법
  - 숫돌 길이는 가공 구멍 길이의 1/2 이하로 하고, 왕복운동의 양단에 숫돌 길이가 1/4 정도 나왔을 때 방향을 바꾼다.
  - 원주속도는 15~60[m/min] 정도로 한다.

㉢ 액체호닝
- 100~5,000[mesh]의 산화규소를 함유한 랩제를 화학 용액에 혼합하여 공압 분사 및 충돌시켜 가공하는 방법이다.

- 가공시간이 짧다.
- 가공물의 피로강도를 향상시킨다.
- 형상이 복잡한 가공물도 쉽게 가공한다.
- 가공물 표면의 산화막이나 거스러미를 제거하기 쉽다.
- 다듬질면의 진원도, 직진도가 나빠진다.
- 호닝입자가 공작물 표면에 부착될 수 있다.
- 분사각에 따라 표면 상태가 달라진다.

ㄹ 슈퍼피니싱
- 진폭이 1.5~5[mm]이고, 1.5[mm]인 경우 초당 500회(30,000회/분), 5[mm]인 경우 초당 100회(6,000회/분)을 사용하며 일감이 클 때는 매분 수백에서 수천의 값을 가지는 진동으로 가공한다.
- 입도가 낮고 연한 숫돌은 낮은 압력으로 진동하여 가공한다.
- 매끈하고 방향성이 없고, 표면의 변질부가 작다.
- 축의 베어링 접촉부를 고정밀도 표면으로 다듬는 가공에 활용한다.
- 숫돌재료는 연삭숫돌과 같으나 연삭숫돌보다 결합도가 약한 것을 사용한다. 결합도가 크면 새로운 입자 생성이 어렵고, 너무 무르면 숫돌 소모가 크다.

ㅁ 폴리싱 및 버핑
- 폴리싱은 목재, 피혁, 캔버스, 직물 등 탄성이 있는 재료에 미세한 연삭입자를 입혀 공작물 표면을 다듬는 방법이다.
- 모·직물 등으로 버프를 만들고, 윤활제를 섞은 미세한 연삭입자의 작용으로, 공작물 표면의 광택작업을 버핑이라 한다.
- 일반적으로 폴리싱 후 버핑을 실시한다.

10년간 자주 출제된 문제

29-1. 원통연삭기의 크기를 표시하는 방법으로 적절하지 않은 것은?
① 테이블의 가로, 세로, 높이
② 테이블 위의 스윙
③ 양 센터 간의 최대 거리
④ 숫돌의 크기

29-2. 연삭기계에 대한 설명으로 옳은 것은?
① 센터리스 연삭기는 범용으로 사용한다.
② 평면연삭기는 일감의 평면을 연삭하며 일감의 사용면에 따라 수직형, 수평형으로 나뉜다.
③ 플래너터리형은 일감이 회전하며 내면연삭을 한다.
④ 원통연삭기 중 플런지형은 숫돌바퀴가 회전 및 이동하며 회전하는 공작물을 가공한다.

29-3. 경도가 매우 높고 발열하면 안 되는 초경 합금, 특수강 등의 연삭에 사용되는 숫돌입자는?
① A   ② C
③ GC   ④ WA

29-4. 연삭숫돌의 입자가 무디거나 눈메움(loading)이 나타나면 연삭성이 저하되므로 숫돌의 표면을 깎아서 예리한 날을 가진 입자가 표면에 나타나게 하여 연삭성을 회복시키는 작업은?
① 래핑(lapping)   ② 트루잉(truing)
③ 폴리싱(polishing)   ④ 드레싱(dressing)

29-5. 다음 중 연삭가공법이 아닌 것은?
① 호닝(honing)   ② 버핑(buffing)
③ 래핑(lapping)   ④ 보링(boring)

29-6. 일반적인 래핑(lapping)의 특성이 아닌 것은?
① 가공면은 윤활성 및 내마모성이 좋다.
② 정밀도가 높은 제품을 가공할 수 있다.
③ 가공이 간단하고, 대량 생산이 가능하다.
④ 먼지의 발생이 없고, 가공면에 랩제가 잔류하지 않는다.

| 해설 |

29-1
원통연삭기는 테이블 위의 스윙, 양 센터 간의 최대 거리, 숫돌 크기로 표시한다.

29-2
① 센터리스 연삭기는 센터가 필요하지 않아 센터 구멍을 뚫을 필요가 없고 중공 원통연삭에 편하다.
② 평면연삭기는 일감의 평면을 연삭하는 연삭기로, 숫돌의 연삭면의 사용에 따라 숫돌바퀴의 바깥 둘레를 사용하여 연삭하는 방식과 숫돌바퀴의 끝면을 사용하여 연삭하는 방식으로 나뉜다.
③ 플래너터리형은 숫돌축이 회전운동과 공전운동을 함께하는 방식으로 내면연삭기이다.

29-3

구분	기호	용도
알루미나계	A	인성이 큰 재료의 강력 연삭이나 절단작업용, 거친 연삭용, 일반강재
	WA	연삭 깊이가 얕은 정밀 연삭용, 경연삭용, 담금질강, 특수강, 고속도강
천연 숫돌입자	C	인장강도가 작고 취성이 있는 재료, 경합금, 비철금속, 비금속
	GC	경도가 매우 높고 발열이 적은 초경합금, 특수주철, 칠드주철, 유리

29-4
연삭숫돌의 조정
- 드레싱(dressing) : 숫돌바퀴에서 눈메움이나 무딤이 일어나면 절삭 상태가 나빠지므로, 숫돌바퀴의 표면에서 무뎌진 숫돌입자를 제거하는 작업
- 트루잉(truing) : 숫돌바퀴가 작업 시 압력을 받아 진원(眞圓)이 되지 않는 경우, 모양을 바로 잡는 작업

29-5
연삭입자를 이용하는 가공으로 호닝, 액체호닝, 래핑, 슈퍼피니싱, 폴리싱, 버핑 등이 있다.

29-6
래핑
- 공구와 공작물 사이에 랩제(숫돌입자 또는 액체)를 끼워 넣고 압력을 가한 상태로 상대운동을 하는 마무리 가공이다.
- 가공이 간단하지만, 정밀도가 높은 제품의 대량 생산이 가능하다.
- 가공면은 윤활성 및 내마모성이 높다.
- 랩제 : 주철, 연강, 구리 등 금속입자나 연삭입자와 경유, 석유나 스핀들유 또는 점성이 작은 식물성유를 혼합하여 사용한다.
- 가공 시 미세먼지가 발생할 수 있고 가공면에 랩제가 잔류할 수 있으므로 관리가 필요하다.

정답 29-1 ① 29-2 ④ 29-3 ③ 29-4 ④ 29-5 ④ 29-6 ④

핵심이론 30 | 특수가공

① **와이어 컷 방전가공**
  ㉠ 방전가공은 범용 공작기계로 가공이 어려운 재료 및 형상을 방전현상을 이용하여 가공하는 방법이다.
  ㉡ 방전의 진행과정

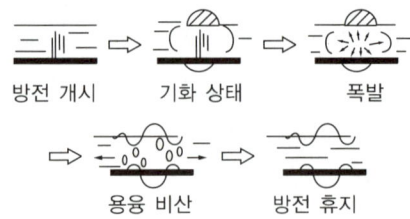

방전 개시 → 기화 상태 → 폭발 → 용융 비산 → 방전 휴지

  ㉢ 방전가공기의 원리
  - 구리나 흑연 등의 도전성 재료를 전극으로 하여 전극과 공작물 사이에 60~300[V] 정도의 전압을 걸어 방전현상을 유도한다.
  - 음극의 전극에서 전하가 튀어나와 양극의 공작물에 연결되므로, 전하의 충격력에 의해 공작물이 가공되는 원리를 이용한다. 따라서 극성을 반대로 연결하면 전극이 소모되고, 공작물 가공이 원활히 이루어지지 않는다.
  - 전압과 전류의 특성

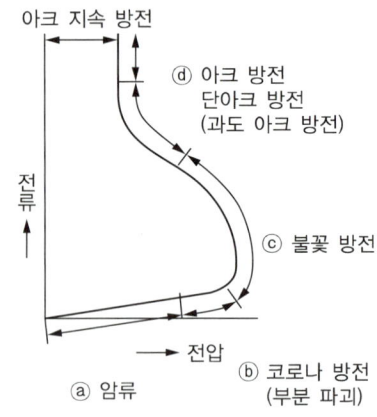

    - ⓐ, ⓑ, ⓓ는 안정된 방전, ⓒ는 불안정한 비지속방전, ⓑ는 부분 방전이다.
    - 안정된 아크가 발생하기 전 불안정한 불꽃 방전을 거치며, 그 이전에 코로나 방전이 형성된다.

- 암류란 전극을 접근시킬 때 약간의 전류가 흐르는 상태이다. 이때 이온이 점점 중화·소멸되어 균형을 이루게 되는 상태이다.

ㄹ) 와이어 컷 방전가공기
- 장력을 건 구리, 황동, 흑연, 텅스텐, 몰리브데넘 같은 금속 와이어를 가공 전극으로 사용하는 방법으로 기계 띠톱처럼 작업된다.
- 와이어에 음극을 걸고, 공작물에 양극을 건다.
- CNC 공작기계와 같이 NC 코드를 이용한 가공경로를 지정한다.
- 가공액 처리 및 공급장치는 이온 제거, 불순물 제거, 가공액을 일정한 온도로 유지·순환시키는 역할을 한다.
- 펌프에서 펌핑된 가공액은 공급회로를 통해 가공영역 및 와이어 부분에 전달된다.
- 일반적인 특성
  - 재료에 따른 이송속도는 일반강 대비 구리는 1.25배, 구리 합금은 0.8배, 초경 합금은 0.5배의 속도이다.
  - 와이어에 따른 이송속도는 구리 대비 황동은 1.2~1.3배이다.
  - 높은 속도로 가공 시 가공액 비저항값은 낮게, 초경 합금이나 알루미늄, 알루미늄 합금을 가공할 때는 높게 한다.
  - 와이어 장력은 높을수록 가공속도가 좋아지지만, 장력이 너무 높으면 가공속도를 늦춘다.

② 초음파 가공
ㄱ) 전원에서 초음파 발진장치를 거쳐 자기변형 진동자에 고주파 전류를 보내면 용기 내부에 있는 진동자는 16~30[kHz/s]의 초음파 진동을 일으키며 진폭 수 [μm]가 발생하지만, 증폭되어 혼에서는 30~40[μm]의 진폭이 된다.
ㄴ) 해머작용 : 초음파 가공의 주운동으로, 공구가 직접 입자에 충격을 가하며 가공면을 연타한다.

ㄷ) 연삭입자는 알루미나, 탄화규소, 탄화붕소 등을 사용하며 입도 320~600, 물 : 입자 = 1 : 2의 무게비로 혼합하여 사용한다.
ㄹ) 가공속도가 느리고, 공구 마멸이 크며 가공 면적과 가공 길이에 제한이 있어 많이 사용하지 않는다.

③ 레이저 가공
ㄱ) 특징
- 밀도가 매우 높은 단색성, 평행도가 높은 지향성을 갖는다.
- 렌즈나 반사경을 이용하여 집적하여 순간적으로 가열, 용해, 증발한다.
- 비접촉가공을 한다.

ㄴ) 레이저의 종류

종류		모체	활성입자
고체 레이저	루비	Al_2O_3	Cr^{3+}
	YAG	$Y_3Al_2O_{12}$	Nd^{3+}
	유리	유리	Nd^{2+}
	$CaWO_4$	$CaWO_4$	Nd^{3+}
기체 레이저	He-Ne	He-Ne	He-Ne
	A	A	A^+
	CO_2	CO_2-He-N_2	CO_2

ㄷ) 구멍 내기, 초소형 구멍 내기, 절단, 홈, 자르기, 용접, 투명체 속가공 등의 가공이 가능하다.

④ 화학적 가공
ㄱ) 전해가공 : 가공 형상의 전극을 음극에 연결하고 일감을 양극에 연결하여 0.02~0.7[mm] 정도 가까이 놓고 그 사이에 전해액을 분출시켜 전기가 통하면 양극에서 용해·용출현상이 일어나 가공하는 방법이다. 방전가공에 비해 정밀도는 떨어지나 가공속도가 크고, 한 개의 공구 전극으로 여러 개의 제품을 생산할 수 있어 정밀도가 중요하지 않은 금형에서 사용 가능하다.
ㄴ) 전해연마 : 전기 도금의 반대작용을 이용하여 연마하는 방법으로, 일감을 양극에 연결하고 전해액 속에 매달아 놓은 후 1[A/cm^2] 정도의 전류를 흘려 화학적 용해를 일으킨다. 가공 후 표면이 평활해지

고 광택이 난다. 탄소가 함유된 철강은 전해연마가 어려우며 구리 및 구리 합금은 전해연마가 쉽고, 오히려 가공이 어려운 알루미늄과 그 합금은 전해연마로 거울면을 얻을 수 있다.

ⓒ 전해연삭 : 전해연마와 기계연삭을 함께하는 가공이다. 기계연삭과 거의 같으나 가공액으로 전해액을 사용하고, 전기가 통하는 연삭숫돌을 사용하여 통전시킨다.

- 전해액의 구비조건
  - 높은 전도도를 가질 것
  - 부식을 방지할 것
  - 반응 생성물을 용해할 것
- 전해연삭의 특징
  - 재료의 종류와 경도에 관계없이 연삭능률이 좋고, 경도가 높은 재료일수록 연삭능률이 높다.
  - 연삭저항이 작아 박판이나 복잡한 일감에 적절하다.
  - 연삭열 발생이 적고 숫돌의 수명이 길다.
  - 가공 정밀도가 기계연삭보다 낮으며 표면거칠기와 입자, 입도의 관계가 없다.
  - 설비비가 많이 들고, 숫돌 가격이 비싸다.
  - 다양한 전류를 얻기 어렵다.
  - 다듬질면에 광택이 나지 않으며 초경 합금 연삭 시 거무스름하기도 한다.

10년간 자주 출제된 문제

30-1. 방전가공에 대한 설명으로 옳지 않은 것은?
① 재료에 따라 가공을 위한 이송속도가 다르다.
② 일반적으로 와이어의 장력이 낮을수록 가공속도가 좋아진다.
③ 가공을 위한 아크 발생 이전에 불꽃 방전이 있으며 이 방전은 불안정하다.
④ 암류란 전극을 접근시킬 때 약간의 전류가 흐르는 상태이며, 이때 이온이 점점 중화·소멸되어 균형을 이루게 되는 상태이다.

30-2. 방전가공기에 대한 설명으로 옳지 않은 것은?
① 방전가공기는 도전성 재료를 전극으로 하여 방전현상을 유도한다.
② 음극에 전극, 양극에 공작물을 연결한다.
③ 튀어나온 전하의 충격력을 이용하여 가공한다.
④ 극성을 반대로 연결한 경우 아무 일도 일어나지 않는다.

30-3. 레이저 가공에 대한 설명으로 옳지 않은 것은?
① 레이저는 밀도가 매우 높은 단색성을 갖는다.
② 레이저는 평행도가 높은 지향성을 갖는다.
③ 렌즈나 반사경을 이용하여 에너지를 집적한다.
④ 접촉가공을 실시한다.

|해설|

30-1
방전가공의 일반적인 특성
- 재료에 따른 이송속도는 일반강 대비 구리는 1.25배, 구리 합금은 0.8배, 초경 합금은 0.5배의 속도이다.
- 와이어에 따른 이송속도는 구리 대비 황동은 1.2~1.3배이다.
- 높은 속도로 가공 시 가공액 비저항값은 낮게, 초경 합금이나 알루미늄, 알루미늄 합금을 가공할 때는 높게 한다.
- 와이어 장력은 높을수록 가공속도가 좋아지지만, 장력이 너무 높으면 가공속도를 늦춘다.
- 암류란 전극을 접근시킬 때 약간의 전류가 흐르는 상태이다. 이때 이온이 점점 중화·소멸되어 균형을 이루게 되는 상태이다.

30-2
방전가공기의 원리
- 구리나 흑연 등의 도전성 재료를 전극으로하여 전극과 공작물 사이에 60~300[V] 정도의 전압을 걸어 방전현상을 유도한다.
- 음극의 전극에서 전하가 튀어나와 양극의 공작물에 연결되므로, 전하의 충격력에 의해 공작물이 가공되는 원리를 이용한다. 따라서 극성을 반대로 연결하면 전극이 소모되고, 공작물 가공이 원활히 이루어지지 않는다.

30-3
레이저 가공의 특징
- 밀도가 매우 높은 단색성, 평행도가 높은 지향성을 갖는다.
- 렌즈나 반사경을 이용하여 집적하여 순간적으로 가열, 용해, 증발한다.
- 비접촉가공을 한다.

정답 30-1 ② 30-2 ④ 30-3 ④

핵심이론 31 | 재질 설계 사양의 분석

① 훅의 법칙(Hook's law)
  ㉠ 응력(stress) : 재료에 작용하는 힘을 힘이 작용하는 면적으로 나눈 것으로, 작용하는 힘을 미분한 개념이다. 수식으로 작용하는 힘(기호 : P, 단위 : [N])을 단위면적(기호 : A, 단위 : [m^2])으로 나눈 값이다.
  ㉡ 변형률(ε) : 힘이 작용하기 전 최초 길이에 대해 힘이 작용한 후 늘어난(또는 줄어든) 길이의 비율이다.

  $$\varepsilon = \frac{L_1 - L_0}{L_0}$$

  (여기서, L_0 : 처음 길이, L_1 : 나중 길이)

  ㉢ 영계수(E) : 작용하는 응력과 변형률의 관계에서 응력과 변형률은 일정 구간에서 서로 비례하고, 재료에 따라 그 비율이 다르다. 각 재료별로 작용하는 응력에 비해 변형률이 다르게 변하여 재료의 고유 성질을 나타낼 수 있다. 단위는 [MPa], 또는 [GPa]이다.

  $$E = \frac{\sigma}{\varepsilon}$$

  (여기서, σ : 응력, ε : 변형률)

  ㉣ 탄성한도 : 위의 물리량을 그래프로 정리하면 다음 그림과 같다. $O-P-Yu-n$의 곡선은 연강의 변형곡선이고, $O-B-X$는 일반금속의 변형곡선이다. 연강의 $O-P$ 범위, 일반금속의 $O-S(O-B$와 마찬가지이며) 범위를 탄성한도라고 한다.

  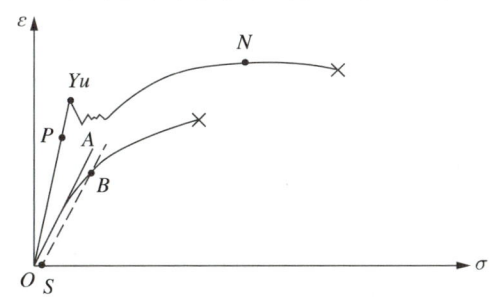

  ㉤ 탄성변형 : 탄성한도 내에서 응력 σ가 작용하였다가 응력이 제거되면, 변형이 일어났다가 일어났던 변형이 제거되는 데 이러한 변형을 탄성변형이라고 한다.
  ㉥ 항복변형 : 서로 비례하던 응력과 변형률의 관계는 일정 응력범위(Yu)가 지나면 비례하지 않고 갑자기 작용하는 힘이 별로 늘지 않아도 변형량이 늘게 되는데, 이 현상을 항복현상이라고 한다. 이때의 응력을 항복강도라고 한다.

② 소성
  연강이 아닌 일반적인 금속에서 $O-B-X$의 곡선에서 B 이상의 힘이 작용하면 모양이 회복되지 않는 실제 변형이 일어나는데, 이러한 성질을 소성이라고 한다.

③ 열간가공과 냉간가공
  ㉠ 소성가공에서 재결정온도 이상으로 가열하여 가공하면 좀 더 많은 양의 변형을 줄 수 있다. 이러한 방법으로 가열하여 가공하는 것을 열간가공이라 하고, 큰 변형이 필요 없거나 소성가공을 통해 일부러 가공경화를 일으켜 제품의 강도를 향상시키는 것을 목적으로 재결정온도 이하에서 가공하는 방법을 냉간가공이라고 한다.
  ㉡ 가공경화 : 소성가공성을 이용하여 가공하면 재료 내부에 강제로 전위가 많이 일어나며, 전위가 많아지면 내부의 가소성(可塑性)이 줄어 연성과 전성이 약해지고 딱딱해지는데, 이를 가공경화라고 한다.
  ㉢ 선팽창계수 : 단위 길이에 대해 단위 온도가 올라갔을 때 선의 팽창하는 비율이다.

  $$\Delta L = \alpha \Delta T L_1$$

10년간 자주 출제된 문제

31-1. 금속을 냉간가공하였을 때의 기계적·물리적 성질의 변화에 대한 설명으로 옳지 않은 것은?
① 냉간가공도가 증가할수록 강도는 증가한다.
② 냉간가공도가 증가할수록 연신율은 증가한다.
③ 냉간가공이 진행됨에 따라 전기전도율은 낮아진다.
④ 냉간가공이 진행됨에 따라 전기적 성질인 투자율은 감소한다.

31-2. 훅의 법칙에 대한 설명으로 옳지 않은 것은?
① 탄성에 대한 설명을 하고 있다.
② 영계수에 대해 설명하고 있다.
③ 모든 물질에 대해 설명하고 있다.
④ 단위면적당 작용하는 힘은 변형률과 비례한다.

|해설|

31-1
소성가공에서 재결정온도 이상으로 가열하여 가공하면 좀 더 많은 양의 변형을 줄 수 있다. 이러한 방법으로 가열하여 가공하는 것을 열간가공이라 하고, 큰 변형이 필요 없거나 소성가공을 통해 일부러 가공경화를 일으켜 제품의 강도를 향상시키는 것을 목적으로 재결정온도 이하에서 가공하는 방법을 냉간가공이라고 한다.

31-2
훅의 법칙은 탄성거동을 한다고 전제된 고체에 대해 설명한다.

정답 32-1 ② 32-2 ③

핵심이론 32 | 재료시험, 제품시험

① 인장시험

시험편을 연속적이며 가변적인(조금씩 변하는) 힘으로 파단할 때까지 잡아당겨서 응력과 변형률과의 관계를 살펴보는 시험이다.

$$\varepsilon = \frac{L_1 - L_0}{L_0}$$

(여기서, ε : 연신율, L_0 : 처음 길이, L_1 : 나중 길이)

② 파단시험

비파괴검사와는 반대로 어떤 경우에 재료가 파단이 일어나는지 시험편을 이용하여 직접 파단을 일으켜 보는 시험을 총칭한다.

③ 피로시험

㉠ 재료에 안전한 하중이라도 계속적·지속적으로 반복하여 작용하였을 때 파괴가 일어나는지를 시험하는 방법이다.

㉡ 크리프 시험 : 시험편에 일정 하중을 가하고 시간 경과에 따른 변형을 관찰하는 방법이다.

㉢ 피로한도 : 반복응력과 반복수를 나타낸 곡선에서 피로 횟수가 증가하여도 파괴되지 않는 응력의 최댓값이다. 피로한도에 영향을 주는 인자의 관계는 구조물의 치수, 표면다듬질 정도, 노치 등에 따라서 편차가 크다. 피로한도를 높여 장비의 수명을 길게 하기 위해서는 이러한 인자를 최소화하여야 한다.

㉣ 피로한도에 영향을 주는 인자
  • 부재의 치수(치수효과 : 커지면 피로한도가 낮아진다)
  • 부재의 부식(부식효과 : 부식되면 피로한도가 낮아진다)
  • 압입효과(강압 끼어맞춤에 의해 피로한도가 낮아진다)
  • 표면의 다듬질, 표면거칠기(부재의 표면다듬질이 거칠면 피로한도가 낮아진다)

ⓒ 노치효과 : 단면 치수나 형상이 갑자기 변하는 곳에 응력이 집중되고, 피로한도가 낮아진다.
④ 충격시험
　　㉠ 충격력에 대한 재료의 충격저항의 크기를 알아보기 위한 것이다(얼마만큼 큰 충격에 견디는가).
　　㉡ 샤르피 충격시험 : 홈을 판 시험편에 해머를 들어올려 휘두른 뒤 충격을 주어 처음 해머가 가진 위치에너지와 파손이 일어난 뒤의 위치에너지 차를 구하는 시험이다.
⑤ 경도시험
　　㉠ 경도시험의 종류 : 압입 경도시험, 긋기 경도시험, 반발 경도시험 등
　　㉡ 브리넬 경도시험 : 일정한 지름 D[mm]의 강구 압입체를 일정한 하중 P[N]로 시험편 표면에 누른 후 시험편에 나타난 압입 자국 면적을 보고 경도값을 계산한다.
　　㉢ 로크웰 경도시험 : 처음 하중(10[kgf])과 변화된 시험하중(60[kgf], 100[kgf], 150[kgf])으로 눌렀을 때 압입 깊이의 차로 결정된다.
　　㉣ 비커스 경도시험 : 원뿔형의 다이아몬드 압입체를 시험편의 표면에 하중 P로 압입한 후 시험편의 표면에 생긴 자국의 대각선 길이 d를 비커스 경도계에 있는 현미경으로 측정하여 경도를 구한다. 좁은 구역에서 측정할 때는 마이크로 비커스 경도 측정을 한다. 도금층이나 질화층 등과 같이 얇은 층의 경도 측정에도 적합하다.
　　㉤ 쇼어 경도시험 : 강구의 반발 높이로 측정하는 반발 경도시험이다.
⑥ 연성시험(커핑시험)
　　자동차 외판, 조선 후판, 도장 강판 등의 연성을 시험하기 위해 강구로 시험편을 눌러 판재 뒷면 한 곳에 갈라짐이 발생할 때 강구의 이동거리로 측정한다.

⑦ 마모시험(마멸시험)
　　시험편에 윤활 여부를 선택하여 마찰을 일으켜 탄성, 소성, 응착, 융착 등을 관찰한다.
⑧ 강박시험
　　강박시험은 강을 얇고 가는 재료로 만든 후 염욕에 침지·냉각시켜 염욕의 탈탄작용, 침탄 정도를 확인하는 시험이다. 염욕에 담갔다 꺼냈을 때 탄소가 아직 많으면 소성보다 취성이 강하고, 탈탄이 되었으면 취성보다 소성이 강하다.
⑨ 현미경 시험
　　금속 시편의 관찰면을 연마한 후 미세조직을 관찰하여 결정조직 등을 관찰한다. 연마는 연마, 정마의 순으로 연마하고, 관찰을 위해 관찰면을 부식·세척한다. 철강에는 나이탈 용액이나 피크린산 용액을 사용하고, 구리와 니켈에는 염산을, 그 외에는 금속 종류에 따라 불화수소산액, 가성소다액, 빙초산, 글리세린, 글리콜 등의 혼합액을 사용하여 부식을 실시한 후 현미경으로 관찰한다.

10년간 자주 출제된 문제

32-1. 일정한 높이에서 낙하시킨 추(해머)의 반발 높이로 경도를 측정하는 시험법은?

① 브리넬 경도시험 ② 로크웰 경도시험
③ 비커스 경도시험 ④ 쇼어 경도시험

32-2. 구리판, 알루미늄판 등 기타 연성의 판재를 가압성형하여 변형능력을 시험하는 시험법은?

① 커핑시험 ② 마멸시험
③ 압축시험 ④ 크리프 시험

32-3. 다음 보기의 ( ) 안에 들어갈 옳은 내용은?

| 보기 |
| 강박시험 후 강박을 손으로 구부려서 휘어지면 이 염욕은 ( )작용을 한 것으로 판단한다. |

① 산화 ② 환원
③ 탈탄 ④ 촉매

32-4. 현미경 조직검사를 실시하기 위한 철강용 부식제로 옳은 것은?

① 왕수
② 질산 용액
③ 나이탈 용액
④ 염화제2철 용액

해설

32-1

① 브리넬 경도시험 : 일정한 지름 D[mm]의 강구 압입체를 일정한 하중 P[N]로 시험편 표면에 누른 후 시험편에 나타난 압입자국 면적을 보고 경도값을 계산한다.
② 로크웰 경도시험 : 처음 하중(10[kgf])과 변화된 시험하중(60[kgf], 100[kgf], 150[kgf])으로 눌렀을 때 압입 깊이의 차로 결정된다.
③ 비커스 경도시험 : 원뿔형의 다이아몬드 압입체를 시험편의 표면에 하중 P로 압입한 후 시험편의 표면에 생긴 자국의 대각선 길이 d를 비커스 경도계에 있는 현미경으로 측정하여 경도를 구한다. 좁은 구역에서 측정할 때는 마이크로 비커스 경도 측정을 한다.

32-2

① 커핑시험(연성시험) : 자동차 외판, 조선 후판, 도장 강판 등의 연성을 시험하기 위해 강구로 시험편을 눌러 판재 뒷면 한 곳의 갈라짐이 발생할 때 강구의 이동거리로 측정한다.
② 마멸시험(마모시험) : 시험편에 윤활 여부를 선택하여 마찰을 일으켜 탄성, 소성, 응착, 융착 등을 관찰한다.
③ 압축시험 : 인장시험과 힘의 방향을 다르게 하여 압축강도를 시험하는 방법이다.
④ 크리프 시험 : 시험편에 일정 하중을 가하고 시간 경과에 따른 변형을 관찰하는 방법이다.

32-3

강박시험은 강을 얇고 가는 재료로 만든 후 염욕에 침지·냉각시켜 염욕의 탈탄작용, 침탄 정도를 확인하는 시험이다. 염욕에 담갔다 꺼냈을 때 탄소가 아직 많으면 소성보다 취성이 강하고, 탈탄이 되었으면 취성보다 소성이 강하다.

32-4

현미경 시험 : 금속 시편의 관찰면을 연마한 후 미세조직을 관찰하여 결정조직 등을 관찰한다. 연마는 연마, 정마의 순으로 연마하고, 관찰을 위해 관찰면을 부식·세척한다. 철강에는 나이탈 용액이나 피크린산 용액을 사용하고, 구리와 니켈에는 염산을, 그 외에는 금속 종류에 따라 불화수소산액, 가성소다액, 빙초산, 글리세린, 글리콜 등의 혼합액을 사용하여 부식을 실시한 후 현미경으로 관찰한다.

정답 32-1 ④ 32-2 ① 32-3 ③ 32-4 ③

CHAPTER 03 구조 해석

핵심이론 01 | 힘과 힘의 평형

① 힘
  ㉠ 물체의 속도, 운동 방향 등을 바꾸는 능력이다.
  ㉡ 물체의 형태를 바꾸는 능력이다.
  ㉢ 힘은 벡터이어서 벡터가 갖는 성질을 갖는다.
  ㉣ 벡터는 합성(삼각형법, 평행사변형법), 분해(직교분해, 평행사변형법)가 가능하다.
  ㉤ 힘의 3요소 : 크기, 방향, 작용점

② 힘의 평형
  ㉠ 작용하는 힘의 합이 0이다.
  ㉡ 힘이 작용하지 않는 것과 같은 상태로 보인다.
  ㉢ 다음 그림에서 W, F_1, F_2의 세 힘이 평형을 이룬다고 한다면, 각 힘의 x성분, y성분으로 분해된 힘이 각각 평형을 이루고 있으므로
  $$F_{1x} = F_{2x},\ F_{1y} + F_{2y} = W$$

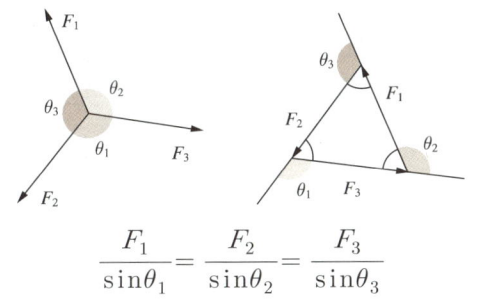

  ㉣ 라미의 정리 : 한 점에 세 힘이 작용할 때, 이 힘 사이에는 다음과 같은 관계가 있다.

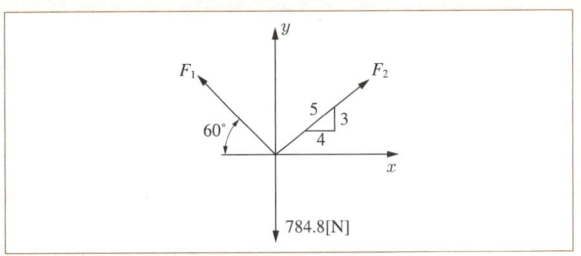

$$\frac{F_1}{\sin\theta_1} = \frac{F_2}{\sin\theta_2} = \frac{F_3}{\sin\theta_3}$$

③ 마찰력(friction)
  ㉠ 물체의 접촉면과 접촉면에 작용하는 힘이다.
  ㉡ 작용하는 힘(또는 운동)에 대한 저항력으로 작용하는 힘 : 물체마다 표면의 상태 또는 접촉력(고유의 마찰계수)에 따라 마찰력이 다르게 작용한다.
  ㉢ 마찰력
  $$F_r = F_N \times \mu\ (\text{법선 방향의 힘} \times \text{마찰계수})$$
  ㉣ 경사면에 정지해 있는 물체는 중력에 의한 힘과 경사면의 마찰력이 평형을 이루는 상태이며, 중력이 마찰력보다 크면 미끄럼이 발생한다.

10년간 자주 출제된 문제

1-1. 다음 그림에서 784.8[N]과 평형을 유지하기 위한 힘 F_1, F_2는?

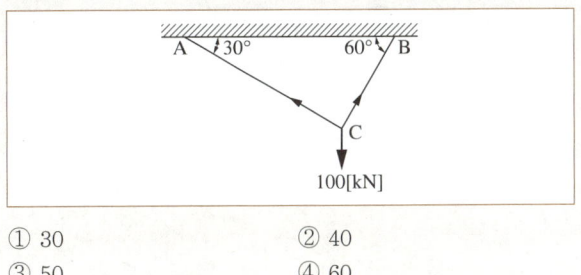

① F_1 = 395.2[N], F_2 = 632.4[N]
② F_1 = 790.4[N], F_2 = 632.4[N]
③ F_1 = 790.4[N], F_2 = 395.2[N]
④ F_1 = 632.4[N], F_2 = 395.2[N]

1-2. 다음 그림과 같이 강선이 천장에 매달려 100[kN] 무게를 지탱하고 있을 때 AC 강선이 받고 있는 힘은 약 [kN]인가?

① 30
② 40
③ 50
④ 60

10년간 자주 출제된 문제

1-3. 다음 그림과 같은 벨트 구조물에서 하중 W가 작용할 때 P값은?(단, 벨트는 하중 W의 위치를 기준으로 좌우 대칭이며 $0° < \alpha < 180°$이다)

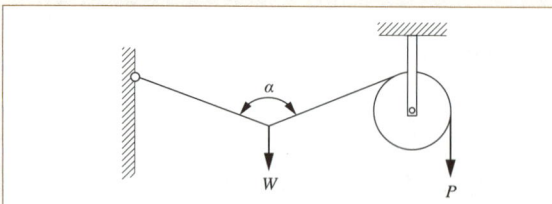

① $P = \dfrac{2W}{\cos\dfrac{\alpha}{2}}$ ② $P = \dfrac{W}{\cos\dfrac{\alpha}{2}}$

③ $P = \dfrac{W}{2\cos\alpha}$ ④ $P = \dfrac{W}{2\cos\dfrac{\alpha}{2}}$

1-4. 무게가 각각 300N, 100N인 물체 A, B가 경사면 위에 놓여 있다. 물체 B와 경사면과는 마찰이 없다고 할 때 미끄러지지 않을 물체 A와 경사면과의 최소 마찰계수는 얼마인가?

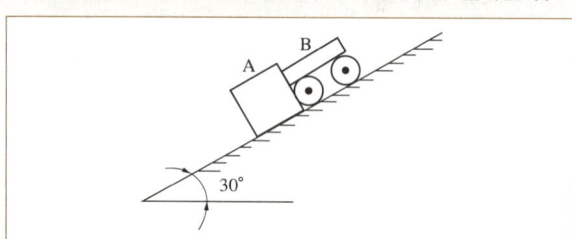

① 0.19   ② 0.58
③ 0.77   ④ 0.94

|해설|

1-1

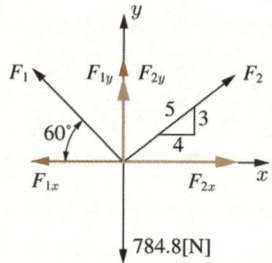

$-F_{1x} + F_{2x} = -F_1\cos60° + F_2 \times \dfrac{4}{5} = 0$

$\therefore F_1 = F_2 \times \dfrac{8}{5}$

$F_{1y} + F_{2y} = F_1\sin60° + F_2 \times \dfrac{3}{5}$

$= F_2 \times \dfrac{8}{5} \times \sin60° + F_2 \times \dfrac{3}{5} = 784.8[\text{N}]$

$\therefore F_2 = 395[\text{N}]$

$F_1 = F_2 \times \dfrac{8}{5} = 395[\text{N}] \times \dfrac{8}{5} = 632[\text{N}]$

1-2

[풀이 1]

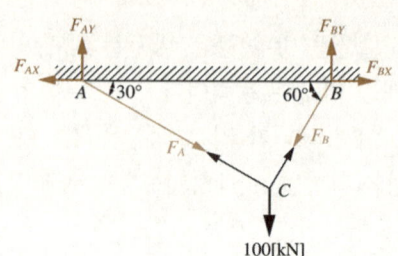

c점에서 강선 AC가 잡아당기는 힘과 방향이 반대이고, 같은 힘을 F_A라고 하면

$F_{AX} = F_A \times \cos30°$, $F_{AY} = F_A \times \sin30°$

$F_{BX} = F_B \times \cos60°$, $F_{BY} = F_B \times \sin60°$

$F_{AX} - F_{BX} = F_A \times \cos30° - F_B \times \cos60° = 0$

$\therefore F_B = \dfrac{F_A\cos30°}{\cos60°} = \sqrt{3}\,F_A$

$F_{AY} + F_{BY} = F_A \times \sin30° + F_B \times \sin60° = 100[\text{kN}]$

$F_A\sin30° + \sqrt{3}\,F_A\sin60° = 100[\text{kN}]$

$\therefore F_A = 50[\text{kN}]$

[풀이 2]

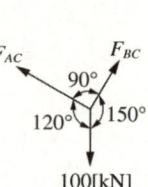

라미의 정리에 의해

$\dfrac{F_1}{\sin\theta_1} = \dfrac{F_2}{\sin\theta_2} = \dfrac{F_3}{\sin\theta_3}$

$\dfrac{100}{\sin90°} = \dfrac{F_{AC}}{\sin150°} = \dfrac{F_{BC}}{\sin120°}$

$\therefore F_{AC} = \dfrac{100}{\sin90°} \times \sin150° = 50[\text{N}]$

|해설|

1-3

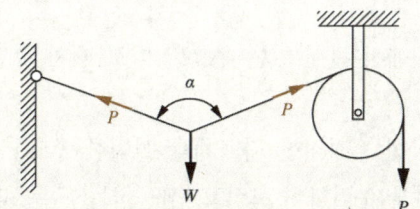

도르래는 힘의 방향만 바꾸는 역할이므로 힘은 위의 그림처럼 작용한다. 힘의 균형을 이루고 있다면 P의 x방향 힘이 같으므로 양쪽 강선에는 같은 힘 P가 작용한다.

$$Py + Py = 2P\cos\left(\frac{\alpha}{2}\right) = W$$

$$\therefore P = \frac{W}{2\cos\left(\frac{\alpha}{2}\right)}$$

1-4

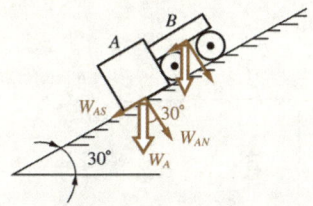

물체 A의 중력 W_A는 경사면과 수직 방향의 힘 W_{AN}과 경사면을 미끄러져 내려오게 하려는 힘 W_{AS}로 분해 가능하다. 물체 B도 마찬가지로 W_{BN}과 W_{BS}로 분해할 수 있다. 미끄러져 내려오게 하는 힘($W_{AS} + W_{BS}$)과 마찰력($\mu \times W_{AN}$)이 평형을 이루거나 마찰력이 더 크면 수레는 내려오지 않는다(B에 의한 마찰력은 0이라고 문제에서 제시함).

$$\mu \times W_{AN} = W_{AS} + W_{BS} = W_A \times \sin30° + W_B \times \sin30°$$
$$= \frac{1}{2}(300[\text{N}] + 100[\text{N}]) = 200[\text{N}]$$

$\mu \times W_{AN} = \mu \times W_A \times \cos30° = \mu \times 300[\text{N}] \times \cos30° = 200[\text{N}]$

$\mu = \frac{200[\text{N}]}{300[\text{N}]} \times \frac{1}{\cos30°} = 0.770$

정답 1-1 ④ 1-2 ③ 1-3 ④ 1-4 ③

핵심이론 02 | 힘과 모멘트

① 모멘트
  ㉠ 물체를 회전시키려는 힘이다.
  ㉡ 모멘트는 수직 방향의 힘과 거리의 곱으로 나타낸다.
  $$M = F \times r$$
  ㉢ 한 점에서 거리 r만큼 떨어진 위치에서 작용하는 힘의 모멘트는 그 힘의 분력의 모멘트의 합과 같다.
  ㉣ 질점에 작용하는 회전력도 모멘트로 작용한다. M_o 등으로 나타낸다.

② $\sum M = 0$
  ㉠ 모멘트 평형을 이룬다는 것은 회전이 일어나지 않았다는 의미이다.
  ㉡ 힘을 받는 대부분의 물체는 회전력도 함께 작용하며, 실제로 회전이 일어나지 않고 있다면 모멘트의 평형을 이루고 있다는 것이다.

③ 힘과 모멘트의 평형
  ㉠ X방향의 힘의 합이 0이고, Y방향의 힘의 합이 0이면, M의 합이 0이다.
  ㉡ 중력을 포함하여 외력을 받는 물체가 평형 상태를 이루고 있다는 것은 위의 조건을 만족하고 있다는 것이다.

10년간 자주 출제된 문제

다음 그림에서 블록 A를 이동시키는 데 필요한 힘 P는 몇 [N] 이상인가?(단, 블록과 접촉면과의 마찰계수 $\mu = 0.4$이다)

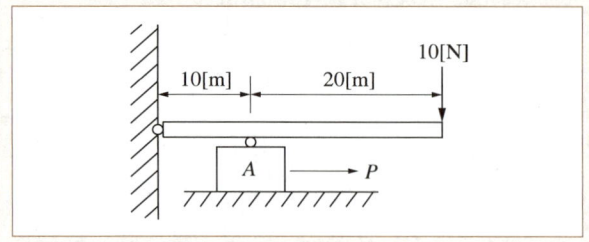

① 4 ② 8
③ 10 ④ 12

|해설|

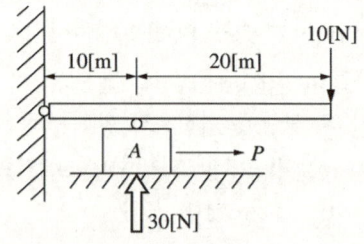

$\sum M = 0$이므로
$10[\mathrm{N}] \times 30[\mathrm{m}] - F \times 10[\mathrm{m}] = 0$
$\therefore F = 30[\mathrm{N}]$
마찰력 $F_r = \mu F = 0.4 \times 30[\mathrm{N}] = 12[\mathrm{N}]$

A가 이동하려면 P는 마찰력 12[N] 이상으로 작용시켜야 한다.
※ 문제를 풀기 전에 A의 자중이 주어지지 않았으므로 수치로 답을 계산하기에는 어려움이 있다. 그러나 문제에서 P의 최솟값을 물었다는 것은 자중 A를 고려하지 않는 상황까지 생각하고 있다고 보는 것이 좋다.

정답 ④

핵심이론 03 | 자유물체도와 트러스

① 자유물체도
  ㉠ 전체 강체에서 관심 있는 부분만 따로 떼서 그린 그림이다.
  ㉡ 그리는 방법 : 적절한 좌표계를 설정한 후 관심 있는 부분을 분리하여 그리고, 작용하는 모든 힘, 모멘트, 작용점 등을 그려서 표시한다.
  ㉢ 예시 1

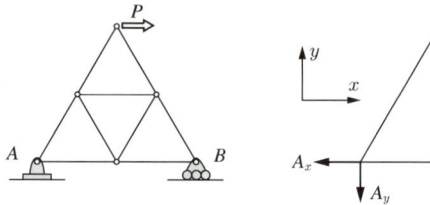

  ㉣ 예시 2

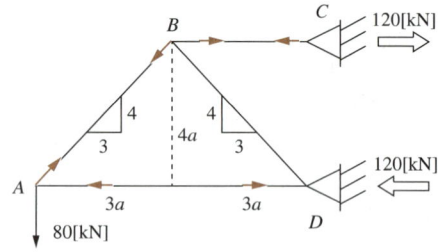

A점에 작용하는 힘만 자유물체도로 그리면

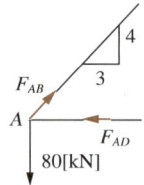

② 트러스
  ㉠ 가늘고 긴 부재를 여러 개 연결하여 삼각형으로 배열한 구조물이다.
  ㉡ 각 부의 명칭

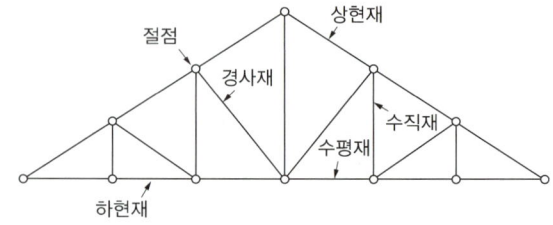

ⓒ 각 부재의 해석
- 절점은 부재의 중심에 위치하는 것으로 해석한다.
- 힘은 절점을 향한 집중하중으로 작용하는 것으로 해석한다.
- 절점을 향해 하중이 작용하는 압축력, 절점을 잡아당기는 방향의 인장력으로만 해석한다.

10년간 자주 출제된 문제

3-1. 다음 그림과 같은 구조물에서 AB 부재에 미치는 힘은 몇 [kN]인가?

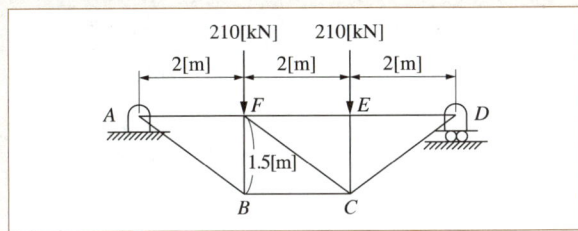

① 450
② 350
③ 250
④ 150

3-2. 다음 그림과 같은 평면 트러스에서 절점 A에 단일하중 $P=80[kN]$이 작용할 때 부재 AB에 발생하는 부재력의 크기 및 방향을 구하면?

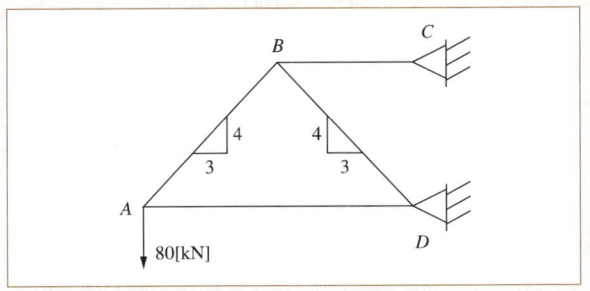

① 60[kN], 압축
② 100[kN], 압축
③ 60[kN], 인장
④ 100[kN], 인장

|해설|

3-1

$\sum M_A = 0$과 $\sum M_D = 0$을 이용하여

$$F_D = \frac{210 \times 2 + 210 \times 4}{6} = 210[kN]$$

$$F_A = \frac{210 \times 2 + 210 \times 4}{6} = 210[kN]$$

A점 주위의 자유물체도를 그리면

$F_A = 210[kN]$

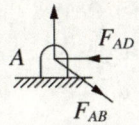

$F_A - F_{AB} \sin\alpha = 0$

$F_{AB} = F_A \times \frac{1}{\sin\alpha} = 210[kN] \times \frac{5}{3} = 350[kN]$

3-2

평면 트러스의 전체를 강체로 보고 $\sum M_D = 0$에서 C에 작용하는 힘이 120[kN]인 것과 방향을 쉽게 구할 수 있고, 평형조건에 의해 D에 작용하는 힘과 방향도 다음 그림과 같이 구할 수 있다.

$80 \times 6a - F_C \times 4a = 0$, $F_C = \frac{6}{4} \times 80 = 120[kN]$

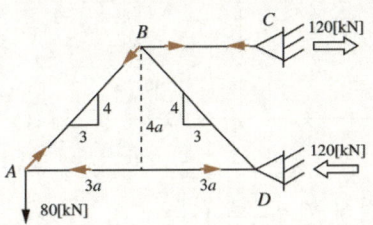

계산을 하기 전에 알 수 없는 강선 BD를 제외하고 각 강선에 작용하는 힘의 방향을 찾아낼 수 있다. A점 주위의 자유물체도를 그리면 다음 그림과 같다.

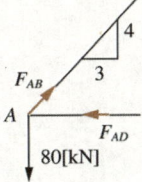

- x축 평형 : $F_{AB} \times \frac{3}{5} - F_{AD} = 0$
- y축 평형 : $F_{AB} \times \frac{4}{5} - 80 = 0$

$\therefore F_{AB} = 100[kN]$(인장)

정답 3-1 ② 3-2 ④

| 핵심이론 04 | 평면도형 – 도심

① 평면도형
  ㉠ 선으로 둘러싸인 도형이다.
  ㉡ 넓이는 있지만, 부피는 없는 도형이다.
  ㉢ 입체도형과 대비되는 개념이다.

② 도심(圖心)
  ㉠ 평면도형이 균일한 물질로 구성되어 있고, 면의 수직 방향으로 중력이 작용한다고 가정하면 핀 하나로 도형을 세울 수 있는 한 점이다.
  ㉡ 평면도형은 부피와 질량이 없으므로 수학적인(기하학적인) 도형의 중심이다.
  ㉢ 평면도형에서 단면 1차 모멘트가 0인 점이다.
  ㉣ 삼각형의 경우, 표시한 G점이 도심이다.

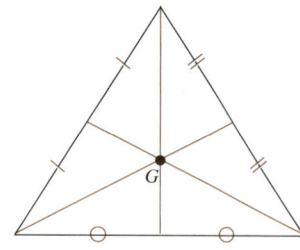

  ㉤ 복합도형은 각 도형의 도심과 각 도형의 넓이의 곱의 합을 전체 면적으로 나눈다.
    • 예시

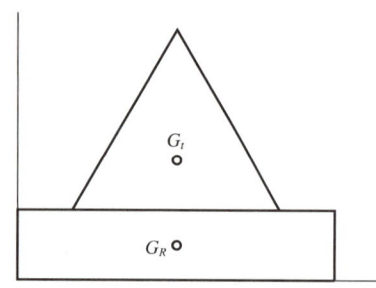

   전체 도형의 도심 G의 $\bar{y}$
  $= \dfrac{\text{삼각형의 넓이} \times G_t \text{의 } y + \text{사각형의 넓이} \times G_R \text{의 } y}{\text{삼각형의 넓이} + \text{사각형의 넓이}}$

③ 단면 1차 모멘트
  ㉠ 도형의 단면적이 1차원 축에 대해 갖는 회전하려는 힘(모멘트)을 의미한다.
  ㉡ $Q_y = \bar{y} \times A$
    (여기서, Q_y : 단면 1차 모멘트, $\bar{y}$: 도형의 도심과 축으로부터의 거리, A : 도형의 면적)
  ㉢ 예시

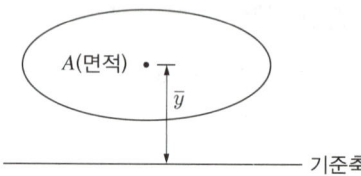

    • 이 도형은 기준을 중심으로 회전하려는 힘이 $\bar{y} \times A$ 만큼 작용하며, 이를 단면 1차 모멘트 Q_y라 한다.
    $$Q_y = \bar{y} \times A$$
    • 단면의 모양이 일반적이지 않은 도형은 미소 면적 각각의 1차 모멘트를 구하여 그 합으로 1차 모멘트를 구한다.
      – 평면도형의 단면 1차 모멘트를 안다면 이를 이용해 도심을 구할 수 있다.
      $$\bar{y} = \dfrac{Q_y}{A} = \dfrac{\int y\, dA}{A}$$
      $\left(x \text{방향에 대해서는 } \bar{x} = \dfrac{Q_x}{A} \right)$

10년간 자주 출제된 문제

4-1. 다음 단면에서 도심의 y축 좌표는 얼마인가?(단, 길이 단위는 [mm]이다)

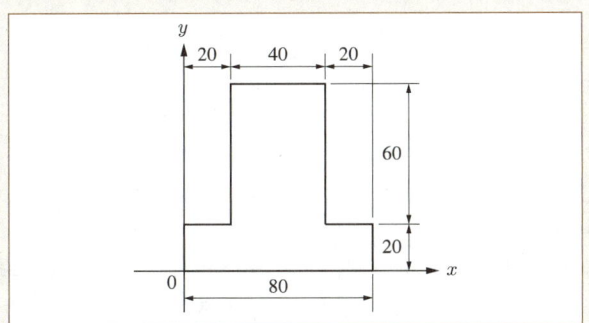

① 30[mm]   ② 34[mm]
③ 40[mm]   ④ 44[mm]

4-2. 다음 그림과 같은 부채꼴의 도심(centroid)의 위치 $\bar{x}$는?

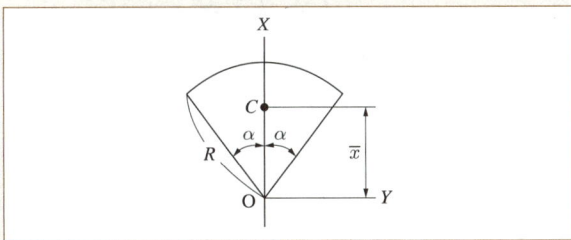

① $\bar{x} = \dfrac{2R}{3\alpha}\sin\alpha$ ② $\bar{x} = \dfrac{2}{3}R$

③ $\bar{x} = \dfrac{3}{4}R$ ④ $\bar{x} = \dfrac{3}{4}R\sin\alpha$

|해설|

4-1

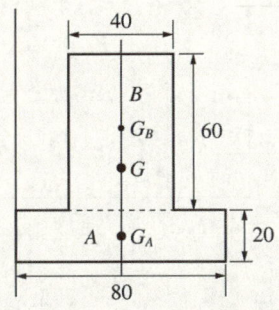

$$\bar{y} = \frac{B\text{의 면적} \times G_B\text{의 }y + A\text{의 면적} \times G_A\text{의 }y}{\text{전체 면적}}$$

$$= \frac{60 \times 40 \times 50 + 80 \times 20 \times 10}{60 \times 40 + 80 \times 20} = 34[\text{mm}]$$

4-2

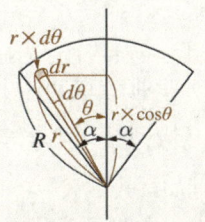

직관적으로 도심은 중심축 위에 있는 것을 알 수 있으므로 r방향 $\bar{r}$(문제 기준 $\bar{x}$)만 구하면 도심을 찾을 수 있다. 색칠한 부분의 면적은 원호의 길이와 미소한 높이를 곱해 구한다.

$dA = r \times d\theta \times dr$

도심 r방향의 값은

$\bar{r} = r \times \cos\theta$

단면 1차 모멘트는 미소 면적에 거리 r을 곱해 나타낸다.

$$Q_r = \int_0^R \int_{-\alpha}^{\alpha} r\cos\theta \times r \times d\theta \times dr$$

$$\therefore \bar{r} = \frac{\int_0^R \int_{-\alpha}^{\alpha} r^2 \cos\theta\, d\theta\, dr}{R\alpha \times R} = \frac{\int_0^R \left[r^2 \sin\theta\right]_{-\alpha}^{\alpha} dr}{R^2 \alpha}$$

$$= \frac{\int_0^R 2r^2 \sin\alpha\, dr}{R^2 \alpha} = \frac{\left(\dfrac{2R^3}{3}\right)\sin\alpha}{R^2 \alpha} = \frac{2R}{3\alpha}\sin\alpha$$

※ 부채꼴의 도심은 중심을 지나는 직선을 중심으로 각을 α로 하여 공식 $\bar{r} = \dfrac{2R}{3\alpha}\sin\alpha$을 암기하여 계산한다.

정답 4-1 ② 4-2 ①

핵심이론 05 | 단면 2차 모멘트(관성 모멘트)

① 단면 2차 모멘트

  ㉠ 외력이 작용할 때 도심에서도 모멘트(회전시키려는 힘)가 분명히 작용하지만, 단면 1차 모멘트로는 도심에서의 모멘트를 표현할 수 없다.

  ㉡ 따라서 좌표로 나타내는 거리 y를 제곱하여 단면적과의 곱으로 모멘트를 표현한다.

  ㉢ 예시

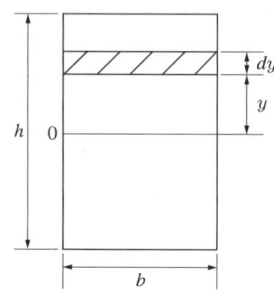

$$I_x = \int_{-\frac{h}{2}}^{\frac{h}{2}} y^2 \, dA = \int_{-\frac{h}{2}}^{\frac{h}{2}} y^2 \, b \, dy$$

$$= b \left[\frac{y^3}{3} \right]_{-\frac{h}{2}}^{\frac{h}{2}} = \frac{b}{3} \times \frac{h^3}{4}$$

$$\therefore I_x = \frac{bh^3}{12}$$

- 각 단면의 도심축에서의 단면 2차 모멘트

평면도형과 도심축	단면 2차 모멘트
삼각형 (밑변 b, 높이 h, 도심 G, $\frac{2h}{3}$ 위, $\frac{h}{3}$ 아래)	$I_x = \dfrac{bh^3}{36}$
원 (반지름 R, 지름 d)	$I_x = I_y = \dfrac{\pi d^4}{64}$

평면도형과 도심축	단면 2차 모멘트
직사각형 (밑변 b, 높이 h)	$I_x = \dfrac{bh^3}{12}$

② 평행축 정리

  ㉠ 단면 2차 모멘트는 도심축을 기준으로 한 모멘트이므로 도심축 외의 축에 대한 모멘트를 계산할 때 평행축의 정리는 유용하게 사용된다.

  ㉡ 도심축에서 a만큼 떨어진 축에 대한 단면 2차 모멘트

$$I_{x'} = I_x + a^2 A$$

  (여기서, x' : 도심축 x에서 거리 a만큼 떨어진 축, A : 평면도형의 면적)

  ㉢ 정리

$$I_{x'} = \int (y+a)^2 dA$$
$$= \int y^2 dA + 2a \int y \, dA + a^2 \int dA$$
$$= I_x + 0 + a^2 A = I_x + a^2 A$$

  ㉣ 각 단면의 주요 축에서의 단면 2차 모멘트(평행축 정리 적용)

평면도형과 주요 축(x')	단면 2차 모멘트
삼각형 (밑변 b, 높이 h, 도심 G)	$I_{x'} = \dfrac{bh^3}{12}$
원 (반지름 R, 지름 d)	$I_{x'} = \dfrac{5\pi d^4}{64}$ $= \dfrac{5\pi R^4}{4}$

평면도형과 주요 축(x')	단면 2차 모멘트
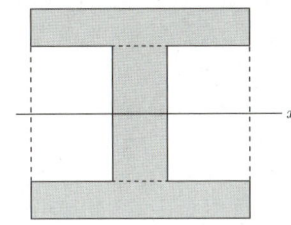	$I_{x'} = \dfrac{bh^3}{3}$

③ 면적차를 이용한 단면 2차 모멘트 계산

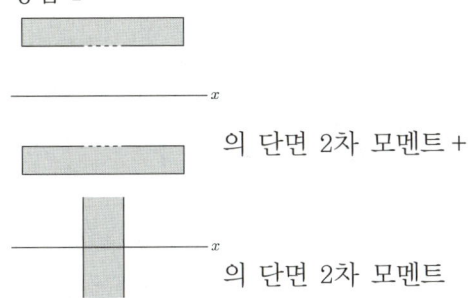

색칠한 도형의 단면 2차 모멘트 계산방법은 다음과 같다.

㉠ 방법 1

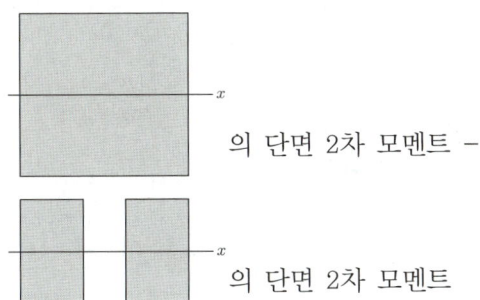

의 단면 2차 모멘트 +

의 단면 2차 모멘트

㉡ 방법 2

의 단면 2차 모멘트 −

의 단면 2차 모멘트

10년간 자주 출제된 문제

5-1. 높이 h, 폭 b인 직사각형 단면을 가진 보 A와 높이 b, 폭 h인 직사각형 단면을 가진 보 B의 단면 2차 모멘트의 비는? (단, $h = 1.5b$)

① 1.5 : 1
② 2.25 : 1
③ 3.375 : 1
④ 5.06 : 1

5-2. 바깥지름 $d_2 = 30[cm]$, 안지름 $d_1 = 20[cm]$의 속이 빈 원형 단면의 단면 2차 모멘트는?

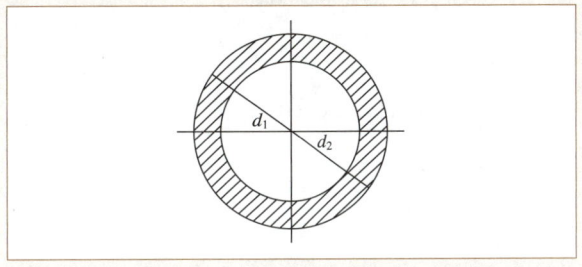

① 27,850[cm^4]
② 29,800[cm^4]
③ 30,120[cm^4]
④ 31,906[cm^4]

5-3. 다음 그림과 같이 원형 단면의 원주에 접하는 $x-x$축에 관한 단면 2차 모멘트는?

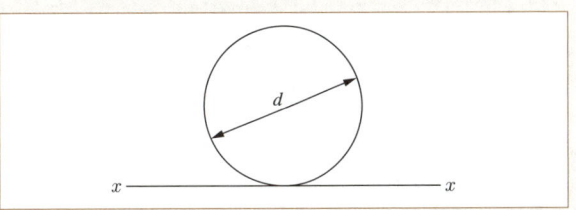

① $\dfrac{\pi d^4}{32}$
② $\dfrac{\pi d^4}{64}$
③ $\dfrac{3\pi d^4}{64}$
④ $\dfrac{5\pi d^4}{64}$

5-4. 단면의 도심 O를 지나는 단면 2차 모멘트 I_x는 약 얼마인가?

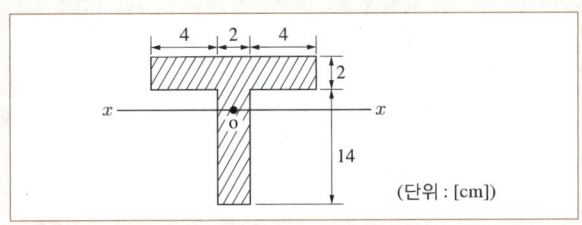

① 1,210[mm^4]
② 120.9[mm^4]
③ 1,210[cm^4]
④ 120.9[cm^4]

|해설|

5-1

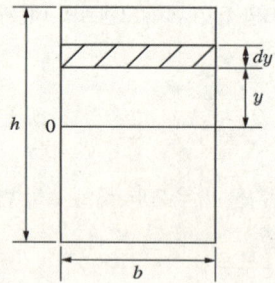

$I_x = \dfrac{bh^3}{12}$

$I_{xA} = \dfrac{bh^3}{12} = \dfrac{b(1.5b)^3}{12} = \dfrac{3.375}{12}b^4$

$I_{xB} = \dfrac{hb^3}{12} = \dfrac{1.5b \times b^3}{12} = \dfrac{1.5}{12}b^4$

$I_{xA} : I_{xB} = \dfrac{3.375}{12}b^4 : \dfrac{1.5}{12}b^4 = 3.375 : 1.5 = 2.25 : 1$

5-2

그림의 단면 2차 모멘트 = 꽉 찬 부분의 단면 2차 모멘트 − 속 빈 부분의 단면 2차 모멘트

$I_x = \dfrac{\pi d_2^4}{64} - \dfrac{\pi d_1^4}{64} = \dfrac{\pi}{64}(30^4 - 20^4)[\text{cm}^4] = 31{,}906.8[\text{cm}^4]$

5-3

평면도형과 주요 축(x')	단면 2차 모멘트
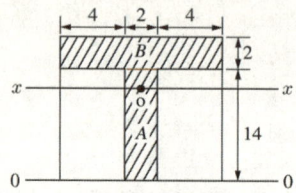	$I_{x'} = \dfrac{bh^3}{12}$
	$I_{x'} = \dfrac{5\pi d^4}{64}$ $= \dfrac{5\pi R^4}{4}$

평면도형과 주요 축(x')	단면 2차 모멘트
	$I_{x'} = \dfrac{bh^3}{3}$

5-4

- 단계 1 : 도심의 위치를 구한다.
- 단계 2 : 평행축 원리를 이용하여 A 부분과 B 부분의 단면 2차 모멘트를 구한다.
- 단계 3 : 단면 2차 모멘트의 합을 구한다.

$\bar{y} = \dfrac{B\text{의 면적} \times G_B\text{의 }y + A\text{의 면적} \times G_A\text{의 }y}{\text{전체면적}}$

$= \dfrac{(10 \times 2 \times 15)[\text{cm}^3] + (2 \times 14 \times 7)[\text{cm}^3]}{(10 \times 2)[\text{cm}^2] + (2 \times 14)[\text{cm}^2]}$

$= 10.33[\text{cm}]$

$I_{x'} = I_x + a^2 A$ 이므로

$I_{\text{도심}A} = \dfrac{2 \times 14^3}{12}[\text{cm}^4] + (10.33 - 7)^2 \times 2 \times 14[\text{cm}^4]$

$= 767.82[\text{cm}^4]$

$I_{\text{도심}B} = \dfrac{10 \times 2^3}{12}[\text{cm}^4] + (15 - 10.33)^2 \times 2 \times 10[\text{cm}^4]$

$= 442.85[\text{cm}^4]$

$I_{\text{도심}} = I_{\text{도심}A} + I_{\text{도심}B} = 767.82[\text{cm}^4] + 442.85[\text{cm}^4]$

$= 1{,}210.67[\text{cm}^4]$

정답 5-1 ② 5-2 ④ 5-3 ④ 5-4 ③

핵심이론 06 | 단면계수

① 단면계수(Z)

㉠ 단면 2차 모멘트를 도심부터 제일 끝부분까지의 거리로 나눈 값이다.

㉡ 도심부터 끝부분까지의 거리가 길수록 단면계수는 작아진다.

㉢ 형상에 따라 도심부터 끝부분의 거리가 각각 나올 수 있으나, 대칭 도형은 대칭축에 대해서는 단면계수가 하나이다.

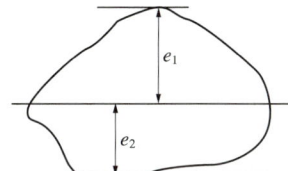 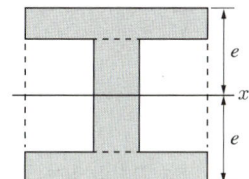

㉣ 단면계수가 클수록 굽힘응력이 작아지고, 단면계수가 작을수록 굽힘응력이 커진다.

$$\sigma_b = \frac{M}{Z}, \quad M = \sigma_b Z$$

(여기서, M : 모멘트, σ_b : 굽힘응력)

② 단면 상승 모멘트

㉠ 단면에 대하여 임의의 직교 2축에 대해 미소 단면적을 적분한 값이다.

㉡ 물체의 도심이 좌표계 중심에서 얼마나 떨어져 있는지를 나타낸다.

㉢ 예시 : 한 꼭짓점이 원점인 사각형의 단면 상승 모멘트

$$\begin{aligned} I_{xy} &= \iint xy\,dA = \iint bh\,db\,dh \\ &= \int_0^h h \int_0^b b\,db\,dh = \int_0^h h\left[\frac{1}{2}b^2\right]_0^b dh \\ &= \int_0^h \frac{hb^2}{2}dh = \frac{b^2}{2}\int_0^h h\,dh \\ &= \frac{b^2}{2}\left[\frac{1}{2}h^2\right]_0^h = \frac{b^2 h^2}{4} \end{aligned}$$

(여기서, $xy = bh$, $dA = db\,dh$)

③ 회전 반경

㉠ 단면 2차 모멘트를 면적으로 나눈 값의 제곱근이다.

㉡ 같은 단면 2차 모멘트라도 평면도형의 형상에 따라 회전 반경이 달라진다.

㉢ 회전 반경이 크면 도심을 지나는 회전축 중심으로 회전시키기 어렵다.

㉣ 회전 반경이 작으면 회전 관성이 작다.

10년간 자주 출제된 문제

6-1. 바깥지름 30[cm], 안지름 10[cm]인 중공 원형 단면의 단면계수는 약 몇 [cm³]인가?

① 2,618　② 3,927
③ 6,584　④ 1,309

6-2. 보에서 원형과 정사각형의 단면적이 같을 때 단면계수의 비 Z_1/Z_2는 약 얼마인가?(단, 여기에서 Z_1은 원형 단면의 단면계수, Z_2는 정사각형 단면의 단면계수이다)

① 0.531　② 0.846
③ 1.258　④ 1.182

|해설|

6-1

단면 2차 모멘트 = 꽉찬 부분의 단면 2차 모멘트 − 속 빈 부분의 단면 2차 모멘트

$$I_x = \frac{\pi d_2^4}{64} - \frac{\pi d_1^4}{64} = \frac{\pi}{64}(30^4 - 10^4)[\text{cm}^4] = 39,270[\text{cm}^4]$$

도심부터 끝부분까지의 거리 : 15[cm]

$$Z = \frac{I_x}{e} = \frac{39,270[\text{cm}^4]}{15[\text{cm}]} = 2,618[\text{cm}^3]$$

6-2

원과 정사각형의 단면을 같은 변수로 정의하면 비교 가능하다.
$\pi r^2 = a^2$ 이라면 $a = \sqrt{\pi}\, r$

$$Z_1 = \frac{I_1}{r} = \frac{\frac{\pi r^4}{4}}{r} = \frac{\pi r^3}{4}$$

$$Z_2 = \frac{I_2}{r} = \frac{\frac{a^4}{12}}{\frac{a}{2}} = \frac{a^3}{6} = \frac{\pi\sqrt{\pi}\times r^3}{6}$$

$$\frac{Z_1}{Z_2} = \frac{\frac{\pi r^3}{4}}{\frac{\pi\sqrt{\pi}\, r^3}{6}} = \frac{3}{2}\frac{1}{\sqrt{\pi}} = 0.846$$

정답 6-1 ①　6-2 ②

| 핵심이론 07 | 극관성 모멘트

① 극관성 모멘트
  ㉠ 도심을 중심으로 비틀림 방향의 회전이 일어나려 하는 힘 또는 그에 대한 저항을 나타낸다.
  ㉡ 도심을 기준으로 미소 면적과 r값의 제곱을 곱하여 나타낸다.

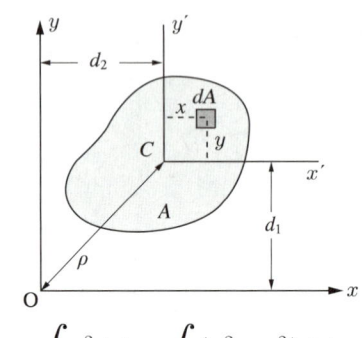

$$I_p = \int \rho^2 dA = \int (x^2 + y^2) dA$$
$$= \int x^2 dA + \int y^2 dA = I_x + I_y$$

  ㉢ 직각인 두 축의 관성 모멘트를 곱하여 나타낸다.
  ㉣ 비틀림은 주로 회전하는 물체에 대해 고려하므로, 주로 극관성 모멘트도 축 등 원통 모양의 물체에 고려된다.
  ㉤ 극관성 모멘트의 평행축 정리
$$I_p = I_x + I_y = I_{x'} + Ad_1^2 + I_{y'} + Ad_2^2$$

② 극단면계수(Z_p)
  ㉠ 극관성 모멘트를 도심부터 제일 끝부분까지의 거리로 나눈 값이다.
  ㉡ 도심부터 끝부분까지의 거리가 길수록 단면계수는 작아진다.
  ㉢ 단면계수가 클수록 굽힘응력이 작아지고, 단면계수가 작을수록 굽힘응력이 커진다.

10년간 자주 출제된 문제

7-1. 다음 그림과 같은 빗금 친 단면을 갖는 중공축이 있다. 이 단면의 O점에 관한 극단면 2차 모멘트는?

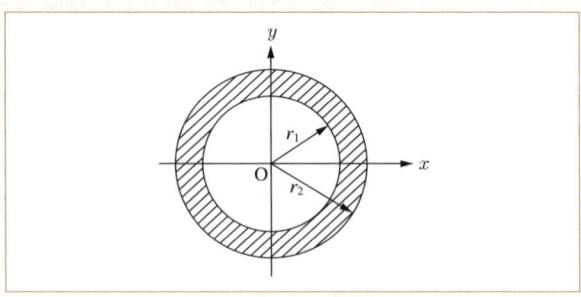

① $\pi(r_2^4 - r_1^4)$
② $\dfrac{\pi}{2}(r_2^4 - r_1^4)$
③ $\dfrac{\pi}{4}(r_2^4 - r_1^4)$
④ $\dfrac{\pi}{16}(r_2^4 - r_1^4)$

7-2. 다음 그림과 같은 중공축이 있다. 중공축의 단면의 중심축에 대한 극단면계수는?

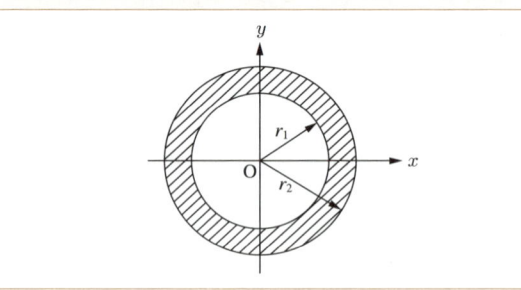

① $\dfrac{\pi}{r_2}(r_2^4 - r_1^4)$
② $\dfrac{\pi}{2r_2}(r_2^4 - r_1^4)$
③ $\dfrac{\pi}{4r_2}(r_2^4 - r_1^4)$
④ $\dfrac{\pi}{4(r_2+r_1)}(r_2^4 - r_1^4)$

|해설|
7-1
$$I_p = I_{p빗금} - I_{p빈부분} = \frac{\pi d_2^4}{32} - \frac{\pi d_1^4}{32} = \frac{\pi}{2}(r_2^4 - r_1^4)$$
※ $d = 2r$

7-2
$$I_p = I_{p빗금} - I_{p빈부분} = \frac{\pi d_2^4}{32} - \frac{\pi d_1^4}{32} = \frac{\pi}{2}(r_2^4 - r_1^4)$$
$$Z_p = \frac{I_p}{r_2} = \frac{\pi}{2r_2}(r_2^4 - r_1^4)$$

정답 7-1 ② 7-2 ②

핵심이론 08 | 응력

① 응력
  ㉠ 작용하는 외력이 부재의 미분된 요소에 작용하는 힘의 크기를 물리적으로 나타낸 개념이다.
  ㉡ 힘의 방향에 따라 응력의 종류를 구분한다.
  ㉢ 외력 P가 부재에 균일하게 작용한다고 가정할 때, 면적이 A인 한 단면에 존재하는 아주 작은 한 영역 a에 작용하는 힘을 응력(應力, stress)라고 한다.

  $$a에\ 작용하는\ 힘 = \frac{P}{A}$$

  ㉣ 단위는 힘/면적으로 [N/m^2](=[Pa]), [N/mm^2](=[MPa]), [kgf/cm^2]을 사용한다.
  ㉤ 수직응력의 경우 주로 σ를 기호로 사용한다.

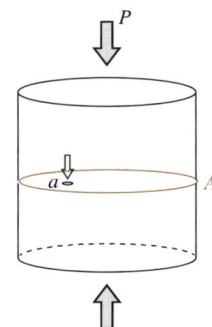

② 응력의 종류
  ㉠ 부재에 작용하는 힘 중 단면에 수직한 방향의 힘이 발생시키는 응력을 수직응력이라 한다. 잡아당기는 인장응력과 누르는 방향의 압축응력으로 구분한다.
  ㉡ 전단응력 : 단면을 기준으로 부재를 자르려는 방향의 힘에 의한 응력이다.
  ㉢ 비틀림 응력 : 단면을 기준으로 비트는 방향의 힘에 의한 응력이다.
  ㉣ 복합응력 : 단면에 대해 여러 종류의 응력이 함께 작용하는 힘에 의한 응력이다.

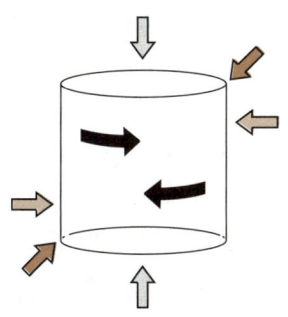

③ 수직응력 공식

$$\sigma = \frac{P}{A}$$

(여기서, σ : 응력, P : 작용력, A : 단면적)

10년간 자주 출제된 문제

8-1. 다음 중 수직응력(normal stress)을 발생시키지 않는 것은?
① 인장력 ② 압축력
③ 비틀림 모멘트 ④ 굽힘 모멘트

8-2. 단면적이 2[cm^2]이고, 길이가 4[m]인 환봉에 10[kN]의 축 방향 하중을 가하였다. 이때 환봉에 발생한 응력은 몇 [N/m^2]인가?
① 5,000 ② 2,500
③ 5×10^5 ④ 5×10^7

|해설|

8-1
굽힘 모멘트로 인해 내부에서 인장되는 부분과 압축되는 부분이 함께 나타나며, $\sigma = \frac{M}{Z}$로 수직응력을 발생시킨다. 비틀림 모멘트는 전단응력을 발생시킨다.

8-2

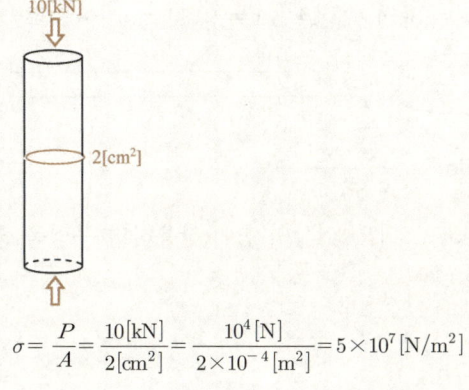

$$\sigma = \frac{P}{A} = \frac{10[kN]}{2[cm^2]} = \frac{10^4[N]}{2 \times 10^{-4}[m^2]} = 5 \times 10^7 [N/m^2]$$

정답 8-1 ③ 8-2 ④

핵심이론 09 | 전단응력

① 전단응력

  ㉠ 전단력(剪斷力)은 끊는 방향의 힘을 뜻한다.

  ㉡ 예를 들면, 다음 그림과 같은 힘이 작용할 때 원통의 한 단면은 단면층이 서로 미끄러지는 방향의 힘을 받으며, 이 힘에 의해 원통이 끊어지는 힘이 작용한다.

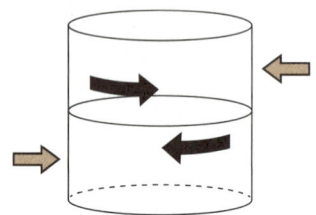

  ㉢ 전단응력의 공식

  $$\tau = \frac{F}{A} \text{ 또는 } \tau = \frac{T}{A}$$

  (여기서, τ : 전단응력, F 또는 T : 전단력, A : 단면적)

② 프레스 가공에 의한 힘

두께가 1.0[mm]이고, 전단응력이 98.6[MPa]인 강판에 지름이 3.14[mm]인 구멍을 뚫는 경우

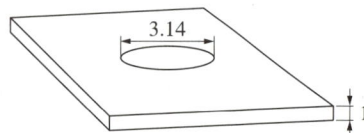

구멍의 전단 면적은 다음 그림과 같고, 단면적은 $\pi D \times h = 3.14 \times 3.14 \times 1 = 9.86 [\text{mm}^2]$이므로

$$98.6[\text{MPa}] = \frac{F}{9.86[\text{mm}^2]}$$

즉, $F = 972.20[\text{N}]$ 이상의 힘이 작용하면 구멍을 뚫을 수 있다.

10년간 자주 출제된 문제

9-1. 두께 10[mm]의 강판에 지름 23[mm]의 구멍을 만드는 데 필요한 하중은 약 몇 [kN]인가?(단, 강판의 전단응력 $\tau = 750$ [MPa]이다)

① 234 ② 352
③ 473 ④ 542

9-2. 다음과 같이 핀을 이용하여 3개의 링크를 연결하였다. 2,000[N]의 하중 P가 작용할 경우 핀에 작용되는 전단응력은 약 몇 [MPa]인가?(단, 핀의 직경은 1[cm]이다)

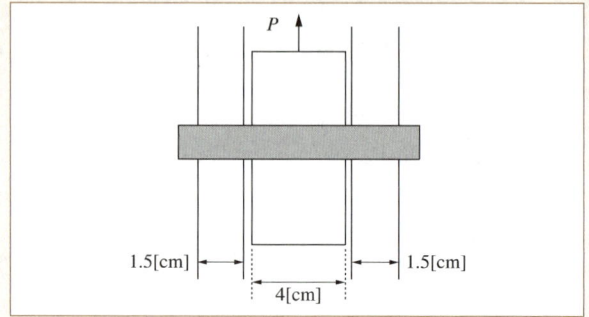

① 12.73 ② 13.24
③ 15.63 ④ 16.56

|해설|

9-1

$\tau = \frac{F}{A}$

전단 면적 $= \pi D h = \pi \times 23[\text{mm}] \times 10[\text{mm}] = 230\pi [\text{mm}^2]$

$750[\text{MPa}] = \frac{F}{230\pi [\text{mm}^2]}$

$F = 541,924.7[\text{N}] = 542[\text{kN}]$

9-2

$\tau = \frac{F}{A}$ 이므로 작용하는 전단 면적을 구한다.

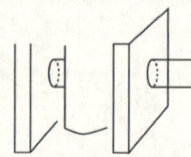

위의 그림과 같은 형태로 핀이 연결되어 있으므로, 전단면은 핀의 단면적의 2배(양쪽 면)와 같다.

$2A = 2 \times \frac{\pi D^2}{4} = 2 \times \frac{\pi \times 10^2}{4} [\text{mm}^2] = 157.08[\text{mm}^2]$

$\tau = \frac{F}{A} = \frac{2,000[\text{N}]}{157.08[\text{mm}^2]} = 12.73[\text{MPa}]$

정답 9-1 ④ 9-2 ①

핵심이론 10 | 재료의 물성치/응력-변형률 선도

① 밀도(ρ)
  ㉠ 단위 부피당 질량이다.
  ㉡ 부피(V)는 길이의 세제곱이다.
  ㉢ 질량(m)은 고유 단위로 [g], [kg]을 사용한다.
  ㉣ $\rho = \dfrac{m}{V}\,[\text{kg/m}^3]$

② 중량(γ)
  ㉠ 중력 가속도(g)를 고려한 무게이다.
  ㉡ $\gamma = \rho g\,([\text{kg}] \times 9.81\,[\text{m/s}^2] = [\text{kgf}])$
  ㉢ 중량은 자중에 의한 힘과 같은 값이다.
  $$\gamma = \rho g = \dfrac{mg}{V}\,[\text{kgf/m}^3]$$

③ 소성변형
  ㉠ 재료가 원래 모습으로 복원되지 못하는 형태의 변형이다.
  ㉡ 소성(plasticity) : 고체가 외력을 받아 형태가 바뀐 것이 그 외력이 없어져도 원래(처음) 모양으로 되돌아 가지 않는 현상이다.
  ㉢ 금속은 분자를 갖지 않고, 원자가 금속 상태에 따라 고유한 결정구조를 갖는다(면심입방형, 체심입방형, 조밀육방형 등).
  ㉣ 결정구조에 따라 외력에 대해 표현되는 거동이 다르다.
  ㉤ 슬립(slip) : 외력에 의해 금속조직이 각 면끼리 미끄러지는 현상이다.

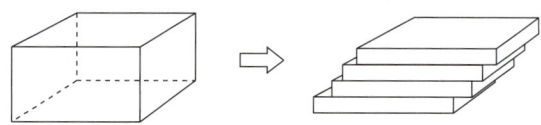

  ㉥ 전위(dislocation) : 외력에 의해 원자의 위치가 바뀌는 현상으로, 종류가 다양하다. 다음 그림은 뒤틀림에 의한 나사전위를 나타낸 것이다.

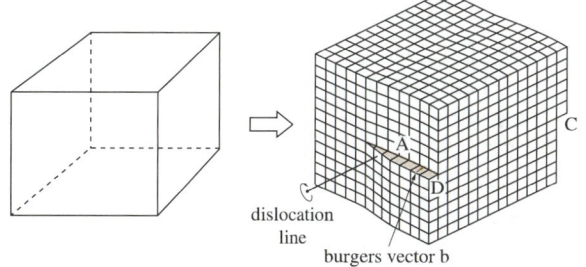

  ㉦ 쌍정(twin, twin deformation) : 외력에 의해 나타난 변형이 어느 면을 기준으로 대칭 형태로 나타난 현상이다.

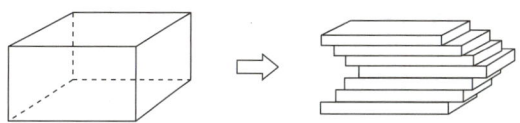

  • 각각의 결정입자가 만나는 면을 결정립계라고 한다.

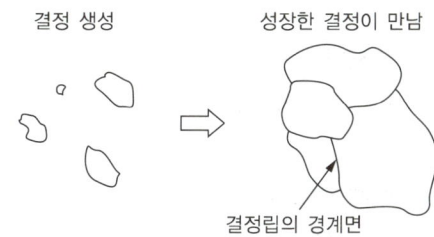

④ 탄성계수
  ㉠ 탄성 : 변형이 일어난 물체에 외력을 제거했을 때 외력이 가해지기 전 모양으로 돌아가려는 성질이다.
  ㉡ 재료의 강성도(stiffness)를 나타내는 값이다.
  ㉢ 응력과 변형률이 일정 구간에서 비례한다는 것을 Thomas Young에 의해 발견되었으며, 이 비례율(기울기)을 영(Young)계수로 나타낸다.
  ㉣ 영계수(E)는 재료의 고유 속성이며, 인장시험을 통한 응력-변형률 선도를 통해 선명히 드러난다.

⑤ 응력-변형률 선도
  ㉠ 인장시험을 통해 가해지는 힘과 힘에 의해 변형되는 비율(변형률)의 관계를 나타낸 선도이다.

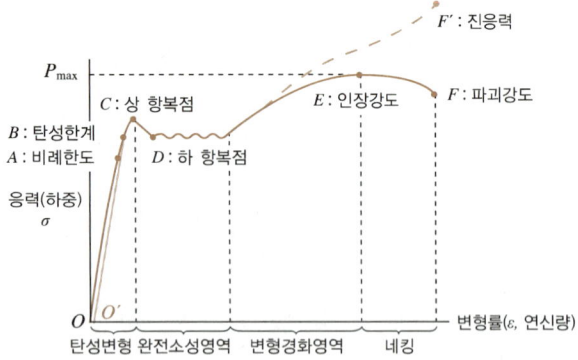

ⓛ 변형률(세로 변형률) : 처음 시편의 길이(l)에 대해 늘어난(또는 줄어든) 길이(Δl)의 비율

$$\varepsilon = \frac{\Delta l}{l} = \frac{l' - l}{l}$$

ⓒ 비례한도 : 응력의 증가와 변형률의 증가가 정비례하는 구간의 한도이다.

ⓔ 탄성한도
- 미세하게 곡률의 변화는 있지만, 힘을 제거하였을 때 원래의 모습으로 돌아올 수 있는(또는 돌아왔다고 간주할 수 있는) 힘의 한도이다.
- 이때의 응력(σ)과 변형률(ε)의 비율을 E로 표현하며 이를 영계수라 하고, 탄성계수로 사용한다.

$$\sigma = E\varepsilon$$

ⓜ 히스테리시스 변형 : 위의 그림에서 탄성한계 B까지 변형을 일으키고 힘을 제거하면 처음 상태 O로 돌아가지 못하고 O'으로 복귀하여 $\overline{OO'}$만큼의 변형이 일어나는데, 이를 히스테리시스 변형이라고 한다.

ⓗ 항복점(yield point)
- 일정 한도에 도달한 후 하중을 증가시키지 않아도 재료가 계속 늘어나는 지점이다.
- 항복강도 : 영구변형을 일으킬 때의 하중을 시험편의 평행부 단면적으로 나눈 값이다. 항복현상이 뚜렷하게 나타나지 않는 재료는 0.2[%]의 영구변형을 일으키는 응력을 내력(항복강도)으로 한다.

ⓢ 인장강도 : 시험편이 절단되었을 때의 응력, 재료의 강도, 단위면적에 대한 최대 저항력이다.

ⓞ 단면 변형률(단면 수축률) : 재료가 인장력에 의해 늘어남에 따라 단면적은 줄어들게 되므로 최초 단면적에 대해 변형된 단면적의 비율이다.

$$\phi = \frac{A' - A_0}{A_0} \times 100[\%]$$

(여기서, ϕ : 단면 변형률(단면 수축률))

ⓩ 공칭응력 : 인장시험에서 최초 단면적 A_0에 대하여 작용하는 힘을 응력으로 계산한 값이다. 실제로 단면적이 줄어들므로 진응력 계산에서는 줄어든 단면적을 이용해야 하지만, 변형된 단면적은 그 값이 지속적으로 변화하고, 공학적으로 알고 싶은 강도를 계산하는 데 큰 의미가 없으므로, 진응력 대신 최초 단면적을 사용하여 응력을 계산한다. 응력-변형률 선도에서 변형경화영역부터 나타나는 점선이 진응력곡선이다.

ⓒ 진응력/진변형률
- 공칭변형(σ_n)은 처음 단면적이 줄어든다는 것을 무시하고 계산하는 개념이다.
- 진응력은 부피가 보존된다는 것을 고려하고 계산한 개념이다.

단면적 × 길이 $= A_0 l_0 = A_1 l_1 = A_2 l_2 = A_i l_i$

$$\therefore A_n = \frac{A_0 l_0}{l_i}$$

그러나 $\varepsilon = \frac{\Delta l}{l_0} = \frac{l_1 - l_0}{l_0} = \frac{l_1}{l_0} - 1$ 이므로

$$\frac{l_1}{l_0} = \varepsilon + 1$$

$$\therefore A_n = \frac{A_0 l_0}{l_i} = A_0 \left(\frac{1}{\varepsilon + 1} \right)$$

$$\sigma_T = \frac{F}{A_i} = \frac{F l_i}{A_0 l_0} = \sigma_n \frac{l_i}{l_0} = \sigma_n (\varepsilon + 1)$$

- 진변형률 : 진변형률은 변형이 일어날수록 변형률이 커지며 $\varepsilon_T = \ln\left(\dfrac{l_i}{l_0}\right)$의 관계를 갖는다.

$\dfrac{l_1}{l_0} = \varepsilon + 1$라 하였으므로 $\varepsilon_T = \ln(\varepsilon + 1)$

⑥ 전단 변형률

인장응력에 대한 변형률이 $\varepsilon = \sigma/E$라면, 전단응력에 대한 변형률을 전단 변형률이라고 한다. 전단응력과의 관계는 $G = \dfrac{\tau}{\gamma}$, $\tau = G\gamma$이다. 다음 그림처럼 전단력 F가 작용할 때 전단 변형률은 전단각 γ로 나타낸다.

라디안각 $\gamma \approx \tan\gamma = \dfrac{c}{b}$

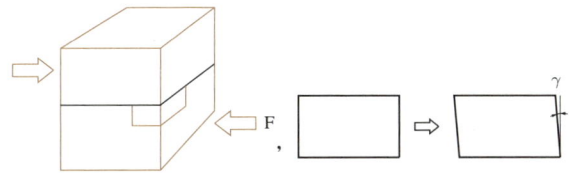

10년간 자주 출제된 문제

10-1. 지름이 25[mm]이고, 길이가 6[m]인 강봉의 양쪽 단에 100[kN]의 인장력이 작용하여 6[mm]가 늘어났다. 이때의 응력과 변형률은?(단, 재료는 선형 탄성거동을 한다)

① 203.7[MPa], 0.01　② 203.7[kPa], 0.01
③ 203.7[MPa], 0.001　④ 203.7[kPa], 0.001

10-2. 길이가 3[m]이고, 지름이 16[mm]인 원형 단면봉에 30[kN]의 축하중을 작용시켰을 때 탄성 신장량 2.2[mm]가 생겼다. 재료의 탄성계수는 약 몇 [GPa]인가?

① 203　② 20.3
③ 136　④ 13.7

10-3. 진변형률(ε_T)과 진응력(σ_T)을 공칭응력(σ_n)과 공칭 변형률(ε_n)로 나타낼 때 옳은 것은?

① $\sigma_T = \ln(1+\sigma_n)$, $\varepsilon_T = \ln(1+\varepsilon_n)$
② $\sigma_T = \ln(1+\sigma_n)$, $\varepsilon_T = \ln\left(\dfrac{\sigma_T}{\sigma_n}\right)$
③ $\sigma_T = \sigma_n(1+\varepsilon_n)$, $\varepsilon_T = \ln(1+\varepsilon_n)$
④ $\sigma_T = \ln(1+\varepsilon_n)$, $\varepsilon_T = \varepsilon_n(1+\varepsilon_n)$

|해설|

10-1

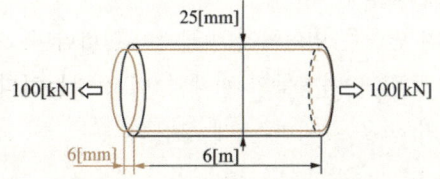

- 인장응력 : $\sigma = \dfrac{P}{A} = \dfrac{P}{\dfrac{\pi d^2}{4}} = \dfrac{4 \times 100{,}000[\text{N}]}{\pi \times (25[\text{mm}])^2} = 203.72[\text{MPa}]$

- 변형률 : $\varepsilon = \dfrac{\Delta l}{l} = \dfrac{6[\text{mm}]}{6{,}000[\text{mm}]} = 0.001$

10-2

$\sigma = \dfrac{P}{A} = \dfrac{30{,}000[\text{N}]}{\dfrac{\pi \times 16^2}{4}[\text{mm}^2]} = 149.21[\text{MPa}]$

$\varepsilon = \dfrac{\Delta Z}{Z} = \dfrac{2.2[\text{mm}]}{3{,}000[\text{mm}]} = 0.000733$

$\therefore E = \dfrac{\sigma}{\varepsilon} = \dfrac{149.21[\text{MPa}]}{0.000733} = 203{,}560.71[\text{MPa}] = 203.6[\text{GPa}]$

10-3

- 진응력은 부피가 보존된다는 것을 고려하고 계산한 개념이다.
단면적 × 길이 $= A_0 l_0 = A_1 l_1 = A_2 l_2 = A_i l_i$

$\therefore A_n = \dfrac{A_0 l_0}{l_i}$

그러나 $\varepsilon = \dfrac{\Delta l}{l_0} = \dfrac{l_1 - l_0}{l_0} = \dfrac{l_1}{l_0} - 1$이므로 $\dfrac{l_1}{l_0} = \varepsilon + 1$

$\therefore A_n = \dfrac{A_0 l_0}{l_i} = A_0\left(\dfrac{1}{\varepsilon + 1}\right)$

$\sigma_T = \dfrac{F}{A_i} = \dfrac{F l_i}{A_0 l_0} = \sigma_n \dfrac{l_i}{l_0} = \sigma_n(\varepsilon + 1)$

- 진변형률 : 진변형률은 변형이 일어날수록 변형률이 커지며 $\varepsilon_T = \ln\left(\dfrac{l_i}{l_0}\right)$의 관계를 갖는다.

$\dfrac{l_1}{l_0} = \varepsilon + 1$라 하였으므로 $\varepsilon_T = \ln(\varepsilon + 1)$

정답 10-1 ③　10-2 ①　10-3 ③

| 핵심이론 11 | 재료의 변형

① 훅의 법칙(Hooke's law)
  ㉠ 탄성체의 변형은 변형력에 비례하여 나타나며, 이 관계는 응력과 변형률의 관계와 비교 가능하다.
  ㉡ 스프링의 힘을 설명하는 데 유용하다.
  ㉢ $F = kx$
    (여기서, F : 변형력, k : 스프링 상수(비례상수, 탄성계수), x : 변형량)

② 푸아송의 비(Poisson's ratio)
  ㉠ 재료에 인장하중과 압축하중이 함께 작용할 때, 탄성한도 이내에서 일정한 비율을 갖는 세로 변형률과 가로 변형률의 관계이다.
  $$\nu = \left|\frac{\varepsilon'}{\varepsilon}\right| = \frac{1}{m}$$
    (여기서, ν의 역수 m을 푸아송의 수라고 한다)
  ㉡ 가로 변형률 : 재료의 길이에 수직한 방향으로의 변화율이다.
  $$\varepsilon' = \frac{\Delta d}{d}$$
    (여기서, $\Delta d = d_1 - d_0$)
  ㉢ 평면 변형
  - $\varepsilon_x = \dfrac{\sigma_x}{E} - \nu\dfrac{\sigma_y}{E} = \dfrac{1}{E}(\sigma_x - \nu\sigma_y)$
  - $\varepsilon_y = \dfrac{\sigma_y}{E} - \nu\dfrac{\sigma_x}{E} = \dfrac{1}{E}(\sigma_y - \nu\sigma_x)$
  - $\varepsilon_z = -\nu\dfrac{\sigma_x}{E} - \nu\dfrac{\sigma_y}{E} = \dfrac{\nu}{E}(\sigma_x + \sigma_y)$

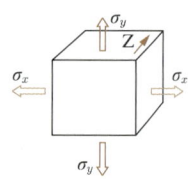

  2축 응력만 작용한다고 가정할 때 ε_x, ε_y의 관계를 연계하면
  $$\sigma_x = \frac{E}{1-\nu^2}(\varepsilon_x + \nu\varepsilon_y) \quad (\sigma_y \text{도 같다})$$

③ 전단 탄성 변화율과 세로 탄성 변화율의 관계
  전단 변형에 의해 세로 변형이 일어나는 순수 전단 상태라는 가정하에
  $$\varepsilon_x = \varepsilon_{x1} + \nu\varepsilon_y$$
  (전단에 의해 생긴 세로응력이므로 ε_{x1}는 인장, ε_y는 압축)
  $$\varepsilon_x = \frac{\sigma_x}{E} + \nu\frac{\sigma_y}{E} = \frac{\sigma_x}{E}(1+\nu)$$
  ($\because |\sigma_x| = |\sigma_y|$, 전단에 의해 생긴 인장이므로)
  $$\varepsilon_x = \varepsilon_y = \frac{\gamma}{2}$$
  (증명하지 않아도 순수 전단 상태에서 γ가 미소하다는 가정하에 정리된다)
  $$\frac{\gamma}{2} = \frac{\sigma_x}{E}(1+\nu), \quad \frac{\tau}{2G} = \frac{\sigma_x}{E}(1+\nu)$$
  $$\frac{1}{2G} = \frac{(1+\nu)}{E}$$
  $$\therefore G = \frac{E}{2(1+\nu)}$$
  ($\because |\sigma_x| = |\tau|$, 전단에 의해 생긴 인장이므로)

10년간 자주 출제된 문제

11-1. 지름 2[cm], 길이 20[cm]인 연강봉이 인장하중을 받을 때 길이는 0.016[cm]만큼 늘어나고, 지름은 0.0004[cm]만큼 줄었다. 이 연강봉의 푸아송비는?

① 0.25 ② 0.3
③ 0.33 ④ 4

11-2. 지름 30[mm]의 환봉시험편에서 표점거리를 10[mm]로 하고, 스트레인 게이지를 부착하여 신장을 측정한 결과, 인장하중 25[kN]에서 신장 0.0418[mm]가 측정되었다. 이때 지름은 29.97[mm]이었다. 이 재료의 푸아송비(ν)는?

① 0.239 ② 0.287
③ 0.0239 ④ 0.0287

10년간 자주 출제된 문제

11-3. 5[cm]×4[cm] 블록이 x축을 따라 0.05[cm]만큼 인장되었다. y방향으로 수축되는 변형률(ε_y)은?(단, 푸아송비(ν)는 0.30이다)

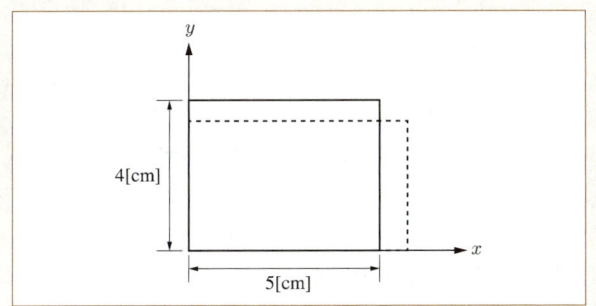

① 0.00015
② 0.0015
③ 0.003
④ 0.03

11-4. 다음 그림과 같이 길고 얇은 평판이 평면 변형률 상태로 σ_x를 받고 있을 때 ε_x는?

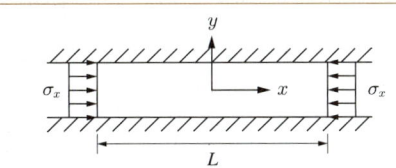

① $\varepsilon_x = \dfrac{1-\nu}{E}\sigma_x$
② $\varepsilon_x = \dfrac{1+\nu}{E}\sigma_x$
③ $\varepsilon_x = \left(\dfrac{1-\nu^2}{E}\right)\sigma_x$
④ $\varepsilon_x = \left(\dfrac{1+\nu^2}{E}\right)\sigma_x$

|해설|

11-1

연신율 $\varepsilon = \dfrac{\Delta l}{l} = \dfrac{0.016[\text{cm}]}{20[\text{cm}]} = 0.0008$

가로 변형률 $\varepsilon' = \dfrac{\Delta d}{d} = \dfrac{0.0004[\text{cm}]}{2[\text{cm}]} = 0.0002$

$\nu = \dfrac{\varepsilon'}{\varepsilon} = \dfrac{0.0002}{0.0008} = \dfrac{1}{4} = 0.25$

11-2

$\nu = \left|\dfrac{\varepsilon'}{\varepsilon}\right| = \dfrac{1}{m}$

(여기서, ν의 역수 m을 푸아송의 수라고 한다)

$\varepsilon = \dfrac{\Delta l}{l} = \dfrac{0.0418[\text{mm}]}{10[\text{mm}]} = 0.00418$

$\varepsilon' = \dfrac{\Delta d}{d} = \dfrac{30[\text{mm}] - 29.97[\text{mm}]}{30[\text{mm}]} = 0.001$

$\nu = \left|\dfrac{\varepsilon'}{\varepsilon}\right| = \dfrac{0.001}{0.00418} = 0.239$

11-3

$\varepsilon = \dfrac{\Delta l}{l} = \dfrac{0.05[\text{cm}]}{5[\text{cm}]} = 0.01$

$\nu = \left|\dfrac{\varepsilon'}{\varepsilon}\right|,\ 0.3 = \dfrac{\varepsilon'}{0.01},\ \varepsilon' = 0.003$

※ $\varepsilon' = \dfrac{\Delta d}{d},\ \dfrac{\Delta d}{4} = 0.003,\ \Delta d = 0.012[\text{cm}]$

11-4

이 부재는 압축응력 σ_x에 의해 변형을 받고, 이때의 순수한 변형률은 ε_{x1}이라 하자. 또 이 부재는 압축력에 의해 y방향으로 팽창변형이 되어야 하는데 그 변형이 제한되어 있으므로 y방향으로도 압축응력 σ_y를 받게 되며 이 힘에 의해 ε_y만큼의 변형을 받게 되고 이 변형은 $\nu\varepsilon_y$만큼을 x방향으로 야기한다. ε_{x1}은 압축 변형, $\nu\varepsilon_y$ 변형은 인장 변형을 일으키려 한다. 이를 정리하면

$\varepsilon_x = \varepsilon_{x1} - \nu\varepsilon_y$

$\varepsilon_x = \varepsilon_{x1} - \nu \times \nu\varepsilon_{x1} = \dfrac{\sigma_x}{E} - \nu \times \nu\dfrac{\sigma_x}{E} = \left(\dfrac{1-\nu^2}{E}\right)\sigma_x$

정답 11-1 ① 11-2 ① 11-3 ① 11-4 ③

핵심이론 12 | 체적 변화

① 체적 변화율

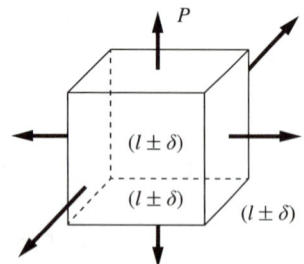

위의 그림처럼 힘이 작용할 때 체적 V는 V'로 변한다.

$$\varepsilon_V = \frac{\Delta V}{V} = \frac{V' - V}{V} = \frac{(l+\delta)^3 - l^3}{l^3}$$

$$= \frac{l^3 + 3l^2\delta + 3l\delta^2 + \delta^3 - l^3}{l^3} \fallingdotseq \frac{3l^2\delta}{l^3}$$

$$(\because \delta^2 \approx \delta^3 \approx 0)$$

$$\therefore \varepsilon_V \fallingdotseq 3\frac{\delta}{l} = 3\varepsilon$$

체적 변화율을 K라고 하면, 등방응력을 받는 재료는

$$\sigma = K\varepsilon_V = K \cdot 3\varepsilon, \ \text{즉} \ K = \frac{\sigma}{\varepsilon_V} = \frac{\sigma}{3\varepsilon}$$

② 평면 변화의 확장

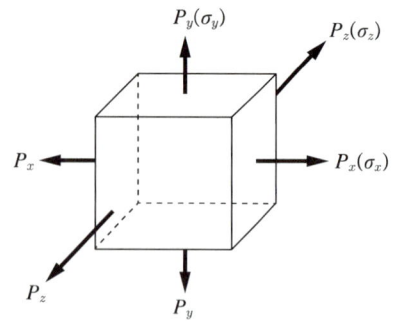

위의 그림처럼 힘이 작용할 때

$$\varepsilon_x = \frac{\sigma_x}{E} - \nu\frac{\sigma_y}{E} - \nu\frac{\sigma_z}{E}, \ \varepsilon_y = \frac{\sigma_y}{E} - \nu\frac{\sigma_z}{E} - \nu\frac{\sigma_x}{E},$$

$$\varepsilon_z = \frac{\sigma_z}{E} - \nu\frac{\sigma_x}{E} - \nu\frac{\sigma_y}{E}$$

같은 재료이므로,

$$\sigma_x = \sigma_y = \sigma_z = \sigma, \ \varepsilon_x = \varepsilon_y = \varepsilon_z = \varepsilon$$

$$\varepsilon = \frac{\sigma}{E} - \nu\frac{\sigma}{E} - \nu\frac{\sigma}{E} = \frac{\sigma}{E}(1 - 2\nu)$$

③ K를 G, E로 표현하면 다음 식을 이용하여

$$G = \frac{E}{2(1+\nu)}, \ K = \frac{\sigma}{3\varepsilon}, \ \varepsilon = \frac{\sigma}{E}(1-2\nu)$$

ν, σ를 제외하고, 탄성계수끼리 표현하면

$$K = \frac{GE}{9G - 3E}$$

④ 스트레인과 스트레인 게이지
  ㉠ 스트레인 : 외부의 힘, 온도 변화, 잔류응력 등에 의해 발생하는 변형으로, 변형률로 나타낸다.
  ㉡ 스트레인 게이지 : 물체의 변형을 측정하는 데 사용하는 저항형 센서이다.
    • 구조
      - 1층 : backing material(대상물과 접착하여 대상물의 변형을 금속저항체로 전달하는 물질)
      - 2층 : grid material(변형률 측정저항체)
      - 3층 : encapsulation film(보호필름)
    • 원리 : 중립일 때 저항을 기준으로 저항체가 늘어나면 저항이 커지고, 줄어들면 작아지는 것을 측정한다.

$$R = \rho\frac{l}{A}$$

   (여기서, ρ : 고유저항값, A : 단면적, l : 길이)
  ㉢ 푸아송의 비를 몰라도 축 방향 하중이 주어질 때 스트레인 게이지를 이용하여 가로 변형률의 측정이 가능하다.
  ㉣ 스트레인 게이지를 이용한 변형률 측정으로 푸아송 비도 산출 가능하다.

㉤ 스트레인 게이지를 이용한 변형률 계산
- 스트레인 게이지를 다음 그림같이 부착했을 때 측정값

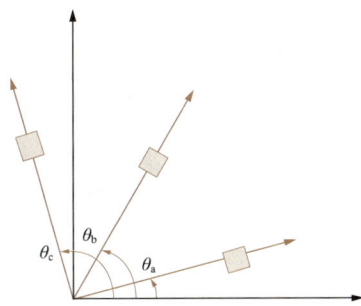

$\varepsilon_a = \varepsilon_x \cos^2\theta_a + \varepsilon_y \sin^2\theta_a + \gamma_{xy}\cos\theta_a\sin\theta_a$

$\varepsilon_b = \varepsilon_x \sin^2\theta_b + \varepsilon_y \cos^2\theta_b - \gamma_{xy}\sin\theta_b\cos\theta_b$

$\varepsilon_c = \varepsilon_x \sin^2\theta_c + \varepsilon_y \cos^2\theta_c - \gamma_{xy}\sin\theta_c\cos\theta_c$

- 이를 정형화하여 스트레인 게이지를 다음 그림과 같이 부착했을 때 측정값

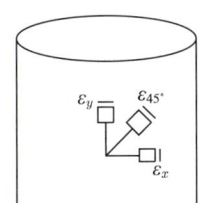

$\varepsilon 45° = \varepsilon_x \cos^2 45° + \varepsilon_y \sin^2 45°$
$\qquad + \gamma_{xy}\cos 45°\sin 45°$
$\qquad = \dfrac{1}{2}(\varepsilon_x + \varepsilon_y + \gamma_{xy})$

$\therefore \gamma_{xy} = 2 \times \varepsilon 45°$

10년간 자주 출제된 문제

12-1. 축 방향의 단면적이 A인 임의의 재료를 인장하여 균일한 인장응력이 작용하고 있다. 인장 방향 변형률이 ε, 푸아송의 비를 ν라 하면, 단면적의 변화량은 약 얼마인가?

① $\nu\varepsilon A$
② $2\nu\varepsilon A$
③ $3\nu\varepsilon A$
④ $4\nu\varepsilon A$

12-2. 푸아송의 비 0.3, 길이 3[m]인 원형 단면의 막대에 축 방향의 하중이 가해진다. 이 막대의 표면에 원주 방향으로 부착된 스트레인게이지가 -1.5×10^{-4}의 변형률을 나타낼 때, 이 막대의 길이 변화로 옳은 것은?

① 0.135[mm] 압축
② 0.135[mm] 인장
③ 1.5[mm] 압축
④ 1.5[mm] 인장

|해설|

12-1

$\nu = \dfrac{\varepsilon'}{\varepsilon} = \dfrac{\dfrac{d-d'}{d}}{\varepsilon},\ \nu\varepsilon = 1 - \dfrac{d'}{d},\ d' = d(1-\nu\varepsilon)$

$\Delta A = A - A' = \dfrac{\pi d^2}{4} - \dfrac{\pi d'^2}{4} = \dfrac{\pi}{4}[d^2 - d^2(1-\nu\varepsilon)^2]$

$\qquad = \dfrac{\pi d^2}{4}(1 - 1 + 2\nu\varepsilon - \nu^2\varepsilon^2) ≒ 2A\nu\varepsilon$

($\because \nu^2\varepsilon^2$은 너무 작은 수이므로)

12-2

축 방향 하중이 가해질 때의 가로 변형률은 스트레인 게이지를 이용하여 측정한다.

$\varepsilon' = 1.5 \times 10^{-4} = 0.00015$

$\nu = \dfrac{\varepsilon'}{\varepsilon},\ \varepsilon = \dfrac{\varepsilon'}{\nu} = \dfrac{0.00015}{0.3} = 0.0005$

원주 방향의 인장이 (−)이므로 축 방향으로는 인장력이 작용하는 것을 알 수 있다.

$\varepsilon = 0.0005 = \dfrac{\Delta l}{l} = \dfrac{\Delta l}{3,000}$

$\Delta l = 3,000 \times 0.0005 = 1.5$[mm]

정답 12-1 ② 12-2 ④

핵심이론 13 | 재료의 안전

① 파손이론
  ㉠ 파손 : 부품 또는 재료가 사용할 수 없도록 변형된 상태, 즉 기능할 수 없게 된 상태이다.
  ㉡ 정적파손 : 정하중 상태에서 일어나는 파손이다.
    • 최대전단응력이론(Tresca 이론)
    • 전단변형에너지이론(von Mises 이론)
    • 최대주응력이론(Rankine 이론)
  ㉢ 동적파손(피로파손) : 움직이는 하중이 작용하는 상태에서 일어나는 파손이다.

② 응력의 집중

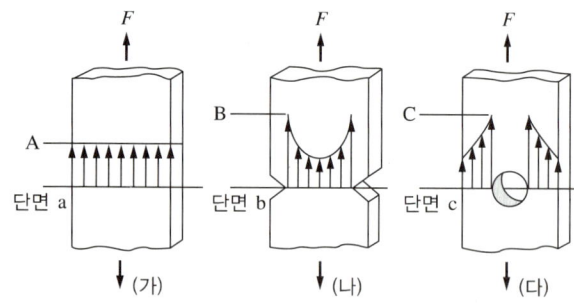

  ㉠ 똑같은 힘이 작용하는 부재 (가), (나), (다)에 작용하는 응력은 부재 (가)의 경우 단면 a 전체에 걸쳐 균일하지만, 부재 (나)의 경우 단면 b에서 그림과 같이 응력은 위치에 따라 불균일하게 나타나며 가장 큰 응력은 B와 같이 나타난다. 부재 (다)의 경우도 단면 c에서 불균일하고 C만큼의 응력이 나타나는 지점이 있다.
  ㉡ 부재 (나)와 부재 (다)는 가장 큰 응력 B와 C가 나타나는 곳에서 부재의 설계강도보다 낮은 강도에서 파손이 일어날 가능성이 높아진다. B와 C를 집중응력이라고 한다.
  ㉢ 부재 (나)의 움푹 파인 모양을 노치(notch)라 하고, 부재 (다)의 패인 곳을 홀(hole)이라 한다.
  ㉣ 응력집중계수 : 형상에 따라 집중응력의 크기는 달라지며, 노치나 홀이 없는 보통 단면에 비해 노치나 홀이 있는 단면의 형상을 나타내는 값이다.

$$\alpha = \frac{\text{단면 형상에 따른 집중응력}}{\text{보통 단면의 평균응력}}$$

③ 피로응력
  ㉠ $S-N$곡선 : 반복되는 하중(피로)에 의해 발생하는 응력(피로응력)과 하중의 반복 횟수와의 관계를 나타낸다.

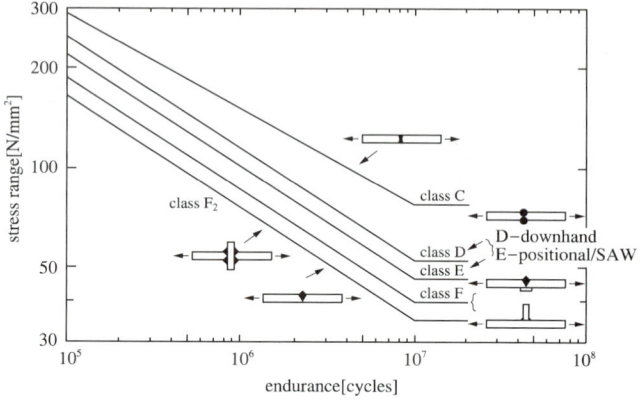

  ㉡ 부재의 형상에 따라 종류가 나뉘지만, 반복 횟수가 늘어나면 잔류응력이 점점 더 남고, 견딜 수 있는 한계응력의 값은 줄어든다.

④ 반복응력
  ㉠ 탄성한도 이내의 변형이라도 응력이 반복되면 재료 내부에 피로가 발생한다.
  ㉡ 피로에 의해 내부조직의 흠이나 손상이 발생한다.
  ㉢ 흠이나 손상에 의해 조직이 연화된다.
  ㉣ 연화된 조직에 피로가 반복되면 손상이 확장되어 파괴까지 이르게 되는데, 이 경우를 피로파괴라고 한다.

⑤ 크리프 현상
  ㉠ 온도가 있는 환경에서 재료를 일정 하중에 노출하면 시간에 따라 서로 다른 정도로 변형이 일어나는 현상이다.
  ㉡ 크리프 발생의 원인
    • 지속적인 응력이 물체의 입자 결정립계 미끄러짐을 발생시킨다.

- 열에너지의 부가에 따른 원자의 이동성이 증가한다.
- 에너지 부가에 따른 확산, 확산에 따른 전위력이 증가한다.

ⓒ 크리프 곡선 : 시간에 따른 신장량의 변화율은 세 번 변화하는데, 초기 신장 이후의 구간을 1차 크리프, 크리프 응력이 작용해도 완만하게 신장하는 구간을 2차 크리프, 일정 시간 이후 급격히 파손으로 치닫는 3차 크리프 구간으로 나뉜다.

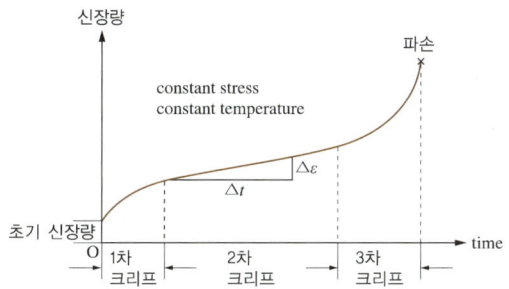

ⓔ 크리프 곡선은 지속적으로 작용하는 응력이 클수록, 부가되는 열에너지가 많을수록 시간에 따른 변형률이 커지고, 파손에 이르는 시간도 짧아진다.

⑥ 항복강도
 ⊙ 취성재료는 인장강도를 항복강도로 간주하여 사용한다.
 ⓒ 작용하는 하중이 제거되었을 때 영구변형이 잔류하지 않고 부재를 계속 사용할 수 있는 강도의 한계이다.

⑦ 허용응력
 ⊙ 부재를 사용할 때 허용할 수 있는 최대응력, 사용응력이라고 할 수 있다.
 ⓒ 부품 또는 부재에 표시되는 사용응력의 한도, 즉 허용응력은 해당 범위 안에서 사용하면 재료가 안전하다고 간주한 범위의 응력이다.

⑧ 안전계수(안전율)
 ⊙ 부재가 받을 수 있는 응력에 대하여 실제 사용할 강도와의 비, 그 비의 역수이다.
 ⓒ 항복강도가 200[MPa]인 부재에 대해 허용응력을 20[MPa]로 제한한다면 안전계수는 10이다.

10년간 자주 출제된 문제

13-1. 금속재료의 거동에 대한 일반적인 설명으로 옳지 않은 것은?

① 재료에 가해지는 응력이 일정하더라도 오랜 시간이 경과하면 변형률이 증가할 수 있다.
② 재료의 거동이 탄성한도로 국한된다고 하더라도 반복하중이 작용하면 재료의 강도가 저하될 수 있다.
③ 일반적으로 크리프는 고온보다 저온 상태에서 더 잘 발생한다.
④ 응력-변형률 곡선에서 하중을 가할 때와 제거할 때의 경로가 다르게 되는 현상을 히스테리시스라고 한다.

13-2. 최대 사용강도 400[MPa]의 연강봉에 30[kN]의 축 방향의 인장하중이 가해질 경우 강봉의 최소 지름은 몇 [cm]까지 가능한가?(단, 안전율은 5이다)

① 2.69   ② 2.99
③ 2.19   ④ 3.02

|해설|

13-1
크리프 곡선은 지속적으로 작용하는 응력이 클수록, 부가되는 열에너지가 많을수록 시간에 따른 변형률이 커지고, 파손에 이르는 시간도 짧아진다.

13-2
안전율 5가 적용된 연강봉에서의 허용응력
$\sigma_a = \dfrac{400[\text{MPa}]}{5} = 80[\text{MPa}] = 80[\text{N/mm}^2]$

연강봉의 지름
$\sigma_a = \dfrac{P}{A} = \dfrac{P}{\dfrac{\pi d^2}{4}}$, $80[\text{N/mm}^2] = \dfrac{30,000[\text{N}]}{\dfrac{\pi d^2}{4}}$

∴ $d = 21.85[\text{mm}] ≒ 2.19[\text{cm}]$

※ 안전율이 적용된 후의 강도를 사용강도라고 해야 하지만, 문제의 문맥상 최대 사용강도라는 용어를 연강봉의 항복강도로 해석하고 풀어야 한다.

정답 13-1 ③ 13-2 ③

핵심이론 14 | 수직응력, 변형률, 변형량

※ 수직응력, 변형률, 변형량은 반드시 출제되는 내용이다.

① 수직응력의 종류
  ㉠ 부재가 구조에 따라 수직 방향의 힘을 받는 경우가 매우 많은데 기둥 등의 구조물은 위에서 누르는 힘을 감당해야 하고, 매달린 부재도 그 무게를 감당해야 한다.
  ㉡ 인장응력 : 잡아당겨지는 힘에 의해 생기는 수직 방향(길이 방향)의 응력
  ㉢ 압축응력 : 누르는 힘에 의해 생기는 수직 방향(길이 방향)의 응력
  ㉣ $\sigma = \dfrac{P}{A}$

② 부재의 설계
기둥 또는 직육면체 형태의 구조물을 설계할 때 부재가 받는 힘과 부재의 강도를 감안하여 적절한 두께로 설계해야 한다.

③ 변형률
전체 길이에 비해 변형된 정도이다.
$$\sigma = E\varepsilon = E\dfrac{\delta}{L}$$

④ 변형량
누르는 힘이 작용하는 경우 부재는 누르는 방향으로 길이가 줄어들고, 당기는 힘이 작용하는 경우 부재는 당기는 방향으로 길이가 늘어난다. 이때 늘어나거나 줄어든 절대 길이는 다음과 같다.
$$\sigma = \dfrac{P}{A},\ \sigma = E\varepsilon = E\dfrac{\delta}{L},\ \dfrac{P}{A} = E\dfrac{\delta}{L}$$
$$\therefore\ \delta = \dfrac{PL}{EA}$$

※ 변형률과 변형량을 계산하는 문제는 매번 출제된다. 어느 식을 수립하느냐를 선택하는 것도 잘 판단해야 하지만, 그에 못지않게 각각의 개념을 어느 단위로 사용하느냐가 매우 중요하다. 필자는 기계역학에서 많이 사용하는 [MPa]을 기준으로 단위를 정리하거나, 길이 단위가 큰 경우 [Pa]을 기준으로 단위를 정리하여 문제에서 요구하는 최종 단위와 맞추는 방법을 사용하는 경우가 많다. [MPa] = [N/mm^2]이다. 예를 들어 210[GPa]로 표현된 경우 210,000[MPa], 즉 210,000[N/mm^2]로 표시하며 30[kN]의 경우, 30,000[N]으로 사용하여 식을 기술하는 단계에서 단위를 맞춘다(물론 [GPa] = [kN/mm^2]을 이용해도 된다. 필자는 변형량 계산 외에도 [MPa]가 넓게 쓰이므로 [MPa]을 기준으로 사용한다).

⑤ 자중에 의한 변형
매달린 물체의 경우 수직 부재에 인장력이 작용하는 것과 같고, 받치는 부재의 경우 압축이나 프레스 등을 받치고 있어서 압축력이 작용하는 것과 같다.
$$P = W = \gamma V = \gamma AL$$
$$\therefore\ \delta = \dfrac{PL}{EA} = \dfrac{\gamma AL \times L}{EA} = \dfrac{\gamma L^2}{E}$$

연습문제

유형 1. 단순 수직응력 구하기

01 정사각형의 단면을 가진 기둥에 $P = 80[\text{kN}]$의 압축하중이 작용할 때 6[MPa]의 압축응력이 발생하였다면, 단면 한 변의 길이는 몇 [cm]인가?

① 11.5　　② 15.4
③ 20.1　　④ 23.1

해설

$$\sigma = \frac{P}{A}$$

$$6[\text{MPa}] = \frac{80[\text{kN}]}{a^2}$$

$$a^2 = \frac{80,000\text{N}}{6[\text{N/mm}^2]}$$

$$a = 115.47[\text{mm}] = 11.55[\text{cm}]$$

정답 ①

02 길이가 3[m]이고, 지름이 16[mm]인 원형 단면봉에 30[kN]의 축하중을 작용시켰을 때 탄성 신장량 2.2[mm]가 생겼다. 재료의 탄성계수는 약 몇 [GPa]인가?

① 203　　② 20.3
③ 136　　④ 13.7

해설

$$\delta = \frac{PL}{EA}$$

$$2.2[\text{mm}] = \frac{30,000[\text{N}] \times 3,000[\text{mm}]}{E \times \frac{\pi(16[\text{mm}])^2}{4}}$$

$$E = \frac{30,000[\text{N}] \times 3,000[\text{mm}]}{2.2[\text{mm}] \times \frac{\pi \times \pi(16[\text{mm}])^2}{4}}$$

∴ $E = 203,465[\text{MPa}] = 203[\text{GPa}]$

※ $1[\text{MPa}] = 10^{-3}[\text{GPa}]$

정답 ①

유형 2. $\delta = \frac{PL}{EA}$ 를 이용한 각 변수(δ, P, E) 구하기

01 지름 20[mm], 길이 1,000[mm]의 연강봉이 50[kN]의 인장하중을 받을 때 발생하는 신장량은 약 몇 [mm]인가?(단, 탄성계수 E = 210[GPa]이다)

① 7.58　　② 0.758
③ 0.0758　④ 0.00758

해설

$$\delta = \frac{PL}{EA} = \frac{50,000[\text{N}] \times 1,000[\text{mm}]}{210,000[\text{N/mm}^2] \times \frac{\pi \times 5 \times 20[\text{mm}^2]}{4}}$$

$$= \frac{50}{21\pi}[\text{mm}] = 0.7579[\text{mm}]$$

정답 ②

03 단면적이 1[cm²], 탄성계수가 200[GPa], 길이가 10[m]인 케이블이 장력을 받아 길이가 1[mm]만큼 늘어났다. 장력의 크기는 몇 [N]인가?

① 1,000　　② 2,000
③ 3,000　　④ 4,000

해설

$$\delta = \frac{PL}{EA}$$

$$1[\text{mm}] = \frac{P \times 10[\text{m}]}{200[\text{GPa}] \times (1[\text{cm}^2])}$$

$$= \frac{P \times 10,000[\text{mm}]}{200,000[\text{N/mm}^2] \times (100[\text{mm}^2])}$$

∴ $P = 2,000[\text{N}]$

※ $1[\text{GPa}] = 10^3[\text{MPa}] = 10^3[\text{N/mm}^2]$

정답 ②

04 길이 15[m], 봉의 지름 10[mm]인 강봉에 $P = 8[kN]$을 작용시킬 때 이 봉의 길이 방향 변형량은 약 몇 [cm]인가?(단, 이 재료의 세로탄성계수는 210[GPa]이다)

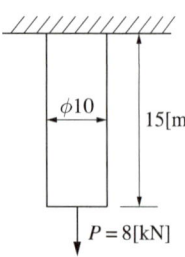

① 0.52　　② 0.64
③ 0.73　　④ 0.85

해설

$\delta = \dfrac{PL}{EA}$

$= \dfrac{8[kN] \times 15,000[mm]}{210[GPa] \times \dfrac{\pi \times (10[mm])^2}{4}}$

$= \dfrac{4 \times 8,000[N] \times 15,000[mm]}{210,000[N/mm^2] \times 100\pi[mm^2]}$

$= 7.276[mm] = 0.728[cm]$

※ 다른 조건이 없으므로 원래 매달려 있던 봉으로 간주하여 자중의 영향은 무시한다.

정답 ③

유형 3. 두 개 이상의 부재의 신장량 계산

01 다음 그림과 같이 원형 단면을 갖는 연강봉이 100[kN]의 인장하중을 받을 때 이 봉의 신장량은 약 몇 [cm]인가?(단, 세로탄성계수는 200[GPa]이다)

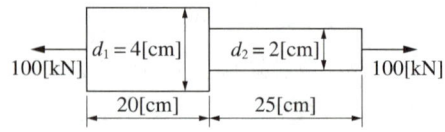

① 0.0478　　② 0.0956
③ 0.143　　　④ 0.191

해설

$\delta = \sum \dfrac{PL}{EA} = \dfrac{100[kN] \times 200[mm]}{200[kN/mm^2] \times \dfrac{\pi \times (40[mm])^2}{4}}$

$\qquad + \dfrac{100[kN] \times 250[mm]}{200[kN/mm^2] \times \dfrac{\pi \times (20[mm])^2}{4}}$

$= 0.4775[mm] = 0.0478[cm]$

※ 1[GPa] = 0.0478[cm]

정답 ①

02 다음 그림과 같이 단면적이 2[cm²]인 AB 및 CD 막대의 B점과 C점이 1[cm]만큼 떨어져 있다. 두 막대에 인장력을 가하여 늘인 후 B점과 C점에 핀을 끼워 두 막대를 연결하려고 한다. 연결 후 두 막대에 작용하는 인장력은 약 몇 [kN]인가?(단, 세로탄성계수는 200[GPa]이다)

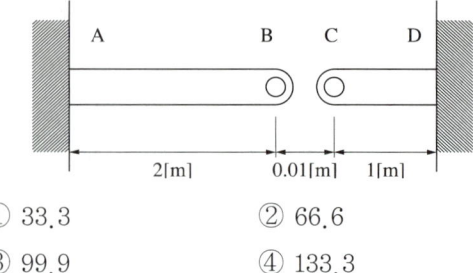

① 33.3　　② 66.6
③ 99.9　　④ 133.3

해설

$\delta_1 + \delta_2 = 10[\text{mm}]$

$\delta_1 + \delta_2 = \dfrac{PL_1}{EA} + \dfrac{PL_2}{EA} = \dfrac{P(L_1+L_2)}{EA}$

$10[\text{mm}] = \dfrac{P(2[\text{m}]+1[\text{m}])}{200[\text{GPa}] \times 2[\text{cm}^2]}$

$= \dfrac{P(2,000[\text{mm}]+1,000[\text{mm}])}{200[\text{kN/mm}^2] \times 200[\text{mm}^2]}$

$\therefore P = 133.33[\text{kN}]$

정답 ④

---

03 다음 그림과 같이 길이가 동일한 2개의 기둥 상단에 중심 압축하중 2,500[N]이 작용할 경우 전체 수축량은 약 몇 [mm]인가?(단, 단면적 $A_1 = 1,000$ [mm^2], $A_2 = 2,000$[mm^2], 길이 $L = 300$[mm], 재료의 탄성계수 $E = 90$[GPa]이다)

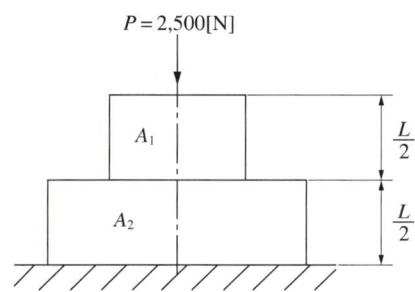

① 0.625 ② 0.0625
③ 0.00625 ④ 0.000625

해설

$\delta_{상단} = \dfrac{P\frac{l}{2}}{EA_1} = \dfrac{Pl}{2EA_1}$, $\delta_{하단} = \dfrac{P\frac{l}{2}}{EA_2} = \dfrac{Pl}{2EA_2}$

$\delta = \delta_{상단} + \delta_{하단} = \dfrac{PL}{2EA_1} + \dfrac{PL}{2EA_2} = \dfrac{PL}{2E}\left(\dfrac{1}{A_1}+\dfrac{1}{A_2}\right)$

$= \dfrac{2,500[\text{N}] \times 300[\text{mm}]}{2 \times 90,000[\text{N/mm}^2]}\left(\dfrac{1}{1,000[\text{mm}^2]}+\dfrac{1}{2,000[\text{mm}^2]}\right)$

$= 0.00625[\text{mm}]$

정답 ③

유형 4. 서로 다른 부재에 힘이 작용하여 수평을 이룰 때

01 다음 그림과 같이 서로 다른 2개의 봉에 의하여 AB봉이 수평으로 있다. AB봉을 수평으로 유지하기 위한 하중 P 작용점의 위치 x의 값은?(단, A단에 연결된 봉의 세로탄성계수는 210[GPa], 길이는 3[m], 단면적은 2[cm^2]이고, B단에 연결된 봉의 세로탄성계수는 70[GPa], 길이는 1.5[m], 단면적은 4[cm^2]이며, 봉의 자중은 무시한다)

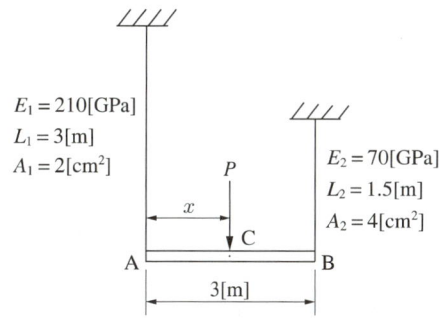

① 144.6[mm] ② 171.4[mm]
③ 191.5[mm] ④ 213.2[mm]

해설

A쪽에 작용하는 변형량 δ_1과 B쪽에 작용하는 변형량 δ_2가 같은 힘

$\delta_1 = \delta_2$, $\dfrac{P_1 L_1}{E_1 A_1} = \dfrac{P_2 L_2}{E_2 A_2}$

$P_1 + P_2 = P$, $P_2 = P - P_1$

$\dfrac{P_1 \times 300[\text{cm}]}{210[\text{GPa}] \times 2[\text{cm}^2]} = \dfrac{P_2 \times 150[\text{cm}]}{70[\text{GPa}] \times 4[\text{cm}^2]}$

$\dfrac{P_1 \times 2}{3 \times 1} = \dfrac{P_2 \times 1}{1 \times 2}$, $P_1 = \dfrac{3}{4}P_2 = \dfrac{3}{4}(P-P_1)$, $\dfrac{7}{4}P_1 = \dfrac{3}{4}P$,

$P_1 = \dfrac{3}{7}P$, $P_2 = \dfrac{4}{7}P$

$P_1 : P_2 = 3 : 4$

$x : (L-x) = 4 : 3$

$\therefore x = 300 \times \dfrac{4}{7} = 171.43[\text{cm}]$

정답 ②

02 길이가 L인 봉 AB가 그 양단에 고정된 두 개의 연직 강선에 의하여 다음 그림과 같이 수평으로 매달려 있다. 봉 AB의 자중은 무시하고, 봉이 수평을 유지하기 위한 연직하중 P의 작용점까지의 거리 x는?(단, 강선들의 단면적은 같지만 A단의 강선은 탄성계수 E_1, 길이 l_1이고, B단의 강선은 탄성계수 E_2, 길이 l_2이다)

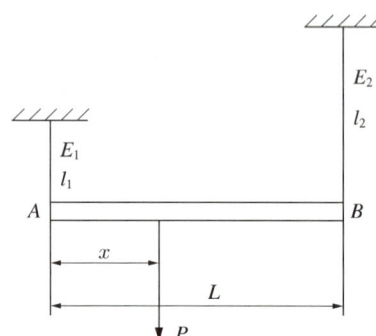

① $x = \dfrac{E_1 l_2 L}{E_1 l_2 + E_2 l_1}$

② $x = \dfrac{2E_1 l_2 L}{E_1 l_2 + E_2 l_1}$

③ $x = \dfrac{2E_2 l_1 L}{E_1 l_2 + E_2 l_1}$

④ $x = \dfrac{E_2 l_1 L}{E_1 l_2 + E_2 l_1}$

해설

$\delta_1 = \delta_2$, $\dfrac{P_1 l_1}{E_1 A} = \dfrac{P_2 l_2}{E_2 A}$

$P_1 = \dfrac{P_2 E_1 l_2}{E_2 l_1}$, $P_1 : P_2 = (L-x) : x$, $P_2 \times (L-x) = x \times P_1$

$P_2 L - P_2 x = P_1 x$, $P_1 x + P_2 x = P_2 L$

$x = \dfrac{P_2 L}{P_1 + P_2} = \dfrac{P_2 L}{\dfrac{P_2 E_1 l_2}{E_2 l_1} + P_2} = \dfrac{E_2 l_1 L}{E_1 l_2 + E_2 l_1}$

정답 ④

유형 5. 서로 다른 세 개 이상의 부재에 작용하는 신장력

01 단면적이 각각 A_1, A_2, A_3이고, 탄성계수가 각각 E_1, E_2, E_3인 길이 l인 재료가 강성판 사이에서 인장하중 P를 받아 탄성변형했을 때 재료 1, 3 내부에 생기는 수직응력은?(단, 두 개의 강성판은 항상 수평을 유지한다)

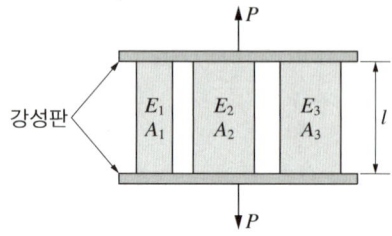

① $\sigma_1 = \dfrac{PE_1}{A_1 E_1 + A_2 E_2 + A_3 E_3}$,

  $\sigma_3 = \dfrac{PE_3}{A_1 E_1 + A_2 E_2 + A_3 E_3}$

② $\sigma_1 = \dfrac{PE_2 E_3}{E_1(A_1 E_1 + A_2 E_2 + A_3 E_3)}$,

  $\sigma_3 = \dfrac{PE_1 E_2}{E_3(A_1 E_1 + A_2 E_2 + A_3 E_3)}$

③ $\sigma_1 = \dfrac{PE_1}{A_3 A_2 E_1 + A_3 A_1 E_2 + A_1 A_2 E_3}$,

  $\sigma_3 = \dfrac{PE_3}{A_3 A_2 E_1 + A_3 A_1 E_2 + A_1 A_2 E_3}$

④ $\sigma_1 = \dfrac{PE_2 E_3}{A_3 A_2 E_1 + A_3 A_1 E_2 + A_1 A_2 E_3}$,

  $\sigma_3 = \dfrac{PE_1 E_2}{A_3 A_2 E_1 + A_3 A_1 E_2 + A_1 A_2 E_3}$

해설

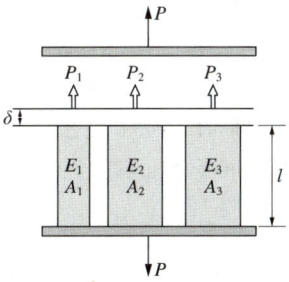

힘 P는 각 부재별로 나누어 작용하여 각각 P_1, P_2, P_3로 작용하며, 각각의 힘에 의해 늘어난 신장량 δ는 같다. 식으로 나타내면,
$P = P_1 + P_2 + P_3$

$$\delta = \frac{P_1 l}{E_1 A_1} = \frac{P_2 l}{E_2 A_2} = \frac{P_3 l}{E_3 A_3}$$

등식의 정리에 의해

$$\frac{P_1 l}{E_1 A_1} = \frac{P_2 l}{E_2 A_2} = \frac{P_3 l}{E_3 A_3} = \frac{(P_1+P_2+P_3)l}{E_1 A_1 + E_2 A_2 + E_3 A_3}$$

$$\frac{P_1}{E_1 A_1} = \frac{P_2}{E_2 A_2} = \frac{P_3}{E_3 A_3} = \frac{P}{E_1 A_1 + E_2 A_2 + E_3 A_3}$$

$$\frac{\sigma_1}{E_1} = \frac{\sigma_2}{E_2} = \frac{\sigma_3}{E_3} = \frac{P}{E_1 A_1 + E_2 A_2 + E_3 A_3}$$

$$\therefore \sigma_1 = \frac{P E_1}{E_1 A_1 + E_2 A_2 + E_3 A_3}$$

$$\sigma_2 = \frac{P E_2}{E_1 A_1 + E_2 A_2 + E_3 A_3}$$

$$\sigma_3 = \frac{P E_3}{E_1 A_1 + E_2 A_2 + E_3 A_3}$$

정답 ①

02 다음 그림과 같이 지름 d인 강철봉이 안지름 d, 바깥지름 D인 동관에 끼워져서 두 강체 평판 사이에서 압축되고 있다. 강철봉 및 동관에 생기는 응력을 각각 σ_s, σ_c라고 하면 응력의 비(σ_s/σ_c)의 값은?(단, 강철(Es) 및 동(Ec)의 탄성계수는 각각 Es = 200[GPa], Ec = 120[GPa]이다)

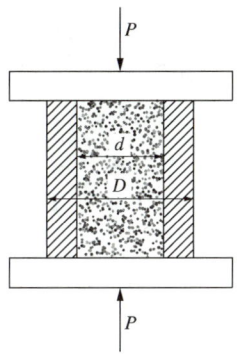

① $\dfrac{3}{5}$ ② $\dfrac{4}{5}$

③ $\dfrac{5}{4}$ ④ $\dfrac{5}{3}$

해설

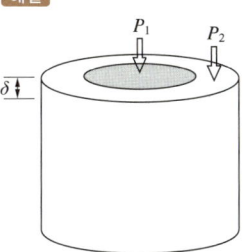

힘 P는 각 부재별로 나누어 작용하여 각각 P_1, P_2로 작용하며 각각의 힘에 의한 수축량은 δ로 같다. 식으로 나타내면,
$P = P_1 + P_2$

$$\delta = \frac{P_1 l}{E_s A_1} = \frac{P_2 l}{E_c A_2}$$

정리하면

$$\frac{\sigma_s}{E_s} = \frac{\sigma_c}{E_c}$$

$$\therefore \frac{\sigma_s}{\sigma_c} = \frac{E_s}{E_c} = \frac{200[\text{GPa}]}{120[\text{GPa}]} = \frac{5}{3}$$

정답 ④

유형 6. 매달린 물체의 자중에 의한 인장응력

01 상단이 고정된 원추 형체의 단위체적에 대한 중량을 γ라 하고 원추 밑면의 지름이 d, 높이가 l일 때 이 재료의 최대 인장응력을 나타낸 식은?(단, 자중만 고려한다)

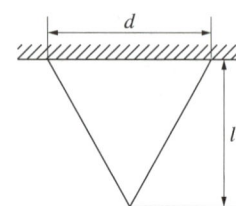

① $\sigma_{\max} = \gamma l$ ② $\sigma_{\max} = \dfrac{1}{2}\gamma l$

③ $\sigma_{\max} = \dfrac{1}{3}\gamma l$ ④ $\sigma_{\max} = \dfrac{1}{4}\gamma l$

해설
어느 지점에서 최대가 되는 함수가 된다고 하면 길이 변화에 따른 식을 세워 최댓값을 구해야 한다. 그러나 어느 지점에서든 응력은 작용하는 자중을 단면적으로 나눈 응력값을 사용하므로, 가장 많은 부피가 작용하는 최상단에서 최대 응력이 나타난다.
$\sigma = \dfrac{P}{A} = \dfrac{\gamma V}{A} = \dfrac{1}{3}\dfrac{\gamma Al}{A} = \dfrac{1}{3}\gamma l$

정답 ③

유형 7. 매달린 물체의 자중에 의한 신장

01 다음 그림에서 윗면의 지름이 d, 높이가 l인 원추형의 상단을 고정할 때 이 재료에 발생하는 신장량 δ의 값은?(단, 단위체적당의 중량을 γ, 탄성계수를 E라 함)

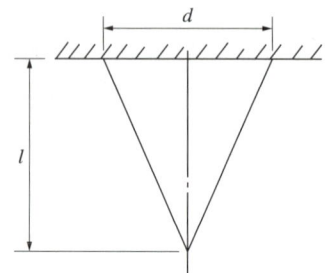

① $\delta = \gamma l^2 / 2E$ ② $\delta = \gamma l^2 / 3E$

③ $\delta = \gamma l^2 / 6E$ ④ $\delta = \gamma l^2 / 8E$

해설
$d\delta = \dfrac{1}{3}\dfrac{\gamma Ax}{EA}dx = \dfrac{1}{3}\dfrac{\gamma x}{E}dx$
$\delta = \int_0^L d\delta = \int_0^L \dfrac{1}{3}\dfrac{\gamma x}{E}dx = \dfrac{\gamma}{3E}\dfrac{l^2}{2} = \dfrac{\gamma l^2}{6E}$

정답 ③

02 다음 그림과 같은 하중을 받고 있는 수직 봉의 자중을 고려한 총신장량은?(단, 하중은 P, 막대 단면적은 A, 비중량은 γ, 탄성계수는 E이다)

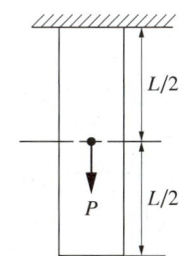

① $\dfrac{L}{E}\left(\gamma L + \dfrac{P}{A}\right)$ ② $\dfrac{L}{2E}\left(\gamma L + \dfrac{P}{A}\right)$

③ $\dfrac{L^2}{2E}\left(\gamma L + \dfrac{P}{A}\right)$ ④ $\dfrac{L^2}{E}\left(\gamma L + \dfrac{P}{A}\right)$

해설

- 하중에 의한 신장

$\delta_1 = \dfrac{PL}{2EA}$

- 자중에 의한 신장

미소 면적 dx를 관찰해 보면

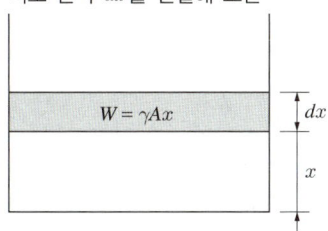

$d\delta = \dfrac{\gamma Ax}{EA}dx = \dfrac{\gamma x}{E}dx$

$\delta_2 = \displaystyle\int_0^L d\delta_2 = \int_0^L \dfrac{\gamma x}{E}dx = \dfrac{\gamma}{E}\dfrac{L^2}{2}$

- 전체 신장량

$\delta = \delta_1 + \delta_2 = \dfrac{PL}{2EA} + \dfrac{\gamma L^2}{2E} = \dfrac{L}{2E}\left(\dfrac{P}{A} + \gamma L\right)$

정답 ②

유형 8. 힘의 각도가 발생하는 신장

01 단면적 A, 탄성계수(Young's modulus) E, 길이 L_1인 봉재가 다음 그림과 같이 천장에 매달려 있다. 이 부재의 B점에 하중 P가 작용할 때 B점 하중 방향의 변위는?

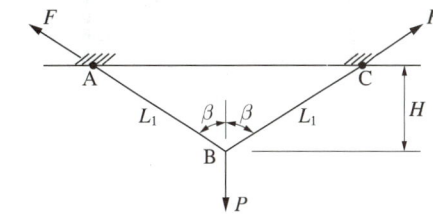

① $\dfrac{P^2 H}{4EA\cos^2\beta}$ ② $\dfrac{P^2 H}{4EA\cos^3\beta}$

③ $\dfrac{PH}{2EA\cos^2\beta}$ ④ $\dfrac{PH}{2EA\cos^3\beta}$

해설

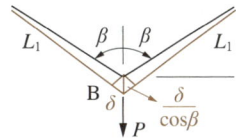

전체를 강체로 보면 $R_A + R_B = P$, $R_A = R_B = P/2$

$F = \dfrac{R_A}{\cos\beta} = \dfrac{P}{2\cos\beta}$

- 부재 AB의 신장량 : $\delta = \dfrac{FL_1}{EA} = \dfrac{PL_1}{2EA\cos\beta} = \dfrac{PH}{2EA\cos^2\beta}$

- 하중 방향의 신장량 : $\delta' = \dfrac{\delta}{\cos\beta} = \dfrac{PH}{2EA\cos^3\beta}$

정답 ④

02 다음 그림과 같이 양단이 고정된 단면적 1[cm²], 길이 2[m]의 케이블을 B점에서 아래로 10[mm]만큼 잡아당기는 데 필요한 힘 P는 약 몇 [N]인가?(단, 케이블 재료의 세로탄성계수는 200[GPa]이며, 자중은 무시한다)

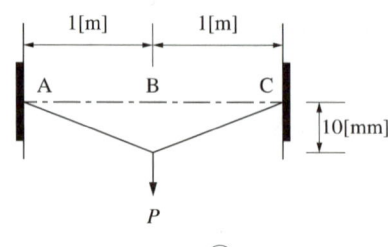

① 10　　② 20
③ 30　　④ 40

해설

두 부재가 아래로 10[mm] 늘어났다면 길이 방향으로 늘어난 δ는 $10\sin\alpha$[mm] 이다.

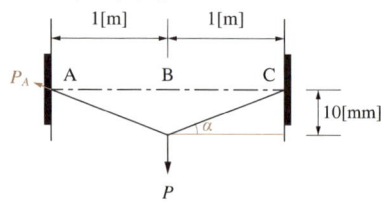

$\tan\alpha = \dfrac{1}{100}$ 이므로,

$\sin\alpha = \dfrac{1}{\sqrt{10,001}}$, $\cos\alpha = \dfrac{100}{\sqrt{10,001}}$

$\delta = \dfrac{10}{\sqrt{10,001}}$[mm]

$\delta = \dfrac{P_A l}{EA}$, $\dfrac{10}{\sqrt{10,001}}$[mm] $= \dfrac{P_A 1,000[\text{mm}]}{200[\text{kN/mm}^2] \times 100[\text{mm}^2]}$,

$P_A = \dfrac{200}{\sqrt{10,001}}$[kN]

$\dfrac{P}{P_A} = \sin\alpha = \dfrac{1}{\sqrt{10,001}}$ 이므로,

$P = \dfrac{P_A}{\sqrt{10,001}} = \dfrac{200}{10,001} \approx 0.02$[kN] $= 20$[N]

별해

객관식 문제이고 보기의 수치 차가 크므로 $P_A = \dfrac{200}{\sqrt{10,001}} \approx 2$[kN]까지 구한 후 라미의 정리나 정확한 삼각비를 사용하지 않아도 $\tan\alpha \approx \dfrac{1}{100}$ 이라는 것을 이용해 $P \approx 20$[N]을 구할 수 있다.

정답 ②

핵심이론 15 | 축하중 선도

① 축하중 선도
　⊙ 작용력을 도선화하여 표현한 선도이다.
　⊙ 축의 끝부분이나 자중에 의한 힘 외에도 축의 중간 어디에선가 작용력이 있을 수 있다.
　⊙ 구조물의 내력을 시각적으로 표현하면 하중 집중과 분포를 쉽게 식별하여 안전성 평가에도 유리하다.

② 축하중 선도를 이용한 해석
　⊙ 평형 방정식을 그려서 각 부분의 힘을 구한다.
　　• 수평 방향의 힘의 합이 0이다($\sum F_x = 0$).
　　• 수직 방향의 힘의 합이 0이다($\sum F_y = 0$).
　　• 모멘트 합이 0이다($\sum M = 0$).
　⊙ 부정정 구조물은 핵심이론 30의 방법에 따라 해석한다.
　⊙ 축하중 선도를 다음과 같이 그려 해석한다.

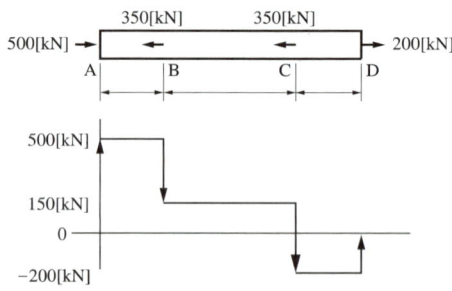

10년간 자주 출제된 문제

15-1. 지름이 동일한 봉에 그림 (A)와 같이 하중이 작용할 때 단면에 발생하는 축하중 선도는 그림 (B)와 같다. 단면 C에 작용하는 하중(F)은 얼마인가?

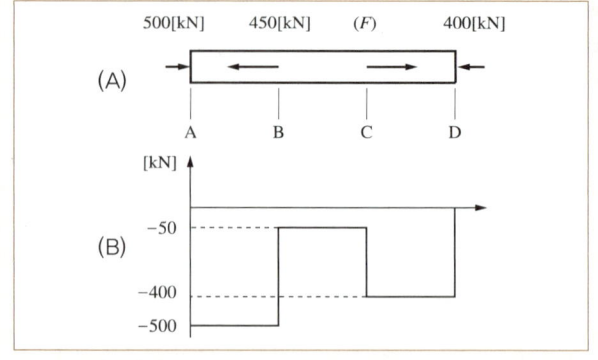

① 150[kN]　　② 250[kN]
③ 350[kN]　　④ 450[kN]

10년간 자주 출제된 문제

15-2. 단면적이 4[cm²]인 강봉에 다음 그림과 같이 하중이 작용할 때 이 보은 약 몇 [cm] 늘어나는가?(단, 세로탄성계수 E = 210[GPa]이다)

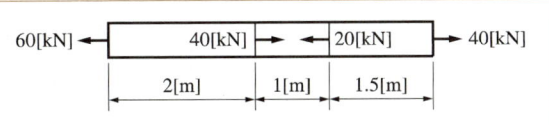

① 0.80
② 0.24
③ 0.0028
④ 0.015

| 해설 |

15-1
[풀이 1]
부재가 이동하지 않는 한 일직선상 힘의 합이 0이므로
$-500 + 450 - (F) + 400 = 0$
$F = 350$[kN]

[풀이 2]
축하중 선도에서 작용력 F는 C에 작용하는 힘이므로 F는 350[kN]이다.

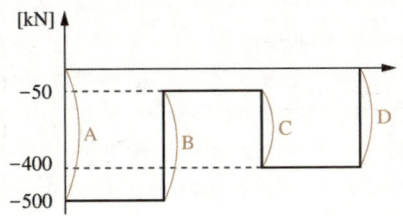

15-2

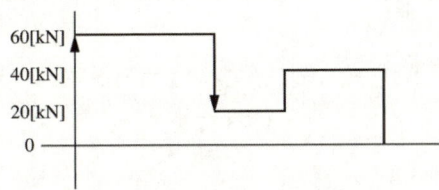

각 구간에서의 축하중은 2[m] 구간에서 60[kN], 1.5[m] 구간에서 40[kN], 1[m] 구간에서 20[kN]이다.

$\delta_1 = \dfrac{P_1 L_1}{EA}$, $\delta_1 = \dfrac{P_1 L_1}{EA}$, $\delta_3 = \dfrac{P_3 L_3}{EA}$

$\Sigma\delta = \delta_1 - \delta_2 + \delta_3 = \dfrac{P_1 L_1 - P_2 L_2 + P_3 L_3}{EA}$

$= \dfrac{60[\text{kN}] \times 2,000[\text{mm}] + 20[\text{kN}] \times 1,000[\text{mm}] + 40[\text{kN}] \times 1,500[\text{mm}]}{210[\text{kN/mm}^2] \times 400[\text{mm}^2]}$

$= 2.38[\text{mm}] = 0.238[\text{cm}]$

정답 15-1 ③ 15-2 ②

핵심이론 16 | 탄성변형에너지

① 수직 탄성변형에너지

㉠ 수직력이 작용하는 부재의 응력 변형률 선도를 살펴보면 초기의 탄성변형 구간이 있다.

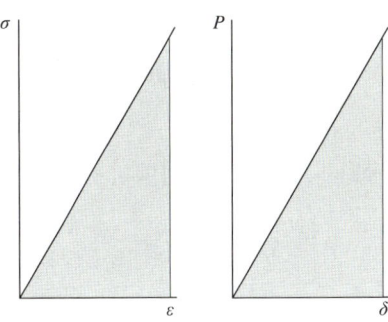

㉡ 탄성변형 구간 내의 부재는 변형에 따른 에너지를 저장하게 된다.

$U = \dfrac{1}{2}P\delta = \dfrac{1}{2}P \times \dfrac{Pl}{EA} = \dfrac{P^2 l}{2EA}$

$= \dfrac{P^2 lA}{2EA^2} = \dfrac{P^2 \times lA}{A^2 \times 2E} = \sigma^2 \dfrac{Al}{2E}$

$= \sigma^2 \dfrac{V}{2E}[\text{N} \cdot \text{m}]$

(여기서, U : 탄성에너지, P : 수직응력, δ : 변위)

㉢ 단위체적당 탄성변형에너지

$u = \dfrac{U}{V} = \dfrac{P\delta}{2V} = \sigma^2 \dfrac{V}{2EV} = \dfrac{\sigma^2}{2E}$

$= \dfrac{(E\varepsilon)^2}{2E} = \dfrac{1}{2}E\varepsilon^2 [\text{Nm/m}^3]$

② 전단 탄성변형에너지

㉠ 전단력이 작용하는 구간에도 탄성변형에너지가 작용한다.

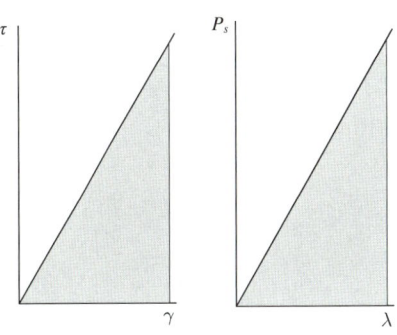

$$U = \frac{1}{2}P_s \lambda = \frac{1}{2}P_s \times \frac{P_s l}{GA} = \frac{P_s^2 l}{2GA}$$
$$= \frac{P_s^2 lA}{2GA^2} = \frac{P_s^2 \times lA}{A^2 \times 2G} = \tau^2 \frac{Al}{2G}$$
$$= \tau^2 \frac{V}{2G}[\text{N} \cdot \text{m}]$$

(여기서, U : 탄성에너지, P_s : 비틀림응력, λ : 비틀림각)

ⓒ 단위체적당 탄성변형에너지
$$u = \frac{U}{V} = \frac{P_s \lambda}{2V} = \tau^2 \frac{V}{2GV} = \frac{\tau^2}{2G}$$
$$= \frac{(G\gamma)^2}{2G} = \frac{1}{2}G\gamma^2 [\text{Nm/m}^3]$$

10년간 자주 출제된 문제

16-1. 단면적이 30[cm²], 길이가 30[cm]인 강봉이 축 방향으로 압축력 $P=21$[kN]을 받고 있을 때 그 봉 속에 저장되는 변형에너지의 값은 약 몇 [N·m]인가?(단, 강봉의 세로탄성계수는 210[GPa]이다)

① 0.085
② 0.105
③ 0.135
④ 0.195

16-2. 다음 그림과 같이 A, B의 원형 단면 봉은 길이가 같고, 지름이 다르며 양단에서 같은 압축하중 P를 받고 있다. 응력은 각 단면에서 균일하게 분포된다고 할 때 저장되는 탄성변형에너지의 비 $\dfrac{U_B}{U_A}$는 얼마인가?

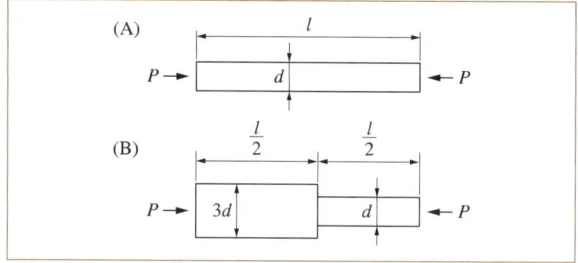

① $\dfrac{1}{3}$
② $\dfrac{5}{9}$
③ 2
④ $\dfrac{9}{5}$

16-3. 높이가 L이고, 저면의 지름이 D, 단위체적당 중량이 γ인 다음 그림과 같은 원추형의 재료가 자중에 의해 변형될 때 저장된 변형에너지값은?(단, 세로탄성계수는 E이다)

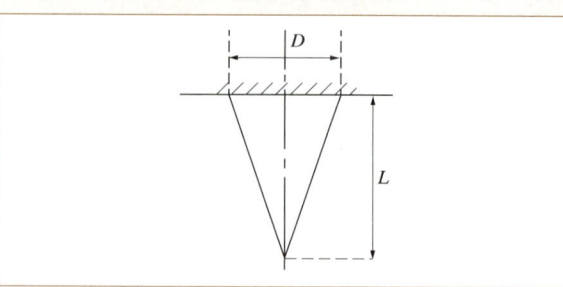

① $\dfrac{\pi\gamma D^2 L^3}{24E}$
② $\dfrac{(\pi\gamma^2\pi^2 D^3)^2}{72E}$
③ $\dfrac{\pi\gamma DL^2}{96E}$
④ $\dfrac{\gamma^2\pi^2 D^2 L^3}{360E}$

16-4. 다음 그림과 같은 트러스가 점 B에서 그림과 같은 방향으로 5[kN]의 힘을 받을 때 트러스에 저장되는 탄성에너지는 몇 [kJ]인가?(단, 트러스의 단면적은 1.2[cm²], 탄성계수는 10^6[Pa]이다)

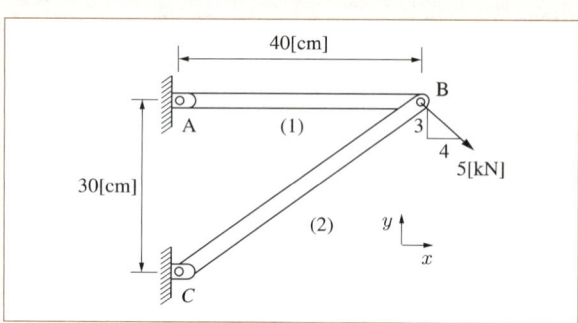

① 52.1
② 106.7
③ 159.0
④ 267.7

| 해설 |

16-1
$$U = \frac{1}{2}P\delta = \frac{P^2 l}{2EA}$$
$$= \frac{(21,000[\text{N}])^2 \times 0.3[\text{m}]}{2 \times (210 \times 10^9)[\text{N/m}^2] \times (30 \times 10^{-4})[\text{m}^2]}$$
$$= 0.105[\text{N} \cdot \text{m}]$$

※ 1[GPa] $= 10^9$ [N/m²]

|해설|

16-2

$U = \dfrac{1}{2} P\delta$

(여기서, U : 탄성에너지, P : 수직응력, δ : 변위)

$U_A = \dfrac{P^2 l}{2EA}$

$U_B = \dfrac{P^2 \dfrac{l}{2}}{2E \times 9A} + \dfrac{P^2 \dfrac{l}{2}}{2E \times A} = \dfrac{P^2 l}{36EA} + \dfrac{P^2 l}{4EA} = \dfrac{P^2 l}{36EA} + \dfrac{9P^2 l}{36EA}$

$= \dfrac{10P^2 l}{36EA} = \dfrac{5P^2 l}{18EA}$

$\dfrac{U_B}{U_A} = \dfrac{\dfrac{5}{18}}{\dfrac{1}{2}} = \dfrac{5}{9}$

16-3

미소 원뿔의 처짐량에 의한 탄성변형에너지는 $U_{dx} = \dfrac{W_x^2 dx}{2EA}$ 이

고, $A : A_x = L : x$, $W_x = \dfrac{\gamma A_x x}{3} = \dfrac{1}{3} \dfrac{\gamma A}{L} x^2$ 이다.

$U_x = \dfrac{W_x^2 dx}{2EA} = \dfrac{1}{2EA} \left(\dfrac{1}{3} \dfrac{\gamma A}{L} x^2 \right)^2 dx$

$U = \dfrac{\gamma^2 A^2}{2EA} \dfrac{1}{9L^2} \int_0^L x^4 dx = \dfrac{\gamma^2 A}{18EL^2} \left[\dfrac{L^5}{5} \right]$

$= \dfrac{\gamma^2 L^3}{90E} A = \dfrac{\gamma^2 L^3}{90E} \times \dfrac{\pi D^2}{4} = \dfrac{\pi D^2 \gamma^2 L^3}{360E}$

일반기계기사는 수학적 계산속도를 측정할 목적으로 문제를 출제하지 않기 때문에 보기 4개의 차원이 모두 다르므로 변형에너지의 개념을 대입하여 유추하는 문제로 생각해야 한다.

변형에너지는 힘과 δ 간에 축적된 에너지이고, 매달린 부재에서 힘은 부피와 비중량의 곱이며, δ는 탄성계수와 면적에 대비하여 힘과 길이가 클수록 커지는 값이다. 따라서 계산에 따른 어떤 상수값을 A라 간주하고

$A \dfrac{\text{자중}^2 \times \text{길이}}{\text{탄성계수} \times \text{면적}} = A \dfrac{(\text{비중량} \times \text{체적})^2 \times \text{길이}}{\text{탄성계수} \times \text{면적}}$

$= A \dfrac{\text{비중량}^2 \times (\text{면적} \times \text{길이})^2 \times \text{길이}}{\text{탄성계수} \times \text{면적}}$

$= A \dfrac{\text{비중량}^2 \times \text{면적}^2 \times \text{길이}^3}{\text{탄성계수} \times \text{면적}}$

$= A \dfrac{\text{비중량}^2 \times \left(\dfrac{\pi}{4} D^2 \right)^2 \times \text{길이}^3}{\text{탄성계수} \times \left(\dfrac{\pi}{4} D^2 \right)}$

으로 나타나는 차원이 필요하다. 보기의 분모에 모두 E만 존재하므로 분자, 분모에 문제에서 표현된 면적의 표현 방식, 어떤 상수×πD^2를 곱하면 같은 차원을 가진 보기는 ④이다. 즉, ①, ②, ③은 탄성변형에너지로 표현될 수 없는 형식이다.

16-4

부재가 두 개이고, 탄성변형에너지를 특정하지 않았으므로 (1)과 (2)의 탄성변형에너지를 모두 구한다.

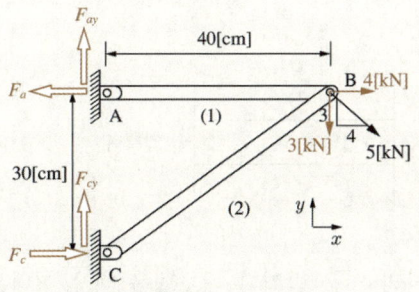

$F_{ay} + F_{cy} = 3 [\text{kN}]$, $F_a + F_c = 4 [\text{kN}]$

$M_A = 3 [\text{kN}] \times 40 [\text{cm}] + F_c \times 30 [\text{cm}] = 0$

$F_c = \dfrac{-3 [\text{kN}] \times 40 [\text{cm}]}{30 [\text{cm}]} = -4 [\text{kN}]$

$F_a + F_c = 4 [\text{kN}]$, $F_a - 4 [\text{kN}] = 4 [\text{kN}]$

$F_a = 8 [\text{kN}]$

∴ (1)에 작용하는 힘 8[kN] 인장 방향

(1)에 발생하는 탄성변형에너지

$U_{(1)} = \dfrac{P^2 l}{2EA} = \dfrac{(8[\text{kN}])^2 \times 0.4[\text{m}]}{2 \times 10^3 [\text{kN/m}^2] \times 0.00012 [\text{m}^2]}$

$= 106.67 [\text{kN} \cdot \text{m}] = 106.67 [\text{kJ}]$

(2) 부재에 작용하는 힘

(1) 부재에 작용하는 힘이 8[kN]이고, x분력 4, y분력 3이므로 힘의 합성도를 그리면 다음과 같다.

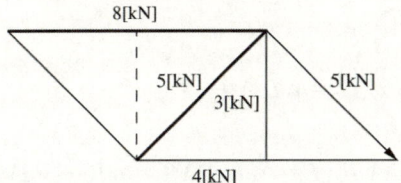

∴ (2)에 작용하는 힘 5[kN] 압축 방향

$U_{(2)} = \dfrac{P^2 l}{2EA} = \dfrac{(5[\text{kN}])^2 \times 0.5[\text{m}]}{2 \times 10^3 [\text{kN/m}^2] \times 0.00012 [\text{m}^2]}$

$= 52.08 [\text{kN} \cdot \text{m}] = 52.08 [\text{kJ}]$

∴ $U_T = U_{(1)} + U_{(2)} = 106.67 + 52.08 = 158.75 [\text{kJ}]$

정답 16-1 ② 16-2 ② 16-3 ④ 16-4 ③

핵심이론 17 | 열응력

① 고정된 부재가 열에 의한 팽창력을 받으면 압축응력이 발생한다.

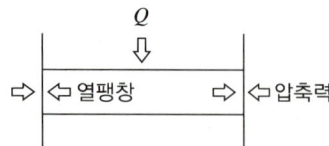

② 열팽창계수
  ㉠ 부재에 따라 열을 받거나 내보냈을 때 늘어나는 정도가 다르다.
  ㉡ 온도 1[℃]당 팽창하는 비율을 나타낸 수치이다.
  ㉢ 기호 : α
  ㉣ 길이 방향으로 늘어나는 팽창을 다루므로 선팽창계수라고 한다.

③ 발생하는 열응력은 부재의 종류에 따라 팽창력이 다르다.
  ㉠ $\sigma = \alpha E \Delta T$
  (여기서, σ : 열응력, E : 세로탄성계수, ΔT : 온도차)
  ㉡ $\sigma = E\varepsilon$ 이므로, $\varepsilon = \alpha \Delta T$
  ㉢ $\dfrac{\delta}{L} = \alpha \Delta T$, $\delta = \alpha L \Delta T$
  ㉣ $\dfrac{P}{A} = \alpha E \Delta T$, $P = \alpha E A \Delta T = \alpha E \dfrac{\pi d^2}{4} \Delta T$

10년간 자주 출제된 문제

17-1. 단면적이 7[cm²]이고, 길이가 10[m]인 환봉의 온도를 10[℃] 올렸더니 길이가 1[mm] 증가하였다. 이 환봉의 열팽창계수는?

① 10^{-2}[/℃] ② 10^{-3}[/℃]
③ 10^{-4}[/℃] ④ 10^{-5}[/℃]

17-2. 강재 나사봉을 기온이 27[℃]일 때 24[MPa]의 인장응력을 발생시켜 놓고 양단을 고정하였다. 기온이 7[℃]로 되었을 때의 응력은 약 몇 [MPa]인가?(단, 탄성계수 E = 210[GPa], 선팽창계수 α = 11.3 × 10^{-6}[/℃]이다)

① 47.46 ② 23.46
③ 71.46 ④ 65.46

|해설|

17-1
열팽창계수 : 온도 1[℃]당 팽창하는 비율을 나타낸 수치로, 부재마다 다르다. 길이 10[m]에 대해 10[℃]당 1[mm]이면, 10[m] (10,000[mm]) 1[℃]당 0.1[mm] 팽창한다.
∴ α = 0.00001[/℃]

17-2
$\Delta\sigma = \alpha E \Delta T = 11.3 \times 10^{-6}$[/℃] × 210[GPa] × (27 - 7)[℃]
  = 0.04746[GPa] = 47.46[MPa]
$\Delta\sigma = \sigma_2 - \sigma_1$
$\sigma_2 = 47.46 + 24 = 71.46$[MPa]
※ 1[GPa] = 10^3[MPa]

정답 17-1 ④ 17-2 ③

핵심이론 18 | 비틀림

① 비틀림 강도
  ㉠ 부재가 비틀림에 대해 얼마까지 버티는가를 나타내는 정도로, 힘에 대응하는 개념이다. 단면의 크기에 영향을 받으며, 파괴시험을 통해 파단강도를 확인하여 적용한다.
  ㉡ 부재가 받는 힘 중 표면을 따라 단면의 직각 방향의 힘을 받는 비틀림 힘이 작용하는 경우가 있다.

  ㉢ 전단에 의한 파손의 경우
  $$\tau = \frac{P}{A}$$
  (여기서, τ : 전단응력, P : 전단력, A : 단면적)
  ㉣ 비틀림에 의한 파손의 경우 전단력 P가 아닌 비틀림 힘 T와 강도의 관계로 비틀림 강성의 개념으로 설명한다.

② 비틀림 강성
  ㉠ 부재가 비틀림 힘에 대해 얼마나 변형되지 않는가를 나타내는 정도로, 변형에 대응하는 개념이다. 단면의 모양에 영향을 받으며, 굽힘 등 변형시험을 통해 변형에 대한 저항을 확인한다.
  ㉡ 변위의 변화량에 대한 외력의 값으로 나타낸다.
  ㉢ 단면 2차 모멘트, 단면의 크기, 탄성계수 등의 복합으로 강성을 나타낸다.

③ 비틀림 모멘트(twisting moment)
  $$T = Z_p \tau, \quad T = \frac{I_p}{r}\tau = \frac{I_p}{\frac{d}{2}}\tau$$

④ 단면계수, 극단면계수
  ㉠ 단면 2차 모멘트는 단면의 형상에 따른 단면의 강성을 결정한다(단면 1차 모멘트는 핵심이론 04 참조).
  ㉡ 원형 평면의 단면 2차 모멘트
  $$I = \frac{\pi d^4}{64}$$
  ㉢ 원형 평면의 극단면 2차 모멘트
  $$I_p = I_x + I_y = 2I = \frac{\pi d^4}{64} \times 2 = \frac{\pi d^4}{32}$$
  ㉣ (극)단면계수(Z, Z_p) : (극)단면 2차 모멘트를 중립축에서 최외곽거리로 나눈 값이다.

  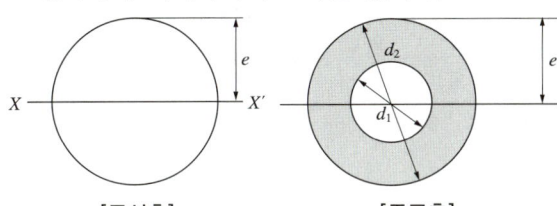

  [중실축] [중공축]

  • 단면계수
  $$Z = \frac{I}{e} = \frac{\pi d^4}{64} \div \frac{d}{2} = \frac{\pi d^3}{32}$$
  • 극단면계수
  $$Z_p = \frac{I_p}{e} = \frac{\pi d^4}{32} \div \frac{d}{2} = \frac{\pi d^3}{16}$$

⑤ 중공축
  ㉠ 원형 평면의 단면 2차 모멘트
  $$I = \frac{\pi(d_2^4 - d_1^4)}{64}$$
  ㉡ 원형 평면의 극단면 2차 모멘트
  $$I_p = I_x + I_y = 2I = \frac{\pi(d_2^4 - d_1^4)}{64} \times 2$$
  $$= \frac{\pi(d_2^4 - d_1^4)}{32}$$
  ㉢ 단면계수
  $$Z = \frac{I}{e} = \frac{\pi(d_2^4 - d_1^4)}{64} \div \frac{d_2}{2} = \frac{\pi(d_2^4 - d_1^4)}{32 d_2}$$
  ㉣ 극단면계수
  $$Z_p = \frac{I_p}{e} = \frac{\pi(d_2^4 - d_1^4)}{32} \div \frac{d_2}{2} = \frac{\pi(d_2^4 - d_1^4)}{16 d_2}$$

10년간 자주 출제된 문제

18-1. 지름 70[mm]인 환봉에 20[MPa]의 최대 전단응력이 생겼을 때 비틀림 모멘트는 약 몇 [kN·m]인가?

① 4.50   ② 3.60
③ 2.70   ④ 1.35

18-2. 원형축(바깥지름 d)을 재질이 같은 속이 빈 원형축(바깥지름 d, 안지름 $d/2$)으로 교체하였을 경우 받을 수 있는 비틀림 모멘트는 몇 [%] 감소하는가?

① 6.25   ② 8.25
③ 25.6   ④ 52.6

|해설|

18-1

$$T = Z_p \tau = \frac{\pi d^3}{16}\tau = \frac{\pi(70[\text{mm}])^3}{16} \times 20[\text{N/mm}^2]$$
$$= 1,346,957.9[\text{N} \cdot \text{mm}] \fallingdotseq 1.35[\text{kN} \cdot \text{m}]$$

18-2

$$T_1 = Z_p\tau = \frac{I_p}{e}\tau = \frac{\pi d^3}{16}\tau$$

$$T_2 = Z_p\tau = \frac{I_p}{e}\tau = \frac{\frac{\pi(d^4 - d_1^4)}{32}}{\frac{d}{2}}\tau = \frac{\pi\left(d^4 - \left(\frac{d}{2}\right)^4\right)}{16}\tau$$

$$= \frac{\pi d^4}{16}\tau\left(1 - \frac{1}{16}\right) = \frac{\pi d^4}{16}\tau\left(\frac{15}{16}\right)$$

∴ T_2는 T_1에 비해 $\frac{1}{16} \times 100 = 6.25[\%]$만큼 감소한다.

정답 18-1 ④ 18-2 ①

핵심이론 19 | 비틀림각

① 비틀림각

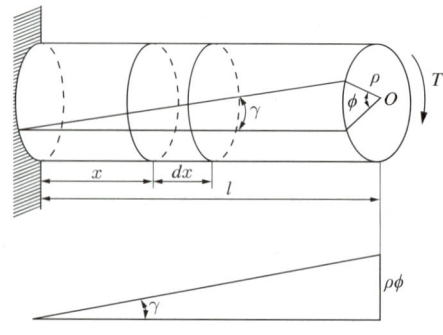

㉠ 비틀림 힘 T가 작용하여 비틀림이 발생하면 그 각을 γ라 하고, $\tan\gamma \approx \gamma = \frac{\rho\phi}{l}$의 관계가 형성된다. ρ는 단면에서 지름, ϕ는 단면에서의 비틀림각이다.

㉡ 비틀림 힘과 비틀림 각, 전단탄성계수의 관계

$$\tau = G\gamma, \quad \tau = G\frac{\rho\phi}{l}$$

$$\phi = \frac{TL}{GI_p}$$

(여기서, ϕ : 비틀림각, T : 비틀림 힘, L : 전체 길이, G : 전단탄성계수, I_p : 극단면 2차 모멘트)

② 중공축의 비틀림에 관한 문제

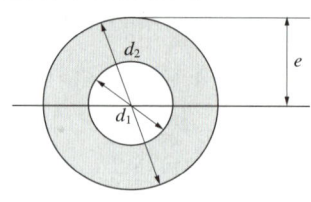

중공축의 경우

$$I_p = \frac{\pi(d_2^4 - d_1^4)}{32} \div \frac{d_2}{2}$$ 를 적용해야 하지만,

$T = Z_p\tau$의 식을 이용하여

$$\phi = \frac{TL}{GI_p} = \frac{Z_p\tau \times L}{G \times Z_p \times \frac{d_2}{2}} = \frac{\tau L}{G\frac{d_2}{2}}$$ 로 나타낼 수도

있으므로 문제에 맞추어 적용한다.

③ 양단 고정보의 비틀림에 관한 문제

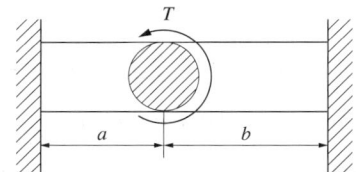

양단 고정보의 중심에 비틀림 T가 작용할 때 양쪽 단에는 각각 T_a, T_b가 반대 방향으로 작용하여 힘의 평형을 이룬다.

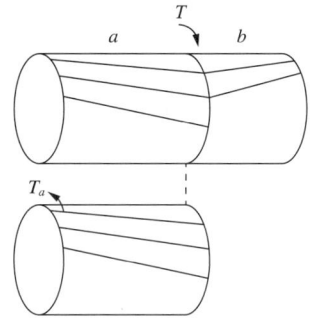

이를 a 구간만 보면 T_a에 의해 반대 방향의 비틀림이 일어나는 것을 알 수 있고, 반대쪽도 마찬가지이다. 따라서 중심부의 비틀림각을 구하기 위해서는 T_a, T_b의 크기를 구하는 것이 중요하다. 결과를 도출하면,

$$T_a = \frac{b}{a+b}T, \quad T_b = \frac{a}{a+b}T$$

$$\phi_a = \frac{TL}{GI_p} = \frac{bT}{a+b}\frac{L}{GI_p} = \frac{bT}{a+b}\frac{a}{GI_p}$$

$$= \frac{ab}{a+b}\frac{T}{GI_p}$$

※ 참고

$$\phi_b = \frac{TL}{GI_p} = \frac{aT}{a+b}\frac{L}{GI_p} = \frac{aT}{a+b}\frac{b}{GI_p}$$

$$= \frac{ab}{a+b}\frac{T}{GI_p}$$

양쪽 원형 보의 면적이 같은 경우, $\phi_a = \phi_b$임을 알 수 있다.

• 단면적이 서로 다른 경우

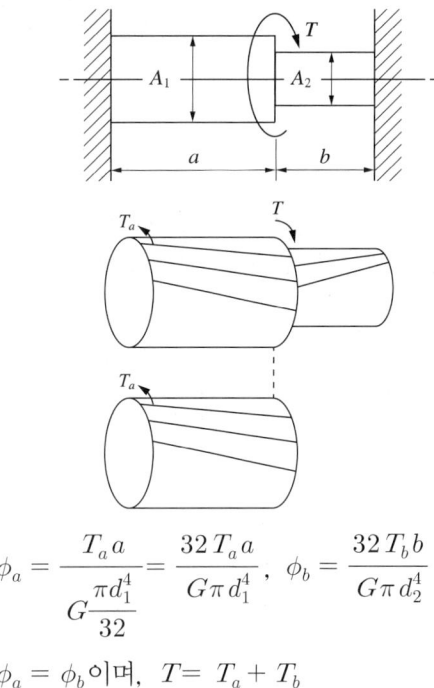

$$\phi_a = \frac{T_a a}{G\frac{\pi d_1^4}{32}} = \frac{32\,T_a a}{G\pi d_1^4}, \quad \phi_b = \frac{32\,T_b b}{G\pi d_2^4}$$

$\phi_a = \phi_b$이며, $T = T_a + T_b$

$$\frac{32\,T_a a}{G\pi d_1^4} = \frac{32\,T_b b}{G\pi d_2^4}, \quad \frac{T_a}{T_b} = \frac{b\,d_1^4}{a\,d_2^4}$$

연습문제

유형 1. 비틀림각 구하기

01 다음 그림과 같은 구조물에서 비틀림각 θ는 약 몇 [rad]인가?(단, 봉의 전단탄성계수 $G=120[GPa]$이다)

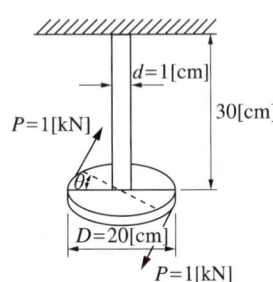

① 0.12 ② 0.5
③ 0.05 ④ 0.032

해설

$T = P \times \dfrac{D}{2} = 1[kN] \times 10[cm] \times 2 = 20[kN \cdot cm]$

$\phi = \dfrac{TL}{GI_p} = \dfrac{TL}{G\dfrac{\pi d^4}{32}} = \dfrac{32TL}{\pi d^4 G}$

$= \dfrac{32 \times 20[kN \cdot cm] \times 30[cm]}{\pi \times (1[cm])^4 \times 12{,}000[kN/cm^2]} = 0.5093$

※ $1[GPa] = 10^2[kN/cm^2]$

정답 ②

유형 2. 단위 길이당 비틀림각

01 비틀림 모멘트를 T, 극관성 모멘트를 I_P, 축의 길이를 L, 전단탄성계수를 G라고 할 때 단위길이당 비틀림각은?

① $\dfrac{TG}{I_P}$ ② $\dfrac{T}{GI_P}$

③ $\dfrac{L^2}{I_P}$ ④ $\dfrac{T}{I_P}$

해설

$\phi = \dfrac{TL}{GI_p}$, $\phi/L = \dfrac{TL}{GI_p}/L = \dfrac{T}{GI_p}$

정답 ②

유형 3. 길이는 다르고, 비틀림각이 같은 부재

01 길이가 L이고, 직경이 d인 축과 동일한 재료로 만든 길이 $2L$인 축이 같은 크기의 비틀림 모멘트를 받았을 때 같은 각도만큼 비틀어지게 하려면 직경은 얼마가 되어야 하는가?

① $\sqrt{3}\,d$ ② $\sqrt[4]{3}\,d$
③ $\sqrt{2}\,d$ ④ $\sqrt[4]{2}\,d$

해설

$\phi_1 = \dfrac{TL}{GI_{1p}}$, $\phi_2 = \dfrac{T \times 2L}{GI_{2p}}$

$\phi_1 = \phi_2$

$\dfrac{T \times L}{GI_{1p}} = \dfrac{T \times 2L}{GI_{2p}}$

$\dfrac{1}{\dfrac{\pi d^4}{32}} = \dfrac{2}{\dfrac{\pi x^4}{32}}$

$x^4 = 2d^4$

$x = 2^{\frac{1}{4}}d = \sqrt[4]{2}\,d$

정답 ④

유형 4. 중공축의 내·외경 구하기

01 강재 중공축이 25[kN·m]의 토크를 전달한다. 중공축의 길이가 3[m]이고, 허용전단응력이 90[MPa]이며, 축의 비틀림각이 2.5°를 넘지 않아야 할 때 축의 최소 외경과 내경을 구하면 각각 약 몇 [mm]인가?(단, 전단탄성계수는 85[GPa]이다)

① 146, 124
② 136, 114
③ 140, 132
④ 133, 112

해설

$$\phi = \frac{TL}{GI_p} = \frac{Z_p \tau \times L}{G \times Z_p \times \frac{d_2}{2}} = \frac{\tau L}{G \frac{d_2}{2}} \quad (\because T = Z_p \tau)$$

ϕ는 라디안각이므로

$$\frac{2.5}{180} \times \pi = \frac{90[\text{MPa}] \times 3[\text{m}]}{85[\text{GPa}] \times \frac{d_2}{2}}$$

$$d_2 = \frac{90[\text{MPa}] \times 3[\text{m}] \times 180 \times 2}{85,000[\text{MPa}] \times 2.5\pi} = 0.145599[\text{m}] = 145.6[\text{mm}]$$

$T = Z_p \tau$

$$25[\text{kN} \cdot \text{m}] = \frac{\pi(d_2^4 - d_1^4)}{16 d_2} \times 90[\text{MPa}]$$

$$= \frac{\pi((145.6[\text{mm}])^4 - d_1^4)}{16 \times 145.6[\text{mm}]} \times 90[\text{MPa}]$$

$$25 \times 10^6 [\text{N} \cdot \text{mm}] = \frac{\pi((145.6[\text{mm}])^4 - d_1^4)}{16 \times 145.6[\text{mm}]} \times 90[\text{N/mm}^2]$$

$$d_1^4 = (145.6[\text{mm}])^4 - \frac{25 \times 10^6 [\text{N} \cdot \text{mm}] \times 16 \times 145.6[\text{mm}]}{90[\text{N/mm}^2] \times \pi}$$

$\therefore d_2 = 145.6[\text{mm}], \ d_1 = 124.9[\text{mm}]$

안전을 위해 d_2는 145.6[mm]보다 커야 하고, d_1은 124.9[mm]보다 작아야 하므로 146[mm], 124[mm]를 선택해야 한다.

※ 시험 중 필산으로 계산하는 것이 어렵고, 식을 정리해서 한쪽에 적어 놓고, 식을 계산기에 잘 옮겨 적어서 계산해야 한다. 풀이는 위와 같이 했지만, $d_2 \fallingdotseq 146[\text{mm}]$까지 계산한 후 $d_1 = 124[\text{mm}]$을 대입하여 검산하듯 풀기를 권장한다.

정답 ①

유형 5. 전단탄성계수 구하기

01 지름 7[mm], 길이 250[mm]인 연강시험편으로 비틀림 시험을 하여 얻은 결과, 토크 4.08[N·m]에서 비틀림각이 8°로 기록되었다. 이 재료의 전단탄성계수는 약 몇 [GPa]인가?

① 64
② 53
③ 41
④ 31

해설

$$\phi = \frac{TL}{GI_p}, \ 8 \times \frac{\pi}{180} = \frac{4.08[\text{N} \cdot \text{m}] \times 250[\text{mm}]}{G \frac{\pi(7[\text{mm}])^4}{32}}$$

$$G = \frac{4,080[\text{N} \cdot \text{mm}] \times 250[\text{mm}]}{\frac{\pi(7[\text{mm}])^4}{32} \times 8 \times \frac{\pi}{180}}$$

$$= 30,991[\text{N/mm}^2] = 30,991[\text{MPa}] \fallingdotseq 31[\text{GPa}]$$

정답 ④

유형 6. 전단응력과 각도, 길이의 관계

01 지름 8[cm]인 차축의 비틀림각이 1.5[m]에 대해 1°를 넘지 않게 하기 위한 최대 비틀림응력은 몇 [MPa]인가?(단, 전단탄성계수 $G = 80[\text{GPa}]$이다)

① 37.2
② 50.2
③ 42.2
④ 30.5

해설

$$\phi = \frac{TL}{GI_p} = \frac{2\tau L}{Gd}, \ 1° = \frac{2\tau \times 1,500[\text{mm}]}{80[\text{kN/mm}^2] \times 80[\text{mm}]}$$

$$\tau = 1 \times \frac{\pi}{180 \times 1,500[\text{mm}] \times 2} \times 80,000[\text{N/mm}^2] \times 80[\text{mm}]$$

$$= 37.23[\text{N/mm}^2] = 37.23[\text{MPa}]$$

정답 ①

02 지름 10[mm], 길이 2[m]인 둥근 막대의 한끝을 고정하고, 타단을 자유로이 10°만큼 비틀었다면 막대에 생기는 최대 전단응력은 약 몇 [MPa]인가? (단, 재료의 전단탄성계수는 84[GPa]이다)

① 18.3 ② 36.6
③ 54.7 ④ 73.2

해설

$$\phi = \frac{TL}{GI_p} = \frac{2\tau L}{Gd}$$

$$10 \times \frac{\pi}{180} = \frac{2\tau \times 2,000[\text{mm}]}{84[\text{GPa}] \times 10[\text{mm}]}$$

$$\therefore \tau = 0.03665[\text{GPa}] = 36.65[\text{MPa}]$$

정답 ②

해설

$$T_a = \frac{b}{a+b}T, \ T_b = \frac{a}{a+b}T$$

$$\phi_a = \frac{TL}{GI_p} = \frac{bT}{a+b}\frac{L}{GI_p} = \frac{bT}{a+b}\frac{a}{GI_p} = \frac{ab}{a+b}\frac{T}{GI_p}$$

$$= \frac{24[\text{m}^2]}{10[\text{m}]} \frac{1,500[\text{kN} \cdot \text{mm}]}{100[\text{GPa}]\frac{\pi(30[\text{mm}])^4}{32}}$$

$$= \frac{2,400[\text{mm}] \times 32 \times 1,500[\text{kN} \cdot \text{mm}]}{100[\text{GPa}] \times \pi \times (30[\text{mm}])^4} = 0.4527$$

정답 ①

유형 8. 양단 고정보(불균일 단면)의 비틀림

01 다음 그림과 같은 계단 단면의 중실 원형축의 양단을 고정하고, 계단 단면부의 비틀림 모멘트 T가 작용할 경우 지름 D_1과 D_2의 축에 작용하는 비틀림 모멘트의 비 T_1/T_2은?(단, D_1 = 8[cm], D_2 = 4[cm], l_1 = 40[cm], l_2 = 10[cm]이다)

① 2   ② 4
③ 8   ④ 16

해설

$$T = T_1 + T_2$$

$$\phi_1 = \frac{T_1 l_1}{GI_p} = \frac{T_1 l_1}{G\frac{\pi D_1^4}{32}} = \frac{32 T_1 l_1}{G\pi D_1^4}$$

$$\phi_2 = \frac{T_2 l_2}{GI_p} = \frac{T_2 l_2}{G\frac{\pi D_2^4}{32}} = \frac{32 T_2 l_2}{G\pi D_2^4}$$

$$\phi_1 = \phi_2$$

$$\frac{32 T_1 l_1}{G\pi D_1^4} = \frac{32 T_2 l_2}{G\pi D_2^4}$$

$$\frac{T_1}{T_2} = \frac{l_2 D_1^4}{l_1 D_2^4} = \frac{10[\text{cm}] \times (8[\text{cm}])^4}{40[\text{cm}] \times (4[\text{cm}])^4} = 4$$

정답 ②

유형 7. 양단 고정보(균일 단면)의 비틀림

01 양단이 고정된 직경 30[mm], 길이가 10[m]인 중실축에서 다음 그림과 같이 비틀림 모멘트 1.5[kN·m]가 작용할 때 모멘트 작용점에서의 비틀림각은 약 몇 [rad]인가?(단, 봉재의 전단탄성계수 G = 100 [GPa]이다)

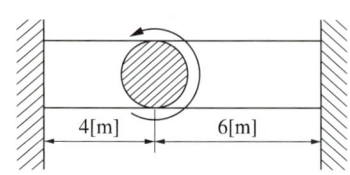

① 0.45 ② 0.56
③ 0.63 ④ 0.77

핵심이론 20 | 비틀림에 의한 전단응력과 변형률

① 전단변형률
  ㉠ 전단력이 작용할 때 비틀림에 의한 변형이 일어난다.
  ㉡ γ를 전단각이라고 하면, 길이 $\overline{ad}$에 대해 비틀린 $\overline{dd'}$이 전단변형률이 된다.

  $$\tan\gamma = \frac{\overline{dd'}}{\overline{ad}} \approx \frac{\overline{ad}\times\gamma}{\overline{ad}} = \gamma$$ 으로 나타낼 수 있어 γ는 전단각이자 전단변형률이 된다.

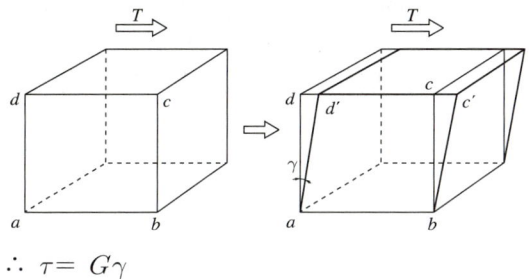

  $$\therefore \tau = G\gamma$$

② T(torsion)
  전단응력 τ가 중심 O에 대해 만든 힘의 합이다.

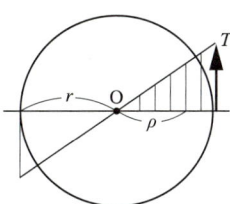

  토크의 정의에 따라 $dT = \tau_\rho dA \times \rho$

  $\tau_\rho = \frac{\rho}{r}\tau$ 이고, $dT = \frac{\rho}{r}\tau dA \times \rho$

  $$\int_0^r dT = \frac{\tau}{r}\int_A \rho^2 dA$$

  미소 면적을 적분에 의해 전개하고 정리하면

  $$T = \tau\frac{\int_A \rho^2 dA}{r} = \tau\frac{I_p}{r} = \tau Z_p$$

  $$\therefore T = \tau Z_p$$

③ 비틀림, 전단력, 비틀림각, 전단각, 길이에 관한 정리
  ㉠ $\tan\gamma \approx \gamma = \frac{\rho\phi}{l}$
  ㉡ $\tau = G\gamma$, $\tau = G\frac{\rho\phi}{l}$
  ㉢ $T = \tau\frac{I_p}{r} = \tau Z_p$
  ㉣ ㉡과 ㉢에 의해 $\phi = \frac{TL}{GI_p}$

④ 비틀림 변형에너지

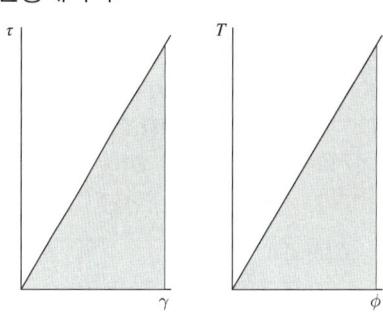

  $$U = \frac{1}{2}T\phi = \frac{1}{2}T\times\frac{Tl}{GI_p} = \frac{T^2 l}{2GI_p}$$

  (여기서, U : 탄성에너지, P_s : 비틀림 응력, λ : 비틀림각)

10년간 자주 출제된 문제

20-1. 다음 그림과 같은 반지름 a인 원형 단면축에 비틀림 모멘트 T가 작용한다. 단면의 임의의 위치 $r(0 < r < a)$에서 발생하는 전단응력은 얼마인가?(단, $I_0 = I_x + I_y$이고, I는 단면 2차 모멘트이다)

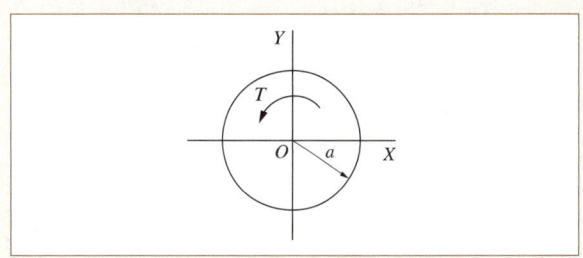

① 0
② $\frac{T}{I_0}r$
③ $\frac{T}{I_x}r$
④ $\frac{T}{I_y}r$

10년간 자주 출제된 문제

20-2. 전단탄성계수가 80[GPa]인 강봉(steel bar)에 전단응력이 1[kPa]로 발생했다면, 이 부재에 발생한 전단변형률은?

① 12.5×10^{-3} ② 12.5×10^{-6}
③ 12.5×10^{-9} ④ 12.5×10^{-12}

20-3. 지름 4[cm]의 원형 알루미늄 봉을 비틀림 재료시험기에 걸어 표면의 45° 나선에 부착한 스트레인 게이지로 변형도를 측정하였더니 토크 120[N·m]일 때 변형률 $\varepsilon = 150 \times 10^{-6}$을 얻었다. 이 재료의 전단탄성계수는?

① 31.8[GPa] ② 38.4[GPa]
③ 43.1[GPa] ④ 51.2[GPa]

20-4. 0.4[mm]×0.4[mm]인 정사각형 ABCD를 다음 그림에 나타내었다. 하중을 가한 후의 변형 상태는 점선으로 나타내었다. 이때 A지점에서 전단변형률 성분의 평균값(γ_{xy})은?

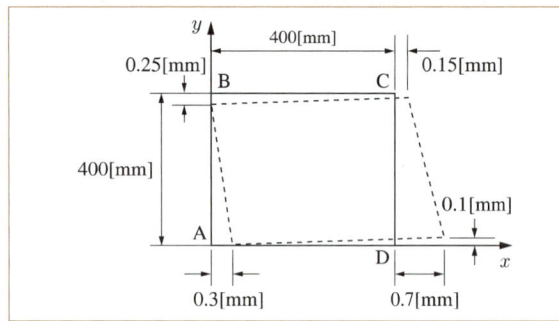

① 0.001 ② 0.000625
③ -0.0005 ④ -0.000625

해설

20-1

토크의 정의에 따라 $dT = \tau_r dA \times r$
임의의 위치 r을 r_0라 한다.

※ r, r_0, 임의의 위치 r이 혼용되어 헷갈리겠지만, $0 < r < a$라 조건이 주어졌는데, 답지에서 r_{max} 값인 a자리에 r을 사용하여서 다시 $0 < r_0 \leq r$인 r_0를 가정한 것이다.

$\tau_r = \dfrac{r_0}{r}\tau$ 이고, $dT = \dfrac{r_0}{r}\tau dA \times r_0$ 이다.

$\int_0^r dT = \dfrac{\tau}{r}\int_A r_0^2 dA$

미소 면적을 적분에 의해 정리하면

$T = \tau \dfrac{\int_A r_0^2 dA}{r} = \tau \dfrac{I_o}{r}$

$\tau = \dfrac{Tr}{I_o}$

20-2

$\tau = G\gamma$

$\gamma = \dfrac{\tau}{G} = \dfrac{1 \times 10^{-6}[GPa]}{80[GPa]} = 12.5 \times 10^{-9}$

※ $1[kPa] = 10^{-6}[GPa]$

20-3

$\tau = G\gamma, \ G = \dfrac{\tau}{\gamma}$

45° 나선에 부착한 스트레인게이지로 측정한 값과 전단변형률은 2배이다.

$\gamma = 2\varepsilon = 300 \times 10^{-6}$

> 스트레인 게이지를 다음 그림과 같이 부착했을 때 측정값은
> $\varepsilon_{45°} = \varepsilon_x \cos^2 45° + \varepsilon_y \sin^2 45° + \gamma_{xy}\cos 45° \sin 45°$와 같은데,
> $\varepsilon_x, \varepsilon_y$는 측정하지 않았고, $\varepsilon_{45°}$만 측정하였으므로
> $\varepsilon_{45°} = \gamma_{xy} \times \dfrac{1}{2}$
> ∴ $\gamma_{xy} = 2 \times \varepsilon_{45°}$
>
>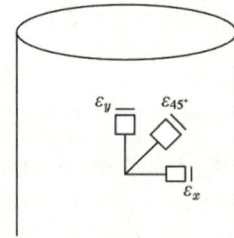

$T = \tau Z_p, \ \tau = \dfrac{T}{Z_p}$

$G = \dfrac{T}{\gamma Z_p} = \dfrac{16 \times 120,000[N \cdot mm]}{300 \times 10^{-6} \times \pi \times (40[mm])^3}$

$= \dfrac{10^6 [N \cdot mm]}{10 \times \pi [mm^3]} = 31,831[N/mm^2] = 31.8[GPa]$

20-4

- $\gamma_A \approx \tan\gamma_A = \dfrac{-0.3}{400}$
- $\gamma_B \approx \tan\gamma_B = \dfrac{-0.25}{400}$
- $\gamma_C \approx \tan\gamma_C = \dfrac{-0.15}{400}$
- $\gamma_D \approx \tan\gamma_D = \dfrac{-0.1}{400}$

∴ $\gamma_{ave} = (\gamma_A + \gamma_B + \gamma_C + \gamma_D) \times \dfrac{1}{4} = \dfrac{-0.8}{1,600} = -0.0005$

정답 20-1 ② 20-2 ③ 20-3 ① 20-4 ③

핵심이론 21 | 축동력을 고려한 설계

① 축
  ㉠ 회전에 의해 동력을 전달하는 기계요소이다.
  ㉡ 일반적으로 원형 단면에 얇고 긴 모양을 갖고 있다.
  ㉢ 모터, 엔진 등에 연결되어 지속적으로 비틀림 힘을 받는다.
  ㉣ 축에 기어(치차)를 연결하여 동력을 감속시켜 전달한다.
  ㉤ 축 베어링을 이용하여 길이에 의한 처짐, 처짐에 의한 진동을 방지한다.

② 축에 작용하는 힘

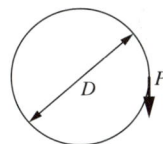

  ㉠ 회전력(P)에 따른 비틀림 모멘트가 작용한다.
  $$T = P \times \frac{D}{2}$$
  (여기서, D : 축지름)
  ㉡ 비틀림 모멘트에 따른 전단응력이 작용한다.
  $$T = \tau Z_p$$
  ㉢ 자중에 의한 처짐

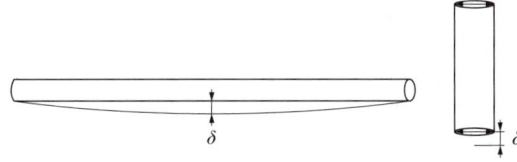

③ 축동력
  ㉠ 전달된 축동력에 의해 축이 회전한다.
  ㉡ [W](Watt)로 나타낸다. 시간당 일의 양, 힘과 속도의 곱이다.
  $$1[W] = 1[J/s] = 1[N \cdot m/s]$$
  ㉢ [PS](pferde starke)로 나타낸다.
  $$1[PS] = 75[kgf \cdot m/s]$$
  ㉣ 공학단위의 변환
  $$1[kgf \cdot m/s] = 1[kg] \times 9.81[m/s^2 \cdot m/s]$$
  $$= 9.81[N \cdot m/s] = 9.81[W]$$
  $$\therefore 1[kW] = \frac{1,000}{9.81}[kgf \cdot m/s] \fallingdotseq 102[kgf \cdot m/s]$$
  $$\therefore 1[PS] = 75[kgf \cdot m/s] = 75 \times 9.81[W]$$
  $$\fallingdotseq 735[W]$$
  ㉤ 동력 P와 토크 T의 관계
  $$P = F[kgf] \cdot v[m/s] = \frac{F}{75} \cdot \frac{2\pi rn}{60}[PS]$$
  $$= 0.001396262 \, Frn \, [PS]$$
  $$= 1.39626 \times 10^{-3} \, Tn \, [PS]$$
  $$\therefore T[kgf \cdot m] = 716.2 \frac{P[PS]}{n[rpm]},$$
  $$T[kgf \cdot mm] = 716,200 \frac{P[PS]}{n[rpm]}$$
  힘을 SI 단위를 적용하여 전개하면,
  $$P = F[N] \cdot v[m/s]$$
  $$= F \cdot \frac{2\pi rn}{60} = Fr \cdot \frac{2\pi n}{60} = T\omega$$
  $$\left(\because \omega : \text{각속도}, \frac{2\pi n}{60}\right)$$
  $$P = T[N \cdot m] \cdot \omega[rad/s] = T\omega[J/s] = T\omega[W]$$
  $$P = F[N] \cdot v[m/s] = Fr \cdot \frac{2\pi n}{60} = 0.104719 \, Tn[W]$$
  $$\therefore T[N \cdot m] = 9.55 \frac{P[W]}{n[rpm]}$$
  $$= 9,550 \frac{P[kW]}{n[rpm]}$$

④ 바하(Bach)의 축 공식(참고)
  연강을 이용한 축을 설계할 때 $G = 83[GPa]$, 허용 비틀림이 $0.25[°/m]$인 특정화된 조건 아래
  ㉠ 중실축의 지름
  $$d = 12\sqrt[4]{\frac{H[PS]}{n}}[cm], \, d = 13\sqrt[4]{\frac{H[kW]}{n}}[cm]$$

ⓒ 중공축의 지름 중 바깥지름

$$d = 12\sqrt[4]{\frac{H[\text{PS}]}{n(1-x^4)}}[\text{cm}],$$

$$d = 13\sqrt[4]{\frac{H[\text{kW}]}{n(1-x^4)}}[\text{cm}]$$

(여기서, x : 바깥지름에 대한 안지름의 비)

10년간 자주 출제된 문제

21-1. 원형 단면축에 147[kW]의 동력을 회전수 2,000[rpm]으로 전달시키고자 한다. 축지름은 약 몇 [cm]로 해야 하는가? (단, 허용전단응력은 $\tau_w = 50$[MPa]이다)

① 4.2　　　　② 4.6
③ 8.5　　　　④ 9.9

21-2. 다음 그림과 같은 치차 전동장치에서 A치차로부터 D치차로 동력을 전달한다. B치차와 C치차의 피치원의 직경 비가 $\frac{D_B}{D_C} = \frac{1}{9}$일 때, 두 축의 최대 전단응력이 같아지게 되는 직경비 $\frac{d_2}{d_1}$은 얼마인가?

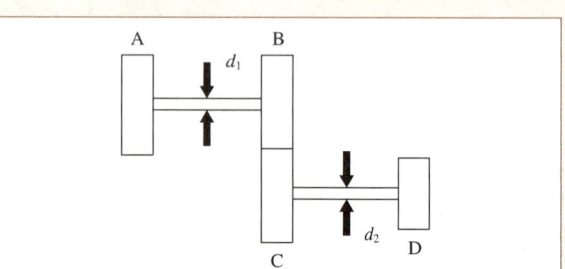

① $\left(\frac{1}{9}\right)^{\frac{1}{3}}$　　　　② $\frac{1}{9}$
③ $9^{\frac{1}{3}}$　　　　　　④ $9^{\frac{2}{3}}$

21-3. 회전수 120[rpm]과 35[kW]를 전달할 수 있는 원형 단면축의 길이가 2[m]이고, 지름이 6[cm]일 때 축단의 비틀림 각도는 약 몇 [rad]인가?(단, 이 재료의 가로탄성계수는 83[GPa]이다)

① 0.019　　　② 0.036
③ 0.053　　　④ 0.078

|해설|

21-1

$T[\text{N}\cdot\text{m}] = 9,550\frac{P[\text{kW}]}{n[\text{rpm}]} = 9,550 \times \frac{147[\text{kW}]}{2,000[\text{rpm}]}$
$= 701.925[\text{N}\cdot\text{m}]$

$T = \tau_a Z_p, \frac{\pi d^3}{16} = \frac{701.925[\text{N}\cdot\text{m}]}{50[\text{MPa}]}, d^3 = \frac{16 \times 701.925[\text{N}\cdot\text{m}]}{50\pi \times 10^6[\text{N/m}^2]},$
$d = 0.0415[\text{m}] = 4.2[\text{cm}]$

21-2

$D_C = 9D_B$이므로, 다음 그림과 같이 감속비가 큰 기어의 연결이다.

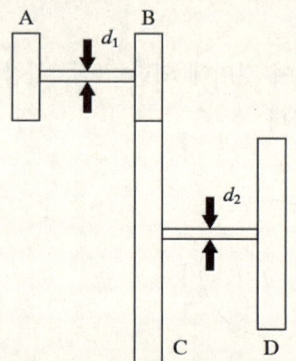

두 축의 최대 전단응력이 같으므로
$\frac{T_1}{Z_{p1}} = \frac{T_2}{Z_{p2}}, \frac{16T_1}{\pi d_1^3} = \frac{16T_2}{\pi d_2^3}, \frac{T_2}{T_1} = \frac{d_2^3}{d_1^3} = \left(\frac{d_2}{d_1}\right)^3$

따라서 $\left(\frac{T_2}{T_1}\right)^{\frac{1}{3}}$을 구해야 한다.

$T_2 = P\frac{D_C}{2}, T_2 = P\frac{D_B}{2}$ (여기서, P : 접촉력)이고, 두 기어는 접촉하고 있어 접촉력은 같다.

$\frac{T_2}{T_1} = \frac{P\frac{D_C}{2}}{P\frac{D_B}{2}} = \frac{D_C}{D_B} = 9$

$\therefore \frac{d_2}{d_1} = \left(\frac{T_2}{T_1}\right)^{\frac{1}{3}} = 9^{\frac{1}{3}}$

21-3

$T = 9,550\frac{H}{n} = 9,550 \times \frac{35[\text{kW}]}{120[\text{rpm}]} = 2,785.4[\text{N}\cdot\text{m}]$

$\phi = \frac{TL}{GI_p} = \frac{2,785.4[\text{N}\cdot\text{m}] \times 2[\text{m}]}{83 \times 10^9[\text{N/m}^2] \times \frac{\pi(0.06[\text{m}])^4}{32}} = 0.05275$

정답 21-1 ①　21-2 ③　21-3 ③

핵심이론 22 | 스프링

① 스프링에 작용하는 힘
  ㉠ 구조는 강선을 원통에 감아 놓은 형상이다.
  ㉡ 스프링의 단면은 원형이다.
  ㉢ 인장 또는 압축력을 탄성을 이용해 흡수하거나 발현하는 작용이다.

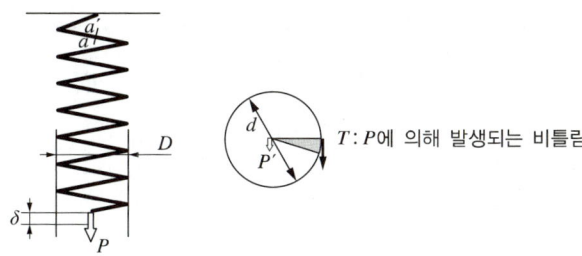

  ㉣ 각 단면에서 P에 의한 비틀림 T가 전체 누적되어 δ만큼 처짐이 발생한다.
  ㉤ 스프링 전체의 유동
  $$P = k\delta$$
  ㉥ 스프링 강선의 단면 $a-a'$에 작용하는 힘
    ⓐ 하중 P에 의해 발생하는 전단력 P'
    ⓑ 하중 P에 의해 강선이 비틀리며 δ만큼 늘어나게 하는 비틀림 힘에 의한 전단력

② 스프링에 작용하는 전단응력
  ㉠ ①의 ⓐ에 의한 전단응력
  $$\tau_{\text{ⓐ}} = \frac{P'}{\text{소선의 단면적}} = \frac{P'}{\frac{\pi d^2}{4}}$$
  $$= \frac{4P}{\pi d^2} \; (\because P' = P)$$
  ㉡ ①의 ⓑ에 의한 전단응력
  $$\tau_{\text{ⓑ}} = \frac{T}{Z_p} = \frac{P \times \frac{D}{2}}{\frac{\pi d^3}{16}} = \frac{8PD}{\pi d^3}$$

하단에서 잡아당기는 P는 전체 소선을 비트는 힘이 된다.

  ㉢ 전단응력의 합
  $$\tau_{\text{합}} = \tau_{\text{ⓐ}} + \tau_{\text{ⓑ}} = \frac{4P}{\pi d^2} + \frac{8PD}{\pi d^3} = \frac{4Pd + 8PD}{\pi d^3}$$
  $$= \frac{8P}{\pi d^3}\left(D + \frac{d}{2}\right) = \frac{P}{Z_p} \cdot \frac{(D + d/2)}{2}$$

  ※ 스프링에 작용하는 전단응력의 합력을 해석하면 스프링의 비틀림 모멘트 T와 극단면계수를 이용해 구한 전단응력과 강선 단면에 작용하는 비틀림 모멘트에 의한 전단응력의 절반을 더한 값과 같다.

  $$\tau_{\text{합}} = \tau_{\text{ⓐ}} + \tau_{\text{ⓑ}} = \frac{P}{Z_p} \cdot \frac{D}{2}\left(1 + \frac{d/2}{D}\right) = \frac{T}{Z_p} \cdot K$$

  $K = \left(1 + \frac{d/2}{D}\right) = \left(1 + \frac{r}{D}\right) = \left(1 + \frac{d}{4R}\right)$를 구하면, $\tau_{\text{합}} = \frac{T}{Z_p} \cdot K$의 형태로 표현되며, 계산된 K 값을 안다면 전단응력을 쉽게 구할 수 있다.

③ 스프링의 처짐
  하단으로 잡아당기는 힘에 의해 늘어난다는 것은 스프링 단면에서 미소 부분 $d\alpha$를 취할 때 P에 의해 $d\phi$만큼 각이 비틀리게 되는 것이다. 이 각 변화를 반지름과 곱하면 미소 처짐량, 즉 $d\delta = R d\phi$이다.

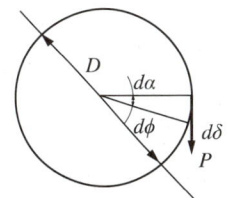

$$d\phi = \frac{Tl}{GI_p} = \frac{P \times \frac{D}{2} \times l}{GI_p} = \frac{P\frac{D}{2} R d\alpha}{GI_p}$$
$$= \frac{P\frac{D^2}{4} d\alpha}{GI_p}$$

한 바퀴에 대한 ϕ는

$$\int_0^{2\pi} d\phi = \int_0^{2\pi} \frac{P\frac{D^2}{4}d\alpha}{GI_p}$$

$$\phi = \frac{2\pi P \frac{D^2}{4}}{G\frac{\pi d^4}{32}} = \frac{16PD^2}{Gd^4} = \frac{64PR^2}{Gd^4}$$

한편, 전체 δ는 $d\delta = Rd\phi$ 이므로

$$d\delta = Rd\phi = \frac{D}{2}\frac{P\frac{D^2}{4}d\alpha}{GI_p} = \frac{P\frac{D^3}{8}d\alpha}{GI_p}$$

양변을 적분하면

$$\int_0^l d\delta = \int_0^{2\pi n} \frac{P\frac{D^3}{8}d\alpha}{GI_p} = \frac{P\frac{D^3}{8}}{GI_p}\int_0^{2\pi n} d\alpha$$

(여기서, n : 스프링이 몇 바퀴 감고 내려왔는지를 나타내는 전체 권선의 수)

$$\delta = \frac{P\frac{D^3}{8}}{GI_p}2\pi n = \frac{P\frac{D^3}{8}}{G\frac{\pi d^4}{32}}2\pi n = \frac{8nPD^3}{Gd^4}$$

$$= \frac{8nP}{Gd}\frac{D^3}{d^3} = \frac{8nP}{Gd}C^3$$

$$\therefore \delta = \frac{8nPD^3}{Gd^4} \text{ 또는 } \delta = \frac{8nP}{Gd}C^3$$

(여기서, C : 스프링 지수, $C = D/d$)

④ 스프링에 저장되는 탄성에너지
$$U = \frac{1}{2}P\delta = \frac{1}{2}k\delta^2 (\because P = k\delta, k : \text{스프링 상수})$$

⑤ 토션바 스프링
  ㉠ 비틀림 에너지를 저장하는 형태
  ㉡ 비틀림 스프링 상수
$$k_t = \frac{T}{\phi}, \quad T = \tau Z_p, \quad \phi = \frac{TL}{GI_p}$$

10년간 자주 출제된 문제

22-1. 다음 그림과 같은 구조물에서 점 A에 하중 $P = 50[\text{kN}]$이 작용하고, A점에서 오른편으로 $F = 10[\text{kN}]$이 작용할 때 평형 위치의 변위 x는 몇 [cm]인가?(단, 스프링 탄성계수(k)는 5[kN/cm]이다)

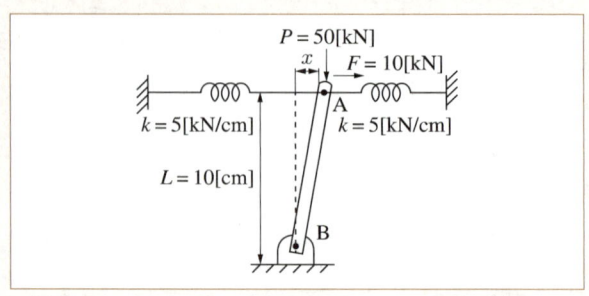

① 1　　② 1.5
③ 2　　④ 3

22-2. 강선의 지름이 5[mm]이고, 코일의 반지름이 50[mm]인 15회 감긴 스프링이 있다. 이 스프링에 힘이 작용할 때 처짐량이 50[mm]일 때, P는 약 몇 [N]인가?(단, 재료의 전단탄성계수 $G = 100[\text{GPa}]$이다)

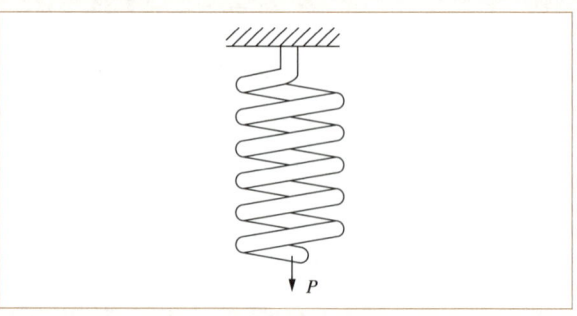

① 18.32　　② 22.08
③ 26.04　　④ 28.43

22-3. 원통형 코일 스프링에서 코일 반지름 R, 소선의 지름 d, 전단탄성계수 G라고 하면, 코일 스프링 한 권에 대해서 하중 P가 작용할 때 비틀림 각도 ϕ를 나타내는 식은?

① $\dfrac{32PR}{Gd^2}$　　② $\dfrac{32PR^2}{Gd^2}$

③ $\dfrac{64PR}{Gd^4}$　　④ $\dfrac{64PR^2}{Gd^4}$

10년간 자주 출제된 문제

22-4. 원형 막대의 비틀림을 이용한 토션바(torsion bar) 스프링에서 길이와 지름을 모두 10[%]씩 증가시킨다면, 토션바의 비틀림 스프링 상수$\left(\dfrac{비틀림\ 토크}{비틀림\ 각도}\right)$는 몇 배가 되는가?

① 1.1^{-2}배 ② 1.1^{2}배
③ 1.1^{3}배 ④ 1.1^{4}배

|해설|

22-1
$\sum M_B = 0 = 50[\text{kN}] \times x + F \times 10[\text{cm}] - 2kx \times 10[\text{cm}]$
$0 = 50[\text{kN}] \times x + 10[\text{kN}] \times 10[\text{cm}] - 2 \times 5[\text{kN/cm}] \times x \times 10[\text{cm}]$
$50x = 100[\text{cm}]$
$\therefore\ x = 2[\text{cm}]$

22-2
$\delta = \dfrac{8nPD^3}{Gd^4}$

$50[\text{m}] = \dfrac{8 \times 15 \times P \times (100[\text{mm}])^3}{100[\text{kN/mm}^2] \times (5[\text{mm}])^4}$

$\therefore\ P = 0.02604[\text{kN}] = 26.04[\text{N}]$

22-3
$\displaystyle\int_0^{2\pi} d\phi = \int_0^{2\pi} \dfrac{P\dfrac{D^2}{4} d\alpha}{GI_p}$

$\phi = \dfrac{2\pi P \dfrac{D^2}{4}}{G\dfrac{\pi d^4}{32}} = \dfrac{16PD^2}{Gd^4} = \dfrac{64PR^2}{Gd^4}$

22-4
비틀림 스프링의 상수
$k_t = \dfrac{T}{\phi}$

$\phi = \dfrac{TL}{GI_p}$

$\dfrac{T}{\phi} = k_t = \dfrac{GI_p}{L} = \dfrac{G\dfrac{\pi d^4}{32}}{L}$

$\dfrac{T_2}{\phi_2} = k_{t_2} = \dfrac{G\dfrac{\pi (1.1d)^4}{32}}{1.1L} = 1.1^3 k_t$

정답 22-1 ③ 22-2 ③ 22-3 ④ 22-4 ③

핵심이론 23 | 보, 굽힘, 반력

① 보(樑, beam)
  ㉠ 칸과 칸 사이의 두 기둥을 건너질러 도리와는 'ㄴ'자 모양, 마룻대와는 '十'자 모양을 이루는 나무이다. '든다'는 용언을 활용한 '들보'도 보를 일컫는 용어이다.
  ㉡ 건축물에서는 시멘트 콘크리트 등 건축재료를 사용하며, 기계나 구조물에서 사용하는 부재는 주로 강(鋼) 등 금속재를 사용한다.

② 보에 작용하는 힘
  ㉠ 상부에서 작용하는 힘을 보가 받들고, 보를 기둥이 받치는 형태로 힘을 분배한다.

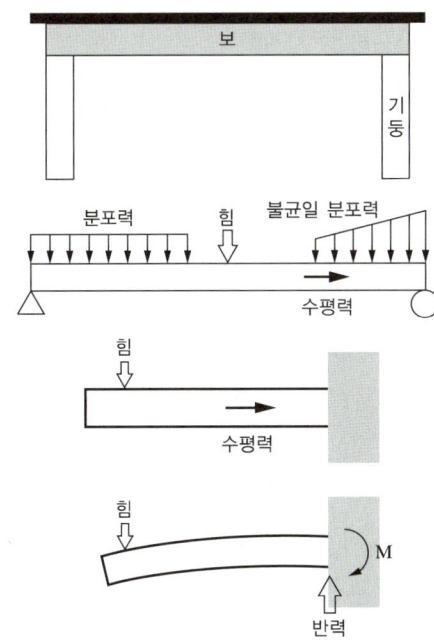

  ㉡ 기계구조물, 기계 부품, 기계 부재에서 상부에서 작용하는 힘, 휨(굽힘) 모멘트, 비틀림 등 다양한 힘을 받는다.

③ 보의 지지에 따른 반력
  ㉠ 부동 지지 : 휨에 대해서는 자유롭지만, 상하좌우로는 자유롭지 않아서 반력이 존재한다.

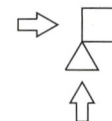

  ㉡ 롤러 지지, 가동 힌지 : 휨과 수평 방향에 대해서는 자유롭고, 상하로만 반력이 존재한다.

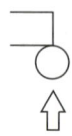

  ㉢ 고정 지지 : 휨, 수평, 수직 방향 모든 힘에 자유롭지 않아 받는 힘 모두에 반력이 생기고 변형력이 작용하는 지지이다.

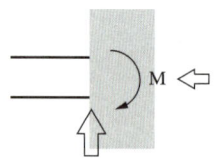

④ 운동하지 않는 보의 합력은 0이고, 변형량 δ도 0이다.
  ㉠ 힘이 작용하는 보의 반력을 찾기 위해 다음의 식을 활용하여 수식을 세운다.
    $\sum F_x = 0$, $\sum F_y = 0$, $\sum M_{특정지점} = 0$
  ㉡ 분포력은 분포력이 작용하는 구간의 도심에 집중력으로 치환하여 반력을 계산한다.
  ㉢ 과잉 지지된 보의 반력을 찾기 위해 자유물체도를 그리고, 변형량 식 $\sum \delta = 0$을 활용하여 수식을 세운다(부정정보, 핵심이론 30 참조).

10년간 자주 출제된 문제

23-1. 다음 그림과 같은 균일 단면의 돌출 보에서 반력 R_A는? (단, 보의 자중은 무시한다)

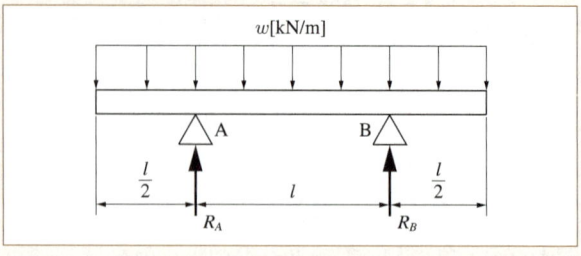

① wl ② $\dfrac{wl}{4}$

③ $\dfrac{wl}{3}$ ④ $\dfrac{wl}{2}$

23-2. 다음 그림과 같은 형태로 분포하중을 받고 있는 단순 지지보가 있다. 지지점 A에서의 반력 R_A는 얼마인가? (단, 분포하중 $w(x) = w_0 \sin \dfrac{\pi x}{L}$)

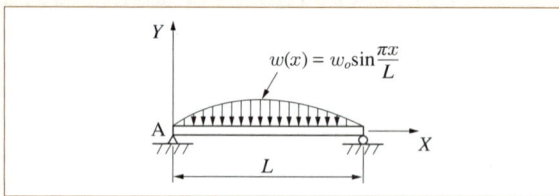

① $\dfrac{2w_0 L}{\pi}$ ② $\dfrac{w_0 L}{\pi}$

③ $\dfrac{w_0 L}{2\pi}$ ④ $\dfrac{w_0 L}{2}$

23-3. 반원 부재에 다음 그림과 같이 $0.5R$ 지점에 하중 P가 작용할 때 지지점 B에서의 반력은?

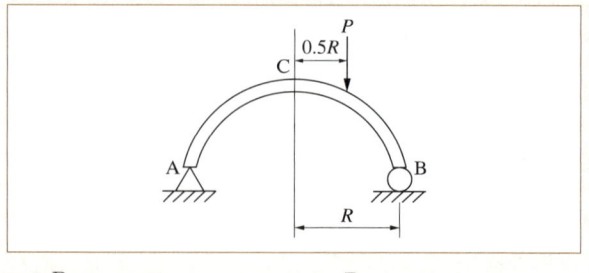

① $\dfrac{P}{4}$ ② $\dfrac{P}{2}$

③ $\dfrac{3P}{4}$ ④ P

|해설|

23-1
분포력은 분포력이 작용하는 구간의 도심에 집중력으로 치환하여 반력을 계산한다.

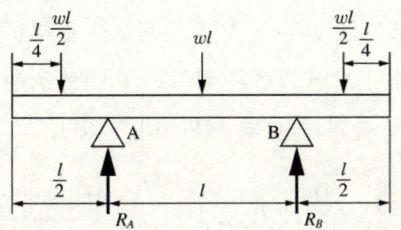

$\sum M_B = R_A \times l + \dfrac{wl}{2} \times \dfrac{l}{4} - wl \times \dfrac{l}{2} - \dfrac{wl}{2} \times \dfrac{5l}{4} = 0$

$R_A = wl$, 구조상 $R_A = R_B$

y방향 합은 0이다.

$R_A + R_B = wl + \dfrac{wl}{2} + \dfrac{wl}{2} = 2wl$

23-2
분포력은 분포력이 작용하는 구간의 도심에 집중력으로 치환하여 반력을 계산하므로 합력은

$W = \displaystyle\int_0^L w_0 \sin\dfrac{\pi x}{L} dx$

$= \dfrac{w_0 L}{\pi}\left[-\cos\dfrac{\pi}{L}x\right]_0^L = \dfrac{w_0 L}{\pi}[-(\cos\pi - \cos 0)] = 2\dfrac{w_0 L}{\pi}$

$R_A + R_B = \dfrac{2w_0 L}{\pi}$, 분포하중은 중심에 작용하고 다른 힘이 없으므로 $R_A = R_B = \dfrac{w_0 L}{\pi}$ 이다.

23-3

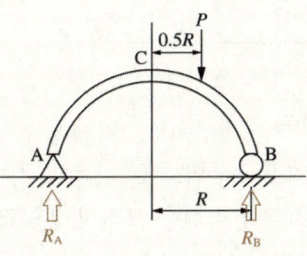

두 지점의 반력을 R_A, R_B라고 하면
$P = R_A + R_B$

$\sum M_A = P \times 1.5R - R_B \times 2R = 0$, $R_B = \dfrac{3}{4}P$

$\therefore R_A = \dfrac{1}{4}P$

[정답] 23-1 ① 23-2 ② 23-3 ③

핵심이론 24 | 보의 전단력

① 전단력 선도(SFD ; Shear Force Diagram)
전단이란 끊는 방향의 힘이다. 다음 그림의 A 지점부터 시작하는 a 구간의 자유물체도를 그리면 모든 구간에서 R_A만 작용한다.

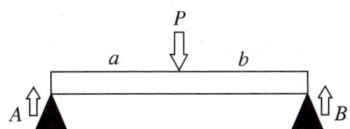

b 구간에 들어오면 R_A와 P가 작용하며 작용하는 전단력은 $R_A - P$와 같고, 이는 $-R_B$와 같다.

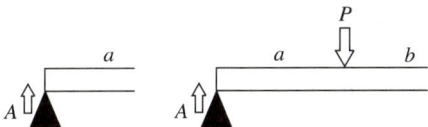

이를 선도로 그리면 다음과 같다.

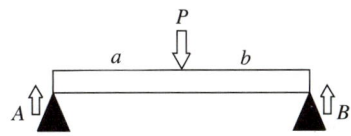

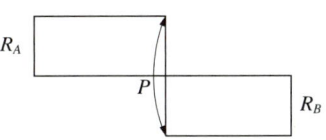

② 분포하중의 전단력 선도
같은 원리로 분포하중에 따른 전단력을 선도로 그리면 a구간은 0부터 w_1까지 2차 곡선으로 증가하며, b구간은 1차 곡선이 된다.

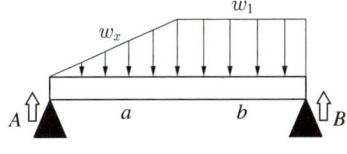

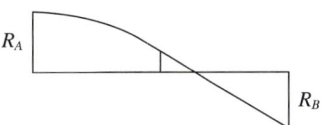

어느 지점의 모멘트값은 전단력 선도의 면적으로 구할 수도 있다. 즉, a점의 모멘트는
$M_x = \int_0^a F(x)dx$ 와 같다.

10년간 자주 출제된 문제

다음 그림과 같은 분포하중을 받는 단순보의 $m-n$ 단면에 생기는 전단력의 크기는 얼마인가?(단, $q = 300[\text{N/m}]$이다)

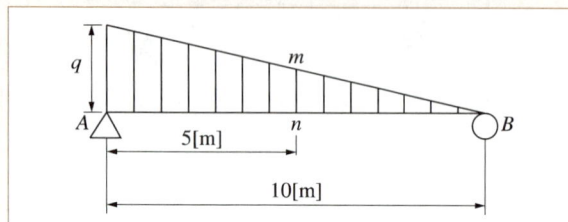

① 300[N] ② 250[N]
③ 167[N] ④ 125[N]

|해설|

$R_A + R_B = 1,500[\text{N}]$ (분포하중의 총넓이와 같으므로)
$\sum M_A = 1,500[\text{N}] \times \dfrac{10}{3}[\text{m}] - R_B \times 10[\text{m}] = 0$
$R_B = 500[\text{N}]$
∴ $R_A = 1,000[\text{N}]$

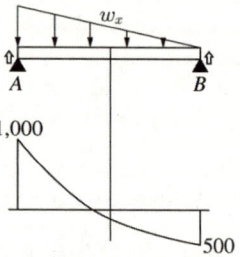

5[m] 지점의 전단력은
R_A − 사다리꼴의 넓이 = $1,000[\text{N}] - (450[\text{N} \cdot \text{m}] \times 5[\text{m}]/2)$
　　　　　　　　　　　$= -125[\text{N}]$
∴ 5[m] 지점의 전단력 크기는 125[N]이다.

정답 ④

핵심이론 25 | 보의 굽힘 모멘트, 모멘트 선도

① 굽힘 모멘트, 모멘트 선도

다음 그림과 같이 힘을 받은 부재는 굽힘을 일으키려는 힘, 즉 모멘트를 받는다. 자유물체도로 a 부분의 임의의 점 x에서 보면 다음과 같고, x점에서 작용하는 모멘트 $M_x = R_A \times x$로 나타낼 수 있다.

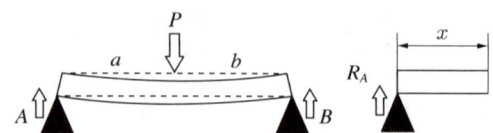

이러한 과정을 이용하여 모멘트가 작용하는 선도를 그릴 수 있는데, 이 선도를 모멘트 선도(bending moment diagram)라고 한다. 특정 지점의 모멘트값은 SFD의 면적으로 구할 수 있다.

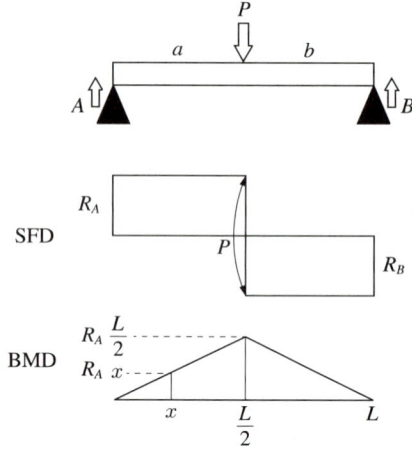

② 분포하중의 모멘트 선도

같은 원리로 분포하중에 따른 모멘트를 선도로 그리면 a구간은 0부터 w_1까지 3차 곡선을 그리며, b구간은 2차 곡선이 된다.

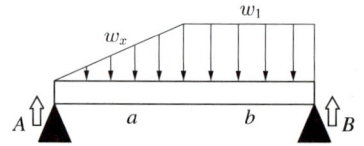

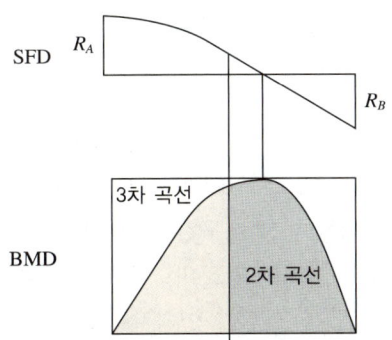

10년간 자주 출제된 문제

25-1. 다음 그림과 같은 보에서 발생하는 최대 굽힘 모멘트는?

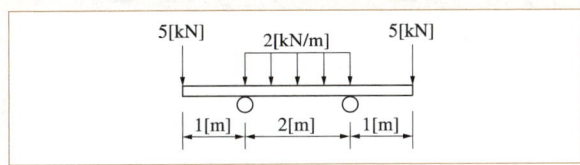

① $2[kN \cdot m]$ ② $5[kN \cdot m]$
③ $7[kN \cdot m]$ ④ $10[kN \cdot m]$

25-2. 길이가 l인 외팔보에서 다음 그림과 같이 삼각형 분포하중을 받고 있을 때 최대 전단력과 최대 굽힘 모멘트는?

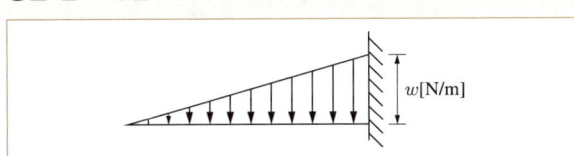

① $\dfrac{wl}{2}, \dfrac{wl^2}{6}$ ② $wl^2, \dfrac{wl^2}{3}$
③ $\dfrac{wl}{2}, \dfrac{wl^2}{3}$ ④ $\dfrac{wl^2}{2}, \dfrac{wl}{6}$

25-3. 다음 그림과 같은 단순보의 중앙점(C)에서 굽힘 모멘트는?

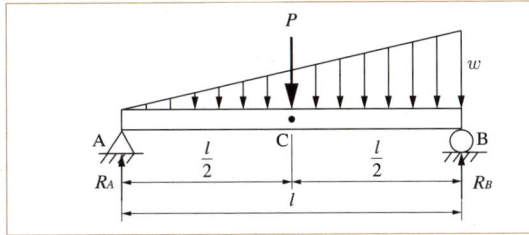

① $\dfrac{Pl}{2} + \dfrac{wl^2}{8}$ ② $\dfrac{Pl}{2} + \dfrac{wl^2}{48}$
③ $\dfrac{Pl}{4} + \dfrac{5wl^2}{48}$ ④ $\dfrac{Pl}{4} + \dfrac{wl^2}{16}$

| 해설 |

25-1

좌우대칭이므로
$R_A = R_B$, $R_A + R_B = 5 + 2 \times 2 + 5 = 14[kN]$
$R_A = R_B = 7[kN]$
x지점의 모멘트는
좌측 1[m] 구간 : $M_x = -5[kN] \times x = -5x[kN \cdot m]$
2[m] 구간 : $M_x = -5x + 7 \times (x-1) - 2(x-1) \times \dfrac{(x-1)}{2}$
$= -(x-2)^2 - 4$
$x = 2$에서 최대이지만 다음 모멘트 선도를 보면 A점, B점에서 최대가 되는 것을 알 수 있다.
∴ $M_{\max} = M_A = 5[kN] \times 1[m] = 5[kN \cdot m]$

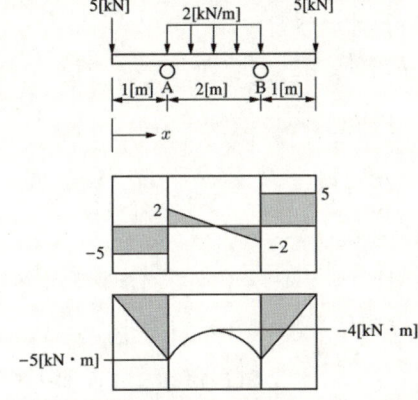

25-2

반력 R은 분포하중의 합력과 같아 $R = \dfrac{wl}{2}$이다. 외팔보이므로 이 값은 최대 전단력과 같다. 분포하중의 합력이 작용하는 점은 고정단에서 $\dfrac{l}{3}$지점이고, 외팔보의 최대 굽힘 모멘트는 고정단에서 일어나므로 $M_{\max} = R \times \dfrac{l}{3} = \dfrac{wl}{2} \times \dfrac{l}{3} = \dfrac{wl^2}{6}$이다.

25-3

$R_A + R_B = P + \dfrac{wl}{2}$
$M_A = -\dfrac{wl}{2} \times \dfrac{2}{3}l - P \times \dfrac{l}{2} + R_B l = 0$, $R_B = \dfrac{P}{2} + \dfrac{wl}{3}$
$R_A = P + \dfrac{wl}{2} - \dfrac{wl}{3} - \dfrac{P}{2} = \dfrac{wl}{6} + \dfrac{P}{2}$, $R_A = \dfrac{P}{2} + \dfrac{wl}{6}$

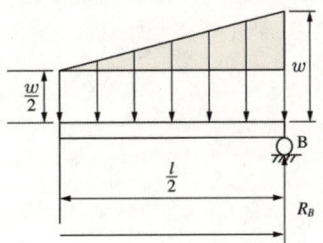

C점에서의 모멘트를 구하기 위해 분포력을 구분하면 색칠된 삼각형의 분포력과 색칠하지 않은 사각형의 분포력으로 구분할 수 있다.

$W_{삼각형} = \dfrac{w}{2} \times \dfrac{l}{2} \times \dfrac{1}{2} = \dfrac{wl}{8}$

$W_{사각형} = \dfrac{w}{2} \times \dfrac{l}{2} = \dfrac{wl}{4}$

다음 그림과 같이 치환 가능하며

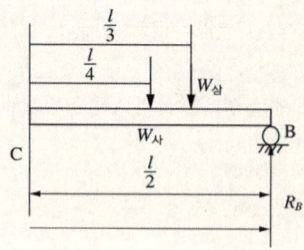

$M_C = R_B \times \dfrac{l}{2} - W_{사} \times \dfrac{l}{4} - W_{삼} \times \dfrac{l}{3}$

$= \left(\dfrac{P}{2} + \dfrac{wl}{3}\right) \times \dfrac{l}{2} - \left(\dfrac{wl}{4} \times \dfrac{l}{4}\right) - \left(\dfrac{wl}{8} \times \dfrac{l}{3}\right)$

$= \dfrac{Pl}{4} + \dfrac{wl^2}{6} - \dfrac{wl^2}{16} - \dfrac{wl^2}{24} = \dfrac{Pl}{4} + \dfrac{3wl^2}{48} = \dfrac{Pl}{4} + \dfrac{wl^2}{16}$

※ 풀이가 복잡하고 어렵다. 집중하중 P에 의한 C점의 모멘트 $\dfrac{Pl}{4}$은 구하기 쉬우므로 분포력 w에 의한 하중만 계산하여 더하는 방법(중첩법)도 객관식에서는 유용하다.

정답 25-1 ② 25-2 ① 25-3 ④

핵심이론 26 | 보의 굽힘응력

① 전단력이 작용하는 보

다음 그림과 같은 보의 c구간처럼 SFD와 BMD를 그려보면 전단력은 0으로 표시되지만, 모멘트가 작용하는 구간이 존재한다. 이 c구간을 순수굽힘(pure bending) 상태 구간이라고 하며, 이 구간의 부재가 받는 힘도 계산해 볼 필요가 있다.

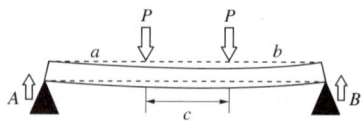

② 순수굽힘의 해석
  ㉠ 굽힘에 의한 변형률(ε)
    • 순수굽힘을 그림으로 나타내면 다음과 같다. 여기서 ρ는 곡률 반경이 되고, $\dfrac{1}{\rho}$은 곡률이 된다.

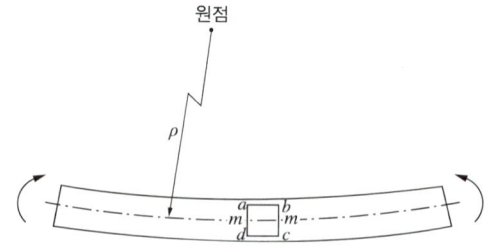

    • 다시 미소 부분 사각형 $abcd$를 그리면, $\overline{ac}$가 곡 반경 중심과 수직으로 일치되는 선이다. v, m, p가 모두 동일선상에 위치하고 u, m', q도 동일선상에 위치한다.

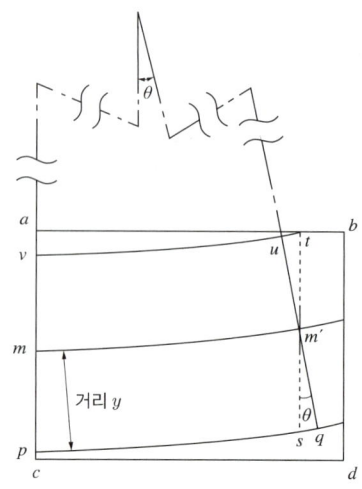

$\widehat{mm'} = \widehat{vt} = \widehat{ps}$ 였어야 할 부재는 굽힘 모멘트에 의해 $\widehat{vt}$에서는 $\widehat{ut}$만큼 줄어들고, $\widehat{pq}$에서는 $\widehat{qs}$만큼 줄어든다. 따라서 모멘트에 따른 변화율 ε은 $\dfrac{\widehat{qs}}{\widehat{pq}} = \dfrac{\widehat{qs}}{\widehat{mm'}}$ 로 나타낸다.

$\widehat{mm'} = \rho\theta$, $\widehat{qs} = y\theta$ 이므로 $\dfrac{\widehat{qs}}{\widehat{mm'}} = \dfrac{y\theta}{\rho\theta} = \dfrac{y}{\rho}$ 가 되어 $\varepsilon = \dfrac{y}{\rho}$

ⓛ 굽힘에 의한 응력(σ)

- $\sigma = E\varepsilon$ 이므로 $\sigma_{굽힘} = E\dfrac{y}{\rho}$
- 굽힘을 받는 부재의 단면을 더 미소하게 보면 다음 그림과 같이 F_1, F_2 처럼 굽힘을 일으키는 힘이 작용하게 되며 모멘트 $M_1 = F_1 \times y_1$와 같이 나타낸다.

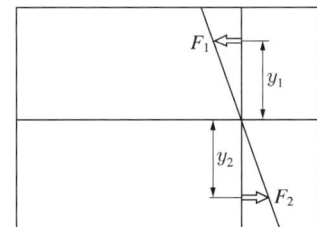

$F_1 = \sigma_1 \times A_1$ 이므로

$M_1 = \sigma_1 \times A_1 \times y_1 = E\dfrac{y_1^2}{\rho}A_1 = \dfrac{E}{\rho}y_1^2 A_1$ 이다.

A_1을 일반화하면 아주 미소한 면적 dA이고, 이에 따라 작용하는 M_1도 dM이므로

$dM = \dfrac{E}{\rho}y^2 dA$ 이다. 양변을 면적에 관해 적분하면

$\int_A dM = \dfrac{E}{\rho}\int_A y^2 dA$, 즉 $M = \dfrac{E}{\rho}I$가 되어

$\rho = \dfrac{EI}{M}$, $\dfrac{1}{\rho} = \dfrac{M}{EI}$ 이다. $\sigma_{굽힘} = E\dfrac{y}{\rho}$ 에서

$\dfrac{1}{\rho} = \dfrac{\sigma_{굽힘}}{Ey}$, $\dfrac{1}{\rho} = \dfrac{M}{EI} = \dfrac{\sigma_b}{Ey}$,

$\sigma_b = M\dfrac{y}{I} = M\dfrac{1}{\dfrac{I}{y}} = \dfrac{M}{Z}$ 이다.

$\therefore M = \sigma_b Z$

ⓒ 단면계수

- 굽힘강성계수 : 탄성계수와 단면 2차 모멘트의 곱이다(EI).
- $Z = \dfrac{I}{y}$ 를 단면계수라고 한다.
- 주요 단면의 단면적, 단면 2차 모멘트, 단면계수

단면	단면적(A)	중심의 거리 (e)	단면 2차 모멘트(I)	단면계수(Z)
직사각형 ($b \times h$)	bh	$\dfrac{h}{2}$	$\dfrac{bh^3}{12}$	$\dfrac{bh^2}{6}$
정사각형 ($h \times h$)	h^2	$\dfrac{h}{2}$	$\dfrac{h^4}{12}$	$\dfrac{h^3}{6}$
마름모	h^2	$\dfrac{h}{2}\sqrt{2}$	$\dfrac{h^4}{12}$	$\dfrac{\sqrt{2}}{12}h^3$
삼각형	$\dfrac{bh}{2}$	$\dfrac{2}{3}h$	$\dfrac{bh^3}{36}$	$\dfrac{bh^2}{24}$
원	$\pi r^2 = \dfrac{\pi d^2}{4}$	$\dfrac{d}{2}$	$\dfrac{\pi d^4}{64}$	$\dfrac{\pi d^3}{32}$
중공 직사각형	$b(H-h)$	$\dfrac{H}{2}$	$\dfrac{b}{12}(H^3-h^3)$	$\dfrac{b}{6H}(H^3-h^3)$
중공 정사각형	A^2-a^2	$\dfrac{A}{2}$	$\dfrac{A^4-a^4}{12}$	$\dfrac{1}{6}\dfrac{A^4-a^4}{A}$
중공 마름모	A^2-a^2	$\dfrac{A}{2}\sqrt{2}$	$\dfrac{A^4-a^4}{12}$	$\dfrac{A^4-a^4}{12A}\sqrt{2}$
중공 원	$\dfrac{\pi}{4}(d_2^2-d_1^2)$	$\dfrac{d_2}{2}$	$\dfrac{\pi}{64}(d_2^4-d_1^4)$	$\dfrac{\pi}{32}\left(\dfrac{d_2^4-d_1^4}{d_2}\right)$

10년간 자주 출제된 문제

26-1. 길이 $L = 2[m]$이고, 지름 $\phi 25[mm]$인 원형 단면의 단순 지지보의 중앙에 집중하중 400[kN]이 작용할 때 최대 굽힘응력은 약 몇 $[kN/mm^2]$인가?

① 65　　② 100
③ 130　　④ 200

26-2. 지름 6[mm]인 곧은 강선을 지름 1.2[m]의 원통에 감았을 때 강선에 생기는 최대 굽힘응력은 약 몇 [MPa]인가?(단, 세로탄성계수는 200[GPa]이다)

① 500　　② 800
③ 900　　④ 1,000

26-3. 다음 그림과 같은 직사각형 단면을 갖는 단순 지지보에 3[kN/m]의 균일 분포하중과 축 방향으로 50[kN]의 인장력이 작용할 때 단면에 발생하는 최대 인장응력은 약 몇 [MPa]인가?

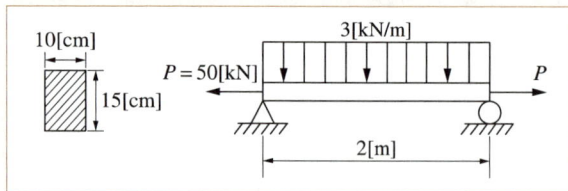

① 0.67　　② 3.33
③ 4　　④ 7.33

26-4. 다음 그림과 같은 직사각형 단면의 보에 $P = 4[kN]$의 하중이 10° 경사진 방향으로 작용한다. A점에서의 길이 방향의 수직응력을 구하면 약 몇 [MPa]인가?

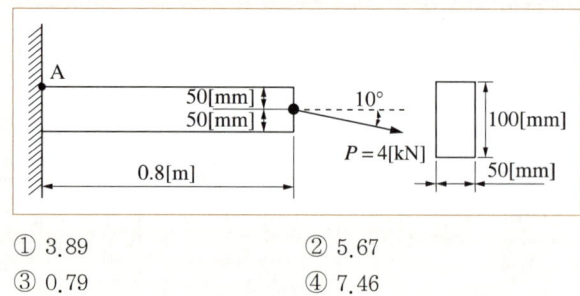

① 3.89　　② 5.67
③ 0.79　　④ 7.46

|해설|

26-1

$$\sigma_b = \frac{M}{Z} = \frac{\frac{PL}{4}}{\frac{\pi d^3}{32}}$$

$$= \frac{8PL}{\pi d^3} = \frac{8 \times 400[kN] \times 2,000[mm]}{\pi \times (25[mm])^3} = 130.38[kN/mm^2]$$

26-2

$$\sigma = E\frac{y}{\rho} = E \times \frac{\frac{d}{2}}{\frac{D}{2} + \frac{d}{2}} = 200,000[MPa] \times \frac{\frac{6}{2}}{\frac{1,200}{2} + \frac{6}{2}}$$

$$= 995[MPa]$$

26-3

x축 방향의 힘은 동일하게 50[kN] 작용한다.

$\sigma_x = 50[kN]/150[cm^2] = 0.333[kN/cm^2] = 3.33[MPa]$

$$\sigma_{b_{max}} = \frac{M_{max}}{Z} = \frac{\left[3[kN] \times x - \left(3[kN]/ \times x \times \frac{x}{2}\right)\right]_{의\ 최댓값}}{\frac{10 \times 15^2}{6}[cm^3]}$$

$$= \frac{150[kN \cdot cm]}{375[cm^3]} = 0.4[kN/cm^2] = 4[MPa]$$

$\sigma_{max} = (\sigma_x + \sigma_{b_{max}}) = 7.33[MPa]$

26-4

- 힘을 분해한다.
  $P_x = 4 \times \cos 10° = 3.94[kN]$
  $P_y = 4 \times \sin 10° = 0.6946[kN]$

$$\sigma_x = \frac{P_x}{A} = \frac{3.94[kN]}{(0.05 \times 0.1)[m^2]} = 788[kPa]$$

- P_y에 의해 일어나는 굽힘 모멘트에 의한 인장응력을 구한다.

$$\sigma_b = \frac{M}{Z} = \frac{0.6946 \times 0.8}{\frac{0.05 \times 0.1^2}{6}} = 6,668[kPa]$$

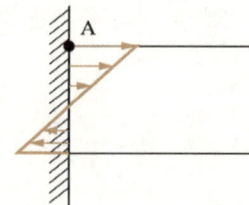

- A점에서는 굽힘인장의 방향과 수직인장의 방향이 같고, 굽힘인장이 최대이다.

$\sigma_A = \sigma_x + \sigma_b = 788 + 6,668 = 7,456[kPa] = 7.456[MPa]$

| 핵심이론 27 | 보의 굽힘에 의한 전단응력

※ 굽힘에 의한 전단응력은 유도과정이 복잡하므로 개념만 설명한다.

① 굽힘에 의한 전단응력 τ

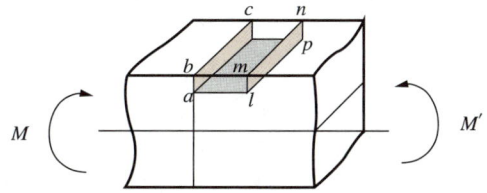

㉠ 면 $abcd$에 작용하는 힘은 굽힘응력과 $E\dfrac{y}{\rho}$의 곱을 a부터 b까지 적분한 것과 같다.

㉡ 면 $lmnp$에 작용하는 힘은 ㉠에 미소 모멘트(dM)가 더해진 상태에서 l부터 m까지 적분한 것과 같다.

㉢ ㉠과 ㉡의 차이만큼의 힘이 면 $adpl$에 작용하는 힘이므로

$$\tau = \frac{\text{힘 ㉠과 ㉡의 차}}{\text{면적 } adpl}$$

㉣ $F = \displaystyle\int_a^b E\frac{y}{\rho}dA$ 이고, $\dfrac{1}{\rho} = \dfrac{M}{EI}$, $\dfrac{E}{\rho} = \dfrac{M}{I}$

이므로 $F = \displaystyle\int_a^b \frac{M}{I}ydA$,

$dF = \displaystyle\int_a^b \frac{M}{I}ydA - \int_a^b \frac{M+dM}{I}ydA$

㉤ $dF = \tau A = \tau \times (\overline{ad} \times \overline{al})$, $\overline{ad}$를 폭 b라고 하고, $\overline{al}$을 x방향의 미소 변화분 dx라고 하면

$\tau b dx = \displaystyle\int_a^b \frac{M}{I}ydA - \int_a^b \frac{M+dM}{I}ydA$ 이다.

이를 정리하면

$\tau bdx = -\displaystyle\int_a^b \frac{dM}{I}ydA = -\frac{dM}{I}\int_a^b ydA$

㉥ 모멘트의 정의에 따라 $dM = F \times dx$이고, $\displaystyle\int_a^b ydA$은 단면 1차 모멘트이므로

$\tau b dx = -\dfrac{Fdx}{I}\displaystyle\int_a^b ydA$,

$\tau b = -\dfrac{F}{I} \times$ 단면 1차 모멘트

단면 1차 모멘트를 Q라 하고, 식을 정리하면

$$\tau b = -\frac{F}{I} \times Q, \ \tau = -\frac{FQ}{bI}$$

㉦ 부호 (−)는 힘의 방향만 의미한다.

$$\tau = \frac{FQ}{bI}$$

② ①과 같은 유도과정을 통해 각 단면 형상에 따른 전단응력을 구한다.

㉠ 사각 단면

$$\tau = \frac{F}{2I}\left[\left(\frac{h}{2}\right)^2 - y_1^2\right] = \frac{6F}{bh^3}\left[\left(\frac{h}{2}\right)^2 - y_1^2\right]$$

(여기서, y_1 : 전단응력을 구하는 위치의 도심에서의 거리, 즉 $y_1 = 0$이면 도심)

㉡ 원형 단면

$$\tau = \frac{4F}{3\pi r^2}\left[1 - \left(\frac{y_1}{r}\right)^2\right]$$

(여기서, y_1 : 전단응력을 구하는 위치의 도심에서의 거리, 즉 $y_1 = 0$이면 도심)

10년간 자주 출제된 문제

27-1. 지름이 d인 원형 단면 보에 가해지는 전단력을 V라 할 때 단면의 중립축에서 일어나는 최대 전단응력은?

① $\dfrac{3}{2}\dfrac{V}{\pi d^2}$ ② $\dfrac{4}{3}\dfrac{V}{\pi d^2}$

③ $\dfrac{5}{3}\dfrac{V}{\pi d^2}$ ④ $\dfrac{16}{3}\dfrac{V}{\pi d^2}$

27-2. 다음 그림과 같이 길이 $L=4[\text{m}]$의 단순보에 균일 분포 하중 w가 작용하고 있으며, 보의 최대 굽힘응력 $\sigma_{\max}=85[\text{N/cm}^2]$일 때 최대 전단응력은 약 몇 [kPa]인가?(단, 보의 단면적은 지름이 11[cm]인 원형 단면이다)

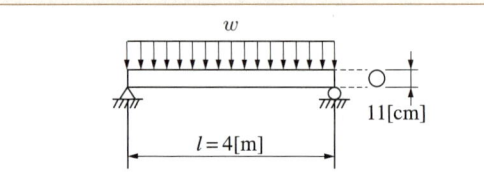

① 1.7   ② 15.6
③ 22.9   ④ 25.5

|해설|

27-1

$\tau = \dfrac{4F}{3\pi r^2}\left[1-\left(\dfrac{y_1}{r}\right)^2\right]$

중립축은 $y_1=0$이므로, $\tau = \dfrac{4F}{3\pi r^2} = \dfrac{4F}{3\pi\left(\dfrac{d}{2}\right)^2} = \dfrac{16F}{3\pi d^2}$

27-2

먼저 $R_A = wl/2$을 구한 후

$M_x = \dfrac{wl}{2}\times x - wx\times\dfrac{x}{2} = -\dfrac{w}{2}\left(x^2-lx+\left(\dfrac{l}{2}\right)^2-\left(\dfrac{l}{2}\right)^2\right)$

$= -\dfrac{w}{2}\left(x-\dfrac{l}{2}\right)^2+\left(\dfrac{wl^2}{8}\right)$

∴ $M_{\max}$는 $x=\dfrac{l}{2}$에서 $\dfrac{wl^2}{8}$이다.

$M_{\max} = \sigma_b Z = 85[\text{N/cm}^2]\times\dfrac{\pi\times(11[\text{cm}])^3}{32} = \dfrac{w(400[\text{cm}])^2}{8}$

$w = 0.555[\text{N/cm}]$

최대 전단력은 양 끝단
$R_A = R_B = wl/2 = 0.555[\text{N/cm}]\times 400[\text{cm}]/2 = 111[\text{N}]$이므로

$\tau_{\max} = \dfrac{4F_{\max}}{3\pi r^2} = \dfrac{16R_A}{3\pi d^2} = \dfrac{16\times 111[\text{N}]}{3\pi(110[\text{mm}])^2} = 0.015573[\text{N/mm}^2]$

$= 15.57[\text{kPa}]$

정답 27-1 ④   **27-2** ②

핵심이론 28 | 보의 처짐

① 처짐곡선(탄성곡선)

㉠ 힘을 받아 처짐이 생긴 곡선이다.

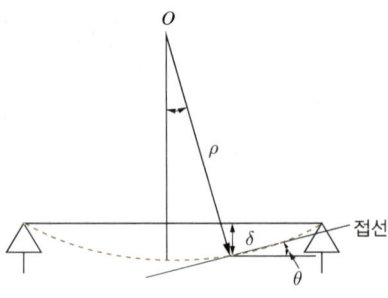

㉡ 다음 그림에서 δ가 처짐이고, θ가 처짐각이다.

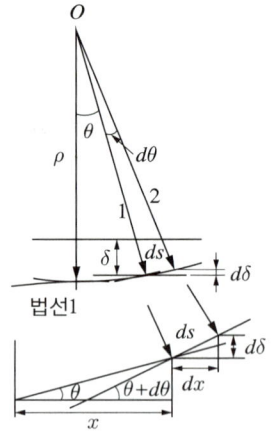

㉢ 곡률 : $\dfrac{1}{\rho} = \dfrac{d\theta}{ds}$

㉣ 보의 지지에 따른 처짐곡선의 특성

• 부동 지지 : 처짐이 0이다.

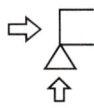

• 롤러 지지 : 처짐이 0이다.

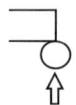

• 고정 지지 : 처짐과 처짐각이 0이다.

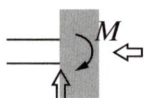

② 처짐곡선의 미분 방정식
   ㉠ 반직선 1과 반직선 2와 처짐곡선이 만나는 점을 각각 점 1, 점 2라고 하면 각 요소는 다음 그림과 같이 나타낼 수 있다.

   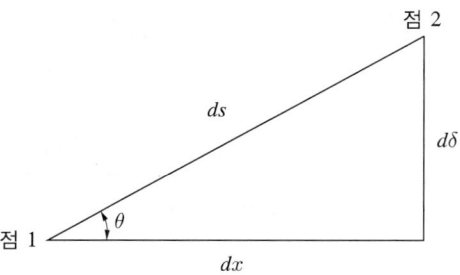

   ㉡ 점 1에서 출발한 ds의 곡선은 너무 미소하여 점 2와 만나는 직선이라 간주할 수 있다.
   ㉢ 부재가 강재(鋼材) 또는 콘크리트와 같은 아주 미소한 탄성을 가진 부재이므로 θ도 미소하여 $\theta \approx \tan\theta \approx \sin\theta$, $ds \approx dx$이다.
   따라서 $\tan\theta \approx \theta = \dfrac{d\delta}{dx}$, $\dfrac{1}{\rho} = \dfrac{d\theta}{ds} = \dfrac{d\theta}{dx}$로 간주하여 x와 δ의 관계식으로 단순화한다.
   ㉣ $\theta = \dfrac{d\delta}{dx}$, 즉 처짐각 θ는 처짐 δ를 길이의 변위 x에 대하여 미분한 것임을 알 수 있다.
   ㉤ $\dfrac{1}{\rho} = \dfrac{d\theta}{dx}$, 즉 곡률 $\dfrac{1}{\rho}$은 처짐각 θ를 길이의 변위 x에 대하여 미분한 것임을 알 수 있다.
   ㉥ $\dfrac{1}{\rho} = \dfrac{M}{EI}$ 이고, EI는 부재가 동일 단면이라면 부재에 따라 정해진 상수이므로, 처짐은 모멘트를 두 번 적분하면 구할 수 있다.
   곡률 $\dfrac{1}{\rho} = \dfrac{d^2\delta}{dx^2}$, $\delta = \dfrac{1}{EI}\iint Mdx$

㉦ 처짐, 처짐각, 곡률의 관계

처짐(δ)	처짐각(θ)	곡률$\left(\dfrac{1}{\rho}\right)$
↘ 미분 ↗	↘ 미분 ↗	
↖ 적분 ↙	↖ 적분 ↙	
—	$\theta = \dfrac{d\delta}{dx}$	$\dfrac{1}{\rho} = \dfrac{d^2\delta}{dx^2}$
$\delta = \dfrac{1}{EI}\iint Mdx$	$\theta = \dfrac{1}{EI}\int Mdx$	$\dfrac{1}{\rho} = \dfrac{M}{EI}$

③ 보의 반력에 따른 처짐곡선의 방정식
   ㉠ 처짐곡선은 거리에 따른 각 지점의 곡률 변화라는 함수관계를 갖는다.
   ㉡ 곡률은 모멘트와 같은 차원을 갖고, 모멘트의 $\dfrac{1}{EI}$ 배만큼의 값을 갖는다.
   ㉢ 집중하중만 존재한다면 모멘트는 거리에 따른 1차 함수관계를 갖는다. 따라서 처짐곡선은 두 번 적분하여 거리에 따른 3차 함수로 나타난다.
   • 분포하중만 존재한다면 모멘트는 거리에 따른 2차 함수관계를 가지며, 처짐곡선은 4차 함수가 된다.
   • 변화하는 분포하중이 존재한다면 모멘트는 거리에 따른 3차 함수관계를 가지며, 처짐곡선은 5차 함수가 된다.
   • 적분에 나타나는 적분상수는 보의 지지에 따른 처짐곡선의 특성인 부동 지지점 및 롤러 지지점에서 처짐이 0, 고정 지지점에서 처짐과 처짐각이 0임을 이용하여 찾는다. 또 모멘트의 함수가 변하는 지점에서의 처짐과 처짐각이 같다는 조건으로 찾는다.

더 알아보기

처짐에 관한 문제는 어려운 것 같지만 모멘트를 구하는 방정식을 올바르게 세우고 지지점에서 $\delta=0$, $\theta_{\delta max}=0$을 이용하면 굳이 암기하지 않아도 풀 수 있도록 출제된다. 그래도 정적분에 어려움을 겪는 수험생은 주요 보의 처짐각과 처짐을 외워서 풀 수 있도록 한다.

보의 종류	처짐각(θ_{max})	처짐(δ_{max})
(캔틸레버 + 모멘트 M)	$\theta_{max} = \dfrac{ML}{EI}$	$\delta_{max} = \dfrac{ML^2}{2EI}$
(캔틸레버 + 집중하중 P)	$\theta_{max} = \dfrac{PL^2}{2EI}$	$\delta_{max} = \dfrac{PL^3}{3EI}$
(캔틸레버 + 등분포하중 w)	$\theta_{max} = \dfrac{wL^3}{6EI}$	$\delta_{max} = \dfrac{wL^4}{8EI}$
(단순보 + B점 모멘트 M_B)	$\theta_A = \dfrac{ML}{6EI}$, $\theta_B = \theta_{max} = \dfrac{ML}{3EI}$	$\delta_{max} = \dfrac{ML^2}{9\sqrt{3}\,EI}$ (at $x = \dfrac{L}{\sqrt{3}}$) $\delta_{centre} = \dfrac{ML^2}{16EI}$
(단순보 + 집중하중 P, $a+b=L$)	$\theta_{max} = \dfrac{Pab}{6EIL} \times (L+a)$, $a=b=L/2$이면 $\theta_{max} = \dfrac{PL^2}{16EI}$	$\delta_{max}^{centre} = \dfrac{PL^3}{48EI}$
(단순보 + 등분포하중 w)	$\theta_{max} = \dfrac{wL^3}{24EI}$	$\delta_{max}^{centre} = \dfrac{5wL^4}{384EI}$

10년간 자주 출제된 문제

28-1. 단면의 폭(b)과 높이(h)가 6[cm]×10[cm]인 직사각형이고, 길이가 100[cm]인 외팔보 자유단에 10[kN]의 집중하중이 작용할 경우 최대 처짐은 약 몇 [cm]인가?(단, 세로탄성계수는 210[GPa]이다)

① 0.104　② 0.254
③ 0.317　④ 0.542

28-2. 다음 그림과 같이 단순 지지보가 B점에서 반시계 방향의 모멘트를 받고 있다. 이때 최대의 처짐이 발생하는 곳은 A점으로부터 얼마나 떨어진 거리인가?

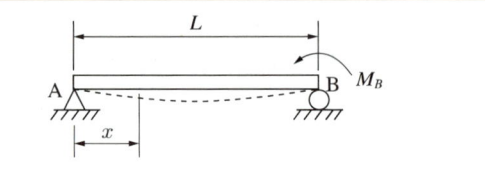

① $\dfrac{L}{2}$　② $\dfrac{L}{\sqrt{2}}$
③ $L\left(1 - \dfrac{1}{\sqrt{3}}\right)$　④ $\dfrac{L}{\sqrt{3}}$

28-3. 다음 그림과 같이 균일 단면을 가진 단순보에 균일 하중 w[kN/m]이 작용할 때 이 보의 탄성곡선식은?(단, 보의 굽힘강성 EI는 일정하고, 자중은 무시한다)

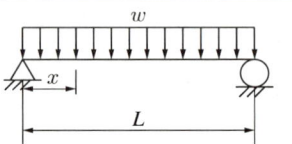

① $y = \dfrac{wx}{24EI}(L^3 - 2Lx^2 + x^3)$

② $y = \dfrac{w}{24EI}(L^3 - Lx^2 + x^3)$

③ $y = \dfrac{w}{24EI}(L^3x - Lx^2 + x^3)$

④ $y = \dfrac{wx}{24EI}(L^3 - 2x^2 + x^3)$

|해설|

28-1

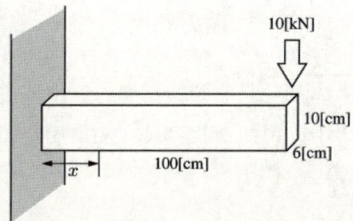

고정점에서 반력은 10[kN]↑, 모멘트(1,000[kN·m]는 상단을 잡아당기는 ↶ 방향)

$M_x = Pl - P \times x$ [cm]

$\theta_x = \dfrac{1}{EI}\int M_x dx = \dfrac{P}{EI}\int(-x+l)dx$

$= \dfrac{-P}{EI}\left(\dfrac{x^2}{2} - lx + C_1\right) = -\dfrac{P}{EI}\left(\dfrac{x^2}{2} - lx\right)$

$\left(x=0$에서 $\theta_0 = 0$이므로 $C_1 = 0$, $\theta_{max} = \dfrac{Pl^2}{2EI}\right)$

$\delta_x = \dfrac{-P}{EI}\int\left(\dfrac{x^2}{2} - lx\right)dx$

$= \dfrac{-P}{EI}\left[\dfrac{x^3}{6} - \dfrac{lx^2}{2} + C_2\right] = \dfrac{-P}{EI}\left(\dfrac{x^3 - 3lx^2}{6}\right)$

($x=0$에서 $\delta_0 = 0$이므로 $C_2 = 0$, $\delta_{max} = \dfrac{Pl^3}{3EI}$)

$\delta_{10} = \dfrac{-10,000[N]}{210\times 10^9[N/m^2]\times\dfrac{0.06\times 0.1^3}{12}[m^4]}\left[\dfrac{1^3}{6} - \dfrac{3\times 1}{6}(1)^2\right]_{x=1}$

$= 0.0031746[m] = 0.317[cm]$

※ 외팔보 끝단의 집중하중에 관한 처짐각과 처짐의 식은 외워 둔다.

$\theta_{max} = \dfrac{Pl^2}{2EI}$, $\delta_{max} = \dfrac{Pl^3}{3EI}$

28-2

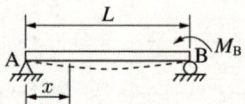

$\sum M_B = R_A L - M_B = 0$, $R_A = \dfrac{M_B}{L}$

$R_A + R_B = 0$, $\dfrac{M_B}{L} + R_B = 0$, $R_B = -\dfrac{M_B}{L}$

x지점의 모멘트는

$M_x = R_A x = \dfrac{M_B}{L}x$

$\theta_x = \dfrac{1}{EI}\int\dfrac{M_B}{L}x\,dx = \dfrac{M_B}{EIL}\left(\dfrac{x^2}{2} + C_1\right)$

$\delta_x = \dfrac{M_B}{EIL}\int\left(\dfrac{x^2}{2} + C_1\right)dx$

$= \dfrac{M_B}{EIL}\left(\dfrac{x^3}{6} + C_1 x + C_2\right) = \dfrac{M_B}{L}\left(\dfrac{x^3}{6} + C_1 x\right)$

($x=0$에서 $\delta_0 = 0$이므로, $C_2 = 0$)

$\delta_0 = \delta_L$, $\dfrac{M_B}{EIL}\left(\dfrac{0^2}{6} + C_1\times 0\right) = \dfrac{M_B}{EIL}\left(\dfrac{L^3}{6} + C_1 L\right)$

$\therefore C_1 = -\dfrac{L^2}{6}$

$\theta_x = 0$이면 $\delta_x = \delta_{max}$이므로

$\theta_{max} = \dfrac{M_B}{EIL}\left(\dfrac{x^2}{2} - \dfrac{L^2}{6}\right)$

$\dfrac{M_B}{EIL}\left(\dfrac{x^2}{2} - \dfrac{L^2}{6}\right) = 0$, $x^2 = \dfrac{L^2}{3}$

$\therefore x = \dfrac{L}{\sqrt{3}}$

28-3

부동 지지측을 A, 롤러 지지측을 B라고 하면

$R_A = \dfrac{wL}{2}$

$M_x = -\dfrac{wL}{2}x + wx\times\dfrac{x}{2} = \dfrac{w}{2}(x^2 - Lx)$

$\theta_x = \dfrac{w}{2EI}\int(x^2 - Lx)dx = \dfrac{w}{2EI}\left(\dfrac{x^3}{3} - \dfrac{Lx^2}{2} + C_1\right)$

$\theta_{\frac{L}{2}} = 0$, $0 = \dfrac{w}{2EI}\left(\dfrac{\left(\dfrac{L}{2}\right)^3}{3} - \dfrac{L}{2}\times\left(\dfrac{L}{2}\right)^2 + C_1\right)$,

$C_1 = \dfrac{L^3}{8} - \dfrac{L^3}{24} = \dfrac{L^3}{12}$

$\delta_x = \dfrac{w}{2EI}\int\left(\dfrac{x^3}{3} - \dfrac{Lx^2}{2} + \dfrac{L^3}{12}\right)dx = \dfrac{w}{2EI}\left(\dfrac{x^4}{12} - \dfrac{L}{6}x^3 + \dfrac{L^3}{12}x\right)$

($\because C_2 = 0$, $x=0$에서 $\delta = 0$)

$\delta_x = \dfrac{w}{2EI}\left(\dfrac{x^4}{12} - \dfrac{L}{6}x^3 + \dfrac{L^3}{12}x\right) = \dfrac{wx}{24EI}(x^3 - 2Lx^2 + L^3)$

정답 28-1 ③ 28-2 ④ 28-3 ①

핵심이론 29 | 보에 작용하는 변형에너지

① 일과 변형에너지
  ㉠ 일
  $$W = \int_0^L F(x)\,dx$$
  (여기서, x : 이동거리, $F(x)$: 이동거리에 따른 힘의 변화(함수))

  ㉡ 수직 방향의 변형에 따른 변형에너지
  $$U = \frac{P\delta}{2},\ \delta = \frac{PL}{EA}$$
  $L = dx$ 일 때 $d\delta = \dfrac{Pdx}{EA}$
  $$\therefore\ dU = \frac{Pd\delta}{2} = \frac{P^2}{2EA}dx$$
  $$\int_0^L dU = \int_0^L \frac{P^2}{2EA}dx = \frac{P^2}{2EA}\int_0^L dx$$
  $$= \frac{P^2 L}{2EA}$$

  ㉢ 모멘트에 따른 변형에너지 : 보에 힘이 작용하여 처짐이 생겨 변형이 생기면, $\widehat{mm'} = \rho\theta$가 되며
  $\dfrac{1}{\rho} = \dfrac{\theta}{\widehat{mm'}}$, $\dfrac{1}{\rho} = \dfrac{M}{EI}$이다.

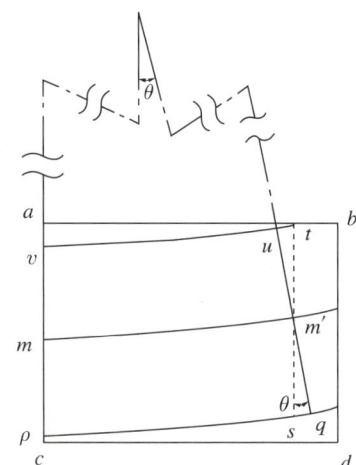

이때 모멘트에 의해 보가 변형되어 생기는 변형에너지는 $U = \dfrac{1}{2}M\theta$이다.

그러나 $\widehat{mm'}$이 전체 길이가 될 때, 즉 $\widehat{mm'} = l$일 때
$\dfrac{1}{\rho} = \dfrac{M}{EI} = \dfrac{\theta}{l}$, $\theta = \dfrac{Ml}{EI}$가 되므로
$U = \dfrac{1}{2}M\theta = \dfrac{1}{2}\dfrac{M^2 l}{EI}$이다.

만약, 모멘트가 길이에 따라 변화하는 x의 함수라면
$$dU = \frac{1}{2}\frac{M(x)^2 dx}{EI},$$
$$U = \int_0^L dU = \frac{1}{2}\int_0^L \frac{M(x)^2 dx}{EI}$$

② 카스틸리아노의 정리
  ㉠ 탄성에너지(U)가 모멘트의 함수로 표시될 때, 임의의 지점에서의 모멘트값에 대해 편미분한 결과는 처짐각과 같다.
  $$\theta = \frac{\partial U}{\partial M_i}$$

  ㉡ 탄성에너지(U)가 하중에 관한 함수로 표시될 때, 임의의 지점에서의 하중에 대해 편미분한 결과는 처짐량과 같다.
  $$\delta = \frac{\partial U}{\partial P_i}$$

10년간 자주 출제된 문제

29-1. 다음 그림과 같은 외팔보에 저장된 굽힘 변형에너지는? (단, 세로탄성계수는 E이고, 단면의 관성 모멘트는 I이다)

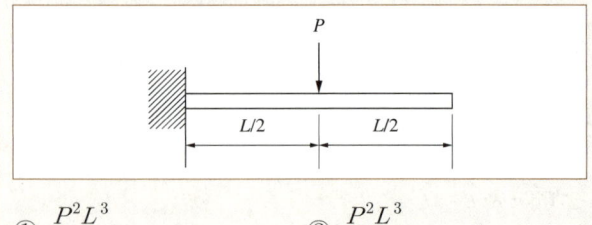

① $\dfrac{P^2 L^3}{8EI}$ ② $\dfrac{P^2 L^3}{12EI}$
③ $\dfrac{P^2 L^3}{24EI}$ ④ $\dfrac{P^2 L^3}{48EI}$

10년간 자주 출제된 문제

29-2. 다음 그림과 같이 균일 분포하중을 받는 외팔보에 대해 굽힘에 의한 탄성 변형에너지는?(단, 굽힘강성 EI는 일정하다)

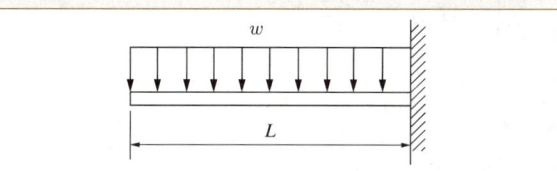

① $\dfrac{w^2 L^5}{80EI}$ ② $\dfrac{w^2 L^5}{160EI}$

③ $\dfrac{w^2 L^5}{20EI}$ ④ $\dfrac{w^2 L^5}{40EI}$

|해설|

29-1
변형이 $L/2$까지 일어나고, M은 x의 함수이므로
$$U = \int_0^{\frac{L}{2}} dU = \frac{1}{2EI}\int_0^{\frac{L}{2}} M(x)^2 dx$$
$$= \frac{1}{2EI}\int_0^{\frac{L}{2}} (Px)^2 dx = \frac{P^2}{2EI}\left[\frac{x^3}{3}\right]_0^{\frac{L}{2}} = \frac{P^2}{2EI}\left[\frac{L^3}{24}\right] = \frac{P^2 L^3}{48EI}$$

29-2
문제의 보는 모멘트가 길이에 따라 변화하는 x의 함수이므로
$$dU = \frac{1}{2}\frac{M(x)^2 dx}{EI}$$
$$U = \int_0^L dU = \frac{1}{2}\int_0^L \frac{M(x)^2 dx}{EI} = \frac{1}{2EI}\int_0^L \left(\frac{-wx^2}{2}\right)^2 dx$$
$$= \frac{1}{2EI}\int_0^L \frac{w^2 x^4}{4} dx = \frac{w^2}{8EI}\left[\frac{x^5}{5}\right]_0^L = \frac{w^2 L^5}{40EI}$$

정답 29-1 ④ 29-2 ④

핵심이론 30 | 부정정 구조물

① 부정정(statically indeterminate) 구조물
  ㉠ 정역학적으로(statically) 정의할 수 없는(indeterminate) 구조물이다.
  ㉡ 미지수가 평형 방정식보다 많이 정의된 구조물이다.

② 평형 방정식
  ㉠ 수평 방향의 힘의 합이 0이다($\sum F_x = 0$).
  ㉡ 수직 방향의 힘의 합이 0이다($\sum F_y = 0$).
  ㉢ 모멘트 합이 0이다($\sum M = 0$). 다음 그림에서 힘 P가 작용할 때의 반력은 A와 B로 구분한다.

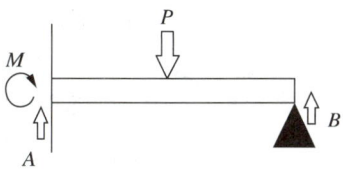

③ 부정정 구조물의 해석
  ㉠ 부재의 변형량을 구하는 식을 이용한다.
  ※ 일반기계기사에서는 변위 일치의 방법을 이용하면 충분하다.
  ㉡ 자유물체도를 이용하여 정정 구조물로 변환하여 계산한다.

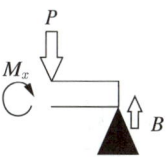

  ㉢ 자유물체도의 좌측부가 이루는 δ와 우측부가 이루는 δ의 합은 전체 변위와 같으며, 위의 끝단 지지 외팔보에서는 0이다.

④ 양단 고정보
  ㉠ 집중하중

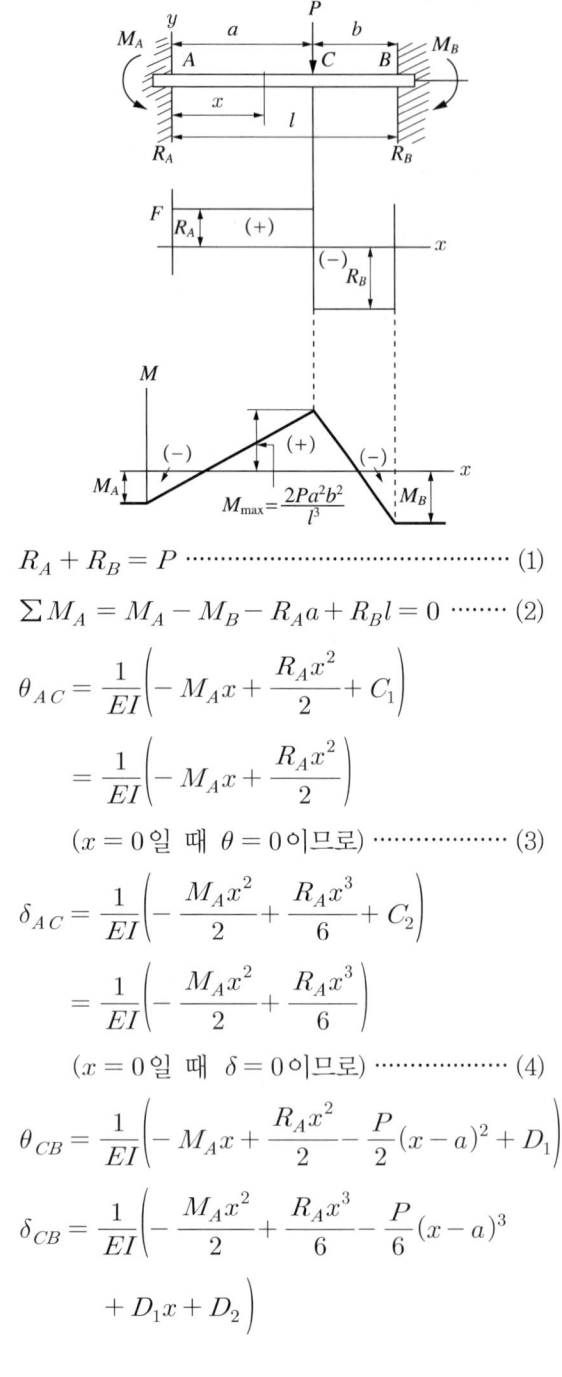

$$R_A + R_B = P \quad \cdots\cdots (1)$$
$$\sum M_A = M_A - M_B - R_A a + R_B l = 0 \quad \cdots (2)$$
$$\theta_{AC} = \frac{1}{EI}\left(-M_A x + \frac{R_A x^2}{2} + C_1\right)$$
$$= \frac{1}{EI}\left(-M_A x + \frac{R_A x^2}{2}\right)$$
$$(x=0 \text{일 때 } \theta=0\text{이므로}) \quad \cdots\cdots (3)$$
$$\delta_{AC} = \frac{1}{EI}\left(-\frac{M_A x^2}{2} + \frac{R_A x^3}{6} + C_2\right)$$
$$= \frac{1}{EI}\left(-\frac{M_A x^2}{2} + \frac{R_A x^3}{6}\right)$$
$$(x=0 \text{일 때 } \delta=0\text{이므로}) \quad \cdots\cdots (4)$$
$$\theta_{CB} = \frac{1}{EI}\left(-M_A x + \frac{R_A x^2}{2} - \frac{P}{2}(x-a)^2 + D_1\right)$$
$$\delta_{CB} = \frac{1}{EI}\left(-\frac{M_A x^2}{2} + \frac{R_A x^3}{6} - \frac{P}{6}(x-a)^3 + D_1 x + D_2\right)$$

$x = a$일 때
$\theta_{AC} = \theta_{CB}$
$$\frac{1}{EI}\left(-M_A a + \frac{R_A a^2}{2}\right)$$
$$= \frac{1}{EI}\left(-M_A a + \frac{R_A a^2}{2} + D_1\right)$$
$$\therefore D_1 = 0$$
$\delta_{AC} = \delta_{CB}$
$$\frac{1}{EI}\left(-\frac{M_A a^2}{2} + \frac{R_A a^3}{6}\right)$$
$$= \frac{1}{EI}\left(-\frac{M_A a^2}{2} + \frac{R_A a^3}{6} + D_2\right)$$
$$\therefore D_2 = 0$$
$$\theta_{CB} = \frac{1}{EI}\left(-M_A x + \frac{R_A x^2}{2} - \frac{P}{2}(x-a)^2\right) \cdots (5)$$
$$\delta_{CB} = \frac{1}{EI}\left(-\frac{M_A x^2}{2} + \frac{R_A x^3}{6} - \frac{P}{6}(x-a)^3\right) \cdots (6)$$
$x = l$일 때 $\theta_{CB} = 0$
$$0 = -M_A l + \frac{R_A l^2}{2} - \frac{P}{2}(l-a)^2 \quad \cdots\cdots (7)$$
$x = l$일 때 $\delta_{CB} = 0$
$$0 = -\frac{M_A l^2}{2} + \frac{R_A l^3}{6} - \frac{P}{6}(l-a)^3 \quad \cdots\cdots (8)$$
식 (1), (2), (7), (8)을 연립하면
$$M_A = \frac{-Pab^2}{l^2}, \quad M_B = \frac{-Pba^2}{l^2} \quad \cdots\cdots (9)$$
$$R_A = \frac{Pb^2}{l^3}(3a+b), \quad R_B = \frac{Pa^2}{l^3}(3b+a) \quad \cdots (10)$$
선도에서 하중 P가 작용하는 C점에서 모멘트는
$$M_a = -M_A + R_A \times a = -\frac{Pab^2}{l^2} + \frac{Pab^2}{l^3}(3a+b)$$
$$= -\frac{Pab^2}{l^3}(a+b) + \frac{Pab^2}{l^3}(3a+b)$$
$$= \frac{Pab^2}{l^3} \times 2a = \frac{2Pa^2b^2}{l^3}$$

최대 처짐이 작용하는 점은 미분 방정식의 성질을 이용하여 $\theta_x = 0$인 지점에서 찾고, 최대 처짐각은 $M_x = 0$인 지점을 찾는다. 만약 P가 중앙에 작용하면 (9), (10)식에 $a = b = \dfrac{l}{2}$을 대입하여

$M_A = M_B = \dfrac{-Pl}{8}$을 찾는다.

$R_A = R_B = \dfrac{P}{2}$, $\theta_x = \dfrac{1}{EI}\left(-\dfrac{Pl}{8}x + \dfrac{Px^2}{4}\right)$

$\theta_{\max} = \theta_{x=\frac{l}{4}} = \dfrac{Pl^2}{64EI}$

$\delta_x = \dfrac{1}{EI}\left(-\dfrac{\left(\dfrac{Pl}{8}\right)x^2}{2} + \dfrac{\left(\dfrac{P}{2}\right)x^3}{6}\right)$

$\delta_{\max} = \delta_{x=\frac{l}{2}}$

$= \left|\dfrac{1}{EI}\left(-\dfrac{\left(\dfrac{Pl}{8}\right)\left(\dfrac{l}{2}\right)^2}{2} + \dfrac{\left(\dfrac{P}{2}\right)\left(\dfrac{l}{2}\right)^3}{6}\right)\right|$

$= \dfrac{Pl^3}{192EI}$

ⓒ 분포하중을 포함한 주요 부정정보의 처짐

구분		
반력	$R_A = \dfrac{Pb^2}{l^3}(3a+b)$, $R_B = \dfrac{Pa^2}{l^3}(3b+a)$	$R_A = R_B = \dfrac{P}{2}$
$M_{\max}$	$M_A = \dfrac{-Pab^2}{l^2}$, $M_B = \dfrac{-Pba^2}{l^2}$, $M_C = \dfrac{2Pa^2b^2}{l^3}$	$M_{\frac{l}{2}} = \dfrac{Pl}{8}$
$\theta_{\max}$	-	$\theta_{\frac{l}{4}} = \dfrac{Pl^2}{64EI}$
$\delta_{\max}$	-	$\delta_{\frac{l}{2}} = \dfrac{Pl^3}{192EI}$

구분		
반력	$R_A = R_B = \dfrac{wl}{2}$	$R_A = \dfrac{2wl}{9}$, $R_B = \dfrac{5wl}{18}$
$M_{\max}$	$M_{\frac{l}{2}} = \dfrac{wl^2}{24}$	$M_A = \dfrac{wl^2}{30}$, $M_B = \dfrac{wl^2}{20}$
$\theta_{\max}$	$\theta_{0.789l} = \dfrac{wl^3}{125EI}$	$\theta_{\sqrt{0.3}\,l} = 0.168wl^3$
$\delta_{\max}$	$\delta_{\frac{l}{2}} = \dfrac{wl^4}{384EI}$	$\delta_{\frac{-5+\sqrt{105}}{10}l} = 0.0013\dfrac{wl^4}{EI}$

10년간 자주 출제된 문제

다음 그림과 같은 양단 고정보에서 고정단 A에서 발생하는 굽힘 모멘트는?(단, 보의 굽힘 강성계수는 EI이다)

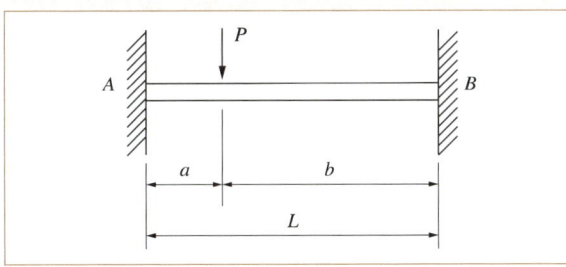

① $M_A = \dfrac{Pab}{L}$
② $M_A = \dfrac{Pab(a-b)}{L}$
③ $M_A = \dfrac{Pab}{L} \times \dfrac{a}{L}$
④ $M_A = \dfrac{Pab}{L} \times \dfrac{b}{L}$

|해설|

$R_A = \dfrac{Pb^2}{l^3}(3a+b)$, $R_B = \dfrac{Pa^2}{l^3}(3b+a)$

$M_A = \dfrac{-Pab^2}{l^2}$, $M_B = \dfrac{-Pba^2}{l^2}$, $M_C = \dfrac{2Pa^2b^2}{l^3}$

정답 ④

핵심이론 31 | 주요 부정정보의 M_x, θ_x, δ_x

※ 복잡한 계산과정을 거쳐서 M_x, θ_x, δ_x를 구하면 좋지만 일반기계기사 시험 중에 M_x, θ_x, δ_x 계산을 1~2분 안에 해결하는 것은 매우 어렵기 때문에 주요 부정정보의 모멘트, 처짐각, 처짐을 조건에 따라 기억해 두는 것이 효율적이다.

① 지지를 받는 외팔보(일단 고정 타단 지지보) – 집중하중

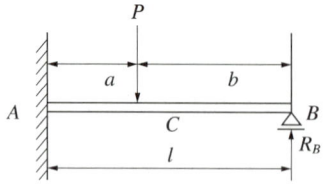

$$R_B = \frac{Pa^2(3l-a)}{2l^3}, \quad R_A = \frac{Pb(3l^2-b^2)}{2l^3}$$

$a=b$라면 $R_B = \frac{5P}{16}, \quad R_A = \frac{11P}{16}$

$$M_A = -\frac{Pb(l^2-b^2)}{2l^2} = -\frac{Pab(a+2b)}{2l^2}$$

$a=b$라면 $M_A = \frac{3Pl}{16}$

$$M_C = \frac{Pa^2b(2a+3b)}{2l^3} = \frac{Pa^2b(2l+b)}{2l^3}$$

$a=b$라면 $M_C = \frac{5Pl}{32}$

$a=b$라면 $\theta_{\max} = \frac{5Pl^2}{32EI}, \quad \delta_{\max} = \frac{7Pl^3}{768EI}$

② 지지를 받는 외팔보(일단 고정 타단 지지보) – 등분포하중

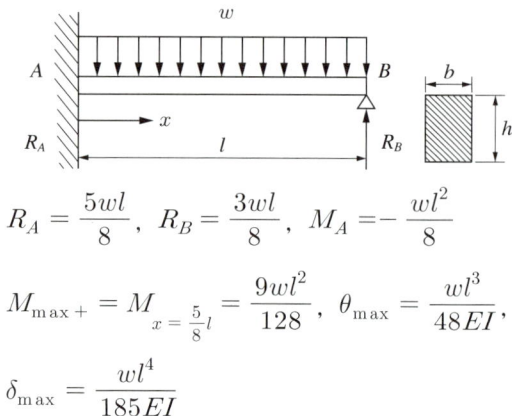

$R_A = \frac{5wl}{8}, \quad R_B = \frac{3wl}{8}, \quad M_A = -\frac{wl^2}{8}$

$M_{\max+} = M_{x=\frac{5}{8}l} = \frac{9wl^2}{128}, \quad \theta_{\max} = \frac{wl^3}{48EI}$

$\delta_{\max} = \frac{wl^4}{185EI}$

③ 지지를 받는 외팔보(일단 고정 타단 지지보) – 불균일 분포하중(1차 함수)

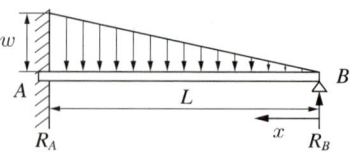

$R_A = \frac{2wl}{5} = 0.4wl, \quad R_B = \frac{wl}{10} = 0.1wl,$

$M_A = M_{\max} = \frac{wl^2}{15}$

$M_x = \frac{wx}{30l}(5x^2 - 3l^2), \quad \theta_{\max} = \theta_0 = \frac{wl^3}{120EI},$

$\delta_{\max} = \delta_{\frac{l}{\sqrt{5}}} = 0.00239\frac{wl^4}{EI}$

④ 지지점이 3개인 등간격 보

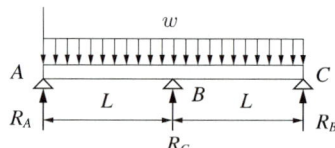

$R_A = R_C = \frac{3wl}{8}, \quad R_B = \frac{5wl}{8} \times 2, \quad M_B = -\frac{wl^2}{8}$

$M_{\max} = M_{x=\frac{5}{8}l} = \frac{9wl^2}{128}, \quad \theta_{\max} = \frac{wl^3}{48EI},$

$\delta_{\max} = \frac{5wl^4}{384EI}$

SFD, BMD를 그리면

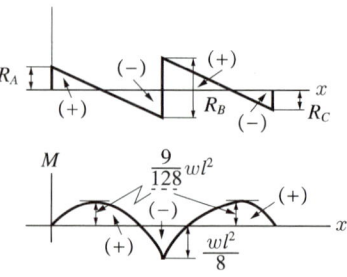

⑤ 부정정보를 정정보로 변환한 갤버보

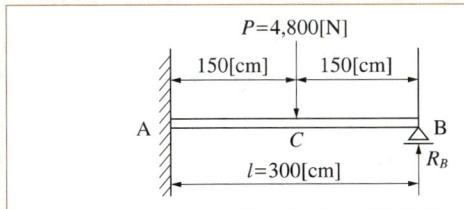

㉠ 부정정보에 힌지 C를 추가하여 정정보처럼 변환한다.

㉡ 힌지는 휨응력을 받지 않으므로 C에서의 굽힘 모멘트는 0이다.

㉢ $P = R_A + R_D$, $M_{CL} = R_A \times \overline{AC}$, $M_{CR} = R_B \times \overline{BC} + R_D \times \overline{DC}$에 $M_{CL} = M_{CR}$ 식이 추가된다.

10년간 자주 출제된 문제

31-1. 다음 그림과 같은 일단 고정 타단 지지보의 중앙에 $P = 4,800[\text{N}]$의 하중이 작용하면 지지점의 반력(R_B)은 약 몇 [kN]인가?

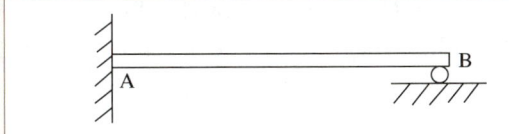

① 3.2
② 2.6
③ 1.5
④ 1.2

31-2. 길이가 $L[\text{m}]$이고, 일단 고정에 타단 지지인 다음 그림과 같은 보에 자중에 의한 분포하중 $w[\text{N/m}]$가 보의 전체에 가해질 때 점 B에서 반력의 크기는?

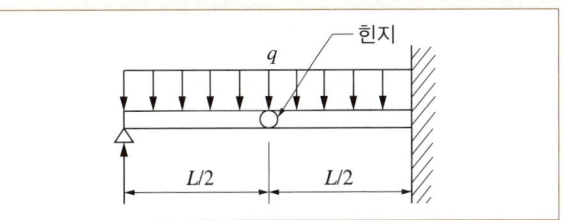

① $\dfrac{wl}{4}$
② $\dfrac{3}{8}wl$
③ $\dfrac{5}{16}wl$
④ $\dfrac{7}{16}wl$

31-3. 다음 그림과 같은 균일 단면을 갖는 부정정보가 단순 지지단에서 모멘트 M_0를 받는다. 단순 지지단에서의 반력 R_a는? (단, 굽힘 강성 EI는 일정하고, 자중은 무시한다)

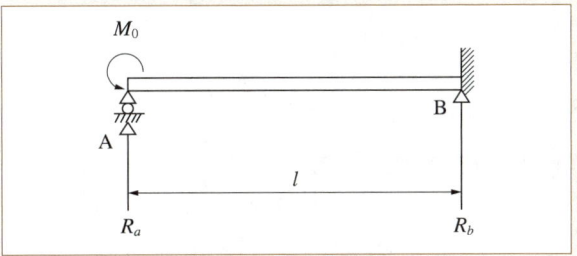

① $\dfrac{3M_0}{2L}$
② $\dfrac{3M_0}{4L}$
③ $\dfrac{2M_0}{3L}$
④ $\dfrac{4M_0}{3L}$

31-4. 다음과 같이 스팬(span) 중앙에 힌지(hinge)를 가진 보의 최대 굽힘 모멘트는 얼마인가?

① $\dfrac{qL^2}{4}$
② $\dfrac{qL^2}{6}$
③ $\dfrac{qL^2}{8}$
④ $\dfrac{qL^2}{12}$

|해설|

31-1

$R_B = \dfrac{Pa^2(3l-a)}{2l^3}$, $R_A = \dfrac{Pb(3l^2-b^2)}{2l^3}$

$a = b$라면 $R_B = \dfrac{5P}{16} = \dfrac{5 \times 4,800[\text{N}]}{16} = 1,500[\text{N}] = 1.5[\text{kN}]$,

$R_A = \dfrac{11P}{16}$

31-2

$R_A = \dfrac{5wl}{8}$, $R_B = \dfrac{3wl}{8}$, $M_A = -\dfrac{wl^2}{8}$

$M_{\max} = M_{x=\frac{5}{8}l} = \dfrac{9wl^2}{128}$, $\theta_{\max} = \dfrac{wl^3}{48EI}$, $\delta_{\max} = \dfrac{wl^4}{185EI}$

| 해설 |

31-3
문제의 그림은 M_o에 의한 처짐을 R_A가 받치고 있는 형태이므로

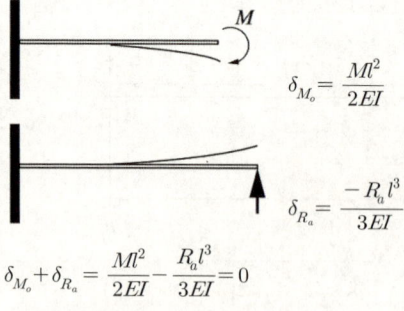

$\delta_{M_o} = \dfrac{Ml^2}{2EI}$

$\delta_{R_a} = \dfrac{-R_a l^3}{3EI}$

$\delta_{M_o} + \delta_{R_a} = \dfrac{Ml^2}{2EI} - \dfrac{R_a l^3}{3EI} = 0$

$\dfrac{M_o l^2}{2EI} = \dfrac{R_a l^3}{3EI}$, $\dfrac{M_o}{2} = \dfrac{R_a l}{3}$, $R_a = \dfrac{3M_o}{2l}$

31-4
단순보+외팔보가 되며

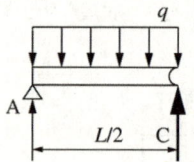

$\dfrac{qL}{2} = R_A + R_C$, $\dfrac{qL}{4} = R_A = R_C$

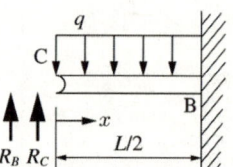

$R_A + R_B = qL$, $\therefore R_B = \dfrac{3}{4}qL$

C점에서 R_C가 작용하고, R_B의 반력도 작용한다. 또한, 여전히 분포하중이 작용하므로

$M_B = M_{\max} = (R_C + R_B) \times \dfrac{L}{2} - \dfrac{qL}{2} \times \dfrac{L}{2} = \dfrac{qL^2}{2} - \dfrac{qL^2}{4} = \dfrac{qL^2}{4}$

정답 31-1 ③ 31-2 ② 31-3 ① 31-4 ①

핵심이론 32 | 평면응력과 평면 변형률

① 단순응력

다음 그림과 같은 부재에 인장력이 작용할 때 단면 aa'에 작용하는 힘을 인장응력이라 하고, 그 크기는 인장력 P를 단면적 A로 나눈 값이다.

$$\sigma = P/A$$

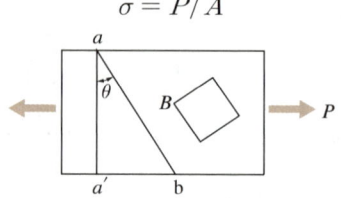

이 부재의 내부에 있는 사각형 B를 관찰해 보면 P에 의해 σ가 발생하지만, 이에 대한 법선 방향으로 σ_n이 발생하고 그 빗면 방향의 τ도 발생하는 것을 알 수 있다.

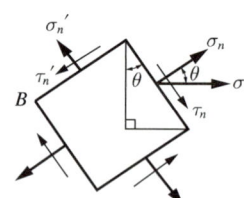

$\sigma_n = \dfrac{P'}{A}$라 하고 $P' = P\cos\theta$, $A' = \dfrac{A}{\cos\theta}$과 같이 힘은 줄어들고, 면적은 넓어지는 미소 힘으로 해석할 수 있다. 응력을 방향에 따라 설명해야 하므로 길이 방향의 인장응력을 σ_x, 그 직각 방향을 σ_y, x방향에서 θ만큼 틀어진 단면 ab에 작용하는 법선응력의 크기를 σ_n이라 하면

$$\sigma_n = \dfrac{P'}{A'} = \dfrac{P\cos\theta}{A/\cos\theta} = \sigma_x \cos^2\theta$$

P로 인해 비스듬한 면에 전단응력 τ_n도 발생하며 $\tau_n = \dfrac{P''}{A'} = \dfrac{P\sin\theta}{A/\cos\theta} = \sigma\sin\theta\cos\theta$ 가 된다. 사인법칙에 의해 $\sin\theta\cos\theta = \dfrac{1}{2}\sin 2\theta$이므로

$$\tau_n = \dfrac{1}{2}\sigma\sin 2\theta$$

② 2축 응력
  ㉠ ①의 단순응력이 x방향, y방향으로 작용하여 두 축의 응력이 조합되어 $P' = P\cos\theta$, $F' = F\sin\theta$와 같이 나타나는 조합응력을 의미한다.

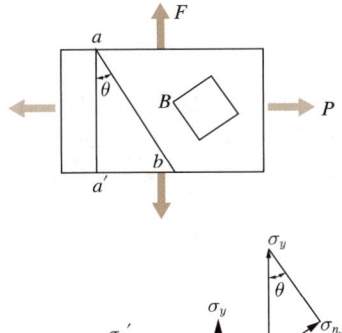

  ㉡ 단면 ab를 면적 A로 놓고 면적 A에 대한 법선응력을 σ_n, x방향의 응력을 σ_x, y방향의 응력을 σ_y라 하고, 이면에 작용하는 힘의 평형을 식으로 정리하면

$$\sigma_n = \sigma_{n_x} + \sigma_{n_y}$$

$$\sigma_{n_x} = \frac{P\cos\theta}{\text{단면 }aa'} = \frac{P\cos\theta}{A/\cos\theta} = \sigma_x \cos^2\theta,$$

$$\sigma_{n_y} = \frac{F\sin\theta}{\text{단면 }a'b} = \frac{F\sin\theta}{A/\sin\theta} = \sigma_y \sin^2\theta$$

$$\sigma_n = \sigma_x \cos^2\theta + \sigma_y \sin^2\theta$$
$$= \sigma_x \cdot \frac{1}{2}(1+\cos2\theta) + \sigma_y \cdot \frac{1}{2}(1-\cos2\theta)$$
$$= \frac{1}{2}(\sigma_x + \sigma_y) + \frac{1}{2}(\sigma_x - \sigma_y) \cdot \cos2\theta \cdots (1)$$

$$\sigma_n' = \frac{1}{2}(\sigma_x + \sigma_y) + \frac{1}{2}(\sigma_x - \sigma_y) \cdot \cos2\left(\frac{\pi}{2}+\theta\right)$$
$$= \frac{1}{2}(\sigma_x + \sigma_y) + \frac{1}{2}(\sigma_x - \sigma_y) \cdot \cos(\pi+2\theta)$$
$$= \frac{1}{2}(\sigma_x + \sigma_y) - \frac{1}{2}(\sigma_x - \sigma_y) \cdot \cos2\theta \cdots (2)$$

$$\sigma_n + \sigma_n' = (1) + (2)$$
$$\sigma_n + \sigma_n' = \sigma_x + \sigma_y$$

  ㉢ $\tau_n = \tau_{n_x} - \tau_{n_y}$

$$\tau_{n_x} = \frac{P\sin\theta}{\text{단면 }aa'} = \frac{P\sin\theta}{A/\cos\theta} = \sigma_x \sin\theta\cos\theta$$

$$\tau_{n_y} = \frac{F\sin\theta}{\text{단면 }aa'} = \frac{F\sin\theta}{A/\cos\theta} = \sigma_y \sin\theta\cos\theta$$

$$\tau_n = \tau_{n_x} - \tau_{n_y} = \sigma_x \sin\theta\cos\theta - \sigma_y \sin\theta\cos\theta$$
$$= (\sigma_x - \sigma_y)\sin\theta\cos\theta = \frac{1}{2}(\sigma_x - \sigma_y)\sin2\theta$$

$$\tau_n' = \frac{1}{2}(\sigma_x - \sigma_y)\sin2\left(\frac{\pi}{2}+\theta\right)$$
$$= -\frac{1}{2}(\sigma_x - \sigma_y)\sin2\theta = -\tau_n$$

  ㉣ 주평면
  • 2축 응력에서 $\theta = 0$인 면이다.
  • 전단응력이 존재하지 않고 최대 주응력, 최소 주응력이 존재하는 면이다.
  • $\sigma_n = \frac{1}{2}(\sigma_x + \sigma_y) + \frac{1}{2}(\sigma_x - \sigma_y)\cos2 \cdot 0$
    $= \frac{1}{2}(\sigma_x + \sigma_y) + \frac{1}{2}(\sigma_x - \sigma_y) = \sigma_x$
  • $\sigma_n' = \frac{1}{2}(\sigma_x + \sigma_y) + \frac{1}{2}(\sigma_x - \sigma_y)\cos2\cdot\left(\frac{\pi}{2}+0\right)$
    $= \frac{1}{2}(\sigma_x + \sigma_y) - \frac{1}{2}(\sigma_x - \sigma_y) = \sigma_y$
  • $\tau_n = \frac{1}{2}(\sigma_x - \sigma_y)\sin2\theta$
    $= \frac{1}{2}(\sigma_x - \sigma_y)\sin2 \cdot 0 = 0$

  ㉤ 순수 전단 평면
  • 2축 응력에서 $\theta = 45°$, $\frac{\pi}{4}$인 면이다.
  • $\sigma_n = \frac{1}{2}(\sigma_x + \sigma_y) + \frac{1}{2}(\sigma_x - \sigma_y)\cos2 \cdot \frac{\pi}{4}$
    $= \frac{1}{2}(\sigma_x + \sigma_y) = \sigma_n'$

- $\tau_n = \dfrac{1}{2}(\sigma_x - \sigma_y)\sin 2 \cdot \dfrac{\pi}{4}$

  $= \dfrac{1}{2}(\sigma_x - \sigma_y) = -\tau_n{'}$

10년간 자주 출제된 문제

32-1. 평면응력 상태에 있는 어떤 재료가 2축 방향에 응력 $\sigma_x > \sigma_y > 0$가 작용하고 있을 때 임의의 경사 단면에 발생하는 법선응력 σ_n은?

① $\sigma_x \cos 2\theta + \sigma_y \sin 2\theta$
② $\sigma_x \sin 2\theta + \sigma_y \cos 2\theta$
③ $\sigma_x \cos\theta + \sigma_y \sin\theta$
④ $\sigma_x \cos^2\theta + \sigma_y \sin^2\theta$

32-2. 다음 그림과 같은 두 평면응력 상태의 합에서 최대 전단응력은?

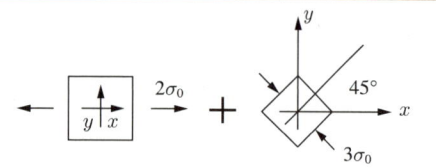

① $\dfrac{\sqrt{3}}{2}\sigma_0$
② $\dfrac{\sqrt{6}}{2}\sigma_0$
③ $\dfrac{\sqrt{13}}{2}\sigma_0$
④ $\dfrac{\sqrt{16}}{2}\sigma_0$

|해설|

32-1

$\sigma_{n_x} = \dfrac{P\cos\theta}{\text{단면 } aa'} = \dfrac{P\cos\theta}{A/\cos\theta} = \sigma_x \cos^2\theta$

$\sigma_{n_y} = \dfrac{F\sin\theta}{\text{단면 } a'b} = \dfrac{F\sin\theta}{A/\sin\theta} = \sigma_y \sin^2\theta$

$\sigma_n = \sigma_x \cos^2\theta + \sigma_y \sin^2\theta$

32-2

합성된 전단력이 최대가 되는 값을 찾아야 한다.

$\tau_1 = \dfrac{1}{2}(\sigma_x - \sigma_y)\sin 2\theta = \sigma_0 \sin 2\theta$

$\tau_2 = \dfrac{1}{2}(\sigma_x - \sigma_y)\sin 2\theta' = \dfrac{3}{2}\sigma_0 \sin 2\theta'$

$\theta' = \theta + 45°$이므로

$\tau_n(\theta) = \tau_1 + \tau_2 = \sigma_0 \sin 2\theta + \dfrac{3}{2}\sigma_0 \sin 2(\theta+45°)$

$= \sigma_0 \sin 2\theta + \dfrac{3}{2}\sigma_0 \sin(2\theta+90°) = \sigma_0 \sin 2\theta - \dfrac{3}{2}\sigma_0 \cos 2\theta$

방법 (1)
삼각함수의 합성공식에 따라
$a\sin\theta + b\cos\theta = \sqrt{a^2+b^2}\sin(\theta+\alpha) = \sqrt{a^2+b^2}\cos(\theta-\beta)$

$\tau_n(\theta) = \sigma_0 \sin 2\theta - \dfrac{3}{2}\sigma_0 \cos 2\theta = \dfrac{\sqrt{13}}{2}\sigma_0 \sin(2\theta+\alpha)$

이 함수는 $2\theta + \alpha = 90°$일 때 최대이므로 $\tau_{\max} = \dfrac{\sqrt{13}}{2}\sigma_0$

방법 (2)
방법 (1)이 간단하지만 자주 쓰는 공식이 아니므로, 약간 더 복잡해도 자주 사용해 온 함수의 기울기 0인 점 찾기로 풀어본다. τ_n을 θ의 함수로 보고 양변을 미분하여 0인 최대, 최소인 θ를 찾는다.

$\tau_n(\theta)' = 2\sigma_0 \cos 2\theta + 3\sigma_0 \sin 2\theta = 0$

양변을 $\sigma_0 \cos 2\theta$로 나누면 $\tan 2\theta = -\dfrac{2}{3}$

따라서 $\tan 2\theta = \dfrac{\sin 2\theta}{\cos 2\theta} = -\dfrac{2}{3}$, 즉 $\sin 2\theta = -2a$, $\cos 2\theta = 3a$이므로($2a, -3a$로 보아도 된다)

$\tau_n(\theta) = -2a \times \sigma_0 - \dfrac{9}{2}a \times \sigma_0 = -\dfrac{13}{2}a \times \sigma_0$

그러나 $\sin^2 2\theta + \cos^2 2\theta = 4a^2 + 9a^2 = 1$, $\therefore a = \pm\dfrac{1}{\sqrt{13}}$

따라서 $\tau_n(\theta) = -\dfrac{13}{2} \times \left(\pm\dfrac{1}{\sqrt{13}}\right) \times \sigma_0 = \mp\dfrac{\sqrt{13}}{2}\sigma_0$

최대는 $\dfrac{\sqrt{13}}{2}\sigma_0$, 최소는 $-\dfrac{\sqrt{13}}{2}\sigma_0$이다.

정답 32-1 ④ 32-2 ③

핵심이론 33 | 평면응력

① 보통의 단면은 2축 응력 외에도 평면에 전단응력이 작용하기 때문에 전단응력까지 고려한 단면의 응력을 구해야 한다.

② $\sigma_n = \frac{1}{2}(\sigma_x + \sigma_y) + \frac{1}{2}(\sigma_x - \sigma_y) \cdot \cos 2\theta$ 에 작용하는 τ_{xy}, τ_{yx}를 고려하면

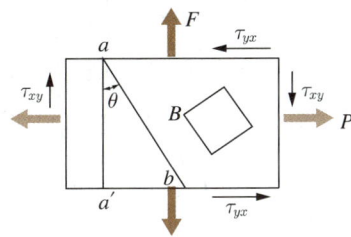

힘 F에 의한 전단응력을 τ_{xy}, 힘이 같고 전단응력의 방향이 직각인 전단응력을 τ_{yx}라고 하면

$\sigma_{\tau_{xy}} = F\sin\theta / (A/\cos\theta) = \tau_{xy}\sin\theta\cos\theta$

$\quad = \frac{1}{2}\tau_{xy}\sin 2\theta$

$\sigma_{\tau_{yx}} = F\cos\theta / (A/\sin\theta) = \tau_{yx}\sin\theta\cos\theta$

$\quad = \frac{1}{2}\tau_{xy}\sin 2\theta$

힘의 방향에 맞게 평형식을 세우면

$\sigma_n = \sigma_{n_x} + \sigma_{n_y} - \sigma_{\tau_{xy}} - \sigma_{\tau_{yx}}$ 와 같고,

크기는 $\tau_{yx} = \tau_{xy}$ 이므로

$\sigma_n = \sigma_{n_x} + \sigma_{n_y} - \sigma_{\tau_{xy}} - \sigma_{\tau_{yx}}$

$\quad = \sigma_x\cos^2\theta + \sigma_y\sin^2\theta - 2 \times \frac{1}{2}\tau_{xy}\sin 2\theta$

또는 $\sigma_n = \frac{1}{2}(\sigma_x + \sigma_y) + \frac{1}{2}(\sigma_x - \sigma_y)\cos 2\theta$

$- \tau_{xy}\sin 2\theta$ 로 나타낼 수 있다.

③ 공액 법선응력인 σ_n'은 $\theta' = \frac{\pi}{2} + \theta$를 대입하여 얻은 결과인

$\sigma_n' = \frac{1}{2}(\sigma_x + \sigma_y) - \frac{1}{2}(\sigma_x - \sigma_y)\cos 2\theta + \tau_{xy}\sin 2\theta$

이며 $\sigma_n + \sigma_n' = \sigma_x + \sigma_y$ 가 된다.

④ 전단응력이 작용하는 경우의 τ_n도 같은 방식으로

$\tau_{\tau_{xy}} = F\cos\theta / (A/\cos\theta) = \tau_{xy}\cos^2\theta$

$\tau_{\tau_{yx}} = F\sin\theta / (A/\sin\theta) = \tau_{yx}\sin^2\theta$ 가 되며

$\tau_{yx} = \tau_{xy}$ 이므로

$\tau_n = \tau_{n_x} - \tau_{n_y} + \tau_{\tau_{xy}} - \tau_{\tau_{yx}} = \frac{1}{2}(\sigma_x - \sigma_y)\sin 2\theta$

$\quad + \tau_{xy}\cos^2\theta - \tau_{xy}\sin^2\theta$

$\quad = \frac{1}{2}(\sigma_x - \sigma_y)\sin 2\theta + \tau_{xy}\cos 2\theta$

⑤ 공액 전단응력 τ_n'도 같은 방식으로 τ_n에 $\theta' = \frac{\pi}{2} + \theta$를 넣은 결과인 $\tau_n' = -\tau_n$이 된다.

10년간 자주 출제된 문제

33-1. 하중을 받고 있는 기계요소의 응력 상태는 다음과 같다. 선분 $(a-a)$에서 수직응력(σ_n)과 전단응력(τ)은?

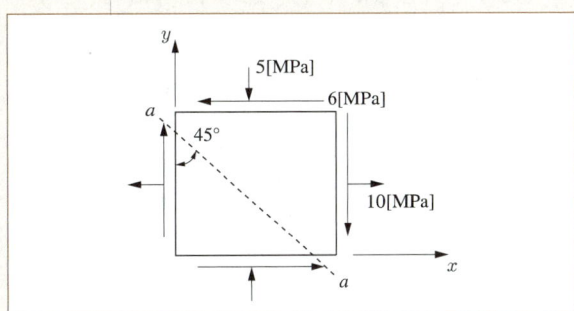

① $\sigma_n = 10$[MPa], $\tau = 7.5$[MPa]
② $\sigma_n = -3.5$[MPa], $\tau = -7.5$[MPa]
③ $\sigma_n = 10$[MPa], $\tau = -6$[MPa]
④ $\sigma_n = -3.5$[MPa], $\tau = -6$[MPa]

33-2. 평면응력 상태에 있는 재료 내부에 서로 직각인 두 방향에서 수직응력 σ_x, σ_y가 작용할 때 생기는 최대 주응력과 최소 주응력을 각각 σ_1, σ_2라고 하면, 다음 중 어느 관계식이 성립하는가?

① $\sigma_1 + \sigma_2 = \dfrac{\sigma_x + \sigma_y}{2}$
② $\sigma_1 + \sigma_2 = \dfrac{\sigma_x + \sigma_y}{4}$
③ $\sigma_1 + \sigma_2 = \sigma_x + \sigma_y$
④ $\sigma_1 + \sigma_2 = 2(\sigma_x + \sigma_y)$

| 해설 |

33-1

$\sigma_n = \frac{1}{2}(\sigma_x + \sigma_y) + \frac{1}{2}(\sigma_x - \sigma_y)\cos 2\theta - \tau_{xy}\sin 2\theta$

$\quad = \frac{1}{2} \times 5[\text{MPa}] + 15[\text{MPa}]\cos 90° - 6[\text{MPa}]\sin 90°$

$\quad = -3.5[\text{MPa}]$

$\tau_n = \frac{1}{2}(\sigma_x - \sigma_y)\sin 2\theta + \tau_{xy}\cos 2\theta$

$\quad = \frac{1}{2}(10+5)[\text{MPa}]\sin 90° + 6[\text{MPa}]\cos 90° = 7.5[\text{MPa}]$

전단응력은 어느 방향이 (+)인가에 따라 (+), (−)가 다르다. 위 식의 τ_n은 빗면의 아랫방향을 (+)로 하였으므로 τ_{xy} 방향을 (+)로 보면 −7.5[MPa]로 나타낼 수 있다.

33-2

$\sigma_n = \frac{1}{2}(\sigma_x + \sigma_y) + \frac{1}{2}(\sigma_x - \sigma_y)\cos 2\theta - \tau_{xy}\sin 2\theta$

σ_n'은 $\theta' = \frac{\pi}{2} + \theta$를 대입한다.

$\sigma_n' = \frac{1}{2}(\sigma_x + \sigma_y) - \frac{1}{2}(\sigma_x - \sigma_y)\cos 2\theta + \tau_{xy}\sin 2\theta$

$\therefore \sigma_n + \sigma_n' = \sigma_x + \sigma_y$

정답 33-1 ② 33-2 ③

핵심이론 34 | 평면응력의 최대 주응력, 최대 전단응력

① 주평면

㉠ 최대 주응력이 작용하는 면이다.

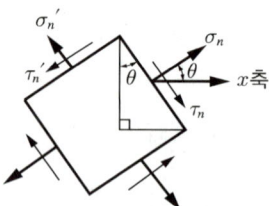

㉡ ㉠의 면이 x축과 이루는 각을 θ라 할 때 θ는 x축 방향의 힘, y축 방향의 힘, τ_{xy}에 따라 달라진다.

㉢ $\sigma_n = \frac{1}{2}(\sigma_x + \sigma_y) + \frac{1}{2}(\sigma_x - \sigma_y)\cos 2\theta - \tau_{xy}\sin 2\theta$가 최대가 되는 θ를 찾기 위해서 이 식을 θ에 관한 함수라고 보면, 미분하여 0이 되는 θ를 찾으면 최대이거나 최소가 되는 θ를 찾게 된다.

$\sigma_n(\theta)' = \frac{1}{2}(\sigma_x + \sigma_y) + \frac{1}{2}(\sigma_x - \sigma_y)\cos 2\theta - \tau_{xy}\sin 2\theta$

$\quad = 0 + \frac{1}{2}(\sigma_x - \sigma_y)(-\sin 2\theta) \cdot 2 - \tau_{xy} \cdot \cos 2\theta \cdot 2$

$\quad = -(\sigma_x - \sigma_y)\sin 2\theta - 2\tau_{xy}\cos 2\theta = 0$

$-2\tau_{xy}\cos 2\theta = (\sigma_x - \sigma_y)\sin 2\theta$,

$\dfrac{-2\tau_{xy}}{(\sigma_x - \sigma_y)} = \dfrac{\sin 2\theta}{\cos 2\theta} = \tan 2\theta$

∴ 주평면이 되는 θ를 가진 삼각함수와 각 응력과의 관계

$\tan 2\theta = \dfrac{-2\tau_{xy}}{(\sigma_x - \sigma_y)} = -\dfrac{\tau_{xy}}{\dfrac{\sigma_x - \sigma_y}{2}}$

(즉 x, y축 응력차의 반에 대한 전단응력의 비)

㉣ 탄젠트 함수이므로 ㉢의 식을 만족하는 2θ는 180° 간격 둘이 되고, θ는 90° 간격 둘이 되므로 서로 공액관계가 된다. 하나는 최대가 되는 θ, 하나는 최소가 되는 θ가 된다.

ⓒ $\tau_n = \frac{1}{2}(\sigma_x - \sigma_y)\sin2\theta + \tau_{xy}\cos2\theta$

$= \frac{1}{2}(\sigma_x - \sigma_y)\sin2\cdot 0 + \tau_{xy}\cos2\cdot 0$

$= \tau_{xy}$

ⓑ $\tan\alpha = \frac{\sin\alpha}{\cos\alpha}$, $\sin^2\alpha + \cos^2\alpha = 1$,

$\tan2\theta = \frac{-2\tau_{xy}}{(\sigma_x - \sigma_y)}$의 관계를 이용하여

$\sigma_n = \frac{1}{2}(\sigma_x + \sigma_y) + \frac{1}{2}(\sigma_x - \sigma_y)\cos2\theta$
$\quad - \tau_{xy}\sin2\theta$를

$\sigma_n = \frac{1}{2}(\sigma_x + \sigma_y) \pm \frac{1}{2}\sqrt{(\sigma_x - \sigma_y)^2 + 4\tau_{xy}^2}$

·····(1)

으로 변환할 수 있으므로 θ를 구하지 않고 각 응력값을 이용하여 최대 주응력, 최소 주응력을 구할 수 있다.

② 주전단응력이 작용하는 평면

㉠ $\tau_n = \frac{1}{2}(\sigma_x - \sigma_y)\sin2\theta + \tau_{xy}\cos2\theta$식을 ①의 ㉢과 같이 미분하여 0이 되는 두 개의 θ를 찾는 과정을 거치면

$\tan2\theta = \frac{(\sigma_x - \sigma_y)}{2\tau_{xy}}$

㉡ ①의 ㉢과 같이

$\tau_n = \frac{1}{2}(\sigma_x - \sigma_y)\sin2\theta + \tau_{xy}\cos2\theta$식의 삼각함수를

$\tan2\theta = \frac{(\sigma_x - \sigma_y)}{2\tau_{xy}}$와 $\tan\alpha = \frac{\sin\alpha}{\cos\alpha}$,

$\sin^2\alpha + \cos^2\alpha = 1$ 관계를 이용하여 소거하면

$\tau_n = \pm \frac{1}{2}\sqrt{(\sigma_x - \sigma_y)^2 + 4\tau_{xy}^2}$ ················(2)

ⓒ (1)식에는 (2)식이 포함되어 있으므로

$\sigma_n = \frac{1}{2}(\sigma_x + \sigma_y) + \tau_n$의 관계임을 알 수 있다.

③ 주변형률, 최대 전단변형률

㉠ 응력을 계산하지 않고 각 방향의 변형률은 직접 측정에 의해 구할 수 있으므로 식 (1), (2)를 변형률로 나타낼 수 있으면 편리하다.

㉡ $\sigma = E\varepsilon$, $\tau = G\gamma$ 관계임을 알고 있고, x, y방향 모두 응력이 작용하고 있어 푸아송의 비를 고려하지 않는다면 $G = \frac{E}{2}$이므로 (1), (2) 식에

$\sigma_x = E\varepsilon_x$, $\sigma_y = E\varepsilon_y$, $\tau_{xy} = \frac{E}{2}\gamma_{xy}$를 대입하여

$\gamma_n = \frac{1}{2}\sqrt{(\varepsilon_x - \varepsilon_y)^2 + \gamma_{xy}^2}$ ·················(3)

$\varepsilon_n = \frac{1}{2}(\varepsilon_x + \varepsilon_y) \pm \frac{1}{2}\sqrt{(\varepsilon_x - \varepsilon_y)^2 + \gamma_{xy}^2}$

$= \frac{1}{2}(\varepsilon_x + \varepsilon_y) \pm \gamma_n$ ·················(4)

ⓒ (3), (4)식 모두 하나는 최대 변형률, 하나는 최소 변형률이 된다.

10년간 자주 출제된 문제

34-1. 다음 그림과 같이 평면응력 조건하에 최대 주응력은 몇 [kPa]인가?(단, σ_x = 400[kPa], σ_y = -400[kPa], τ_{xy} = 300 [kPa]이다)

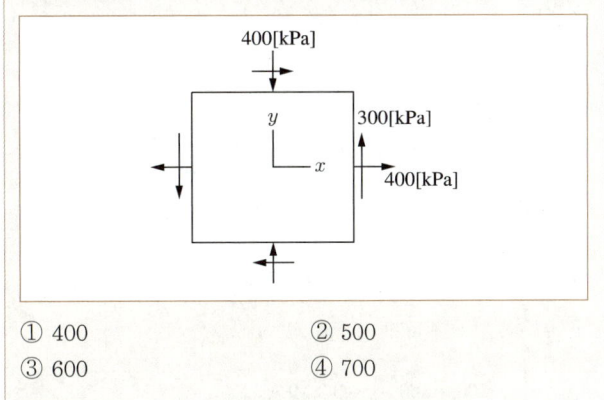

① 400　　　　② 500
③ 600　　　　④ 700

10년간 자주 출제된 문제

34-2. 다음 그림과 같이 균일 단면 봉이 100[kN]의 압축하중을 받고 있다. 재료의 경사 단면 $Z-Z$에 생기는 수직응력 σ_n, 전단응력 τ_n의 값은 각각 몇 [MPa]인가?(단, 균일 단면 봉의 단면적은 1,000[mm²]이다)

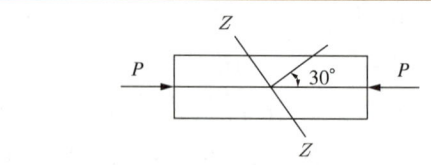

① $\sigma_n = -38.2$, $\tau_n = 26.7$
② $\sigma_n = -68.4$, $\tau_n = 58.8$
③ $\sigma_n = -75.0$, $\tau_n = 43.3$
④ $\sigma_n = -86.2$, $\tau_n = 56.8$

34-3. 다음 그림과 같이 인장력 P가 작용하는 봉의 경사 단면 $A-B$에서 발생하는 법선응력과 전단응력이 각각 $\sigma_n = 10$[MPa], $\tau = 6$[MPa]일 때, 경사각 ϕ는 약 몇 도인가?

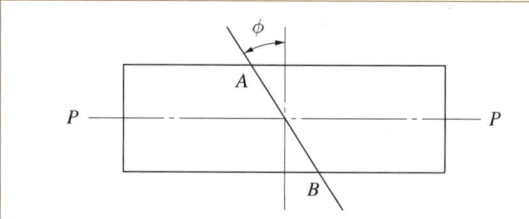

① 25° ② 31°
③ 35° ④ 41°

|해설|

34-1
$$\sigma_n = \frac{1}{2}(\sigma_x + \sigma_y) \pm \frac{1}{2}\sqrt{(\sigma_x - \sigma_y)^2 + 4\tau_{xy}^2}$$
$$= \frac{1}{2}(400 - 400) \pm \frac{1}{2}\sqrt{(400+400)^2 + 4 \times 300^2}$$
$$= 500[\text{kPa}]$$

34-2
$\sigma_x = 100[\text{kN}]/1,000[\text{mm}^2] = 100[\text{MPa}]$
$\tau_n = \frac{1}{2}(\sigma_x - \sigma_y)\sin2\theta + \tau_{xy}\cos2\theta$
$= \frac{1}{2}(-100)\sin60° = -43.3[\text{MPa}]$
$\sigma_n = \frac{1}{2}(\sigma_x) + \frac{1}{2}(\sigma_x)\cos60° - 0 = -50 - 25 = -75[\text{MPa}]$

34-3
풀이 (1)
$\sigma_n = 10[\text{MPa}]$, $\sigma_y = 0$, $\tau_{xy} = 0$이므로
$\sigma_n = \frac{1}{2}(\sigma_x + \sigma_y) + \frac{1}{2}(\sigma_x - \sigma_y)\cos2\theta - \tau_{xy}\sin2\theta$,
$10 = \frac{1}{2}(\sigma_x + \sigma_y) + \frac{1}{2}(\sigma_x - \sigma_y)\cos2\theta - \tau_{xy}\sin2\theta$
$10 = \frac{\sigma_x(1+\cos2\theta)}{2}$, $\sigma_x = \frac{20}{(1+\cos2\theta)}$
$\tau_n = 6[\text{MPa}]$, $\sigma_y = 0$, $\tau_{xy} = 0$이므로
$\tau_n = \frac{1}{2}(\sigma_x - \sigma_y)\sin2\theta + \tau_{xy}\cos2\theta$, $6 = \frac{1}{2}\sigma_x\sin2\theta$,
$\sigma_x = \frac{12}{\sin2\theta}$
$\sigma_x = \frac{20}{(1+\cos2\theta)} = \frac{12}{\sin2\theta}$

여러 풀이방법 중 가장 쉬운 $\sin^2\alpha + \cos^2\alpha = 1$을 이용한다.
$20\sin2\theta = 12(1+\cos2\theta)$, $5\sqrt{1-\cos^2 2\theta} = 3(1+\cos2\theta)$
$25(1-\cos^2 2\theta) = 9(1+\cos2\theta)^2$,
$25(1-\cos2\theta)(1+\cos2\theta) = 9(1+\cos2\theta)^2$
$25 - 25\cos2\theta = 9 + 9\cos2\theta$, $16 = 34\cos2\theta$
$\cos2\theta = \frac{8}{17}$, $2\theta = 61.92°$
∴ $\theta = 30.96°$
θ는 문제의 ϕ와 같으므로 $\phi = 30.96°$

풀이 (2)
이 문제는 σ_x만 존재하는데 비스듬한 단면에 법선응력과 전단력이 작용하는 값을 주었으므로 힘의 분력이 다음 그림과 같이 된다.

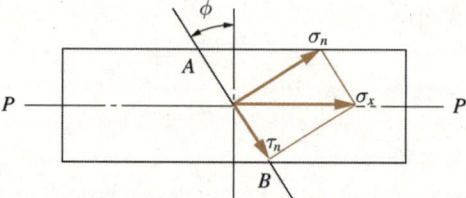

$\tan\phi = \frac{\tau_n}{\sigma_n} = \frac{6}{10}$
$\phi = \tan^{-1}0.6 = 30.96°$

정답 34-1 ② 34-2 ③ 34-3 ②

핵심이론 35 | 모어원

① 19C 중반 모어(Mohr)와 그의 동료가 부재에 작용하는 방향에 따른 응력을 좌표상에서 찾을 수 있도록 그린 원이다.

② 법선응력, 단면의 전단응력의 관계

$\sigma_n = \dfrac{1}{2}(\sigma_x + \sigma_y) \pm \dfrac{1}{2}\sqrt{(\sigma_x - \sigma_y)^2 + 4\tau_{xy}^2}$ 를 도면화한 그림이다.

③ 좌표계에 표시하면 다음과 같다.

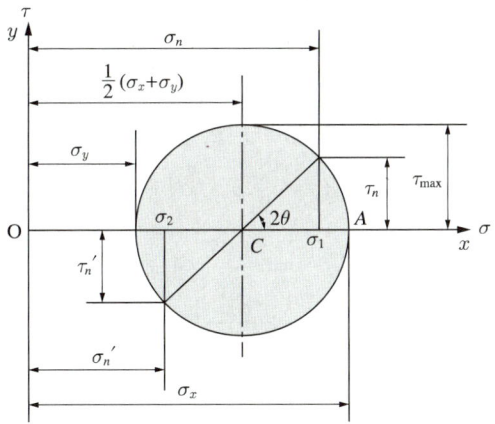

㉠ 원점을 x축, 즉 σ축 위에 $\dfrac{\sigma_x + \sigma_y}{2}$으로 정하고, 반지름을 $\tau_{\max}$으로 한 원을 그린다.

㉡ 2θ만큼 틀어진 직선을 긋고, 모어원과의 교점의 x 좌표값이, 부재의 θ만큼 틀어진 단면의 σ_1, σ_2, τ_n값이 된다.

④ 3축 응력의 모어원

$\sigma_x = \sigma_1$, $\sigma_y = \sigma_2$, $\sigma_z = \sigma_3$이라 하고 각 응력 간의 2축 응력, 3축 응력의 전단응력값은 서로 두 응력 간의 모어원과 각 응력의 최댓값, 최솟값을 지름으로 하는 원을 그린 것과 같다.

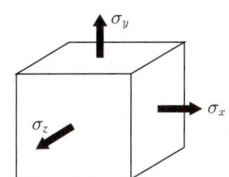

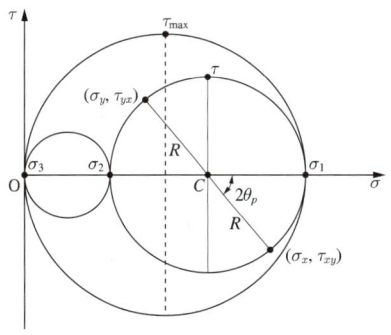

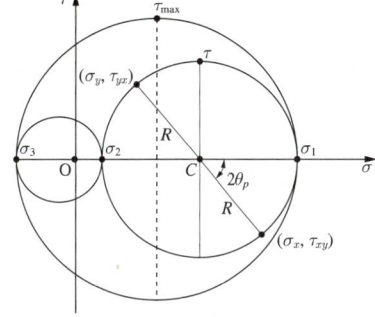

10년간 자주 출제된 문제

35-1. 평면응력 상태에서 σ_x와 σ_y만이 작용하는 2축 응력에서 모어원의 반지름이 되는 것은?(단, $\sigma_x > \sigma_y$이다)

① $(\sigma_x + \sigma_y)$
② $(\sigma_x - \sigma_y)$
③ $\dfrac{1}{2}(\sigma_x + \sigma_y)$
④ $\dfrac{1}{2}(\sigma_x - \sigma_y)$

35-2. 2축 응력에 대한 모어(Mohr)원의 설명으로 옳지 않은 것은?

① 원의 중심은 원점의 상하 어디라도 놓을 수 있다.
② 원의 중심은 원점 좌우의 응력축상에 어디라도 놓을 수 있다.
③ 이 원에서 임의의 경사면상의 응력에 관한 가능한 한 모든 지식을 얻을 수 있다.
④ 공액응력 σ_n과 $\sigma_n{'}$의 합은 주어진 두 응력의 합이다.

35-3. 다음 정사각형 단면(40[mm]×40[mm])을 가진 외팔보가 있다. $a-a$면에서의 수직응력(σ_n)과 전단응력(τ_s)은 각각 몇 [kPa]인가?

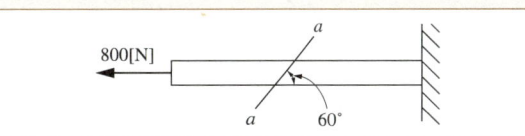

① $\sigma_n = 693$, $\tau_s = 400$
② $\sigma_n = 400$, $\tau_s = 693$
③ $\sigma_n = 375$, $\tau_s = 217$
④ $\sigma_n = 217$, $\tau_s = 375$

| 해설 |

35-1

$\tau_{\max} = \frac{1}{2}\sqrt{(\sigma_x - \sigma_y)^2 + 4\tau_{xy}^2}$ 인데, $\tau_{xy}=0$이므로

$\tau_{\max} = \frac{1}{2}(\sigma_x - \sigma_y)$

35-2

모어원의 중심은 x축, 즉 σ축 위에 $\dfrac{\sigma_x + \sigma_y}{2}$으로 정한다.

35-3

$\sigma_x = \dfrac{800[\text{N}]}{1,600[\text{mm}^2]} = 0.5[\text{MPa}]$ 이므로, 다음 그림과 같이 모어원을 그릴 수 있다.

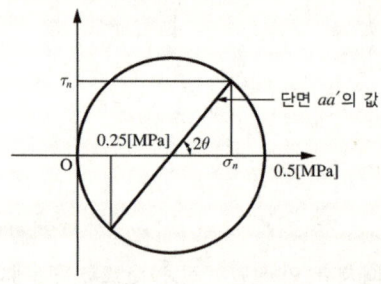

문제의 조건에서 단면의 법선 각도는 $30°$이므로 $2\theta = 60°$이다.
$\sigma_n = 0.25 + 0.25 \times \cos 60° = 0.375[\text{MPa}] = 375[\text{kPa}]$
$\tau_n = 0.25\sin 60° = 0.2165[\text{MPa}] \fallingdotseq 217[\text{kPa}]$

정답 35-1 ④ 35-2 ① 35-3 ③

핵심이론 36 | 비틀림과 굽힘을 함께 받는 부재

① 복합응력을 받는 부재

$$\sigma_n = \frac{1}{2}(\sigma_x + \sigma_y) \pm \frac{1}{2}\sqrt{(\sigma_x - \sigma_y)^2 + 4\tau_{xy}^2}$$

$$\tau_n = \frac{1}{2}\sqrt{(\sigma_x - \sigma_y)^2 + 4\tau_{xy}^2}$$

② 비틀림과 굽힘을 함께 받는 부재는 $\sigma_x = \sigma_b$로 작용하고, $\sigma_y = 0$이므로

$$\sigma_e = \frac{1}{2}\sigma_b + \frac{1}{2}\sqrt{(\sigma_b)^2 + 4\tau^2}$$

$$\tau_e = \frac{1}{2}\sqrt{\sigma_b^2 + 4\tau_{xy}^2}$$

㉠ 상당 비틀림 모멘트

$$T_e = \tau_e \cdot Z_p = \frac{1}{2}Z_p\sqrt{\sigma_b^2 + 4\tau^2}$$

$\sigma_b = \dfrac{32M}{\pi d^3},\ \tau = \dfrac{16T}{\pi d^3}$ 이므로

$$T_e = \frac{\pi d^3}{32}\sqrt{\left(\frac{32M}{\pi d^3}\right)^2 + 4\left(\frac{16T}{\pi d^3}\right)^2}$$

$$= \frac{\pi d^3}{32}\sqrt{\left(\frac{32}{\pi d^3}\right)^2 M^2 + \left(\frac{32}{\pi d^3}\right)^2 T^2}$$

$$= \frac{\pi d^3}{32}\frac{32}{\pi d^3}\sqrt{M^2 + T^2} = \sqrt{M^2 + T^2}$$

$\therefore\ T_e = \sqrt{M^2 + T^2}$

㉡ 상당 굽힘 모멘트

$$M_e = \sigma_e \cdot Z$$

$$= Z\left(\frac{1}{2}\sigma_b + \frac{1}{2}\sqrt{(\sigma_b)^2 + 4\tau^2}\right)$$

$$= \frac{1}{2}\frac{\pi d^3}{32}\frac{32M}{\pi d^3} + \frac{1}{2}T_e = \frac{1}{2}(M + T_e)$$

$\therefore\ M_e = \dfrac{1}{2}(M + T_e)$

ⓒ 축의 설계

상당 비틀림 모멘트를 견딜 축의 지름을 설계할 때 $T_e = \tau_e \cdot Z_p$ 관계를 이용할 수 있지만, 위 식을 정리하면 $d ≒ \sqrt[3]{\dfrac{5.1 T_e}{\tau_a}} = 1.7213 \sqrt[3]{\dfrac{T_e}{\tau_a}}$ 를 이용하여 계산할 수 있다. 또한, 상당 굽힘 모멘트를 견딜 축의 지름을 설계할 때도 $M_e = \sigma_e \cdot Z$ 에서 계산할 수 있으나 위 식을 정리한 $d ≒ \sqrt[3]{\dfrac{10.2 M_e}{\sigma_a}} = 2.1687 \sqrt[3]{\dfrac{M_e}{\sigma_a}}$ 를 이용하여 계산할 수 있다.

| 10년간 자주 출제된 문제 |

36-1. 다음 그림과 같이 단순화한 길이 1[m]의 차축 중심에 집중하중 100[kN]이 작용하고, 100[rpm]으로 400[kW]의 동력을 전달할 때 필요한 차축의 지름은 최소 몇 [cm]인가?(단, 축의 허용굽힘응력은 85[MPa]로 한다)

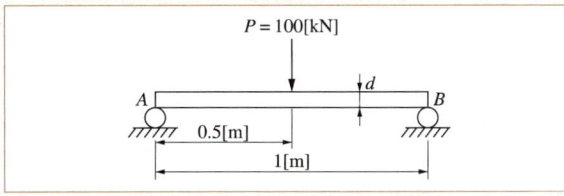

① 4.1
② 8.1
③ 12.3
④ 16.3

36-2. 다음 그림과 같이 지름 50[mm]의 연강봉의 일단을 벽에 고정하고, 자유단에는 50[cm] 길이의 레버 끝에 600[N]의 하중을 작용시킬 때 연강봉에 발생하는 최대 주응력과 최대 전단응력은 각각 몇 [MPa]인가?

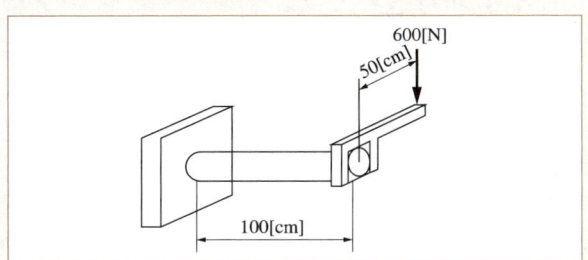

① 최대 주응력 : 51.8, 최대 전단응력 : 27.3
② 최대 주응력 : 27.3, 최대 전단응력 : 51.8
③ 최대 주응력 : 41.8, 최대 전단응력 : 27.3
④ 최대 주응력 : 27.3, 최대 전단응력 : 41.8

|해설|

36-1

$M = R_A \times 0.5[\text{m}] = 25\text{kN} \cdot [\text{m}]$

$T[\text{N} \cdot \text{m}] = 9,550 \dfrac{P[\text{kW}]}{n[\text{rpm}]} = 9,550 \times \dfrac{400[\text{kW}]}{100[\text{rpm}]}$
$= 38,200[\text{N} \cdot \text{m}] = 38.2[\text{kN} \cdot \text{m}]$

$M_e = \dfrac{1}{2}(M + \sqrt{M^2 + T^2})$
$= \dfrac{1}{2}(25 + \sqrt{25^2 + 38.2^2}) = 35.33[\text{kN} \cdot \text{m}]$

$d ≒ \sqrt[3]{\dfrac{10.2 M_e}{\sigma_a}} = 2.1687 \sqrt[3]{\dfrac{M_e}{\sigma_a}}$
$= 2.1687 \sqrt[3]{\dfrac{35.33 \times 10^3 [\text{N} \cdot \text{m}]}{85 \times 10^6 [\text{N} \cdot \text{m}^2]}} = 0.162[\text{m}] = 16.2[\text{cm}]$

36-2

$M_e = \dfrac{1}{2}(M + \sqrt{M^2 + T^2})$, $T_e = \sqrt{M^2 + T^2}$

$T = 600[\text{N}] \times 0.5[\text{m}] = 300[\text{N} \cdot \text{m}]$

$M = 600[\text{N}] \times 1[\text{m}] = 600[\text{N} \cdot \text{m}]$

$T_e = \sqrt{600^2 + 300^2} = 671[\text{N} \cdot \text{m}]$

$\tau = \dfrac{T_e}{Z_p} = \dfrac{671[\text{N} \cdot \text{m}]}{\dfrac{\pi \times 0.05^3}{16}[\text{m}^3]} = 27,338,999[\text{N}/\text{m}^2] = 27.3[\text{MPa}]$

$M_e = \dfrac{1}{2}(M + T_e) = \dfrac{1}{2}(600[\text{N} \cdot \text{m}] + 671[\text{N} \cdot \text{m}])$
$= 635.5[\text{N} \cdot \text{m}]$

$\sigma = \dfrac{M_e}{Z} = \dfrac{635.5[\text{N} \cdot \text{m}]}{\dfrac{\pi \times 0.05^3}{32}[\text{m}^3]} = 51,785,199[\text{N}/\text{m}^2] = 51.8[\text{MPa}]$

정답 36-1 ④ 36-2 ①

| 핵심이론 37 | 조합하중

① 조합하중은 회전하는 얇은 링에 작용하는 응력이다.

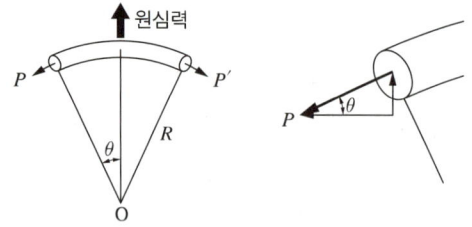

$$원심력 = \frac{mV^2}{R}$$

(여기서, m : 질량, R : 반지름, V : 회전속도)
힘의 평형에 의해

$$원심력 = P\sin\theta + P'\sin\theta$$

$$\therefore P = \frac{원심력}{2\sin\theta}\,(\because P = P')$$

② 원심력이 작용하는 지점과 P의 지점은 매우 근접하고, θ가 매우 미소하므로

$$\sigma = \frac{P}{A} = \frac{원심력}{2\sin\theta \times A} = \frac{mV^2}{2\theta RA}\,(\because \sin\theta \approx \theta)$$

$$m = \rho v = \rho A l = \rho A R 2\theta$$

(여기서, v : 부피, l : 호의 길이)

$$\sigma = \frac{mV^2}{2\theta RA} = \frac{\rho A R 2\theta V^2}{2\theta RA} = \rho V^2$$

※ 시험 중에 이 문제를 정리해서 풀기는 어려우므로, 회전하는 얇은 링의 $\sigma_{단면} = \rho V^2$ 관계를 원심력 구하는 식을 기억하였다가 푸는 것을 권한다.

10년간 자주 출제된 문제

지름 D인 두께가 얇은 링(ring)을 수평면 내에서 회전시킬 때 링에 생기는 인장응력을 나타내는 식은?(단, 링의 단위길이에 대한 무게를 W, 링의 원주속도를 V, 링의 단면적을 A, 중력가속도를 g로 한다)

① $\dfrac{WV^2}{DAg}$ ② $\dfrac{WDV^2}{Ag}$

③ $\dfrac{WV^2}{Ag}$ ④ $\dfrac{WV^2}{Dg}$

|해설|

$\sigma = \rho V^2$이며, $W = \rho g A$이므로(W를 무게가 아닌 단위길이당 무게라 하였으므로)

$$\rho = \frac{W}{gA}$$

$$\therefore \sigma = \frac{WV^2}{gA}$$

정답 ③

핵심이론 38 | 압력용기

① 압력용기는 보일러 탱크, 고압가스탱크, 유류탱크 등 내부 또는 외부의 압력을 받는 용기이다. 주로 용기에 담기는 재료에 따라 내·외부에서 발생하는 압력, 제작재료의 재질, 두께, 무게를 고려하여 적절한 크기와 두께, 재질을 결정한다.

② 원통형 압력용기

그림 (a)와 같은 원통에서 미소 부분 a를 떼어서 살펴보면 그림 (b)와 같은 응력을 받고 있다.

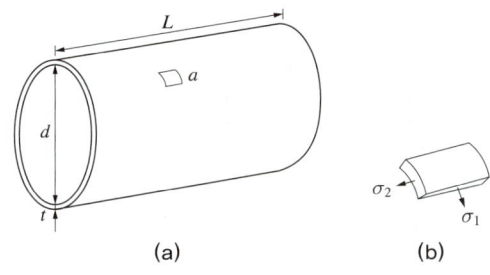

σ_1은 내부압력 p가 내부 면적 $d \times L$에 작용하는 힘을 용기의 $t \times L \times 2$ 부분이 받는 응력이므로 힘의 평형식에 의해 $pdL = \sigma_1 \times 2tL$이 되어 $\sigma_1 = p\dfrac{d}{2t}$ 가 된다.

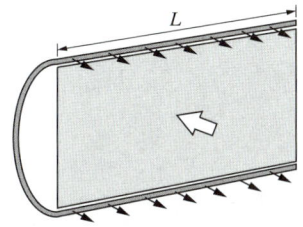

σ_2는 내부압력 p가 내부 면적 $\dfrac{\pi d^2}{4}$ 에 작용하는 힘을 용기의 $t \times \pi d$ 부분이 받는 응력이므로 힘의 평형식에 의해 $p\dfrac{\pi d^2}{4} = \sigma_2 \times \pi dt$이 되어 $\sigma_2 = p\dfrac{d}{4t}$ 가 된다.

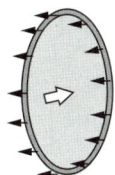

③ 구형 압력용기

두께가 t인 구형 압력용기는 어느 방향이든 받는 압력과 응력이 같다. 단면을 자르면 다음 그림처럼 힘을 받는다.

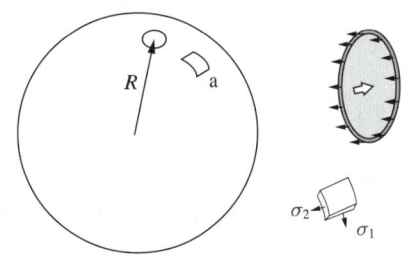

$$p\pi R^2 = \sigma_1 \times 2\pi\left(r + \dfrac{t}{2}\right)t$$

(원통형 압력용기와 다르게 구형 압력용기는 응력작용 면적을 계산할 때 평균 반지름을 사용한다)

$$pR^2 = \sigma_1 \times (2R+t)t, \quad \sigma_1 = \dfrac{pR^2}{(2R+t)t}$$

$$\sigma_1 = \dfrac{pR^2}{2R_m t}$$

(여기서, R_m : 평균 반지름)

만약 R과 t의 비가 매우 크면 $R \approx R_m$ 이 되어 원통용기의 축 방향 응력과 같은 식이 된다.

$$\sigma_1 = \dfrac{pR^2}{2R_m t} \approx \dfrac{pR}{2t} = \dfrac{pD}{4t}$$

④ 내압을 받는 얇은 원통에서의 변형률

원주 방향 응력 σ_1에 기준한 변형률을 ε_y, 축 방향 응력 σ_2에 기준한 변형률을 ε_x라 할 때

$\sigma_1 = 2\sigma_2$이므로

$$\varepsilon_y = \dfrac{\sigma_1}{E} - \nu\dfrac{\sigma_2}{E} = \dfrac{2\sigma_2}{E} - \nu\dfrac{\sigma_2}{E} = \dfrac{\sigma_2}{E}(2-\nu)$$

$\sigma_2 = p\dfrac{d}{4t}$ 이므로

$$\varepsilon_y = \dfrac{pd}{4tE}(2-\nu) = \dfrac{pr}{2tE}(2-\nu) = \dfrac{(2-\nu)}{2E}\dfrac{pr}{t}$$

$$\varepsilon_x = \dfrac{\sigma_2}{E} - \nu\dfrac{\sigma_1}{E} = \dfrac{\sigma_2}{E} - \nu\dfrac{2\sigma_2}{E} = \dfrac{\sigma_2}{E}(1-2\nu)$$

$$= \dfrac{pd}{4tE}(1-2\nu) = \dfrac{(1-2\nu)}{2E}\dfrac{pr}{t}$$

10년간 자주 출제된 문제

38-1. 반경 r, 내압 P, 두께 t인 얇은 원통형 압력용기의 면 내에서 발생되는 최대 전단응력(2차원 응력 상태에서의 최대 전단응력)의 크기는?

① $\dfrac{Pr}{2t}$ ② $\dfrac{Pr}{t}$

③ $\dfrac{Pr}{4t}$ ④ $\dfrac{2Pr}{t}$

38-2. 끝이 닫혀 있는 벽의 둥근 원통형 압력용기에 내압 p가 작용한다. 용기 벽의 안쪽 표면응력 상태에서 일어나는 절대 최대 전단응력을 구하면?(단, 탱크의 반경은 r, 벽의 두께는 t이다)

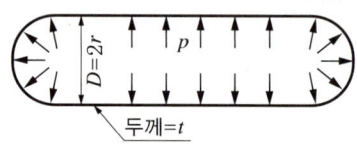

① $\dfrac{pr}{2t} - \dfrac{p}{2}$ ② $\dfrac{pr}{4t} - \dfrac{p}{2}$

③ $\dfrac{pr}{4t} + \dfrac{p}{2}$ ④ $\dfrac{pr}{2t} + \dfrac{p}{2}$

38-3. 두께 10[mm]인 강판으로 직경 2.5[m]의 원통형 압력용기를 제작하였다. 최대 내부압력이 1,200[kPa]일 때 축 방향 응력은 몇 [MPa]인가?

① 75 ② 100
③ 125 ④ 150

38-4. 원통형 압력용기에 내압 P가 작용할 때 원통부에 발생하는 축 방향의 변형률 ε_x 및 원주 방향 변형률 ε_y는?(단, 강판의 두께 t는 원통의 지름 D에 비하여 충분히 작고, 강판재료의 탄성계수 및 푸아송비는 각각 E, ν이다)

① $\varepsilon_x = \dfrac{PD}{4tE}(1-2\nu)$, $\varepsilon_y = \dfrac{PD}{4tE}(1-\nu)$

② $\varepsilon_x = \dfrac{PD}{4tE}(1-2\nu)$, $\varepsilon_y = \dfrac{PD}{4tE}(2-\nu)$

③ $\varepsilon_x = \dfrac{PD}{4tE}(2-\nu)$, $\varepsilon_y = \dfrac{PD}{4tE}(1-\nu)$

④ $\varepsilon_x = \dfrac{PD}{4tE}(1-\nu)$, $\varepsilon_y = \dfrac{PD}{4tE}(2-\nu)$

|해설|

38-1

$$\tau_{\max} = \frac{1}{2}\sqrt{(\sigma_1-\sigma_2)^2+\tau^2}$$
$$= \frac{1}{2}\sqrt{\left(P\frac{d}{2t}-P\frac{d}{4t}\right)^2+0^2} = \frac{Pd}{8t} = \frac{Pr}{4t}$$

38-2

이 용기의 압력은 다음 그림과 같이 구분하여 3축 응력으로 해석할 수 있다.

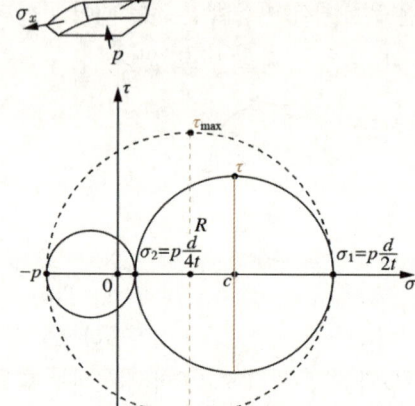

따라서 $\tau_{\max}$인 R은 $\dfrac{\dfrac{pd}{2t}-(-p)}{2} = \dfrac{pd}{4t}+\dfrac{p}{2} = \dfrac{pr}{2t}+\dfrac{p}{2}$이다.

38-3

$\sigma_2 = p\dfrac{d}{4t} = 1,200[\text{kPa}] \times \dfrac{2.5[\text{m}]}{4 \times 0.01[\text{m}]} = 75,000[\text{kPa}] = 75[\text{MPa}]$

38-4

$\sigma_1 = 2\sigma_2$이므로

$\varepsilon_y = \dfrac{\sigma_1}{E} - \nu\dfrac{\sigma_2}{E} = \dfrac{2\sigma_2}{E} - \nu\dfrac{\sigma_2}{E} = \dfrac{\sigma_2}{E}(2-\nu)$

$\sigma_2 = P\dfrac{D}{4t}$ 이므로

$\varepsilon_y = \dfrac{PD}{4tE}(2-\nu)$

$\varepsilon_x = \dfrac{\sigma_2}{E} - \nu\dfrac{\sigma_1}{E} = \dfrac{\sigma_2}{E} - \nu\dfrac{2\sigma_2}{E} = \dfrac{\sigma_2}{E}(1-2\nu) = \dfrac{PD}{4tE}(1-2\nu)$

정답 38-1 ③ 38-2 ④ 38-3 ① 38-4 ②

핵심이론 39 | 편심단주(偏心短柱)

① 짧은 기둥이란 길이에 비해서 단면적이 큰 기둥을 의미한다. 이 경우 도심에 하중이 작용하지 않는다면 기둥의 위치에 따라 모멘트가 발생하여 같은 단면에서도 도심과의 거리에 따라 응력이 다르게 발생하는 효과가 발생한다.

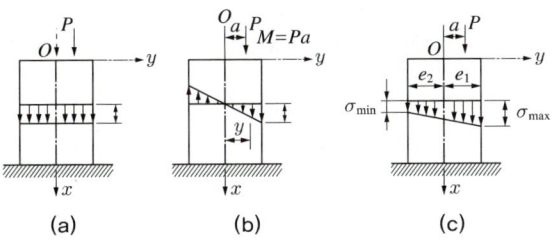

($e_1 \neq e_2$인 경우까지 고려한다)

위의 그림처럼 도심에서 a만큼 떨어진 곳에 힘 P가 작용하는 짧은 기둥의 경우 그림 (a)처럼 도심에서 전체에 작용하는 힘과 그림 (b)처럼 도심으로부터 a만큼 떨어진 힘에 대한 모멘트가 작용하는 두 가지 효과가 나타날 수 있다. 이 두 힘을 합성하면 그림 (c)처럼 나타난다. 그림 (a)의 단면에서의 응력은 $\sigma_a = \dfrac{P}{A}$, 그림 (b)의 모멘트에 의한 응력은 $\sigma_b = \dfrac{M}{Z}$가 되며, 이 합성응력은 $\sigma_c = \sigma_a + \sigma_b$가 된다. σ_b에 관하여 $M = P \times a$이며 $Z = \dfrac{I}{y}$이므로 Z는 y가 최대인 e_1에서 최소가 되며 σ_b는 e_1에서 최대가 되므로 합성응력도 e_1에서 최대가 된다. 따라서

$$\sigma_{\max} = \sigma_a + \sigma_{b_{\max}} = \dfrac{P}{A} + \dfrac{Pa}{I/e_1} = \dfrac{P}{A} + \dfrac{Pae_1}{I}$$

$$\sigma_{\min} = \sigma_a + \sigma_{b_{\min}} = \dfrac{P}{A} - \dfrac{Pa}{I/e_2} = \dfrac{P}{A} - \dfrac{Pae_2}{I}$$

$K = \sqrt{\dfrac{I_z}{A}}$ 임을 알고 있으므로

$$\sigma_{\max} = \dfrac{P}{A}\left(1 + \dfrac{ae_1}{I/A}\right) = \dfrac{P}{A}\left(1 + a\dfrac{e_1}{K^2}\right)$$

$$\sigma_{\min} = \dfrac{P}{A}\left(1 - \dfrac{ae_2}{I/A}\right) = \dfrac{P}{A}\left(1 - a\dfrac{e_2}{K^2}\right)$$

② 핵반경, 핵단면

$\sigma_{\min}$의 값이 $1 < a\dfrac{e_2}{K^2}$ 인 경우에는 다음 그림처럼 인장응력이 작용할 수도 있다.

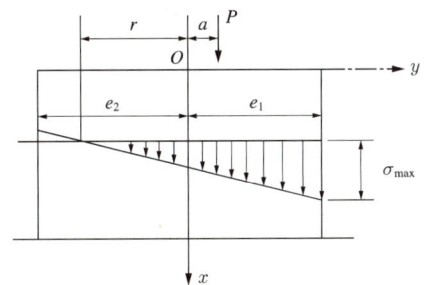

인장이 일어나지 않는 $1 \geq a\dfrac{e_2}{K^2}$ 구간을 핵반경이라 하고, 핵반경 이내의 단면을 핵단면이라고 한다.

10년간 자주 출제된 문제

39-1. 다음 그림과 같은 블록의 한쪽 모서리에 수직력 10[kN]이 가해질 경우, 그림에서 위치한 A점에서의 수직응력 분포는 약 몇 [kPa]인가?

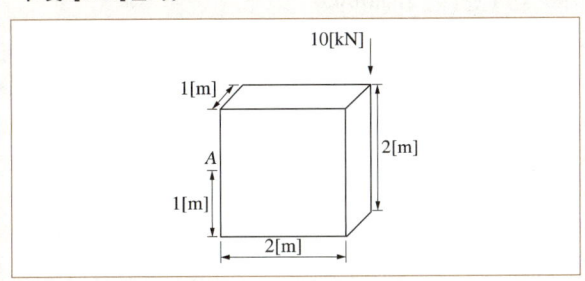

① 25
② 30
③ 35
④ 40

39-2. 직사각형 단면의 단주에 150[kN] 하중이 중심에서 1[m] 만큼 편심되어 작용할 때 이 부재 AC에서 생기는 최대 인장응력은 몇 [kPa]인가?

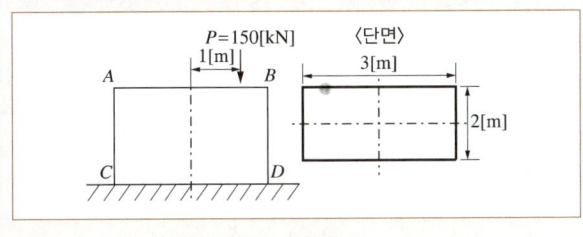

① 25
② 50
③ 87.5
④ 100

10년간 자주 출제된 문제

39-3. 다음 그림과 같은 단주에서 편심거리 e에 압축하중 $P = 80[kN]$이 작용할 때 단면에 인장응력이 생기지 않기 위한 e의 한계는 몇 [cm]인가?(단, G는 편심하중이 작용하는 단주 끝단의 평면상 위치를 의미한다)

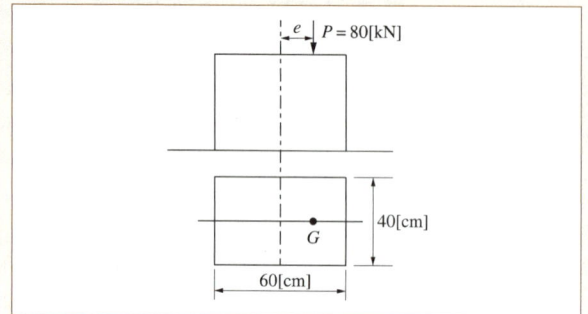

① 8
② 10
③ 12
④ 14

39-4. 다음 그림과 같은 삼각형 단면을 갖는 단주에서 선 $A - A$를 따라 수직 압축하중이 작용할 때 단면에 인장응력이 발생하지 않도록 하는 하중 작용점의 범위(d)를 구하면?(단, 그림에서 길이 단위는 [mm]이다)

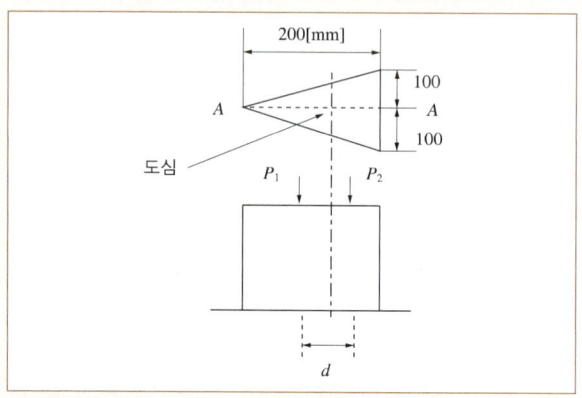

① 25[mm]
② 50[mm]
③ 75[mm]
④ 100[mm]

|해설|
39-1

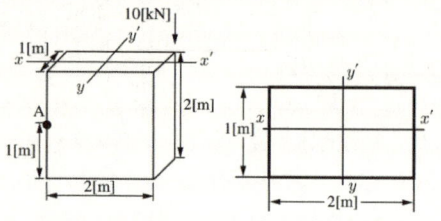

$10[kN]$을 P라고 하면 P에 의해 압축응력 $\sigma_a = \dfrac{P}{A}$과 인장응력 $\sigma_{bx} = \dfrac{M_x}{Z_x}$, $\sigma_{by} = \dfrac{M_y}{Z_y}$이 발생하므로 A점에 작용하는 수직응력은

$$\sigma_a - \sigma_{bx} - \sigma_{by} = \dfrac{P}{A} - \dfrac{M_x}{Z_x} - \dfrac{M_y}{Z_y}$$

$$= \dfrac{10[kN]}{2[m^2]} - \dfrac{10kN \times 0.5[m]}{\dfrac{2 \times 1^2}{6}[m^3]} - \dfrac{10[kN] \times 1[m]}{\dfrac{1 \times 2^2}{6}[m^3]}$$

$$= -25[kN/m^2]$$

압축응력을 (+)방향으로 간주했으므로 인장응력 25[kPa]이 작용한다.

39-2

$$\sigma_a - \sigma_b = \dfrac{P}{A} - \dfrac{M}{Z} = \dfrac{150[kN]}{6[m^2]} - \dfrac{150[kN] \times 1[m]}{\dfrac{2 \times 3^2}{6}[m^3]} = -25[kN/m^2]$$

압축응력을 (+)방향으로 간주했으므로 A점에서 인장응력 25[kPa]이 작용한다.

39-3

$1 \geq e\dfrac{e_1}{K^2}$이어야 인장하중이 생기지 않으므로 범위는 $\dfrac{K^2}{e_1} \geq e$이다.

$$\dfrac{K^2}{e_1} = \dfrac{I}{A} = \dfrac{Z}{A} = \dfrac{\dfrac{40 \times 60^2}{6}[cm^3]}{2,400[cm^2]} = 10[cm]$$

따라서 핵반경 한계는 10[cm]이다.

39-4

d의 우측을 d_2, 좌측을 d_1이라 하고, 높이를 h, 폭을 b라 하면, P_2에 대해

$$\sigma_{min} = \sigma_a + \sigma_{b_{min}} = \dfrac{P_2}{A} - \dfrac{P_2 d_2}{I/e_1} = \dfrac{P_2}{A} - \dfrac{P_2 d_2 e_1}{I} \geq 0$$이므로

$\dfrac{P_2}{A} - \dfrac{P_2 d_2 e_1}{I} = 0$이 되는 d_2를 찾으면

$$\dfrac{P_2}{\dfrac{bh}{2}} - \dfrac{P_2 d_2 \times \dfrac{2h}{3}}{\dfrac{bh^3}{36}} = \dfrac{P_2}{\dfrac{bh}{2}} - \dfrac{P_2 d_2}{\dfrac{bh^2}{24}} = 0, \ 1 - \dfrac{12 d_2}{h} = 0,$$

$$d_2 = \dfrac{h}{12} = \dfrac{50}{3}[mm]$$

P_1에 대해

$$\dfrac{P_1}{\dfrac{bh}{2}} - \dfrac{P_1 d_1 \times \dfrac{h}{3}}{\dfrac{bh^3}{36}} = \dfrac{P_1}{\dfrac{bh}{2}} - \dfrac{P_1 d_1}{\dfrac{bh^2}{12}} = 0, \ 1 - \dfrac{6 d_1}{h} = 0,$$

$$d_1 = \dfrac{h}{6} = \dfrac{100}{3}[mm]$$

$\therefore d = d_1 + d_2 = \dfrac{100}{3} + \dfrac{50}{3} = \dfrac{150}{3} = 50[mm]$

정답 39-1 ① 39-2 ① 39-3 ② 39-4 ②

핵심이론 40 | 기둥의 좌굴

① 단면의 면적에 비해 길이가 긴 봉을 장주(長柱)라고 한다. 이 기둥은 압축하중이 작용할 때 내부의 불균일이나 약간의 편심하중이 작용해도 다음 그림처럼 휘게 될 가능성이 높은데, 이렇게 휘는 현상을 좌굴(挫屈)이라고 한다.

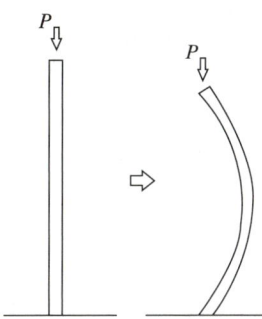

② 좌굴을 일으키는 임계하중을 좌굴하중(bucking load, 挫屈荷重)이라고 한다. 이 현상은 단면적에 비해 길이가 길수록 쉽게 일어나므로, 장주에서는 단면적과 길이의 비율이 중요하다. 이 비율을 나타내기 위해 세장비(slenderness ratio, 細長比)를 사용한다.

$$\lambda = \frac{l}{K}$$

(여기서, λ : 세장비, K : 단면의 최소 회전 반경, l : 길이)

③ 오일러의 공식

㉠ 좌굴현상에 대해 오일러(Euler)가 연구하여 좌굴현상을 설명하는 식을 오일러의 공식이라고 한다. 휨에 의해 생기는 좌굴량을 처짐 δ라 하고, 미분방정식을 세워 힘과 처짐의 관계를 정리하면

$$P_{cr} = n\pi^2 \frac{EI}{l^2} \quad \cdots\cdots (1)$$

(여기서, P_{cr} : 좌굴하중, n : 단말계수, 이 기둥의 회전점을 몇 개로 보느냐에 따라 정한 계수, I : 단면의 최소 회전 반경이 나오는 방향의 단면 2차 모멘트, E : 부재의 세로탄성계수)

※ n(단말계수)

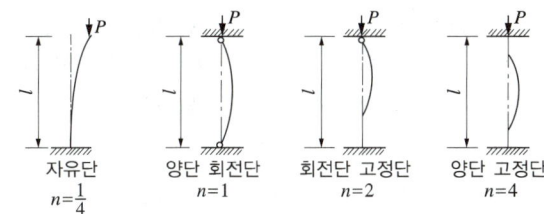

| 자유단 $n=\frac{1}{4}$ | 양단 회전단 $n=1$ | 회전단 고정단 $n=2$ | 양단 고정단 $n=4$ |

※ 수학의 오일러 공식은 $e^{ix} = \cos x + i\sin x$로 나타낸다. 문제에 따라 어떤 오일러 공식을 적용하는지가 파악 가능하므로 구분하여 제시하지 않는다.

㉡ $\sigma_{cr} = \dfrac{P_{cr}}{A} = n\pi^2 \dfrac{EI}{Al^2}$ ·········· (2)

그러나

$n\pi^2 \dfrac{EI}{Al^2} = n\pi^2 \dfrac{E}{\dfrac{l^2}{I/A}} = n\pi^2 \dfrac{E}{\dfrac{l^2}{K^2}} = n\pi^2 \dfrac{E}{\lambda^2}$ 이고

σ_{cr}일 때 세장비는 $\lambda = \dfrac{l}{K} = \pi\sqrt{\dfrac{nE}{\sigma_{cr}}}$ ······ (3)

$n=1$일 때 세장비는 $\lambda = \dfrac{l}{K} = \pi\sqrt{\dfrac{E}{\sigma_{cr}}}$ ···· (4)

㉢ 실제 장주의 세장비가 식 (4)의 세장비보다 작은 값이 나오면 오일러 공식을 적용하지 않고, 압축응력(σ_c)이 고려된 계산이 필요하다. 그 대표적인 실험식이 고든-랜킨(Gordon-Rankine)의 식이다.

$$P_{cr} = \frac{\sigma_c A}{1 + \dfrac{a}{n}\lambda^2}, \quad \sigma_{cr} = \frac{P_{cr}}{A} = \frac{\sigma_c}{1 + \dfrac{a}{n}\lambda^2}$$

(여기서, a : 실험 상수, n : 단말계수)

10년간 자주 출제된 문제

40-1. 오일러 공식이 세장비 $\dfrac{l}{k} > 100$에 대해 성립한다고 할 때, 양단이 힌지인 원형 단면 기둥에서 오일러 공식이 성립하기 위한 길이 l과 지름 d의 관계가 옳은 것은?(단, 단면의 회전 반경을 k라고 한다)

① $l > 4d$
② $l > 25d$
③ $l > 50d$
④ $l > 100d$

10년간 자주 출제된 문제

40-2. 8[cm]×12[cm]인 직사각형 단면의 기둥 길이를 L_1, 지름 20[cm]인 원형 단면의 기둥 길이를 L_2라 하고, 세장비가 같다면 두 기둥 길이의 비(L_2/L_1)는 얼마인가?

① 1.44
② 2.16
③ 2.5
④ 3.2

40-3. 오일러의 좌굴응력에 대한 설명으로 옳지 않은 것은?

① 단면의 회전 반경의 제곱에 비례한다.
② 길이의 제곱에 반비례한다.
③ 세장비의 제곱에 비례한다.
④ 탄성계수에 비례한다.

40-4. 양단이 고정 단인 주철 재질의 원주가 있다. 이 기둥의 임계응력을 오일러 식에 의해 계산한 결과 $0.0247E$로 얻어졌다면, 이 기둥의 길이는 원주 직경의 몇 배인가?(단, E는 재료의 세로탄성계수이다)

① 12
② 10
③ 0.05
④ 0.001

40-5. 양단이 힌지인 기둥의 길이가 2[m]이고, 단면이 직사각형(30[mm]×20[mm])인 압축 부재의 좌굴하중을 오일러 공식으로 구하면 몇 [kN]인가?(단, 부재의 탄성계수는 200[GPa]이다)

① 9.9[kN]
② 11.1[kN]
③ 19.7[kN]
④ 22.2[kN]

40-6. 다음 그림과 같은 장주(long column)에 하중 P_{cr}을 가했더니 다음 그림과 같이 좌굴이 일어났다. 이때 오일러 좌굴응력 σ_{cr}은?(단, 세로탄성계수는 E, 기둥 단면의 회전 반경(radius of gyration)은 r, 길이는 L이다)

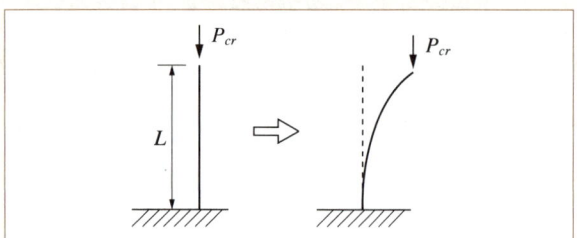

① $\dfrac{\pi^2 E r^2}{4L^2}$
② $\dfrac{\pi^2 E r^2}{L^2}$
③ $\dfrac{\pi E r^2}{4L^2}$
④ $\dfrac{\pi E r^2}{L^2}$

해설

40-1

$\lambda = \dfrac{l}{K} > 100$을 조건으로 하였고, $K = \sqrt{\dfrac{I_z}{A}}$ 이며 d가 지름인 원형 단면이므로

$K = \sqrt{\dfrac{\dfrac{\pi d^4}{64}}{\dfrac{\pi d^2}{4}}} = \sqrt{\dfrac{d^2}{16}} = \dfrac{d}{4}$

$\therefore \dfrac{l}{K} = \dfrac{l}{\dfrac{d}{4}} = \dfrac{4l}{d} > 100, \ l > 25d$

40-2

$\lambda = \dfrac{l}{K}$ 이고, $K = \sqrt{\dfrac{I_z}{A}}$

세장비가 같으므로

$\dfrac{l_2}{l_1} = \dfrac{K_2}{K_1} = \dfrac{\sqrt{\dfrac{I_{z_2}}{A_2}}}{\sqrt{\dfrac{I_{z_1}}{A_1}}} = \dfrac{\sqrt{\dfrac{\pi \times 20^4}{64}}}{\sqrt{\dfrac{\pi \times 20^2}{4}}} \bigg/ \sqrt{\dfrac{\dfrac{12 \times 8^3}{12}}{8 \times 12}} = \dfrac{\sqrt{\dfrac{20 \times 20}{16}}}{\sqrt{\dfrac{8 \times 8}{12}}} = 2.16$

40-3

오일러의 좌굴응력은 세장비의 제곱에 반비례한다.

$\lambda = \dfrac{l}{K} = \pi \sqrt{\dfrac{nE}{\sigma_{cr}}}, \ \dfrac{l^2}{\pi^2 K^2} = \dfrac{nE}{\sigma_{cr}}$

40-4

$\lambda = \dfrac{l}{K} = \pi \sqrt{\dfrac{nE}{\sigma_{cr}}}$ 에서 $n = 4$, $\sigma_{cr} = 0.0247E$이므로

$l = K\pi \sqrt{\dfrac{4E}{0.0247E}} = \dfrac{d}{4} \times \pi \times 12.73 = 9.99d \fallingdotseq 10d$

40-5

$P_{cr} = n\pi^2 \dfrac{EI}{l^2}$

$= 1 \times \pi^2 \times \dfrac{200 \times 10^9 [\text{N/m}^2] \times \dfrac{0.03 \times 0.02^3}{12}[\text{m}^4]}{2^2 [\text{m}^2]}$

$= 9,869.6[\text{N}] = 9.9[\text{kN}]$

40-6

$\lambda = \dfrac{l}{K} = \pi \sqrt{\dfrac{nE}{\sigma_{cr}}}, \ \dfrac{L}{r} = \pi \sqrt{\dfrac{\dfrac{1}{4}E}{\sigma_{cr}}}, \ \dfrac{L^2}{\pi^2 r^2} = \dfrac{\dfrac{1}{4}E}{\sigma_{cr}}$

$\sigma_{cr} = \dfrac{\pi^2 r^2}{4L^2} E$

정답 40-1 ② 40-2 ② 40-3 ③ 40-4 ② 40-5 ① 40-6 ①

핵심이론 41 | 질점의 직선운동

① 속도와 가속도

속도는 시간에 대한 거리의 이동량이다. 속도는 벡터이므로 직선운동 외에는 스칼라로 나타내기 어렵다. 이를 위해 단위벡터를 사용하거나 아주 짧은 거리에 대한 속도를 생각해 볼 수 있으며 이를 식으로 나타내면

$$v = \lim_{\Delta t \to 0} \frac{\Delta s}{\Delta t} = ds/dt = \dot{s}$$

즉, 속도는 거리를 시간에 대해 미분한 것과 같다. 가속도 또한 아주 짧은 순간의 속도 변화에 대해 생각해 볼 수 있다.

$$a = \lim_{\Delta t \to 0} \frac{\Delta v}{\Delta t} = \dot{v} = d^2s/dt^2 = \ddot{s}$$

② 등가속도 직선운동

가해지는 힘이 일정하여 가속도가 일정한 운동으로, 중력장에서의 운동이 대표적이다.

$$\int_{v_0}^{v} dv = a \int_0^t dt, \quad v - v_0 = at$$

$$\therefore v = v_0 + at \quad \cdots \cdots (1)$$

$$\int_{v_0}^{v} v dv = a \int_{s_0}^{s} ds, \quad \frac{1}{2}(v^2 - v_0^2) = a(s - s_0)$$

$$\therefore v^2 - v_0^2 = 2a\Delta s \quad \cdots \cdots (2)$$

위의 두 식을 연계하여 v를 소거하면

$$s = s_0 + v_0 t + \frac{1}{2}at^2$$

초기 속도가 0이었다면

$$s = v_0 t + \frac{1}{2}at^2 \quad \cdots \cdots (3)$$

※ 운동 방정식은 자주 사용하므로 익혀 두었다가 문제 풀이에 적용해 본다.

③ 가속도가 속도의 함수일 경우

$$a = f(v) = dv/dt, \quad dt = dv/f(v),$$

$$t = \int_0^t dt = \int_{v_0}^{v} \frac{dv}{f(v)}$$

$$vdv = f(v)ds, \quad ds = vdv/f(v),$$

$$\int_{v_0}^{v} \frac{vdv}{f(v)} = \int_{s_0}^{s} ds, \quad s = s_0 + \int_{v_0}^{v} \frac{vdv}{f(v)}$$

④ 가속도가 위치의 함수일 경우

$$vdv = f(s)ds, \quad \int_{v_0}^{v} vdv = \int_{s_0}^{s} f(s)ds,$$

$$v^2 = v_0^2 + 2\int_{s_0}^{s} f(s)ds$$

$$vdv = f(v)ds, \quad ds = vdv/f(v),$$

$$\int_{v_0}^{v} \frac{vdv}{f(v)} = \int_{s_0}^{s} ds, \quad s = s_0 + \int_{v_0}^{v} \frac{vdv}{f(v)}$$

10년간 자주 출제된 문제

41-1. 무게가 40[kN]인 트럭을 마찰이 없는 수평면상에서 정지 상태로부터 수평 방향으로 2[kN]의 힘으로 끌 때 10초 후의 속도는 몇 [m/s]인가?

① 1.9   ② 2.9
③ 3.9   ④ 4.9

41-2. 10[kg]의 상자가 경사면 방향으로 초기 속도가 15[m/s]인 상태로 올라갔다. 상자와 경사면 사이의 운동 마찰계수가 0.15일 때 상자가 올라갈 수 있는 최대 거리 X는 약 몇 [m]인가?

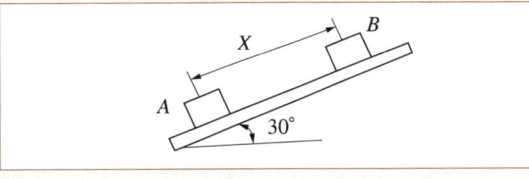

① 13.7   ② 15.7
③ 18.2   ④ 21.2

| 해설 |

41-1

$W = 40[\text{kN}] = mg$, $m = 4,079[\text{kg}]$

$2[\text{kN}] = ma = 4,079[\text{kg}] \times a$

$a = 0.49[\text{m/s}^2]$

$v = v_0 + at = 0 + 0.49 \times 10 = 4.9[\text{m/s}]$

41-2

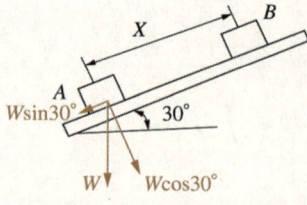

상방으로 향하는 힘은 초기 속도 외에는 없고, 하방으로 향하는 힘은 $W\sin30° + \mu W\cos30°$이어서 시간조건이 없는 초기 속도, 최종 속도, 가속도, 거리의 관계식은

$v^2 - v_0^2 = 2as$

$0^2 - (15[\text{m/s}])^2 = 2 \times \left(\dfrac{-W(\sin30° + 0.15\cos30°)}{m} \right) \times x$

$\qquad\qquad\qquad = -2 \times 9.806[\text{m/s}^2] \times 0.6299 \times x$

$\therefore\ x = 18.21[\text{m}]$

정답 41-1 ④ 41-2 ③

핵심이론 42 | 질점의 평면 곡선운동

① **직각좌표계**

평면 곡선운동에서 해석은 더 다양하게 해야 하지만, 문제를 해결하는 상황에 대해 실제적으로는 직각좌표계를 활용하는 것이 대표적이다. 속도와 가속도는 벡터이므로 합성벡터의 위치를 r이라고 하면 $r = xi + yi$로 나타낸다.

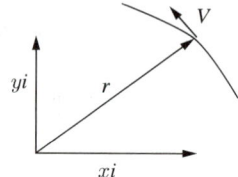

따라서 $v^2 = v_x^2 + v_y^2$, $a^2 = a_x^2 + a_y^2$ 관계로 나타낼 수 있어 속도와 가속도의 크기를 구할 수 있다.

② **원운동**

원운동에서의 위치는 $r\theta$이며, 구속된 원운동의 경우 r은 고정이므로 시간에 대한 변위는 $\dot\theta$가 되어 속도와 가속도의 크기는

$$v = r\dot\theta = r\omega,\quad a = \dfrac{v^2}{r} = r\dot\theta^2 = v\theta = v\omega = r\omega^2$$

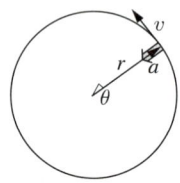

③ **3차원 곡선운동**

극좌표계에서의 운동과 구면좌표계에서의 운동은 각각 위치 변수를 추가하여 해석한다.

㉠ $r - \theta - z$

(여기서, r : 반지름, θ : 기준축으로부터의 각, z : 높이 축)

㉡ $\rho - \theta - \phi$

(여기서, ρ : 구면 반지름, θ, ϕ : 단면의 두 축으로부터의 각)

④ 상대운동

㉠ 이동좌표계 : 공간상 기준점은 절대적으로 부여된 것이 아니라 문제를 해석하기 위해 부여된 기준점을 운동체 위에 두어 해석한다. 운동하는 물체 위에 있는 좌표점을 해석하려는 순간을 원점으로 삼아(이동좌표계) 운동하는 물체에서 보이는 상대적 위치, 속도, 가속도를 해석하고, 이동좌표계가 가지고 있는 위치, 속도, 가속도를 가산하여 해석하면, 절대점을 알 수 없는 제2의 운동하는 물체에 대해 알 수 있다.

$$v_B = v_A + v_{B/A}$$

㉡ 관성좌표

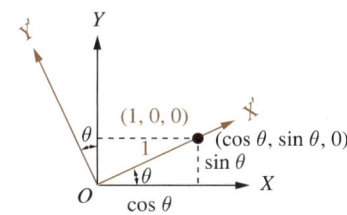

고정좌표(X', Y', Z') 관성좌표(X, Y, Z)

z축을 공유한다고 가정하고 X, Y에 관해서 고정좌표 $(1,\ 0,\ 0)$의 값이 관성좌표계에서는 $(\cos\theta,\ \sin\theta,\ 0)$이 되고, 이를 행렬 형태로 나타내면

$$\begin{pmatrix} x' \\ y' \\ z' \end{pmatrix} = \begin{pmatrix} \cos\theta & -\sin\theta & 0 \\ \sin\theta & \cos\theta & 0 \\ 0 & 0 & 1 \end{pmatrix} \begin{pmatrix} x \\ y \\ z \end{pmatrix}$$

로 가능하며

$\begin{pmatrix} \cos\theta & -\sin\theta & 0 \\ \sin\theta & \cos\theta & 0 \\ 0 & 0 & 1 \end{pmatrix}$을 변환 행렬이라고 할 수 있다.

10년간 자주 출제된 문제

자동차 A는 시속 60[km]으로 달리고 있으며, 자동차 B는 A의 바로 앞에서 같은 방향으로 시속 80[km]로 달리고 있다. 자동차 A에 타고 있는 사람이 본 자동차 B의 속도는?

① 20[km/h] ② 60[km/h]
③ -20[km/h] ④ -60[km/h]

|해설|

$v_B = v_A + v_{B/A}$, $80[\text{km/h}] = 60[\text{km/h}] + v_{B/A}$
$\therefore v_{B/A} = 20[\text{km/h}]$

정답 ①

핵심이론 43 | 뉴턴의 제2법칙

① 질량

질점에서 물체가 갖고 있는 고유의 성질은 외력과 외적으로 표현되는 가속도의 관계에서 유추가 가능하며, 이를 다음과 같이 나타낼 수 있다.

$$\frac{F_1}{a_1} = \frac{F_2}{a_2} = C$$

즉, 가해지는 힘과 나타나는 가속도는 서로 비례관계이며, 물체마다 일정한 비례값을 갖는다. 이를 물체가 갖는 관성이라고 한다면 C는 힘의 변화에 대한 질점의 관성이며, 이는 $C = km$으로 나타낼 수 있다(알고 있는 $F = ma$ 관계식은 운동역학에서 $k = 1$로 본 것이다).

② 운동 방정식

운동은 질점에 작용하는 힘의 합, 즉 합력에 의해 최종 운동이 표현되므로 이를 식으로 나타내면 다음과 같다.

$$\sum F = ma$$

10년간 자주 출제된 문제

질량이 4[kg]인 정지하고 있는 물체에 16[N]의 힘을 가했더니 물체가 움직이기 시작하였다. 이때 작용한 가속도의 크기는?

① 4[m/s] ② 4[m/s²]
③ 16[m/s] ④ 16[m/s²]

|해설|

$F = ma$
$a = \dfrac{F}{m}$, $m = 4[\text{kg}]$, $F = 16[\text{N}]$

가속도$(g) = \dfrac{16[\text{N}]}{4[\text{kg}]} = \dfrac{16[\text{kg}\cdot\text{m/s}^2]}{4[\text{kg}]} = 4[\text{m/s}^2]$

정답 ②

핵심이론 44 | 강체역학

① 강체의 질량 중심

　㉠ 속이 찬 반구

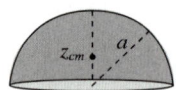

$$z_{cm} = \frac{3}{8}a$$

　㉡ 속이 빈 반구

$$z_{cm} = \frac{1}{2}a$$

　㉢ 선분만 있는 반원

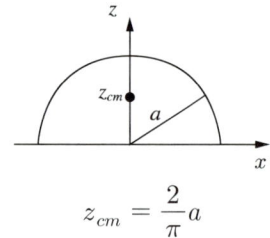

$$z_{cm} = \frac{2}{\pi}a$$

② 운동량, 에너지

　㉠ 선운동/각운동의 요소

구분	선운동	각운동
변위	x	θ
속도	$\dot{x}=v$	$\dot{\theta}=\omega$
가속도	$\ddot{x}=\dot{v}=a$	$\ddot{\theta}=\dot{\omega}=\alpha$
질량/질량 관성	m	$I=mr^2$
운동에너지/각운동에너지	$\frac{1}{2}mv^2$	$\frac{1}{2}I\omega^2$

　㉡ 선운동/회전운동의 크기

선운동		각운동	
선 운동량	$p_x=mv_x$	각 운동량	$L_z=I_z\omega$
힘	$F_x=m\dot{v}_x$	토크	$N_z=I_z\dot{\omega}$
운동에너지	$T=\frac{1}{2}mv_x^2$	회전운동 에너지	$T_{rot}=\frac{1}{2}I_z\omega^2$

10년간 자주 출제된 문제

다음 그림과 같이 얇은 실과 같은 강체의 질량 중심으로 적절한 것은?

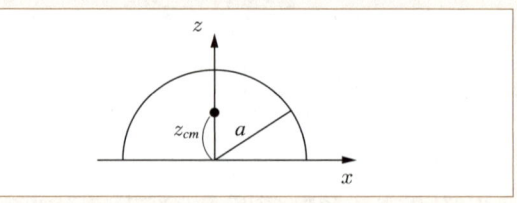

① $\frac{3}{8}a$　　② $\frac{1}{2}a$

③ $\frac{2}{\pi}a$　　④ $\frac{2}{3}a$

|해설|

③ 선분만 있는 반원의 질량 중심이다.
① 속이 찬 반구의 질량 중심이다.
② 속이 빈 반구의 질량 중심이다.
④ 삼각형의 질량 중심이다.

정답 ③

핵심이론 45 | 일과 에너지

① 일은 에너지와 같은 차원이며 정의에 따라 힘이 작용하는 방향으로 이동한 거리이다.

$$dU = \overline{F} \cdot d\overline{r} = Fds\cos\alpha = F_t\,ds$$

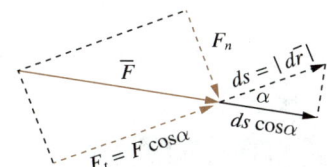

$$\therefore U = \int dU = \int \overline{F} \cdot d\overline{r} = \int F_t\,ds$$

② 스프링이 한 일

$$F = kx$$

(여기서, k : 스프링계수, x : 변위)

$$\Delta U = -\int_{x_1}^{x_2} F dx = -\int_{x_1}^{x_2} kx\,dx$$
$$= -\frac{1}{2}k(x_2^2 - x_1^2)$$

이는 스프링의 각 위치에서 에너지를 구한 후 비교하는 것과 같다.

$$U_1 = \frac{1}{2}kx_1^2, \quad U_2 = \frac{1}{2}kx_2^2$$

③ 곡선운동이 한 일

$$U = \int dU = \int \overline{F} \cdot d\overline{r} = \int F_t\,ds$$
$$\Delta U = \int_1^2 \overline{F}d\overline{f} = \int_1^2 m\overline{a}\,d\overline{r} = \int_1^2 mv\,dv$$
$$= \frac{1}{2}m(v_2^2 - v_1^2) \; (\because \overline{a}\,d\overline{r} = a_t\,ds = v\,dv)$$

$E_k = \frac{1}{2}mv^2$ 임을 알고 있으므로 곡선운동이 한 일은 운동에너지의 변화와 같다.

④ 에너지 보존의 법칙

위치에너지가 탄성에너지로 저장되며, 운동에너지까지 함께 나타내면 다음과 같다.

$$\Delta U = \Delta E_k + \Delta E_h + \Delta E_e = \Delta E$$

열역학 제2법칙에 의해 제한된 계에서 에너지가 새로 부여되지 않는 한 다음과 같다.

$$\Delta E = 0$$
$$\therefore \Delta E_k + \Delta E_h + \Delta E_e = 0$$

10년간 자주 출제된 문제

다음 그림의 경로를 따라 일을 한 물체가 한 일의 양은?(단, v_1 : 처음 속도, v_2 : 나중 속도, m : 물체의 질량, s : 이동거리)

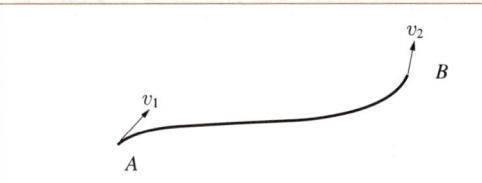

① $mv_1 - mv_2$
② $mv_2 - mv_1$
③ $\frac{1}{2}m(v_2^2 - v_1^2)$
④ $\int_1^2 ms\,dv$

|해설|

일의 양은 에너지 변화량과 같으므로 곡선의 경우는 물체운동에너지의 변화량으로 계산한다.

$$\Delta U = \frac{1}{2}m(v_2^2 - v_1^2)$$

정답 ③

핵심이론 46 | 충격량과 운동량

① 충격량

운동 방정식을 시간에 대해 적분하면 시간에 대한 힘의 변화량을 구할 수 있다. 이 변화량을 충격량이라 하고, 이는 운동량의 변화량과 같다.

$$\Delta G = F \Delta t$$

② 운동량

㉠ 다른 외력이 작용하지 않았다면 선형 운동량은 보존된다.

㉡ 외력으로 모멘트가 부여되지 않았다면 각운동량은 보존된다.

10년간 자주 출제된 문제

충격량과 운동량에 관한 설명으로 옳지 않은 것은?

① 충격량은 운동량의 변화량과 같다.
② 다른 외력이 없다면 운동량은 보존된다.
③ 운동 방정식을 시간에 대해 미분하면 시간에 따른 힘의 변화량을 구할 수 있다.
④ 외력이 작용하였더라도 운동 방향과 같은 힘이 작용했다면 각운동량은 보존된다.

|해설|

운동 방정식을 시간에 대해 적분하면 시간에 따른 힘의 변화량을 구할 수 있다.

정답 ③

핵심이론 47 | 강체의 운동역학

① 물체에 작용하는 외력, 외력에 따른 물체의 병진, 회전운동을 다룬다.

② 자유물체도

물체의 경계, 시스템을 정의하고 물체를 구분하여 여기에 작용하는 외력을 모두 감안하여 묘사하면 다음 그림과 같다.

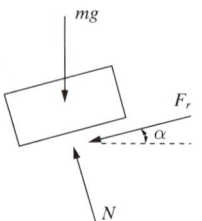

각각의 힘이 질량 중심에 가하는 힘 또는 해석하고자 하는 부분에 작용하는 힘을 해석할 수 있으며, 강체가 회전운동을 할지, 병진운동을 할지 예측할 수 있다.

③ 운동 방정식

㉠ 질량 관성 모멘트

$$\sum \overline{F} = \dot{G} = m\overline{a}, \quad \sum M_G = \dot{H}_G = I\alpha$$

$$\left(\text{여기서, } I = \frac{M}{\alpha} = \int r^2 dm\right)$$

I는 질량 관성 모멘트로 반지름 방향으로 질량 분포를 나타내는 특성이다. 회전에 대해서 질량 관성 모멘트가 클수록 정지에서 기동에, 기동에서 정지에 큰 힘이 소요된다. 위의 식에서 질량 중심에서 먼 곳의 dm이 크면 r^2의 영향으로, 가까운 곳의 dm이 큰 경우보다 적분한 값, 질량 관성 모멘트는 커진다. 따라서 질량 관성 모멘트는 물체의 형상, 질량분포에 직접 영향을 받는다.

㉡ 여러 물체의 회전 관성 모멘트

• 가는 막대의 관성 모멘트

– 끝점을 기준으로 회전인 경우(회전축 z)

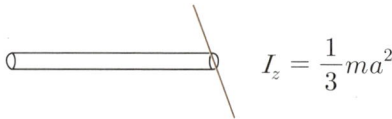

$$I_z = \frac{1}{3}ma^2$$

- 중점을 기준으로 회전인 경우(회전축 z)

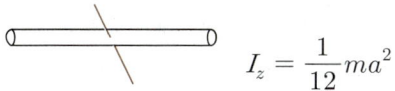

$$I_z = \frac{1}{12}ma^2$$

- 가는 원형고리, 원형 적층고리의 관성 모멘트

$$I_O = mR^2 \qquad I_O = \frac{1}{2}mR^2$$

- 원판의 관성 모멘트, 원통의 관성 모멘트

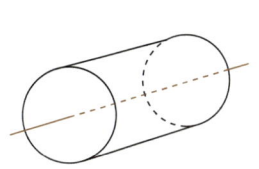 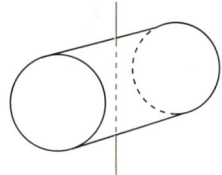

$$I_O = \frac{1}{2}mR^2 \qquad I_y = \frac{1}{4}mR^2 + \frac{1}{12}mL^2$$

- 속이 찬 구의 관성 모멘트 : $I_O = \frac{2}{5}MR^2$
- 속이 빈 구의 관성 모멘트 : $I_O = \frac{2}{3}MR^2$

ⓒ 질량 관성 모멘트의 평행축 정리 : 알려진 질량 관성 모멘트가 있다면 강체의 질점을 중심으로 한 질량 관성 모멘트는 $I_A = I_{known} + md^2$로 구할 수 있다. 이를 평행축 정리라고 한다.

ⓒ 회전 반경

$$k = \sqrt{\frac{I}{m}}$$

(여기서, k : 회전 반경, I : 질량 관성 모멘트, m : 질량)

④ 회전운동에너지

$$T_{rot} = \frac{1}{2}I_z\omega^2$$

10년간 자주 출제된 문제

다음 그림과 같이 길이(L)이 2.4[m]이고, 반지름(a)이 0.4[m]인 원통이 있다. 이 원통의 질량이 150[kg]일 때 중심에서 y축 방향에 대한 질량 관성 모멘트(I_y)는 약 몇 [kg·m²]인가?

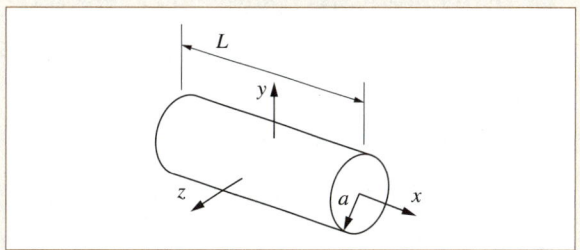

① 12 ② 36
③ 78 ④ 120

|해설|

질량 관성 모멘트

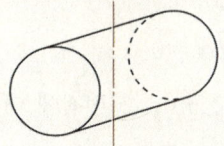

$I_y = \frac{1}{4}mR^2 + \frac{1}{12}mL^2$

$= \frac{1}{4} \times 150[\text{kg}] \times 0.4^2[\text{m}^2] + \frac{1}{12} \times 150[\text{kg}] \times 2.4^2[\text{m}^2]$

$= 78[\text{kg} \cdot \text{m}^2]$

정답 ③

핵심이론 48 | 구속운동

① 연결된 시스템에서의 운동

서로 연결된 시스템에서는 강체로서의 운동을 해석하고, 연결된 상대운동을 해석할 수 있다. 외부의 어떤 점 p에서 연결된 시스템을 보았을 때 이 시스템에 작용하는 힘은 다음과 같다.

$$\sum F = \sum m\bar{a}$$

$$\sum M_p = \sum \bar{I}\alpha + \sum m\bar{a}d$$

② 병진운동

물체 내에 구성된 관계가 변하지 않고 나란히 움직이는 운동이다. 회전이 일어나지 않으며, 질점운동 해석을 그대로 강체 병진운동에 적용할 수 있다.

$$\sum F = \sum m\bar{a}$$

$$\sum M_G = \bar{I}\alpha = 0$$

③ 고정축에 대한 회전은 $\sum F = \sum m\bar{a}$, 고정점에 대해 법선과 접선의 운동은

$$\sum F_n = \sum mr\omega^2, \ \sum F_t = \sum mr\alpha, \ \sum M_G = \bar{I}\alpha$$

④ 순간 중심

평면운동을 하는 두 링크의 순간 중심이란 평면상의 동일한 위치에서 두 링크에 속한 두 점의 속도가 같아지는 점이다. 즉, 링크 A에 속한 점을 A′라 하고, 링크 B에 속한 점을 B′라 할 때 A′와 B′가 공간상 동일한 위치에 있고 속도가 서로 같다면, 그 위치를 두 링크의 순간 중심점이라고 한다. 순간 중심점은 순간에만 존재하며 계속 변화한다.

10년간 자주 출제된 문제

강체의 평면운동에 대한 설명으로 틀린 것은?

① 평면운동은 병진과 회전으로 구분할 수 있다.
② 평면운동은 순간 중심점에 대한 회전으로 생각할 수 있다.
③ 순간 중심점은 위치가 고정된 점이다.
④ 곡선경로를 움직이더라도 병진운동이 가능하다.

|해설|

평면운동을 하는 두 링크의 순간 중심이란 평면상의 동일한 위치에서 두 링크에 속한 두 점의 속도가 같아지는 점이다. 즉, 링크 A에 속한 점을 A′라 하고, 링크 B에 속한 점을 B′라 할 때 A′와 B′가 공간상 동일한 위치에 있고 속도가 서로 같다면 그 위치를 두 링크의 순간 중심점이라고 한다. 순간 중심점은 순간에만 존재하며 계속 변화한다.

정답 ③

핵심이론 49 | 반발계수

① 낙하하는 공의 반발
  ㉠ 초기 속도와 반발 후 속도의 비이다.
  ㉡ 초기 높이와 반발 후 높이 비의 제곱근이다.
  $$e = \frac{V_1}{V_0} = \sqrt{\frac{h_1}{h_0}}$$

② 충돌하는 물체의 반발
  초기 속도차와 충돌 후 속도차의 비이다.
  $$e = -\frac{\Delta V_1}{\Delta V_0} = -\frac{v_1' - v_2'}{v_1 - v_2}$$

10년간 자주 출제된 문제

질량이 m인 공이 h의 높이에서 자유낙하하여 콘크리트 바닥과 충돌하였다. 공과 바닥 사이의 반발계수를 e라고 할 때, 공이 첫 번째 튀어 오른 높이는?

① $\sqrt{2}\,eh$
② eh
③ $2eh$
④ $e^2 h$

|해설|

$$e = \frac{V_1}{V_0} = \sqrt{\frac{h_1}{h_0}}$$
$$e^2 = \frac{h_1}{h_0}$$
$$\therefore h_1 = e^2 h_0$$

정답 ④

핵심이론 50 | 진동의 기초

① 진동은 떨림현상을 정형화하여 물리적으로 나타낸 것이다. 스프링으로 대표하는 진동계를 통해 그 움직임을 표현할 수 있으며, 시간과 변위의 2차원 평면에서 주기함수로 나타낸다.

② 진동의 구성
  진폭은 진동의 크기를 나타내는 변수의 하나로, 진동을 파장으로 보았을 때 파장의 상한과 하한의 차이를 의미한다. 단위는 길이의 단위([mm, μm])를 사용한다.

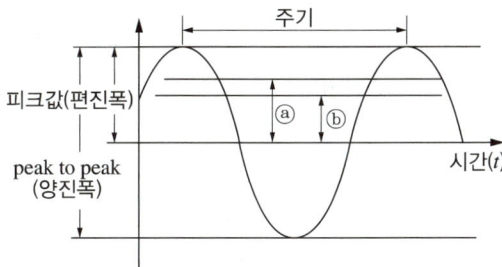

  ㉠ 양진폭 : 진동을 파장으로 보았을 때 양의 피크(상한)와 음의 피크(하한)의 차이이다.
  ㉡ 편진폭 : 진동을 파장으로 보았을 때 양의 피크(상한)와 0값의 차이, 진동량 절댓값 중 최댓값이다.
  ㉢ 평균값 : 위 그림의 ⓑ에 해당하는 값으로, 정현파의 경우 진동량을 전부 합하여 그 기간 동안 평균은 $X_{ave} = \frac{2}{\pi} V_p$이다.

③ 진동량과 실횻값
  ㉠ 진동에 있어 진동량(overall)은 힘(power)의 합이며, 주파수 진폭의 전체 합이다.
  ㉡ 실횻값(rms ; root mean square)은 에너지값으로, 진동그래프에서 면적의 의미를 갖는다.
  ㉢ 실횻값은 정현파의 경우 $\sqrt{2}\,peak$가 되며, 면적을 의미한다. 각종 기계류의 수명을 판단하거나 에너지 발산을 판단하는 양으로 사용한다.
  ㉣ 진동, 소음에서 dB과 VAL 모두 실횻값을 사용한다. 즉, 진동측정기의 측정값은 실횻값을 사용한다.

- 실횻값 : 위 그림의 ⓐ에 해당하는 값으로 다음과 같이 나타낸다.

$$X_{rms} = \sqrt{\frac{1}{T}\int_0^T X^2(t)dt}$$

(여기서, X : 진폭, T : 주기-파장에서 한 위상부터 다음 같은 위상이 생기기까지의 시간차) 또는 $X(t) = V_p \sin(t)$라 하고, 주기를 2π로 정리하면 다음과 같다.

$$X_{rms} = \frac{V_{p-0}}{\sqrt{2}} = \frac{1}{2\sqrt{2}}V_{p-p}$$

(여기서, V_{p-p} : 양진폭, V_{p-0} : 편진폭)

④ 진동량의 표현식

진동현상을 설명하는 그래프는 변위를 세로축으로, 시간을 가로축으로 사용한다. 물리값 중 시간과 변위의 관계로 구성된 값의 표현이 가능하다. 변위, 속도, 가속도를 진동 크기의 3요소라고도 한다.

㉠ 변위(x)

$$x = A\sin(\omega t + \phi)$$

(여기서, 정현파로 가정, A : 진폭, ω : 각진동수 [rad/s], ϕ : 위상차)

※ ω(각진동수) : 단위시간에 움직이는 각도는 진동수의 2배, 1초에 생성된 각도량 $\omega = 2\pi f$ [rad/s]로 나타낸다.

㉡ 속도(v)

$$v(\dot{x}) = \frac{dx}{dt} = \frac{d}{dt}(A\sin\omega t)$$
$$= A\omega\cos\omega t = A\omega\sin\left(\omega t + \frac{\pi}{2}\right)$$

(여기서, $A\omega$: 속도 진폭(속도 최댓값 : [m/sec]), $\frac{거리}{시간}$ 단위 사용(그래프의 면적비))

㉢ 가속도(a)

$$a(\dot{v}) = A\omega^2 \sin(\omega t + \pi)$$

(여기서, $A\omega^2$: 가속도 진폭(가속도 최댓값 [m/s²])

㉣ 진동수(f), 주기(T)

$$f = \frac{1}{T} = \frac{\omega}{2\pi}, \ T = \frac{1}{f} = \frac{2\pi}{\omega}$$

- 고유 진동수 : 시스템을 외력에 의해 초기 교란 후 그 힘을 제거하였을 때 그 시스템이 자유진동을 하는 진동수 1계 자유진동의 경우 고유 진동수 f_n은 다음과 같다.

$$f_n = 2\pi\sqrt{\frac{m}{k}}$$

- 고유 각진동수(고유 진동각)
  - 고유 진동수를 각으로 나타낸 수 :

$$\omega_n = \sqrt{\frac{k}{m}}$$

  - 진동 변위(D)와 속도(V)의 관계 :

$$V = 2\pi f D$$

㉤ 공명과 공진
- 공명(resound) : 진동체 2개의 고유 진동수가 같을 때 한쪽을 울리면 다른 쪽도 울리는 현상이다.
- 공진(resonance) : 고유 진동수와 강제 진동수가 일치할 경우 진폭이 크게 발생하는 현상이다.

㉥ 맥놀이현상 : 인간의 귀로 맥(파장)의 노는 것이 들리는 현상으로, 각기 다른 파장들이 여러 가지 조건으로 합성되어 '웅~웅~'하며 일정한 파장을 이루어 생기는 현상이다.

$$f_{맥놀이} = \sum f \ \text{또는} \ f_1 - f_2 \dots$$

10년간 자주 출제된 문제

다음 중 진동에 관한 설명으로 옳지 않은 것은?

① 진동수와 주기는 서로 반비례관계이다.
② 고유 진동각의 제곱은 질량에 반비례한다.
③ 진동체 2개의 고유 진동수가 같을 때 한쪽을 울리면 다른 쪽도 울리는 현상을 공명이라 한다.
④ 맥놀이 현상은 공진 시 발생한다.

|해설|
맥놀이현상은 두 가지 이상의 진동의 합에 영향을 받는다.

정답 ④

핵심이론 51 | 스프링

① 진동계는 질량(mass)과 스프링의 강성(stiffness)에 의해 진동의 크기가 영향을 받으며 저항에 의해 감쇠(damping)가 일어난다. 물리적인 유추를 위해 감쇠가 일어나지 않은 진동계를 상정하며 이를 비감쇠진동계라 한다.

② 스프링 상수

$$k = \frac{W}{\delta}$$

(여기서, k : 스프링 상수([N/mm]), W : 하중, δ : 변위)

③ 진동계를 표현한 스프링 강성 계산

㉠ 스프링은 질량에 따라 변위가 증가한다.

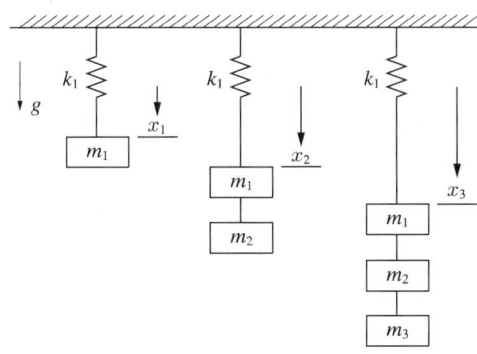

$$F_1 = k_1 x_1, \quad F_2 = k_1 x_2, \quad F_3 = k_1 x_3$$

㉡ 스프링을 병렬연결하면 복합 강성은 다음과 같다.

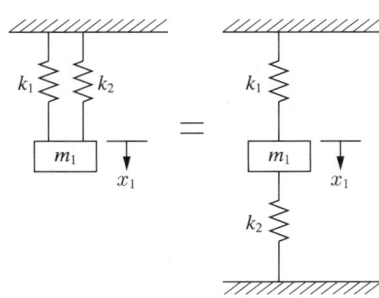

$$k_T = k_1 + k_2, \quad F_T = k_T x_1 = (k_1 + k_2) x_1$$

㉢ 스프링을 직렬연결하면 복합 강성은 다음과 같다.

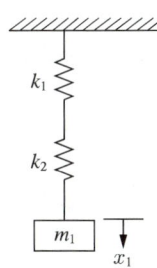

$$\frac{1}{k_T} = \frac{1}{k_1} + \frac{1}{k_2}, \quad F_T = k_T x_1 = \frac{k_1 k_2}{(k_1 + k_2)} x_1$$

④ 스프링의 선택

㉠ 스프링은 기계의 구성요소이다. 사용조건에 맞는 기능이 있어야 하며, 동시에 설치하는 장소의 조건에 맞아야 한다.

㉡ 스프링의 모양과 치수는 스프링에 작용하는 하중과 사용온도, 주위환경 등을 고려하여 선택한다.

10년간 자주 출제된 문제

다음 그림의 스프링 복합강성으로 옳은 것은?

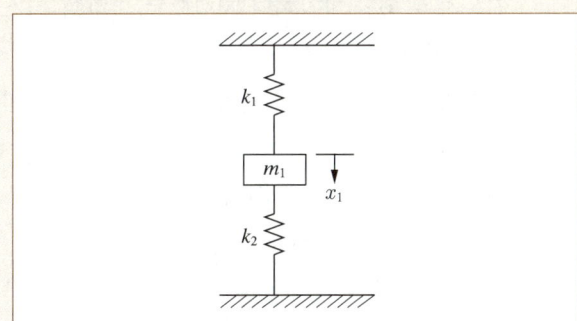

① $F_T = (k_1 + k_2) x_1$
② $F_T = (k_1 / k_2) x_1$
③ $F_T = \left(\dfrac{k_1 + k_2}{k_1 k_2}\right) x_1$
④ $F_T = |(k_1 - k_2)| x_1$

|해설|

문제의 그림은 병렬연결이며 복합강성은 각 강성의 합과 같다.

정답 ①

핵심이론 52 | 진동의 종류

① 진동을 위한 외력의 지속력에 따른 구분(자유진동과 강제진동)
  ㉠ 자유진동 : 지속적인 외력의 작용 없이 탄성계가 충격, 즉 외란을 받은 후 스스로 진동하는 현상이다.
  ㉡ 강제진동 : 지속적인 외력을 받아 탄성계의 위치가 변하거나 가속도를 갖는 현상이다.

② 진동 감쇠 마찰에 따른 구분(비감쇠진동과 감쇠진동)
  ㉠ 비감쇠진동
    • 진폭이 감소하지 않는 진동이다.
    • 이론적 계산을 위해 감쇠가 없다고 가상·가정한 진동이다.
    • 감쇠의 양이 매우 적어 공학적 계산을 위해 감쇠를 무시한 진동이다.
  ㉡ 감쇠진동
    • 진동하는 동안 마찰이나 저항으로 인하여 시스템의 에너지가 손실되는 진동이다.
    • 실제의 진동, 진동은 시간이 지남에 따라 진동의 감쇠가 발생한다.
    • 외력, 마찰에 의해 감쇠되는 진동이다.

③ 비감쇠 자유진동에서의 물리
  ㉠ 실제 진동을 그대로 해석하기 어려워 공학적으로 기준이 되는 진동이다. 비감쇠 자유진동을 상정 및 가정하고 이를 관찰한 후 공학적인 계수를 이용하여 실제 진동을 예측하는 방법으로 해석한다.
  ㉡ 1자유도계의 자유진동에 대한 운동 방정식
  $$\sum F = -W + mg - kx = m\ddot{x}$$
  (여기서, F : 힘, W : 중력에 의한 힘, m : 질량, g : 중력 가속도, k : 스프링 상수(강성), x : 변위)
  ㉢ 특성 방정식
  $$mr^2 + k = 0$$
  ㉣ 특성값(고윳값)
  $$r = \pm\sqrt{-\frac{k}{m}} = \pm\sqrt{-\omega_n^2} = \pm i\omega_n$$
  ㉤ 조화운동의 고유 원진동수
  $$\omega_n = \sqrt{\frac{k}{m}}$$
  ㉥ 1자유도계의 자유진동에 대한 운동 방정식의 일반 해
  $$x = C_1 e^{i\omega_n t} + C_2 e^{-i\omega_n t}$$
  ㉦ 일반 해의 삼각함수 표현
  $$x = A\cos\omega_n t + B\sin\omega_n t$$
  $$\therefore x = X\sin(\omega_n t + \alpha)$$
  (여기서, X : 진폭, $\sqrt{A^2 + B^2}$, $\tan\alpha = \frac{A}{B}$ (α : 위상각))
  ㉧ 1자유도계의 주기
  $$\tau = \frac{2\pi}{\omega_n}[\text{s/cycle}]$$
  ㉨ 1자유도계의 고유 진동수
  $$f_n = \frac{1}{2\pi}\sqrt{\frac{k}{m}}[\text{cycle/s, Hertz(Hz)}]$$

④ 그 외 진동
  ㉠ 비틀림 진동 : 축과 같은 요소가 비틀림과 복원을 주기적으로 반복하는 진동이다.
  ㉡ 배경진동 : 관심의 대상 진동이 없는 경우에도 그 장소에 발생하는 진동이다.
  ㉢ 대상진동 : 측정하고자 하는 특정의 진동으로, 배경진동과 대비된다.
  ㉣ 정상진동 : 시간적으로 변동하지 않거나 변동 폭이 미미한 진동이다.
  ㉤ 변동진동 : 시간에 따른 진동 레벨이 크게 변하는 진동이다.

ⓑ 충격진동 : 두들기는 단조, 폭발 등의 충격력에 의해 매우 짧은 시간 동안 발생하는 높은 세기의 진동이다.
ⓢ 강제진동 : 어떤 시스템이 외력을 받고 있을 때 야기되는 진동이다.
ⓞ 선형진동 : 진동계의 기본요소들이 모두 선형적으로 작동할 때 야기되는 진동이다.
ⓩ 비평형진동(언밸런스 진동) : 회전체의 회전축에 관한 질량 분포의 불균형 상태에 의해 발생한다. 측정 시 수평·수직 방향에 최대의 진폭이 발생하고 회전 주파수의 $1f$ 성분의 탁월 주파수가 나타나는데, 언밸런스의 양과 회전수가 증가할수록 진동 레벨이 높게 나타난다.

10년간 자주 출제된 문제

진동의 종류에 관한 설명으로 옳지 않은 것은?
① 비감쇠진동은 가상진동이다.
② 감쇠진동에서는 시스템 에너지의 소실이 일어난다.
③ 비감쇠 자유진동에서 특성 방정식은 $mr^2 + k = 0$이다.
④ 비감쇠 자유진동 일반 해의 삼각함수 표현은
   $x = C_1 e^{i\omega_n t} + C_2 e^{-i\omega_n t}$ 이다.

|해설|
비감쇠 자유진동의 일반 해는 $x = C_1 e^{i\omega t} + C_2 e^{-i\omega t}$ 이고, 삼각함수 해는 $x = X\sin(\omega_n t + \alpha)$ 이다.

정답 ④

핵심이론 53 | 진동운동의 수학적 표현

① 단순조화운동

㉠ 단순히 진폭을 시간에 따라 반복 왕복, 반복 진동하는 운동을 단순조화운동이라고 한다. 용수철에 매달린 물체, 등속 원운동의 그림자, 비틀림 진자의 각단순조화운동, 물리 진자의 운동처럼 시간에 따라 변위, 속도, 에너지가 변하는 가장 단순한 형태의 주기적인 운동이다.

㉡ 등속 원운동의 그림자의 운동 형태가 단순조화운동이므로 등속 원운동을 관찰할 필요가 있다. 또한, 등속 원운동은 x, y 방향의 단순조화운동의 벡터합을 모아 놓은 것 같은 모양의 운동이다.
- 단순 원운동의 위치 : $r = \sqrt{x^2 + y^2} (= A)$
  - 속도 : $v = r\omega = \omega A$, $v = \sqrt{v_x^2 + v_y^2}$
  - 가속도 : $a = r\omega^2 = \omega^2 A$, $a = \sqrt{a_x^2 + a_y^2}$

㉢ 단순조화운동을 식으로 나타내면 다음과 같다.
$$x(t) = A\cos(\omega t + \phi)$$
(여기서, ω : 진동수, A : 진폭)
주기 $T = \dfrac{2\pi}{\omega}$, 진동수 $f = \dfrac{1}{T} = \dfrac{\omega}{2\pi}$

㉣ 시간에 따른 위치가 $x(t)$인 단순조화운동에서
- 속도 : $v(t) = x'(t) = -A\omega \sin(\omega t + \phi)$
- 가속도 : $a(t) = v'(t) = x''(t)$
  $= -A\omega^2 \cos(\omega t + \phi)$
  $= -\omega^2 x(t)$

㉤ 각단순조화운동
- 비틀림 진자
  봉이 축 중심으로 비틀림을 받을 때
  $$\tau = -\kappa\theta, \quad \tau = I\alpha = I\dfrac{d^2\theta}{dt^2}$$
  $$\therefore -\kappa\theta = I\dfrac{d^2\theta}{dt^2}, \quad I\dfrac{d^2\theta}{dt^2} + \kappa\theta = 0$$
  $$\theta = B\cos(\omega t + \phi) \quad \omega = \sqrt{\dfrac{\kappa}{I}}, \quad T = 2\pi\sqrt{\dfrac{I}{\kappa}}$$

② 용수철에 매달린 물체의 운동을 나타내면 다음과 같다.

$$F = -kx$$

그러나 $F = ma = m\dfrac{d^2x}{dt^2}$ 이므로

$m\dfrac{d^2x}{dt^2} = -kx$, $\dfrac{d^2x}{dt^2} + \dfrac{kx}{m} = 0$, $\dfrac{k}{m} = \omega^2$ 이라 하면

$$\dfrac{d^2x}{dt^2} + \omega^2 x = 0$$

(여기서 $\omega = \omega_n = \sqrt{\dfrac{k}{m}}$ (ω_n : 고유 진동수))

$$T = \dfrac{2\pi}{\omega} = 2\pi\sqrt{\dfrac{m}{k}}$$

$m\dfrac{d^2x}{dt^2} + kx = 0$ 에서 $m\ddot{x} + kx = 0$ 이라 나타내면 비감쇠 자유진동의 고유 방정식이다.

③ 감쇠진동

$m\ddot{x} + kx = 0$ 에 감쇠력을 넣은 감쇠진동의 방정식은 $m\ddot{x} + c\dot{x} + kx = 0$ 이다.

$x = e^{\lambda t}$ 의 해를 갖는다면

$m\ddot{x} + c\dot{x} + kx \rightarrow$

$m\lambda^2 e^{\lambda t} + c\lambda e^{\lambda t} + ke^{\lambda t} = (m\lambda^2 + c\lambda + k)e^{\lambda t} = 0$

$m\lambda^2 + c\lambda + k = 0$ 에서

$$\lambda = -\dfrac{c}{2m} \pm \sqrt{\left(\dfrac{c}{2m}\right)^2 - \dfrac{k}{m}}$$

$\left(\dfrac{c}{2m}\right)^2 - \dfrac{k}{m} = 0$ 인 c를 c_{cr} 라 하여 임계 감쇠라고 한다. 따라서 $c_{cr} = 2m\sqrt{\dfrac{k}{m}} = 2m\omega_n$ 이다.

$\zeta = \dfrac{c}{c_{cr}}$ 를 감쇠비라고 하며, $c_{cr} = 2m\sqrt{\dfrac{k}{m}}$ 을 적용하면 $\zeta = \dfrac{c}{2\sqrt{mk}}$ 이다.

또한, 감쇠 고유 각진동수는 $\omega_d = \omega_n\sqrt{1-\zeta^2}$ 이다.

④ 진동 전달률

㉠ 힘의 전달률

$$\left|\dfrac{F_T}{F}\right| = \dfrac{\sqrt{1 + [2\zeta(f/f_n)]^2}}{[1-(f/f_n)^2]^2 + [2\zeta(f/f_n)]^2}$$

㉡ 진동비(f/f_n)가 $\sqrt{2}$ 일 때, 감쇠비에 관계 없이 진동 전달률은 1이다.

㉢ 진동비(f/f_n)가 $\sqrt{2}$ 보다 클 때, 진동 전달률은 1보다 작다.

㉣ 감쇠비가 작을수록 진동 전달률이 작아진다.

㉤ 진동비가 $\sqrt{2}$ 보다 클 때, 진동 전달률이 1보다 작아지는 현상을 진동절연이라고 한다.

⑤ 대수 감소율

자유진동의 진폭이 감소되는 정도를 나타낸다. 어느 파장에 대해 자연로그를 이용하여 다음 파장의 비를 표현하며, 감소율 δ는

$$\delta = \zeta\omega_n\dfrac{2\pi}{\omega_d} = \zeta\omega_n\dfrac{2\pi}{\sqrt{1-\zeta^2}\,\omega_n} = \dfrac{2\pi\zeta}{\sqrt{1-\zeta^2}}$$ 이다.

또한, 강재의 경우 감쇠가 $\zeta \ll 1$ 일 때 $\delta \simeq 2\pi\zeta$ 이다.

10년간 자주 출제된 문제

53-1. 다음 그림과 같은 1자유도 진동계에서 W가 50[N], k가 0.32[N/cm], 감쇠비가 $\zeta = 0.4$일 때 이 진동계의 점성 감쇠계수 c는 약 몇 [N·s/m]인가?

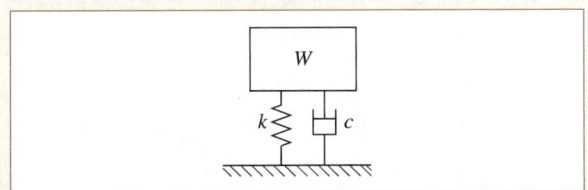

① 5.48　　② 54.8
③ 10.22　　④ 102.2

53-2. 중량은 100[N]이고, 스프링 상수는 100[N/cm]인 진동계에서 임계 감쇠계수는 약 몇 [N·s/cm]인가?

① 36.4　　② 26.4
③ 16.4　　④ 6.4

53-3. 다음 그림과 같이 스프링 상수는 400[N/m], 질량은 100[kg]인 1자유도계 시스템이 있다. 초기 변위는 0이고, 스프링 변형량도 없는 상태에서 x방향으로 3[m/s]의 속도로 움직이기 시작한다고 가정할 때 이 질량체의 속도 v를 위치 x에 관한 함수로 나타낸 것은?

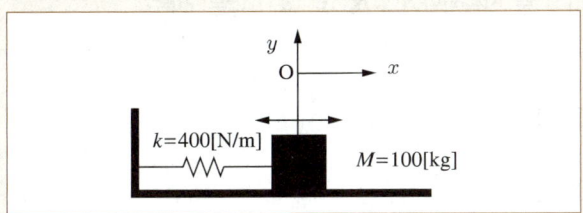

① $\pm(3-4x^2)$　　② $\pm(3-9x^2)$
③ $\pm\sqrt{(9-4x^2)}$　　④ $\pm\sqrt{(9-9x^2)}$

53-4. 1자유도계 시스템에서 감쇠비가 0.1인 경우 대수 감소율은?

① 0.2315　　② 0.4315
③ 0.6315　　④ 0.8315

|해설|

53-1
$$\zeta = \frac{c}{2\sqrt{mk}}$$
$$c = 2\zeta\sqrt{mk} = 2\times 0.4\times\sqrt{\frac{50[N]}{980.6[cm/s^2]}\times 0.32[N/cm]}$$
$$= 0.1022[N\cdot s/cm] = 10.22[N\cdot s/m]$$

53-2
$$c_{cr} = 2\sqrt{mk}$$
$$= 2\sqrt{\frac{100N}{980.6[cm/s^2]}\times 100[N/cm]} = 6.39[N\cdot s/cm]$$

53-3
시간에 따른 위치가 $x(t)$인 단순조화운동에서
$x = A\sin(\omega t + \phi)$, 속도 $v(t) = x'(t) = A\omega\cos(\omega t + \phi)$
$$\omega = \sqrt{\frac{k}{m}} = \sqrt{\frac{400[kg\cdot m/s^2\cdot/m]}{100[kg]}} = 2[/s]$$
$v(t) = A\times 2\cos(2t+\phi)$, $v_0 = 3[m/s]$인데, v_{max} 지점이므로
$v_{max} = v_0 = 3[m/s] = -A\times 2\times 1[/s](\because \cos_{max}() = 1, \phi = 0)$
$A = -\frac{3}{2}[m]$
$v(t) = 3\cos(2t)$
$v(x) = 3\sqrt{1-\sin^2(2t)}$
$= 3\sqrt{1-\left(\frac{2}{3}x\right)^2} = \sqrt{3^2\left(\frac{9-4x^2}{9}\right)} = \sqrt{9-4x^2}$
$\left(\because x = \frac{3}{2}\sin(2t),\ \sin(2t) = \frac{2}{3}x\right)$

53-4
$$\delta = \frac{2\pi\zeta}{\sqrt{1-\zeta^2}}$$
강재의 경우 감쇠가 $\zeta \ll 1$일 때 $\delta \approx 2\pi\zeta$ 감쇠비가 0.1로 작으므로 $\delta \approx 2\pi\zeta$로 구한 값과 보기를 비교하여 다른 보기와 비교할 만큼 근삿값을 찾으면 계산을 마치고, 찾지 못하면 추가로 $\sqrt{1-\zeta^2}$을 나눈다.
$\delta \approx 2\pi\zeta = 6.28\times 0.1 = 0.628$로 근사되므로 정답은 ③이다.

정답 53-1 ③　53-2 ④　53-3 ③　53-4 ③

핵심이론 54 | 방진

① 자연적으로 발생하는 진동이라도 지속적인 진동은 소음을 유발하여 작업자 및 사용자에게 심리적 불안감과 불쾌감을 주고, 기계의 수명에도 영향을 준다. 물체에서 발생하는 진동을 외부로 전달하지 않는 것을 방진이라 하고, 외부의 진동을 장치에 전달하지 않는 것을 제진이라고 한다.

② 감쇠(damping)
진동의 진폭이 점차 감소해 가는 과정이다.
  ㉠ 감쇠의 종류
    • 점성 감쇠 : 감쇠력이 속도에 비례하는 감쇠이다.
    • 내부 마찰 : 히스테리시스 감쇠, 건마찰 감쇠, 유체 감쇠 등
  ㉡ 감쇠의 기능
    • 진동에너지의 전달을 감소시킨다.
    • 고유 진동수에 의한 공진 시 진동의 진폭이 감소한다.
    • 충격 시 진동이 감소한다.

③ 진동차단기의 효과
  ㉠ 걸어 준 하중을 충분히 견딜 수 있어야 한다.
  ㉡ 온도, 습도, 화학적 변화 등에 견딜 수 있어야 한다.
  ㉢ 차단하려는 진동의 최저 주파수보다 작은 고유 진동수를 가져야 한다.
  ㉣ 진동차단기로 사용되는 패드는 가능한 한 강성(스프링 상수)이 낮아서 진동을 흡수할 수 있어야 한다.
  ㉤ 사용하는 스프링의 고유 진동은 차단하려는 진동의 최저 주파수보다 가능한 한 낮아야 한다.
  ㉥ 외부 주파수와 고유 주파수의 비(R, 진동비, 진동수비)가 1에 가까울수록 진동 전달이 많이 되어 진동차단기를 설치하는 효과가 높다. $R > \sqrt{2}$ 이 되면 차단기는 전달하중의 감소를 방해한다. $R > 3$ 이상이 되면 차단효과가 점차 증대하여 $R > 6$이 되면 보통의 효과를 갖게 된다.

④ 동적 배율
동적 배율이란 정적 스프링 정수와 비교한 동적 스프링 정수의 비로, 방진고무의 정확한 사용을 위하여 고유 진동수를 구할 때 동적 배율을 고려한다.

㉠ $\alpha = \dfrac{K_d}{K_s} \rightarrow \dfrac{\delta_{st}}{\alpha} = \dfrac{W}{K_d}$

(여기서, K_d : 동적 스프링 상수, K_s : 정적 스프링 정수, δ_{st} : 방진물의 정적 수축량)

㉡ 수축량과 각진동수의 관계

• $\omega_n = \sqrt{\dfrac{k}{m}} = \sqrt{\dfrac{g}{\delta_{st}}} = \dfrac{3.13}{\sqrt{\delta_{st}}}$

  $\omega = R\sqrt{\dfrac{k}{m}} = R\sqrt{\dfrac{g}{\delta_{st}}} = \dfrac{3.13R}{\sqrt{\delta_{st}}}$

• $2\pi f_n = \omega_n$

  $f_n = \dfrac{1}{2\pi}\sqrt{\dfrac{k}{m}} = \dfrac{1}{2\pi}\sqrt{\dfrac{g}{\delta_{st}}} \simeq \dfrac{4.98}{\sqrt{\delta_{st}[\mathrm{cm}]}}$

10년간 자주 출제된 문제

다음 중 진동차단기의 효과로 옳지 않은 것은?

① 걸어 준 하중을 충분히 견딜 수 있어야 하고 온도, 습도, 화학적 변화 등에 견딜 수 있어야 한다.
② 차단하려는 진동의 최저 주파수보다 큰 고유 진동수를 가져야 한다.
③ 진동차단기로 사용되는 패드는 가능한 한 강성(스프링 상수)이 낮아서 진동을 흡수할 수 있어야 한다.
④ 외부 주파수와 고유 주파수의 비(R, 진동비, 진동수비)가 1에 가까울수록 진동 전달이 많이 되어 진동차단기를 설치하는 효과가 높고, $R > \sqrt{2}$ 가 되면 차단기는 전달하중의 감소를 방해한다.

|해설|
진동차단기는 차단하려는 진동의 최저 주파수보다 작은 고유 진동수를 가져야 한다.

정답 ②

CHAPTER 04 열·유체 해석

핵심이론 01 열역학의 기본 개념 – 열, 온도, 상태

① 열(熱)
  ㉠ 온도 변화를 일으키는 에너지이다.
  ㉡ 온도 변화에 의해 발생하는 에너지의 이동이다.
  ㉢ 열과 에너지와 일은 서로 간의 소실이 없다면 열역학적으로 같은 개념이다. 즉, 열에 의해 힘을 발생시키는 관계에 대한 분야가 열역학이다.
  ㉣ [kcal]를 기본단위로 한다. 물질과 질량에 따라 다르지만 온도 변화를 일으키는 관계를 식으로 나타낸 $dQ = mCdT$도 열의 관계를 설명하는 식이다.
  ㉤ 열평형 : 시간이 지나도 더 이상 열의 이동이 없는 상태, 즉 온도의 변화가 없는 상태이다.
  ㉥ 열역학 제0법칙 : 두 물체가 제3의 물체와 각각 열평형을 이루고 있으면, 두 물체는 서로 간에 열평형을 이룬다.

② 온도
  공간 안 분자의 운동에너지에 의해 열이 발생한 정도를 나타내는 상태량으로, 따뜻한 정도를 계량화하여 나타낸 것이다. 따라서 온도는 과학적 정의의 과정이 필요한데, 대표적인 온도로는 섭씨, 화씨, 켈빈 등이 있다.
  ㉠ Celsius(centigrade)온도시스템 : 물이 얼고 녹는 정도의 따뜻한 정도를 0[℃], 끓는 정도를 100[℃]로 정하고 그 간격을 100등분한 것으로, 가장 널리 쓰인다. 과학자 Celsius가 만든 온도로, Celsius를 한자로 섭씨온도계라고 읽는다.
  ㉡ 화씨(Fahrenheit)온도시스템 : 과학자 Fahrenheit의 한자식 이름을 음역하여 화씨온도계라고 한다. 온도의 고정점을 연구자 기준으로 가장 추운 곳의 추울 때 온도를 0°로, 매우 덥다고 여겨지는 인간의 체온보다 조금 높은 온도를 100°로 한 온도시스템이다. 1°의 간격이 섭씨나 켈빈온도계와 다르다. 5[℃] 간격에 9[℉]의 눈금이 들어간다.
  0[℉] = −32[℃], 100[℃] = 212[℉]
  섭씨온도계 눈금 5° = 화씨온도계 눈금 9°

  예 $(104[℉] - 32) \times \frac{5}{9} = 40[℃]$,

  $40[℃] \times \frac{9}{5} + 32 = 104[℉]$

  ※ 개념상의 기준온도와 과학적으로 발표된 기준온도는 다르나 학습을 위해서는 가장 추울 때 0[℉], 가장 더울 때 100[℉] 정도로 기억하여 활용한다.
  ㉢ 켈빈(Kelvin)온도시스템 : 에너지가 완전히 없는 상태, 분자의 운동이 없는 상태의 온도를 0[K]으로 하고, 1[K]은 1[℃] 간격과 같게 구성한 Kevin온도시스템으로, 과학자 Kelvin이 정의하였다. 켈빈온도는 열역학적 설명에 의하며 상한쪽 고정점이 없어 정도를 나타내는 °를 사용하지 않고 K로만 나타낸다.

③ 동작물질(작동물질, 동작유체, 작동유체)
  ㉠ 열을 일로 전환시킬 때 또는 열을 상승시켜 전달할 때 매개물질이 필요한데, 이 물질을 동작물질(working substance)이라고 한다.
  ㉡ 연소가스, 냉매, 온수 등을 예로 들 수 있다.
  ㉢ 동작물질은 주로 유체를 사용하고 있어 작동유체라는 용어와 혼용한다.

④ 계(界), 시스템(system)
  ㉠ 동작물질의 일정한 양 또는 한정된 공간 내의 동작물질, 관찰영역으로 한정한 동작물질을 계 또는 시스템이라 한다.
  ㉡ 시스템의 바깥쪽 주변을 환경(surrounding)이라 한다.
    • 밀폐시스템 : 경계는 물질이 점유하는 공간이며, 동작물질이 경계를 넘어가지 않는다.
    • 개방시스템 : 물질과 환경 사이의 열, 일이 경계를 통해 넘나든다. 개방시스템은 열역학 해석을 위해 검사 경계(검사면), 검사 체적을 구성한다.
    • 절연시스템 : 밀폐시스템 중 동작물질 외에도 외부와의 열 이동이 없는 시스템이다.

⑤ 상태(state)변화
  ㉠ 동작물질의 상태가 변화하는 것을 상태변화라고 한다. 즉, 기체였던 동작유체가 액체로 변하거나 액체였던 동작유체가 기체로 변하는 상태변화를 의미한다.
    • 시스템(계)을 열역학적으로 설명할 수 있는 상태의 변화를 의미한다. 상태는 열역학적인 변수들의 집합으로, 상태변화에서는 열역학적인 변수가 어떻게 변화하는지를 주로 묻는다.
    • 열역학은 에너지의 변화가 어떻게 구현되는지를 설명하는 목적이 있고, 그를 위해 상태변화와 상태를 구성하는 변수들의 변화는 큰 의미를 갖는다.
  ㉡ 한 시스템이 과정을 거쳐 다른 상태로 변화할 때 그 변화를 반대 방향으로도 아무 변화 없이 원 상태로 되돌아갈 수 있는 과정을 가역과정(reversible process)이라 하고, 변화가 발생하는 과정을 비가역과정(irreversible process)이라고 한다. 열역학 제2법칙에 따르면 가역과정은 실제로는 일어날 수 없는 과정이므로 이상과정(ideal process)이라고도 한다.

  ㉢ 상태변화의 종류
    • 정압변화 : 압력이 일정한 상태에서의 변화 또는 변화 중 압력이 일정하다.
    • 정적변화 : 체적이 일정한 상태에서의 변화 또는 변화 중 체적이 일정하다.
    • 등온변화 : 온도가 일정한 상태에서의 변화 또는 변화 중 온도가 일정하다.
    • 단열변화 : 변화 중 열 출입이 없는 절연시스템 내에서의 변화이다.
    • 폴리트로픽 변화 : 변화 중 압력과 부피의 관계가 $PV^n = Constant$인 관계의 변화이다. 지수 n에 따라 압력과 부피의 관계가 일정하게 되는 일반적인 모든 변화를 표현할 수 있어 폴리트로픽 변화라고 한다.

> **더 알아보기**
> 폴리트로픽을 쉽게 번역하면 '다중열적현상의 표현이 가능한 변화'라고 할 수 있다. $n=0$인 경우 정압변화, $n=1$인 경우 등온변화, $n=\kappa$인 경우 단열변화, $n=\infty$인 경우 정적변화이다.

⑥ 점함수/도정함수
  ㉠ 상태의 변화에 따른 상태량이 중간과정에 영향을 받지 않는 경우를 점함수, 상태함수라 한다. 점함수는 처음과 나중의 상태만 알면 그 변화량을 구할 수 있다. 압력, 부피, 내부에너지, 엔탈피, 엔트로피 등 대부분의 열역학적 상태량이 이에 해당한다.
  ㉡ 처음과 마지막 상태만으로 상태량을 파악할 수 없는 변화를 함수로 나타낸 것을 도정함수라고 한다. 도정(道程)은 변화의 경로에 영향을 받으므로 경로함수라고도 한다. 일량과 열량은 처음과 마지막 상태만으로 그 총량을 알 수 없는 대표적인 도정함수이다.

⑦ 상태(량)
  ㉠ 압력 : 단위면적당 가해지는 힘 또는 단위부피당 가해지는 힘을 의미하며, 단위부피당 가해지는 힘은 단위면적당 가해지는 힘으로 나타낸다.

- 대기의 압력
  - 대기압을 1기압으로 나타내면, 1[atm] = 760[mmHg] = 10.33[mAq] = 1.03323[kgf/cm^2] = 1.013[bar] = 1,013[hPa]
  - 대기압을 공학기압으로 나타내면, 1[at] = 735.5[mmHg] = 10.00[mAq] = 0.98[bar] = 1[kgf/cm^2]
- 게이지압 : 게이지(gage), 즉 계기에 나타나는 압력이다.
- 절대압 : 게이지압은 계기 내 외부에 대기압이 존재하므로 절대압(완전 진공(0)으로부터의 압력)은 게이지압 + 대기압이다.

ⓒ 체적(부피) : 공간의 3차원적 표현으로 시스템을 구성하는 기준이 되는 상태량이다. 길이를 1차원 단위인 미터[m]로 나타낸다면, 면적은 2차원인 제곱미터[m^2], 부피는 3차원인 세제곱미터[m^3]로 나타낸다.

ⓒ 온도(② 온도 참조)

ⓔ 내부에너지 : 운동에너지, 위치에너지와 같은 시스템이 외부로 표출하는 에너지를 제외한 시스템 내부의 에너지이다.

ⓜ 엔탈피 : 내부에너지와 더불어 지구처럼 항상 압력이 작용하는 곳에서 일정 부피를 정한 시스템을 정의하기 위한 상태량이다. 압력을 절대압력과 계기압력으로 나타내는 것처럼 내부에너지를 내부에너지와 엔탈피로 표현하는 것으로 이해한다.

$$h = u + Pv$$

ⓗ 엔트로피 : 온도에 대해 발생한 에너지 변화를 의미하며, $\Delta S = \int \frac{\delta Q}{T}$ 로 나타낸다. 변환되는 에너지 중 쓸 수 없는 에너지를 함수로 표현한 것이며, 에너지는 변환될 때 항상 엔트로피를 발생시킨다는 열역학 제2법칙을 수치로 표현한 값이기도 하다.

⑧ 상태량의 종류
  ㉠ 강도성 상태량 : 질량에 상관없이 상태량을 갖는 질량 비의존성 상태량이다. 종량성 상태량을 질량으로 나누어 질량당 상태량으로 표현한 비상태량도 강도성 상태량으로 취급한다.
  - 강도성 상태량 : 온도, 압력, 밀도, 끓는 점, 녹는 점, 어는 점, 저항 등
  - 비(比)상태량 : 비체적, 비내부에너지, 비엔탈피, 비엔트로피 등 단위질량당 나타내는 상태량
  ㉡ 종량성 상태량 : 상태량의 총량을 전체로 n등분하였을 때 $1/n$로 표현이 가능한 상태량이다. 예를 들어, 질량의 크기에 영향을 받는 상태량인 내부에너지, 엔탈피, 엔트로피, 체적 등으로 양에 따라 상태량이 달라지므로(종량(從量)), 1[kg]의 내부에너지를 500[g]씩 나누었다면 내부에너지의 양도 반씩 나뉘는 형태이다.

10년간 자주 출제된 문제

1-1. 다음 중 열역학 성질(상태량)에 대한 설명으로 옳은 것은?
① 엔탈피는 점함수이다.
② 엔트로피는 비가역과정에 대해서 경로함수이다.
③ 시스템 내 기체의 열평형은 압력이 시간에 따라 변하지 않을 때이다.
④ 비체적은 종량적 상태량이다.

1-2. 물질의 양을 1/2로 줄이면 강도성(강성적) 상태량의 값은?
① 1/2로 줄어든다.
② 1/4로 줄어든다.
③ 변화가 없다.
④ 2배로 늘어난다.

1-3. 열역학적 상태량은 일반적으로 강도성 상태량과 용량성 상태량으로 분류할 수 있다. 강도성 상태량에 해당하지 않는 것은?
① 압력
② 온도
③ 밀도
④ 체적

| 해설 |

1-1
①, ② 엔탈피와 엔트로피는 최초, 최종 상태량으로 판단하므로 점함수이다.
③ 열평형이란 시간에 따라 열의 이동이 없는 상태, 즉 온도의 변화가 없는 상태이다.
④ 비상태량은 강도성 상태량으로 구분한다.

1-2
강도성 상태량은 열역학적 성질을 의미하며 그 양은 무관하다.

1-3
종량적 상태량은 상태량의 총량을 전체로 n등분하였을 때 $1/n$로 표현 가능한 상태량이다. 내부에너지, 엔탈피, 엔트로피, 체적 등은 양에 따라 상태량이 달라지므로 종량(從量)적 상태량이다.

정답 **1-1** ① **1-2** ③ **1-3** ④

핵심이론 02 | 열역학의 기본 개념 – 일과 열, 비열

① 에너지 보존의 법칙

　㉠ 열역학은 에너지의 변화가 어떻게 구현되는지를 설명하는 데 목적이 있고, 그를 위해 상태변화와 상태를 구성하는 변수들의 변화는 큰 의미를 갖는다.

　㉡ 에너지의 형태가 변화해도 에너지의 총량은 일정하다는 것이 전제되어야 한다.

　㉢ 열은 일로 나타내며, 수많은 내연기관과 증기기관 등 열에너지를 이용하여 일을 하는 기계가 있고, 이 기계가 하는 일은 열로 계산이 가능하여야 한다. 마찬가지로 일도 열로 환산하여 계산이 가능하다.

② 일

　㉠ 외부일

　　• 열역학적인 일이란 시스템(계(界))과 주위(surround, 환경)의 상호작용에 의해 외부에 힘이 작용하여 하는 일을 의미하는데, 의미를 분명히 하기 위해 외부일(external work)로 나타낸다.

　　• 외부일에 반대되는 내부일은 고려하지 않으며 내부에너지로 포괄하여 나타낸다.

　　• 예를 들어, 실린더라는 시스템이 하는 일은 기체의 압력 P와 실린더의 단면적 A, 피스톤의 이동거리를 δx라 하고, 수학적 표현을 위해 δx의 미소 분량 dx를 취하면 $\delta W = PA\,dx$로 나타낸다. $A\,dx = dV$(여기서, V : 체적(volume))이므로 $\delta W = P\,dV$이다. 따라서 V_1인 상태에서 V_2인 상태까지의 일의 양은

$$\int_1^2 \delta W = W_{12} = \int_1^2 P\,dV$$

로 표현되며, 압력이 일정한 정압과정은 dV에 의해 결정된다.

　　• P, V, T의 상관관계에 따라 P와 V가 독립적이지 않은 경우, 일의 양은 경로함수의 특징을 갖는다.

- 열역학은 일과 열의 상태, 상태변화로 나타내므로 각 상태의 변화를 표시하는 선도 중 P와 V의 상관관계인 $P-V$ 선도로 표시한다. $P-V$ 선도는 각 상태별 P_1, P_2, V_1, V_2를 경로로 나타낸다.

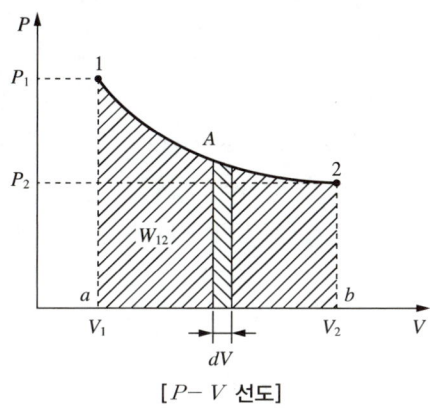

[$P-V$ 선도]

ⓒ 유동일
- 개방시스템의 경우 시스템을 V_1, V_2처럼 한정할 수 없으므로 어느 한 지점 1을 두고, 그 지점을 단위시간에 통과하는 양(단위시간당 체적)을 계산하여 일량을 구한다.

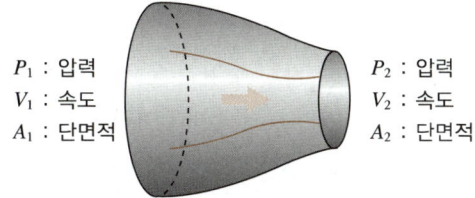

[유체의 한 단면 기준, 체적과 일량 계산의 예]

- 단면적[m²]과 유체의 속도[m/s]를 곱하면 시간당 체적[m³/s]이 되며 지점 1에서의 일이 된다.

$$\dot{w}_{flow} = \frac{P_1 A_1 V_1}{\rho A_1 V_1} = P_1 v_1$$

(여기서, V_1 : 지점 1에서의 속도, v_1 : 지점 1에서의 비체적, ρ : 유체의 질량, ρAV : 유량)

ⓒ 축일(shaft work)
- 축에서 하는 일로 열에 의한 일은 주로 회전력으로 일어나므로 축일로 표현하는 것은 중요하다.

- 시간당 축일을 축동력이라 한다.
- 축일은 힘이 토크, 거리가 회전각에 해당하므로,
$$W_{12} = \int_1^2 T d\theta$$ 로 나타낸다.
- 축동력은 시간으로 나눈 값이므로,
$$\dot{W}_{12} = \int_1^2 T \frac{d\theta}{dt} = T\omega \, [\text{J/s}]$$ 로 나타낸다.

② 일의 단위
- 일의 단위는 에너지의 단위와 같다. 가장 대표적인 에너지의 단위는 [Joule]이다.
- $1[\text{J}] = 1[\text{N}] \times 1[\text{m}] = 1[\text{kg}] \times 1[\text{m/s}^2] \times 1[\text{m}]$
- 일률, 즉 시간당 일의 단위는 전력에서도 사용하는 [Watt]이다.
- $1[\text{W}] = 1[\text{J}]/1[\text{s}] = 1[\text{N}] \times 1[\text{m/s}]$
  $= 1[\text{kg}] \times 1[\text{m/s}^2] \times 1[\text{m/s}]$

10년간 자주 출제된 문제

2-1. 어떤 가솔린 기관의 실린더 내경이 6.8[cm], 행정이 8[cm]일 때 평균 유효압력이 1,200[kPa]이다. 이 기관의 1행정당 출력[kJ]은?

① 0.04 ② 0.14
③ 0.35 ④ 0.44

2-2. 효율이 40[%]인 열기관에서 유효하게 발생되는 동력이 110[kW]라면 주위로 방출되는 총열량은 약 몇 [kW]인가?

① 375 ② 165
③ 135 ④ 85

2-3. 초기 압력 100[kPa], 초기 체적 0.1[m³]인 기체를 버너로 가열하여 기체 체적이 정압과정으로 0.5[m³]이 되었다면, 이 과정 동안 시스템이 외부에 한 일은 약 몇 [kJ]인가?

① 10 ② 20
③ 30 ④ 40

10년간 자주 출제된 문제

2-4. 실린더에 밀폐된 8[kg]의 공기가 그림과 같이 $P_1 = 800$ [kPa], 체적 $V_1 = 0.27[m^3]$에서 $P_2 = 350[kPa]$, 체적 $V_2 = 0.80[m^3]$으로 직선 변화하였다. 이 과정에서 공기가 한 일은 약 몇 [kJ]인가?

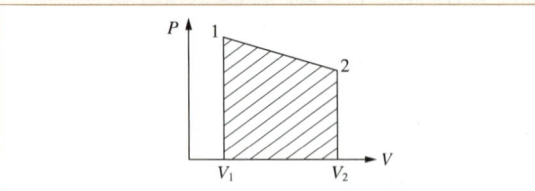

① 305　　　　② 334
③ 362　　　　④ 390

|해설|

2-1
일 = 힘 × 거리 = 압력 × 면적 × 거리
　　$= 1,200[kPa] \times \frac{\pi}{4}(0.068)^2[m^2] \times 0.08[m]$
　　$= 0.349[kN \cdot m] = 0.349[kJ]$

2-2
에너지가 보존되는 관점에서 열과 일이 상호간 변화된다는 것을 전제로 했을 때, X만큼의 에너지를 넣어서 110[kW]를 한 일이 효율 40[%]라면 나머지 60[%]는 열로 손실되었다고 본다. 110[kW]가 40[%]이면 100[%]인 X는 275[kW]이며, 60[%]인 165[kW]가 열로 손실되었다.

2-3
$W_{12} = \int_1^2 PdV = 100[kPa] \times (0.5 - 0.1)[m^3] = 40[kJ]$

2-4
$\int_1^2 \delta W = W_{12} = \int_1^2 PdV$

1과 2 사이의 함수관계를 정의하지 않아도 위의 적분식에 의해 빗금 친 하단면의 면적을 구하면 외부일의 양을 구할 수 있다.

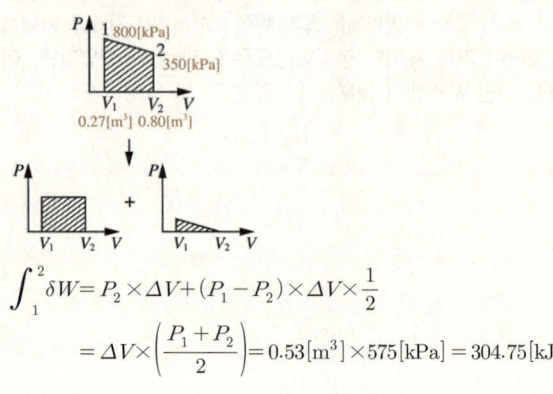

$\int_1^2 \delta W = P_2 \times \Delta V + (P_1 - P_2) \times \Delta V \times \frac{1}{2}$
$ = \Delta V \times \left(\frac{P_1 + P_2}{2}\right) = 0.53[m^3] \times 575[kPa] = 304.75[kJ]$

정답 2-1 ③　2-2 ②　2-3 ④　2-4 ①

핵심이론 03 | 비열

① **비열의 성질**
　㉠ 가해진 열에 대해 온도의 변화량은 질량에 따라 다르다.
　㉡ 질량이 클수록 변화시켜야 하는 내부에너지가 많이 필요하므로 질량 변수를 제거한 열량을 알아야 한다.
　㉢ 단위 질량을 1[K] 올리기 위해 대상물에 가해진 열량을 비열이라고 한다.
　㉣ 비열은 각 물질마다 다르며, 이는 물질의 고유 성질이다.
　㉤ 비열이 온도에 따른 관련성을 가질 때, 즉 $C = f(T)$인 경우
　　$Q_{12} = m \int_1^2 CdT \fallingdotseq m C_m (T_2 - T_1)$
　　$C_m = \frac{1}{T_2 - T_1} \int_{T_1}^{T_2} DdT$

② **정압비열, 정적비열**
　㉠ 기체의 경우 시스템에 따라 비열이 달라지는데 압력을 일정하게 한 시스템에서 찾아낸 비열을 정압비열이라 하고, 부피를 일정하게 한 시스템에서 찾아낸 비열을 정적비열이라 한다.
　㉡ $dQ_p = mC_p dT$, $dQ_v = mC_v dT$
　㉢ 비열비 : $\frac{C_p}{C_v} = \kappa$를 비열비라 하며, 일반적으로 $C_p > C_v$이므로 $\kappa > 1$이다.
　㉣ $C_p - C_v = R$

③ **잠열**
상태변화를 위해 쓰이는 열로, 외부에서 계나 물질로 열이 가해져도 온도 변화가 일어나지 않기 때문에 숨은열, 잠열이라고 한다.

④ **현열**
가해진 열이 계나 물질의 온도 변화를 일으키는 열이다.

⑤ 두 물질의 열평형을 계산할 때는 열평형을 이룰 때까지 양쪽 물질의 열 변화량 ΔQ가 같다는 것을 이용하여 찾는다.

10년간 자주 출제된 문제

3-1. 질량 4[kg]의 액체를 15[℃]에서 100[℃]까지 가열하기 위해 714[kJ]의 열을 공급하였다면 액체의 비열은 몇 [J/kg·K]인가?

① 1,100　② 2,100
③ 3,100　④ 4,100

3-2. 공기 1[kg]을 정적과정으로 40[℃]에서 120[℃]까지 가열하고, 다음에 정압과정으로 120[℃]에서 220[℃]까지 가열한다면 전체 가열에 필요한 열량은 약 얼마인가?(단, 정압비열은 1.00[kJ/kg·K], 정적비열은 0.71[kJ/kg·K]이다)

① 127.8[kJ/kg]　② 141.5[kJ/kg]
③ 156.8[kJ/kg]　④ 185.2[kJ/kg]

3-3. 질량이 4[kg]인 단열된 강재용기 속에 온도 25[℃]의 물 18[L]가 들어 있다. 이 속에 200[℃]의 물체 8[kg]을 넣었더니 열평형에 도달하여 온도가 30[℃]가 되었다. 물의 비열은 4.187[kJ/kg·K]이고, 강재의 비열은 0.4648[kJ/kg·K]일 때 이 물체의 비열은 약 몇 [kJ/kg·K]인가?(단, 외부와의 열교환은 없다고 가정한다)

① 0.244　② 0.267
③ 0.284　④ 0.302

3-4. 500[W]의 전열기로 4[kg]의 물을 20[℃]에서 90[℃]까지 가열하는 데 소요되는 시간은?(단, 전열기에서 열은 전부 온도 상승에 사용되고 물의 비열은 4180[J/kg·K]이다)

① 16분　② 27분
③ 39분　④ 45분

3-5. 기체상수가 0.462[kJ/kg·K]인 수증기를 이상기체로 간주할 때 정압비열[kJ/kg·K]은 약 얼마인가?(단, 이 수증기의 비열비는 1.33이다)

① 1.86　② 1.54
③ 0.64　④ 0.44

|해설|

3-1
$dQ = mCdT = 4[\text{kg}] \times C \times (100-15)[\text{K}] = 714[\text{kJ}]$
$C = \dfrac{714[\text{kJ}]}{4[\text{kg}] \times 85[\text{K}]} = 2.1[\text{kJ/kg} \cdot \text{K}] = 2,100[\text{J/kg} \cdot \text{K}]$

3-2
$\Delta Q = dQ_p + dQ_v = mC_p dT + mC_v dT$
$= 1[\text{kg}] \times 0.71[\text{kJ/kg} \cdot \text{K}] \times (120-40)[\text{K}]$
$+ 1[\text{kg}] \times 1.00[\text{kJ/kg} \cdot \text{K}] \times (220-120)[\text{K}]$
$= 56.8[\text{kJ}] + 100[\text{kJ}] = 156.8[\text{kJ}]$

3-3
세 물질의 열평형을 고려한다. 현재의 물과 강재의 온도는 25[℃], 열평형온도는 30[℃]이다. 두 물질은 열을 받고, 대상 물체의 온도는 200[℃], 대상 물체는 열을 내 준다.
$\Delta Q_\text{물} + \Delta Q_\text{강재} = \Delta Q_\text{대상물체}$
$18[\text{kg}] \times 4.187[\text{kJ/kg} \cdot \text{K}] \times 5[\text{K}] + 4[\text{kg}] \times 0.4648[\text{kJ/kg} \cdot \text{K}]$
$\times 5[\text{K}] = 8[\text{kg}] \times C_\text{대상물체} \times 170[\text{K}]$
$\therefore C_\text{대상물체} = 0.2839[\text{kJ/kg} \cdot \text{K}]$

3-4
$\Delta Q = mC\Delta T$
$= 4[\text{kg}] \times 4,180[\text{J/kg} \cdot \text{K}] \times 70[\text{K}] = 1,170,400[\text{J}]$
$500[\text{W}] = 500[\text{J/s}]$이므로,
필요 전력량은 $\dfrac{\Delta Q}{W} = \dfrac{1,170,400[\text{J}]}{500[\text{J/s}]} = 2,340.8[\text{s}] = 39.01[\text{min}]$

3-5
$\dfrac{C_p}{C_v} = \kappa,\ C_p - C_v = R,\ C_v = \dfrac{C_p}{\kappa},\ C_p - \dfrac{C_p}{\kappa} = C_p\left(1 - \dfrac{1}{\kappa}\right) = R$
$\therefore C_p = \dfrac{R}{\left(1 - \dfrac{1}{\kappa}\right)} = \dfrac{0.462[\text{kJ}/(\text{kg} \cdot \text{K})]}{\left(1 - \dfrac{1}{1.33}\right)} = 1.863[\text{kJ}/(\text{kg} \cdot \text{K})]$

정답 3-1 ②　3-2 ③　3-3 ③　3-4 ③　3-5 ①

핵심이론 04 | 내부에너지

① 내부에너지의 의미
  ㉠ 역학적 에너지와 전기적 에너지를 제외한 물질이 보유하고 있는 열에너지를 의미한다.
  ㉡ 물체가 운동에너지나 위치에너지 등을 얼마나 갖고 있는가는 내부에너지와 무관하다. 따라서 정지하고 있고 일을 하지 않는 물체도 내부에너지를 갖고 있으며, 이는 온도, 압력 등의 요소와 관련 있다.
  ㉢ 내부에너지는 물체의 현재 상태에만 관계되는 상태량이다.
  ㉣ 내부에너지는 U로 나타낸다.

② 단위질량의 물체가 갖는 내부에너지를 비내부에너지라 하고, $U/m = u$로 나타낸다.

③ 내부에너지의 특징
  ㉠ 물질은 분자로 구성되고, 분자는 존재를 유지하기 위해 자기병진운동 등 분자운동을 실시한다. 내부에 유입된 에너지의 양이 많아지면 분자의 운동량이 커지고, 내부에너지가 증가한다.
  ㉡ 내부에너지는 절댓값을 알 수 없고, 변화량을 구하여 상대량으로 나타낸다.

④ 엔탈피(enthalpy)
  ㉠ 물질 내부의 열에너지이다.
  ㉡ 잠재된 열에너지로 간주가 가능한(열역학적 퍼텐셜(by Gibbs)) 내부에너지와 열에너지가 가진 역학적 에너지를 모두 나타내기 위한 개념의 열에너지이다.
  ㉢ $h = u + Pv$ (여기서, h : 비엔탈피, u : 내부에너지, Pv : 일, 역학적 에너지)
  ㉣ 엔탈피도 변화량을 구하여 상대량으로 나타낸다.

10년간 자주 출제된 문제

4-1. 기체가 167[kJ]의 열을 흡수하고, 동시에 외부로 20[kJ]의 일을 했을 때 내부에너지의 변화는?
① 약 187[kJ] 증가 ② 약 187[kJ] 감소
③ 약 147[kJ] 증가 ④ 약 147[kJ] 감소

4-2. 10[℃]에서 160[℃]까지 공기의 평균 정적비열은 0.7315 [kJ/kg·K]이다. 이 온도 변화에서 공기 1[kg]의 내부에너지 변화는 약 몇 [kJ]인가?
① 101.1[kJ] ② 109.7[kJ]
③ 120.6[kJ] ④ 131.7[kJ]

4-3. 밀폐용기에 비내부에너지가 200[kJ/kg]인 기체 0.5[kg]이 있다. 이 기체를 용량이 500[W]인 전기 가열기로 2분 동안 가열한다면 최종 상태에서 기체의 내부에너지는?(단, 열량은 기체로만 전달된다고 한다)
① 20[kJ] ② 100[kJ]
③ 120[kJ] ④ 160[kJ]

4-4. 밀폐계에서 기체의 압력이 500[kPa]로 일정하게 유지되면서 체적이 0.2[m³]에서 0.7[m³]로 팽창하였다. 이 과정 동안에 내부에너지의 증가가 60[kJ]이라면 계가 한 일은?
① 450[kJ] ② 350[kJ]
③ 250[kJ] ④ 150[kJ]

4-5. 내부에너지가 40[kJ], 절대압력이 200[kPa], 체적이 0.1 [m³], 절대온도가 300[K]인 계의 엔탈피는 약 몇 kJ인가?
① 42 ② 60
③ 80 ④ 240

4-6. 100[kPa], 25[℃] 상태의 공기가 있다. 이 공기의 엔탈피가 298.615[kJ/kg]이라면 내부에너지는 약 몇 [kJ/kg]인가? (단, 공기는 분자량 28.97인 이상기체로 가정한다)
① 213.05[kJ/kg] ② 241.07[kJ/kg]
③ 298.15[kJ/kg] ④ 383.72[kJ/kg]

4-7. 공기 1[kg]이 압력 50[kPa], 부피 3[m³]인 상태에서 압력 900[kPa], 부피 0.5[m³]인 상태로 변화할 때 내부에너지가 160 [kJ] 증가하였다. 이때 엔탈피는 약 몇 [kJ]이 증가하였는가?
① 30 ② 185
③ 235 ④ 460

10년간 자주 출제된 문제

4-8. 입구 엔탈피 3,155[kJ/kg], 입구속도 24[m/s], 출구 엔탈피 2,385[kJ/kg], 출구속도 98[m/s]인 증기터빈이 있다. 증기 유량이 1.5[kg/s]이고, 터빈축의 출력이 900[kW]일 때 터빈과 주위 사이의 열전달량은 어떻게 되는가?

① 약 124[kW]의 열을 주위로 방열한다.
② 주위로부터 약 124[kW]의 열을 받는다.
③ 약 248[kW]의 열을 주위로 방열한다.
④ 주위로부터 약 248[kW]의 열을 받는다.

|해설|

4-1
외부에서 열이 167[kJ] 들어 왔고 외부로 일을 20[kJ] 방출하였으므로, 내부에는 처음에 비해 147[kJ]의 에너지가 남아 있다.

4-2
정적과정의 의미를 정적비열로 사용하였으므로 외부로 일이 방출되지 않고 모두 내부에너지로 변환되었다고 보는 것이 적절하다.
$\Delta Q = m C_v \Delta T = 1[\text{kg}] \times 0.7315[\text{kJ/kg} \cdot \text{K}] \times 150[\text{K}]$
$= 109.725[\text{kJ}]$

4-3
처음 상태에 비내부에너지가 200[kJ/kg]인 기체 0.5[kg]이 있으므로 100[kJ]이 있다. 이 기체를 500[W]로 2분간 가열하였으므로 500[J/s] × 120[s] = 60,000[J] = 60[kJ]의 에너지를 받았다. 따라서 최종 상태로 내부에는 총 160[kJ]의 에너지가 남아 있다.

4-4
밀폐계가 $\int_1^2 \delta W = W_{12} = \int_1^2 PdV = 500[\text{kPa}] \times 0.5[\text{m}^3] = 250[\text{kJ}]$의 일을 외부로 수행하면서 내부에너지도 60[kJ] 증가하였다면, 이 일을 위해 310[kJ]의 에너지를 받았다. 이 중 계가 한 일은 250[kJ], 내부에너지는 60[kJ] 증가하였다.

4-5
$h = u + Pv$
$= 40[\text{kJ}] + 200[\text{kPa}] \times 0.1[\text{m}^3]$
$\therefore h = 60[\text{kJ}]$

4-6
$h = u + Pv$
$298.615[\text{kJ/kg}] = u + Pv$
$= u + RT$
$= u + \dfrac{8.314[\text{kJ/kmol} \cdot \text{K}]}{28.97[\text{kg/kmol}]} \times (25 + 273.15)[\text{K}]$
$\therefore u = 298.615 - 85.57 = 213.05[\text{kJ/kg}]$

4-7
잠재된 열에너지로 간주가 가능한(열역학적 퍼텐셜(by Gibbs)) 내부에너지와 열에너지가 가진 역학적 에너지를 모두 나타내기 위한 개념의 열에너지가 엔탈피이다.
$h = u + Pv$
$dH = dU + d(PV)$
$dH = 160[\text{kJ}] + (900 \times 0.5 - 50 \times 3)[\text{kJ}] = 460[\text{kJ}]$

4-8
유체가 입구에서 출구로 이동하면서 엔탈피가 (3,155 − 2,385)[kJ/kg]만큼 줄었다. 이 엔탈피는 유체의 속도를 24[m/s]에서 98[m/s]로 높였고, 터빈을 900[kW]만큼 돌렸으며 주변 계와 열 Q를 주었거나 받았을 것이다. 이를 식으로 정리하면
$dH = Q + W_1 + W_2$
$1.5[\text{kg/s}] \times (3,155 - 2,385)[\text{kJ/kg}]$
$= Q + 900[\text{kW}] + \dfrac{1}{2} m(v_2^2 - v_1^2)$
$= Q + 900[\text{kW}] + \dfrac{1}{2} \times 1.5[\text{kg/s}] \times (98^2 - 24^2)[\text{m}^2/\text{s}^2]$
$= Q + 900[\text{kW}] + 6.77[\text{kJ/s}]$
$\therefore Q = 1,155[\text{kJ/s}] - 900[\text{kW}] - 6.77[\text{kJ/s}] = 248.23[\text{kW}]$
에너지를 사용한 방향으로 Q도 결과가 나타났으므로 주위에 방열한 것을 알 수 있다. 따라서 1,155[kW]의 엔탈피를 사용하여 터빈을 돌리고, 유체의 속도를 높이며 248.33[kW]만큼 방열하였다.

정답 4-1 ③ 4-2 ② 4-3 ④ 4-4 ④ 4-5 ② 4-6 ① 4-7 ④ 4-8 ③

핵심이론 05 | 이상기체

① 이상기체(ideal gas)
  ㉠ 보일-샤를의 법칙을 따르는 기체로, 이상적인 완전한 가스이다.
  ㉡ 산소, 질소, 수소, 공기, 연소가스 등 실온에서 액화가 어려운 기체는 이상기체로 취급한다.

② 실제기체
  ㉠ 보일-샤를의 법칙을 완전히 따르지 못하며, 이상기체와 대비되는 모든 기체이다.
  ㉡ 수증기, CO_2 가스, 아황산가스, 프레온 등 냉각 시 액화가 잘되는 기체를 통칭하여 증기(vapor)라고 하며, 실제기체로 구분한다.
  ㉢ 실제가스가 압력이 낮을수록, 분자량이 작을수록, 온도가 높을수록, 비체적이 클수록 이상기체와 가까운 성질을 나타낸다.
  ㉣ 압축계수(Z) : 실제기체 부피의 이상기체 부피에 대한 압축 정도를 나타내는 물리적 성질이다.
  $$Z = \frac{P}{\rho R_{specific} T}$$
  • $Z=1$이면, 이상기체
  • $Z>1$이면, 분자 간 반발력이 발생하여 실제 부피가 커진 상태
  • $Z<1$이면, 분자 간 인력이 발생하여 실제 부피가 작아진 상태

③ 이상기체의 상태 방정식
  ㉠ 이상기체 상태 방정식은 다음과 같다.
  $$PV = mRT, \quad Pv = RT$$
  (여기서, m : 질량, P : 압력, V : 체적, v : 비체적, T : 온도, R : 기체상수)
  • 기체상수 : Pv와 T의 비례관계를 나타내는 비례상수값으로 기체마다 고유의 값을 가지므로 기체의 성질이기도 하다.
  • $C_p - C_v = R$, $\frac{C_p}{C_v} = \kappa$

  ㉡ 정적변화
  • $dv=0$이므로, $\frac{P}{T} = Constant$이다.
  • $W_t = -\int_1^2 v dp = v(p_1 - p_2) = R(T_1 - T_2)$
  • $du = C_v dT = C_v(T_2 - T_1)$
  • $dp = C_p dT = C_p(T_2 - T_1)$
    $= kC_v(T_2 - T_1) = kdu$
  • $dq = du + pdv = du$

  ㉢ 정압변화
  • $dp=0$이므로, $\frac{v}{T} = Constant$이다.
  • $W_a = \int_1^2 pdv = p(v_2 - v_1) = R(T_2 - T_1)$
  • $du = C_v dT = C_v(T_2 - T_1)$
  • $dp = C_p dT = C_p(T_2 - T_1)$
    $= kC_v(T_2 - T_1) = kdu$
  • $dq = du + pdv = dh - vdp = dh$

  ㉣ 등온변화
  • $dT=0$이므로 $Pv = Constant$이다.
  • $W_t = W_a = Q = RT\ln\frac{v_2}{v_1} = RT\ln\frac{p_1}{p_2}$
  • $du = dh = 0$

  ㉤ 단열변화
  • $dQ=0$이므로 $Pv^\kappa = Constant$이다.
  • $W_t = kW_a = kdu$

④ 보일-샤를의 법칙(보일의 법칙 + 샤를의 법칙)
  $$PV = nRT$$
  ㉠ 압력과 부피의 곱은 기체상수와 온도의 상관관계를 갖고 있다.
  ㉡ 보일의 법칙 : 일정량의 기체가 등온을 유지할 때 압력과 부피는 서로 반비례한다.
  ㉢ 샤를의 법칙 : 일정한 부피의 기체는 온도가 상승하면 압력 또한 상승한다.

※ R : 몰비열, 즉 $R = MR = 8.3144[kJ/kmol]$
M : 분자량, 분자량의 단위[g/mol, kg/kmol]

⑤ 기체의 분자량

몰비열을 구하기 위해서는 각 기체의 분자량을 알고 있어야 한다. 기체로 다루는 원소는 일반적으로 수소(H), 헬륨(He), 탄소(C), 질소(N), 산소(O), 네온(Ne), 아르곤(Ar) 정도이다. 이 원소들의 분자량은 대략 다음 표와 같으며, 수소를 제외하고는 원자번호의 2배 정도의 값이다.

원소	대략의 분자량 [kg/kmol]	주요 기체 상태	기체 상태의 대략의 분자량
H	1	H_2	2
He	4	He	4
C	12	CO_2	44
N	14	N_2	28
O	16	O_2	32
Ne	20	Ne	20
Ar	40	Ar	40

⑥ 이상기체의 엔탈피

㉠ 엔탈피는 내부에너지와 변화된 열에너지의 합이다.
$$h = u + Pv = u + RT$$

㉡ 내부에너지가 온도의 함수이므로 엔탈피도 온도의 함수가 된다.

10년간 자주 출제된 문제

5-1. 이상기체의 비열에 대한 설명으로 옳은 것은?
① 정적비열과 정압비열의 절댓값의 차이가 엔탈피이다.
② 비열비는 기체의 종류에 관계없이 일정하다.
③ 정압비열은 정적비열보다 크다.
④ 일반적으로 압력은 비열보다 온도의 변화에 민감하다.

5-2. 압력이 100[kPa]이며 온도가 25[℃]인 방의 크기가 240 [m³]이다. 이 방에 들어 있는 공기의 질량은 약 몇 [kg]인가? (단, 공기는 이상기체로 가정하며, 공기의 기체상수는 0.287 [kJ/kg·K]이다)
① 0.00357
② 0.28
③ 3.57
④ 280

5-3. 온도 150[℃], 압력 0.5[MPa]의 공기 0.2[kg]이 압력이 일정한 과정에서 원래 체적의 2배로 늘어난다. 이 과정에서의 일은 약 몇 [kJ]인가?(단, 공기는 기체상수가 0.287[kJ/kg·K]인 이상기체로 가정한다)
① 12.3[kJ]
② 16.5[kJ]
③ 20.5[kJ]
④ 24.3[kJ]

5-4. 다음 중 이상기체에 대한 관계식으로 옳지 않은 것은?(단, Cv는 정적비열, Cp는 정압비열, u는 내부에너지, T는 온도, V는 부피, h는 엔탈피, R은 기체상수, k는 비열비이다)
① $Cv = \left(\dfrac{\partial u}{\partial T}\right)_V$
② $Cp = \left(\dfrac{\partial h}{\partial T}\right)_V$
③ $Cp - Cv = R$
④ $Cp = \dfrac{kR}{k-1}$

5-5. 산소(O_2) 4[kg], 질소(N_2) 6[kg], 이산화탄소(CO_2) 2[kg]으로 구성된 기체혼합물의 기체상수[kJ/kg·K]는 약 얼마인가?
① 0.328
② 0.294
③ 0.267
④ 0.241

5-6. 비열비가 1.29, 분자량이 44인 이상기체의 정압비열은 약 몇 [kJ/kg·K]인가?(단, 일반기체상수는 8.314[kJ/kmol·K]이다)
① 0.51
② 0.69
③ 0.84
④ 0.91

5-7. 다음 중 기체상수(gas constant, R[kJ/kg·K])의 값이 가장 큰 기체는?
① 산소(O_2)
② 수소(H_2)
③ 일산화탄소(CO)
④ 이산화탄소(CO_2)

|해설|

5-1

①, ③ 이상기체에서 $C_p - C_v = R$
② 비열비는 기체의 성질이다.
④ $Pv = RT$의 관계이므로 정적 상황에서 압력은 비열 또는 온도 변화에 따라 비례하여 변화한다.

5-2

$PV = mRT$이므로
$100[kPa] \times 240[m^3] = m \times 0.287[kJ/kg \cdot K] \times (273.15 + 25)[K]$
$m = \dfrac{100[kN/m^2] \times 240[m^3]}{0.287[kN \cdot m/kg \cdot K] \times (273.15 + 25)[K]} = 280.47[kg]$

| 해설 |

5-3

$PV = mRT$

$P_1 V_1 = mRT_1$

$0.5[\text{MPa}] \times V_1 = 0.2[\text{kg}] \times 0.287[\text{kJ/kg} \cdot \text{K}]$
$\qquad \times (150 + 273.15)[\text{K}]$

$500[\text{kN/m}^2] \times V_1 = 24.289[\text{kJ}] = [\text{kN} \cdot \text{m}]$

$V_1 = 0.04858[\text{m}^3], \quad V_2 = 2V_1 = 0.09716[\text{m}^3]$

$W = PdV = 500[\text{kPa}] \times 0.04858[\text{m}^3] = 24.29[\text{kJ}]$

5-4

$Cp = \left(\dfrac{\partial h}{\partial T}\right)_p$

정적변화

- $dv = 0$ 이므로, $\dfrac{P}{T} = Constant$ 이다.
- $W_t = -\displaystyle\int_1^2 vdp = v(p_1 - p_2) = R(T_1 - T_2)$
- $du = C_v dT = C_v(T_2 - T_1)$
- $dp = C_p dT = C_p(T_2 - T_1) = kC_v(T_2 - T_1) = kdu$
- $dq = du + pdv = du$

5-5

$O_2 = 32[\text{kg/kmol}], \ N_2 = 28[\text{kg/kmol}], \ CO_2 = 44[\text{kg/kmol}]$이므로,

$O_2 = \dfrac{1}{8}[\text{kmol}] = 0.125[\text{kmol}]$,

$N_2 = \dfrac{3}{14}[\text{kmol}] = 0.2142857[\text{kmol}]$,

$CO_2 = \dfrac{1}{22}[\text{kmol}] = 0.0454545[\text{kmol}]$이 혼합된 물질이다.

전체 부피는 0.38474[kmol]이고, 전체 무게는 12[kg]이므로 혼합가스는 12[kg]/0.38474[kmol] = 31.190[kg/kmol]의 몰 무게를 갖고 있다. 일반기체상수는 8.3145[kJ/kmol·K]이며

$R = MR$

$8.3145[\text{kJ/kmol} \cdot \text{K}] = 31.190[\text{kg/kmol}] \times R$

$\therefore R = 0.267[\text{kJ/kg} \cdot \text{K}]$

5-6

일반기체상수는 8.314[kJ/kmol·K]이며, $R = MR$이므로

$8.314[\text{kJ/kmol} \cdot \text{K}] = 44[\text{kg/kmol}] \times R$

$\therefore R = 0.189[\text{kJ/kg} \cdot \text{K}]$

$Cp - Cv = R, \ Cp = \dfrac{kR}{k-1} = \dfrac{1.29 \times 0.189}{1.29 - 1} = 0.8407[\text{kJ/kg} \cdot \text{K}]$

5-7

보일-샤를의 법칙에 의하면

$R = MR = 8.3144[\text{kJ/kmol} \cdot \text{K}]$이고, M은 분자량, 분자량의 단위[g/mol, kg/kmol]이므로 분자량이 작은 기체일수록 기체상수가 커진다.

원소	대략의 분자량 [kg/kmol]	주요 기체 상태	기체 상태의 대략의 분자량
H	1	H_2	2
He	4	He	4
C	12	CO_2	44
N	14	N_2	28
O	16	O_2	32
Ne	20	Ne	20
Ar	40	Ar	40

정답 5-1 ③ 5-2 ④ 5-3 ④ 5-4 ② 5-5 ③ 5-6 ③ 5-7 ②

핵심이론 06 | 열역학 제2법칙

① 열역학 제2법칙
　㉠ 열역학 제1법칙이 에너지 보존 법칙에 관한 내용이라면, 열역학 제2법칙은 열과 일 사이의 에너지 이동의 방향성을 설명하는 법칙이다.
　　• Clausius의 정의 : 자연계에 어떠한 변화를 남기지 않고 열을 저온의 물체로부터 고온의 물체로 이동하는 열펌프를 만드는 것은 불가능하다.
　　• Kelvin-Planck의 정의 : 자연계에 어떠한 변화를 남기지 않고 일정 온도의 어느 열원의 열을 계속 일로 변환시키는 기계를 만드는 것은 불가능하다.
　㉡ 열역학 제2법칙은 어떤 열기관도 100[%] 열효율을 내는 것은 불가능하다는 것을 설명한다.

② 작동기, 작업기(working machine)
　㉠ 효율 : $\eta = \dfrac{Q_1 - Q_2}{Q_1}$
　　(여기서, Q_1 : 공급받은 열량, Q_2 : 방출된 열량)
　㉡ 외부에 대해 한 일 : $W = Q_1 - Q_2$

③ 냉동기, 공기압축기
　㉠ 성능계수 : $\varepsilon_r = \dfrac{Q_2}{W} = \dfrac{Q_2}{Q_1 - Q_2}$
　　(여기서, Q_1 : 방출된 열량, Q_2 : 흡수한 열량)
　㉡ 외부에서 한 일 : $W = Q_1 - Q_2$

④ 열펌프
　㉠ 성능계수 : $\varepsilon_h = \dfrac{Q_1}{W} = \dfrac{Q_1}{Q_1 - Q_2}$
　　(여기서, Q_1 : 방출된 열량, Q_2 : 흡수한 열량)
　㉡ 외부에서 한 일 : $W = Q_1 - Q_2$

⑤ 열교환기
　㉠ 냉동기와 보일러 등의 외부 또는 주변 계와 열을 교환할 목적으로 설치한 장치이다.
　㉡ 각 계의 작동유체는 교환되지 않으며 열의 교환만 발생한다.
　㉢ 두 계의 작동유체 흐름에 따라 평행류, 대향류, 직교류 등으로 구분한다(두 가지 이상의 흐름이 섞이면 병행류이다).

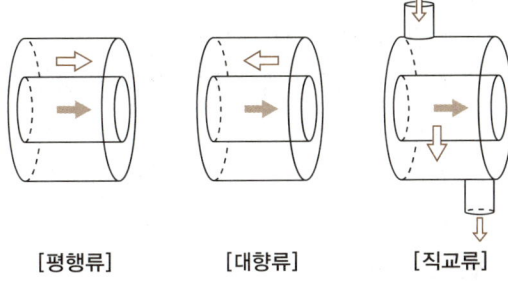

[평행류]　　[대향류]　　[직교류]

10년간 자주 출제된 문제

어떤 카르노 열기관이 100[℃]와 30[℃] 사이에서 작동되며 100[℃]의 고온에서 100[kJ]의 열을 받아 40[kJ]의 유용한 일을 한다면, 이 열기관에 대하여 가장 옳게 설명한 것은?

① 열역학 제1법칙에 위배된다.
② 열역학 제2법칙에 위배된다.
③ 열역학 제1법칙과 제2법칙에 모두 위배되지 않는다.
④ 열역학 제1법칙과 제2법칙에 모두 위배된다.

|해설|

카르노 열기관은 저열원에서 고열원으로 가는 열량과 고열원에서 저열원으로 가는 열량이 같다고 전제하므로 열역학 제2법칙에 위배된다.

정답 ②

핵심이론 07 | 카르노 사이클

① 사이클
- ㉠ 사이클 : 동작물질이 여러 변화를 거쳐 처음 상태로 돌아가는 과정이다.
- ㉡ 가역사이클 : 사이클의 과정을 반대 방향으로도 돌릴 수 있는 과정이다.
- ㉢ 비가역사이클 : 하나의 과정이라도 반대 방향으로 돌릴 수 없는 과정이다.
- ㉣ 카르노 사이클 : 두 열원 사이에서 동작하는 열기관 사이클 중 효율이 가장 좋다.

② 카르노 사이클
- ㉠ 프랑스 과학자 Carnot(1824)가 제안한 사이클이다.
- ㉡ 고온 열원 접촉→단열체 접촉→저온 열원 접촉→단열체 접촉→고온 열원 접촉의 순으로 열을 주고받는 것을 가정하여 고안한 사이클이다.
  - 1단계 : 고온 열원 접촉에서 등온팽창
  - 2단계 : 단열체 접촉에서 단열팽창
  - 3단계 : 저온 열원 접촉에서 등온수축(등온압축)
  - 4단계 : 단열체 접촉에서 단열수축(단열압축)
- ㉢ 카르노 사이클 선도

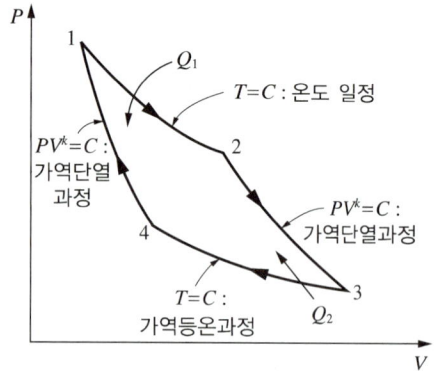

- ㉣ 카르노 사이클의 열효율
  - 1단계 : $Q_1 = mRT_1 \ln \dfrac{V_2}{V_1}$
  - 2, 4단계 : 단열
  - 3단계 : $Q_2 = mRT_2 \ln \dfrac{V_3}{V_4}$

$$\eta_{carnot} = \dfrac{Q_1 - Q_2}{Q_1} = 1 - \dfrac{Q_2}{Q_1}$$

$$= 1 - \dfrac{mRT_2 \ln \dfrac{V_3}{V_4}}{mRT_1 \ln \dfrac{V_2}{V_1}}$$

$$= 1 - \dfrac{T_2}{T_1}$$

(단열과정의 관계에서 $\dfrac{T_2}{T_1} = \left(\dfrac{V_2}{V_3}\right)^{\kappa-1}$,

$\dfrac{T_2}{T_1} = \left(\dfrac{V_1}{V_4}\right)^{\kappa-1}$, $\dfrac{V_2}{V_3} = \dfrac{V_1}{V_4}$, $\dfrac{V_2}{V_1} = \dfrac{V_3}{V_4}$ 이므로)

즉, $\eta_{carnot} = 1 - \dfrac{T_2}{T_1}$, 카르노 사이클의 열효율은 고온 열원, 저온 열원에 의해서 결정된다.

※ 열펌프, 성능계수는 같은 원리로

$$\varepsilon_r = \dfrac{Q_2}{W} = \dfrac{Q_2}{Q_1 - Q_2} = \dfrac{T_2}{T_1 - T_2}$$

(여기서, Q_1 : 방출된 열량, Q_2 : 흡수한 열량)

③ 카르노 사이클의 성질
- ㉠ 두 열원 사이에서 작동하는 모든 카르노 열기관의 효율은 동일하다.
- ㉡ 비가역기관의 효율은 두 열원이 같은 카르노 사이클 기관의 효율보다 높을 수 없다.

연습문제

유형 1. 카르노 이론

01 카르노 사이클에 대한 설명으로 옳은 것은?

① 이상적인 2개의 등온과정과 이상적인 2개의 정압과정으로 이루어진다.

② 이상적인 2개의 정압과정과 이상적인 2개의 단열과정으로 이루어진다.

③ 이상적인 2개의 정압과정과 이상적인 2개의 정적과정으로 이루어진다.

④ 이상적인 2개의 등온과정과 이상적인 2개의 단열과정으로 이루어진다.

해설

카르노 사이클은 다음 그림과 같은 과정으로 이루어진다.

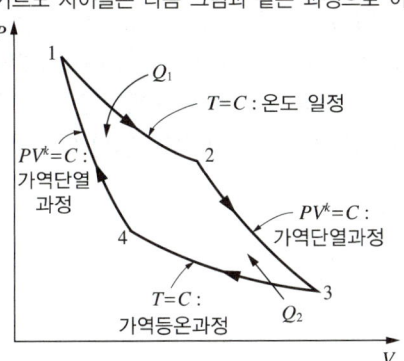

정답 ④

유형 2. 카르노 효율

01 카르노 사이클로 작동되는 열기관이 고온체에서 100[kJ]의 열을 받고 있다. 이 기관의 열효율이 30[%]라면 방출되는 열량은 약 몇 [kJ]인가?

① 30   ② 50
③ 60   ④ 70

해설

$$\eta_{carnot} = \frac{Q_1 - Q_2}{Q_1} = 1 - \frac{Q_2}{Q_1} = 1 - \frac{T_2}{T_1}$$

$$0.3 = \frac{100[\text{kJ}] - Q_2}{100[\text{kJ}]}$$

$$\therefore Q_2 = 70[\text{kJ}]$$

정답 ④

유형 3. 카르노 효율과 상태방정식 병합

01 공기 표준 카르노 열기관 사이클에서 최저 온도는 280[K]이고, 열효율은 60[%]이다. 압축 전 압력과 열을 방출한 후 압력은 100[kPa]이다. 열을 공급하기 전의 온도와 압력은?(단, 공기의 비열비는 1.4이다)

① 700[K], 2,470[kPa]

② 700[K], 2,200[kPa]

③ 600[K], 2,470[kPa]

④ 600[K], 2,200[kPa]

해설

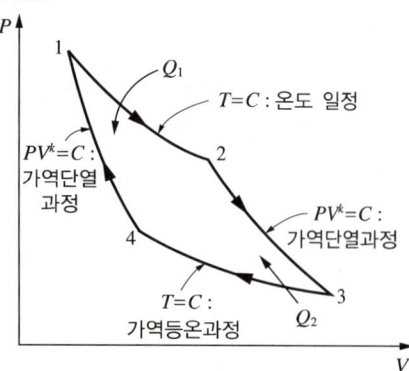

문제에서 $P_3 = P_4 = 100[\text{kPa}]$, $T_3 = T_4 = 280[\text{K}]$이다.
구하고자 하는 것은 P_1, T_1

$\eta_{carnot} = \dfrac{Q_1 - Q_2}{Q_1} = 1 - \dfrac{Q_2}{Q_1} = 1 - \dfrac{T_2}{T_1}$

$\eta_{carnot} = 1 - \dfrac{280}{T_1} = 0.6$, $T_1 = 700 (= T_2)$

$P_1 V_1 = P_2 V_2 = mR(700[\text{K}])$
$P_3 V_3 = P_4 V_4 = mR(280[\text{K}])$
$P_1 V_1^{1.4} = P_4 V_4^{1.4}$, $P_2 V_2^{1.4} = P_3 V_3^{1.4}$

그러나 $P_1 V_1 = mR(700[\text{K}])$, $P_4 V_4 = mR(280[\text{K}])$이므로

$\dfrac{P_1 V_1}{P_4 V_4} = \dfrac{700}{280}$, $\dfrac{V_4}{V_1} = 0.4 \dfrac{P_1}{P_4}$

$\dfrac{P_1}{P_4} = \dfrac{V_4^{1.4}}{V_1^{1.4}} = \left(0.4 \dfrac{P_1}{P_4}\right)^{1.4}$, $\left(\dfrac{P_1}{P_4}\right)^{0.4} = 0.4^{-1.4}$

$P_1 = 0.4^{-\frac{1.4}{0.4}} \times P_4 = 0.4^{-\frac{1.4}{0.4}} \times 100[\text{kPa}] = 2,470[\text{kPa}]$

정답 ①

유형 4. 카르노 냉동기

01 고열원의 온도가 157[℃]이고, 저열원의 온도가 27[℃]인 카르노 냉동기의 성적계수는 약 얼마인가?

① 1.5 ② 1.8
③ 2.3 ④ 3.2

해설

성능계수
$T_1 = 157 + 273.15 = 430.15[\text{K}]$
$T_2 = 27 + 273.15 = 300.15[\text{K}]$

$\varepsilon_r = \dfrac{Q_2}{W} = \dfrac{Q_2}{Q_1 - Q_2} = \dfrac{T_2}{T_1 - T_2}$

$= \dfrac{300.15}{430.15 - 300.15} = 2.309$

(여기서, Q_1 : 방출된 열량, Q_2 : 흡수한 열량)

정답 ③

02 여름철 외기의 온도가 30[℃]일 때 김치냉장고의 내부를 5[℃]로 유지하기 위해 3[kW]의 열을 제거해야 한다. 이때 필요한 최소 동력은 약 몇 [kW]인가?(단, 이 냉장고는 카르노 냉동기이다)

① 0.27 ② 0.54
③ 1.54 ④ 2.73

해설

성능계수
$T_1 = 30 + 273.15 = 303.15[\text{K}]$
$T_2 = 5 + 273.15 = 278.15[\text{K}]$

$\varepsilon_r = \dfrac{Q_2}{W} = \dfrac{Q_2}{Q_1 - Q_2} = \dfrac{T_2}{T_1 - T_2}$

$= \dfrac{278.15}{303.15 - 278.15} = 11.126$

(여기서, Q_1 : 방출된 열량, Q_2 : 흡수한 열량)

$11.126 = \dfrac{Q_2}{W} = \dfrac{3}{W}$

$\therefore W = 0.27[\text{kW}]$

$\varepsilon_r = \dfrac{5 + 273.15}{25} = 11.126$

$11.126 = \dfrac{Q_2}{W}$, $11.126 = \dfrac{3}{W}$, $W = 0.27$

정답 ①

핵심이론 08 | 엔트로피

① 클라우지우스 적분

다음 그림의 동그라미와 같은 가역사이클을 카르노 사이클이 되도록 분할하면 $\dfrac{\delta Q_{12}}{\delta T_{12}} + \dfrac{\delta Q_{22}}{T_{22}} = 0$,

$\dfrac{\delta Q_{13}}{\delta T_{13}} + \dfrac{\delta Q_{23}}{T_{23}} = 0$, … 과 같은 관계가 되고, 모두 합하여 $\sum \dfrac{\delta Q}{T} = 0$이 된다.

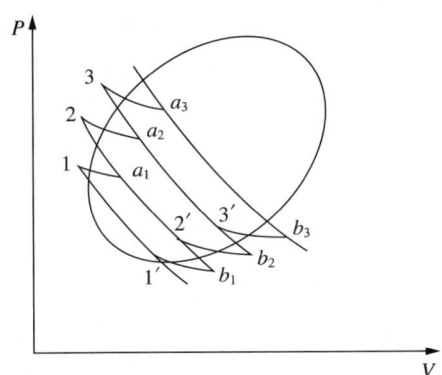

이를 극한으로 쪼개면 처음의 동그라미 사이클과 같아지고, 위의 식은 이 사이클에 대한 적분이 되어 $\oint \dfrac{\delta Q}{T} = 0$과 같이 나타낼 수 있다.

② 클라우지우스 부등식

$S = \oint \dfrac{\delta Q}{T}$ 이고, 엔트로피는 항상 발생한다. 이동 중 에너지는 감소하므로 $\oint \dfrac{\delta Q}{T} \leq 0$와 같이 나타낸다.

③ 엔트로피

㉠ ①의 설명으로 $\oint \dfrac{\delta Q}{T} = 0$이라는 상태량을 찾아 엔트로피라 정의한다.

㉡ 가역과정에서 $\dfrac{\delta Q_1}{T_1}$, $\dfrac{\delta Q_2}{T_2}$는 상태값이고, 경로에 상관없이 $\int_{1 \to a}^{2} \dfrac{\delta Q}{T} = -\int_{2 \to b}^{1} \dfrac{\delta Q}{T} = \int_{1 \to b}^{2} \dfrac{\delta Q}{T}$ 라면 $\dfrac{\delta Q}{T} = ds$이다. 이것을 엔트로피라고 한다.

㉢ 엔트로피 단위는 [kJ/K]이며, 비엔트로피 단위는 [kJ/kg·K]이다.

④ 이상기체의 엔트로피

㉠ 가역 변화에 대한 엔트로피의 식
- $TdS = dU + PdV$ 또는
  $\int_1^2 TdS = U_2 - U_1 + \int_1^2 PdV$
- $TdS = dH - VdP$ 또는
  $\int_1^2 TdS = H_2 - H_1 - \int_1^2 VdP$

㉡ 단위질량 기체에 대해
$Tds = C_v dT + Pdv$
$ds = C_v \dfrac{dT}{T} + \dfrac{P}{T} dv = C_v \dfrac{dT}{T} + R \dfrac{dv}{v}$
$\therefore s = C_v \ln T + R \ln v + s_{01}$
같은 방식으로
$s = C_p \ln T - R \ln P + s_{02}$

㉢ 엔탈피는 온도만의 함수이지만, 엔트로피는 온도만의 함수가 아니다.

⑤ 각 상태별 엔트로피의 변화를 구하는 식

㉠ 정적변화일 때 : $s_2 - s_1 = C_v \ln \dfrac{T_2}{T_1} = C_v \ln \dfrac{P_2}{P_1}$

㉡ 정압변화일 때 : $s_2 - s_1 = C_p \ln \dfrac{T_2}{T_1} = C_p \ln \dfrac{v_2}{v_1}$

㉢ 등온변화일 때 : $s_2 - s_1 = R \ln \dfrac{v_2}{v_1} = R \ln \dfrac{P_2}{P_1}$

㉣ 가역 단열변화일 때 : $s_2 - s_1 = 0$

㉤ 폴리트로픽 변화일 때
$s_2 - s_1 = C_v \ln \dfrac{T_2}{T_1} + R \ln \dfrac{v_2}{v_1}$
$= C_v \dfrac{n-\kappa}{n-1} \ln \dfrac{T_2}{T_1} = C_v \dfrac{n-\kappa}{n} \ln \dfrac{P_2}{P_1}$

10년간 자주 출제된 문제

8-1. 어떤 시스템에서 공기가 초기에 290[K]에서 330[K]로 변화하였고, 이때 압력은 200kPa에서 600kPa로 변화하였다. 이때 단위질량당 엔트로피 변화는 약 몇 [kJ/kg·K]인가?(단, 공기는 정압비열이 1.006[kJ/kg·K]이고, 기체상수가 0.287[kJ/kg·K]인 이상기체로 간주한다)

① 0.445　　② -0.445
③ 0.185　　④ -0.185

8-2. 열기관이 1,100[K]인 고온 열원으로부터 1,000[kJ]의 열을 받아서 온도가 320[K]인 저온 열원에서 600[kJ]의 열을 방출한다고 한다. 이 열기관이 클라우지우스 부등식 $\left(\oint \dfrac{\delta Q}{T} \leq 0\right)$을 만족하는지 여부와 동일 온도범위에서 작동하는 카르노 열기관과 비교하여 효율은 어떠한가?

① 클라우지우스 부등식을 만족하지 않고, 이론적인 카르노 열기관과 효율이 같다.
② 클라우지우스 부등식을 만족하지 않고, 이론적인 카르노 열기관보다 효율이 크다.
③ 클라우지우스 부등식을 만족하고, 이론적인 카르노 열기관과 효율이 같다.
④ 클라우지우스 부등식을 만족하고, 이론적인 카르노 열기관보다 효율이 작다.

8-3. 600[kPa], 300[K] 상태의 이상기체 1[kmol]이 엔탈피가 등온과정을 거쳐 압력이 200[kPa]로 변했다. 이 과정 동안의 엔트로피 변화량은 약 몇 [kJ/K]인가?(단, 일반기체상수 ($\overline{R}$)은 8.31451[kJ/kmol·K]이다)

① 0.782　　② 6.31
③ 9.13　　④ 18.6

8-4. 계의 엔트로피 변화에 대한 열역학적 관계식 중 옳은 것은?(단, T는 온도, S는 엔트로피, U는 내부에너지, V는 체적, P는 압력, H는 엔탈피를 나타낸다)

① $TdS = dU - PdV$
② $TdS = dH - PdV$
③ $TdS = dU - VdP$
④ $TdS = dH - VdP$

8-5. 어떤 사이클이 다음 온도(T)-엔트로피(S) 선도와 같을 때 작동유체에 주어진 열량은 약 몇 [kJ/kg]인가?

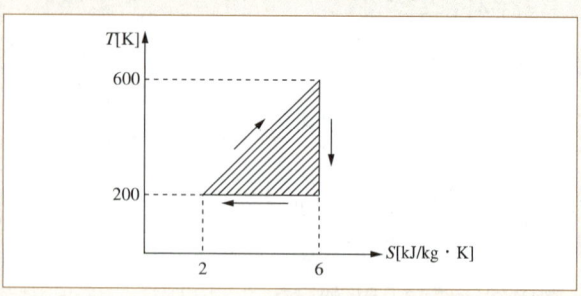

① 4　　② 400
③ 800　　④ 1,600

|해설|

8-1

$s = C_v \ln T + R\ln v + s_{01}$ 또는 $s = C_p \ln T - R\ln P + s_{02}$ 이므로 주어진 조건에 맞게

$s_2 - s_1 = 1.006[\text{kJ/kg·K}] \ln \dfrac{330}{290} - 0.287[\text{kJ/kg·K}] \ln \dfrac{600}{200}$
$= -0.185[\text{kJ/kg·K}]$

8-3

등온과정에서 엔트로피의 변화량은 먼저 등온과정에서 1상태와 2상태 사이에 변화된 열량 Q_{12}를 구한다.

$Q_{12} = W_{12} = \int_1^2 PdV = P_1 V_1 \ln\left(\dfrac{V_2}{V_1}\right) = P_1 V_1 \ln\left(\dfrac{P_1}{P_2}\right)$
$= n\overline{R}T\ln\left(\dfrac{P_1}{P_2}\right)$

$dS = \dfrac{\delta Q}{T} = \dfrac{1[\text{kmol}] \times 8.31451[\text{kJ/kmol·K}] \times T \times \ln\left(\dfrac{600}{200}\right)}{T}$
$= 9.1344[\text{kJ/K}]$

8-4

$\delta Q = dU + PdV = dH - VdP$
엔트로피 정의에 의해
$dS = \dfrac{\delta Q}{T}$
$\delta Q = TdS$
$\therefore TdS = dH - VdP$

8-5

$dS = \dfrac{\delta Q}{T}$, $\delta Q = TdS$, $\oint Q = \int TdS$

사이클의 열량은 $T-S$ 선도의 면적과 같으므로, 삼각형의 면적은 $\dfrac{1}{2} \times 400[\text{K}] \times 4[\text{kJ/kg·K}] = 800[\text{kJ/kg}]$ 이다.

정답 8-1 ④　8-2 ④　8-3 ③　8-4 ④　8-5 ③

핵심이론 09 | 일

① 일은 작용하는 힘의 방향으로 이동한 거리이며, 일을 위해 사용한 에너지와 같다.

② 가역등온과정

$$PV = P_1 V_1 = P_2 V_2$$

따라서

$$W_{12} = \int_1^2 PdV = \int_1^2 \frac{P_1 V_1}{V} dv$$

$$= P_1 V_1 \int_1^2 \frac{dv}{V} = P_1 V_1 \ln\left(\frac{V_2}{V_1}\right)$$

온도의 변화가 없으면 내부에너지의 변화도 없으므로, 들어온 열량은 모두 일로 환원되어 나타낸다.

③ 폴리트로픽 과정

$$W_{12} = \int_1^2 PdV = m\int_1^2 Pdv = mP_1 v_1^n \int_1^2 \frac{dv}{v^n}$$

$$= \frac{mP_1 v_1^n (v_2^{1-n} - v_1^{1-n})}{1-n} = \frac{m(P_2 v_2 - P_1 v_1)}{1-n}$$

$$= \frac{P_2 V_2 - P_1 V_1}{1-n}$$

$$\left(\because P_1 v_1^n = P_2 v_2^n, \ P_2 v_2 = \frac{P_1 v_1^n}{v_2^{n-1}}\right)$$

$$\therefore W_{12} = \frac{P_2 V_2 - P_1 V_1}{1-n} = \frac{mR(T_2 - T_1)}{1-n}$$

$$Pv^\kappa = P_1 v_1^\kappa = P_2 v_2^\kappa$$

$$\left(\frac{P_2}{P_1}\right)^{\frac{\kappa-1}{\kappa}} = \left(\frac{v_2}{v_1}\right)^{1-\kappa} = \frac{T_2}{T_1}$$

10년간 자주 출제된 문제

9-1. 이상기체 1[kg]이 초기에 압력 2[kPa], 부피 0.1[m³]를 차지하고 있다. 가역등온과정에 따라 부피가 0.3[m³]로 변화했을 때 기체가 한 일은 약 몇 [J]인가?

① 9,540
② 2,200
③ 954
④ 220

9-2. 공기가 등온과정을 통해 압력이 200[kPa], 비체적이 0.02 [m³/kg]인 상태에서 압력이 100[kPa]인 상태로 팽창하였다. 공기를 이상기체로 가정할 때 시스템이 이 과정에서 한 단위질량당 일[kJ/kg]은 약 얼마인가?

① 1.4
② 2.0
③ 2.8
④ 5.6

9-3. 체적이 일정하고 단열된 용기 내에 80[℃], 320[kPa]의 헬륨이 2[kg]이 들어 있다. 용기 내에 있는 회전 날개가 20[W]의 동력으로 30분 동안 회전한다고 할 때 용기 내의 최종 온도는 약 몇 [℃]인가?(단, 헬륨의 정적비열은 3.12[kJ/kg·K]이다)

① 81.9[℃]
② 83.3[℃]
③ 84.9[℃]
④ 85.8[℃]

|해설|

9-1

$$W_{12} = \int_1^2 PdV = P_1 V_1 \ln\left(\frac{V_2}{V_1}\right)$$

$$= 2[\text{kPa}] \times 0.1[\text{m}^3] \times \ln\frac{0.3}{0.1} = 0.2197[\text{kJ}] = 219.7[\text{J}]$$

9-2

가역등온과정
$PV = P_1 V_1 = P_2 V_2$
$P_1 = 200[\text{kPa}], \ v_1 = 0.02[\text{m}^3/\text{kg}], \ P_2 = 100[\text{kPa}],$
$v_2 = 0.04[\text{m}^3/\text{kg}]$

$$W_{12} = \int_1^2 PdV = \int_1^2 \frac{P_1 V_1}{V} = P_1 V_1 \int_1^2 \frac{dv}{V} = P_1 V_1 \ln\left(\frac{V_2}{V_1}\right)$$

$$= P_1 V_1 \ln\left(\frac{V_2}{V_1}\right)$$

$$= 200[\text{kPa}] \times 0.02[\text{m}^3/\text{kg}] \times \ln\left(\frac{0.04}{0.02}\right) = 2.77[\text{kJ/kg}]$$

9-3

체적이 일정하고 단열되었으므로 밀폐계이며, 에너지는 보존된다. 용기 내에서 20[W]가 공급된 외에 추가 에너지 공급이 없으므로
$Q_2 = Q_1 + W = mC_v T + Wh$
$= 2[\text{kg}] \times 3.12[\text{kJ/kg} \cdot \text{K}] \times (80+273.15)[\text{K}] + 20[\text{J/s}]$
$\quad \times 1,800[\text{s}]$
$= 2,203.66[\text{kJ}] + 36[\text{kJ}] = 2,239.66[\text{kJ}]$
$2,239.66[\text{kJ}] = 2[\text{kg}] \times 3.12[\text{kJ/kg} \cdot \text{K}] \times T_2$
$T_2 = 358.92[\text{K}] = 358.92 - 273.15 = 85.77[℃]$

정답 9-1 ④ 9-2 ③ 9-3 ④

핵심이론 10 | 오토사이클

① 공기표준 오토(otto)사이클은 가솔린 기관 또는 전기점화 내연기관의 기본이 되는 이론사이클이다.

② 특징

　㉠ 구성 : 2개의 단열과정과 2개의 정적과정으로 이루어져 있다.

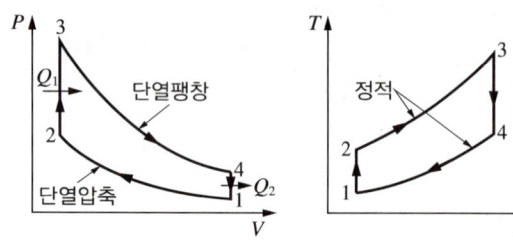

　㉡ 동작유체에 대한 열 공급 및 방출이 일정한 체적 아래에서 이루어진다(정적사이클).

　㉢ 출입 열량

$$Q_1 = mC_v(T_3 - T_2)$$
$$Q_2 = mC_v(T_4 - T_1)$$
$$W = Q_1 - Q_2$$

　㉣ 온도 간의 관계

$$T_2 = T_1\left(\frac{V_1}{V_2}\right)^{\kappa-1} = T_1\varepsilon^{\kappa-1}$$

$$T_3 = T_4\left(\frac{V_4}{V_2}\right)^{\kappa-1} = T_4\left(\frac{V_1}{V_3}\right)^{\kappa-1} = T_4\varepsilon^{\kappa-1}$$

$$\frac{T_4}{T_3} = \frac{T_1}{T_2} = \frac{T_4 - T_1}{T_3 - T_2} = \left(\frac{1}{\varepsilon}\right)^{\kappa-1}$$

$$\left(여기서,\ \varepsilon\left(\frac{V_1}{V_2}\right) : 압축비\right)$$

　㉤ 열효율

$$\eta_{otto} = 1 - \frac{Q_2}{Q_1} = 1 - \frac{T_1}{T_2} = 1 - \left(\frac{1}{\varepsilon}\right)^{\kappa-1}$$
$$= 1 - \varepsilon^{1-\kappa}$$

10년간 자주 출제된 문제

이상적인 오토사이클에서 열효율을 55[%]로 하려면 압축비를 약 얼마로 하면 되는가?(단, 기체의 비열비는 1.4이다)

① 5.9　　② 6.8
③ 7.4　　④ 8.5

|해설|

$$\eta_{otto} = 1 - \frac{Q_2}{Q_1} = 1 - \frac{T_1}{T_2} = 1 - \left(\frac{1}{\varepsilon}\right)^{\kappa-1} = 1 - \varepsilon^{1-\kappa}$$

$$0.55 = 1 - \varepsilon^{1-1.4}$$

$$\therefore \varepsilon = 7.36$$

정답 ③

핵심이론 11 | 브레이턴 사이클

① 브레이턴(brayton) 사이클은 가스터빈의 이상적인 사이클로, 터빈 날개차의 날개에 직접 연소가스를 분출시켜 회전일을 얻는 직접회전식 내연기관에 적용한다.
② 압축과정과 팽창과정 모두 회전기계에서 발생한다.
③ 두 개의 정압과정과 두 개의 단열과정으로 구성된 사이클이다.

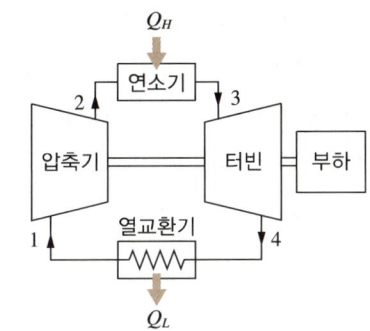

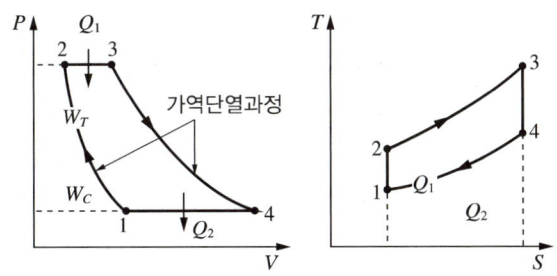

㉠ 정압과정에서는 열의 출입이 일어난다.
$$\delta Q = mC_p \Delta T$$
㉡ 단열과정에서는 일을 주고받는다.
$$W_\Delta = \Delta h = mC_p \Delta T$$
㉢ 최고 온도 : T_3, 최저 온도 : T_1
㉣ 압력비 : $\varepsilon = \dfrac{P_2(P_3)}{P_1(P_4)}$
㉤ $P_1 v_1^\kappa = P_2 v_2^\kappa$, $P_3 v_3^\kappa = P_4 v_4^\kappa$

④ 열효율

㉠ $\eta_{brayton} = \dfrac{w_{out}}{q_{in}} = \dfrac{q_{in} - q_{out}}{q_{in}} = 1 - \dfrac{q_{out}}{q_{in}}$

$= 1 - \dfrac{mC_p \Delta T_{out}}{mC_p \Delta T_{in}} = 1 - \dfrac{(T_4 - T_1)}{(T_3 - T_2)}$

$= 1 - \dfrac{T_1}{T_2} = 1 - \dfrac{T_4}{T_3}$

$\left(\because \dfrac{T_2}{T_1} = \left(\dfrac{P_2}{P_1}\right)^{\frac{\kappa-1}{\kappa}} = \left(\dfrac{P_3}{P_4}\right)^{\frac{\kappa-1}{\kappa}} = \dfrac{T_3}{T_4}\right)$

㉡ $\eta_{brayton} = 1 - \left(\dfrac{1}{\varepsilon}\right)^{\frac{\kappa-1}{\kappa}}$

10년간 자주 출제된 문제

11-1. 어떤 기체 동력장치가 이상적인 브레이턴 사이클로 다음과 같이 작동할 때 이 사이클의 열효율은 약 몇 [%]인가?(단, 온도(T)-엔트로피(S) 선도에서 $T_1 = 30[℃]$, $T_2 = 200[℃]$, $T_3 = 1,060[℃]$, $T_4 = 160[℃]$이다)

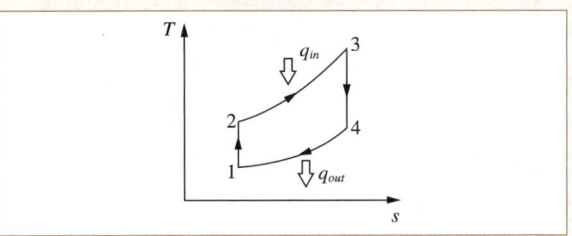

① 81[%] ② 85[%]
③ 89[%] ④ 92[%]

11-2. 다음 그림과 같은 압력(P) - 부피(V) 선도에서 $T_1 = 561[K]$, $T_2 = 1,010[K]$, $T_3 = 690[K]$, $T_4 = 383[K]$인 공기(정압비열 1[kJ/kg·K])를 작동유체로 하는 이상적인 브레이턴 사이클(brayton cycle)의 열효율은?

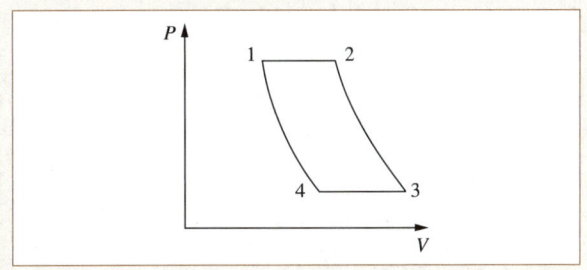

① 0.388 ② 0.444
③ 0.316 ④ 0.412

10년간 자주 출제된 문제

11-3. 시간당 380,000[kg]의 물을 공급하여 수증기를 생산하는 보일러가 있다. 이 보일러에 공급하는 물의 엔탈피는 830[kJ/kg]이고, 생산되는 수증기의 엔탈피는 3,230[kJ/kg]이라고 할 때, 발열량이 32,000[kJ/kg]인 석탄을 시간당 34,000[kg]씩 보일러에 공급한다면 이 보일러의 효율은 약 몇 [%]인가?

① 66.9[%]
② 71.5[%]
③ 77.3[%]
④ 83.8[%]

|해설|

11-1

$$\eta_{brayton} = \frac{w_{out}}{q_{in}} = \frac{q_{in} - q_{out}}{q_{in}} = 1 - \frac{q_{out}}{q_{in}} = 1 - \frac{mC_p \Delta T_{out}}{mC_p \Delta T_{in}}$$
$$= 1 - \frac{mC_p \Delta T_{41}}{mC_p \Delta T_{32}} = 1 - \frac{(160 - 30)}{(1,060 - 200)}$$
$$= 0.8488 \doteqdot 89[\%]$$

11-2

$$\eta_{brayton} = \frac{w_{out}}{q_{in}} = \frac{q_{in} - q_{out}}{q_{in}} = 1 - \frac{q_{out}}{q_{in}} = 1 - \frac{mC_p \Delta T_{out}}{mC_p \Delta T_{in}}$$
$$= 1 - \frac{mC_p \Delta T_{34}}{mC_p \Delta T_{12}} = 1 - \frac{(690 - 383)}{(1,010 - 561)} = 0.3163$$

11-3

$$\eta_{brayton} = \frac{W_{out}}{Q_{in}}$$
$$Q_{in} = 32,000[\text{kJ/kg}] \times 34,000[\text{kg}]$$
$$W_{out} = (3,230 - 830)[\text{kJ/kg}] \times 380,000[\text{kg}]$$
$$\eta_{brayton} = \frac{2,400 \times 380,000}{32,000 \times 34,000} = \frac{57}{68} = 0.8382 \doteqdot 83.8[\%]$$

정답 11-1 ② 11-2 ③ 11-3 ④

핵심이론 12 | 랭킨사이클

① 랭킨사이클(rankine cycle, 증기사이클)
  ㉠ 증기사이클(steam cycle)은 수증기 – 증기 – 냉각수 – 냉각수 열교환을 통해 열을 움직이는 사이클이다.
  ㉡ 증기사이클의 주요 구성요소
    • 보일러(boiler) : 연료를 태우고, 수증기를 가열하여 증기를 생성한다.
    • 스로틀 밸브(throttle valve) : 교축작용을 실시하고, 증기팽창시키며 압력을 낮춘다.
    • 터빈(turbine) : 타 베이스를 통과한 증기가 회전력을 발생시켜 전기를 생산한다.
    • 콘덴서(condenser) : 터빈을 통과한 증기를 냉각수를 이용하여 액화시킨다.
  ㉢ 증기사이클의 작동
    • 보일러에서 연료를 태우고, 수증기를 가열하여 증기를 생성한 후 스로틀 밸브를 통해 압력을 낮추고 터빈을 돌려 전기를 생산한다.
    • 터빈을 통과한 증기는 콘덴서에서 냉각수를 이용하여 액화한다.
    • 콘덴서에서 생성된 냉각수는 보일러에서 사용될 물이나 기타 열원으로 회수되며, 증기사이클은 상대적으로 낮은 온도와 압력에서 작동할 수 있기 때문에 비교적 저비용 연료 사용이 가능하다. 또한, 대규모 전기 생산에 적합한 구조를 가지고 있으며, 신뢰성이 높고 유지·보수가 용이한 구조이다.

② 랭킨사이클의 특징
  ㉠ 수증기를 이용하여 열을 생성하는 발전기에 사용되는 일반적인 사이클이다.
  ㉡ 수증기 열을 이용하여 터빈을 회전시키고, 발전기를 구동시킨다.
  ㉢ 작동유체는 증기에서 액체로의 상변화가 발생한다.

③ 랭킨사이클의 구성

랭킨사이클은 $T-S$ 선도를 통해 그 순환을 살펴볼 수 있다.

㉠ 상태 1→2에서 펌프로 단열압축을 행하며, 이때의 펌프일은 $\dot{W}_{펌프} = \dot{m}(h_2 - h_1)$, $\Delta h = \int_1^2 v\,dP$ 이다.

㉡ 상태 2→4에서 보일러를 통해 열이 들어오며, 그 열량은 $\dot{Q}_{in} = \dot{m}(h_4 - h_2)$이다.

㉢ 상태 4→5에서 터빈을 통해 단열팽창하며, 그 열량은 $\dot{W}_{터빈} = \dot{m}(h_4 - h_5)$이다.

㉣ 상태 2에서 5에 이르는 동안 가열되고 터빈에서 팽창하며 일을 한다. 팽창된 수증기를 냉각압축시켜서 순환시킨다.

④ 랭킨사이클의 효율

$$\eta_{rankine} = \frac{W_t}{Q_{in}}$$

$$W_t = \dot{W}_{터빈} - \dot{W}_{펌프}$$

랭킨사이클의 효율을 높이기 위해서는

㉠ 압축펌프에서 소비되는 일이 가능한 한 적어야 한다.

㉡ 터빈에서의 출력이 가능한 한 많아야 한다.

㉢ 공급되는 일의 양이 가능한 한 적어야 한다.

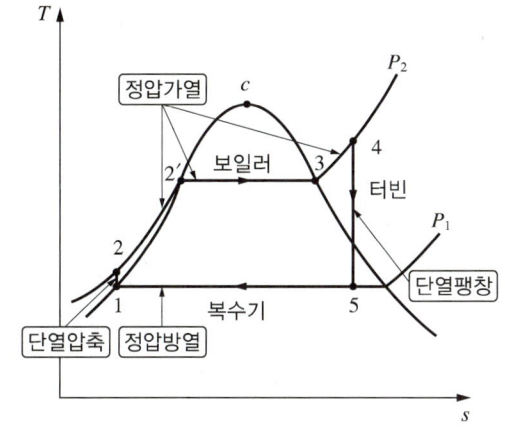

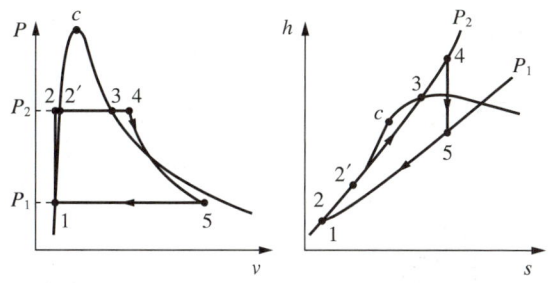

10년간 자주 출제된 문제

12-1. 다음 그림과 같은 랭킨사이클로 작동하는 터빈에서 발생하는 일은 약 몇 [kJ/kg]인가?(단, h는 엔탈피, s는 엔트로피를 나타내며, $h_1 = 191.8$[kJ/kg], $h_2 = 193.8$[kJ/kg], $h_3 = 2,799.5$[kJ/kg], $h_4 = 2,007.5$[kJ/kg]이다)

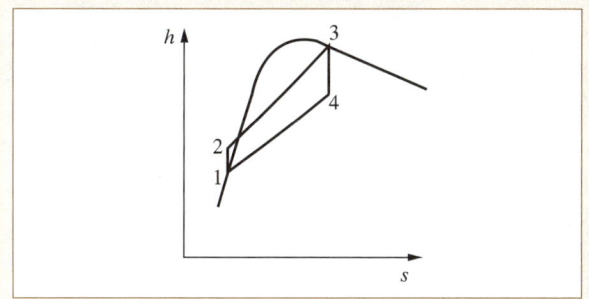

① 2.0[kJ/kg]
② 792.0[kJ/kg]
③ 2,605.7[kJ/kg]
④ 1,815.7[kJ/kg]

12-2. 랭킨사이클로 작동되는 증기 동력 발전소에서 20[MPa]의 압력으로 물이 보일러에 공급되고, 응축기 출구에서 온도는 20[℃], 압력은 2.339[kPa]이다. 이때 급수펌프에서 수행하는 단위질량당 일은 약 몇 [kJ/kg]인가?(단, 20℃에서 포화액 비체적은 0.001002[m³/kg], 포화증기 비체적은 57.79[m³/kg]이며, 급수펌프에서는 등엔트로피 과정으로 변화한다고 가정한다)

① 0.4681
② 20.04
③ 27.14
④ 1,020.6

|해설|

12-1

일이 발생하는 구간은 팽창을 통해 터빈을 돌리는 3-4구간이므로 모든 열에너지를 포괄하는 상태 3의 열에너지와 4의 열에너지 차만큼 터빈을 돌렸다고 간주한다.

$\therefore W_{turbine} = h_3 - h_4 = (2,799.5 - 2,007.5)$[kJ/kg]
$= 792$[kJ/kg]

| 해설 |

12-2
상태 1→2에서 펌프로 단열압축을 행하는 조건이 제시되었으며, 이때의 펌프일은 $\dot{W}_{펌프} = \dot{m}(h_2 - h_1)$, $w_{펌프} = \Delta h = \int_1^2 vdP$이다.

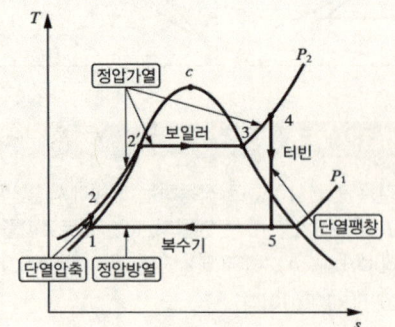

$\Delta h = \int_1^2 vdP$ 에서 사용하는 비체적은 아직 수증기로 변하지 않았으므로 포화액의 체적을 사용한다.

$\dot{w}_{펌프} = \Delta h = \int_1^2 vdP$
$= 0.001002[m^3/kg] \times (20[MPa] - 2.339[kPa])$
$= 0.001002[m^3/kg] \times (20,000 - 2.339)[kN/m^2]$
$= 20.037[kJ/kg]$

정답 12-1 ② 12-2 ②

핵심이론 13 | 증기압축 냉동사이클(냉매사이클)

① 냉매사이클

㉠ 냉매사이클(refrigeration cycle)은 열 엔진의 역 과정을 이용하여 열을 흡수하고 추출하여 냉장 및 냉동기능을 수행하는 열 기계이다. 일반적으로 냉장고, 에어컨, 냉동고 등에 사용된다.

㉡ 냉매사이클의 주요 구성요소
- 압축기(compressor) : 냉매를 압축하여 높은 압력과 온도로 변환시킨다.
- 동결기(evaporator) : 압축기에서 압축된 냉매가 흡수하는 열을 흡수한다.
- 증발기(condenser) : 냉매를 압축기에서 내보낸 후 열을 방출하여 냉매의 온도와 압력을 낮춘다.
- 팽창기(expansion valve) : 냉매의 압력을 낮추어 액상 상태로 복귀시킨다.

㉢ 냉매사이클의 순환 : 냉매가 순환하며, 증발기에서 열을 흡수하고 응축기에서 열을 발산한다. 이 순환사이클을 이용해 냉각작업을 한다. 이를 위해 다음과 같은 단계로 이루어진다.

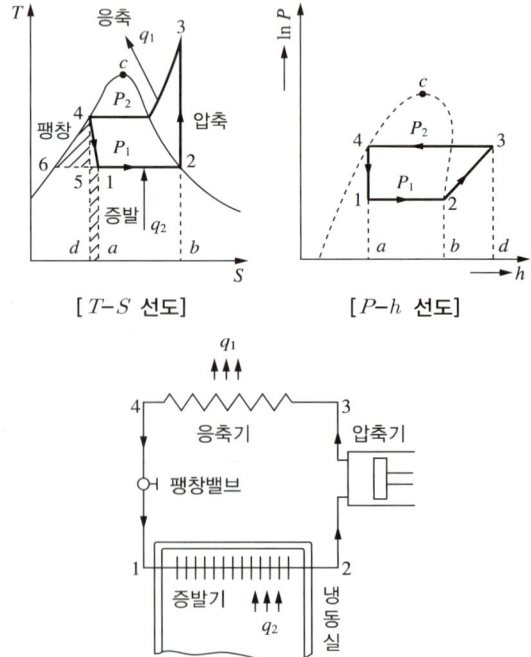

- 압축(compression) : 냉매가스를 압축하는 과정으로 외부일을 입력하는 과정이다. 압축과정을 통해 온도와 압력이 상승하여 응축이 잘될 수 있도록 한다. 2→3에 해당하며 엔트로피가 일정한 구간이다.
- 응축(condensation) : 압축된 냉매가스는 응축기(condenser)로 이동하여 냉각된다. 콘덴서에서는 냉매가스가 냉각매체(공기 또는 물)와 접촉하여 냉각된다. 등압과정으로 3→4구간에 해당한다.
- 팽창(expansion) : 압축된 액체 냉매는 팽창기에서 팽창하며, 가스의 압력과 온도가 감소한다. 증발기에서 쉽게 증발할 수 있도록 준비한다. 4→5구간에 해당하며, 전체 에너지(엔탈피)가 일정한 구간이다.
- 증발(evaporation) : 팽창된 냉매가스는 열을 흡수하며 증발하는데, 냉매가스의 온도와 압력을 일정하게 유지한다.

② 압축기에서 냉매가 압축되면 온도와 압력이 상승하며 냉매가 동결기를 통과하면서 열을 흡수하고, 상태가 액체에서 기체로 변화한다. 증발기에서 냉매가 열을 방출하면서 압력이 낮아지고, 기체 상태에서 액체 상태로 변화한다. 팽창기에서 냉매의 압력이 낮아지면서 냉매는 액체 상태로 돌아가고, 압력과 온도가 저하된다. 위의 과정을 반복하여 냉매가 계속 동결기를 통과하며 열을 흡수하고, 증발기에서 열을 방출하며 냉장 또는 냉동을 수행한다. 즉, 냉매 증발 시 열이 필요한 증발잠열을 이용하여 주변의 열을 흡수하는 원리로, 냉동·냉각작업을 실시한다.

⑫ 냉매란 냉동사이클에서 사용되는 작동유체이며 열을 운반해 주는 매체이므로 열을 저장·흡수·방출할 수 있어야 한다. 공기조화 및 냉동기기에 사용하므로 무독성과 낮은 폭발성, 화학적 안정성, 낮은 사용 비용 등의 조건이 필요하다.

⑭ R-12(CCl_2F_2)의 성분명은 다이플루오린 메틸렌 클로라이드이며 프레온 12라고도 하는 냉매이다. 저가에 무독성이며 효율이 좋아 많이 사용되었는데 오존층 파괴물질인 CFC(Chloro-Fluoro-Carbon, 염화플루오린화탄소)계로 분류되어 국제적으로 사용이 제한되고 있다. CFC계 냉매로는 R11, R12, R113, R114 등이 있다.

② 냉동능력
  ㉠ 냉동능력 : 냉동기가 단위시간당 증발기에서 흡입하는 열량이다.
  ㉡ 냉동톤 : 0[℃] 물 1[ton]을 하루 동안 0[℃] 얼음으로 만드는 데 필요한 열량이다.
  - RT(냉동톤) : 1[RT]=1,000[kg] × 79.68[kcal/kg] /24[hr] = 3,320[kcal/h]
  - USRT(미국 냉동톤) : 1[USRT] = 0.9108[RT]

③ 성능계수(η)
  ㉠ 증기압축 냉동사이클의 성능계수
  $$\eta = \frac{Q_{in}}{W_{out}}$$
  (여기서, $W_{out} = h_3 - h_2$, $Q_{in} = h_2 - h_1$)
  ㉡ 냉매를 액상으로 돌리는 W_{out}에 비해 얼마나 열을 뺏어올 수 있는지, 즉 Q_{in}이 일에 비해 얼마나 큰지를 나타내어 냉동사이클에서는 이를 성능으로 본다.

10년간 자주 출제된 문제

다음 그림과 같이 작동하는 냉동사이클(압력(P) – 엔탈피(h) 선도)에서 $h_1 = h_4 = 98[kJ/kg]$, $h_2 = 246[kJ/kg]$, $h_3 = 298[kJ/kg]$일 때 이 냉동 사이클의 성능계수(COP)는 약 얼마인가?

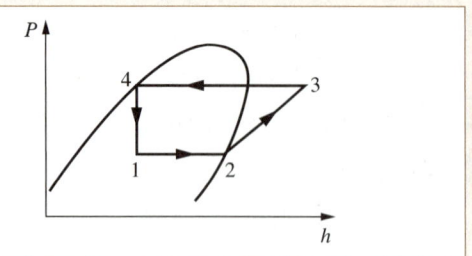

① 4.95　　　② 3.85
③ 2.85　　　④ 1.95

|해설|

증기압축 냉동사이클의 성능계수
$$\eta = \frac{Q_{in}}{W_{out}} = \frac{h_2 - h_1}{h_3 - h_2} = \frac{246 - 98}{298 - 246} = 2.8462$$

정답 ③

핵심이론 14 | 디젤사이클

① 디젤사이클은 저속 디젤기관의 기본사이클이다.
② 압축과정 중 압축열을 이용하여 자연발화 연소하는 형태로, 폭발력 조절을 위해 연소 시 정압연소를 하므로 정압 사이클이라고도 한다.
③ 두 개의 단열과정과 한 개의 정압과정, 한 개의 정적과정으로 구성된 사이클이다.

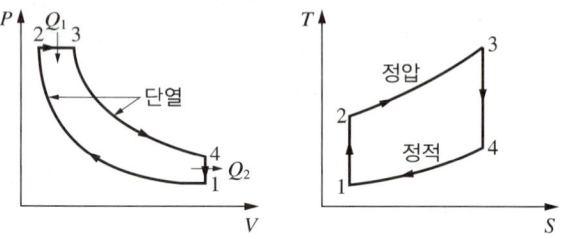

㉠ 정압과정(2→3)에서는 급열이 일어난다.
$$Q_1 = mC_p\Delta T$$

㉡ 정적과정(4→1)에서는 방열이 일어난다.
$$Q_2 = mC_v\Delta T$$

㉢ 유효일 : $W = mC_v[\kappa(T_3 - T_2) - (T_4 - T_1)]$

㉣ 압축비 : $\varepsilon = \dfrac{V_1(V_4)}{V_2}$

㉤ 단절비(cut-off ratio) : $\xi = \dfrac{V_3}{V_2} = \dfrac{T_3}{T_2}$

㉥ $T_2 = T_1 \varepsilon^{\kappa-1}$

$$T_3 = T_4\left(\frac{V_4}{V_3}\right)^{\kappa-1} = T_4\left(\frac{V_1}{V_2}\frac{V_2}{V_3}\right)^{\kappa-1}$$
$$= T_4\left(\frac{\epsilon}{\xi}\right)^{\kappa-1}$$

㉦ $\eta_{thd} = \dfrac{q_{in} - q_{out}}{q_{in}} = 1 - \dfrac{C_v \Delta T_{out}}{\kappa C_v \Delta T_{in}}$
$$= 1 - \frac{T_4 - T_1}{\kappa(T_3 - T_2)}$$
$$= 1 - \left(\frac{1}{\varepsilon}\right)^{\kappa-1}\left[\frac{\xi^\kappa - 1}{\kappa(\xi - 1)}\right]$$

④ 사바테 사이클(sabathe cycle)
  ㉠ 1개의 정압과정, 2개의 정적과정, 2개의 단열과정으로 구성된다.

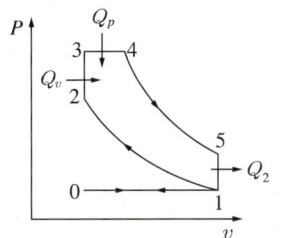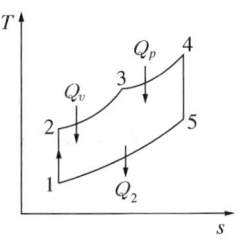

  ㉡ 정적과정(2→3)과 정압과정(3→4)에서 급열이 일어난다.
  ㉢ 정적과정(5→1)을 통해서 일을 한다.
  ㉣ 고속 디젤사이클을 구현하는 이상적인 사이클이다. 오토사이클과 디젤사이클을 혼합한 사이클로 효율이나 압축비가 오토사이클과 디젤사이클의 중간 정도이다. 고속 디젤은 압축착화 전 정적 상태에서 미리 연소의 필요성이 있어 사용한다.
  ㉤ 압축비 : V_1에서 V_2까지 압축된 비, $\varepsilon = \dfrac{V_1}{V_2}$
  ㉥ 폭발비 : 정적연소 전후의 압력비, $\rho = \dfrac{P_3}{P_2}$
  ㉦ 연료 단절비 : 정적연소 후 단열과정까지의 팽창비, $\sigma = \dfrac{V_4}{V_3}$
  ㉧ 효율은 흡열량과 방열량을 각각 계산하여 구한다. 압축비(ε), 폭발비(ρ), 단절비(σ), 비열비(κ)를 이용하여서도 표현 가능하다.
  $$\eta_s = \left[1 - \left(\dfrac{1}{\varepsilon}\right)^{\kappa-1}\right] \times \left[\dfrac{\rho \cdot \sigma^\kappa - 1}{(\rho-1) + \kappa\rho(\sigma-1)}\right]$$

10년간 자주 출제된 문제

14-1. 공기 표준사이클로 작동되는 디젤사이클의 이론적인 열효율은 약 몇 [%]인가?(단, 비열비는 1.4, 압축비는 16이며, 체절비(cut-off ratio)는 1.8이다)

① 50.1　　② 53.2
③ 58.6　　④ 62.4

14-2. 사바테 사이클 연소방식에 대한 설명으로 옳은 것은?

① 정적연소 후 정압연소
② 정압연소 후 정적연소
③ 정적연소 후 단열과정 이후 정압연소
④ 정압연소 후 단열과정 이후 정적연소

|해설|

14-1
$$\eta_{thd} = \dfrac{q_{in} - q_{out}}{q_{in}} = 1 - \dfrac{C_v \Delta T_{out}}{\kappa C_v \Delta T_{in}}$$
$$= 1 - \dfrac{T_4 - T_1}{\kappa(T_3 - T_2)} = 1 - \left(\dfrac{1}{\varepsilon}\right)^{\kappa-1}\left[\dfrac{\xi^\kappa - 1}{\kappa(\xi-1)}\right]$$
$$= 1 - \left(\dfrac{1}{16}\right)^{1.4-1} \times \left[\dfrac{1.8^{1.4} - 1}{1.4(1.8-1)}\right]$$
$$= 0.6238 = 62.4[\%]$$

14-2
사바테 사이클은 고속 디젤사이클로 압축폭발 이전에 빠른 연소를 위해 정적연소를 미리 시행하는 사이클이다.

정답 14-1 ④　14-2 ①

핵심이론 15 | 공기와 유체의 압력

① 대기의 압력
  ㉠ 대기압
    - 대기압을 1기압으로 나타내면, 1[atm] = 760[mmHg] = 10.33[mAq] = 1.03323[kgf/cm²] = 1.013[bar] = 1,013[hPa]
    - 대기압을 공학기압으로 나타내면, 1[at] = 735.5[mmHg] = 10.00[mAq] = 0.98[bar] = 1[kgf/cm²]
  ㉡ 게이지압 : 게이지(gage), 즉 계기에 나타나는 압력이다.
  ㉢ 절대압 : 게이지압은 계기 내 외부에 대기압이 존재하므로 절대압(완전 진공(0)으로부터의 압력)은 게이지압+대기압이다.

② 유압의 계산

$$\text{유체에 작용하는 압력(유압)} = \frac{\text{작용력}}{\text{작용하는 단면적}}$$

  예 실린더의 경우 실린더 안쪽 단면적 $\frac{\pi}{4} \times d^2$, 작용력을 F라고 하면 유체에 작용하는 압력 P는 $P = \frac{4F}{\pi d^2}$ 이다.

10년간 자주 출제된 문제

피스톤-실린더에 기체가 존재하며 피스톤의 단면적은 5[cm²]이고, 피스톤에 외부에서 500[N]의 힘이 가해진다. 이때 주변 대기압력이 0.099[MPa]이면 실린더 내부기체의 절대압력[MPa]은 약 얼마인가?

① 0.901
② 1.099
③ 1.135
④ 1.275

|해설|

계기압은 계기 내 외부에 대기압이 존재하므로 절대압(완전 진공(0)부터의 압력)은 절대압 = 계기압 + 대기압이다.

피스톤 내부에 작용하는 압력 $= \frac{\text{작용력}}{\text{작용하는 단면적}}$
$= \frac{500[N]}{500[mm^2]} = 1[MPa]$

절대압 = 내부압 + 대기압 = 1[MPa] + 0.099[MPa]
= 1.099[MPa]

정답 ②

핵심이론 16 | Van der Waals의 상태 방정식

① 이상기체는 분자 간 인력과 척력은 무시하고, 분자의 크기를 질점으로 간주하여 가정한 가상의 기체이므로 이를 위한 이상기체의 상태 방정식은 실제기체에 그대로 적용하기 어렵다.

② Van der Waals의 상태 방정식

$$\left(P + \frac{a}{v^2}\right)(v - b) = RT$$

(여기서, P : 압력, v : 비체적, R : 기체상수, T : 온도, $\frac{a}{v^2}$: 분자 간 인력으로 인해 용기 벽에 작용하는 압력 감소, b : 분자 자신의 크기에 따른 배제체적)

10년간 자주 출제된 문제

Van der Waals의 상태 방정식은 다음과 같이 나타낸다. 이 식에서 $\frac{a}{v^2}$, b가 각각 의미하는 것은?(단, P : 압력, v : 비체적, R : 기체상수, T : 온도)

$$\left(P + \frac{a}{v^2}\right) \times (v - b) = RT$$

① 분자 간의 작용인력, 분자 내부에너지
② 분가 간의 작용인력, 기체 분자들이 차지하는 체적
③ 분자 자체의 질량, 분자 내부에너지
④ 분자 자체의 질량, 기체 분자들이 차지하는 체적

|해설|

$Pv = RT$식은 분자를 크기가 없는 질점으로 생각한 가상적인 기체방정식이다. 실제기체는 크기도 있고 분자 간 인력도 작용하므로 이를 실제와 가깝게 해석하기 위해 P항에 분자 간의 인력 때문에 용기의 벽에 작용하는 압력의 감소를 나타내는 $\left(\frac{a}{v^2}\right)$을 삽입한다. 기체 한 분자가 용기 벽에 충돌할 때 다른 분자에 의해 뒤쪽으로 끌리는 강도는 뒤쪽에 있는 분자 수에 의해 증가하며 분자 간의 거리에 반비례하여 감소한다. 또한, 부피는 기체 분자 자신의 체적을 빼야 하므로 적당한 상수 b를 취하여 제거한다.

정답 ②

핵심이론 17 | 유동유체의 에너지

① 유동하는 유체는 밀폐계와는 다르게 개방계에서 관찰하므로 임의의 단위체적을 사용하며 이를 검사체적이라 한다.
② 검사체적에 유입하는 유체와 유출되는 유체를 비교하면 검사체적 내의 일과 에너지의 변화를 알 수 있다.
③ 유체에 작용하는 총에너지
  ㉠ 밀폐계의 질량당 총에너지
  $$e = u + k.e + p.e = u + \frac{v^2}{2} + gz \,[\text{J/kg}]$$
  ㉡ 유동계의 질량당 총에너지
  $$\dot{e} = Pv + u + k.e + p.e = h + \frac{v^2}{2} + gz \,[\text{J/kg}]$$
  (여기서, Pv : 유동에너지)

※ $k.e$와 에너지 단위의 환산
1[J] = 1[N·m] = 1[kg·m/s²·m]
     = 1[kg·m²/s²]
∴ 1[J/kg] = 1[kg·m²/s²/kg] = [1m²/s²]

10년간 자주 출제된 문제

수평으로 놓인 노즐에서 증기가 흐르고 있다. 입구에서의 엔탈피는 3,106[kJ/kg]이고, 입구속도는 13[m/s], 출구속도는 300[m/s]일 때 출구에서의 증기엔탈피는 약 몇 [kJ/kg]인가?(단, 노즐에서의 열교환 및 외부로의 일량은 무시할 수 있을 정도로 작다고 가정한다)

① 3,146
② 3,208
③ 2,963
④ 3,061

|해설|

$\dot{e} = Pv + u + k.e + p.e = h + \frac{v^2}{2} + gz \,[\text{J/kg}]$

(여기서, Pv : 유동에너지)

$h_2 + \frac{v_2^2}{2} + gz_2 = h_1 + \frac{v_1^2}{2} + gz_1$, $h_2 + \frac{v_2^2}{2} = h_1 + \frac{v_1^2}{2}$ (∵ 수평)

$h_2 - h_1 = \frac{1}{2}(v_1^2 - v_2^2)$

$h_2 = \frac{1}{2}(v_1^2 - v_2^2) + h_1 = \frac{1}{2}(13^2 - 300^2) + 3,106,000$
   $= 3,061,084.5 \,[\text{J/kg}] = 3,061 \,[\text{kJ/kg}]$

정답 ④

핵심이론 18 | 열전도

① 열전도
열로 나타내는 물체의 에너지가 인근에 접한 조직에 에너지를 전달하며, 열 형태의 에너지가 전달되는 현상이다. 미시적으로는 분자의 운동에 의해 이웃 원자에 진동이 전달되는 형태로 전달되거나 전자가 이웃한 원자 사이를 이동하며 에너지를 전달한다.

② 푸리에의 법칙
두 물체 사이에 단위시간에 전도되는 열량은 두 물체의 온도 차와 접촉된 단면적에 비례하고, 거리에 반비례한다. 단위시간을 Δt, 전도되는 열량을 ΔQ, 두 물체의 온도차를 ΔT, 접촉된 단면적을 A, 거리를 Δx라 하면
$$\frac{\Delta Q}{\Delta t} = -kA \frac{\Delta T}{\Delta x}$$

③ 열전도율
열은 전달 매개물질에 따라 전달되는 정도가 달라지는데, 이는 물질의 고유한 성질이며 단위길이에 단위온도를 전달할 때 필요한 에너지 형태로 나타낸다.
예 석고의 열전도율은 0.79[W/m·K]이다.

10년간 자주 출제된 문제

두께 1[cm], 면적 0.5[m²]의 석고판의 뒤에 가열판이 부착되어 1,000[W]의 열을 전달한다. 가열판의 뒤는 완전히 단열되어 열은 앞면으로만 전달된다. 석고판 앞면의 온도는 100[℃]이고, 석고의 열전도율은 0.79[W/m·K]일 때 가열판에 접하는 석고면의 온도는 약 몇 [℃]인가?

① 110
② 125
③ 140
④ 155

|해설|

$\frac{\Delta Q}{\Delta t} = -kA \frac{\Delta T}{\Delta x}$

$1,000 \,[\text{W}(=\text{J/s})] = -0.79 \,[\text{W/m·K}] \times 0.5 \,[\text{m}^2] \times \frac{\Delta T}{1 \,[\text{cm}]}$

$\Delta T = \frac{1,000}{-0.79 \times 50} \,[\text{K}] = -25.32 \,[\text{K}]$

가열판 쪽이 25.32[K] 높으므로 125.32[℃]

정답 ②

CHAPTER 04 열·유체 해석

핵심이론 19 | 유체의 기본 성질

① 유체의 정의
  ㉠ 아무리 작은 전단력이 작용해도 전단이 일어나는 상태의 물질이다.
  ㉡ 전단력이 소멸되지 않는 한 지속적으로 변형을 유발한다.
  ㉢ 일반적으로 물질의 액체 상태와 기체 상태를 유체라고 한다.

② 질량(mass)
  ㉠ 유체의 질량은 물질의 고유 성질이며, 어떤 질량체도 질량을 만들거나 소멸할 수 없다.
  ㉡ 질량 보존의 법칙 : 밀폐계의 질량은 물리반응, 화학반응 등 상태변화와 무관하게 일정한 값을 유지한다는 법칙이다. 온도, 압력 등에 따라 상태변화가 많은 유체의 성질을 파악할 때 질량 보존의 법칙이 유용하게 활용된다.
  ㉢ 연속의 법칙 : 흐르는 유체의 검사체적에 적용되는 질량 보존의 법칙에 해당한다. 어느 관 속에 일정 시간 동안 흐르는 유량은 일정하다.
  $$\rho Q = \rho A V = C$$
  (여기서, Q : 유량, ρ : 밀도, A : 단면적, V : 유속)

③ 밀도
  ㉠ 단위체적당 유체의 질량이다.
  ㉡ 압력과 온도의 함수이며, ρ로 나타낸다.
  ㉢ 일반적으로 유체의 밀도는 온도가 증가할수록 낮아지고, 압력이 증가할수록 커진다.
    ㉮ 순수한 물의 밀도는 4[℃], 1기압 기준에서 1,000 [kg/m³]이다(1[L] = 1[kg]).

④ 비중량
  ㉠ 단위체적당 유체의 중량이다.
  ㉡ 지구상 지표면에서 유체에 작용하는 힘, 밀도에 지구중력을 작용한 무게이다.
  ㉢ 기본적으로 물리적인 성질이 밀도와 같다.
  $$\gamma = \rho g$$
  (여기서, γ : 비중량, ρ : 밀도, g : 중력 가속도)

⑤ 비중(S)
  ㉠ 상온 15[℃] 기준 순수한 물의 밀도와 비교한 물질의 밀도 비이다.
  ㉡ 비중은 비중량끼리 비교하거나 밀도끼리 비교해도 같은 값을 갖는다.
  $$S = \frac{W_{물질}}{W_{물}} = \frac{\gamma_{물질} V}{\gamma_{물} V} = \frac{\rho_{물질} g}{\rho_{물} g} = \frac{\rho_{물질}}{\rho_{물}}$$
  ㉢ 1기압 15[℃] 기준으로 S는 다음과 같다.
  - 바닷물 : 1.02~1.05
  - 원유 : 0.7~1.0
  - 에탄올 : 0.794
  - 수은 : 13.56

10년간 자주 출제된 문제

체적이 30[m³]인 어느 기름의 무게가 247[kN]이었다면 비중은 얼마인가(단, 물의 밀도는 1,000[kg/m³]이다)

① 0.80 ② 0.82
③ 0.84 ④ 0.86

|해설|

무게와 체적을 알고 있으므로 비중량을 구하면
$$\gamma = \frac{W}{V} = \frac{247,000[N]}{30[m^3]} = 8,233[N/m^3]$$
$$S = \frac{\gamma}{\gamma_{물}} = \frac{8,233[N/m^3]}{9,806[N/m^3]} = 0.8396$$

정답 ③

핵심이론 20 | 압력

① 압력(p)
  ㉠ 유체역학에서 압력은 가장 중요한 힘의 성분이다.
  ㉡ 단위면적당 작용하는 수직 방향의 힘이다.
  ㉢ 정지된 단위유체의 무게가 바닥면을 누르는 힘이다.

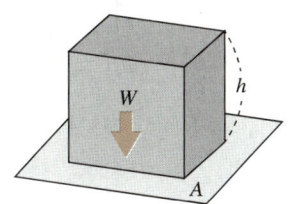

$$P = W = \gamma A h$$

(여기서, P : 전압력, γ : 유체의 비중량, A : 바닥면의 면적, h : 유체 기둥의 높이)

  ㉣ 전압력 P를 단위면적당의 압력으로 바꾸면
  $$p = P/A = \gamma A h / A = \gamma h$$
  (여기서, p : 압력, h : 유체 기둥의 높이)

② 유체에 미치는 압력은 그 깊이에 해당하며, 이를 높이의 단위를 적용하여 수두로 나타낸 것이 압력수두이다.

$$압력수두 = \frac{p}{\gamma}$$

③ 물속에 잠긴 물체의 압력
다음 그림처럼 물속에 잠긴 유체에 작용하는 압력 p는 다음과 같다.

$$p = \gamma h$$

(여기서, γ : 물의 비중, h : 잠긴 깊이)

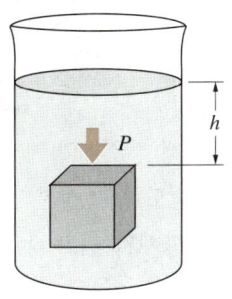

④ 흐름에 따른 압력의 구분
정지해 있는 유체의 압력을 정압이라 하고, 흐르거나 움직이는 유체의 압력을 동압이라고 한다.

10년간 자주 출제된 문제

20-1. 공기가 게이지압력을 2.06[bar]의 상태로 지름이 0.15[m]인 관 속을 흐르고 있다. 이때 대기압은 1.03[bar]이고, 공기 유속이 4[m/s]라면 질량유량(mass flow rate)은 약 몇 [kg/s]인가?(단, 공기의 온도는 37[℃]이고, 기체상수는 287.1[J/kg·K]이다)

① 0.245　② 2.17
③ 0.026　④ 32.4

20-2. 개방된 탱크 내에 비중이 0.8인 오일이 가득 차 있다. 대기압이 101[kPa]라면, 오일탱크 수면으로부터 3[m] 깊이에서 절대압력은 약 몇 [kPa]인가?

① 208　② 249
③ 174　④ 125

|해설|

20-1
절대압력 = 게이지압력 + 대기압
3.09[bar] = 3.09×10^5[Pa]

유량(Q) $= AV = \dfrac{\pi D^2}{4} V = \dfrac{\pi (0.15[m])^2}{4} \times 4[m/s]$
$= 0.070686 [m^3/s]$

질량유량 $\dot{m} = \rho Q$의 조건에서 ρ를 구하면
$Pv = RT$, $P = \rho RT$
$3.09 \times 10^5 [N/m^2] = \rho \times 287.1[J/kg \cdot K] \times 310.15[K]$
$\rho = 3.4702 [kg/m^3]$
$\dot{m} = 3.4702[kg/m^3] \times 0.070686[m^3/s] = 0.2453[kg/s]$

20-2
절대압력 = 게이지압력 + 대기압이므로, 탱크 내 3[m] 깊이의 게이지압력은
$p_{gage} = \gamma_{oil} h = S_{oil} \rho_{물} g h$
$= 0.8 \times 1,000[kg/m^3] \times 9.806[m/s^2] \times 3[m]$
$= 23,534.4[N/m^2] = 23.5[kPa]$
$p = p_{atm} + p_{gage} = 101[kPa] + 23.5[kPa] = 124.5[kPa]$

정답 20-1 ①　20-2 ④

핵심이론 21 | 뉴턴유체

① 점성계수

유체의 점성을 결정짓는 고유 성질로, 힘 F에 의한 면적 A의 평판에 작용하는 전단응력은 속도 u에 비례하고 깊이 y에 반비례하는 관계이다.

$$F/A \propto \frac{du}{dy}$$

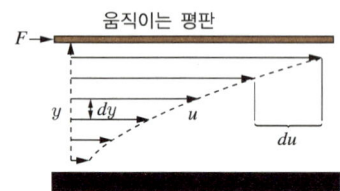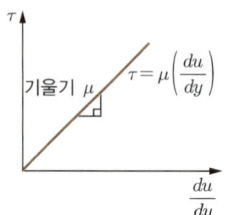

이 식의 비례계수 $\tau = \mu \dfrac{du}{dy}$를 점성계수라 하며, 이 계수의 단위 변환은 [kg], [m/s^2], [/m^2] $= \mu \dfrac{[\text{m/s}]}{[\text{m}]}$,

μ = [Pa/s] = [kg/m·s]가 된다.

점성의 단위는 1[poise] = 1[g/cm·s] = 0.1[kg/m·s] = 0.1[Pa/s] = 1[dPa/s]이다.

② 동점성 계수

㉠ 유체의 점성계수를 해당 유체의 밀도로 나눈 값이다.

$$\nu = \frac{\mu}{\rho}$$

㉡ 단위 변환 :

μ/ρ = [kg/m·s]/[kg/m^3] = [m^2/s]

㉢ 동점성 단위 :

1[stokes] = 1[cm^2/s] = 0.0001[m^2/s]

③ 압축성

㉠ 같은 질량의 물질은 압력을 받으면 부피가 줄어들 수 있다. 고체에 비해 유체는 분자 간격이 넓기 때문에 압력에 대해 부피의 수축 정도가 크며, 대부분의 유체는 압력에 대해 의미 있는 부피 차이를 보이는데, 이러한 성질을 압축성이라고 한다.

㉡ 유체라도 기체의 압축성은 매우 크지만, 액체의 압축성은 육안으로는 확인하기 어렵고 측정이 필요하다. 유체역학에서는 공학적 편의상 물, 기름을 비압축성으로 간주한다.

④ 체적 탄성계수

㉠ 압축성 유체의 경우 작용한 외력, 압력과 부피의 변화는 비례관계이다.

$$dp \propto \frac{dV}{V}$$

㉡ 따라서 부피의 변화 정도를 나타내는 계수가 필요하다. 이를 K라고 하면,

$$dp = K \frac{dV}{V}$$

⑤ 뉴턴유체

㉠ 비압축성으로 간주한다.

㉡ 관계곡선이 원점을 지나는 유체이다.

㉢ 전단응력과 전단변형률의 관계가 선형적인 유체이다.

㉣ $\tau = \mu \dfrac{du}{dx}$의 관계를 갖는 유체

(여기서, μ : 점성계수(viscosity coefficient))

⑥ 점성계수 측정도구

㉠ 낙구식 점도계 : 유체 속에 공을 떨어뜨려 떨어지는 시간을 이용하여 점도를 측정하는 점도계로, 스토크스 유동을 이용한다.

㉡ 회전식 점도계 : 유체 속에서 로터가 회전하여 저항을 통해 점도를 측정한다. 스토머식 점도계와 맥마이클 점도계가 있고, 뉴턴의 점성법칙을 적용한다.

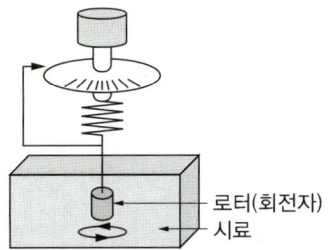

ⓒ 세이볼트(saybolt) 점도계 : 유체의 점성계수를 측정하는 측정기로, 짧은 모세관을 통하여 일정한 체적(60[cm³])이 흐르는 데 걸리는 시간을 측정하는 방식이다. Hagen-Poiseuille 법칙을 이용한 세관식 점도계이다.

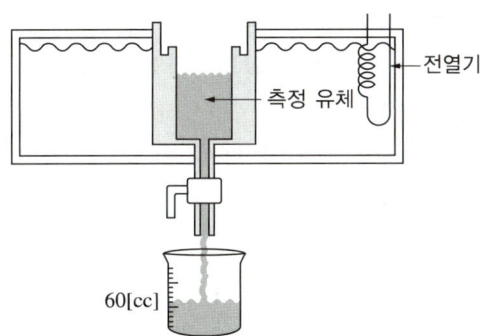

ⓓ 오스트발트 점도계(ostwald viscosimeter) : 측정 대상의 액체를 담아 떨어지는 시간을 측정하여 다음 식으로 속도를 계산한다. 점도를 계산하는 측정구로 Hagen-Poiseuille 법칙을 이용한 세관식 점도계이다.

$$V = \frac{\pi P r^4 t}{8 \eta l}$$

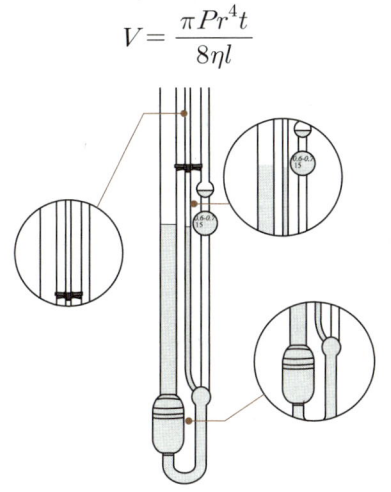

10년간 자주 출제된 문제

21-1. 다음 그림과 같은 두 개의 고정된 평판 사이에 얇은 판이 있다. 얇은 판 상부에는 점성계수가 0.05[N·s/m²]인 유체가 있고, 하부에는 점성계수가 0.1[N·S/m²]인 유체가 있다. 이 판을 일정속도 0.5[m/s]로 끌 때, 끄는 힘이 최소가 되는 거리 y는?(단, 고정 평판 사이의 폭은 h[m], 평판들 사이의 속도 분포는 선형이라고 가정한다)

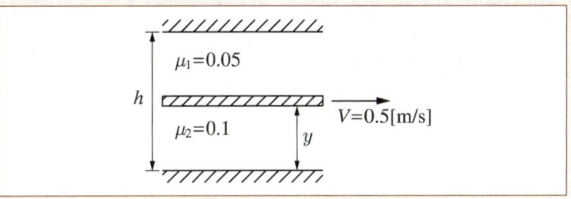

① $0.293h$ ② $0.482h$
③ $0.586h$ ④ $0.879h$

21-2. 점성계수가 0.7[poise]이고, 비중이 0.7인 유체의 동점성 계수는 몇 [stokes]인가?

① 0.1 ② 1.0
③ 10   ④ 100

|해설|

21-1

$$F(y) = \tau(y)A = (\tau_1 + \tau_2)A$$
$$= A\left(\mu_1 \frac{du}{dy_1} + \mu_2 \frac{du}{dy_2}\right) = A\left(\mu_1 \frac{v}{h-y} + \mu_2 \frac{v}{y}\right)$$
$$= A \times 0.5[\text{m/s}] \times \left(0.05[\text{N}\cdot\text{s/m}^2] \times \frac{1}{h-y} + 0.1[\text{N}\cdot\text{s/m}^2]\frac{1}{y}\right)$$

극댓값을 구하기 위해 $F'(y) = 0$인 y를 찾으면 속도와 면적의 곱은 상수이므로

$$\left(\frac{0.05}{h-y} + \frac{0.1}{y}\right)' = \frac{-0.05}{(h-y)^2} + \frac{0.1}{y^2} = 0$$인 y를 찾는다.

즉, $y^2 - 4hy + 2h^2 = 0$의 방정식이 되어 근의 공식을 이용하면
$y = (2 \pm \sqrt{2})h = 0.586h$ 또는 $3.414h$
y가 h를 넘을 수는 없으므로 $y = 0.586h$이다.

21-2

• 비중이 0.7인 유체의 밀도
$\rho = S\rho_{물}[\text{g/cm}^3] = 0.7 \times 1[\text{g/cm}^3] = 0.7[\text{g/cm}^3]$
(여기서, 1[poise] : 1[g/cm·s], $\rho_{물}$: 1[g/cm³])

• 동점성 계수 $\nu = \frac{\mu}{\rho} = \frac{0.7[\text{g/cm·s}]}{0.7[\text{g/cm}^3]} = 1[\text{cm}^2/\text{s}] = 1[\text{stokes}]$

※ [poise]와 [stokes]는 cgs 단위계를 사용하므로, 이를 적용하면 쉽게 호환이 가능하다.

정답 21-1 ③ 21-2 ②

핵심이론 22 | 무차원수

① 무차원수

유체역학에서 물체 크기의 영향을 고려하지 않기 위해 단위를 제거한 수를 개발하여 유체역학 해석에 사용하는 수이다.

② 레이놀즈수(Reynolds number)

점성력에 대한 관성력의 비율로, 유체의 흐름을 파악하거나 층류 또는 난류를 판정할 때 사용한다.

$$Re = \frac{\rho v D}{\mu}$$

(여기서, Re : 레이놀즈수, ρ : 밀도, v : 속도, D : 특성 길이, μ : 점도)

③ 마하수(Mach number)

유체의 유속 대비 음속의 비율이다.

㉠ $Mach = \dfrac{v}{c}$

㉡ 음파는 공기의 진동에 의한 종파로, 파장이 유체를 앞쪽으로 밀어 음파를 전달한다. 그 관계식은 다음과 같다.

$$c = \sqrt{\frac{E}{\rho}}$$

(여기서, c : 유체 속 음속, E : 탄성계수, ρ : 밀도)

㉢ 음속의 영역
- 아음속 영역 : $Ma < 0.8$
- 천음속 영역 : $0.8 < Ma < 1$
- 초음속 영역 : $1 < Ma < 5$, 초음속 영역에서는 물체의 앞에서 공기의 압력과 밀도가 급격히 변화하는데, 이를 충격파라고 한다.
- 극초음속 영역 : $Ma > 5$

㉣ 코시 넘버는 유체의 압축성을 표현하며 마하수의 제곱과 같은 차원이다. 식은 다음과 같다.

$$Ca = \frac{\rho V^2}{L_c}$$

④ 크누센수(Knudsen number)

크누센수는 기체가 연속체 가정을 정의할 수 있지를 나타내며, 기체의 입자 간의 상호관계를 표현한다.

$$K_N = \frac{\lambda}{L} \text{(특성 길이 대비 평균 자유행로값의 비)}$$

⑤ 프루드수(Froude number)

프루드수는 수평 유동에서 중력의 영향에 따라 유동 형태의 변화를 판별한다. 유체의 파형에 대해서도 설명한다.

$$F_r = \frac{V}{\sqrt{gL}} \text{(관성력과 중력의 비)}$$

⑥ 웨버수(Weber number)

웨버수는 관성력과 표면장력의 비로 나타내며, 웨버수에 따라 물방울의 모양을 설명한다. $We < 3$이면 표면장력이 커서 물방울이 깨진 모양을 갖지 않고, 350 이상이 되면 유체의 방울이 힘을 받았을 때 분무되는 형태로 퍼진다.

$$We = \frac{\rho V^2 L_c}{\sigma}$$

name	symbol	formula	application
Reynolds number	Re	$\dfrac{\rho uL}{\mu} = \dfrac{\text{inertial force}}{\text{viscous force}}$	fluid flow with viscous and inertial forces
Mach number	Ma	$\dfrac{u}{c} = \dfrac{\text{local velocity}}{\text{local speed of sound}}$	gas flow at high velocity
Knudsen number	Kn	$\dfrac{u}{L} = \dfrac{\text{molecular mean free path}}{\text{characteristic length}}$	determination of applicability of cintinuum mechanics
Frouden umber	Fr	$\dfrac{u}{\sqrt{gL}} = \dfrac{\text{inertial force}}{\text{gravitational force}}$	fluid flow with free surfaces
Weber number	We	$\dfrac{\rho u^2 L}{\sigma} = \dfrac{\text{inertial force}}{\text{surface force}}$	fluid flow with interfacial forces

name	symbol	formula	application
Prandtl number	Pr	$\dfrac{c_p \mu}{k} = \dfrac{\text{viscous diffusion rate}}{\text{tehrmal diffusion rate}}$	fluid flow with heat transfer
Nusselt number	Nu	$\dfrac{hL}{k} = \dfrac{\text{convective heat transfer}}{\text{conductive heat transfer}}$	fluid flow with heat transfer
Grashof number	Gr_L	$\dfrac{g\beta(T_s - T_\infty)D^3}{\mu^2} = \dfrac{\text{buoyancy force}}{\text{viscous force}}$	fluid flow with natural convection
Rayleigh number	Ra_X	$\dfrac{g\beta(T_s - T_\infty)x^3}{\mu\alpha} = \dfrac{\text{buoyancy force} \times \text{viscous diffusion rate}}{\text{viscous force} \times \text{thermal diffusion rate}}$	buoyancy driven flow

⑦ 버킹엄의 π 정리

　㉠ 수학기호 π에서 유래되었으며, 어떤 수의 곱을 나타낸다는 의미이다.

　㉡ 어느 물리계가 n개의 변수와 관련 있고, 기본 차수가 m일 때, 독립 무차원 매개변수 π는 $n-m$개로 나타낼 수 있다.

　㉢ $F(x_1, x_2, x_3, \cdots, x_n) = 0$과 같은 함수관계가 있다면 $F(\pi_1, \pi_2, \pi_3, \cdots, \pi_{n-m}) = 0$이 된다.

10년간 자주 출제된 문제

22-1. 유동장에 미치는 힘 가운데 유체의 압축성에 의한 힘만이 중요할 때 적용할 수 있는 무차원수로 옳은 것은?

① 오일러수
② 레이놀즈수
③ 프루드수
④ 마하수

22-2. 중력 가속도 g, 체적유량 Q, 길이 L로 얻을 수 있는 무차원수는?

① $\dfrac{Q}{\sqrt{gL}}$　　② $\dfrac{Q}{\sqrt{gL^3}}$

③ $\dfrac{Q}{\sqrt{gL^5}}$　　④ $Q\sqrt{gL^3}$

|해설|

22-1

음파는 공기의 진동에 의한 종파로, 파장이 유체를 앞쪽으로 밀어 음파를 전달한다. 특히, 코시 넘버는 유체의 압축성을 나타내며 마하수의 제곱과 같은 차원이다.

22-2

$g = LT^{-2},\ Q = L^3T^{-1},\ L = L^1$

- L차원

　$-\dfrac{Q}{\sqrt{gL}} \to L^2$

　$-\dfrac{Q}{\sqrt{gL^3}} \to L^1$

　$-\dfrac{Q}{\sqrt{gL^5}} = L^0$

　$- Q\sqrt{gL^3} \to L^4$

- T차원

　$\dfrac{Q}{\sqrt{gL^5}} = L^{3-\frac{6}{2}} T^{-1-\left(-\frac{2}{2}\right)} = L^0 T^0$

※ 일반적으로 L이나 T 중 한 가지 차원만 비교해도 찾을 수 있다.

정답 **22-1** ④ **22-2** ③

핵심이론 23 | 부력(buoyancy)

① 유체 속에 어떤 물체가 담길 때 이 물체를 중력의 반대 방향으로 밀어올리는 힘이다.
② 물체의 잠긴 부분만큼의 유체의 무게와 같다.

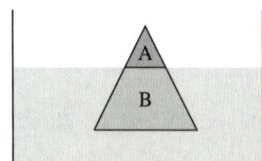

③ 수조에 어떤 물체를 담그면 B 부피만큼의 무게가 부력이 된다. 부력이 이 물체를 들고 있으므로,

$$W_{물체} = B_B, \; \rho_{물체} g V_{전체} = \rho_{유체} g V_B,$$
$$\rho_{물체} V_{전체} = \rho_{유체} V_B$$

④ 수조에 물체가 가라앉고 일정 깊이에서 떠 있다면 다음 그림과 같이 된다.

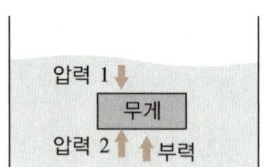

힘의 평형에 의해
$$W_{물체} + 압력1 \times 윗면적 = B + 압력2 \times 바닥면적$$
$$W_{물체} + \rho g h_1 \times 윗면적 = B + \rho g h_2 \times 바닥면적$$

10년간 자주 출제된 문제

23-1. 남극 바다에 비중이 0.917인 해빙이 떠 있다. 해빙의 수면 위로 나와 있는 체적이 40[m³]일 때 해빙의 전체 중량은 약 몇 [kN]인가?(단, 바닷물의 비중은 1.025이다)

① 2,487 ② 2,769
③ 3,138 ④ 3,414

23-2. 밀도가 800[kg/m³]인 원통형 물체가 다음 그림과 같이 1/3이 액체면 위에 떠 있는 것으로 관측되었다. 이 액체의 비중은 약 얼마인가?

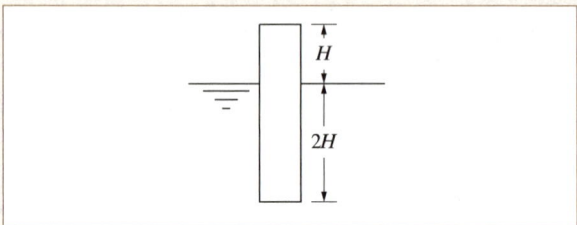

① 0.2 ② 0.67
③ 1.2 ④ 1.5

|해설|
23-1
작용하는 부력은 같은 체적만큼의 유체의 무게와 같으므로,
$B(부력) = W(해빙무게), \; V_{아래} \times \gamma_{바닷물} = V_{전체} \times \gamma_{해빙}$
$V_{전체} = 40[m^3] + V_{아래}$ 이므로
$V_{아래} \times S_{바닷물} \rho_{물} g = (40 + V_{아래}) \times S_{해빙} \rho_{물} g$
$V_{아래} \times 1.025 = (40 + V_{아래}) \times 0.917$
$0.108 V_{아래} = 36.68$
$V_{아래} = 339.63[m^3]$
$W_{해빙전체} = \gamma_{바닷물} V_{아래} = S_{바닷물} \rho_{물} g V_{아래}$
$= 1.025 \times 1,000[kg/m^3] \times 9.806[m/s^2] \times 339.63[m^3]$
$= 3,413,672[N] ≒ 3,414[kN]$

또는 $V_{전체} = 379.63 m^3$ 이므로
$W_{해빙전체} = \gamma_{해빙} V_{전체} = S_{해빙} \rho_{물} g V_{전체}$
$= 0.917 \times 1,000[kg/m^3] \times 9.806[m/s^2] \times 379.63[m^3]$
$= 3,413,672[N] ≒ 3,414[kN]$

23-2
$B(부력) = W(원통), \; V_{아래} \times \gamma_{액체} = V_{전체} \times \gamma_{원통}$

$\dfrac{V_{아래}}{V_{전체}} = \dfrac{\rho_{원통} g}{\rho_{액체} g} = \dfrac{2}{3}, \; \rho_{액체} = \dfrac{3}{2} \rho_{원통} = 1,200[kg/m^3]$

$s_{액체} = \dfrac{\rho_{원통} g}{\rho_{물} g} = 1.2$

($\because \rho_{물} = 1,000[kg/m^3]$)

정답 23-1 ④ 23-2 ③

핵심이론 24 | 유체 속에 잠긴 평면에 작용하는 힘

① 전압력

㉠ 유체 속에 잠긴 면 전체에 작용하는 압력이다.
$$P = pA$$

㉡ 전압력의 방향은 면에 수직이다.

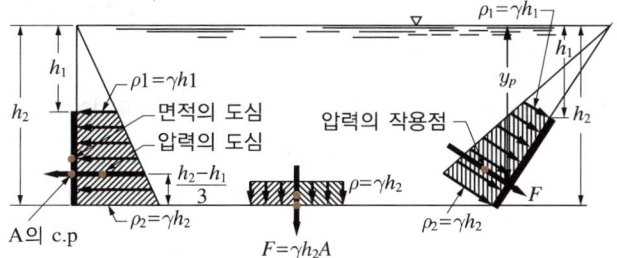

② 수평면

전압력 = 유체의 비중 × 깊이 × 면적 = $\gamma h A$

③ 수직면

수직면의 전압력 = 유체의 비중 × 작용점의 깊이 × 면적 = $\gamma h_c A$

④ 비스듬한 면

면의 전압력 = 유체의 비중 × 작용점의 깊이 × 면적

※ 작용점의 깊이 : $y_p = \dfrac{I_G}{yA} + \bar{y}$

(여기서, $\bar{y}$: 도형의 도심, I_G : 도형 도심에서의 단면 관성 모멘트, A : 도형의 면적)

⑤ 곡면

힘을 분석하기 위해 수평 분력과 수직 분력으로 나눌 수 있다.

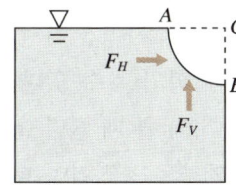 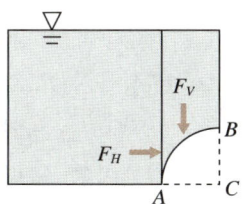

㉠ F_H는 수직면 CB의 전압력과 같으므로
$$F_H = F_{CB} = \gamma h_p A$$

㉡ F_V는 곡면 AB의 연직 상방 유체의 무게와 같다. 빈 공간이어도 그 공간의 무게로 계산한다.

$F_V = \gamma V = \gamma$(곡면 부분의 단면적 A + 수면부터 C점까지의 면적) × 폭 b

10년간 자주 출제된 문제

24-1. 정지 유체 속에 잠겨 있는 평면에 대하여 유체에 의해 받는 힘에 관한 설명으로 옳지 않은 것은?

① 깊게 잠길수록 받는 힘이 커진다.
② 크기는 도심에서의 압력에 전체 면적을 곱한 것과 같다.
③ 평면이 수평으로 놓인 경우, 압력 중심은 도심과 일치한다.
④ 평면이 수직으로 놓인 경우, 압력 중심은 도심보다 약간 위쪽에 있다.

24-2. 다음 그림과 같이 폭이 3[m]인 수문 AB가 받는 수평 성분 F_H와 수직 성분 F_V는 각각 약 몇 [N]인가?

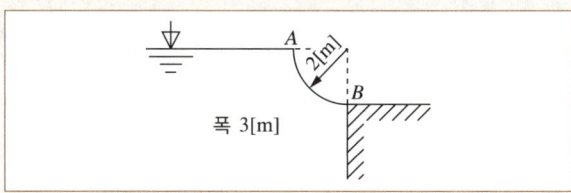

① $F_H = 24,400$, $F_V = 46,181$
② $F_H = 58,800$, $F_V = 46,181$
③ $F_H = 58,800$, $F_V = 92,362$
④ $F_H = 24,400$, $F_V = 92,362$

24-3. 다음 그림과 같이 물속에 원판 수문이 설치되어 있다. 그림의 C는 압력의 중심이고, G는 원판의 도심이다. 원판의 지름을 d라 하면, 작용점의 위치 η는?

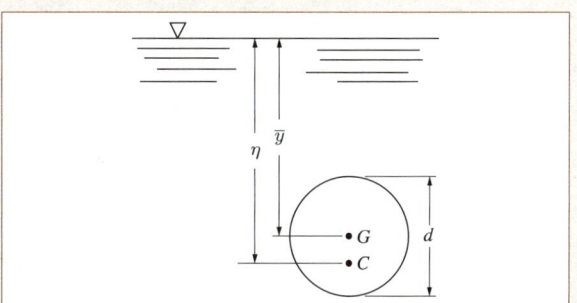

① $\eta = \bar{y} + \dfrac{d^2}{8\bar{y}}$ ② $\eta = \bar{y} + \dfrac{d^2}{16\bar{y}}$

③ $\eta = \bar{y} + \dfrac{d^2}{32\bar{y}}$ ④ $\eta = \bar{y} + \dfrac{d^2}{64\bar{y}}$

| 해설 |

24-1

유체 속에 잠긴 수직면에 작용하는 힘
수직면의 전압력 = 유체의 비중×작용점의 깊이×면적 = $\gamma h_p A$

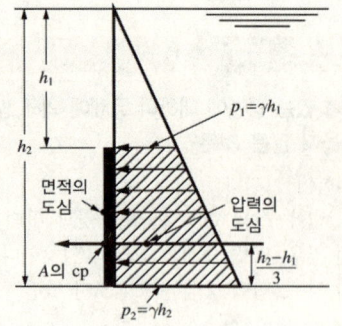

24-2

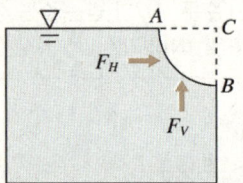

F_H는 수직면 CB의 전압력과 같으므로
$F_H = F_{CB} = \gamma h_p A = 9,800[\text{N/m}^3] \times 1[\text{m}] \times 2 \times 3[\text{m}^2]$
$= 58,800[\text{N}]$

F_V는 곡면 AB의 연직 상방 빈 공간에 유체가 찼을 때의 유체 무게와 같다.

$F_V = \gamma V = 9,800[\text{N/m}^3] \times \dfrac{\pi(2[\text{m}])^2}{4} \times 3[\text{m}^2] = 92,362.8[\text{N}]$

24-3

압력 중심은 도심이고, 작용점의 깊이는 $y_p = \dfrac{I_G}{\bar{y}A} + \bar{y}$이므로

$\eta = \bar{y} + \dfrac{\dfrac{\pi d^4}{64}}{\bar{y}\dfrac{\pi d^2}{4}} = \bar{y} + \dfrac{d^2}{16\bar{y}}$

정답 24-1 ④ 24-2 ③ 24-3 ②

핵심이론 25 | 표면장력

① 표면장력

　㉠ 액체가 내부 응집력에 의해 그 부피를 최소로 하도록 표면을 잡아당기는 힘을 표면장력이라고 한다.

　㉡ 모세관현상의 응집력이 표면장력에 해당한다. 또한, 물방울의 모양이 둥근 것도 표면장력 때문이다.

　㉢ 표면장력의 크기는 그려진 단위길이의 선에 직각인 액체 표면에서의 힘으로 볼 수 있고, 그림에서 σ로 나타낸다. 이 힘의 관계는

$$p_i - p_o = \sigma\left(\dfrac{1}{R_1} + \dfrac{1}{R_2}\right)$$

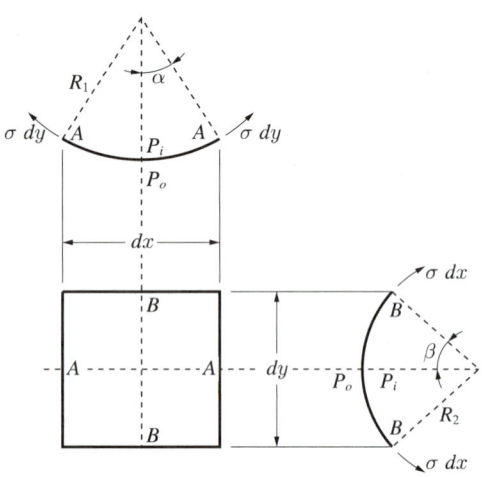

② 모세관현상

　㉠ 액체의 응집력과 담고 있는 용기와 액체 사이의 부착력의 차이로 생기는 현상이다. 용기의 지름이 작을수록 이 응집력과 인력의 차이가 커져 모세관현상을 눈으로 뚜렷하게 확인할 수 있다.

　㉡ 그림 (a)는 관의 부착력이 더 클 때 빨려 올라가는 경우이고, 그림 (b)는 액체의 응집력이 더 클 때 관과의 부착을 회피하여 밀려 내려가는 경우이다.

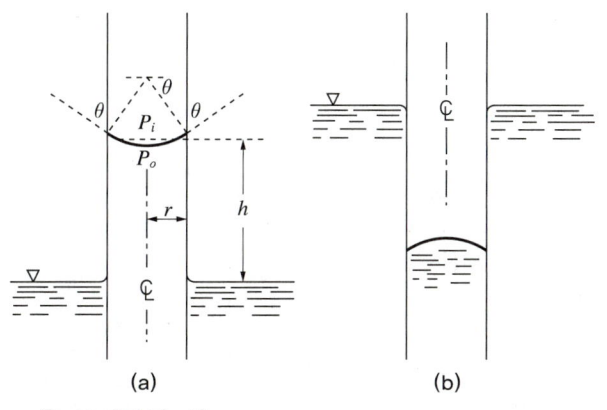

(a)　　　　　(b)

ⓒ 표면장력 식

$p_o = -\gamma h$, $p_i = 0$

$p_i - p_o = \gamma h$

$R_1 = R_2 = R$, $\dfrac{r}{R} = \cos\theta$ 를 적용하여

$h = \dfrac{2\sigma\cos\theta}{\gamma r}$

10년간 자주 출제된 문제

25-1. 밀도가 ρ인 액체와 접촉하고 있는 기체 사이의 표면장력이 σ라고 할 때 다음 그림과 같은 지름 d의 원통 모세관에서 액주의 높이 h를 구하는 식은?(단, g는 중력 가속도이다)

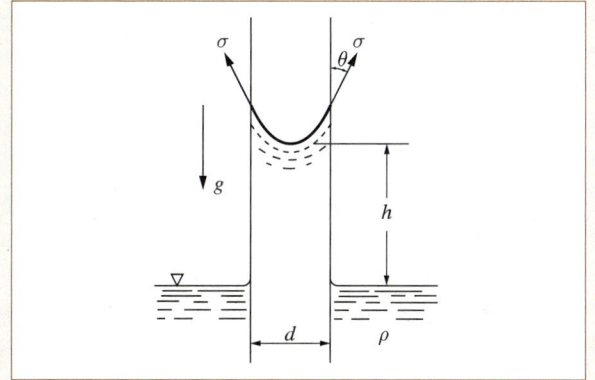

① $h = \dfrac{2\sigma\sin\theta}{\rho g d}$　② $h = \dfrac{2\sigma\cos\theta}{\rho g d}$

③ $h = \dfrac{4\sigma\sin\theta}{\rho g d}$　④ $h = \dfrac{4\sigma\cos\theta}{\rho g d}$

25-2. 다음 그림처럼 측정되었을 때 작용하는 표면장력 σ는?

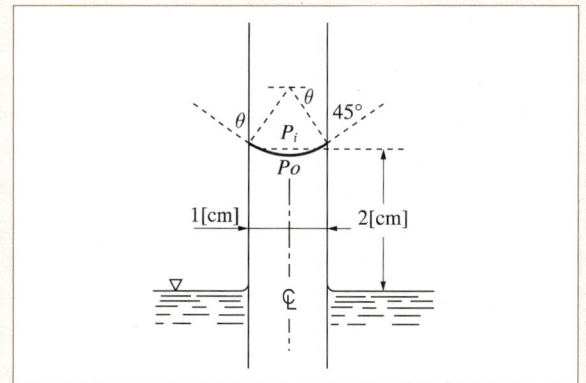

① 약 $1[N/m^2]$　② 약 $0.7[N/m^2]$
③ 약 $1[N/m]$　④ 약 $0.7[N/m]$

25-3. 지름이 8[mm]인 물방울의 내부압력(게이지압력)은 몇 [Pa]인가?(단, 물의 표면장력은 0.075[N/m]이다)

① 0.037　② 0.075
③ 37.5　④ 75

|해설|

25-1

$h = \dfrac{2\sigma\cos\theta}{\gamma r}$, $r = \dfrac{d}{2}$, $\gamma = \rho g$이므로

$h = \dfrac{4\sigma\cos\theta}{\rho g d}$

25-2

$h = \dfrac{2\sigma\cos\theta}{\gamma r}$

$\sigma = \dfrac{\gamma r h}{2\cos\theta} = \dfrac{9,806[N/m^3] \times 0.005[m] \times 0.02[m]}{2 \times \cos 45°}$

$= 0.6934[N/m]$

25-3

• 표면장력 식
$p_i - p_o = \sigma\left(\dfrac{1}{R_1} + \dfrac{1}{R_2}\right)$

• 물방울
$R_1 = R_2$

$p_i = \dfrac{2\sigma}{R} + p_{atm}$

$p_{gage} = \dfrac{2\sigma}{R} = \dfrac{2 \times 0.075[N/m]}{0.004[mm]} = 37.5[N]$

정답 25-1 ④　25-2 ④　25-3 ③

핵심이론 26 | 베르누이의 정리

① 점성이 없고, 비압축성인 유체의 흐름을 에너지 보존의 관점에서 나타낸 정리이다.

② 한 지점에 작용하는 압력에 따른 수두(水頭), 속도에 따른 수두, 위치에 따른 수두의 합은 일정하다.

$$\frac{P_1}{\gamma} + \frac{V_1^2}{2g} + Z_1 = \frac{P_2}{\gamma} + \frac{V_2^2}{2g} + Z_2 = H$$

(여기서, H : 전수두(total head))

③ 수정 베르누이 방정식

㉠ 실제 유체에서는 손실이 발생할 수밖에 없는데, 이에 따라 손실을 반영한 식을 수정 베르누이 방정식이라고 한다.

㉡ $H = \dfrac{P_1}{\gamma} + \dfrac{V_1^2}{2g} + Z_1 = \dfrac{P_2}{\gamma} + \dfrac{V_2^2}{2g} + Z_2 + h_f$

㉢ $h_f = f \dfrac{l}{d} \dfrac{v^2}{2g}$

(여기서, h_f : 관 마찰수두, f : 관 마찰계수, l : 관의 길이, d : 관 내경, v : 유속)

㉣ 관의 형상에 따라 생기는 관 마찰수두는 $h_f = \zeta \dfrac{v^2}{2g}$

(여기서, ζ : 에너지 손실계수)와 같이 나타내며, 실험에 따라 구한다.

㉤ 마찰 외 다른 손실을 포함하는 경우

$$h = \lambda \dfrac{l}{d} \dfrac{v^2}{2g}$$

(여기서, h : 손실수두, λ : 손실계수, l : 관의 길이, d : 관 내경, v : 유속)

$\therefore \lambda \dfrac{l}{d} = f \dfrac{l}{d} + \zeta$

㉥ 층류에서 $\lambda = \dfrac{64}{Re}$ 의 관계가 있다.

④ 수력 기울기선

베르누이 정리를 가시적으로 보기 위해 다음 그림과 같이 유로관에 피토관을 설치하면, 그림의 EL(Energy Line)은 에너지선으로 동압수두를 고려한 총에너지 라인은 같고, HGL(Hydraulic Grade Line)은 수력 기울기선, 수력 구배선으로 유동하는 유체가 갖고 있는 힘의 구성을 볼 수 있는 라인이다.

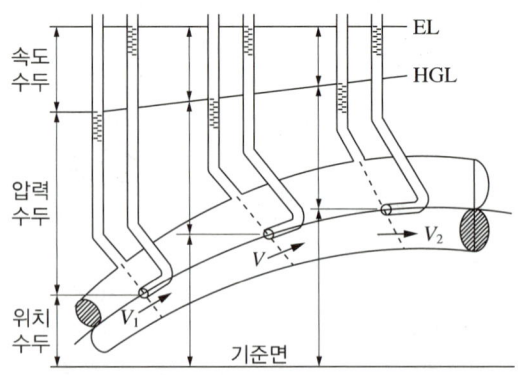

10년간 자주 출제된 문제

26-1. 수력 구배선(hydraulic grade line)에 대한 설명으로 옳은 것은?

① 에너지선보다 위에 있어야 한다.
② 항상 수평선이다.
③ 위치수두와 속도수두의 합을 나타내며, 주로 에너지선 아래에 있다.
④ 위치수두와 압력수두의 합을 나타내며, 주로 에너지선 아래에 있다.

26-2. 기준면에 있는 어떤 지점에서의 물의 유속이 6[m/s], 압력이 40[kPa]일 때, 이 지점에서의 물의 수력 기울기선의 높이는 약 몇 [m]인가?

① 3.24 ② 4.08
③ 5.92 ④ 6.81

26-3. 다음 그림과 같이 유리관 A, B 부분의 안지름은 각각 30[cm], 10[cm]이다. 이 관에 물을 흐르게 하였더니 A에 세운 관에는 물이 60[cm], B에 세운 관에는 물이 30[cm] 올라갔다. A와 B 각 부분에서 물의 속도[m/s]는?

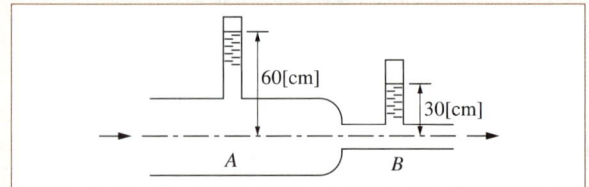

① $V_A = 2.73$, $V_B = 24.5$
② $V_A = 2.44$, $V_B = 22.0$
③ $V_A = 0.542$, $V_B = 4.88$
④ $V_A = 0.271$, $V_B = 2.44$

| 해설 |

26-2

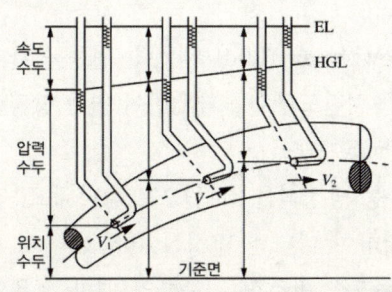

문제에 제시된 각각의 요소를 수두로 변환하면
$$\frac{P_1}{\gamma}+\frac{V_1^2}{2g}=\frac{40{,}000[\text{N/m}^2]}{9{,}806[\text{N/m}^3]}+\frac{(6[\text{m/s}])^2}{2\times 9.806[\text{m/s}^2]}$$
$$=4.079[\text{m}]+1.836[\text{m}]$$
$$=5.915[\text{m}]$$
에너지선은 약 5.9[m]이고, 속도수두를 제외한 압력수두까지의 합인 수력 기울기의 높이는 약 4.08[m]이다.
※ 40[kPa] = 40[kN/m²] = 40,000[N/m²]

26-3

$$\frac{P_A}{\gamma}+\frac{V_A^2}{2g}+Z_A=\frac{P_B}{\gamma}+\frac{V_B^2}{2g}+Z_B$$

액주 높이가 압력수두라면
$$0.6[\text{m}]+\frac{V_A^2}{2g}=0.3[\text{m}]+\frac{V_B^2}{2g}$$

속도의 비는
$$Q=AV=A_A V_A = A_B V_B$$
$$\frac{A_A}{A_B}=\frac{V_B}{V_A}=\frac{(0.3[\text{m}])^2}{(0.1[\text{m}])^2}=9$$
$$V_B = 9V_A$$

$$\therefore 0.6[\text{m}]-0.3[\text{m}]=\frac{V_B^2}{2g}-\frac{V_A^2}{2g}=\frac{(9V_A)^2-V_A^2}{2g}$$
$$80V_A^2=0.3[\text{m}]\times 2\times 9.806[\text{m/s}^2]$$
$$V_A=0.2712[\text{m/s}],\quad V_B=2.4408[\text{m/s}]$$

정답 26-1 ④ 26-2 ② 26-3 ④

핵심이론 27 | 연속 방정식

① 연속 방정식
  ㉠ 연결되고 닫혀 있는 관에서 흐르는 유체는 단면 1을 통과한 질량과 단면 2를 통과한 질량은 같다.
  ㉡ 유체의 검사체적에 대한 질량 보존의 법칙에 해당한다.

② 질량유량
  ㉠ $\dot{m}=\rho Q=\frac{\gamma Q}{g}=\rho AV=\frac{\gamma AV}{g}=constant$
  ㉡ 중량유량
  $$\dot{W}=\dot{m}g=\rho gQ=\gamma Q=\gamma AV=constant$$
  ㉢ 체적유량
  $$Q=AV=constant$$

③ 일반적 연속 방정식
  ㉠ 3차원 좌표상에 표시된 압축성 유체의 비정상 유동에 대한 연속방정식을 일반적 연속 방정식이라고 한다.

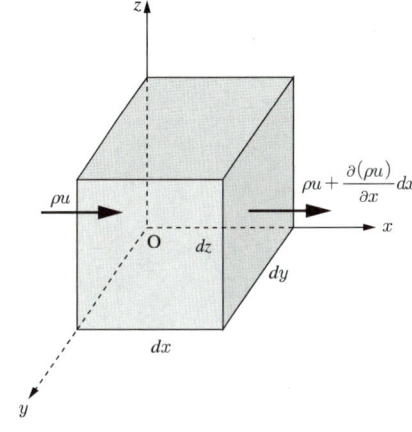

  ㉡ 단위시간당 미소체적에 유입하는 유체의 질량을 표현하여 시간에 대해 미분하고 관계를 정리하면 다음 식과 같다. 이를 일반적 연속 방정식이라 한다.
  $$\frac{\partial \rho}{\partial t}+\frac{\partial(\rho u)}{\partial x}+\frac{\partial(\rho v)}{\partial y}+\frac{\partial(\rho w)}{\partial z}=0$$
  (여기서, u, v, w : 각 축의 속도 성분)

  ㉢ 비압축성 유체
  $$\frac{\partial(\rho u)}{\partial x}+\frac{\partial(\rho v)}{\partial y}+\frac{\partial(\rho w)}{\partial z}=0$$

10년간 자주 출제된 문제

다음 그림과 같은 관에 비압축성 유체가 흐를 때 A단면의 평균속도가 V_1이라면 B단면에서의 평균속도 V_2는?(단, A단면의 지름은 d_1이고, B단면의 지름은 d_2이다)

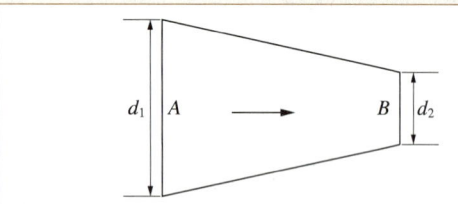

① $V_2 = \left(\dfrac{d_1}{d_2}\right)V_1$ ② $V_2 = \left(\dfrac{d_1}{d_2}\right)^2 V_1$

③ $V_2 = \left(\dfrac{d_2}{d_1}\right)V_1$ ④ $V_2 = \left(\dfrac{d_2}{d_1}\right)^2 V_1$

|해설|

연속 방정식을 이용하여
$Q = A_1 V_1 = A_2 V_2$
$\dfrac{\pi d_1^2}{4} \times V_1 = \dfrac{\pi d_2^2}{4} \times V_2$
$\therefore V_2 = \dfrac{\pi d_1^2}{4} \times V_1 \times \dfrac{4}{\pi d_2^2} = \left(\dfrac{d_1}{d_2}\right)^2 V_1$

정답 ②

핵심이론 28 | 나비에-스토크스 방정식

① 정의
  ㉠ 뉴턴유체(Newtonian fluid)의 응력-변형률 관계식에서 물질-시간도함수를 대입하여 연속 방정식으로 정리한 것이다.
  ㉡ 오일러의 운동 방정식을 3차원으로 나타내고, 점성력을 고려하여 나타낸 방정식이다.
  ㉢ 나비에-스토크스 방정식은 층류일 때만 적용되며, 점성유동의 기초 방정식이 된다.

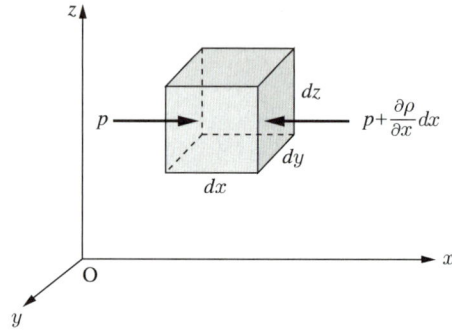

3차원 공간에서 압력 p을 분력 방향으로 $p + \dfrac{\partial p}{\partial x}dx$라 하고, 힘의 평형식을 세우면

$$\left\{p - \left(p + \dfrac{\partial p}{\partial x}dx\right)\right\}A + f_x(\rho)(dxdydz)$$
$$= (\rho)(dxdydz)(a_x)$$
$$\left(\text{여기서, } a_x = f_x - \dfrac{1}{\rho}\dfrac{\partial p}{\partial x}\right)$$

그러나 $a_x = u\dfrac{\partial u}{\partial x} + v\dfrac{\partial u}{\partial y} + w\dfrac{\partial u}{\partial z} + \dfrac{\partial u}{\partial t}$ (여기서, u, v, w : 속도 성분)이므로(편의상 x방향만 기술함)

$f_x - \dfrac{1}{\rho}\dfrac{\partial p}{\partial x} = u\dfrac{\partial u}{\partial x} + v\dfrac{\partial u}{\partial y} + w\dfrac{\partial u}{\partial z} + \dfrac{\partial u}{\partial t}$ 가 되고

$\left(\dfrac{\partial}{\partial t} + u\dfrac{\partial}{\partial x} + v\dfrac{\partial}{\partial y} + w\dfrac{\partial}{\partial z}\right)$
$= f_x - \dfrac{1}{\rho}\dfrac{\partial p}{\partial x} + \dfrac{\mu}{\rho}\left(\dfrac{\partial^2 u}{\partial x^2} + \dfrac{\partial^2 u}{\partial y^2} + \dfrac{\partial^2 u}{\partial z^2}\right)$ 가 되어

이를 x, y, z방향에 대해 모두 정리한 것이 나비에-스토크스 방정식이다.

$$\left(\frac{\partial}{\partial t}+u\frac{\partial}{\partial x}+v\frac{\partial}{\partial y}+w\frac{\partial}{\partial z}\right)$$
$$=f_y-\frac{1}{\rho}\frac{\partial p}{\partial y}+\frac{\mu}{\rho}\left(\frac{\partial^2 v}{\partial x^2}+\frac{\partial^2 v}{\partial y^2}+\frac{\partial^2 v}{\partial z^2}\right)$$

(여기서, u : 유체의 속도, g : 중력 가속도, ρ : 밀도, p : 압력, μ : 점성계수, ν : 동점성계수$\left(w=\frac{p}{\rho}\right)$, τ : 전단응력계수)

② 무한 평행 평판 사이의 유동

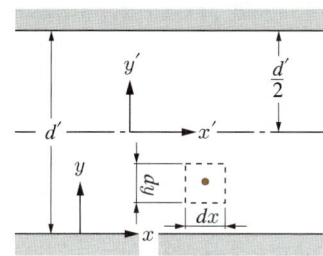

정상, 비압축성, 무한 평판에 잘 발달된 유동의 경우 시간에 대한 변화율이 없으므로 $\frac{\partial}{\partial t}=0$, z 변화율과 유동을 무시하여 $w=0$이다.

x방향 변화율이 없으므로 $\frac{\partial}{\partial x}=0$이다. 또한, 완전 발달되어 있어 $\frac{\partial v}{\partial y}=0$이다. ①의 나비에-스토크스 식에 대입하여 정리하면

$$u=\frac{d'^2}{2\mu}\left(\frac{\partial p}{\partial x}\right)\left[\left(\frac{y}{d'}\right)^2-\left(\frac{y}{d'}\right)\right], V_m=\frac{d'^2}{12\mu}\left(\frac{\partial p}{\partial x}\right),$$
$$Q=\frac{d'^3\Delta p}{12\mu L}$$

(여기서, μ : 점성, d' : 평판 간격, p : 압력, L : 간극 길이)

10년간 자주 출제된 문제

자동차의 브레이크 시스템의 유압장치에 설치된 피스톤과 실린더 사이의 환형 틈새 사이를 통한 누설유동은 두 개의 무한 평판 사이의 비압축성, 뉴턴유체의 층류유동으로 가정할 수 있다. 실린더 내 피스톤의 고압측과 저압측의 압력차를 2배로 늘렸을 때, 작동유체의 누설유량은 몇 배가 되는가?

① 2배
② 4배
③ 8배
④ 16배

|해설|

나비에-스토크스 방정식에서 두 개의 무한 평판 사이의 비압축성, 뉴턴유체의 층류유동으로 가정할 때 속도 분포와 유량은
$u=\frac{d'^2}{2\mu}\left(\frac{\partial p}{\partial x}\right)\left[\left(\frac{y}{d'}\right)^2-\left(\frac{y}{d'}\right)\right]$, $V_m=\frac{d'^2}{12\mu}\left(\frac{\partial p}{\partial x}\right)$, $Q=\frac{d'^3\Delta p}{12\mu L}$
(여기서, μ : 점성, d' : 평판 간격, p : 압력, L : 간극 길이)

정답 ①

핵심이론 29 | 유선

① 유선
  ㉠ 흐르고 있는 유체입자의 속도벡터의 접선을 연결한 선이다.
  ㉡ 속도 방향과 접선 방향이 일치하는 연속적인 가상 곡선이다.

② 유관
  ㉠ 정상류 속에 존재는 유선의 묶음이다.
  ㉡ 폐곡선을 통과한 유선들에 의해 형성된 공간이다.

③ 유적선
  ㉠ 주어진 한 유체입자가 움직이는 경로이다.
  ㉡ 정상류일 때 유선은 시간에 관계없이 공간에 고정되며 유적선과 일치한다.

④ 유맥선
  유체의 흐름 속에 고정된 한 점을 통과하는 모든 유체입자의 순간적인 궤적선이다(예 굴뚝, 향, 담배의 연기).

10년간 자주 출제된 문제

담배 연기가 비정상 유동으로 흐를 때 순간적으로 눈에 보이는 담배 연기는 다음 중 어떤 것에 해당하는가?

① 유맥선
② 유적선
③ 유선
④ 유선, 유적선, 유맥선에 모두 해당된다.

|해설|

순간적으로 눈에 보이는 담배는 담배 끝에서 나온 각각의 입자들이 지나간 궤적과 현재의 입자들이 한 번에 보이는 궤적을 이룬다.

정답 ①

핵심이론 30 | 흐름

① 유동함수
  ㉠ 유선에 대한 미분방정식 $\dfrac{dy}{dx} = \dfrac{v}{u}$에서 u와 v가 x와 y로 파악되는 함수일 때 이를 적분하여 $\psi(x, y) = c$ 형태를 유동함수라고 한다.
  $$u = -\frac{\partial \psi}{\partial y}, \quad v = \frac{\partial \psi}{\partial x}$$
  ㉡ 2차원 비압축성 유동 연속 방정식을 만족한다면 $d\psi = vdx - udy$이므로
  $$\left.\frac{dy}{dx}\right|_{\psi=c} = \frac{v}{u} \quad \cdots\cdots (1)$$

② 회전, 와도 및 순환

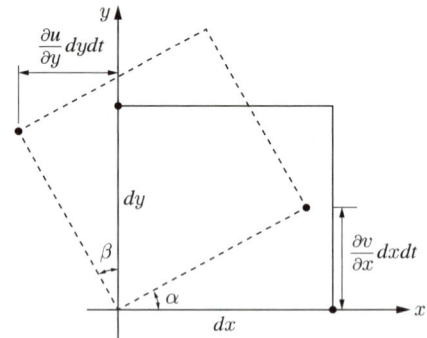

  ㉠ dx면의 회전 변화율은 $\dot{\alpha} = \dfrac{\partial v}{\partial x}$이고, dy면의 회전 변화율은 $\dot{\beta} = -\dfrac{\partial u}{\partial y}$, $w_z = \dfrac{(\partial v/\partial x - \partial u/\partial y)}{2}$ (z축은 지면에서 나오는 방향의 축)이다.

  ㉡ 세 축을 모두 정리하여 벡터로 표시하면 $\omega = \dfrac{(\nabla \times V)}{2}$이고, $\xi = 2\omega = \nabla \times V$을 와도라고 정의한다.

  ㉢ 흐름 : 유체가 흘러가는 임의의 두 점 A, B를 이은 곡선 C를 선적분으로 나타낸 것을 흐름이라고 한다.
  $$\int_A^B V_s \cdot ds = \int_A^B (udx + vdy + wdz)$$

② 순환 : 곡선 C의 흐름이 폐곡선을 이룰 때, 즉 A점으로 출발하여 A점으로 돌아오는 폐곡선일 때의 C를 순환이라고 한다.

$$\gamma = \oint_C V \cdot ds = \oint (udx + vdy + wdz)$$

③ 퍼텐셜 유동

$\mu = 0$으로 가정한 유동이다.

㉠ 속도 퍼텐셜은 유체의 속도벡터를 벡터유동과 스칼라 함수의 곱으로 구분하였을 때 스칼라 함수를 속도 퍼텐셜이라고 나타낸 것이다. ϕ를 속도 퍼텐셜이라 하고, 비회전유동은 속도 퍼텐셜로 나타낼 수 있으며 퍼텐셜 유동이라고 한다.

$$\nabla \times (\nabla b) = 0, \ \nabla \times v = 0, \ v = \nabla \phi$$
$$\therefore \nabla \times (\nabla \phi) = 0$$

㉡ 속도 퍼텐셜을 각 방향으로 편미분하면 각 방향의 속도 성분이 된다.

$$u = \frac{\partial \phi}{\partial x}, \ v = \frac{\partial \phi}{\partial y}, \ w = \frac{\partial \phi}{\partial z}$$

㉢ 원통좌표계에서 속도 퍼텐셜

$$v_r = \frac{\partial \phi}{\partial r}, \ v_\theta = \frac{1}{r}\frac{\partial \phi}{\partial \theta}, \ v_z = \frac{\partial \phi}{\partial z}$$

㉣ 등퍼텐셜선과 유선은 직교한다.

$\phi = \phi(x, y)$로 주어진 경우

$$d\phi = \frac{\partial \phi}{\partial x}dx + \frac{\partial \phi}{\partial y}dy = udx + vdy$$

등퍼텐셜 $\phi = \phi(x, y) = constant$, 즉 $d\phi = 0$, $\phi = c$

$$d\phi = \frac{\partial \phi}{\partial x}dx + \frac{\partial \phi}{\partial y}dy = udx + vdy = 0$$

$$udx + vdy = 0, \ \frac{dy}{dx}\bigg|_{\phi = c} = -\frac{u}{v}$$

그러나 (1)에서 $\frac{dy}{dx}\bigg|_{\psi = c} = \frac{v}{u}$이므로, 서로 함수의 기울기를 곱한 $-\frac{u}{v}\frac{v}{u} = -1$이다.

㉤ 비점성 등속유동에서 유선은 $\frac{dy}{dx} = \frac{v}{u}$이므로 등퍼텐셜선의 미분선과 등속유동선의 미분선의 곱이 -1이고, 기울기(미분선)의 곱이 -1이라는 것은 교차한다는 의미이다. 즉, 등퍼텐셜선과 등속유동선은 서로 교차한다.

④ 원통 주위의 퍼텐셜 유동(비압축성, 비점성유동)

$$V_s = 2U\sin\theta, \ p_s = p_\infty + \frac{1}{2}\rho U^2(1 - 4\sin^2\theta)$$

(여기서, U : 속도, p_∞ : 원통과 먼 곳의 압력, V_s : 원통 표면의 속도, p_s : 원통 표면의 압력)

10년간 자주 출제된 문제

30-1. 2차원 직각좌표계(x, y)에서 유동함수(stream function, ϕ)가 $\phi = y - x^2$인 정상 유동이 있다. 다음 보기 중 속도의 크기가 $\sqrt{5}$인 점 (x, y)을 모두 고르면?

|보기|
ㄱ. (1, 1)   ㄴ. (1, 2)   ㄷ. (2, 1)

① ㄱ
② ㄷ
③ ㄱ, ㄴ
④ ㄴ, ㄷ

30-2. 극좌표계(r, θ)로 나타내는 2차원 퍼텐셜 유동에서 속도 퍼텐셜(velocity potential, ϕ)이 다음과 같을 때 유동함수(stream function, ψ)로 가장 적절한 것은?(단, A, B, C는 상수이다)

$$\phi = A\ln r + Br\cos\theta$$

① $\psi = \frac{A}{r}\cos\theta + Br\sin\theta + C$
② $\psi = \frac{A}{r}\sin\theta - Br\cos\theta + C$
③ $\psi = A\theta + Br\sin\theta + C$
④ $\psi = A\theta - Br\sin\theta + C$

30-3. 2차원 직각좌표계(x, y)에서 속도장이 다음과 같은 유동이 있다. 유동장 내의 점 (L, L)에서 유속의 크기는?(단, $\vec{i}$, $\vec{j}$는 각각 x, y 방향의 단위벡터를 나타낸다)

$$\vec{V}(x, y) = \frac{U}{L}(-x\vec{i} + y\vec{j})$$

① 0
② U
③ $2U$
④ $\sqrt{2}\,U$

| 해설 |

30-1

$\phi = y - x^2$

$d\phi = \dfrac{\partial \phi}{\partial x}dx + \dfrac{\partial \phi}{\partial y}dy = -2x\,dx + dy$

$u = -2x$이고, $v = 1$인 속도요소를 가지므로

$V = \sqrt{(2x)^2 + 1}$

따라서 x 좌표가 1인 보기 ㄱ, ㄴ의 속도가 $\sqrt{5}$이다.

30-2

$u_r = \dfrac{\partial \phi}{\partial r}, \ u_\theta = \dfrac{1}{r}\dfrac{\partial \phi}{\partial \theta}$

$u_r = \dfrac{1}{r}\dfrac{\partial \psi}{\partial \theta}, \ u_\theta = -\dfrac{\partial \psi}{\partial r}$

• r방향 속도 성분

$u_r = \dfrac{\partial \phi}{\partial r} = \dfrac{\partial}{\partial r}(A\ln r + Br\cos\theta)$

$u_r = \dfrac{A}{r} + B\cos\theta$

• θ방향 속도 성분

$u_\theta = \dfrac{1}{r}\dfrac{\partial \phi}{\partial \theta} = \dfrac{1}{r}\dfrac{\partial}{\partial \theta}(A\ln r + Br\cos\theta)$

$u_\theta = \dfrac{1}{r}(-Br\sin\theta) = -B\sin\theta$

$\dfrac{1}{r}\dfrac{\partial \psi}{\partial \theta} = u_r = \dfrac{A}{r} + B\cos\theta, \ -\dfrac{\partial \psi}{\partial r} = u_\theta = -B\sin\theta$이고,

각각 $\dfrac{\partial \psi}{\partial \theta} = r\left(\dfrac{A}{r} + B\cos\theta\right) = A + Br\cos\theta$,

$-\left(B\sin\theta + \dfrac{df}{dr}\right) = -B\sin\theta, \ \dfrac{df}{dr} = 0$ (즉, $f(r) = C$)

$\therefore \psi = A\theta + Br\sin\theta + C$

30-3

$u = -\dfrac{U}{L}x, \ v = \dfrac{U}{L}y$이므로

$|\vec{V}(L,L)| = \sqrt{u^2 + v^2} = \sqrt{\left(\dfrac{U}{L}L\right)^2 + \left(\dfrac{U}{L}L\right)^2} = \sqrt{2U^2} = \sqrt{2}\,U$

정답 30-1 ③ 30-2 ③ 30-3 ④

핵심이론 31 | 손실

① 실제로 관 내 유동은 이상적인 베르누이 방정식을 따르지 못하고 손실이 발생한다.

② 손실수두

㉠ 손실은 여러 가지 방법 중 베르누이의 방식처럼 수두의 손실로 설명하며, 이를 손실수두라 한다.

$$\dfrac{P_1}{\gamma} + \dfrac{V_1^2}{2g} + Z_1 = \dfrac{P_2}{\gamma} + \dfrac{V_2^2}{2g} + Z_2 + H_L$$

㉡ 손실의 가장 큰 이유는 마찰과 부딪힘(충돌) 때문이다. 이 외력을 수두로 표현한다.

• 관 마찰수두(H_f, Darcy-Weisbach eq.)

$$H_f = f\dfrac{l}{D}\dfrac{v^2}{2g}\,[\text{m}]$$

$\left(\text{여기서, } f : \text{관 마찰계수, 층류에서 } \dfrac{64}{Re}\right)$

• 충돌수두(H_k)

$$H_k = K_k\dfrac{v^2}{2g}\,[\text{m}]$$

(여기서, K_L : (충돌) 손실계수)

• (종합) 손실수두(H_L)

$$H_L = H_f + H_k$$

$$H_L = K_L\dfrac{v^2}{2g}$$

$\left(\text{여기서, } K_L = K_k + f\dfrac{l}{D}\right)$

※ 문제에서 다른 조건 없이 손실계수(K)를 주는 경우에는 H_L을 사용한다.

③ 부차적 손실

㉠ 손실수두 중 주손실인 관 마찰수두를 제외한 다른 영역의 손실을 부차적 손실이라고 한다.

㉡ 관의 형상, 굴곡, 연결 부위 등에 의해 손실이 발생하며 관계 제품을 서로 연결할 때까지 부차적 손실이 발생한다.

ⓒ 부차적 손실은 손실계수를 이용하여 속도수두에 곱해서 구한다. 곡관의 경우 곡률에 따라 손실계수가 달라진다.
ⓔ 수학적으로 손실수두를 구하는 것이 쉽지 않으며 실험·통계로 손실을 찾아낼 수 있다.

10년간 자주 출제된 문제

매끄러운 원 관에서 물의 속도가 V일 때 압력 강하가 Δp_1이었고, 이때 완전한 난류유동이 발생하였다. 속도를 $2V$로 하여 실험하였다면 압력 강하는 얼마가 되는가?

① Δp_1
② $2\Delta p_1$
③ $4\Delta p_1$
④ $8\Delta p_1$

|해설|

매끄러운 원 관 내에서 압력 강하가 일어나는 경우는 마찰 등 손실수두가 발생하는 경우이다. 손실수두의 식은 모든 유동에 적용된다.

$H_L = K_L \dfrac{v^2}{2g}$ (여기서, $K_L = K_k + f\dfrac{l}{D}$)

$\Delta P = \gamma H_L = K_L \dfrac{\rho v^2}{2}$

손실이 발생하는 유동에서 속도가 2배가 되면 손실수두는 4배가 되고, 이에 따라 압력 강하는 4배가 된다.

정답 ③

핵심이론 32 | 프루드(Froude)수

① 영국의 물리학자 William Froude에 의해 주창되었다. 서로 크기가 다른 모형 배의 파형을 관찰하였더니 배의 길이에 상응하는 속도가 있는 것을 발견하여 크기와 상응속도 간의 무차원수를 정리한 것이다.

$$F_N = \dfrac{V}{\sqrt{gL}}$$

(여기서, V : 속도, g : 중력 가속도, L : 선박 길이)

② 상사법칙
ⓐ 실선과 모형선이 같은 프루드수를 갖는다면, 실선 대 모형비의 축척비를 갖는 동일한 파형을 만들어 낼 수 있다.
ⓑ 프루드수가 같다면 모형과 실제 배의 조파저항은 축척비에 비례한다. 이를 상사(狀寫)라 한다.
ⓒ 실물(prototype)과 모형(model)이 기하학적으로 상사한다면

$$Re_p = Re_m,$$

$$\left(\dfrac{\rho Vl}{\mu}\right)_p = \left(\dfrac{\rho Vl}{\mu}\right)_m, \ \left(\dfrac{Vl}{\nu}\right)_p = \left(\dfrac{Vl}{\nu}\right)_m$$

ⓓ (저)항력은 다음과 같다.

$$C_D = \dfrac{F_D}{\dfrac{1}{2}\rho A V^2}$$

ⓔ 저항력 비의 관계는 다음과 같다.

$$\left(\dfrac{D_p}{\rho V^2 A}\right)_p = \left(\dfrac{D_m}{\rho V^2 A}\right)_m, \ \left(\dfrac{D}{\rho V^2 l^2}\right)_p = \left(\dfrac{D}{\rho V^2 l^2}\right)_m$$

(여기서, A : 면적, l : 길이, D : 저항력)

10년간 자주 출제된 문제

32-1. 물(비중량 9,810[N/m³]) 위를 3[m/s]의 속도로 항진하는 길이 2[m]인 모형선에 작용하는 조파저항이 54[N]이다. 길이 50[m]인 실선을 이것과 상사한 조파 상태인 해상에서 항진시킬 때 조파저항은 약 얼마인가?(단, 해수의 비중량은 10,075[N/m³]이다)

① 43kN
② 433kN
③ 87kN
④ 867kN

32-2. 길이가 50[m]인 배가 8[m/s]의 속도로 진행하는 경우에 대해 모형 배를 이용하여 조파저항에 관한 실험을 하고자 한다. 모형 배의 길이가 2[m]이면 모형 배의 속도는 약 몇 [m/s]로 하여야 하는가?

① 1.60
② 1.82
③ 2.14
④ 2.30

|해설|

32-1

$$F_N = \frac{V}{\sqrt{gL}}$$

길이가 25배인 모형과 실선은 프루드수가 같다면 속도가 5배이다.

$$\left(\frac{D}{\rho V^2 l^2}\right)_p = \left(\frac{D}{\rho V^2 l^2}\right)_m$$ 관계이므로

$$\left(\frac{D_p}{10,075[\text{N/m}^3] \times (15[\text{m/s}])^2 \times (50[\text{m}])^2}\right)_p$$
$$= \left(\frac{54[\text{N}]}{9,810[\text{N/m}^3] \times (3[\text{m/s}])^2 \times (2[\text{m}])^2}\right)_m$$

$$\therefore D_p = 866,542[\text{N}] = 867[\text{kN}]$$

32-2

상사법칙 : 실선과 모형선이 같은 프루드수를 갖는다면, 실선 대 모형비의 축척비를 갖는 동일한 파형을 만들어낼 수 있다.

$$F_N = \frac{V}{\sqrt{gL}}$$

(여기서, V : 속도, g : 중력 가속도, L : 선박 길이)

$$\left(\frac{V}{\sqrt{gL}}\right)_{real} = \left(\frac{V}{\sqrt{gL}}\right)_{model}$$

$$\left(\frac{8[\text{m/s}]}{\sqrt{g(50[\text{m}])}}\right)_{real} = \left(\frac{V}{\sqrt{g(2[\text{m}])}}\right)_{model}$$

$$\therefore V_{model} = 1.6[\text{m/s}]$$

정답 32-1 ④ 32-2 ①

핵심이론 33 | 항력

① 항력, 양력
  ㉠ 유체 중에 놓인 물체가 받는 힘으로, 흐름이 있는 유체 또는 운동하는 물체가 유체 속에 있을 때 이 유체는 운동 방향의 반대 방향으로 저항이 발생하는데, 이를 항력이라 한다.
  ㉡ 항력이 발생할 때 항력과 수직이 되는 방향의 힘을 양력이라고 한다.
  ㉢ 비행기가 공기 중 이동 시 항력을 받으며, 이에 따라 양력을 받게 되어 비행을 할 수 있다.
  ㉣ 마찰항력 : 물체 표면에서 유체의 점성에 의하여 생기는 전단력에 의해 저항하는 힘, 즉 표면에서의 마찰에 의해 생기는 힘이다.
  ㉤ 압력항력 : 유동 물체의 뒷부분에 경계층 박리로 인한 압력차가 발생할 때 이로 인해 생기는 운동 방향의 저항력이다. 압력항력은 물체의 형상에 따라 크게 영향을 받는다.

② 항력계수

$$F = F_f + F_D \text{(전항력 = 마찰항력 + 압력항력)}$$

$$F_f = C_f \frac{1}{2} \rho V^2 \times A$$

(여기서, C_f : 마찰항력계수, V : 유체의 속도, A : 유체와 물체가 닿는 표면적)

$$F_D = C_D \frac{1}{2} \rho V^2 \times A$$

(여기서, C_D : 압력항력계수, A : 유체의 흐름을 막는 단면적)

항력을 이기기 위해 필요한 동력은

$$P = F \times V [\text{N} \cdot \text{m/s}(\text{W})]$$

양력은 항력과 같은 차원을 가지며 유체 이동에 따라 뜨게 하는 힘의 방향을 갖는다.

$$F_L = C_L \frac{1}{2} \rho V^2 \times A$$

(여기서, C_L : 양력계수, A : 유체의 흐름을 막는 단면적)

③ 스토크스 유동

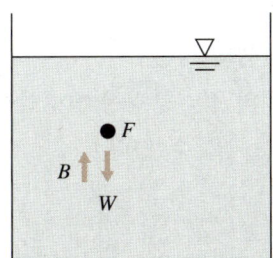

유체 속에 낙하하는 물체가 있을 때 이 물체가 받는 힘은 물체의 자중(W), 부력(B), 항력(F)이다. 작은 물체의 경우 자중에 의한 힘과 부력과 항력의 합이 같아지는 경우, 초기에 입수되던 힘에 의해 저속 등속 운동을 하게 된다. 이 경우 항력은 주로 마찰항력(F_f)이 작용한다. 다른 힘에 비해 상대적으로 크기가 작은 마찰력이 큰 역할을 해야 하며, 스토크스 유동은 주로 가볍거나 작은 물체에서 나타난다.

$$B = \rho_{유체}\,g\,V, \quad W = \rho_{입자}\,g\,V, \quad F_f = 6\pi\mu_{유체}rv$$
$$\sum F = W - B - F_f = 0$$

10년간 자주 출제된 문제

33-1. 지름이 20[cm]인 구의 주위에 물이 2[m/s]의 속도로 흐르고 있다. 이때 구의 항력계수가 0.2라고 할 때 구에 작용하는 항력은 약 몇 [N]인가?

① 12.6　　② 204
③ 0.21　　④ 25.1

33-2. 어떤 물체의 속도가 초기속도의 2배가 되었을 때 항력계수가 초기 항력계수의 $\frac{1}{2}$로 줄었다. 초기에 물체가 받는 저항력이 D라고 할 때 변화된 저항력은?

① $2D$　　② $4D$
③ $\frac{1}{2}D$　　④ $\sqrt{2}\,D$

|해설|

33-1
$$F_D = C_D \frac{1}{2}\rho V^2 \times A$$
$$= 0.2 \times \frac{1}{2} \times 1{,}000[\text{kg/m}^3] \times (2[\text{m/s}])^2 \times \frac{\pi}{4}(0.2[\text{m}])^2$$
$$= 12.566[\text{N}]$$

33-2
$$F_D = C_D \frac{1}{2}\rho V^2 \times A$$
$$F_D{'} = \frac{C_D}{2}\frac{1}{2}\rho(2V)^2 \times A = 2C_D \frac{1}{2}\rho V^2 \times A = 2F_D$$

(여기서, F_D : 항력, C_D : 항력계수)

정답 33-1 ①　33-2 ①

| 핵심이론 34 | 수력의 직경

① 수력의 직경
  ㉠ 수로 내에서 유체가 흐르는 단면의 지름이다.
  ㉡ 수로의 크기를 설계하는 기초자료, 수로에 흐르는 유량을 결정하는 기초자료이다.
② 원형 관이 아닌 경우의 흐름에서도 직경을 계산하여 유체의 흐름을 해석하므로 수력의 반지름과 지름을 산술할 필요가 있다.
  ㉠ 수력의 반지름
  $$R_h = \frac{A}{L}$$
  (여기서, L : 접수(接水) 길이, A : 관 단면적)
  ㉡ 수력의 직경(지름)
  $$D_h = \frac{4A}{L}$$

10년간 자주 출제된 문제

높이가 0.7[m], 폭이 1.8[m]인 직사각형 덕트에 유체가 가득 차서 흐른다. 이때 수력 직경은 약 몇 [m]인가?

① 1.01
② 2.02
③ 3.14
④ 5.04

|해설|

$$D_h = \frac{4A}{L}$$

(여기서, L : 접수(接水) 길이, A : 관 단면적)
가득 차서 흐르므로 접수 길이는
$L = 1.8[m] + 0.7[m] + 1.8[m] + 0.7[m] = 5[m]$
$A = 1.8[m] \times 0.7[m] = 1.26[m^2]$
$$D_h = \frac{4A}{L} = \frac{4 \times 1.26[m^2]}{5[m]} = 1.008[m]$$

정답 ①

| 핵심이론 35 | 베르누이의 정리 응용

① 토리첼리의 정리
  ㉠ 베르누이의 정리를 응용하여 압력 차를 통해 분출 속도 v_1을 알 수 있다.

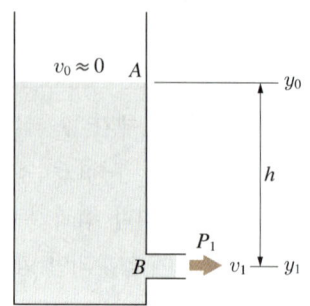

$\frac{P_1}{\gamma} + \frac{v_1^2}{2g} + Z_1 = \frac{P_0}{\gamma} + \frac{v_0^2}{2g} + Z_0 = H$를 이용하여 $P_1 = P_0$(대기압), $v_0 \approx 0$, $Z_0 - Z_1 = h$이므로 $\frac{v_1^2}{2g} = h$, $v_1 = \sqrt{2gh}$

  ㉡ 오리피스 : ㉠의 그림처럼 유체의 분출구를 만들면 실제 속도는 마찰에 의해 줄어든다. 관의 중간에 뚫린 얇은 판으로 된 칸막이를 오리피스라고 하는데, 위 그림을 오리피스로 바꾸면 아래 그림처럼 유도구가 없는 분출구가 된다.

② 피토관
  ㉠ 흐르는 유체의 속도를 측정하기 위한 기구이다.

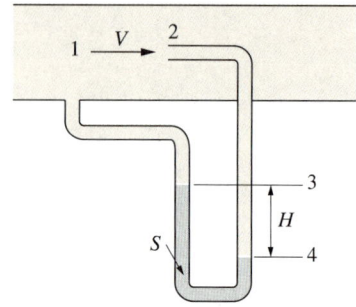

1에서 채취한 유체와 2에서 채취한 유체는 수두가 같지만, 속도수두는 다르다. 4에서 베르누이 방정식을 대입하면

$$\frac{P_1}{\gamma} + \frac{v_1^2}{2g} + Z_1 = \frac{P_2}{\gamma} + \frac{v_2^2}{2g} + Z_2 = H$$

$Z_1 = Z_2$이고, $v_1 \approx 0$이므로, $\dfrac{P_1}{\gamma} = \dfrac{P_2}{\gamma} + \dfrac{v_2^2}{2g}$

가 되어

$$\frac{v_2^2}{2g} = \frac{P_1 - P_2}{\gamma}$$

$$V = \sqrt{2gH\left(\frac{\gamma_s}{\gamma} - 1\right)} = \sqrt{2gH\left(\frac{S_s}{S} - 1\right)}$$

의 관계가 된다.

ⓒ 피토계수를 이용하여 보정하면

$$V_C = CV = C\sqrt{2gH\left(\frac{S_s}{S} - 1\right)}$$

피토관 입구의 경우, 동압이 위치에너지로 바뀌어 나오려는 힘을 입구에 가하게 되므로 정체가 발생한다. 동압이 없는 상태로 보이지만, 들어가는 유체가 위치에너지에 의해 정체되어 정지된 압력처럼 된 것을 정체압이라 한다. 정압 + 동압만큼의 압력을 받는다.

③ 벤투리미터

관경을 변경시켜 발생하는 차압을 이용하여 유량과 유체의 흐름을 측정하는 방법으로, 차압측정기라고도 한다. 베르누이의 정리를 이용하여 측정한다.

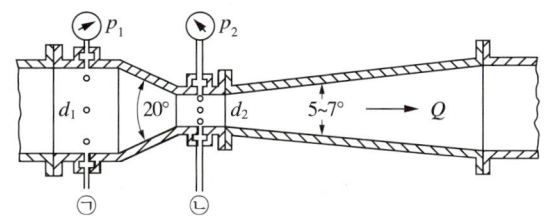

④ 피에조미터(관)

다음 그림의 우측 관이 피에조미터이다. 유체의 압력 P를 미터관의 높이 차를 이용하여 측정한다. 기준선을 잡고 $P + r_1 h_1 = P_{atm} + \gamma_2 h_2$ 관계를 이용하여 측정한다($\gamma_1 = \gamma_2$).

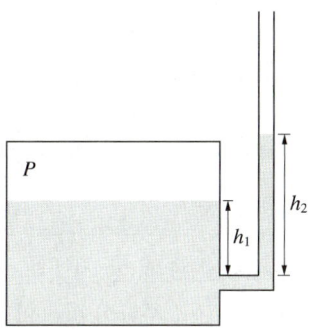

10년간 자주 출제된 문제

다음 그림과 같은 노즐에서 나오는 유량이 0.078[m³/s]일 때 수위(H)는 약 얼마인가?(단, 노즐 출구의 안지름은 0.1[m]이다)

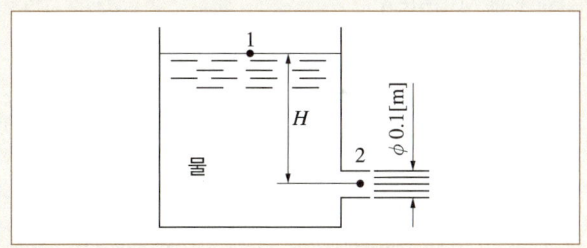

① 5[m] ② 10[m]
③ 0.5[m] ④ 1[m]

|해설|

$Q = AV = \dfrac{\pi d^2}{4} \times \sqrt{2gH}$ ($V = \sqrt{2gH}$이므로)

$0.078[\text{m}^3/\text{s}] = \dfrac{\pi (0.1[\text{m}])^2}{4} \times \sqrt{2 \times 9.806[\text{m/s}^2] \times H}$

$H = 5.029[\text{m}]$

정답 ①

핵심이론 36 | 파스칼의 정리

① 파스칼의 정리

㉠ $p = \dfrac{F}{A} = \dfrac{F_1}{A_1} = \dfrac{F_2}{A_2}$

㉡ 밀폐용기 안에 정지하고 있는 유체의 일부에 가해진 압력은 용기 안의 모든 유체에 일정하게 전달되며, 벽면에 수직으로 작용한다.

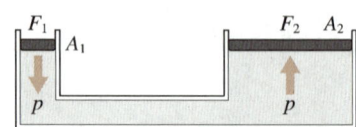

㉢ 이 원리는 유체를 이용한 지렛대 원리로 생각할 수 있다. 예를 들어, 사람이 발목의 힘으로 운행하는 10[ton]이 넘는 트럭도 브레이크를 이용하여 멈출 수 있는데, 이는 파스칼의 원리를 이용한 것이다.

② 액주계(마노미터)

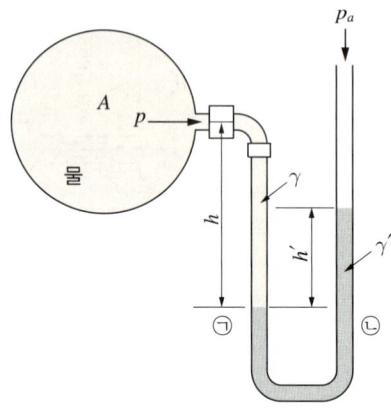

㉠면에서 작용하는 압력과 ㉡면에서 작용하는 압력은 같으므로

$p_1 = p + \gamma h$, $p_2 = p_a + \gamma' h'$

$p_1 = p_2$이므로 $p + \gamma h = p_a + \gamma' h'$

그러나 $p_a =$ 대기압, $p_{gage} = p - p_a$이므로

$p_{gage} = \gamma' h' - \gamma h$

10년간 자주 출제된 문제

마노미터를 설치하여 액체탱크의 수압을 측정하려고 한다. 수은(비중 = 13.6) 액주의 높이 차가 $H = 50$[cm]이면 A점에서의 계기압력은 약 얼마인가?(단, 액체의 밀도는 900[kg/m³]이다)

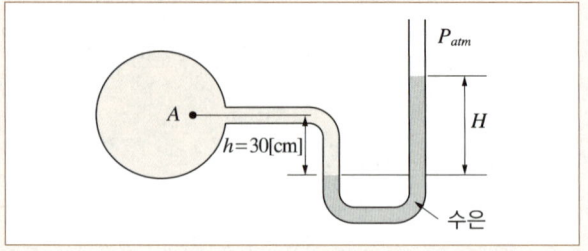

① 63.9[kPa] ② 4.2[kPa]
③ 63.9[Pa]   ④ 4.2[Pa]

|해설|

$p_{gage} = \gamma' h' - \gamma h$

이 문제의 조건에서는

$\begin{aligned}
p_{gage} &= \gamma_{수은} H - \gamma_{액} h \\
&= S_{수은} \gamma_{물} H - \rho_{액} gh \\
&= 13.6 \times 9{,}806[\text{N/m}^3] \times 0.5[\text{m}] - 900[\text{kg/m}^3] \\
&\quad \times 9.806[\text{m/s}^2] \times 0.3[\text{m}] \\
&= 64{,}033.18[\text{N/m}^2] = 64.03[\text{kPa}]
\end{aligned}$

※ 중력 가속도의 값의 적용 차에 따른 오차를 고려한다.

정답 ①

| 핵심이론 37 | 평판에서의 점성유동

① 층류

 ㉠ 유체의 흐름이 관 벽면에서 각 층별로 일정한 흐름을 층류라고 한다.

 ㉡ 층류에서 $\tau = \mu \dfrac{du}{dy}$의 관계가 성립한다.

 ㉢ 관 중심에서 유속은 최대이며 관 벽에서의 유속은 0이고, 유선은 대칭된다.

 ㉣ 최대 유속은 평균 유속의 2배이며, 속도 분포는 포물선 곡선이다.

 • 일반적으로 $Re \le 2,320$인 경우 층류로 구분한다.

 • 마찰계수 $f = \dfrac{64}{Re}$이며, 층류에서는 관 벽의 거칠기보다 Re에 의해 결정된다.

② 유체 속에서 이동하는 평판에 작용하는 힘

 정지해 있는 유체 속에 이동하는 평판에 작용하는 힘은 유체에 전단력을 작용시키며 $\tau = \mu \dfrac{du}{dy}$의 관계를 가진다.

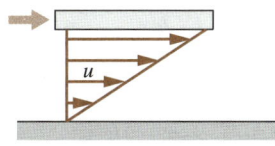

③ 관 내 유체의 유동

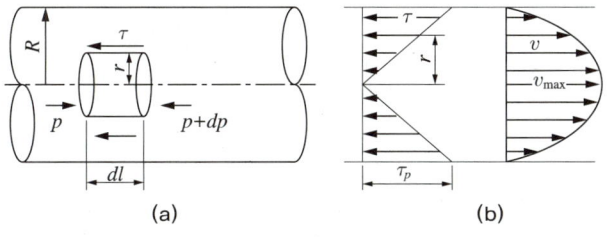

(a)　　　　　　　(b)

 ㉠ 평판에서의 점성유동과 마찬가지로 유체의 유동에 의해 전단응력이 발생하는데, 관 속의 유동은 평판이 고정된 경우로 고려한다.

 ㉡ 유체는 어떤 압력에 의해 고정된 관을 통과하여 이동하며, 그림 (b)에서 보듯이 이동하는 평판에 작용하는 힘처럼 관 벽쪽으로 유체 흐름과 반대 방향의 힘이 작용한다.

 ㉢ 작용하는 속도는 중심에서 최대이며, 평균 유속은 중심 유속(최대 유속)의 1/2과 같다.

④ 하겐-푸아죄유(Hagen-Poiseuille) 식

 ㉠ 유량

$$Q = \dfrac{\pi d^4 \Delta P}{128 \mu L} \; (\Delta P = \gamma\, dl)$$

 ㉡ 유량에 따라 계산되는 손실수두

$$h_L = \dfrac{\Delta p}{\gamma} = \dfrac{128 \mu L Q}{\gamma \pi d^4} \left(\because \Delta P = \dfrac{128 \mu L Q}{\pi d^4} \right)$$

10년간 자주 출제된 문제

수평 원 관 속에 정상류의 층류 흐름이 있을 때 전단응력에 대한 설명으로 옳은 것은?

① 단면 전체에서 일정하다.
② 벽면에서 0이고, 관 중심까지 선형적으로 증가한다.
③ 관 중심에서 0이고, 반지름 방향으로 선형적으로 증가한다.
④ 관 중심에서 0이고, 반지름 방향으로 중심으로부터 거리의 제곱에 비례하여 증가한다.

|해설|

관 내 유체의 유동

• 평판에서의 점성유동과 마찬가지로 유체의 유동에 의해 전단응력이 발생하는데, 관 속의 유동은 평판이 고정된 경우로 고려한다.
• 유체는 어떤 압력에 의해 고정된 관을 통과하여 이동하며, 이동하는 평판에 작용하는 힘처럼 관 벽쪽으로 유체 흐름과 반대 방향의 힘이 작용한다.
• 작용하는 속도는 중심에서 최대이며, 평균 유속은 중심 유속(최대 유속)의 1/2과 같다.

정답 ③

핵심이론 38 | 경계층

① 레이놀즈수

㉠ 관성력과 점성의 비를 나타내는 무차원수로, 유체의 유동이 층류인지 난류인지를 판정하는 기준이 된다.

㉡ 레이놀즈수의 수치적 정의

$$Re = \frac{\rho v^2/D}{\mu v/D^2} = \frac{\rho v D}{\mu} = \frac{vD}{\nu}$$

(여기서, ρ : 밀도, v : 유속, μ : 점성계수, ν : 동점성 계수$\left(\frac{\mu}{\rho}\right)$, D : 관경)

㉢ 임계 레이놀즈수
- 원형 단면을 갖는 파이프에서의 임계 레이놀즈수는 대략 23,00~3,000으로 간주한다.
- 평판에서의 임계 레이놀즈수는 대략 500,000~5,000,000으로 간주한다.

② 유동하는 유체의 경계층 두께

㉠ 경계층 두께 : 속도가 u_∞의 0.99가 되는 점의 수직 두께(δ)이다. 유체유동의 두께를 δ라 하면 레이놀즈수에 따라서 층류를 이루는 경계층은 δ_0의 임계 두께를 갖는다고 가정할 수 있다.

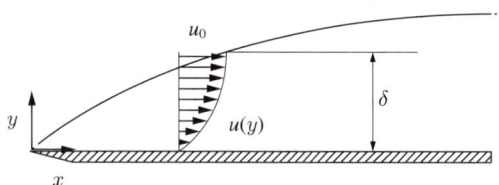

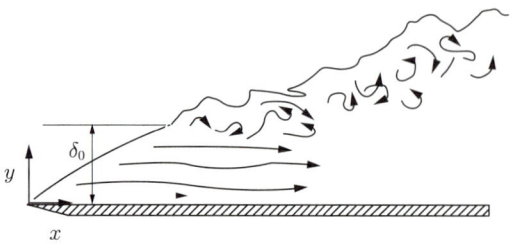

㉡ 평판 층류에서의 경계층 두께(Blasius 해)

$$\delta \approx 4.9\sqrt{\frac{vx}{u_0}} = 4.9\frac{x}{\sqrt{Re}}$$
$$= 4.9\frac{x}{\sqrt{\frac{\rho v D}{\mu}}} = 4.9\sqrt{\frac{x\mu}{\rho v D}}$$

(계수를 5.0으로 사용하기도 함)

㉡ 배제 두께
- 일정한 속도 U_∞로 운동하던 유체가 벽면의 영향으로 경계층이 형성되면 운동량을 잃고 표면 근처의 속도가 줄어든다.

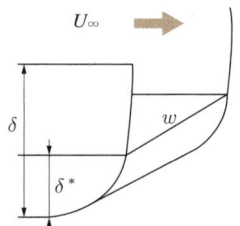

- 질량유량도 경계층이 형성되면 $\int_0^\infty \rho(U_\infty - u)w\,dy$ 만큼 줄어든다.
- 경계층 내부에서 질량유량 감소량만큼 바깥쪽으로 밀려나는 거리이므로, 이 관계를 정리하면

$$\delta^* = \int_0^\infty \left(1 - \frac{u}{U_\infty}\right)dy \simeq \int_0^\delta \left(1 - \frac{u}{U_\infty}\right)dy$$

- 비압축성 층류의 배제 두께(Blasius 해)

$$\delta^* = \frac{1.73x}{\sqrt{Re_x}}$$

㉢ 운동량 두께(momentum flow)

$$\delta_m = \frac{1}{\rho_0 U_\infty^2}\int_0^\infty \rho u(U_\infty - u)dy\,(=\theta)$$

※ 경우에 따라 θ, δ_m 등으로 표기한다.

- 비압축성 층류의 운동량 두께

$$\delta_m = \int_0^\delta \frac{u}{U_\infty}\left(1 - \frac{u}{U_\infty}\right)dy\,(=\theta)$$

- 비압축성 층류의 운동량 두께(Blasius 해)

$$\delta_m = \frac{0.664x}{\sqrt{Re_x}}$$

㉣ 평판에서의 난류
- 변위 두께

$$\delta \approx \frac{0.376x}{\sqrt[5]{Re}} = 0.376\left(\frac{U_\infty x}{\nu}\right)^{-\frac{1}{5}}$$

- 배제 두께

$$\delta^* \approx \frac{0.046x}{\sqrt[5]{Re}} = 0.046\left(\frac{U_\infty x}{\nu}\right)^{-\frac{1}{5}}$$

이 관계는 $\delta^* = \frac{\delta}{8}$ 이다.

10년간 자주 출제된 문제

38-1. 평판을 지나는 경계층 유동에서 속도 분포가 경계층 바깥에서는 균일속도, 경계층 내에서는 다음과 같이 주어질 때 경계층 배제 두께(displacement thickness) δ^*와 경계층 두께 δ의 관계식으로 옳은 것은?(단, u는 평판으로부터 거리 y에 따른 경계층 내의 속도 분포, U는 경계층 밖의 균일속도이다)

$$u(y) = U \times \frac{y}{\delta}$$

① $\delta^* = \frac{\delta}{4}$ ② $\delta^* = \frac{\delta}{3}$

③ $\delta^* = \frac{\delta}{2}$ ④ $\delta^* = \frac{2\delta}{3}$

38-2. 5[℃]의 물(점성계수 1.5×10^{-3}[kg/(m·s)])이 안지름 0.25[cm], 길이 10[m]인 수평관 내부를 1[m/s]로 흐른다. 이때 레이놀즈수는 얼마인가?

① 166.7   ② 600
③ 1,666.7   ④ 6,000

|해설|

38-1

$$\delta^* = \int_0^\delta \left(1 - \frac{u}{U_\infty}\right)dy = \int_0^\delta \left(1 - \frac{U_\infty \times \frac{y}{\delta}}{U_\infty}\right)dy$$
$$= \int_0^\delta \left(1 - \frac{y}{\delta}\right)dy = \left[y - \frac{y^2}{2\delta}\right]_0^\delta = \delta - \frac{\delta}{2} = \frac{\delta}{2}$$

38-2

$$Re = \frac{\rho v^2/D}{\mu v/D^2} = \frac{\rho v D}{\mu} = \frac{vD}{\nu}$$

$$Re = \frac{\rho v D}{\mu} = \frac{1,000[\text{kg/m}^3] \times 1[\text{m/s}] \times 0.0025[\text{m}]}{1.5 \times 10^{-3}[\text{kg/(m·s)}]} = 1,666.67$$

정답 38-1 ③ 38-2 ③

핵심이론 39 | 음속

① 음파는 공기의 진동으로 인해 형성된 종파(從波)이다.
② 음파의 속도

$$\alpha = \sqrt{\frac{E}{\rho}}$$

(여기서, α : 음파의 속도, E : 체적 탄성률, ρ : 밀도)

③ 음파의 속도와 온도의 관계
음파 전달 시 압력 변화가 크고, 열의 출입이 없으므로 단열과정이다.

$$pv^\kappa = c \to p = c\rho^\kappa$$
$$dp = c\rho^\kappa d\rho, \quad \frac{dp}{d\rho} = \kappa c\rho^{\kappa-1} = \frac{\kappa p}{\rho}$$
$$\alpha = \sqrt{\frac{\kappa p}{\rho}} = \sqrt{\kappa RT} \,(\because p = \rho RT)$$

따라서 음속은 온도의 제곱근과 비례한다.

10년간 자주 출제된 문제

밀도가 0.84[kg/m³]이고, 압력이 87.6[kPa]인 이상기체가 있다. 이 이상기체의 절대온도를 2배 증가시킬 때, 이 기체에서의 음속은 약 몇 [m/s]인가?(단, 비열비는 1.4이다)

① 280   ② 340
③ 540   ④ 720

|해설|

$$\alpha = \sqrt{\frac{\kappa p}{\rho}} = \sqrt{\kappa RT}\,(\because p = \rho RT)$$

초기 속도 $\alpha_1 = \sqrt{\frac{\kappa p}{\rho}}$

$$= \sqrt{\frac{1.4 \times 87,600\frac{[\text{kg·m/s}^2]}{[\text{m}^2]}}{0.84[\text{kg/m}^3]}}$$
$$= 382.099[\text{m/s}]$$

온도를 2배로 하면 속도는 $\sqrt{2}$ 배이다.
나중 속도 $\alpha_2 = \sqrt{2}\,\alpha_1 = \sqrt{2} \times 382.099[\text{m/s}] = 540.37[\text{m/s}]$

정답 ③

핵심이론 40 | 관 속에서의 유체유동

① 난류유동

ㄱ) 난류에서의 전단응력

$$\tau = \eta \frac{d\overline{u}}{dy}$$

(여기서, η : 와점성계수, $\overline{u}$: 시간에 대한 평균 유속)

ㄴ) 난류에서 레이놀즈 응력

$$\tau = -\rho \overline{u'v'}$$

(여기서, $\overline{u'}$, $\overline{v'}$: 변동 성분요소의 시간에 대한 평균값, u, v방향을 곱하면 단면에 대한 밀도체적의 곱)

ㄷ) 레이놀드 응력은 혼합거리를 이용한 평균 유속으로 나타낸다. 혼합거리란 난류 흐름에서도 일정 부분은 에너지가 유지되며 유동하는데, 그 유동의 특징을 잃어버리지 않고 이동하는 거리를 의미한다.

ㄹ) 혼합거리를 l이라 하면 l 떨어진 곳의 $\overline{u'}$는 $\overline{u'} + l\frac{d\overline{u}}{dy}$가 되고 변동분만의 크기는 $|u| = l\frac{d\overline{u}}{dy}$가 된다. 난류이므로 v방향으로도 동일한 크기로 간주할 수 있다면 $|v| = l\frac{d\overline{u}}{dy}$ 이다.

ㅁ) $|u| = |v| = l\frac{d\overline{u}}{dy}$ 이라면

$$\tau = -\rho \overline{u'v'} = -\rho l^2 \left(\frac{d\overline{u}}{dy}\right)^2$$

부호의 절댓값을 적용하면

$$\tau = \rho l^2 \left|\frac{d\overline{u}}{dy}\right| \frac{d\overline{u}}{dy}$$

혼합 길이 $l = \kappa y$

(여기서, κ : Karman 상수, y : 관 벽으로부터 떨어진 거리)

② 혼합유동

실제의 유동은 층류유동과 난류유동의 혼합이다.

$$\tau = \mu \frac{d\overline{u}}{dy} + \rho l^2 \left|\frac{d\overline{u}}{dy}\right|\frac{d\overline{u}}{dy} = \left(\mu + \rho l^2 \left|\frac{d\overline{u}}{dy}\right|\right)\frac{d\overline{u}}{dy}$$

10년간 자주 출제된 문제

프랜틀의 혼합거리(mixing length)에 대한 설명으로 옳은 것은?
① 전단응력과 무관하다.
② 벽에서 0이다.
③ 항상 일정하다.
④ 층류유동의 문제를 계산하는 데 유용하다.

|해설|

② 혼합 길이는 벽에서 떨어진 거리에 비례하며 벽에서는 0이다.
① 난류에서는 레이놀즈 응력에 혼합거리를 적용하여 전단응력을 구한다.
③, ④ 난류유동 시 전단응력을 구할 때 사용한다. 난류는 시간에 따른 변화가 고려되는 유동이다.

정답 ②

핵심이론 41 | 유체가 평판에 작용하는 힘

① 운동량(momentum)
  ㉠ 운동량 = 물체의 질량 × 속도, $p = mv[\text{kg} \cdot \text{m/s}]$
  ㉡ 물체가 가지고 있는 움직임의 양이다.
  ㉢ 벡터이므로 방향도 고려한다. 같은 질량을 가진 두 물체가 서로 다른 속도로 움직인다면 더 빠른 속도로 움직이는 물체의 운동량이 더 크고, 서로 다른 방향으로 움직인다면 각 방향으로의 운동량은 다르다.
  ㉣ 운동량 보존의 법칙 : 제한된 시스템 내에서 외부력이 작용하지 않는 한 시스템의 총운동량은 변하지 않는다.
  ㉤ 이 법칙은 유체의 압축성, 점성에 관계없이 적용되며, 유체기계 내의 운동에 관련된 힘, 동력을 계산하는 데 활용된다.

② 운동량의 변화량
  ㉠ $\Delta p = m\Delta v$, 만약 단위시간 동안의 운동량의 변화량을 계산하면 $\Delta p/\Delta t = m\Delta v/\Delta t = ma = F$가 된다.
  ㉡ 운동량의 법칙 : 유동하는 유체의 단위시간당 운동량의 변화는 유체에 작용한 힘의 크기와 같다.

③ 충격량(impulse)
  ㉠ 물체에 가해지는 힘을 시간에 대해 적분한 양이다. 같은 힘이라도 작용된 시간에 따라 충격량은 달라진다.
  ㉡ 충격량 = 힘 × Δ시간,
  $I = F \cdot ds[\text{N} \cdot \text{s}(\text{kg} \cdot \text{m/s})]$
  ㉢ 물리적으로 충격량과 운동량은 같은 차원으로 해석한다.

④ 분사되는 액체가 작용하는 힘
  다음 그림과 같이 분사되는 유체가 평판에 작용하는 힘 F는 평판에 반력 F가 작용하여 평판이 정지해 있다면, y방향의 분력의 합은 같아지므로 뉴턴의 운동법칙 $F = ma$를 적용한다.

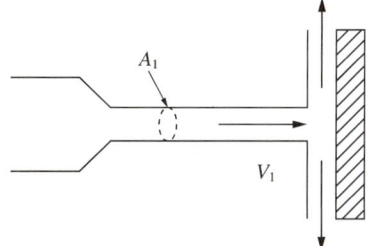

$F = \dot{m}V_1 = \rho A_1 V_1^2 [\text{kg/s}]$

⑤ 분류에 대해 비스듬한 평판에 작용하는 힘
  다음 그림과 같다면 충돌 후 y방향의 분력은 0이 되므로 합력을 구할 필요가 없다.

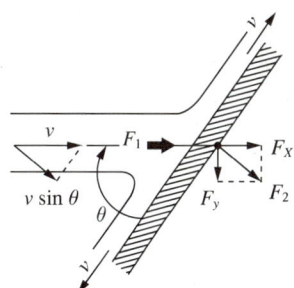

$F_1 = F_1 \sin\theta = \rho Av \sin\theta$
$F_x = F_2 \sin\theta = \rho Av \sin^2\theta$

⑥ 곡판에 작용하는 힘
  다음 그림과 같이 곡판에 힘이 작용한다면 x, y방향에 따라 좌변에는 충돌 전, 우변에는 충돌 후로 등식을 세울 수 있다.

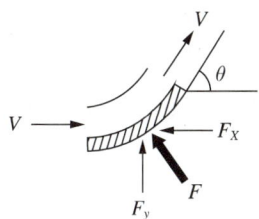

㉠ x 방향
$F_x - F_x{'} = \rho QV\cos\theta$, $F_x = \rho QV$이므로
$\rho QV - F_x{'} = \rho QV\cos\theta$,
$F_x{'} = \rho QV(1-\cos\theta)$

ⓛ y 방향

$$0 + F_y' = \rho QV\sin\theta$$

저항력의 합력은

$$\begin{aligned}F &= \sqrt{(F_x')^2 + (F_y')^2} \\ &= \rho QV\sqrt{(1-\cos\theta)^2 + \sin^2\theta} \\ &= \rho QV\sqrt{1 - 2\cos\theta + \cos^2\theta + \sin^2\theta} \\ &= \rho QV\sqrt{2 - 2\cos\theta}\end{aligned}$$

10년간 자주 출제된 문제

41-1. 다음 그림과 같이 속도 V인 유체가 곡면에 부딪혀 θ의 각도로 유동 방향이 바뀌어 같은 속도로 분출된다. 이때 유체가 곡면에 가하는 힘의 크기를 θ에 대한 함수로 옳게 나타낸 것은? (단, 유동 단면적은 일정하고, θ의 각도는 $0° \leq \theta \leq 180°$ 이내에 있다고 가정한다. 또한, Q는 체적유량, ρ는 유체밀도이다)

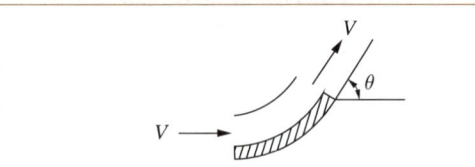

① $F = \dfrac{1}{2}\rho QV\sqrt{1 - \cos\theta}$

② $F = \dfrac{1}{2}\rho QV\sqrt{2(1 - \cos\theta)}$

③ $F = \rho QV\sqrt{1 - \cos\theta}$

④ $F = \rho QV\sqrt{2(1 - \cos\theta)}$

41-2. 다음 그림과 같이 평판의 왼쪽 면에 단면적이 $0.01[m^2]$, 속도 $10[m/s]$인 물 제트가 직각으로 충돌하고 있다. 평판의 오른쪽 면에 단면적이 $0.04[m^2]$인 물 제트를 쏘아 평판이 정지 상태를 유지하려면 속도 V_2는 약 몇 [m/s]여야 하는가?

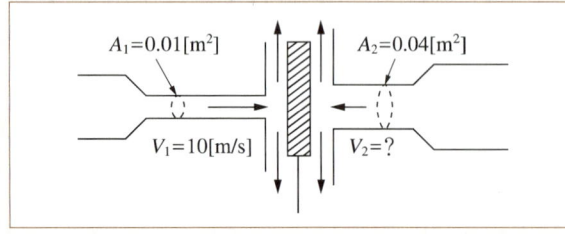

① 2.5
② 5.0
③ 20
④ 40

|해설|

41-1

곡판에 힘이 다음 그림과 같이 작용한다.

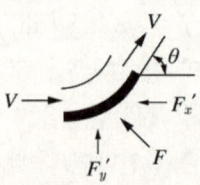

x, y방향에 따라 좌변에는 충돌 전, 우변에는 충돌 후로 등식을 세울 수 있다.

• x방향

$F_x - F_x' = \rho QV\cos\theta$, $F_x = \rho QV$이므로

$\rho QV - F_x' = \rho QV\cos\theta$, $F_x' = \rho QV(1-\cos\theta)$

• y방향

$0 + F_y' = \rho QV\sin\theta$

∴ 저항력의 합력

$$\begin{aligned}F &= \sqrt{(F_x')^2 + (F_y')^2} = \rho QV\sqrt{(1-\cos\theta)^2 + \sin^2\theta} \\ &= \rho QV\sqrt{1 - 2\cos\theta + \cos^2\theta + \sin^2\theta} = \rho QV\sqrt{2 - 2\cos\theta}\end{aligned}$$

41-2

직각으로 부딪히고 있으므로 힘의 x성분만 평형이 되고, 작용하는 외력은

$$\begin{aligned}F &= \dot{m}V_1 = \rho A_1 V_1^2 [N] \\ &= \dot{m}V_2 = \rho A_2 V_2^2 [N]\end{aligned}$$

$0.01[m^2](10[m/s])^2 = 0.04[m^2](V_2)^2$

$V_2 = \sqrt{\dfrac{1}{0.04}}\,[m/s] = 5[m/s]$

정답 41-1 ④ 41-2 ②

핵심이론 42 | 원심력을 받는 유체

① 원심력

다음 그림에서 회전하는 물체가 받는 바깥쪽으로 달아나려는 힘을 원심력이라고 한다.

원심력은 $F = ma$ 형태이므로, $a = rw^2$이다.

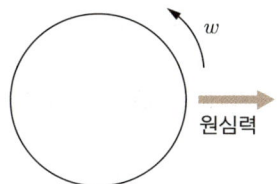

② 회전하는 유체가 받는 압력

다음 그림과 같이 회전하는 유체의 미소 부분이 받는 압력은

$$p = p_0 - \rho g h + \frac{1}{2}\rho r^2 w^2$$

(여기서, p_0 : 표면에서의 압력(대기압), w : 각속도)

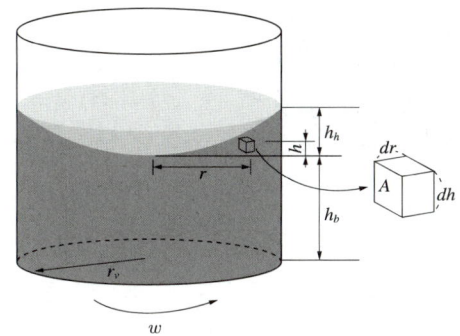

표면에서의 압력은 $p = p_0$일 때이므로 거리가 r_r인 벽면의 표면에서 받는 압력은

$$\rho g h_h = \frac{1}{2}\rho r_r^2 w^2$$

$$h_h = \frac{r_r^2 w^2}{2g} = \frac{r_r a}{2g} = \frac{r_r}{2}\tan\theta$$

회전 전의 유면 높이를 h_0라 하면

$$h_0 = h_b + \frac{h_h}{2}$$

③ 와도

㉠ 회전율(ω) : 다음 그림은 z축을 중심으로 dx, dy가 회전하는 것을 나타낸 것이다.

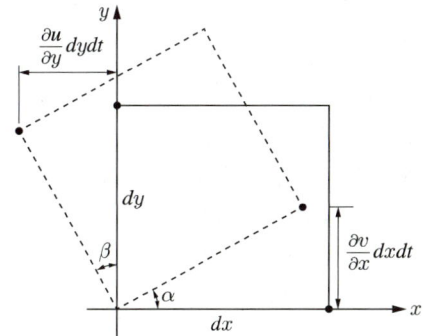

dx면의 회전속도 변화율은

$$\dot{\alpha} = \frac{\alpha}{dt} = \frac{\frac{\partial v}{\partial x}dxdt\frac{1}{dx}}{dt} = \frac{\partial v}{\partial x}$$

같은 원리로

$$\dot{\beta} = -\frac{\partial u}{\partial y}$$

삼축(xyz)으로 된 공간 물체의 z축에 대한 회전율을 ω_z라 하면

$$\omega_z = \frac{\frac{\partial v}{\partial x} - \frac{\partial u}{\partial y}}{2} = \frac{1}{2}\left(\frac{\partial v}{\partial x} - \frac{\partial u}{\partial y}\right)$$

x, y축에 대해서도 마찬가지이므로 회전율 벡터는

$$\omega = \omega_x i + \omega_y j + \omega_z k$$
$$= \frac{1}{2}\left(\frac{\partial \omega}{\partial y} - \frac{\partial v}{\partial z}\right)i + \frac{1}{2}\left(\frac{\partial u}{\partial z} - \frac{\partial \omega}{\partial x}\right)j$$
$$+ \frac{1}{2}\left(\frac{\partial v}{\partial x} - \frac{\partial u}{\partial y}\right)k$$
$$\therefore \omega = \frac{1}{2}(\nabla \times V)$$

㉡ 와도 : 유체의 소용돌이 정도, 유체 입자의 회전 정도를 나타낸다.

- 순환도(circulaion)를 순환면적으로 나누는 개념이다.

- ㉠에서 $(\nabla \times V)$ 부분을 ζ로 나타내어 와도라고 한다.
- $\zeta = \left(\dfrac{\partial w}{\partial y} - \dfrac{\partial v}{\partial z}\right)i - \left(\dfrac{\partial w}{\partial x} - \dfrac{\partial u}{\partial z}\right)j + \left(\dfrac{\partial v}{\partial x} - \dfrac{\partial u}{\partial y}\right)k$

  $= 2w$

㉢ 와도의 각 성분을 x, y, z축에 따라 쓰면
- $\zeta_x = \left(\dfrac{\partial w}{\partial y} - \dfrac{\partial v}{\partial z}\right)$
- $\zeta_y = -\left(\dfrac{\partial w}{\partial x} - \dfrac{\partial u}{\partial z}\right) = \dfrac{\partial u}{\partial z} - \dfrac{\partial w}{\partial x}$
- $\zeta_z = \dfrac{\partial v}{\partial x} - \dfrac{\partial u}{\partial y}$

10년간 자주 출제된 문제

42-1. 반지름이 0.5[m]인 원통형 탱크에 1.5[m] 높이로 물을 채우고 중심축을 기준으로 각속도 10[rad/s]로 회전시킬 때 탱크 저면의 중심에서 압력은 계기압력으로 약 몇 [kPa]인가? (단, 탱크의 윗면은 열려 대기 중에 노출되어 있으며 물은 넘치지 않는다고 한다)

① 2.26 ② 4.22
③ 6.42 ④ 8.46

42-2. 유체의 회전벡터(각속도)가 ω인 회전유동에서 와도(vorticity, ξ)는?

① $\zeta = \dfrac{\omega}{2}$ ② $\zeta = \sqrt{\dfrac{\omega}{2}}$
③ $\zeta = 2\omega$ ④ $\zeta = \sqrt{2}\,\omega$

|해설|

42-1

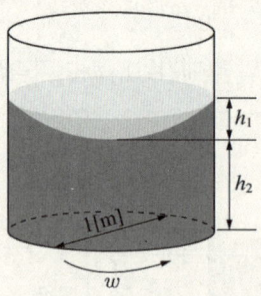

$h_1 = \dfrac{r^2 w^2}{2g} = \dfrac{(0.5[\text{m}] \times 10[\text{rad/s}])^2}{2 \times 9.806[\text{m/s}^2]} = 1.2747[\text{m}]$

처음 높이
$h_0 = h_2 + 0.5 h_1$
$h_2 = 1.5[\text{m}] - 0.6374[\text{m}] = 0.8626[\text{m}]$

문제가 요구하는 회전하는 유체의 중심에서의 압력은
$p_b = \gamma h_2 = 9,806[\text{N/m}^3] \times 0.8626[\text{m}] = 8,459[\text{Pa}] = 8.46[\text{kPa}]$

42-2
$\zeta = \nabla \times V = 2\omega$

정답 42-1 ④ 42-2 ③

핵심이론 43 | 펌프와 터빈

① 펌프
  ㉠ 원동기로부터 기계에너지를 받아 유체에 전달하여 중력을 거슬러 낮은 곳에서 높은 곳으로 끌어 올리거나 멀리 보내는 작업을 하는 유체기계이다.
  ㉡ 터보형, 용적형, 특수형으로 구분한다.

② 양정
  ㉠ 기본 사용원리

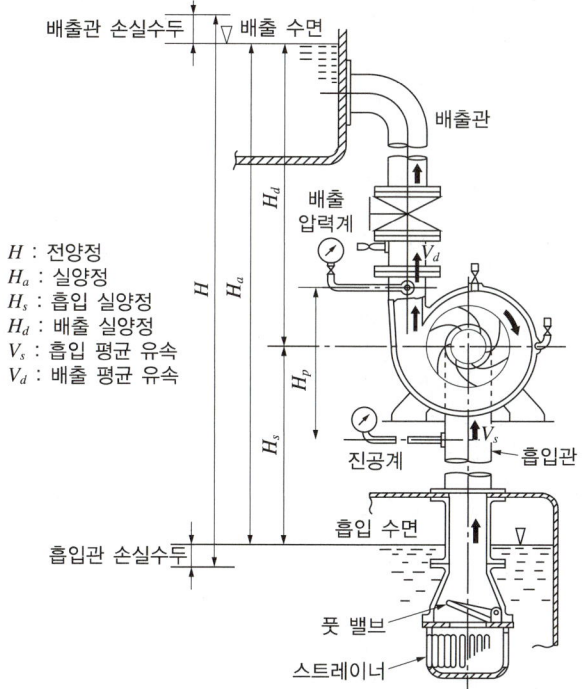

H : 전양정
H_a : 실양정
H_s : 흡입 실양정
H_d : 배출 실양정
V_s : 흡입 평균 유속
V_d : 배출 평균 유속

  ㉡ 펌프를 이용해 흡입하여 배출면까지 보내기 위한 전체 수두를 전양정이라고 한다.
  ㉢ 전양정 = 흡입양정 + 배출양정 + 손실수두

③ 동력
  ㉠ 수동력(water power) : 펌프 내의 회전자의 회전에 의해 펌프를 통과하는 유체에 주어지는 동력이다.

$$L_w = \frac{\gamma QH}{75}[\text{PS}] = \frac{\gamma QH}{102}[\text{kW}]$$

  (여기서, $L_w = \rho g QH\,(\rho : 1,000[\text{kg/m}^3])$,
  H : 전양정[m], Q : 배출량[m^3/s], γ : 비중량 [kgf/cm^3])

  ㉡ 축동력(shaft power) : 기계손실, 마찰손실, 동력손실을 감안하여 공급하는 동력이다.
  ㉢ 펌프효율

$$\eta_p = \frac{L_w}{L_s},\ \eta_p = \eta_h \eta_v \eta_m$$

④ 터빈
  ㉠ 수조 간 낙차를 이용하여 물레방아나 날개차 등을 회전시켜 원하는 동력을 얻는 장치를 터빈이라고 한다.

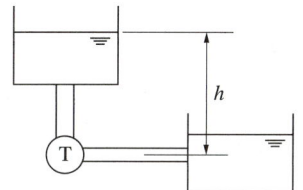

  ㉡ 터빈으로 발생시킬 수 있는 동력은 위치에너지와 같으며, 위치에너지는

$$E_h = mgh = \gamma Qh$$

10년간 자주 출제된 문제

축동력이 10[kW]인 펌프를 이용하여 호수에서 30[m] 위에 위치한 저수지에 25[L/s]의 유량으로 물을 양수한다. 펌프에서 저수지까지 파이프 시스템의 비가역적 수두손실이 4[m]라면 펌프의 효율은 약 몇 [%]인가?

① 63.7 ② 78.5
③ 83.3 ④ 88.7

|해설|

$L_w = \rho g Q(H + H_L)$
$= 1,000[\text{kg/m}^3] \times 9.81[\text{m/s}^2] \times 0.025[\text{m}^3/\text{s}] \times (30+4)[\text{m}]$
$= 8,338.5[\text{W}] = 8.33[\text{kW}]$

펌프의 효율

$\eta_p = \dfrac{L_w}{L_s} = \dfrac{8.33[\text{kW}]}{10[\text{kW}]} \times 100[\%] = 83.3[\%]$

정답 ③

핵심이론 44 | 벤드(bend)를 흐르는 유체에 작용하는 힘

① 다음 그림과 같은 유체에 유체가 흐를 때 힘의 상호 간의 관계는 다음과 같다.

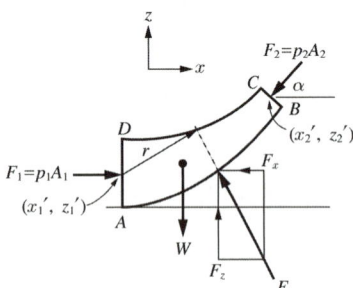

② x방향으로

$$\sum F_x = p_1 A_1 - p_2 A_2 \cos\alpha - F_x$$

$$\oint_{c.s} V_x d\dot{m} = \oint_{c.s} V_x (\rho V \cdot dA)$$

$$= V_{xout} \rho Q - V_{xin} \rho Q = (V_2 \cos\alpha) \rho Q - V_1 \rho Q$$

$$p_1 A_1 - p_2 A_2 \cos\alpha - F_x = (V_2 \cos\alpha - V_1) \rho Q$$

③ z방향으로

$$\sum F_x = -W - p_2 A_2 \sin\alpha + F_z$$

$$\oint_{c.s} V_z d\dot{m} = \oint_{c.s} V_z (\rho V \cdot dA)$$

$$= V_{zout} \rho Q - V_{zin} \rho Q = (V_2 \sin\alpha) \rho Q - 0$$

$$-W - p_2 A_2 \sin\alpha + F_z = (V_2 \sin\alpha) \rho Q$$

10년간 자주 출제된 문제

다음 그림과 같이 단면적 A_1은 0.4[m²], 단면적 A_2는 0.1[m²]인 동일 평면상의 관로에서 물의 유량이 1,000[L/s]일 때 관을 고정시키는 데 필요한 x방향의 힘 F_x의 크기는 약 몇 [N]인가?(단, 단면 1과 2의 높이 차는 1.5[m]이고, 단면 2에서 물은 대기로 방출되며, 곡관의 자체 중량, 곡관 내부 물의 중량 및 곡관에서의 마찰손실은 무시한다)

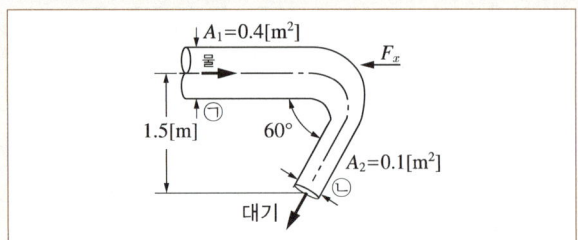

① 10,159　　② 15,358
③ 20,370　　④ 24,018

|해설|

$\sum F_x = P_1 A_1 - P_2 A_2 \cos\alpha + F_x$
$F_x = \rho Q V_1 + \rho Q V_2 \cos 120°$
$\sum F_x = F_x$ 이므로

㉠을 지나는 속도
$Q = AV$
$V_1 = \dfrac{Q}{A_1} = \dfrac{1,000[\text{L/s}]}{0.4[\text{m}^2]} = 2.5[\text{m/s}]$

㉠을 지나는 물의 힘
$F_1 = \gamma Q V_1$
　　$= 9,806[\text{N/m}^3] \times 1[\text{m}^3/\text{s}] \times 2.5[\text{m/s}] = 24,515[\text{J/s}]$

㉡을 지나는 물의 힘 F_2,
㉡을 지나는 속도
$V_2 = \dfrac{Q}{A_2} = \dfrac{1,000[\text{L/s}]}{0.1[\text{m}^2]} = 10[\text{m/s}]$

베르누이 정리를 이용해 입·출구의 압력을 구하면

$\dfrac{P_1}{\gamma} + \dfrac{V_1^2}{2g} + Z_1 = \dfrac{P_2}{\gamma} + \dfrac{V_2^2}{2g} + Z_2$

$\dfrac{P_1 - P_2}{\gamma} + \dfrac{V_1^2 - V_2^2}{2g} + Z_1 - Z_2 = 0$

$\dfrac{\Delta P}{9,806[\text{N/m}^3]} + \dfrac{(2.5[\text{m/s}])^2 - (10[\text{m/s}])^2}{2 \times 9.806[\text{m/s}^2]} + 1.5[\text{m}] = 0$

$\Delta P = 32,166[\text{N/m}^2]$

압력차 발생요소는 입구에서 밀어넣는 압력이고, 그 압력을 이용하여 벤딩을 한 후 속도로 소진하고 분출되어 분출구쪽 압력은 대기압이므로

$\Delta P = P_{계기압} = 32.17[\text{kPa}]$

$\sum F_x = P_1 A_1 - P_2 A_2 \cos\alpha + (\rho Q V_1 + \rho Q V_2 \cos 60°)$
$= 32,166.4[\text{Pa}] \times 0.4[\text{m}^2] - 0 + 1,000[\text{kg/m}^3]$
$\quad \times 1[\text{m}^3/\text{s}] \left(2.5 + \dfrac{10}{2}\right)[\text{m/s}]$
$= 12,866.4[\text{N}] + 7,500[\text{N}] = 20,366.4[\text{N}]$

정답 ③

PART 02

과년도 기출문제

#기출유형 확인　　#상세한 해설　　#최종점검 테스트

2020~2022년　과년도 기출문제

2020년 제1·2회 통합 과년도 기출문제

제1과목   재료역학

01 원형 단면축에 147[kW]의 동력을 회전수 2,000 [rpm]으로 전달시키고자 한다. 축지름은 약 몇 [cm] 로 해야 하는가?(단, 허용 전단응력은 $\tau_w = 50$[MPa] 이다)

① 4.2   ② 4.6
③ 8.5   ④ 9.9

해설

$$T = 9,550\frac{P[\text{kW}]}{n[\text{rpm}]} = 9,550 \times \frac{147[\text{kW}]}{2,000[\text{rpm}]} = 701.925[\text{N}\cdot\text{m}]$$

$$T = \tau_a Z_p$$

$$\frac{\pi d^3}{16} = \frac{701.925[\text{N}\cdot\text{m}]}{50[\text{MPa}]}$$

$$d^3 = \frac{16 \times 701.925[\text{N}\cdot\text{m}]}{50\pi \times 10^6[\text{N/m}^2]}$$

$$d = 0.0415[\text{m}] = 4.2[\text{cm}]$$

02 다음 그림과 같이 외팔보의 중앙에 집중하중 P가 작용하는 경우 집중하중 P가 작용하는 지점에서의 처짐은?(단, 보의 굽힘 강성 EI는 일정하고, L은 보의 전체 길이이다)

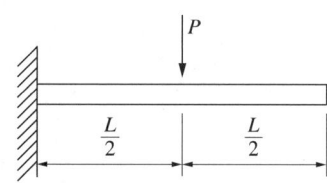

① $\dfrac{PL^3}{3EI}$ ② $\dfrac{PL^3}{24EI}$

③ $\dfrac{PL^3}{8EI}$ ④ $\dfrac{5PL^3}{48EI}$

해설

외팔보 처짐은 $\delta_{\max} = \dfrac{PL^3}{3EI}$ 이므로

$$\delta_{\max} = \frac{P\left(\dfrac{L}{2}\right)^3}{3EI} = \frac{PL^3}{24EI}$$

03 직사각형 단면의 단주에 150[kN] 하중이 중심에서 1[m]만큼 편심되어 작용할 때, 이 부재 BD에서 생기는 최대 압축응력은 약 몇 [kPa]인가?

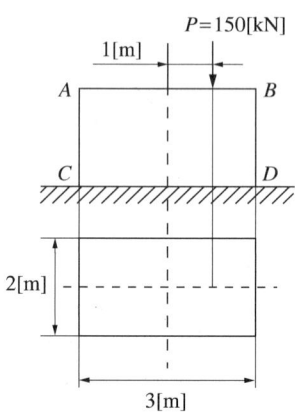

① 25   ② 50
③ 75   ④ 100

해설

$$\sigma_a + \sigma_b = \frac{P}{A} + \frac{M}{Z}$$

$$= \frac{150[\text{kN}]}{6[\text{m}^2]} + \frac{150[\text{kN}] \times 1[\text{m}]}{\dfrac{2 \times 3^2}{6}[\text{m}^3]}$$

$$= 75[\text{kN/m}^2] = 75[\text{kPa}]$$

압축응력을 (+)방향으로 간주한 식이므로, B점에서 압축응력 75 [kPa]이 작용하는 것을 알 수 있다.

04 다음 그림과 같은 균일 단면의 돌출보에서 반력 R_A는?(단, 보의 자중은 무시한다)

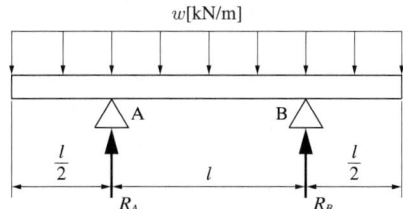

① wL
② $\dfrac{wL}{4}$
③ $\dfrac{wL}{3}$
④ $\dfrac{wL}{2}$

해설
분포력은 분포력이 작용하는 구간의 도심에 집중력으로 치환하여 반력을 계산한다.

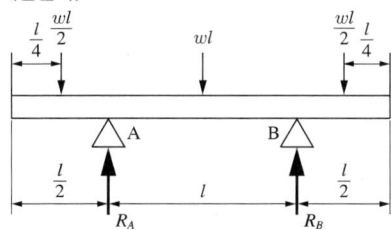

$\sum M_B = R_A \times l + \dfrac{wl}{2} \times \dfrac{l}{4} - wl \times \dfrac{l}{2} - \dfrac{wl}{2} \times \dfrac{5l}{4} = 0$

$R_A = wl$

구조상 $R_A = R_B$, y방향의 합은 0이다.

$R_A + R_B = wl + \dfrac{wl}{2} + \dfrac{wl}{2} = 2wl$

$R_A = R_B = wl$

05 양단이 고정된 축을 다음 그림과 같이 $m-n$ 단면에서 T만큼 비틀면 고정단 AB에서 생기는 저항 비틀림 모멘트의 비 T_A/T_B는?

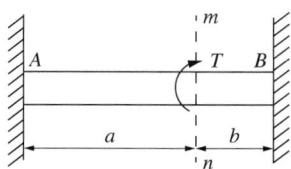

① $\dfrac{b^2}{a^2}$
② $\dfrac{b}{a}$
③ $\dfrac{a}{b}$
④ $\dfrac{a^2}{b^2}$

해설
$T_A = \dfrac{b}{a+b}T$, $T_B = \dfrac{a}{a+b}T$이므로

$T_A/T_B = \left(\dfrac{b}{a+b}T\right)/\left(\dfrac{a}{a+b}T\right) = \dfrac{b}{a}$

06 다음 그림의 평면응력 상태에서 최대 주응력은 약 몇 [MPa]인가?(단, $\sigma_x = 175$[MPa], $\sigma_y = 35$[MPa], $\tau_{xy} = 60$[MPa]이다)

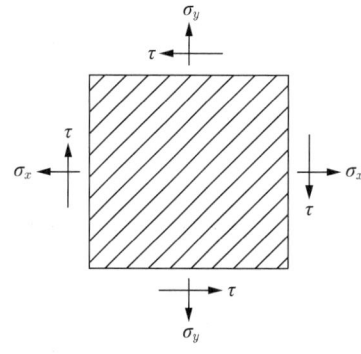

① 95
② 105
③ 163
④ 197

해설
$\sigma_n = \dfrac{1}{2}(\sigma_x + \sigma_y) \pm \dfrac{1}{2}\sqrt{(\sigma_x - \sigma_y)^2 + 4\tau_{xy}^2}$

$= \dfrac{1}{2}(175+35) \pm \dfrac{1}{2}\sqrt{(175-35)^2 + 4 \times 60^2}$

$= 105 \pm 92.20 = 197.2$ 또는 12.8

07 동일한 길이와 재질로 만들어진 두 개의 원형 단면 축이 있다. 각각의 지름이 d_1, d_2일 때 각 축에 저장되는 변형에너지 u_1, u_2의 비는?(단, 두 축은 모두 비틀림 모멘트 T를 받고 있다)

① $\dfrac{u_1}{u_2} = \left(\dfrac{d_2}{d_1}\right)^4$ ② $\dfrac{u_2}{u_1} = \left(\dfrac{d_2}{d_1}\right)^3$

③ $\dfrac{u_1}{u_2} = \left(\dfrac{d_2}{d_1}\right)^3$ ④ $\dfrac{u_2}{u_1} = \left(\dfrac{d_2}{d_1}\right)^4$

해설

$u_1 = \dfrac{T^2 l}{2GI_{p1}}$, $u_2 = \dfrac{T^2 l}{2GI_{p2}}$

$\dfrac{u_1}{u_2} = \dfrac{I_{p2}}{I_{p1}} = \dfrac{\frac{\pi d_2^4}{32}}{\frac{\pi d_1^4}{32}} = \left(\dfrac{d_2}{d_1}\right)^4$

08 철도 레일의 온도가 50[℃]에서 15[℃]로 떨어졌을 때 레일에 생기는 열응력은 약 몇 [MPa]인가?(단, 선팽창계수는 0.000012[/℃], 세로탄성계수는 210[GPa]이다)

① 4.41 ② 8.82
③ 44.1 ④ 88.2

해설

$\sigma = \alpha E \Delta T$
$= 0.000012[/℃] \times 210 \times 10^3 [\text{MPa}] \times (50-15)[℃]$
$= 88.2[\text{MPa}]$
※ $1[\text{GPa}] = 1,000[\text{MPa}]$

09 다음 그림과 같이 양단에서 모멘트가 작용할 경우 A 지점의 처짐각 θ_A는?(단, 보의 굽힘 강성 EI은 일정하고, 자중은 무시한다)

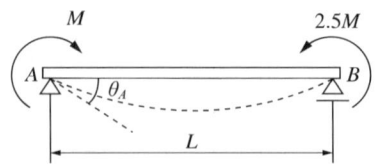

① $\dfrac{ML}{2EI}$ ② $\dfrac{2ML}{5EI}$

③ $\dfrac{2ML}{6EI}$ ④ $\dfrac{3ML}{4EI}$

해설

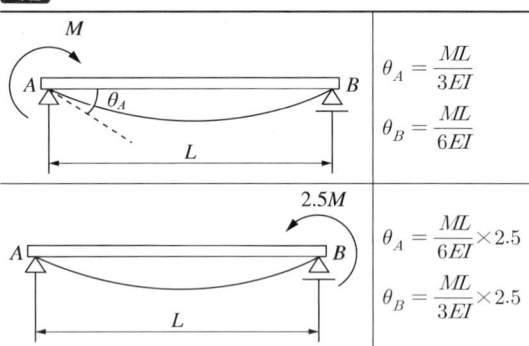

처짐에 대한 다른 작용력이 없으며, 처짐에 대한 방향이 같으므로 처짐이 중첩된다.
A점의 처짐각
$\theta_A = \dfrac{ML}{3EI} + \dfrac{ML}{6EI} \times 2.5 = \dfrac{3ML}{4EI}$
B점의 처짐각
$\theta_B = \dfrac{ML}{6EI} + \dfrac{ML}{3EI} \times 2.5 = \dfrac{ML}{EI}$

10 다음 그림과 같은 트러스 구조물에서 B점에서 10[kN]의 수직 하중을 받으면 BC에 작용하는 힘은 몇 [kN]인가?

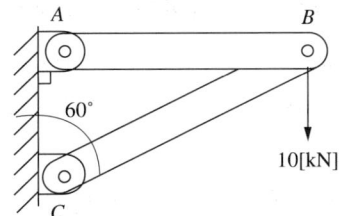

① 20　　　　　② 17.32
③ 10　　　　　④ 8.66

해설

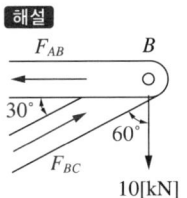

각 축 방향의 힘의 평형은
$F_{BC} \cos 60° = 10[\text{kN}]$
$F_{BC} \cos 30° = F_{AB}$
$\therefore F_{BC} = 20[\text{kN}], F_{AB} = 10\sqrt{3}[\text{kN}]$

11 다음 그림과 같이 길고 얇은 평판이 평면 변형률 상태로 σ_x를 받고 있을 때, ε_x는?

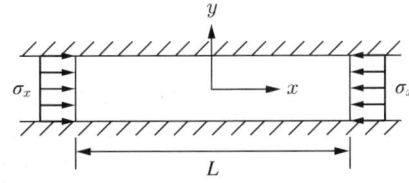

① $\varepsilon_x = \dfrac{1-\nu}{E}\sigma_x$　　② $\varepsilon_x = \dfrac{1+\nu}{E}\sigma_x$

③ $\varepsilon_x = \left(\dfrac{1-\nu^2}{E}\right)\sigma_x$　　④ $\varepsilon_x = \left(\dfrac{1+\nu^2}{E}\right)\sigma_x$

해설
이 부재는 압축응력 σ_x에 의해 변형을 받고 이때의 순수한 변형률은 ε_{x1}이라 하자. 또 이 부재는 압축력에 의해 y방향으로 팽창 변형이 되어야 하는데 그 변형이 제한되어 있으므로 y방향으로도 압축응력 σ_y를 받게 되며 이 힘에 의해 ε_y만큼의 변형을 받게 되고 이 변형은 $\nu\varepsilon_y$만큼을 x방향으로 야기한다. ε_{x1}은 압축 변형, $\nu\varepsilon_y$ 변형은 인장 변형을 일으키려 한다. 이를 정리하면
$\varepsilon_x = \varepsilon_{x1} - \nu\varepsilon_y$
$\varepsilon_x = \varepsilon_{x1} - \nu \times \nu\varepsilon_{x1} = \dfrac{\sigma_x}{E} - \nu \times \nu\dfrac{\sigma_x}{E} = \left(\dfrac{1-\nu^2}{E}\right)\sigma_x$

12 다음 그림과 같은 빗금 친 단면을 갖는 중공축이 있다. 이 단면의 O점에 관한 극단면 2차 모멘트는?

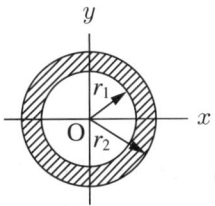

① $\pi(r_2^4 - r_1^4)$　　② $\dfrac{\pi}{2}(r_2^4 - r_1^4)$

③ $\dfrac{\pi}{4}(r_2^4 - r_1^4)$　　④ $\dfrac{\pi}{16}(r_2^4 - r_1^4)$

해설
$I_p = I_{p빗금} - I_{p빈부분} = \dfrac{\pi d_2^4}{32} - \dfrac{\pi d_1^4}{32} = \dfrac{\pi}{2}(r_2^4 - r_1^4)$
※ $d = 2r$

13 외팔보의 자유단에 연직 방향으로 10[kN]의 집중하중이 작용하면 고정단에 생기는 굽힘응력은 약 몇 [MPa]인가?(단, 단면(폭×높이) $b \times h = 10[cm] \times 15[cm]$, 길이 1.5[m]이다)

① 0.9
② 5.3
③ 40
④ 100

> **해설**
> 굽힘응력
> $\sigma = \dfrac{M}{Z} = \dfrac{F \times L}{\dfrac{bh^2}{6}} = \dfrac{10[kN] \times 1.5[m] \times 6}{0.1[m] \times (0.15[m])^2}$
> $= 40,000[kN/m^2]$
> $= 40[MPa]$

14 지름 300[mm]의 단면을 가진 속이 찬 원형 보가 굽힘을 받아 최대 굽힘응력이 100[MPa]이 되었다. 이 단면에 작용한 굽힘 모멘트는 약 몇 [kN·m]인가?

① 265
② 315
③ 360
④ 425

> **해설**
> $M = \sigma_b Z = 100 \times 10^3 [kN/m^2] \times \dfrac{\pi (0.3[m])^3}{32} = 265.07 [kN/m^2]$

15 원형 봉에 축 방향 인장하중 $P = 88[kN]$이 작용할 때 직경의 감소량은 약 몇 [mm]인가?(단, 봉은 길이 $L = 2[m]$, 직경 $d = 40[mm]$, 세로탄성계수는 70[GPa], 푸아송비 $\mu = 0.3$이다)

① 0.006
② 0.012
③ 0.018
④ 0.036

> **해설**
> $\varepsilon = \dfrac{\sigma}{E} = \dfrac{P}{EA} = \dfrac{88,000[N]}{70,000[N/mm^2] \times \dfrac{\pi}{4} \times 40^2 [mm^2]} = 0.001$
> $\nu = \left|\dfrac{\varepsilon'}{\varepsilon}\right|,\ 0.3 = \dfrac{\varepsilon'}{0.001},\ \varepsilon' = 0.3 \times 0.001 = 0.0003$
> $\varepsilon' = \dfrac{\Delta d}{d},\ \dfrac{\Delta d}{40} = 0.0003,\ \therefore\ \Delta d = 0.012$

16 전체 길이가 L이고, 일단 지지 및 타단 고정보에서 삼각형 분포하중이 작용할 때, 지지점 A에서의 반력은?(단, 보의 굽힘 강성 EI는 일정하다)

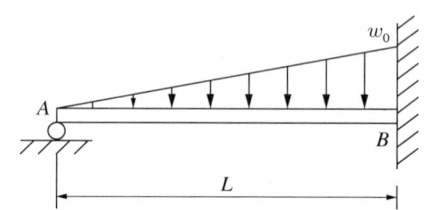

① $\dfrac{1}{2}w_0 L$
② $\dfrac{1}{3}w_0 L$
③ $\dfrac{1}{5}w_0 L$
④ $\dfrac{1}{10}w_0 L$

> **해설**
> 지지를 받는 외팔보(일단 고정 타단 지지보) - 불균일 분포하중(1차 함수)의 경우 각 지점의 반력과 모멘트, 처짐값은 다음과 같다.
>
>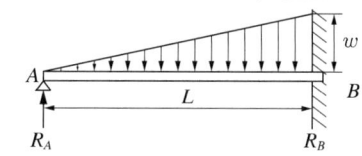
>
> $R_B = \dfrac{2wL}{5} = 0.4wL,\ R_A = \dfrac{wL}{10} = 0.1wL$

정답 13 ③ 14 ① 15 ② 16 ④

17 지름 D인 두께가 얇은 링(ring)을 수평면 내에서 회전시킬 때, 링에 생기는 인장응력을 나타내는 식은?(단, 링의 단위길이에 대한 무게를 W, 링의 원주속도를 V, 링의 단면적을 A, 중력 가속도를 g로 한다)

① $\dfrac{WV^2}{DAg}$ ② $\dfrac{WDV^2}{Ag}$

③ $\dfrac{WV^2}{Ag}$ ④ $\dfrac{WV^2}{Dg}$

해설

$\sigma = \rho V^2$ 이며 $W = \rho gA$이므로(W를 무게가 아닌 단위길이당 무게라 하였으므로)

$\rho = \dfrac{W}{gA}$

$\therefore \sigma = \dfrac{WV^2}{gA}$

18 단면적이 $4[cm^2]$인 강봉에 다음 그림과 같은 하중이 작용하고 있다. $W = 60[kN]$, $P = 25[kN]$, $l = 20[cm]$일 때 BC 부분의 변형률 ε은 약 얼마인가?(단, 세로탄성계수는 $200[GPa]$이다)

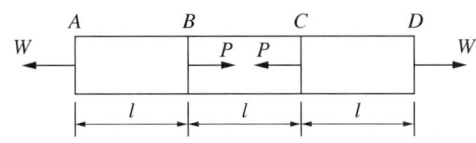

① 0.00043 ② 0.0043
③ 0.043 ④ 0.43

해설

각 구간별로 $60[kN]$, $25[kN]$, $60[kN]$이 작용하므로 BC 구간에서는

$\delta = \dfrac{PL}{EA}$

$\varepsilon = \dfrac{\delta}{L} = \dfrac{P}{EA} = \dfrac{(60-25)[kN]}{200[kN/mm^2] \times 400[mm^2]} = 0.0004375$

19 오일러 공식이 세장비 $\dfrac{l}{k} > 100$에 대해 성립한다고 할 때, 양단이 힌지인 원형 단면 기둥에서 오일러 공식이 성립하기 위한 길이 'l'과 지름 'd'와의 관계가 옳은 것은?(단, 단면의 회전 반경을 k라 한다)

① $l > 4d$ ② $l > 25d$
③ $l > 50d$ ④ $l > 100d$

해설

조건이 $\lambda = \dfrac{l}{k} > 100$이고, $k = \sqrt{\dfrac{I_z}{A}}$ 이다. d가 지름인 원형 단면이므로

$k = \sqrt{\dfrac{\frac{\pi d^4}{64}}{\frac{\pi d^2}{4}}} = \sqrt{\dfrac{d^2}{16}} = \dfrac{d}{4}$

$\dfrac{l}{k} = \dfrac{l}{\frac{d}{4}} = \dfrac{4l}{d} > 100$

$\therefore l > 25d$

20 다음 그림과 같은 단면을 가진 외팔보가 있다. 그 단면의 자유단에 전단력 $V = 40[kN]$이 발생한다면, 단면 a – b 위에 발생하는 전단응력은 약 몇 $[MPa]$인가?

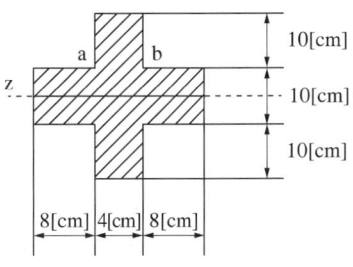

① 4.57 ② 4.22
③ 3.87 ④ 3.14

해설

$\tau = -\dfrac{VQ}{bI} = \dfrac{\text{전단을 일으키는 회전력}}{\text{버티는 관성력}}$

(여기서, Q : 단면 1차 모멘트, I : 단면 2차 모멘트)

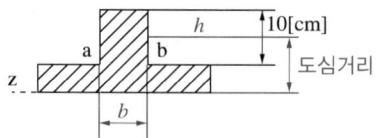

$Q = bh \times \text{도심거리} = 4 \times 10 \times 10 = 400[\text{cm}^3]$

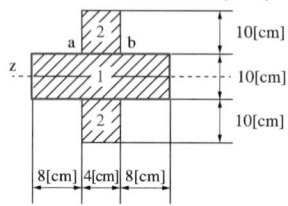

$I = I_1 + I_2$

$= \dfrac{b_1 h_1^3}{12} + 2 \times \left(\dfrac{b_2 h_2^3}{12} + A_2 \times \text{도심거리}^2\right)$

$= \dfrac{20 \times 10^3}{12} + 2 \times \left(\dfrac{4 \times 10^3}{12} + 40 \times 10^2\right)$

$= 1,666.666 + 8,666.666$

$= 10,333.333$

$\tau = -\dfrac{VQ}{bI}$

$= \dfrac{40[\text{kN}] \times 400[\text{cm}^3]}{4[\text{cm}] \times 10,333.333[\text{cm}^4]}$

$= 0.3871[\text{kN/cm}^2]$

$= 3.871[\text{MPa}]$

제2과목 기계열역학

21 압력 1,000[kPa], 온도 300[℃] 상태의 수증기(엔탈비 3,051.15[kJ/kg], 엔트로피 7.1228[kJ/kg·K])가 증기터빈으로 들어가서 100[kPa] 상태로 나온다. 터빈의 출력일이 370[kJ/kg]일 때 터빈의 효율[%]은?

수증기의 포화상태표 (압력 100[kPa]/온도 99.62[℃])			
엔탈피[kJ/kg]		엔트로피[kJ/kg·K]	
포화 액체	포화 증기	포화 액체	포화 증기
417.44	2,675.46	1.3025	7.3593

① 15.6 ② 33.2
③ 66.8 ④ 79.8

해설

엔트로피 7.1228[kJ/kg·K] 기체의 건도

$= \dfrac{7.1228 - 1.3025}{7.3593 - 1.3025} = 0.9610$

열역학적 에너지 합인 엔탈피의 출구 엔탈피는

$h_e = 417.44 + (2,675.46 - 417.44) \times 0.9610 = 2,587.40[\text{kJ/kg}]$

사용된 에너지 = 들어간 에너지 - 나온 에너지

$= 3,051.15[\text{kJ/kg}] - 2,587.40[\text{kJ/kg}]$

$= 463.75[\text{kJ/kg}]$

효율[%] $= \dfrac{\text{출력일}}{\text{사용된 에너지}} = \dfrac{370}{463.75}$

$= 0.7978 \times 100[\%] ≒ 79.8[\%]$

22 열역학 제2법칙에 대한 설명으로 틀린 것은?

① 효율이 100[%]인 열기관은 얻을 수 없다.
② 제2종의 영구기관은 작동물질의 종류에 따라 가능하다.
③ 열은 스스로 저온의 물질에서 고온의 물질로 이동하지 않는다.
④ 열기관에서 작동물질의 일을 하게 하려면 그보다 더 저온인 물질이 필요하다.

해설
제2종 영구기관은 열역학 제2법칙에 위배되는 기관으로, 열역학 제2법칙은 에너지의 이동에는 엔트로피가 증가한다는 법칙이다. 작동물질에 상관없이 존재하지 않는다.

23 300[L] 체적의 진공인 탱크가 25[℃], 6[MPa]의 공기를 공급하는 관에 연결된다. 밸브를 열어 탱크 안의 공기압력이 5[MPa]이 될 때까지 공기를 채우고 밸브를 닫았다. 이 과정이 단열이고, 운동에너지와 위치에너지의 변화를 무시한다면 탱크 안의 공기온도[℃]는 얼마가 되는가?(단, 공기의 비열비는 1.4이다)

① 1.5　　② 25.0
③ 84.4　　④ 144.2

해설
들어간 공기의 에너지
$Q_1 = U_1 + P_1 V$(6[MPa]로 부피 300[L]를 채우자마자의 상태 기준)
들어온 공기의 에너지
$Q_2 = U_2 + P_2 V$(5[MPa]로 부피 300[L]를 채우자마자의 상태 기준)
두 에너지가 같아지는 온도가 T_m이며, 주고받은 열량은 같으므로
$U_1 + P_1 V = U_2 + P_2 V$
$(P_1 - P_2)V = U_2 - U_1$
$\Delta PV = dU = mC_v dT$
그러나 문제의 조건에서 C_v는 알 수 없고, 비열비만 주어졌으므로 좌변 $\Delta PV = P'V$로 보고 $P'V = mRT$라 하면
$mRT = mC_v dT$, $C_v = \dfrac{R}{\kappa - 1}$이므로
$R \times (298.15[K]) = \dfrac{R}{\kappa - 1}(T_m - 25)[K]$
$(T_m - 25) = 298.15 \times (0.4)$
$T_m = 144.26[℃]$

※ $(T_m - 25)[K]$을 계산할 때 섭씨온도인 25[℃]와의 온도차를 [K]로 계산하였음을 혼동하지 않도록 주의한다.
※ 이 문제는 답안의 차이가 크므로 $\Delta PV = 1[\text{MPa}] \times 0.3[\text{m}^3] = 300[\text{kJ}]$의 열량을 이용한다. 공기의 온도를 얼마나 올릴 수 있느냐로 문제를 이해하여 추정할 수도 있다. 비열이 가장 큰 정압조건이라도 1[kg]의 공기 1[℃]를 올리는 데 대략 1[kJ]이면 되므로 300[kJ]은 매우 큰 열량이다.

24 단열된 가스터빈의 입구측에서 압력 2[MPa], 온도 1,200[K]인 가스가 유입되어 출구측에서 압력 100[kPa], 온도 600[K]로 유출된다. 5[MW]의 출력을 얻기 위해 가스의 질량유량[kg/s]은 얼마이어야 하는가?(단, 터빈의 효율은 100[%]이고, 가스의 정압비열은 1.12[kJ/kg·K]이다)

① 6.44　　② 7.44
③ 8.44　　④ 9.44

해설
$w_t = mC_p \Delta T_{34}$
$5[\text{MW}] = m \times 1.12[\text{kJ/kg} \cdot \text{K}] \times (1200 - 600)[\text{K}]$
$m = \dfrac{5,000[\text{kW}]}{1.12[\text{kJ/kg} \cdot \text{K}] \times 600[\text{K}]}$
$= 7.44[\text{kg/s}]$

※ 40번 해설 참고

25 공기 10[kg]이 압력 200[kPa], 체적 5[m³]상태에서 압력 400[kPa], 온도 300[℃]인 상태로 변한 경우 최종 체적[m³]은 얼마인가?(단, 공기의 기체상수는 0.287[kJ/kg·K]이다)

① 10.7　　② 8.3
③ 6.8　　④ 4.1

해설
$PV = mRT$
- 상태 1 : $200[\text{kPa}] \times 5[\text{m}^3] = 10[\text{kg}] \times 0.287[\text{kJ/kg} \cdot \text{K}] \times T_1$
- 상태 2 :
$400[\text{kPa}] \times V_2 = 10[\text{kg}] \times 0.287[\text{kJ/kg} \cdot \text{K}] \times 573.15[\text{K}]$
V_2는 상태 2의 방정식으로 구한다.
$V_2 = \dfrac{10[\text{kg}] \times 0.287[\text{kJ/kg} \cdot \text{K}] \times 573.15[\text{K}]}{400[\text{kJ/m}^3]} = 4.11[\text{m}^3]$

정답 23 ④　24 ②　25 ④

26 이상적인 냉동사이클에서 응축기 온도가 30[℃], 증발기 온도가 −10[℃]일 때 성적계수는?

① 4.6 ② 5.2
③ 6.6 ④ 7.5

해설
이상적인 사이클이므로 조건 외의 온도 손실, 일의 손실은 없다고 가정하여 들어오고 나가는 q_1, q_2만 고려한다.

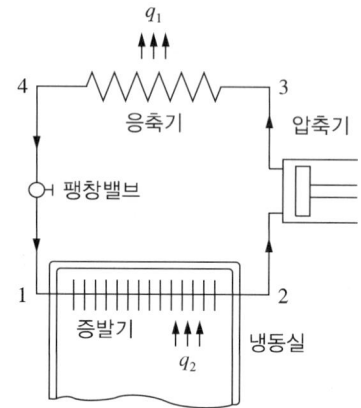

냉동사이클의 성능계수
$$\eta = \frac{Q_{in}}{W_{out}} = \frac{q_2}{q_1-q_2} = \frac{T_2}{T_1-T_2} = \frac{263.15[K]}{40[K]} = 6.579$$

※ 응축기 온도(T_1) = 30 + 273.15 = 303.15[K]
증발기 온도(T_2) = −10 + 273.15 = 263.15[K]

27 초기 압력 100[kPa], 초기 체적 0.1[m³]인 기체를 버너로 가열하여 기체 체적이 정압과정으로 0.5[m³]이 되었다면, 이 과정 동안 시스템이 외부에 한 일[kJ]은?

① 10 ② 20
③ 30 ④ 40

해설
정압과정에서 $W = \int_1^2 PdV = 100[kPa] \times 0.4[m^3] = 40[kJ]$

28 랭킨사이클에서 보일러 입구엔탈피 192.5[kJ/kg], 터빈 입구엔탈피 3,002.5[kJ/kg], 응축기 입구엔탈피 2,361.8[kJ/kg]일 때 열효율[%]은?(단, 펌프의 동력은 무시한다)

① 20.3 ② 22.8
③ 25.7 ④ 29.5

해설
$$\eta_{rankine} = \frac{W_{net}}{Q_{in}} = \frac{(h_4-h_5)-(h_2-h_1)}{h_4-h_2}$$
펌프의 동력을 무시하므로 $h_2 - h_1 = 0$
$$\frac{h_4-h_5}{h_4-h_2} = \frac{3,002.5-2,361.8}{3,002.5-192.5}$$
$$= 0.2280 \times 100[\%]$$
$$= 22.8[\%]$$

29 준평형 정적과정을 거치는 시스템에 대한 열전달량은?(단, 운동에너지와 위치에너지의 변화는 무시한다)

① 0이다.
② 이루어진 일량과 같다.
③ 엔탈피 변화량과 같다.
④ 내부에너지 변화량과 같다.

해설
정해진 부피의 시스템에 대해 열이 진입되거나 배출되었다면 부피의 변화가 없으니 일로 표현되지 않을 것이다.
$\delta Q = dU + PdV = dH - VdP$ 관계식에서 살펴보면
① 정적변화는 단열변화가 아니므로 옳지 않다.
$\delta Q = dU + \cancel{PdV} = dH - VdP$
② $dV = 0$이므로 열량의 변화가 일로 표현되지는 않아서 옳지 않다.
③ 열량의 변화가 좌변에서는 내부에너지 변화 그대로 표현 가능하나, 우변에서는 엔탈피의 변화 외에도 유발된 압력의 변화를 고려해야 하므로 옳지 않다.

30 1[kW]의 전기히터를 이용하여 101[kPa], 15[℃]의 공기로 차 있는 100[m³]의 공간을 난방하려고 한다. 이 공간은 견고하고 밀폐되어 있으며 단열되어 있다. 히터를 10분 동안 작동시킨 경우, 이 공간의 최종 온도[℃]는?(단, 공기의 정적비열은 0.718[kJ/kg·K]이고, 기체상수는 0.287[kJ/kg·K]이다)

① 18.1　　② 21.8
③ 25.3　　④ 29.4

해설
밀폐계의 정적변화이며, 10분간 작동된 히터의 열은 단열되어 바깥으로 빠져나가지 못한다.
$W_{히터} = Q_{in} = mC_v \Delta T$
$1[kJ/s] \times 600[s] = m \times 0.718[kJ/kg \cdot K] \times (T_2 - 15)[K]$
T_2를 알기 위해서는 m을 구해야 한다.
$PV = mRT$
$101[kPa] \times 100[m^3] = m \times 0.287[kJ/kg \cdot K] \times 288.15[K]$
$m = 122.130[kg]$
$\therefore T_2 = \dfrac{1[kJ/s] \times 600[s]}{122.130[kg] \times 0.718[kJ/kg \cdot K]} + 15[℃] = 21.84[℃]$

※ 절대온도([K])와 섭씨온도([℃])는 간격이 같은 온도체계이므로, 온도차를 계산할 때는 두 온도계를 바로 변환하여 사용해도 된다.

31 펌프를 사용하여 150[kPa], 26[℃]의 물을 가역단열과정으로 650[kPa]까지 변화시킨 경우, 펌프의 일[kJ/kg]은?(단, 26[℃]의 포화액의 비체적은 0.001[m³/kg]이다)

① 0.4　　② 0.5
③ 0.6　　④ 0.7

해설
$\dot{W}_{펌프} = \dot{m}(h_2 - h_1) = \dot{m}\Delta h = \dot{m}\int_1^2 vdP$
$\dot{w} = \dfrac{\dot{W}}{\dot{m}} = \Delta h = v(P_2 - P_1)$
$= 0.001[m^3/kg] \times (650 - 150)[kPa] = 0.5[kJ/kg]$

32 열역학적 관점에서 다음 장치들에 대한 설명으로 옳은 것은?

① 노즐은 유체를 서서히 낮은 압력으로 팽창하여 속도를 감속시키는 기구이다.
② 디퓨저는 저속의 유체를 가속하는 기구이며, 그 결과 유체의 압력이 증가한다.
③ 터빈은 작동유체의 압력을 이용하여 열을 생성하는 회전식 기계이다.
④ 압축기의 목적은 외부에서 유입된 동력을 이용하여 유체의 압력을 높이는 것이다.

해설
① 노즐의 역할은 분출이며, 좁은 출구를 이용하여 속도를 올린다.
② 디퓨저는 속도를 가하여 분출하는 방식이 아닌 압력차에 의해 분산되도록 설계한 장치이다.
③ 터빈은 열을 이용하여 고압유체를 생성하고, 이를 이용하여 일을 하는 기계이다.

33 피스톤-실린더 장치에 들어 있는 100[kPa], 27[℃]의 공기가 600[kPa]까지 가역단열과정으로 압축된다. 비열비가 1.4로 일정하다면 이 과정 동안에 공기가 받은 일[kJ/kg]은?(단, 공기의 기체상수는 0.287[kJ/kg·K]이다)

① 263.6　　② 171.8
③ 143.5　　④ 116.9

해설
$Pv^\kappa = C, \left(\dfrac{P_2}{P_1}\right)^{\frac{\kappa-1}{\kappa}} = \left(\dfrac{v_2}{v_1}\right)^{1-\kappa} = \dfrac{T_2}{T_1}$
$dW_a = du = C_v dT = \dfrac{R}{\kappa-1}dT$ 관계이며
기체상수와 비열비를 알기 때문에 T_1, T_2를 구하여 계산한다.
$\left(\dfrac{600}{100}\right)^{\frac{1.4-1}{1.4}} = \dfrac{T_2}{300[K]}, \quad T_2 = 500.55[K]$
$W_t = \dfrac{1}{1.4-1} \times 0.287[kJ/kg \cdot K] \times (500-300)[K]$
$= 143.5[kJ/kg]$

정답 30 ② 31 ② 32 ④ 33 ③

34 다음 중 가장 큰 에너지는?

① 100[kW] 출력의 엔진이 10시간 동안 한 일
② 발열량 10,000[kJ/kg]의 연료를 100[kg] 연소시켜 나오는 열량
③ 대기압하에서 10[℃]의 물 10[m³]를 90[℃]로 가열하는 데 필요한 열량(단, 물의 비열은 4.2[kJ/kg·K]이다)
④ 시속 100[km]로 주행하는 총질량 2,000[kg]인 자동차의 운동에너지

해설
발생되는 에너지의 단위를 일치시켜 비교한다.
① $100[\text{kJ/s}] \times 10[\text{h}] \times 3,600[\text{s}] = 3,600,000[\text{kJ}]$
② $10,000[\text{kJ/kg}] \times 100[\text{kg}] = 1,000,000[\text{kJ}]$
③ $Q = mc\Delta T$
$= 10[\text{m}^3] \times 1,000[\text{kg/m}^3] \times 4.2[\text{kJ/kg·K}] \times 80[\text{K}]$
$= 3,360,000[\text{kJ}]$
④ $K.E = 1/2 \times m \times V^2$
$= 0.5 \times 2,000[\text{kg}] \times (100,000[\text{m}]/3,600[\text{s}])^2$
$= 771,604.94[\text{J}] = 771[\text{kJ}]$

35 이상기체 1[kg]을 300[K], 100[kPa]에서 500[K]까지 'PV^n = 일정'의 과정($n=1.2$)을 따라 변화시켰다. 이 기체의 엔트로피 변화량[kJ/K]은?(단, 기체의 비열비는 1.3, 기체상수는 0.287[kJ/kg·K]이다)

① -0.244   ② -0.287
③ -0.344   ④ -0.373

해설
폴리트로픽 변화일 때
$s_2 - s_1 = C_v \ln \frac{T_2}{T_1} + R \ln \frac{v_2}{v_1}$
$= C_v \frac{n-\kappa}{n-1} \ln \frac{T_2}{T_1} = C_v \frac{n-\kappa}{n} \ln \frac{P_2}{P_1}$

주어진 조건에서
$s_2 - s_1 = C_v \frac{n-\kappa}{n-1} \ln \frac{T_2}{T_1} = \frac{(n-\kappa)R}{(n-1)(\kappa-1)} \ln \frac{T_2}{T_1}$
$= \frac{(-0.1)}{0.2 \times 0.3} \times 0.287[\text{kJ/kg·K}] \times \ln \frac{500}{300}$
$= -0.2443[\text{kJ/kg·K}]$

36 실린더 내의 공기가 100[kPa], 20[℃] 상태에서 300[kPa]이 될 때까지 가역단열과정으로 압축된다. 이 과정에서 실린더 내의 계에서 엔트로피의 변화[kJ/kg·K]는?(단, 공기의 비열비(k)는 1.4이다)

① -1.35   ② 0
③ 1.35   ④ 13.5

해설
엔트로피 변화 $ds = \frac{\delta q}{T}$
$\Delta s = \int_1^2 ds = \int_1^2 \frac{\delta q}{T} = 0$(여기서, $\delta q = 0$, 가역단열변화)

37 다음은 시스템(계)과 경계에 대한 설명이다. 옳은 내용을 모두 고른 것은?

> 가. 검사하기 위하여 선택한 물질의 양이나 공간 내의 영역을 시스템(계)이라 한다.
> 나. 밀폐계는 일정한 양의 체적으로 구성된다.
> 다. 고립계의 경계를 통한 에너지 출입은 불가능하다.
> 라. 경계는 두께가 없으므로 체적을 차지하지 않는다.

① 가, 다
② 나, 라
③ 가, 다, 라
④ 가, 나, 다, 라

해설
가. 동작물질의 일정한 양 또는 한정된 공간 내의 동작물질, 관찰 영역으로 한정한 동작물질을 계 또는 시스템이라 한다. 개방계에서는 해당 영역을 검사체적이라 한다.
나. 밀폐시스템의 경계는 물질이 점유하는 공간이며, 동작물질이 경계를 넘어가지 않는다. 동작물질의 내부에너지 변화가 일어나면 체적이 커지거나 작아질 수 있다.
다. 고립계는 밀폐시스템 중 외부와의 열 이동이 없는 시스템이다.
라. 경계는 물리적 경계이기도 하지만, 시스템 영역에 대한 지정으로 경계층이 별도로 존재하지 않는다.

38 용기 안에 있는 유체의 초기 내부에너지는 700[kJ]이다. 냉각과정 동안 250[kJ]의 열을 잃고, 용기 내에 설치된 회전날개로 유체에 100[kJ]의 일을 한다. 최종 상태의 유체의 내부에너지[kJ]는 얼마인가?

① 350   ② 450
③ 550   ④ 650

해설
용기 안에 유체는 냉각이 되며 열 250[kJ]을 잃고, 용기 내에 회전날개가 외부에서 에너지를 받아 일을 하며 에너지 100[kJ]를 유체에 공급한다. 따라서 남은 내부에너지는
700 − 250 + 100 = 550[kJ]

39 보일러에 온도 40[℃], 엔탈피 167[kJ/kg]인 물이 공급되어 온도 350[℃], 엔탈피 3,115[kJ/kg]인 수증기가 발생한다. 입구와 출구에서의 유속은 각각 5[m/s], 50[m/s]이고, 공급되는 물의 양이 2,000[kg/h]일 때, 보일러에 공급해야 할 열량[kW]은? (단, 위치에너지 변화는 무시한다)

① 631   ② 832
③ 1,237   ④ 1,638

해설
엔탈피는 내부에너지와 역학에너지의 합이고, 공급될 열량은 필요한 내부에너지만큼만 보충하는 것으로, 사이클에 적용할 필요는 없다. 보일러 입구에서의 열량의 합과 출구에서의 열량의 합을 비교하여 그 차만큼 열량을 공급한다.

$\dot{m}\Delta h = \dot{m}\Delta u + \Delta K.E$

$\dot{m}(3,115-167)[\text{kJ/kg}] = \dot{m}\Delta u + \frac{1}{2}\dot{m}(50[\text{m/s}]^2 - 5[\text{m/s}]^2)$

$\Delta u = 2,945,525[\text{J/kg}]$

$\dot{m}\Delta u = 0.5556[\text{kg/s}] \times 2,945,525[\text{J/kg}] = 1,636.5[\text{kJ/s}]$

($\because \dot{m} = 2,000[\text{kg/h}] = 0.5556[\text{kg/s}]$)

40 다음 그림과 같은 공기 표준 브레이턴(brayton) 사이클에서 작동유체 1[kg]당 터빈일[kJ/kg]은? (단, $T_1 = 300[\text{K}]$, $T_2 = 475.1[\text{K}]$, $T_3 = 1,100[\text{K}]$, $T_4 = 694.5[\text{K}]$이고, 공기의 정압비열과 정적비열은 각각 1.0035[kJ/kg·K], 0.7165[kJ/kg·K]이다)

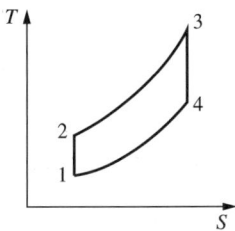

① 290   ② 407
③ 448   ④ 627

해설
브레이턴 사이클에서는 터빈일과 펌프일이 일어나고, w_{out}은 터빈일과 펌프일의 차이다. 터빈일을 묻는 문제이므로,

$w_t = mC_p\Delta T_{34}$
$= 1[\text{kg}] \times 1.0035[\text{kJ/kg·K}] \times (1,100 - 694.5)[\text{K}]$
$= 406.9192[\text{kJ}]$

※ 브레이턴 사이클에 대한 다음의 관계를 알아둔다.

$\eta_{brayton} = \dfrac{w_{out}}{q_{in}} = \dfrac{q_{in} - q_{out}}{q_{in}} = 1 - \dfrac{q_{out}}{q_{in}}$

$= 1 - \dfrac{mC_p\Delta T_{out}}{mC_p\Delta T_{in}} = 1 - \dfrac{mC_p\Delta T_{41}}{mC_p\Delta T_{32}}$

$w_{out} = w_t - w_p$

제3과목 기계유체역학

41 모세관을 이용한 점도계에서 원형 관 내의 유동은 비압축성 뉴턴유체의 층류유동으로 가정할 수 있다. 원형관의 입구측과 출구측의 압력차를 2배로 늘렸을 때, 동일한 유체의 유량은 몇 배가 되는가?

① 2배　　② 4배
③ 8배　　④ 16배

해설
모세관 점도계는 하겐-푸아죄유식을 이용한다.
$Q = \dfrac{\pi d^4 \Delta P}{128 \mu L}$ 이므로 $Q \propto \Delta P$

42 지름이 10[cm]인 원통에 물이 담겨져 있다. 수직인 중심축에 대하여 300[rpm]의 속도로 원통을 회전시킬 때 수면의 최고점과 최저점의 수직 높이차는 약 몇 [cm]인가?

① 0.126　　② 4.2
③ 8.4　　　④ 12.6

해설
높이차
$\Delta h = \dfrac{r^2 \omega^2}{2g} = \dfrac{(0.05[\text{m}])^2 \times (31.42[\text{rad/s}])^2}{2 \times 9.806[\text{m/s}^2]}$
$= 0.126[\text{m}] = 12.6[\text{cm}]$

(여기서, 반지름 $r = \dfrac{d}{2} = \dfrac{0.1[\text{m}]}{2} = 0.05[\text{m}]$,
각속도 $\omega = \dfrac{2\pi n}{60} = \dfrac{2\pi \times 300}{60} = 31.42[\text{rad/s}]$)

43 다음 그림과 같이 비중이 1.3인 유체 위에 깊이 1.1[m]로 물이 채워져 있을 때, 직경 5[cm]의 탱크 출구로 나오는 유체의 평균속도는 약 몇 [m/s]인가?(단, 탱크의 크기는 충분히 크고 마찰손실은 무시한다)

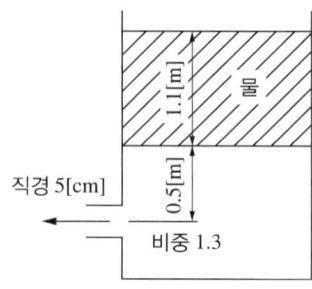

① 3.9　　② 5.1
③ 7.2　　④ 7.7

해설
토리첼리식이 유도된 베르누이 정리에서 P_1에 대기압을 이용하여 소거하지 않고 상단에 작용하는 물의 압력을 적용하여 계산한다. 물과 유체의 경계면을 1지점이라 하면, 그곳에 작용하는 압력은 $P = \gamma h = 1.1[\text{m}] \gamma_w$

$\dfrac{1.1[\text{m}]\gamma_w + 0}{\gamma_{fr}} + \dfrac{0^2}{2g} + Z_1 = \dfrac{0}{\gamma} + \dfrac{V_2^2}{2g} + Z_2$

$\dfrac{V_2^2}{2g} = \dfrac{1.1[\text{m}] \times 1}{1.3} + Z_1 - Z_2 = 1.346[\text{m}]$

$V_2 = \sqrt{2 \times 9.806[\text{m/s}^2] \times 1.346[\text{m}]} = 5.138[\text{m/s}]$

44 다음 유체역학적 양 중 질량 차원을 포함하지 않는 양은 어느 것인가?(단, MLT 기본차원을 기준으로 한다)

① 압력　　　② 동점성계수
③ 모멘트　　④ 점성계수

해설
점성계수의 질량 차원의 양을 제거한 것이 동점성계수이다.

정답　41 ①　42 ④　43 ②　44 ②

45 다음 그림과 같이 오일이 흐르는 수평관 사이로 두 지점의 압력차 p_1-p_2를 측정하기 위하여 오리피스와 수은을 넣어 U자관을 설치하였다. p_1-p_2로 옳은 것은?(단, 오일의 비중량은 γ_{oil}이며, 수은의 비중량은 γ_{Hg}이다)

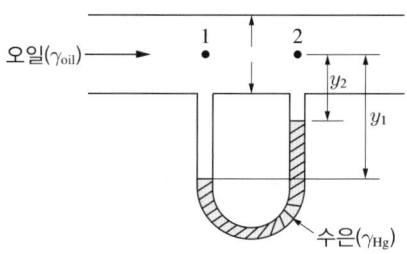

① $(y_1-y_2)(\gamma_{\text{Hg}}-\gamma_{\text{oil}})$
② $y_2(\gamma_{\text{Hg}}-\gamma_{\text{oil}})$
③ $y_1(\gamma_{\text{Hg}}-\gamma_{\text{oil}})$
④ $(y_1-y_2)(\gamma_{\text{oil}}-\gamma_{\text{Hg}})$

해설
수은이 발생하는 압력만큼 압력차가 있고 수은을 밀어 올릴 만큼 1지점의 압력이 높으므로, 수두로 표현하면
$P_1+\gamma_{\text{oil}}y_1=P_2+\gamma_{\text{oil}}y_2+\gamma_{\text{Hg}}(y_1-y_2)$
$P_1-P_2=+\gamma_{\text{oil}}y_2-\gamma_{\text{oil}}y_1+\gamma_{\text{Hg}}(y_1-y_2)$
$\quad=\gamma_{\text{oil}}(y_2-y_1)-\gamma_{\text{Hg}}(y_2-y_1)$
$\quad=(\gamma_{\text{oil}}-\gamma_{\text{Hg}})(y_2-y_1)$
$\quad=(\gamma_{\text{Hg}}-\gamma_{\text{oil}})(y_1-y_2)$

46 속도 퍼텐셜 $\phi=K\theta$인 와류유동이 있다. 중심에서 반지름 r인 원주에 따른 순환(circulation)식으로 옳은 것은?(단, K는 상수이다)

① 0
② K
③ πK
④ $2\pi K$

해설
$\Gamma=\oint_C V\cdot ds=\oint(udx+vdy+wdz)$인데 이는
$\int_A^B V_s\cdot ds=\int_A^B(udx+vdy+wdz)$의 함수가 폐곡선인 경우, 즉 0에서 2π의 적분과 같고 이때 곡선 ds는 호가 되며 $ds=rd\theta$, $\vec{V_s}=\vec{V}$이다. 원통 좌표계에서 속도 퍼텐셜은 $v_r=\frac{\partial\phi}{\partial r}$,
$v_\theta=\frac{1}{r}\frac{\partial\phi}{\partial\theta}$, $v_z=\frac{\partial\phi}{\partial z}$ 이다.
$\phi=K\theta$ 관계는 ∂r에 관하여 0이고 $v_\theta=\frac{1}{r}\frac{\partial\phi}{\partial\theta}=\frac{K}{r}$이므로
$\int_0^{2\pi}V_s\cdot rd\theta=\int_0^{2\pi}(\vec{v_r}+\vec{v_\theta})\cdot rd\theta$
$\int_0^{2\pi}\left(0+\frac{K}{r}\right)\cdot rd\theta=[K\theta]_0^{2\pi}=2\pi K$

47 다음 그림과 같이 평행한 두 원판 사이에 점성계수 $\mu=0.2[\text{N}\cdot\text{s/m}^2]$인 유체가 채워져 있다. 아래 판은 정지되어 있고, 위 판은 1,800[rpm]으로 회전할 때 작용하는 돌림 힘은 몇 [N·m]인가?

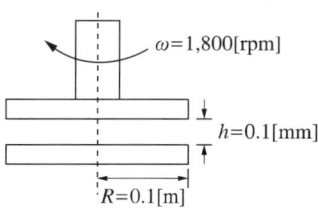

① 9.4
② 38.3
③ 46.3
④ 59.2

해설

전단력과 비틀림 모멘트의 관계는 $T=\tau Z_p$ 이다. 유체의 전단력을 이용하여 두 원판 표면에 작용하는 전단력을 이용해 아래 원판의 토크를 구한다.

$$\tau = \mu \frac{du}{dy} = \mu \frac{v}{h} = \mu \frac{r\omega}{h}$$

$$\mu \frac{r\omega}{h} = 0.2[\text{N}\cdot\text{s/m}^2] \times \frac{0.1[\text{m}] \times 1,800(2\pi/60[\text{s}])}{0.0001[\text{m}]}$$
$$= 37,699[\text{N/m}^2]$$

$$T = \tau Z_p = \tau \frac{\pi d^3}{16} = 37,699[\text{N/m}^2] \times \frac{\pi \times (0.2[\text{m}])^3}{16}$$
$$= 59.22[\text{N}\cdot\text{m}]$$

$\left(\dfrac{du}{dy}\right.$ 가 비례로 표현되어 있고 1차 함수관계이므로, 제일 큰 r 에 해당하는 값을 바로 적용한다$\left.\right)$

48 피에조미터 관에 대한 설명으로 틀린 것은?

① 계기유체가 필요 없다.
② U자관에 비해 구조가 단순하다.
③ 기체의 압력 측정에 사용할 수 있다.
④ 대기압 이상의 압력 측정에 사용할 수 있다.

해설

피에조미터(관) : 다음 그림의 우측 관이 피에조미터이다. 유체의 압력 P를 미터관의 높이차를 이용하여 측정한다. 기준선을 잡고 $P + r_1 h_1 = P_{atm} + \gamma_2 h_2$ 관계를 이용하여 측정한다($\gamma_1 = \gamma_2$). 피에조미터 관은 유체의 압력 측정에 사용한다. 기체는 비중이 높은 기체를 이용하더라도 매우 높은 관이 필요하며, h를 일정하게 측정할 수 없다.

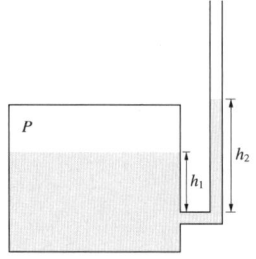

49 밀도가 0.84[kg/m³]이고, 압력이 87.6[kPa]인 이상기체가 있다. 이 이상기체의 절대온도를 2배 증가시킬 때, 이 기체에서의 음속은 약 몇 [m/s]인가?(단, 비열비는 1.4이다)

① 280
② 340
③ 540
④ 720

해설

$$\alpha = \sqrt{\frac{\kappa p}{\rho}} = \sqrt{\kappa RT} \ (\because p = \rho RT)$$

초기 속도 $\alpha_1 = \sqrt{\dfrac{\kappa p}{\rho}}$

$$= \sqrt{\frac{1.4 \times 87,600 \dfrac{[\text{kg}\cdot\text{m/s}^2]}{[\text{m}^2]}}{0.84[\text{kg/m}^3]}}$$
$$= 382.099[\text{m/s}]$$

온도를 2배하면 속도는 $\sqrt{2}$ 배이다.
나중 속도 $\alpha_2 = \sqrt{2}\,\alpha_1 = \sqrt{2} \times 382.099[\text{m/s}] = 540.37[\text{m/s}]$

50 평판 위에 점성, 비압축성 유체가 흐르고 있다. 경계층 두께 δ에 대하여 유체의 속도 u의 분포는 다음과 같다. 이때 경계층 운동량 두께에 대한 식으로 옳은 것은?(단, U는 상류속도, y는 평판과의 수직거리이다)

$$0 \leq y \leq \delta : \frac{u}{U} = \frac{2y}{\delta} - \left(\frac{y}{\delta}\right)^2$$
$$y > \delta : u = U$$

① 0.1δ
② 0.125δ
③ 0.133δ
④ 0.166δ

해설
비압축성 층류의 운동량 두께
$$\delta_m = \int_0^\delta \frac{u}{U_\infty}\left(1-\frac{u}{U_\infty}\right)dy(=\theta)$$
$$= \int_0^\delta \left(\frac{2y}{\delta}-\left(\frac{y}{\delta}\right)^2\right)\left(1-\frac{2y}{\delta}+\left(\frac{y}{\delta}\right)^2\right)dy$$
$$\left(\frac{y}{\delta}=\xi \text{라 하면 } \frac{1}{\delta}dy=d\xi, \ dy=\delta d\xi\right)$$
$$= \delta\int_0^1 (1-1+2\xi-(\xi)^2)(1-2\xi+(\xi)^2)d\xi$$
$$= \delta\int_0^1 (1-(\xi-1)^2)-(\xi-1)^2 d\xi$$
$$= \delta\int_0^1 (\xi-1)^2-(\xi-1)^4 d\xi$$
$$= \delta\left[\frac{(\xi-1)^3}{3}\right]_0^1 - \delta\left[\frac{(\xi-1)^5}{5}\right]_0^1$$
$$= \frac{\delta}{3}-\frac{\delta}{5}=\frac{2}{15}\delta$$
$$= 0.133\delta$$

해설

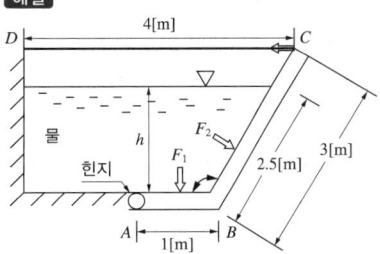

$F_1 = \gamma Ah = 9,806[\text{N/m}^3] \times 2[\text{m}^2] \times 2.5\cos 30°[\text{m}]$
$= 42,461.2[\text{N}]$
$F_2 = \gamma A_2 y_p$

비스듬한 면에 작용하는 힘은 면의 전압력 = 유체의 비중 × 작용점의 깊이 × 면적, $y_p = \frac{I_G}{yA}+\overline{y}$이므로

$F_2 = 9,806[\text{N/m}^3] \times 5[\text{m}^2] \times \left(1.25 \times \frac{\sqrt{3}}{2}[\text{m}]\right) = 53,076.5[\text{N}]$

$y_{p\text{평면}} = \left(\frac{\frac{2 \times 2.5^3}{12}[\text{m}^4]}{5[\text{m}^2] \times 1.25[\text{m}]}+1.25[\text{m}]\right) = 1.6667[\text{m}]$

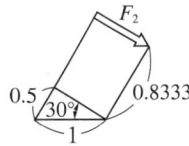

$\sum M_{hinge} = F_1 \times 0.5[\text{m}] + F_2 \times 1.3333[\text{m}] - T \times 3[\text{m}] \times \cos 30°$
$= 0$
$2.598[\text{m}]T = 42,461.2[\text{N}] \times 0.5[\text{m}] + 53,076.5[\text{N}] \times 1.3333[\text{m}]$
$T = 35,410[\text{N}] = 35.4[\text{kN}]$

51 다음 그림과 같이 폭이 2[m]인 수문 ABC가 A점에서 힌지로 연결되어 있다. 그림과 같이 수문이 고정될 때 수평인 케이블 CD에 걸리는 장력은 약 몇 [kN]인가?(단, 수문의 무게는 무시한다)

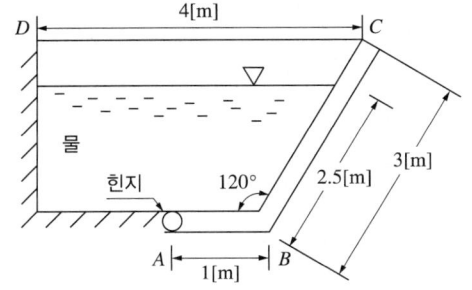

① 38.3　　② 35.4
③ 25.2　　④ 22.9

52 지름 100[mm] 관에 글리세린이 9.42[L/min]의 유량으로 흐른다. 이 유동은?(단, 글리세린의 비중은 1.26, 점성계수는 $\mu = 2.9 \times 10^{-4}[\text{kg/m·s}]$이다)

① 난류유동　　② 층류유동
③ 천이유동　　④ 경계층유동

해설
지름과 유량으로 속도를 구하여 레이놀즈수를 알아본다.
$V = Q/A = \frac{0.00942/60[\text{m}^3/\text{s}]}{\frac{\pi}{4}(0.1[\text{m}])^2} = 0.020[\text{m/s}]$

$Re = \frac{\rho v D}{\mu} = \frac{1,260[\text{kg/m}^3] \times 0.020[\text{m/s}] \times 0.1[\text{m}]}{2.9 \times 10^{-4}[\text{kg/m·s}]} = 8,689.66$

따라서 레이놀즈수가 층류 임계치보다 매우 크므로 난류유동이다.

정답 51 ② 52 ①

53 다음 그림과 같이 날카로운 사각 모서리 입·출구를 갖는 관로에서 전수두 H는?(단, 관의 길이를 l, 지름은 d, 관 마찰계수는 f, 속도수두는 $\frac{V^2}{2g}$이고, 입구 손실계수는 0.5, 출구 손실계수는 1.0이다)

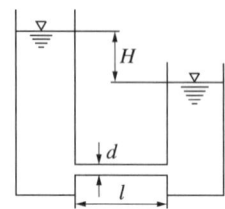

① $H = \left(1.5 + f\frac{l}{d}\right)\frac{V^2}{2g}$

② $H = \left(1 + f\frac{l}{d}\right)\frac{V^2}{2g}$

③ $H = \left(0.5 + f\frac{l}{d}\right)\frac{V^2}{2g}$

④ $H = f\frac{l}{d}\frac{V^2}{2g}$

해설

압력차가 속도차를 유발하고 손실이 속도수두를 감소시키므로
$\frac{P_1}{\gamma} + \frac{V_1^2}{2g} + Z_1 = \frac{P_2}{\gamma} + \frac{V_2^2}{2g} + Z_2 + h_f$에서
압력수두 H는
$H = \frac{V_2^2 - V_1^2}{2g} + f\frac{l}{d}\frac{V^2}{2g} + K_1\frac{V^2}{2g} + K_2\frac{V^2}{2g}$
$V_2 \approx V_1 \approx V$라고 하면
$H = \frac{V^2}{2g}\left(f\frac{l}{d} + K_1 + K_2\right) = \frac{V^2}{2g}\left(1.5 + f\frac{l}{d}\right)$

54 현의 길이가 7[m]인 날개의 속력이 500[km/h]로 비행할 때 이 날개가 받는 양력이 4,200[kN]이라고 하면 날개의 폭은 약 몇 [m]인가?(단, 양력계수 C_L = 1, 항력계수 C_D = 0.02, 밀도 ρ = 1.2[kg/m³]이다)

① 51.84　② 63.17
③ 70.99　④ 82.36

해설

$F_L = C_L \frac{1}{2}\rho V^2 \times A$

(여기서, C_L : 양력계수, A : 유체의 흐름을 막는 단면적)

$4,200[\text{kN}] = 1 \times \frac{1}{2} \times 1.2[\text{kg/m}^3] \times \left(\frac{500,000}{3,600}[\text{m/s}]\right)^2 \times 7[\text{m}] \times b$

$\therefore b = 51.84[\text{m}]$

55 다음 그림과 같이 물이 유량 Q로 저수조로 들어가고, 속도 $V = \sqrt{2gh}$로 저수조 바닥에 있는 면적 A_2의 구멍을 통하여 나간다. 저수조 수면 높이가 변화하는 속도 $\frac{dh}{dt}$는?

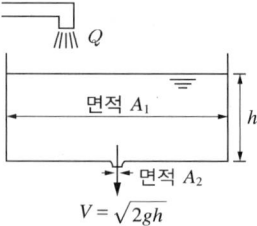

① $\frac{Q}{A^2}$

② $\frac{A_2\sqrt{2gh}}{A_1}$

③ $\frac{Q - A_2\sqrt{2gh}}{A_2}$

④ $\frac{Q - A_2\sqrt{2gh}}{A_1}$

해설
공급되는 물을 $\dot{Q}$, 나가는 물의 양을 $\dot{Q}'$ 라고 하면
변화하는 물의 양
$\Delta \dot{Q} = (\dot{Q} - \dot{Q}') = \dot{Q} - A_2\sqrt{2gh}$
$\Delta \dot{Q} = A_1 \dfrac{dh}{dt}$
$(\dot{Q} - A_2\sqrt{2gh}) = A_1 \dfrac{dh}{dt}$
$\therefore \dfrac{dh}{dt} = \dfrac{(\dot{Q} - A_2\sqrt{2gh})}{A_1}$

56 다음 그림과 같이 속도가 V인 유체가 속도 U로 움직이는 곡면에 부딪혀 90°의 각도로 유동 방향이 바뀐다. 다음 중 유체가 곡면에 가하는 힘의 수평 방향 성분의 크기가 가장 큰 것은?(단, 유체의 유동 단면적은 일정하다)

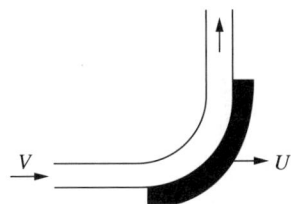

① $V = 10\,[\text{m/s}]$, $U = 5\,[\text{m/s}]$
② $V = 20\,[\text{m/s}]$, $U = 15\,[\text{m/s}]$
③ $V = 10\,[\text{m/s}]$, $U = 4\,[\text{m/s}]$
④ $V = 25\,[\text{m/s}]$, $U = 20\,[\text{m/s}]$

해설
가해지는 힘은 $F = \gamma Q v$로, 상대속도가 가장 큰 경우에 가장 큰 힘을 받는다.
③ $\Delta V = 10\,[\text{m/s}] - 4\,[\text{m/s}] = 6\,[\text{m/s}]$
① $\Delta V = 10\,[\text{m/s}] - 5\,[\text{m/s}] = 5\,[\text{m/s}]$
② $\Delta V = 20\,[\text{m/s}] - 15\,[\text{m/s}] = 5\,[\text{m/s}]$
④ $\Delta V = 25\,[\text{m/s}] - 20\,[\text{m/s}] = 5\,[\text{m/s}]$

57 담배연기가 비정상 유동으로 흐를 때 순간적으로 눈에 보이는 담배연기는 다음 중 어떤 것에 해당하는가?

① 유맥선
② 유적선
③ 유선
④ 유선, 유적선, 유맥선 모두에 해당됨

해설
- 유선
  - 흐르고 있는 유체입자 속도벡터의 접선을 연결한 선이다.
  - 속도 방향과 접선 방향이 일치하는 연속적인 가상곡선이다.
- 유관
  - 정상류 속에 존재하는 유선의 묶음이다.
  - 폐곡선을 통과한 유선에 의해 형성된 공간이다.
- 유적선
  - 주어진 한 유체입자가 움직이는 경로이다.
  - 정상류일 때 유선은 시간에 관계없이 공간에 고정되며 유적선과 일치한다.
- 유맥선
  - 유체의 흐름 속에 고정된 한 점을 통과하는 모든 유체입자의 순간적인 궤적선이다.
  - 예 굴뚝, 향, 담배의 연기

58 중력 가속도 g, 체적유량 Q, 길이 L로 얻을 수 있는 무차원수는?

① $\dfrac{Q}{\sqrt{gL}}$
② $\dfrac{Q}{\sqrt{gL^3}}$
③ $\dfrac{Q}{\sqrt{gL^5}}$
④ $Q\sqrt{gL^3}$

해설
$g = LT^{-2}$, $Q = L^3 T^{-1}$, $L = L^1$
L이나 T 중 한 가지 차원만 비교해도 찾을 수 있다.
① $\dfrac{Q}{\sqrt{gL}} \rightarrow L^2$ ② $\dfrac{Q}{\sqrt{gL^3}} \rightarrow L^1$
③ $\dfrac{Q}{\sqrt{gL^5}} \rightarrow L^0$ ④ $Q\sqrt{gL^3} \rightarrow L^4$

T차원도 확인하면 $\dfrac{Q}{\sqrt{gL^5}} = L^{3-\frac{6}{2}} T^{-1-\left(-\frac{2}{2}\right)} = L^0 T^0$

※ 선택형 시험에서는 생각보다 대입하여 비교하는 것이 풀이속도가 빠른 경우가 자주 있다.

59 길이 150[m]인 배를 길이 10[m] 모형으로 조파저항에 관한 실험을 하고자 한다. 실형의 배가 70[km/h]로 움직인다면, 실형과 모형 사이의 역학적 상사를 만족하기 위한 모형의 속도는 몇 [km/h]인가?

① 271 　② 56
③ 18 　④ 10

해설
프루드수가 같아야 하므로
$$F_r = \frac{V}{\sqrt{gL}}$$
$$\frac{V_p}{\sqrt{gL_p}} = \frac{V_m}{\sqrt{gL_m}}$$
$$V_m = \frac{70[\text{km/h}]}{\sqrt{150[\text{m}]}}\sqrt{10[\text{m}]}$$
$$= 18.07[\text{km/h}]$$

60 관로의 전 손실수두가 10[m]인 펌프로부터 21[m] 지하에 있는 물을 지상 25[m]의 송출 액면에 10[m³/min]의 유량으로 수송할 때 축동력이 124.5[kW]이다. 이 펌프의 효율은 약 얼마인가?

① 0.70 　② 0.73
③ 0.76 　④ 0.80

해설
지하 21[m], 지상 25[m], 손실 분량 10[m]를 끌어올리려면 10[m³/min]에 56[m] 위치에너지를 부여해야 한다.
$$E_h = mgh = rQh$$
$$= 9,806[\text{N/m}^3] \times \frac{10}{60}[\text{m}^3/\text{s}] \times 56[\text{m}] = 91,523[\text{W}]$$

E_h의 위치에너지를 부여하는데 124.5[kW]를 사용했으므로
효율 $\eta_p = \dfrac{E_h}{P_p} = \dfrac{91,523[\text{W}]}{124,500[\text{W}]} = 0.7351$

제4과목 　기계재료 및 유압기기

61 배빗메탈(babbit metal)에 관한 설명으로 옳은 것은?

① Sn-Sb-Cu계 합금으로서, 베어링 재료로 사용된다.
② Cu-Ni-Si계 합금으로서, 도전율이 좋으므로 강력 도전재료로 이용된다.
③ Zn-Cu-Ti계 합금으로서, 강도가 현저히 개선된 경화형 합금이다.
④ Al-Cu-Mg계 합금으로서, 상온 시효처리하여 기계적 성질을 개선시킨 합금이다.

해설
베어링용 합금 : 주석계 화이트 메탈(배빗메탈)은 안티몬, 구리의 함유량에 따라 경도, 인장강도, 내압력이 증가하며 철, 아연, 알루미늄, 비소 등의 불순물에 의해 성질이 저하된다. 납계 화이트 메탈은 납-안티몬-주석 합금으로 안티몬과 주석에 따라 내압력이 상승하지만, 안티몬이 과하면 취약해진다. 구리계 베어링 합금은 켈밋이라고 하며 구리-납 외에도 주석 청동, 인 청동, 납 청동 등이 있다. 내소착성이 좋고, 내압력도 화이트 메탈계보다 커서 고속·고하중 베어링으로 적합하여 자동차, 항공 등에 사용된다. 오일리스 베어링은 다공질 재료에 윤활유를 함유하여 급유가 필요없으며, 분말야금으로 제조한다. 강인성은 다소 낮지만, 주유가 어려운 장소에 사용하기 좋다.

62 고용체 합금의 시효경화를 위한 조건으로서 옳은 것은?

① 급랭에 의해 제2상의 석출이 잘 이루어져야 한다.
② 고용체의 용해도 한계가 온도가 낮아짐에 따라 증가해야만 한다.
③ 기지상은 단단하여야 하며, 석출물은 연한 상이어야 한다.
④ 최대 강도 및 경도를 얻기 위해서는 기지조직과 정합 상태를 이루어야만 한다.

해설
시효경화는 시간이 지남에 따라 경화가 일어나는 현상으로, 연하고 연성이 있는 기지 내에 매우 미세한 정합 석출물의 균일한 분산을 일으키는 일련의 상변태에 의해 생긴다. 시효경화는 비교적 간단한 열처리로 밀도 변화 없이 금속재의 항복강도를 증가시킬 수 있다는 이점이 있지만, 한정된 온도 변위에서만 가능하다.

63 고Mn강(hadfeld steel)에 대한 설명으로 옳은 것은?

① 고온에서 서랭하면 M_3C가 석출하여 취약해진다.
② 소성변형 중 가공경화성이 없으며, 인장강도가 낮다.
③ 1,200[℃] 부근에서 급랭하여 마텐자이트 단상으로 하는 수인법을 이용한다.
④ 열전도성이 좋고 팽창계수가 작아 열변형을 일으키지 않는다.

해설
고망간(Mn)강 : 강에 함유된 망간의 성질은 강도와 고온가공성을 증가시킨다. 연신율 감소를 억제하고, 주조성과 담금질 효과가 향상되며, 적열취성을 일으키는 황화철(FeS) 형성을 막아 준다. 내충격성과 내마모성이 뛰어나며, 열전도율이 낮고 가공경화성이 높은 특징이 있다. 해드필드강(C 1~1.3%, Mn 11.5~13%)은 고망간강으로 오스테나이트 계열이다. 냉간가공이나 표면 슬라이딩에 의해 경도와 내마모성이 증대하기 때문에 파쇄기의 날, 버킷의 날, 레일, 레일의 포인트 등에 사용된다. 고온가공성과 소성가공성이 좋고 내마멸성이 우수하지만, 고온에서 서랭하면 결정립계 탄화물이 석출되어 취약해지는데 수중 담금질인 수인법을 이용하여 오스테나이트 조직이 되고, 응력을 받으면 마텐자이트가 되어 성질이 개선된다.

64 플라스틱 재료의 일반적인 특징으로 옳은 것은?

① 내구성이 매우 높다.
② 완충성이 매우 낮다.
③ 자기 윤활성이 거의 없다.
④ 복합화에 의한 재질의 개량이 가능하다.

해설
플라스틱은 고분자화합물을 일컫는 용어로, 합성수지라고도 한다. 원료는 원유에서 추출하며 가볍고, 단단하고, 매우 저렴하여 현대사회에서는 식기, 의료, 의류, 가구, 구조물, 생활용품 및 기계부품의 재료로 폭넓게 사용된다. 플라스틱은 종류가 다양하고 구성구조에 따라 성질 및 특성도 다양하여 플라스틱 재료의 성질을 일반화하기 어렵다. 또한, 플라스틱의 성질은 중합도에 따라 달라지며 단량체(monomoer)와 달리 중합체(polymer)는 구조가 반복되어 재료의 성질을 결정한다.
※ ①도 정답이라고 생각할 수 있지만, ④는 분명한 플라스틱 재료의 일반적인 특징이다. 내구성은 플라스틱재의 종류에 따라 다르며, 오답으로 만들기 위해 '매우' 좋다고 서술하였다.

65 현미경 조직검사를 실시하기 위한 철강용 부식제로 옳은 것은?

① 왕수
② 질산 용액
③ 나이탈 용액
④ 염화제2철 용액

해설
현미경 시험 : 금속시편의 관찰면을 연마한 후 미세조직을 관찰하여 결정조직 등을 관찰한다. 연마는 연마, 정마의 순으로 연마하고 관찰을 위해 관찰면을 부식·세척한다. 철강에는 나이탈 용액이나 피크린산 용액을 사용하고 구리, 니켈에는 염산을, 그 외에는 금속 종류에 따라 불화수소산액, 가성소다액, 빙초산, 글리세린, 글리콜 등의 혼합액을 사용하여 부식을 실시한 후 현미경으로 관찰한다.

66 상온의 금속(Fe)을 가열하였을 때 체심입방격자에서 면심입방격자로 변하는 점은?

① A_0 변태점
② A_2 변태점
③ A_3 변태점
④ A_4 변태점

해설
A_3 변태점에서는 격자조직이 변하며, 자기적 성질이 함께 변한다.

67 스테인리스강을 조직에 따라 분류할 때의 기준조직이 아닌 것은?

① 페라이트계
② 마텐자이트계
③ 시멘타이트계
④ 오스테나이트계

해설
스테인리스강 조직에는 페라이트계, 마텐자이트계, 오스테나이트계, 석출경화계가 있다.

68 담금질한 공석강의 냉각곡선에서 시편을 20[℃]의 물속에 넣었을 때 ㉠와 같은 곡선을 나타낼 때의 조직은?

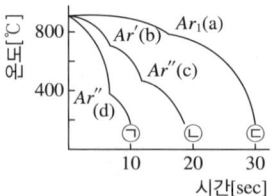

① 펄라이트
② 오스테나이트
③ 마텐자이트
④ 베이나이트 + 펄라이트

해설
문제의 냉각곡선을 TTT 선도에 적용하면 조직을 식별할 수 있다.

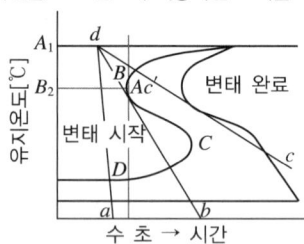

69 항온 열처리방법에 해당하는 것은?

① 뜨임(tempering)
② 어닐링(annealing)
③ 마퀜칭(marquenching)
④ 노멀라이징(normalizing)

해설
항온열처리의 종류
- 마퀜칭 : Ms 윗점까지 급랭 후 안팎이 같은 온도가 될 때까지 항온을 유지하고, 이후 공기 중 냉각하는 방법이다.
- 마템퍼링 : Ms점 이하까지 급랭 후 항온 유지 후 공랭하는 방법이다.
- 오스템퍼링 : Ms 윗점까지 급랭 후 계속 항온을 유지하여 완전조직을 만든 후 냉각시키는 방법이다. 이 과정에서 나온 조직이 베이나이트이며, 인성이 크고 강한 조직이 나온다.
- 오스포밍 : Ms점 이하까지 급랭 후 항온을 유지하며 소성가공을 실시하는 열처리이다.

65 ③　66 ③　67 ③　68 ③　69 ③

70 고강도 합금으로서 항공기용 재료에 사용되는 것은?

① 베릴륨 동
② naval brass
③ 알루미늄 청동
④ extra super duralumin

해설
④는 초초두랄루민이다.
두랄루민 : 단련용 Al 합금으로, Al-Cu-Mg계이다. 4%Cu, 0.5% Mg, 0.5%Mn 구성으로 시효경화성 Al 합금으로 가볍고 강도가 커서 항공기, 자동차, 운반기계 등에 사용된다. 초두랄루민은 두랄루민에서 Mg을 다소 증가시킨 것이고, 초초두랄루민은 인장강도를 530[MPa] 이상으로 향상시킨 것을 의미한다. 알코아 75S 가속하며 Al-Mg-Zn계에 균열 방지를 위해 Mn과 Cr을 첨가하고, 석출경화의 과정을 거친다.

71 유체토크 컨버터의 주요 구성요소가 아닌 것은?

① 펌프   ② 터빈
③ 스테이터   ④ 릴리프 밸브

해설
유체토크 컨버터는 유체의 원심력을 이용하여 연결된 두 축의 회전운동을 연동시키는 원리로 작동된다. 원동축에는 펌프가 연결되고 피동축에는 터빈이 연결되며 스테이터에 의해 유체유동을 변화시킨다.

72 미터 아웃 회로에 대한 설명으로 틀린 것은?

① 피스톤 속도를 제어하는 회로이다.
② 유량제어밸브를 실린더의 입구측에 설치한 회로이다.
③ 기본형은 부하변동이 심한 공작기계의 이송에 사용된다.
④ 실린더에 배압이 걸리므로 끌어당기는 하중이 작용해도 자주(自走)할 염려가 없다.

해설
미터 아웃 회로 : 유량제어밸브를 실린더의 출구측에 설치한 회로로, 액추에이터에서 나오는 공기를 조절하여 액추에이터의 속도를 제어하는 방식이다. 액추에이터 작동 전에 제어하므로 작동성이 확실하고, 일반적으로 많이 사용한다.

73 압력제어밸브의 종류가 아닌 것은?

① 체크밸브
② 감압밸브
③ 릴리프 밸브
④ 카운터 밸런스 밸브

해설
압력제어밸브
• 릴리프 밸브 : 탱크나 실린더 내의 최고 압력을 제한하여 과부하(오버라이드) 방지를 목적으로 한다. 안전밸브라고도 한다.
  – 직동형 : 스프링에 직접 압력을 가하여 입구를 막고 있다가 더 큰 힘이 걸리면 입구가 열려서 흐름이 생긴다.
  – 파일럿 작동형 : 간접 작동형으로 작동밸브에 오리피스를 달아서 더 작은 스프링으로 오리피스의 압력을 조절한다. 더 민감한 압력의 조정이 가능하여 많이 사용한다.
• 감압밸브 : 출구쪽 압력을 일정하게 유지하는 역할을 한다. 릴리프 밸브가 1차 쪽 압력제어이면 감압밸브는 2차 쪽 압력조정밸브이다.
• 시퀀스 밸브 : 주회로의 압력을 일정하게 유지하면서 조작의 순서를 제어할 때 사용하는 밸브이다.
• 무부하밸브 : 펌프의 무부하운전을 시키는 밸브로, 출구쪽이 닫혀 있다.
• 카운터 밸런스 밸브 : 액추에이터쪽에 배압(back pressure, 빠지는 쪽의 압력)을 걸어 주어 적절한 움직임을 제어하고자 하는 밸브이다.

74 유압유의 구비조건으로 적절하지 않은 것은?

① 압축성이어야 한다.
② 점도지수가 커야 한다.
③ 열을 방출시킬 수 있어야 한다.
④ 기름 중의 공기를 분리시킬 수 있어야 한다.

해설
유압작동유의 구비조건
• 비압축성이어야 한다.
• 열에 영향을 작게 받을 수 있어야 한다.
• 장시간 사용하여도 화학적으로 안정하여야 한다.
• 다양한 조건에서도 적정 점도가 유지되어야 한다.
• 기밀성, 청결성을 가지고 있어야 한다.

75 유압장치의 특징으로 적절하지 않은 것은?

① 원격제어가 가능하다.
② 소형 장치로 큰 출력을 얻을 수 있다.
③ 먼지나 이물질에 의한 고장의 우려가 없다.
④ 오일에 기포가 섞여 작동이 불량할 수 있다.

해설
먼지나 이물질이 삽입되면 공압장치, 유압장치 모두 고장의 우려가 있다.

76 유압 실린더 취급 및 설계 시 주의사항으로 적절하지 않은 것은?

① 적당한 위치에 공기구멍을 장치한다.
② 쿠션장치인 쿠션밸브는 감속범위의 조정용으로 사용한다.
③ 쿠션장치인 쿠션링은 헤드 엔드축에 흐르는 오일을 촉진한다.
④ 원칙적으로 더스트 와이퍼를 연결해야 한다.

해설
쿠션링은 헤드 엔드축에 오일이 흐르지 않도록 방지한다.

77 다음 그림의 유압회로도에서 ㉠의 밸브 명칭으로 옳은 것은?

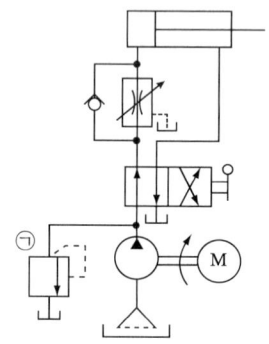

① 스톱밸브
② 릴리프 밸브
③ 무부하밸브
④ 카운터 밸런스 밸브

해설
유압회로도에서 ㉠은 릴리프 밸브로 모터 바로 앞에 붙어서 일정 압력 이상이 되면 탱크로 오일을 회귀시키는 역할을 한다. 릴리프 밸브는 유압 관 내 긴장이 차서 일정 압력에 이르면 관로를 열어 작동유를 탱크로 회귀시켜 관 내 압력을 일정 수준 이하로 낮춘다.

78 펌프에 대한 설명으로 틀린 것은?

① 피스톤 펌프는 피스톤을 경사판, 캠, 크랭크 등에 의해서 왕복운동시켜 액체를 흡입 쪽에서 토출 쪽으로 밀어내는 형식의 펌프이다.
② 레이디얼 피스톤 펌프는 피스톤의 왕복운동 방향이 구동축에 거의 직각인 피스톤 펌프이다.
③ 기어펌프는 케이싱 내에 물리는 2개 이상의 기어에 의해 액체를 흡입 쪽에서 토출 쪽으로 밀어내는 형식의 펌프이다.
④ 터보펌프는 덮개차를 케이싱 외에 회전시켜 액체로부터 운동에너지를 빼앗아 액체를 토출하는 형식의 펌프이다.

해설
터보펌프는 덮개차(→날개차)를 케이싱 외(→내)에 회전시켜 액체로부터(→액체로) 운동에너지를 빼앗아(→공급하여) 액체를 토출하는 형식의 펌프이다. 터보형 펌프는 비용적형에 속하는 것으로 날개차의 형상에 따라 원심식, 경사류식, 축류식이 있다. 이들 펌프에서 케이싱 내에서 날개차가 회전하고 액체에 압력 및 운동에너지를 공급하여 액체를 송출해 내는 원리를 적용한다.

79 채터링 현상에 대한 설명으로 적절하지 않은 것은?

① 소음을 수반한다.
② 일종의 자려진동현상이다.
③ 감압밸브, 릴리프 밸브 등에서 발생한다.
④ 압력, 속도 변화에 의한 것이 아닌 스프링의 강성에 의한 것이다.

해설
채터링(chattering) 현상 : 밸브 내부에서 스프링의 떨림 등 연속적인 진동으로 밸브시트 등을 타격하여 진동과 소음을 발생시키는 현상이다. 감압밸브, 체크밸브, 릴리프 밸브 등에서 발생한다. 특유의 고음이 발생하며 밸브를 교체하거나 수리하여 해결한다.

80 다음 그림과 같은 유압기호의 명칭은?

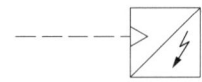

① 경음기
② 소음기
③ 리밋스위치
④ 아날로그 변환기

해설
보조관로(신호관로)로 공압이 공급되면 전기신호로 변환되는 유공압 요소의 기호이다.

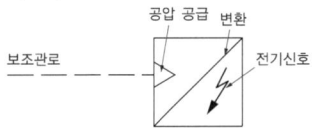

※ 모든 기호를 암기할 수 없고, 기호의 구성성분을 살펴보면서 어떤 의미로 기호를 제작하였는지 이해한다.

제5과목 기계제작법 및 기계동력학

81 국제단위체계(SI)에서 1[N]에 대한 설명으로 맞는 것은?

① 1[g]의 질량에 1[m/s^2]의 가속도를 주는 힘이다.
② 1[g]의 질량의 1[m/s]의 속도를 주는 힘이다.
③ 1[kg]의 질량 1[m/s^2]의 가속도를 주는 힘이다.
④ 1[kg]의 질량에 1[m/s]의 속도를 주는 힘이다.

해설
SI단위의 정의를 묻는 문제이다.

82 30°로 기울어진 표면에 질량 50[kg]인 블록이 질량 m인 추가 다음 그림과 같이 연결되어 있다. 경사 표면과 블록 사이의 마찰계수가 0.5일 때 이 블록을 경사면으로 끌어올리기 위한 추의 최소 질량은 약 몇 [kg]인가?

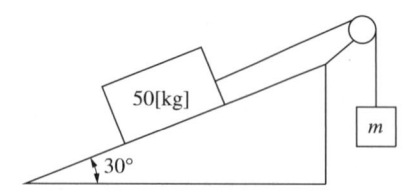

① 36.5 ② 41.8
③ 46.7 ④ 54.2

해설
$mg \geq \mu W\cos° + W\sin30°$,
$m \geq 0.5 \times 50[\text{kg}] \times 0.866 + 50[\text{kg}] \times 0.5 = 46.65[\text{kg}]$

83 다음 그림과 같이 질량이 동일한 두 개의 구슬 A, B가 있다. 초기에 A의 속도는 v이고, B는 정지되어 있다. 충돌 수 A와 B의 속도에 관한 설명으로 맞는 것은?(단, 두 구슬 사이의 반발계수는 1이다)

① A와 B 모두 정지한다.
② A와 B 모두 v의 속도를 가진다.
③ A와 B 모두 $v/2$의 속도를 가진다.
④ A는 정지하고 B는 v의 속도를 가진다.

해설
반발계수가 1이면 충돌 전 Δv와 충돌 후 Δv가 같고, B가 정지 상태에서 움직이므로 충돌 후에는 A가 멈춘다. 구슬치기에서 던진 구슬이 정확히 맞으면 멈추고 맞은 구슬이 날아가는 경우를 예로 들 수 있다.

84 다음 그림과 같이 최초 정지 상태에 있는 바퀴에 줄이 감겨 있다. 힘을 가하여 줄의 가속도(a)가 $a = 4t[\text{m/s}^2]$일 때 바퀴의 각속도(ω)를 시간의 함수로 나타내면 몇 [rad/s]인가?

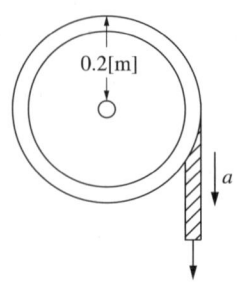

① $8t^2$ ② $9t^2$
③ $10t^2$ ④ $11t^2$

해설
$a = 4t[\text{m/s}^2]$
$v = r\omega$
$v = \int a(t)dt = 2t^2$
$\omega = \frac{2}{r}t^2[\text{m/s}] = \frac{2}{0.2[\text{m}]}t^2[\text{m/s}] = 10t^2[\text{rad/s}]$

85 다음 그림과 같이 질량이 10[kg]인 봉의 끝단이 홈을 따라 움직이는 블록 A, B에 구속되어 있다. 초기에 $\theta = 0°$에서 정지하여 있다가 블록 B에 수평력 $P = 50[\text{N}]$이 작용하여 $\theta = 45°$가 되는 순간 봉의 각속도는 약 몇 [rad/s]인가?(단, 블록 A와 B의 질량과 마찰은 무시하고, 중력 가속도 $g = 9.81[\text{m/s}^2]$이다)

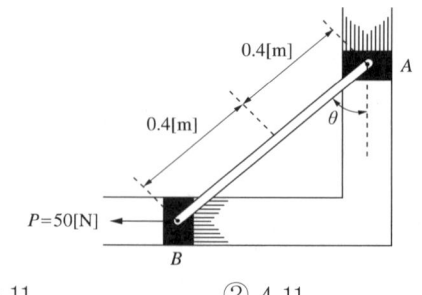

① 3.11 ② 4.11
③ 5.11 ④ 6.11

해설

블록 B에 가한 일과 봉의 위치에너지 변화가 회전운동을 일으키므로

$s : 0 \to 0.8\sin 45° = 0.5656$

- 봉의 초기 위치 : 0.4[m]
- 봉의 나중 위치 : $0.4\sin 45° = 0.2828$[m]
- 높이 변화 : 0.1172[m]

가해진 에너지 : $50[\text{N}] \times 0.5656[\text{m}] + 10[\text{kg}] \times 9.81[\text{m/s}^2]$
$\times 0.1172[\text{m}] = 39.777[\text{N} \cdot \text{m}]$

회전 운동에너지 : $\frac{1}{2}I\omega^2 = \frac{1}{2}\left(\frac{ml^2}{3}\right)\omega^2 = \frac{10\text{kg} \times (0.8\text{m})^2}{6}\omega^2$

$39.777[\text{kg} \cdot \text{m/s}^2 \cdot \text{m}] = 1.0666[\text{kg} \cdot \text{m}^2]\omega^2$

$\therefore \omega = 6.107[\text{rad/s}]$

※ 이 문제의 경우 봉이 바닥에 누워 있을 수도 있어서 어떻게 접근하느냐에 따라 답이 안 나올 수도 있는데, '수평력'과 '중력 가속도'를 토대로 코너에 서 있는 봉 안에 블록 B는 수평 방향으로, 블록 A는 수직 방향으로 움직이는 기구로 파악하여 문제를 해결한다.

86 스프링 상수가 20[N/cm]와 30[N/cm]인 두 개의 스프링을 직렬로 연결했을 때 등가 스프링 상수값은 몇 [N/cm]인가?

① 10　　② 12
③ 25　　④ 50

해설

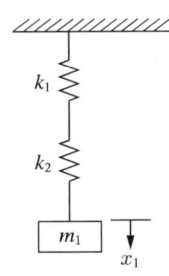

강성

$\frac{1}{k_T} = \frac{1}{k_1} + \frac{1}{k_2}$, $F_T = k_T x_1 = \frac{k_1 k_2}{(k_1+k_2)}x_1$

$\frac{1}{k_T} = \frac{1}{20} + \frac{1}{30} = \frac{5}{60}$

$\therefore k_T = 12[\text{N/cm}]$

87 엔진(질량 m)의 진동이 공장 바닥에 직접 전달될 때 바닥에 힘이 $F_0 \sin\omega t$로 전달된다. 이때 전달되는 힘을 감소시키기 위해 엔진과 바닥 사이에 스프링(스프링 상수 k)과 댐퍼(감쇠상수 c)를 달았다. 이를 위해 진동계의 고유 진동수(ω_n)와 외력의 진동수(ω)는 어떤 관계를 가져야 하는가?(단, $\omega_n = \sqrt{\dfrac{k}{m}}$ 이고, t는 시간을 의미한다)

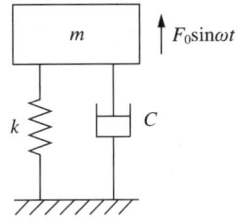

① $\omega_n > \omega$　　② $\omega_n < 2\omega$
③ $\omega_n < \dfrac{\omega}{\sqrt{2}}$　　④ $\omega_n > \dfrac{\omega}{\sqrt{2}}$

해설

- 진동비($f/f_n(=\omega/\omega_n)$)가 $\sqrt{2}$일 때, 감쇠비에 관계없이 진동 전달률은 1이다.
- 진동비(f/f_n)가 $\sqrt{2}$보다 클 때, 진동 전달률은 1보다 작다.
- 감쇠비가 작을수록 진동 전달률이 작아진다.
- 진동비가 $\sqrt{2}$보다 클 때, 진동 전달률이 1보다 작아지는 현상을 진동절연이라 한다.

즉, $\sqrt{2} < \dfrac{\omega}{\omega_n}$ 이어야 하므로, $\omega_n < \dfrac{\omega}{\sqrt{2}}$

88 90[km/h]의 속력으로 달리던 자동차가 100[m] 전방의 장애물을 발견한 후 제동을 하여 장애물 바로 앞에 정지하기 위해 필요한 제동력의 크기는 몇 [N]인가?(단, 자동차의 질량은 1,000[kg]이다)

① 3,125　　② 6,250
③ 40,500　　④ 81,000

해설

운동에너지를 모두 제동력으로 제거해야 하므로

$\frac{1}{2}mv^2 = Fs$, $\dfrac{1,000[\text{kg}] \times (25[\text{m/s}])^2}{2} = F \times 100[\text{m}]$

$F = 3,125[\text{N}]$

정답 86 ② 87 ③ 88 ①

89 다음 중 계의 고유 진동수에 영향을 미치지 않는 것은?

① 계의 초기조건
② 진동 물체의 질량
③ 계의 스프링 계수
④ 계를 형성하는 재료의 탄성계수

해설
고유 진동수 : 시스템을 외력에 의해 초기 교란 후 그 힘을 제거하였을 때 그 시스템이 자유진동을 하는 진동수 1계 자유진동의 경우 고유 진동수로, 계의 초기조건과는 무관하다.

$f_n = 2\pi\sqrt{\dfrac{m}{k}}$

(여기서, f_n : 고유 진동수, k : 스프링 계수, m : 질량)
※ 재료의 탄성계수는 계의 스프링 계수와 연관된다.

90 다음 그림과 같이 질량이 m인 물체가 탄성 스프링으로 지지되어 있다. 초기 위치에서 자유낙하를 시작하고, 초기 스프링의 변형량이 0일 때, 스프링의 최대 변형량(x)은?(단, 스프링의 질량은 무시하고, 스프링 상수는 k, 중력 가속도는 g이다)

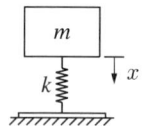

① $\dfrac{mg}{k}$ ② $\dfrac{2mg}{k}$

③ $\sqrt{\dfrac{mg}{k}}$ ④ $\sqrt{\dfrac{2mg}{k}}$

해설
스프링 위에서의 자유낙하이므로, x가 정지할 때까지 공급된 에너지는 mgx이고, 에너지를 이용하여 축적된 탄성에너지는 $\dfrac{1}{2}kx^2$이다.

$\dfrac{1}{2}kx^2 = mgx$

$x = \dfrac{2mg}{k}$

91 쇼트피닝(shot peening)에 대한 설명으로 틀린 것은?

① 쇼트피닝은 얇은 공작물일수록 효과가 크다.
② 가공물 표면에 작은 해머와 같은 작용을 하는 형태로 일종의 열간가공법이다.
③ 가공물 표면에 가공경화된 잔류 압축응력층이 형성된다.
④ 반복하중에 대한 피로파괴에 큰 저항을 갖고 있기 때문에 각종 스프링에 널리 이용된다.

해설
쇼트피닝
• 쇼트피닝은 주로 냉간에서 가공하는 방법이다. 열간가공이란 재료의 재결정 온도 이상에서 행하는 가공으로 표면에 잔류응력이 남지 않아 쇼트피닝 효과가 없다.
• 경화된 철의 작은 볼(쇼트)을 공작물의 표면에 분사하여 그 표면을 매끈하게 하는 동시에 공작물의 피로강도나 기계적 성질을 향상시키는 방법이다.
• 적절한 속도로 볼을 쏘아야 하며 4기압 이상일 경우 공작물 표면 손상의 우려가 있다.
• 쇼트 각도는 직각일 경우 분사층이 가장 두꺼워진다.

92 오스테나이트 조직을 굳은 조직인 베이나이트로 변환시키는 항온 변태 열처리법은?

① 서브제로 ② 마템퍼링
③ 오스포밍 ④ 오스템퍼링

해설

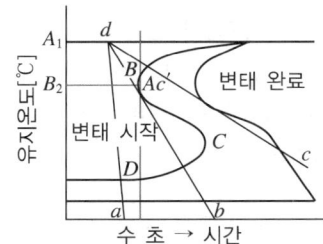

- 마퀜칭 : D 윗점까지 급랭 후 안팎이 같은 온도가 될 때까지 항온을 유지하고, 이후 공기 중 냉각하는 방법이다.
- 마템퍼링 : D점 이하까지 급랭 후 항온 유지 후 공랭하는 방법이다.
- 오스템퍼링 : D 윗점까지 급랭 후 계속 항온을 유지하여 완전조직을 만든 후 냉각시키는 방법이다. 이 과정에서 나온 조직이 베이나이트이며, 인성이 크고 강한 조직이 나온다.
- 오스포밍 : D점 이하까지 급랭 후 항온을 유지하며 소성가공을 실시하는 열처리이다.

93 전기도금의 반대 현상으로 가공물을 양극, 전기저항이 작은 구리, 아연을 음극에 연결한 후 용액에 침지하고 통전하여 금속 표면의 미소 돌기 부분을 용해하여 거울면과 같이 광택이 있는 면을 가공할 수 있는 특수가공은?

① 방전가공　　② 전주가공
③ 전해연마　　④ 슈퍼피니싱

해설

특수가공

- 방전가공(EDM ; Electric Discharge Machining) : 아크 방전을 일으켜 모재를 용해시켜 전극 형상으로 가공한다.
- 초음파 가공 : 초음파로 진동시켜 연삭 입자가 공구의 진동으로 인한 충격으로 가공물이 부딪쳐 정밀하게 다듬는 가공방법이다. 단단한 금속, 도자기 등을 가공한다.
- 전해연마 : 전해 용액 속에서 전기 분해를 일으켜 표면을 녹여 광택을 내는 작업이다. 거울면을 얻으며 치수 정밀도는 낮다.
- 슈퍼피니싱(super finishing) : 입도가 작고 결합도가 작은 숫돌을 공작물에 가볍게 누르고 숫돌을 진동시켜 가공면을 초정밀가공한다.

94 주철과 같은 강하고 깨지기 쉬운 재료(메진재료)를 저속으로 절삭할 때 생기는 칩의 형태는?

① 균열형 칩　　② 유동형 칩
③ 열단형 칩　　④ 전단형 칩

해설

균열형 칩

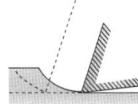

- 가공면에 깊은 홈을 만들기 때문에 재료의 표면이 매우 불량해진다.
- 발생원인 : 주철과 같이 취성(메짐)이 있는 재료를 저속으로 절삭할 때 발생한다.

95 두께 50[mm]의 연강판을 압연롤러를 통과시켜 40[mm]가 되었을 때 압하율은 몇 [%]인가?

① 10　　② 15
③ 20　　④ 25

해설

10[mm]가 압하되었으므로 압하율은 20[%]이다.

$$\frac{50[mm] - 40[mm]}{50[mm]} \times 100[\%] = 20[\%]$$

96 용접의 일반적인 장점으로 틀린 것은?

① 품질검사가 쉽고 잔류응력이 발생하지 않는다.
② 재료가 절약되고 중량이 가벼워진다.
③ 작업 공정 수가 감소한다.
④ 기밀성이 우수하며 이음효율이 향상된다.

해설
용접은 큰 열을 이용하여 가공하므로 잔류응력이 발생한다. 용접부는 내부 관찰과 해체가 어려우므로 비파괴검사를 실시해야 한다.

97 프레스 가공에서 전단가공의 종류가 아닌 것은?

① 블랭킹　② 트리밍
③ 스웨이징　④ 셰이빙

해설
스웨이징은 단조가공 중의 하나이다. 반지름 방향의 단조로 봉이나 파이프 재료를 반지름 방향으로 왕복 소성하여 형상을 제조한다.

98 주물사에서 가스 및 공기에 해당하는 기체가 통과하여 빠져나가는 성질은?

① 보온성　② 반복성
③ 내구성　④ 통기성

해설
가스빼기는 주물 품질에서 매우 중요하며, 주물 시 내부의 기체가 빠져나갈 여유를 제공해야 한다.

99 선반가공에서 직경 60[mm], 길이 100[mm]의 탄소강 재료 환봉을 초경 바이트로 사용하여 1회 절삭 시 가공시간은 약 몇 초인가?(단 절삭깊이 1.5[mm], 절삭속도 150[m/mim], 이송은 0.2[mm/rev]이다)

① 38　② 42
③ 48　④ 52

해설
한 바퀴당 0.2[mm] 가공하므로 100[mm]를 가공하는 데는 500바퀴가 필요하다. 속도가 접선속도로 주어졌고, 한 바퀴당
$\pi D = \pi \times 60 = 188.5$[mm]이므로,
150[m/min] = 2.5[m/s], 초당 2.5[m], 1초에 13.26바퀴를 도는 속도이므로 500바퀴를 도는 데는 37.7초가 필요하다.

100 침탄법에 비해서 경화층은 얇으나 경도가 크고 담금질이 필요 없으며, 내식성 및 내마모성이 커서 고온에도 변화되지 않지만 처리시간이 길고 생산비가 많이 드는 표면경화법은?

① 마퀜칭　② 질화법
③ 화염경화법　④ 고주파 경화법

해설
질화처리 : 가스침투법 중의 하나로 암모니아 가스를 이용하여 재질에 내마모성과 내식성을 부여하고 안정적인 고연경도를 부여하는 표면처리법이다. 경화에 따른 변형이 작고 HV 800~1,200 정도의 높은 표면경도를 얻을 수 있으며, 내마모성과 내식성이 우수하고 고온경도가 높다. 침탄보다 시간과 비용이 많이 들지만 따로 후속 열처리는 필요 없다. 가스질화법, 신속 염욕질화법인 연질화법, N+이온을 침투시키는 이온질화법 등이 있다.

2020년 제3회 과년도 기출문제

제1과목 재료역학

01 다음 외팔보가 균일 분포하중을 받을 때, 굽힘에 의한 탄성 변형에너지는?(단, 굽힘강성 EI는 일정하다)

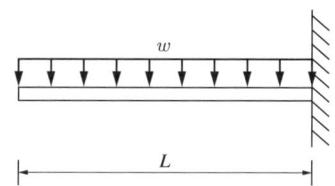

① $U = \dfrac{w^2 L^5}{20EI}$ 　② $U = \dfrac{w^2 L^5}{30EI}$

③ $U = \dfrac{w^2 L^5}{40EI}$ 　④ $U = \dfrac{w^2 L^5}{50EI}$

02 길이 10[m], 단면적 2[cm²]인 철봉을 100[℃]에서 그림과 같이 양단을 고정했다. 이 봉의 온도가 20[℃]로 되었을 때 인장력은 약 몇 [kN]인가?(단, 세로탄성계수는 200[GPa], 선팽창계수 $a = 0.000012$[/℃]이다)

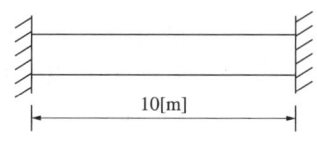

① 19.2 　② 25.5
③ 38.4 　④ 48.5

해설
100[℃]에서 20[℃]로 냉각되며 수축이 일어나야 하지만 양단이 고정되어서 인장력을 받는다. 받는 인장력은
$P = \alpha E A \Delta T$
$= 0.000012[/℃] \times 200[\text{GPa}] \times 2[\text{cm}^2] \times 80[℃]$
$= 0.000012[/℃] \times 200[\text{kN/mm}^2] \times 200[\text{mm}^2] \times 80[℃]$
$= 38.4[\text{kN}]$

03 다음 그림과 같은 단순 지지보에 모멘트(M)와 균일 분포하중(w)이 작용할 때, A점의 반력은?

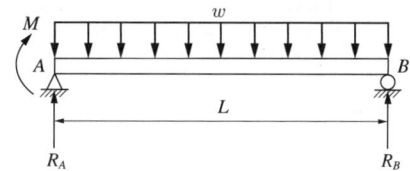

① $\dfrac{wL}{2} - \dfrac{M}{L}$ 　② $\dfrac{wL}{2} - M$

③ $\dfrac{wL}{2} + M$ 　④ $\dfrac{wL}{2} + \dfrac{M}{L}$

해설
$R_A + R_B = wL$
$\sum M_A = M + wL \times \dfrac{L}{2} - R_B \times L = 0$
$R_B = \dfrac{wL}{2} + \dfrac{M}{L}$
$R_A = wL - R_B$
$= wL - \left(\dfrac{wL}{2} + \dfrac{M}{L}\right)$
$= \dfrac{wL}{2} - \dfrac{M}{L}$

정답 1 ③ 2 ③ 3 ①

04 다음 그림과 같이 원형 단면을 가진 보가 인장하중 P = 90[kN]을 받는다. 이 보는 강(steel)으로 이루어져 있고, 세로탄성계수 210[GPa]이며, 푸아송비 μ = 1/3이다. 이 보의 체적 변화 ΔV는 약 몇 [mm³]인가?(단, 보의 직경 d = 30[mm], 길이 L = 5[m]이다)

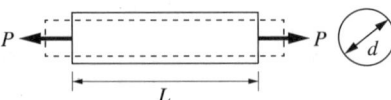

① 114.28 ② 314.28
③ 514.28 ④ 714.28

해설
체적 변형률을 직접 구해도 되지만, 보기의 크기차가 크므로 변형률만 이용해서 유추해 본다.
$\sigma = E\varepsilon$

$\varepsilon = \dfrac{\sigma}{E} = \dfrac{90[\mathrm{kN}]/\dfrac{\pi}{4}(30[\mathrm{mm}])^2}{210[\mathrm{GPa}]} = 6.063 \times 10^{-4}$

• 처음 부피 $V_0 = \dfrac{\pi}{4}(30[\mathrm{mm}])^2 \times 5[\mathrm{m}]$

• 나중 부피 $V_1 - V_0 = V_0 \varepsilon (1 - 2\nu)$

$= \dfrac{\pi}{4}(30[\mathrm{mm}])^2 \times 5[\mathrm{m}] \times \varepsilon \times \left(1 - \dfrac{2}{3}\right)$

$= \dfrac{\pi}{4}(30[\mathrm{mm}])^2 \times 5,000[\mathrm{mm}] \times 6.063$

$\times 10^{-4} \times \dfrac{1}{3}$

$= 714.28[\mathrm{mm}^4]$

05 길이 3[m], 단면의 지름 3[cm]인 균일 단면의 알루미늄 봉이 있다. 이 봉에 인장하중 20[kN]이 걸리면 봉은 약 몇 [cm] 늘어나는가?(단, 세로탄성계수는 72[GPa]이다)

① 0.118 ② 0.239
③ 1.18   ④ 2.39

해설
$\delta = \dfrac{PL}{EA}$

$= \dfrac{20[\mathrm{kN}] \times 3,000[\mathrm{mm}]}{72[\mathrm{GPa}] \times \dfrac{\pi \times (30[\mathrm{mm}])^2}{4}}$

$= \dfrac{20,000[\mathrm{N}] \times 3,000[\mathrm{mm}]}{72,000[\mathrm{N/mm}^2] \times \dfrac{\pi \times (30[\mathrm{mm}])^2}{4}}$

$= 1.179[\mathrm{mm}]$
$= 0.118[\mathrm{cm}]$

06 판 두께 3[mm]를 사용하여 내압 20[kN/cm²]을 받을 수 있는 구형(spherical) 내압용기를 만들려고 할 때, 이 용기의 최대 안전 내경 d를 구하면 몇 [cm]인가?(단, 이 재료의 허용 인장응력을 σ_w = 800[kN/cm²]을 한다)

① 24 ② 48
③ 72 ④ 96

해설
$\sigma_1 = \dfrac{pd}{4t}$

$800[\mathrm{kN/cm}^2] = \dfrac{20[\mathrm{kN/cm}^2] \times d}{4 \times 0.3[\mathrm{cm}]}$

$\therefore d = 48[\mathrm{cm}]$

07 다음 그림과 같은 돌출보에서 $w = 120[kN/m]$의 등분포하중이 작용할 때, 중앙 부분에서의 최대 굽힘응력은 약 몇 [MPa]인가?(단, 단면은 표준 I형 보로 높이 $h = 60[cm]$이고, 단면 2차 모멘트 $I = 98,200[cm^4]$이다)

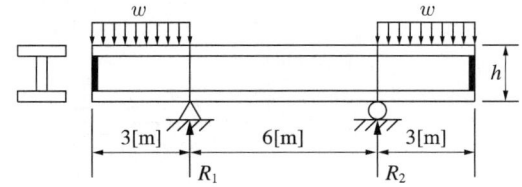

① 125
② 165
③ 185
④ 195

해설

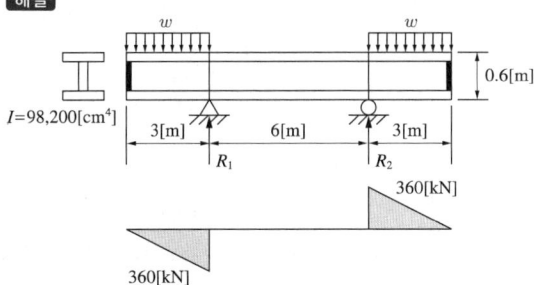

직관적으로 최대 굽힘응력은 R_1이나 R_2에서 발생한다. 최대 굽힘응력 발생 지점이 분포하중 영역 밖에 있으므로 분포하중을 집중하중으로 바꿀 수 있다.

$M = 120[kN/m] \times 3[m] \times \frac{3}{2}[m] = 540[kN \cdot m]$

$Z = \frac{I}{y} = \frac{98,200 \times 10^{-8}[m^4]}{0.6/2[m]} = 3.27 \times 10^{-3}[m^3]$

$\sigma = \frac{M}{Z} = \frac{M}{\frac{I}{y}} = \frac{540[kN \cdot m]}{3.27 \times 10^{-3}[m^3]}$

$= 165,137.62[kN/m^2]$
$= 165.14[MN/m^2] = 165.14[MPa]$

08 다음과 같이 스팬(span) 중앙에 힌지(hinge)를 가진 보의 최대 굽힘 모멘트는 얼마인가?

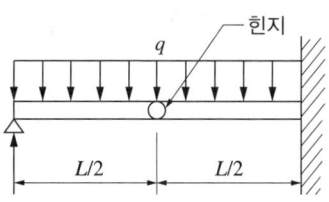

① $\frac{qL^2}{4}$
② $\frac{qL^2}{6}$
③ $\frac{qL^2}{8}$
④ $\frac{qL^2}{12}$

해설

가동 힌지를 기준으로 단순보 + 외팔보가 된다.

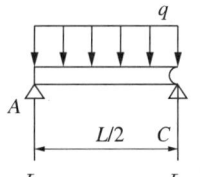

$\frac{qL}{2} = R_A + R_C, \quad \frac{qL}{4} = R_A = R_C$

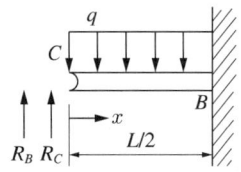

$R_A + R_B = qL$

$\therefore R_B = \frac{3}{4}qL$

C점에서 R_C가 작용하고, R_B의 반력도 작용한다. 또한, 여전히 분포하중이 작용하므로

$M_B = M_{max}$
$= (R_C + R_B) \times \frac{L}{2} - \frac{qL}{2} \times \frac{L}{2}$
$= \frac{qL^2}{2} - \frac{qL^2}{4}$
$= \frac{qL^2}{4}$

09 다음 그림과 같이 부채꼴 도심(centroid)의 위치 $\bar{x}$ 는?

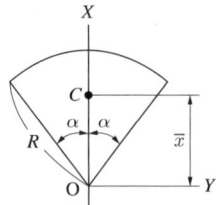

① $\bar{x} = \dfrac{2}{3}R$ ② $\bar{x} = \dfrac{3}{4}R$

③ $\bar{x} = \dfrac{3}{4}R\sin\alpha$ ④ $\bar{x} = \dfrac{2R}{3\alpha}\sin\alpha$

해설

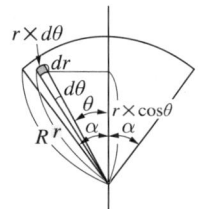

직관적으로 도심은 중심축 위에 있는 것을 알 수 있으므로 r 방향 $\bar{r}$(문제 기준 $\bar{x}$)만 구하면 도심을 찾을 수 있다. 색칠한 부분의 면적은 원호의 길이와 미소한 높이를 곱하여 구한다.
$dA = r \times d\theta \times dr$
도심 r 방향의 값은
$\bar{r} = r \times \cos\theta$
단면 1차 모멘트는 미소 면적에 거리 r을 곱하여 나타낸다.

$$Q_r = \int_0^R \int_{-\alpha}^{\alpha} r\cos\theta \times r \times d\theta \times dr$$

$$\therefore \bar{r} = \dfrac{\int_0^R \int_{-\alpha}^{\alpha} r^2 \cos\theta\, d\theta\, dr}{R\alpha \times R}$$

$$= \dfrac{\int_0^R [r^2 \sin\theta]_{-\alpha}^{\alpha} dr}{R^2 \alpha}$$

$$= \dfrac{\int_0^R 2r^2 \sin\alpha\, dr}{R^2 \alpha}$$

$$= \dfrac{\left(\dfrac{2R^3}{3}\right)\sin\alpha}{R^2 \alpha}$$

$$= \dfrac{2R}{3\alpha}\sin\alpha$$

※ 부채꼴의 도심은 중심을 지나는 직선을 중심으로 각을 α로 하여 공식 $\bar{r} = \dfrac{2R}{3\alpha}\sin\alpha$ 암기하여 계산한다.

10 다음 그림과 같이 800[N]의 힘이 브래킷의 A에 작용하고 있다. 이 힘의 점 B에 대한 모멘트는 약 몇 [N·m]인가?

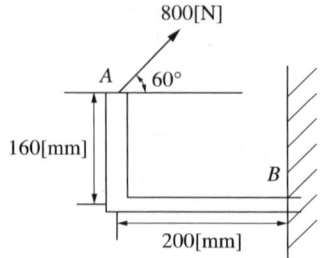

① 160.6 ② 202.6
③ 238.6 ④ 253.6

해설

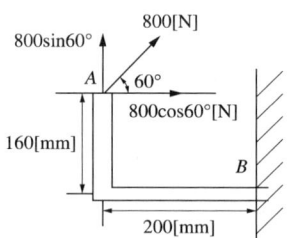

전체를 강체로 보고 800[N]은 B점에 대해 시계 방향의 모멘트를 일으킨다.
$M_{B_x} = 800\cos 60°[\text{N}] \times 160[\text{mm}] = 64,000[\text{N·mm}]$
$M_{B_y} = 800\sin 60°[\text{N}] \times 200[\text{mm}] = 138,560[\text{N·mm}]$
$M = M_{B_x} + M_{B_y} = 202,560[\text{N·mm}] = 202.56[\text{N·m}]$

11 다음과 같은 평면응력 상태에서 최대 주응력 σ_1은?

$\sigma_x = \tau,\ \sigma_y = 0,\ \tau_{xy} = -\tau$

① 1.414τ ② 1.80τ
③ 1.618τ ④ 2.828τ

해설

$$\sigma_n = \frac{1}{2}(\sigma_x + \sigma_y) \pm \tau_n$$
$$= \frac{1}{2}(\sigma_x + \sigma_y) \pm \frac{1}{2}\sqrt{(\sigma_x - \sigma_y)^2 + 4\tau_{xy}^2}$$
$$= \frac{1}{2}(\tau + 0) \pm \frac{1}{2}\sqrt{(\tau - 0)^2 + 4 \cdot (-\tau)^2}$$
$$= \frac{\tau}{2} \pm \frac{\sqrt{5}}{2}\tau$$
$$= 1.618\tau \text{ 또는 } -0.618\tau$$

∴ 최대 주응력은 1.618τ이다.

12 0.4[m]×0.4[m]인 정사각형 $ABCD$를 다음 그림에 나타내었다. 하중을 가한 후의 변형 상태는 점선으로 나타내었다. 이때 A 지점에서 전단 변형률 성분의 평균값(γ_{xy})는?

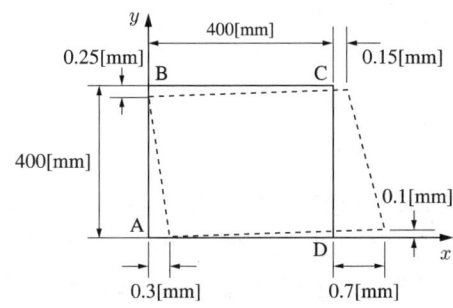

① 0.001　　② 0.000625
③ -0.0005　④ -0.000625

해설

- $\gamma_A \approx \tan\gamma_A = \dfrac{-0.3}{400}$
- $\gamma_B \approx \tan\gamma_B = \dfrac{-0.25}{400}$
- $\gamma_C \approx \tan\gamma_C = \dfrac{-0.15}{400}$
- $\gamma_D \approx \tan\gamma_D = \dfrac{-0.1}{400}$

$$\therefore \gamma_{xy} = \frac{(\gamma_A + \gamma_B + \gamma_C + \gamma_D)}{4}$$
$$= -\left(\frac{0.3 + 0.25 + 0.15 + 0.1}{400}\right) \times \frac{1}{4} = -0.0005$$

13 비틀림 모멘트 2[kN·m]가 지름 50[mm]인 축에 작용하고 있다. 축의 길이가 2[m]일 때 축의 비틀림각은 약 몇 [rad]인가?(단, 축의 전단탄성계수는 85[GPa]이다)

① 0.019　　② 0.028
③ 0.054　　④ 0.077

해설

$$\phi = \frac{TL}{GI_p}$$
$$= \frac{2[\text{kN}\cdot\text{m}] \times 2[\text{m}]}{85[\text{GPa}] \times \dfrac{\pi(50[\text{mm}])^4}{32}}$$
$$= \frac{2{,}000[\text{kN}\cdot\text{mm}] \times 2{,}000[\text{mm}]}{85[\text{kN}/\text{mm}^2] \times \dfrac{\pi(50[\text{mm}])^4}{32}}$$
$$= 0.07669$$

14 다음 그림과 같이 외팔보의 끝에 집중하중 P가 작용할 때 자유단에서의 처짐각 θ는?(단, 보의 굽힘 강성 EI는 일정하다)

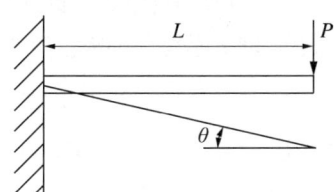

① $\dfrac{PL^2}{2EI}$　　② $\dfrac{PL^3}{6EI}$

③ $\dfrac{PL^2}{8EI}$　　④ $\dfrac{PL^2}{12EI}$

해설

보의 종류	처짐각(θ_{max})	처짐(δ_{max})
(외팔보 + 모멘트 M)	$\theta_{max} = \dfrac{ML}{EI}$	$\delta_{max} = \dfrac{ML^2}{2EI}$
(외팔보 + 집중하중 P)	$\theta_{max} = \dfrac{PL^2}{2EI}$	$\delta_{max} = \dfrac{PL^3}{3EI}$
(외팔보 + 등분포하중 w)	$\theta_{max} = \dfrac{wL^3}{6EI}$	$\delta_{max} = \dfrac{wL^4}{8EI}$
(단순보 + 단부 모멘트 M_B)	$\theta_A = \dfrac{ML}{6EI}$, $\theta_B = \theta_{max} = \dfrac{ML}{3EI}$	$\delta_{max} = \dfrac{ML^2}{9\sqrt{3}\,EI}$ (at $x = \dfrac{L}{\sqrt{3}}$) $\delta_{centre} = \dfrac{ML^2}{16EI}$
(단순보 + 집중하중 P, $a+b=L$)	$\theta_{max} = \dfrac{Pab}{6EIL} \times (L+a)$ $a=b=\dfrac{L}{2}$ 이면 $\theta_{max} = \dfrac{PL^2}{16EI}$	$\delta_{max}^{centre} = \dfrac{PL^3}{48EI}$
(단순보 + 등분포하중 w)	$\theta_{max} = \dfrac{wL^3}{24EI}$	$\delta_{max}^{centre} = \dfrac{5wL^4}{384EI}$

15 지름 70[mm]인 환봉에 20[MPa]의 최대 전단응력이 생겼을 때 비틀림 모멘트는 약 몇 [kN·m]인가?

① 4.50 ② 3.60
③ 2.70 ④ 1.35

해설
$T = \tau Z_p$
$= 20[\text{MPa}] \times \dfrac{\pi \times (70[\text{mm}])^3}{16}$
$= 1,346,957[\text{N·mm}]$
$= 1.35[\text{kN·m}]$

16 다음 구조물에 하중 $P = 1$[kN]이 작용할 때 연결핀에 걸리는 전단응력은 약 얼마인가?(단, 연결핀의 지름은 5[mm]이다)

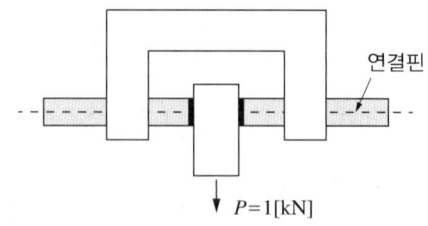

① 25.46[kPa] ② 50.92[kPa]
③ 25.46[MPa] ④ 50.92[MPa]

해설
$\tau = \dfrac{P}{2A} = \dfrac{1,000[\text{N}]}{2 \times \dfrac{\pi \times (5[\text{mm}])^2}{4}} = \dfrac{80}{\pi}[\text{N/mm}^2] = 25.46[\text{MPa}]$

(전단력을 양면에서 받기 때문에 면적을 두 배로 계산한다)

17 100[rpm]으로 30[kW]를 전달시키는 길이 1[m], 지름 7[cm]인 둥근 축단의 비틀림각은 약 몇 [rad]인가?(단, 전단탄성계수는 83[GPa]이다)

① 0.26 ② 0.30
③ 0.015 ④ 0.009

해설
$T = 9,550\dfrac{H}{n}$
$= 9,550\dfrac{30[\text{kW}]}{100[\text{rpm}]}$
$= 2,865[\text{N·m}]$

$\phi = \dfrac{TL}{GI_p}$
$= \dfrac{2,865[\text{N·m}] \times 1[\text{m}]}{83 \times 10^9[\text{N/m}^2] \times \dfrac{\pi(0.07[\text{m}])^4}{32}}$
$= 0.0146$

18 다음 그림과 같이 균일 단면을 가진 단순보에 균일하중 w[kN/m]이 작용할 때, 이 보의 탄성 곡선식은?(단, 보의 굽힘강성 EI는 일정하고, 자중은 무시한다)

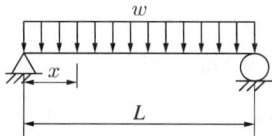

① $y = \dfrac{wx}{24EI}(L^3 - 2Lx^2 + x^3)$

② $y = \dfrac{w}{24EI}(L^3 - Lx^2 + x^3)$

③ $y = \dfrac{w}{24EI}(L^3x - Lx^2 + x^3)$

④ $y = \dfrac{wx}{24EI}(L^3 - 2x^2 + x^3)$

해설
부동 지지측을 A, 롤러 지지측을 B라 한다.
$R_A = \dfrac{wL}{2}$

$M_x = -\dfrac{wL}{2}x + wx \times \dfrac{x}{2} = \dfrac{w}{2}(x^2 - Lx)$

$\theta_x = \dfrac{w}{2EI}\int (x^2 - Lx)\,dx$

$= \dfrac{w}{2EI}\left(\dfrac{x^3}{3} - \dfrac{Lx^2}{2} + C_1\right)$

$\theta_{\frac{L}{2}} = 0$, $0 = \dfrac{w}{2EI}\left(\dfrac{\left(\frac{L}{2}\right)^3}{3} - \dfrac{L}{2}\times\left(\dfrac{L}{2}\right)^2 + C_1\right)$

$C_1 = \dfrac{L^3}{8} - \dfrac{L^3}{24} = \dfrac{L^3}{12}$

$\delta_x = \dfrac{w}{2EI}\int\left(\dfrac{x^3}{3} - \dfrac{Lx^2}{2} + \dfrac{L^3}{12}\right)dx$

$= \dfrac{w}{2EI}\left(\dfrac{x^4}{12} - \dfrac{L}{6}x^3 + \dfrac{L^3}{12}x\right)$ ($\because C_2 = 0$, $x = 0$에서 $\delta = 0$)

$= \dfrac{wx}{24EI}(x^3 - 2Lx^2 + L^3)$

※ 처짐에 관한 문제는 풀이가 어려워 보이지만 모멘트를 구하는 방정식을 올바르게 세우고, 지지점에서 $\delta = 0$, $\theta_{\delta\max} = 0$을 이용하면 굳이 암기하지 않아도 2분 이내 풀 수 있도록 출제된다.

19 길이가 5[m]이고, 직경이 0.1[m]인 양단 고정 보 중앙에 200[N]의 집중하중이 작용할 경우 보의 중앙에서의 처짐은 약 몇 [m]인가?(단, 보의 세로탄성계수는 200[GPa]이다)

① 2.36×10^{-5}
② 1.33×10^{-4}
③ 4.58×10^{-4}
④ 1.06×10^{-3}

해설

구분		
반력	$R_A = \dfrac{Pb^2}{l^3}(3a+b)$, $R_B = \dfrac{Pa^2}{l^3}(3b+a)$	$R_A = R_B = \dfrac{P}{2}$
$M_{\max}$	$M_A = \dfrac{-Pab^2}{l^2}$, $M_B = \dfrac{-Pba^2}{l^2}$, $M_C = \dfrac{2Pa^2b^2}{l^3}$	$M_{\frac{l}{2}} = \dfrac{Pl}{8}$
$\theta_{\max}$		$\theta_{\frac{l}{4}} = \dfrac{Pl^2}{64EI}$
$\delta_{\max}$		$\delta_{\frac{l}{2}} = \dfrac{Pl^3}{192EI}$

구분		
반력	$R_A = R_B = \dfrac{wl}{2}$	$R_A = \dfrac{2wl}{9}$, $R_B = \dfrac{5wl}{18}$
$M_{\max}$	$M_{\frac{l}{2}} = \dfrac{wl^2}{24}$	$M_A = \dfrac{wl^2}{30}$, $M_B = \dfrac{wl^2}{20}$
$\theta_{\max}$	$\theta_{0.789l} = \dfrac{wl^3}{125EI}$	$\theta_{\sqrt{0.3}\,l} = 0.168wl^3$
$\delta_{\max}$	$\delta_{\frac{l}{2}} = \dfrac{wl^4}{384EI}$	$\delta_{\frac{-5+\sqrt{105}}{10}l} = 0.0013\dfrac{wl^4}{EI}$

$\delta_{\frac{l}{2}} = \dfrac{Pl^3}{192EI}$

$= \dfrac{200[\text{N}] \times (5[\text{m}])^3}{192 \times 200 \times 10^9 [\text{N/m}^2] \times \dfrac{\pi \times (0.1[\text{m}])^4}{64}}$

$= 1.326 \times 10^{-4}$[m]

※ $200[\text{GPa}] = 200 \times 10^9 [\text{N/m}^2]$

정답 18 ① 19 ②

20 다음 그림과 같은 단주에서 편심거리 e에 압축하중 $P = 80[kN]$이 작용할 때 단면에 인장응력이 생기지 않기 위한 e의 한계는 몇 [cm]인가?(단, G는 편심하중이 작용하는 단주 끝단의 평면상 위치를 의미한다)

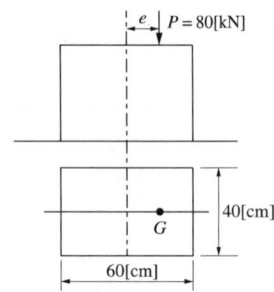

① 8 ② 10
③ 12 ④ 14

해설

$1 \geq e\dfrac{e_1}{K^2}$ 이어야 인장하중이 생기지 않으므로 $\dfrac{K^2}{e_1} \geq e$ 범위이다.

$\dfrac{K^2}{e_1} = \dfrac{\frac{I}{A}}{e_1} = \dfrac{Z}{A} = \dfrac{\frac{40 \times 60^2}{6}[cm^3]}{2,400[cm^2]} = 10[cm]$

따라서 핵반경 한계는 10[cm]이다.

제2과목 기계열역학

21 단열된 노즐에 유체가 10[m/s]의 속도로 들어와서 200[m/s]의 속도로 가속되어 나간다. 출구에서의 엔탈피가 2,770[kJ/kg]일 때 입구에서의 엔탈피는 약 몇 [kJ/kg]인가?

① 4,370 ② 4,210
③ 2,850 ④ 2,790

해설

엔탈피는 내부에너지와 역학에너지의 합이다. 내부에너지는 고려하지 않으므로 변화된 엔탈피가 모두 속도로 변한 것으로 간주한다.

$\Delta h = h_1 - h_2$
$= \dfrac{1}{2}(V_1 - V_2)$
$= \dfrac{1}{2}((200[m/s])^2 - (10[m/s])^2)$
$= 19,950[m^2/s^2] = 19,950[J/kg] = 19.95[kJ/kg]$

$h_1 = h_2 + \Delta h$
$= 2,770[kJ/kg] + 19.95[kJ/kg] = 2,789.95[kJ/kg]$

22 이상적인 교축과정(throttling process)을 해석하는 데 있어서 다음 설명 중 옳지 않은 것은?

① 엔트로피는 증가한다.
② 엔탈피의 변화가 없다고 본다.
③ 정압과정으로 간주한다.
④ 냉동기의 팽창밸브의 이론적인 해석에 적용될 수 있다.

해설

교축과정이란 유체 유동 경로 부피를 임의로 작게 하여 온도와 압력을 저하시키는 과정으로 교축 전후 엔탈피($h = u + PV$)가 유지된다. 교축과정 중 압력이 변하므로 정압과정으로 간주한다는 ③번의 설명이 옳지 않다.

23 다음은 오토(otto)사이클의 온도-엔트로피($T-S$) 선도이다. 이 사이클의 열효율을 온도를 이용하여 나타낼 때 옳은 것은?(단, 공기의 비열은 일정한 것으로 본다)

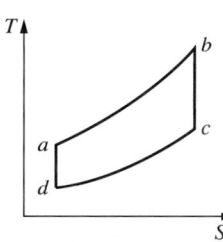

① $1 - \dfrac{T_c - T_d}{T_b - T_a}$
② $1 - \dfrac{T_b - T_a}{T_c - T_d}$
③ $1 - \dfrac{T_a - T_d}{T_b - T_c}$
④ $1 - \dfrac{T_b - T_c}{T_a - T_d}$

해설
오토사이클의 효율

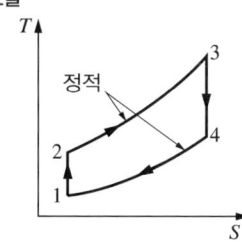

$Q_1 = mC_v(T_3 - T_2)$
$Q_2 = mC_v(T_4 - T_1)$

$\eta_{otto} = 1 - \dfrac{Q_2}{Q_1}$
$= 1 - \dfrac{T_1}{T_2}$
$= 1 - \left(\dfrac{1}{\varepsilon}\right)^{\kappa - 1}$
$= 1 - \varepsilon^{1-\kappa}$

24 전류 25[A], 전압 13[V]를 가하여 축전지를 충전하고 있다. 충전하는 동안 축전지로부터 15[W]의 열손실이 있다. 축전지의 내부에너지 변화율은 약 몇 [W]인가?

① 310
② 340
③ 370
④ 420

해설
가해지는 에너지 = 전류 × 전압 = 325[W]
열손실 = 15[W]
내부에 남은 에너지 = 325 - 15 = 310[W]
전기에너지와 열에너지는 에너지의 형태가 다르지만 같은 물리량으로 계산이 가능하다.

25 이상적인 랭킨사이클에서 터빈 입구온도가 350[℃]이고, 75[kPa]과 3[MPa]의 압력범위에서 작동한다. 펌프 입구와 출구, 터빈 입구와 출구에서 엔탈피는 각각 384.4[kJ/kg], 387.5[kJ/kg], 3,116[kJ/kg], 2,403[kJ/kg]이다. 펌프일을 고려한 사이클의 열효율과 펌프일을 무시한 사이클의 열효율 차이는 약 몇 [%]인가?

① 0.0011
② 0.092
③ 0.11
④ 0.18

해설

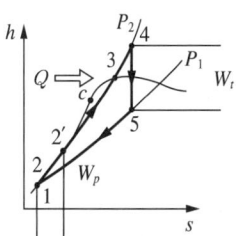

$\eta_{th} = \dfrac{W_p}{Q_{in}} = \dfrac{h_4 - h_5}{h_4 - h_2} = \dfrac{3,116 - 2,403}{3,116 - 387.5} = 0.2613$

$\eta_{rankine} = \dfrac{W_{net}}{Q_{in}} = \dfrac{(h_4 - h_5) - (h_2 - h_1)}{h_4 - h_2}$

$= \dfrac{(3,116 - 2,403) - (387.5 - 384.4)}{3,116 - 387.5} = 0.2613$

(여기서, $W_{net} = W_{터빈} - W_{펌프}$)
$\eta_{th} - \eta_{rankine} = 0.26132 - 0.26018 = 0.00114 = 0.11[\%]$

26 다음 중 강도성 상태량(intensive property)이 아닌 것은?

① 온도
② 내부에너지
③ 밀도
④ 압력

해설
상태량의 종류
- 강도성 상태량 : 질량에 상관없이 상태량을 갖는 질량 비의존성 상태량으로, 종량성 상태량을 질량으로 나누어 질량당 상태량으로 표현한 비상태량도 강도성 상태량으로 취급한다.
  - 강도성 상태량 : 온도, 압력, 밀도, 끓는 점, 녹는 점, 어는 점, 저항 등
  - 비(比) 상태량 : 비체적, 비내부에너지, 비엔탈피, 비엔트로피 등 단위질량당 나타내는 상태량
- 종량성 상태량 : 상태량의 총량을 전체로 n등분하였을 때 $1/n$로 표현이 가능한 상태량이다. 예를 들어 질량의 크기에 영향을 받는 상태량인 내부에너지, 엔탈피, 엔트로피, 체적 등으로 양에 따라 상태량이 달라지므로(종량(從量)), 1[kg]의 내부에너지를 500[g]씩 나누었다면 내부에너지의 양도 반씩 나뉘는 형태이다.

27 압력이 0.2[MPa], 온도가 20[℃]의 공기를 압력이 2[MPa]로 될 때까지 가역단열압축했을 때 온도는 약 몇 [℃]인가?(단, 공기는 비열비가 1.4인 이상기체로 간주한다)

① 225.7
② 273.7
③ 292.7
④ 358.7

해설
$P_1 v_1^\kappa = P_2 v_2^\kappa = 10 P_1 v_2^\kappa$
$Pv = RT$이므로
$0.2 v_1 = R(293.15), \ v_1 = 1,465.75R$
$v_2^{1.4} = \dfrac{1,465.75^{1.4}}{10} = 2,706.97 R^{1.4}, \ v_2 = 282.99R$
$P_2 v_2 = RT_2, \ 2 \times 282.99 R = RT_2$
$T_2 = 565.98[K] = 292.83[℃]$

※ $Pv^\kappa = P_1 v_1^\kappa = P_2 v_2^\kappa, \ \left(\dfrac{P_2}{P_1}\right)^{\frac{\kappa-1}{\kappa}} = \left(\dfrac{v_2}{v_1}\right)^{1-\kappa} = \dfrac{T_2}{T_1}$ 의 관계를 암기하여 해결해도 된다.

28 100[℃]의 구리 10[kg]을 20[℃]의 물 2[kg]이 들어 있는 단열용기에 넣었다. 물과 구리 사이의 열전달을 통한 평형온도는 약 몇 [℃]인가?(단, 구리 비열은 0.45[kJkg·K], 물 비열은 4.2[kJ/kg·K]이다)

① 48
② 54
③ 60
④ 68

해설
$\Delta Q_{구리} = \Delta Q_물 + \Delta Q_{용기}$
이 문제에서는 용기의 열량을 고려하지 않는다.
$m_{구리} C_{구리}(100-T) = m_물 C_물(T-20)$
$10[kg] \times 0.45[kJ/kg·K] \times (100-T) = 2[kg] \times 4.2[kJ/kg·K] \times (T-20)$
$4.5(100-T) = 8.4(T-20)$
∴ $T = 47.91[℃]$

29 고온열원(T_1)과 저온열원(T_2) 사이에서 작동하는 역카르노 사이클에 의한 열펌프(heat pump)의 성능계수는?

① $\dfrac{T_1 - T_2}{T_1}$
② $\dfrac{T_2}{T_1 - T_2}$
③ $\dfrac{T_1}{T_1 - T_2}$
④ $\dfrac{T_1 - T_2}{T_2}$

해설
성능계수
$\varepsilon_h = \dfrac{Q_1}{W} = \dfrac{Q_1}{Q_1 - Q_2} = \dfrac{T_1}{T_1 - T_2}$

26 ② 27 ③ 28 ① 29 ③

30 다음 중 슈테판-볼츠만의 법칙과 관련이 있는 열전달은?

① 대류 ② 복사
③ 전도 ④ 응축

해설
슈테판-볼츠만 법칙 : 복사 파장은 절대온도의 네제곱에 비례한다. 따라서 전달되는 복사에너지는 전달체 온도의 네제곱과 피전달체 온도의 네제곱의 차와 비례한다.

$q \propto T_2^4 - T_1^4$

$q = \sigma \times \varepsilon \times A \times (T_2^4 - T_1^4)$

(여기서, σ : 슈테판 볼츠만 상수(4.88×10^{-8}[kcal/m² · h · K⁴]), ε : 방사율, A : 전달 면적)

31 이상기체로 작동하는 어떤 기관의 압축비가 17이다. 압축 전의 압력 및 온도는 112[kPa], 25[℃]이고, 압축 후의 압력은 4,350[kPa]이었다. 압축 후의 온도는 약 몇 [℃]인가?

① 53.7 ② 180.2
③ 236.4 ④ 407.8

해설
$Pv^\kappa = P_1 v_1^\kappa = P_2 v_2^\kappa$

$\dfrac{P_1}{P_2} = \dfrac{v_2^\kappa}{v_1^\kappa}$, $\dfrac{112}{4,350} = \left(\dfrac{1}{17}\right)^\kappa$, $\dfrac{4,350}{112} = \left(\dfrac{17}{1}\right)^\kappa$

$\kappa = \log_{17} 38.8393 = \dfrac{\ln 38.8393}{\ln 17} = \dfrac{3.6594}{2.8332} = 1.2916$

$\left(\dfrac{P_2}{P_1}\right)^{\frac{\kappa-1}{\kappa}} = \left(\dfrac{v_2}{v_1}\right)^{1-\kappa} = \dfrac{T_2}{T_1}$

$\left(\dfrac{1}{17}\right)^{1-1.2916} = \dfrac{T_2}{25+273.15}$

∴ $T_2 = 681.14$[K] $= 407.99$[℃]

※ 적용한 소수점 단위의 오차를 고려하여 ④를 선택한다.

32 어떤 물질에서 기체상수(R)가 0.189[kJ/kg · K], 임계온도가 305[K], 임계압력이 7,380[kPa]이다. 이 기체의 압축성 인자(Z, compressibility factor)가 다음과 같은 관계식을 나타낸다고 할 때 이 물질의 20[℃], 1,000[kPa] 상태에서의 비체적(v)은 약 몇 [m³/kg]인가?(단, P는 압력, T는 절대온도, P_r은 환산압력, T_r은 환산온도를 나타낸다)

$$Z = \dfrac{Pv}{RT} = 1 - 0.8 \dfrac{P_r}{T_r}$$

① 0.0111 ② 0.0303
③ 0.0491 ④ 0.0554

해설
압축인자를 사용한 관계식
$Pv = RT$은 이상기체에 적용되므로, 실제기체에 있어서는 이상기체와의 부피비를 보정할 압축인자를 사용하여 $Pv = ZRT$와 같이 표현할 수 있다. 물리적 단위가 다른 P, T를 $Z = Z(P, T)$로 표현하기 위해 임계압력, 임계온도와의 비인 P_r 환산압력, T_r 환산온도를 사용한다.

$P_r = \dfrac{P}{P_C} = \dfrac{1,000[\text{kPa}]}{7,380[\text{kPa}]} = 0.1355$

$T_r = \dfrac{T}{T_C} = \dfrac{293.15[\text{K}]}{305[\text{K}]} = 0.96115$

$Z = \dfrac{1,000[\text{kPa}] \times v}{0.189[\text{kJ/kg} \cdot \text{K}] \times 293.15[\text{K}]} = 1 - 0.8 \dfrac{0.1355}{0.96115} = 0.887$

$v = \dfrac{0.887 \times 0.189[\text{kJ/kg} \cdot \text{K}] \times 293.15[\text{K}]}{1,000[\text{kPa}]} = 0.04914[\text{m}^3/\text{kg}]$

33 어떤 유체의 밀도가 741[kg/m³]이다. 이 유체의 비체적은 약 몇 [m³/kg]인가?

① 0.78×10^{-3} ② 1.35×10^{-3}
③ 2.35×10^{-3} ④ 2.98×10^{-3}

해설
밀도와 비체적은 역수관계이므로,
비체적 = 1/밀도 = 1/(741[kg/m³]) = 1.35×10^{-3}[m³/kg]

정답 30 ② 31 ④ 32 ③ 33 ②

34 클라우지우스(Clausius)의 부등식을 옳게 나타낸 것은?(단, T는 절대온도, Q는 시스템으로 공급된 전체 열량을 나타낸다)

① $\oint T\delta Q \leq 0$ ② $\oint T\delta Q \geq 0$

③ $\oint \dfrac{\delta Q}{T} \leq 0$ ④ $\oint \dfrac{\delta Q}{T} \geq 0$

해설

$\oint \dfrac{\delta Q}{T}$은 순환사이클 중 엔트로피의 합을 의미한다. 가역과정에서는 $\oint \dfrac{\delta Q}{T}=0$, 비가역과정에서는 $\oint \dfrac{\delta Q}{T}<0$이 되므로 클라우지우스의 부등식은 $\oint \dfrac{\delta Q}{T} \leq 0$와 같이 표현된다.

35 이상기체 2[kg]이 압력 98[kPa], 온도 25[℃] 상태에서 체적이 0.5[m³]였다면, 이 이상기체의 기체상수는 약 몇 [J/kg·K]인가?

① 79 ② 82
③ 97 ④ 102

해설

$PV = mRT$, $Pv = RT$
$98[\text{kPa}] \times 0.5[\text{m}^3] = 2[\text{kg}] \times R \times (273.15+25)[\text{K}]$
∴ $R = 0.0822[\text{kJ/kg·K}]$
$= 82.2[\text{J/kg·K}]$

36 압력(P)-부피(V) 선도에서 이상기체가 다음 그림과 같은 사이클로 작동한다고 할 때 한 사이클 동안 행한 일은 어떻게 나타내는가?

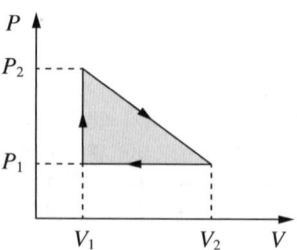

① $\dfrac{(P_2+P_1)(V_2+V_1)}{2}$

② $\dfrac{(P_2-P_1)(V_2+V_1)}{2}$

③ $\dfrac{(P_2+P_1)(V_2-V_1)}{2}$

④ $\dfrac{(P_2-P_1)(V_2-V_1)}{2}$

해설

문제가 잘못되었다. 그래프가 다음과 같이 수정되어야 한다.

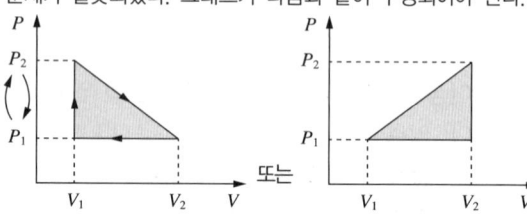

또는

사이클의 일은 음영 부분의 면적과 같다는 것을 아는지 묻는 문항이다.
가로변 = ($V_2 - V_1$), 높이 = ($P_2 - P_1$)
∴ 면적 = 가로 × 높이 × 1/2

34 ③ 35 ② 36 ④

37 기체가 0.3[MPa]로 일정한 압력하에 8[m³]에서 4[m³]까지 마찰 없이 압축되면서 동시에 500[kJ]의 열을 외부로 방출하였다면, 내부에너지의 변화는 약 몇 [kJ]인가?

① 700
② 1,700
③ 1,200
④ 1,400

해설
$\delta Q = dU + PdV = dH - VdP$
$-500[kJ] = dU + 0.3[MPa] \times (-4)[m^3]$
$= dU - 1,200[kJ]$
$\therefore dU = 700[kJ]$

38 카르노 사이클로 작동하는 열기관이 1,000[℃]의 열원과 300[K]의 대기 사이에서 작동한다. 이 열기관이 사이클당 100[kJ]의 일을 할 경우 사이클당 1,000[℃]의 열원으로부터 받은 열량은 약 몇 [kJ]인가?

① 70.0
② 76.4
③ 130.8
④ 142.9

해설
$\eta_{carnot} = \dfrac{Q_1 - Q_2}{Q_1} = \dfrac{W}{Q_1} = 1 - \dfrac{T_2}{T_1}$
$\dfrac{100[kJ]}{Q_1} = \dfrac{1,273.15[K] - 300[K]}{1,273.15[K]}$
$\therefore Q_1 = 130.83[kJ]$

39 냉매가 갖추어야 할 요건으로 틀린 것은?

① 증발온도에서 높은 잠열을 가져야 한다.
② 열전도율이 커야 한다.
③ 표면장력이 커야 한다.
④ 불활성이고 안전하며 비가연성이어야 한다.

해설
냉매란 냉동사이클에서 사용되는 작동유체이며, 열을 운반해 주는 매체이다. 따라서 열을 저장·흡수·방출할 수 있어야 한다. 공기 조화 및 냉동기기에 사용하므로 무독성과 낮은 폭발성, 화학적 안정성, 낮은 사용 비용 등의 조건도 필요하다.
표면장력은 냉매에 요구되는 성질이 아니므로 무관하다.

40 어떤 습증기의 엔트로피가 6.78[kJ/kg·K]라고 할 때 이 습증기의 엔탈피는 약 몇 [kJ/kg]인가? (단, 이 기체의 포화액 및 포화증기의 엔탈피와 엔트로피는 다음과 같다)

구분	포화액	포화증기
엔탈피[kJ/kg]	384	2,666
엔트로피[kJ/kg·K]	1.25	7.62

① 2,365
② 2,402
③ 2,473
④ 2,511

해설
• 엔트로피
$s_x = s_L(1-x) + s_g x$
$6.78 = 1.25(1-x) + 7.62x$
$6.37x = 5.53$
$\therefore x = 0.8681$
즉, 증기가 86.81[%]인 습증기이다.

• 엔탈피
$h_x = h_L \times 0.1319 + h_g \times 0.8681$
$= 384 \times 0.1319 + 2,666 \times 0.8681$
$= 2,365[kJ/kg]$

제3과목 기계유체역학

41 유체의 정의를 가장 올바르게 나타낸 것은?

① 아무리 작은 전단응력에도 저항할 수 없어 연속적으로 변형하는 물질
② 탄성계수가 0을 초과하는 물질
③ 수직응력을 가해도 물체가 변하지 않는 물질
④ 전단응력이 가해질 때 일정한 양의 변형이 유지되는 물질

해설

유체
- 일반적으로 물질의 액체와 기체 상태를 유체라고 한다.
- 매우 작은 전단력이 작용해도 전단이 일어나는 상태의 물질이다.
- 전단력이 소멸되지 않는 한 지속적으로 변형을 유발한다.

42 비압축성 유체가 다음 그림과 같이 단면적 $A(x) = 1 - 0.04x\,[\text{m}^2]$로 변화하는 통로 내를 정상 상태로 흐를 때 P점($x=0$)에서의 가속도[m/s²]는 얼마인가?(단, P점에서의 속도는 2[m/s], 단면적은 1[m²]이며, 각 단면에서 유속은 균일하다고 가정한다)

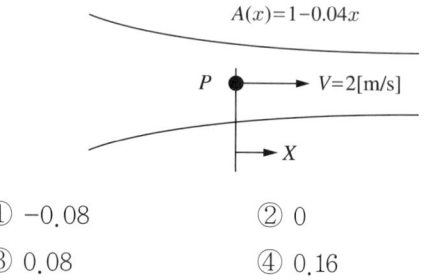

① -0.08
② 0
③ 0.08
④ 0.16

해설

$Q = AV$ 관계에서 A가 함수이므로
$$Q = A(x)V = (1-0.04x)[\text{m}^2] \times V$$
$$V(x) = \frac{Q}{(1-0.04x)[\text{m}^2]} \quad (\because Q = c)$$

상수 Q를 구하기 위해
$$V(0) = 2[\text{m/s}] = \frac{Q}{(1-0.04\times 0)[\text{m}^2]},\ Q = 2[\text{m}^3/\text{s}]$$

속도를 시간에 대해 미분하면 가속도이므로
$$a(x) = \frac{dV(x)}{dt} = \frac{dV(x)}{dx}\frac{dx}{dt} = -1 \times \frac{-0.04 \times 2}{(1-0.04x)^2}\frac{dx}{dt}$$
$$= \frac{0.08}{(1-0.04x)^2}\frac{dx}{dt}$$

$\frac{dx}{dt}$는 $v(x)$이므로
$$a(x) = \frac{dV(x)}{dt} = \frac{dV(x)}{dx}\frac{dx}{dt} = \frac{-0.08}{(1-0.04x)^2} \times v(x)$$

$$\therefore a(x) = \frac{0.08}{(1-0.04\times 0)^2}[/\text{s}] \times v(0) = 0.08[/\text{s}] \times 2[\text{m/s}]$$
$$= 0.16[\text{m/s}^2]$$

43 낙차가 100[m]인 수력발전소에서 유량이 5[m³/s]이면 수력터빈에서 발생하는 동력[MW]은 얼마인가?(단, 유도관의 마찰손실은 10[m]이고, 터빈의 효율은 80[%]이다)

① 3.53
② 3.92
③ 4.41
④ 5.52

해설

- 위치에너지
$$E_h = mgh = \rho Q g h$$
$$= 1,000[\text{kg/m}^3] \times 5[\text{m}^3/\text{s}] \times 9.806[\text{m/s}^2] \times (100-10_{\text{마찰손실}})[\text{m}]$$
$$= 4,412,700[\text{N}\cdot\text{m/s}]$$

- E_h의 80[%]가 발생하는 동력
$$P = 0.8E_h = 0.8 \times 4,412,700[\text{J/s}] = 3,530,160[\text{W}]$$
$$= 3.53[\text{MW}]$$

41 ① 42 ④ 43 ①

44 공기의 속도 24[m/s]인 풍동 내에서 익현 길이 1[m], 익의 폭 5[m]인 날개에 작용하는 양력[N]은 얼마인가?(단, 공기의 밀도는 1.2[kg/m³], 양력계수는 0.455이다)

① 1,572 ② 786
③ 393   ④ 91

해설
$$F_L = C_L \frac{1}{2} \rho V^2 A$$
$$= 0.455 \times \frac{1}{2} \times 1.2 [\text{kg/m}^3] \times (24[\text{m/s}])^2 \times (1 \times 5)[\text{m}^2]$$
$$= 786.24[\text{N}]$$

해설
$$\frac{P_A}{\gamma} + \frac{V_A^2}{2g} + Z_A = \frac{P_B}{\gamma} + \frac{V_B^2}{2g} + Z_B$$
액주 높이가 압력수두라면
$$0.6[\text{m}] + \frac{V_A^2}{2g} = 0.3[\text{m}] + \frac{V_B^2}{2g}$$
속도의 비는
$$Q = AV = A_A V_A = A_B V_B, \quad \frac{A_A}{A_B} = \frac{V_B}{V_A} = \frac{(0.3[\text{m}])^2}{(0.1[\text{m}])^2} = 9$$
$$V_B = 9V_A$$
$$0.6[\text{m}] - 0.3[\text{m}] = \frac{V_B^2}{2g} - \frac{V_A^2}{2g} = \frac{(9V_A)^2 - V_A^2}{2g}$$
$$80V_A^2 = 0.3[\text{m}] \times 2 \times 9.806[\text{m/s}^2]$$
$$\therefore V_A = 0.2712[\text{m/s}], \quad V_B = 2.4408[\text{m/s}]$$

45 다음 그림과 같이 유리관 A, B 부분의 안지름은 각각 30[cm], 10[cm]이다. 이 관에 물을 흐르게 하였더니 A에 세운 관에는 물이 60[cm], B에 세운 관에는 물이 30[cm] 올라갔다. A와 B 각 부분에서 물의 속도[m/s]는?

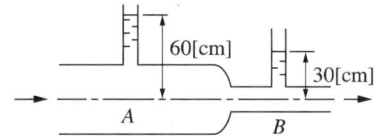

① $V_A = 2.73$, $V_B = 24.5$
② $V_A = 2.44$, $V_B = 22.0$
③ $V_A = 0.542$, $V_B = 4.88$
④ $V_A = 0.271$, $V_B = 2.44$

46 직경 1[cm]인 원형 관 내의 물의 유동에 대한 천이 레이놀즈수는 2,300이다. 천이가 일어날 때 물의 평균 유속[m/s]은 얼마인가?(단, 물의 동점성계수는 $10^{-6}[\text{m}^2/\text{s}]$이다)

① 0.23 ② 0.46
③ 2.3   ④ 4.6

해설
$$Re = \frac{\rho v D}{\mu} = \frac{vD}{\nu}$$
$$2,300 = \frac{v \times 0.01[\text{m}]}{10^{-6}[\text{m}^2/\text{s}]}$$
$$\therefore v = 0.23[\text{m/s}]$$

47 해수의 비중은 1.025이다. 바닷물 속 10[m] 깊이에서 작업하는 해녀가 받는 계기압력[kPa]은 약 얼마인가?

① 94.4   ② 100.5
③ 105.6 ④ 112.7

해설
$p_g = \gamma_{해수} h = 1.025 \times \gamma_{물} \times h$
$= 1.025 \times 9,806[\text{N/m}^3] \times 10[\text{m}]$
$= 100,511.5[\text{Pa}] = 100.5[\text{kPa}]$

48 체적이 30[m³]인 어느 기름의 무게가 247[kN]이었다면 비중은 얼마인가?(단, 물의 밀도는 1,000[kg/m³]이다)

① 0.80   ② 0.82
③ 0.84   ④ 0.86

해설
무게와 체적을 알고 있으므로 비중량을 구하면
$\gamma = \dfrac{W}{V} = \dfrac{247,000[\text{N}]}{30[\text{m}^3]} = 8,233[\text{N/m}^3]$
$S = \dfrac{\gamma}{\gamma_{물}} = \dfrac{8,233[\text{N/m}^3]}{9,806[\text{N/m}^3]} = 0.8396$

49 3.6[m³/min]을 양수하는 펌프의 송출구의 안지름이 23[cm]일 때 평균 유속[m/s]은 얼마인가?

① 0.96   ② 1.20
③ 1.32   ④ 1.44

해설
$Q = AV$
$3.6[\text{m}^3/\text{min}] = \dfrac{\pi}{4}(0.23[\text{m}])^2 \times V$
$\therefore V = 86.65[\text{m/min}] = 1.44[\text{m/s}]$

50 어떤 물리적인 계(system)에서 물리량 F가 물리량 A, B, C, D의 함수관계가 있다고 할 때, 차원 해석을 한 결과 두 개의 무차원수 $\dfrac{F}{AB^2}$와 $\dfrac{B}{CD^2}$를 구할 수 있었다. 그리고 모형실험을 하여 $A=1$, $B=1$, $C=1$, $D=1$일 때 $F=F_1$을 구할 수 있었다. 여기서 $A=2$, $B=4$, $C=1$, $D=2$인 원형의 F는 어떤 값을 가지는가?(단, 모든 값들은 SI단위를 가진다)

① F_1
② $16F_1$
③ $32F_1$
④ 위의 자료만으로는 예측할 수 없다.

해설
$F = cAB^2$ (c : 어떤 상수) $B = dCD^2$ (d : 어떤 상수)
$F = cA(dCD^2)^2 = cd^2(AC^2D^4)$
$F_{1,1,1,1} = cd^2 \cdot 1 \cdot 1^2 \cdot 1^4 = F_1$, 즉 $F_1 = cd^2$
$F_{2,4,1,2} = cd^2 \cdot 2 \cdot 1^2 \cdot 2^4 = 32cd^2$, $cd^2 = F_1$이므로,
$F_{2,4,1,2} = 32F_1$

51 (x, y)평면에서의 유동함수(정상, 비압축성 유동)가 다음과 같이 정의된다면 $x=4$[m], $y=6$[m]의 위치에서의 속도[m/s]는 얼마인가?

$$\psi = 3x^2y - y^3$$

① 156   ② 92
③ 52   ④ 38

해설
$u(x, y) = \dfrac{\partial \psi}{\partial y}$, $v(x, y) = -\dfrac{\partial \psi}{\partial x}$
$u(x, y) = \dfrac{\partial(3x^2y - y^3)}{\partial y} = 3x^2 - 3y^2$,
$v(x, y) = -\dfrac{\partial(3x^2y - y^3)}{\partial x} = 6yx$
$u(4, 6) = 48 - 108 = -60$, $v(4, 6) = 6 \times 6 \times 4 = 144$
$V = \sqrt{60^2 + 144^2} = 156[\text{m/s}]$

47 ②　48 ③　49 ④　50 ③　51 ①

52 수면의 차이가 H인 두 저수지 사이에 지름 d, 길이 L인 관로가 연결되어 있을 때 관로에서의 평균 유속(V)을 나타내는 식은?(단, f는 관 마찰계수이고, g는 중력 가속도이며, K_1, K_2는 관 입구와 출구에서의 부차적 손실계수이다)

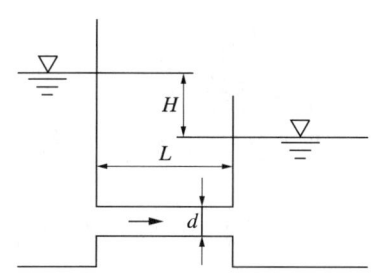

① $V = \sqrt{\dfrac{2gdH}{K_1 + fL + K_2}}$

② $V = \sqrt{\dfrac{2gH}{K_1 + fdL + K_2}}$

③ $V = \sqrt{\dfrac{2gdH}{K_1 + \dfrac{f}{L} + K_2}}$

④ $V = \sqrt{\dfrac{2gH}{K_1 + f\dfrac{L}{d} + K_2}}$

해설
압력차가 속도차를 유발하고, 손실이 속도수두를 감소시키므로
$\dfrac{P_1}{\gamma} + \dfrac{V_1^2}{2g} + Z_1 = \dfrac{P_2}{\gamma} + \dfrac{V_2^2}{2g} + Z_2 + h_f$ 에서
압력수두 H는
$H = \dfrac{V_2^2 - V_1^2}{2g} + f\dfrac{L}{d}\dfrac{V^2}{2g} + K_1\dfrac{V^2}{2g} + K_2\dfrac{V^2}{2g}$
$V_2 \approx V_1 \approx V$라 하면
$H = \dfrac{V^2}{2g}\left(f\dfrac{L}{d} + K_1 + K_2\right)$
$V = \sqrt{\dfrac{2gH}{f\dfrac{L}{d} + K_1 + K_2}}$

53 다음 그림과 같은 두 개의 고정된 평판 사이에 얇은 판이 있다. 얇은 판 상부에는 점성계수가 0.05[N·s/m²]인 유체가 있고, 하부에는 점성계수가 0.1[N·S/m²]인 유체가 있다. 이 판을 일정속도 0.5[m/s]로 끌 때, 끄는 힘이 최소가 되는 거리 y는? (단, 고정 평판 사이의 폭은 h[m], 평판들 사이의 속도분포는 선형이라고 가정한다)

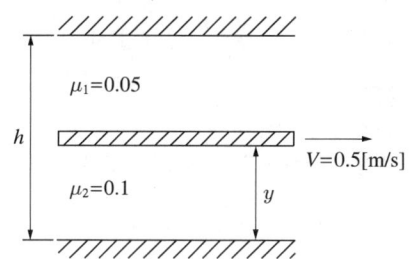

① $0.293h$ ② $0.482h$
③ $0.586h$ ④ $0.879h$

해설
$F(y) = \tau(y)A = (\tau_1 + \tau_2)A$
$= A\left(\mu_1\dfrac{du}{dy_1} + \mu_2\dfrac{du}{dy_2}\right) = A\left(\mu_1\dfrac{v}{h-y} + \mu_2\dfrac{v}{y}\right)$
$= A \times 0.5[\text{m/s}]$
$\times \left(0.05[\text{N}\cdot\text{s/m}^2] \times \dfrac{1}{h-y} + 0.1[\text{N}\cdot\text{s/m}^2]\dfrac{1}{y}\right)$

극대값을 구하기 위해 $F'(y) = 0$인 y를 찾으면 속도와 면적의 곱은 상수이므로
$\left(\dfrac{0.05}{h-y} + \dfrac{0.1}{y}\right)' = \dfrac{-0.05}{(h-y)^2} + \dfrac{0.1}{y^2} = 0$인 y를 찾는다.
즉, $y^2 - 4hy + 2h^2 = 0$의 방정식이 되어 근의 공식을 이용하면
$y = (2 \pm \sqrt{2})h = 0.586h$ 또는 $3.414h$
y가 h를 넘을 수는 없으므로 $y = 0.586h$

54 어떤 물리량 사이의 함수관계가 다음과 같이 주어졌을 때, 독립 무차원수 P_i항은 몇 개인가? (단, a는 가속도, V는 속도, t는 시간, ν는 동점성계수, L은 길이이다)

$$F(a, V, t, \nu, L) = 0$$

① 1
② 2
③ 3
④ 4

해설

버킹엄의 π 정리
- 수학기호 π에서 유래되었으며, 어떤 수의 곱을 나타낸다는 의미이다.
- 어느 물리계가 n개의 변수와 관련되어 있고, 기본 차수가 m일 때, 독립 무차원 매개변수 π는 $n-m$개로 나타낼 수 있다.
$a : LT^{-2}$, $V : LT^{-1}$, $t : T^1$, $\nu : L^2 T^{-1}$, $L : L^1$
$n : 5$, $m : 2$
$\pi = n - m = 5 - 2 = 3$

55 다음 그림과 같은 노즐을 통하여 유량 Q만큼의 유체가 대기로 분출될 때 노즐에 미치는 유체의 힘 F는? (단, A_1, A_2는 노즐의 단면 1, 2에서의 단면적이고, ρ는 유체의 밀도이다)

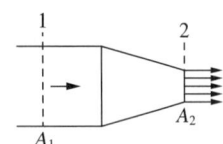

① $F = \dfrac{\rho A_2 Q^2}{2} \left(\dfrac{A_2 - A_1}{A_1 A_2} \right)^2$

② $F = \dfrac{\rho A_2 Q^2}{2} \left(\dfrac{A_1 + A_2}{A_1 A_2} \right)^2$

③ $F = \dfrac{\rho A_1 Q^2}{2} \left(\dfrac{A_1 + A_2}{A_1 A_2} \right)^2$

④ $F = \dfrac{\rho A_1 Q^2}{2} \left(\dfrac{A_1 - A_2}{A_1 A_2} \right)^2$

해설

$F = \rho QV = \rho \dfrac{Q^2}{A}$ (Q, A의 관계식으로 표현한다)

$\sum F = P_1 A_1 + \rho \dfrac{Q^2}{A_1} - P_2 A_2 - \rho \dfrac{Q^2}{A_2} - F_{nozzle} = 0$

$F = P_1 A_1 - \rho \dfrac{Q^2}{A_2} + \rho \dfrac{Q^2}{A_1}$

P_1, P_2의 관계식은

$\dfrac{P_1}{\gamma} + \dfrac{V_1^2}{2g} + Z_1 = \dfrac{P_2}{\gamma} + \dfrac{V_2^2}{2g} + Z_2$

$P_1 = \rho \dfrac{V_2^2 - V_1^2}{2} = \dfrac{\rho}{2} \left\{ \left(\dfrac{Q_2}{A_2} \right)^2 - \left(\dfrac{Q_1}{A_1} \right)^2 \right\}$

$F = \left\{ \dfrac{\rho}{2} \left(\dfrac{Q}{A_2} \right)^2 - \left(\dfrac{Q}{A_1} \right)^2 \right\} A_1 - \rho \dfrac{Q^2}{A_2} + \rho \dfrac{Q^2}{A_1}$

$= \dfrac{\rho A_1 Q^2}{2} \left(\dfrac{A_1^2 - A_2^2}{A_2^2 A_1^2} \right) - \rho Q^2 \left(\dfrac{A_1 - A_2}{A_2 A_1} \right)$

$= \dfrac{\rho A_1 Q^2}{2} \left(\dfrac{A_1^2 - A_2^2 - 2A_1 A_2 + 2A_2^2}{A_2^2 A_1^2} \right)$

$= \dfrac{\rho A_1 Q^2}{2} \left\{ \dfrac{(A_1 - A_2)^2}{A_2^2 A_1^2} \right\}$

$= \dfrac{\rho A_1 Q^2}{2} \left(\dfrac{A_1 - A_2}{A_2 A_1} \right)^2$

56 국소 대기압이 1[atm]이라고 할 때, 다음 중 가장 높은 압력은?

① 0.13[atm](gage pressure)
② 115[kPa](absolute pressure)
③ 1.1[atm](absolute pressure)
④ 11[mH$_2$O](absolute pressure)

해설

대기압을 1기압으로 나타내면, 1[atm] = 760[mmHg] = 10.33[mAq] = 1.03323[kgf/cm^2] = 1.013[bar] = 1,013[hPa]
절대압 = 대기압 + 계기압력
① 0.13[atm](gage pressure) = 1.13[atm](absolute pressure)
② 115[kPa](absolute pressure) = 1.135[atm]
③ 1.1[atm](absolute pressure)
④ 11[mH$_2$O](absolute pressure) = 1.06[atm]

정답 54 ③ 55 ④ 56 ②

57 프랜틀의 혼합거리(mixing length)에 대한 설명으로 옳은 것은?

① 전단응력과 무관하다.
② 벽에서 0이다.
③ 항상 일정하다.
④ 층류 유동문제를 계산하는 데 유용하다.

해설
② 혼합거리는 벽에서 떨어진 거리에 비례하며 벽에서는 0이다.
① 난류에서는 레이놀즈 응력에 혼합거리를 적용하여 전단응력을 구한다.
③, ④ 난류 유동 시 전단응력을 구할 때 사용한다. 난류는 시간에 따른 변화가 고려되는 유동이다.

58 수평 원 관 속에 정상류의 층류 흐름이 있을 때 전단응력에 대한 설명으로 옳은 것은?

① 단면 전체에서 일정하다.
② 벽면에서 0이고, 관 중심까지 선형적으로 증가한다.
③ 관 중심에서 0이고, 반지름 방향으로 선형적으로 증가한다.
④ 관 중심에서 0이고, 반지름 방향으로 중심으로부터 거리의 제곱에 비례하여 증가한다.

해설
• 평판에서의 점성 유동과 마찬가지로 유체의 유동에 의해 전단응력이 발생하는데, 관 속의 유동은 평판이 고정된 경우로 고려한다.
• 유체는 어떤 압력에 의해 고정된 관을 통과하여 이동하며, 이동하는 평판에 작용하는 힘처럼 관 벽 쪽으로 유체 흐름과 반대 방향의 힘이 작용한다.
• 작용하는 속도는 중심에서 최대이며, 평균 유속은 중심 유속(최대 유속)의 1/2과 같다.

59 밀도 1.6[kg/m³]인 기체가 흐르는 관에 설치한 피토 정압관(pitot-static tube)의 두 단자 간 압력차가 4[cmH₂O]이었다면 기체의 속도[m/s]는 얼마인가?

① 7   ② 14
③ 22   ④ 28

해설
$V = \sqrt{2gH\left(\dfrac{\gamma_s}{\gamma}-1\right)} = \sqrt{2gH\left(\dfrac{S_s}{S}-1\right)}$ 에서

$V = \sqrt{2gH\left(\dfrac{\rho_s}{\rho}-1\right)}$

$= \sqrt{2 \times 9.806[\text{m/s}^2] \times 0.04[\text{m}]\left(\dfrac{1{,}000[\text{kg/m}^3]}{1.6[\text{kg/m}^3]}-1\right)}$

$= \sqrt{489.516}\,[\text{m/s}]$

$= 22.12[\text{m/s}]$

60 다음 그림과 같이 원판 수문이 물속에 설치되어 있다. 그림 중 C는 압력의 중심이고, G는 원판의 도심이다. 원판의 지름을 d라 하면 작용점의 위치 η는?

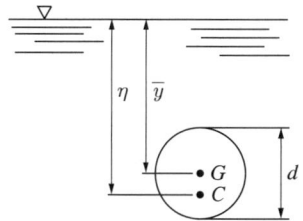

① $\eta = \bar{y} + \dfrac{d^2}{8\bar{y}}$ ② $\eta = \bar{y} + \dfrac{d^2}{16\bar{y}}$

③ $\eta = \bar{y} + \dfrac{d^2}{32\bar{y}}$ ④ $\eta = \bar{y} + \dfrac{d^2}{64\bar{y}}$

해설
압력 중심은 도심이고, 작용점의 깊이는 $y_p = \dfrac{I_G}{\bar{y}A} + \bar{y}$ 이므로

$\eta = \bar{y} + \dfrac{\dfrac{\pi d^4}{64}}{\bar{y}\dfrac{\pi d^2}{4}} = \bar{y} + \dfrac{d^2}{16\bar{y}}$

제4과목 기계재료 및 유압기기

61 다음의 강종 중 탄소의 함유량이 가장 많은 것은?

① SM25C ② SKH51
③ STC105 ④ STD11

[해설]
④ STD11(냉간금형용 강) : 1.40~1.60%C
① SM25C : 0.25%C
② SKH51(고속도공구강, 하이스) : 0.80~0.88%C
③ STC105(실린더 튜브용 탄소강관 Steel Tube Cylinder) : 1.05%C

62 주철의 조직을 지배하는 요소로 옳은 것은?

① S, Si의 양과 냉각속도
② C, Si의 양과 냉각속도
③ P, Cr의 양과 냉각속도
④ Cr, Mg의 양과 냉각속도

[해설]
마우러 조직도 : 탄소 함유량을 세로축, 규소 함유량을 가로축으로 하고, 두 성분관계에 따른 주철의 조직의 변화를 정리한 선도를 마우러 조직도라고 한다. 펄라이트 주철이 형성되는 탄소, 규소의 조합을 표시하여 질 좋은 펄라이트 주철의 조성 영역을 찾는다.

63 강을 생산하는 제강로를 염기성과 산성으로 구분하는데 이것은 무엇으로 구분하는가?

① 노 내의 내화물
② 사용되는 철광석
③ 발생하는 가스의 성질
④ 주입하는 용제의 성질

[해설]
맨처음 제강작업이 산성 제강방법이었는데 내화재를 돌로마이트로 사용하면서 염기성 제강이 가능하게 되었다. 산성과 염기성을 구분하는 것은 노 내의 분위기가 산화성인지 환원성인지에 따라 달라진다.

64 염욕의 관리에서 강박시험에 대한 다음 ( ) 안에 알맞은 내용은?

> 강박시험 후 강박을 손으로 구부려서 휘어지면 이 염욕은 ( )작용을 한 것으로 판단한다.

① 산화 ② 환원
③ 탈탄 ④ 촉매

[해설]
강박시험은 강을 얇고 가는 재료로 만든 후 염욕에 침지·냉각하여 염욕의 탈탄작용, 침탄 정도를 확인하는 시험이다. 염욕에 담갔다 꺼냈을 때 탄소가 아직 많으면 소성보다 취성이 강하고, 탈탄되었으면 취성보다 소성이 강하다.

65 5~20%Zn의 황동을 말하며, 강도는 낮으나 전연성이 좋고, 색깔이 금에 가까우므로 모조금이나 판 및 선 등에 사용되는 것은?

① 톰백 ② 두랄루민
③ 문쯔메탈 ④ Y 합금

[해설]
톰백(tombac) : 8~20[%]의 아연을 구리에 첨가한 구리 합금은 황동 중에서 가장 금빛에 가까우며, 소량의 납을 첨가하여 값이 싼 금색 합금을 만든다. 특히, 금종이의 대용품으로서 서적의 금박 입히기, 금색 인쇄에 사용된다.

정답 61 ④ 62 ② 63 ① 64 ③ 65 ①

66 다음 중 결합력이 가장 약한 것은?

① 이온결합(ionic bond)
② 공유결합(covalent bond)
③ 금속결합(metallic bond)
④ 반데르발스 결합(Van der Waals bond)

해설
반데르발스 결합 : 최외곽이 채워진 원자는 이온결합, 공유결합이 일어나지 않는다. 그러나 다른 원자의 영향을 받아 분극현상이 발생하는 경우 인력이 발생하며, 약한 인력의 결합이 발생한다.

67 Ni-Fe계 합금에 대한 설명으로 틀린 것은?

① 엘린바는 온도에 따른 탄성률의 변화가 거의 없다.
② 슈퍼인바는 20[℃]에서 팽창계수가 거의 0(zero)에 가깝다.
③ 인바는 열팽창계수가 상온 부근에서 매우 작아 길이의 변화가 거의 없다.
④ 플래티나이트는 60%Ni와 15%Sn 및 Fe의 조성을 갖는 소결 합금이다.

해설
플래티나이트(Platinite)는 니켈이 42~48[%] 정도 들어간 니켈-철계 합금이다. 열팽창계수가 백금과 유사하고, 전등의 봉입선에 사용된다.

68 Fe-Fe₃C 평형상태도에서 A_{cm} 선이란?

① 마텐자이트가 석출되는 온도선을 말한다.
② 트루스타이트가 석출되는 온도선을 말한다.
③ 시멘타이트가 석출되는 온도선을 말한다.
④ 소르바이트가 석출되는 온도선을 말한다.

해설
A_{cm}에서 cm은 시멘타이트의 약자이다. 시멘타이트라는 중요한 조직이 석출되는 온도는 A_{cm}으로 표시한다.

69 피로한도에 대한 설명으로 옳은 것은?

① 지름이 크면 피로한도는 커진다.
② 노치가 있는 시험편의 피로한도는 크다.
③ 표면이 거친 것이 고운 것보다 피로한도가 커진다.
④ 노치가 있을 때와 없을 때의 피로한도 비를 노치계수라 한다.

해설
- 피로한도 : 반복응력과 반복수를 나타낸 곡선에서 피로 횟수가 증가하여도 파괴되지 않는 응력의 최댓값이다. 피로한도에 영향을 주는 인자의 관계는 구조물의 치수 표면 다듬질 정도, 노치 등에 따라서 편차가 크다. 피로한도를 높게 하여 장비의 수명을 길게 하기 위해서는 이러한 인자를 최소화하여야 한다.
- 피로한도에 영향을 주는 인자 : 부재의 치수(치수효과 : 커지면 피로한도가 낮아진다), 부재의 부식(부식효과, 부식되면 피로한도가 낮아진다) 압입효과(강압 끼워맞춤에 의해 피로한도가 낮아진다), 표면의 다듬질, 표면거칠기(부재의 표면 다듬질이 거칠면 피로한도가 낮아진다) 등이 영향을 준다.

70 유화물 계통의 편석 및 수지상 조직을 제거하여 연신율을 향상시킬 수 있는 열처리방법으로 가장 적합한 것은?

① 퀜칭
② 템퍼링
③ 확산풀림
④ 재결정풀림

해설
유화물 계통의 편석 및 수지상 조직 제거를 위해서 완전풀림 열처리가 필요하다.
③ 확산 풀림 : 완전풀림
① 퀜칭 : 담금질
② 템퍼링 : 뜨임
④ 재결정풀림 : 저온풀림

71 상시 개방형 밸브로 옳은 것은?

① 감압밸브
② 무부하밸브
③ 릴리프 밸브
④ 카운터 밸런스 밸브

해설

무부하밸브	감압밸브	카운터 밸런스 밸브	릴리프 밸브

72 다음 그림과 같은 단동 실린더에서 피스톤에 $F = 500[N]$의 힘이 발생하면, 압력 P는 약 몇 [kPa]이 필요한가?(단, 실린더의 직경은 40[mm]이다)

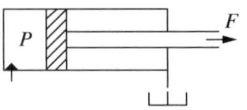

① 39.8   ② 398
③ 79.6   ④ 796

해설
$F = PA$
$P = \dfrac{F}{A} = \dfrac{500[N]}{\dfrac{\pi(0.04[m])^2}{4}} = 397,887[N/m^2]$

73 실린더 입구의 분기회로에 유량제어밸브를 설치하여 실린더 입구측의 불필요한 압유를 배출시켜 작동효율을 증진시키는 회로는?

① 로킹회로   ② 증강회로
③ 동조회로   ④ 블리드 오프 회로

해설
블리드 오프 회로 : 액추에이터로 공급되는 유량이 작동속도에 비해 너무 많을 때 밀려 나는 유량을 탱크로 회수하는 방식이다. 내부압력이 조정되므로 각 밸브의 과도한 부하를 막을 수 있다. 유압제어의 경우 회수되는 유류에 대한 관리가 다시 필요하다.

74 감압밸브, 체크밸브, 릴리프 밸브 등에서 밸브시트를 두드려 비교적 높은 음을 내는 일종의 자려진동 현상은?

① 컷인 ② 점핑
③ 채터링 ④ 디컴프레션

해설
채터링(chattering) 현상 : 밸브 내부에서 스프링의 떨림 등 연속적인 진동으로 밸브시트 등을 타격하여 진동과 소음을 발생시키는 현상이다. 감압밸브, 체크밸브, 릴리프 밸브 등에서 발생한다. 특유의 고음이 발생하며 밸브를 교체하거나 수리하여 해결한다.

75 다음 그림과 같은 유압기호가 나타내는 것은?(단, 그림의 기호는 간략기호이며, 간략기호에서 유로의 화살표는 압력의 보상을 나타낸다)

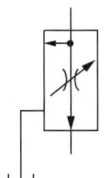

① 가변교축밸브
② 무부하 릴리프 밸브
③ 직렬형 유량조정밸브
④ 바이패스형 유량조정밸브

해설

바이패스형 유량조정밸브의 상세기호	가변교축밸브
무부하 릴리프 밸브	직렬형 유량조절밸브

76 기어펌프의 폐입현상에 관한 설명으로 적절하지 않은 것은?

① 진동, 소음의 원인이 된다.
② 한 쌍의 이가 맞물려 회전할 경우 발생한다.
③ 폐입 부분에서 팽창 시 고압이, 압축 시 진공이 형성된다.
④ 방지책으로 릴리프 홈에 의한 방법이 있다.

해설
폐입현상 : 주로 기어펌프에서 일어나며 기어 등이 서로 물려 흡입측, 토출측 어느 쪽과도 통하지 않는 공간이 생기는 현상이다. 폐입된 부분을 압축할 때는 해당 부분이 고압이 되고, 이 부분을 팽창시킬 때는 마이너스 압력이 형성되어 공동현상과 비슷한 결과를 유발한다. 폐입현상 방지를 위해 릴리프 홈을 파 놓는다.

77 어큐뮬레이터의 용도와 취급에 대한 설명으로 틀린 것은?

① 누설 유량을 보충해 주는 펌프 대용 역할을 한다.
② 어큐뮬레이터에 부속쇠 등을 용접하거나 가공, 구멍 뚫기 등을 해서는 안 된다.
③ 어큐뮬레이터를 운반, 결합, 분리 등을 할 때는 봉입가스를 유지하여야 한다.
④ 유압펌프에 발생하는 맥동을 흡수하여 이상 압력을 억제하여 진동이나 소음을 방지한다.

해설
어큐뮬레이터를 운반, 결합, 분리 등을 할 때는 봉입가스를 제거하여야 한다.

78 유압회로에서 속도제어회로의 종류가 아닌 것은?

① 미터 인 회로
② 미터 아웃 회로
③ 블리드 오프 회로
④ 최대 압력제한회로

해설
① 미터 인 회로 : 액추에이터로 들어가는 공기를 조절하여 액추에이터의 속도를 제어하는 방식이다. 액추에이터 작동 전에 제어하여 제어는 변별이 확실하나 액추에이터의 작동성이 떨어질 수 있다.
② 미터 아웃 회로 : 액추에이터에서 나오는 공기를 조절하여 액추에이터의 속도를 제어하는 방식이다. 액추에이터 작동 전에 제어하므로 작동성이 확실하고 일반적으로 많이 사용한다.
③ 블리드 오프 회로 : 액추에이터로 공급되는 유량이 작동속도에 비해 너무 많을 때 밀려 나는 유량을 탱크로 회수하는 방식이다. 내부압력이 조정되므로 각 밸브의 과도한 부하를 막을 수 있다. 유압제어의 경우 회수되는 유류에 대한 관리가 다시 필요하다.

79 유압유의 점도가 낮을 때 유압장치에 미치는 영향으로 적절하지 않은 것은?

① 배관저항 증대
② 유압유의 누설 증가
③ 펌프의 용적효율 저하
④ 정확한 작동과 정밀한 제어의 곤란

해설
유압유의 점도가 낮으면 전단저항이 작아진다.

80 일반적인 베인펌프의 특징으로 적절하지 않은 것은?

① 부품 수가 많다.
② 비교적 고장이 적고 보수가 용이하다.
③ 펌프의 구동 동력에 비해 형상이 소형이다.
④ 기어펌프나 피스톤 펌프에 비해 토출압력의 맥동이 크다.

해설

구분	기어펌프	베인펌프	피스톤 펌프
주요 특징	오물과 점도가 높은 곳에 사용 가능하다.	베인의 마모에 의한 압력 저하가 발생하지 않는다.	밸브가 필요 없으며, 고장이 적다.
구조	구조가 가장 간단하다.	부품이 많고 정밀한 제작을 요구한다.	구조가 복잡하고 매우 높은 가공 정밀도를 요구하며 크기가 크다.
성능	큰 힘으로 흡입 가능하다.	큰 힘으로 흡입하기는 힘들지만, 크기에 비해 출력이 좋다.	흡입할 수 있는 힘의 크기에 제한이 있으나 예민한 압력의 변화에 적합하다.
점도의 영향	점도가 크면 효율에는 영향을 미치나 다른 큰 영향은 없다.	점도에 영향을 받지만 효율과는 대체로 무관하다.	점도에 영향을 받는다.
이물질의 영향	거의 없다.	영향을 받는다.	예민한 압력에 영향을 크게 받는다.
비용	제작비용이 저렴하다.	제작비용이 보통이며 수리비가 적게 든다.	제작비용이 비싸다.

제5과목　기계제작법 및 기계동력학

81 다음 그림과 같은 조건에서 어떤 투사체가 초기속도 360[m/s]로 수평 방향과 30°의 각도로 발사되었다. 이때 2초 후 수직 방향에 대한 속도는 약 몇 [m/s]인가?(단, 공기저항 무시, 중력 가속도는 9.81[m/s²]이다)

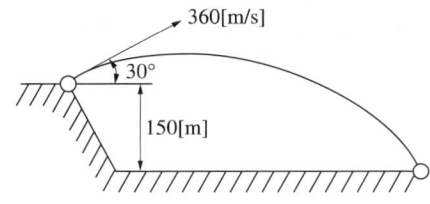

① 40.1　　② 80.2
③ 160　　④ 321

해설
운동에서 속도, 가속도, 시간, 거리의 세 가지 관계 기본식
$v = v_0 + at$
$s = v_0 t + \frac{1}{2}at^2$
$v_2^2 - v_1^2 = 2as$
(여기서 v : 속도, s : 거리, a : 가속도, t : 시간)

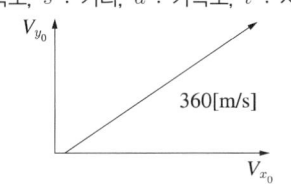

이 운동을 x 방향의 운동과 y 방향의 운동으로 구분하여 초기속도를 x와 y로 분해한다.
$v_{x_0} = 360[\text{m/s}] \times \cos 30° = 180\sqrt{3}\,[\text{m/s}]$
$v_{y_0} = 360[\text{m/s}] \times \sin 30° = 180[\text{m/s}]$
저항을 무시하므로 x 방향의 속도는 변화하지 않는다.
$v_x = v_{x_0} = 180\sqrt{3}\,[\text{m/s}]$
$v_y = v_{y_0} - gt = 180[\text{m/s}] - 9.81[\text{m/s}^2] \times 2[\text{s}] = 160.38[\text{m/s}]$
v_y를 묻는 문제이므로 ③을 선택한다.
※ 이 영역은 동역학에서 일반적으로 다음과 같은 해석을 묻는다.
• $v_{2초} = \sqrt{v_x^2 + v_y^2} = \sqrt{(180\sqrt{3})^2 + 160.38^2} = 350.60[\text{m/s}]$
• 투사체가 전체 날아간 거리
• 투사체가 전체 날아간 시간

• 땅에 닿는 시점의 속도
　해석을 위해 x 방향 운동, y 방향 운동으로 구분하고, 다음 그림과 같이 h점까지의 운동, a점까지의 운동으로 구분하여 해석한다.

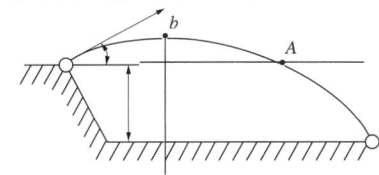

82 1자유도의 질량-스프링계에서 스프링 상수 k가 2[kN/m], 질량 m이 20[kg]일 때, 이 계의 고유주기는 약 몇 초인가?(단, 마찰은 무시한다)

① 0.63　　② 1.54
③ 1.93　　④ 2.34

해설
$f_n = 2\pi\sqrt{\dfrac{m}{k}} = 2\pi\sqrt{\dfrac{20[\text{kg}]}{2,000[\text{kg/s}^2]}} = 0.63[\text{s}]$
※ $2[\text{kN/m}] = 2,000[\text{kg/s}^2]$

83 두 조화운동 $x_1 = 4\sin 10t$와 $x_2 = 4\sin 10.2t$를 합성하면 맥놀이(beat) 현상이 발생하는데, 이때 맥놀이 진동수[Hz]는 약 얼마인가?(단, t의 단위는 [s]이다)

① 31.4　　② 62.8
③ 0.0159　　④ 0.0318

해설
$f_{맥놀이} = \Sigma f$ 또는 $f_1 - f_2 \cdots$
각 조화운동의 $\omega_1 = 10$, $\omega_2 = 10.2$
$f_1 - f_2 = \dfrac{\omega_1 - \omega_2}{2\pi} = \dfrac{-0.2}{2\pi} = 0.0318$
(-부호는 지상인지, 진상인지만 나타낸다)

정답　81 ③　82 ①　83 ④

84 어떤 물체가 $x(t) = A\sin(4t+\phi)$로 진동할 때 진동주기 T[s]는 약 얼마인가?

① 1.57 ② 2.54
③ 4.71 ④ 6.28

해설
$T = \dfrac{1}{f} = \dfrac{2\pi}{\omega} = \dfrac{2\pi}{4} = 1.5708$

해설
완전소성충돌은 물체가 충돌 후 충돌체들이 모두 결합되므로
$m_1 v_1 = (m_1 + m_2)v_2$
(여기서, v_1 : 충돌 직전 해머의 속도, v_2 : 충돌 직후 결합체의 속도)
$m_1 \sqrt{2gh} = (m_1 + m_2)v_2$
$v_2 = \dfrac{m_1 \sqrt{2gh}}{(m_1 + m_2)}$

v_2에 의한 운동에너지 = 파일의 일
$\dfrac{1}{2}(m_1 + m_2) \times \left(\dfrac{m_1 \sqrt{2gh}}{m_1 + m_2}\right)^2 = 150[\text{kN}] \times s$

$s = \dfrac{1}{2}(m_1 + m_2) \times \left(\dfrac{m_1 \sqrt{2gh}}{m_1 + m_2}\right)^2 \times \dfrac{1}{150[\text{kN}]}$

$= \dfrac{m_1^2 gh}{(m_1 + m_2)} \times \dfrac{1}{150[\text{kN}]}$

$= \dfrac{1^2 \times 9.806 \times 1.2}{1.2 \times 150} = 0.065[\text{m}]$

※ 단위는 [m]만 남고 모두 소거되고, 무게 [ton]으로 계산해도 된다.

85 200[kg]의 파일을 땅속으로 박고자 한다. 파일 위의 1.2[m] 지점에서 무게가 1[t]인 해머가 떨어질 때 완전소성충돌이라고 한다면, 이때 파일이 땅속으로 들어가는 거리는 약 몇 [m]인가?(단, 파일에 가해지는 땅의 저항력은 150[kN]이고, 중력 가속도는 9.81[m/s²]이다)

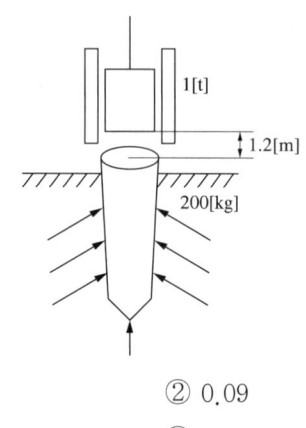

① 0.07 ② 0.09
③ 0.14 ④ 0.19

86 1자유도 시스템에서 감쇠비가 0.1인 경우 대수 감소율은?

① 0.2315 ② 0.4315
③ 0.6315 ④ 0.8315

해설
$\delta = \dfrac{2\pi\zeta}{\sqrt{1-\zeta^2}}$ 또는 강재의 경우 감쇠가 $\zeta \ll 1$일 때 $\delta \approx 2\pi\zeta$
감쇠비가 0.1로 작으므로 $\delta \approx 2\pi\zeta$로 구한 값과 보기를 비교하여 다른 보기와 비교할 만큼 근사값이 찾아지면 계산을 마치고, 찾아지지 않으면 추가로 $\sqrt{1-\zeta^2}$을 나눈다.
$\delta \approx 2\pi\zeta = 6.28 \times 0.1 = 0.628$로 충분히 근사되므로 정답을 ③로 선택한다.

87 수평면과 a의 각을 이루는 마찰이 있는(마찰계수 μ) 경사면에서 무게가 W인 물체를 힘 P를 가하여 등속력으로 끌어올릴 때, 힘 P가 한 일에 대한 무게 W인 물체를 끌어올리는 일의 비, 즉 효율은?

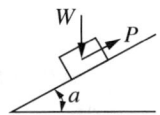

① $\dfrac{1}{1+\mu\cot(a)}$

② $\dfrac{1}{1-\mu\cot(a)}$

③ $\dfrac{1}{1+\mu\cos(a)}$

④ $\dfrac{1}{1-\mu\sin(a)}$

해설
움직인 거리를 s라 하면
$\eta = \dfrac{\text{표현된 일}}{\text{한 일}} = \dfrac{\text{표현된 힘} \times \text{거리}}{\text{가한 힘} \times \text{거리}} = \dfrac{\text{표현된 힘}}{\text{가한 힘}}$
마찰력 = $\mu W\cos\alpha$
하강력 = $W\sin\alpha$
표현된 힘 = $W\sin\alpha$
한 일의 힘 = $\mu W\cos\alpha + W\sin\alpha = W(\mu\cos\alpha + \sin\alpha)$
$\eta = \dfrac{\sin\alpha}{\mu\cos\alpha + \sin\alpha} = \dfrac{1}{1+\mu\cot\alpha}$

88 반경이 r인 실린더가 위치 1의 정지 상태에서 경사를 따라 높이 h만큼 굴러 내려갔을 때, 실린더 중심의 속도는?(단, g는 중력 가속도이며, 미끄러짐은 없다고 가정한다)

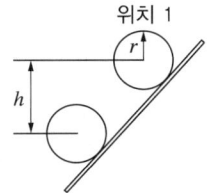

① $\sqrt{2gh}$
② $0.707\sqrt{2gh}$
③ $0.816\sqrt{2gh}$
④ $0.845\sqrt{2gh}$

해설
h의 위치에너지가 운동에너지로 변환되며 이 경우는 이동과 구름으로 구분된다.
$mgh = \dfrac{1}{2}mv^2 + \dfrac{1}{2}I\omega^2 = \dfrac{1}{2}mv^2 + \dfrac{1}{2}\left(\dfrac{1}{2}mr^2\right)\times\left(\dfrac{v}{r}\right)^2$
$v = \sqrt{\dfrac{4}{3}gh} = 0.816\sqrt{2gh}$

89 평탄한 지면 위를 미끄럼이 없이 구르는 원통 중심의 가속도가 1[m/s²]일 때 이 원통의 각 가속도는 몇 [rad/s²]인가?(단, 반지름 r은 2[m]이다)

① 0.2
② 0.5
③ 5
④ 10

해설
$a = r\alpha$
$1[\text{m/s}^2] = 2[\text{m}]\alpha$
$\therefore \alpha = 0.5[\text{rad/s}^2]$

90 자동차가 반경 50[m]의 원형 도로를 25[m/s]의 속도로 달리고 있을 때, 반경 방향으로 작용하는 가속도는 몇 [m/s²]인가?

① 9.8
② 10.0
③ 12.5
④ 25.0

해설
$a = \dfrac{v^2}{r} = \dfrac{(25[\text{m/s}])^2}{50[\text{m}]} = 12.5[\text{m/s}^2]$

91 3차원 측정기에서 측정물의 측정 위치를 감지하여 X, Y, Z축의 위치 데이터를 컴퓨터에 전송하는 기능을 가진 것은?

① 프로브 ② 측정암
③ 칼럼   ④ 정반

해설
3차원 측정기의 접촉자를 프로브라 한다.

92 피복아크용접봉의 피복제 역할로 틀린 것은?

① 아크를 안정시킨다.
② 모재 표면의 산화물을 제거한다.
③ 용착금속의 급랭을 방지한다.
④ 용착금속의 흐름을 억제한다.

해설
피복제는 용착금속이 잘 흐르도록 한다.

93 와이어 컷 방전가공에서 와이어 이송속도 0.2[mm/min], 가공물 두께가 10[mm]일 때 가공속도는 몇 [mm²/min]인가?

① 0.02 ② 0.2
③ 2   ④ 20

해설
방전가공 중 커팅가공은 두께와 이송의 곱, 즉 커팅 면적으로 속도를 표현한다.

94 단조용 공구 중 소재를 올려놓고 타격을 가할 때 받침대로 사용하며, 크기는 중량으로 표시하는 것은?

① 대뫼   ② 앤빌
③ 정반   ④ 단조용 탭

해설
모루(anvil)라고 하는 단조용 받침대이다.

95 두께 5[mm]의 연강판에 직경 10[mm]의 펀칭작업을 하는데 크랭크 프레스 램의 속도가 10[m/min]이라면, 이때 프레스에 공급되어야 할 동력은 약 몇 [kW]인가?(단, 연강판의 전단강도는 294.3[MPa]이고, 프레스의 기계적 효율은 80[%]이다)

① 21.32 ② 15.54
③ 13.52 ④ 9.63

해설
동력
$Pv = \tau A v$
$= \tau(\pi d t) v$
$= \pi \times 0.01 \times 0.005 \times 294,300,000 \times \dfrac{10}{60} = 7,704.8[W]$

효율이 80[%]이므로 필요한 동력은
$\dfrac{7,704.8[W]}{0.8} = 9,631[W] = 9.63[kW]$

96 목재의 건조방법에서 자연건조법에 해당하는 것은?

① 야적법 ② 침재법
③ 자재법 ④ 증재법

해설
밖에 쌓아 놓는다 하여 야적이라고 한다. 야적법은 야적하고 방치하여 건조시키는 방법이다.

97 전해연마가공법의 특징이 아닌 것은?

① 가공면에 방향성이 없다.
② 복잡한 형상의 제품도 연마가 가능하다.
③ 가공 변질층이 있고, 평활한 가공면을 얻을 수 있다.
④ 연질의 알루미늄, 구리 등도 쉽게 광택면을 얻을 수 있다.

해설
전해연마 : 전해 용액 속에서 전기 분해를 일으켜 표면을 녹여 광택을 내는 작업이다. 거울면을 얻으며 치수 정밀도는 낮다.

98 절연성의 가공액 내에 도전성 재료의 전극과 공작물을 넣고 약 60~300[V]의 펄스전압을 걸어 약 5~50[μm]까지 접근시켜 발생하는 스파크에 의한 가공방법은?

① 방전가공
② 전해가공
③ 전해연마
④ 초음파가공

해설
방전가공(EDM ; Electric Discharge Machining) : 아크 방전을 일으켜 모재를 용해시켜 전극 형상으로 가공한다.

99 다음 공작기계에 사용되는 속도열 중 일반적으로 가장 많이 사용되고 있는 속도열은?

① 대수급수속도열
② 등비급수속도열
③ 등차급수속도열
④ 조화급수속도열

해설
주축의 속도열 : 공작기계의 속도열은 주로 등비급수속도열을 사용한다(일감의 지름이 크고 작은 것에 관계없이 절삭속도의 강하율이 일정하다).

100 저온뜨임에 대한 설명으로 틀린 것은?

① 담금질에 의한 응력 제거
② 치수의 경년변화 방지
③ 연마 균열 생성
④ 내마모성 향상

해설
내부응력을 줄이기 위해 저온뜨임(150[℃] 부근)을 하면 경도는 약간 저하하나 내마모성은 향상된다. 잔류응력을 제거하고 경도가 요구될 때 실시한다.

정답 96 ① 97 ③ 98 ① 99 ② 100 ③

제1과목 재료역학

01 자유단에 집중하중 P를 받는 외팔보의 최대 처짐 δ_1과 $W = wL$이 되게 균일 분포하중(ω)이 작용하는 외팔보의 자유단 처짐 δ_2가 동일하다면, 두 하중들의 비 W/P는 얼마인가?(단, 보의 굽힘 강성은 EI로 일정하다)

① $\dfrac{8}{3}$ ② $\dfrac{3}{8}$

③ $\dfrac{5}{8}$ ④ $\dfrac{8}{5}$

해설

$\delta_{\max} = \dfrac{wL^4}{8EI}$, $\delta_{\max} = \dfrac{PL^3}{3EI}$

$\dfrac{WL^3}{8EI} = \dfrac{PL^3}{3EI}$, $\dfrac{W}{P} = \dfrac{8}{3}$

보의 종류	처짐각($\theta_{\max}$)	처짐($\delta_{\max}$)
(외팔보 끝단 모멘트 M)	$\theta_{\max} = \dfrac{ML}{EI}$	$\delta_{\max} = \dfrac{ML^2}{2EI}$
(외팔보 끝단 집중하중 P)	$\theta_{\max} = \dfrac{PL^2}{2EI}$	$\delta_{\max} = \dfrac{PL^3}{3EI}$
(외팔보 등분포하중 w)	$\theta_{\max} = \dfrac{wL^3}{6EI}$	$\delta_{\max} = \dfrac{wL^4}{8EI}$

02 다음 부정정보에서 고정단의 모멘트 M_0는?

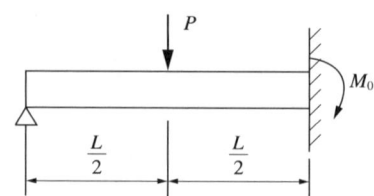

① $\dfrac{PL}{3}$ ② $\dfrac{PL}{4}$

③ $\dfrac{PL}{6}$ ④ $\dfrac{3PL}{16}$

해설

외팔보에 대해 다음과 같이 한 묶음으로 암기한다.

$R_B = \dfrac{Pa^2(3L-a)}{2L^3}$, $R_A = \dfrac{Pb(3L^2-b^2)}{2L^3}$

$a = b$라면 $R_B = \dfrac{5P}{16}$, $R_A = \dfrac{11P}{16}$

$M_A = -\dfrac{Pb(L^2-b^2)}{2L^2} = -\dfrac{Pab(a+2b)}{2L^2}$,

$a = b$라면 $M_A = \dfrac{3PL}{16}$

$M_C = \dfrac{Pa^2b(2a+3b)}{2L^3} = \dfrac{Pa^2b(2l+b)}{2L^3}$,

$a = b$라면 $M_C = \dfrac{5PL}{32}$

03 다음 그림과 같은 외팔보에 저장된 굽힘 변형에너지는?(단, 세로탄성계수는 E이고, 단면의 관성모멘트는 I이다)

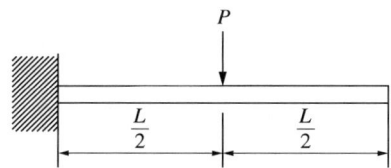

① $\dfrac{P^2L^3}{8EI}$ ② $\dfrac{P^2L^3}{12EI}$

③ $\dfrac{P^2L^3}{24EI}$ ④ $\dfrac{P^2L^3}{48EI}$

해설
변형이 $L/2$까지 일어나고 M은 x의 함수이므로
$$U = \int_0^{\frac{L}{2}} dU = \frac{1}{2EI}\int_0^{\frac{L}{2}} M(x)^2 dx$$
$$= \frac{1}{2EI}\int_0^{\frac{L}{2}} (Px)^2 dx = \frac{P^2}{2EI}\left[\frac{x^3}{3}\right]_0^{\frac{L}{2}}$$
$$= \frac{P^2}{2EI}\left[\frac{L^3}{24}\right] = \frac{P^2L^3}{48EI}$$

04 지름 7[mm], 길이 250[mm]인 연강시험편으로 비틀림시험을 하여 얻은 결과, 토크 4.08[N·m]에서 비틀림각이 8°로 기록되었다. 이 재료의 전단탄성계수는 약 몇 [GPa]인가?

① 64 ② 53
③ 41 ④ 31

해설
$\phi = \dfrac{TL}{GI_p}$

$8 \times \dfrac{\pi}{180} = \dfrac{4.08[\text{N}\cdot\text{m}]\times 250[\text{mm}]}{G\dfrac{\pi(7[\text{mm}])^4}{32}}$

$G = \dfrac{4,080[\text{N}\cdot\text{mm}]\times 250[\text{mm}]}{\dfrac{\pi(7[\text{mm}])^4}{32}\times 8 \times \dfrac{\pi}{180}}$

$= 30,991[\text{N/mm}^2] = 30,991[\text{MPa}] \fallingdotseq 31[\text{GPa}]$

05 다음 그림과 같은 보에 하중 P가 작용하고 있을 때 이 보에 발생하는 최대 굽힘응력이 $\sigma_{\max}$라면 하중 P는?

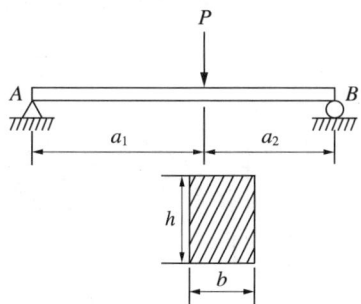

① $P = \dfrac{bh^2(a_1+a_2)\sigma_{\max}}{6a_1a_2}$

② $P = \dfrac{bh^3(a_1+a_2)\sigma_{\max}}{6a_1a_2}$

③ $P = \dfrac{b^2h(a_1+a_2)\sigma_{\max}}{6a_1a_2}$

④ $P = \dfrac{b^3h(a_1+a_2)\sigma_{\max}}{6a_1a_2}$

해설
$R_A + R_B = P$
$\sum M_A = Pa_1 - R_B(a_1+a_2) = 0$
$R_B = P\dfrac{a_2}{(a_1+a_2)}$
$M_P = R_B \times a_1 = \dfrac{a_1a_2P}{(a_1+a_2)}$, $\sigma_b = \dfrac{M}{Z}$, $M = \sigma_{\max}Z$

$\dfrac{a_1a_2P}{(a_1+a_2)} = \dfrac{bh^2}{6}\sigma_{\max}$

$P = \dfrac{\sigma_{\max}bh^2}{6}\dfrac{(a_1+a_2)}{a_1a_2}$

06 다음 그림과 같이 수평 강체봉 AB의 한쪽을 벽에 힌지로 연결하고, 죔임봉 CD로 매단 구조물이 있다. 죔임봉의 단면적은 1[cm²], 허용 인장응력은 100[MPa]일 때 B단의 최대 안전하중 P는 몇 [kN]인가?

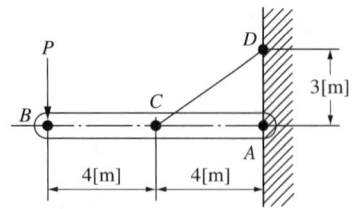

① 3 ② 3.75
③ 6 ④ 8.33

해설
먼저, 강선 CD에 작용 가능한 허용하중을 계산한다.
$F_{CD} = \sigma_a \times A$
$= 100[\text{MPa}] \times 1[\text{cm}^2]$
$= 100,000,000[\text{N/m}^2] \times 0.0001[\text{m}^2]$
$= 10,000[\text{N}] = 10[\text{kN}]$

삼각형 ACD의 길이가 피타고라스의 정리에 의해 5 : 4 : 3이 되므로
$F = \frac{3}{5} \times F_{CD} = \frac{3}{5} \times 10[\text{kN}] = 6[\text{kN}]$

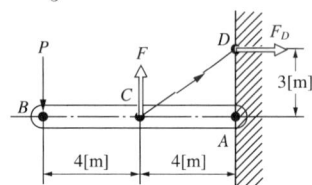

$\sum M_A = P \times 8[\text{m}] - F \times 4[\text{m}] - F_D \times 3[\text{m}] = 0$
$8P - 3[\text{kN}] \times 4 - 4[\text{kN}] \times 3 = 0$
$P = 3[\text{kN}]$

07 지름 35[cm]의 차축이 0.2°만큼 비틀렸다. 이때 최대 전단응력이 49[MPa]이라고 하면, 이 차축의 길이는 약 몇 [m]인가?(단, 재료의 전단탄성계수는 80[GPa]이다)

① 2.5 ② 2.0
③ 1.5 ④ 1

해설
$\phi = \frac{TL}{GI_p} = \frac{2\tau L}{Gd}$
$L = \frac{\phi Gd}{2\tau} = 0.2 \times \frac{\pi}{180} \times \frac{80,000[\text{MPa}] \times 35[\text{cm}]}{2 \times 49[\text{MPa}]}$
$= 99.73[\text{cm}] \fallingdotseq 1[\text{m}]$

08 양단이 고정된 균일 단면봉의 중간 단면 C에 축하중 P를 작용시킬 때 A, B에서 반력은?

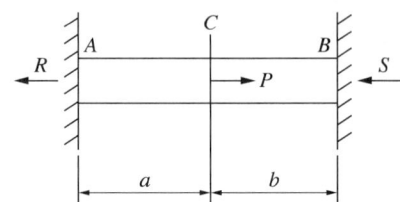

① $R = \frac{P(a+b^2)}{a+b}$, $S = \frac{P(a^2+b)}{a+b}$

② $R = \frac{Pb^2}{a+b}$, $S = \frac{Pa^2}{a+b}$

③ $R = \frac{Pb}{a+b}$, $S = \frac{Pa}{a+b}$

④ $R = \frac{Pa}{a+b}$, $S = \frac{Pb}{a+b}$

해설
중앙에서 작용하는 힘 P의 크기와 위치에 의해 R과 S가 달라지고, 이 힘의 분배는 전체 길이에 대한 해당 길이의 비와 같다.
$R = \frac{x}{L}P$

a와 b 중 어느 것을 적용해야 하는지 고민될 때 P의 위치가 극단적으로 한쪽에 쏠려 있다고 가정하면 P의 위치가 가까운 벽에 훨씬 큰 힘의 분담이 주어지는 것을 직관적으로 알 수 있다.

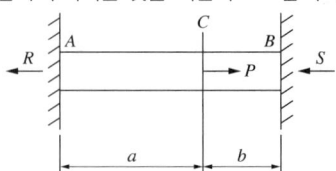

$R = \frac{b}{L}P$, $S = \frac{a}{L}P$
$\therefore R = \frac{b}{a+b}P$, $S = \frac{a}{L}P$

09 다음과 같은 보에서 C점(A에서 4[m] 떨어진 점)에서의 굽힘 모멘트값은 약 몇 [kN·m]인가?

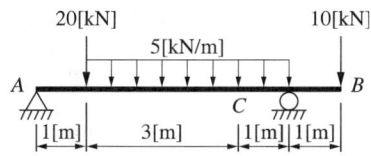

① 5.5
② 11
③ 13
④ 22

해설

힘의 평형, 모멘트 평형을 이용하여 반력 R, R_A를 구하고, 분포력을 집중력으로 바꾸면 다음 그림과 같다.

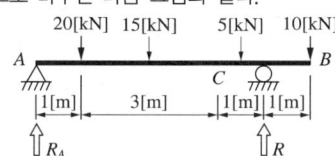

$\sum M_A = 20[\text{kN}] \times 1[\text{m}] + 15[\text{kN}] \times (1+1.5)[\text{m}]$
$+ 5[\text{kN}] \times (4+0.5)[\text{m}] - R \times 5[\text{m}] + 10[\text{kN}] \times 6[\text{m}] = 0$
$R = 28[\text{kN}]$
$\sum F = 50 - R_A - R = 22 - R_A = 0$
$R_A = 22[\text{kN}]$

C점에서의 모멘트는 A부터 계산한 값과 B부터 계산한 값이 부호는 다르고 절대치는 같은 값이 되므로, 계산요소가 적은 쪽으로 계산한다.

$\sum M_C = 5[\text{kN}] \times 0.5[\text{m}] - 28[\text{kN}] \times 1[\text{m}] + 10[\text{kN}] \times 2[\text{m}]$
$= 22.5[\text{kN} \cdot \text{m}] - 28[\text{kN} \cdot \text{m}]$
$= -5.5[\text{kN} \cdot \text{m}]$

문제에서 모멘트의 방향을 지정하여 요구하지 않았으므로 위의 절댓값인 5.5[kN·m]를 선택한다.

10 다음 그림과 같은 직사각형 단면에서 $y_1 = \frac{2}{3}h$의 위쪽 면적(빗금 부분)의 중립축에 대한 단면 1차 모멘트 Q는?

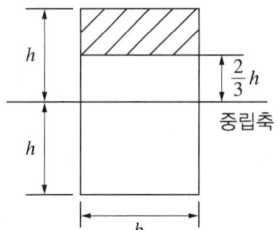

① $\frac{3}{8}bh^2$
② $\frac{3}{8}bh^3$
③ $\frac{5}{18}bh^2$
④ $\frac{5}{18}bh^3$

해설

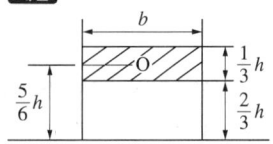

$Q = \bar{y}A = \frac{5}{6}h \times \frac{1}{3}h \times b = \frac{5bh^2}{18}$

11 공칭응력(nominal stress, σ_n)과 진응력(true stress, σ_t) 사이의 관계식으로 옳은 것은?(단, ε_n은 공칭변형률(nominal strain), ε_t는 진변형률(true strain)이다)

① $\sigma_t = \sigma_n(1+\varepsilon_t)$
② $\sigma_t = \sigma_n(1+\varepsilon_n)$
③ $\sigma_t = \ln(1+\sigma_n)$
④ $\sigma_t = \ln(\sigma_n + \varepsilon_n)$

해설
진응력은 부피가 보존된다는 것을 고려하여 계산한 개념이다.
단면적 × 길이 = $A_0 l_0 = A_1 l_1 = A_2 l_2 = A_i l_i$
$$\therefore A_n = \frac{A_0 l_0}{l_i}$$
그러나
$$\varepsilon = \frac{\Delta l}{l_0} = \frac{l_1 - l_0}{l_0} = \frac{l_1}{l_0} - 1 \text{이므로 } \frac{l_1}{l_0} = \varepsilon + 1$$
$$\therefore A_n = \frac{A_0 l_0}{l_i} = A_0 \left(\frac{1}{\varepsilon + 1}\right)$$
$$\sigma_T = \frac{F}{A_i} = \frac{F \, l_i}{A_0 \, l_0} = \sigma_n \frac{l_i}{l_0} = \sigma_n (\varepsilon + 1)$$

12 다음 그림과 같이 등분포하중이 작용하는 보에서 최대 전단력의 크기는 몇 [kN]인가?

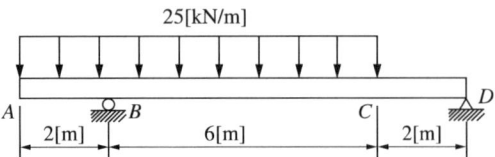

① 50 ② 100
③ 150 ④ 200

해설
$R_B + R_D = 25 \times 8 = 200 \text{[kN]}$
$\sum M_D = 25 \text{[kN]} \times 8 \text{[m]} \times (4+2) \text{[m]} - R_B \times 8 \text{[m]} = 0$
$R_B = 150 \text{[kN]}$
$\therefore R_D = 50 \text{[kN]}$

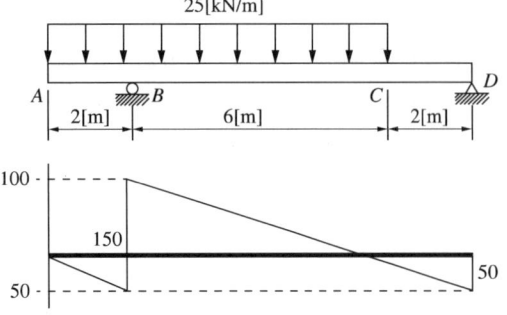

13 $\sigma_x = 700 \text{[MPa]}$, $\sigma_y = -300 \text{[MPa]}$이 작용하는 평면응력 상태에서 최대 수직응력($\sigma_{\max}$)과 최대 전단응력($\tau_{\max}$)은 각각 몇 [MPa]인가?

① $\sigma_{\max} = 700$, $\tau_{\max} = 300$
② $\sigma_{\max} = 700$, $\tau_{\max} = 500$
③ $\sigma_{\max} = 600$, $\tau_{\max} = 400$
④ $\sigma_{\max} = 500$, $\tau_{\max} = 700$

해설
$$\sigma_n = \frac{1}{2}(\sigma_x + \sigma_y) \pm \tau_n$$
$$= \frac{1}{2}(\sigma_x + \sigma_y) \pm \frac{1}{2}\sqrt{(\sigma_x - \sigma_y)^2 + 4\tau_{xy}^2}$$
$$= \frac{1}{2}(700 - 300) \pm \frac{1}{2}\sqrt{(700 + 300)^2 + 4 \times 0^2}$$
$$= 200 \pm 500 = 700 \text{ 또는 } -300$$
$\therefore \sigma_{\max} = 700 \text{[MPa]}$
$700 = \frac{1}{2}(700 - 300) + \tau_{\max}$
$\therefore \tau_{\max} = 500 \text{[MPa]}$

14 안지름이 2[m]이고, 1,000[kPa]의 내압이 작용하는 원통형 압력용기의 최대 사용응력이 200[MPa]이다. 용기의 두께는 약 몇 [mm]인가?(단, 안전계수는 2이다)

① 5 ② 7.5
③ 10 ④ 12.5

해설
$\sigma_1 = p \dfrac{d}{2t}$
안전계수가 2이므로 내압을 2배까지 버티는 것으로 계산한다.
$200 \text{[MPa]} = 1,000 \text{[kPa]} \dfrac{2 \text{[m]}}{2t}$
$\therefore t = \dfrac{1}{100} \text{[m]} = 10 \text{[mm]}$

15 양단이 고정 단인 주철 재질의 원주가 있다. 이 기둥의 임계응력을 오일러식에 의해 계산한 결과 $0.0247E$로 얻어졌다면 이 기둥의 길이는 원주 직경의 몇 배인가?(단, E는 재료의 세로탄성계수이다)

① 12 ② 10
③ 0.05 ④ 0.001

해설

$\lambda = \dfrac{l}{K} = \pi\sqrt{\dfrac{nE}{\sigma_{cr}}}$ 에서

$n=4$, $\sigma_{cr}=0.0247E$ 이므로

$l = K\pi\sqrt{\dfrac{4E}{0.0247E}} = \dfrac{d}{4}\times\pi\times 12.73 = 9.99d \fallingdotseq 10d$

16 높이가 L이고, 저면의 지름이 D, 단위체적당 중량 γ의 그림과 같은 원추형의 재료가 자중에 의해 변형될 때 저장된 변형에너지값은?(단, 세로탄성계수는 E이다)

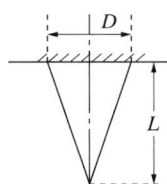

① $\dfrac{\pi\gamma D^2 L^3}{24E}$ ② $\dfrac{(\pi\gamma^2\pi^2 D^3)^2}{72E}$

③ $\dfrac{\pi\gamma DL^2}{96E}$ ④ $\dfrac{\gamma^2\pi D^2 L^3}{360E}$

해설

미소 원뿔의 처짐량에 의한 탄성변형에너지는 $U_{dx} = \dfrac{W_x^2 dx}{2EA}$ 이다.

$A:A_x = L:x$, $W_x = \dfrac{\gamma A_x x}{3} = \dfrac{1}{3}\dfrac{\gamma A}{L}x^2$

$U_x = \dfrac{W_x^2 dx}{2EA} = \dfrac{1}{2EA}\left(\dfrac{1}{3}\dfrac{\gamma A}{L}x^2\right)^2 dx$

$U = \dfrac{\gamma^2 A^2}{2EA}\dfrac{1}{9L^2}\int_0^L x^4 dx = \dfrac{\gamma^2 A}{18EL^2}\left[\dfrac{L^5}{5}\right]$

$= \dfrac{\gamma^2 L^3}{90E}A = \dfrac{\gamma^2 L^3}{90E}\times\dfrac{\pi D^2}{4}$

$= \dfrac{\gamma^2 \pi D^2 L^3}{360E}$

17 다음 그림과 같은 단면의 축이 전달할 토크가 동일하다면 각 축의 재료 선정에 있어서 허용전단응력의 비 τ_A/τ_B의 값은 얼마인가?

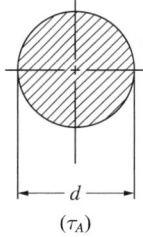 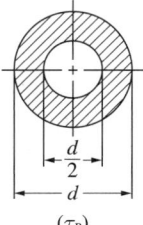

(τ_A) (τ_B)

① $\dfrac{15}{16}$ ② $\dfrac{9}{16}$

③ $\dfrac{16}{15}$ ④ $\dfrac{16}{9}$

해설

$T_A = Z_p\tau = \dfrac{I_p}{e}\tau = \dfrac{\pi d^3}{16}\tau$

$T_B = Z_p\tau = \dfrac{I_p}{e}\tau = \dfrac{\dfrac{\pi(d^4-d_1^4)}{32}}{\dfrac{d}{2}}\tau$

$= \dfrac{\pi\left(d^4-\left(\dfrac{d}{2}\right)^4\right)}{16}\tau = \dfrac{\pi d^4}{16}\tau\left(1-\dfrac{1}{16}\right) = \dfrac{\pi d^4}{16}\tau\left(\dfrac{15}{16}\right)$

18 단면 지름이 3[cm]인 환봉이 25[kN]의 전단하중을 받아서 0.00075[rad]의 전단변형률을 발생시켰다. 이때 재료의 세로탄성계수는 약 몇 [GPa]인가? (단, 이 재료의 푸아송비는 0.3이다)

① 75.5 ② 94.4
③ 122.6 ④ 157.2

해설

$\tau = G\gamma$

$G = \dfrac{\tau}{\gamma} = \dfrac{25[\mathrm{kN}]/\dfrac{\pi\times(3[\mathrm{cm}])^2}{4}}{0.00075} = 4,715.702[\mathrm{kN/cm^2}]$

$\fallingdotseq 47.16[\mathrm{GPa}]$

$G = \dfrac{E}{2(1+\nu)}$

$E = 2(1+\nu)G = 2(1+0.3)\times 47.16[\mathrm{GPa}] = 122.6[\mathrm{GPa}]$

정답 15 ② 16 ④ 17 ① 18 ③

19 원형 단면의 단순보가 다음 그림과 같이 등분포하중 $w = 10[\text{N/m}]$를 받고, 허용응력이 800[Pa]일 때 단면의 지름은 최소 몇 [mm]가 되어야 하는가?

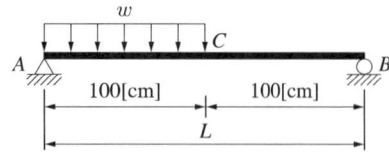

① 330
② 430
③ 550
④ 650

해설

최대 전단력이 작용하는 점에서의 필요한 단면 지름을 계산한다. 분포하중을 집중하중으로 변환하면 작용점이 A에서 50[cm] 떨어진 곳에 작용하고, 다른 외력이 없으므로
$R_A : R_B = 150 : 50 = 3 : 1$, $R_A + R_B = 10[\text{N}]$
$\therefore R_A = 7.5[\text{N}]$, $R_B = 2.5[\text{N}]$

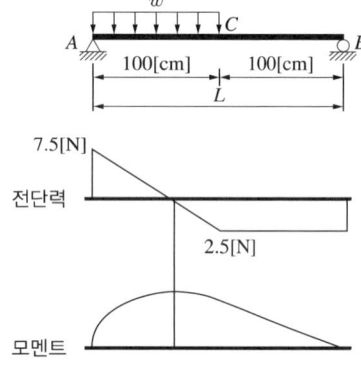

$\sigma_a = \dfrac{M_{\max}}{Z}$

$M_{\max} = 7.5[\text{N}] \times 0.75[\text{m}] - 10[\text{N/m}] \times 0.75[\text{m}] \times 0.375[\text{m}]$
$\qquad = 2.8125[\text{N} \cdot \text{m}]$

$800[\text{N/m}^2] = \dfrac{2.8125[\text{N} \cdot \text{m}]}{\dfrac{\pi d^3}{32}}$

$d^3 = \dfrac{32 \times 2.8125}{800\pi}[\text{m}] = 0.03581[\text{m}]$
$d = 0.3296[\text{m}] = 329.6[\text{mm}]$

20 다음 그림과 같이 지름 d인 강철봉이 안지름 d, 바깥지름 D인 동관에 끼워져서 두 강체 평판 사이에서 압축되고 있다. 강철봉 및 동관에 생기는 응력을 각각 σ_s, σ_c라고 하면 응력의 비(σ_s/σ_c)의 값은?(단, 강철(E_s) 및 동(E_c)의 탄성계수는 각각 $E_s = 200[\text{GPa}]$, $E_c = 120[\text{GPa}]$이다)

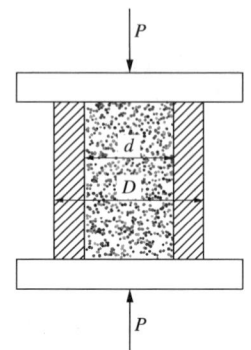

① $\dfrac{3}{5}$
② $\dfrac{4}{5}$
③ $\dfrac{5}{4}$
④ $\dfrac{5}{3}$

해설

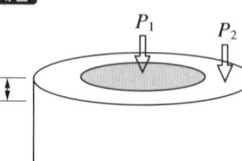

힘 P는 각 부재별로 나누어 작용하여 각각 P_1, P_2로 작용하며 각각의 힘에 의한 수축량은 δ로 같다. 식으로 나타내면,
$P = P_1 + P_2$이며
$\delta = \dfrac{P_1 l}{E_s A_1} = \dfrac{P_2 l}{E_c A_2}$ 이다.

$\dfrac{\sigma_s}{E_s} = \dfrac{\sigma_c}{E_c}$

$\therefore \dfrac{\sigma_s}{\sigma_c} = \dfrac{E_s}{E_c} = \dfrac{200[\text{GPa}]}{120[\text{GPa}]} = \dfrac{5}{3}$

제2과목 기계열역학

21 비가역 단열 변화에 있어서 엔트로피 변화량은 어떻게 되는가?

① 증가한다.
② 감소한다.
③ 변화량은 없다.
④ 증가할 수도 감소할 수도 있다.

[해설]
열역학 제2법칙에 의해 비가역 변화에서 엔트로피는 증가한다.

22 다음 그림과 같이 A, B 두 종류의 기체가 한 용기 안에서 박막으로 분리되어 있다. A의 체적은 0.1[m³], 질량은 2[kg]이고, B의 체적은 0.4[m³], 밀도는 1[kg/m³]이다. 박막이 파열되고 난 후 평형에 도달하였을 때 기체 혼합물의 밀도[kg/m³]는 얼마인가?

A	B

① 4.8
② 6.0
③ 7.2
④ 8.4

[해설]
밀도 = $\dfrac{질량}{부피}$ = $\dfrac{(2[kg] + 0.4[m^3] \times [kg/m^3])}{(0.1 + 0.4)[m^3]}$ = 4.8[kg/m³]

23 엔트로피(s) 변화 등과 같은 직접 측정할 수 없는 양들을 압력(P), 비체적(v), 온도(T)와 같은 측정 가능한 상태량으로 나타내는 Maxwell 관계식과 관련하여 다음 중 틀린 것은?

① $\left(\dfrac{\partial T}{\partial P}\right)_s = \left(\dfrac{\partial v}{\partial s}\right)_P$

② $\left(\dfrac{\partial T}{\partial v}\right)_s = -\left(\dfrac{\partial P}{\partial s}\right)_v$

③ $\left(\dfrac{\partial v}{\partial T}\right)_P = -\left(\dfrac{\partial s}{\partial P}\right)_T$

④ $\left(\dfrac{\partial P}{\partial v}\right)_T = \left(\dfrac{\partial s}{\partial T}\right)_v$

[해설]
맥스웰 관계식은 엔트로피(s) 변화 등과 같은 직접 측정할 수 없는 양들을 압력(P), 비체적(v), 온도(T)와 같은 측정 가능한 상태량으로 나타내는 방법이다.

$\left(\dfrac{\partial T}{\partial v}\right)_s = -\left(\dfrac{\partial P}{\partial s}\right)_v$, $\left(\dfrac{\partial P}{\partial T}\right)_v = +\left(\dfrac{\partial s}{\partial v}\right)_T$

$\left(\dfrac{\partial v}{\partial T}\right)_P = -\left(\dfrac{\partial s}{\partial P}\right)_T$, $\left(\dfrac{\partial T}{\partial P}\right)_s = +\left(\dfrac{\partial v}{\partial s}\right)_P$

다음 마름모를 이용한다.

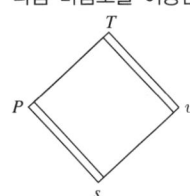

한 변으로 연결된 것의 비는 맞은편의 비와 같고, 두 변으로 연결된 것의 비는 맞은편 비의 음수와 같다. 등식 맞은편의 분모가 일정할 때 성립하는 관계로 식이 기술된다.

정답 21 ① 22 ① 23 ④

24 냉매로서 갖추어야 될 요구조건으로 적합하지 않은 것은?

① 불활성이고 안정하며 비가연성이어야 한다.
② 비체적이 커야 한다.
③ 증발온도에서 높은 잠열을 가져야 한다.
④ 열전도율이 커야 한다.

해설
냉매란 냉동사이클에서 사용되는 작동유체이며, 열을 운반해 주는 매체이다. 따라서 열을 저장·흡수·방출할 수 있어야 한다. 공기조화 및 냉동기기에 사용하므로 무독성과 낮은 폭발성, 화학적 안정성, 낮은 사용 비용 등의 조건도 필요하다. 무게당 체적이 크면 냉동기의 부피가 커지거나 주입되는 냉매의 양이 줄어들게 되므로 비체적은 작은 것이 좋다.

25 어떤 이상기체 1[kg]이 압력 100[kPa], 온도 30[℃]의 상태에서 체적 0.8[m³]을 점유한다면 기체상수[kJ/kg·K]는 얼마인가?

① 0.251
② 0.264
③ 0.275
④ 0.293

해설
$PV = mRT$
$100[\text{kPa}] \times 0.8[\text{m}^3] = 1[\text{kg}] \times R \times 303.15[\text{K}]$
$R = \dfrac{80[\text{kJ/kg}]}{303.15[\text{K}]} = 0.2639[\text{kJ/kg·K}]$

26 어떤 가스의 비내부에너지 u[kJ/kg], 온도 t[℃], 압력 P[kPa], 비체적 v[m³/kg] 사이에는 다음의 관계식이 성립한다면, 이 가스의 정압비열[kJ/kg·℃]은 얼마인가?

$$u = 0.28t + 532$$
$$Pv = 0.560(t + 380)$$

① 0.84
② 0.68
③ 0.50
④ 0.28

해설
$h = u + Pv$, $dh = C_p \Delta t$
$0.28t + 532 + 0.560(t + 380) = C_p \Delta t$
$0.84t + 912 = C_p \Delta t$
좌변은 t에 관한 함수이고, 우변은 변화율을 의미하므로 양변을 미분하면
$0.84 = C_p$

27 이상적인 가역과정에서 열량 ΔQ가 전달될 때, 온도 T가 일정하면 엔트로피 변화 ΔS를 구하는 계산식으로 옳은 것은?

① $\Delta S = 1 - \dfrac{\Delta Q}{T}$
② $\Delta S = 1 - \dfrac{T}{\Delta Q}$
③ $\Delta S = \dfrac{\Delta Q}{T}$
④ $\Delta S = \dfrac{T}{\Delta Q}$

해설
가역과정에서 $\dfrac{\delta Q_1}{T_1}$, $\dfrac{\delta Q_2}{T_2}$는 상태값이고, 경로에 상관없이 $\int_{1\to a}^{2} \dfrac{\delta Q}{T} = -\int_{2\to b}^{1} \dfrac{\delta Q}{T} = \int_{1\to b}^{2} \dfrac{\delta Q}{T}$ 라면 $\dfrac{\delta Q}{T} = ds$ 라고 할 수 있다. 이것을 엔트로피라 한다. 가역과정에서 경로에 무관하므로 양변을 적분하면 $\dfrac{\Delta Q}{T} = \Delta s$과 같다.

정답: 24 ② 25 ② 26 ① 27 ③

28 다음 중 경로함수(path function)는?

① 엔탈피 ② 엔트로피
③ 내부에너지 ④ 일

해설
점함수와 도정함수
- 상태의 변화에 따른 상태량이 중간과정에 영향을 받지 않는 경우를 점함수, 상태함수라고 한다. 점함수는 처음과 나중 상태만 알면 그 변화량을 구할 수 있다. 압력, 부피, 내부에너지, 엔탈피, 엔트로피 등 대부분의 열역학적 상태량이 이에 해당한다.
- 처음과 마지막 상태만으로 상태량을 파악할 수 없는 변화를 함수로 나타낸 것을 도정함수라 한다. 도정(道程)은 변화의 경로에 영향을 받으므로 경로함수라고도 한다. 일량과 열량은 처음과 마지막 상태만으로 그 총량을 알 수 없는 대표적인 도정함수이다.

해설

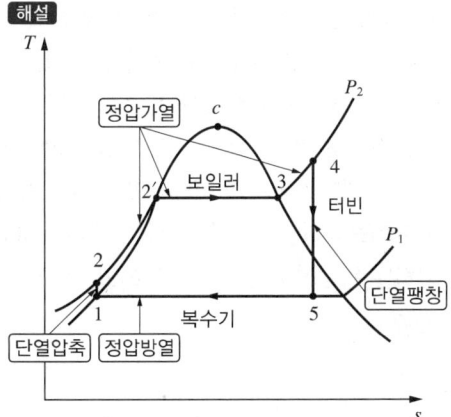

- 상태 1→2에서 펌프로 단열압축을 행하며 이때의 펌프일은
$\dot{W}_{펌프} = \dot{m}(h_2 - h_1)$ $\Delta h = \int_1^2 v dP$
- 상태 2→4에서 보일러를 통해 열이 들어오며 그 열량은
$\dot{Q}_{in} = \dot{m}(h_4 - h_2)$
- 상태 4→5에서 터빈을 통해 단열팽창하며 그 열량은
$\dot{W}_{터빈} = \dot{m}(h_4 - h_5)$

상태 2에서 5에 이르는 동안 가열되고 터빈에서 팽창하며 일을 한다. 팽창된 수증기를 냉각 압축시켜서 순환시킨다. 랭킨사이클의 효율은

$\eta_{rankine} = \dfrac{W_t}{Q_{in}}$

$= \dfrac{(810.3 - 614.2) - (58.6 - 57.4)}{810.3 - 58.6}$

$= 0.2593 \times 100[\%] ≒ 26[\%]$

(여기서, $W_t = \dot{W}_{터빈} - \dot{W}_{펌프}$)

29 랭킨사이클의 각 점에서의 엔탈피가 다음과 같을 때 사이클의 이론 열효율[%]은?

- 보일러 입구 : 58.6[kJ/kg]
- 보일러 출구 : 810.3[kJ/kg]
- 응축기 입구 : 614.2[kJ/kg]
- 응축기 출구 : 57.4[kJ/kg]

① 32 ② 30
③ 28 ④ 26

30 원형 실린더를 마찰 없는 피스톤이 덮고 있다. 피스톤에 비선형 스프링이 연결되고, 실린더 내의 기체가 팽창하면서 스프링이 압축된다. 스프링의 압축 길이가 X[m]일 때 피스톤에는 $kX^{1.5}$[N]의 힘이 걸린다. 스프링의 압축 길이가 0[m]에서 0.1[m]로 변하는 동안에 피스톤이 하는 일이 W_a이고, 0.1[m]에서 0.2[m]로 변하는 동안에 하는 일이 W_b라면 W_a/W_b는 얼마인가?

① 0.083　　② 0.158
③ 0.214　　④ 0.333

해설
일 = 힘 × 거리이고, 비선형 스프링이 연결되어 있으므로
$$W_{12} = \int_1^2 FdX, \ F = kX^{1.5}$$
$$W_{12} = \int_1^2 kX^{1.5}dX$$
$$W_a = \int_0^1 kX^{1.5}dX = \frac{k}{2.5}[X^{2.5}]_0^1 = 0.4k$$
$$W_b = \int_1^2 kX^{1.5}dX = \frac{k}{2.5}[X^{2.5}]_1^2 = \frac{k}{2.5}[5.6569-1] = 1.8627k$$
$$\therefore W_a/W_b = 0.4k/1.8627k = 0.2147$$

31 내부에너지가 30[kJ]인 물체에 열을 가하여 내부에너지가 50[kJ]이 되는 동안에 외부에 대하여 10[kJ]의 일을 하였다. 이 물체에 가해진 열량[kJ]은?

① 10　　② 20
③ 30　　④ 60

해설
원래 내부에 30[kJ] 있던 시스템이 10[kJ]을 내보내고 나서 50[kJ]이 되었다. 이 시스템은 30[kJ]이 추가된 것이다.

32 풍선에 공기 2[kg]이 들어 있다. 일정 압력 500[kPa]하에서 가열 팽창하여 체적이 1.2배가 되었다. 공기의 초기 온도가 20[℃]일 때 최종 온도[℃]는 얼마인가?

① 32.4　　② 53.7
③ 78.6　　④ 92.3

해설
정압과정이므로
$$PV_1 = mRT_1, \ PV_2 = mRT_2, \ \frac{T_1}{V_1} = \frac{T_2}{V_2}, \ \frac{V_2}{V_1} = \frac{T_2}{T_1},$$
$$1.2 = \frac{T_2}{293.15[K]}$$
$$\therefore T_2 = 351.78[K] = 78.63[℃]$$

33 처음 압력이 500[kPa]이고, 체적이 2[m³]인 기체가 'PV=일정'인 과정으로 압력이 100[kPa]까지 팽창할 때 밀폐계가 하는 일[kJ]을 나타내는 계산식으로 옳은 것은?

① $1,000\ln\frac{2}{5}$　　② $1,000\ln\frac{5}{2}$
③ $1,000\ln 5$　　④ $1,000\ln\frac{1}{5}$

해설
가역등온과정
$$PV = P_1V_1 = P_2V_2$$
$$W_{12} = \int_1^2 PdV = \int_1^2 \frac{P_1V_1}{V}dv = P_1V_1\int_1^2 \frac{dv}{V}$$
$$= P_1V_1\ln\left(\frac{V_2}{V_1}\right) = P_1V_1\ln\left(\frac{P_1}{P_2}\right)$$
$$= 500[kPa] \times 2[m^3] \times \ln\left(\frac{500[kPa]}{100[kPa]}\right)$$
$$= 1,000\ln 5[kJ] = 1,609.44[kJ]$$

34 자동차 엔진을 수리한 후 실린더 블록과 헤드 사이에 수리 전과 비교하여 더 두꺼운 개스킷을 넣었다면 압축비와 열효율은 어떻게 되겠는가?

① 압축비는 감소하고, 열효율도 감소한다.
② 압축비는 감소하고, 열효율은 증가한다.
③ 압축비는 증가하고, 열효율은 감소한다.
④ 압축비는 증가하고, 열효율도 증가한다.

해설
실린더 블록과 헤드 사이를 밀봉하는 개스킷이 두꺼워졌다면 폭발이 행해지는 압축 공간, 극간의 체적이 다소 커졌을 것이므로 압축비는 감소한다. 압축비가 높을수록 열효율은 높아진다. 개스킷이 두꺼워지면 압축비가 감소하므로 열효율도 감소한다.

35 고온 열원의 온도가 700[℃]이고, 저온 열원의 온도가 50[℃]인 카르노 열기관의 열효율[%]은?

① 33.4   ② 50.1
③ 66.8   ④ 78.9

해설
$$\eta_{carnot} = 1 - \frac{T_2}{T_1}$$
$$= 1 - \frac{323.15[K]}{973.15[K]}$$
$$= 0.6679 \times 100[\%]$$
$$\approx 66.8[\%]$$

36 밀폐계에서 기체의 압력이 100[kPa]으로 일정하게 유지되면서 체적이 1[m³]에서 2[m³]으로 증가되었을 때 옳은 설명은?

① 밀폐계의 에너지 변화는 없다.
② 외부로 행한 일은 100[kJ]이다.
③ 기체가 이상기체라면 온도가 일정하다.
④ 기체가 받은 열은 100[kJ]이다.

해설
$$\int_1^2 \delta W = W_{12} = \int_1^2 P dV = 100[kPa] \times (2-1)[m^3]$$
$$= 100[kJ]$$
①, ③, ④는 문제에서 제시된 조건으로는 알 수 없다.

37 최고 온도 1,300[K]와 최저 온도 300[K] 사이에서 작동하는 공기표준 brayton 사이클의 열효율[%]은?(단, 압력비는 9, 공기의 비열비는 1.4이다)

① 30.4   ② 36.5
③ 42.1   ④ 46.6

해설
$$\eta_{brayton} = \frac{w_{out}}{q_{in}} = 1 - \frac{(T_4 - T_1)}{(T_3 - T_2)} = 1 - \frac{T_1}{T_2} = 1 - \frac{T_4}{T_3}$$
$$= 1 - \left(\frac{1}{\varepsilon}\right)^{\frac{\kappa-1}{\kappa}}$$
문제의 조건에서
$$1 - \left(\frac{1}{\varepsilon}\right)^{\frac{\kappa-1}{\kappa}} = 1 - \left(\frac{1}{9}\right)^{\frac{0.4}{1.4}}$$
$$= 0.4662 \times 100[\%]$$
$$\approx 46.6[\%]$$

정답 34 ① 35 ③ 36 ② 37 ④

38 랭킨사이클에서 25[℃], 0.01[MPa] 압력의 물 1[kg]을 5[MPa] 압력의 보일러로 공급한다. 이때 펌프가 가역단열과정으로 작용한다고 가정할 경우 펌프가 한 일[kJ]은?(단, 물의 비체적은 0.001[m³/kg]이다)

① 2.58
② 4.99
③ 20.12
④ 40.24

해설
상태 1→2에서 펌프로 단열압축을 행하며, 이때의 펌프일은
$\dot{W}_{펌프} = \dot{m}(h_2 - h_1) = m\Delta h$
$\Delta h = \int_1^2 v dP$
$= 0.001[\text{m}^3/\text{kg}] \times (5[\text{MPa}] - 0.01[\text{MPa}]) = 4.99[\text{kJ/kg}]$
$\dot{W}_{펌프} = \dot{m}(h_2 - h_1) = 1[\text{kg}] \times 4.99[\text{kJ/kg}] = 4.99[\text{kJ}]$

39 성능계수가 3.2인 냉동기가 시간당 20[MJ]의 열을 흡수한다면 이 냉동기의 소비동력[kW]은?

① 2.25
② 1.74
③ 2.85
④ 1.45

해설
냉동기는 열을 흡수하는 작업이 주된 일이므로 증기압축 냉동사이클 성능계수는
$\eta = \dfrac{Q_{in}}{W_{out}}$
$3.2 = \dfrac{20[\text{MJ}]/3,600[\text{s}]}{W_{out}}$
∴ $W_{out} = 1.736[\text{kW}]$
(여기서, $W_{out} = h_3 - h_2$, $Q_{in} = h_2 - h_1$)

40 이상적인 디젤기관의 압축비가 16일 때 압축 전의 공기온도가 90[℃]라면 압축 후의 공기온도[℃]는 얼마인가?(단, 공기의 비열비는 1.4이다)

① 1,101.9
② 718.7
③ 808.2
④ 827.4

해설
$T_2 = T_1 \varepsilon^{\kappa - 1}$
$= 363.15[\text{K}] \times (16)^{1.4-1}$
$= 1,100.86[\text{K}]$
$= 827.71[℃]$

※ 디젤사이클의 주요 관계식
- 유효일 $W = mC_v[\kappa(T_3 - T_2) - (T_4 - T_1)]$
- 압축비 $\varepsilon = \dfrac{V_1(=V_4)}{V_2}$
- 단절비(cut-off ratio) : $\xi = \dfrac{V_3}{V_2} = \dfrac{T_3}{T_2}$
- $T_2 = T_1 \varepsilon^{\kappa - 1}$,
  $T_3 = T_4 \left(\dfrac{V_4}{V_3}\right)^{\kappa - 1} = T_4 \left(\dfrac{V_1}{V_2}\dfrac{V_2}{V_3}\right)^{\kappa - 1} = T_4 \left(\dfrac{\varepsilon}{\xi}\right)^{\kappa - 1}$
- $\eta_{thd} = \dfrac{q_{in} - q_{out}}{q_{in}} = 1 - \dfrac{C_v \Delta T_{out}}{\kappa C_v \Delta T_{in}}$
  $= 1 - \dfrac{T_4 - T_1}{\kappa(T_3 - T_2)} = 1 - \left(\dfrac{1}{\varepsilon}\right)^{\kappa - 1} \left[\dfrac{\xi^\kappa - 1}{\kappa(\xi - 1)}\right]$

제3과목 기계유체역학

41 효율 80[%]인 펌프를 이용하여 저수지에서 유량 0.05[m³/s]으로 물을 5[m] 위에 있는 논으로 올리기 위하여 효율 95[%]의 전기모터를 사용한다. 전기모터의 최소 동력은 몇 [kW]인가?

① 2.45 ② 2.91
③ 3.06 ④ 3.22

해설
필요한 위치에너지
$E_h = \gamma Q h = 9,806[\text{N/m}^3] \times 0.05[\text{m}^3/\text{s}] \times 5[\text{m}]$
$= 2,451.5[\text{N} \cdot \text{m/s}]$
펌프효율 80[%]이므로 펌프에 필요한 일 W_p는
$0.8 W_p = 2,451.5[\text{J/s}]$
$W_p = 3,064.4[\text{W}]$
모터의 효율이 95[%]이므로 모터에 필요한 동력 P는
$0.95 P = 3,064.4[\text{W}]$
$P = 3,225.66[\text{W}] = 3.22[\text{kW}]$

42 다음 그림에서 입구 A에서 공기의 압력은 3×10^5[Pa], 온도 20[℃], 속도 5[m/s]이다. 그리고 출구 B에서 공기의 압력은 2×10^5[Pa], 온도 20[℃]이면 출구 B에서의 속도는 몇 [m/s]인가?(단, 압력값은 모두 절대압력이며, 공기는 이상기체로 가정한다)

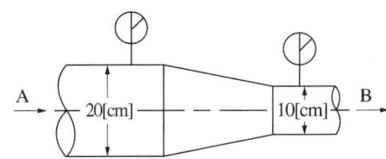

① 10 ② 25
③ 30 ④ 36

해설
문제의 조건을 이용하여 열역학적 관계식을 이용하면 쉽게 풀 수 있다. 이상기체는 $PV = RT$의 관계를 갖는데, 입구와 출구의 온도가 같으므로 $P_1 V_1 = P_2 V_2$의 관계가 형성된다.
$V_2 = \dfrac{P_1 V_1}{P_2}$, $\rho A_2 v_2 = \dfrac{3 \times 10^5 [\text{Pa}] \times \rho A_1 v_1}{2 \times 10^5 [\text{Pa}]}$
$v_2 = \dfrac{3}{2} \dfrac{A_1}{A_2} \times 5[\text{m/s}] = 7.5 \times \left(\dfrac{2}{1}\right)^2 [\text{m/s}] = 30[\text{m/s}]$
(여기서, V : 체적, A : 단면적, v : 속도)

43 세 변의 길이가 a, $2a$, $3a$인 작은 직육면체가 점도 μ인 유체 속에서 매우 느린 속도 V로 움직일 때, 항력 F는 $F = F(a, \mu, V)$로 가정할 수 있다. 차원 해석을 통하여 얻을 수 있는 F에 대한 표현식으로 옳은 것은?

① $\dfrac{F}{\mu V a} = $ 상수 ② $\dfrac{F}{\mu V^2 a} = $ 상수
③ $\dfrac{F}{\mu^2 V} = f\left(\dfrac{V}{a}\right)$ ④ $\dfrac{F}{\mu V a} = f\left(\dfrac{a}{\mu V}\right)$

해설
항력 F의 차원에 대한 문제로, FLT계를 이용한다.
$F = F$, $\mu = FL^{-2}T$, $V = LT^{-1}$, $a = L$
① $\mu V a = FL^{-2}T \times LT^{-1} \times L = F$
② $\mu V^2 a = FL^{-2}T \times L^2 T^{-2} \times L = FLT^{-1}$
③ $\dfrac{F}{\mu^2 V} = f\left(\dfrac{V}{a}\right)$, $\dfrac{F}{F^2 L^{-4} T^2 \times LT^{-1}} \neq f\left(\dfrac{LT^{-1}}{L}\right)$
④ $\dfrac{F}{\mu V a} = f\left(\dfrac{a}{\mu V}\right)$,
$\dfrac{F}{FL^{-2}T \times LT^{-1} \times L} \neq f\left(\dfrac{L}{FL^{-2}T \times LT^{-1}}\right)$

44 온도 증가에 따른 일반적인 점성계수 변화에 대한 설명으로 옳은 것은?

① 액체와 기체 모두 증가한다.
② 액체와 기체 모두 감소한다.
③ 액체는 증가하고, 기체는 감소한다.
④ 액체는 감소하고, 기체는 증가한다.

해설
유체에서 점성은 마찰과 저항을 유발하는 요소이다. 온도가 올라가면 분자의 활동성이 올라가기 때문에 유체는 전단력에 대해 분리가 쉽게 되지만, 기체는 분자의 활동성이 올라가면 더 많은 공간을 차지하게 되어 전단력 작용 시 저항이 커지는 현상이 발생한다. 따라서 온도가 올라가면 유체 중 액체는 점성이 줄어들고, 기체는 점성이 올라간다.

정답 41 ④ 42 ③ 43 ① 44 ④

45 다음 그림과 같이 지름 D와 깊이 H의 원통 용기 내에 액체가 가득 차 있다. 수평 방향으로의 등가속도(가속도 $= a$) 운동을 하여 내부 물의 35[%]가 흘러 넘쳤다면 가속도 a와 중력 가속도 g의 관계로 옳은 것은?(단, $D = 1.2H$이다)

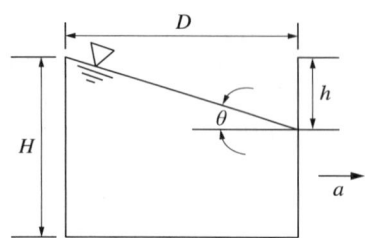

① $a = 0.58g$ ② $a = 0.85g$
③ $a = 1.35g$ ④ $a = 1.42g$

해설
체적과 단면비가 같으므로
$\dfrac{hD/2}{HD} = 0.35, \; h = 0.7H$
$\tan\theta = \dfrac{h}{D} = \dfrac{0.7H}{D} = \dfrac{0.7H}{1.2H} = 0.5833$

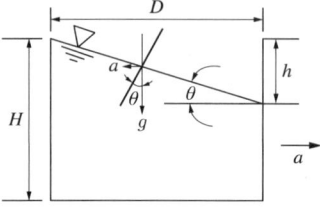

$\tan\theta = \dfrac{a}{g} = 0.5833$
$\therefore \; a = 0.5833g$

46 다음 U자관 압력계에서 A와 B의 압력차는 몇 [kPa]인가?(단, $H_1 = 250$[mm], $H_2 = 200$[mm], $H_3 = 600$[mm]이고, 수은의 비중은 13.6이다)

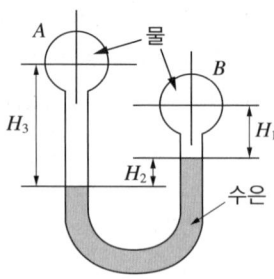

① 3.50   ② 23.2
③ 35.0   ④ 232

해설

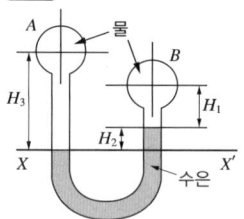

$\overline{xx'}$ 선을 기준으로 압력 평형이 이루어진다.
$P_A + \gamma_{water} H_3 = \gamma_{Hg} H_2 + P_B + \gamma_{water} H_1$
$P_A - P_B = \gamma_{Hg} H_2 + \gamma_{water}(H_1 - H_3)$
$\qquad = 13.6 \times 9,806[\text{N/m}^3] \times 0.2[\text{m}] + 9,806[\text{N/m}^3]$
$\qquad \quad \times (-0.35[\text{m}])$
$\qquad = 23,240.22[\text{N/m}^2] = 23.2[\text{kPa}]$

47 물($\mu = 1.519 \times 10^{-3}$[kg/m·s])이 직경 0.3[cm], 길이 9[m]인 수평 파이프 내부를 평균속도 0.9[m/s]로 흐를 때, 어떤 유동이 되는가?

① 난류유동   ② 층류유동
③ 등류유동   ④ 천이유동

해설
$Re = \dfrac{\rho v D}{\mu}$
$\quad = \dfrac{1,000[\text{kg/m}^3] \times 0.9[\text{m/s}] \times 0.003[\text{m}]}{1.519 \times 10^{-3}[\text{kg/m·s}]} = \dfrac{2,700}{1.519}$
$\quad = 1,777.49$
$Re \leq 2,320$이면 층류유동이다.

48 정상 2차원 퍼텐셜 유동의 속도장이 $u=-6y$, $v=-4x$일 때 이 유동의 유동함수가 될 수 있는 것은?(단, C는 상수이다)

① $-2x^2-3y^2+C$
② $2x^2-3y^2+C$
③ $-2x^2+3y^2+C$
④ $2x^2+3y^2+C$

해설

$u=\dfrac{\partial\psi}{\partial y}$, $v=-\dfrac{\partial\psi}{\partial x}$

$\partial\psi=u\,\partial y=-6y\partial y$, $\psi=-3y^2+c_1$
$\partial\psi=-v\,\partial x=-(-4x\,\partial x)$ $\psi=2x^2+c_2$

49 2차원 직각좌표계 (x, y)에서 속도장이 다음과 같은 유동이 있다. 유동장 내의 점 (L, L)에서 유속의 크기는?(단, $\vec{i}$, $\vec{j}$는 각각 x, y 방향의 단위벡터를 나타낸다)

$$\vec{V}(x,y)=\dfrac{U}{L}(-x\vec{i}+y\vec{j})$$

① 0
② U
③ $2U$
④ $\sqrt{2}\,U$

해설

$u=-\dfrac{U}{L}x$, $v=\dfrac{U}{L}y$이므로

$|\vec{V}(L,L)|=\sqrt{u^2+v^2}=\sqrt{\left(\dfrac{U}{L}L\right)^2+\left(\dfrac{U}{L}L\right)^2}$
$\qquad\qquad=\sqrt{2U^2}=\sqrt{2}\,U$

50 표준공기 중에서 속도 V로 낙하하는 구형의 작은 빗방울이 받는 항력은 $F_D=3\pi\mu VD$로 표시할 수 있다. 여기에서 μ는 공기의 점성계수이며, D는 빗방울의 지름이다. 정지 상태에서 빗방울 입자가 떨어지기 시작했다고 가정할 때, 이 빗방울의 최대 속도(종속도, terminal velocity)는 지름 D의 몇 제곱에 비례하는가?

① 3
② 2
③ 1
④ 0.5

해설

최대속도는 항력과 중력이 같게 되는 지점에 스토크스 유동속도가 측정된다.

$W=F_D$, $mg=\rho V_{volume}\,g=3\pi\mu VD$, $\dfrac{4}{3}\pi r^3\rho g=6\pi r\mu V$,

$V=\dfrac{2r^2\rho g}{3\times 3\mu}=\dfrac{2}{9}\dfrac{\rho g}{\mu}\left(\dfrac{D}{2}\right)^2$ 관계이므로

빗방울의 최대 속도는 지름의 제곱에 비례한다.

51 지름이 10[cm]인 원 관에서 유체가 층류로 흐를 수 있는 임계 레이놀즈수를 2,100으로 할 때 층류로 흐를 수 있는 최대 평균속도는 몇 [m/s]인가? (단, 흐르는 유체의 동점성계수는 1.8×10^{-6}[m²/s]이다)

① 1.89×10^{-3}
② 3.78×10^{-2}
③ 1.89
④ 3.78

해설

$Re=\dfrac{vD}{\nu}$

$2,100=\dfrac{v\times 0.1[\text{m}]}{1.8\times10^{-6}[\text{m}^2/\text{s}]}$

$v=2,100\times 1.8\times10^{-6}[\text{m}^2/\text{s}]\times\dfrac{1}{0.1[\text{m}]}=0.0378[\text{m/s}]$

정답 48 ② 49 ④ 50 ② 51 ②

52 계기압 10[kPa]의 공기로 채워진 탱크에서 지름 0.02[m]인 수평 관을 통해 출구 지름 0.01[m]인 노즐로 대기(101[kPa]) 중으로 분사된다. 공기밀도가 1.2[kg/m³]으로 일정할 때, 0.02[m]인 관 내부 계기압력은 약 몇 [kPa]인가?(단, 위치에너지는 무시한다)

① 9.4　　② 9.0
③ 8.6　　④ 8.2

해설

언급된 지점이 탱크 10[kPa], 0.02[mm] 수평관, 0.01[mm] 노즐 세 군데이고 모두 연결되어 있으므로 베르누이 정리를 이용한다.

$$\frac{P_1}{\gamma}+\frac{v_1^2}{2g}+Z_1=\frac{P_2}{\gamma}+\frac{v_2^2}{2g}+Z_2=\frac{P_3}{\gamma}+\frac{v_3^2}{2g}+Z_3$$

문제의 조건에 따라

$$P_{1gage}=P_{2gage}+\frac{\rho v_2^2}{2}=\frac{\rho v_3^2}{2}$$

($\because Z_1=Z_2=Z_3,\ v_1=0,\ P_3=$대기압, $\gamma=\rho g$)

$P_{1gage}=\frac{\rho v_3^2}{2}$에서

$v_3=\sqrt{\frac{2P_{1gage}}{\rho}}=\sqrt{\frac{2\times 10,000[\mathrm{kg\cdot m/s^2\cdot/m^2}]}{1.2[\mathrm{kg/m^3}]}}$

$=129.09[\mathrm{m/s}]$

그러나 속도성분의 관계를 알 수 있는 식은

$Q=A_2v_2=A_3v_3$

$v_2=\frac{A_3}{A_2}v_3=\frac{D_3^2}{D_2^2}v_3=\left(\frac{1}{2}\right)^2 129.09[\mathrm{m/s}]=32.27[\mathrm{m/s}]$

$P_{1gage}=P_{2gage}+\frac{\rho v_2^2}{2}$

$P_{2gage}=P_{1gage}-\frac{\rho v_2^2}{2}$

$=10,000[\mathrm{Pa}]-\frac{1.2[\mathrm{kg/m^3}]\times(32.27[\mathrm{m/s}])^2}{2}$

$=9,375[\mathrm{Pa}]=9.4[\mathrm{kPa}]$

53 피토 정압관을 이용하여 흐르는 물의 속도를 측정하려고 한다. 액주계에는 비중 13.6인 수은이 들어 있고, 액주계에서 수은의 높이 차이가 20[cm]일 때 흐르는 물의 속도는 몇 [m/s]인가?(단, 피토 정압관의 보정계수는 $C=0.96$이다)

① 6.75　　② 6.87
③ 7.54　　④ 7.84

해설

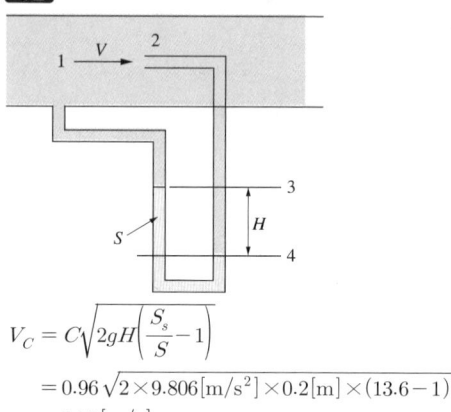

$V_C=C\sqrt{2gH\left(\frac{S_s}{S}-1\right)}$

$=0.96\sqrt{2\times 9.806[\mathrm{m/s^2}]\times 0.2[\mathrm{m}]\times(13.6-1)}$

$=6.75[\mathrm{m/s}]$

54 점성계수 $\mu=0.98[\mathrm{N\cdot s/m^2}]$인 뉴턴유체가 수평 벽면 위를 평행하게 흐른다. 벽면($y=0$) 근방에서의 속도분포가 $u=0.5-150(0.1-y)^2$이라고 할 때 벽면에서의 전단응력은 몇 [Pa]인가?(단, y[m]는 벽면에 수직한 방향의 좌표를 나타내며, u는 벽면 근방에서의 접선속도[m/s]이다)

① 0　　② 0.306
③ 3.12　　④ 29.4

해설

$\tau=\mu\frac{du}{dy}=\mu\frac{d(0.5-150(0.1-y)^2)}{dy}$

$=0.98[\mathrm{N\cdot s/m^2}]\times(150\times 2(0.1-y))[/\mathrm{s}]=29.4[\mathrm{N/m^2}]$

55 점성·비압축성 유체가 수평 방향으로 균일속도로 흘러와서 두께가 얇은 수평 평판 위를 흘러갈 때 Blasius의 해석에 따라 평판에서의 층류 경계층의 두께에 대한 설명으로 옳은 것을 모두 고르면?

> ㄱ. 상류의 유속이 클수록 경계층의 두께가 커진다.
> ㄴ. 유체의 동점성계수가 클수록 경계층의 두께가 커진다.
> ㄷ. 평판의 상단으로부터 멀어질수록 경계층의 두께가 커진다.

① ㄱ, ㄴ　　② ㄱ, ㄷ
③ ㄴ, ㄷ　　④ ㄱ, ㄴ, ㄷ

해설

$\delta \approx 4.9\sqrt{\dfrac{vx}{u_0}} = 4.9\dfrac{x}{\sqrt{Re}}$

ㄱ. 상류의 유속 u_0가 클수록 경계층의 두께는 작아진다.
ㄴ. 동점성계수가 커지면 레이놀즈수는 작아지고, 경계층 두께는 커진다.
ㄷ. x가 커지면 δ도 커진다.

56 액체 제트가 깃(vane)에 수평 방향으로 분사되어 θ만큼 방향을 바꾸어 진행할 때 깃을 고정시키는 데 필요한 힘의 합력의 크기를 $F(\theta)$라고 한다. $\dfrac{F(\pi)}{F\left(\dfrac{\pi}{2}\right)}$는 얼마인가?(단, 중력과 마찰은 무시한다)

① $\dfrac{1}{\sqrt{2}}$　　② 1
③ $\sqrt{2}$　　④ 2

해설

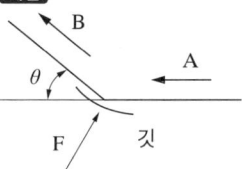

$F(\theta) = \sqrt{F_x^2 + F_y^2}$
$F_x = \rho Qv\cos\theta - \rho Qv = \rho Qv(\cos\theta - 1)$
$F_y = \rho Qv\sin\theta$
$F(\theta) = \rho Qv\sqrt{\sin^2\theta + \cos^2\theta - 2\cos\theta + 1} = \sqrt{2}\,\rho Qv\sqrt{1-\cos\theta}$
$F(\pi) = \sqrt{2}\,\rho Qv\sqrt{1-(-1)} = 2\rho Qv$
$F\left(\dfrac{\pi}{2}\right) = \sqrt{2}\,\rho Qv\sqrt{1-0} = \sqrt{2}\,\rho Qv$
$\therefore \dfrac{F(\pi)}{F\left(\dfrac{\pi}{2}\right)} = \dfrac{2\rho Qv}{\sqrt{2}\,\rho Qv} = \sqrt{2}$

57 다음 그림과 같은 수문(ABC)에서 A점은 힌지로 연결되어 있다. 수문을 그림과 같은 닫은 상태로 유지하기 위해 필요한 힘 F는 몇 [kN]인가?

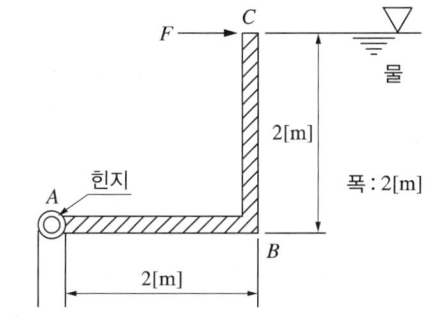

① 78.4　　② 58.8
③ 52.3　　④ 39.2

해설

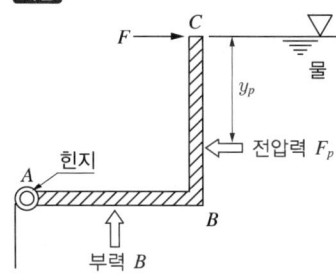

$F_p = \gamma h_c A = 9,806[\text{N/m}^3] \times 1[\text{m}] \times 4[\text{m}^2] = 39,224[\text{N}]$

$y_p = \dfrac{I_G}{\bar{y}A} + \bar{y} = \dfrac{(2[\text{m}])^4/12}{1[\text{m}] \times 4[\text{m}^2]} + 1[\text{m}] = 1.333[\text{m}]$

$B = \gamma h A = 9,806[\text{N/m}^3] \times 2[\text{m}] \times 4[\text{m}^2] = 78,448[\text{N}]$

$\sum M_A = B \times 1[\text{m}] + F_p \times 0.667[\text{m}] - F \times 2[\text{m}] = 0$

$F = \dfrac{1}{2[\text{m}]}(78,448[\text{N}] \times 1[\text{m}] + 39,224[\text{N}] \times 0.667[\text{m}])$
$= 52,305.2[\text{N}] = 52.3[\text{kN}]$

58 관 내의 부차적 손실에 관한 설명 중 틀린 것은?

① 부차적 손실에 의한 수두는 손실계수에 속도수두를 곱해서 계산한다.
② 부차적 손실은 배관요소에서 발생한다.
③ 배관의 크기 변화가 심하면 배관요소의 부차적 손실이 커진다.
④ 일반적으로 짧은 배관계에서 부차적 손실은 마찰 손실에 비해 상대적으로 작다.

해설
배관이 짧으면 마찰에 의한 손실보다는 관의 형상 등 부차적 손실이 크다.

59 공기 중을 20[m/s]로 움직이는 소형 비행선의 항력을 구하려고 $\dfrac{1}{4}$ 축척의 모형을 물속에서 실험하려고 할 때 모형의 속도는 몇 [m/s]로 해야 하는가?

구분	물	공기
밀도[kg/m³]	1,000	1
점성계수[N·s/m²]	1.8×10^{-3}	1×10^{-5}

① 4.9 ② 9.8
③ 14.4 ④ 20

해설
상사실험을 할 때는 프루드를 같게 하거나 실험조건이 다를 때는 상사조건을 이용한다.

$\left(\dfrac{\rho Vl}{\mu}\right)_p = \left(\dfrac{\rho Vl}{\mu}\right)_m$

$\left(\dfrac{1[\text{kg/m}^3] \times 20[\text{m/s}] \times l}{1 \times 10^{-5}[\text{N·s/m}^2]}\right)_p = \left(\dfrac{1,000[\text{kg/m}^3] \, V \times l/4}{1.8 \times 10^{-3}[\text{N·s/m}^2]}\right)_m$

$V = \left(\dfrac{4 \times 1.8 \times 20[\text{m/s}]}{1 \times 10}\right)_p = 14.4[\text{m/s}]$

60 지름이 8[mm]인 물방울의 내부압력(게이지 압력)은 몇 [Pa]인가?(단, 물의 표면장력은 0.075[N/m]이다)

① 0.037 ② 0.075
③ 37.5 ④ 75

해설
- 표면장력
$p_i - p_0 = \sigma\left(\dfrac{1}{R_1} + \dfrac{1}{R_2}\right)$
- 물방울
$R_1 = R_2$
$p_i = \dfrac{2\sigma}{R} + p_{atm}$
$p_{gage} = \dfrac{2\sigma}{R} = \dfrac{2 \times 0.075[\text{N/m}]}{0.004[\text{m}]} = 37.5[\text{N}]$

제4과목 기계재료 및 유압기기

61 베어링에 사용되는 구리 합금인 켈밋의 주성분은?

① Cu-Sn
② Cu-Pb
③ Cu-Al
④ Cu-Ni

해설
켈밋(kelmet) : 28~42%Pb, 2[%] 이하의 Ni 또는 Ag, 0.8[%] 이하의 Fe, 1[%] 이하의 Sn을 함유하고 있으며 고속회전용 베어링, 토목·광산기계에 사용한다.

62 알루미늄 및 그 합금의 질별기호 중 H가 의미하는 것은?

① 어닐링한 것
② 용체화처리한 것
③ 가공경화한 것
④ 제조한 그대로의 것

해설

기본 기호	정의	뜻
F[a]	제조한 그대로의 것	가공경화 또는 열처리에 대하여 특별한 조정을 하지 않는 제조 공정에서 얻어진 그대로의 것
O	어닐링한 것	전신재에 대해서는 가장 부드러운 상태를 얻도록 어닐링한 것, 주물에 대해서는 연신의 증가 또는 치수 안정화를 위하여 어닐링한 것
H[b]	가공경화한 것	적절하게, 부드럽게 하기 위한 추가 열처리의 유무에 관계없이 가공경화에 의해 강도를 증가한 것
W	용체화처리한 것	용체화 열처리 후 상온에서 자연시효하는 합금에만 적용하는 불안정한 질별
T	열처리에 의해 F, O, H 이외의 안정한 질별로 한 것	안정한 질별로 하기 위하여 추가 가공경화의 유무에 관계없이 열처리한 것

[a] 전신재에 대해서는 기계적 성질을 규정하지 않는다.
[b] 전신재에만 적용한다.

63 다음 중 용융점이 가장 낮은 것은?

① Al
② Sn
③ Ni
④ Mo

해설
각 금속의 비중과 용융점 비교

금속명	비중	용융점 [℃]	금속명	비중	용융점 [℃]
Hg(수은)	13.65	-38.9	Cu(구리)	8.93	1,083
Cs(세슘)	1.87	28.5	U(우라늄)	18.7	1,130
P(인)	2	44	Mn(망간)	7.3	1,247
K(칼륨)	0.862	63.5	Si(규소)	2.33	1,440
Na(나트륨)	0.971	97.8	Ni(니켈)	8.9	1,453
Se(셀렌)	4.8	170	Co(코발트)	8.8	1,492
Li(리튬)	0.534	186	Fe(철)	7.876	1,536
Sn(주석)	7.23	231.9	Pd(팔라듐)	11.97	1,552
Bi(비스무트)	9.8	271.3	V(바나듐)	6	1,726
Cd(카드뮴)	8.64	320.9	Ti(타이타늄)	4.35	1,727
Pb(납)	11.34	327.4	Pt(플래티늄)	21.45	1,769
Zn(아연)	7.13	419.5	Th(토륨)	11.2	1,845
Te(텔루륨)	6.24	452	Zr(지르코늄)	6.5	1,860
Sb(안티몬)	6.69	630.5	Cr(크롬)	7.1	1,920
Mg(마그네슘)	1.74	650	Nb(니오브)	8.57	1,950
Al(알루미늄)	2.7	660.1	Rh(로듐)	12.4	1,960
Ra(라듐)	5	700	Hf(하프늄)	13.3	2,230
La(란탄)	6.15	885	Ir(이리듐)	22.4	2,442
Ca(칼슘)	1.54	842	Mo(몰리브데넘)	10.2	2,610
Ge(게르마늄)	5.32	958.5	Os(오스뮴)	22.5	2,700
Ag(은)	10.5	960.5	Ta(탄탈)	16.6	3,000
Au(금)	19.29	1,063	W(텅스텐)	19.3	3,380

정답 61 ② 62 ③ 63 ②

64 표면은 단단하고 내부는 인성을 가지는 주철로 압연용 롤, 분쇄기 롤, 철도 차량 등 내마멸성이 필요한 기계 부품에 사용되는 것은?

① 회주철
② 칠드주철
③ 구상흑연주철
④ 펄라이트주철

해설
칠드주철 : 보통주철보다 규소 함유량을 적게 하고 적당량의 망간을 가한 쇳물을 주형에 주입할 때 경도가 필요한 부분에만 칠메탈(chill metal)을 사용하여 빨리 냉각시키면 그 부분의 조직만 백선화되어 단단한 칠층이 형성된다. 이를 칠드(chilled) 주철이라 한다.

65 체심입방격자(BCC)의 인접 원자 수(배위 수)는 몇 개인가?

① 6개　　② 8개
③ 10개　　④ 12개

해설
결정격자의 구조
- 면심입방격자(FCC ; Face-Centered Cubic lattice) : 단위격자 내 원자의 수가 4개이며, 배위 수는 12개인 격자구조이다.
- 체심입방격자(BCC ; Body-Centered Cubic lattice) : 입방체의 각 모서리에 1개씩의 원자와 입방체의 중심에 1개의 원자가 존재하는 매우 간단한 격자구조이다.
- 조밀육방격자(HCP ; Hexagonal Close Packed lattice) : 단위격자 수는 2개이며, 배위수는 8개인 격자구조이다.

66 탄소강이 950[℃] 전후의 고온에서 적열메짐(red brittleness)을 일으키는 원인이 되는 것은?

① Si　　② P
③ Cu　　④ S

해설
적열취성(red shortness) : 황을 많이 함유한 탄소강이 약 950[℃]에서 인성이 저하하여(적열메짐에 의해) 취성이 커지는 특성

67 금속재료의 파괴 형태를 설명한 것 중 다른 하나는?

① 외부 힘에 의해 국부 수축 없이 갑자기 발생되는 단계로 취성파단이 나타난다.
② 균열의 전파 전 또는 전파 중에 상당한 소성변형을 유발한다.
③ 인장시험 시 컵-콘(원뿔) 형태로 파괴된다.
④ 미세한 공공 형태의 딤플 형상이 나타난다.

해설
①은 취성파단에 대한 설명이고, ②, ③, ④는 소성변형 후 파괴에 대한 설명이다.

68 열경화성 수지에 해당하는 것은?

① ABS 수지
② 폴리스티렌
③ 폴리에틸렌
④ 에폭시 수지

해설

구분	열가소성	열경화성
소성	고온에서 소성이 부여된다.	열을 받으면 경화된다.
재가공성	재가공이 가능하다.	재가공이 불가능하다.
주요가공법	압출, 사출, 중공, 진공 등	압축, 인발, 와인딩, 프레스 등
종류	PE, PC, PVC 등	에폭시, 폴리아마이드, 페놀, 멜라민 수지 등

정답 64 ② 65 ② 66 ④ 67 ① 68 ④

69 Fe-Fe₃C 평형상태도에 대한 설명으로 옳은 것은?

① A_0는 철의 자기변태점이다.
② A_1 변태선을 공석선이라 한다.
③ A_2는 시멘타이트의 자기변태점이다.
④ A_3는 약 1,400[℃]이며, 탄소의 함유량이 약 4.3%C이다.

해설
① A_0는 시멘타이트의 자기변태점이다
③ A_2는 순철의 자기변태점이다.
④ A_3는 상태도에서 G점이다.

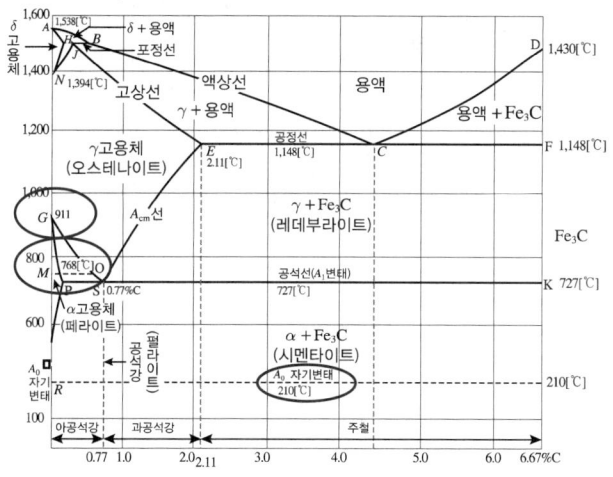

70 오스테나이트형 스테인리스강에 대한 설명으로 틀린 것은?

① 내식성이 우수하다.
② 공식을 방지하기 위해 할로겐 이온의 고농도를 피한다.
③ 자성을 띠고 있으며, 18%Co와 8%Cr을 함유한 합금이다.
④ 입계부식 방지를 위하여 고용화처리를 하거나 Nb 또는 Ti을 첨가한다.

해설
오스테나이트는 비자성이고, 오스테나이트형 스테인리스강은 18%Cr, 8%Ni 정도를 함유하고 있다. 입계부식 방지를 위해 고용화 처리를 하고, 스테인리스는 계열에 상관없이 내식성이 우수하다.

71 유압장치의 운동 부분에 사용되는 실(seal)의 일반적인 명칭은?

① 심리스(seamless)
② 개스킷(gasket)
③ 패킹(packing)
④ 필터(filter)

해설
패킹 : 단동, 복동 모두 피스톤 또는 로드에 오일의 누출을 방지하기 위한 패킹이 끼워져 있다. 패킹재는 내마모성, 내유성, 내화학성, 내식성이 있어야 하고 열화학적으로 안정되어야 한다.

72 유압회로 중 미터 인 회로에 대한 설명으로 옳은 것은?

① 유량제어밸브는 실린더에서 유압작동유의 출구측에 설치한다.
② 유량제어밸브는 탱크로 바이패스되는 관로 쪽에 설치한다.
③ 릴리프 밸브를 통하여 분기되는 유량으로 인한 동력손실이 있다.
④ 압력설정회로로 체크밸브에 의하여 양방향만의 속도가 제어된다.

해설
미터 인 회로 : 액추에이터로 들어가는 공기를 조절하여 액추에이터를 제어하는 방식이다. 액추에이터 작동 전에 제어하여 제어는 변별이 확실하나 액추에이터의 작동성이 떨어질 수 있다.

73 다음 그림과 같은 전환밸브의 포트 수와 위치에 대한 명칭으로 옳은 것은?

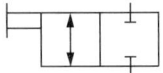

① 2/2-way 밸브 ② 2/4-way 밸브
③ 4/2-way 밸브 ④ 4/4-way 밸브

해설

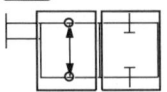

포트는 한 방당 구멍의 수, 위치(way)는 방의 수이다. 따라서 2포트 2위치 밸브이다.

74 KS 규격에 따른 유면계의 기호로 옳은 것은?

①   ②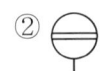

③   ④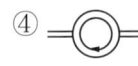

해설
① 검류기
③ 압력계
④ 회전속도계

75 유압장치의 각 구성요소에 대한 기능의 설명으로 적절하지 않은 것은?

① 오일탱크는 유압작동유의 저장기능, 유압 부품의 설치 공간을 제공한다.
② 유압제어밸브에는 압력제어밸브, 유량제어밸브, 방향제어밸브 등이 있다.
③ 유압작동체(유압구동기)는 유압장치 내에서 요구된 일을 하며 유체동력을 기계적 동력으로 바꾸는 역할을 한다.
④ 유압작동체(유압구동기)에는 고무호스, 이음쇠, 필터, 열교환기 등이 있다.

해설
유압 액추에이터의 대표적인 것은 펌프이며 유압실린더, 유압모터, 각종 작동장치 등이 있다.

76 속도제어회로의 종류가 아닌 것은?

① 미터 인 회로
② 미터 아웃 회로
③ 로킹회로
④ 블리드 오프 회로

해설
로킹회로는 유량제어회로에 해당한다. 유량제어밸브인 스톱밸브를 이용하거나 유압회로의 흐름을 멈추도록 제어할 수 있는 회로이다.

77 어큐뮬레이터 종류인 피스톤형의 특징에 대한 설명으로 적절하지 않은 것은?

① 대형도 제작이 용이하다.
② 축 유량을 크게 잡을 수 있다.
③ 형상이 간단하고 구성품이 적다.
④ 유실에 가스 침입의 염려가 없다.

해설
피스톤형 축압기 : 피스톤 실린더를 이용하여 축압한다. 가스실과 액체실을 피스톤에 의해 분리하는 간단한 구조이다. 강도가 높고 내구력이 있으나 피스톤을 작동시킬만한 크래킹 압력이 필요하여 진동이 발생할 수 있다.

78 유압펌프에서 실제 토출양과 이론 토출량의 비를 나타내는 용어는?

① 펌프의 토크효율
② 펌프의 전효율
③ 펌프의 입력효율
④ 펌프의 용적효율

해설
펌프의 효율 : 펌프 전효율 = 용적효율 × 기계효율(×압력효율)
- 용적효율 : 이론 토출량과 실제 토출량의 비율 $\left(=\dfrac{Q}{Q_0}\right)$
- 기계효율 : 펌프의 기계적 손실이 감안된 효율 $\left(=\dfrac{L_h}{L_s}\right)$
- 압력효율 : 이론상 토출압력과 실제 토출압력의 비 $\left(=\dfrac{P}{P_0}\right)$

79 난연성 작동유의 종류가 아닌 것은?

① R&O형 작동유
② 수중 유형 유화유
③ 물-글리콜형 작동유
④ 인산 에스테르형 작동유

해설
작동유의 종류 및 성분 : 작동유는 광유계와 합성유계로 구분되며 가연성과 난연성으로 구분된다. 가연성 작동유는 열 발생 우려가 낮은 곳에 사용하며, 광유에 첨가제를 넣어 가연성을 낮춘다(R&O형). 난연성 작동유는 합성계(인산에스테르, 폴리올에스트르)와 수성계(수중 유적형, 유중 수적형)로 구분한다. 유화제, 방청제, 산화방지제, 마모방지제, 부식방지제, 극압제, 마찰력 개선제, 유동점 강하제, 점도지수 향상제 등 작동유의 사용하는 곳에 따라 적절한 첨가제를 첨가하여 사용한다.

80 작동유 속의 불순물을 제거하기 위하여 사용하는 부품은?

① 패킹
② 스트레이너
③ 어큐뮬레이터
④ 유체 커플링

해설
작동유 불순물 제거를 위해 여과기, 스트레이너 및 탱크 내 침전설비를 이용한다.

제5과목 기계제작법 및 기계동력학

81 등가속도 운동에 관한 설명으로 옳은 것은?

① 속도는 시간에 대하여 선형적으로 증가하거나 감소한다.
② 변위는 시간에 대하여 선형적으로 증가하거나 감소한다.
③ 속도는 시간의 제곱에 비례하여 증가하거나 감소한다.
④ 변위는 속도의 세제곱에 비례하여 증가하거나 감소한다.

해설
$s = v_0 t + \frac{1}{2}at^2, \quad v^2 - v_0^2 = 2a\Delta s, \quad v = v_0 + at$
②, ④ 변위는 시간에 대하여 2차 함수 형태를 취한다.
③ 속도는 시간에 비례하여 증가하거나 감소한다.

82 다음 그림과 같이 원판에서 원주에 있는 점 A의 속도가 12[m/s]일 때 원판의 각속도는 약 몇 [rad/s]인가?(단, 원판의 반지름 r은 0.3[m]이다)

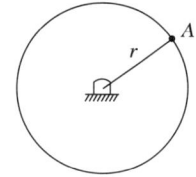

① 10   ② 20
③ 30   ④ 40

해설
$v = r\omega$
$12[\text{m/s}] = 0.3[\text{m}] \times \omega$
$\therefore \omega = 40[\text{rad/s}]$

83 같은 길이의 두 줄에 질량 20[kg]의 물체가 매달려 있다. 이 중 하나의 줄을 자르는 순간의 남는 줄의 장력은 약 몇 [N]인가?(단, 줄의 질량 및 강성은 무시한다)

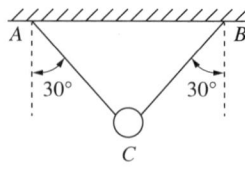

① 98   ② 170
③ 196   ④ 250

해설
그림의 위치에서 줄 하나에만 매달리면 $W_c = M_c g$에 의해 회전이 일어나는데, 줄에 작용하는 장력이 원심 방향의 힘이 된다.
$W_c = M_c g$의 접선 방향
$F_{접선력} = W_c \sin 30° = M_c g \sin 30°$
$F_{법선력} = T = W_c \cos 30° = M_c g \cos 30°$
$= 20[\text{kg}] \times 9.806[\text{m/s}^2] \times \frac{\sqrt{3}}{2} = 169.84[\text{N}]$

84 다음 단순조화운동식에서 진폭을 나타내는 것은?

$$x = A\sin(\omega t + \phi)$$

① A ② ωt
③ $\omega t + \phi$ ④ $A\sin(\omega t + \phi)$

해설
$x(t) = A\cos(\omega t + \phi)$ (여기서, ω : 진동수, A : 진폭)

정답 81 ① 82 ④ 83 ② 84 ①

85 균질한 원통(cylinder)이 다음 그림과 같이 물에 떠 있다. 평형 상태에 있을 때 손으로 눌렀다가 놓아 주면 상하진동을 하게 되는데, 이때 진동주기(τ)에 대한 식으로 옳은 것은?(단, 원통 질량은 m, 원통 단면적은 A, 물의 밀도는 p이고, g는 중력 가속도이다)

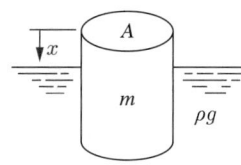

① $\tau = 2\pi \sqrt{\dfrac{\rho g}{mA}}$

② $\tau = 2\pi \sqrt{\dfrac{mA}{\rho g}}$

③ $\tau = 2\pi \sqrt{\dfrac{m}{\rho g A}}$

④ $\tau = 2\pi \sqrt{\dfrac{\rho g A}{m}}$

해설

$m\ddot{x} + kx = 0$에서 $\omega = \sqrt{\dfrac{k}{m}}$ 이다.

이는 $\Sigma F = m\ddot{x} = mg - \rho g V = mg - \rho g (h_0 + x)A$의 관계식을 쓸 수 있다.
(여기서, h_0 : 잠긴 깊이, x : 진동변위)
$m\ddot{x} = mg - \rho g(h_0 + x)A = \rho g V_0 - \rho g h_0 A - \rho g x A$
(여기서, V_0 : 잠긴 부피($= h_0 A$))
$m\ddot{x} + \rho g A x = 0$
$\omega = \sqrt{\dfrac{\rho g A}{m}}$
$\therefore \tau = 2\pi \sqrt{\dfrac{m}{\rho g A}}$

86 질량 30[kg]의 물체를 담은 두레박 B가 레일을 따라 이동하는 크레인 A에 6[m] 길이의 줄에 의해 수직으로 매달려 이동하고 있다. 일정한 속도로 이동하던 크레인이 갑자기 정지하자 두레박 B가 수평으로 3[m]까지 흔들렸다. 크레인 A의 이동 속력은 약 몇 [m/s]인가?

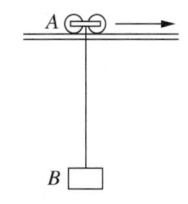

① 1
② 2
③ 3
④ 4

해설

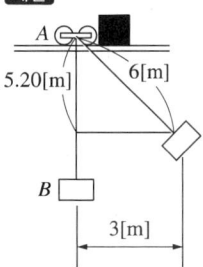

높이 없이 운동하던 B에 정지 후 부과된 위치에너지는 서로 같다.
$mgh = \dfrac{1}{2}mv^2$
$v = \sqrt{2gh}$
$= \sqrt{2 \times 9.806 [\text{m/s}^2] \times 0.8 [\text{m}]}$
$= 3.96 [\text{m/s}]$

87 다음 그림과 같이 진동계에 가진력 $F(t)$가 작용할 때, 바닥으로 전달되는 힘의 최대 크기가 F_1보다 작기 위한 조건은?(단, $\omega_n = \sqrt{\dfrac{k}{m}}$ 이다)

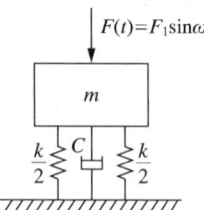

① $\dfrac{\omega}{\omega_n} < 1$ ② $\dfrac{\omega}{\omega_n} > 1$

③ $\dfrac{\omega}{\omega_n} > \sqrt{2}$ ④ $\dfrac{\omega}{\omega_n} < \sqrt{2}$

해설
진동 전달률
- 힘의 전달률 $\left|\dfrac{F_T}{F}\right| = \dfrac{\sqrt{1+[2\zeta(f/f_n)]^2}}{[1-(f/f_n)^2]^2+[2\zeta(f/f_n)]^2}$
- 진동비(f/f_n)가 $\sqrt{2}$일 때, 감쇠비에 관계없이 진동 전달률은 1이다.
- 진동비(f/f_n)가 $\sqrt{2}$보다 클 때, 진동 전달률은 1보다 작다.
- 감쇠비가 작을수록 진동 전달률이 작아진다.
- 진동비가 $\sqrt{2}$보다 클 때, 진동 전달률이 1보다 작아지는 현상을 진동절연이라 한다.

88 두 질점이 정면 중심으로 완전탄성충돌할 경우에 관한 설명으로 틀린 것은?

① 반발계수값은 1이다.
② 전체 에너지는 보존되지 않는다.
③ 두 질점의 전체 운동량이 보존된다.
④ 충돌 후 두 질점의 상대속도는 충돌 전 두 질점의 상대속도와 같은 크기이다.

해설
반발계수가 1인 초기 ΔV_0과 이후 ΔV가 같은 충돌을 완전탄성충돌이라 한다. 이 경우 운동량 외에도 역학적 에너지도 보존된다.

89 길이 1.0[m], 질량 10[kg]의 막대가 A점에 핀으로 연결되어 정지하고 있다. 1[kg]의 공이 수평속도 10[m/s]로 막대의 중심을 때릴 때, 충돌 직후 막대의 각속도는 약 몇 [rad/s]인가?(단, 공과 막대 사이에 반발계수는 0.4이다)

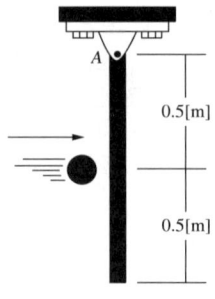

① 1.95 ② 0.86
③ 0.68 ④ 1.23

해설
$e = 0.4 = -\dfrac{\Delta V_1}{\Delta V_0} = -\dfrac{v_1' - v_2'}{v_1 - v_2} = -\dfrac{v_1' - v_2'}{10 - 0}$
$v_2' - v_1' = 4 [\text{m/s}]$
충돌 직전의 각운동량 = 충돌 직후의 각운동량이므로
$m_1 r v_1 = m_1 r v_1' + I\omega$
$1[\text{kg}] \times 0.5[\text{m}] \times 10[\text{m/s}] = 1[\text{kg}] \times 0.5[\text{m}] \times v_1' + \dfrac{1}{3}$
$\times 10[\text{kg}] \times (1[\text{m}])^2 \times \omega$
$5[\text{kg} \cdot \text{m}^2/\text{s}] = 0.5[\text{kg} \cdot \text{m}] \times v_1' + \dfrac{10}{3}[\text{kg} \cdot \text{m}^2] \times \omega$ ········ ㉠
$v_2' = 0.5\omega$이고 $v_1' = v_2' - 4$이므로, $v_1' = 0.5\omega - 4$ ········ ㉡
㉡을 ㉠에 대입하면
$5 = 0.5(0.5\omega - 4) + \dfrac{10}{3}\omega$
$\therefore \omega = 1.95 [\text{rad/s}]$

90 질량이 18[kg], 스프링 상수가 50[N/cm], 감쇠계수 0.6[N·s/cm]인 1자유도 점성감쇠계에서 진동계의 감쇠비는?

① 0.10 ② 0.20
③ 0.33 ④ 0.50

해설
$\zeta = \dfrac{c}{2\sqrt{mk}} = \dfrac{60[\text{N} \cdot \text{s/m}]}{2\sqrt{18[\text{kg}] \times 5,000[\text{N/m}]}} = 0.1$

91 와이어 컷(wire cut) 방전가공의 특징으로 틀린 것은?

① 표면거칠기가 양호하다.
② 담금질강과 초경 합금의 가공이 가능하다.
③ 복잡한 형상의 가공물을 높은 정밀도로 가공할 수 있다.
④ 가공물의 형상이 복잡함에 따라 가공속도가 변한다.

해설
와이어 컷 방전가공은 일정한 속도로 가공한다.

92 어미나사의 피치가 6[mm]인 선반에서 1인치당 4산의 나사를 가공할 때, A와 D의 기어의 잇수는 각각 얼마인가?(단, A는 주축기어의 잇수이고, D는 어미나사기어의 잇수이다)

① $A = 60$, $D = 40$
② $A = 40$, $D = 60$
③ $A = 127$, $D = 120$
④ $A = 120$, $D = 127$

해설
$\dfrac{D}{A} = \dfrac{\pi tch}{\rho} \times \dfrac{5}{127} = \dfrac{6}{1/4} \times \dfrac{5}{127} = \dfrac{120}{127}$
※ 선반에서 사용하는 기본식이다.

93 다음 중 소성가공에 속하지 않는 것은?

① 코이닝(coining)
② 스웨이징(swaging)
③ 호닝(honing)
④ 딥 드로잉(deep drawing)

해설
호닝(honing) : 막대형 숫돌 혼(hone)을 회전시켜 원통 내면을 다듬질하는 작업으로, 미세 절삭가공이다.

94 노즈 반지름이 있는 바이트로 선삭할 때 가공면의 이론적 표면거칠기를 나타내는 식은?(단, f는 이송, R은 공구의 날 끝 반지름이다)

① $\dfrac{f^2}{8R}$
② $\dfrac{f}{8R^2}$
③ $\dfrac{f}{8R}$
④ $\dfrac{f}{4R}$

해설
표면거칠기는 선삭 자국의 높이로 나타내며, 이 높이를 구하는 식은 다음과 같다.
$H = \dfrac{f^2}{8R}$

95
경화된 작은 강철 볼(ball)을 공작물 표면에 분사하여 표면을 매끈하게 하는 동시에 피로강도와 그 밖의 기계적 성질을 향상시키는 데 사용하는 가공방법은?

① 쇼트피닝 ② 액체호닝
③ 슈퍼피니싱 ④ 래핑

해설
쇼트피닝
- 경화된 철의 작은 볼(쇼트)을 공작물의 표면에 분사하여 그 표면을 매끈하게 하는 동시에 공작물의 피로강도나 기계적 성질을 향상시키는 방법이다.
- 적절한 속도로 볼을 쏘아야 하며 4기압 이상일 경우 공작물 표면 손상의 우려가 있다.
- 쇼트 각도는 직각일 경우 분사층이 가장 두꺼워진다.

96
Al을 강의 표면에 침투시켜 내스케일성을 증가시키는 금속침투방법은?

① 파커라이징(parkerizing)
② 칼로라이징(calorizing)
③ 크로마이징(chromizing)
④ 금속용사법(metal spraying)

해설
금속침투법
- 세라다이징 : 아연을 침투·확산시키는 방법이다.
- 칼로라이징 : 알루미늄 분말에 소량의 염화암모늄(NH_4Cl)을 가한 혼합물과 경화한다.
- 크로마이징 : 크롬은 내식성, 내산성, 내마멸성이 좋아 크롬 침투에 사용한다.
  - 고체분말법 : 혼합 분말 속에 넣어 980~1,070[℃] 온도에서 8~15시간 가열한다.
  - 가스 크로마이징 : 이 처리에 의해서 Cr은 강 속으로 침투하고, 0.05~0.15[mm]의 Cr 침투층이 얻어진다.
- 실리코나이징 : 내식성을 증가시키기 위해 강철 표면에 Si를 침투·확산시키는 처리방법이다.
  - 고체분말법 : 강철 부품을 Si 분말, Fe-Si, Si-C 등의 혼합물 속에 넣고, 염소가스를 통과시킨다. 염소가스는 용기 안의 Si 카바이드 또는 Fe-Si와 작용하여 강철 속으로 침투·확산한다.
  - 펌프축, 실린더, 라이너, 관, 나사 등의 부식 및 마멸이 문제되는 부품에 효과가 있다.
- 보로나이징 : 강철 표면에 붕소를 침투·확산시켜 경도가 높은 보론화층을 형성한다.

97
다음 중 자유단조에 속하지 않는 것은?

① 업세팅(up-setting)
② 블랭킹(blacking)
③ 늘리기(drawing)
④ 굽히기(bending)

해설
블랭킹은 따내기 프레스 가공에 속한다.

98
주물의 결함 중 기공(blow hole)의 방지대책으로 가장 거리가 먼 것은?

① 주형 내의 수분을 적게 할 것
② 주형의 통기성을 향상시킬 것
③ 용탕에 가스 함유량을 높게 할 것
④ 쇳물의 주입온도를 필요 이상으로 높게 하지 말 것

해설
기공은 용탕 내 가스가 빠져나올 때 생기므로 가능한 한 가스를 줄여야 한다.

99 용접피복제의 역할로 틀린 것은?

① 아크를 안정시킨다.
② 용접에 필요한 원소를 보충한다.
③ 전기 절연작용을 한다.
④ 모제 표면의 산화물을 생성해 준다.

해설
용접피복제는 모재 표면의 산화물을 제거하는 역할을 한다.

100 방전가공에서 전극재료의 구비조건으로 가장 거리가 먼 것은?

① 기계가공이 쉬워야 한다.
② 가공 전극의 소모가 커야 한다.
③ 가공 정밀도가 높아야 한다.
④ 방전이 안전하고 가공속도가 빨라야 한다.

해설
전극재료의 구비조건
• 기계가공이 쉬워야 한다.
• 가공 전극의 소모가 작아야 한다.
• 가공 정밀도가 높아야 한다.
• 방전이 안전하고 가공속도가 빨라야 한다.
• 경제성이 있어야 한다.

2021년 제1회 과년도 기출문제

제1과목 재료역학

01 상단이 고정된 원추 형체의 단위 체적에 대한 중량을 γ라 하고, 원추 밑면의 지름이 D, 높이가 L일 때 이 재료의 최대 인장응력을 나타낸 식은?(단, 자중만을 고려한다)

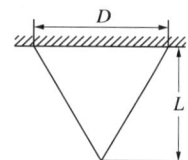

① $\sigma_{\max} = \gamma L$ ② $\sigma_{\max} = \dfrac{1}{2}\gamma L$

③ $\sigma_{\max} = \dfrac{1}{3}\gamma L$ ④ $\sigma_{\max} = \dfrac{1}{4}\gamma L$

해설
어느 지점에서 최대가 되는 함수가 된다고 하면 길이 변화에 따른 식을 세워 최댓값을 구해야 한다. 그러나 어느 지점에서든 응력은 작용하는 자중을 단면적으로 나눈 응력값을 사용하므로, 가장 많은 부피가 작용하는 최상단에서 최대 응력이 나타난다.
$\sigma = \dfrac{P}{A} = \dfrac{\gamma V}{A} = \dfrac{1}{3}\dfrac{\gamma AL}{A} = \dfrac{1}{3}\gamma L$

02 길이 500[mm], 지름 16[mm]의 균일한 강봉의 양끝에 12[kN]의 축 방향 하중이 작용하여 길이는 300[μm]가 증가하고, 지름은 2.4[μm]가 감소하였다. 이 선형 탄성 거동하는 봉재료의 푸아송비는?

① 0.22 ② 0.25
③ 0.29 ④ 0.32

해설
• 연신율
$\varepsilon = \dfrac{\Delta L}{L} = \dfrac{300[\mu m]}{500[mm]} = \dfrac{0.3}{500} = 0.0006$

• 가로변형률
$\varepsilon' = \dfrac{\Delta D}{D} = \dfrac{2.4[\mu m]}{16[mm]} = \dfrac{0.0024}{16} = 0.00015$

$\nu = \dfrac{\varepsilon'}{\varepsilon} = \dfrac{0.00015}{0.00060} = \dfrac{1}{4} = 0.25$

03 다음 그림과 같이 균일 단면 봉이 100[kN]의 압축하중을 받고 있다. 재료의 경사 단면 $Z-Z$에 생기는 수직응력 σ_n, 전단응력 τ_n의 값은 각각 약 몇 [MPa]인가?(단, 균일 단면 봉의 단면적은 1,000 [mm²]이다)

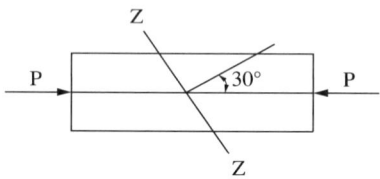

① $\sigma_n = -38.2$, $\tau_n = 26.7$
② $\sigma_n = -68.4$, $\tau_n = 58.8$
③ $\sigma_n = -75.0$, $\tau_n = 43.3$
④ $\sigma_n = -86.2$, $\tau_n = 56.8$

해설
$\sigma_x = \dfrac{100 \times 10^3[N]}{1,000[mm^2]} = 100[MPa]$

$\tau_n = \dfrac{1}{2}(\sigma_x - \sigma_y)\sin 2\theta + \tau_{xy}\cos 2\theta$
$= \dfrac{1}{2}(-100)\sin 60° = -43.3[MPa]$

$\sigma_n = \dfrac{1}{2}(\sigma_x) + \dfrac{1}{2}(\sigma_x)\cos 60° - 0 = -50 - 25 = -75[MPa]$

정답 1 ③ 2 ② 3 ③

04 다음 그림과 같이 균일 분포하중을 받는 보의 지점 B에서의 굽힘 모멘트는 몇 [kN·m]인가?

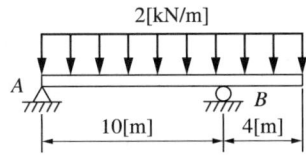

① 16
② 10
③ 8
④ 1.6

해설

분포력을 집중력으로 변환하면 A부터 오른쪽으로 5[m] 지점에 아래로 20[kN], B부터 오른쪽으로 2[m] 지점에 아래로 8[kN]이다.
$R_A + R_B = 28[\text{kN}]$
$\Sigma M_A = -20[\text{kN}] \times 5[\text{m}] + R_B \times 10[\text{m}] - 8[\text{kN}] \times 12[\text{m}] = 0$
$R_B = 19.6[\text{kN}], \ R_A = 8.4[\text{kN}]$
SFD를 그리면 빗금 친 부분의 면적이 M_B가 되므로
$M_B = 16[\text{kN} \cdot \text{m}]$

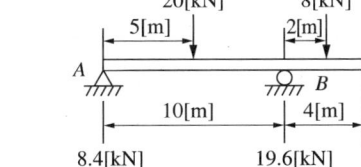
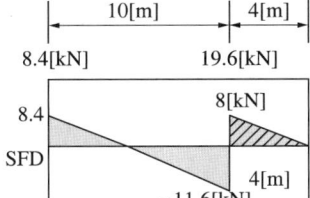

05 원통형 코일 스프링에서 코일 반지름 R, 소선의 지름 d, 전단탄성계수를 G라고 하면 코일 스프링 한 권에 대해서 하중 P가 작용할 때 소선의 비틀림 각 θ를 나타내는 식은?

① $\dfrac{32PR}{Gd^2}$
② $\dfrac{32PR^2}{Gd^2}$
③ $\dfrac{64PR}{Gd^4}$
④ $\dfrac{64PR^2}{Gd^4}$

해설

$$\int_0^{2\pi} d\phi = \int_0^{2\pi} \dfrac{P\dfrac{D^2}{4} d\alpha}{GI_p}$$

$$\phi = \dfrac{2\pi P \dfrac{D^2}{4}}{G \dfrac{\pi d^4}{32}} = \dfrac{16PD^2}{Gd^4} = \dfrac{64PR^2}{Gd^4}$$

06 지름 20[mm]인 구리 합금 봉에 30[kN]의 축 방향 인장하중이 작용할 때 체적 변형률은 약 얼마인가?(단, 세로탄성계수는 100[GPa], 푸아송비는 0.3이다)

① 0.38
② 0.038
③ 0.0038
④ 0.00038

해설

$\varepsilon_V = \dfrac{\sigma_x}{E}(1-2\nu), \ \sigma_x = \dfrac{P}{A} = \dfrac{30 \times 10^3}{\dfrac{\pi \times 20^2}{4}} = 95.49[\text{MPa}]$

$\varepsilon_V = \dfrac{\sigma_x}{E}(1-2\nu)$
$= \dfrac{95.49[\text{MPa}]}{100[\text{GPa}]}(1 - 2 \times 0.3)$
$= \dfrac{95.49[\text{MPa}]}{100,000[\text{MPa}]} \times 0.4$
$= 0.0003819$

07 두 변의 길이가 각각 b, h인 직사각형의 A점에 관한 극관성 모멘트는?

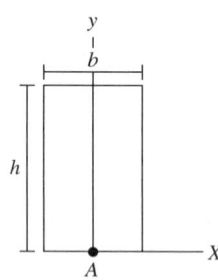

① $\dfrac{bh}{12}(b^2+h^2)$ ② $\dfrac{bh}{12}(b^2+4h^2)$

③ $\dfrac{bh}{12}(4b^2+h^2)$ ④ $\dfrac{bh}{3}(b^2+h^2)$

해설

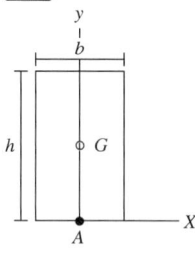

$I_p = I_x + I_y$

$I_x = \dfrac{bh^3}{12} + Ad^2 = \dfrac{bh^3}{12} + bh\left(\dfrac{h}{2}\right)^2 = \dfrac{bh^3}{12} + \dfrac{bh^3}{4} = \dfrac{4bh^3}{12}$

$I_y = \dfrac{hb^3}{12}$

∴ $I_p = \dfrac{4bh^3}{12} + \dfrac{hb^3}{12} = \dfrac{bh(b^2+4h^2)}{12}$

08 다음 그림에서 고정단에 대한 자유단의 전 비틀림각은?(단, 전단탄성계수는 100[GPa]이다)

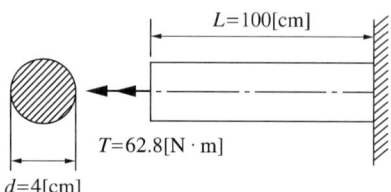

① 0.00025[rad] ② 0.0025[rad]
③ 0.025[rad] ④ 0.25[rad]

해설

$\phi = \dfrac{TL}{GI_p} = \dfrac{TL}{G\dfrac{\pi d^4}{32}} = \dfrac{32 TL}{\pi d^4 G}$

$= \dfrac{32 \times 62.8[\text{N} \cdot \text{m}] \times 100[\text{cm}]}{\pi \times (4[\text{cm}])^4 \times 100[\text{kN/mm}^2]}$

$= \dfrac{32 \times 6,280[\text{N} \cdot \text{cm}] \times 100[\text{cm}]}{\pi \times (4[\text{cm}])^4 \times 10,000,000[\text{N/cm}^2]}$

$= 0.002499[\text{rad}]$

※ 이 문제는 보기의 형태로 미루어 보아 단위를 잘 맞춰야 한다. 연습할 때 자신이 선호하는 단위 변환을 익혀 두었다가 사용하기를 권장하며, 수식을 전개해 나갈 때 각각의 요소에 단위를 붙이는 습관을 가진다.

09 지름이 2[cm]이고, 길이가 1[m]인 원통형 중실 기둥의 좌굴에 관한 임계하중을 오일러 공식으로 구하면 약 몇 [kN]인가?(단, 기둥의 양단은 회전단이고, 세로탄성계수는 200[GPa]이다)

① 11.5 ② 13.5
③ 15.5 ④ 17.5

해설

$P_{cr} = n\pi^2 \dfrac{EI}{L^2}$

$= 1 \times \pi^2 \times \dfrac{200 \times 10^9 [\text{N/m}^2] \times \dfrac{\pi \times 0.02^4}{64}[\text{m}^4]}{1^2 [\text{m}^2]}$

$= 15,503[\text{N}] = 15.5[\text{kN}]$

10 지름 6[mm]인 곧은 강선을 지름 1.2[m]의 원통에 감았을 때 강선에 생기는 최대 굽힘응력은 약 몇 [MPa]인가?(단, 세로탄성계수는 200[GPa]이다)

① 500 ② 800
③ 900 ④ 1,000

해설

$$\sigma = E\frac{y}{\rho} = E \times \frac{\frac{d}{2}}{\frac{D}{2}+\frac{d}{2}} = 200{,}000[\text{MPa}] \times \frac{\frac{6}{2}}{\frac{1{,}200}{2}+\frac{6}{2}}$$

$$= 995[\text{MPa}]$$

11 지름 10[mm], 길이 2[m]인 둥근 막대의 한끝을 고정하고, 타단을 자유로이 10°만큼 비틀었다면 막대에 생기는 최대 전단응력은 약 몇 [MPa]인가? (단, 재료의 전단탄성계수는 84[GPa]이다)

① 18.3　　② 36.6
③ 54.7　　④ 73.2

해설

$$\phi = \frac{TL}{GI_p} = \frac{2\tau L}{Gd}$$

$$10 \times \frac{\pi}{180} = \frac{2\tau \times 2{,}000[\text{mm}]}{84[\text{GPa}] \times 10[\text{mm}]}$$

$$\therefore \tau = 0.03665[\text{GPa}] = 36.65[\text{MPa}]$$

12 보의 길이 L에 등분포하중 W를 받는 직사각형 단순보의 최대 처짐량에 대한 설명으로 옳은 것은?(단, 보의 자중은 무시한다)

① 보의 폭에 정비례한다.
② L의 3승에 정비례한다.
③ 보의 높이의 2승에 반비례한다.
④ 세로탄성계수에 반비례한다.

해설

$$\delta_{\max}^{centre} = \frac{5wL^4}{384EI}$$

① 보의 폭은 $I = \frac{bh^3}{12}$의 b에서 비교 가능하다.
② L의 4승에 정비례한다.
③ 보의 높이의 3승에 반비례한다.

보의 종류	처짐각($\theta_{\max}$)	처짐($\delta_{\max}$)
(외팔보 + 모멘트 M)	$\theta_{\max} = \frac{ML}{EI}$	$\delta_{\max} = \frac{ML^2}{2EI}$
(외팔보 + 끝하중 P)	$\theta_{\max} = \frac{PL^2}{2EI}$	$\delta_{\max} = \frac{PL^3}{3EI}$
(외팔보 + 등분포 w)	$\theta_{\max} = \frac{wL^3}{6EI}$	$\delta_{\max} = \frac{wL^4}{8EI}$
(단순보 + 끝모멘트 M_B)	$\theta_A = \frac{ML}{6EI}$, $\theta_B = \theta_{\max} = \frac{ML}{3EI}$	$\delta_{\max} = \frac{ML^2}{9\sqrt{3}\,EI}$ (at $x = \frac{L}{\sqrt{3}}$) $\delta_{centre} = \frac{ML^2}{16EI}$
(단순보 + 집중하중 P, $a+b=L$)	$\theta_{\max} = \frac{Pab}{6EIL} \times (L+a)$ $a = b = \frac{L}{2}$이면 $\theta_{\max} = \frac{PL^2}{16EI}$	$\delta_{\max}^{centre} = \frac{PL^3}{48EI}$
(단순보 + 등분포 w)	$\theta_{\max} = \frac{wL^3}{24EI}$	$\delta_{\max}^{centre} = \frac{5wL^4}{384EI}$

13 직사각형($b \times h$)의 단면적 A를 갖는 보에 전단력 V가 작용할 때 최대 전단응력은?

① $\tau_{\max} = 0.5\dfrac{V}{A}$　　② $\tau_{\max} = \dfrac{V}{A}$
③ $\tau_{\max} = 1.5\dfrac{V}{A}$　　④ $\tau_{\max} = 2\dfrac{V}{A}$

해설

$\tau = \dfrac{FQ}{bI}$ (여기서, Q : 단면 1차 모멘트, I : 단면 2차 모멘트)

사각 단면의 경우

$\tau = \dfrac{F}{2I}\left[\left(\dfrac{h}{2}\right)^2 - y_1^2\right] = \dfrac{6F}{bh^3}\left[\left(\dfrac{h}{2}\right)^2 - y_1^2\right]$

(여기서, y_1 : 전단응력을 구하는 위치의 도심에서의 거리)

$y_1 = 0$에서 $\tau = \dfrac{3F}{2bh} = 1.5\dfrac{F}{A}$

14 단면적이 각각 A_1, A_2, A_3이고, 탄성계수가 각각 E_1, E_2, E_3인 길이 L인 재료가 강성판 사이에서 인장하중 P를 받아 탄성변형했을 때 재료 1, 3 내부에 생기는 수직응력은?(단, 2개의 강성판은 항상 수평을 유지한다)

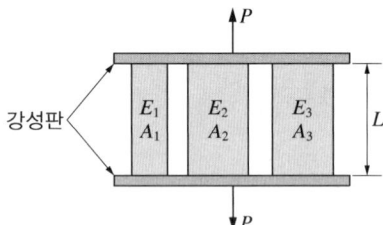

① $\sigma_1 = \dfrac{PE_1}{A_1E_1 + A_2E_2 + A_3E_3}$,
$\sigma_3 = \dfrac{PE_3}{A_1E_1 + A_2E_2 + A_3E_3}$

② $\sigma_1 = \dfrac{PE_2E_3}{E_1(A_1E_1 + A_2E_2 + A_3E_3)}$,
$\sigma_3 = \dfrac{PE_1E_2}{E_3(A_1E_1 + A_2E_2 + A_3E_3)}$

③ $\sigma_1 = \dfrac{PE_1}{A_3A_2E_1 + A_3A_1E_2 + A_1A_2E_3}$,
$\sigma_3 = \dfrac{PE_3}{A_3A_2E_1 + A_3A_1E_2 + A_1A_2E_3}$

④ $\sigma_1 = \dfrac{PE_2E_3}{A_3A_2E_1 + A_3A_1E_2 + A_1A_2E_3}$,
$\sigma_3 = \dfrac{PE_1E_2}{A_3A_2E_1 + A_3A_1E_2 + A_1A_2E_3}$

해설

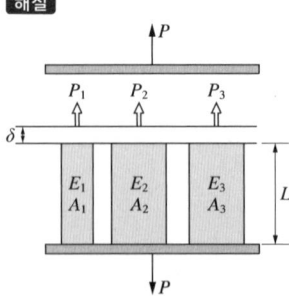

힘 P는 각 부재별로 나누어 작용하여 각각 P_1, P_2, P_3로 작용하며 각각의 힘에 의해 늘어난 신장량 δ는 같다. 식으로 나타내면,

$P = P_1 + P_2 + P_3$이며 $\delta = \dfrac{P_1L}{E_1A_1} = \dfrac{P_2L}{E_2A_2} = \dfrac{P_3L}{E_3A_3}$이다.

등식의 정리에 의해

$\dfrac{P_1L}{E_1A_1} = \dfrac{P_2L}{E_2A_2} = \dfrac{P_3L}{E_3A_3} = \dfrac{(P_1+P_2+P_3)L}{E_1A_1 + E_2A_2 + E_3A_3}$

$\dfrac{P_1}{E_1A_1} = \dfrac{P_2}{E_2A_2} = \dfrac{P_3}{E_3A_3} = \dfrac{P}{E_1A_1 + E_2A_2 + E_3A_3}$

$\dfrac{\sigma_1}{E_1} = \dfrac{\sigma_2}{E_2} = \dfrac{\sigma_3}{E_3} = \dfrac{P}{E_1A_1 + E_2A_2 + E_3A_3}$

$\therefore \sigma_1 = \dfrac{PE_1}{E_1A_1 + E_2A_2 + E_3A_3}$, $\sigma_2 = \dfrac{PE_2}{E_1A_1 + E_2A_2 + E_3A_3}$,

$\sigma_3 = \dfrac{PE_3}{E_1A_1 + E_2A_2 + E_3A_3}$

15 지름 20[mm], 길이 50[mm]의 구리 막대의 양단을 고정하고, 막대를 가열하여 40[℃] 상승했을 때 고정단을 누르는 힘은 약 몇 [kN]인가?(단, 구리의 선팽창계수 $\alpha = 0.16 \times 10^{-4}$[/℃], 세로탄성계수는 110[GPa]이다)

① 52　　② 30
③ 25　　④ 22

해설

$P = \alpha EA\Delta T = \alpha E\dfrac{\pi d^2}{4}\Delta T$

$= 0.16 \times 10^{-4}[/℃] \times 110[\text{kN/mm}^2] \times \dfrac{\pi \times (20[\text{mm}])^2}{4}$

$\times 40[℃]$

$= 22.12[\text{kN}]$

16 반원 부재에 다음 그림과 같이 $0.5R$ 지점에 하중 P가 작용할 때 지지점 B에서의 반력은?

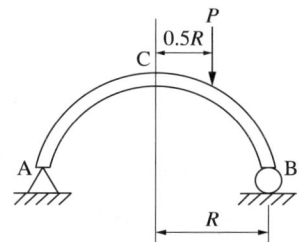

① $\dfrac{P}{4}$ ② $\dfrac{P}{2}$

③ $\dfrac{3P}{4}$ ④ P

해설

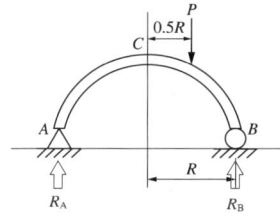

두 지점의 반력을 R_A, R_B라고 하면
$P = R_A + R_B$
$\sum M_A = P \times 1.5R - R_B \times 2R = 0$
$\therefore R_B = \dfrac{3}{4}P$

17 단면계수가 $0.01[\text{m}^3]$인 사각형 단면의 양단 고정 보가 $2[\text{m}]$의 길이를 가지고 있다. 중앙에 최대 몇 [kN]의 집중하중을 가할 수 있는가?(단, 재료의 허용굽힘응력은 $80[\text{MPa}]$이다)

① 800   ② 1,600
③ 2,400   ④ 3,200

해설

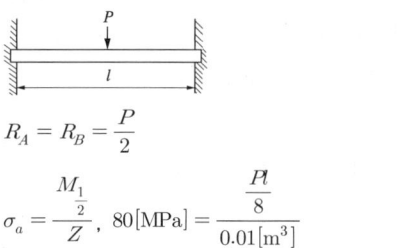

$R_A = R_B = \dfrac{P}{2}$

$\sigma_a = \dfrac{\dfrac{M_1}{2}}{Z}$, $80[\text{MPa}] = \dfrac{\dfrac{Pl}{8}}{0.01[\text{m}^3]}$

$P = 80[\text{MN/m}^2] \times 0.01[\text{m}^3] \times \dfrac{8}{2}[\text{m}] = 3.2[\text{MN}]$
$= 3,200[\text{kN}]$

구분		
반력	$R_A = \dfrac{Pb^2}{l^3}(3a+b)$, $R_B = \dfrac{Pa^2}{l^3}(3b+a)$	$R_A = R_B = \dfrac{P}{2}$
$M_{\max}$	$M_A = \dfrac{-Pab^2}{l^2}$, $M_B = \dfrac{-Pba^2}{l^2}$, $M_C = \dfrac{2Pa^2b^2}{l^3}$	$M_{\frac{l}{2}} = \dfrac{Pl}{8}$
$\theta_{\max}$		$\theta_{\frac{l}{4}} = \dfrac{Pl^2}{64EI}$
$\delta_{\max}$		$\delta_{\frac{l}{2}} = \dfrac{Pl^3}{192EI}$

구분		
반력	$R_A = R_B = \dfrac{wl}{2}$	$R_A = \dfrac{2wl}{9}$, $R_B = \dfrac{5wl}{18}$
$M_{\max}$	$M_{\frac{l}{2}} = \dfrac{wl^2}{24}$	$M_A = \dfrac{wl^2}{30}$, $M_B = \dfrac{wl^2}{20}$
$\theta_{\max}$	$\theta_{0.789l} = \dfrac{wl^3}{125EI}$	$\theta_{\sqrt{0.3}\,l} = 0.168wl^3$
$\delta_{\max}$	$\delta_{\frac{l}{2}} = \dfrac{wl^4}{384EI}$	$\delta_{\frac{-5+\sqrt{105}}{10}l} = 0.0013\dfrac{wl^4}{EI}$

18 다음 그림과 같이 등분포하중 w가 가해지고, B점에서 지지되어 있는 고정 지지보가 있다. A점에 존재하는 반력 중 모멘트는?

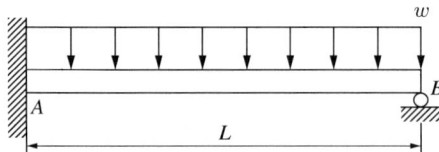

① $\frac{1}{8}wL^2$ (시계 방향)

② $\frac{1}{8}wL^2$ (반시계 방향)

③ $\frac{7}{8}wL^2$ (시계 방향)

④ $\frac{7}{8}wL^2$ (반시계 방향)

해설
- 분포력과 R_B의 모멘트 합이 A점에 대해 시계 방향의 힘이 작용하는 것을 알 수 있다. M_A의 방향은 이에 대한 반력 모멘트가 작용해야 하므로 반시계 방향이 된다.
- 지지를 받는 외팔보(일단 고정 타단 지지보) – 등분포하중의 경우 물리값

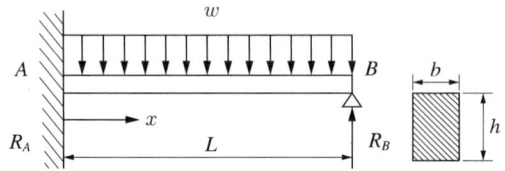

$R_A = \frac{5wL}{8}$, $R_B = \frac{3wL}{8}$, $M_A = -\frac{wL^2}{8}$

$M_{\max +} = M_{x=\frac{5}{8}L} = \frac{9wL^2}{128}$, $\theta_{\max} = \frac{wL^3}{48EI}$, $\delta_{\max} = \frac{wL^4}{185EI}$

19 다음 그림과 같은 일단 고정 타단 지지보의 중앙에 $P=4,800[N]$의 하중이 작용하면 지지점의 반력(R_B)은 약 몇 [kN]인가?

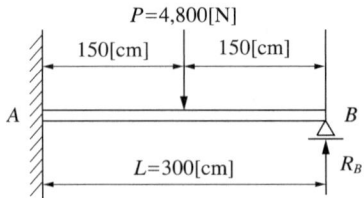

① 3.2 ② 2.6
③ 1.5 ④ 1.2

해설
지지를 받는 외팔보(일단 고정 타단 지지보) – 집중하중

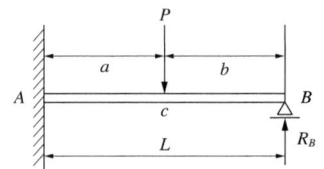

$R_B = \frac{Pa^2(3L-a)}{2L^3}$, $R_A = \frac{Pb(3L^2-b^2)}{2L^3}$

$a=b$라면 $R_B = \frac{5P}{16}$, $R_A = \frac{11P}{16}$ 이므로

$R_B = \frac{5 \times 4,800[N]}{16} = 1,500[N] = 1.5[kN]$

20 두께 10[mm]인 강판으로 직경 2.5[m]의 원통형 압력용기를 제작하였다. 최대 내부압력이 1,200[kPa]일 때 축 방향 응력은 몇 [MPa]인가?

① 75 ② 100
③ 125 ④ 150

해설
$\sigma_2 = p\frac{d}{4t} = 1,200[kPa]\frac{2.5[m]}{4 \times 0.01[m]} = 75,000[kPa]$
$= 75[MPa]$

제2과목 기계열역학

21 온도 20[℃]에서 계기압력 0.183[MPa]의 타이어가 고속 주행으로 온도 80[℃]로 상승할 때 압력은 주행 전과 비교하여 약 몇 [kPa] 상승하는가?(단, 타이어의 체적은 변하지 않고, 타이어 내의 공기는 이상기체로 가정하며, 대기압은 101.3[kPa]이다)

① 37[kPa]   ② 58[kPa]
③ 286[kPa] ④ 445[kPa]

해설
절대압 = 게이지압 + 대기압
　　　= $1.013 \times 10^5[N/m^2] + 0.183[MPa] = 0.2843[MPa]$
$P_1 v = RT_1$, $P_2 v = RT_2$
$$\frac{T_1}{P_1} = \frac{T_2}{P_2}$$
$$\frac{293.15[K]}{0.2843[MPa]} = \frac{353.15[K]}{P_2}$$
$P_2 = 0.3425[MPa]$
∴ $\Delta P = 0.3425 - 0.2843 = 0.0582[MPa] = 58[kPa]$
※ 대기압 1[atm] = 760[mmHg] = 10.33[mAq]
　　　　　　　　= 1.03323[kgf/cm²] = 1.013[bar]
　　　　　　　　= 1,013[hPa]

22 밀폐용기에 비내부에너지가 200[kJ/kg]인 기체가 0.5[kg] 들어 있다. 이 기체를 용량이 500[W]인 전기가열기로 2분 동안 가열한다면 최종 상태에서 기체의 내부에너지는 약 몇 [kJ]인가?(단, 열량은 기체로만 전달된다고 한다)

① 20[kJ]   ② 100[kJ]
③ 120[kJ]   ④ 160[kJ]

해설
밀폐용기 내부 기체의 내부에너지
= 0.5[kg] × 200[kJ/kg] = 100[kJ]
정적하에서 발현되는 일이 없으므로 투입된 열은 내부에너지로만 반영되므로
$U_{최종} = 100[kJ] + 500[J/s] \times 120[s]$
　　　 = 100[kJ] + 0.5[kJ/s] × 120[s] = 160[kJ/s]

23 한 밀폐계가 190[kJ]의 열을 받으면서 외부에 20[kJ]의 일을 한다면 이 계의 내부에너지의 변화는 약 얼마인가?

① 210[kJ]만큼 증가한다.
② 210[kJ]만큼 감소한다.
③ 170[kJ]만큼 증가한다.
④ 170[kJ]만큼 감소한다.

해설
외부에서 열이 190[kJ] 들어왔고 외부로 일을 20[kJ] 방출하였으므로, 내부에는 170[kJ]의 에너지가 남아 있다.

24 10[℃]에서 160[℃]까지 공기의 평균 정적비열은 0.7315[kJ/kg·K]이다. 이 온도 변화에서 공기 1[kg]의 내부에너지 변화는 약 몇 [kJ]인가?

① 101.1[kJ]   ② 109.7[kJ]
③ 120.6[kJ]   ④ 131.7[kJ]

해설
$\Delta Q = mC_v \Delta T = 1[kg] \times 0.7315[kJ/kg \cdot K] \times 150[K]$
　　　= 109.725[kJ]
※ 정적과정이란 의미를 정적비열로 표현하였으므로 외부로 일이 방출되지 않고 모두 내부에너지로 변환되었다고 보는 것이 적절하다.

정답 21 ② 22 ④ 23 ③ 24 ②

25 증기터빈에서 질량유량이 1.5[kg/s]이고, 열손실률이 8.5[kW]이다. 터빈으로 출입하는 수증기에 대한 값이 다음 그림과 같다면, 터빈의 출력은 약 몇 [kW]인가?

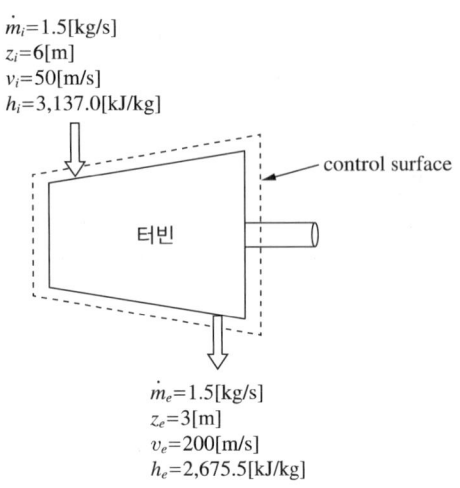

① 273[kW] ② 656[kW]
③ 1,357[kW] ④ 2,616[kW]

해설

$$\dot{e} = Pv + u + k.e + p.e = h + \frac{v^2}{2} + gz \text{ [J/kg]}$$

$$\dot{e}_1 = \dot{Q}_{손실} + \dot{e}_2 + \dot{W}_t$$

$$\dot{m}\left(h_1 + \frac{v_1^2}{2} + gz_1\right) = \dot{Q}_{손실} + \dot{m}\left(h_2 + \frac{v_2^2}{2} + gz_2\right) + \dot{W}_t$$

$$1.5\text{[kg/s]}\left(3,137\text{[kJ/kg]} + \left(\frac{50^2}{2}\times 10^{-3}\right)\text{[kJ/kg]}\right.$$
$$\left. + (9.806 \times 6 \times 10^{-3})\text{[kJ/kg]}\right)$$
$$= 8.5\text{[kW]} + 1.5\text{[kg/s]}\left(2,675.5\text{[kJ/kg]} + \left(\frac{200^2}{2}\times 10^{-3}\right)\text{[kJ/kg]}\right.$$
$$\left. + (9.806\times 3\times 10^{-3})\text{[kJ/kg]}\right) + \dot{W}_t$$

$\dot{W}_t = 655.67\text{ [kJ/s]} = 655.67\text{[kW]}$

※ $[m/s]^2 = [J/kg]$에 주의한다.

26 오토사이클의 압축비(ε)가 8일 때 이론 열효율은 약 몇 [%]인가?(단, 비열비(k)는 1.4이다)

① 36.8[%] ② 46.7[%]
③ 56.5[%] ④ 66.6[%]

해설

$$\eta_{otto} = 1 - \frac{Q_2}{Q_1} = 1 - \frac{T_1}{T_2}$$
$$= 1 - \left(\frac{1}{\varepsilon}\right)^{\kappa-1} = 1 - \varepsilon^{1-\kappa} = 1 - 8^{-0.4}$$
$$= 0.5647 \times 100[\%] = 56.5[\%]$$

27 온도 15[℃], 압력 100[kPa] 상태의 체적이 일정한 용기 안에 어떤 이상기체 5[kg]이 들어 있다. 이 기체가 50[℃]가 될 때까지 가열되는 동안의 엔트로피 증가량은 약 몇 [kJ/K]인가?(단, 이 기체의 정압비열과 정적비열은 각각 1.001[kJ/kg·K], 0.7171[kJ/kg·K]이다)

① 0.411 ② 0.486
③ 0.575 ④ 0.732

해설

$\Delta S = m\Delta s$

$$ds = C_v \frac{dT}{T} + \frac{P}{T}dv = C_v\frac{dT}{T} + R\frac{dv}{v}$$

$\therefore s = C_v \ln T + R\ln v + s_{01}$

정적변화이므로

$$s_2 - s_1 = C_v \ln\frac{T_2}{T_1} = 0.7171\text{[kJ/kg·K]} \ln\frac{323.15\text{[K]}}{288.15\text{[K]}}$$
$$= 0.0822\text{[kJ/kg·K]}$$

$\Delta S = m\Delta s = 5\text{[kg]} \times 0.0822\text{[kJ/kg·K]} = 0.411\text{[kJ/K]}$

28 열펌프를 난방에 이용하려 한다. 실내온도는 18[℃]이고, 실외온도는 −15[℃]이며 벽을 통한 열손실은 12[kW]이다. 열펌프를 구동하기 위해 필요한 최소 동력은 약 몇 [kW]인가?

① 0.65[kW]　　② 0.74[kW]
③ 1.36[kW]　　④ 1.53[kW]

해설
열펌프
- $\varepsilon_h = \dfrac{Q_1}{W} = \dfrac{Q_1}{Q_1 - Q_2} = \dfrac{T_H}{T_H - T_L}$

$\dfrac{12[\text{kW}]}{W} = \dfrac{297.15[\text{K}]}{33[\text{K}]}$

$W = 1.33[\text{kW}]$

(여기서, Q_1 : 방출된 열량, Q_2 : 흡수한 열량)
- 외부에서 한 일 $W = Q_1 - Q_2$

29 완전가스의 내부에너지(u)는 어떤 함수인가?

① 압력과 온도의 함수이다.
② 압력만의 함수이다.
③ 체적과 압력의 함수이다.
④ 온도만의 함수이다.

해설
내부에너지의 의미
- 역학적 에너지와 전기적 에너지를 제외한 물질이 보유하고 있는 열에너지를 의미한다.
- 물체가 갖는 운동에너지나 위치에너지 등을 얼마를 갖고 있는가는 내부에너지와 무관하다. 따라서 정지하고 있고 일을 하지 않은 물체도 내부에너지를 갖고 있다.
- 내부에너지는 물체의 현재 상태에만 관계되는 상태량이다.
- 내부에너지는 U로 표현한다.
- 이상기체의 내부에너지는 온도만의 함수이다.

30 다음 중 가장 낮은 온도는?

① 104[℃]　　② 284[℉]
③ 410[K]　　④ 684[°R]

해설
하나의 온도시스템으로 변환하여 비교한다. 0[K] = 0[°R]이고 [℉] = [°R−459.67]이며 0[℃] = 273.15[K] = 32[℉] = 491.67[°R]이다. 또한 1° 간격이 섭씨와 켈빈이 같고, 란씨와 화씨가 같으며 섭씨 1°가 화씨 9/5°, 즉 화씨 1°가 섭씨 5/9이다.
① 104[℃]
② 284[℉] = 0[℃] + 252[℉] × (5/9)[℃] = 140[℃]
③ 410[K] = 0[℃] + 136.85[K] = 136.85[℃]
④ 684[°R] = 0[℃] + 192.33[°R] × (5/9)[℃] = 106.85[℃]

31 증기를 가역단열과정을 거쳐 팽창시키면 증기의 엔트로피는?

① 증가한다.
② 감소한다.
③ 변하지 않는다.
④ 경우에 따라 증가도 하고, 감소도 한다.

해설
가역과정 : $\oint \dfrac{\delta Q}{T} = 0$

32 온도가 127[℃], 압력이 0.5[MPa], 비체적이 0.4[m³/kg]인 이상기체가 같은 압력하에서 비체적이 0.3[m³/kg]으로 되었다면 온도는 약 몇 [℃]가 되는가?

① 16　　② 27
③ 96　　④ 300

해설
$Pv_1 = RT_1$, $Pv_2 = RT_2$, $\dfrac{T_1}{v_1} = \dfrac{T_2}{v_2}$, $\dfrac{v_2}{v_1} = \dfrac{T_2}{T_1}$

$\dfrac{0.3}{0.4} = \dfrac{T_2}{400[\text{K}]}$, $T_2 = 300[\text{K}] = 27[℃]$

33 계가 정적과정으로 상태 1에서 상태 2로 변화할 때 단순 압축성계에 대한 열역학 제1법칙을 바르게 설명한 것은?(단, U, Q, W는 각각 내부에너지, 열량, 일량이다)

① $U_1 - U_2 = Q_{12}$
② $U_2 - U_1 = W_{12}$
③ $U_1 - U_2 = W_{12}$
④ $U_2 - U_1 = Q_{12}$

해설
문제에서 계가 정적과정에서 압력의 변화로 상태 1에서 상태 2로 바뀌었다. 외부에서 열이 들어와 내부에너지가 높아져서 압력이 높아진 상태를 생각해 보면 열이 들어오면서 내부에너지가 높아졌을 것이고, 이것을 압력으로만 나타낸 것이므로 $U_2 - U_1 = Q_{12}$이다. 보기 ①과 ④는 열의 방향이 다르다. 즉, 내부에너지가 더해졌는지 감소했는지를 묻는 문제이다. 식으로는 열역학 1법칙에 의해 $\delta Q = dU + \delta W$로 표현되며, 정적과정이므로 일 = 0, 즉 $\delta Q = dU$이다.

34 과열증기를 냉각시켰더니 포화영역 안으로 들어와서 비체적이 $0.2327[\text{m}^3/\text{kg}]$이 되었다. 이때 포화액과 포화증기의 비체적이 각각 $1.079 \times 10^{-3}[\text{m}^3/\text{kg}]$, $0.5243[\text{m}^3/\text{kg}]$이라면 건도는 얼마인가?

① 0.964
② 0.772
③ 0.653
④ 0.443

해설
과열증기를 냉각시켜 $0.2327[\text{m}^3/\text{kg}]$이 되었다면 포화액과 포화증기가 섞여 있는 체적이다. 포화액 일정량과 포화증기 일정량이 있고, 이 중 포화증기의 부피가 건도이다.
$v = v_s(1-x) + v_g x$
$0.2327[\text{m}^3/\text{kg}] = 1.079 \times 10^{-3}[\text{m}^3/\text{kg}](1-x)$
$\qquad\qquad\qquad + 0.5243[\text{m}^3/\text{kg}]x$
$0.523221[\text{m}^3/\text{kg}]x = 0.231621[\text{m}^3/\text{kg}]$
$\therefore x = 0.4427$

35 수소(H_2)가 이상기체라면 절대압력 1[MPa], 온도 100[℃]에서의 비체적은 약 몇 $[\text{m}^3/\text{kg}]$인가?(단, 일반기체상수는 $8.3145[\text{kJ}/(\text{kmol} \cdot \text{K})]$이다)

① 0.781
② 1.26
③ 1.55
④ 3.46

해설
$\overline{R} = MR$
$8.3145[\text{kJ/kmol} \cdot \text{K}] = 2[\text{kg/kmol}] \times R$
$R = 4.1573[\text{kJ/kg} \cdot \text{K}]$
(수소 분자량 1[kg/kmol], H_2이므로 2[kg/kmol])
$Pv = RT$
$1[\text{MPa}] \times v = 4.1573[\text{kJ/kg} \cdot \text{K}] \times 373.15[\text{K}]$
$v = \dfrac{1,551.30[\text{kN} \cdot \text{m/kg}]}{1,000[\text{kN/m}^2]} = 1.552[\text{m}^3/\text{kg}]$

36 이상적인 카르노 사이클의 열기관이 500[℃]인 열원으로부터 500[kJ]을 받고, 25[℃]에 열을 방출한다. 이 사이클의 일(W)과 효율(η_{th})은 얼마인가?

① $W = 307.2[\text{kJ}]$, $\eta_{th} = 0.6143$
② $W = 307.2[\text{kJ}]$, $\eta_{th} = 0.5748$
③ $W = 250.3[\text{kJ}]$, $\eta_{th} = 0.6143$
④ $W = 250.3[\text{kJ}]$, $\eta_{th} = 0.5748$

해설
$\eta_{carnot} = \dfrac{Q_1 - Q_2}{Q_1} = 1 - \dfrac{Q_2}{Q_1} = 1 - \dfrac{T_2}{T_1}$
$\qquad = 1 - \dfrac{(25 + 273.15)}{(500 + 273.15)} = 0.6143$
$W = \eta Q_1 = 0.6143 \times 500 = 307.15[\text{kJ}]$

37 증기동력사이클의 종류 중 재열사이클의 목적으로 가장 거리가 먼 것은?

① 터빈 출구의 습도가 증가하여 터빈 날개를 보호한다.
② 이론 열효율이 증가한다.
③ 수명이 연장된다.
④ 터빈 출구의 질(quality)을 향상시킨다.

해설
재열사이클
- 랭킨사이클의 열효율을 높이기 위하여 초기의 압력을 높게 하면 터빈에서 팽창 중 건도가 저하되는데 이를 피하기 위해 팽창 도중 증기를 재가열 후 다시 터빈으로 보내는 경로의 사이클이다.
- 재열사이클의 장점
  - 재열사이클을 이용하면 열효율이 높아진다.
  - 증기의 건도를 높여서 효율을 높인다.
  - 증기의 건도가 올라가면 터빈 날개의 손상도 적어진다.

38 계가 비가역사이클을 이룰 때 클라우지우스(clausius)의 적분을 옳게 나타낸 것은?(단, T는 온도, Q는 열량이다)

① $\oint \dfrac{\delta Q}{T} < 0$ ② $\oint \dfrac{\delta Q}{T} > 0$
③ $\oint \dfrac{\delta Q}{T} \geq 0$ ④ $\oint \dfrac{\delta Q}{T} \leq 0$

해설
클라우지우스 적분은 $\oint \dfrac{\delta Q}{T} \leq 0$ 이다.
- 가역사이클 : $\oint \dfrac{\delta Q}{T} = 0$
- 비가역사이클 : $\oint \dfrac{\delta Q}{T} < 0$

39 비열비가 1.29, 분자량이 44인 이상기체의 정압비열은 약 몇 [kJ/kg·K]인가?(단, 일반기체상수는 8.314[kJ/kmol·K]이다)

① 0.51 ② 0.69
③ 0.84 ④ 0.91

해설
$\overline{R} = MR$
$8.314[\text{kJ/kmol}\cdot\text{K}] = 44[\text{kg/kmol}] \times R$
$R = 0.1890[\text{kJ/kg}\cdot\text{K}]$
$\dfrac{C_p}{C_v} = \kappa$
$R = C_p - C_v = C_p - \dfrac{C_p}{\kappa}$
$0.1890[\text{kJ/kg}\cdot\text{K}] = C_p\left(1 - \dfrac{1}{1.29}\right)$
$C_p = 0.8407[\text{kJ/kmol}\cdot\text{K}]$

40 어떤 냉동기에서 0[℃]의 물로 0[℃]의 얼음 2[ton]을 만드는 데 180[MJ]의 일이 소요된다면, 이 냉동기의 성적계수는?(단, 물의 융해열은 334[kJ/kg]이다)

① 2.05 ② 2.32
③ 2.65 ④ 3.71

해설
180[MJ]을 들여서 334[kJ/kg] × 2,000[kg] = 668[MJ]의 냉동을 한다.
$\varepsilon_r = \dfrac{Q_2}{W} = \dfrac{668[\text{MJ}]}{180[\text{MJ}]} = 3.71$

정답 37 ① 38 ① 39 ③ 40 ④

제3과목 기계유체역학

41 일률(power)을 기본 차원인 M(질량), L(길이), T(시간)로 나타내면?

① $L^2 T^{-2}$
② $MT^{-2}L^{-1}$
③ $ML^2 T^{-2}$
④ $ML^2 T^{-3}$

해설
일률의 단위
$W = J/s = N \cdot m/s = kg \cdot m/s^2 \cdot m/s \to ML^2 T^{-3}$

42 길이 600[m]이고, 속도 15[km/h]인 선박에 대해 물속에서의 조파저항을 연구하기 위해 길이 6[m] 인 모형선의 속도는 몇 [km/h]으로 해야 하는가?

① 2.7
② 2.0
③ 1.5
④ 1.0

해설
프루드수를 같게 해야 한다.
$F_r = \dfrac{V}{\sqrt{gL}}$
$\dfrac{15[km/h]}{\sqrt{g(600[m])}} = \dfrac{V}{\sqrt{g(6[m])}}$
$\therefore V = 1.5[km/h]$

43 stokes의 법칙에 의해 비압축성 점성유체에 구(sphere)가 낙하될 때 항력(D)을 나타낸 식으로 옳은 것은?(단, μ : 유체의 점성계수, a : 구의 반지름, V : 구의 평균속도, C_D : 항력계수, 레이놀즈수가 1보다 작아 박리가 존재하지 않는다고 가정한다)

① $D = 6\pi a \mu V$
② $D = 4\pi a \mu V$
③ $D = 2\pi a \mu V$
④ $D = C_D \pi a \mu V$

해설
스토크스 유동
$B = \rho_{유체} g V$, $W = \rho_{입자} g V$, $F_f = 6\pi \mu_{유체} r v$
문제에서 항력만 물었으므로 $F_f = D$로 적절한 답을 찾는다.
$F_f = D = 6\pi \mu a V$
※ $r = a$, $\mu_{유체} = \mu$, $v = V$를 대입한다.

44 기준면에 있는 어떤 지점에서 물의 유속이 6[m/s], 압력이 40[kPa]일 때, 이 지점에서의 물의 수력 기울기선의 높이는 약 몇 [m]인가?

① 3.24
② 4.08
③ 5.92
④ 6.81

해설
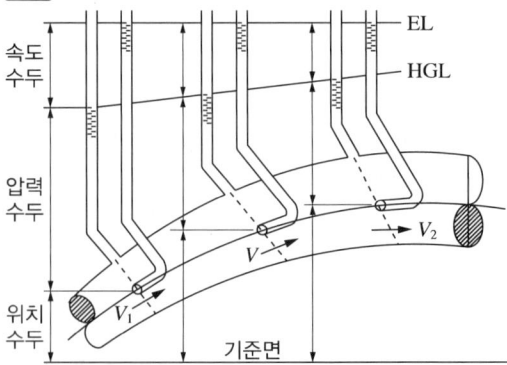

문제에 제시된 각각의 요소를 수두로 변환하면
$\dfrac{P_1}{\gamma} + \dfrac{V_1^2}{2g} = \dfrac{40,000[N/m^2]}{9,806[N/m^3]} + \dfrac{(6[m/s])^2}{2 \times 9.806[m/s^2]}$
$= 4.079[m] + 1.836[m] = 5.915[m]$
에너지선은 약 5.9[m]이고, 속도수두를 제외한 압력수두까지의 합인 수력 기울기 높이는 약 4.08[m]이다.
※ $40[kPa] = 40[kN/m^2] = 40,000[N/m^2]$

45 평면 벽과 나란한 방향으로 점성계수가 2×10^{-5} [Pa·s]인 유체가 흐를 때, 평면과의 수직거리 y[m]인 위치에서 속도가 $u = 5(1-e^{-0.2y})$[m/s]이다. 유체에 걸리는 최대 전단응력은 약 몇 [Pa]인가?

① 2×10^{-5} ② 2×10^{-6}
③ 5×10^{-6} ④ 10^{-4}

해설
$\tau = \mu \dfrac{du}{dy}$

$\tau = 2 \times 10^{-5}[\text{Pa} \cdot \text{s}] \times \dfrac{d(5(1-e^{-0.2y}))}{dy}$
$= 2 \times 10^{-5}[\text{Pa} \cdot \text{s}] \times (-5) \times (-0.2e^{-0.2y})[/\text{s}]$
$= \dfrac{2 \times 10^{-5}}{e^{0.2y}}[\text{Pa}]$

y가 늘어날수록 전단응력이 감소하므로 $y=0$일 때 전단응력이 최대이다.
$\tau_{\max} = 2 \times 10^{-5}[\text{Pa}]$

※ 평면 벽으로 설명하였으나 바닥면으로 간주한 문제와 같은 관계식을 갖는다.

46 경계층의 박리(separation)가 일어나는 주원인은?

① 압력이 증기압 이하로 떨어지기 때문에
② 유동 방향으로 밀도가 감소하기 때문에
③ 경계층의 두께가 0으로 수렴하기 때문에
④ 유동과정에 역압력 구배가 발생하기 때문에

해설
박리 : 흐름에 따라 압력 상승이 있는 경우 손실에 따라 속도수두가 점점 감소하고 어느 순간 속도가 압력을 이기지 못해 흐름이 멈추게 된다. 정지한 유체는 흐름 방향이 아닌 압력이 낮은 어디론가 흐름이 생기고, 이런 현상에 의해 경계층의 흐름이 벽면에서 이탈하게 되는데, 이러한 현상을 경계층 박리라고 한다.

47 표면장력이 0.07[N/m]인 물방울의 내부압력이 외부압력보다 10[Pa] 크게 되려면 물방울의 지름은 몇 [cm]인가?

① 0.14 ② 1.4
③ 0.28 ④ 2.8

해설
표면장력의 식은 다음과 같고,
$p_i - p_0 = \sigma\left(\dfrac{1}{R_1} + \dfrac{1}{R_2}\right)$
구의 경우는 양방향 표면 곡률이 같으므로
$p_i - p_o = \sigma\left(\dfrac{2}{R}\right)$
$10[\text{Pa}] \leq \dfrac{0.07[\text{N/m}] \times 2}{R}$, $R \leq \dfrac{0.07[\text{N/m}] \times 2}{10[\text{N/m}^2]}$,
$R \leq 0.014[\text{m}]$
$\therefore D \leq 0.028[\text{m}] (= 2.8[\text{cm}])$

48 유체역학에서 연속방정식에 대한 설명으로 옳은 것은?

① 뉴턴의 운동 제2법칙이 유체 중의 모든 점에서 만족하여야 함을 요구한다.
② 에너지와 일 사이의 관계를 나타낸 것이다.
③ 한 유선 위에 두 점에 대한 단위체적당의 운동량의 관계를 나타낸 것이다.
④ 검사체적에 대한 질량 보존을 나타내는 일반적인 표현식이다.

해설
연속방정식
• 연결되고 닫혀 있는 관에서 흐르는 유체는 단면 1을 통과한 질량과 단면 2를 통과한 질량이 같다.
• 유체의 검사체적에 대한 질량 보존의 법칙에 해당한다.

정답 45 ① 46 ④ 47 ④ 48 ④

49 가스 속에 피토관을 삽입하여 압력을 측정하였더니 정체압이 128[Pa], 정압이 120[Pa]이었다. 이 위치에서의 유속은 몇 [m/s]인가?(단, 가스의 밀도는 1.0[kg/m³]이다)

① 1 ② 2
③ 4 ④ 8

해설

$\dfrac{P_1}{\gamma} + \dfrac{v_1^2}{2g} = \dfrac{P_t}{\gamma}$ 이므로

$P_t - P_1 = \dfrac{\rho v_1^2}{2}$

$v_1^2 = \dfrac{2}{\rho} P_t - P_1$

$= \dfrac{2}{1[\text{kg/m}^3]}(128-120)[\text{kg/m} \cdot \text{s}^2]$

$= 16[\text{m}^2/\text{s}^2]$

$\therefore v_1 = 4[\text{m/s}]$

50 다음 중 정체압의 설명으로 틀린 것은?

① 정체압은 정압과 같거나 크다.
② 정체압은 액주계로 측정할 수 없다.
③ 정체압은 유체의 밀도에 영향을 받는다.
④ 같은 정압의 유체에서는 속도가 빠를수록 정체압이 커진다.

해설

피토관 입구의 경우, 동압이 위치에너지로 바뀌어 나오려는 힘을 입구에 가하게 되므로 정체가 발생한다. 동압이 없는 상태로 보이지만, 들어가는 유체가 위치에너지에 의해 정체되어 정지된 압력처럼 된 것을 정체압이라 하며, 정압 + 동압만큼의 압력을 받는다. 피토관을 이용하면 속도수두가 위치로 표시가 되므로 정체압을 측정할 수 있다.

51 어떤 물체가 대기 중에서 무게는 6[N]이고, 수중에서 무게는 1.1[N]이었다. 이 물체의 비중은 약 얼마인가?

① 1.1 ② 1.2
③ 2.4 ④ 5.5

해설

수중에서 받는 부력이 4.9[N], 즉 같은 부피의 물의 무게가 4.9[N]이고, 비중은 같은 부피의 물과의 중량비이다. 따라서 이 물체의 비중은 6/4.9 = 1.22450이다.

52 (x, y) 좌표계의 비회전 2차원 유동장에서 속도 퍼텐셜(potential) ϕ는 $\phi = 2x^2 y$로 주어졌다. 이때 점 (3, 2)인 곳에서 속도벡터는?(단, 속도 퍼텐셜 ϕ는 $\vec{V} \equiv \nabla = \phi = grad\phi$로 정의된다)

① $24\vec{i} + 18\vec{j}$ ② $-24\vec{i} + 18\vec{j}$
③ $12\vec{i} + 9\vec{j}$ ④ $-12\vec{i} + 9\vec{j}$

해설

$d\phi = \dfrac{\partial \phi}{\partial x} dx + \dfrac{\partial \phi}{\partial y} dy = udx + vdy$

$\dfrac{\partial}{\partial x}\phi = 4xy, \ \dfrac{\partial}{\partial y}\phi = 2x^2$ 이므로 $d\phi = 4xy\,dx + 2x^2\,dy$

(3, 2)에서 속도성분은 $d\phi = 24dx + 18dy$

$\vec{V} \equiv \nabla = \phi = grad\phi$이므로 $\vec{V} = 24\vec{i} + 18\vec{j}$

53 유동장에 미치는 힘 가운데 유체의 압축성에 의한 힘만이 중요할 때에 적용할 수 있는 무차원수로 옳은 것은?

① 오일러수 ② 레이놀즈수
③ 프루드수 ④ 마하수

해설
음파는 공기의 진동에 의한 종파이므로, 파장이 유체를 앞쪽으로 밀어 음파를 전달한다. 특히 코시 넘버는 유체의 압축성을 표현하며 마하수의 제곱과 같은 차원이다.

54 수평으로 놓인 지름 10[cm], 길이 200[m]인 파이프에 완전히 열린 글로브밸브가 설치되어 있고, 흐르는 물의 평균속도는 2[m/s]이다. 파이프의 관 마찰계수가 0.02이고, 전체 수두손실이 10[m]이면, 글로브밸브의 손실계수는 약 얼마인가?

① 0.4 ② 1.8
③ 5.8 ④ 9.0

해설
관 마찰손실 $h = f\dfrac{l}{d}\dfrac{v^2}{2g} = 0.02 \times \dfrac{200[\text{m}]}{0.1[\text{m}]}\dfrac{(2[\text{m/s}])^2}{2 \times 9.806[\text{m/s}^2]}$
$= 8.158[\text{m}]$
전체 수두손실이 10[m]이므로, 밸브에 생긴 손실은 1.842[m]이다. 따라서 관 형상에 따른 손실은
$h_f = \zeta\dfrac{v^2}{2g}$
$1.842[\text{m}] = \zeta\dfrac{(2[\text{m/s}])^2}{2 \times 9.806[\text{m/s}^2]}$
$\therefore \zeta = 9.03$

55 지름 D_1 = 30[cm]의 원형 물제트가 대기압 상태에서 V의 속도로 중앙 부분에 구멍이 뚫린 고정 원판에 충돌하여 원판 뒤로 지름 D_2 = 10[cm]의 원형 물제트가 같은 속도로 흘러 나가고 있다. 이 원판이 받는 힘이 100[N]이라면 물제트의 속도 V는 약 몇 [m/s]인가?

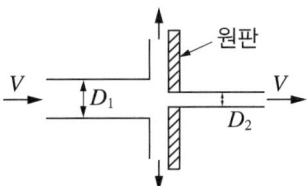

① 0.95 ② 1.26
③ 1.59 ④ 2.35

해설
작용하는 힘의 합력을 고려하면 y방향의 힘은 직각판에 부딪혀 상하의 합이 같다. x방향의 힘만 살펴보면,
$\Sigma F_x = \rho A V^2 - \rho A' V^2 - F = 0$
$1,000[\text{kg/m}^3] \times \left(\dfrac{\pi(0.3[\text{m}])^2 - (0.1[\text{m}])^2}{4}\right) \times (V)^2 = 100[\text{N}]$
$V = 1.26[\text{m/s}^2]$

56 동점성계수가 $1 \times 10^{-4}[\text{m}^2/\text{s}]$인 기름이 안지름 50[mm]의 관을 3[m/s]의 속도로 흐를 때 관의 마찰계수는?

① 0.015 ② 0.027
③ 0.043 ④ 0.061

해설
$\lambda = \dfrac{64}{Re}$, $Re = \dfrac{\rho vD}{\mu} = \dfrac{vD}{\nu} = \dfrac{3[\text{m/s}] \times 0.05[\text{m}]}{1 \times 10^{-4}[\text{m}^2/\text{s}]} = 1,500$
$\lambda = \dfrac{64}{1,500} = 0.04267$

정답 53 ④ 54 ④ 55 ② 56 ③

57 지름 4[m]의 원형 수문이 수면과 수직 방향이고, 그 최상단이 수면에서 3.5[m]만큼 잠겨 있을 때 수문에 작용하는 힘 F와 수면으로부터 힘의 작용점까지의 거리 x는 각각 얼마인가?

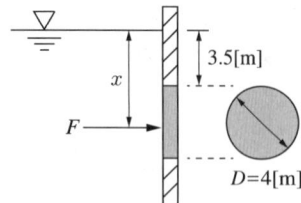

① 638[kN], 5.68[m]
② 677[kN], 5.68[m]
③ 638[kN], 5.57[m]
④ 677[kN], 5.57[m]

해설
수문에 작용하는 힘
- 전압력
$$\gamma \bar{h} A = 9,806[\text{N/m}^3] \times (3.5+2)[\text{m}] \times \frac{\pi (4[\text{m}])^2}{4}$$
$$= 677,742[\text{N}]$$
- 작용점까지의 거리
$$y_p = \frac{I_G}{\bar{y}A} + \bar{y} = \frac{\frac{\pi(4[\text{m}])^4}{64}}{5.5[\text{m}] \times \frac{\pi(4[\text{m}])^2}{4}} + 5.5[\text{m}] = 5.682[\text{m}]$$

58 2차원 직각좌표계 (x, y)상에서 x방향의 속도 $u = 1$, y방향의 속도 $v = 2x$인 어떤 정상 상태의 이상유체에 대한 유동장이 있다. 다음 중 같은 유선상에 있는 점을 모두 고르면?

| ㄱ. (1, 1) | ㄴ. (1, −1) | ㄷ. (−1, 1) |

① ㄱ, ㄴ ② ㄴ, ㄷ
③ ㄱ, ㄷ ④ ㄱ, ㄴ, ㄷ

해설
$$\frac{dy}{dx} = \frac{v}{u} = 2x, \ dy = 2x\, dx$$
양변을 적분하면 $y = x^2 + C$이다.
ㄱ. (1, 1), ㄴ. (1, −1), ㄷ. (−1, 1)을 대입하면
ㄱ. 1 = 1 + C, ㄴ. −1 = 1 + C, ㄷ. 1 = 1 + C
ㄱ, ㄷ이 같은 함수이다.

59 안지름 1[cm]의 원판 내를 유동하는 0[℃] 물의 층류 임계 레이놀즈수가 2,100일 때 임계속도는 약 몇 [cm/s]인가?(단, 0[℃] 물의 동점성계수는 0.01787[cm²/s]이다)

① 37.5 ② 375
③ 75.1 ④ 751

해설
$$Re = \frac{\rho v^2/D}{\mu v/D^2} = \frac{\rho v D}{\mu} = \frac{vD}{\nu} = 2,100$$인 속도를 찾는 문제이다.
동점성계수가 주어졌으므로
$$\frac{v \times 1[\text{cm}]}{0.01787[\text{cm}^2/\text{s}]} = 2,100$$
$v = 37.527[\text{cm/s}]$

60 다음 그림과 같은 탱크에서 A점에 표준대기압이 작용하고 있을 때, B점의 절대압력은 약 몇 [kPa]인가?(단, A점과 B점의 수직거리는 2.5[m]이고, 기름의 비중은 0.92이다)

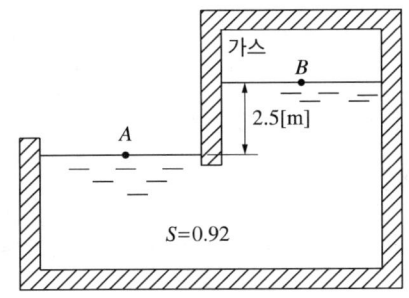

① 78.8
② 788
③ 179.8
④ 1,798

해설

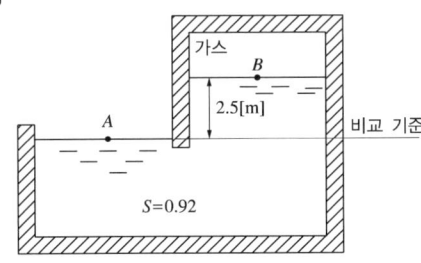

A와 같은 높이에서 평형식을 세우면
$P_{atm} = P_{gas} + \gamma_{oil} h$
$P_{gas} = P_{atm} - \gamma_{oil} h$
$\quad = 101.3[\text{kPa}] - 0.92 \times 9.806[\text{kN/m}^3] \times 2.5[\text{m}]$
$\quad = 78.75[\text{kPa}]$

제4과목 기계재료 및 유압기기

61 구리 및 구리 합금에 대한 설명으로 옳은 것은?

① Cu+Sn 합금을 황동이라 한다.
② Cu+Zn 합금을 청동이라 한다.
③ 문쯔메탈(muntz metal)은 60%Cu+40%Zn 합금이다.
④ Cu의 전기전도율은 금속 중에서 Ag보다 높고, 자성체이다.

해설
①과 ②는 서로 설명이 반대이다.
④ 구리는 반자성체이고, 전기전도율은 은이 더 높다.

62 과랭 오스테나이트 상태에서 소성가공을 한 다음 냉각하여 마텐자이트화하는 열처리방법은?

① 오스포밍
② 크로마이징
③ 심랭처리
④ 인덕션 하드닝

해설
오스포밍 : Ms점 이하까지 급랭 후 항온을 유지하며 소성가공을 실시하는 열처리이다.

63 Al-Cu-Ni-Mg 합금으로 시효경화하며, 내열 합금 및 피스톤용으로 사용되는 것은?

① Y 합금   ② 실루민
③ 라우탈   ④ 하이드로날륨

해설
Y합금 : 4%Cu, 2%Ni, 1.5%Mg 등을 함유하는 Al 합금으로, 모래형 또는 금형 주물 및 단조용 합금이다. 경도가 적당하고 열전도율이 크며, 고온에서 기계적 성질이 우수하다. 내연기관용 피스톤, 공랭 실린더 헤드 등에 널리 쓰인다.

65 마텐자이트(martensite) 변태의 특징에 대한 설명으로 틀린 것은?

① 마텐자이트는 고용체의 단일상이다.
② 마텐자이트 변태는 확산변태이다.
③ 마텐자이트 변태는 협동적 원자운동에 의한 변태이다.
④ 마텐자이트의 결정 내에는 격자결함이 존재한다.

해설
마텐자이트 : 급랭할 때만 나오는 조직이다. 마텐자이트 변태는 확산변태와는 달리 무확산변태이며, 매우 순간적으로 바늘조직 같은 침상조직이 생겨 경하고 내식성이 강한 강자성체이다.

64 Fe-Fe₃C계 평형상태도에서 나타날 수 있는 반응이 아닌 것은?

① 포정반응   ② 공정반응
③ 공석반응   ④ 편정반응

해설
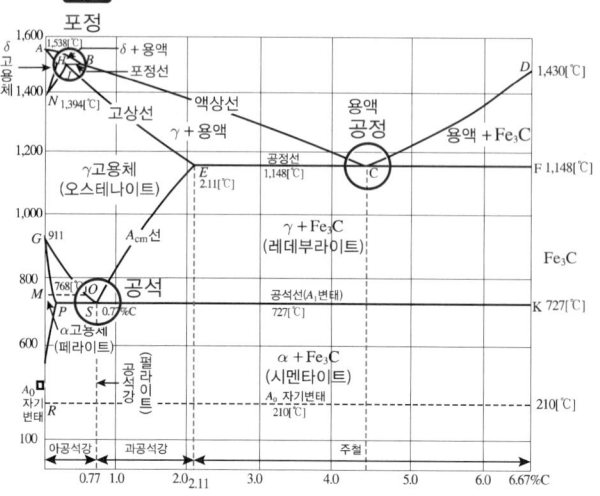

66 냉간압연 스테인리스 강판 및 강대(KS D 3698)에서 석출경화계 종류의 기호로 옳은 것은?

① STS305   ② STS410
③ STS430   ④ STS630

해설
석출경화계(KS D 3698)
• 종류의 기호 : STS630, STS631
• 기계적 성질
 – 항복강도 : 725~1,175[N/mm²]
 – 인장강도 : 930~1,310[N/mm²]
 – 연신율 : 3~10[%]
 – STS631 S열처리 시 : 항복강도 380[N/mm²], 연신율 20[%]

67 주철의 성질에 대한 설명으로 옳은 것은?

① C, Si 등이 많을수록 용융점은 높아진다.
② C, Si 등이 많을수록 비중은 작아진다.
③ 흑연편이 클수록 자기감응도는 좋아진다.
④ 주철의 성장원인으로 마텐자이트의 흑연화에 의한 수축이 있다.

해설
마우러 조직도 : C, Si의 성분에 따른 조직을 나타낸 것이다. 마우러 조직도에 따르면 C, Si가 적을 때 비중이 높은 백주철에서 많을수록 비중이 작은 페라이트 주철로 조직이 변해간다.

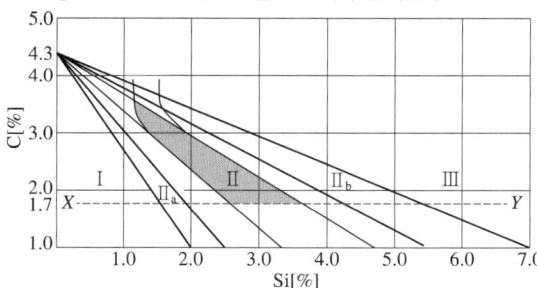

- Ⅰ : 백주철(레데부라이트 + 펄라이트)
- Ⅱa : 반주철(펄라이트 + 흑연)
- Ⅱ : 펄라이트 주철(레데부라이트 + 펄라이트 + 흑연)
- Ⅱb : 회주철(펄라이트 + 흑연 + 페라이트)
- Ⅲ : 페라이트 주철(흑연 + 페라이트)

68 다음 중 열경화성 수지가 아닌 것은?

① 페놀수지 ② ABS 수지
③ 멜라민 수지 ④ 에폭시 수지

해설

구분	열가소성	열경화성
소성	고온에서 소성이 부여된다.	열을 받으면 경화된다.
재가공성	재가공이 가능하다.	재가공이 불가능하다.
주요가공법	압출, 사출, 중공, 진공 등	압축, 인발, 와인딩, 프레스 등
종류	PE, PC, PVC 등	에폭시, 폴리아미드, 페놀, 멜라민 수지 등

69 표점거리가 100[mm], 시험편의 평행부 지름이 14[mm]인 인장시험편을 최대 하중 6,400[kgf]로 인장한 후 표점거리가 120[mm]로 변화되었을 때 인장강도는 약 몇 [kgf/mm²]인가?

① 10.4[kgf/mm²] ② 32.7[kgf/mm²]
③ 41.6[kgf/mm²] ④ 166.3[kgf/mm²]

해설
$\sigma = E\varepsilon$ 또는 $\sigma_1 = \dfrac{P_1}{A_1}$ 의 관계에서 E는 알 수 없으므로,

$\sigma_1 = \dfrac{P_1}{A_1} = \dfrac{6,400[\text{kgf}]}{\pi(14[\text{mm}])^2/4} = 41.58[\text{kgf/mm}^2]$

70 가열과정에서 순철의 A_3 변태에 대한 설명으로 틀린 것은?

① BCC가 FCC로 변한다.
② 약 910[℃] 부근에서 일어난다.
③ $\alpha - Fe$이 $\gamma - Fe$로 변화한다.
④ 격자구조에 변화가 없고 자성만 변한다.

해설

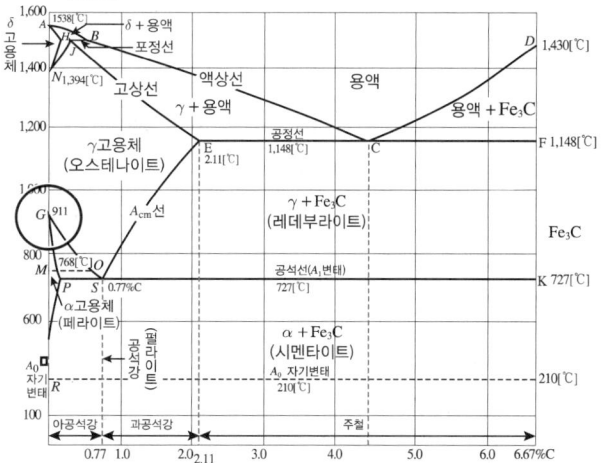

G점은 A_3점으로 순철의 상태가 α철에서 γ철로 변하는 상태변환점이다. ④의 내용은 순철의 자기변태점으로 큐리점이라고도 하며, 구조의 변화가 일어나지 않고 자성의 변화만 생기는 점으로 대략 770[℃] 부근에서 일어난다.

71 자중에 의한 낙하, 운동 물체의 관성에 의한 액추에이터의 자중 등을 방지하기 위해 배압을 생기게 하고, 다른 방향의 흐름이 자유로 흐르도록 한 밸브는?

① 풋밸브
② 스풀밸브
③ 카운터 밸런스 밸브
④ 변환밸브

해설
카운터 밸런스 밸브 : 액추에이터 쪽에 배압(back pressure, 빠지는 쪽의 압력)을 걸어 주어 적절한 움직임을 제어하는 밸브이다.

72 유압에서 체적 탄성계수에 대한 설명으로 틀린 것은?

① 압력의 단위와 같다.
② 압력의 변화량과 체적의 변화량과 관계있다.
③ 체적 탄성계수의 역수는 압축률로 표현한다.
④ 유압에 사용되는 유체가 압축되기 쉬운 정도를 나타낸 것으로, 체적 탄성계수가 클수록 압축이 잘된다.

해설
체적 탄성계수 : 체적 탄성계수와 압축률은 역수관계로, 체적 탄성계수가 클수록 압축률은 떨어진다.
$K = -\dfrac{\Delta P}{\Delta V/V}$, $\beta = -\dfrac{\Delta V/V}{\Delta P}$ (여기서, β : 압축률)

73 오일의 팽창, 수축을 이용한 유압응용장치로 적절하지 않은 것은?

① 진동개폐밸브
② 압력계
③ 온도계
④ 쇼크 업소버

해설
유압유의 점성을 이용한 기계 : 진동을 흡수하거나 충격을 완화하는 기계에 사용하며 진동흡수댐퍼 또는 쇼크 업소버 등이 있다. 통 안의 유체가 빠져나올 좁은 통로를 마련하고 작용되는 힘에 의해 유체가 빠져나올 때 점성력에 의해 힘에 의한 운동속도를 대폭 줄이는 작업을 한다.

74 압력제어밸브에서 어느 최소 유량에서 어느 최대 유량까지의 사이에 증대하는 압력은?

① 오버라이드 압력
② 전량압력
③ 정격압력
④ 서지압력

해설
오버라이드 압력 : 과도압력으로, 밸브구조 설계에 의도한 작동을 하기 위해 설정한 압력과 크래킹 압력의 차이다. 이 차이가 클수록 원하지 않는 압력파가 발생한다.
※ 크래킹 압력 : 밸브의 구조 설계에 의도된 작동을 하기 위해서 내부 격판을 열거나 닫을 때 필요한 압력이다. 체크밸브가 일방향으로 흐르기 위해서 밸브 내부를 개방할 수 있는 약간의 추가 압력이 필요하고, 릴리프 밸브가 설정압력을 제거하기 위해서는 밸브를 열 수 있는 약간의 추가 압력이 필요한데 이를 크래킹 압력이라고 한다.

75 다음 그림과 같은 유압회로의 명칭으로 적합한 것은?

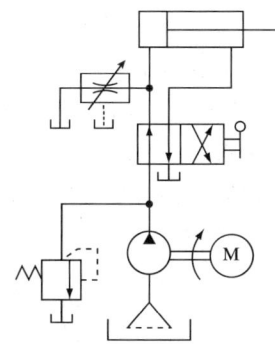

① 어큐뮬레이터 회로
② 시퀀스 회로
③ 블리드 오프 회로
④ 로킹(로크)회로

해설
블리드 오프 회로 : 액추에이터로 공급되는 유량이 작동속도에 비해 너무 많을 때 밀려 나는 유량을 탱크로 회수하는 방식이다. 내부압력이 조정되므로 각 밸브의 과도한 부하를 막을 수 있다. 유압제어의 경우 회수되는 유류에 대한 관리가 다시 필요하다.

76 개스킷(gasket)에 대한 설명으로 옳은 것은?

① 고정 부분에 사용되는 실(seal)
② 운동 부분에 사용되는 실(seal)
③ 대기로 개방되어 있는 구멍
④ 흐름의 단면적을 감소시켜 관로 내 저항을 갖게 하는 기구

해설
개스킷(gasket) : 이음매나 배관 등 두 부품의 접합부 사이에 넣어주는 얇은 판 모양의 밀봉재이다.

77 다음 그림과 같은 기호의 밸브 명칭은?

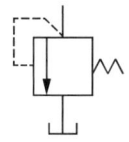

① 스톱밸브
② 릴리프 밸브
③ 체크밸브
④ 가변교축밸브

해설
릴리프 밸브 : 탱크나 실린더 내의 최고 압력을 제한하여 과부하(오버라이드) 방지한다. 안전밸브라고도 한다.

78 펌프의 효율을 구하는 식으로 틀린 것은?(단, 펌프에 손실이 없을 때 토출압력은 P_0, 실제 펌프 토출압력은 P, 이론 펌프 토출량은 Q_0, 실제 펌프 토출량은 Q, 유체동력은 L_h, 축동력은 L_s이다)

① 용적효율 $= \dfrac{Q}{Q_0}$

② 압력효율 $= \dfrac{P_0}{P}$

③ 기계효율 $= \dfrac{L_h}{L_s}$

④ 전효율 = 용적효율 × 압력효율 × 기계효율

해설
펌프의 효율 : 펌프 전효율 = 용적효율 × 기계효율(× 압력효율)
- 용적효율 : 이론 토출량과 실제 토출량의 비율 $\left(= \dfrac{Q}{Q_0}\right)$
- 기계효율 : 펌프의 기계적 손실이 감안된 효율 $\left(= \dfrac{L_h}{L_s}\right)$
- 압력효율 : 이론상 토출압력과 실제 토출압력의 비 $\left(= \dfrac{P}{P_0}\right)$

79 토출량이 일정한 용적형 펌프의 종류가 아닌 것은?

① 기어펌프
② 베인펌프
③ 터빈펌프
④ 피스톤 펌프

해설

용적형 펌프(고정용량형)	비용적형 펌프(가변용량형)
• 용적이 밀폐되어 있어 부하압력이 변동해도 토출량이 거의 일정하다. • 정압을 사용하므로 큰 힘을 요구하는 유압장치용 유압펌프로 사용한다.	• 용적이 밀폐되어 있지 않아 부하압력이 변동하면 토출량이 변하여 유압장치에는 부적당하다. • 펌프용량을 0에서 최대까지 변화시킬 수 있어 효율적인 운전을 할 수 있다.
• 기어펌프, 나사펌프, 베인펌프, 피스톤 펌프	• 원심형 펌프, 액시얼 펌프, 혼류(mixed flow)펌프, 로토 제트 펌프, 터빈펌프

80 유압모터의 효율에 대한 설명으로 틀린 것은?

① 전효율은 체적효율에 비례한다.
② 전효율은 기계효율에 반비례한다.
③ 전효율은 축 출력과 유체 입력의 비로 표현한다.
④ 체적효율은 실제 송출유량과 이론 송출유량의 비로 표현한다.

해설
78번 해설 참조

제5과목 기계제작법 및 기계동력학

81 질량 $m = 100[\text{kg}]$인 기계가 강성계수 $k = 1,000$ [kN/m], 감쇠비 $\zeta = 0.2$인 스프링에 의해 바닥에 지지되어 있다. 이 기계에 $F = 485\sin(200t)[\text{N}]$의 가진력이 작용하고 있다면 바닥에 전달되는 힘은 약 몇 [N]인가?

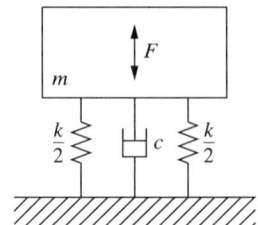

① 100
② 200
③ 300
④ 400

해설
힘의 전달률

$$\left|\frac{F_T}{F}\right| = \sqrt{\frac{1+[2\zeta(f/f_n)]^2}{[1-(f/f_n)^2]^2+[2\zeta(f/f_n)]^2}}$$

$\omega_n = \sqrt{\dfrac{k_T}{m}}$, $k_T = k_1 + k_2 = 1,000[\text{kN/m}]$

$\omega_n = \sqrt{\dfrac{10^6[\text{kg}\cdot\text{m/s}^2\cdot/\text{m}]}{10^2[\text{kg}]}} = 100[/\text{s}]$

$F = 485\sin(200t)[\text{N}] = A\sin(\omega t + \phi)$에서 $\omega = 200[/\text{s}]$

$F_{\max} = 485[\text{N}]$

$r = f/f_n = \omega/\omega_n$이므로 $r = 200/100 = 2$

$\left|\dfrac{F_T}{485[\text{N}]}\right| = \sqrt{\dfrac{1+(2\times0.2\times2)^2}{[1-(2)^2]^2+(2\times0.2\times2)^2}} = 0.4125$

$F_T = 200.0[\text{N}]$

82 강체의 평면운동에 대한 설명으로 틀린 것은?

① 평면운동은 병진과 회전으로 구분할 수 있다.
② 평면운동은 순간 중심점에 대한 회전으로 생각할 수 있다.
③ 순간 중심점은 위치가 고정된 점이다.
④ 곡선경로를 움직이더라도 병진운동이 가능하다.

해설
평면운동을 하는 두 링크의 순간 중심이란 평면상의 동일한 위치에서 두 링크에 속한 두 점의 속도가 같아지는 점이다. 즉, 링크 A에 속한 점을 A′라 하고, 링크 B에 속한 점을 B′라 할 때 A′와 B′가 공간상 동일한 위치에 있고 속도가 서로 같다면 그 위치를 두 링크의 순간 중심점이라고 한다. 순간 중심점은 순간에만 존재하며 계속 변화한다.

83 직선진동계에서 질량 98[kg]의 물체가 16초간 10회 진동하였다. 이 진동계의 스프링 상수는 몇 [N/cm]인가?

① 37.8　　② 15.1
③ 22.7　　④ 30.2

해설
$f_n = \frac{1}{2\pi}\sqrt{\frac{k}{m}}$, 16초간 10회, 초당 0.625회 진동한다.

$0.625[/s] = \frac{1}{2\pi}\sqrt{\frac{k}{98[kg]}}$

$k = 1,511.28[N/m] = 15.11[N/cm]$

84 북극과 남극이 일직선으로 관통된 구멍을 통하여 북극에서 지구 내부를 향하여 초기 속도 v_o = 10 [m/s]로 한 질점을 던졌다. 그 질점이 A점($S = R/2$)을 통과할 때의 속력은 약 몇 [km/s]인가? (단, 지구 내부는 균일한 물질로 채워져 있으며 중력 가속도는 O점에서 0이고, O점으로부터의 위치 S에 비례한다고 가정한다. 그리고 지표면에서 중력 가속도는 9.8[m/s²], 지구 반지름은 R = 6,371 [km]이다)

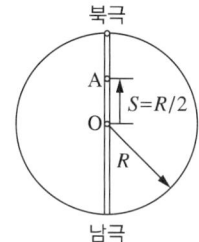

① 6.84　　② 7.90
③ 8.44　　④ 9.81

해설
가속도가 상수가 아닌 거리의 함수인 문제이다.

$a = \frac{s}{R}g$, 가속도는 속도의 시간에 대한 미분이다.

$a = \frac{s}{R}g = \frac{dv}{dt} = \frac{dv}{ds}\frac{ds}{dt} = v\frac{dv}{ds}$, 즉 $\frac{g}{R}s\,ds = v\,dv$의 식을 도출할 수 있다. 지표면부터 목적지까지 적분하면

$\left|\frac{g}{R}\int_{R}^{\frac{R}{2}} s\,ds\right| = \left|\int_{v_0}^{v} v\,dv\right|$, $\frac{g}{R}\left[\frac{1}{2}s^2\right]_{R}^{\frac{R}{2}} = \left[\frac{v^2}{2}\right]_{v_0}^{v}$

$-\frac{g}{2R}\left[\frac{R^2}{4} - R^2\right] = \frac{1}{2}[v^2 - v_0^2]$, $v^2 = v_0^2 + \frac{3}{4}gR$

$v^2 = (10[m/s])^2 + \frac{3}{4} \times 9.8[m/s] \times 6,371,000[m]$

$= 46,826,950[m/s]^2$

∴ $v = 6,843[m/s] = 6.84[km/s]$

정답 82 ③　83 ②　84 ①

85 자동차 B, C가 브레이크가 풀린 채 정지하고 있다. 이때 자동차 A가 1.5[m/s]의 속력으로 B와 충돌하면, 이후 B와 C가 다시 충돌하게 되어 결국 3대의 자동차가 연쇄 충돌하게 된다. 이때 B와 C가 충돌한 직후 자동차 C의 속도는 약 몇 [m/s]인가? (단, 모든 자동차 간 반발계수는 $e = 0.75$이고, 모든 자동차는 같은 종류로 질량이 같다)

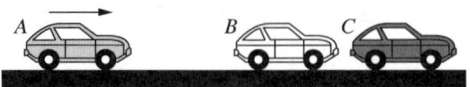

① 0.16　　② 0.39
③ 1.15　　④ 1.31

해설

$$e = -\frac{\Delta V_1}{\Delta V_0} = -\frac{v_1' - v_2'}{v_1 - v_2}$$

1단계 A와 B의 충돌

$0.75 = -\dfrac{\Delta V_1}{1.5[\text{m/s}]}$, $\Delta V_1 = -1.125[\text{m/s}]$

$V_B' - V_A' = 1.125[\text{m/s}]$

운동량 보존의 법칙에 의해

$mV_A = mV_A' + mV_B'$, $V_A' + V_B' = 1.5[\text{m/s}]$

$V_B' - V_A' = 1.125[\text{m/s}]$, $V_B' + V_A' = 1.5[\text{m/s}]$

$V_A' = 0.1875[\text{m/s}]$, $V_B' = 1.3125[\text{m/s}]$

2단계 B와 C의 충돌

$0.75 = -\dfrac{\Delta V_2}{1.3125[\text{m/s}]}$

$\Delta V_2 = -0.984375[\text{m/s}]$

$V_C'' - V_B'' = 0.984375[\text{m/s}]$, $V_C'' + V_B'' = 1.3125[\text{m/s}]$

$V_B'' = 0.1640625[\text{m/s}]$, $V_C'' = 1.1484375[\text{m/s}]$

86 20[g]의 탄환이 수평으로 1,200[m/s]의 속도로 발사되어 정지해 있던 300[g]의 블록에 박힌다. 이후 스프링에 발생한 최대 압축 길이는 약 몇 [m]인가?(단, 스프링 상수는 200[N/m]이고, 처음에 변형되지 않은 상태였다. 바닥과 블록 사이의 마찰은 무시한다)

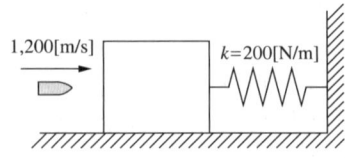

① 2.5　　② 3.0
③ 3.5　　④ 4.0

해설

최대 압축 길이는 운동에너지가 모두 스프링의 탄성으로 저장되었으므로

$$\Delta U = -\frac{1}{2}kx^2 = -\frac{1}{2} \times 200[\text{N/m}] \times x^2$$

$$\Delta U = \Delta E = \frac{1}{2}Mv_2^2 = \frac{1}{2} \times 0.23[\text{kg}] \times v_2^2$$

v_2는 운동량 보존법칙에 의해

$m_1 v_1 = (m_1 + m_2)v_2$

$0.02[\text{kg}] \times 1,200[\text{m/s}] = 0.320[\text{kg}] \times v_2$

$v_2 = 75[\text{m/s}]$

$$\Delta U = \Delta E = \frac{1}{2}Mv_2^2 = \frac{1}{2} \times 0.32[\text{kg}] \times (75[\text{m/s}])^2 = 900[\text{J}]$$

$\dfrac{1}{2} \times 200[\text{N/m}] \times x^2 = 900[\text{J}]$

∴ $x = 3[\text{m}]$

87 경사면에 질량 M의 균일한 원기둥이 있다. 이 원기둥에 감겨 있는 실을 경사면과 동일한 방향인 위쪽으로 잡아당길 때, 미끄럼이 일어나지 않기 위한 실의 장력 T의 조건은?(단, 경사면의 각도를 α, 경사면과 원기둥 사이의 마찰계수를 μ_s, 중력 가속도를 g라 한다)

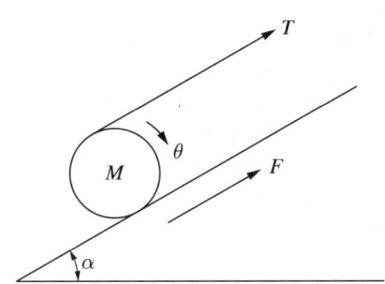

① $T \leq Mg(3\mu_s \sin\alpha + \cos\alpha)$
② $T \leq Mg(3\mu_s \sin\alpha - \cos\alpha)$
③ $T \leq Mg(3\mu_s \cos\alpha + \sin\alpha)$
④ $T \leq Mg(3\mu_s \cos\alpha - \sin\alpha)$

해설

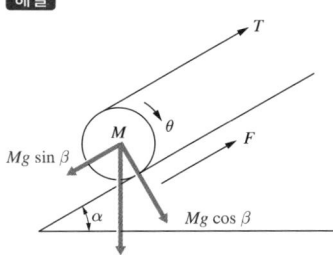

미끄러지지 않으려면 T를 마찰력 범주 이내에서 천천히 잡아당겨야 하고, 작용하는 힘은 회전력에 대해 $\sum M = I\alpha$(여기서, I는 회전 관성으로, 구분을 위해 각도를 β로 기술함)
$\frac{1}{2}mr^2\alpha = T \times r - Mg\cos\beta \times r$, $T - Mg\cos\beta = \frac{mr}{2}\alpha$ ⋯ (1)
힘의 평형과 관련하여
$T + \mu Mg\cos\beta - Mg\sin\beta = mr\alpha$ ⋯ (2)
$T + F - Mg\sin\beta = 2T - 2F$ ⋯ (1)×2 = (2)
$T = 3\mu Mg\cos\beta - Mg\sin\beta$ 보다 천천히 잡아당겨야 한다.
※ 그림에 보듯이 마찰력에 관련한 힘은 $\mu\cos\beta$ 형태의 요소로 기술해야 하고, T는 어떤 힘에서 자중에 의한 $Mg\sin\beta$을 뺀 형태로 기술하므로, 풀이를 찾지 못할 때 삼각함수의 종류와 식의 구성을 보고 해결하는 요령이 될 수 있다. 문제의 조건을 다르게 하면 적용되지 않을 수 있으므로 참고만 한다.

88 진동수(f), 주기(T), 각진동수(ω)의 관계를 표시한 식으로 옳은 것은?

① $f = \frac{1}{T} = \frac{\omega}{2\pi}$
② $f = T = \frac{\omega}{2\pi}$
③ $f = \frac{1}{T} = \frac{2\pi}{\omega}$
④ $f = \frac{2\pi}{T} = \omega$

해설
$f = \frac{1}{T} = \frac{\omega}{2\pi}$, $T = \frac{1}{f} = \frac{2\pi}{\omega}$

89 물체의 위치 x가 $x = 6t^2 - t^3$[m]로 주어졌을 때 최대속도의 크기는 몇 [m/s]인가?(단, 시간의 단위는 초이다)

① 10 ② 12
③ 14 ④ 16

해설
변위를 시간에 대해 미분하면 속도함수가 나오는데, 최대속도는 가속도가 0이 되는 t를 찾아 속도함수에 대입한다.
$x' = v = 12t - 3t^2$
$x'' = v' = a = 12 - 6t$
$t = 2$일 때 속도가 최대이다.
$v_{\max} = v_{t=2} = 12 \times 2 - 3 \times 2^2 = 12$[m/s]

90 다음 그림과 같은 진동시스템의 운동방정식은?

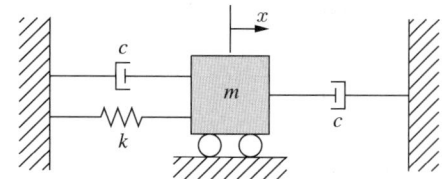

① $m\ddot{x} + \dfrac{c}{2}\dot{x} + kx = 0$

② $m\ddot{x} + c\dot{x} + \dfrac{kc}{k+c}x = 0$

③ $m\ddot{x} + \dfrac{kc}{k+c}\dot{x} + kx = 0$

④ $m\ddot{x} + 2c\dot{x} + kx = 0$

해설

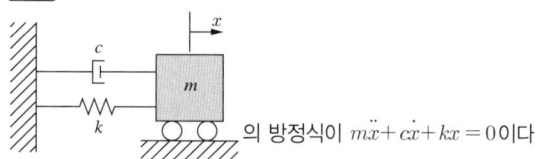 의 방정식이 $m\ddot{x} + c\dot{x} + kx = 0$이다.

이 방정식에 댐퍼가 병렬로 추가된 경우이므로 $m\ddot{x} + 2c\dot{x} + kx = 0$이다.

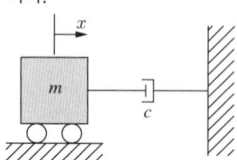

91 스프링 등과 같은 기계요소의 피로강도를 향상시키기 위해 작은 강구를 공작물의 표면에 충돌시켜서 가공하는 방법은?

① 쇼트피닝 ② 전해가공
③ 전해연삭 ④ 화학연마

해설

쇼트피닝
- 경화된 철의 작은 볼(쇼트)을 공작물의 표면에 분사하여 그 표면을 매끈하게 하는 동시에 공작물의 피로강도나 기계적 성질을 향상시키는 방법이다.
- 적절한 속도로 볼을 쏘아야 하며 4기압 이상일 경우 공작물 표면이 손상될 우려가 있다.
- 쇼트의 각도가 직각일 경우 분사층이 가장 두꺼워진다.

92 전기아크용접에서 언더컷의 발생원인으로 틀린 것은?

① 용접속도가 너무 빠를 때
② 용접전류가 너무 높을 때
③ 아크 길이가 너무 짧을 때
④ 부적당한 용접봉을 사용했을 때

해설

언더컷이란 아크로 인해 용접부 용융풀이 과하게 파이는 현상으로, 아크 길이가 너무 긴 경우에 발생한다.

90 ④ 91 ① 92 ③

93 용접부의 시험검사방법 중 파괴시험에 해당하는 것은?

① 외관시험
② 초음파탐상시험
③ 피로시험
④ 음향시험

해설
피로시험 : 임계점 이하의 하중을 반복 또는 지속적으로 가하여 파괴될 때까지 관찰하는 시험이다.

94 압연가공에서 가공 전의 두께가 20[mm]이던 것이 가공 후의 두께가 15[mm]로 되었다면 압하율은 몇 [%]인가?

① 20
② 25
③ 30
④ 40

해설
5[mm]가 압하되었으므로 25[%]가 압하되었다.
$$\frac{20[mm] - 15[mm]}{20[mm]} \times 100[\%] = 25[\%]$$

95 단체 모형, 분할 모형, 조립 모형의 종류를 포괄하는 실제 제품과 같은 모양의 모형은?

① 고르게 모형
② 회전 모형
③ 코어 모형
④ 현형

해설
현형(solid pattern) : 주물과 동일한 모양으로 만든 목형으로 분할형, 조립형 등이 있다. 조립형은 모형을 주형에서 끄집어내기 용이하게 하기 위해, 코어의 삽입을 쉽게 하기 위해, 모형이 복잡하고 큰 경우에 사용한다.

96 절삭가공 시 발생하는 절삭온도 측정방법이 아닌 것은?

① 부식을 이용하는 방법
② 복사고온계를 이용하는 방법
③ 열전대에 의한 방법
④ 칼로리미터에 의한 방법

해설
절삭온도는 주로 칩의 색깔 등으로 쉽게 판단하지만, 열량계(칼로리미터), 열전대, 복사열측정기 등을 이용하기도 한다.

97 담금질된 강의 마텐자이트 조직은 경도는 높지만, 취성이 매우 크고 내부적으로 잔류응력이 많이 남아 있어서 A_1 이하의 변태점에서 가열하는 열처리 과정을 통하여 인성을 부여하고 잔류응력을 제거하는 열처리는?

① 풀림
② 불림
③ 침탄법
④ 뜨임

해설
뜨임(tempering) : 담금질과 연결해서 실시하는 열처리로, 담금질 후 내부응력이 있는 강의 내부 응력을 제거하거나 인성을 개선시켜 주기 위해 100~200[℃] 온도로 천천히 뜨임하거나 500[℃] 부근에서 고온으로 뜨임한다. 200~400[℃] 범위에서 뜨임하면 뜨임 메짐현상이 발생한다.

98 브라운 샤프형 분할대로 $5\frac{1}{2}°$의 각도를 분할할 때, 분할 크랭크의 회전을 어떻게 하면 되는가?

① 27구멍 분할판으로 14구멍씩
② 18구멍 분할판으로 11구멍씩
③ 21구멍 분할판으로 7구멍씩
④ 24구멍 분할판으로 15구멍씩

해설
브라운 샤프형 분할대는 9°씩 40개로 분할되어 있으므로 $n = \frac{5.5}{9}$ 와 비율이 같은 $\frac{11}{18}$ 이다.

99 방전가공의 특징으로 틀린 것은?

① 무인가공이 불가능하다.
② 가공 부분에 변질층이 남는다.
③ 전극의 형상대로 정밀하게 가공할 수 있다.
④ 가공물의 경도와 관계없이 가공이 가능하다.

해설
방전가공은 대부분 자동화 가공으로 작업한다.

100 압연에서 롤러의 구동은 하지 않고 감는 기계의 인장구동으로 압연을 하는 것으로 연질재의 박판 압연에 사용되는 압연기는?

① 3단 압연기
② 4단 압연기
③ 유성압연기
④ 스테켈 압연기

해설
스테켈 압연기는 직경이 작은 한 쌍의 작업 롤러를 가동시키고, 그 위아래에 큰 지지 롤러를 두어 작업 롤러의 휨을 방지한다. 롤러를 직접 구동하지 않아서 롤러 직경을 작게 하여도 압하력을 크게 할 수 있다.

정답 98 ② 99 ① 100 ④

2021년 제2회 과년도 기출문제

제1과목 재료역학

01 다음 그림과 같이 길이가 $2L$인 양단 고정 보의 중앙에 집중하중이 아래로 가해지고 있다. 이때 중앙에서 모멘트 M이 발생하였다면 이 집중하중(P)의 크기는 어떻게 표현되는가?

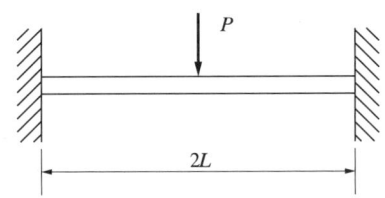

① $\dfrac{M}{L}$ ② $\dfrac{8M}{L}$

③ $\dfrac{2M}{L}$ ④ $\dfrac{4M}{L}$

해설

$M_{\frac{l}{2}} = \dfrac{Pl}{8}$ 인데 $l = 2L$이므로 $M = \dfrac{PL}{4}$, $P = \dfrac{4M}{L}$

구분		
반력	$R_A = \dfrac{Pb^2}{l^3}(3a+b)$, $R_B = \dfrac{Pa^2}{l^3}(3b+a)$	$R_A = R_B = \dfrac{P}{2}$
$M_{\max}$	$M_A = \dfrac{-Pab^2}{l^2}$, $M_B = \dfrac{-Pba^2}{l^2}$, $M_C = \dfrac{2Pa^2b^2}{l^3}$	$M_{\frac{l}{2}} = \dfrac{Pl}{8}$
$\theta_{\max}$		$\theta_{\frac{l}{4}} = \dfrac{Pl^2}{64EI}$
$\delta_{\max}$		$\delta_{\frac{l}{2}} = \dfrac{Pl^3}{192EI}$

구분		
반력	$R_A = R_B = \dfrac{wl}{2}$	$R_A = \dfrac{2wl}{9}$, $R_B = \dfrac{5wl}{18}$
$M_{\max}$	$M_{\frac{l}{2}} = \dfrac{wl^2}{24}$	$M_A = \dfrac{wl^2}{30}$, $M_B = \dfrac{wl^2}{20}$
$\theta_{\max}$	$\theta_{0.789l} = \dfrac{wl^3}{125EI}$	$\theta_{\sqrt{0.3}\,l} = 0.168wl^3$
$\delta_{\max}$	$\delta_{\frac{l}{2}} = \dfrac{wl^4}{384EI}$	$\delta_{\frac{-5+\sqrt{105}}{10}l} = 0.0013\dfrac{wl^4}{EI}$

정답 1 ④

02 허용 인장강도가 400[MPa]인 연강봉에 30[kN]의 축 방향 인장하중이 가해질 경우 이 강봉의 지름은 약 몇 [cm]인가?(단, 안전율은 5이다)

① 2.69　　② 2.93
③ 2.19　　④ 3.33

해설

안전율 5가 적용된 이 연강봉에서 허용된 사용응력을 $\frac{400[\text{MPa}]}{5} = 80[\text{MPa}] = 80[\text{N/mm}^2]$로 보고 연강봉의 지름을 계산한다.

$$\sigma_a = \frac{P}{A} = \frac{P}{\frac{\pi d^2}{4}}$$

$$80[\text{N/mm}^2] = \frac{30,000[\text{N}]}{\frac{\pi d^2}{4}}$$

$$d^2 = \frac{4 \times 30,000[\text{N}]}{80\pi[\text{N/mm}^2]} = 477.46[\text{mm}^2]$$

$$d = 21.85[\text{mm}] = 2.19[\text{cm}]$$

※ 안전율이 적용된 후의 강도를 허용 인장강도라고 해야 하지만, 이 문제에서는 허용 인장강도를 연강봉의 항복강도로 해석하고 풀어야 한다.

03 전체 길이에 걸쳐서 균일 분포하중 200[N/m]가 작용하는 단순 지지보의 최대 굽힘응력은 몇 [MPa]인가?(단, 폭×높이 = 3[cm]×4[cm]인 직사각형 단면이고, 보의 길이는 2[m]이다. 또한, 보의 지점은 양 끝단에 있다)

① 12.5　　② 25.0
③ 14.9　　④ 29.8

해설

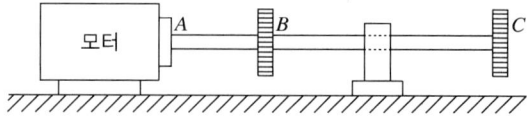

$$\sigma_{b_{\max}} = \frac{M_{\max}}{Z} = \frac{\frac{wl^2}{8}}{\frac{bh^2}{6}} = \frac{\frac{(200 \times 10^{-3}) \times 2,000^2}{8}[\text{N} \cdot \text{mm}]}{\frac{30 \times 40^2}{6}[\text{mm}^3]}$$

$$= 12.5[\text{N} \cdot \text{mm}^2] = 12.5[\text{MPa}]$$

04 지름 50[mm]인 중실축 ABC가 A에서 모터에 의해 구동된다. 모터는 600[rpm]으로 50[kW]의 동력을 전달한다. 기계를 구동하기 위해서 기어 B는 35[kW], 기어 C는 15[kW]를 필요로 한다. 축 ABC에 발생하는 최대 전단응력은 몇 [MPa]인가?

① 9.73　　② 22.7
③ 32.4　　④ 64.8

해설

B에 35[kW], C에 15[kW]를 사용하므로 모터 A에서는 50[kW]를 전달해야 하며, 전체 축의 굵기가 같으므로 50[kW]를 기준으로 설계한다.

$$T = 9,550\frac{H}{n} = 9,550\frac{50}{600} = 795.833[\text{N} \cdot \text{m}]$$

$$\tau = \frac{T}{Z_p} = \frac{795,833[\text{N} \cdot \text{mm}]}{\frac{\pi(50[\text{mm}])^3}{16}} = 32.425[\text{N/mm}^2]$$

※ $\text{N/mm}^2 = \text{MPa}$

05 다음과 같이 3개의 링크를 핀을 이용하여 연결하였다. 2,000[N]의 하중 P가 작용할 경우 핀에 작용되는 전단응력은 약 몇 [MPa]인가?(단, 핀의 지름은 1[cm]이다)

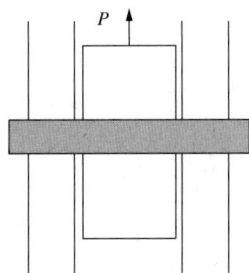

① 12.73
② 13.24
③ 15.63
④ 16.56

해설
$\tau = \dfrac{F}{A}$ 이므로 작용하는 전단 면적을 구한다.

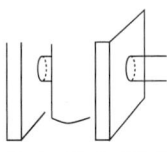

위의 그림과 같은 형태로 핀이 연결되어 있으므로, 전단면은 핀의 단면적의 2배(양쪽 면)와 같다.

$2A = 2 \times \dfrac{\pi D^2}{4} = 2 \times \dfrac{\pi \times 10^2}{4}[\text{mm}^2] = 157.08[\text{mm}^2]$

$\tau = \dfrac{F}{A} = \dfrac{2,000[\text{N}]}{157.08[\text{mm}^2]} = 12.73[\text{MPa}]$

06 다음 그림과 같은 단순보의 중앙점(C)에서 굽힘모멘트는?

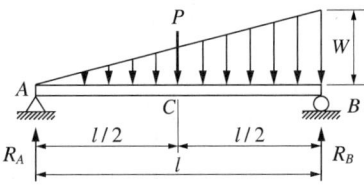

① $\dfrac{Pl}{2} + \dfrac{Wl^2}{8}$
② $\dfrac{Pl}{2} + \dfrac{Wl^2}{48}$
③ $\dfrac{Pl}{4} + \dfrac{5Wl^2}{48}$
④ $\dfrac{Pl}{4} + \dfrac{Wl^2}{16}$

해설
$R_A + R_B = P + \dfrac{wl}{2}$

$M_A = -\dfrac{wl}{2} \times \dfrac{2}{3}l - P \times \dfrac{l}{2} + R_B l = 0$, $R_B = \dfrac{P}{2} + \dfrac{wl}{3}$

$R_A = P + \dfrac{wl}{2} - \dfrac{wl}{3} - \dfrac{P}{2} = \dfrac{wl}{6} + \dfrac{P}{2}$, $R_A = \dfrac{P}{2} + \dfrac{wl}{6}$

C점에서의 모멘트를 구하기 위해 색칠된 삼각형의 분포력과 색칠하지 않은 사각형의 분포력으로 구분할 수 있다.

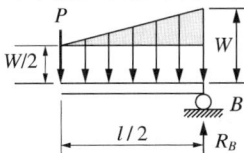

$W_{삼각형} = \dfrac{w}{2} \times \dfrac{l}{2} \times \dfrac{1}{2} = \dfrac{wl}{8}$

$W_{사각형} = \dfrac{w}{2} \times \dfrac{l}{2} = \dfrac{wl}{4}$

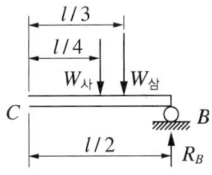

위의 그림과 같이 치환이 가능하다.

$M_C = R_B \times \dfrac{l}{2} - W_{사} \times \dfrac{l}{4} - W_{삼} \times \dfrac{l}{3}$

$= \left(\dfrac{P}{2} + \dfrac{wl}{3}\right) \times \dfrac{l}{2} - \left(\dfrac{wl}{4} \times \dfrac{l}{4}\right) - \left(\dfrac{wl}{8} \times \dfrac{l}{3}\right)$

$= \dfrac{Pl}{4} + \dfrac{wl^2}{6} - \dfrac{wl^2}{16} - \dfrac{wl^2}{24} = \dfrac{Pl}{4} + \dfrac{3wl^2}{48} = \dfrac{Pl}{4} + \dfrac{wl^2}{16}$

※ 풀이가 복잡하고 어렵지만, 집중하중 P에 의한 C점의 모멘트 $\dfrac{Pl}{4}$은 구하기 쉬우므로 분포력 w에 의한 하중만을 계산하여 더 하는 방법(중첩법)도 객관식에서는 유용하다.

07 직사각형 단면의 단주에 150[kN] 하중이 중심에서 1[m]만큼 편심되어 작용할 때 이 부재 AC에서 생기는 최대 인장응력은 몇 [kPa]인가?

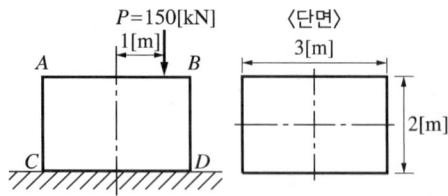

① 25　　　　　　　② 50
③ 87.5　　　　　　④ 100

해설

$$\sigma_a - \sigma_b = \frac{P}{A} - \frac{M}{Z}$$
$$= \frac{150[\text{kN}]}{6[\text{m}^2]} - \frac{150[\text{kN}] \times 1[\text{m}]}{\frac{2 \times 3^2}{6}[\text{m}^3]} = -25[\text{kN/m}^2]$$

압축응력을 +방향으로 간주한 식이므로 A점에서 인장응력 25 [kPa]이 작용하는 것을 알 수 있다.

08 다음 그림과 같이 평면응력 조건하에 최대 주응력은 몇 [kPa]인가?(단, $\sigma_x = 400[\text{kPa}]$, $\sigma_y = -400[\text{kPa}]$, $\tau_{xy} = 300[\text{kPa}]$이다)

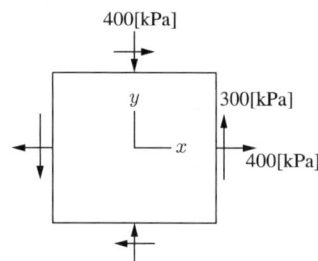

① 400　　　　　　② 500
③ 600　　　　　　④ 700

해설

$$\sigma_n = \frac{1}{2}(\sigma_x + \sigma_y) \pm \frac{1}{2}\sqrt{(\sigma_x - \sigma_y)^2 + 4\tau_{xy}^2}$$
$$= \frac{1}{2}(400 - 400) \pm \frac{1}{2}\sqrt{(400+400)^2 + 4 \times 300^2}$$
$$= 500[\text{kPa}]$$

09 다음 보에 발생하는 최대 굽힘 모멘트는?

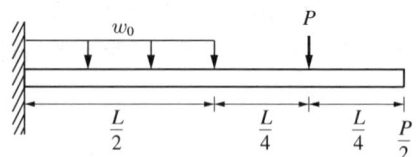

① $\frac{L}{4}(w_0 L - 2P)$　　② $\frac{L}{4}(w_0 L + 2P)$

③ $\frac{L}{8}(w_0 L - 2P)$　　④ $\frac{L}{8}(w_0 L + 2P)$

해설

최대 모멘트는 고정부에서 일어난다.

$$M_{\max} = w_0 \times \frac{L}{2} \times \frac{L}{4} + P \times \frac{3}{4}L - \frac{P}{2} \times L = \frac{w_0 L^2}{8} + \frac{PL}{4}$$
$$= \frac{L}{8}(w_0 L + 2P)$$

10 다음 그림과 같이 균일 분포하중을 받는 외팔보에 대해 굽힘에 의한 탄성 변형에너지는?(단, 굽힘강성 EI는 일정하다)

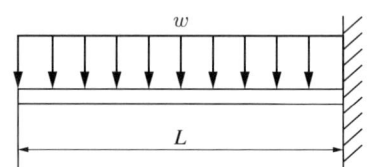

① $\frac{w^2 L^5}{80 EI}$　　　　　② $\frac{w^2 L^5}{160 EI}$

③ $\frac{w^2 L^5}{20 EI}$　　　　　④ $\frac{w^2 L^5}{40 EI}$

해설

이 문제의 보는 모멘트가 길이에 따라 변화하는 x의 함수이므로
$$dU = \frac{1}{2}\frac{M(x)^2 dx}{EI}$$
$$U = \int_0^L dU = \frac{1}{2}\int_0^L \frac{M(x)^2 dx}{EI} = \frac{1}{2EI}\int_0^L \left(\frac{-wx^2}{2}\right)^2 dx$$
$$= \frac{1}{2EI}\int_0^L \frac{w^2 x^4}{4}dx = \frac{w^2}{8EI}\left[\frac{x^5}{5}\right]_0^L = \frac{w^2 L^5}{40 EI}$$

11 다음 그림과 같이 전체 길이가 $3L$인 외팔보에 하중 P가 B점과 C점에 작용할 때 자유단 B에서의 처짐량은?(단, 보의 굽힘강성 EI는 일정하고, 자중은 무시한다)

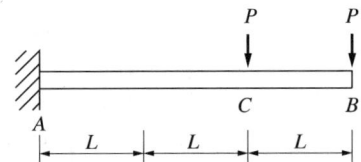

① $\dfrac{44}{3}\dfrac{PL^3}{EI}$ ② $\dfrac{35}{3}\dfrac{PL^3}{EI}$

③ $\dfrac{37}{3}\dfrac{PL^3}{EI}$ ④ $\dfrac{41}{3}\dfrac{PL^3}{EI}$

해설

문제에서 생기는 처짐은 C지점의 P에 의한 δ_C, C지점의 처짐각 θ_C에 의한 δ_θ, B지점의 P에 의한 δ_B가 발생한다.

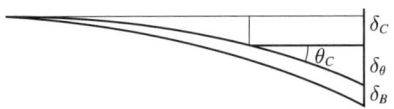

다음 표에서 $\theta_{max} = \dfrac{PL^2}{2EI}$, $\delta_{max} = \dfrac{PL^3}{3EI}$ 이므로

$\delta_C = \dfrac{P(2L)^3}{3EI} = \dfrac{8PL^3}{3EI}$

$\theta_C = \dfrac{P(2L)^2}{2EI} = \dfrac{2PL^2}{EI}$

$\delta_\theta = L \times \dfrac{2PL^2}{EI} = \dfrac{2PL^3}{EI}$

(θ가 극소하여 처짐 δ_θ는 호의 길이 $l = r\theta$의 식에 의해 계산할 수 있으므로)

$\delta_B = \dfrac{P(3L)^3}{3EI} = \dfrac{9PL^3}{EI}$

$\therefore \delta_{total} = \delta_C + \delta_\theta + \delta_B = \dfrac{8}{3}\dfrac{PL^3}{EI} + 2\dfrac{PL^3}{EI} + 9\dfrac{PL^3}{EI}$

$= \left(11 + \dfrac{8}{3}\right)\dfrac{PL^3}{EI} = \dfrac{41}{3}\dfrac{PL^3}{EI}$

보의 종류	처짐각(θ_{max})	처짐(δ_{max})
외팔보 + 끝모멘트 M	$\theta_{max} = \dfrac{ML}{EI}$	$\delta_{max} = \dfrac{ML^2}{2EI}$
외팔보 + 끝집중하중 P	$\theta_{max} = \dfrac{PL^2}{2EI}$	$\delta_{max} = \dfrac{PL^3}{3EI}$
외팔보 + 등분포하중 w	$\theta_{max} = \dfrac{wL^3}{6EI}$	$\delta_{max} = \dfrac{wL^4}{8EI}$
단순보 + 끝모멘트 M_B	$\theta_A = \dfrac{ML}{6EI}$, $\theta_B = \theta_{max} = \dfrac{ML}{3EI}$	$\delta_{max} = \dfrac{ML^2}{9\sqrt{3}\,EI}$ (at $x = \dfrac{L}{\sqrt{3}}$), $\delta_{centre} = \dfrac{ML^2}{16EI}$
단순보 + 집중하중 P ($a+b=L$)	$\theta_{max} = \dfrac{Pab}{6EIL} \times (L+a)$, $a = b = \dfrac{L}{2}$ 이면 $\theta_{max} = \dfrac{PL^2}{16EI}$	$\delta_{max}^{centre} = \dfrac{PL^3}{48EI}$
단순보 + 등분포하중 w	$\theta_{max} = \dfrac{wL^3}{24EI}$	$\delta_{max}^{centre} = \dfrac{5wL^4}{384EI}$

정답 11 ④

12 다음 그림과 같은 직사각형 단면의 목재 외팔보에 집중하중 P가 C점에 작용하고 있다. 목재의 허용 압축응력을 8[MPa], 끝단 B점에서의 허용 처짐량을 23.9[mm]라고 할 때, 허용 압축응력과 허용 처짐량을 모두 고려하여 이 목재에 가할 수 있는 집중하중 P의 최댓값은 약 몇 [kN]인가?(단, 목재의 세로탄성계수 12[GPa], 단면 2차 모멘트는 $1,022 \times 10^{-6}$ [m⁴], 단면계수는 4.601×10^{-3} [m³]이다)

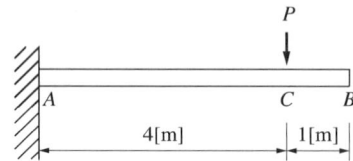

① 7.8
② 8.5
③ 9.2
④ 10.0

해설

(1) P에 의한 허용 압축응력
$$\sigma_a = \frac{M_{\max}}{Z} = 8[\text{MPa}] = \frac{P \times 4[\text{m}]}{4.601 \times 10^{-3}[\text{m}^3]}$$
$P = 9,202[\text{N}] \fallingdotseq 9.2[\text{kN}]$

(2) P에 의한 처짐(※ 11번 해설 참고)
$$\therefore \delta_{total} = \delta_C + \delta_\theta$$
$$\delta_C = \frac{P(4[\text{m}])^3}{3EI} = \frac{64}{3}\frac{P}{EI}[\text{m}^3]$$
$$\delta_\theta = 1[\text{m}] \times \frac{P(4[\text{m}])^2}{2EI} = 8\frac{P}{EI}[\text{m}^3]$$
$$\delta_{Total} = \delta_C + \delta_\theta = 23.9[\text{mm}] = 29\frac{1}{3}\frac{P}{EI}[\text{m}^3]$$
$$= 29.333 \times \frac{P[\text{m}^3]}{12[\text{GPa}] \times 1,022 \times 10^{-6}[\text{m}^4]}$$
$P = 9,992[\text{N}] \fallingdotseq 10[\text{kN}]$

(2)를 적용하면 허용 굽힘응력을 넘게 되므로 (1)을 적용한다.
※ 한 문제로 두 문제를 풀 수 있는 문제로 P에 의한 허용 압축응력, P에 의한 처짐을 계산한다.

13 다음 그림과 같은 단면에서 가로 방향 도심축에 대한 단면 2차 모멘트는 약 몇 [mm⁴]인가?

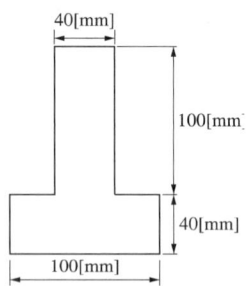

① 10.67×10^6
② 13.67×10^6
③ 20.67×10^6
④ 23.67×10^6

해설

(1) 도심을 구한다.

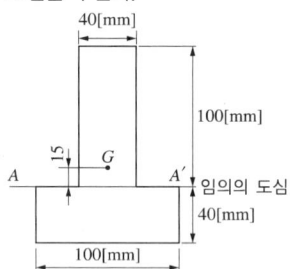

임의의 도심을 $A-A'$로 하고, 두 사각형은 면적이 같으므로
$$\overline{y} = \frac{A_1 \times \overline{y_1} + A_2 \times \overline{y_2}}{A_t}$$
$$= \frac{4,000[\text{mm}^2] \times 50[\text{mm}] - 4,000[\text{mm}^2] \times 20[\text{mm}]}{2 \times 4,000[\text{mm}^2]}$$
$$= \frac{30}{2}[\text{mm}] = 15[\text{mm}]$$

∴ 도심은 임의의 도심에서 위로 15[mm] 떨어진 지점이다.

(2) 각 도형의 도심에서의 단면 2차 모멘트를 구하여 합한다.
$$I_G = I_{1G} + I_{2G} = I_1 + Aa_1^2 + I_2 + Aa_2^2$$
$$= \frac{40 \times 100^3}{12} + 4,000 \times 35^2 + \frac{100 \times 40^3}{12}$$
$$+ 4,000 \times (-35)^2$$
$$= \frac{40,000,000 + 6,400,000}{12} + 2 \times 4,900,000$$
$$= 13,666,667[\text{mm}^4]$$

※ 임의의 도심을 어떻게 정하느냐에 따라 계산이 쉬워질 수 있다.

14 반경 r, 내압 P, 두께 t인 얇은 원통형 압력용기의 면 내에서 발생되는 최대 전단응력(2차원 응력 상태에서의 최대 전단응력)의 크기는?

① $\dfrac{Pr}{2t}$ ② $\dfrac{Pr}{t}$

③ $\dfrac{Pr}{4t}$ ④ $\dfrac{2Pr}{t}$

해설

$\tau_{\max} = \dfrac{1}{2}\sqrt{(\sigma_1-\sigma_2)^2+\tau^2} = \dfrac{1}{2}\sqrt{\left(P\dfrac{d}{2t}-P\dfrac{d}{4t}\right)^2+0^2}$
$= \dfrac{Pd}{8t} = \dfrac{Pr}{4t}$

15 길이 15[m], 봉의 지름 10[mm]인 강봉에 $P = 8$[kN]을 작용시킬 때 이 봉의 길이 방향 변형량은 약 몇 [mm]인가?(단, 이 재료의 세로탄성계수는 210[GPa]이다)

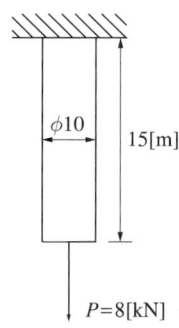

① 5.2 ② 6.4
③ 7.3 ④ 8.5

해설

$\delta = \dfrac{PL}{EA} = \dfrac{8[\text{kN}]\times 15,000[\text{mm}]}{210[\text{GPa}]\times\dfrac{\pi\times(10[\text{mm}])^2}{4}}$

$= \dfrac{4\times 8,000[\text{N}]\times 15,000[\text{mm}]}{210,000[\text{N/mm}^2]\times 100\pi[\text{mm}^2]} = 7.276[\text{mm}]$

16 지름 200[mm]인 축이 120[rpm]으로 회전하고 있다. 2[m] 떨어진 두 단면에서 측정한 비틀림각이 $\dfrac{1}{15}$[rad]이었다면, 이 축에 작용하고 있는 비틀림 모멘트는 약 몇 [kN·m]인가?(단, 가로탄성계수는 80[GPa]이다)

① 418.9 ② 356.6
③ 305.7 ④ 286.8

해설

$\phi = \dfrac{TL}{GI_p}$

$\dfrac{1}{15} = \dfrac{T\times 2[\text{m}]}{80\times 10^9[\text{N/m}^2]\times\left(\dfrac{\pi\times(0.2[\text{m}])^4}{32}\right)}$

$T = 418,879[\text{N·m}] = 418.9[\text{kN·m}]$

17 5[cm] × 4[cm] 블록이 x축을 따라 0.05[cm]만큼 인장되었다. y방향으로 수축되는 변형률(ε_y)은?(단, 푸아송비(ν)는 0.3이다)

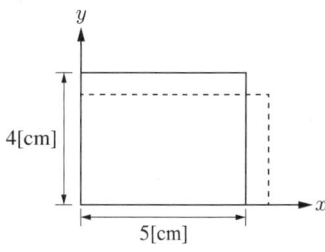

① 0.00015 ② 0.0015
③ 0.003 ④ 0.03

해설

$\varepsilon = \dfrac{\Delta l}{l} = \dfrac{0.05[\text{cm}]}{5[\text{cm}]} = 0.01$

$\nu = \left|\dfrac{\varepsilon'}{\varepsilon}\right|$

$0.3 = \dfrac{\varepsilon'}{0.01}$

$\varepsilon' = 0.003$

※ $\varepsilon' = \dfrac{\Delta d}{d}$, $\dfrac{\Delta d}{4} = 0.003$, $\Delta d = 0.012[\text{cm}]$

18 단면적이 5[cm²], 길이가 60[cm]인 연강봉을 천장에 매달고 30[℃]에서 0[℃]로 냉각시킬 때 길이의 변화를 없게 하려면 봉의 끝에 몇 [kN]의 추를 달아야 하는가?(단, 세로탄성계수 200[GPa], 열팽창계수 $a = 12 \times 10^{-6}$[/℃]이고, 봉의 자중은 무시한다)

① 60 ② 36
③ 30 ④ 24

해설
$P = \alpha E A \Delta T = 12 \times 10^{-6}[/℃] \times 200[GPa] \times 5[cm^2] \times 30[℃]$
$= 12 \times 10^{-6}[/℃] \times 200[kN/mm^2] \times 500[mm^2] \times 30[℃]$
$= 36[kN]$
($\sigma = E \varepsilon$ 이므로, $\varepsilon = \alpha \Delta T$)
※ 냉각 수축력과 추의 힘이 같으면 힘의 평형에 의해 수축이 일어나지 않아 수축량을 계산할 필요가 없다.

19 바깥지름이 46[mm]인 속이 빈 축이 120[kW]의 동력을 전달하는데 이때의 각속도는 40[rev/s]이다. 이 축의 허용비틀림응력이 80[MPa]일 때, 안지름은 약 몇 [mm] 이하이어야 하는가?

① 29.8 ② 41.8
③ 36.8 ④ 48.8

해설
$T = 9{,}550 \dfrac{120}{2{,}400} = 477.5[N \cdot m]$

$T = \tau_a Z_p = \tau_a \dfrac{I_p}{e} = \tau_a \dfrac{\dfrac{\pi(d_2^4 - d_1^4)}{32}}{\dfrac{d_2}{2}}$

$477{,}500[N \cdot mm] = 80[N/mm^2] \times \dfrac{\pi((46[mm])^4 - d_1^4)}{16 \times 46[mm]}$

$d^4[mm^4] = 3{,}082{,}121[mm^4]$
$d = 41.89[mm]$

20 알루미늄 봉이 다음 그림과 같이 축하중을 받고 있다. BC 간에 작용하고 있는 하중의 크기는?

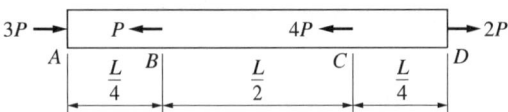

① $2P$ ② $3P$
③ $4P$ ④ $8P$

해설
(1) 우측으로 작용하는 힘을 +, 좌측으로 작용하는 힘을 -라고 하면, BC 구간의 B에는 $+2P$, C에는 $-2P$가 작용하고 있으므로 부재가 받는 힘을 B에서 작용력, C에서 반력으로 간주하여 $2P$가 작용하는 것으로 본다.
(2) 축하중선도

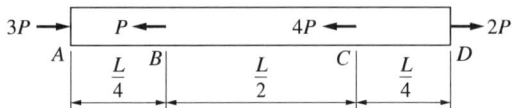

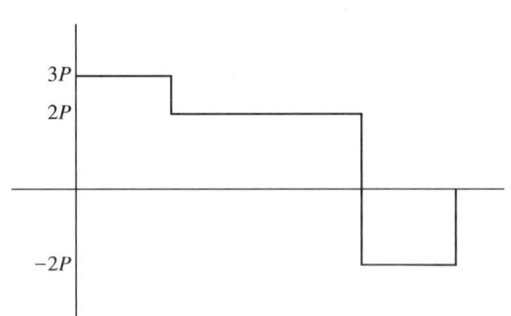

제2과목 기계열역학

21 4[kg]의 공기를 온도 15[℃]에서 일정 체적으로 가열하여 엔트로피가 3.35[kJ/K] 증가하였다. 이때 온도는 약 몇 [K]인가?(단, 공기의 정적비열은 0.717[kJ/kg·K]이다)

① 927　② 337
③ 533　④ 483

해설
정적변화이므로
$$s_2 - s_1 = C_v \ln \frac{T_2}{T_1}$$
$$3.35[\text{kJ/K}] = 4[\text{kg}] \times 0.717[\text{kJ/kg·K}] \times \ln \frac{T_2}{288.15[\text{K}]}$$
$$T_2 = 926.62[\text{K}]$$
※ 핵심이론의 각 상태별 엔트로피의 변화를 구하는 식을 참고한다.

22 실린더에 밀폐된 8[kg]의 공기가 다음 그림과 같이 압력 $P_1 = 800[\text{kPa}]$, 체적 $V_1 = 0.27[\text{m}^3]$에서 $P_2 = 350[\text{kPa}]$, $V_2 = 0.80[\text{m}^3]$으로 직선 변화하였다. 이 과정에서 공기가 한 일은 약 몇 [kJ]인가?

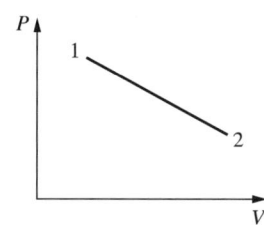

① 305　② 334
③ 362　④ 390

해설
정적변화이므로
$$W_{12} = \int_1^2 P dV$$
P는 V의 함수이므로 $P = aV + b$의 함수를 구하여 위의 적분을 실시해야 한다. 그러나 이 적분의 결과는 도식의 음영 부분의 넓이와 같으므로

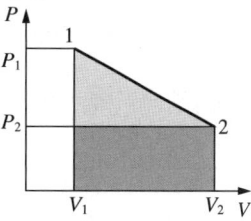

(1) ■의 넓이
　$P_2 \times (V_2 - V_1) = 350[\text{kPa}] \times (0.53[\text{m}^3]) = 185.5[\text{kJ}]$

(2) ▨의 넓이
　$\frac{1}{2}(P_1 - P_2) \times (V_2 - V_1) = \frac{450[\text{kPa}] \times 0.53[\text{m}^3]}{2}$
　$= 119.25[\text{kJ}]$

∴ 전체 넓이 = (1) + (2) = 304.75[kJ]
※ kPa·m³ = kJ

23 압력 100[kPa], 온도 20[℃]인 일정량의 이상기체가 있다. 압력을 일정하게 유지하면서 부피가 처음 부피의 2배가 되었을 때 기체의 온도는 약 몇 [℃]가 되는가?

① 148　② 256
③ 313　④ 586

해설
정압과정에서
$$Pv_1 = RT_1, \; Pv_2 = RT_2, \; \frac{T_1}{v_1} = \frac{T_2}{v_2}$$
$$T_2 = 2T_1 = 2 \times 293.15[\text{K}] = 586.30[\text{K}] = 313.15[℃]$$

정답　21 ①　22 ①　23 ③

24 다음 4가지 경우에서 ( ) 안의 물질이 보유한 엔트로피가 증가한 경우는?

- ⓐ 컵에 있는 (물)이 증발하였다.
- ⓑ 목욕탕의 (수증기)가 차가운 타일벽에서 물로 응결되었다.
- ⓒ 실린더 안의 (공기)가 가역단열적으로 팽창되었다.
- ⓓ 뜨거운 (커피)가 식어서 주위 온도와 같게 되었다.

① ⓐ　　② ⓑ
③ ⓒ　　④ ⓓ

해설
변화 전 s_1에 비해 변화 후 s_2가 커진 경우를 묻는 문제이다.
$\delta Q = mC\Delta T$
ⓐ만 변화 전에 비해 온도가 상승하였고, 나머지는 온도가 하강하였으므로 s의 부호가 달라진다.

25 어떤 열기관이 550[K]의 고열원으로부터 20[kJ]의 열량을 공급받아 250[K]의 저열원에 14[kJ]의 열량을 방출할 때 이 사이클의 Clausius 적분값과 가역, 비가역 여부의 설명으로 옳은 것은?

① Clausius 적분값은 −0.0196[kJ/K]이고, 가역사이클이다.
② Clausius 적분값은 −0.0196[kJ/K]이고, 비가역사이클이다.
③ Clausius 적분값은 0.0196[kJ/K]이고, 가역사이클이다.
④ Clausius 적분값은 0.0196[kJ/K]이고, 비가역사이클이다.

해설

$T_1 = 550[K]$
$Q_1 = 20[kJ]$
어떤 열기관 → W
$Q_2 = 14[kJ]$
$T_2 = 250[K]$

$\oint \dfrac{\delta Q}{T} = \dfrac{\delta Q_1}{T_1} + \dfrac{\delta Q_2}{T_2} = \dfrac{20[kJ]}{550[K]} - \dfrac{14[kJ]}{250[K]} = -0.0196[kJ/K]$

$\oint \dfrac{\delta Q}{T} \neq 0$ 이므로 비가역과정이다.

26 다음 그림과 같은 Rankine 사이클의 열효율은 약 얼마인가?(단, h는 엔탈피, s는 엔트로피를 나타내며, $h_1 = 191.8[kJ/kg]$, $h_2 = 193.8[kJ/kg]$, $h_3 = 2,799.5[kJ/kg]$, $h_4 = 2,007.5[kJ/kg]$이다)

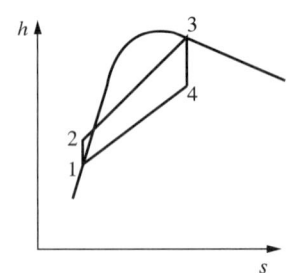

① 30.3[%]　　② 36.7[%]
③ 42.9[%]　　④ 48.1[%]

해설

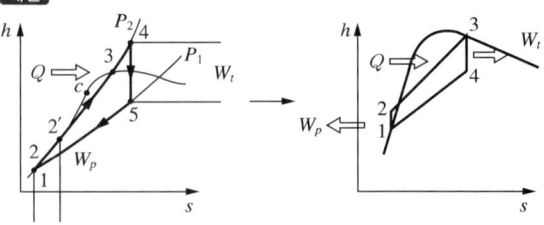

랭킨사이클의 효율
$\eta_{rankine} = \dfrac{W_{net}}{Q_{in}} = \dfrac{W_t - W_p}{Q_{in}}$

$= \dfrac{(2,799.5 - 2,007.5)[kJ/kg] - (193.8 - 191.8)[kJ/kg]}{(2,799.5 - 193.8)[kJ/kg]}$

$= 0.3032 \times 100[\%] = 30.3[\%]$

정답 24 ① 25 ② 26 ①

27 상태 1에서 경로 A를 따라 상태 2로 변화하고 경로 B를 따라 다시 상태 1로 돌아오는 가역사이클이 있다. 다음의 사이클에 대한 설명으로 틀린 것은?

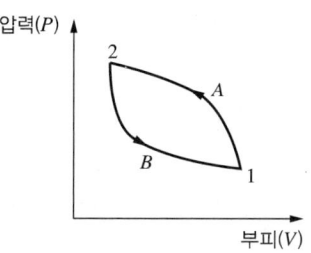

① 사이클 과정 동안 시스템의 내부에너지 변화량은 0이다.
② 사이클 과정 동안 시스템은 외부로부터 순(net) 일을 받았다.
③ 사이클 과정 동안 시스템의 내부에서 외부로 순(net) 열이 전달되었다.
④ 이 그림으로 사이클 과정 동안 총엔트로피 변화량을 알 수 없다.

해설
1지점과 2지점에서 P_1, V_1, P_2, V_2값을 알 수 있기 때문에 이를 이용하여 온도를 찾을 수 있고, 이를 이용해 각각 엔트로피를 구하여 총엔트로피의 변화량을 알 수 있다. 엔트로피는 열역학적 상태량이며 중간과정에 영향을 받지 않는 점함수이다.

28 유리창을 통해 실내에서 실외로 열전달이 일어난다. 이때 열전달량은 약 몇 [W]인가?(단, 대류 열전달계수는 50[W/m²·K], 유리창 표면온도는 25[℃], 외기온도는 10[℃], 유리창 면적은 2[m²]이다)

① 150
② 500
③ 1,500
④ 5,000

해설
대류 열전달 : 물체의 표면에서 주변으로 열이 전달되는 형태로 공기, 수증기, 물 등 열전달매체의 운동에 의해 열을 전달한다.
$q = h \times A \times \Delta T$
$= 50[W/m^2 \cdot K] \times 2[m^2] \times 15[K] = 1,500[W]$
(여기서, q : 열전달률, h : 대류 열전달계수, A : 접촉 면적, ΔT : 온도차)

29 냉동기 냉매의 일반적인 구비조건으로서 적합하지 않은 것은?

① 임계온도가 높고, 응고온도가 낮을 것
② 증발열이 작고, 증기의 비체적이 클 것
③ 증기 및 액체의 점성(점성계수)이 작을 것
④ 부식성이 없고, 안정성이 있을 것

해설
냉매의 구비조건 : 동일한 냉동능력을 내는 경우에는 소요동력이 작아야 한다. 이를 위해 증발잠열이 크고 액체의 비열이 작으며, 임계온도가 높고 응고온도가 낮아야 한다. 또한 내화학성, 화학적 안정성, 높은 열전도율, 낮은 점도, 저자극성과 인체에 무해한 성질, 저렴하며 구하기 쉽고, 쉽게 누설되지 않아야 한다. 과거 프레온 등의 냉매로 인해 오존층 파괴 문제가 대두되어 환경 규제를 받는 물질도 있다.

30 오토사이클로 작동되는 기관에서 실린더의 극간체적(clearance volume)이 행정체적(stroke volume)의 15[%]라고 하면 이론 열효율은 약 얼마인가?(단, 비열비 $k = 1.4$이다)

① 39.3[%]
② 45.2[%]
③ 50.6[%]
④ 55.7[%]

해설
$V_{행정} = 0.15 V_{극간}, \varepsilon = \dfrac{V_{극간} + V_{행정}}{V_{극간}} = \dfrac{1.15}{0.15} = 7.67$

$\eta_{otto} = 1 - \dfrac{Q_2}{Q_1} = 1 - \dfrac{T_1}{T_2}$
$= 1 - \left(\dfrac{1}{\varepsilon}\right)^{\kappa - 1} = 1 - \varepsilon^{1-\kappa} = 1 - 7.67^{1-1.4} = 0.5573$
$= 0.5573 \times 100[\%]$
$= 55.7[\%]$

정답 27 ④ 28 ③ 29 ② 30 ④

31 복사열을 방사하는 방사율과 면적이 같은 2개의 방열판이 있다. 각각의 온도가 A방열판은 120[℃], B방열판은 80[℃]일 때 두 방열판의 복사 열전달량(Q_A/Q_B)비는?

① 1.08 ② 1.22
③ 1.54 ④ 2.42

해설
복사 파장은 절대온도의 네제곱에 비례한다. 따라서 전달되는 복사에너지는 전달체 온도의 네제곱과 피전달체 온도의 네제곱의 차와 비례한다. 문제에서 피전달체를 정의하지 않았기 때문에 복사에너지가 무한히 멀리 퍼져나가는 것으로 가정하여 계산한다.
$Q_A/Q_B = T_2^4/T_1^4 = (393.15[K])^4/(353.15[K])^4 = 1.536$

32 보일러, 터빈, 응축기, 펌프로 구성되어 있는 증기원동소가 있다. 보일러에서 2,500[kW]의 열이 발생하고, 터빈에서 550[kW]의 일을 발생시킨다. 또한, 펌프를 구동하는 데 20[kW]의 동력이 추가로 소모된다면 응축기에서의 방열량은 약 몇 [kW]인가?

① 980 ② 1,930
③ 1,970 ④ 3,070

해설
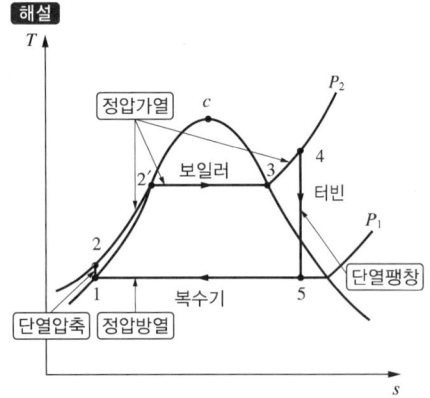

펌프, 보일러에서 에너지를 공급하고 터빈, 응축기에서 에너지를 내보내야 거시적으로 이 에너지가 균형을 이루므로,
펌프 + 보일러 = 터빈 + 응축기
20[kW] + 2,500[kW] = 550[kW] + 응축기
∴ 응축기의 방열량은 1,970[kW]이다.

33 열역학 제2법칙과 관계된 설명으로 가장 옳은 것은?

① 과정(상태변화)의 방향성을 제시한다.
② 열역학적 에너지의 양을 결정한다.
③ 열역학적 에너지의 종류를 판단한다.
④ 과정에서 발생한 총일의 양을 결정한다.

해설
열역학 제1법칙은 에너지보존법칙에 관한 내용이고, 열역학 제2법칙은 열과 일 사이의 에너지 이동의 방향성을 설명해 주는 법칙이다.
- Clausius의 표현 : 자연계에 어떠한 변화도 남기지 않고 열을 저온의 물체로부터 고온의 물체로 이동하는 열펌프를 만드는 것은 불가능하다.
- Kelvin-Plank의 표현 : 자연계에 어떠한 변화도 남기지 않고 일정 온도의 어느 열원의 열을 계속하여 일로 변환시키는 기계를 만드는 것은 불가능하다.

34 질량이 5[kg]인 강제용기 속에 물이 20[L] 들어 있다. 용기와 물이 24[℃]인 상태에서 이 속에 질량이 5[kg]이고, 온도가 180[℃]인 어떤 물체를 넣었더니 일정 시간 후 온도가 35[℃]가 되면서 열평형에 도달하였다. 이때 이 물체의 비열은 약 몇 [kJ/kg·K]인가?(단, 물의 비열은 4.2[kJ/kg·K], 강의 비열은 0.46[kJ/kg·K]이다)

① 0.88 ② 1.12
③ 1.31 ④ 1.86

해설
용기와 물이 24[℃]로 평형을 이루고 있는데, 180[℃]의 물체에서 열을 받아 35[℃] 열평형이 되었으므로
$\Delta Q_{용기} + \Delta Q_{물} = \Delta Q_{어떤물체}$
$m_{용기} C_{용기} \times 11[K] + m_{물} C_{물} \times 11[K]$
$= m_{어떤물체} C_{어떤물체} \times 145[K]_{어떤물체}$
$5[kg] \times 0.46[kJ/kg \cdot K] \times 11[K] + 20[kg] \times 4.2[kJ/kg \cdot K]$
$\times 11[K] = 5[kg] \times C_{어떤물체} \times 145[K]_{어떤물체}$
∴ $C_{어떤물체} = 1.3094[kJ/kg \cdot K]$

35 완전히 단열된 실린더 안의 공기가 피스톤을 밀어 외부로 일을 하였다. 이때 외부로 행한 일의 양과 동일한 값(절댓값 기준)을 가지는 것은?

① 공기의 엔탈피 변화량
② 공기의 온도 변화량
③ 공기의 엔트로피 변화량
④ 공기의 내부에너지 변화량

해설
완전히 단열된 상태면 실린더 안의 에너지는 보존된다.
$H = U_1 + P_1V_1 = U_2 + P_2V_2$
$P_1V_1 \to P_2V_2$으로 변화가 생겼으므로 같은 에너지 양만큼 $U_1 \to U_2$로 변화된다.

36 어느 왕복동 내연기관에서 실린더 안지름이 6.8[cm], 행정이 8[cm]일 때 평균 유효압력은 1,200[kPa]이다. 이 기관의 1행정당 유효 일은 약 몇 [kJ]인가?

① 0.09
② 0.15
③ 0.35
④ 0.48

해설

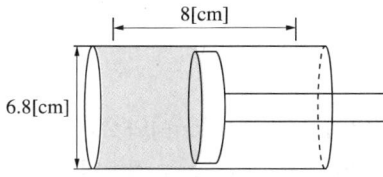

실린더의 행정 내 체적이 ΔV가 되고, PV선도가 1차적인 관계라고 할 때 평균압력을 이용하면 하단 면적을 구할 수 있다.

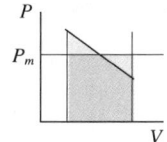

$W = \int_1^2 Pdv = P_m \Delta V$
$= 1,200[kPa] \times \frac{\pi}{4}(0.068[m])^2 \times 0.08[m]$
$= 0.349[kN \cdot m]$
※ $kN \cdot m = kJ$

37 이상적인 오토사이클의 열효율이 56.5[%]이라면 압축비는 약 얼마인가?(단, 작동유체의 비열비는 1.4로 일정하다)

① 7.5
② 8.0
③ 9.0
④ 9.5

해설
$\eta_{otto} = 1 - \varepsilon^{1-\kappa}$
$1 - \varepsilon^{1-1.4} = 0.565$
$\varepsilon^{0.4} = \frac{1}{0.435}$
$\varepsilon = 8.01$
※ 30번 문제와 연관된다.

38 카르노 사이클로 작동되는 열기관이 200[kJ]의 열을 200[℃]에서 공급받아 20[℃]에서 방출한다면, 이 기관의 일은 약 얼마인가?

① 38[kJ]
② 54[kJ]
③ 63[kJ]
④ 76[kJ]

해설
$\eta_{carnot} = 1 - \frac{T_2}{T_1} = 1 - \frac{293.15[K]}{473.15[K]} = 0.3804$
공급된 일이 200[kJ]이므로 한 일은
$200[kJ] \times 0.3804 = 76.08[kJ]$

39 시스템 내에 임의의 이상기체 1[kg]이 채워져 있다. 이 기체의 정압비열은 1.0[kJ/kg·K]이고, 초기 온도가 50[℃]인 상태에서 323[kJ]의 열량을 가하여 팽창시킬 때 변경 후 체적은 변경 전 체적의 약 몇 배가 되는가?(단, 정압과정으로 팽창한다)

① 1.5배 ② 2배
③ 2.5배 ④ 3배

해설
정압 상황에서 열량의 변화는
$Q = mC_p dT$의 관계이므로
$323[kJ] = 1[kg] \times 1.0[kJ/kg \cdot K] \times (T_2 - 323[K])$
$T_2 = 646[K]$
정압과정에서
$Pv_1 = RT_1,\ Pv_2 = RT_2,\ \dfrac{T_1}{v_1} = \dfrac{T_2}{v_2}$
$T_2 = 2T_1,\ v_2 = 2v_1$

40 기체상수가 0.462[kJ/kg·K]인 수증기를 이상기체로 간주할 때 정압비열[kJ/kg·K]은 약 얼마인가?(단, 이 수증기의 비열비는 1.33이다)

① 1.86 ② 1.54
③ 0.64 ④ 0.44

해설
$\dfrac{C_p}{C_v} = \kappa,\ C_p - C_v = R,\ C_v = \dfrac{C_p}{\kappa},\ C_p - \dfrac{C_p}{\kappa} = C_p\left(1 - \dfrac{1}{\kappa}\right) = R$
$\therefore C_p = \dfrac{R}{\left(1 - \dfrac{1}{\kappa}\right)} = \dfrac{0.462[kJ/kg \cdot K]}{\left(1 - \dfrac{1}{1.33}\right)} = 1.863[kJ/kg \cdot K]$

제3과목 기계유체역학

41 동점성계수가 10[cm²/s]이고, 비중이 1.2인 유체의 점성계수는 몇 [Pa·s]인가?

① 1.2 ② 0.12
③ 2.4 ④ 0.24

해설
$\nu = \dfrac{\mu}{\rho} = \dfrac{\mu}{S_{비중}\rho_{물}}$
$\mu = \nu S_{비중} \rho_{물}$
$= 10[cm^2/s] \times 1.2 \times 1,000[kg/m^3]$
$= 0.001[m^2/s] \times 1,200[kg/m^3]$
$= 1.2[N/m^2 \cdot s]$
※ $N/m^2 \cdot S = Pa \cdot S$

42 단면적이 각각 10[cm²]와 20[cm²]인 관이 서로 연결되어 있다. 비압축성 유동이라 가정하면 20[cm²] 관 속의 평균 유속이 2.4[m/s]일 때 10[cm²] 관 내의 평균속도는 약 몇 [m/s]인가?

① 4.8 ② 1.2
③ 9.6 ④ 2.4

해설
유량이 보존되므로
$\rho AV = \rho A_1 V_1 = \rho A_2 V_2$
$V_1 = \dfrac{20[cm^2]}{10[cm^2]} \times 2.4[m/s] = 4.8[m/s]$

43 밀도가 ρ인 액체와 접촉하고 있는 기체 사이의 표면장력이 σ라고 할 때, 다음 그림과 같은 지름 d의 원통 모세관에서 액주의 높이 h를 구하는 식은? (단, g는 중력 가속도이다)

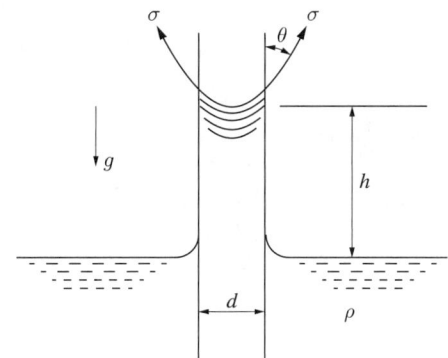

① $h = \dfrac{2\sigma \sin\theta}{\rho g d}$ ② $h = \dfrac{2\sigma \cos\theta}{\rho g d}$

③ $h = \dfrac{4\sigma \sin\theta}{\rho g d}$ ④ $h = \dfrac{4\sigma \cos\theta}{\rho g d}$

해설

$h = \dfrac{2\sigma \cos\theta}{\gamma r}$, $r = \dfrac{d}{2}$, $\gamma = \rho g$이므로

$h = \dfrac{4\sigma \cos\theta}{\rho g d}$

해설

$p_{gage} = \gamma' h' - \gamma h$

이 문제 조건에서는

$p_{gage} = \gamma_{수은} H - \gamma_{액} h$
$= S_{수은} \gamma_{물} H - \rho_{액} g h$
$= 13.6 \times 9{,}806 [\text{N/m}^3] \times 0.5[\text{m}] - 900[\text{kg/m}^3]$
$\quad \times 9.806 [\text{m/s}^2] \times 0.3[\text{m}]$
$= 64{,}033.18 [\text{N/m}^2] = 64.03 [\text{kPa}]$

※ 중력 가속도의 값의 적용차에 따른 오차를 고려한다.

44 마노미터를 설치하여 액체탱크의 수압을 측정하려고 한다. 수은(비중 = 13.6) 액주의 높이차 $H = 50[\text{cm}]$이면 A 점에서의 계기압력은 약 얼마인가? (단, 액체의 밀도는 900[kg/m³]이다)

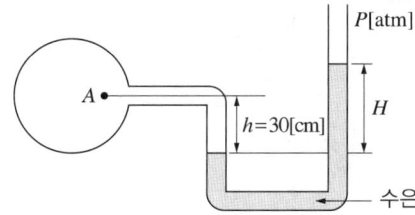

① 63.9[kPa]   ② 4.2[kPa]
③ 63.9[Pa]   ④ 4.2[Pa]

45 평판 위를 지나는 경계층 유동에서 경계층 두께가 δ인 경계층 내 속도 u가 $\dfrac{u}{U} = \sin\left(\dfrac{\pi y}{2\delta}\right)$로 주어진다. 여기서 y는 평판까지 거리, U는 주류속도이다. 이때 경계층 배제 두께(boundary layer displacement thickness) δ^*와 δ의 비 $\dfrac{\delta^*}{\delta}$는 약 얼마인가?

① 0.333   ② 0.363
③ 0.500   ④ 0.667

해설

$\delta^* = \displaystyle\int_0^\delta \left(1 - \dfrac{u}{U_\infty}\right) dy = \int_0^\delta \left(1 - \sin\left(\dfrac{\pi y}{2\delta}\right)\right) dy$

$\delta^* = \left[y + \dfrac{2\delta}{\pi}\cos\left(\dfrac{\pi y}{2\delta}\right)\right]_0^\delta = \delta - \dfrac{2\delta}{\pi} = \delta\left(\dfrac{\pi - 2}{\pi}\right)$

$\dfrac{\delta^*}{\delta} = \left(\dfrac{\pi - 2}{\pi}\right) = 0.3634$

※ 관계식에서 δ 요소가 있으므로 바로 적분하여 비례값을 구한다.

46 매끄러운 원관에서 물의 속도가 V일 때 압력 강하가 Δp_1이었고, 이때 완전한 난류유동이 발생되었다. 속도를 $2V$로 하여 실험을 하였다면 압력 강하는 얼마가 되는가?

① Δp_1　　② $2\Delta p_1$
③ $4\Delta p_1$　　④ $8\Delta p_1$

해설
매끄러운 원 관 내에서 압력 강하가 일어나는 경우는 마찰 등 손실수두가 발생하는 경우이다. 손실수두의 식은 모든 유동에 적용된다.

$H_L = K_L \dfrac{v^2}{2g}$ (여기서, $K_L = K_k + f\dfrac{l}{D}$)

$\Delta P = \gamma H_L = K_L \dfrac{\rho v^2}{2}$

손실이 발생하는 유동에서 속도가 2배가 되면 손실수두는 4배가 되고, 이에 따라 압력 강하는 4배가 된다.

47 수력 구배선(hydraulic grade line)에 대한 설명으로 옳은 것은?

① 에너지선보다 위에 있어야 한다.
② 항상 수평선이다.
③ 위치수두와 속도수두의 합을 나타내며, 주로 에너지선 아래에 있다.
④ 위치수두와 압력수두의 합을 나타내며, 주로 에너지선 아래에 있다.

해설

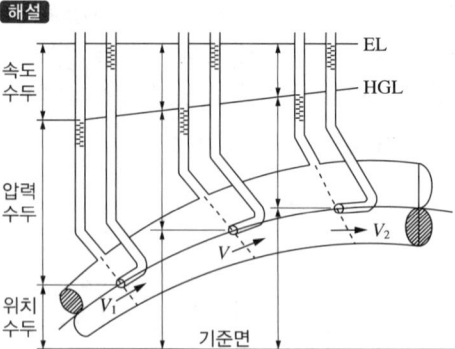

그림의 EL(Energy Line)은 에너지선으로 동압수두를 고려한 총에너지 라인은 같다. HGL(Hydraulic Grade Line)은 수력 기울기선(수력 구배선)으로 유동하는 유체가 갖고 있는 힘의 구성을 볼 수 있는 라인이다.

48 한 변이 2[m]인 위가 열려 있는 정육면체 통에 물을 가득 담아 수평 방향으로 9.8[m/s²]의 가속도로 잡아당겼을 때 통에 남아 있는 물의 양은 약 몇 [m³]인가?

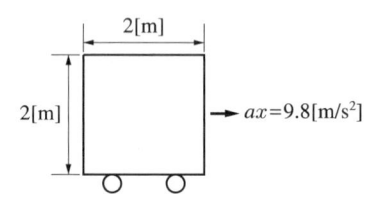

① 8　　② 4
③ 2　　④ 1

해설

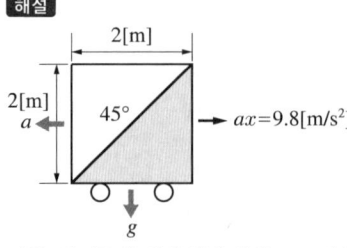

작용-반작용에 의해 반대 방향으로 가속도 a가 작용하고 중력 가속도 g가 작용하며, $a = g$이므로 물은 반만 남는다.
남는 물의 양 = (전체 물의 양)/2 = 8[m³]/2 = 4[m³]

49 지름 D인 구가 점성계수 μ인 유체 속에서 관성을 무시할 수 있을 정도로 느린 속도 V로 움직일 때 받는 힘 F를 D, μ, V의 함수로 가정하여 차원해석하였을 때 얻을 수 있는 식은?

① $\dfrac{F}{(D\mu V)^{1/2}} = $ 상수

② $\dfrac{F}{D\mu V} = $ 상수

③ $\dfrac{F}{D\mu V^2} = $ 상수

④ $\dfrac{F}{(D\mu V)^2} = $ 상수

해설
$F = MLT^{-2}$, $D = L$, $\mu = ML^{-1}T^{-1}$, $V = LT^{-1}$
모두 곱해 차원을 비교하여 $M^0 L^0 T^0$이 되는 것은
$\dfrac{F}{D\mu V} = \dfrac{MLT^{-2}}{L \times ML^{-1}T^{-1} \times LT^{-1}} = M^0 L^0 T^0$이다.

50 다음 그림과 같이 바닥부 단면적이 1[m²]인 탱크에 설치된 노즐에서 수면과 노즐 중심부 사이의 높이가 1[m]인 경우 유량을 Q라고 한다. 이 유량을 2배로 하기 위해서는 수면상에 약 몇 [kg] 정도의 피스톤을 놓아야 하는가?

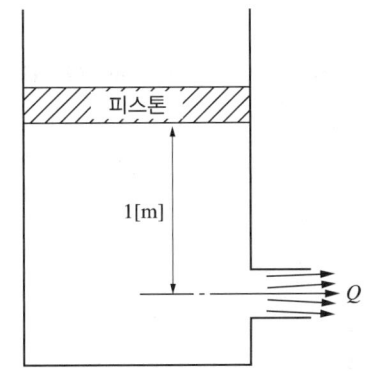

① 1,000 ② 2,000
③ 3,000 ④ 4,000

해설
$Q = AV$인데 단면적을 넓힐 수는 없으므로 유량이 2배가 되려면 속도가 2배되어야 한다.
추가 압력이 없을 때의 속도는 $v = \sqrt{2gh}$,
추가 압력을 $P_P = W/A = mg/A$이라 하면
추가 압력을 가하고 유량이 처음의 2배가 된 상태의 베르누이 정리는
$$\dfrac{P_{대기} + mg/A}{\gamma} + \dfrac{V_1^2}{2g} + Z_1 = \dfrac{P_{대기}}{\gamma} + \dfrac{(2\sqrt{2gh})^2}{2g} + Z_2$$
$V_1 = 0$, $Z_1 - Z_2 = h$이므로
$\dfrac{mg}{A\rho g} + h = 4h$
$m = 3hA\rho = 3 \times 1[\text{m}] \times 1[\text{m}^2] \times 1,000[\text{kg/m}^3] = 3,000[\text{kg}]$

51 어떤 물체의 속도가 초기 속도의 2배가 되었을 때 항력계수가 초기 항력계수의 $\dfrac{1}{2}$로 줄었다. 초기에 물체가 받는 저항력이 D라고 할 때 변화된 저항력은 얼마가 되는가?

① $2D$ ② $4D$
③ $\dfrac{1}{2}D$ ④ $\sqrt{2}\,D$

해설
$F_D = C_D \dfrac{1}{2}\rho V^2 \times A$
$F_D' = \dfrac{C_D}{2} \dfrac{1}{2}\rho (2V)^2 \times A = 2C_D \dfrac{1}{2}\rho V^2 \times A = 2F_D$
(여기서, F_D : 항력, C_D : 항력계수)

52 5[℃]의 물(점성계수 1.5×10⁻³[kg/m·s])이 안지름 0.25[cm], 길이 10[m]인 수평관 내부를 1[m/s]로 흐른다. 이때 레이놀즈수는 얼마인가?

① 166.7
② 600
③ 1,666.7
④ 6,000

해설

$Re = \dfrac{\rho v^2/D}{\mu v/D^2} = \dfrac{\rho v D}{\mu} = \dfrac{vD}{\nu}$

$Re = \dfrac{\rho v D}{\mu} = \dfrac{1,000[\text{kg/m}^3] \times 1[\text{m/s}] \times 0.0025[\text{m}]}{1.5 \times 10^{-3}[\text{kg/m} \cdot \text{s}]}$

$= 1,666.67$

53 길이 100[m]의 배를 길이 5[m]인 모형으로 실험할 때 실형이 40[km/h]로 움직이는 경우와 역학적 상사를 만족시키기 위한 모형의 속도는 약 몇 [km/h]인가?(단, 점성마찰은 무시한다)

① 4.66
② 8.94
③ 12.96
④ 18.42

해설

$F_N = \dfrac{V}{\sqrt{gL}}$

프루드수를 같게 하므로

$\dfrac{40[\text{km/h}]}{\sqrt{g \times 100[\text{m}]}} = \dfrac{V}{\sqrt{g \times 5[\text{m}]}}$

$V = 8.94[\text{km/h}]$

54 다음 그림과 같이 비중이 0.83인 기름이 12[m/s]의 속도로 수직 고정 평판에 직각으로 부딪치고 있다. 판에 작용되는 힘 F는 약 몇 [N]인가?

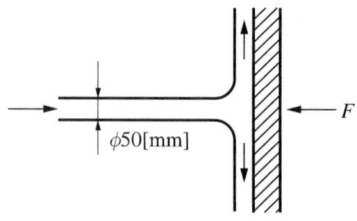

① 23.5
② 28.9
③ 288.6
④ 234.7

해설

작용하는 힘의 합력을 고려하면 y방향의 힘은 직각판에 부딪히므로 상하의 합이 같으므로 x방향의 힘만 살펴보면,

$\Sigma F_x = \rho A V^2 - F = 0$

$F = 0.83 \times 1,000[\text{kg/m}^3] \times \dfrac{\pi(0.05[\text{m}])^2}{4} \times (12[\text{m/s}])^2$

$= 234.677[\text{N}]$

55 다음 중 Hagen-Poiseuille 법칙을 이용한 세관식 점도계는?

① 맥마이클(MacMichael) 점도계
② 세이볼트(saybolt) 점도계
③ 낙구식 점도계
④ 스토머(stormer) 점도계

해설

①, ④ 회전식 점도계로 뉴턴의 점성법칙을 이용한다.
③ 유체 속에 공을 떨어뜨려 떨어지는 시간을 이용하여 점도를 측정한다. 스토크스 유동을 이용한다.

56 다음 그림과 같은 수문에서 멈춤장치 A가 받는 힘은 약 몇 [kN]인가?(단, 수문의 폭은 3[m]이고, 수은의 비중은 13.6이다)

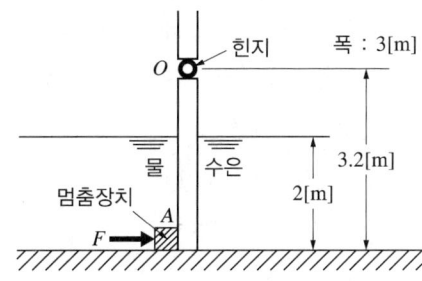

① 37 ② 510
③ 586 ④ 879

해설
O점에서 평판이 받는 힘에 의해 발생하는 모멘트와 멈춤장치의 모멘트 평형을 계산한다. 전압력의 크기는 $p = \gamma h A$이며 여기에 사용하는 h는 잠긴 면적의 도심이다.

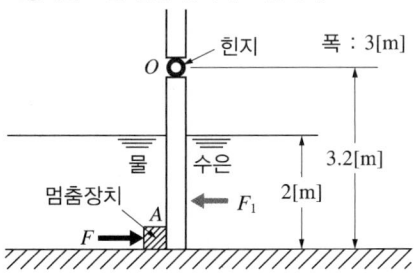

수문의 앞뒤로 압력이 작용하며 수은쪽 압력이 크므로
$F_1 = \gamma h A = (\gamma_{Hg} - \gamma_{water})hA$
$= (13.6-1) \times 9,806 [\text{N/m}^3] \times 1[\text{m}] \times 6[\text{m}^2] = 741,334[\text{N}]$

$y_p = \dfrac{I_G}{\bar{y}A} + \bar{y} = \dfrac{\frac{3\times 2^3}{12}[\text{m}^4]}{1\times 6[\text{m}^3]} + 1[\text{m}] = 1.333[\text{m}]$ (유면부터의 깊이)

$\sum M_O = F_1 \times (1.2 + y_p) - F \times 3.2[\text{m}] = 0$
$741,334[\text{N}] \times (1.2 + 1.333) = F \times 3.2[\text{m}]$
$F = 586,812.2[\text{N}] = 586.812[\text{kN}]$

57 2차원 직각좌표계 (x, y)에서 유동함수(stream function, ψ)가 $\psi = y - x^2$인 정상유동이 있다. 다음 보기 중 속도의 크기가 $\sqrt{5}$인 점 (x, y)을 모두 고르면?

┌보기─────────────────┐
│ ㄱ. (1, 1) ㄴ. (1, 2) ㄷ. (2, 1) │
└────────────────────┘

① ㄱ ② ㄷ
③ ㄱ, ㄴ ④ ㄴ, ㄷ

해설
$\psi = y - x^2$
$d\psi = \dfrac{\partial \psi}{\partial x}dx + \dfrac{\partial \psi}{\partial y}dy = -2xdx + dy$
$u = -2x$이고, $y = 1$인 속도요소를 가지므로
$V = \sqrt{(2x)^2 + 1}$
∴ x좌표가 1인 ㄱ, ㄴ은 속도가 $\sqrt{5}$이다.

58 비압축성 유동에 대한 Navier-Stokes 방정식에서 나타나지 않는 힘은?

① 체적력(중력)
② 압력
③ 점성력
④ 표면장력

해설
나비에-스토크스 방정식에서 표면장력은 고려사항이 아니다.
$\left(\dfrac{\partial}{\partial t} + u\dfrac{\partial}{\partial x} + v\dfrac{\partial}{\partial y} + w\dfrac{\partial}{\partial z}\right) = f_y - \dfrac{1}{\rho}\dfrac{\partial p}{\partial y}$
$+ \dfrac{\mu}{\rho}\left(\dfrac{\partial^2 v}{\partial x^2} + \dfrac{\partial^2 v}{\partial y^2} + \dfrac{\partial^2 v}{\partial z^2}\right)$
$\left(\dfrac{\partial}{\partial t} + u\dfrac{\partial}{\partial x} + v\dfrac{\partial}{\partial y} + w\dfrac{\partial}{\partial z}\right) = f_z - \dfrac{1}{\rho}\dfrac{\partial p}{\partial z}$
$+ \dfrac{\mu}{\rho}\left(\dfrac{\partial^2 w}{\partial x^2} + \dfrac{\partial^2 w}{\partial y^2} + \dfrac{\partial^2 w}{\partial z^2}\right)$

(여기서, u : 유체의 속도, g : 중력 가속도, ρ : 밀도, p : 압력, μ : 점성계수, ν : 동점성계수, $w = \dfrac{p}{\rho}$, τ : 전단응력계수)

59 압력과 밀도를 각각 P, ρ라 할 때 $\sqrt{\dfrac{\Delta P}{\rho}}$ 의 차원은?(단, M, L, T는 각각 질량, 길이, 시간의 차원을 나타낸다)

① $\dfrac{L}{T}$ ② $\dfrac{L}{T^2}$
③ $\dfrac{M}{LT}$ ④ $\dfrac{M}{L^2 T}$

해설
$P = ML^{-1}T^{-2}$, $\rho = ML^{-3}$
$\sqrt{\dfrac{ML^{-1}T^{-2}}{ML^{-3}}} = \sqrt{L^2 T^{-2}} = LT^{-1}$

60 비중이 0.85이고, 동점성계수가 $3 \times 10^{-4}[\text{m}^2/\text{s}]$인 기름이 안지름 10[cm] 원관 내를 20[L/s]로 흐른다. 이 원관 100[m] 길이에서의 수두손실은 약 몇 [m]인가?

① 16.6 ② 24.9
③ 49.8 ④ 82.1

해설
$h = \lambda \dfrac{l}{d} \dfrac{v^2}{2g}$
(여기서, h : 손실수두, λ : 손실계수, l : 관의 길이, d : 관 내경, V : 유속)
유속은 $Q = AV$로 찾고, 손실계수가 주어지지 않은 상태에서는 층류라 가정하여 $\lambda = \dfrac{64}{Re}$로 계수를 찾는다.
$Q = AV$
$V = Q/A = 0.02[\text{m}^3/\text{s}]/\dfrac{\pi(0.1[\text{m}])^2}{4} = 2.5465[\text{m/s}]$
$Re = \dfrac{VD}{\nu} = \dfrac{2.5465[\text{m/s}] \times 0.1[\text{m}]}{3 \times 10^{-4}[\text{m}^2/\text{s}]} = 848.8$
$\lambda = \dfrac{64}{848.8} = 0.07540$
$h = 0.0754 \dfrac{100[\text{m}]}{0.1[\text{m}]} \dfrac{(2.5465[\text{m/s}])^2}{2 \times 9.806[\text{m/s}^2]} = 24.931[\text{m}]$

제4과목 | 기계재료 및 유압기기

61 강을 담금질하면 경도가 크고 메지므로, 인성을 부여하기 위하여 A_1 변태점 이하의 온도에서 일정 시간 유지하였다가 냉각하는 열처리방법은?

① 퀜칭(quenching)
② 템퍼링(tempering)
③ 어닐링(annealing)
④ 노멀라이징(normalizing)

해설
뜨임(tempering) : 담금질과 연결해서 실시하는 열처리로, 담금질 후 내부응력이 있는 강의 내부 응력을 제거하거나 인성을 개선시켜 주기 위해 100~200[℃] 온도로 천천히 뜨임하거나 500[℃] 부근에서 고온으로 뜨임한다. 200~400[℃] 범위에서 뜨임을 하면 뜨임메짐현상이 발생한다.

62 열경화성 수지나 충전 강화수지(FRTP) 등에 사용되는 것으로 내열성, 내마모성, 내식성이 필요한 열간 금형용 재료는?

① STC3 ② STS5
③ STD61 ④ SM45C

해설
열간 금형용 재료는 SKT4계와 STD61계를 많이 사용한다. SKT4계는 내충격성을 고려하여 단조 등에 사용하고, STD61계는 강도, 내마모성, 내열성 등을 고려하여 열간 소성가공 등에 사용한다. 또한, 프레스 금형에서는 SKD11, S45C, S20C 등이 사용되며, 사출에서는 S45C 외에도 SK3, SKD61 등이 사용된다.
※ 모든 강재를 알고 있을 수는 없으므로 대략 약어의 의미를 파악하여 유추하거나 기출문제를 통해 학습한다.

63 탄소강에 함유된 인(P)의 영향을 옳게 설명한 것은?

① 경도를 감소시킨다.
② 결정립을 미세화시킨다.
③ 연신율을 증가시킨다.
④ 상온취성의 원인이 된다.

해설
탄소강의 5대 불순물
- C(탄소) : 강도, 경도, 연성, 조직 등에 전반적인 영향을 미친다.
- Si(규소) : 페라이트 중 고용체로 존재하며, 단접성과 냉간가공성을 해친다(0.2[%] 이하로 제한).
- Mn(망간) : 강도와 고온가공성을 증가시키고, 연신율 감소를 억제한다. 주조성과 담금질 효과를 향상시키며, 적열취성을 일으키는 황화철(FeS) 형성을 막아 준다.
- P(인) : 인화철 편석으로 충격값을 감소시켜 균열을 유발한다. 연신율을 감소시키고, 상온취성을 유발한다.
- S(황) : 황화철을 형성하여 적열취성을 유발하지만, 절삭성을 향상시킨다.

64 구리판, 알루미늄판 등 기타 연성의 판재를 가압성형하여 변형능력을 시험하는 시험법은?

① 커핑시험　② 마멸시험
③ 압축시험　④ 크리프 시험

해설
① 커핑시험(연성시험) : 자동차 외판, 조선 후판, 도장 강판 등의 연성을 시험하기 위해 강구로 시험편을 눌러 판재 뒷면 한 곳에 갈라짐이 발생할 때 강구의 이동거리로 측정한다.
② 마멸시험(마모시험) : 시험편에 윤활 여부를 선택하여 마찰을 일으켜 탄성, 소성, 응착, 융착 등을 관찰한다.
③ 압축시험 : 인장시험과 힘의 방향을 다르게 하여 압축강도를 시험한다.
④ 크리프 시험 : 시험편에 일정 하중을 가하고 시간 경과에 따른 변형을 관찰하는 방법이다.

65 라우탈(Lautal) 합금의 주성분으로 옳은 것은?

① Al-Si
② Al-Mg
③ Al-Cu-Si
④ Al-Cu-Ni-Mg

해설
라우탈 합금 : 라우탈이라는 사람에 의해서 고안된 알루미늄 합금이다. 알루미늄에 구리 4[%], 규소 5[%]를 가한 주조용 알루미늄 합금으로, 490~510[℃]로 담금질한 후 120~145[℃]에서 16~48시간 뜨임을 하면 기계적 성질이 좋아진다. 적절한 시효경화를 통해 두랄루민과 같은 강도를 만들 수 있다. 자동차, 항공기, 선박 등의 부품재로 공급된다.

66 스테인리스강의 조직계에 해당되지 않는 것은?

① 펄라이트계
② 페라이트계
③ 마텐자이트계
④ 오스테나이트계

해설
스테인리스강 : 페라이트계, 마텐자이트계, 오스테나이트계, 석출경화계

67 금속을 냉간가공하였을 때의 기계적·물리적 성질의 변화에 대한 설명으로 틀린 것은?

① 냉간가공도가 증가할수록 강도는 증가한다.
② 냉간가공도가 증가할수록 연신율은 증가한다.
③ 냉간가공이 진행됨에 따라 전기전도율은 낮아진다.
④ 냉간가공이 진행됨에 따라 전기적 성질인 투자율은 감소한다.

해설
소성가공에서 재결정온도 이상으로 가열하여 가공하면 좀 더 많은 양의 변형을 줄 수 있다. 이렇게 가열하여 가공하는 방법을 열간가공이라 한다. 큰 변형이 필요 없거나 소성가공을 통해 일부러 가공경화를 일으켜 제품의 강도를 향상시킬 것을 목적으로 재결정온도 이하에서 가공하는 방법을 냉간가공이라고 한다. 소성가공성을 이용하여 가공하면 재료 내부에 강제로 전위가 많이 일어나며, 전위가 많아지면 내부의 가소성(可塑性)이 줄어들어 연성·전성이 약해지고, 딱딱해지게 되는데 이를 가공경화라고 한다.

68 켈밋 합금(kelmet alloy)의 주요 성분으로 옳은 것은?

① Pb-Sn   ② Cu-Pb
③ Sn-Sb   ④ Zn-Al

해설
켈밋(kelmet) : 28~42%Pb, 2[%] 이하의 Ni 또는 Ag, 0.8[%] 이하의 Fe, 1[%] 이하의 Sn을 함유하고 있으며 고속회전용 베어링, 토목·광산기계에 사용한다.

69 다음 그림과 같이 항온 열처리하여 마텐자이트와 베이나이트의 혼합조직을 얻는 열처리는?

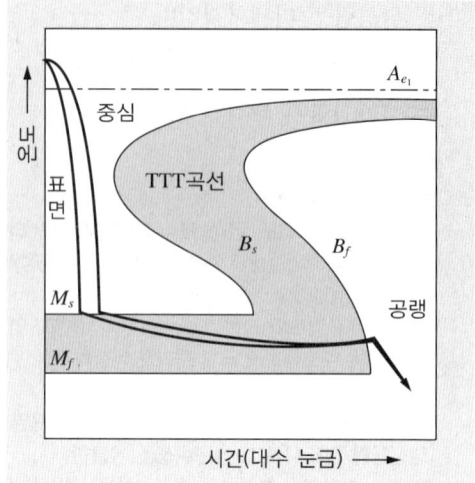

① 담금질   ② 패턴팅
③ 마템퍼링   ④ 오스템퍼링

해설
항온열처리

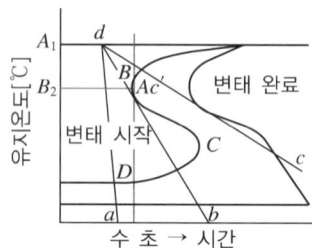

- 마퀜칭 : D의 윗점까지 급랭 후 안팎이 같은 온도가 될 때까지 항온을 유지하고 이후 공기 중 냉각하는 방법이다.
- 마템퍼링 : D점 이하까지 급랭 후 항온 유지 후 공랭하는 방법이다.
- 오스템퍼링 : D의 윗점까지 급랭 후 계속 항온을 유지하여 완전 조직을 만든 후 냉각시키는 방법이다. 이 과정에서 나온 조직이 베이나이트이며 인성이 크고 강한 조직이 나온다.
- 오스포밍 : D점 이하까지 급랭 후 항온을 유지하며 소성가공을 실시하는 열처리다.

67 ② 68 ② 69 ③

70 Fe-C 평형상태도에 대한 설명으로 틀린 것은?

① 강의 A_2 변태선은 약 768[℃]이다.
② A_1 변태선을 공석선이라 하며, 약 723[℃]이다.
③ A_0 변태점을 시멘타이트의 자기변태점이라 하며, 약 210[℃]이다.
④ 공정점에서의 공정물을 펄라이트라 하며, 약 1,490[℃]이다.

해설
공정점에서의 공정물을 레데부라이트라고 하며, 약 1,148[℃]이다.

71 유량제어밸브에 속하는 것은?

① 스톱밸브
② 릴리프 밸브
③ 브레이크 밸브
④ 카운터 밸런스 밸브

해설
유량제어밸브 : 유압회로에서 유압 실린더나 액추에이터로 공급하는 유체 흐름의 양을 제어하는 밸브이다.
• 교축밸브 : 유로의 단면적을 변화시켜서 유량을 조절하는 밸브로, 고정형과 가변형이 있다. 가변형 구조가 복잡하지 않아서 대부분 가변형을 사용한다. 단면적을 조절하는 부속 모양에 따라 니들형, 스풀형, 플레이트형으로 나뉜다.
• 한 방향 교축밸브(일방향 유량제어밸브) : 체크밸브를 달아서 한 방향의 흐름만 제어하는 형태로 속도제어밸브 역할을 한다.
• 압력보상형 유량제어밸브 : 교축밸브는 입력 쪽 유량과 출력 쪽 유량이 달라질 수밖에 없는데, 이를 보상하여 유량이 일정할 수 있도록 하려면 교축 전후의 압력을 보상할 필요가 있다. 이를 압력보상형 유량제어밸브라 한다.
• 급속배기밸브 : 배기구를 확 열어 유속을 조절하는 밸브로 주로 공압밸브에서 적용된다.
• 분류밸브, 집류밸브 : 유압원에서 압력이 다른 2개의 유압관로에 항상 일정한 유량으로 분할하는 밸브를 분류밸브라 하고, 반대로 2개의 유입관로에서 들어온 유량을 항상 일정한 유량으로 내보내는 밸브를 집류밸브라 한다.
• 스톱밸브 : 핸들로 교축(throttle) 부분의 단면적을 조절하여 통과 유량을 조절한다.

72 유압 및 유압장치에 대한 설명으로 적절하지 않은 것은?

① 자동제어, 원격제어가 가능하다.
② 오일에 기포가 섞이거나 먼지, 이물질에 의해 고장이나 작동이 불량할 수 있다.
③ 굴삭기와 같은 큰 힘을 필요로 하는 건설기계는 유압보다는 공압을 사용한다.
④ 유압장치는 공압장치에 비해 복귀관과 같은 배관을 필요로 하므로 배관이 상대적으로 복잡해질 수 있다.

해설

공압의 특징	유압의 특징
• 공기는 무료이며 무한으로 존재한다. 또한 공기 채취의 장소에 제한을 받지 않는다. • 속도 변경이 용이하다. • 환경오염 및 악취의 염려가 없다. • 인화의 위험이 거의 없다. • 압축성이 있어서 완충작용을 한다. • 압력에너지로 축적이 가능하다. • 큰 힘을 얻을 수 없다. • 에너지 전달효율이 좋지 않다.	• 제어가 쉽고, 정확한 제어가 가능하다. • 파스칼 원리를 이용하여 작은 힘으로 큰 힘을 낼 수 있다. • 일정한 힘과 토크를 낼 수 있다. • 작동의 신뢰성이 있다. • 비압축성으로 간주하여 힘 전달의 즉시성을 가지고 있다. • 작동유를 회수하도록 밀폐 시스템으로 구성해야 한다.

73 오일탱크의 구비조건에 대한 설명으로 적절하지 않은 것은?

① 오일탱크의 바닥면은 바닥에서 일정 간격 이상을 유지하는 것이 바람직하다.
② 오일탱크는 스트레이너의 삽입이나 분리를 용이하게 할 수 있는 출입구를 만든다.
③ 오일탱크 내에 격판(방해판)은 오일의 순환거리를 짧게 하고, 기포의 방출이나 오일의 냉각을 보존한다.
④ 오일탱크의 용량은 장치의 운전 중지 중 장치 내의 작동유가 복귀하여도 지장이 없을 만큼의 크기를 가져야 한다.

해설
- 오일탱크는 중력 등에 의해서 되돌아오는 장치 내의 모든 오일을 받아들일 수 있을 만큼 커야 한다.
  - 고정식 : 분당 토출량의 3~5배
  - 이동식 : 분당 토출량의 115~120[%] 정도의 크기
- 오일면을 흡입 라인 위까지 항상 유지할 수 있어야 한다.
- 정상적인 작동에서 발생한 열을 발산할 수 있어야 한다.
- 공기나 이물질을 오일로부터 분리시킬 수 있는 구조이어야 한다 (→ 내부에 격판을 두어 내부 유동경로를 길게 만들고 이물질을 침전시킨다).
- 탱크의 바닥면은 바닥에서 15[cm] 정도의 간격을 가져야 한다.
- 스트레이너의 유량은 유압펌프 토출량의 2배 이상이어야 한다.
- 공기청정기의 통기용량은 유압펌프 토출량의 2배 이상이어야 한다.
- 탱크는 완전히 세척할 수 있도록 제작하여야 한다.

74 패킹재료로서 요구되는 성질로 적절하지 않은 것은?

① 내마모성이 있을 것
② 작동유에 대하여 적당한 저항성이 있을 것
③ 온도, 압력의 변화에 충분히 견딜 수 있을 것
④ 패킹이 유체와 접하므로 그 유체에 의해 연화되는 재질일 것

해설
오일의 누출을 방지하기 위해 패킹을 끼운다. 패킹재는 내마모성, 내유성, 내화학성, 내식성이 있어야 하고 열화학적으로 안정되어야 한다.

75 토출량이 일정하지 않으며 주로 저압에서 사용하는 비용적형 펌프의 종류가 아닌 것은?

① 베인펌프
② 원심펌프
③ 축류펌프
④ 혼류펌프

해설

용적형 펌프(고정용량형)	비용적형 펌프(가변용량형)
• 용적이 밀폐되어 있어 부하압력이 변동해도 토출량이 거의 일정하다. • 정압을 사용하므로 큰 힘을 요구하는 유압장치용 유압펌프로 사용한다.	• 용적이 밀폐되어 있지 않아 부하압력이 변동하면 토출량이 변하여 유압장치에는 부적당하다. • 펌프용량을 0에서 최대까지 변화시킬 수 있어 효율적인 운전을 할 수 있다.
• 기어펌프, 나사펌프, 베인펌프, 피스톤 펌프	• 원심형 펌프, 액시얼 펌프, 혼류(mixed flow)펌프, 로토 제트 펌프, 터빈펌프

76 다음 간략기호의 명칭은?(단, 스프링이 없는 경우이다)

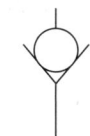

① 체크밸브
② 스톱밸브
③ 일정 비율 감압밸브
④ 저압 우선형 셔틀밸브

해설
주요 밸브기호

체크밸브	무부하밸브	감압밸브
이압밸브	셔틀밸브	릴리프 밸브

77 유압 실린더에서 오일에 의해 피스톤에 15[MPa]의 압력이 가해지고, 피스톤 속도가 3.5[cm/s]일 때 이 실린더에서 발생하는 동력은 약 몇 [kW]인가?(단, 실린더 안지름은 100[mm]이다)

① 2.74
② 4.12
③ 6.18
④ 8.24

해설
동력 = 힘 × 속도 = 압력 × 단면적 × 속도
$$= 15 \times 10^6 [\text{N/m}^2] \times \frac{\pi \times 0.1^2}{4} [\text{m}^2] \times 0.035 [\text{m/s}]$$
$$= 4,123 [\text{N} \cdot \text{m/s}] = 4,123 [\text{W}] = 4.12 [\text{kW}]$$
※ $\text{MPa} = 10^6 \text{N/m}^2$, $\text{N} \cdot \text{m/s} = \text{J/s} = \text{W}$

78 다음 기호의 명칭은?

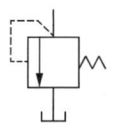

① 풋밸브
② 감압밸브
③ 릴리프 밸브
④ 디셀러레이션 밸브

해설
76번 해설 참조

79 유압펌프의 소음 및 진동이 크게 발생하는 이유로 적절하지 않은 것은?

① 흡입관 또는 필터가 막힌 경우
② 펌프의 설치 위치가 매우 높은 경우
③ 토출압력이 매우 높게 설정된 경우
④ 흡입관의 직경이 매우 크거나 길이가 짧을 경우

해설
흡입관이 크고 길이가 짧으면 소음과 진동이 일어날 확률이 많이 줄어든다.

펌프의 성능
- 공동현상(캐비테이션, cavitation)
  - 관 속을 흐르는 유체가 그 유체의 포화 증기압 이하로 내려가 기화되어 발생된 기포가 유체 곳곳에 녹지 않고 공동을 만드는 현상이다.
  - 펌프의 회전차 입구 부분에서 발생하는 경향이 크고, 공동 부분이 유체와 함께 흐르다 고압부에서 공동 부분이 급격히 붕괴되며 진동과 소음을 발생한다.
  - 깃 손상이 수반되어 펌프의 성능과 효율을 저하시키거나 양수 불능 상태를 유발한다.
  - 방지책 : 가능한 한 배관을 완만하고 짧게 배설하고, 회전수를 필요한 만큼만 사용한다. 마찰저항이 작은 흡입관을 사용하여 유체 흡입 시 발생하는 음압을 감소시킨다. 양흡입펌프를 사용하며, 가능한 한 흡입양정을 작게 한다.
- 맥동현상(서징, surging)
  - 흡입구와 배출구 쪽의 진공계와 압력계의 지침이 흔들리고 송출유량이 변화하는 현상으로, 송출압력과 유량이 주기적으로 변화한다.
  - 왕복펌프는 구조상 맥동이 발생하기 쉬워서 이를 줄이기 위해 공기실을 설치한다.
- 수격(水擊)현상(water hammer, water hammering)
  - 펌프를 급히 정지시키면 관 속에 흐르는 유체가 흐름의 충격을 받아 관로 내에 급격히 압력이 높아지는 부분이 생겨 발생한 압력파가 왕복, 반복되며 물이나 관을 때리는 것 같은 현상이다.
  - 펌프를 기동할 때 송출밸브를 급히 여닫거나 운전 중에 밸브를 급히 여닫으면 비슷한 현상이 발생한다. 구조상 수격에 의해 충격을 반복해서 받는 부분이 있으면 반복 충격에 의해 파손의 우려가 있다.
  - 방지책 : 펌프에 플라이휠을 설치하여 정지할 때 급히 정지하지 않고 관성에 의한 완만한 감속을 유도하고, 송출 관로에 공기밸브, 공기실 또는 조압 수조(서지탱크)를 설치한다. 송출관 내 관의 지름을 적절히 선정하여 유체속도를 낮춘다.
- 채터링(chattering) 현상 : 밸브 내부에서 스프링의 떨림 등 연속적인 진동으로 밸브시트 등을 타격하여 진동과 소음을 발생시키는 현상이다. 감압밸브, 체크밸브, 릴리프 밸브 등에서 발생한다. 특유의 고음이 발생하며 밸브를 교체하거나 수리하여 해결한다.
- 크래킹(clacking) 현상 : 체크밸브 또는 릴리프 밸브 등에 압력이 상승하면 밸브에 공간이 발생하는데 그 공간으로 유체의 흐름이 발생하는 현상이다. 유압을 제거하거나 밸브를 수리, 교체하여 해결한다.
- 플래핑(flapping) 현상 : 벨트가 있는 구동기의 축간거리가 길거나 고속회전 시 벨트가 위아래로 날개 치듯 파도치는 현상이다. 축간거리를 좁히거나 장력을 조절하여 해결한다.

80 유량제어밸브를 실린더 출구 측에 설치한 회로로서 실린더에서 유출되는 유량을 제어하여 피스톤 속도를 제어하는 회로는?

① 미터 인 회로
② 미터 아웃 회로
③ 블리드 오프 회로
④ 카운터 밸런스 회로

해설
미터 아웃 회로 : 액추에이터에서 나오는 공기를 조절 하여 액추에이터를 제어하는 방식이다. 액추에이터 작동 전 제어를 하므로 작동성이 확실하고 일반적으로 많이 사용한다.

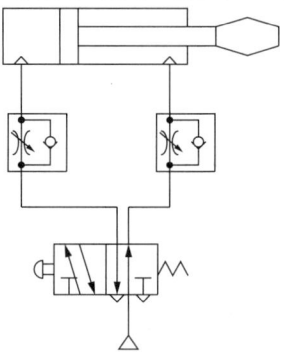

제5과목 기계제작법 및 기계동력학

81 두 개의 블록이 정지 상태에서 움직이기 시작한다. 풀리와 로프 사이의 마찰이 없다고 가정하고, 블록 A와 수평면 간의 마찰계수를 0.25라고 할 때 줄에 걸리는 장력은 약 몇 [N]인가?(단, A 블록의 질량은 200[kg], B 블록의 질량은 300[kg]이다)

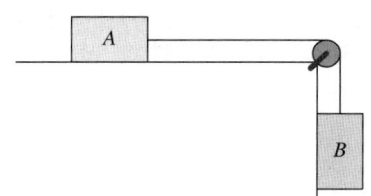

① 1,270　　　② 1,470
③ 4,420　　　④ 5,890

해설

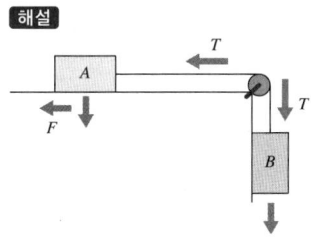

A에 의한 마찰력
$f = \mu W = 0.25 \times 9.806 [m/s^2] \times 200 [kg] = 490.3 [N]$
B의 자중으로 인해 잡아당기는 힘
$F_B = W_B = 300 [kg] \times 9.806 [m/s^2] = 2,941.8 [N]$
A와 B를 모두 움직이게 하는 힘
$F_{AB} = F_B - f = 2,941.8 [N] - 490.3 [N] = 2,451.5 [N]$
(현재는 장력이 작용하지 않는 상태이다. F_{AB}는 로프를 포함하여 이동시키는 힘이다)
$F_{AB} = (m_A + m_B) a$
$2,451.5 [N] = 500 [kg] a$
$a = 4.903 [m/s^2]$
B는 중력에 의해 움직이고 T에 의해 저지되어 최종 운동한다.
$300 [kg] \times 4.903 [m/s^2] = 300 [kg] \times 9.806 [m/s^2] - T_B$
$T_B = 1,470.9 [N]$
A는 장력에 의해 움직이고 마찰력에 의해 저지되어 최종 운동한다.
$T_A - 0.25 \times 200 [kg] \times 9.806 [m/s^2] = 200 [kg] \times 4.903 [m/s^2]$
$\therefore T_A = 1,470.9 [N]$

82 다음 그림과 같이 회전자의 질량은 30[kg]이고, 회전 반경은 200[mm]이다. 3,600[rpm]으로 회전하고 있던 회전자가 정지하기까지 5.3분이 걸렸을 때 정지하는 동안 마찰에 의한 평균 모멘트의 크기는 약 몇 [N·m]인가?

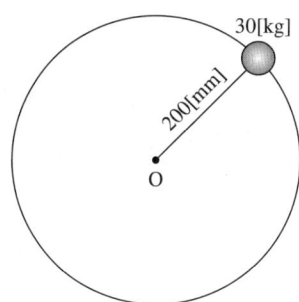

① 1.4　　　② 2.4
③ 3.4　　　④ 4.4

해설
3,600[rpm] = 60[rps]을 5.3[min] = 318[s] 동안 세웠다면 회전 반대 방향으로 0.1887[rev/s^2] 의 각가속도가 작용한 것이고, 이를 라디안으로 나타내면 1.186[/s^2]이다.
$a_{접선} = r\alpha = 0.2 [m] \times 1.189 [/s^2] = 0.237 [m/s^2]$
$F_{접선} = m a_{접선} = 30 [kg] \times 0.237 [m/s^2] = 7.11 [N]$
$T = F_{접선} \times r = 7.11 [N] \times 0.2 [m] = 1.422 [N \cdot m]$

83 질량 3[kg]인 물체가 10[m/s]로 가다가 정지하고 있는 4[kg]의 물체에 충돌하여 두 물체가 함께 움직인다면 충돌 후의 속도는 몇 [m/s]인가?

① 2.3　　　② 3.4
③ 3.8　　　④ 4.3

해설
$m_1 v_1 + m_2 v_2 = (m_1 + m_2) v$
$3 [kg] \times 10 [m/s] + 4 \times 0 = 7 [kg] \times v$
$v = 4.286 [m/s]$

84 질량 m은 탄성 스프링으로 지지되어 있으며, 다음 그림과 같이 $x=0$일 때 자유낙하를 시작한다. $x=0$일 때 스프링의 변형량은 0이며, 탄성 스프링의 질량은 무시하고, 스프링 상수는 k이다. 질량 m의 속도가 최대가 될 때 탄성 스프링의 변형량(x)은?

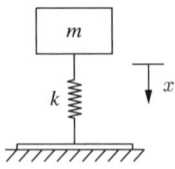

① 0　　　　　　② $\dfrac{mg}{2k}$

③ $\dfrac{mg}{k}$　　　　　④ $\dfrac{2mg}{k}$

해설
초기속도는 0, $F=mg$로 작용된 힘이 $F=ma=mg-kx$가 되며 멈춘다.
$a(x)=v(x)'$ 관계에서 $v_{\max}(x)$, $v(x)'=0$이므로 가속도가 0인 지점을 찾으면
$mg-kx=0$
$kx=mg$
$x=\dfrac{mg}{k}$

85 중량은 100[N]이고, 스프링 상수는 100[N/cm]인 진동계에서 임계 감쇠계수는 약 몇 [N·s/cm]인가?

① 36.4　　　　　② 26.4
③ 16.4　　　　　④ 6.4

해설
$c_{cr}=2\sqrt{mk}=2\sqrt{\dfrac{100[N]}{980.6[cm/s^2]}\times 100[N/cm]}$
$=6.39[N\cdot s/cm]$

86 다음 물리량 중 스칼라(scalar) 양은?

① 속력(speed)
② 변위(displacement)
③ 가속도(acceleration)
④ 운동량(momentum)

해설
스칼라는 방향의 영향을 받지 않는 절대적 수치만 갖는 물리량이다. 속력은 속도의 방향 성분을 제외한 절대적 크기만 나타내는 물리량이다. 운동량은 속력이 아닌 속도의 영향을 받으므로 벡터량이다.

87 질점이 시간 t에 대하여 다음과 같이 단순조화운동을 나타낼 때 이 운동의 주기는?

$$y(t)=C\cos(wt-\phi)$$

① $\dfrac{\pi}{w}$　　　　　② $\dfrac{2\pi}{w}$

③ $\dfrac{w}{2\pi}$　　　　　④ $2\pi w$

해설
$x(t)=A\cos(\omega t+\phi)$일 때
$T=\dfrac{2\pi}{\omega}=2\pi\sqrt{\dfrac{m}{k}}$
(여기서, ω : 진동수, A : 진폭)

84 ③　85 ④　86 ①　87 ②

88 반지름이 1[m]인 바퀴가 60[rpm]으로 미끄러지지 않고 굴러갈 때 바퀴의 운동에너지는 약 몇 [J]인가?(단, 바퀴의 질량은 10[kg]이고, 바퀴는 얇은 두께의 원판 형상이다)

① 296 ② 245
③ 198 ④ 164

해설
회전체의 운동에너지에는 질량에 의한 운동에너지와 질량 관성에 의한 운동에너지가 있다. 문제의 이 물체는 굴러가고 있으므로 두 운동에너지가 모두 존재한다.
$60[\mathrm{rpm}] = 1[\mathrm{rps}]$, $\omega = 2\pi[\mathrm{rad/s}]$
$E_K = \frac{1}{2}mv^2 + \frac{1}{2}I\omega^2 = \frac{1}{2}\left(m(r\omega)^2 + \frac{1}{2}mr^2\omega^2\right)$
$= \frac{3}{4}mr^2\omega^2 = 0.75 \times 10[\mathrm{kg}] \times (1[\mathrm{m}])^2 \times (2\pi[\mathrm{rad/s}])^2$
$= 0.75 \times 10[\mathrm{kg}] \times (1[\mathrm{m}])^2 \times (2\pi[\mathrm{rad/s}])^2$
$= 296.09[\mathrm{kg} \cdot \mathrm{m}^2/\mathrm{s}^2]$
※ $\mathrm{kg} \cdot \mathrm{m}^2/\mathrm{s}^2 = \mathrm{J}$

89 다음 그림과 같은 시스템에서 질량 $m = 5[\mathrm{kg}]$이고, 스프링 상수 $k = 20[\mathrm{N/m}]$이며, 기진력 $\sin(\omega t)$ [N]이 작용하였다. 초기조건 $t = 0$일 때 $x(0) = 0$, $\dot{x}(0) = 0$이면, 시간 t일 때의 변위 x는?

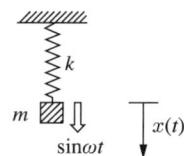

① $x = \dfrac{1}{5(4-\omega^2)}\left(\sin\omega t + \dfrac{\omega}{2}\cos 2t\right)$

② $x = \dfrac{1}{5(4-\omega^2)}\left(\sin\omega t + \dfrac{\omega}{2}\sin 2t\right)$

③ $x = \dfrac{1}{5(4-\omega^2)}\left(\sin\omega t - \dfrac{\omega}{2}\cos 2t\right)$

④ $x = \dfrac{1}{5(4-\omega^2)}\left(\sin\omega t - \dfrac{\omega}{2}\sin 2t\right)$

해설
$x(0) = 0$, $\dot{x}(0) = 0$ 조건에 의해 쉽게 정답을 구할 수 있다.
$x = A\sin(\omega t + \phi)$의 함수의 형태에서 초기조건과 ω를 구한다.

90 다음 그림과 같이 길이(L)이 2.4[m]이고, 반지름(a)이 0.4[m]인 원통이 있다. 이 원통의 질량이 150[kg]일 때 중심에서 y축 방향에 대한 질량 관성 모멘트(I_y)는 약 몇 [kg·m²]인가?

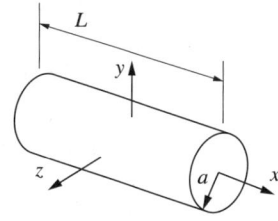

① 12 ② 36
③ 78 ④ 120

해설
질량 관성 모멘트

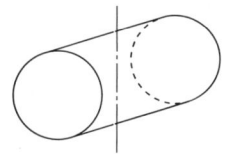

$I_y = \dfrac{1}{4}mR^2 + \dfrac{1}{12}mL^2$
$= \dfrac{1}{4} \times 150[\mathrm{kg}] \times 0.4^2[\mathrm{m}^2] + \dfrac{1}{12} \times 150[\mathrm{kg}] \times 2.4^2[\mathrm{m}^2]$
$= 78[\mathrm{kg} \cdot \mathrm{m}^2]$

91 바이트의 노즈 반지름 $r = 0.2[\mathrm{mm}]$, 이송 $S = 0.05[\mathrm{mm/rev}]$로 선삭을 할 때 이론적인 표면거칠기는 약 몇 [mm]인가?

① 0.15 ② 0.015
③ 0.0015 ④ 0.00015

해설
표면거칠기는 선삭 자국의 높이로 나타내며, 이 높이를 구하는 식은 다음과 같다.
$H = \dfrac{S^2}{8R} = \dfrac{(0.05[\mathrm{mm}])^2}{8 \times 0.2[\mathrm{mm}]} = 0.0015625[\mathrm{mm}]$

정답 88 ① 89 ④ 90 ③ 91 ③

92 센터리스 연삭의 특징으로 틀린 것은?

① 가늘고 긴 가공물의 연삭에 적합하다.
② 연속작업을 할 수 있어 대량 생산이 용이하다.
③ 키 홈과 같은 긴 홈이 있는 가공물은 연삭이 어렵다.
④ 축 방향의 추력이 있으므로 연삭 여유가 커야 한다.

해설
센터리스(centreless)는 중심을 받쳐 주지 않는 작업을 의미한다. 축 방향의 추력이 없다.

93 회전하는 상자 속에 공작물과 숫돌입자, 공작액, 콤파운드 등을 넣고 서로 충돌시켜 표면의 요철을 제거하며 매끈한 가공면을 얻는 가공법은?

① 호닝(honing)
② 배럴(barrel)가공
③ 쇼트피닝(shot peening)
④ 슈퍼피니싱(super finishing)

해설
공작물, 연삭입자, 가공액, 콤파운드를 배럴이라는 상자에 넣고 회전이나 진동으로 공작물 표면을 가공한다.

94 일반 열처리 중 풀림의 종류에 포함되지 않는 것은?

① 가압풀림
② 완전풀림
③ 항온풀림
④ 구상화 풀림

해설
가압풀림은 특수 열처리에 포함된다. 가스를 가압하여 밀도를 높여 열처리 시 표면의 작업도 함께하는 열처리이다.

95 강판의 두께가 2[mm], 최대 전단강도가 440[MPa]인 재료에 지름이 24[mm]인 구멍을 뚫을 때 펀치에 작용되어야 하는 힘은 약 몇 [N]인가?

① 44,766
② 51,734
③ 66,350
④ 72,197

해설
$P = \tau A = \tau \pi dt = 440[\text{MPa}] \times \pi \times 24[\text{mm}] \times 2[\text{mm}]$
$= 66,350[\text{N}]$

96 전단가공의 종류에 해당하지 않는 것은?

① 비딩(beading)
② 펀칭(punching)
③ 트리밍(trimming)
④ 블랭킹(blanking)

해설
비딩작업은 엠보싱처럼 제품의 강성 증가를 위해 비드(bead)를 새기는 작업이다.

97 공기 마이크로미터의 특징을 설명한 것으로 틀린 것은?

① 배율이 높고, 정도가 좋다.
② 접촉 측정자를 사용하지 않을 때에는 측정력이 거의 0에 가깝다.
③ 측정물에 부착된 기름이나 먼지를 분출공기로 불어내므로 보다 정확한 측정이 가능하다.
④ 직접측정기로서 큰 치수(1개)와 작은 치수(2개)로 이루어진 마스터가 최소 3개 필요하다.

해설
공기 마이크로미터
- 종류 : 유량식, 배압식, 진공식, 유속식 등이 있다.
- 원리 : 정반 위에 물체를 놓고 그 위에 작은 사이를 띄우고 노즐을 세팅하면, 대상물의 높이가 낮을수록 공간이 넓어진다. 이 공간에 따라 공기 흐름의 양이 달라지는데 이를 이용하여 측정하는 것이 공기 마이크로미터의 원리이다. 기준 블록을 놓고 비교 측정하여 높이를 측정하므로 비교측정기이다.
- 장점 : 배율이 높다. 40,000배까지 가능하다. 정밀도가 높은 편이다. 아주 작은 측정력을 사용한다. 비교적 간단하게 정확한 안지름 측정이 가능하다. 기계적 요소가 적어 고정도가 높아 오래 고정할 수 있다. 고장이 적고 현장용으로 적절하다. 형상 측정도 비교적 간단히 할 수 있다.
- 단점 : 한 번 장착하면 전용 측정기처럼 사용되므로 소량에는 부적합하다. 공차가 넓은 경우 측정이 불가능하고, 지시범위가 좁다. 측정값의 보정이 필요하다. 컴프레서 등 부가설비도 필요하다.

98 주물을 제작할 때 생사형 주형의 경우 주물 500[kg], 주물의 두께에 따른 계수를 2.2라고 할 때 주입시간은 약 몇 초인가?

① 33.8
② 49.2
③ 52.8
④ 56.4

해설
주물 주입시간
$t = S\sqrt{W} = 2.2\sqrt{500} = 49.20[s]$
(여기서, S : 주물 두께를 고려한 계수, W : 주물량(무게))

99 다음 중 방전가공의 전극 재질로 가장 적절한 것은?

① S
② Cu
③ Si
④ Al_2O_3

해설
방전가공(EDM ; Electric Discharge Machining)
- 아크 방전을 일으켜 모재를 용해시켜 전극 형상으로 가공한다.
- 전극재료의 구비조건
  - 기계가공이 쉬워야 한다.
  - 가공 전극의 소모가 작아야 한다.
  - 가공 정밀도가 높아야 한다.
  - 방전이 안전하고 가공속도가 빨라야 한다.
  - 경제성이 있어야 한다.
  - 전극의 전도율이 좋아야 한다.

100 모재의 용접부에 용제 공급관을 통하여 입상의 용제를 쌓아 놓고 그 속에 와이어 전극을 송급하면 모재 사이에서 아크가 발생하며 그 열에 의하여 와이어 자체가 용융되어 접합되는 용접방법은?

① MIG 용접
② 원자수소 아크용접
③ 탄산가스 아크용접
④ 서브 머지드 아크용접

해설
서브 머지드 아크용접 : 용제(flux)를 용접부에 쌓고, 그 속에 아크를 발생시켜 용접한다. 텅스텐 봉을 전극으로 사용하여 용가제(보충 금속)를 아크로 융해하면서 용접하는 TIG용접(Tungsten Inert Gas arc welding, 불활성 가스 텅스텐 아크용접), 금속선을 전극과 용접봉으로 동시에 사용하여 용접속도가 빠르고 비드 표면이 아름다우면서 아크가 안정되고 스패터가 적은 MIG용접(Metal Inert Gas arc welding, 불활성 가스 금속 아크용접), 10,000~30,000[℃]의 고온 플라스마를 한쪽 방향으로만 분출시키는 플라스마 제트를 이용하여 각종 금속의 용접, 절단 등의 열원으로 사용하는 플라스마 제트용접(plasma jet welding) 등이 있다.

2021년 제4회 과년도 기출문제

제1과목 재료역학

01 다음 그림과 같이 20[cm]×10[cm]의 단면을 갖고 양단이 회전단으로 된 부재가 중심축 방향으로 압축력 P가 작용하고 있을 때 장주의 길이가 2[m]라면 세장비는 약 얼마인가?

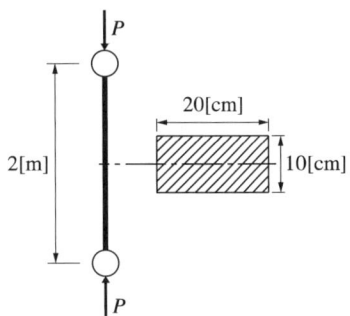

① 89 ② 69
③ 49 ④ 29

해설

$\lambda = \dfrac{l}{K}$

(여기서, λ : 세장비, K : 단면의 최소 회전 반경, l : 길이)
문제의 조건에서 K는 바로 알 수 없으므로

$K = \sqrt{\dfrac{I_z}{A}} = \sqrt{\dfrac{\dfrac{0.2[m] \times (0.1[m])^3}{12}}{0.2[m] \times 0.1[m]}} = 0.02887[m]$

$\lambda = \dfrac{l}{K} = \dfrac{2[m]}{0.02887[m]} = 69.27$

02 다음 그림과 같이 지름 10[cm]의 원형 단면 보 끝단에 3.6[kN]의 하중을 가하고 동시에 1.8[kN·m]의 비틀림 모멘트를 작용시킬 때 고정단에 생기는 최대 전단응력은 약 몇 [MPa]인가?

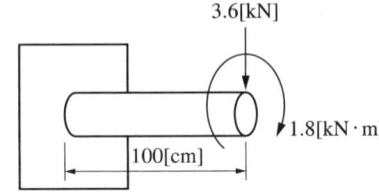

① 10.1 ② 20.5
③ 30.3 ④ 40.6

해설

비틀림과 굽힘이 함께 일어나는 외팔보이므로 최대 주응력, 최대 전단응력을 구하는 과정을 이용한다.

$M_e = \dfrac{1}{2}(M + \sqrt{M^2 + T^2})$, $T_e = \sqrt{M^2 + T^2}$

$T = 1.8[kN \cdot m]$
$M = 3.6[kN] \times 1[m] = 3.6[kN \cdot m]$
$T_e = \sqrt{1.8^2 + 3.6^2} = 4.025$

$\tau = \dfrac{T_e}{Z_p} = \dfrac{4.025[kN \cdot m]}{\dfrac{\pi(0.1[m])^3}{16}} = 20,499.16[kN/m^2] = 20.5[MPa]$

※ 참고

$M_e = \dfrac{1}{2}(3.6 + 4.025) = 3.8125[kN \cdot m]$

$\sigma = \dfrac{M_e}{Z} = \dfrac{3.8125[kN \cdot m]}{\dfrac{\pi(0.1[m])^3}{32}} = 38,833.81[kN/m^2]$

$= 38.8[MPa]$

03 지름이 25[mm]이고, 길이가 6[m]인 강봉의 양쪽 단에 100[kN]의 인장력이 작용하여 6[mm]가 늘어났다. 이때의 응력과 변형률은?(단, 재료는 선형 탄성거동을 한다)

① 203.7[MPa], 0.01
② 203.7[kPa], 0.01
③ 203.7[MPa], 0.001
④ 203.7[kPa], 0.001

해설
- 가느다란 강봉에 작용하는 인장응력
$$\sigma = \frac{100[\text{kN}]}{\frac{\pi \times (0.025[\text{m}])^2}{4}} = 203,718[\text{kN/m}^2] = 203.7[\text{MPa}]$$
- 변형률
$$\frac{\Delta l}{l} = \frac{6[\text{mm}]}{6,000[\text{mm}]} = 0.001$$

04 공학적 변형률(engineering strain) e와 진변형률(true strain) ε 사이의 관계식으로 옳은 것은?

① $\varepsilon = \ln(e+1)$
② $\varepsilon = e \times \ln(e)$
③ $\varepsilon = \ln(e)$
④ $\varepsilon = 3e$

해설
$\frac{l_1}{l_0} = \varepsilon + 1$이므로 $\varepsilon_T = \ln(\varepsilon + 1)$

05 다음 그림과 같이 전 길이에 걸쳐 균일 분포하중 w를 받는 보에서 최대 처짐 $\delta_{\max}$를 나타내는 식은?(단, 보의 굽힘 강성계수는 EI이다)

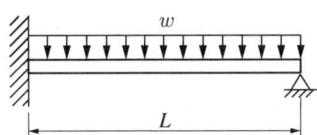

① $\dfrac{wL^4}{64EI}$
② $\dfrac{wL^4}{128.5EI}$
③ $\dfrac{wL^4}{184.6EI}$
④ $\dfrac{wL^4}{192EI}$

해설
지지를 받는 외팔보(일단 고정 타단 지지보) – 등분포하중

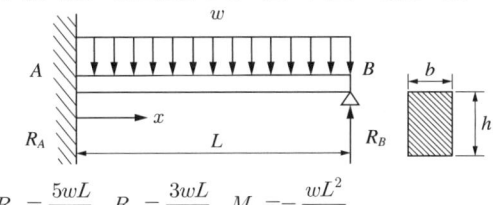

$R_A = \dfrac{5wL}{8}$, $R_B = \dfrac{3wL}{8}$, $M_A = -\dfrac{wL^2}{8}$

$M_{\max +} = M_{x=\frac{5}{8}L} = \dfrac{9wL^2}{128}$, $\theta_{\max} = \dfrac{wL^3}{48EI}$

$\delta_{\max} = \dfrac{wL^4}{185EI} \left(= \dfrac{wL^4}{184.6EI}\right)$

※ 시험장에서 유도할 수는 없으므로 기본적으로 익혀 둔다.

06 보에서 원형과 정사각형의 단면적이 같을 때, 단면계수의 비 $\dfrac{Z_1}{Z_2}$는 약 얼마인가?(단, 여기에서 Z_1은 원형 단면의 단면계수, Z_2는 정사각형 단면의 단면계수이다)

① 0.531
② 0.846
③ 1.182
④ 1.258

> [해설]

- 원형 보의 단면계수 $Z_1 = \dfrac{\pi d^3}{32} = A \times \dfrac{d}{8}$

- 정사각형 보의 단면계수 $Z_2 = \dfrac{bh^2}{6} = A \times \dfrac{h}{6}$

$$\dfrac{Z_1}{Z_2} = \dfrac{A\dfrac{d}{8}}{A\dfrac{h}{6}} = \dfrac{3}{4}\dfrac{d}{h}$$

$$\dfrac{\pi d^2}{4} = h^2$$

$$\sqrt{\pi}\, d = 2h$$

$$\dfrac{d}{h} = \dfrac{2}{\sqrt{\pi}} = 1.128$$

$$\therefore \dfrac{Z_1}{Z_2} = \dfrac{3}{4} \times 1.128 = 0.846$$

07 다음 그림에서 A 지점에서의 반력을 구하면 약 몇 [N]인가?

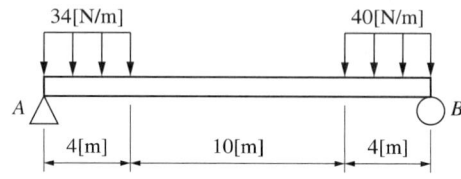

① 118   ② 127
③ 132   ④ 139

> [해설]

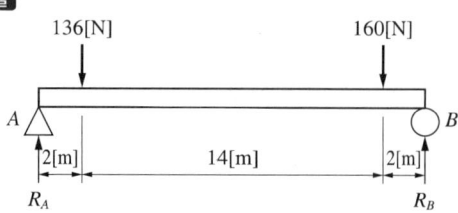

$R_A + R_B = 136[\text{N}] + 160[\text{N}] = 296[\text{N}]$

$\Sigma M_B = R_A \times 18[\text{m}] - 136[\text{N}] \times 16[\text{m}] - 160[\text{N}] \times 2[\text{m}] = 0$

$R_A = 138.67[\text{N}]$

※ A지점 반력만 묻는 문제로 단순히 분포력을 집중력으로 변환하여 계산한다.

08 다음 그림과 같은 삼각형 분포하중을 받는 단순보에서 최대 굽힘 모멘트는?(단, 보의 길이는 L이다)

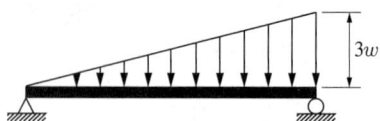

① $\dfrac{wL^2}{2\sqrt{3}}$ ② $\dfrac{wL^2}{3\sqrt{3}}$

③ $\dfrac{wL^2}{4\sqrt{2}}$ ④ $\dfrac{wL^2}{9\sqrt{3}}$

> [해설]

좌우의 반력을 R_A, R_B라 한다면 힘의 평형에서 누르는 힘은 분포력의 합, 삼각형의 면적과 같다.

$R_A + R_B = 3wL \times \dfrac{1}{2} = \dfrac{3wL}{2}$

$\Sigma M_B = R_A \times L - \dfrac{3wL}{2} \times \dfrac{L}{3} = 0$

$\therefore R_A = \dfrac{wL}{2}$

$R_A + R_B = \dfrac{3}{2}wL$

$\therefore R_B = wL$

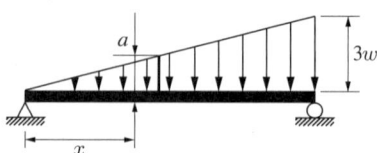

x에 관한 식은
$x : L = a : 3w$
$aL = 3wx$
$a = \dfrac{3wx}{L}$

x까지의 분포력 $x \times \dfrac{3wx}{L} \times \dfrac{1}{2} = \dfrac{3wx^2}{2L}$

$\therefore M(x) = R_A \times x - \dfrac{3wx^2}{2L} \times \dfrac{x}{3} = \dfrac{wLx}{2} - \dfrac{wx^3}{2L}$

$\left(\because x\text{지점부터 삼각형 힘의 작용점까지 거리 } \dfrac{x}{3}\right)$

$M(x)$가 최대일 때는 $M'(x) = 0$이 되는 x에서의 값이므로

$M'(x) = \dfrac{wL}{2} - \dfrac{3wx^2}{2L} = 0$, $x^2 = \dfrac{L^2}{3}$, $x = \dfrac{L}{\sqrt{3}}$

($\because x > 0$, 거리이므로)

$M\left(\dfrac{L}{\sqrt{3}}\right) = \dfrac{wL}{2} \times \dfrac{L}{\sqrt{3}} - \dfrac{w}{2L}\left(\dfrac{L}{\sqrt{3}}\right)^3$

$= \dfrac{wL^2}{2\sqrt{3}} - \dfrac{wL^2}{6\sqrt{3}} = \dfrac{2wL^2}{6\sqrt{3}} = \dfrac{wL^2}{3\sqrt{3}}$

09 다음 그림과 같이 단순 지지되어 중앙에서 집중하중 P를 받는 직사각형 단면 보에서 보의 길이는 L, 폭이 b, 높이가 h일 때, 최대 굽힘응력($\sigma_{\max}$)과 최대 전단응력($\tau_{\max}$)의 비 $\left(\dfrac{\sigma_{\max}}{\tau_{\max}}\right)$는?

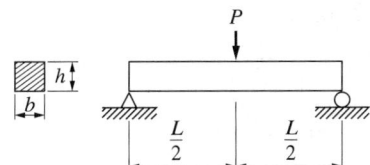

① $\dfrac{h}{L}$ ② $\dfrac{2h}{L}$

③ $\dfrac{L}{h}$ ④ $\dfrac{2L}{h}$

해설

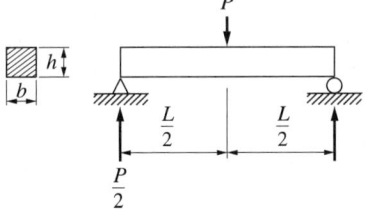

$\sigma_{\max} = \dfrac{M_{\max}}{Z} = \dfrac{\dfrac{PL}{4}}{\dfrac{bh^2}{6}} = \dfrac{3PL}{2bh^2} \left(\because M_{\max} = \dfrac{P}{2}\times\dfrac{L}{2} = \dfrac{PL}{4}\right)$

$\tau_{\max} = \dfrac{F}{2I}\left[\left(\dfrac{h}{2}\right)^2 - y_1^2\right] = \dfrac{6F_{\max}}{bh^3}\left[\left(\dfrac{h}{2}\right)^2\right] = \dfrac{3}{2}\dfrac{\dfrac{P}{2}}{bh} = \dfrac{3}{4}\dfrac{P}{bh}$

$\therefore \dfrac{\sigma_{\max}}{\tau_{\max}} = \dfrac{\dfrac{3PL}{2bh^2}}{\dfrac{3P}{4bh}} = \dfrac{2L}{h}$

10 외경이 내경의 2배인 중공축과 재질과 길이가 같고 지름이 중공축의 외경과 같은 중실축이 동일 회전수에 동일 동력을 전달한다면, 이때 중실축에 대한 중공축의 비틀림각의 비$\left(\dfrac{\text{중공축 비틀림각}}{\text{중실축 비틀림각}}\right)$는?

① 1.07 ② 1.57
③ 2.07 ④ 2.57

해설

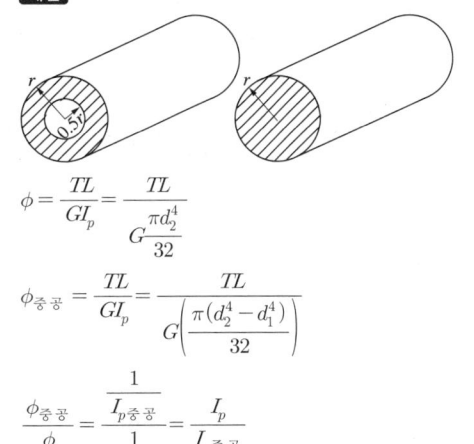

$\phi = \dfrac{TL}{GI_p} = \dfrac{TL}{G\dfrac{\pi d_2^4}{32}}$

$\phi_{중공} = \dfrac{TL}{GI_p} = \dfrac{TL}{G\left(\dfrac{\pi(d_2^4 - d_1^4)}{32}\right)}$

$\dfrac{\phi_{중공}}{\phi} = \dfrac{\dfrac{1}{I_{p중공}}}{\dfrac{1}{I_p}} = \dfrac{I_p}{I_{p중공}}$

$= \dfrac{\dfrac{\pi d_2^4}{32}}{\dfrac{\pi}{32}(d_2^4 - d_1^4)} = \dfrac{d_2^4}{\left(d_2^4 - \dfrac{d_2^4}{16}\right)} = \dfrac{16}{15} = 1.066667$

문제에 제시된 보기에서 중공축의 비틀림각이 중실축에 비해 ②는 1.5배 크고, ③은 2배가 넘고, ④는 2.5배가 넘는다. 중공축의 극단면 모멘트가 중실축에 비해 $\left(\dfrac{d_1}{d_2}\right)^4$ 정도만 차이나므로 계산하지 않아도 정답을 구할 수 있다.

11 동일한 전단력이 작용할 때 원형 단면 보의 지름을 d에서 $3d$로 하면 최대 전단응력의 크기는?(단, $\tau_{\max}$는 지름이 d일 때의 최대 전단응력이다)

① $9\tau_{\max}$ ② $3\tau_{\max}$
③ $\dfrac{1}{3}\tau_{\max}$ ④ $\dfrac{1}{9}\tau_{\max}$

해설
원형 단면
$$\tau_1 = \dfrac{4F}{3\pi r^2}\left[1-\left(\dfrac{y_1}{r}\right)^2\right] = \dfrac{4F}{3\dfrac{\pi d_1^2}{4}} = \dfrac{16F}{3\pi d_1^2}$$

$$\tau_2 = \dfrac{16F}{3\pi d_2^2} = \dfrac{16F}{3\pi (3d_1)^2} = \dfrac{1}{9} \times \dfrac{16F}{3\pi d_1^2} = \dfrac{1}{9}\tau_1$$

12 다음 그림과 같이 반지름이 5[cm]인 원형 단면을 갖는 ㄱ자 프레임에서 A점 단면의 수직응력(σ)은 약 몇 [MPa]인가?

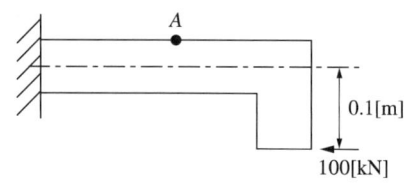

① 79.1 ② 89.1
③ 99.1 ④ 109.1

해설

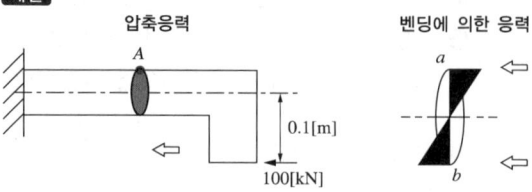

(1) 압축응력
$$\dfrac{P}{A} = \dfrac{100[\text{kN}]}{\dfrac{\pi \times (0.1[\text{m}])^2}{4}} = 12{,}732.40[\text{kN/m}^2] = 12.73[\text{MPa}]$$

(2) 벤딩에 의한 응력
$$\sigma_b = \dfrac{M}{Z} = \dfrac{10[\text{kN} \cdot \text{m}]}{\dfrac{\pi(0.1[\text{m}])^3}{32}} = 101{,}859.16[\text{kN/m}^2]$$
$$= 101.86[\text{MPa}]$$
(작용하는 모멘트 $M = 100[\text{kN}] \times 0.1[\text{m}] = 10[\text{kN} \cdot \text{m}]$)

∴ a 지점에서의 수직응력 101.9[MPa] − 12.7[MPa] = 89.2[MPa]
(π값 적용에 따른 오차)
b 지점에서의 수직응력 101.6[MPa] + 12.7[MPa] = 114.3[MPa]
※ 문제에서 A점에 대한 응력으로 더 구체적으로 물었으면 좋았을 것으로 보인다.

13 다음 그림과 같이 재료가 동일한 A, B의 원형 단면 봉에서 같은 크기의 압축하중 F를 받고 있다. 응력은 각 단면에서 균일하게 분포된다고 할 때 저장되는 탄성 변형에너지의 비 $\dfrac{U_B}{U_A}$는 얼마가 되겠는가?

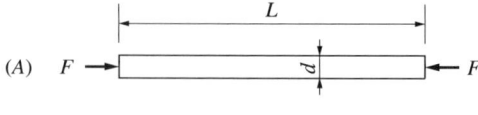

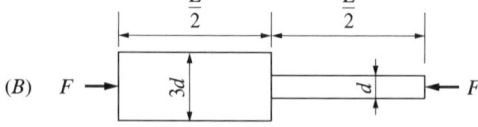

① $\dfrac{5}{9}$ ② $\dfrac{1}{3}$
③ $\dfrac{9}{5}$ ④ 3

해설

(A) $U_A = \int_0^L dU = \frac{P^2 L}{2EA} = \frac{P^2 L}{2E\frac{\pi d^2}{4}}$

(B) $U_B = \int_0^{\frac{L}{2}} dU + \int_{\frac{L}{2}}^L dU = \frac{P^2 \frac{L}{2}}{2E\frac{\pi (3d)^2}{4}} + \frac{P^2 \frac{L}{2}}{2E\frac{\pi d^2}{4}}$

$= \left(\frac{1}{9 \times 2} + \frac{1}{2}\right)\frac{P^2 L}{2E\frac{\pi d^2}{4}} = \frac{10}{18} U_A = \frac{5}{9} U_A$

$\therefore \frac{U_B}{U_A} = \frac{\frac{5}{9} U_A}{U_A} = \frac{5}{9}$

14 정사각형 단면의 짧은 봉에서 축 방향(z방향) 압축응력 40[MPa]을 받고 있고, x방향과 y방향으로 압축응력 10[MPa]씩 받을 때 축 방향의 길이 감소량은 약 몇 [mm]인가?(단, 세로탄성계수 100[GPa], 푸아송비 0.25, 단면의 한 변은 120[mm], 축 방향 길이는 200[mm]이다)

① 0.003　② 0.03
③ 0.007　④ 0.07

해설

$\varepsilon_z = \frac{\sigma_z}{E} - \nu\frac{\sigma_x}{E} - \nu\frac{\sigma_y}{E}$

$= \frac{\sigma_z}{E} - \frac{\nu}{E}(\sigma_x + \sigma_y)$

$= \frac{40[\text{MPa}]}{100 \times 10^3[\text{MPa}]} - \frac{0.25}{100 \times 10^3[\text{MPa}]}(10[\text{MPa}] + 10[\text{MPa}])$

$= 0.0004 - 0.00005 = 0.00035$

200[mm]에 대한 변형량은 200[mm] × 0.00035 = 0.007[mm]이다.

15 다음 그림과 같은 단붙이 봉에 인장하중 P가 작용할 때, 축 지름의 비 $d_1 : d_2 = 4 : 3$으로 하면 d_1 부분에 발생하는 응력 σ_1과 d_2 부분에 발생하는 응력 σ_2의 비는?

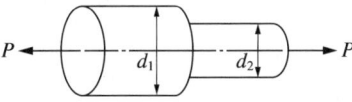

① $\sigma_1 : \sigma_2 = 9 : 16$
② $\sigma_1 : \sigma_2 = 16 : 9$
③ $\sigma_1 : \sigma_2 = 4 : 9$
④ $\sigma_1 : \sigma_2 = 9 : 4$

해설

$\sigma_1 = \frac{P}{A_1} = \frac{P}{\frac{\pi d_1^2}{4}}$

$\sigma_2 = \frac{P}{A_2} = \frac{P}{\frac{\pi d_2^2}{4}} = \frac{P}{\frac{\pi \left(\frac{3}{4}d_1\right)^2}{4}} = \frac{16}{9}\sigma_1$

$\therefore 9\sigma_2 = 16\sigma_1$

16 높이 30[cm], 폭 20[cm]의 직사각형 단면을 가진 길이 3[m]의 목재 외팔보가 있다. 자유단에 최대 몇 [kN]의 하중을 작용시킬 수 있는가?(단, 외팔보의 허용 굽힘응력은 15[MPa]이다)

① 15　② 25
③ 35　④ 45

해설

단 끝이 외팔보이므로 $M_{\max} = PL$

$\sigma = \frac{M_{\max}}{Z} = \frac{PL}{\frac{bh^2}{6}}, \ \sigma_b = \frac{6PL}{bh^2}$

$15[\text{MPa}] = \frac{6 \times P \times 3[\text{m}]}{20[\text{cm}] \times (30[\text{cm}])^2}$

$P = \frac{15[\text{MN/m}^2] \times 0.2[\text{m}] \times (0.3[\text{m}])^2}{6 \times 3[\text{m}]} = 0.015[\text{MN}]$

$= 15[\text{kN}]$

정답 14 ④　15 ①　16 ①

17 2축 응력 상태의 재료 내에서 서로 직각 방향으로 400[MPa]의 인장응력과 300[MPa]의 압축응력이 작용할 때 재료 내에 생기는 최대 수직응력은 몇 [MPa]인가?

① 300　　② 350
③ 400　　④ 500

해설
그림 (a)의 모어원을 문제의 조건에 대입하면, 응력조건 중 전단응력이 0인 단면의 응력이므로 그림 (b)처럼 표현이 가능하다. 그림 (b)를 보면 최대 수직응력은 400[MPa], 최소 수직응력은 −300[MPa], 최대 전단응력은 350[MPa]이 작용하는 재료가 되는 것을 알 수 있다.

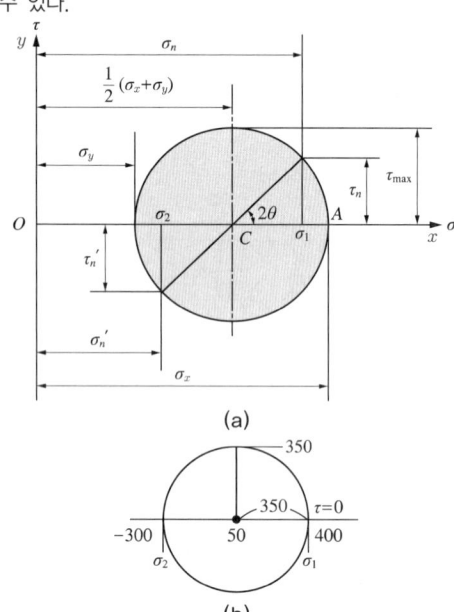

18 다음 그림과 같은 외팔보에 집중하중 $P = 50$[kN]이 작용할 때 자유단의 처짐은 약 몇 [cm]인가? (단, 보의 세로탄성계수는 200[GPa], 단면 2차 모멘트는 10^5[cm⁴]이다)

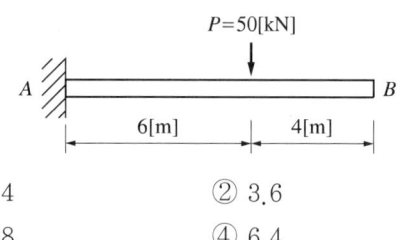

① 2.4　　② 3.6
③ 4.8　　④ 6.4

해설
힘의 작용점을 C라고 하면
$$\delta_{total} = \delta_C + \delta_\theta = \frac{PL^3}{3EI} + r\theta = \frac{PL^3}{3EI} + r\frac{PL^2}{2EI}$$
$$= \frac{PL^2}{EI}\left(\frac{L}{3} + \frac{r}{2}\right)$$
$$= \frac{50[\text{kN}] \times (6[\text{m}])^2}{200[\text{GPa}] \times 10^5[\text{cm}^4]}\left(\frac{6[\text{m}]}{3} + \frac{4[\text{m}]}{2}\right)$$
$$= 0.036[\text{m}] = 3.6[\text{cm}]$$

※ $200[\text{GPa}] = 200 \times 10^6[\text{kN/m}^2]$
$10^5[\text{cm}^4] = 10^5 \times 10^{-8}[\text{m}^4]$

보의 종류	처짐각(θ_{max})	처짐(δ_{max})
(외팔보, 끝단 모멘트 M)	$\theta_{max} = \dfrac{ML}{EI}$	$\delta_{max} = \dfrac{ML^2}{2EI}$
(외팔보, 끝단 집중하중 P)	$\theta_{max} = \dfrac{PL^2}{2EI}$	$\delta_{max} = \dfrac{PL^3}{3EI}$
(외팔보, 등분포하중 w)	$\theta_{max} = \dfrac{wL^3}{6EI}$	$\delta_{max} = \dfrac{wL^4}{8EI}$
(단순보, 끝단 모멘트 M_B)	$\theta_A = \dfrac{ML}{6EI}$, $\theta_B = \theta_{max} = \dfrac{ML}{3EI}$	$\delta_{max} = \dfrac{ML^2}{9\sqrt{3}\,EI}$ (at $x = \dfrac{L}{\sqrt{3}}$) $\delta_{centre} = \dfrac{ML^2}{16EI}$
(단순보, 집중하중 P, $a+b=L$)	$\theta_{max} = \dfrac{Pab}{6EIL} \times (L+a)$ $a=b=\dfrac{L}{2}$이면 $\theta_{max} = \dfrac{PL^2}{16EI}$	$\delta_{max}^{centre} = \dfrac{PL^3}{48EI}$
(단순보, 등분포하중 w)	$\theta_{max} = \dfrac{wL^3}{24EI}$	$\delta_{max}^{centre} = \dfrac{5wL^4}{384EI}$

정답 17 ③　18 ②

19 다음 그림과 같은 보가 분포하중과 집중하중을 받고 있다. 지점 B에서의 반력의 크기를 구하면 몇 [kN]인가?

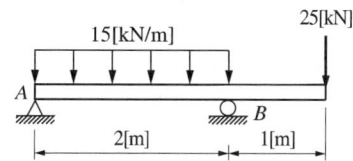

① 28.5
② 40.5
③ 52.5
④ 55.5

해설
집중하중으로 바꾸면

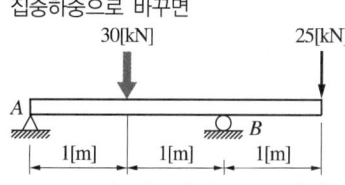

$\sum M_A = 30[kN] \times 1[m] - R_B \times 2[m] + 25[kN] \times 3[m] = 0$
$R_B = 52.5[kN]$

※ 참고
$\sum F = R_A + R_B - 30[kN] - 25[kN] = 0$
$R_A + R_B = 55[kN]$, $R_A = 2.5[kN]$

20 회전수 120[rpm]으로 35[kW]의 동력을 전달하는 원형 단면 축은 길이가 2[m]이고, 지름이 6[cm]이다. 이 축에서 발생한 비틀림 각도는 약 몇 [rad]인가?(단, 이 재료의 가로탄성계수는 83[GPa]이다)

① 0.019
② 0.036
③ 0.053
④ 0.078

해설
$T = 9,550 \dfrac{H}{n} = 9,550 \times \dfrac{35[kW]}{120[rpm]} = 2,785[N \cdot m]$

$\phi = \dfrac{TL}{GI_p} = \dfrac{2,785[N \cdot m] \times 2[m]}{83[GPa] \times \dfrac{\pi \times (0.06[m])^4}{32}} = 0.05274[rad]$

※ $83[GPa] = 83 \times 10^9 [N/m^2]$

제2과목 기계열역학

21 섭씨온도 −40[℃]를 화씨온도[°F]로 환산하면 약 얼마인가?

① −16[°F]
② −24[°F]
③ −32[°F]
④ −40[°F]

해설
화씨(Fahrenheit) 온도시스템 : 과학자 Fahrenheit의 한자식 이름에 따라 화씨온도계라고 한다. 온도의 고정점을 연구자 기준으로 가장 추운 곳의 추울 때 온도를 0°로, 매우 덥다고 여겨지는 인간의 체온보다 조금 높은 온도를 100°로 구성한 온도시스템으로, 1°의 간격이 섭씨나 켈빈 온도계와 다르다. 5[℃] 간격에 9[°F]의 눈금이 들어간다.
0[°F] = −32[℃], 100[℃] = 212[°F], [℃] 온도계 눈금 5° = [°F] 온도계 눈금 9°

$-40[℃] \times \dfrac{9}{5} + 32 = -40[°F]$

22 역카르노 사이클로 운전하는 이상적인 냉동사이클에서 응축기 온도가 40[℃], 증발기 온도가 −10[℃]이면 성능계수는 약 얼마인가?

① 4.26
② 5.26
③ 3.56
④ 6.56

해설
역카르노 사이클은 카르노 사이클로 움직이는 열기관을 역으로 가동시켜 냉동하는 냉동사이클이다.

성능계수 $\varepsilon_r = \dfrac{Q_2}{W} = \dfrac{Q_2}{Q_1 - Q_2}$이며, 카르노 사이클처럼 역카르노사이클도 온도만의 관계식이므로

$\varepsilon_r = \dfrac{263.15[K]}{313.15[K] - 263.15[K]} = 5.263$

23 두께 1[cm], 면적 0.5[m²]의 석고판의 뒤에 가열판이 부착되어 1,000[W]의 열을 전달한다. 가열판의 뒤는 완전히 단열되어 열은 앞면으로만 전달된다. 석고판 앞면의 온도는 100[℃]이고, 석고의 열전도율은 0.79[W/m·K]일 때 가열판에 접하는 석고면의 온도는 약 몇 [℃]인가?

① 110　　② 125
③ 140　　④ 155

해설

$$\frac{\Delta Q}{\Delta t} = -kA\frac{\Delta T}{\Delta x}$$

$$1,000[\text{W}(=\text{J/s})] = -0.79[\text{W/m·K}] \times 0.5[\text{m}^2] \times \frac{\Delta T}{1[\text{cm}]}$$

$$\Delta T = \frac{1,000}{-0.79 \times 50}[\text{K}] = -25.32[\text{K}]$$

가열판 쪽이 25.32[K] 높으므로, 125.32[℃]

해설

냉매의 소요동력에 대한 냉동능력의 비를 성능계수라고 한다. 성능계수를 구하기 위한 중간 단계인 압축일과 냉동능력을 구하는 문제로 다음 계산에 의해 압축일은 103.63[kJ/kg], 냉동능력은 32.22[kJ/kg]임을 알 수 있다.

증기압축 냉동사이클 성능계수

$$\eta = \frac{Q_{in}}{W_{out}} = \frac{h_1-h_4}{h_2-h_1}$$

$$= \frac{178.16-74.53}{210.38-178.16} = \frac{103.63[\text{kJ/kg}]}{32.22[\text{kJ/kg}]} = 2.8462$$

(여기서, $W_{out} = h_2 - h_1$, $Q_{in} = h_1 - h_4$)

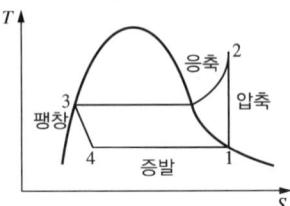

24 다음 그림과 같은 증기압축 냉동사이클이 있다. 1, 2, 3 상태의 엔탈피가 다음과 같을 때 냉매의 단위 질량당 소요동력(W_C)과 냉동능력(q_L)은 얼마인가?(단, 각 위치에서의 엔탈피(h)값은 각각 h_1 = 178.16[kJ/kg], h_2 = 210.38[kJ/kg], h_3 = 74.53 [kJ/kg]이고, 그림에서 T는 온도, S는 엔트로피를 나타낸다)

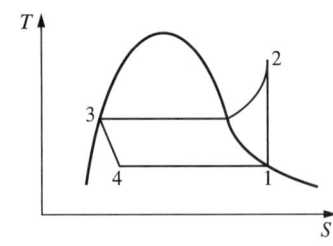

① $W_C = 32.22[\text{kJ/kg}]$, $q_L = 103.63[\text{kJ/kg}]$
② $W_C = 32.22[\text{kJ/kg}]$, $q_L = 135.85[\text{kJ/kg}]$
③ $W_C = 103.63[\text{kJ/kg}]$, $q_L = 32.22[\text{kJ/kg}]$
④ $W_C = 135.85[\text{kJ/kg}]$, $q_L = 32.22[\text{kJ/kg}]$

25 어떤 기체의 정압비열이 2,436[J/kg·K]이고, 정적비열이 1,943[J/kg·K]일 때 이 기체의 비열비는 약 얼마인가?

① 1.15　　② 1.21
③ 1.25　　④ 1.31

해설

비열비

$$\frac{C_p}{C_v} = \kappa$$, 일반적으로 $C_p > C_v$이므로 $\kappa > 1$이다.

$C_p/C_v = 2,436[\text{J/kg·K}]/1,943[\text{J/kg·K}] = 1.25$

26 30[℃], 100[kPa]의 물을 800[kPa]까지 압축하려고 한다. 물의 비체적이 0.001[m³/kg]로 일정하다고 할 때, 단위질량당 소요된 일(공업일)은 약 몇 [J/kg]인가?

① 167　　② 602
③ 700　　④ 1,412

해설
$$w_t = \int_1^2 vdP = 0.001[\text{m}^3/\text{kg}] \times 700[\text{kPa}]$$
$$= 0.7[\text{kN/m}^2 \times \text{m}^3/\text{kg}] = 0.7[\text{kJ/kg}] = 700[\text{J/kg}]$$

27 다음의 열기관이 열역학 제1법칙과 제2법칙을 만족하면서 출력일(W)이 최대가 될 때, W의 값으로 옳은 것은?(단, T는 온도, Q는 열량을 나타낸다)

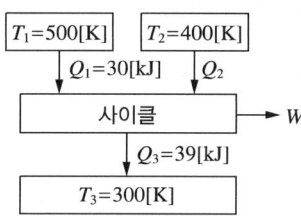

① 34[kJ]　　② 29[kJ]
③ 24[kJ]　　④ 19[kJ]

해설
- 열역학 제1법칙 만족 $Q_1 + Q_2 = W + Q_3$, $Q_2 = W + 9[\text{kJ}]$
- 열역학 제2법칙 만족 $\dfrac{\delta Q}{T} \leq 0$

출력일 W가 최대가 되려면 $\dfrac{\delta Q}{T} = 0$이어야 하므로

$$\dfrac{Q_1}{500[\text{K}]} + \dfrac{Q_2}{400[\text{K}]} = \dfrac{Q_3}{300[\text{K}]}$$
$$\dfrac{30[\text{kJ}]}{500[\text{K}]} + \dfrac{Q_2[\text{kJ}]}{400[\text{K}]} = \dfrac{39[\text{kJ}]}{300[\text{K}]}$$
$Q_2 = 28[\text{kJ}]$
∴ $W = Q_2 - 9 = 28 - 9 = 19[\text{kJ}]$

28 10[kg]의 증기가 온도 50[℃], 압력 38[kPa], 체적 7.5[m³]일 때 총내부에너지는 6,700[kJ]이다. 이와 같은 상태의 증기가 가지고 있는 엔탈피는 약 몇 [kJ]인가?

① 8,346　　② 7,782
③ 7,304　　④ 6,985

해설
$$H = U + PV = 6,700[\text{kJ}] + 38[\text{kPa}] \times 7.5[\text{m}^3]$$
$$= 6,700[\text{kJ}] + 285[\text{kJ}] = 6,985[\text{kJ}]$$

29 이상기체인 공기 2[kg]이 300[K], 600[kPa] 상태에서 500[K], 400[kPa] 상태로 변화되었다. 이 과정 동안의 엔트로피 변화량은 약 몇 [kJ/K]인가? (단, 공기의 정적비열과 정압비열은 각각 0.717[kJ/kg·K]과 1.004[kJ/kg·K]로 일정하다)

① 0.73　　② 1.83
③ 1.02　　④ 1.26

해설
이상기체에서
$s = C_v \ln T + R \ln v + s_{01}$ 또는 $s = C_p \ln T - R \ln P + s_{02}$
$$\Delta s = C_p \ln T_2 - R \ln P_2 - (C_p \ln T_1 - R \ln P_1)$$
$$= C_p \ln \dfrac{T_2}{T_1} - R \ln \dfrac{P_2}{P_1}$$
$$= 1.004[\text{kJ/kg·K}] \times \ln \dfrac{500[\text{K}]}{300[\text{K}]}$$
$$- (1.004 - 0.717)[\text{kJ/kg·K}] \times \ln \dfrac{400[\text{kPa}]}{600[\text{kPa}]}$$
$$= 0.513 - (-0.116)[\text{kJ/kg·K}] = 0.629[\text{kJ/kg·K}]$$
$\Delta S = m\Delta s = 2[\text{kg}] \times 0.629[\text{kJ/kg·K}] = 1.258[\text{kJ/K}]$

30 피스톤-실린더로 구성된 용기 안에 300[kPa], 100[℃] 상태의 CO_2가 0.2[m³] 들어 있다. 이 기체를 '$PV^{1.2}$ = 일정'인 관계가 만족되도록 피스톤 위에 추를 더해가며 온도가 200[℃]가 될 때까지 압축하였다. 이 과정 동안 기체가 외부로부터 받은 일을 구하면 약 몇 [kJ]인가?(단, P는 압력, V는 부피이고, CO_2의 기체상수는 0.189[kJ/kg·K]이며, CO_2는 이상기체처럼 거동한다고 가정한다)

① 20   ② 60
③ 80   ④ 120

해설
'$PV^{1.2}$ = 일정'인 관계이므로 $n=1.2$인 폴리트로픽 과정이다.
$$\therefore W_{12} = \frac{P_2V_2 - P_1V_1}{1-n} = \frac{mR(T_2-T_1)}{1-n}$$
$PV_1 = mRT_1$ 에서
$$m = \frac{PV_1}{RT_1} = \frac{300[kPa] \times 0.2[m^3]}{0.189[kJ/kg \cdot K] \times 373.15[K]} = 0.851[kg]$$
$$\therefore W_{12} = \frac{0.851[kg] \times 0.189[kJ/kg \cdot K] \times 100[K]}{1-1.2}$$
$$= -80.42[kJ]$$
즉, 초기 상태에서 200[℃]가 되기 위해서는 외부에서 80.42[kJ]의 에너지가 유입되어야 한다. 이 문제에서는 피스톤에 추를 얹는 일이 가해져서 에너지가 투입되었다.

31 어느 가역 상태변화를 표시하는 다음 그림과 같은 온도(T)-엔트로피(S) 선도에서 빗금으로 나타낸 부분의 면적은 무엇을 의미하는가?

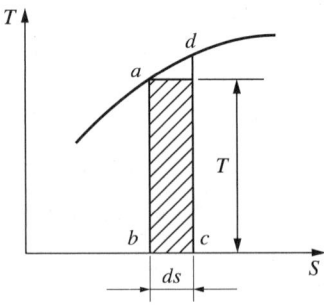

① 힘   ② 열량
③ 압력   ④ 비체적

해설
선도에서 나타내는 관계와 빗금 친 면적은 다음과 같다.
곡선 : $T = f(s)$, 빗금 부분 : $\int_b^c T ds = \int_b^c f(s)ds$
엔트로피의 정의에 따라
$$ds = \frac{\delta Q}{T}$$
$$\delta Q = Tds$$
$$\therefore Q_{bc} = \int_b^c T ds$$

32 마찰이 없는 피스톤이 끼워진 실린더가 있다. 이 실린더 내 공기의 초기 압력은 500[kPa]이며, 초기 체적은 0.05[m³]이다. 실린더를 가열하였더니 실린더 내 공기가 열손실 없이 체적이 0.1[m³]으로 증가되었다. 이 과정에서 공기가 행한 일은 몇 [kJ]인가?(단, 압력은 변하지 않았다)

① 10   ② 25
③ 40   ④ 100

해설
압력이 변하지 않았으므로
$W = PdV = 500[kPa] \times (0.1-0.05)[m^3] = 25[kJ]$

33 어느 증기터빈에 0.4[kg/s]로 증기가 공급되어 260[kW]의 출력을 낸다. 입구의 증기엔탈피 및 속도는 각각 3,000[kJ/kg], 720[m/s], 출구의 증기엔탈피 및 속도는 각각 2,500[kJ/kg], 120[m/s]이면, 이 터빈의 열손실은 약 몇 [kW]가 되는가?

① 15.9
② 40.8
③ 20.4
④ 104

해설

입구에서 엔탈피와 $K.E$의 합을 E_1, 출구에서 엔탈피와 $K.E$의 합을 E_2라 하고, 입구와 출구 사이를 지나며 한 일인 터빈출력과의 관계를 정리하면 $E_1 = E_2 + W_t$이어야 하는데, 터빈에서 열손실을 포함한 에너지의 누수가 있으므로 $E_1 = E_2 + W_t + \Delta E$가 된다. ΔE를 구해야 하므로

$0.4[\text{kg/s}] \times \left(3,000[\text{kJ/kg}] + \dfrac{(720[\text{m/s}])^2}{2}\right)$
$= 0.4[\text{kg/s}] \times \left(2,500[\text{kJ/kg}] + \dfrac{(120[\text{m/s}])^2}{2}\right) + 260[\text{kJ/s}] + \Delta e$
$\Delta E = 1,200[\text{kJ/s}] + 103,680[\text{J/s}] - 1,000[\text{kJ/s}]$
$\quad - 2,880[\text{J/s}] - 260[\text{kJ/s}] = 40.8[\text{kJ/s}]$

※ KJ/s = kW
※ 참고

$$\dot{e} = Pv + u + k.e. + p.e. = h_1 + \dfrac{v_1^2}{2} + gz [\text{J/kg}]$$

34 다음 중 서로 같은 단위를 사용할 수 없는 것은?

① 열량(heat transfer)과 일(work)
② 비내부에너지(specific intrnal energy)와 비엔탈피(specific enthalpy)
③ 비엔탈피(specific enthalpy)와 비엔트로피(specific entropy)
④ 비열(specific heat)과 비엔트로피(specific entropy)

해설

엔트로피 $S = \oint \dfrac{\delta Q}{T}$의 단위는 [J/K]이다. 비엔트로피는 [J/kg·K]이다. 엔탈피의 단위는 에너지 Q와 같은 [J]이고, 비엔탈피 단위는 [J/kg]이다. 그러므로 비엔탈피와 비엔트로피는 서로 같은 단위를 사용할 수 없다.

35 온도 100[℃]의 공기 0.2[kg]이 압력이 일정한 과정을 거쳐 원래 체적의 2배로 늘어났다. 이때 공기에 전달된 열량은 약 몇 [kJ]인가?(단, 공기는 이상기체이며 기체상수는 0.287[kJ/kg·K], 정적비열은 0.718[kJ/kg·K]이다)

① 75.0[kJ]
② 8.93[kJ]
③ 21.4[kJ]
④ 34.7[kJ]

해설

압력이 일정한 과정이므로, 정압과정이고 정압비열이 필요하다.
$C_p - C_v = R$
$C_p = R + C_v = 0.287[\text{kJ/kg·K}] + 0.718[\text{kJ/kg·K}]$
$\quad = 1.005[\text{kJ/kg·K}]$
정압과정에서
$v_2/v_1 = T_2/T_1$
$\therefore T_2 = 2T_1$
$T_1 = 373.15[\text{K}], \quad T_2 = 746.3[\text{K}]$
$\Delta Q = mC_p\Delta T = 0.2[\text{kg}] \times 1.005[\text{kJ/kg·K}] \times 373.15[\text{K}]$
$\quad = 75.00[\text{kJ}]$

36 4[kg]의 공기를 압축하는데 300[kJ]의 일을 소비함과 동시에 110[kJ]의 열량이 방출되었다. 공기온도가 초기에는 20[℃]이었을 때, 압축 후의 공기온도는 약 몇 [℃]인가?(단, 공기는 정적비열이 0.716[kJ/kg·K]으로 일정한 이상기체로 간주한다)

① 78.4
② 71.7
③ 93.5
④ 86.3

해설

- 시스템에 투입된 에너지
 ΔQ = 계에 한 일 - 방출된 열 = 190[kJ]
- 압축 전 가지고 있던 에너지
 $Q_1 = mC_vT = 4[\text{kg}] \times 0.716[\text{kJ/kg·K}] \times 293.15[\text{K}]$
 $\quad = 839.58[\text{kJ}]$
- 압축 후 에너지
 $Q_2 = Q_1 + \Delta Q = 839.58[\text{kJ}] + 190[\text{kJ}] = 1,029.58[\text{kJ}]$
 $Q_2 = mC_vT_2$
 $1,029.58[\text{kJ}] = 4[\text{kg}] \times 0.716[\text{kJ/kg·K}] \times T[\text{K}]$
 $T_2 = \dfrac{1,029.58[\text{kJ}]}{4[\text{kg}] \times 0.716[\text{kJ/kg·K}]} = 359.49[\text{K}] = 86.34[℃]$

정답 33 ② 34 ③ 35 ① 36 ④

37 온도가 T_1인 고열원으로부터 온도가 T_2인 저열원으로 열전도, 대류, 복사 등에 의해 Q만큼 열전달이 이루어졌을 때 전체 엔트로피 변화량을 나타내는 식은?

① $\dfrac{T_1 - T_2}{Q(T_1 \times T_2)}$ ② $\dfrac{Q(T_1 + T_2)}{T_1 \times T_2}$

③ $\dfrac{Q(T_1 - T_2)}{T_1 \times T_2}$ ④ $\dfrac{T_1 + T_2}{Q(T_1 \times T_2)}$

해설

$ds = \dfrac{\delta Q}{T}$

$\Delta s = \oint_1^2 \dfrac{\delta Q}{T} = \dfrac{Q}{T_2} - \dfrac{Q}{T_1} = \dfrac{Q(T_1 - T_2)}{T_2 T_1}$

38 14.33[W]의 전등을 매일 7시간 사용하는 집이 있다. 30일 동안 약 몇 [kJ]의 에너지를 사용하는가?

① 10,830 ② 15,020
③ 17,420 ④ 22,840

해설

$P = W/s$
$W = P \times s$
단위를 확인하면
[W] = [J/s], [J] = [W·s]
$W = 14.33[\text{J/s}] \times 30 \times 7 \times 60 \times 60[\text{s}]$
$= 10,833,480[\text{J}] = 10,833.48[\text{kJ}]$

39 다음 중 이상적인 증기터빈의 사이클인 랭킨사이클을 옳게 나타낸 것은?

① 가역단열압축 → 정압가열 → 가역단열팽창 → 정압냉각

② 가역단열압축 → 정적가열 → 가역단열팽창 → 정적냉각

③ 가역등온압축 → 정압가열 → 가역등온팽창 → 정압냉각

④ 가역등온압축 → 정적가열 → 가역등온팽창 → 정적냉각

해설

랭킨사이클은 T-S 선도를 통해 그 순환을 살펴볼 수 있다.

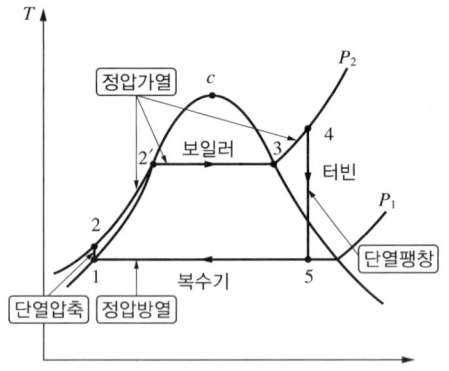

- 상태 1→2에서 펌프로 단열압축을 행하며, 이때의 펌프일은
$\dot{W}_{\text{펌프}} = \dot{m}(h_2 - h_1)$ $\Delta h = \int_1^2 v dP$

- 상태 2→4에서 보일러를 통해 열이 들어오며, 그 열량은
$\dot{Q}_{in} = \dot{m}(h_4 - h_2)$

- 상태 4→5에서 터빈을 통해 단열팽창하며, 그 열량은
$\dot{W}_{\text{터빈}} = \dot{m}(h_4 - h_5)$

상태 2에서 5에 이르는 동안 가열되고 터빈에서 팽창하며 일을 한다. 팽창된 수증기를 냉각, 압축시켜서 순환시킨다.

40 랭킨사이클의 열효율 증대방법에 해당하지 않는 것은?

① 복수기(응축기) 압력 저하
② 보일러 압력 증가
③ 터빈 입구온도 저하
④ 보일러에서 증기온도 상승

해설
39번 해설의 선도를 참고하면, 터빈 입구 4에서의 온도가 높을수록 열효율이 올라간다는 것을 알 수 있다.

제3과목 기계유체역학

41 평판을 지나는 경계층 유동에서 속도분포가 경계층 바깥에서는 균일속도, 경계층 내에서는 다음과 같이 주어질 때 경계층 배제 두께(displacement thickness) δ^* 와 경계층 두께 δ의 관계식으로 옳은 것은?(단, u는 평판으로부터 거리 y에 따른 경계층 내의 속도분포, U는 경계층 밖의 균일속도이다)

$$u(y) = U \times \frac{y}{\delta}$$

① $\delta^* = \dfrac{\delta}{4}$ ② $\delta^* = \dfrac{\delta}{3}$

③ $\delta^* = \dfrac{\delta}{2}$ ④ $\delta^* = \dfrac{2\delta}{3}$

해설
$$\delta^* = \int_0^\delta \left(1 - \frac{u}{U_\infty}\right) dy = \int_0^\delta \left(1 - \frac{U_\infty \times \frac{y}{\delta}}{U_\infty}\right) dy$$
$$= \int_0^\delta \left(1 - \frac{y}{\delta}\right) dy = \left[y - \frac{y^2}{2\delta}\right]_0^\delta = \delta - \frac{\delta}{2} = \frac{\delta}{2}$$

42 관 속에서 유체가 흐를 때 유동이 완전한 난류라면 수두손실은?

① 유체속도에 비례한다.
② 유체속도의 제곱에 비례한다.
③ 유체속도에 반비례한다.
④ 유체속도의 제곱에 반비례한다.

해설
$h_f = \lambda \dfrac{l}{d} \dfrac{v^2}{2g}$ 관계이므로 속도의 제곱에 비례한다.
(여기서, h : 손실수두, λ : 손실계수, l : 관의 길이, d : 관 내경, v : 유속)

43 원 관 내부의 흐름이 층류 정상유동일 때 유체의 전단응력 분포에 대한 설명으로 알맞은 것은?

① 중심축에서 0이고, 반지름 방향 거리에 따라 선형적으로 증가한다.
② 관 벽에서 0이고, 중심축까지 선형적으로 증가한다.
③ 단면에서 중심축을 기준으로 포물선 분포를 가진다.
④ 단면 전체에서 일정하게 나타난다.

해설
원 관 내부에 흐르는 유동은 다음 그림과 같으며, 관 벽으로 갈수록 큰 전단응력을 받는다. 전단응력은 $\tau = \mu \dfrac{dv}{dr}$ 의 관계가 된다.

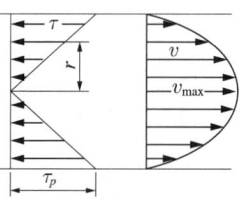

② ①과 정반대의 설명이므로 옳지 않다.
③ 속도의 분포가 단면에서 중심축을 기준으로 포물선 분포를 가지며 전단응력은 선형분포이다.
④ 위의 그림처럼 분포를 가진다.

정답 40 ③ 41 ③ 42 ② 43 ①

44 2[m/s]의 속도로 물이 흐를 때 피토관 수두 높이 h는?

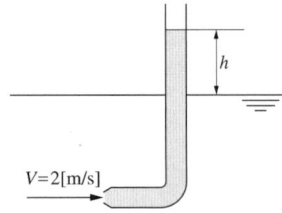

① 0.053[m] ② 0.102[m]
③ 0.204[m] ④ 0.412[m]

해설
$V = \sqrt{2gh}$
$h = \dfrac{V^2}{2g} = \dfrac{(2[\text{m/s}])^2}{2 \times 9.8[\text{m/s}^2]} = 0.2041[\text{m}]$

45 다음 그림과 같이 매우 큰 두 저수지 사이에 터빈이 설치되어 동력을 발생시키고 있다. 물이 흐르는 유량은 50[m³/min]이고, 배관의 마찰손실수두는 5[m], 터빈의 작동효율이 90[%]일 때 터빈에서 얻을 수 있는 동력은 약 몇 [kW]인가?

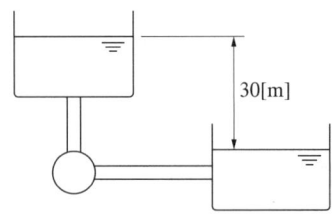

① 318 ② 286
③ 184 ④ 204

해설
수차, 터빈이 사용할 수 있는 동력은 위치에너지이며 이 양은
$E_h = mgh = \gamma Qh$
$= 9,806[\text{N/m}^3] \times \dfrac{50[\text{m}^3/\text{min}]}{60[\text{s}]} \times (30-5)[\text{m}]$
$= 204,291.7[\text{J/s}]$
작동효율이 0.90이므로
$W_T = 0.9 \times 204,291.7[\text{J/s}] = 183.86[\text{kW}]$

46 체적이 1[m³]인 물체의 무게를 물속에서 측정하였을 때 4,000[N]이다. 이 물체의 비중은?

① 2.11 ② 1.85
③ 1.62 ④ 1.41

해설
물체의 무게 = 4,000[N] + 부력
부력 $= \gamma_w \times V_{수중} = 9,806[\text{N/m}^3] \times 1[\text{m}^3] = 9,806[\text{N}]$
$W_{물체} = 4,000[\text{N}] + 9,806[\text{N}] = 13,806[\text{N}]$
비중 $= \dfrac{\gamma_{물체}}{\gamma_w} = \dfrac{\frac{W_{물체}}{V}}{\gamma_w} = \dfrac{\frac{13,806[\text{N}]}{1[\text{m}^3]}}{9,806[\text{N/m}^3]} \fallingdotseq 1.41$

47 어떤 액체 기둥 높이 25[cm]와 수은 기둥 높이 4[cm]에 의한 압력이 같다면 이 액체의 비중은 약 얼마인가?(단, 수은의 비중은 13.6이다)

① 7.35 ② 6.36
③ 4.04 ④ 2.18

해설
압력 $P = \gamma h$
$P = \gamma_{어떤} h_{어떤} = \gamma_{수은} h_{수은}$
$\dfrac{\gamma_{어떤}}{\gamma_{수은}} = \dfrac{S_{어떤}\gamma_{물}}{S_{수은}\gamma_{물}} = \dfrac{h_{수은}}{h_{어떤}}$
$\dfrac{S_{어떤}}{13.6} = \dfrac{4}{25}$
$S_{어떤} = 2.176$

48 해수 내에서 잠수함이 2.5[m/s]로 끌며 움직이고 있는 지름이 280[mm]인 구형의 음파탐지기에 작용하는 항력을 풍동실험을 통해 예측하려고 한다. 지름이 140[mm]인 구형 모형을 사용한 풍동실험에서 Reynolds수를 같게 하여 실험하였을 때, 풍동에서 측정한 항력에 몇 배를 곱해야 해수 내 음파탐지기의 항력을 구할 수 있는가?(단, 바닷물의 평균 밀도는 1,025[kg/m³], 동점성계수는 1.4×10^{-6} [m²/s]이며, 공기의 밀도는 1.23[kg/m³], 동점성계수는 1.4×10^{-5}[m²/s]로 한다. 또한, 이 항력 연구는 다음 식이 성립한다)

$$\frac{F}{\rho V^2 D^2} = f(Re)$$

(여기서, F : 항력, ρ : 밀도, V : 속도, D : 지름, Re : 레이놀즈수)

① 1.67배　② 3.33배
③ 6.67배　④ 8.33배

해설

$Re = \frac{vD}{\nu} = \frac{2.5[\text{m/s}] \times 280[\text{mm}]}{1.4 \times 10^{-6}[\text{m}^2/\text{s}]} = \frac{V_{모형} \times 140[\text{mm}]}{1.4 \times 10^{-5}[\text{m}^2/\text{s}]}$

$V_{모형} = 2.5[\text{m/s}] \times 2 \times 10 = 50[\text{m/s}]$

문제에서 항력과 레이놀즈수가 들어간 식이 주어졌고, 항력의 비를 묻는 문제이므로

$\frac{F}{\rho V^2 D^2} = f(Re) = \frac{F}{\rho V^2 D^2} = \frac{F_{모형}}{\rho V_{모형}^2 D_{모형}^2}$

$\frac{F}{F_{모형}} = \frac{\rho V^2 D^2}{\rho V_{모형}^2 D_{모형}^2}$

$= \frac{1,025[\text{kg/m}^3] \times (2.5[\text{m/s}])^2 \times (280[\text{mm}])^2}{1.23[\text{kg/m}^3] \times (50[\text{m/s}])^2 \times (140[\text{mm}])^2} = 8.33$

즉, 모형에 적용한 항력에 8.33배를 곱해 잠수함에 작용하는 항력을 구한다.

49 실온에서 엔진오일은 절대 점성계수 0.12[kg/m·s], 밀도 800[kg/m³]이고, 공기는 절대 점성계수 1.8×10^{-5}[kg/m·s], 밀도 1.2[kg/m³]이다. 엔진오일의 동점성계수는 공기의 동점성계수의 약 몇 배인가?

① 5　② 10
③ 15　④ 20

해설

$\nu_e = \frac{\mu_e}{\rho_e} = \frac{0.12[\text{kg/m·s}]}{800[\text{kg/m}^3]} = 1.5 \times 10^{-4}[\text{m}^2/\text{s}]$

$\nu_{air} = \frac{\mu_{air}}{\rho_{air}} = \frac{1.8 \times 10^{-5}[\text{kg/m·s}]}{1.2[\text{kg/m}^3]} = 1.5 \times 10^{-5}[\text{m}^2/\text{s}]$

$\frac{\nu_e}{\nu_{air}} = \frac{1.5 \times 10^{-4}[\text{m}^2/\text{s}]}{1.5 \times 10^{-5}[\text{m}^2/\text{s}]} = 10$

50 Buckingham의 파이(pi) 정리를 바르게 설명한 것은?(단, k는 변수의 개수, r은 변수를 표현하는 데 필요한 최소한의 기준 차원의 개수이다)

① $(k-r)$개의 독립적인 무차원수의 관계식으로 만들 수 있다.
② $(k+r)$개의 독립적인 무차원수의 관계식으로 만들 수 있다.
③ $(k-r+1)$개의 독립적인 무차원수의 관계식으로 만들 수 있다.
④ $(k+r+1)$개의 독립적인 무차원수의 관계식으로 만들 수 있다.

해설

버킹엄의 π 정리
- 수학기호 π에서 유래되었으며, 어떤 수의 곱을 나타낸다는 의미이다.
- 어느 물리계가 n개의 변수와 관련되어 있고, 기본 차수가 m일 때, 독립 무차원 매개변수 π는 $n-m$개로 나타낼 수 있다.
- $F(x_1, x_2, x_3, \ldots, x_n) = 0$과 같은 함수관계가 있다면 $F(\pi_1, \pi_2, \pi_3, \ldots, \pi_{n-m}) = 0$가 된다.

51 다음 그림과 같이 단면적 A_1은 0.4[m²], 단면적 A_2는 0.1[m²]인 동일 평면상의 관로에서 물의 유량이 1,000[L/s]일 때 관을 고정시키는 데 필요한 x방향의 힘 F_x의 크기는 약 몇 N인가?(단, 단면 1과 2의 높이차는 1.5[m]이고, 단면 2에서 물은 대기로 방출되며, 곡관의 자체 중량, 곡관 내부 물의 중량 및 곡관에서의 마찰손실은 무시한다)

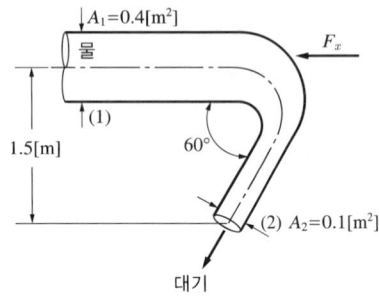

① 10,159 ② 15,358
③ 20,370 ④ 24,018

해설

$\sum F_x = P_1 A_1 - P_2 A_2 \cos\alpha + F_x$
$F_x = \rho Q V_1 + \rho Q V_2 \cos 120°$
$\sum F_x = F_x$ 이므로
(1)을 지나는 속도
$Q = AV$
$V_1 = \dfrac{Q}{A_1} = \dfrac{1,000[\text{L/s}]}{0.4[\text{m}^2]} = 2.5[\text{m/s}]$
(1)을 지나는 물의 힘
$F_1 = \gamma Q V_1$
$= 9,806[\text{N/m}^3] \times 1[\text{m}^3/\text{s}] \times 2.5[\text{m/s}] = 24,515[\text{J/s}]$
(2)를 지나는 물의 힘 F_2,
(2)를 지나는 속도
$V_2 = \dfrac{Q}{A_2} = \dfrac{1,000[\text{L/s}]}{0.1[\text{m}^2]} = 10[\text{m/s}]$
베르누이 정리를 이용해 입·출구의 압력을 구하면
$\dfrac{P_1}{\gamma} + \dfrac{V_1^2}{2g} + Z_1 = \dfrac{P_2}{\gamma} + \dfrac{V_2^2}{2g} + Z_2$
$\dfrac{P_1 - P_2}{\gamma} + \dfrac{V_1^2 - V_2^2}{2g} + Z_1 - Z_2 = 0$
$\dfrac{\Delta P}{9,806[\text{N/m}^3]} + \dfrac{(2.5[\text{m/s}])^2 - (10[\text{m/s}])^2}{2 \times 9.806[\text{m/s}^2]} + 1.5[\text{m}] = 0$
$\Delta P = 32,166[\text{N/m}^2]$
압력차 발생요소는 입구에서 밀어넣는 압력이고, 그 압력을 이용하여 벤딩을 한 후 속도로 소진하고 분출되어 분출구쪽 압력은 대기압이므로

$\Delta P = P_{\text{계기압}} = 32.17[\text{kPa}]$
$\sum F_x = P_1 A_1 - P_2 A_2 \cos\alpha + (\rho Q V_1 + \rho Q V_2 \cos 60°)$
$= 32,166.4[\text{Pa}] \times 0.4[\text{m}^2] - 0 + 1,000[\text{kg/m}^3]$
$\times 1[\text{m}^3/\text{s}]\left(2.5 + \dfrac{10}{2}\right)[\text{m/s}]$
$= 12,866.4[\text{N}] + 7,500[\text{N}] = 20,366.4[\text{N}]$

52 다음 중 점성계수를 측정하는 데 적합한 것은?

① 피토관(pitot tube)
② 슐리렌법(schlieren method)
③ 벤투리미터(venturi meter)
④ 세이볼트법(saybolt method)

해설

④ 세이볼트법(saybolt method) : 유체의 점성계수를 측정하는 측정기로, 짧은 모세관을 통하여 일정한 체적(60[cm³])이 흐르는 데 걸리는 시간을 측정하는 방식을 사용한다.

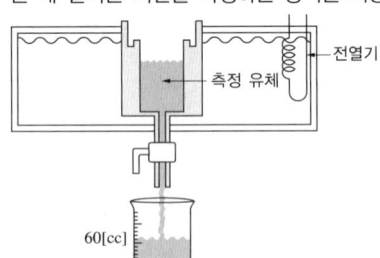

① 피토관(pitot tube) : 베르누이 정리를 이용한다.

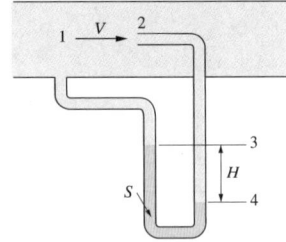

② 슐리렌법(schlieren method, 굴절무늬법) : 기체의 흐름을 눈으로 볼 수 있도록 고안한 방법이다.
③ 벤투리미터(venturi meter) : 관 경을 변경시켜 발생하는 차압을 이용하여 유량, 유체의 흐름을 측정하는 방법으로, 차압측정기라고도 한다. 베르누이의 정리를 이용하여 측정한다.

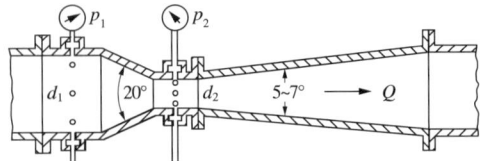

53 다음 중 밀도가 가장 큰 액체는?

① $1[g/cm^3]$
② 비중 1.5
③ $1,200[kg/m^3]$
④ 비중량 $8,000[N/m^3]$

해설
② 비중 $1.5 = 1.5 \times 1,000[kg/m^3] = 1,500[kg/m^3]$
① $1[g/cm^3] = 0.001kg/(0.01[m])^3 = 1,000[kg/m^3]$
③ $1,200[kg/m^3]$
④ 비중량 $8,000[N/m^3]$
$$\rho = \frac{8,000[kg \times m/s^2 \cdot /m^3]}{9.806[m/s^2]} = 815.83[kg/m^3]$$

54 점성을 지닌 액체가 지름 4[mm]의 수평으로 놓인 원통형 튜브를 $12 \times 10^{-6}[m^3/s]$의 유량으로 흐르고 있다. 길이 1[m]에서의 압력손실은 약 몇 [kPa]인가?(단, 튜브의 입구로부터 충분히 멀리 떨어져 있어서 유체는 축 방향으로만 흐르며 유체의 밀도는 $1,180[kg/m^3]$, 점성계수는 $0.0045[N \cdot s/m^2]$이다)

① 7.59　　② 8.59
③ 9.59　　④ 10.59

해설
하겐-푸아죄유(Hagen-Poiseuille) 식에서 유량은
$Q = \frac{\pi d^4 \Delta P}{128 \mu L}$ (여기서, $\Delta P = \gamma dL$)
이에 따라 계산되는 손실수두는
$h_L = \frac{\Delta p}{\gamma} = \frac{128\mu L Q}{\gamma \pi d^4}$ ($\because \Delta P = \frac{128\mu L Q}{\pi d^4}$)
$\Delta P = \frac{128\mu L Q}{\pi d^4}$
$= \frac{128 \times 0.0045[N \cdot s/m^2] \times 1[m] \times 12 \times 10^{-6}[m^3/s]}{\pi (0.004[m])^4}$
$= 8,594.37[N/m^2] = 8.59[kPa]$

55 다음 그림과 같은 원통 주위의 퍼텐셜 유동이 있다. 원통 표면상에서 상류 유속(v)과 동일한 크기의 유속이 나타나는 위치(θ)는?

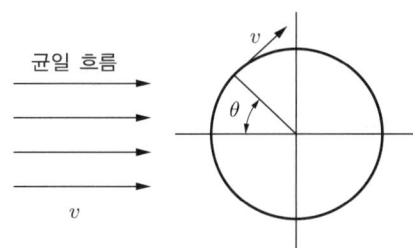

① 90°　　② 30°
③ 45°　　④ 60°

해설
원통 주위의 퍼텐셜 유동(비압축성, 비점성 유동)에서
v : 속도, p_∞ : 원통과 먼 곳의 압력, V_s : 원통 표면의 속도,
p_s : 원통 표면의 압력일 때
이들 상호 간의 관계는
$V_s = 2v\sin\theta, \ p_s = p_\infty + \frac{1}{2}\rho v^2(1 - 4\sin^2\theta)$
$\therefore V_s = v = 2v\sin\theta$의 관계를 갖는 θ는 $\sin\theta = \frac{1}{2}$이 되는 30°이다.

56 지름 0.1[mm], 비중 2.3인 작은 모래알이 호수 바닥으로 가라앉을 때, 잔잔한 물속에서 가라앉는 속도는 약 몇 [mm/s]인가?(단, 물의 점성계수는 $1.12 \times 10^{-3}[N \cdot s/m^2]$이다)

① 6.32　　② 4.96
③ 3.17　　④ 2.24

해설
$\sum F = W - B - F_f = S_{모래}\rho_물 gV - \rho_물 gV - 6\pi\eta rv = 0$
$(2.3-1) \times 1,000[kg/m^3] \times 9.806[m/s^2] \times \frac{4}{3}\pi(0.05[mm])^3$
$= 6\pi \times 1.12 \times 10^{-3}[N \cdot s/m^2] \times 0.05[mm] \times v$
$v = 0.006323[m/s] = 6.323[mm/s]$
※ 등속하강운동의 조건은 주어지지 않았지만, 가라앉는 모래알에 작용하는 힘, 가속도가 아닌 속도에 대한 문제로 스토크스 유동에서의 속도를 묻고 있다.

57 어떤 액체의 밀도는 890[kg/m³], 체적 탄성계수는 2,200[MPa]이다. 이 액체 속에서 전파되는 소리의 속도는 약 몇 [m/s]인가?

① 1,572　② 1,483
③ 981　④ 345

해설
$$\alpha = \sqrt{\frac{E}{\rho}}$$
$$= \sqrt{\frac{2,200[\text{MPa}]}{890[\text{kg/m}^3]}}$$
$$= \sqrt{2.4719 \times 10^6 [\text{kg} \cdot \text{m/s}^2 \cdot \text{m}^2]/[\text{kg/m}^3]}$$
$$= 1,572.23[\text{m/s}]$$
(여기서, α : 음파의 속도, E : 체적 탄성률, ρ : 밀도)

58 다음 중 옳은 설명을 모두 고른 것은?

> 가. 정상(steady)유동일 때 유맥선(streak line), 유적선(path line), 유선(stream line)은 동일하다.
> 나. 공간상의 한 공통점을 지나온 모든 유체들로 이루어진 선을 유적선이라고 한다.
> 다. 유선은 유체속도장과 접하는 선을 말한다.

① 가, 나　② 가, 다
③ 나, 다　④ 가, 나, 다

해설
공간상의 한 공통점을 지나온 모든 유체들로 이루어진 선을 유맥선이라고 한다.

59 다음 그림과 같이 폭 2[m], 높이가 3[m]인 평판이 물속에 수직으로 잠겨 있다. 이 평판의 한쪽 면에 작용하는 전체 압력에 의한 힘은 약 몇 [kN]인가?

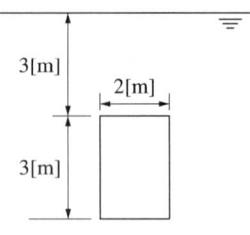

① 88　② 176
③ 233　④ 265

해설
수직면의 전압력
$\gamma h_c A = 9,806[\text{N/m}^3] \times 4.5[\text{m}] \times 6[\text{m}^2]$
$= 264,762[\text{N}] = 264.76[\text{kN}]$

60 2차원 (r, θ) 평면에서 연속방정식은 다음과 같이 주어진다. 비압축성 유동이고 반지름 방향의 속도 V_r은 반지름 방향의 거리 r만의 함수이며, 접선 방향의 속도 $V_\theta = 0$일 때, V_r은 어떤 함수가 되는가?

$$\frac{\partial \rho}{\partial t} + \frac{1}{r}\frac{\partial(r\rho V_r)}{\partial r} + \frac{1}{r}\frac{\partial(\rho V_\theta)}{\partial \theta} = 0$$
(단, t는 시간, ρ는 밀도이다)

① r에 비례하는 함수
② r^2에 비례하는 함수
③ r에 반비례하는 함수
④ r^2에 반비례하는 함수

57 ①　58 ②　59 ④　60 ③

해설

$\frac{\partial \rho}{\partial t}+\frac{1}{r}\frac{\partial(r\rho V_r)}{\partial r}+\frac{1}{r}\frac{\partial(\rho V_\theta)}{\partial \theta}=0$의 조건에서 비압축성 유동이므로 시간에 따른 밀도의 변화가 없다.

$\therefore 0+\frac{1}{r}\frac{\partial(r\rho V_r)}{\partial r}+\frac{1}{r}\frac{\partial(\rho V_\theta)}{\partial \theta}=0$

또한, 조건에서 $V_\theta = 0$이므로 $0+\frac{1}{r}\frac{\partial(r\rho V_r)}{\partial r}+0=0$

이 방정식은 $\frac{\rho}{r}\frac{\partial(rV_r)}{\partial r}=0$이 되며, r에 대해 미분하여 0이 되는 함수라면

$rV_r = c$(여기서, c : 상수) 형태이므로 $V_r = \frac{c}{r}$, 즉 V_r은 r에 1차원적으로 반비례하는 함수이다.

제4과목 기계재료 및 유압기기

61 일정한 높이에서 낙하시킨 추(해머)의 반발한 높이로 경도를 측정하는 시험법은?

① 브리넬 경도시험
② 로크웰 경도시험
③ 비커스 경도시험
④ 쇼어 경도시험

해설
④ 쇼어 경도시험 : 강구의 반발 높이로 측정하는 반발 경도시험이다.
① 브리넬 경도시험 : 일정한 지름 D[mm]의 강구 압입체를 일정한 하중 P[N]로 시험편 표면에 누른 다음 시험편에 나타난 압입 자국 면적으로 경도값을 계산한다.
② 로크웰 경도시험 : 처음 하중(10[kgf])과 변화된 시험하중(60[kgf], 100[kgf], 150[kgf])으로 눌렀을 때 압입 깊이의 차로 결정된다.
③ 비커스 경도시험 : 원뿔형의 다이아몬드 압입체를 시험편의 표면에 하중 P로 압입한 다음, 시험편의 표면에 생긴 자국의 대각선 길이 d를 비커스 경도계에 있는 현미경으로 측정하여 경도를 구한다. 좁은 구역에서 측정할 때는 마이크로 비커스 경도 측정을 한다. 도금층이나 질화층 등과 같이 얇은 층의 경도 측정에도 적합하다.

62 침탄, 질화와 같이 Fe 중에 탄소 또는 질소의 원자를 침입시켜 한쪽으로만 확산하는 것은?

① 자기확산
② 상호확산
③ 단일확산
④ 격자확산

해설
① 자기확산 : 공공이 있는 재료는 한 격자점에서 다른 격자로 이동하는 확산
② 상호확산 : 서로 다른 종류의 원자들이 각기 다른 방향으로 확산하는 것

63 알루미늄, 마그네슘 및 그 합금의 질별기호 중 가공 경화한 것을 나타내는 기호로 옳은 것은?

① O
② H
③ W
④ F

해설
- F : 제조 상태 그대로
- O : 풀림 공정을 거친 재료
- H
  - 경화된 상태
  - H의 세분기호는 기본기호 H의 뒤에 항상 2개 또는 그 이상의 숫자를 붙인다.
- T
  - 안정화한 상태
  - T의 세분기호는 기본기호 T 뒤에 항상 하나 또는 그 이상의 숫자를 붙인다.

정답 61 ④ 62 ③ 63 ②

64 다이캐스팅용 Al 합금에 Si 원소를 첨가하는 이유가 아닌 것은?

① 유동성이 증가한다.
② 열간취성이 감소한다.
③ 용탕 보급성이 양호해진다.
④ 금형에 점착성이 증가한다.

해설
실루민(또는 알팍스)
- Al에 Si를 11.6[%] 첨가한 합금이고, 공정점은 577[℃]이다. 이 조성을 실루민이라 한다.
- 이 합금에 Na, F, NaOH, 알칼리 염류를 용탕에 넣어 처리하면 조직이 미세화되고 공정점도 조정되는데, 이를 개량처리라 한다. 주조용 알루미늄을 다이캐스팅하면 개량처리가 필요 없다.
- 실용 합금은 10~13%Si가 함유된 실루민으로 용융점이 낮고, 유동성이 좋아 얇고 복잡한 주물에 적합하다.

65 주철에 대한 설명으로 틀린 것은?

① 흑연이 많을 경우에는 그 파단면이 회색을 띤다.
② 600[℃] 이상의 온도에서 가열 및 냉각을 반복하면 부피가 감소하여 파열을 저지한다.
③ 주철 중에 전 탄소량은 흑연과 화합탄소를 합한 것이다.
④ C와 Si의 함량에 따른 주철의 조직관계를 나타낸 것을 마우러 조직도라 한다.

해설
주철의 성장 : 주철조직의 시멘타이트는 고온에서 불안정한 상태이다. 주철이 450~600[℃]이 되면 Fe과 흑연이 분해하기 시작하여 750~800[℃]에서 $Fe_3C \rightarrow 3Fe + C$로 분해된다(시멘타이트의 흑연화(graphitizing)). A_1 변태점 이상의 온도에서 장시간 방치하거나 되풀이하여 가열하면 점차로 그 부피가 증가된다.

66 결정성 플라스틱 및 비결정성 플라스틱을 비교 설명한 것 중 틀린 것은?

① 비결정성에 비해 결정성 플라스틱은 많은 열량이 필요하다.
② 비결정성에 비해 결정성 플라스틱은 금형 냉각시간이 길다.
③ 결정성 플라스틱에 비해 비결정성 플라스틱은 치수 정밀도가 높다.
④ 결정성 플라스틱에 비해 비결정성 플라스틱은 특별한 용융온도나 고화온도를 갖는다.

해설

구분	결정성 수지	비결정성 수지
구조 변화	용융점 이상에서 비결정 구조이다.	용융점에 무관하게 비결정 구조이다.
수축	용융점 상하로 조직이 변하므로 수축이 크다.	수축이 작다.
온도 변화	용융점 기준 조직 변화를 위해 충분한 열량 공급이 필요하다.	온도 증가에 따른 유동성, 수축, 온도 변화율이 크지 않다.

67 다음 중 자기변태점이 가장 높은 것은?

① Fe
② Co
③ Ni
④ Fe_3C

해설
자기변태점은 자성이 변하는 온도로, 자성이 없는 재료에서는 고려하지 않는다. 대표적인 자성체의 자기변태온도는 철(Fe) 768[℃], 코발트(Co) 1,160[℃], 니켈(Ni) 358[℃]이다.

68 황(S)을 많이 함유한 탄소강에서 950[℃] 전후의 고온에서 발생하는 취성은?

① 저온취성 ② 불림취성
③ 적열취성 ④ 뜨임취성

해설
- 적열취성(red shortness) : 황을 많이 함유한 탄소강이 약 950[℃]에서 인성이 저하하여 취성이 커진다.
- 청열취성(blue shortness) : 탄소강이 200~300[℃]에서 상온일 때보다 인성이 저하하여 취성이 커진다.
- 상온취성(cold shortness) : 인을 많이 함유한 탄소강이 상온에서도 인성이 저하하여 취성이 커진다.

69 서브제로(sub-zero)처리를 하는 주요 목적으로 옳은 것은?

① 잔류 오스테나이트 조직을 유지하기 위해
② 잔류 오스테나이트를 레데부라이트화하기 위해
③ 잔류 오스테나이트를 베이나이트화하기 위해
④ 잔류 오스테나이트를 마텐자이트화하기 위해

해설
잔류 오스테나이트 : 냉각 후 상온에서도 변태를 끝내지 못한 오스테나이트가 조직 내에 남게 된다. 이러한 오스테나이트는 조직 내에서 어울리지 못하여 문제가 되므로 심랭처리(0[℃] 이하로 담금질, 서브제로, 과랭)하여 마텐자이트화하여 없앤다.

70 금속의 응고에 대한 설명으로 틀린 것은?

① Fe의 결정성장 방향은 [0001]이다.
② 응고과정에서 고상과 액상 간의 경계가 형성된다.
③ 응고과정에서 운동에너지가 열의 형태로 방출되는 것을 응고잠열이라 한다.
④ 액체 금속이 응고할 때 용융점보다 낮은 온도에서 응고되는 것을 과냉각이라 한다.

해설
철의 결정면을 밀러지수로 나타내면 x, y, z방향으로 [110], [111]이다. 또한, 철은 온도에 따라 결정구조를 달리하며 결정성장 방향은 결정구조에 따라 달라진다.
※ 체심입방형격자는 [111] 방향으로 성장하고, 면심입방형은 [110] 방향으로 성장한다.

71 유압장치에서 펌프의 무부하 운전 시 특징으로 적절하지 않은 것은?

① 펌프의 수명 연장
② 유온 상승 방지
③ 유압유 노화 촉진
④ 유압장치의 가열 방지

해설
유압유 노화를 목적으로 무부하 운전을 하지 않는다. 부하를 걸지 않은 상태로 운전하면 펌프에 무리가 가지 않고 구동이 안정되며 정상화된다. 이에 따라 펌프 수명이 연장되고 유압유의 열화도 방지된다.

72
1개의 유압 실린더에서 전진 및 후진 단에 각각의 리밋스위치를 부착하는 이유로 가장 적합한 것은?

① 실린더의 위치를 검출하여 제어에 사용하기 위하여
② 실린더 내의 온도를 제어하기 위하여
③ 실린더의 속도를 제어하기 위하여
④ 실린더 내의 압력을 계측하고 제어하기 위하여

해설
리밋스위치 : 전기신호를 기계적 구동력으로 전환하여 사용하는 스위치로, 다음 그림의 롤러 부분에 접촉하여 신호를 발생시킨다.

[a접점]   [b접점]

73
다음 기호의 명칭은?

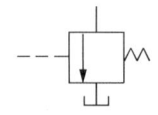

① 체크밸브
② 무부하밸브
③ 스톱밸브
④ 급속배기밸브

해설

무부하밸브	체크밸브	스톱밸브	급속배기밸브

74
오일탱크의 필요조건으로 적절하지 않은 것은?

① 오일탱크의 바닥면은 바닥에 밀착시켜 간격이 없도록 해야 한다.
② 오일탱크에는 스트레이너의 삽입이나 분리를 용이하게 할 수 있는 출입구를 만든다.
③ 공기빼기 구멍에는 공기 청정을 하여 먼지의 혼입을 방지한다.
④ 먼지, 절삭분 등의 이물질이 혼입되지 않도록 주유구에는 여과망, 캡을 부착한다.

해설
- 오일탱크는 중력 등에 의해서 되돌아오는 장치 내의 모든 오일을 받아들일 수 있을 만큼 커야 한다.
  - 고정식 : 분당 토출량의 3~5배
  - 이동식 : 분당 토출량의 115~120[%] 정도의 크기
- 오일면을 흡입 라인 위까지 항상 유지할 수 있어야 한다.
- 정상적인 작동에서 발생한 열을 발산할 수 있어야 한다.
- 공기나 이물질을 오일로부터 분리시킬 수 있는 구조이어야 한다(→ 내부에 격판을 두어 내부 유동경로를 길게 만들고 이물질을 침전시킨다).
- 탱크의 바닥면은 바닥에서 15[cm] 정도의 간격을 가져야 한다.
- 스트레이너의 유량은 유압펌프 토출량의 2배 이상이어야 한다.
- 공기청정기의 통기용량은 유압펌프 토출량의 2배 이상이어야 한다.
- 탱크는 완전히 세척할 수 있도록 제작하여야 한다.

75
속도제어회로가 아닌 것은?

① 미터 인 회로
② 미터 아웃 회로
③ 블리드 오프 회로
④ 로크(로킹)회로

해설
로크회로는 속도를 제어하는 것이 아니라 실린더의 위치를 고정하도록 로크(lock)를 걸 수 있는 회로이다.

정답 72 ① 73 ② 74 ① 75 ④

76 다음 회로처럼 A, B 두 실린더가 순차적으로 작동하는 회로는?

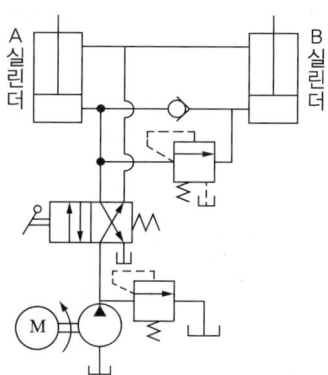

① 언 로더 회로
② 디컴프레션 회로
③ 시퀀스 회로
④ 카운터 밸런스 회로

해설
시퀀스 제어란 입력에서 출력까지 미리 정해진 순서에 따라 각 단계를 순서대로 진행해 나가는 제어로, 비교·검출·조정 등을 실시하지 않는다.

77 유압작동유의 구비조건으로 적절하지 않은 것은?

① 비중과 열팽창계수가 작아야 한다.
② 열을 방출시킬 수 있어야 한다.
③ 점도지수가 높아야 한다.
④ 압축성이어야 한다.

해설
작동유는 힘을 전달하는 물질이다. 압축성이 되면 힘을 전달하지 못하고 흡수하게 된다.

78 유압작동유에 1,760[N/cm²]의 압력을 가했더니 체적이 0.19[%] 감소되었다. 이때 압축률은 얼마인가?

① 1.08×10^{-5}[cm²/N]
② 1.08×10^{-6}[cm²/N]
③ 1.08×10^{-7}[cm²/N]
④ 1.08×10^{-8}[cm²/N]

해설
체적탄성계수는 압축률의 역수이다.
$$K = -\frac{\Delta P}{\Delta V/V}$$
$$\beta = -\frac{\Delta V/V}{\Delta P} = \frac{0.0019}{1,760[\text{N/cm}^2]} = 1.080 \times 10^{-6}[\text{cm}^2/\text{N}]$$

79 유량제어밸브의 종류가 아닌 것은?

① 분류밸브
② 디셀러레이션 밸브
③ 언 로드 밸브
④ 스로틀 밸브

해설
무부하밸브는 펌프를 무부하 운전시키는 밸브로 압력조절밸브의 일종이다.

80 어큐뮬레이터는 고압용기이므로 장착과 취급에 각별한 주의가 요망되는데, 이와 관련된 설명으로 적절하지 않은 것은?

① 점검 및 보수가 편리한 장소에 설치한다.
② 어큐뮬레이터에 용접, 가공, 구멍 뚫기 등을 통해 설치에 유연성을 부여한다.
③ 충격 완충용으로 사용할 경우는 가급적 충격이 발생하는 곳으로부터 가까운 곳에 설치한다.
④ 펌프와 어큐뮬레이터와의 사이에는 체크밸브를 설치하여 유압유가 펌프 쪽으로 역류하는 것을 방지한다.

해설
축압기(어큐뮬레이터, accumulator) : 유체의 압력을 축적하여 압력의 흐름을 일정하게 조절해 주는 장치로서, 압력을 축적하는 방식으로 맥동을 방지하는 데 사용한다. 축압기에 구멍을 뚫으면 압력을 저장할 수 없다.

82 자동차가 경사진 30° 비탈길에 주차되어 있다. 미끄러지지 않기 위해서는 노면과 바퀴와의 마찰계수값이 약 얼마 이상이어야 하는가?

① 0.122
② 0.366
③ 0.500
④ 0.578

해설

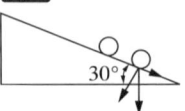

$\mu W\cos 30° \geq W\sin 30°$, $\mu \geq \tan 30°(=0.577)$

제5과목 기계제작법 및 기계동력학

81 지름 1[m]의 플라이휠(flywheel)이 등속회전운동을 하고 있다. 플라이휠 외측의 접선속도가 4[m/s]일 때, 회전수는 약 몇 [rpm]인가?

① 76.4
② 86.4
③ 96.4
④ 106.4

해설
$v = r\omega$
$\omega = \dfrac{v}{r} = \dfrac{4[\text{m/s}]}{0.5[\text{m}]} = 8[\text{rad/s}]$
$= \dfrac{8}{2\pi}[\text{rev/s}] = 1.274[\text{rev/s}] = 76.44[\text{rev/min}]$

83 일정한 반경 r인 원을 따라 균일한 각속도 ω로 회전하고 있는 질점의 가속도에 대한 설명으로 옳은 것은?

① 가속도는 0이다.
② 가속도는 법선 방향(radial direction)의 값만 갖는다(접선 방향은 0이다).
③ 가속도는 접선 방향(transverse direction)의 값만 갖는다(법선 방향은 0이다).
④ 가속도는 법선 방향과 접선 방향값을 모두 갖는다.

해설
균일한 속도로 도는 원은 중심 방향(속도의 법선 방향)의 힘만 작용하여 회전을 유지한다. 가속도의 방향은 힘의 방향과 같다.

정답 80 ② 81 ① 82 ④ 83 ②

84 다음 표는 마찰이 없는 빗면을 따라 내려오는 물체의 속력에 따른 운동에너지와 위치에너지를 나타낸 것이다. 속력이 $\frac{3}{2}v$일 때의 위치에너지(A)는?
(단, 에너지보존법칙을 만족한다)

구분	위치에너지	운동에너지
v	1,500[J]	
$\frac{3}{2}v$	A	
$2v$		1,600[J]

① 1,400[J] ② 1,000[J]
③ 800[J] ④ 600[J]

해설

$E_{2v} = \frac{1}{2}m(2v)^2 = 1,600, \ v = \sqrt{\frac{800}{m}}$

$E_v = \frac{1}{2}mv^2 = \frac{1}{2}m\frac{800}{m} = 400$

$E_{\frac{3}{2}v} = \frac{1}{2}m\left(\frac{3}{2}v\right)^2 = \frac{1}{2}m\frac{9}{4}\frac{800}{m} = 900$

구분	위치에너지	운동에너지	에너지 합
v	1,500[J]	400[J]	1,900[J]
$\frac{3}{2}v$	A	900[J]	1,900[J]
$2v$	300[J]	1,600[J]	1,900[J]

$\therefore A = 1,000[J]$

85 다음 그림과 같이 일부가 천공된 불균형 바퀴가 미끄러짐 없이 굴러가고 있을 때, 각 경우 중 운동에너지의 크기에 대한 설명으로 옳은 것은?(단, 3가지 모두 각속도 ω는 동일하다)

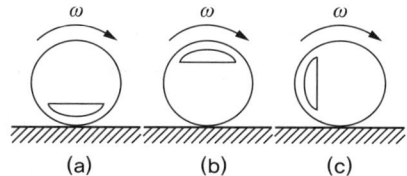

① (a) 경우가 가장 크다.
② (b) 경우가 가장 크다.
③ (c) 경우가 가장 크다.
④ (a), (b), (c) 모두 같다.

해설

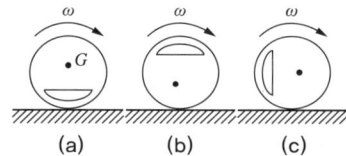

균일 분포한 물체라면 질량 중심이 빈 공간에서 먼 쪽으로 편심되어 있다. 이 강체가 회전을 하면 자세에 따라 질량 중심의 위치에너지가 계속 바뀌게 된다. 세 경우가 같은 질량의 물체라면 질점들의 에너지 합이 보존되는 일반적인 경우 질량 중심의 위치에너지와 운동에너지가 서로 교환하며 위치에너지가 가장 낮은 곳에서 운동에너지, 즉 질량 중심의 이동속도가 가장 커야 한다. 그러나 세 경우 모두 각속도가 같으므로 같은 질량의 물체가 아니라 형상이 같고 질량이 다른 세 개의 물체를 동시에 굴리고 있는 경우에 마침 각속도가 같은 세 위치를 캡처한 상황이어야 한다(그렇지 않다면 내부 동력 없이 에너지가 생산되는 혁신적인 상황). 질량 중심의 위치에너지가 가장 큰 (a)의 경우에 같은 회전속도를 갖게 하기 위해서는 질량관성이 가장 커야 한다. 운동에너지는 질량, 질량관성이 클수록 크므로 (a)의 운동에너지가 가장 크다.

86 다음 그림과 같이 두 개의 질량이 스프링에 연결되어 있을 때, 이 시스템의 고유 진동수에 해당하는 것은?

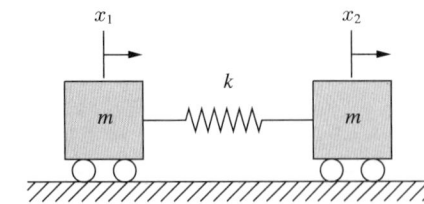

① $\sqrt{\dfrac{k}{m}}$ ② $\sqrt{\dfrac{2k}{m}}$

③ $\sqrt{\dfrac{3k}{m}}$ ④ $2\sqrt{\dfrac{k}{m}}$

해설

스프링에서의 고유 진동수는 $\omega = \sqrt{\dfrac{k}{m}}$ 로
스프링에서의 힘 $F = -kx$, 진동수를 구할 때 사용한 조건은
$-kx = ma\left(\dfrac{d^2x}{dt^2} + \dfrac{kx}{m} = 0\text{에서 유도함}\right)$이다.

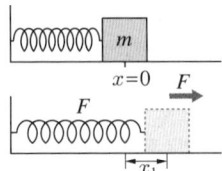
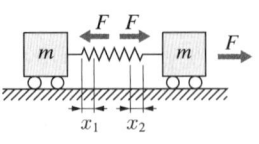

그러나 왼쪽 경우와 달리 오른쪽 경우는 1, 2쪽에서 모두 변위가 일어나고 스프링 양단의 작용력은 작용-반작용에 의해 같으므로
$F = k'x_1 = k'x_2$
$\therefore x_1 = x_2$
전체 늘어난 변위를 x라 하면
$x = 2x_1$
$F = k'\dfrac{x}{2} = kx$
$\therefore k' = 2k$
(우측 물체를 잡아당긴 힘이 F로 작용-반작용력과 같은데 변위가 1/2, 이는 스프링의 강성이 2배 늘어난 것과 같다)
$\omega = \sqrt{\dfrac{k'}{m}} = \sqrt{\dfrac{2k}{m}}$

87 다음 그림과 같은 1자유도 진동계에서 W가 50[N], k가 0.32[N/cm]이고, 감쇠비가 $\zeta = 0.4$일 때 이 진동계의 점성감쇠계수 c는 약 몇 [N·s/m]인가?

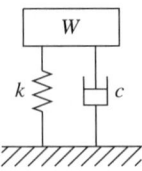

① 5.48 ② 54.8
③ 10.22 ④ 102.2

해설

$\zeta = \dfrac{c}{2\sqrt{mk}}$

$c = 2\zeta\sqrt{mk}$
$= 2 \times 0.4 \times \sqrt{\dfrac{50[\text{N}]}{980.6[\text{cm/s}^2]} \times 0.32[\text{N/cm}]}$
$= 0.1022[\text{N·s/cm}] = 10.22[\text{N·s/m}]$

88 다음 그림과 같이 스프링 상수는 400[N/m], 질량은 100[kg]인 1자유도계 시스템이 있다. 초기 변위는 0이고, 스프링 변형량도 없는 상태에서 x방향으로 3[m/s]의 속도로 움직이기 시작한다고 가정할 때 이 질량체의 속도 v를 위치 x에 관한 함수로 나타낸 것은?

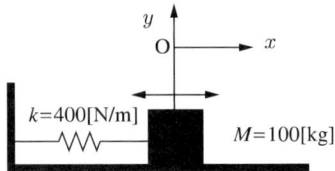

① $\pm(3 - 4x^2)$ ② $\pm(3 - 9x^2)$
③ $\pm\sqrt{(9 - 4x^2)}$ ④ $\pm\sqrt{(9 - 9x^2)}$

해설

시간에 따른 위치가 $x(t)$인 단순조화운동에서
$x = A\sin(\omega t + \phi)$, 속도 $v(t) = x'(t) = A\omega\cos(\omega t + \phi)$
$\omega = \sqrt{\dfrac{k}{m}} = \sqrt{\dfrac{400[\text{kg} \cdot \text{m/s}^2 \cdot /\text{m}]}{100[\text{kg}]}} = 2[/\text{s}]$
$v(t) = A \times 2\cos(2t + \phi)$, $v_0 = 3[\text{m/s}]$인데, $v_{\max}$ 지점이므로
$v_{\max} = v_0 = 3[\text{m/s}] = -A \times 2 \times 1[/\text{s}]$
$(\because \cos_{\max}(\ ) = 1, \phi = 0)$
$A = -\dfrac{3}{2}[\text{m}]$
$v(t) = 3\cos(2t)$
$v(x) = 3\sqrt{1-\sin^2(2t)}$
$\quad = 3\sqrt{1-\left(\dfrac{2}{3}x\right)^2} = \sqrt{3^2\left(\dfrac{9-4x^2}{9}\right)} = \sqrt{9-4x^2}$
$\left(\because x = \dfrac{3}{2}\sin(2t), \sin(2t) = \dfrac{2}{3}x\right)$

89 조화 진동의 변위 x와 시간 t의 관계를 나타낸 식 $x = a\sin(\omega t + \phi)$에서 ϕ가 의미하는 것은?

① 진폭
② 주기
③ 초기 위상
④ 각진동수

해설
$t = 0$일 때의 위치를 각도로 표현한 것이므로 초기 위상(각)이다.

90 속도가 각각 $v_1, v_2 (v_1 > v_2)$이고, 질량이 모두 m인 두 물체가 동일한 방향으로 운동하여 충돌 후 하나로 되었을 때의 속도(v)는?

① $v_1 - v_2$
② $v_1 + v_2$
③ $\dfrac{v_1 - v_2}{2}$
④ $\dfrac{v_1 + v_2}{2}$

해설
$m_1 v_1 + m_2 v_2 = (m_1 + m_2)v$
$mv_1 + mv_2 = (2m)v$
$v = \dfrac{v_1 + v_2}{2}$

91 방전가공의 특징으로 틀린 것은?

① 전극이 필요하다.
② 가공 부분에 변질층이 남는다.
③ 전극 및 가공물에 큰 힘이 가해진다.
④ 통전되는 가공물은 경도와 관계없이 가공이 가능하다.

해설
전해력에 의하므로 힘이 가해질 필요는 없다.

92 드로잉률에 대한 설명으로 옳은 것은?

① 드로잉률이 작을수록 제품의 깊이가 깊은 것이므로 드로잉에 필요한 힘도 증가하게 된다.
② 드로잉률이 클수록 제품의 깊이가 깊은 것이므로 드로잉에 필요한 힘도 증가하게 된다.
③ 드로잉률이 작을수록 제품의 깊이가 낮은 것이므로 드로잉에 필요한 힘도 증가하게 된다.
④ 드로잉률이 클수록 제품의 깊이가 낮은 것이므로 드로잉에 필요한 힘도 증가하게 된다.

해설
드로잉률은 판재에 비해 얼마만큼 드로잉, 잡아끌었느냐 하는 것으로 제품도 깊어지고 이에 필요한 힘의 양도 증가되어야 한다.

93 스폿용접과 같은 원리로 접합할 모재의 한쪽 판에 돌기를 만들어 고정 전극 위에 겹쳐 놓고 가동 전극으로 통전과 동시에 가압하여 저항열로 가열된 돌기를 접합시키는 용접법은?

① 플래시 버트 용접
② 프로젝션 용접
③ 업셋용접
④ 단접

해설
프로젝션 용접은 돌기용접이라고도 하며 미리 용접 부위를 설계하여 원하는 형상과 구조를 만들 수 있는 장점이 있고, 용접 자동화에 적절한 방법이다.

94 밀링에서 브라운 샤프형 분할판으로 지름 피치 12, 잇수가 76개인 스퍼기어를 절삭할 때 사용하는 분할판의 구멍열은?

① 16구멍
② 17구멍
③ 18구멍
④ 19구멍

95 전해연마의 일반적인 특징에 대한 설명으로 옳은 것은?

① 가공면에는 방향성이 있다.
② 내마멸성, 내부식성이 저하된다.
③ 연마량이 적으므로 깊은 홈이 제거되지 않는다.
④ 복잡한 형상의 공작물, 선 등의 연마가 불가능하다.

해설
전해연마는 미세 연마를 통해 매끈한 면을 얻으므로 깊은 홈을 제거하기는 어렵다.

96 일반적으로 저탄소강을 초경합금으로 선반가공할 때, 힘의 크기가 가장 큰 것은?

① 이송분력
② 배분력
③ 주분력
④ 부분력

해설
가공의 3분력은 주분력 > 배분력 > 이송분력의 크기이다.

97 가공의 영향으로 생긴 스트레인이나 내부응력을 제거하고 미세한 표준조직으로 기계적 성질을 향상시키는 열처리법은?

① 소프트닝
② 보로나이징
③ 하드페이싱
④ 노멀라이징

해설
불림(노멀라이징, normalizing)
- 조직을 가열하여 오스테나이트화한 후 조용한 공기 중 또는 약간 교반시킨 공기 중에서 냉각시키는 과정이다.
- 뒤틀어지고, 응력이 생기고, 불균일해진 조직을 균일화, 표준화하는 것이 가장 큰 목적이다.
- 주조조직을 미세화하고 냉각가공, 단조 등으로 인해 생긴 내부응력을 제거하여 결정조직, 기계적 성질, 물리적 성질 등을 표준화시킨다.

정답 93 ② 94 ④ 95 ③ 96 ③ 97 ④

98 롤러 중심거리 200[mm]인 사인바로 게이지블록 42[mm]를 사용하여 피측정물의 경사면이 정반과 평행을 이루었을 때, 피측정물 구배값은 약 몇 도(°)인가?

① 30
② 25
③ 21
④ 12

해설

$\sin^{-1}\dfrac{42}{200} = 12.12°$

99 Al 합금 등과 같은 용융금속을 고속, 고압으로 금속 주형에 주입하여 정밀 제품을 다량 생산하는 특수 주조방법은?

① 다이캐스팅법
② 인베스트먼트 주조법
③ 칠드 주조법
④ 원심 주조법

해설

다이캐스팅(die casting) : 다이(형틀)에 고압으로 밀어넣어 주조하는 방법이다. 표면이 좋고 치수 정밀도가 다른 주조에 비해 좋지만, 비용이 비싸지고 크기에 제한이 생긴다. 주조성을 높이는 합금 주물을 이용한 주조가 많이 연구된다.

100 다음 중 소성가공에 속하지 않는 것은?

① 압연가공
② 선반가공
③ 인발가공
④ 단조가공

해설

선반가공은 절삭가공이다.

2022년 제1회 과년도 기출문제

제1과목 재료역학

01 양단이 회전 지지로 된 장주에서 거리 e 만큼 편심된 곳에 축 방향 하중 P가 작용할 때 이 기둥에서 발생하는 최대 압축응력($\sigma_{\max}$)은?(단, A는 기둥 단면적, $2c$는 단면의 두께, r은 단면의 회전 반경, E는 세로탄성계수이다)

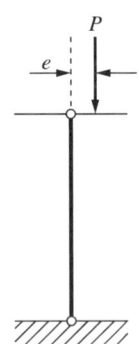

① $\sigma_{\max} = \dfrac{P}{A}\left[1 + \dfrac{ec}{r^2}\sec\left(\dfrac{L}{r}\sqrt{\dfrac{P}{4EA}}\right)\right]$

② $\sigma_{\max} = \dfrac{P}{A}\left[1 + \dfrac{ec}{r^2}\sec\left(\dfrac{L}{r}\sqrt{\dfrac{P}{2EA}}\right)\right]$

③ $\sigma_{\max} = \dfrac{P}{A}\left[1 + \dfrac{ec}{r^2}\text{cosec}\left(\dfrac{L}{r}\sqrt{\dfrac{P}{4EA}}\right)\right]$

④ $\sigma_{\max} = \dfrac{P}{A}\left[1 + \dfrac{ec}{r^2}\text{cosec}\left(\dfrac{L}{r}\sqrt{\dfrac{P}{2EA}}\right)\right]$

해설

$\sigma_{\max} = \dfrac{P}{A}\left[1 + \dfrac{ec}{r^2}\sec\left(\dfrac{L}{2r}\sqrt{\dfrac{P}{EA}}\right)\right]$

※ 이 문제는 문제당 1.5분이 주어지는 기사시험에서 관계식을 유도하거나 유추하는 문제로 보기는 어렵고, 편심하중을 받는 장주-secant 공식을 알고 있느냐를 묻는 문제로 파악하는 것이 좋다.

02 다음 그림과 같은 막대가 있다. 길이는 4[m]이고, 힘(F)은 지면에 평행하게 200[N]만큼 주었을 때 O점에 작용하는 힘(F_{ox}, F_{oy})과 모멘트(M_z)의 크기는?

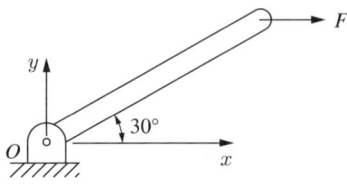

① $F_{ox} = 200[\text{N}]$, $F_{oy} = 0$, $M_z = 400[\text{N}\cdot\text{m}]$

② $F_{ox} = 0$, $F_{oy} = 200[\text{N}]$, $M_z = 200[\text{N}\cdot\text{m}]$

③ $F_{ox} = 200[\text{N}]$, $F_{oy} = 200[\text{N}]$,
  $M_z = 200[\text{N}\cdot\text{m}]$

④ $F_{ox} = 0$, $F_{oy} = 0$, $M_z = 400[\text{N}\cdot\text{m}]$

해설

합력은 전체를 강체로 보고 해석 가능하고, 외력은 F 외에는 작용하지 않으므로
$F_{ox} = 200[\text{N}]$, $F_{oy} = 0$

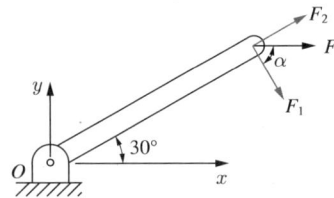

F는 F_1과 F_2로 분해가 가능하고 F_1에 의해서만 모멘트가 발생하므로 M_z에 관하여

$M_z = F_1 \times L = F\cos 60° \times 4[\text{m}] = 200 \times \dfrac{1}{2} \times 4[\text{m}]$
$\qquad = 400[\text{N}\cdot\text{m}]$

03 지름 100[mm]의 원에 내접하는 정사각형 단면을 가진 강봉이 10[kN]의 인장력을 받고 있다. 단면에 작용하는 인장응력은 약 몇 [MPa]인가?

① 2 ② 3.1
③ 4 ④ 6.3

해설

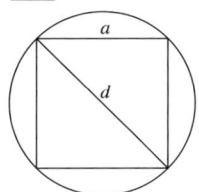

도형의 면적을 구하는 문제이다. 대각선의 길이가 d인 정사각형의 면적은 $\dfrac{d^2}{2}$ 이므로

$\sigma = \dfrac{P}{A} = \dfrac{P}{\dfrac{d^2}{2}} = \dfrac{2 \times 10[\text{kN}]}{(0.1[\text{m}])^2} = 2{,}000[\text{kPa}] = 2[\text{MPa}]$

04 도심축에 대한 단면 2차 모멘트가 크도록 직사각형 단면[폭(b) × 높이(h)]을 만들 때 단면 2차 모멘트를 직사각형 폭(b)에 관한 식으로 옳게 나타낸 것은?(단, 직사각형 단면은 지름 d인 원에 내접한다)

① $\dfrac{\sqrt{3}}{4} b^4$ ② $\dfrac{\sqrt{3}}{3} b^4$
③ $\dfrac{3}{\sqrt{3}} b^4$ ④ $\dfrac{4}{\sqrt{3}} b^4$

해설

3번과 마찬가지로 도형의 성질을 이용하여 해결한다.

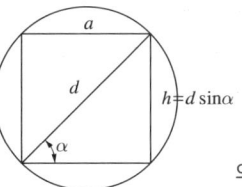

의 관계를 갖으므로

$I = \dfrac{bh^3}{12}$

$I(\alpha) = \dfrac{d\cos\alpha \times (d\sin\alpha)^3}{12} = \dfrac{d^2}{12} \cos\alpha \cdot \sin^3\alpha$

최대가 되는 α를 구하기 위해

$I(\alpha)' = \dfrac{d^2}{12}(-\sin\alpha \cdot \sin^3\alpha + \cos\alpha \cdot 3\sin^2\alpha \cdot \cos\alpha) = 0$을

만족하는 α를 찾으면

$(-\sin^4\alpha + 3\cos^2\alpha \cdot \sin^2\alpha) = 0$, $3\cos^2\alpha = \sin^2\alpha$

$\pm\sqrt{3}\cos\alpha = \sin\alpha$인 α

α는 90° 이내의 각이므로 $\alpha = 60°$

($\because \sqrt{3}\cos\alpha = \sin\alpha$, $\dfrac{\sin\alpha}{\cos\alpha} = \tan\alpha = \sqrt{3}$)

$\therefore b = \dfrac{d}{2}$, $h = \dfrac{\sqrt{3}}{2}d$, $h = \sqrt{3}\,b$

$I = \dfrac{bh^3}{12} = \dfrac{b \times (\sqrt{3}\,b)^3}{12} = \dfrac{3\sqrt{3}}{12}b^4 = \dfrac{\sqrt{3}}{4}b^4$

05 기계요소의 임의의 점에 대하여 스트레인을 측정하여 보니 다음과 같이 나타났다. 현 위치로부터 시계 방향으로 30° 회전된 좌표계의 y방향의 스트레인 ε_y는 얼마인가?(단, ε은 각 방향별 수직 변형률, γ는 전단 변형률을 나타낸다)

- $\varepsilon_x = -30 \times 10^{-6}$
- $\varepsilon_y = -10 \times 10^{-6}$
- $\gamma_{xy} = 10 \times 10^{-6}$

① -14.95×10^{-6} ② -12.64×10^{-6}
③ -10.67×10^{-6} ④ -9.32×10^{-6}

해설

평면의 단면각에 따른 변형률도 모어원을 이용한다. 모어원은 σ_1, σ_2, τ_1의 관계로 단면각에 따른 응력을 구하는데 사용된다. 그러나 $\sigma = E\varepsilon$, $\tau = G\gamma$의 관계를 갖고, 탄성계수 E, G는 상수이므로 변형률 ε_x, ε_y, γ_{xy}도 모어원으로 나타낼 수 있다. 푸아송의 비를 고려하지 않는다면

$G = \dfrac{E}{2}$이므로 $\sigma_x = E\varepsilon_x$, $\sigma_y = E\varepsilon_y$, $\tau_{xy} = \dfrac{E}{2}\gamma_{xy}$를 대입하여(이하에서 편의상 '$\times 10^{-6}$'은 생략하여 표현한다)

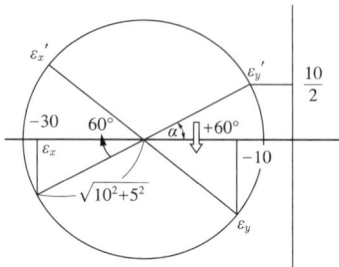

대각선의 길이는 11.18이므로
$\tan\alpha = \dfrac{5}{10}$, $\tan^{-1}\dfrac{1}{2} = 26.57°$

모어원에서 $\alpha = 2\theta$이므로
$\varepsilon_x{'}$, $\varepsilon_y{'} = -20 \pm 11.18\cos(26.57 - 2\times 30) = -20 \pm 9.33$
$= -29.33, -10.67$

06 길이 15[m], 지름 10[mm]의 강봉에 8[kN]의 인장하중을 걸었더니 탄성변형이 생겼다. 이때 늘어난 길이는 약 몇 [mm]인가?(단, 이 강재의 세로탄성계수는 210[GPa]이다)

① 1.46　　② 14.6
③ 0.73　　④ 7.3

해설

$\delta = \dfrac{PL}{EA} = \dfrac{8[kN] \times 15[m]}{210[GPa] \times \dfrac{\pi(0.01[m])^2}{4}}$

$= \dfrac{8,000[N] \times 15[m]}{210 \times 10^9[N/m^2] \times \dfrac{\pi(0.01[m])^2}{4}} = 0.007279[m]$

$= 7.3[mm]$

07 다음 그림과 같이 2개의 비틀림 모멘트를 받고 있는 중공축의 a-a 단면에서 비틀림 모멘트에 의한 최대 전단응력은 약 몇 [MPa]인가?(단, 중공축의 바깥지름은 10[cm], 안지름은 6[cm]이다)

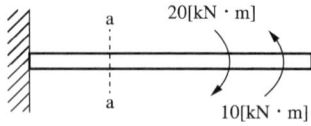

① 25.5　　② 36.5
③ 47.5　　④ 58.5

해설

a-a 단면은 비틀림 모멘트의 합력이 작용하는 구간이므로
$T = \tau Z_p = \tau \times \left(\dfrac{\pi(d_2^4 - d_1^4)}{32} \Big/ \dfrac{d_2}{2}\right)$

$10[kN \cdot m] = \tau \times \left(\dfrac{\pi(0.1[m])^4 - (0.06[m])^4}{16 \times (0.1[m])}\right)$

$\tau = \dfrac{10[kN \cdot m] \times 1.6[m]}{\pi \times (0.00008704)[m^4]}$

$= 58,512.85[kN/m^2] = 58.5[MPa]$

08 다음 그림과 같은 보에서 $P_1 = 800[N]$, $P_2 = 500[N]$이 작용할 때 보의 왼쪽에서 2[m] 지점에 있는 a 위치에서의 굽힘 모멘트의 크기는 약 몇 [N·m]인가?

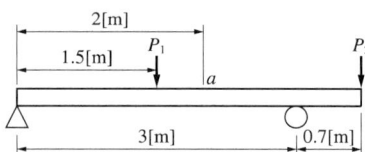

① 133.3　　② 166.7
③ 204.6　　④ 257.4

해설

왼쪽 고정 지지점을 A라 하고, 오른쪽 단순 지지점을 B라 하자.
$\sum F = P_1 + P_2 - R_A - R_B = 800[N] + 500[N] - (R_A + R_B) = 0$
$\sum M = 800[N] \times 1.5[m] + 500[N] \times 3.7[m] - R_B \times 3[m] = 0$
$R_B = 1,016.67[N]$
$\therefore R_A = 283.33[N]$
$\sum M_a = R_A \times 2[m] - P_1 \times 0.5[m]$
$= 283.33[N] \times 2[m] - 800[N] \times 0.5[m] = 166.66[N \cdot m]$

09 5[cm]×10[cm] 단면의 3개의 목재를 목재용 접착제로 접착하여 다음 그림과 같은 10[cm]×15[cm]의 사각 단면을 갖는 합성 보를 만들었다. 접착부에 발생하는 전단응력은 약 몇 [kPa]인가?(단, 이 합성 보는 양단이 길이 2[m]인 단순 지지보이며 보의 중앙에 800[N]의 집중하중을 받는다)

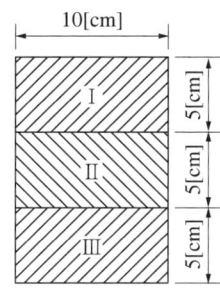

① 57.6 ② 35.5
③ 82.4 ④ 160.8

해설

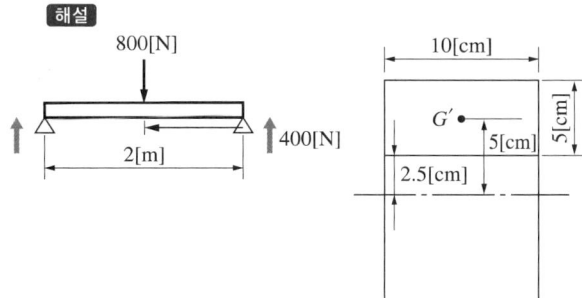

$$\tau = \frac{FQ}{bI}$$

$$= \frac{R_A \times A \times \bar{y}}{b \times \frac{bh^3}{12}}$$

$$= \frac{12 \times 400[\text{N}] \times (10[\text{cm}] \times 5[\text{cm}]) \times 5[\text{cm}]}{(10[\text{cm}])^2 \times (15[\text{cm}])^3}$$

$$= 3.5555[\text{N/cm}^2]$$
$$= 35,555[\text{N/m}^2]$$
$$= 35.555[\text{kPa}]$$

※ 실무에서 이러한 문제가 주어지면, 3개의 목재의 강도가 다르거나 접착부가 가장 약할 것을 고려하여 접착력을 계산한 설계를 할 것이다. 그러나 이러한 문제는 위와 같은 관점으로 접근하면 오산이다. 10×15[cm²] 목재에서 중심부에서 2.5[cm] 떨어진 곳의 전단응력을 구하는 단순한 문제로 접근해야 한다.

10 외팔보 AB에서 중앙(C)에 모멘트 M_c와 자유단에 하중 P가 동시에 작용할 때, 자유단(B)에서의 처짐량이 영(0)이 되도록 M_c를 결정하면?(단, 굽힘강성 EI는 일정하다)

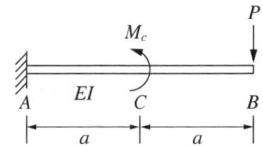

① $M_c = \dfrac{8}{9}Pa$ ② $M_c = \dfrac{16}{9}Pa$

③ $M_c = \dfrac{24}{9}Pa$ ④ $M_c = \dfrac{32}{9}Pa$

해설

$$\delta_P = \frac{P(2a)^3}{3EI}$$

$$\delta_{M_c \cdot total} = \delta_{M_c} + \delta_\theta = \frac{Ma^2}{2EI} + r\theta = \frac{Ma^2}{2EI} + a\frac{Ma}{EI} = \frac{3Ma^2}{2EI}$$

$$\delta_{total\,M_c} = \delta_P, \quad \frac{3M_c a^2}{2EI} = \frac{P(2a)^3}{3EI}, \quad M_c = \frac{P \times 8a^3 \times 2}{3 \times 3a^2} = \frac{16Pa}{9}$$

보의 종류	처짐각(θ_{max})	처짐(δ_{max})
(외팔보, 자유단 모멘트 M)	$\theta_{max} = \dfrac{ML}{EI}$	$\delta_{max} = \dfrac{ML^2}{2EI}$
(외팔보, 자유단 집중하중 P)	$\theta_{max} = \dfrac{PL^2}{2EI}$	$\delta_{max} = \dfrac{PL^3}{3EI}$
(외팔보, 등분포하중 w)	$\theta_{max} = \dfrac{wL^3}{6EI}$	$\delta_{max} = \dfrac{wL^4}{8EI}$
(단순보, 단부 모멘트 M_B)	$\theta_A = \dfrac{ML}{6EI}$, $\theta_B = \theta_{max} = \dfrac{ML}{3EI}$	$\delta_{max} = \dfrac{ML^2}{9\sqrt{3}\,EI}$ (at $x = \dfrac{L}{\sqrt{3}}$), $\delta_{centre} = \dfrac{ML^2}{16EI}$
(단순보, 집중하중 P, $a+b=L$)	$\theta_{max} = \dfrac{Pab}{6EIL} \times (L+a)$, $a=b=\dfrac{L}{2}$이면 $\theta_{max} = \dfrac{PL^2}{16EI}$	$\delta_{max}^{centre} = \dfrac{PL^3}{48EI}$
(단순보, 등분포하중 w)	$\theta_{max} = \dfrac{wL^3}{24EI}$	$\delta_{max}^{centre} = \dfrac{5wL^4}{384EI}$

11 다음 그림과 같은 외팔보가 있다. 보의 굽힘에 대한 허용응력을 80[MPa]로 하고, 자유단 B로부터 보의 중앙점 C 사이에 등분포하중 w를 작용시킬 때, w의 최대 허용값은 몇 [kN/m]인가?(단, 외팔보의 폭×높이는 5[cm]×9[cm]이다)

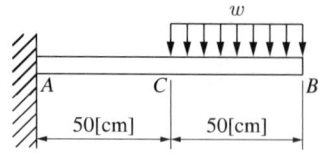 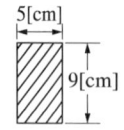

① 12.4
② 13.4
③ 14.4
④ 15.4

해설

$\sigma_a = \dfrac{M}{Z} = \dfrac{w\overline{BC} \times 75[\text{cm}]}{\dfrac{bh^2}{6}} = 80[\text{MPa}]$

$80[\text{MN/m}] = \dfrac{6 \times w \times 0.5[\text{m}] \times 0.75[\text{m}]}{0.05[\text{m}] \times (0.09[\text{m}])^2}$

$w = \dfrac{80[\text{MN/m}^2] \times 0.000405[\text{m}^3]}{6 \times 0.375[\text{m}^2]} = 0.0144[\text{MN/m}]$

$= 14.4[\text{kN/m}]$

12 지름 20[cm], 길이 40[cm]인 콘크리트 원통에 압축하중 20[kN]이 작용하여 지름이 0.0006[cm]만큼 늘어나고 길이는 0.0057[cm]만큼 줄었을 때, 푸아송비는 약 얼마인가?

① 0.18
② 0.24
③ 0.21
④ 0.27

해설

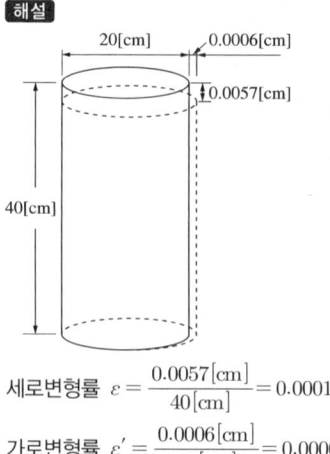

세로변형률 $\varepsilon = \dfrac{0.0057[\text{cm}]}{40[\text{cm}]} = 0.0001425$

가로변형률 $\varepsilon' = \dfrac{0.0006[\text{cm}]}{20[\text{cm}]} = 0.00003$

$\nu = \dfrac{\varepsilon'}{\varepsilon} = \dfrac{0.00003}{0.0001425} = 0.2105$

13 다음 그림과 같이 지름 50[mm] 연강봉의 일단을 벽에 고정하고, 자유단에는 50[cm] 길이의 레버 끝에 600[N]의 하중을 작용시킬 때 연강봉에 발생하는 최대 굽힘응력과 최대 전단응력은 각각 몇 [MPa]인가?

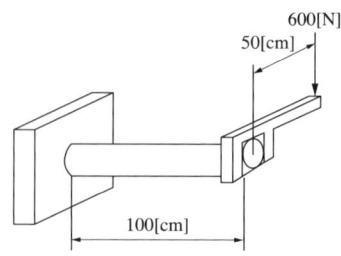

① 최대 굽힘응력 : 51.8, 최대 전단응력 : 27.3
② 최대 굽힘응력 : 27.3, 최대 전단응력 : 51.8
③ 최대 굽힘응력 : 41.8, 최대 전단응력 : 27.3
④ 최대 굽힘응력 : 27.3, 최대 전단응력 : 41.8

해설

$M_e = \frac{1}{2}(M + \sqrt{M^2 + T^2})$, $T_e = \sqrt{M^2 + T^2}$

$T = 600[\text{N}] \times 0.5[\text{m}] = 300[\text{N} \cdot \text{m}]$

$M = 600[\text{N}] \times 1[\text{m}] = 600[\text{N} \cdot \text{m}]$

$T_e = \sqrt{600^2 + 300^2} = 671$, $\tau = \frac{T_e}{Z_p} = \frac{671}{\frac{\pi 0.05^3}{16}} = 27.3[\text{MPa}]$

$M_e = \frac{1}{2}(M + T_e) = 635.5$, $\sigma = \frac{M_e}{Z} = \frac{635.5}{\frac{\pi 0.05^3}{32}} = 51.8[\text{MPa}]$

14 다음 그림과 같은 직육면체 블록은 전단탄성계수 500[MPa]이고, 상하면에 강체 평판이 부착되어 있다. 아래쪽 평판은 바닥면에 고정되어 있으며, 위쪽 평판은 수평 방향 힘 P가 작용한다. 힘 P에 의해서 위쪽 평판이 수평 방향으로 0.8[mm] 이동 되었다면 가해진 힘 P는 약 몇 [kN]인가?

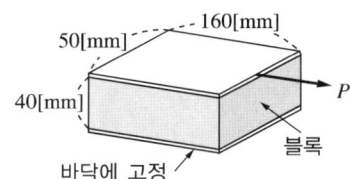

① 60 ② 80
③ 100 ④ 120

해설

전단탄성계수 $G = 500[\text{MPa}]$

그림과 같이 변형되고 $\gamma \approx \tan\gamma = \frac{0.8}{40} = 0.02$

$\tau = G\gamma = 500[\text{MPa}] \times 0.02 = 10[\text{MPa}]$

전단응력의 정의에 의해 $\tau = \frac{P}{A}$ (문제의 P가 전단력 역할을 한다)

즉, $P = \tau A = 10[\text{MPa}] \times (160[\text{mm}] \times 50[\text{mm}])$
$= 10[\text{N/mm}^2] \times 8,000[\text{mm}^2] = 80,000[\text{N}] = 80[\text{kN}]$

15 바깥지름 80[mm], 안지름 60[mm]인 중공축에 4[kN·m]의 토크가 작용하고 있다. 최대 전단 변형률은 얼마인가?(단, 축 재료의 전단탄성계수는 27[GPa]이다)

① 0.00122 ② 0.00216
③ 0.00324 ④ 0.00410

해설

$T = \tau Z_p$

$\tau = G\gamma$

$\gamma = \frac{\tau}{G} = \frac{T}{GZ_p} = \frac{4[\text{kN} \cdot \text{m}]}{27[\text{GPa}] \times \left(\frac{\pi(d_2^4 - d_1^4)}{32} / \frac{d_2}{2}\right)}$

$= \frac{16 \times 4,000[\text{kN} \cdot \text{mm}] \times 80[\text{mm}]}{27[\text{kN/mm}^2] \times \pi((80[\text{mm}])^4 - (60[\text{mm}])^4)}$

$= 0.0021557$

16 다음 그림과 같은 전체 길이가 L인 보의 중앙에 집중하중 P[N]와 균일 분포하중 W[N/m]가 동시에 작용하는 단순보에서 최대 처짐은?(단, $W \times L = P$이고, 보의 굽힘강성 EI는 일정하다)

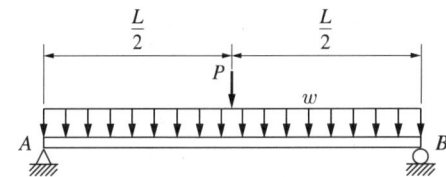

① $\frac{5PL^3}{48EI}$ ② $\frac{13PL^3}{64EI}$

③ $\frac{5PL^3}{192EI}$ ④ $\frac{13PL^3}{384EI}$

해설

10번 문제의 표를 참고하면

- 단순보 중앙력에 의한 처짐 $\delta_P = \dfrac{PL^3}{48EI}$
- 단순보 분포력에 의한 처짐 $\delta_w = \dfrac{5wL^4}{384EI} = \dfrac{5PL^3}{384EI}$

($\because W \times L = P$)

$\delta = \delta_P + \delta_w = \dfrac{PL^3}{48EI} + \dfrac{5PL^3}{384EI}$

$= \left(\dfrac{1}{48} + \dfrac{5}{384}\right)\dfrac{PL^3}{EI} = \dfrac{13}{384}\dfrac{PL^3}{EI}$

$\delta_P = \dfrac{PL^3}{48EI}$

17 다음 그림과 같이 10[kN]의 집중하중과 4[kN·m]의 굽힘 모멘트가 작용하는 단순 지지보에서 A 위치의 반력 R_A는 약 몇 [kN]인가?(단, 4[kN·m]의 모멘트는 보의 중앙에서 작용한다)

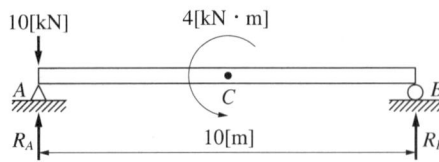

① 6.8　　　② 14.2
③ 8.6　　　④ 10.4

해설

$\sum M_A = 4[\text{kN}\cdot\text{m}] + R_B \times 10[\text{m}] = 0$, $R_B = -0.4[\text{kN}]$

$\sum M_B = +4[\text{kN}\cdot\text{m}] - R_A \times 10[\text{m}] + 10[\text{kN}] \times 10[\text{m}] = 0$

$R_A = 10.4[\text{kN}]$

($\sum F = R_A + R_B = 10[\text{kN}]$)

18 다음 그림의 구조물이 수직하중 $2P$를 받을 때 구조물 속에 저장되는 총탄성 변형에너지는?(단, 구조물의 단면적은 A, 세로탄성계수는 E로 모두 같다)

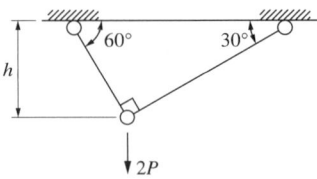

① $\dfrac{P^2 h}{4AE}(1+\sqrt{3})$　　② $\dfrac{P^2 h}{2AE}(1+\sqrt{3})$

③ $\dfrac{P^2 h}{AE}(1+\sqrt{3})$　　④ $\dfrac{2P^2 h}{AE}(1+\sqrt{3})$

해설

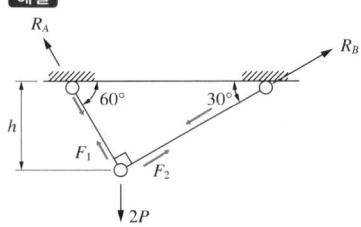

왼쪽 지지점을 A, 오른쪽 지지점을 B라 하고 전체를 강체로 보고 힘의 평형을 이용하면

x방향 $R_A \cos 60° = R_B \cos 30°$, $R_A = \sqrt{3} R_B$

y방향 $R_A \sin 60° + R_B \sin 30° = \dfrac{\sqrt{3}R_A + R_B}{2} = 2P$

$\dfrac{\sqrt{3}(\sqrt{3}R_B) + R_B}{2} = 2P$, $R_B = P$, $R_A = \sqrt{3}P$

$E_A = \dfrac{R_A^2 l}{2EA} = \dfrac{(\sqrt{3}P)^2 \dfrac{h}{\sin 60°}}{2EA} = \dfrac{\sqrt{3}P^2 h}{EA}$

$E_B = \dfrac{R_B^2 l}{2EA} = \dfrac{P^2 \dfrac{h}{\sin 30°}}{2EA} = \dfrac{P^2 h}{EA}$

$E_{total} = E_A + E_B = (1+\sqrt{3})\dfrac{P^2 h}{EA}$

※ 힘의 평형을 이용한 R_A, R_B 대신 라미의 정리를 이용하여 장력 F_1, F_2를 구해도 계산이 가능하다.

라미의 정리 : 한 점에 세 힘이 작용할 때, 이들 힘 사이에는 다음과 같은 관계가 있다.

$\dfrac{F_1}{\sin\theta_1} = \dfrac{F_2}{\sin\theta_2} = \dfrac{F_3}{\sin\theta_3}$

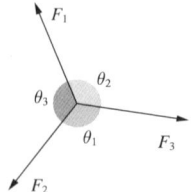 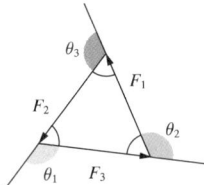

19 다음 그림과 같이 w[N/m]의 분포하중을 받는 길이 L의 양단 고정보에서 굽힘 모멘트가 0이 되는 곳은 보의 왼쪽으로부터 대략 어디에 위치해 있는가?

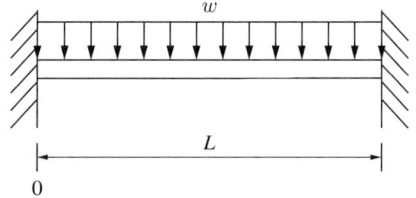

① $0.5L$
② $0.33L$, $0.67L$
③ $0.21L$, $0.79L$
④ $0.26L$, $0.74L$

해설
처짐, 처짐각, 곡률의 관계

처짐(δ)	처짐각(θ)	곡률$\left(\dfrac{1}{\rho}\right)$
↘ 미분 ↗	↘ 미분 ↗	
↖ 적분 ↙	↖ 적분 ↙	
	$\theta = \dfrac{d\delta}{dx}$	$\dfrac{1}{\rho} = \dfrac{d^2\delta}{dx^2}$
$\delta = \dfrac{1}{EI}\iint M dx$	$\theta = \dfrac{1}{EI}\int M dx$	$\dfrac{1}{\rho} = \dfrac{M}{EI}$

보의 반력에 따른 처짐곡선의 방정식에서 처짐곡선은 거리에 따른 각 지점의 곡률이 변화하는 함수관계를 갖고, 곡률은 모멘트와 같은 차원을 갖고 모멘트의 $\dfrac{1}{EI}$ 배만큼의 값을 갖는다. 처짐곡선에서 모멘트가 0이 되는 점은 곡률이 0이 되는 점, 즉 처짐각의 미분값이 0인 처짐각의 최대점에 해당한다. 이 문제는 처짐각이 최대가 되는 점을 찾으라는 문제와 유사하다.

$$\theta_{\max} = \theta_{0.789L} = \dfrac{wL^3}{125EI}$$

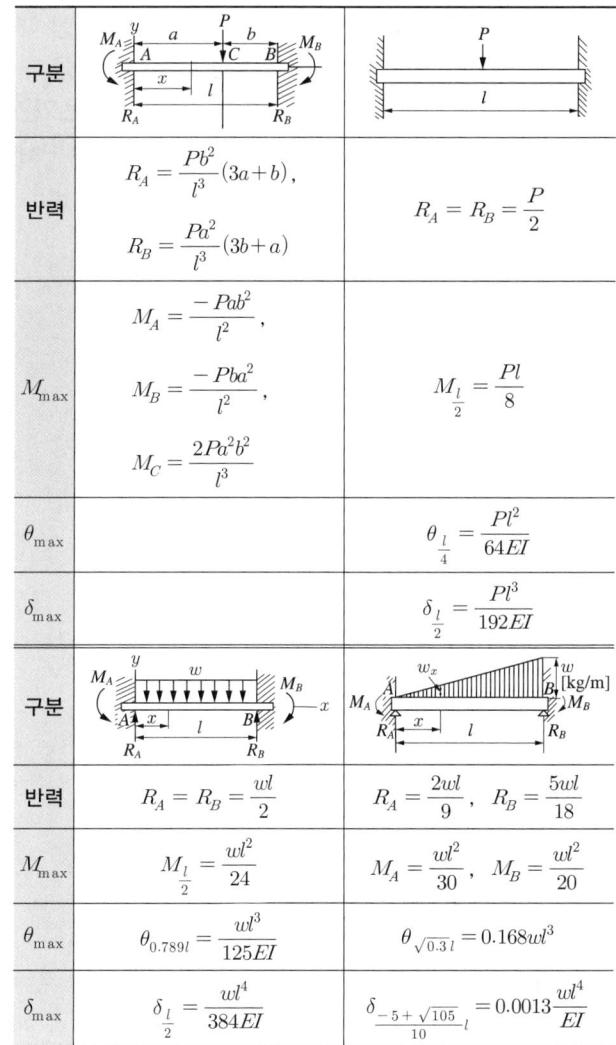

20 한 변이 50[cm]이고, 얇은 두께를 가진 정사각형 파이프가 20,000[N·m]의 비틀림 모멘트를 받을 때 파이프 두께는 약 몇 [mm] 이상으로 해야 하는가? (단, 파이프 재료의 허용 비틀림응력은 40[MPa] 이다)

① 0.5[mm] ② 1.0[mm]
③ 1.5[mm] ④ 2.0[mm]

해설
사각형 관의 비틀림응력
$$\tau_a = \frac{T}{2tA}$$
$$40[\text{MPa}] = \frac{20,000 \times 10^3 [\text{N} \cdot \text{mm}]}{2 \times t \times (500[\text{mm}])^2}$$
$$\therefore t = 1[\text{mm}]$$

해설
Van der Waals 상태 방정식
$$\left(P + \frac{a}{v^2}\right)(v-b) = RT$$

- $\frac{a}{v^2}$: 분자 간 인력으로 인해 용기 벽에 작용하는 압력이 감소한다.
- b : 분자 자신의 크기에 따른 배제 체적이다.
  (여기서, P : 압력, v : 비체적, R : 기체상수, T : 온도)
※ 이상기체는 분자 간 인력과 척력은 무시하고, 분자의 크기를 질점으로 간주하여 가정한 가상의 기체이므로 이를 위한 이상기체 상태방정식은 실제기체에 그대로 적용하기 어렵다.

제2과목 기계열역학

21 Van der Waals 상태방정식은 다음과 같이 나타낸다. 이 식에서 $\frac{a}{v^2}$, b는 각각 무엇을 의미하는 것인가? (단, P는 압력, v는 비체적, R은 기체상수, T는 온도를 나타낸다)

$$\left(P + \frac{a}{v^2}\right) \times (v-b) = RT$$

① 분자 간의 작용력, 분자 내부에너지
② 분자 자체의 질량, 분자 내부에너지
③ 분자 간의 작용력, 기체분자들이 차지하는 체적
④ 분자 자체의 질량, 기체분자들이 차지하는 체적

22 1[MPa], 230[℃] 상태에서 압축계수(compressibility factor)가 0.95인 기체가 있다. 이 기체의 실제 비체적은 약 몇 [m³/kg]인가?(단, 이 기체의 기체상수는 461[J/kg·K]이다)

① 0.14 ② 0.18
③ 0.22 ④ 0.26

해설
압축계수(Z) : 실제기체 부피의 이상기체 부피에 대한 압축 정도를 나타내는 물리적 성질로 $Z=0.95$이면 분자 간 인력이 발생하여 실제 부피가 작아진 상태이다.
$Pv = RT$
$$v_{real} = \frac{RT}{P} = \frac{461[\text{J/kg}\cdot\text{K}] \times 503.15[\text{K}]}{1[\text{MPa}](=10^6[\text{J/m}^3])} = 0.23195[\text{m}^3/\text{kg}]$$
$$v_{real} = 0.95 v_{ideal} = 0.95 \times 0.23195 = 0.22035[\text{m}^3/\text{kg}]$$

23 효율이 40[%]인 열기관에서 유효하게 발생되는 동력이 110[kW]라면 주위로 방출되는 총열량은 약 몇 [kW]인가?

① 375　　② 165
③ 135　　④ 85

해설
$\eta = \dfrac{W}{Q}$

$0.4 = \dfrac{110[\text{kW}]}{Q}$

∴ $Q = 275[\text{kW}]$

(여기서, η : 효율, W : 유효일, Q : 공급에너지)
방출열량 = 공급에너지 − 유효일 = 275[kW] − 110[kW] = 165[kW]

24 피스톤 – 실린더에 기체가 존재하며 피스톤의 단면적은 5[cm²]이고, 피스톤에 외부에서 500[N]의 힘이 가해진다. 이때 주변 대기압력이 0.099[MPa]이면 실린더 내부 기체의 절대압력[MPa]은 약 얼마인가?

① 0.901　　② 1.099
③ 1.135　　④ 1.275

해설
계기압은 계기의 내·외부에 대기압이 존재하므로 절대압(완전진공(0)으로부터의 압력)은 절대압 = 계기압 + 대기압이다.

피스톤 내부에 작용하는 압력 = $\dfrac{\text{작용력}}{\text{작용하는 단면적}}$

$= \dfrac{500[\text{N}]}{5[\text{cm}^2]} = 1[\text{MPa}]$

절대압 = 내부압 + 대기압 = 1[MPa] + 0.099[MPa] = 1.099[MPa]

25 랭킨사이클로 작동되는 증기동력 발전소에서 20[MPa]의 압력으로 물이 보일러에 공급되고, 응축기 출구에서 온도는 20[℃], 압력은 2.339[kPa]이다. 이때 급수펌프에서 수행하는 단위질량당 일은 약 몇 [kJ/kg]인가?(단, 20[℃]에서 포화액 비체적은 0.001002[m³/kg], 포화증기 비체적은 57.79[m³/kg]이며, 급수펌프에서는 등엔트로피 과정으로 변화한다고 가정한다)

① 0.4681　　② 20.04
③ 27.14　　④ 1,020.6

해설
상태 1→2에서 펌프로 단열압축을 행하는 조건이 제시되었으며
이때의 펌프일은 $\dot{W}_{펌프} = \dot{m}(h_2 - h_1)$ $w_{펌프} = \Delta h = \int_1^2 vdP$

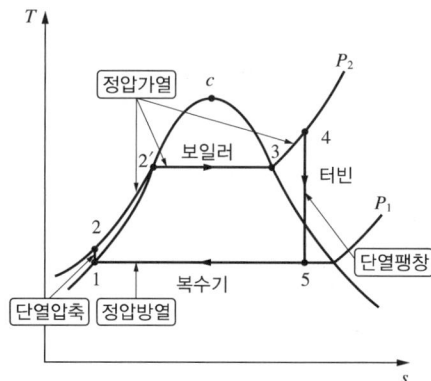

$\Delta h = \int_1^2 vdP$에서 사용하는 비체적은 아직 수증기로 변하지 않았으므로 포화액의 체적을 사용한다.

$w_{펌프} = \Delta h = \int_1^2 vdP$

$= 0.001002[\text{m}^3/\text{kg}] \times (20[\text{MPa}] - 2.339[\text{kPa}])$

$= 0.001002[\text{m}^3/\text{kg}] \times 19{,}997.661[\text{kN/m}^2]$

$= 20.03766[\text{kJ/kg}]$

26 비열이 0.9[kJ/kg·K], 질량이 0.7[kg]으로 동일하며, 온도가 각각 200[℃]와 100[℃]인 두 금속 덩어리를 접촉시켜서 온도가 평형에 도달하였을 때 총엔트로피 변화량은 약 몇 [J/K]인가?

① 8.86　　② 10.42
③ 13.25　　④ 16.87

해설
비열과 질량이 같고 온도가 다른 두 물체가 열평형에 이르렀을 때의 온도는 중간온도가 되며, 정적변화이든 정압변화이든
$s = C_v \ln T + R \ln v + s_{01}$ 또는 $s = C_p \ln T - R \ln P + s_{02}$
$\ln \frac{v_2}{v_1} = \ln \frac{P_2}{P_1} = 0$
$s_2 - s_1 = C_v \ln \frac{T_2}{T_1}$ 또는 $C_p \ln \frac{T_2}{T_1}$ 로 나타나므로
$S_{150[℃]} - S_{200[℃]} = mC\ln\frac{T_2}{T_1}$
$= 0.7[kg] \times 0.9[kJ/kg·K]\ln\frac{평형온도(=423.15[K])}{473.15[K]}$
$= -0.070362[kJ/K]$
$S_{150[℃]} - S_{100[℃]} = mC\ln\frac{T_2}{T_1}$
$= 0.7[kg] \times 0.9[kJ/kg·K]\ln\frac{평형온도(423.15[K])}{373.15[K]}$
$= 0.07922[kJ/K]$
∴ 총엔트로피 변화량
$(S_{150[℃]} - S_{200[℃]}) + (S_{150[℃]} - S_{100[℃]}) = 0.008858[kJ/K]$
$= 8.858[J/K]$

27 다음 그림과 같은 이상적인 열펌프의 압력(P)-엔탈피(h) 선도에서 각 상태의 엔탈피는 다음과 같을 때 열펌프의 성능계수는?(단, $h_1 = 155[kJ/kg]$, $h_3 = 593[kJ/kg]$, $h_4 = 827[kJ/kg]$이다)

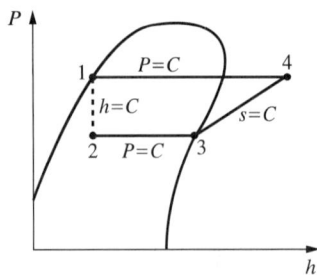

① 1.8　　② 2.9
③ 3.5　　④ 4.0

해설
카르노 사이클 열펌프의 성능계수
$\varepsilon_r = \frac{Q_2}{W} = \frac{Q_2}{Q_1 - Q_2} = \frac{공급된 에너지}{배출된 에너지}$
$= \frac{h_4 - h_1}{h_4 - h_3} = \frac{827[kJ/kg] - 155[kJ/kg]}{827[kJ/kg] - 593[kJ/kg]} = 2.87$

28 이상기체의 상태변화에서 내부에너지가 일정한 상태변화는?

① 등온변화　　② 정압변화
③ 단열변화　　④ 정적변화

해설
상태변화의 종류
- 정압변화 : 압력이 일정한 상태에서의 변화 또는 변화 중 압력 일정
- 정적변화 : 체적이 일정한 상태에서의 변화 또는 변화 중 체적 일정
- 등온변화 : 온도가 일정한 상태에서의 변화 또는 변화 중 온도 일정
- 단열변화 : 변화 중 열 출입이 없는 절연시스템 내에서의 변화
- 폴리트로픽 변화 : 변화 중 압력과 부피의 관계가 $PV^n = constant$ 인 관계의 변화로, 지수 n에 따라 압력과 부피의 관계가 일정하게 되는 일반적인 모든 변화를 표현할 수 있어 폴리트로픽 변화라 한다.

29 압력이 일정할 때 공기 5[kg]을 0[℃]에서 100[℃] 까지 가열하는 데 필요한 열량은 약 몇 [kJ]인가? (단, 비열(C_p)은 온도 T[℃]에 관계한 함수로 C_p [kJ/kg·℃] = 1.01 + 0.000079 × T이다)

① 365
② 436
③ 480
④ 507

해설

$$Q = mC_p \Delta T = \int_1^2 mC_p dT$$
$$= 5[\text{kg}] \int_{0℃}^{100℃} (1.01 + 0.000079T)[\text{kJ/kg·℃}]dT$$
$$= 5\left[1.01T + \frac{0.000079}{2}T^2\right]_0^{100}$$
$$= 5[\text{kg}] \times (101 + 0.395)[\text{kJ/kg}] = 506.975[\text{kJ}]$$

※ 함수가 1차식이면 $C_p = (1.01 + 0.000079 \times 50(\text{중간값})) =$ 1.01395[kJ/kg·℃]으로 산술적으로 구하고 대입하여 $Q = mC_p\Delta T = 5[\text{kg}] \times 1.01395[\text{kJ/kg·℃}] \times 100[℃]$ = 506.975[kJ]을 찾을 수도 있다. 2차식 이상이라도 이 문제처럼 열량 차이가 크면 넓으면 대략 평균온도값을 대입하여 비열을 적용한 뒤 근사값을 찾을 수도 있다.

30 고온 400[℃], 저온 50[℃]의 온도범위에서 작동하는 carnot 사이클 열기관의 효율을 구하면 약 몇 [%]인가?

① 43
② 46
③ 49
④ 52

해설

$$\eta_{carnot} = \frac{Q_1 - Q_2}{Q_1} = 1 - \frac{Q_2}{Q_1} = 1 - \frac{mRT_2 \ln\frac{V_3}{V_4}}{mRT_1 \ln\frac{V_2}{V_1}}$$
$$= 1 - \frac{T_2}{T_1} = \frac{\Delta T}{T_1} = \frac{350[\text{K}]}{673.15[\text{K}]} = 0.5199$$

31 기관의 실린더 내에서 1[kg]의 공기가 온도 120 [℃]에서 열량 40[kJ]를 얻어 등온팽창한다고 하면, 엔트로피의 변화는 얼마인가?

① 0.102[kJ/kg·K]
② 0.132[kJ/kg·K]
③ 0.162[kJ/kg·K]
④ 0.192[kJ/kg·K]

해설

엔트로피의 정의 $ds = \frac{\delta Q}{T}$를 이용한다.

$$ds = \frac{\delta Q}{T} = \frac{40[\text{kJ/kg}]}{393.15[\text{K}]} = 0.1017[\text{kJ/kg·K}]$$

※ 참고
등온과정일 때 엔트로피의 변화를 구하는 식 :
$$s_2 - s_1 = R\ln\frac{v_2}{v_1} = R\ln\frac{P_2}{P_1}$$

32 물질의 양을 1/2로 줄이면 강도성(강성적) 상태량 (intensive properties)은 어떻게 되는가?

① 1/2로 줄어든다.
② 1/4로 줄어든다.
③ 변화가 없다.
④ 2배로 늘어난다.

해설

강도성 상태량 : 질량에 상관없이 상태량을 갖는 질량 비의존성 상태량으로, 종량성 상태량을 질량으로 나누어 질량당 상태량으로 표현한 비상태량도 강도성 상태량으로 취급한다.

• 강도성 상태량 : 온도, 압력, 밀도, 끓는점, 녹는점, 어는점, 저항 등
• 비(比)상태량 : 비체적, 비내부에너지, 비엔탈피, 비엔트로피 등 단위질량당 나타내는 상태량

33 수평으로 놓인 노즐에서 증기가 흐르고 있다. 입구에서의 엔탈피는 3,106[kJ/kg]이고, 입구속도는 13[m/s], 출구속도는 300[m/s]일 때 출구에서의 증기엔탈피는 약 몇 [kJ/kg]인가?(단, 노즐에서의 열교환 및 외부로의 일량은 무시할 수 있을 정도로 작다고 가정한다)

① 3,146　　② 3,208
③ 2,963　　④ 3,061

해설

$\dot{e} = Pv + u + k.e + p.e = h + \dfrac{v^2}{2} + gz\,[\text{J/kg}]$

(여기서, Pv : 유동에너지)

$h_2 + \dfrac{v_2^2}{2} + gz_2 = h_1 + \dfrac{v_1^2}{2} + gz_1,\ h_2 + \dfrac{v_2^2}{2} = h_1 + \dfrac{v_1^2}{2}$ (∵ 수평)

$h_2 - h_1 = \dfrac{1}{2}(v_1^2 - v_2^2)$

$h_2 = \dfrac{1}{2}(v_1^2 - v_2^2) + h_1 = \dfrac{1}{2}(13^2 - 300^2) + 3,106,000$

$= 3,061,084.5\,[\text{J/kg}] = 3,061\,[\text{kJ/kg}]$

34 단열 노즐에서 공기가 팽창한다. 노즐 입구에서 공기속도는 60[m/s], 온도는 200[℃]이며, 출구에서 온도는 50[℃]일 때 출구에서 공기속도는 약 얼마인가?(단, 공기비열은 1.0035[kJ/kg·K]이다)

① 62.5[m/s]　　② 328[m/s]
③ 552[m/s]　　④ 1,901[m/s]

해설

$h_2 - h_1 = \dfrac{1}{2}(v_1^2 - v_2^2)$

$C_p(T_2 - T_1) = \dfrac{1}{2}(v_1^2 - v_2^2)$

$1.0035[\text{kJ/kg·K}] \times (-150[\text{K}]) = \dfrac{1}{2}(60[\text{m/s}]^2 - v_2^2)$

$-150.525[\text{kJ/kg}] = -150,525[\text{J/kg}] = \dfrac{1}{2}(60[\text{m/s}]^2 - v_2^2)$

$-v_2^2 = -301,050 - 3,600\,[\text{J/kg}(=[\text{m/s}]^2)] = -304,650[\text{m/s}]^2$

$v_2 = 551.951[\text{m/s}]$

※ 33번과 같은 과정으로 풀이한다.

35 물 10[kg]을 1기압하에서 20[℃]로부터 60[℃]까지 가열할 때 엔트로피의 증가량은 약 몇 [kJ/K]인가?(단, 물의 정압비열은 4.18[kJ/kg·K]이다)

① 9.78　　② 5.35
③ 8.32　　④ 14.8

해설

정압변화일 때

$s_2 - s_1 = C_p \ln \dfrac{T_2}{T_1} = C_p \ln \dfrac{v_2}{v_1}$

$\Delta S = 10[\text{kg}] \times 4.18[\text{kJ/kg·K}] \times \ln \dfrac{333.15[\text{K}]}{293.15[\text{K}]}$

$= 5.3466[\text{kJ/K}]$

36 질량이 4[kg]인 단열된 강재용기 속에 물 18[L]가 들어 있으며, 25[℃]로 평형 상태에 있다. 이 속에 200[℃]의 물체 8[kg]을 넣었더니 열평형에 도달하여 온도가 30[℃]가 되었다. 물의 비열은 4.187[kJ/kg·K]이고, 강재(용기)의 비열은 0.4648[kJ/kg·K]일 때 물체의 비열은 약 몇 [kJ/kg·K]인가?(단, 외부와의 열교환은 없다고 가정한다)

① 0.244　　② 0.267
③ 0.284　　④ 0.302

해설

25[℃] 열평형을 이루고 있는 계에 200[℃] 물체 8[kg]의 열량이 들어와서 물체를 포함하여 모두 30[℃] 열평형이 이루어졌고, 이 때 물체가 준 열량과 물과 용기가 받은 열량이 같다.

$\Delta Q_{물체} = \Delta Q_물 + \Delta Q_{용기}$

$8[\text{kg}] \times C_{물체} \times (200-30)[℃]$
$= 18[\text{kg}] \times C_물 \times (30-25)[℃] + 4[\text{kg}] \times C_{용기} \times (30-25)[℃]$

$C_{물체} = \dfrac{18 \times 4.187[\text{kJ/kg·K}] \times 5 + 4 \times 0.4648[\text{kJ/kg·K}] \times 5}{8 \times 170}$

$= 0.2839[\text{kJ/kg·K}]$

37 다음의 물리량 중 물질의 최초, 최종 상태뿐 아니라 상태변화의 경로에 따라서도 그 변화량이 달라지는 것은?

① 일 ② 내부에너지
③ 엔탈피 ④ 엔트로피

해설
$$\int_1^2 \delta W = W_{12} = \int_1^2 PdV$$
PV 선도는 다음 그림처럼 표현되며 일의 양은 곡선 아래 면적이므로 경로에 영향을 받는다.

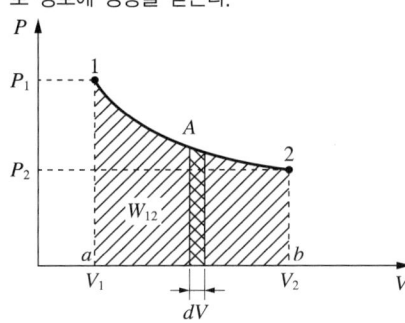

38 압력이 0.2[MPa]이고, 초기 온도가 120[℃]인 1[kg]의 공기를 압축비 18로 가역단열압축하는 경우 최종 온도는 약 몇 [℃]인가?(단, 공기의 비열비가 1.4인 이상기체이다)

① 676[℃] ② 776[℃]
③ 876[℃] ④ 976[℃]

해설
단열과정에서 $P_1 V_1^\kappa = P_2 V_2^\kappa$, $\dfrac{P_1}{P_2} = \left(\dfrac{V_2}{V_1}\right)^\kappa$

$\dfrac{P_1 V_1}{T_1} = \dfrac{P_2 V_2}{T_2} = C$, $\dfrac{P_1}{P_2} = \dfrac{V_2}{V_1} \dfrac{T_1}{T_2}$, $\dfrac{V_2}{V_1} \dfrac{T_1}{T_2} = \left(\dfrac{V_2}{V_1}\right)^\kappa$

$\therefore \dfrac{T_1}{T_2} = \left(\dfrac{V_2}{V_1}\right)^{\kappa-1}$

$\dfrac{V_1}{V_2} = 18$

$V_1 = 18 V_2$

$\dfrac{393.15[K]}{T_2} = \left(\dfrac{V_2}{18 V_2}\right)^{1.4-1}$

$\therefore T_2 = 393.15[K] \times 18^{0.4} = 1,249.3[K] = 976.15[℃]$

39 공기 표준사이클로 운전하는 이상적인 디젤사이클이 있다. 압축비는 17.5, 비열비는 1.4, 체절비(또는 분사단절비, cut-off ratio)는 2.1일 때 이 디젤사이클의 효율은 약 몇 [%]인가?

① 60.5 ② 62.3
③ 64.7 ④ 66.8

해설
$\eta_{thd} = \dfrac{q_{in} - q_{out}}{q_{in}} = 1 - \dfrac{C_v \Delta T_{out}}{\kappa C_v \Delta T_{in}}$

$= 1 - \dfrac{T_4 - T_1}{\kappa(T_3 - T_2)} = 1 - \left(\dfrac{1}{\varepsilon}\right)^{\kappa-1} \left[\dfrac{\xi^\kappa - 1}{\kappa(\xi - 1)}\right]$

$= 1 - \left(\dfrac{1}{17.5}\right)^{1.4-1} \times \left[\dfrac{2.1^{1.4} - 1}{1.4 \times (2.1 - 1)}\right]$

$= 0.6227 \times 100[\%] = 62.3[\%]$

40 고열원 500[℃]와 저열원 35[℃] 사이에 열기관을 설치하였을 때, 사이클당 10[MJ]의 공급열량에 대해서 7[MJ]의 일을 하였다고 주장한다면, 이 주장은?

① 열역학적으로 타당한 주장이다.
② 가역기관이라면 타당한 주장이다.
③ 비가역기관이라면 타당한 주장이다.
④ 열역학적으로 타당하지 않은 주장이다.

해설
이 기관이 카르노 사이클이라고 간주한 상태의 열효율은
$\dfrac{\Delta T}{T_1} = \dfrac{465[K]}{773.15[K]} = 0.6014$이다. 이론상 카르노 사이클보다 높은 효율이 나올 수는 없으므로 가역이든, 비가역이든 열역학적으로 타당하지 않은 주장이다.

제3과목 기계유체역학

41 반지름 0.5[m]인 원통형 탱크에 1.5[m] 높이로 물을 채우고 중심축을 기준으로 각속도 10[rad/s]로 회전시킬 때 탱크 저면의 중심에서 압력은 계기압력으로 약 몇 [kPa]인가?(단, 탱크의 윗면은 열려 대기 중에 노출되어 있으며 물은 넘치지 않는다고 한다)

① 2.26
② 4.22
③ 6.42
④ 8.46

해설

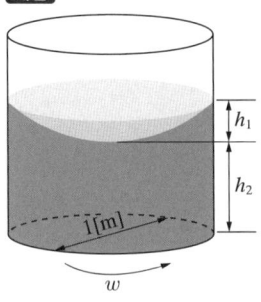

$h_1 = \dfrac{r^2 w^2}{2g} = \dfrac{(0.5[\text{m}] \times 10[\text{rad/s}])^2}{2 \times 9.806[\text{m/s}^2]} = 1.2747[\text{m}]$

처음 높이
$h_0 = h_2 + 0.5 h_1$
$h_2 = 1.5[\text{m}] - 0.6374[\text{m}] = 0.8626[\text{m}]$

문제가 요구하는 회전하는 유체의 중심에서의 압력은
$p_b = \gamma h_2 = 9{,}806[\text{N/m}^3] \times 0.8626[\text{m}] = 8{,}459[\text{Pa}]$
$\quad\;\; = 8.46[\text{kPa}]$

42 경계층(boundary layer)에 관한 설명 중 틀린 것은?

① 경계층 바깥의 흐름은 퍼텐셜 흐름에 가깝다.
② 균일속도가 크고, 유체의 점성이 클수록 경계층의 두께는 얇아진다.
③ 경계층 내에서는 점성의 영향이 크다.
④ 경계층은 평판 선단으로부터 하류로 갈수록 두꺼워진다.

해설

$\delta \approx 4.9\sqrt{\dfrac{vx}{u_0}} = 4.9\dfrac{x}{\sqrt{Re}} = 4.9\dfrac{x}{\sqrt{\dfrac{\rho vD}{\mu}}} = 4.9\sqrt{\dfrac{x\,\mu}{\rho vD}}$

경계층 두께는 속도가 크면 얇아지고, 점성계수가 커지면 두꺼워진다.

43 정지 유체 속에 잠겨 있는 평면에 대하여 유체에 의해 받는 힘에 관한 설명 중 틀린 것은?

① 깊게 잠길수록 받는 힘이 커진다.
② 크기는 도심에서의 압력에 전체 면적을 곱한 것과 같다.
③ 평면이 수평으로 놓인 경우, 압력중심은 도심과 일치한다.
④ 평면이 수직으로 놓인 경우, 압력중심은 도심보다 약간 위쪽에 있다.

해설

유체 속에 잠긴 수직면에 작용하는 힘
수직면의 전압력 = 유체의 비중 × 작용점의 깊이 × 면적 = $\gamma h_p A$

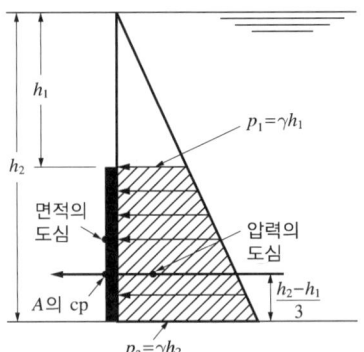

44 실형의 1/25인 기하학적으로 상사한 모형 댐을 이용하여 유동 특성을 연구하려고 한다. 모형 댐의 상부에서 유속이 1[m/s]일 때 실제 댐에서 해당 부분의 유속은 약 몇 [m/s]인가?

① 0.025 ② 0.2
③ 5 ④ 25

해설

$$F_N = \frac{V}{\sqrt{gL}} = \frac{V_1}{\sqrt{gL_1}} = \frac{V_2}{\sqrt{gL_2}}$$

$$\frac{1[\text{m/s}]}{\sqrt{\frac{1}{25}}} = \frac{V_2}{\sqrt{1}}$$

$$V_2 = 5[\text{m/s}]$$

45 (r, θ) 좌표계에서 코너를 흐르는 비점성, 비압축성 유체의 2차원 유동함수(ψ, [m²/s])는 다음과 같다. 이 유동함수에 대한 속도 퍼텐셜(ϕ)의 식으로 옳은 것은?(단, r은 m 단위이고, C는 상수이다)

$$\psi = 2r^2 \sin 2\theta$$

① $\phi = 2r^2 \cos 2\theta + C$
② $\phi = 2r^2 \tan 2\theta + C$
③ $\phi = 4r\cos\theta^2 + C$
④ $\phi = 4r\tan\theta^2 + C$

해설

$$d\psi = \frac{\partial \psi}{\partial r}dx + \frac{1}{r}\frac{\partial \psi}{\partial \theta}dy$$

$$u_\psi = \frac{\partial \psi}{\partial r} = 4r\sin 2\theta$$

$$v_\psi = \frac{\partial \psi}{\partial y} = \frac{1}{r}\frac{\partial \psi}{\partial \theta} = (4r\cos 2\theta)$$

퍼텐셜 유동에서 속도 퍼텐셜과 유동함수는 서로 교차하여

$$\frac{u_\phi}{v_\phi} \times \frac{u_\psi}{v_\psi} = -1 \text{ 이므로}$$

$$-v_\phi = u_\psi = \frac{\partial \phi}{\partial y} = \frac{1}{r}\frac{\partial \phi}{\partial \theta} = 4r\sin 2\theta$$

$$\therefore \frac{\partial \phi}{\partial \theta} = -4r^2 \sin 2\theta \cdots (1)$$

$$v_\psi = \frac{\partial \phi}{\partial x} = \frac{\partial \phi}{\partial r} = 4r\cos 2\theta$$

$$\therefore \frac{\partial \phi}{\partial r} = 4r\cos 2\theta \cdots (2)$$

각 보기의 편미분에 대해 (1)과 (2)가 성립하는 것은 ①이다.

46 두 평판 사이에 점성계수가 2[N·s/m²]인 뉴턴유체가 다음과 같은 속도분포 (u, [m/s])로 유동한다. 여기서 y는 두 평판 사이의 중심으로부터 수직방향 거리(m)를 나타낸다. 평판 중심으로부터 y = 0.5[cm] 위치에서의 전단응력의 크기는 약 몇 [N/m²]인가?

$$u(y) = 1 - 10,000 \times y^2$$

① 100 ② 200
③ 1,000 ④ 2,000

해설

$$\tau = \mu \frac{du}{dy}$$

$$= \mu \frac{d(1-10,000y^2)}{dy} = \mu \times (-20,000y)$$

$$= 2[\text{N·s/m}^2] \times (-2\times 10^4 \times 5\times 10^{-3}[/\text{s}])$$

$$= -200[\text{N/m}^2]$$

※ 음수는 힘의 방향이고, 속도를 거리에 대해 미분하면 [/s]이다.

47 개방된 탱크 내에 비중이 0.8인 오일이 가득 차 있다. 대기압이 101[kPa]라면, 오일탱크 수면으로부터 3[m] 깊이에서 절대압력은 약 몇 [kPa]인가?

① 208　　② 249
③ 174　　④ 125

해설
- 절대압력 = 게이지압력 + 대기압
- 탱크 내 3[m] 깊이의 게이지압력

$p_{gage} = \gamma_{oil} h = S_{oil} \rho_물 g h$
$= 0.8 \times 1,000 [\text{kg/m}^3] \times 9.806 [\text{m/s}^2] \times 3[\text{m}]$
$= 23,534.4 [\text{N/m}^2]$
$= 23.5 [\text{kPa}]$

$p = p_{atm} + p_{gage} = 101[\text{kPa}] + 23.5[\text{kPa}] = 124.5[\text{kPa}]$

48 피토-정압관과 액주계를 이용하여 공기의 속도를 측정하였다. 비중이 약 1인 액주계 유체의 높이 차이는 10[mm]이고, 공기 밀도는 1.22[kg/m³]일 때, 공기의 속도는 약 몇 [m/s]인가?

① 2.1　　② 12.7
③ 68.4　　④ 160.2

해설

$V = \sqrt{2gH\left(\dfrac{\gamma_s}{\gamma} - 1\right)}$
$= \sqrt{2 \times 9.806[\text{m/s}^2] \times 0.01[\text{m}] \times \left(\dfrac{1,000[\text{kg/m}^3]}{1.22[\text{kg/m}^3]} - 1\right)}$
$= 12.67[\text{m/s}]$

49 축동력이 10[kW]인 펌프를 이용하여 호수에서 30[m] 위에 위치한 저수지에 25[L/s]의 유량으로 물을 양수한다. 펌프에서 저수지까지 파이프 시스템의 비가역적 수두손실이 4[m]라면 펌프의 효율은 약 몇 [%]인가?

① 63.7　　② 78.5
③ 83.3　　④ 88.7

해설

$L_w = \rho g Q (H + H_L)$
$= 1,000[\text{kg/m}^3] \times 9.81[\text{m/s}^2] \times 0.025[\text{m}^3/\text{s}] \times (30+4)[\text{m}]$
$= 8,338.5[\text{W}] = 8.33[\text{kW}]$

펌프의 효율

$\eta_p = \dfrac{L_w}{L_s} = \dfrac{8.33[\text{kW}]}{10[\text{kW}]} \times 100[\%] = 83.3[\%]$

50 밀도 890[kg/m³], 점성계수 2.3[kg/m·s]인 오일이 지름 40[cm], 길이 100[m]인 수평 원 관 내를 평균속도 0.5[m/s]로 흐른다. 입구의 영향을 무시하고 압력 강하를 이길 수 있는 펌프 소요동력은 약 몇 [kW]인가?

① 0.58　　② 1.45
③ 2.90　　④ 3.63

해설
수평관이고 다른 손실은 무시하고, 압력 강하(손실)에 필요한 동력을 계산하는 문제이다.

$h_L = \dfrac{\Delta p}{\gamma} = \dfrac{128\mu L Q}{\gamma \pi d^4}$

($\because \Delta P = \dfrac{128\mu L Q}{\pi d^4}$ by Hagen–Poiseuille)

필요한 동력은

$\gamma Q h_L = \dfrac{32\mu L (A^2 V^2)}{\pi d^4 / 4} = \dfrac{32\mu L A V^2}{d^2}$

$= \dfrac{32 \times 2.3[\text{kg/m·s}] \times 100[\text{m}] \times \dfrac{\pi}{4}(0.4[\text{m}])^2 \times (0.5[\text{m/s}])^2}{(0.4[\text{m}])^2}$

$= 1,445.13[\text{kg·m/s}^2 \cdot \text{m/s}] = 1.45[\text{kW}]$

정답　47 ④　48 ②　49 ③　50 ②

51 다음 그림과 같은 반지름 R인 원 관 내의 층류유동 속도분포는 $u(r) = U\left(1 - \dfrac{r^2}{R^2}\right)$으로 나타내어진다. 여기서 원 관 내 전체가 아닌 $0 \leq R \leq \dfrac{R}{2}$인 원형 단면을 흐르는 체적유량 Q를 구하면?(단, U는 상수이다)

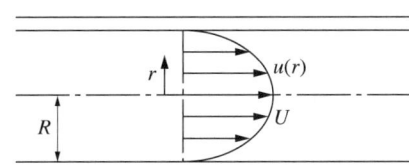

① $Q = \dfrac{5\pi UR^2}{16}$ ② $Q = \dfrac{7\pi UR^2}{16}$

③ $Q = \dfrac{5\pi UR^2}{32}$ ④ $Q = \dfrac{7\pi UR^2}{32}$

해설

$Q = AV$

$Q = \int_0^{\frac{R}{2}} u(r) dA = \int_0^{\frac{R}{2}} U\left(1 - \dfrac{r^2}{R^2}\right) \times d(\pi r^2) dr$

$= \dfrac{2\pi U}{R} \int_0^{\frac{R}{2}} \left(r - \dfrac{r^3}{R^2}\right) \times dr$

$= \dfrac{2\pi U}{R} \left[\dfrac{r^2}{2} - \dfrac{r^4}{4R^2}\right]_0^{\frac{R}{2}} = \dfrac{7}{32}\pi UR^2$

52 유체의 회전벡터(각속도)가 ω인 회전유동에서 와도(vorticity, ξ)는?

① $\zeta = \dfrac{\omega}{2}$ ② $\zeta = \sqrt{\dfrac{\omega}{2}}$

③ $\zeta = 2\omega$ ④ $\zeta = \sqrt{2}\,\omega$

해설

$\zeta = \nabla \times V = 2\omega$

53 날개 길이(span) 10[m], 날개 시위(chord length)는 1.8[m]인 비행기가 112[m/s]의 속도로 날고 있다. 이 비행기의 항력계수가 0.0761일 때 비행에 필요한 동력은 약 몇 [kW]인가?(단, 공기의 밀도는 1.2173[kg/m³], 날개는 사각형으로 단순화하며, 양력은 충분히 발생한다고 가정한다)

① 1,172 ② 1,343
③ 1,570 ④ 3,733

해설

$F = C\dfrac{1}{2}\rho V^2 \times A$

$= 0.0761 \times \dfrac{1}{2} \times 1.2173[\text{kg/m}^3] \times (112[\text{m/s}])^2 \times (10[\text{m}]$

$\times 1.8[\text{m}]) = 10,458.29[\text{kg} \cdot \text{m/s}^2 (= \text{N})]$

항력을 이기기 위해 필요한 동력

$P = F \times V$

$= 10,458.29[\text{N}] \times 112[\text{m/s}]$

$= 1,171,328.48[\text{J/s}]$

$= 1,171.33[\text{kW}]$

※ 항력의 종류가 제시되지 않았으므로 전체 항력으로 계산한다.

54 점성계수가 0.7[poise]이고, 비중이 0.7인 유체의 동점성계수는 몇 [stokes]인가?

① 0.1 ② 1.0
③ 10 ④ 100

해설

• 비중이 0.7인 유체의 밀도

$\rho = S \rho_{물}[\text{g/cm}^3] = 0.7 \times 1[\text{g/cm}^3] = 0.7[\text{g/cm}^3]$

(1[poise] = 1[g/cm · s], $\rho_{물} = 1[\text{g/cm}^3]$이므로)

• 동점성계수

$\nu = \dfrac{\mu}{\rho} = \dfrac{0.7[\text{g/cm} \cdot \text{s}]}{0.7[\text{g/cm}^3]} = 1[\text{cm}^2/\text{s}] = 1[\text{stokes}]$

※ poise와 stokes는 cgs 단위계를 사용하므로 이를 적용하면 쉽게 상호 호환이 가능하다.

55 다음 그림과 같이 평판의 왼쪽 면에 단면적이 0.01[m²], 속도 10[m/s]인 물 제트가 직각으로 충돌하고 있다. 평판의 오른쪽 면에 단면적이 0.04[m²]인 물 제트를 쏘아 평판이 정지 상태를 유지하려면 속도 V_2는 약 몇 [m/s]여야 하는가?

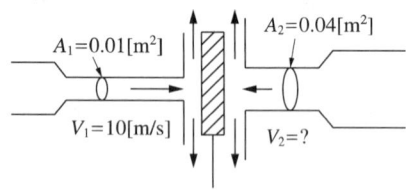

① 2.5 ② 5.0
③ 20   ④ 40

해설
직각으로 부딪히고 있으므로 힘의 x성분만 평형이 되고, 작용하는 외력은
$F = \dot{m}V_1 = \rho A_1 V_1^2$ [N]
$\quad = \dot{m}V_2 = \rho A_2 V_2^2$ [N]
$0.01[\text{m}^2](10[\text{m/s}])^2 = 0.04[\text{m}^2](V_2)^2$
$V_2 = \sqrt{\dfrac{1}{0.04}}$ [m/s] $= 5$ [m/s]

56 다음 그림과 같이 탱크로부터 15[℃]의 공기가 수평한 호스와 노즐을 통해 Q의 유량으로 대기 중으로 흘러나가고 있다. 탱크 안의 게이지압력이 10[kPa]일 때, 유량 Q는 약 몇 [m³/s]인가?(단, 노즐 끝단의 지름은 0.02[m], 대기압은 101[kPa]이고, 공기의 기체상수는 287[J/kg·K]이다)

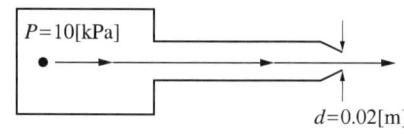

① 0.038 ② 0.042
③ 0.046 ④ 0.054

해설
유체가 탱크 내부에서 분출되므로 내부압력이 대기압보다 10[kPa] 높다. 노즐 분출 유량은 유출속도를 구하여
$Q = AV$
$\dfrac{P_1}{\gamma} + \dfrac{V_1^2}{2g} + Z_1 = \dfrac{P_2}{\gamma} + \dfrac{V_2^2}{2g} + Z_2$

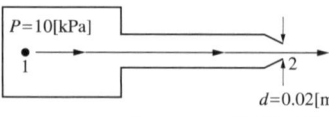

$\dfrac{P_1}{\gamma_1} - \dfrac{P_2}{\gamma_2} = \dfrac{V_2^2}{2g}$, $V_2 = \sqrt{2\left(\dfrac{P_1}{\rho_1} - \dfrac{P_2}{\rho_2}\right)}$

이 공기의 밀도를 아직 알지 못하므로 주어진 조건을 이용한다.
$Pv = RT$
$P_1 = \rho_1 RT$
$(101+10)[\text{kN/m}^2] = \rho \times 287[\text{N·m/kg·K}] \times 288.15[\text{K}]$
$\rho = \dfrac{111,000}{287 \times 288.15}[\text{kg/m}^3] = 1.3422[\text{kg/m}^3]$
$V_2 = \sqrt{\dfrac{2\Delta P}{\rho}}$
$\quad = \sqrt{\dfrac{20[\text{kPa}(=1,000\text{kg·m/s}^2 \cdot \text{m}^2)]}{1.3422[\text{kg/m}^3]}} = 122.069[\text{m/s}]$
$Q = AV = \dfrac{\pi d^2 V}{4}$
$\quad = \dfrac{\pi \times (0.02[\text{m}])^2 \times 122.07[\text{m/s}]}{4} = 0.03835[\text{m}^3/\text{s}]$

57 다음 그림과 같은 노즐에서 나오는 유량이 0.078[m³/s]일 때 수위(H)는 약 얼마인가?(단, 노즐 출구의 안지름은 0.1[m]이다)

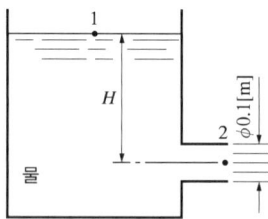

① 5[m]   ② 10[m]
③ 0.5[m] ④ 1[m]

해설
$Q = AV = \dfrac{\pi d^2}{4} \times \sqrt{2gH}$ ($V = \sqrt{2gH}$ 이므로)
$0.078[\text{m}^3/\text{s}] = \dfrac{\pi(0.1[\text{m}])^2}{4} \times \sqrt{2 \times 9.806[\text{m/s}^2] \times H}$
$H = 5.029[\text{m}]$

55 ② 56 ① 57 ①

58 원형 관 내를 완전한 층류로 물이 흐를 경우 관 마찰계수(f)에 대한 설명으로 옳은 것은?

① 상대 조도(ε/D)만의 함수이다.
② 마하수(Ma)만의 함수이다.
③ 오일러수(Eu)만의 함수이다.
④ 레이놀즈수(Re)만의 함수이다.

해설
마찰계수
$$f = \frac{64}{Re}$$
마찰계수는 층류에서 관 벽의 거칠기보다 Re에 의해 결정된다.

59 어느 물리법칙이 $F(a, V, \nu, L) = 0$과 같은 식으로 주어졌다. 이 식을 무차원수의 함수로 표시하고자 할 때 이에 관계되는 무차원수는 몇 개인가?(단, a, V, ν, L은 각각 가속도, 속도, 동점성계수, 길이이다)

① 4
② 3
③ 2
④ 1

해설
버킹엄의 π 정리
- 수학기호 π에서 유래되었으며, 어떤 수의 곱을 나타낸다는 의미이다.
- 어느 물리계가 n개의 변수와 관련되어 있고, 기본 차수가 m일 때, 독립 무차원 매개변수 π는 $n-m$개로 나타낼 수 있다.
- $F(x_1, x_2, x_3, ..., x_n) = 0$과 같은 함수관계가 있다면 $F(\pi_1, \pi_2, \pi_3, ..., \pi_{n-m}) = 0$가 된다.
- $a = [LT^{-2}], V = [LT^{-1}], \nu = [L^2T^{-1}], L = [L]$이므로 변수 4개 기본 차원 L과 T 2개
∴ $\pi = n - m = 4 - 2 = 2$

60 밀도가 800[kg/m³]인 원통형 물체가 다음 그림과 같이 1/3이 액체면 위에 떠 있는 것으로 관측되었다. 이 액체의 비중은 약 얼마인가?

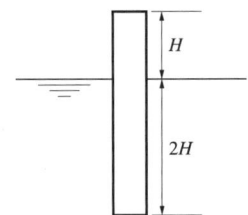

① 0.2
② 0.67
③ 1.2
④ 1.5

해설
$B(부력) = W(원통)$, $V_{아래} \times \gamma_{액체} = V_{전체} \times \gamma_{원통}$

$$\frac{V_{아래}}{V_{전체}} = \frac{\rho_{원통}g}{\rho_{액체}g} = \frac{2}{3}$$

$$\rho_{액체} = \frac{3}{2}\rho_{원통} = 1,200[kg/m^3]$$

$$s_{액체} = \frac{\rho_{원통}g}{\rho_{물}g} = 1.2 \, (\because \rho_{물} = 1,000[kg/m^3])$$

제4과목 기계재료 및 유압기기

61 주강품에 대한 설명 중 틀린 것은?

① 용접에 의한 보수가 용이하다.
② 주조 후에는 일반적으로 풀림을 실시하여 주조응력을 제거한다.
③ 주조방법에 의하여 용강을 주형에 주입하여 만든 강제품을 주강품이라 한다.
④ 중탄소 주강은 탄소의 함유량이 약 0.1~0.15% C 범위이다.

해설
탄소강 주강
- 종류 : 저탄소 주강(0.2%C 이하), 중탄소 주강(0.2~0.5%C), 고탄소 주강(0.5%C 이상)
- 연신율은 중탄소 영역에서 가장 높고, 인장강도와 내력은 고탄소로 갈수록 높다.

62 다음 중 항온 열처리방법이 아닌 것은?

① 질화법   ② 마퀜칭
③ 마템퍼링   ④ 오스템퍼링

해설
항온열처리의 종류
- 마퀜칭 : M_s 윗점까지 급랭 후 안팎이 같은 온도가 될 때까지 항온을 유지하고 이후 공기 중 냉각하는 방법이다.
- 마템퍼링 : M_s점 이하까지 급랭 후 항온 유지 후 공랭하는 방법이다.
- 오스템퍼링 : M_s 윗점까지 급랭 후 계속 항온을 유지하여 완전조직을 만든 후 냉각시키는 방법이다. 이 과정에서 나온 조직이 베이나이트이며 인성이 크고 강한 조직이 나온다.
- 오스포밍 : M_s점 이하까지 급랭 후 항온을 유지하며 소성가공을 실시하는 열처리다.

63 0.8% 탄소를 고용한 탄소강을 800[℃]로 가열하였다가 서서히 냉각시켰을 때 나타나는 조직은?

① 펄라이트(pearlite)
② 오스테나이트(austenite)
③ 시멘타이트(cementite)
④ 레데부라이트(ledeburite)

해설
펄라이트(pearlite)
- 0.8%C(0.77%C)의 γ고용체가 723[℃]에서 분해하여 생긴 페라이트와 시멘타이트의 공석이며 혼합 층상조직이다.
- 강도와 경도가 높고(HB225 정도), 어느 정도 연성도 있다.
- 현미경으로 봤을 때의 층상조직이 진주조개껍질처럼 보인다 하여 펄라이트라고 한다.

64 5~20%Zn의 황동을 말하며, 강도는 낮으나 전연성이 좋고 금색에 가까우므로 모조금이나 판 및 선 등에 사용되는 것은?

① 톰백   ② 문쯔메탈
③ Y 합금   ④ 네이벌 황동

해설
톰백(tombac) : 8~20[%]의 아연을 구리에 첨가한 구리 합금은 황동 중에서 가장 금빛에 가까우며, 소량의 납을 첨가하여 값이 싼 금색 합금을 만든다. 특히, 금종이의 대용품으로서 서적의 금박 입히기, 금색 인쇄에 사용된다.

65 피삭성을 향상시키기 위해 쾌삭강에 첨가하는 원소가 아닌 것은?

① Te   ② Pb
③ Sn   ④ Bi

해설
쾌삭강 : 쾌삭성 원소인 S(황), Pb(납), Se(셀레늄), Ca(칼슘), P(인), Bi(비스무트) 등을 단독 또는 여러 종류를 조합·첨가하여 강 중에 유화물을 비롯해 수조에 쾌삭성 개재물을 생성시켜 피절삭성을 향상시킨 철강재이다. 기계적 성질을 많이 요구하지 않고 쾌삭성만 요구할 시에는 저탄소강 베이스에 S, S+P, S+Pb, S+Pb+P을 첨가한 쾌삭강이, 강도 및 쾌삭성을 요구 시에는 S30C~S50C 또는 합금강 베이스에 Pb 또는 S을 첨가한 쾌삭강이 사용된다. S 쾌삭강은 쾌삭성이 주체이고, 기계적 성질은 방향성이 있으며, 압연과 직각 방향에서는 연성과 인성이 저하하며, 이는 S 함량이 높을수록 현저하다. Pb 쾌삭강은 Pb이 단체로 균일분포하여 전연성이 풍부하고, 기계적 성질의 이방성이 없으며 Pb의 용융점(327[℃])보다 고온에서는 기계적 성질이 떨어진다.

66 체심입방격자에 해당하는 귀속 원자 수는?

① 1개 ② 2개
③ 3개 ④ 4개

해설
결정격자의 구조
- 면심입방격자(FCC ; Face-Centered Cubic lattice) : 단위격자 내 원자의 수가 4개이며, 배위 수는 12개인 격자구조이다.
- 체심입방격자(BCC ; Body-Centered Cubic lattice) : 입방체의 각 모서리에 1개씩의 원자와 입방체의 중심에 1개의 원자가 존재하는 매우 간단한 격자구조이다.
- 조밀육방격자(HCP ; Hexagonal Close Packed lattice) : 단위격자 수는 2개이며, 배위수는 8개인 격자구조이다.

67 Fe-C 평형상태도에서 [δ고용체] + (L(융액)) ⇌ [γ고용체]가 일어나는 온도는 약 몇 [℃]인가?

① 768[℃] ② 910[℃]
③ 1,130[℃] ④ 1,490[℃]

해설
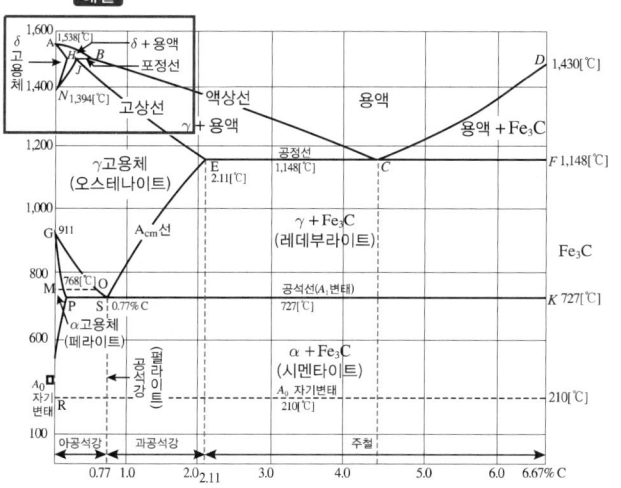

68 전자강판(규소강판)에 요구되는 특성을 설명한 것 중 틀린 것은?

① 투자율이 높아야 한다.
② 포화자속밀도가 높아야 한다.
③ 자화에 의한 치수의 변화가 작아야 한다.
④ 박판을 적층하여 사용할 때 층간저항이 낮아야 한다.

해설
규소강 : 규소가 1~5[%] 함유된 강으로, 다른 불순물이 적고 전자기 특성을 의도하여 생산하며 회전기, 변압 등의 철심 등에 사용한다. 자기 특성에 따라 방향성 강판, 무방향성 강판으로 구분한다.

69 로크웰 경도시험(HRA ~ HRH, HRK)에 사용되는 총시험하중에 해당되지 않는 것은?

① 588.4[N](60[kgf])
② 980.7[N](100[kgf])
③ 1,471[N](150[kgf])
④ 1,961.3[N](200[kgf])

해설
로크웰 경도시험 : 처음 하중(10[kgf])과 변화된 시험하중(60[kgf], 100[kgf], 150[kgf])으로 눌렀을 때 압입 깊이의 차로 결정된다.

70 니켈-크롬 합금강에서 뜨임메짐을 방지하는 원소는?

① Cu
② Ti
③ Mo
④ Zr

해설
③ 몰리브데넘(Mo) : 페라이트 고용 시 고온 인장강도 및 크리프 저항이 향상되고, 오스테나이트 고용 시 담금성과 내식성이 향상된다. 뜨임메짐 방지의 효과가 있으며, 스테인리스강에 첨가 시 내식성이 향상된다.
① 구리(Cu) : 크로뮴 또는 텅스텐과 함께 첨가하여 석출 경화가 일어나기 쉽게 하여 내후성과 내산화성을 증가시킨다.
② 타이타늄(Ti) : 저밀도이며 높은 비강도를 갖고 있는 원소로, 내식성을 증가시키는 특징이 있다. 철강에 합금하면 높은 수소 흡수 특성으로 배터리 관련 재료로 쓰이며, 형상 메모리 기능을 갖고 있다.
④ 지르코늄(Zr) : 탈가스작용으로 킬드효과를 가져와서 강괴의 결함을 방지한다.

71 유압펌프 중 용적형 펌프의 종류가 아닌 것은?

① 피스톤 펌프
② 기어펌프
③ 베인펌프
④ 축류펌프

해설

용적형 펌프(고정용량형)	비용적형 펌프(가변용량형)
• 용적이 밀폐되어 있어 부하압력이 변동해도 토출량이 거의 일정하다. • 정압을 사용하므로 큰 힘을 요구하는 유압장치용 유압펌프로 사용한다.	• 용적이 밀폐되어 있지 않아 부하압력이 변동하면 토출량이 변하여 유압장치에는 부적당하다. • 펌프용량을 0에서 최대까지 변화시킬 수 있어 효율적인 운전을 할 수 있다.
• 기어펌프, 나사펌프, 베인펌프, 피스톤 펌프	• 원심형 펌프, 액시얼 펌프, 혼류(mixed flow)펌프, 로토제트 펌프, 터빈펌프

72 유체가 압축되기 어려운 정도를 나타내는 체적 탄성계수의 단위와 같은 것은?

① 체적
② 동력
③ 압력
④ 힘

해설
체적 탄성계수의 단위는 [MPa](Pa)이고, [Pa]은 압력의 단위이다.

73 주로 펌프의 흡입구에 설치되어 유압작동유의 이물질을 제거하는 용도로 사용하는 기기는?

① 드레인 플러그
② 블래더
③ 스트레이너
④ 배플

해설
스트레이너 : 유류탱크로 회귀하는 유체 속의 이물질 등을 거르는 여과장치로 이물질 제거, 유체의 흐름 정돈 등의 역할을 한다. 스트레이너의 유량은 유압펌프 토출량의 2배 이상이어야 한다.

74 다음 중 상시 개방형 밸브는?

① 감압밸브
② 언 로드 밸브
③ 릴리프 밸브
④ 시퀀스 밸브

해설
감압밸브 : 출구쪽 압력을 일정하게 유지하는 역할을 하는 밸브로, 릴리프 밸브가 1차 쪽 압력제어이면, 감압밸브는 2차 쪽 압력조정 밸브이다. 평소에 열려 있다가 일정 압력이 되면 밸브를 닫아 압력을 조절한다. 밸브기호를 보면 유로가 상시(평시)에 열려 있다.

무부하밸브	감압밸브	릴리프 밸브

75 압력계를 나타내는 기호는?

①   ②
③   ④

해설
①, ②가 압력을 나타내는 게이지인데, ②는 들어오는 압력선만 존재하여 단순히 압력을 측정하는 압력계이고, ①은 압력선이 두 개가 있어서 두 압력의 차를 나타내는 차압계이다.

76 속도제어회로의 종류가 아닌 것은?

① 로크(로킹)회로
② 미터 인 회로
③ 미터 아웃 회로
④ 블리드 오프 회로

해설
로크회로는 속도를 제어하는 것이 아니라 실린더의 위치를 고정하도록 로크(lock)를 걸 수 있는 회로이다.

77 유압기호 요소에서 파선의 용도가 아닌 것은?

① 필터   ② 주관로
③ 드레인 관로 ④ 밸브의 과도 위치

해설

명칭	기호	용도	비고
실선	———	• 주관로	• 귀환 관로를 포함한다.
		• 파일럿 밸브에의 공급 관로	
		• 전기신호선	• 관로와의 구별을 명확히 한다.
파선	- - - - -	• 파일럿 제어 관로	• 내부 파일럿 • 외부 파일럿
		• 드레인 관로	
		• 필터	
		• 밸브의 과도 위치	
1점 쇄선	-·-·-·-	• 포위선	• 2개 이상의 기능을 갖는 유닛을 나타내는 포위선
복선	═╪═	• 기계적 결합	• 회전축, 레버, 피스톤 로드 등

78 다음 기호의 명칭은?

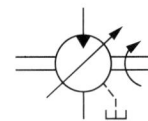

① 공기탱크 ② 유압모터
③ 드레인 배출기 ④ 유면계

해설

명칭	기호	비고
펌프 및 모터	유압펌프 / 공기압 모터	• 일반기호
유압펌프		• 1방향 유동 • 정용량형 • 1방향 회전형
유압모터		• 1방향 유동 • 가변용량형 • 제어기구를 특별히 지정하지 않는 경우 • 외부 드레인 • 1방향 회전형 • 양축형
공기압모터		• 2방향 유동 • 정용량형 • 2방향 회전형
정용량형 펌프·모터		• 1방향 유동 • 정용량형 • 1방향 회전형
가변용량형 펌프·모터 (인력제어)		• 2방향 유동 • 가변용량형 • 외부 드레인 • 2방향 회전형

79 유압장치에서 사용되는 유압유가 갖추어야 할 조건으로 적절하지 않은 것은?

① 열을 방출시킬 수 있어야 한다.
② 동력 전달의 확실성을 위해 비압축성이어야 한다.
③ 장치의 운전 온도범위에서 적절한 점도가 유지되어야 한다.
④ 비중과 열팽창계수가 크고, 비열은 작아야 한다.

해설
유압유(작동유)는 온도에 대해 안정적이어야 한다. 열을 받아도 부피의 변화가 작아야 하며, 비열이 커서 열에너지가 많이 들어와도 온도 변화가 일어나지 않는 것이 좋다.

80 유압을 이용한 기계의 유압기술 특징에 대한 설명으로 적절하지 않은 것은?

① 무단 변속이 가능하다.
② 먼지나 이물질에 의한 고장 우려가 있다.
③ 자동제어가 어렵고 원격제어는 불가능하다.
④ 온도의 변화에 따른 점도 영향으로 출력이 변할 수 있다.

해설
유압을 이용할 때 유관만 연결되어 있다면 멀리 있는 기계의 작동도 제어가 가능하다. 회로를 적절히 구성하면 자동제어도 가능하다.

제5과목 기계제작법 및 기계동력학

81 무게 10[kN]의 해머(hammer)를 10[m]의 높이에서 자유낙하시켜서 무게 300[N]의 말뚝을 박았다. 충돌한 직후에 해머와 말뚝은 일체가 된다고 볼 때 충돌 직후의 속도는 몇 [m/s]인가?

① 50.4　　② 20.4
③ 13.6　　④ 6.7

해설
위치에너지가 모두 운동에너지로 변환될 때의 속도를 구해서 운동량 보존을 계산한다.
$$10[\text{kN}] \times 9.806[\text{m/s}^2] \times 10[\text{m}] = \frac{1}{2} \times 10[\text{kN}] \times v_1^2$$
$$v = 14.00[\text{m/s}]$$
$$m_1 v_1 = 0 + m_2 v_2$$
$$v_2 = 10[\text{kN}] \times 14.00[\text{m/s}]/10.3[\text{kN}] = 13.59[\text{m/s}]$$

82 중량 2,400[N], 회전수 1,500[rpm]인 공기압축기에 대해 방진고무로 균등하게 6개소를 지지시켜 진동수 비를 2.4로 방진하고자 한다. 압축기가 작동하지 않을 때 이 방진고무의 정적 수축량은 약 몇 [cm]인가?(단, 감쇠비는 무시한다)

① 0.18　　② 0.23
③ 0.29　　④ 0.37

해설
수축량과 진동수의 관계
- $\omega_n = \sqrt{\dfrac{k}{m}} = \sqrt{\dfrac{g}{\delta_{st}}}$, $\omega = R\sqrt{\dfrac{k}{m}} = R\sqrt{\dfrac{g}{\delta_{st}}}$
- $2\pi f_n = \omega_n$, $f_n = \dfrac{1}{2\pi}\sqrt{\dfrac{k}{m}} = \dfrac{1}{2\pi}\sqrt{\dfrac{g}{\delta_{st}}} \cong \dfrac{4.98}{\sqrt{\delta_{st}[\text{cm}]}}$

1,500[rpm] = 25[rps], 1[rev] = 1[cycle]
$$f_n = \frac{1}{2\pi}\sqrt{\frac{k}{m}} = \frac{1}{2\pi}\sqrt{\frac{g}{\delta_{st}}} \cong \frac{4.98}{\sqrt{\delta_{st}}} \ (\because 2\pi f_n = \omega_n)$$
$R = f/f_n$
$f_n = f/R$
$\therefore \dfrac{f}{R} \cong \dfrac{4.98}{\sqrt{\delta_{st}}}$
$$\frac{25[\text{rev/s}]}{2.4} = \frac{4.98}{\sqrt{\delta_{st}}}$$
$\delta_{st} = 0.2285[\text{cm}]$

83 무게가 40[kN]인 트럭을 마찰이 없는 수평면상에서 정지 상태로부터 수평 방향으로 2[kN]의 힘으로 끌 때 10초 후의 속도는 몇 [m/s]인가?

① 1.9　　② 2.9
③ 3.9　　④ 4.9

해설
$W = mg$
　 $= 40[\text{kN}] = mg$
$m = 4,079[\text{kg}]$
$2[\text{kN}] = ma = 4,079[\text{kg}] \times a$
$a = 0.49[\text{m/s}^2]$
$v = v_0 + at = 0 + 0.49 \times 10 = 4.9[\text{m/s}]$

84 반지름이 r인 균일한 원판의 중심에 200[N]의 힘이 수평 방향으로 가해진다. 원판의 미끄러짐을 방지하는 데 필요한 최소 마찰력(F)은?

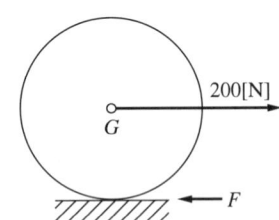

① 200[N] ② 100[N]
③ 66.67[N] ④ 33.33[N]

해설
물체의 회전력
$\sum M = I\alpha$ (여기서, I : 회전 관성)
미는 힘 F_1(200[N])과 힘의 작용점과 마찰이 일어나는 지점의 거리 r의 곱이 회전을 일으키는 힘이므로
$\sum M = I\alpha = Fr$
$\frac{1}{2}mr^2\alpha = F \times r$, $F = \frac{mr}{2}\alpha$ … (1)
물체를 이동시키는 힘 F 같은 점에서 마찰 경계가 생기고
$\sum F = 200[N] - F = mr\alpha$ … (2)
(1)에서 $2F = mr\alpha$
(1)을 (2)에 대입한다.
$200[N] - F = 2F$, $3F = 200[N]$, $F = 66.67[N]$

85 원판의 각속도가 5초만에 0부터 1,800[rpm]까지 일정하게 증가하였다. 이때 원판의 각가속도는 약 몇 [rad/s²]인가?

① 360 ② 60
③ 37.7 ④ 3.77

해설
1[rev] = 2π, 1,800[rpm] = 30[rps] = 60π[rad/s], 5초만에 60π[rad/s]이 되었으므로 $\alpha = 12\pi$[rad/s²] = 37.70[rad/s²]

86 물방울이 중력에 의해 떨어지기 시작하여 3초 후의 속도는 약 몇 [m/s]인가?(단, 공기의 저항은 무시하고, 초기 속도는 0으로 한다)

① 29.4 ② 19.6
③ 9.8 ④ 3

해설
$v = v_0 + at = 0 + 9.806[m/s^2] \times 3[s] = 29.42[m/s]$

87 다음 그림과 같이 피벗으로 고정된 질량이 m이고, 반경이 r인 원형판의 진동주기는?(단, g는 중력가속도이고, 진동각도는 상당히 작다고 가정한다)

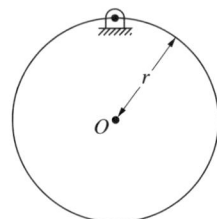

① $2\pi\sqrt{\dfrac{2r}{3g}}$ ② $2\pi\sqrt{\dfrac{3r}{2g}}$

③ $2\pi\sqrt{\dfrac{3r}{5g}}$ ④ $2\pi\sqrt{\dfrac{5r}{3g}}$

해설
평면 원반 진자의 주기
$T = 2\pi\sqrt{\dfrac{r^2 + 2x^2}{2gx}}$ (x : 막대 중심에서 회전 중심 O의 거리)
$= 2\pi\sqrt{\dfrac{3r}{2g}}$ (원 끝이 회전 중심이면 $x = r$이므로)

88 그림 (a)를 그림 (b)와 같이 모형화했을 때 성립되는 관계식은?

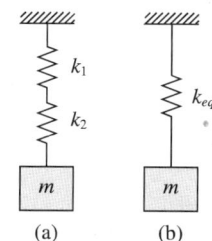

① $\dfrac{1}{k_{eq}} = \dfrac{1}{k_1} + \dfrac{1}{k_2}$ ② $k_{eq} = k_1 + k_2$

③ $k_{eq} = k_1 + \dfrac{1}{k_2}$ ④ $k_{eq} = \dfrac{1}{k_1} + \dfrac{1}{k_2}$

해설
스프링을 직렬연결하면 복합 강성은 다음과 같다.
$\dfrac{1}{k_T} = \dfrac{1}{k_1} + \dfrac{1}{k_2}$
$F_T = k_T x_1 = \dfrac{k_1 k_2}{(k_1 + k_2)} x_1$

89 중심력만을 받으며 등속운동하는 질점에 대한 설명으로 틀린 것은?

① 어느 순간에서나 힘의 중심점에 대한 모멘트의 합은 0이다.
② 중심력에 의하여 운동하는 질점의 각운동량은 크기와 방향이 모두 일정하다.
③ 중심점에 대한 각운동량의 변화율은 0이다.
④ 각운동량은 중심점에서 물체까지의 거리의 제곱에 반비례한다.

해설
각운동량은 거리의 제곱에 비례한다.
$L_z = I_z \omega$, $I = mr^2$, $L_z = mr^2 \omega$

90 다음 그림과 같은 진동계에서 무게 W는 22.68[N], 댐핑계수 C는 0.0579[N·s/cm], 스프링 정수 K가 0.357[N/cm]일 때 감쇠비(damping ratio)는 약 얼마인가?

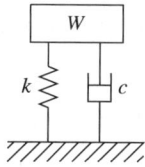

① 0.19   ② 0.22
③ 0.27   ④ 0.32

해설
$\zeta = \dfrac{c}{2\sqrt{mk}} = \dfrac{c}{2\sqrt{\dfrac{W}{g}k}}$

$= \dfrac{0.0579[\text{N·s/cm}]}{2 \times \sqrt{\dfrac{22.68[\text{N}]}{980.6[\text{cm/s}^2]}} \times 0.357[\text{N/cm}]} = 0.3186$

91 절삭칩의 형태 중에서 가장 이상적인 칩의 형태는?

① 전단형(shear type)
② 유동형(flow type)
③ 열단형(tear type)
④ 경작형(pluck off type)

해설
유동형 칩

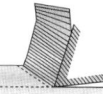

- 칩이 공구의 윗면 경사면 위를 연속적으로 흘러 나가는 형태의 칩으로, 절삭저항이 작아서 가공 표면이 가장 깨끗하고 공구수명이 길다.
- 생성조건 : 절삭 깊이가 작은 경우, 공구의 윗면 경사각이 큰 경우, 절삭공구의 날끝 온도가 낮은 경우, 윤활성이 좋은 절삭유를 사용하는 경우, 재질이 연하고 인성이 큰 재료를 큰 경사각으로 고속 절삭하는 경우

92 주조의 탕구계 시스템에서 라이저(riser)의 역할로서 틀린 것은?

① 수축으로 인한 쇳물 부족을 보충한다.
② 주형 내의 가스, 기포 등을 밖으로 배출한다.
③ 주형 내의 쇳물에 압력을 가해 조직을 치밀화한다.
④ 주물의 냉각도에 따른 균열이 발생되는 것을 방지한다.

해설
④는 칠메탈(냉각쇠)에 대한 설명이다. 칠메탈은 두께가 있는 주물의 냉각속도가 달라서 겉은 굳지만 속은 무른 상태가 오래 지속되는데, 이때 변형되는 것을 방지하기 위해 칠메탈을 사용한다.

93 축 방향의 이송을 행하지 않는 플런지 컷 연삭(plunge cut grinding)이란 어떤 연삭방법에 속하는가?

① 내면연삭   ② 나사연삭
③ 외경연삭   ④ 평면연삭

해설
플런지는 바깥 부분에 위치한다.

94 항온 열처리 중 담금질 온도로 가열한 강재를 Ms 점과 Mf 점 사이의 항온염욕에서 항온 변태를 시킨 후에 상온까지 공랭하는 열처리방법은?

① 마퀜칭   ② 마템퍼링
③ 오스포밍   ④ 오스템퍼링

해설
항온열처리의 종류
- 마퀜칭 : Ms 윗점까지 급랭 후 안팎이 같은 온도가 될 때까지 항온을 유지하고, 이후 공기 중 냉각하는 방법이다.
- 마템퍼링 : Ms 점 이하까지 급랭 후 항온 유지 후 공랭하는 방법이다.
- 오스템퍼링 : Ms 윗점까지 급랭 후 계속 항온을 유지하여 완전조직을 만든 후 냉각시키는 방법이다. 이 과정에서 나온 조직이 베이나이트이며, 인성이 크고 강한 조직이 나온다.
- 오스포밍 : Ms 점 이하까지 급랭 후 항온을 유지하며 소성가공을 실시하는 열처리다.

95 전기적 에너지를 기계적인 진동에너지로 변환하여 금속, 비금속재료에 상관없이 정밀가공이 가능한 특수가공법은?

① 래핑가공
② 전조가공
③ 전해가공
④ 초음파 가공

해설
초음파 가공 : 초음파로 진동시켜 연삭입자가 공구의 진동으로 인한 충격으로 가공물이 부딪쳐 정밀하게 다듬는 가공방법이다. 단단한 금속, 도자기 등을 가공한다.

96 피복아크용접봉의 피복제(flux)의 역할로 틀린 것은?

① 아크를 안정시킨다.
② 모재 표면에 산화물을 제거한다.
③ 용착금속의 탈산·정련작용을 한다.
④ 용착금속의 냉각속도를 빠르게 한다.

해설
용착금속의 냉각속도가 빠르면 변형을 유발할 수 있어 피복제에 냉각촉진제를 함유시키지 않는다.

97 가공물, 미디어(media), 가공액 등을 통 속에 혼합하여 회전시킴으로써 깨끗한 가공면을 얻을 수 있는 특수가공법은?

① 배럴가공(barrel finishing)
② 롤 다듬질(roll finishing)
③ 버니싱(burnishing)
④ 블라스팅(blasting)

해설
공작물, 연삭입자, 가공액, 콤파운드를 배럴이라는 상자에 넣고 회전이나 진동으로 공작물 표면을 가공한다.

98 길이가 긴 게이지블록에서 굽힘이 발생할 경우에도 양 단면이 항상 평행을 유지하기 위한 지지점인 에어리 점(airy point)의 위치는?(단, L은 게이지블록의 길이이다)

① $0.2113L$ ② $0.2203L$
③ $0.2232L$ ④ $0.2386L$

해설
에어리에 의해 굽힘 모멘트가 0이 되는 점을 발견하였으며, 그 점의 위치는 $0.2113L$과 $0.7887L$이다.

99 두께 1.5[mm]인 연강판에 지름 3.2[mm]의 구멍을 펀칭할 때 전단력은 약 몇 [kN]인가?(단, 연강판의 전단강도는 250[MPa]이다)

① 2.07   ② 3.77
③ 4.86   ④ 5.87

해설
$F = \tau A = \tau \pi dt = 250[\text{MPa}] \times \pi \times 1.5[\text{mm}] \times 3.2[\text{mm}]$
$= 3,769[\text{N}] = 3.77[\text{kN}]$

100 지름 350[mm] 롤러로 폭 300[mm], 두께 30[mm]의 연강판을 1회 열간압연하여 두께 24[mm]가 될 때, 압하율은 몇 [%]인가?

① 10   ② 15
③ 20   ④ 25

해설
6[mm]를 압하시켰으므로 압하율은 1/5, 즉 20[%]이다.
$\dfrac{30[\text{mm}] - 24[\text{mm}]}{30[\text{mm}]} \times 100[\%] = 20[\%]$

2022년 제2회 과년도 기출문제

제1과목 재료역학

01 다음 그림과 같은 부정정보가 등분포하중(w)을 받고 있을 때 B점의 반력 R_b는?

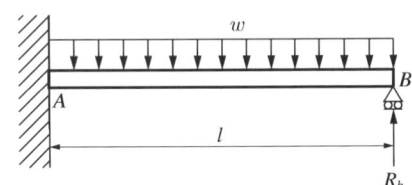

① $\dfrac{1}{8}wL$ ② $\dfrac{1}{3}wL$

③ $\dfrac{3}{8}wL$ ④ $\dfrac{5}{8}wL$

해설

지지를 받는 외팔보(일단 고정 타단 지지보) – 등분포하중

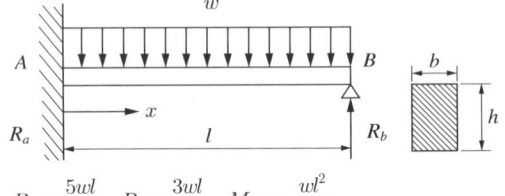

$R_a = \dfrac{5wl}{8}$, $R_b = \dfrac{3wl}{8}$, $M_a = -\dfrac{wl^2}{8}$

$M_{\max +} = M_{x=\frac{5}{8}l} = \dfrac{9wl^2}{128}$, $\theta_{\max} = \dfrac{wl^3}{48EI}$, $\delta_{\max} = \dfrac{wl^4}{185EI}$

02 안지름 1[m], 두께 5[mm]의 구형 압력용기에 길이 15[mm] 스트레인 게이지를 다음 그림과 같이 부착하고, 압력을 가하였더니 게이지의 길이가 0.009[mm]만큼 증가했을 때, 내압 p의 값은 약 몇 [MPa]인가?(단, 세로탄성계수는 200[GPa], 푸아송비는 0.3이다)

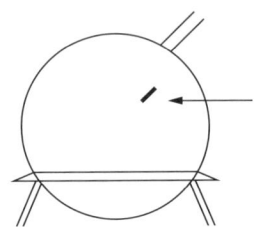

① 3.43[MPa] ② 6.43[MPa]
③ 13.4[MPa] ④ 16.4[MPa]

해설

$\varepsilon = \dfrac{\delta}{L} = \dfrac{0.009[\text{mm}]}{15[\text{mm}]} = 0.0006$

스트레인 게이지의 측정 길이 L이 구의 둘레 방향이므로 D의 변형률과 같은 변형률을 갖는다. 압력용기가 구형이므로 이 압력은 전체적으로 지름을 키우면서 판을 얇게 하는 형태로 팽창한다. 원주 방향 응력 σ_1에 기준한 변형률을 ε_y, 접선 방향 응력 σ_2에 기준한 변형률을 ε_x라 할 때

$\varepsilon_y = \dfrac{\sigma_1}{E} - \nu\dfrac{\sigma_2}{E}$, 압력용기가 구이므로 $\sigma_1 = \sigma_2$로 간주하고

$\varepsilon_y = (1-\nu)\dfrac{\sigma_1}{E} = (1-\nu)\dfrac{pD}{4tE}$

$= (1-0.3) \times \dfrac{p \times 1[\text{m}]}{4 \times 0.005[\text{m}] \times 200[\text{GPa}]}$ $\left(\because \sigma_1 = \dfrac{pD}{4t}\right)$

$p = \dfrac{0.0006 \times 4 \times 0.005[\text{m}] \times 200[\text{GPa}]}{0.7} = 0.0034286[\text{GPa}]$

$= 3.43[\text{MPa}]$

03
비례한도까지 응력을 가할 때 재료의 변형에너지 밀도(탄력계수, modulus of resilience)를 옳게 나타낸 식은?(단, E는 세로탄성계수, σ_{pl}은 비례한도를 나타낸다)

① $\dfrac{E^2}{2\sigma_{pl}}$ ② $\dfrac{\sigma_{pl}}{2E^2}$

③ $\dfrac{\sigma_{pl}^2}{2E}$ ④ $\dfrac{E}{2\sigma_{pl}^2}$

해설
수직 탄성 변형에너지
- 수직력이 작용하는 부재의 응력 변형률 선도를 살펴보면 초기의 탄성 변형 구간이 있다.

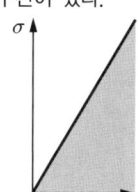
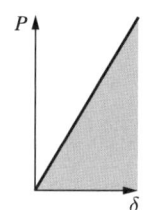

- 탄성 변형 구간 내의 부재는 변형에 따른 에너지를 저장한다.

$U = \dfrac{1}{2}P\delta$
$= \dfrac{1}{2}P \times \dfrac{PL}{EA} = \dfrac{P^2L}{2EA} = \dfrac{P^2LA}{2EA^2} = \dfrac{P^2 \times LA}{A^2 \times 2E}$
$= \sigma^2 \dfrac{AL}{2E} = \sigma^2 \dfrac{V}{2E}[\text{N} \cdot \text{m}]$

(여기서, U : 탄성에너지, P : 수직응력, δ : 변위)
- 단위체적당 탄성 변형에너지

$u = \dfrac{U}{V} = \dfrac{P\delta}{2V}$
$= \sigma^2 \dfrac{V}{2EV} = \dfrac{\sigma^2}{2E} = \dfrac{(E\varepsilon)^2}{2E} = \dfrac{1}{2}E\varepsilon^2[\text{N} \cdot \text{m/m}^3]$

04
지름이 d인 중실 환봉에 비틀림 모멘트가 작용하고 있고, 환봉의 표면에서 봉의 축에 대하여 45° 방향으로 측정한 최대 수직 변형률이 ε이었다. 환봉의 전단탄성계수를 G라고 한다면, 이때 가해진 비틀림 모멘트 T의 식으로 가장 옳은 것은?(단, 발생하는 수직 변형률 및 전단 변형률은 다른 값에 비해 매우 작은 값으로 가정한다)

① $\dfrac{\pi G\varepsilon d^3}{2}$ ② $\dfrac{\pi G\varepsilon d^3}{4}$

③ $\dfrac{\pi G\varepsilon d^3}{8}$ ④ $\dfrac{\pi G\varepsilon d^3}{16}$

해설

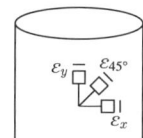

스트레인 게이지를 위의 그림같이 부착했을 때 측정값은
$\varepsilon_{45°} = \varepsilon_x\cos^2 45° + \varepsilon_y\sin^2 45° + \gamma_{xy}\cos 45°\sin 45°$인데
ε_x, ε_y는 측정하지 않았고, $\varepsilon_{45°}$만 측정하였으므로
$\varepsilon_{45°} = \gamma_{xy} \times \dfrac{1}{2}$
$\therefore \gamma_{xy} = 2 \times \varepsilon_{45°}$

$T = \tau Z_p = G\gamma Z_p = 2G \cdot \varepsilon_{45°} \dfrac{\pi d^3}{16} = \dfrac{G\varepsilon_{45°}\pi d^3}{8}$

05
굽힘 모멘트 20.5[kN·m]의 굽힘을 받는 보의 단면은 폭 120[mm], 높이 160[mm]의 사각 단면이다. 이 단면이 받는 최대 굽힘응력은 약 몇 [MPa]인가?

① 10[MPa] ② 20[MPa]
③ 30[MPa] ④ 40[MPa]

해설
$\sigma_b = \dfrac{M}{Z}$
$= \dfrac{20.5 \times 10^3[\text{N} \cdot \text{mm}]}{\dfrac{120[\text{mm}] \times (160[\text{mm}])^2}{6}} = 40.039[\text{N/mm}^2]$
$= 40[\text{MPa}]$

정답 3 ③ 4 ③ 5 ④

06 비틀림 모멘트 T를 받는 평균 반지름이 r_m 이고, 두께가 t인 원형의 박판 튜브에서 발생하는 평균 전단응력의 근사식으로 가장 옳은 것은?

① $\dfrac{2T}{\pi t r_m^2}$ ② $\dfrac{4T}{\pi t r_m^2}$

③ $\dfrac{T}{2\pi t r_m^2}$ ④ $\dfrac{T}{4\pi t r_m^2}$

해설

전단응력 $\tau = \dfrac{F}{A}$

다음 그림과 같은 박판 튜브의 단면을 자세히 보면 A와 같고, 이 튜브는 작고 얇기 때문에 단면을 펴면 단면적을 직사각형으로 근사하여 계산할 수 있다.

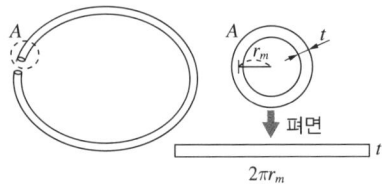

따라서 단면적 $A = 2\pi r_m \times t$, 토크 $T = F \times r_m$, 즉 $F = T/r_m$ 로 근사하여 계산한다.

$\tau = \dfrac{F}{A} = \dfrac{T/r_m}{2\pi r_m t} = \dfrac{T}{2\pi r_m^2 t}$

07 한쪽을 고정한 L형 보에 다음 그림과 같이 분포하중(w)과 집중하중(50[N])이 작용할 때 고정단 A점에서의 모멘트는 얼마인가?

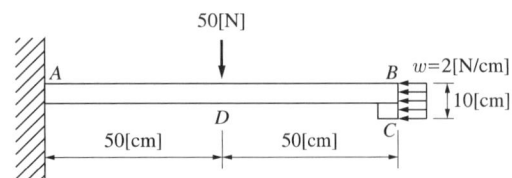

① 2,600[N·cm] ② 2,900[N·cm]
③ 3,200[N·cm] ④ 3,500[N·cm]

해설

다른 외력이나 지지점이 없으므로 분포력은 집중하중이 $\overline{BC}$의 중앙점에 20[N]이 작용하는 것으로 변환하여 계산한다.

$\sum M_A = 50[\text{N}] \times 50[\text{cm}] + 20[\text{N}] \times 5[\text{cm}] = 2,600[\text{N·cm}]$

08 한 변의 길이가 10[mm]인 정사각형 단면의 막대가 있다. 온도를 초기 온도로부터 60[℃]만큼 상승시켜서 길이가 늘어나지 않게 하기 위해 8[kN]의 힘이 필요할 때 막대의 선팽창계수(a)는 약 몇 [℃⁻¹]인가?(단, 세로탄성계수 $E=200[\text{GPa}]$이다)

① $\dfrac{5}{3} \times 10^{-6}$ ② $\dfrac{10}{3} \times 10^{-6}$

③ $\dfrac{15}{3} \times 10^{-6}$ ④ $\dfrac{20}{3} \times 10^{-6}$

해설

온도 변화 60[℃]에 따른 열팽창에 따라
$\dfrac{8[\text{kN}]}{(10[\text{mm}])^2} = 80[\text{N/mm}^2]$의 응력을 발생시킨다.
$\sigma = \alpha E \Delta T$
$80[\text{N/mm}^2] = \alpha \times 200,000[\text{MPa}] \times 60[℃]$
$\alpha = \dfrac{80}{200,000 \times 60[℃]}$
$= \dfrac{2}{3} \times 10^{-5} [/℃]$

09 다음 단면에서 도심의 y축 좌표는 얼마인가?(단, 길이 단위는 [mm]이다)

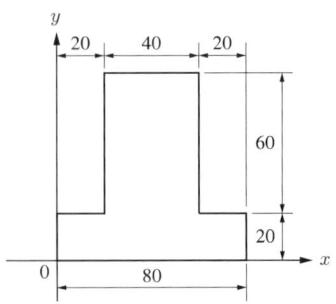

① 32[mm] ② 34[mm]
③ 36[mm] ④ 38[mm]

해설

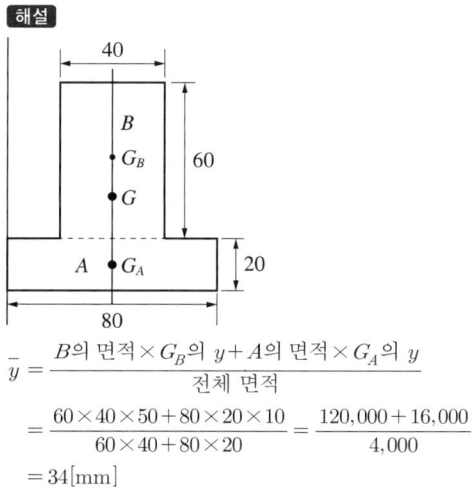

$$\bar{y} = \frac{B\text{의 면적} \times G_B\text{의 } y + A\text{의 면적} \times G_A\text{의 } y}{\text{전체 면적}}$$
$$= \frac{60 \times 40 \times 50 + 80 \times 20 \times 10}{60 \times 40 + 80 \times 20} = \frac{120,000 + 16,000}{4,000}$$
$$= 34[\text{mm}]$$

10 다음과 같은 평면응력 상태에서 최대 전단응력은 약 몇 [MPa]인가?

- x방향 인장응력 : 175[MPa]
- y방향 인장응력 : 35[MPa]
- xy방향 인장응력 : 60[MPa]

① 127 ② 104
③ 76   ④ 92

해설

$$\tau_{\max} = \frac{1}{2}\sqrt{(\sigma_x - \sigma_y)^2 + 4\tau_{xy}^2}$$
$$= \frac{1}{2}\sqrt{(175-35)^2 + 4(60)^2} = 92.195[\text{MPa}]$$

11 다음 그림과 같은 사각 단면 보에서 100[kN]의 인장력이 작용하고 있다. 이때 부재에 걸리는 인장응력은 약 얼마인가?

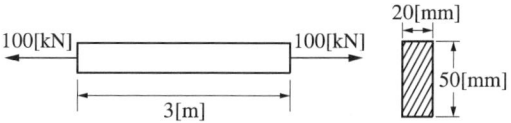

① 100[Pa]   ② 100[kPa]
③ 100[MPa] ④ 100[GPa]

해설

$$\sigma = \frac{P}{A} = \frac{100,000[\text{N}]}{20[\text{mm}] \times 50[\text{mm}]} = 100[\text{MPa}]$$

12 다음 그림과 같이 강선이 천장에 매달려 100[kN]의 무게를 지탱하고 있을 때, AC 강선이 받고 있는 힘은 약 몇 [kN]인가?

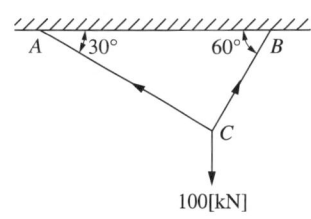

① 50   ② 25
③ 86.6 ④ 13.3

해설
전체를 강체로 보고 힘의 평형을 이용한다.
x방향 $R_A\cos30° = R_B\cos60°$, $R_B = \sqrt{3}\,R_A$
y방향 $R_A\sin30° + R_B\sin60° = \dfrac{R_A + \sqrt{3}\,R_B}{2} = 100[\text{kN}]$

$\dfrac{R_A + \sqrt{3}(\sqrt{3}\,R_A)}{2} = 100[\text{kN}]$, $R_A = 50[\text{kN}]$

$R_B = 50\sqrt{3}\,[\text{kN}]$

※ 힘의 평형을 이용한 R_A, R_B 대신 라미의 정리를 이용하여 장력 F_1, F_2를 구해도 계산이 가능하다.

라미의 정리 : 한 점에 세 힘이 작용하고 있을 때, 이들 힘 사이에는 다음과 같은 관계가 있다.

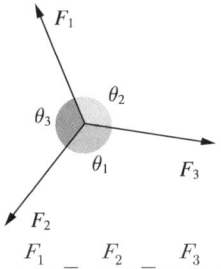 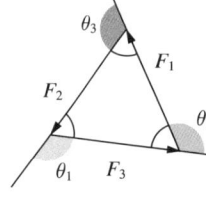

$\dfrac{F_1}{\sin\theta_1} = \dfrac{F_2}{\sin\theta_2} = \dfrac{F_3}{\sin\theta_3}$

13 양단이 고정된 막대의 한 점(B점)에 다음 그림과 같이 축 방향 하중 P가 작용하고 있다. 막대의 단면적이 A이고, 탄성계수가 E일 때 하중 작용점(B점)의 변위 발생량은?

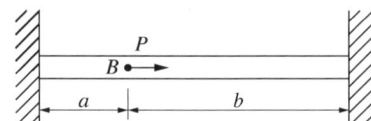

① $\dfrac{abP}{EA(a+b)}$ ② $\dfrac{abP}{2EA(a+b)}$

③ $\dfrac{abP}{EA(b-a)}$ ④ $\dfrac{abP}{2EA(b-a)}$

해설
$\sum F_x = P - R_A - R_B = 0$
$\delta_A = \dfrac{R_A a}{EA}$, $\delta_B = \dfrac{R_B b}{EA}$, $\delta_A = \delta_B$

$\therefore R_A = \dfrac{b}{a} R_B$

$R_A + R_B = P$, $\dfrac{b}{a}R_B + R_B = \dfrac{a+b}{a}R_B = P$

$\therefore R_B = \dfrac{a}{a+b}P$, $R_A = \dfrac{b}{a+b}P$

$\delta_A = \dfrac{R_A a}{EA} = \dfrac{bP}{a+b}\cdot\dfrac{a}{EA} = \dfrac{abP}{(a+b)EA}$

14 다음 그림과 같은 분포하중을 받는 단순보의 반력 R_A, R_B는 각각 몇 [kN]인가?

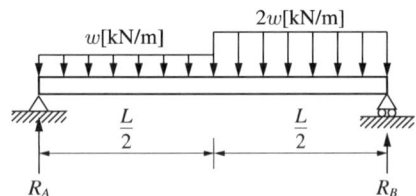

① $R_A = \dfrac{3}{8}wL$, $R_B = \dfrac{9}{8}wL$

② $R_A = \dfrac{5}{8}wL$, $R_B = \dfrac{7}{8}wL$

③ $R_A = \dfrac{9}{8}wL$, $R_B = \dfrac{3}{8}wL$

④ $R_A = \dfrac{7}{8}wL$, $R_B = \dfrac{5}{8}wL$

해설
$\sum F_y = w\times\dfrac{L}{2} + 2w\times\dfrac{L}{2} - R_A - R_B = \dfrac{3wL}{2} - (R_A + R_B) = 0$

$\sum M_A = w\times\dfrac{L}{2}\times\dfrac{L}{4} + 2w\times\dfrac{L}{2}\times\dfrac{3}{4}L - R_B\times L = 0$

$R_B = \dfrac{7wL}{8}$

$\therefore R_A = \dfrac{5wL}{8}$

※ 다른 외력은 분포력 바깥 구간에 작용하므로 분포력은 집중력으로 변환하여 계산한다.

15 다음 그림과 같이 크기가 같은 집중하중 P를 받고 있는 외팔보에서 자유단의 처짐값을 구한 식으로 옳은 것은?(단, 보의 전체 길이는 L이며, 세로탄성계수는 E, 보의 단면 2차 모멘트는 I이다)

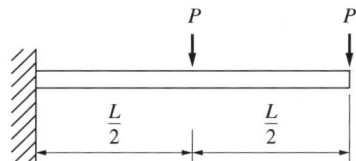

① $\dfrac{2PL^3}{3EI}$ ② $\dfrac{5PL^3}{8EI}$

③ $\dfrac{7PL^3}{16EI}$ ④ $\dfrac{5PL^3}{24EI}$

해설

힘의 중간 작용점을 C, 끝점을 B라고 하면 문제에서 생기는 처짐은 C지점의 P에 의한 δ_C, C지점의 처짐각 θ_C에 의한 δ_θ, B지점의 P에 의한 δ_B가 발생한다.

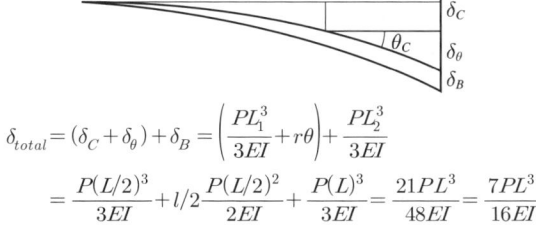

$$\delta_{total} = (\delta_C + \delta_\theta) + \delta_B = \left(\dfrac{PL_1^3}{3EI} + r\theta\right) + \dfrac{PL_2^3}{3EI}$$

$$= \dfrac{P(L/2)^3}{3EI} + l/2\dfrac{P(L/2)^2}{2EI} + \dfrac{P(L)^3}{3EI} = \dfrac{21PL^3}{48EI} = \dfrac{7PL^3}{16EI}$$

보의 종류	처짐각(θ_{max})	처짐(δ_{max})
(cantilever with moment M)	$\theta_{max} = \dfrac{ML}{EI}$	$\delta_{max} = \dfrac{ML^2}{2EI}$
(cantilever with point load P)	$\theta_{max} = \dfrac{PL^2}{2EI}$	$\delta_{max} = \dfrac{PL^3}{3EI}$
(cantilever with w)	$\theta_{max} = \dfrac{wL^3}{6EI}$	$\delta_{max} = \dfrac{wL^4}{8EI}$
(simply supported with M_B)	$\theta_A = \dfrac{ML}{6EI}$, $\theta_B = \theta_{max} = \dfrac{ML}{3EI}$	$\delta_{max} = \dfrac{ML^2}{9\sqrt{3}EI}$ (at $x = \dfrac{L}{\sqrt{3}}$) $\delta_{centre} = \dfrac{ML^2}{16EI}$

보의 종류	처짐각(θ_{max})	처짐(δ_{max})
(simply supported with P at a,b)	$\theta_{max} = \dfrac{Pab}{6EIL} \times (L+a)$ $a = b = \dfrac{L}{2}$이면 $\theta_{max} = \dfrac{PL^2}{16EI}$	$\delta_{max}^{centre} = \dfrac{PL^3}{48EI}$
(simply supported with w)	$\theta_{max} = \dfrac{wL^3}{24EI}$	$\delta_{max}^{centre} = \dfrac{5wL^4}{384EI}$

※ 매회 출제되고 있으니 반드시 익혀 둔다.

16 가로탄성계수가 5[GPa]인 재료로 된 봉의 지름이 4[cm]이고, 길이가 1[m]이다. 이 봉의 비틀림 강성(단위 회전각을 일으키는 데 필요한 토크, torsional stiffness)은 약 몇 [kN·m]인가?

① 1.26 ② 1.08
③ 0.74 ④ 0.53

해설

$\phi = \dfrac{TL}{GI_p}$

단위 회전각당 토크, 즉 T/ϕ를 구하는 문제이므로

$$T/\phi = \dfrac{GI_p}{L}$$

$$= \dfrac{5[\text{GPa}] \times \pi(0.04[\text{m}])^4}{32 \times 1[\text{m}]}$$

$$= \dfrac{5 \times 10^9 [\text{N/m}^2] \times \pi(4 \times 10^{-2}[\text{m}])^4}{32 \times 1[\text{m}]}$$

$$= 1,256.637[\text{N} \cdot \text{m}]$$

$$= 1.26[\text{kN} \cdot \text{m}]$$

17 직사각형 단면을 가진 단순 지지보의 중앙에 집중하중 W를 받을 때, 보의 길이 L이 단면의 높이 h의 10배라 하면 보에 생기는 최대 굽힘응력 $\sigma_{\max}$와 최대 전단응력 $\tau_{\max}$의 비 $\left(\dfrac{\sigma_{\max}}{\tau_{\max}}\right)$는?

① 4　　　　② 8
③ 16　　　　④ 20

해설

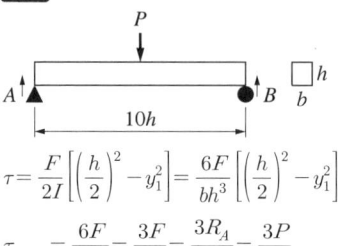

$\tau = \dfrac{F}{2I}\left[\left(\dfrac{h}{2}\right)^2 - y_1^2\right] = \dfrac{6F}{bh^3}\left[\left(\dfrac{h}{2}\right)^2 - y_1^2\right]$

$\tau_{\max} = \dfrac{6F}{4bh} = \dfrac{3F}{2A} = \dfrac{3R_A}{2A} = \dfrac{3P}{4A}$

$(\because R_A = R_B = W/2)$

$\sigma_{\max} = \dfrac{M_{\max}}{Z} = \dfrac{R_A \times 5h}{\dfrac{bh^2}{6}} = \dfrac{6 \times W/2 \times 5}{bh} = \dfrac{15P}{A}$

$\left(\dfrac{\sigma_{\max}}{\tau_{\max}}\right) = \dfrac{15(W/A)}{3/4(W/A)} = 20$

18 다음 그림과 같은 단순보에 W의 등분포하중이 작용하고 있을 때 보의 양단에서의 처짐각(θ)은 얼마인가?(단, E는 세로탄성계수, I는 단면 2차 모멘트이다)

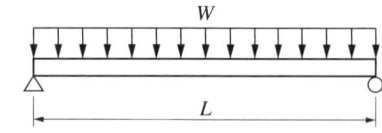

① $\theta = \dfrac{WL^3}{16EI}$　　② $\theta = \dfrac{WL^3}{24EI}$

③ $\theta = \dfrac{WL^3}{48EI}$　　④ $\theta = \dfrac{3WL^3}{128EI}$

해설

15번 해설 참고

19 단면적이 같은 원형과 정사각형의 도심축을 기준으로 한 단면계수의 비는?(단, 원형 : 정사각형의 비율이다)

① 1 : 0.509　　② 1 : 1.18
③ 1 : 2.36　　④ 1 : 4.68

해설

- 원의 도심축을 기준으로 한 단면계수 : $Z_1 = \dfrac{\pi d^3}{32} = A \times \dfrac{d}{8}$

- 정사각형의 도심축을 기준으로 한 단면계수
$Z_2 = \dfrac{bh^2}{6} = A \times \dfrac{h}{6}$

원형 Z_1 : 정사각형 $Z_2 = A\dfrac{d}{8} : A\dfrac{h}{6}$

$\dfrac{\pi d^2}{4} = h^2$

$\therefore h = \dfrac{\sqrt{\pi}\,d}{2}$

$A\dfrac{d}{8} : A\dfrac{\sqrt{\pi}\,d}{6 \times 2} = \dfrac{1}{8} : \dfrac{\sqrt{\pi}}{12} = 1 : 1.18$

20 다음 그림과 같이 일단 고정 타단 자유인 기둥이 축 방향으로 압축력을 받고 있다. 단면은 한쪽 길이가 10[cm]의 정사각형이고, 길이(L)는 5[m], 세로탄성계수는 10[GPa]이다. Euler 공식에 따라 좌굴에 안전하기 위한 하중은 약 몇 [kN]인가?(단, 안전계수를 10으로 적용한다)

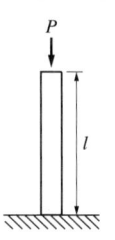

① 0.72　　② 0.82
③ 0.92　　④ 1.02

정답　17 ④　18 ②　19 ②　20 ②

해설
오일러의 공식
$$P_{cr} = n\pi^2 \frac{EI}{l^2}$$
$$= \frac{1}{4}\pi^2 \frac{10[\text{GPa}] \times \frac{(0.1[\text{m}])^4}{12}}{(5[\text{m}])^2} = 8,224.67[\text{N}]$$

안전계수가 10이므로 적용 가능한 하중은 P_{cr}의 1/10인 822.467[N](= 0.822[kN])
(여기서, P_{cr} : 좌굴하중, n : 단말계수, 이 기둥의 회전점을 몇 개로 보느냐에 따라 정한 계수)

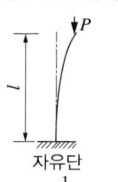
자유단
$n=\frac{1}{4}$

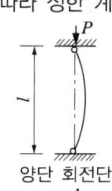
양단 회전단
$n=1$

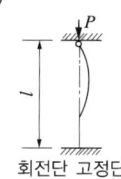
회전단 고정단
$n=2$

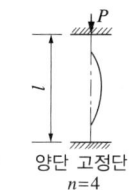
양단 고정단
$n=4$

제2과목 기계열역학

21 온도가 20[℃], 압력은 100[kPa]인 공기 1[kg]을 정압과정으로 가열팽창시켜 체적을 5배로 할 때 온도는 약 몇 [℃]가 되는가?(단, 해당 공기는 이상기체이다)

① 1,192[℃] ② 1,242[℃]
③ 1,312[℃] ④ 1,442[℃]

해설
$PV_1 = mRT_1$, $PV_2 = mRT_2$
$P = \frac{mRT_1}{V_1} = \frac{mRT_2}{V_2}$, $\frac{V_2}{V_1} = \frac{T_2}{T_1}$
온도가 5배이므로,
293.15[K] × 5 = 1,465.75[K] = 1,192.6[℃]

22 압력 1[MPa], 온도 50[℃]인 R-134a의 비체적의 실제 측정값이 0.021796[m³/kg]이었다. 이상기체 방정식을 이용한 이론적인 비체적과 측정값과의 오차 $\left(=\frac{\text{이론값} - \text{실제 측정값}}{\text{실제 측정값}}\right)$는 약 몇 [%]인가?(단, R-134a 이상기체의 기체상수는 0.0815[kPa·m³/kg·K]이다)

① 5.5[%] ② 12.5[%]
③ 20.8[%] ④ 30.8[%]

해설
$Pv = RT$
$1[\text{MPa}] v_1 = 0.0815[\text{kPa}\cdot\text{m}^3/\text{kg}\cdot\text{K}] \times (50+273.15)[\text{K}]$
$v_1 = 0.026337[\text{m}^3/\text{kg}]$
오차 $= \frac{\text{이론값} - \text{실제 측정값}}{\text{실제 측정값}} = \frac{0.026337 - 0.021796}{0.021796}$
$= 0.2083 \times 100[\%] = 20.8[\%]$

23 공기 표준사이클로 작동되는 디젤사이클의 이론적인 열효율은 약 몇 [%]인가?(단, 비열비는 1.4, 압축비는 16이며, 체절비(cut-off ratio)는 1.8이다)

① 50.1 ② 53.2
③ 58.6 ④ 62.4

해설
$$\eta_{thd} = \frac{q_{in} - q_{out}}{q_{in}} = 1 - \frac{C_v \Delta T_{out}}{\kappa C_v \Delta T_{in}}$$
$$= 1 - \frac{T_4 - T_1}{\kappa(T_3 - T_2)} = 1 - \left(\frac{1}{\varepsilon}\right)^{\kappa-1}\left[\frac{\xi^\kappa - 1}{\kappa(\xi-1)}\right]$$
$$= 1 - \left(\frac{1}{16}\right)^{1.4-1} \times \left[\frac{1.8^{1.4} - 1}{1.4(1.8-1)}\right]$$
$$= 0.6238 \times 100[\%] = 62.4[\%]$$

24 다음 그림과 같은 열기관사이클이 있을 때 실제 가능한 공급 열량(Q_H)과 일량(W)은 얼마인가?(단, Q_L은 방열열량이다)

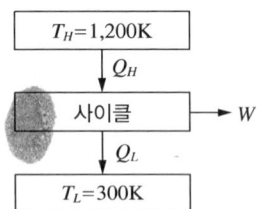

① $Q_H = 100[kJ]$, $W = 80[kJ]$
② $Q_H = 110[kJ]$, $W = 80[kJ]$
③ $Q_H = 100[kJ]$, $W = 90[kJ]$
④ $Q_H = 110[kJ]$, $W = 90[kJ]$

해설

문제 조건에 따른 카르노 사이클의 효율은 $\eta = 1 - \frac{300}{1,200} = 0.75$
이다. 카르노 사이클은 이론적으로 가장 효율이 높은 사이클로 문제의 보기로 주어진 실제 Q_H, W에 따른 효율은
① $\eta = 0.8$, ② $\eta = 0.7273$, ③ $\eta = 0.9$, ④ $\eta = 0.8182$이다.
따라서 75[%]를 넘지 않는 보기는 ②이다.

25 다음 압력값 중에서 표준대기압(1[atm])과 차이(절댓값)가 가장 큰 압력은?

① 1[MPa] ② 100[kPa]
③ 1[bar] ④ 100[hPa]

해설

• 대기압을 1기압으로 나타내면
 1[atm] = 760[mmHg] = 10.33[mAq] = 1.03323[kgf/cm²] = 1.013[bar] = 1,013[hPa](=101.3[kPa])
• 공학기압으로 나타내면
 1[atm] = 735.5[mmHg] = 10.00[mAq] = 0.98[bar](= 98[kPa])
 = 1[kgf/cm²]

26 어떤 기체 동력장치가 이상적인 브레이턴 사이클로 다음과 같이 작동할 때 이 사이클의 열효율은 약 몇 [%]인가?(단, 온도(T)-엔트로피(S) 선도에서 $T_1 = 30[℃]$, $T_2 = 200[℃]$, $T_3 = 1,060[℃]$, $T_4 = 160[℃]$이다)

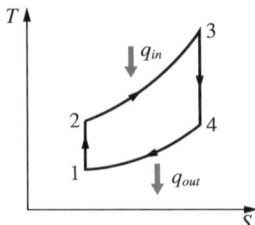

① 81[%] ② 85[%]
③ 89[%] ④ 76[%]

해설

선도에 따르면 2-3에서 열이 들어오고 4-1에서 열이 나간다.
$\eta = \frac{Q_{in} - Q_{out}}{Q_{in}}$ 이고, 효율은 비율로 계산하므로 구체적인 열량을 계산할 필요가 없다.
$\eta = \frac{\Delta T_{23} - \Delta T_{41}}{\Delta T_{23}} = 1 - \frac{\Delta T_{41}}{\Delta T_{23}} = 1 - \frac{130}{860} = 1 - 0.1512$
$= 0.8488$
즉, 15.12[%] 손실이 생기므로 효율은 84.88[%]이다.

27 어떤 물질 1,000[kg]이 있고, 부피는 1.404[m³]이다. 이 물질의 엔탈피가 1,344.8[kJ/kg]이고, 압력이 9[MPa]이라면 물질의 내부에너지는 약 몇 [kJ/kg]인가?

① 1,332 ② 1,284
③ 1,048 ④ 875

해설

엔탈피는 열역학적 에너지를 모두 포함하므로
$h = u + Pv$
$1,344.8[kJ/kg] = u + 9[MPa] \times (1.404[m^3]/1,000[kg])$
$u = 1,344.8[kJ/kg] - (9 \times 1.404)[kJ/kg] = 1,332.164[kJ/kg]$
(여기서, h : 비엔탈피, u : 내부에너지, Pv : 일, 역학적 에너지)

28 질량이 m으로 동일하고, 온도가 각각 T_1, T_2 ($T_1 > T_2$)인 두 개의 금속 덩어리가 있다. 이 두 개의 금속 덩어리가 서로 접촉되어 온도가 평형 상태에 도달하였을 때 총엔트로피 변화량(ΔS)은? (단, 두 금속의 비열은 c로 동일하고, 다른 외부로의 열교환은 전혀 없다)

① $mc \times \ln \dfrac{T_1 - T_2}{2\sqrt{T_1 T_2}}$

② $mc \times \ln \dfrac{T_1 - T_2}{\sqrt{T_1 T_2}}$

③ $2mc \times \ln \dfrac{T_1 + T_2}{2\sqrt{T_1 T_2}}$

④ $2mc \times \ln \dfrac{T_1 + T_2}{\sqrt{T_1 T_2}}$

해설

문제의 조건에서 상태변화에 대한 조건이 주어져 있지 않지만, 적용되는 계가 거시적으로 부피가 변하지 않는 금속이고 외부와의 열접촉을 문제의 조건에서 제시하거나 기술하지 않았으므로, 정적과정이라고 가정하고 평형된 온도를 T라 하고 각 금속의 엔트로피를 계산한다.

$\Delta s_1 = C \ln \dfrac{T}{T_1}$

$\Delta s_2 = C \ln \dfrac{T}{T_2}$

$\Delta s_{total} = \Delta s_1 + \Delta s_2$

$= C \ln \dfrac{T}{T_1} + C \ln \dfrac{T}{T_2} = C(\ln T - \ln T_1 + \ln T - \ln T_2)$

$= 2C(\ln T - \dfrac{1}{2} \ln T_1 T_2) = 2C \ln \dfrac{T}{\sqrt{T_1 T_2}}$

그러나 질량과 비열이 같은 두 금속의 평형온도는 $T = \dfrac{T_1 + T_2}{2}$이고, $\Delta S = m \Delta s$이다.

$\therefore \Delta S = m \Delta s_{total} = m \cdot 2C \ln \dfrac{T_1 + T_2}{2\sqrt{T_1 T_2}}$

29 3[kg]의 공기가 400[K]에서 830[K]까지 가열될 때 엔트로피 변화량은 약 몇 [kJ/K]인가?(단, 이때 압력은 120[kPa]에서 480[kPa]까지 변화하였고, 공기의 정압비열은 1.005[kJ/kg·K], 공기의 기체상수는 0.287[kJ/kg·K]이다)

① 0.584 ② 0.719
③ 0.842 ④ 1.007

해설

$s = C_v \ln T + R \ln v + s_{01}$ 또는 $s = C_p \ln T - R \ln P + s_{02}$ 이므로

$s_2 - s_1 = 1.005[\text{kJ/kg·K}] \ln \dfrac{830}{400} - 0.287[\text{kJ/kg·K}] \ln \dfrac{480}{120}$

$= 1.005[\text{kJ/kg·K}] \times 0.72996 - 0.287[\text{kJ/kg·K}] \times 1.38629$

$= 0.33574[\text{kJ/kg·K}]$

공기가 3[kg]이므로

$\Delta S = m \Delta s = 3[\text{kg}] \times 0.33574[\text{kJ/kg·K}] = 1.00722[\text{kJ/K}]$

30 다음 그림과 같이 작동하는 냉동사이클(압력(P)-엔탈피(h) 선도)에서 $h_1 = h_4 = 98$[kJ/kg], $h_2 = 246$[kJ/kg], $h_3 = 298$[kJ/kg]일 때 이 냉동사이클의 성능계수(COP)는 약 얼마인가?

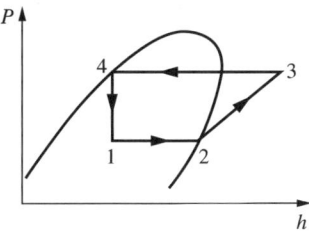

① 4.95 ② 3.85
③ 2.85 ④ 1.95

해설

증기압축 냉동사이클 성능계수

$\eta = \dfrac{Q_{in}}{W_{out}} = \dfrac{h_2 - h_1}{h_3 - h_2} = \dfrac{246 - 98}{298 - 246} = 2.8462$

31 0[℃] 얼음 1[kg]이 열을 받아서 100[℃] 수증기가 되었다면, 엔트로피 증가량은 약 몇 [kJ/K]인가? (단, 얼음의 융해열은 336[kJ/kg]이고, 물의 기화열은 2,264[kJ/kg]이며, 물의 정압비열은 4.186[kJ/kg·K]이다)

① 8.6 ② 10.2
③ 12.8 ④ 14.4

해설
얼음은 같은 온도의 물이 되는 데 융해열이 필요하고, 물은 같은 온도의 수증기가 되는 데 기화열이 필요하다.
엔트로피 증가량 = 융해 시 엔트로피 + 온도 변화 중 엔트로피 증가량 + 기화 시 엔트로피

$$= s_1 + \Delta s + s_2 = \frac{\delta Q_1}{T_1} + C_p \ln \frac{T_2}{T_1} + \frac{\delta Q_2}{T_2}$$

$$= \frac{336[\text{kJ/kg}]}{273.15[\text{K}]} + 4.186[\text{kJ/kg·K}] \ln \frac{373.15}{273.15} + \frac{2,264[\text{kJ/kg}]}{373.15[\text{K}]}$$

$$= 1.23009 + 1.30586 + 6.06727 = 8.60314[\text{kJ/kg·K}]$$

적용된 전체 얼음의 무게가 1[kg]이므로 엔트로피 변화량은 8.60314[kJ/K]이다.

32 다음 그림과 같이 선형 스프링으로 지지되는 피스톤-실린더 장치 내부에 있는 기체를 가열하여 기체의 체적이 V_1에서 V_2로 증가하였고, 압력은 P_1에서 P_2로 변화하였다. 이때 기체가 피스톤에 행한 일을 옳게 나타낸 식은?(단, 실린더와 피스톤 사이에 마찰은 무시하며 실린더 내부의 압력(P)은 실린더 내부 부피(V)와 선형관계($P = aV$, a는 상수)에 있다고 본다)

① $P_2 V_2 - P_1 V_1$
② $P_2 V_2 + P_1 V_1$
③ $\frac{1}{2}(P_2 + P_1)(V_2 - V_1)$
④ $\frac{1}{2}(P_2 + P_1)(V_2 + V_1)$

해설

$$W = \int_1^2 P\,dV = \int_1^2 aV\,dV = \frac{a}{2}[V^2]_1^2 = \frac{a}{2}(V_2^2 - V_1^2)$$

$$= \frac{a}{2}(V_2 + V_1)(V_2 - V_1)$$

$$\therefore W_{12} = \frac{(P_2 + P_1)}{2}(V_2 - V_1) \text{ 또는 } \frac{(P_2 - P_1)}{2}(V_2 + V_1)$$

33 피스톤-실린더 내부에 존재하는 온도 150[℃], 압력 0.5[MPa]의 공기 0.2[kg]은 압력이 일정한 과정에서 원래 체적의 2배로 늘어난다. 이 과정에서의 일은 약 몇 [kJ]인가?(단, 공기의 기체상수가 0.287[kJ/kg·K]인 이상기체로 가정한다)

① 12.3 ② 16.5
③ 20.5 ④ 24.3

해설
$PV = mRT$
$P_1 V_1 = mRT_1$
$0.5[\text{MPa}] \times V_1 = 0.2[\text{kg}] \times 0.287[\text{kJ/kg·K}]$
$\qquad \times (150 + 273.15)[\text{K}]$
$500[\text{kN/m}^2] \times V_1 = 24.289[\text{kJ}](\text{kJ} = \text{kN·m})$
$V_1 = 0.04858[\text{m}^3], \quad V_2 = 2V_1 = 0.09716[\text{m}^3]$
$W = P\,dV = 500[\text{kPa}] \times 0.04858[\text{m}^3] = 24.29[\text{kJ}]$

34 밀폐시스템에서 가역정압과정이 발생할 때 다음 중 옳은 것은?(단, U는 내부에너지, Q는 열량, H는 엔탈피, S는 엔트로피, W는 일량을 나타낸다)

① $dH = dQ$ ② $dU = dQ$
③ $dS = dQ$ ④ $dW = dQ$

해설
$\delta Q = dU + PdV = dH - VdP$에서 정압이므로 $\delta Q = dH$

35 시간당 380,000[kg]의 물을 공급하여 수증기를 생산하는 보일러가 있다. 이 보일러에 공급하는 물의 비엔탈피는 830[kJ/kg]이고, 생산되는 수증기의 비엔탈피는 3,230[kJ/kg]이라고 할 때, 발열량이 32,000[kJ/kg]인 석탄을 시간당 34,000[kg]씩 보일러에 공급한다면 이 보일러에 효율은 약 몇 [%]인가?

① 66.9[%] ② 71.5[%]
③ 77.3[%] ④ 83.8[%]

해설
$\eta_{brayton} = \dfrac{W_{out}}{Q_{in}}$

$Q_{in} = 32,000[\text{kJ/kg}] \times 34,000[\text{kg}]$
$W_{out} = (3,230 - 830)[\text{kJ/kg}] \times 380,000[\text{kg}]$
$\eta_{brayton} = \dfrac{2,400 \times 380,000}{32,000 \times 34,000} = \dfrac{57}{68} = 0.8382 = 83.8[\%]$

36 밀폐시스템에서 압력(P)이 다음과 같이 체적(V)에 따라 변한다고 할 때 체적이 0.1[m³]에서 0.3[m³]로 변하는 동안 이 시스템이 한 일은 약 몇 J인가? (단, P의 단위는 [kPa], V의 단위는 [m³]이다)

$$P = 5 - 15 \times V$$

① 200 ② 400
③ 800 ④ 1,600

해설
$W = \int_1^2 PdV$
$= \int_1^2 (5 - 15V) dV = [5V - \dfrac{15}{2}V^2]_1^2 [\text{kPa} \times \text{m}^3]$
$= 5(V_2 - V_1) - \dfrac{15}{2}(V_2^2 - V_1^2) = 5(0.2) - \dfrac{15}{2}(0.08)$
$= 0.4[\text{kJ}] = 400[\text{J}]$

※ 32번 해설 참고

37 출력 10,000[kW]의 터빈 플랜트의 시간당 연료 소비량이 5,000[kg/h]이다. 이 플랜트의 열효율은 약 몇 [%]인가?(단, 연료의 발열량은 33,440 [kJ/kg]이다)

① 25.4[%] ② 21.5[%]
③ 10.9[%] ④ 40.8[%]

해설
- 터빈 플랜트에 시간당 공급되는 열량
  = (연료의 발열량 33,440[kJ/kg]) × (시간당 연료 소비량 5,000 [kg/h]) = 167,200,000[kJ/h] … (1)
- 초당 출력 = 10,000[kW] = 10,000[kJ/s]
- 시간당 출력 = 10,000[kJ/s] × 3,600[s/h]
  = 36,000,000[kJ/h] … (2)
- 플랜트의 열효율 = (2) / (1) = 36,000,000 / 167,200,000
  = 0.2153 × 100[%] = 21.5[%]

정답 34 ① 35 ④ 36 ② 37 ②

38 이상적인 증기압축 냉동사이클의 과정은?

① 정적방열과정 → 등엔트로피 압축과정 → 정적 증발과정 → 등엔탈피 팽창과정
② 정압방열과정 → 등엔트로피 압축과정 → 정압 증발과정 → 등엔탈피 팽창과정
③ 정적증발과정 → 등엔트로피 압축과정 → 정적 방열과정 → 등엔탈피 팽창과정
④ 정압증발과정 → 등엔트로피 압축과정 → 정압 방열과정 → 등엔탈피 팽창과정

해설
다음 그림과 같이 정압과정(2→3)에서는 급열이 일어나며, 정적과정(4→1)에서는 방열이 일어난다.

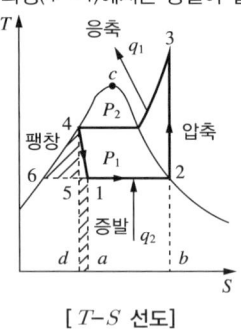

[T-S 선도]

39 열교환기를 흐름 배열(flow arrangement)에 따라 분류할 때 다음 그림과 같은 형식은?

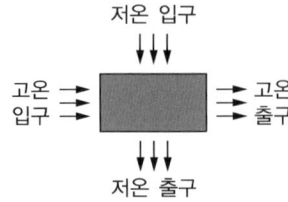

① 평행류   ② 대향류
③ 병행류   ④ 직교류

해설
열교환기
• 냉동기와 보일러 등의 외부 또는 주변 계와 열을 교환할 목적으로 설치한 장치이다.
• 각 계의 작동유체는 교환하지 않으며 열의 교환이 발생한다.
• 두 계의 작동유체 흐름에 따라 평행류, 대향류, 직교류 등으로 구분한다(두 가지 이상의 흐름이 섞이면 병행류이다).

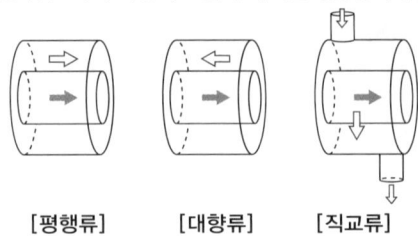

[평행류]   [대향류]   [직교류]

40 $-15[℃]$와 $75[℃]$의 열원 사이에서 작동하는 카르노사이클 열펌프의 난방 성능계수는 얼마인가?

① 2.87   ② 3.87
③ 6.16   ④ 7.16

해설
열펌프

성능계수 $\varepsilon_h = \dfrac{Q_1}{W} = \dfrac{Q_1}{Q_1 - Q_2}$

(여기서, Q_1 : 방출된 열량, Q_2 : 흡수한 열량)
외부에서 한 일 $W = Q_1 - Q_2$

$\eta_{carnot} = \dfrac{Q_1 - Q_2}{Q_1} = 1 - \dfrac{Q_2}{Q_1} = 1 - \dfrac{mRT_2 \ln \dfrac{V_3}{V_4}}{mRT_1 \ln \dfrac{V_2}{V_1}} = 1 - \dfrac{T_2}{T_1}$

$= 1 - \dfrac{273.15 - 15}{273.15 + 75} = 0.2585$

$\therefore \varepsilon_h = \dfrac{1}{\eta_{carnot}} = \dfrac{1}{0.2585} = 3.8685$

제3과목 **기계유체역학**

41 다음 중 무차원수가 되는 것은?(단, ρ : 밀도, μ : 점성계수, F : 힘, Q : 부피유량, V : 속도, P : 동력, D : 지름, L : 길이이다)

① $\dfrac{\rho V^2 D^2}{\mu}$ ② $\dfrac{P}{\rho V^3 D^5}$

③ $\dfrac{Q}{VD^3}$ ④ $\dfrac{F}{\mu VL}$

해설

④ $\dfrac{F}{\mu VL} = \dfrac{kg \cdot m/s^2}{kg/m \cdot s \times m/s \times m} = 1$

① $\dfrac{\rho V^2 D^2}{\mu} = \dfrac{kg/m^3 \times m^2/s^2 \times m^2}{kg/m \cdot s}$

② $\dfrac{P}{\rho V^3 D^5} = \dfrac{J/s}{kg/m^3 \times m^3 \times m^5} = \dfrac{kg \cdot m/s^2 \times m/s}{kg/m^3 \times m^3 \times m^5}$

③ $\dfrac{Q}{VD^3} = \dfrac{m^3/s}{m^3 \times m/s}$

※ 차원을 $M^l L^m T^n$로 표현하여 $M^0 L^0 T^0$를 찾아야 하지만, 무차원수는 물리량에 익숙한 단위를 넣어 모두 약분되는 답을 찾는 것이 더 편할 수도 있다.

42 지름 20[cm]인 구의 주위에 물이 2[m/s]의 속도로 흐르고 있다. 이때 구의 항력계수가 0.2라고 할 때 구에 작용하는 항력은 약 몇 N인가?

① 12.6 ② 204
③ 0.21 ④ 25.1

해설

$F_D = C_D \dfrac{1}{2} \rho V^2 \times A$

$= 0.2 \times \dfrac{1}{2} \times 1,000[kg/m^3] \times (2[m/s])^2 \times \dfrac{\pi}{4}(0.2[m])^2$

$= 12.566[N]$

43 물의 체적 탄성계수가 2×10⁹[Pa]일 때 물의 체적을 4[%] 감소시키려면 약 몇 [MPa]의 압력을 가해야 하는가?

① 40 ② 80
③ 60 ④ 120

해설

$dp = K\dfrac{dV}{V} = 2 \times 10^9[Pa] \times 0.04$

$= 8 \times 10^7[Pa]$

$= 80[MPa]$

44 손실계수(K_L)가 15인 밸브가 파이프에 설치되어 있다. 이 파이프에 물이 3[m/s]의 속도로 흐르고 있다면, 밸브에 의한 손실수두는 약 몇 [m]인가?

① 67.8 ② 22.3
③ 6.89 ④ 11.26

해설

$H_L = K_L \dfrac{v^2}{2g} = 15 \dfrac{(3[m/s])^2}{2 \times 9.8[m/s^2]} = 6.89[m]$

※ 문제에 따라 소수점 이하 몇 자리를 적용하느냐가 달라지는데, 수험자는 본인만의 규칙을 갖고 암기·적용해야겠지만, 출제자는 어느 자리까지 적용했는지는 알 수 없으므로 객관식에서는 답의 근사치를 찾는다.

정답 41 ④ 42 ① 43 ② 44 ③

45 공기가 게이지 압력을 2.06[bar]의 상태로 지름이 0.15[m]인 관 속을 흐르고 있다. 이때 대기압은 1.03[bar]이고, 공기 유속이 4[m/s]라면 질량유량(mass flow rate)은 약 몇 [kg/s]인가?(단, 공기의 온도는 37[℃]이고, 기체상수는 287.1[J/kg·K]이다)

① 0.245 ② 2.17
③ 0.026 ④ 32.4

해설

절대압력 = 게이지압력 + 대기압 = 3.09[bar] = 3.09×10^5[Pa]

유량 $(Q) = AV = \dfrac{\pi D^2}{4} V = \dfrac{\pi (0.15[\text{m}])^2}{4} \times 4[\text{m/s}]$

$= 0.070686[\text{m}^3/\text{s}]$

질량유량 $\dot{m} = \rho Q$의 조건에서 ρ를 구하면

$Pv = RT$

$P = \rho RT$

$3.09 \times 10^5 [\text{N/m}^2] = \rho \times 287.1 [\text{J/kg·K}] \times 310.15 [\text{K}]$

∴ $\rho = 3.4702 [\text{kg/m}^3]$

$\dot{m} = 3.4702 [\text{kg/m}^3] \times 0.070686 [\text{m}^3/\text{s}] = 0.2453 [\text{kg/s}]$

46 남극 바다에 비중이 0.917인 해빙이 떠 있다. 해빙의 수면 위로 나와 있는 체적이 40[m³]일 때 해빙의 전체 중량은 약 몇 [kN]인가?(단, 바닷물의 비중은 1.025이다)

① 2,487 ② 2,769
③ 3,138 ④ 3,414

해설

작용하는 부력은 같은 체적만큼의 유체의 무게와 같으므로

B(부력) = W(해빙 무게), $V_{아래} \times \gamma_{바닷물} = V_{전체} \times \gamma_{해빙}$

$V_{전체} = 40[\text{m}^3] + V_{아래}$ 이므로

$V_{아래} \times S_{바닷물} \rho_물 g = (40 + V_{아래}) \times S_{해빙} \rho_물 g$

$V_{아래} \times 1.025 = (40 + V_{아래}) \times 0.917$

$0.108 V_{아래} = 36.68, \quad V_{아래} = 339.63 [\text{m}^3]$

$W_{해빙전체} = \gamma_{바닷물} V_{아래} = S_{바닷물} \rho_물 g V_{아래}$
$= 1.025 \times 1,000 [\text{kg/m}^3] \times 9.806 [\text{m/s}^2] \times 339.63 [\text{m}^3]$
$= 3,413,672 [\text{N}] ≒ 3,414 [\text{kN}]$

또는 $V_{전체} = 379.63 [\text{m}^3]$ 이므로

$W_{해빙 전체} = \gamma_{해빙} V_{전체} = S_{해빙} \rho_물 g V_{전체}$
$= 0.917 \times 1,000 [\text{kg/m}^3] \times 9.806 [\text{m/s}^2] \times 379.63 [\text{m}^3]$
$= 3,413,672 [\text{N}] ≒ 3,414 [\text{kN}]$

47 다음 그림과 같은 시차액주계에서 A, B점의 압력차 $P_A - P_B$는?(단, γ_1, γ_2, γ_3는 각 액체의 비중량이다)

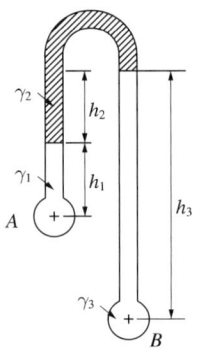

① $\gamma_3 h_3 - \gamma_1 h_1 + \gamma_2 h_2$
② $\gamma_1 h_1 + \gamma_2 h_2 - \gamma_3 h_3$
③ $\gamma_1 h_1 - \gamma_2 h_2 + \gamma_3 h_3$
④ $\gamma_3 h_3 - \gamma_1 h_1 - \gamma_2 h_2$

해설

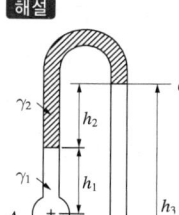

C선을 중심으로 압력이 평형을 이루고 있으므로
$P_A - \gamma_2 h_2 - \gamma_1 h_1 = P_B - \gamma_3 h_3$
$P_A - P_B = \gamma_1 h_1 + \gamma_2 h_2 - \gamma_3 h_3$

48 넓은 평판과 나란한 방향으로 흐르는 유체의 속도 $u[\text{m/s}]$는 평판 벽으로부터의 수직거리 $y[\text{m}]$만의 함수로 다음과 같이 주어진다. 유체의 점성계수가 $1.8\times10^{-5}[\text{kg/m}\cdot\text{s}]$이라면 벽면에서의 전단응력은 약 몇 $[\text{N/m}^2]$인가?

$$u(y) = 4 + 200 \times y$$

① 1.8×10^{-5} ② 3.6×10^{-5}
③ 1.8×10^{-3} ④ 3.6×10^{-3}

해설
$u(y) = 4 + 200y$
$du(y) = 200 dy$
$\therefore \dfrac{du}{dy} = 200$
$\tau = \mu \dfrac{du}{dx} = 1.8\times10^{-5}[\text{kg/m}\cdot\text{s}] \times 200[/\text{s}] = 3.6\times10^{-3}[\text{Pa}]$

49 길이가 50[m]인 배가 8[m/s]의 속도로 진행하는 경우에 대해 모형 배를 이용하여 조파저항에 관한 실험을 하고자 한다. 모형 배의 길이가 2[m]이면 모형 배의 속도는 약 몇 [m/s]로 하여야 하는가?

① 1.60 ② 1.82
③ 2.14 ④ 2.30

해설
상사법칙 : 실선과 모형선이 같은 프루드 수를 갖는다면, 실선 대 모형비의 축척비를 갖는 동일한 파형을 만들어낼 수 있다.
$F_N = \dfrac{V}{\sqrt{gL}}$ (여기서, V : 속도, g : 중력 가속도, L : 선박 길이)
$\left(\dfrac{V}{\sqrt{gL}}\right)_{real} = \left(\dfrac{V}{\sqrt{gL}}\right)_{model}$
$\left(\dfrac{8[\text{m/s}]}{\sqrt{g(50[\text{m}])}}\right)_{real} = \left(\dfrac{V}{\sqrt{g(2[\text{m}])}}\right)_{model}$
$V_{model} = 1.6[\text{m/s}]$

50 파이프 내의 유동에서 속도함수 V가 파이프 중심에서 반지름 방향으로의 거리 r에 대한 함수로 다음과 같이 나타날 때 이에 대한 운동에너지 계수(또는 운동에너지 수정계수, kinetic energy coefficient) α는 약 얼마인가?(단, V_0는 파이프 중심에서의 속도, V_m은 파이프 내의 평균속도, A는 유동 단면, R은 파이프 안쪽 반지름이고, 유속방정식과 운동에너지 계수 관련 식은 다음과 같다)

유속방정식	$\dfrac{V}{V_0} = \left(1 - \dfrac{r}{R}\right)^{1/6}$
운동에너지 계수	$\alpha = \dfrac{1}{A}\int\left(\dfrac{V}{V_m}\right)^3 dA$

① 1.01 ② 1.03
③ 1.08 ④ 1.12

정답 48 ④ 49 ① 50 ③

해설

$$\frac{V}{V_0} = \left(1 - \frac{r}{R}\right)^{1/6}, \quad V = \left(\frac{R-r}{R}\right)^{1/6} V_0, \quad V_m \times A = \int_0^R V dA$$

$A = \pi r^2$ 이므로 $dA = 2\pi r\, dr$

$$V_m \times \pi R^2 = V_0 \int_0^R \left(\frac{R-r}{R}\right)^{\frac{1}{6}} 2\pi r\, dr$$

$$= \frac{2\pi}{R^{\frac{1}{6}}} V_0 \int_0^R (R-r)^{\frac{1}{6}} r\, dr$$

$$\frac{V_m \times R^{\frac{13}{6}}}{2} = V_0 \left[\frac{(R-r)^{\frac{1}{6}}(42r^2 - 6Rr - 36R^2)}{91}\right]_0^R$$

$$= V_0 \frac{R^{\frac{1}{6}} \times 36R^2}{91} = V_0 \times \frac{36}{91} R^{\frac{13}{6}}$$

$$\therefore V_m = \frac{72}{91} V_0, \quad V_0 = \frac{91}{72} V_m$$

$$\alpha = \frac{1}{A} \int \left(\frac{V}{V_m}\right)^3 dA$$

$$= \frac{1}{\pi R^2} \int_0^R \left(\frac{\left(\frac{R-r}{R}\right)^{\frac{1}{6}} \times \frac{91}{72} V_m}{V_m}\right)^3 \times 2\pi r\, dr$$

$$= \frac{2\pi}{\pi R^2} \int_0^R \left(\frac{R-r}{R}\right)^{\frac{1}{6} \times 3} \times \left(\frac{91}{72}\right)^3 r\, dr$$

$$\alpha = \frac{4.038}{R^{\frac{5}{2}}} \int_0^R (R-r)^{\frac{1}{2}} r\, dr$$

$$= \frac{4.038}{R^{\frac{5}{2}}} \left[\frac{\sqrt{R-r}\,(6r^2 - Rr - 4R^2)}{15}\right]_0^R$$

$$= \frac{4.038}{R^{\frac{5}{2}}} \times \frac{4}{15} R^{\frac{5}{2}} = 1.0768$$

※ 이 문항은 사전에 학습이 많이 되어서 조건에 따른 운동에너지 계수를 이미 알고 있거나 공학용 계산기 사용능력이 뛰어난 수험자 외에는 시험 중에는 풀지 않고 지나가기를 추천한다.

51 다음 중 점성계수(viscosity)의 차원을 옳게 나타낸 것은?(단, M은 질량, L은 길이, T는 시간이다)

① MLT ② $ML^{-1}T^{-1}$

③ MLT^{-2} ④ $ML^{-2}T^{-2}$

52 자동차의 브레이크 시스템의 유압장치에 설치된 피스톤과 실린더 사이의 환형 틈새 사이를 통한 누설유동은 두 개의 무한 평판 사이의 비압축성, 뉴턴유체의 층류유동으로 가정할 수 있다. 실린더 내 피스톤의 고압측과 저압측의 압력차를 2배로 늘렸을 때, 작동유체의 누설유량은 몇 배가 될 것인가?

① 2배   ② 4배

③ 8배   ④ 16배

해설

나비에-스토크 방정식에서 두 개의 무한 평판 사이의 비압축성, 뉴턴유체의 층류유동으로 가정할 때 속도분포와 유량은

$$u = \frac{d'^2}{2\mu}\left(\frac{\partial p}{\partial x}\right)\left[\left(\frac{y}{d'}\right)^2 - \left(\frac{y}{d'}\right)\right], \quad V_m = \frac{d'^2}{12\mu}\left(\frac{\partial p}{\partial x}\right)$$

$$Q = \frac{d'^3 \Delta p}{12\mu L}$$

(여기서, μ : 점성, d' : 평판 간격, p : 압력, L : 간극 길이)

정답 51 ② 52 ①

53 다음 그림과 같이 폭이 3[m]인 수문 AB가 받는 수평성분 F_H와 수직성분 F_V는 각각 약 몇 [N]인가?

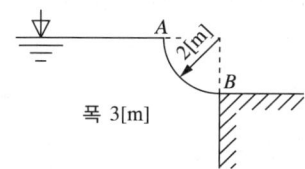

① $F_H = 24,400$, $F_V = 46,181$
② $F_H = 58,800$, $F_V = 46,181$
③ $F_H = 58,800$, $F_V = 92,362$
④ $F_H = 24,400$, $F_V = 92,362$

해설

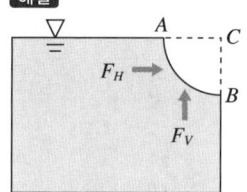

F_H는 수직면 CB의 전압력과 같으므로
$F_H = F_{CB} = \gamma h_p A$
$\quad = 9,800[\text{N/m}^3] \times 1[\text{m}] \times 2 \times 3[\text{m}^2]$
$\quad = 58,800[\text{N}]$

F_V는 곡면 AB의 연직 상방 빈 공간에 유체가 찼을 때의 유체 무게와 같다.
$F_V = \gamma V = 9,800[\text{N/m}^3] \times \dfrac{\pi(2[\text{m}])^2}{4} \times 3[\text{m}^2]$
$\quad = 92,362.8[\text{N}]$

54 다음 그림과 같이 속도 V인 유체가 곡면에 부딪혀 θ의 각도로 유동 방향이 바뀌어 같은 속도로 분출된다. 이때 유체가 곡면에 가하는 힘의 크기를 θ에 대한 함수로 옳게 나타낸 것은?(단, 유동 단면적은 일정하고, θ의 각도는 $0° \leq \theta \leq 180°$ 이내에 있다고 가정한다. 또한 Q는 체적유량, ρ는 유체밀도이다)

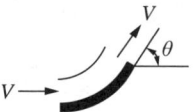

① $F = \dfrac{1}{2}\rho QV\sqrt{1 - \cos\theta}$
② $F = \dfrac{1}{2}\rho QV\sqrt{2(1 - \cos\theta)}$
③ $F = \rho QV\sqrt{1 - \cos\theta}$
④ $F = \rho QV\sqrt{2(1 - \cos\theta)}$

해설

곡판에 힘이 다음 그림과 같이 작용한다.

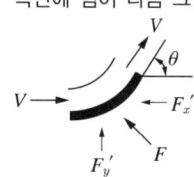

x, y방향에 따라 좌변에는 충돌 전, 우변에는 충돌 후로 등식을 세울 수 있다.

• x방향
$F_x - F_x' = \rho QV\cos\theta$, $F_x = \rho QV$이므로
$\rho QV - F_x' = \rho QV\cos\theta$, $F_x' = \rho QV(1 - \cos\theta)$

• y방향
$0 + F_y' = \rho QV\sin\theta$

∴ 저항력의 합력
$F = \sqrt{(F_x')^2 + (F_y')^2} = \rho QV\sqrt{(1-\cos\theta)^2 + \sin^2\theta}$
$\quad = \rho QV\sqrt{1 - 2\cos\theta + \cos^2\theta + \sin^2\theta} = \rho QV\sqrt{2 - 2\cos\theta}$

55 극좌표계 (r, θ)로 표현되는 2차원 퍼텐셜 유동에서 속도 퍼텐셜(velocity potential, ϕ)이 다음과 같을 때 유동함수(stream function, ψ)로 가장 적절한 것은?(단, A, B, C는 상수이다)

$$\phi = A\ln r + Br\cos\theta$$

① $\psi = \dfrac{A}{r}\cos\theta + Br\sin\theta + C$

② $\psi = \dfrac{A}{r}\sin\theta - Br\cos\theta + C$

③ $\psi = A\theta + Br\sin\theta + C$

④ $\psi = A\theta - Br\sin\theta + C$

해설

$u_r = \dfrac{\partial \phi}{\partial r}$, $u_\theta = \dfrac{1}{r}\dfrac{\partial \phi}{\partial \theta}$

$u_r = \dfrac{1}{r}\dfrac{\partial \psi}{\partial \theta}$, $u_\theta = -\dfrac{\partial \psi}{\partial r}$

• r방향 속도 성분

$u_r = \dfrac{\partial \phi}{\partial r} = \dfrac{\partial}{\partial r}(A\ln r + Br\cos\theta)$

$u_r = \dfrac{A}{r} + B\cos\theta$

• θ방향 속도 성분

$u_\theta = \dfrac{1}{r}\dfrac{\partial \phi}{\partial \theta} = \dfrac{1}{r}\dfrac{\partial}{\partial \theta}(A\ln r + Br\cos\theta)$

$u_\theta = \dfrac{1}{r}(-Br\sin\theta) = -B\sin\theta$

$\dfrac{1}{r}\dfrac{\partial \psi}{\partial \theta} = u_r = \dfrac{A}{r} + B\cos\theta$, $-\dfrac{\partial \psi}{\partial r} = u_\theta = -B\sin\theta$이고,

각각 $\dfrac{\partial \psi}{\partial \theta} = r\left(\dfrac{A}{r} + B\cos\theta\right) = A + Br\cos\theta$,

$-\left(B\sin\theta + \dfrac{df}{dr}\right) = -B\sin\theta$, $\dfrac{df}{dr} = 0$(즉, $f(r) = C$)

∴ $\psi = A\theta + Br\sin\theta + C$

56 다음 그림과 같은 피토관의 액주계 눈금이 $h = 150[\text{mm}]$이고, 관 속의 물이 6.09[m/s]로 흐르고 있다면 액주계 액체의 비중은 얼마인가?

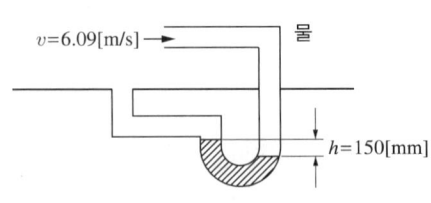

① 8.6　　② 10.8
③ 12.1　　④ 13.6

해설

$V = \sqrt{2gH\left(\dfrac{\gamma_s}{\gamma} - 1\right)} = \sqrt{2gH\left(\dfrac{S_s}{S} - 1\right)}$

$6.09[\text{m/s}] = \sqrt{2 \times 9.806[\text{m/s}^2] \times 0.15[\text{m}] \times (S_s - 1)}$

∴ $S_s = 13.6$

57 원 관 내의 완전 층류유동에 관한 설명으로 옳지 않은 것은?

① 관 마찰계수는 Reynolds수에 반비례한다.
② 마찰계수는 벽면의 상대조도에 무관하다.
③ 유속은 관 중심을 기준으로 포물선 분포를 보인다.
④ 관 중심에서의 유속은 전체 평균 유속의 $\sqrt{2}$ 배이다.

해설

• 유체의 흐름이 관 벽면에서 각 층 별로 일정한 흐름을 층류라 한다.
• 층류에서 $\tau = \mu\dfrac{du}{dy}$ 의 관계가 성립한다.
• 관 중심에서 유속은 최대이며 관 벽에서의 유속은 0이고, 유선은 대칭된다.
• 최대 유속은 평균 유속의 2배이며 속도분포는 포물선 곡선이다.
• 보통 $Re \leq 2,320$인 경우 층류로 구분한다.
• 마찰계수 $f = \dfrac{64}{Re}$ 이며 층류에서는 관 벽의 거칠기보다 Re에 의해 결정된다.

58 정지된 물속의 작은 모래알이 낙하하는 경우 stokes flow(스토크스 유동)가 나타날 수 있는데, 이 유동의 특징은 무엇인가?

① 압축성 유동
② 저속유동
③ 비점성유동
④ 고속유동

해설
유체 속에서 낙하하는 물체가 있을 때 이 물체가 받는 힘은 물체의 자중(W), 부력(B), 항력(F)이 있으며, 작은 물체의 경우 자중에 의한 힘과 부력과 항력의 합이 같아지는 경우 초기에 입수되던 힘에 의해 저속 등속운동을 하게 된다. 이 경우 항력은 주로 마찰항력(F_f)이 작용한다. 다른 힘에 비해 상대적으로 크기가 작은 마찰력이 큰 역할을 해야 하며, 스토크스 유동은 주로 가볍거나 작은 물체에서 볼 수 있다.

59 정상 2차원 속도장 $\vec{V} = 2x\vec{i} - 2y\vec{j}$ 내의 한 점(2, 3)에서 유선의 기울기 $\dfrac{dy}{dx}$는?

① $-\dfrac{3}{2}$
② $-\dfrac{2}{3}$
③ $\dfrac{2}{3}$
④ $\dfrac{3}{2}$

해설
$\vec{V} = 2x\vec{i} - 2y\vec{j}$
$dx = u = d\vec{V}_x = 2x,\ dy = v = d\vec{V}_y = -2y$
$\left.\dfrac{dy}{dx}\right|_{(2,3)} = \dfrac{-2y}{2x} = -\dfrac{3}{2}$

60 다음 그림과 같이 큰 탱크의 수면으로부터 $h[m]$ 아래에 파이프를 연결하여 액체를 배출하고자 한다. 마찰손실을 무시한다고 가정할 때 파이프를 통해서 분출되는 물의 속도 (가)를 v라고 할 경우, 같은 조건에서의 오일(비중 0.9) 탱크에서 분출되는 속도 (나)는?

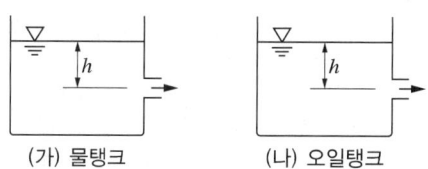

(가) 물탱크   (나) 오일탱크

① $0.81v$
② $0.9v$
③ v
④ $1.1v$

해설
마찰이 없는 분출구에서의 속도를 v_1이라 할 때 토리첼리의 정리에 의해 분출속도는 수두, 즉 유면의 높이차에만 영향을 받고 비중과는 무관하다.
$\dfrac{v_1^2}{2g} = h,\ v_1 = \sqrt{2gh}$
실제 유체는 비중과 점도가 달라 마찰이 항상 발생하므로 유체에 따라 유속차가 발생한다.

제4과목 기계재료 및 유압기기

61 피로한도에 대한 설명 중 틀린 것은?

① 지름이 크면 피로한도는 작아진다.
② 노치가 있는 시험편의 피로한도는 작다.
③ 표면이 거친 것이 고운 것보다 피로한도가 높아진다.
④ 노치가 없을 때와 있을 때의 피로한도비를 노치계수라 한다.

해설
피로한도가 높다는 것은 견딜 수 있는 피로 정도가 높다는 것으로, 표면이 거칠면 미세하고 수많은 노치가 있는 상태와 같다.

정답 58 ② 59 ① 60 ③ 61 ③

62 알루미늄 합금 중 개량처리(modification)한 Al-Si 합금은?

① 라우탈 ② 실루민
③ 두랄루민 ④ 하이드로날륨

해설
실루민(또는 알팍스)
- Al에 Si를 11.6[%] 첨가한 합금이고, 공정점은 577[℃]이다. 이 조성을 실루민이라 한다.
- 이 합금에 Na, F, NaOH, 알칼리 염류를 용탕에 넣어 처리하면 조직이 미세화되고 공정점도 조정되는데, 이를 개량처리라 한다. 주조용 알루미늄을 다이캐스팅하면 개량처리가 필요 없다.
- 실용 합금은 10~13%Si가 함유된 실루민으로 용융점이 낮고, 유동성이 좋아 얇고 복잡한 주물에 적합하다.

63 서브제로(sub-zero) 처리에 관한 설명으로 틀린 것은?

① 내마모성 및 내피로성이 감소한다.
② 잔류 오스테나이트를 마텐자이트화한다.
③ 담금질을 한 강의 조직이 안정화된다.
④ 시효변화가 작으며 부품의 치수 및 형상이 안정된다.

해설
서브제로 처리를 하면 내마모성, 내피로성은 일반적으로 상승한다.
잔류 오스테나이트 : 냉각 후 상온에서도 변태를 끝내지 못한 오스테나이트가 조직 내에 남게 된다. 이러한 오스테나이트는 조직 내에서 어울리지 못하여 문제가 되므로 심랭처리(0[℃]) 이하로 담금질, 서브제로, 과랭)하여 마텐자이트화하여 없앤다.

64 플라스틱의 성형가공성을 좋게 하는 방법이 아닌 것은?

① 가공온도를 높여 준다.
② 폴리머의 중합도를 내린다.
③ 성형기의 표면 미끄럼 정도를 좋게 한다.
④ 폴리머의 극성을 높게 하여 분자 간 응집력을 크게 한다.

해설
플라스틱은 고분자화합물을 일컫는 용어로, 합성수지라고도 한다. 원료는 원유에서 추출하며 가볍고, 단단하고, 매우 저렴하여 현대사회에서는 식기, 의료, 의류, 가구, 구조물, 생활용품 및 기계 부품의 재료로 폭넓게 사용된다. 플라스틱은 종류가 다양하고, 구성구조에 따라 성질 및 특성도 다양하여 플라스틱 재료의 성질을 일반화하기 어렵다. 플라스틱의 성질은 중합도에 따라 달라지며 단량체(monomoer)와 달리 중합체(polymer)는 구조가 반복되어 재료의 성질을 결정한다. 중합도가 높으면 분자당 무게가 무거워지고 변형이 힘들며, 강한 성질을 갖게 된다. 따라서 플라스틱의 필요한 성질을 유도하기 위해서는 적절한 중합도를 갖도록 하는 것이 필요하다.

65 5~20%의 Zn의 황동을 말하며, 강도는 낮으나 전연성이 좋고 색깔이 금색에 가까우므로, 모조금이나 판 및 선 등에 사용되는 구리합금은?

① 톰백
② 문쯔메탈
③ 네이벌황동
④ 애드미럴티 메탈

해설
톰백(tombac) : 8~20%의 아연을 구리에 첨가한 구리 합금은 황동 중에서 가장 금빛에 가까우며, 소량의 납을 첨가하여 값이 싼 금색 합금을 만든다. 특히, 금종이의 대용품으로서 서적의 금박 입히기, 금색 인쇄에 사용된다.

66 고망간(Mn)강에 관한 설명으로 틀린 것은?

① 오스테나이트 조직을 갖는다.
② 광석·암석의 파쇄기 부품 등에 사용된다.
③ 열처리에 수인법(water toughening)이 이용된다.
④ 열전도성이 좋고 팽창계수가 작아 열변형을 일으키지 않는다.

해설
고망간강 : 강에 함유된 망간의 성질은 강도와 고온가공성을 증가시킨다. 연신율 감소를 억제하고, 주조성과 담금질 효과가 향상되며, 적열취성을 일으키는 황화철(FeS) 형성을 막아 준다. 내충격성과 내마모성이 뛰어나며, 열전도율이 낮고 가공경화성이 높은 특징이 있다. 해드필드강(1~1.3%C, 11.5~13%Mn)은 고망간강으로 오스테나이트 계열이다. 냉간가공이나 표면 슬라이딩에 의해 경도와 내마모성이 증대하기 때문에 파쇄기의 날, 버킷의 날, 레일, 레일의 포인트 등에 사용된다.

67 강의 표면강화처리에서 침탄법과 비교하였을 때 질화법의 특징으로 틀린 것은?

① 침탄한 것보다 경도가 높다.
② 질화 후에 열처리가 필요 없다.
③ 침탄법보다 경화에 의한 변형이 작다.
④ 침탄법보다 단시간 내에 같은 경화 깊이를 얻을 수 있다.

해설
질화처리 : 가스침투법의 하나로 암모니아 가스를 이용하여 재질의 내마모성과 내식성을 부여하고 안정적인 고연강도를 부여하는 표면처리법이다. 경화에 따른 변형이 작고 HV 800~1,200 정도의 높은 표면 경도를 얻을 수 있으며, 내마모성과 내식성이 우수하고 고온경도가 높다. 침탄보다 시간과 비용이 많이 들지만 후속 열처리는 필요 없다. 가스질화법, 신속 염욕질화법인 연질화법, N⁺이온을 침투시키는 이온질화법 등이 있다.

68 아공정주철의 탄소 함유량은 약 몇 [%]인가?

① 약 0.025~0.80%C
② 약 0.80~2.0%C
③ 약 2.0~4.3%C
④ 약 4.3~6.67%C

해설

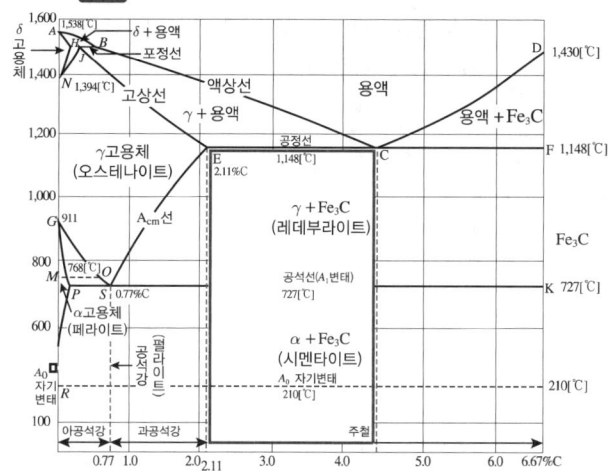

C점이 공정점이며 아공정주철은 박스 안의 영역에 해당하는 성분비를 갖고 있다.

69 순철(α-Fe)의 자기변태 온도는 약 몇 [℃]인가?

① 210[℃]   ② 768[℃]
③ 910[℃]   ④ 1,410[℃]

해설
순철의 자기변태선은 68번 해설 상태도의 $\overline{MO}$에 해당한다.

정답 66 ④ 67 ④ 68 ③ 69 ②

70 고속도 공구강에 대한 설명으로 틀린 것은?

① 2차 경화현상을 나타낸다.
② 500~600[℃]까지 가열하여도 뜨임에 의해 연화되지 않는다.
③ SKH2는 Mo가 함유되어 있는 Mo계 고속도공구강 강재이다.
④ 내마모성 및 인성을 가지므로 바이트, 드릴 등의 절삭공구에 사용된다.

해설
고속도 공구강
- 500~600[℃]까지 가열하여도 뜨임에 의하여 연화되지 않고, 고온에서 경도의 감소가 작다.
- 18W-4Cr-1V가 표준 고속도강이다. 1,250[℃]에서 담금질하고, 550~600[℃]에서 뜨임하면 2차 경화가 발생한다.
- W계 표준 고속도강에 Co를 3[%] 이상 첨가하면 경도가 더 크게 되고, 인성이 증가된다.
- Mo계는 W의 일부를 Mo로 대치할 수 있다. W계보다 가격이 저렴하고 인성이 높으며, 담금질 온도가 낮을 뿐만 아니라 열전도율이 양호하여 열처리가 잘된다.

해설

명칭	기호	비고
펌프 및 모터	유압펌프 공기압 모터	• 일반기호
유압펌프		• 1방향 유동 • 정용량형 • 1방향 회전형
유압모터		• 1방향 유동 • 가변용량형 • 제어기구를 특별히 지정하지 않는 경우 • 외부 드레인 • 1방향 회전형 • 양축형
공기압모터		• 2방향 유동 • 정용량형 • 2방향 회전형
정용량형 펌프·모터		• 1방향 유동 • 정용량형 • 1방향 회전형
가변용량형 펌프·모터 (인력제어)		• 2방향 유동 • 가변용량형 • 외부 드레인 • 2방향 회전형

71 다음 기호에 대한 설명으로 틀린 것은?

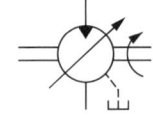

① 유압모터이다.
② 4방향 유동이다.
③ 가변용량형이다.
④ 외부 드레인이 있다.

72 다음 파일럿 전환밸브의 포트 수, 위치 수로 옳은 것은?

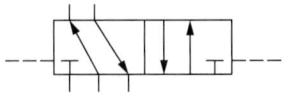

① 2포트 4위치 ② 2포트 5위치
③ 5포트 2위치 ④ 6포트 2위치

해설
위치는 방의 개수, 포트는 방 하나당 구멍의 수이다(모든 방의 구멍 수는 같다). 방 2개, 구멍 5개이다.

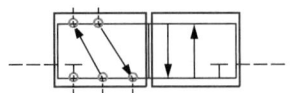

73 두 개의 유입 관로의 압력에 관계없이 정해진 출구 유량이 유지되도록 합류하는 밸브는?

① 집류밸브
② 셔틀밸브
③ 적층밸브
④ 프리필 밸브

해설
분류밸브와 집류밸브 : 유압원에서 압력이 다른 2개의 유압 관로에 항상 일정한 유량으로 분할하는 밸브를 분류밸브라 하고, 반대로 2개의 유입관로에서 들어온 유량을 항상 일정한 유량으로 내보내는 밸브를 집류밸브라 한다.

74 속도제어회로의 종류가 아닌 것은?

① 미터 인 회로
② 미터 아웃 회로
③ 블리드 오프 회로
④ 로크(로킹)회로

해설
로크회로는 속도를 제어하는 것이 아니라 실린더의 위치를 고정하도록 로크(lock)을 걸 수 있는 회로이다.

75 스트레이너에 대한 설명으로 적절하지 않은 것은?

① 스트레이너의 연결부는 오일탱크의 작동유를 방출하지 않아도 분리가 가능하도록 하여야 한다.
② 스트레이너의 여과능력은 펌프 흡입량의 1.2배 이하의 용적을 가져야 한다.
③ 스트레이너가 막히면 펌프가 규정 유량을 토출하지 못하거나 소음을 발생시킬 수 있다.
④ 스트레이너의 보수는 오일을 교환할 때마다 완전히 청소하고 주기적으로 여과재를 분리하여 손질하는 것이 좋다.

해설
스트레이너 : 유류탱크로 회귀하는 유체 속의 이물질 등을 거르는 여과장치로 이물질 제거, 유체의 흐름 정돈 등의 역할을 한다. 스트레이너의 유량은 유압펌프 토출량의 2배 이상이어야 한다.

76 일반적인 유압장치에 대한 설명과 특징으로 가장 적절하지 않은 것은?

① 유압장치 자체의 자동제어에 제약이 있을 수 있으나 전기, 전자 부품과 조합하여 사용하면 그 효과를 증대시킬 수 있다.
② 힘의 증폭방법이 같은 크기의 기계적 장치(기어, 체인 등)에 비해 간단하여 크게 증폭시킬 수 있으며, 그 예로 소형 유압잭, 거대한 건설기계 등이 있다.
③ 인화의 위험과 이물질에 의한 고장 우려가 있다.
④ 점도의 변화에 따른 출력 변화가 없다.

해설
점도지수 : 기준은 온도에 따른 점도 변화가 낮은 펜실베니아계 기름을 100으로, 변화가 큰 걸프코스트계 기름을 0으로 하여 비율적으로 표시하므로, 점도지수는 그 수치가 높을수록 온도 변화에 따른 점도 변화가 작다. 점도 변화가 크면 안정적으로 계산된 출력을 내보내기 힘들기 때문에 가능한 한 안정적인 점도를 유지하도록 한다.

77 유압·공기압 도면기호(KS B 0054)에 따른 기호에서 필터, 드레인 관로를 나타내는 선의 명칭으로 옳은 것은?

① 파선
② 실선
③ 1점 이중 쇄선
④ 복선

해설

명칭	기호	용도	비고
실선	———	• 주관로	• 귀환 관로를 포함한다.
		• 파일럿 밸브에의 공급 관로	
		• 전기신호선	• 관로와의 구별을 명확히 한다.
파선	- - - - -	• 파일럿 제어 관로	• 내부 파일럿 • 외부 파일럿
		• 드레인 관로	
		• 필터	
		• 밸브의 과도 위치	
1점 쇄선	-·-·-·-	• 포위선	• 2개 이상의 기능을 갖는 유닛을 나타내는 포위선
복선	══	• 기계적 결합	• 회전축, 레버, 피스톤 로드 등

78 일반적인 용적형 펌프의 종류가 아닌 것은?

① 기어펌프
② 베인펌프
③ 터빈펌프
④ 피스톤(플런저) 펌프

해설

용적형 펌프(고정용량형)	비용적형 펌프(가변용량형)
• 용적이 밀폐되어 있어 부하압력이 변동해도 토출량이 거의 일정하다. • 정압을 사용하므로 큰 힘을 요구하는 유압장치용 유압펌프로 사용한다.	• 용적이 밀폐되어 있지 않아 부하압력이 변동하면 토출량이 변하여 유압장치에는 부적당하다. • 펌프용량을 0에서 최대까지 변화시킬 수 있어 효율적인 운전을 할 수 있다.
• 기어펌프, 나사펌프, 베인펌프, 피스톤 펌프	• 원심형 펌프, 액시얼 펌프, 혼류(mixed flow)펌프, 로토 제트 펌프, 터빈펌프

79 유압작동유의 첨가제로 적절하지 않은 것은?

① 산화방지제
② 소포제 및 방청제
③ 점도지수강하제
④ 유동점강하제

해설

작동유의 종류 및 성분 : 작동유는 광유계와 합성유계로 구분되며, 가연성과 난연성으로 구분된다. 가연성 작동유는 열 발생 우려가 낮은 곳에 사용하며 광유에 첨가제를 넣어 가연성을 낮춘다(R&O형). 난연성 작동유는 합성계(인산에스테르, 폴리올에스트르)와 수성계(수중 유적형, 유중 수적형)로 구분한다. 유화제, 방청제, 산화방지제, 마모방지제, 부식방지제, 극압제, 마찰력개선제, 유동점강하제, 점도지수향상제 등 작동유를 사용하는 곳에 따라 적절한 첨가제를 첨가하여 사용한다.

80 다음 중 유압을 이용한 기기(기계)의 장점이 아닌 것은?

① 자동제어가 가능하다.
② 유압에너지원을 축적할 수 있다.
③ 힘과 속도를 무단으로 조절할 수 있다.
④ 온도 변화에 대해 안정적이고 고압에서 누유의 위험이 없다.

해설

온도 변화에 따라 점도가 변할 수 있어 출력을 고려하여야 하고, 작동유를 회수하도록 시스템을 구축하여야 하며, 고압 발생 시 누유의 위험이 항상 존재한다.

정답 77 ① 78 ③ 79 ③ 80 ④

제5과목 기계제작법 및 기계동력학

81 질량 m의 공이 h의 높이에서 자유낙하하여 콘크리트 바닥과 충돌하였다. 공과 바닥 사이의 반발계수를 e라고 할 때, 공이 첫 번째 튀어 오른 높이는?

① $\sqrt{2}\,eh$ ② eh
③ $2eh$ ④ $e^2 h$

해설
$e = \dfrac{V_1}{V_0} = \sqrt{\dfrac{h_1}{h_0}}$
$e^2 = \dfrac{h_1}{h_0}$
$\therefore h_1 = e^2 h_0$

82 조화진동 $x_1 = 4\cos\omega t$와 $x_2 = 5\sin\omega t$의 합성 진동 진폭은 약 얼마인가?

① 10.2 ② 8.2
③ 6.4 ④ 4.4

해설
$x_1(t) = 4\cos\omega t$, $x_2(t) = 5\sin\omega t$의 합성
$x(t) = 4\cos\omega t + 5\sin\omega t$
이 식은 삼각함수의 덧셈 정리에 의해 $x(t) = A\sin(\omega t + \phi)$로 나타낼 수 있다.
$A = \sqrt{4^2 + 5^2}$, $\sin\phi = \dfrac{4}{\sqrt{4^2 + 5^2}}$
A가 진폭이므로 $A = \sqrt{4^2 + 5^2} = 6.4$

83 지표면에서 공을 초기 속도 v_0로 수직 상방으로 던졌다. 공이 제자리로 돌아올 때까지 걸린 시간(t)은? (단, g는 중력 가속도이고, 공기저항은 무시한다)

① $t = \dfrac{v_0}{g}$ ② $t = \dfrac{2v_0}{g}$
③ $t = \dfrac{3v_0}{g}$ ④ $t = \dfrac{4v_0}{g}$

해설
위로 던진 공은 1초에 중력 가속도만큼씩 속도가 감소한다. 따라서 올라가는 데 걸리는 시간은 $t = \dfrac{v_0}{g}$이며, 내려올 때도 올라갈 때와 같은 시간이 걸리므로 $t = \dfrac{2v_0}{g}$이다.

84 10[kg]의 상자가 경사면 방향으로 초기 속도가 15[m/s]인 상태로 올라갔다. 상자와 경사면 사이의 운동 마찰계수가 0.15일 때 상자가 올라갈 수 있는 최대 거리 x는 약 몇 [m]인가?

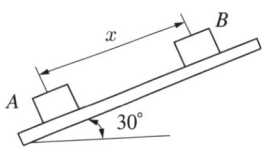

① 13.7 ② 15.7
③ 18.2 ④ 21.2

정답 81 ④ 82 ③ 83 ② 84 ③

해설

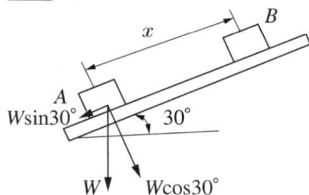

상방으로 향하는 힘은 초기 속도 외에는 없고, 하방으로 향하는 힘은 $W\sin30° + \mu W\cos30°$이어서 시간조건이 없는 초기 속도, 최종 속도, 가속도, 거리의 관계식은 다음과 같다.

$v^2 - v_0^2 = 2as$

$0^2 - (15[\text{m/s}])^2 = 2 \times \left(\dfrac{-W(\sin30° + 0.15\cos30°)}{m}\right) \times x$

$= -2 \times 9.806[\text{m/s}^2] \times 0.6299 \times x$

$x = 18.21[\text{m}]$

85 다음 그림과 같이 스프링에 질량 m을 달고 상하로 진동시킬 때 주기와 질량(m)과의 관계는?(단, k는 스프링 상수이다)

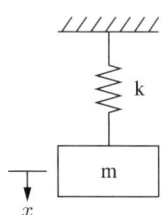

① 주기는 $\sqrt{m}$에 반비례한다.
② 주기는 $\sqrt{m}$에 비례한다.
③ 주기는 m^2에 반비례한다.
④ 주기는 m^2에 비례한다.

해설

$T = \dfrac{2\pi}{\omega}$

$\omega = \sqrt{\dfrac{k}{m}}$

$\therefore T = 2\pi\sqrt{\dfrac{m}{k}}$

86 길이가 1[m]이고, 질량이 5[kg]인 균일한 막대가 그림과 같이 지지되어 있다. A점은 힌지로 되어 있어 B점에 연결된 줄이 갑자기 끊어졌을 때 막대는 자유로이 회전한다. 여기서 막대가 수직 위치에 도달한 순간 각속도는 약 몇 [rad/s]인가?

① 2.62
② 3.43
③ 4.61
④ 5.42

해설

위치에너지가 모두 속도로 변한다. 진자가 아니고 봉이므로 무게의 중심을 $L/2$인 곳이므로 위치에너지는 $mgH = mg(L/2)$이다. 회전하는 막대의 운동에너지를 각속도로 나타내면

$E_K = \dfrac{1}{2}I\omega^2$, 중심을 축으로 회전하는 막대의 $I_{cm} = \dfrac{mL^2}{12}$

평행축 정리에 의해 $I = I_{cm} + mh^2 = \dfrac{mL^2}{12} + m\left(\dfrac{L}{2}\right)^2 = \dfrac{mL^2}{3}$

$\dfrac{mgL}{2} = \dfrac{1}{2} \dfrac{mL^2}{3} \omega^2$

$\omega = \sqrt{\dfrac{3g}{L}} = \sqrt{\dfrac{3 \times 9.806[\text{m/s}^2]}{1[\text{m}]}} = 5.424[\text{rad/s}]$

87 정지 상태의 비행기가 100[m]의 직선 활주로를 달려서 이륙속도 360[km/h]에 도달하려고 한다. 가속도의 크기가 일정하다고 가정하면 비행기의 가속도는 약 몇 [m/s²]인가?

① 10
② 20
③ 50
④ 100

해설

시간조건이 주어지지 않은 상태에서 등가속도 운동의 관계식은
$v^2 - v_0^2 = 2as$
$v_0 = 0$, $s = 100[\text{m}]$
$(360{,}000[\text{m}]/3{,}600[\text{s}])^2 = 2a \times 100[\text{m}]$
$\therefore a = \dfrac{100^2}{200}[\text{m/s}^2] = 50[\text{m/s}^2]$

88 비감쇠 자유진동수 ω_n와 감쇠 자유진동수 ω_d 사이의 관계를 나타낸 식은?(단, ζ는 감쇠비를 나타낸다)

① $\omega_d = \omega_n \sqrt{1-\zeta^2}$
② $\omega_n = \omega_d \sqrt{1-\zeta}$
③ $\omega_d = \omega_n (1-\zeta^2)$
④ $\omega_n = \omega_d (1-\zeta)$

해설
감쇠 고유 각진동수
$\omega_d = \omega_n \sqrt{1-\zeta^2}$

89 기계진동의 전달률(transmissibility ratio)을 1 이하로 조정하기 위해서는 진동수 비(ω/ω_n)를 얼마로 하면 되는가?

① $\sqrt{2}$ 이상으로 한다.
② $\sqrt{2}$ 이하로 한다.
③ 2 이상으로 한다.
④ 2 이하로 한다.

해설
• 진동수
$f = \dfrac{1}{T} = \dfrac{\omega}{2\pi}$
• 주파수비(f/f_n)가 $\sqrt{2}$ 일 때, 감쇠비에 관계없이 진동 전달률은 1이다.
• 주파수비(f/f_n)가 $\sqrt{2}$ 보다 클 때, 진동 전달률은 1보다 작다.
• 감쇠비가 작을수록 진동 전달률이 작아진다.
• 주파수비가 $\sqrt{2}$ 보다 클 때, 진동 전달률이 1보다 작아지는 현상을 진동절연이라 한다.

90 다음 그림과 같이 막대 AB가 양쪽 벽면을 따라 움직인다. A가 8[m/s]의 일정한 속도로 오른쪽으로 이동한다고 할 때 $x = 2$[m]인 위치에서 B의 가속도의 크기는 약 몇 [m/s²]인가?

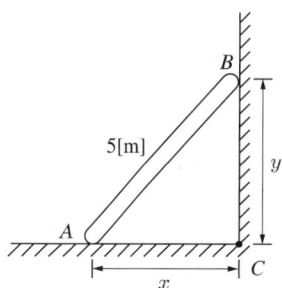

① 10.3[m/s²]   ② 12.4[m/s²]
③ 14.7[m/s²]   ④ 16.6[m/s²]

해설
$\sqrt{x^2 + y^2} = 5^2$ 이므로 $y = \sqrt{25-x^2}$ ($\because y > 0$)

$\dfrac{dy}{dt} = \sqrt{25-x^2}\,\dfrac{dy}{dx}\dfrac{dx}{dt} = -\dfrac{x}{\sqrt{(25-x^2)}}\dfrac{dx}{dt}$

$= -\dfrac{8x}{\sqrt{(25-x^2)}}$ ($\because \dfrac{dx}{dt} = v_x = 8$[m/s])

$\dfrac{d^2y}{dt^2} = -\dfrac{8x}{\sqrt{(25-x^2)}}\dfrac{dy}{dx}\dfrac{dx}{dt} = -\dfrac{1,600}{(25-x^2)^{\frac{3}{2}}}$

위의 결과에 $x = 2$를 대입하면 $\dfrac{d^2y}{dt^2} \fallingdotseq -16.62$[rad/s]((−)는 가속도의 방향을 표시한다)

※ 공학용 계산기 사용능력을 묻는 시험문제가 출제되므로 공학용 계산기 사용능력도 갖춘다.

91 주철과 같이 메진재료를 저속으로 절삭할 때 일반적인 칩의 모양은?

① 경작형　② 균열형
③ 유동형　④ 전단형

해설
균열형 칩

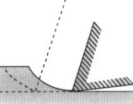

- 가공면에 깊은 홈을 만들기 때문에 재료의 표면이 매우 불량해진다.
- 발생원인 : 주철과 같이 취성(메짐)이 있는 재료를 저속으로 절삭할 때

92 펀치와 다이를 프레스에 설치하여 판금재료로부터 목적하는 형상의 제품을 뽑아내는 전단가공은?

① 스웨이징　② 엠보싱
③ 블랭킹　④ 브로칭

해설
블랭킹은 따내기 작업이라고도 하며, 판재의 필요한 부분의 주변을 제거한다.

93 래핑 다듬질에 대한 특징 중 틀린 것은?

① 게이지류나 광학렌즈의 표면 다듬질에 사용된다.
② 가공면에 랩제가 잔류하여 표면의 부식과 마모 촉진을 막아 준다.
③ 평면도, 진원도, 직선도 등의 이상적인 기하학적 형상을 얻을 수 있다.
④ 가공면의 윤활성 및 내마모성이 좋아진다.

해설
랩제가 잔류하면 표면의 부식과 마모를 촉진시킨다.

94 밀링가공에서 지름이 50[mm]인 밀링커터를 사용하여 60[m/min]의 절삭속도로 절삭하는 경우 밀링커터의 회전수는 약 몇 [rpm]인가?

① 284　② 382
③ 468　④ 681

해설
$v = \pi D n$

$n = \dfrac{v}{\pi D}$

$= \dfrac{60,000[\text{mm/min}]}{\pi \times 50[\text{mm}]}$

$= 382[\text{rev/min}]$

$= 382[\text{rpm}]$

95 다이에 아연, 납, 주석 등의 연질금속을 넣고 제품 형상의 펀치로 타격을 가하여 길이가 짧은 치약 튜브, 약품 튜브 등을 제작하는 압축방법은?

① 간접 압출
② 열간 압출
③ 직접 압출
④ 충격 압출

해설
펀칭은 충격력을 이용하는 압축방법이다.

96 300[mm]×500[mm]인 주철 주물을 만들 때, 필요한 주입 추는 약 몇 [kg]인가?(단, 쇳물 아궁이 높이가 120[mm], 주물밀도는 7,200[kg/m³]이다)

① 129.6
② 149.6
③ 169.6
④ 189.6

해설
무게 = 밀도 × 부피
= 7,200[kg/m³] × 0.3[m] × 0.5[m] × 0.12[m]
= 129.6[kg]

97 초음파 가공에 대한 설명으로 틀린 것은?

① 가공물 표면에서의 증발현상을 이용한다.
② 전기에너지를 기계적 진동에너지로 변화시켜 가공한다.
③ 혼의 재료는 황동, 연강 등을 사용한다.
④ 입자는 가공물에 연속적인 해머작용으로 가공한다.

해설
초음파는 진동에너지를 이용하며, 증발현상과는 무관하다.

98 다음 중 나사의 주요 측정요소가 아닌 것은?

① 피치
② 유효지름
③ 나사의 길이
④ 나사산의 각도

해설
나사의 길이는 KS규격에 규정되어 있으며 필요에 따라 제작이 가능하다.

정답 95 ④ 96 ① 97 ① 98 ③

99 전기저항용접과 관계되는 법칙은?

① 줄(Joule)의 법칙
② 뉴턴의 법칙
③ 암페어의 법칙
④ 플레밍의 법칙

해설
줄의 법칙 : 줄 발열에 의해 발생된 열에너지가 도체의 저항과 전류의 제곱을 곱한 값에 비례한다는 물리법칙이다. 이 열을 이용하여 모재를 용융하여 접합하는 것이 전기저항용접의 방법이다.

100 강재의 표면에 Si를 침투시키는 방법으로 내식성, 내열성 등을 향상시키는 방법은?

① 브로나이징
② 칼로라이징
③ 크로마이징
④ 실리코나이징

해설
실리코나이징 : 내식성을 증가시키기 위해 강철 표면에 Si(규소)를 침투하여 확산시키는 처리법이다.

PART 03

적중 예상문제

#기출유형 확인 #상세한 해설 #실전 대비

| 제1회 | 적중 예상문제 | 회독 CHECK 1 2 3 |
| 제2회 | 적중 예상문제 | 회독 CHECK 1 2 3 |

제1회 적중 예상문제

제1과목 기계제도 및 설계

01 원점이 중심이고 장축이 x축, 그 길이가 a, 단축이 y축이고 그 길이가 b인 타원을 표현하는 매개변수식은?

① $x = (a-b)\cos\theta$
  $y = (a-b)\sin\theta [0 \leq \theta \leq 2\pi]$
② $x = a\cos\theta$, $y = b\sin\theta [0 \leq \theta \leq 2\pi]$
③ $x = a\cosh\theta$, $y = b\sinh\theta [0 \leq \theta \leq 2\pi]$
④ $x = (a-b)\cosh\theta$
  $y = (a-b)\sinh\theta [0 \leq \theta \leq 2\pi]$

해설
조건의 타원 방정식은 $\dfrac{x^2}{a^2} + \dfrac{y^2}{b^2} = 1$과 같고, 대입해서 조건의 타원 방정식과 같아지는 조건은 $\dfrac{(a\cos\theta)^2}{a^2} + \dfrac{(b\sin\theta)^2}{b^2} = 1$이다.

02 치수 기입에 관한 설명으로 옳지 않은 것은?

① 원기둥, 각기둥, 홈 구멍 등의 중심을 기준으로 치수 지시하며, 정면도에 크기가 지시되면 위치 치수는 측면도나 평면도 등에 지시한다.
② 면의 기울기, 원기둥, 각기둥, 홈, 구멍 등의 자세 치수는 가로, 세로 치수나 각도로 지시한다.
③ 마무리 치수는 완성된 제품의 치수를 의미하고, 완성 치수라고 하며 가공 여유를 포함하여 표시한다.
④ 재료 치수는 강판, 형강, 각강, 관 등의 재료를 구입하는 데 필요한 치수로 잘림 여유를 포함한 치수이다.

해설
마무리 치수는 완성되었을 때의 모양을 치수로 표현해야 하므로 가공 여유 등을 포함하지 않은 정확한 치수이다.

03 다음 기호가 의미하는 것으로 옳은 것은?

① 구의 반지름 치수 앞에 붙인다.
② 구가 굴러가는 방향을 표시할 때 앞에 붙인다.
③ 전개되었을 때의 길이를 표시할 때 앞에 붙인다.
④ 누진 및 좌표 치수를 표시할 때 기준이 되는 점 앞에 붙인다.

정답 1 ② 2 ③ 3 ③

해설

제도기호

명칭	모양	사용방법
지름	φ	원형의 지름 치수 앞에 붙인다.
반지름	R	원형의 반지름 치수 앞에 붙인다.
구의 지름	Sφ	구의 지름 치수 앞에 붙인다.
구의 반지름	SR	구의 반지름 치수 앞에 붙인다.
정사각형의 변	□	정사각형의 모양이나 위치 치수 앞에 붙인다.
판의 두께	t	판재의 두께 치수 앞에 붙인다.
원호의 길이	⌒	원호의 길이 치수 앞에 붙인다.
45° 모따기	C	45° 모따기 치수 앞에 붙인다.
카운트 보어	⊔	카운트 보어 지름 앞에 붙인다.
카운트 싱크	∨	카운트 싱크 각도 앞에 붙인다.
깊이	↧	깊이 치수 앞에 붙인다.
전개 길이	◯→	전개 길이 앞에 붙인다.
실제 둥글기	TR	실제 둥글기(True Radius) 치수 앞에 붙인다.
등간격	EQS	등간격(Equally Spaced) 치수 앞에 붙인다.
이론적으로 정확한 치수	50	위치공차 기호를 지시할 때 이론적으로 정확한 치수를 사각형으로 둘러싼다.
참고 치수	(50)	참고로 지시하는 치수는 괄호로 표시하고 제작 치수로 사용하지 않는 치수에 사용한다.
치수의 취소	~~50~~	치수를 가로질러 직선을 붙이며 치수를 수정할 때 사용한다.
비례 척도가 아닌 치수	50	치수 밑에 직선을 붙이며 투상도의 크기와 치수값이 일치하지 않을 때 사용한다.
치수의 기준(기점)	⊕	누진·좌표 치수를 지시할 때 치수의 기준이 되는 지점을 표시한다.

04 다음 규칙을 갖는 모델링 기법은?

- 각 꼭짓점은 유일한 좌표 위치를 가져야 한다.
- 각 꼭짓점은 적어도 3개의 모서리와 연결되어야 한다.
- 각 모서리는 오직 2개의 꼭짓점만 갖는다.
- 각 면은 폐루프를 이루는 적어도 3개의 모서리를 가져야 한다.

① wire-frame modeling
② surface modeling
③ solid modeling
④ parametric modeling

해설

와이어프레임 모델링(wire-frame modeling) : 모서리, 꼭짓점 두 종류의 설계요인이 데이터베이스에 정의되는 간단한 모델링 방식이다. 면의 크기, 위치, 방향과 같은 정보도 포함할 수 있다. 모서리는 2개의 점으로 정의되며, 면은 3개 이상의 모서리로 정의된다. 다만 표면 상태는 정의할 수는 없다. 와이어프레임 모델링을 위한 통합 규칙은 다음과 같다.
- 각 꼭짓점은 유일한 좌표 위치를 가져야 한다.
- 각 꼭짓점은 적어도 3개의 모서리와 연결되어야 한다.
- 각 모서리는 오직 2개의 꼭짓점만을 갖는다.
- 각 면은 폐루프를 이루는 적어도 3개의 모서리를 가져야 한다.

05 용접이음의 일반적인 장단점에 대한 설명으로 옳지 않은 것은?

① 이음효율이 비교적 높은 편이다.
② 조립 공정의 자동화를 구현하기 어렵다.
③ 열 영향으로 재료가 변질되기 쉽다.
④ 볼트나 리벳에 비해 중량 증가가 거의 없다.

해설

과거의 용접은 자동화시키기 어려운 공작법으로 인식되었으나, 로봇용접과 오비탈 용접 등 자동화된 용접들이 개발되면서 생산효율이 높은 조립작업을 할 수 있게 되었다.

06
모듈이 3인 인벌류트 치형의 표준 스퍼기어에서 이뿌리 틈새를 0.25 × 모듈(m)로 할 때 총 이높이는 몇 [mm]인가?

① 3.75
② 4.50
③ 6.75
④ 7.50

해설
모듈은 지름을 잇수로 나눈 값으로, 기어 설계의 기준이 된다. 지름과 잇수 없지만, 계산된 모듈값이 제시되어 있다.

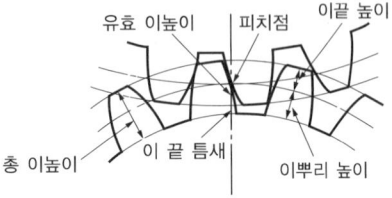

이끝 높이는 모듈값과 동일하게 설계한다. 이뿌리 높이를 1.25[m]으로 설계하므로, 총 이높이는 2.25 × m로 모듈이 3이므로 2.25 × 3 = 6.75[mm]이다.
※ 이끝 틈새를 제시한 것은 혼돈을 유발하려는 요소이므로 이 문제에서는 모듈값만 필요하다.

07
9[kW] 전달동력을 가진 평벨트에서 풀리지름 150[mm], 접촉각 135°, 마찰계수 0.2일 때 벨트의 허용응력이 2[MPa]이라면 벨트 폭은 약 몇 [mm]로 해야 하는가?(단, 평벨트의 이음효율 0.8, 벨트 두께 5[mm], 벨트하중 0.01[N/mm²], 벨트 회전속도 9[m/s], 휨응력은 무시한다)

① 200[mm]
② 280[mm]
③ 330[mm]
④ 400[mm]

해설
$$T_e = \frac{1,000 \times P}{v} = \frac{1,000 \times 9[kW]}{9[m/s]} = 1,000[N]$$

$$T_e = \frac{(e^{\mu\theta} - 1)}{e^{\mu\theta}} T_t$$

$$T_t = \frac{e^{\mu\theta}}{e^{\mu\theta} - 1} T_e = \frac{e^{0.2 \times \frac{3\pi}{4}}}{e^{0.2 \times \frac{3\pi}{4}} - 1} \times 1,000[N] = 2,661[N]$$

$$bt = \frac{T_t}{\sigma_a \eta}$$

$$b = \frac{T_t}{\sigma_a \eta} \times \frac{1}{t} = \frac{2,661[N]}{2[N/mm^2] \times 0.8} \times \frac{1}{5[mm]} = 332.6[mm]$$

※ $\theta = 135° \times \frac{\pi}{180} = \frac{3\pi}{4}$

08
다음 기호에 대한 설명으로 옳은 것은?

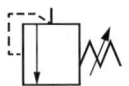

① 설정된 압력 이상이 걸리지 않도록 작동하는 공압밸브이다.
② 물체에 힘을 주면 신호가 들어가고 자동으로 복귀하는 스위치이다.
③ 흐르는 유체의 이물질을 걸러 주는 역할을 하는 필터이다.
④ 일정한 압력이 되면 작동하도록 배치한 유압밸브이다.

해설
문제의 그림은 압력 릴리프 밸브이다. 회로 내에 스프링을 밀어낼 만한 일정 압력이 걸리면 유로가 열려 일정 압력 이상이 회로 내에 걸리지 않도록 작용하는 안전밸브 역할을 한다.

09
다음 중 거리를 측정하기에 적절하지 않은 센서는?

① 변위센서
② 차동트랜스
③ 퍼텐쇼미터
④ 자기센서

해설
자기센서는 속도를 측정하는 데 쓰인다. 속도를 측정하는 센서로 적절한 것은 광전 로터리 센서, 리니아 속도검출기, 자기센서 등이 있다.

10 유니파이 나사에 대한 설명으로 옳지 않은 것은?

① 인치계 나사이다.
② 나사산 각이 60°인 삼각나사이다.
③ 나사 호칭은 2.54[mm]당 나사산의 개수로 표시한다.
④ 영국, 미국, 캐나다의 협정에 의해 만들어져서 ABC 나사라고도 한다.

해설
유니파이 나사(unified screw thread) : 1948년 영국, 미국, 캐나다의 협정에 의해 만들어진 나사로서 ABC 나사라고도 한다. 나사산 각이 60°인 인치계 삼각나사로, [inch] 단위를 사용한다. 나사 호칭에 관한 숫자는 1[inch]당 나사산 수, 나사의 종류의 순으로 표기한다. 나사의 크기를 정하기 위한 표준 치수를 1[inch]에서의 나사산 수(n)를 기준으로 정하였으므로 [mm] 단위의 피치(p)와 나사산 수($p = 25.4/n$)의 관계가 있다.

11 다음 중 공차의 표시방법 중 데이텀의 표시에 대한 설명으로 옳지 않은 것은?

① 문자기호에 의한 데이텀이 선, 면 자체인 경우에는 대상 면의 외형선 위나 치수선 위치를 명확히 피해서 지시한다.
② 치수가 지정되어 있는 대상면의 축 직선이나 중심 원통면이 데이텀인 경우에는 치수선의 연장선에 지시한다.
③ 직접 지시선에 의하여 데이텀 면 또는 선과 연결하면 안 되며, 별도의 데이텀 기호를 표시하여야 한다.
④ 데이텀을 지시하는 문자기호를 공차 지시틀에 지시할 경우 한 개를 설정하는 데이텀은 한 개의 문자기호로 나타낸다.

해설
데이텀의 표시방법

- 대상면에 직접 관련되는 경우는 문자기호로 지시하고, 삼각기호에 지시선을 연결해서 지시한다.
- 문자기호에 의한 데이텀이 선, 면 자체인 경우에는 대상면의 외형선 위나 치수선 위치를 명확히 피해서 지시한다.
- 치수가 지정되어 있는 대상면의 축 직선이나 중심 원통면이 데이텀인 경우에는 치수선의 연장선에 지시한다.
- 대상 축 직선 또는 원통면이 모두 공통으로 데이텀인 경우에는 중심선에 데이텀 각기호를 붙인다.
- 잘못 볼 염려가 없는 경우에는 직접 지시선에 의하여 데이텀 면 또는 선과 연결함으로써 데이텀 지시문자 기호를 생략할 수 있다.
- 데이텀을 지시하는 문자기호를 공차 지시틀에 지시할 경우
  - 한 개를 설정하는 데이텀은 한 개의 문자기호로 나타낸다.
  - 두 개의 데이텀을 설정하는 공통 데이텀은 두 개의 문자기호를 하이픈으로 연결한 기호로 나타낸다.
  - 데이텀에 우선순위를 지정할 때는 우선순위가 높은 순서로 왼쪽에서 오른쪽으로 각각 다른 구획에 지시한다.
  - 두 개 이상의 데이텀의 우선순위를 문제 삼지 않을 때는 문자기호를 같은 구획 내에 나란히 지시한다.

12 IT 공차에 대한 설명으로 옳지 않은 것은?

① IT01부터 IT18까지 18등급으로 구분되어 있다.
② IT 공차 등급은 크게 세 분야로 분류할 수 있다.
③ IT01~4등급은 게이지류나 고정밀 기능이 요구되는 부품에 적용한다.
④ IT11~18등급은 끼워맞춤이 필요 없는 부분에 적용한다.

해설
IT공차는 IT01, IT0, IT1~IT18까지 20등급으로 구분되어 있다. IT 공차 등급은 크게 세 분야로 분류할 수 있는데, IT01~4등급은 게이지류나 고정밀 기능이 요구되는 부품, IT5~10등급은 끼워맞춤, IT11~18등급은 끼워맞춤이 필요 없는 부분에 적용한다.

13 다음 중 체인전동에 대한 설명으로 가장 옳지 않은 것은?

① 고속회전에는 적합하지 않다.
② 고장력이 필요 없으므로 베어링의 마멸이 작다.
③ 미끄럼이 없는 일정한 속도비를 얻을 수 있다.
④ 스프로킷 휠의 잇수를 줄이면 진동과 소음이 작아진다.

해설
스프로킷 휠의 이는 기어의 이처럼 잇면을 이용하여 회전력을 전달한다. 이의 수가 줄어들면 한 번의 전달력이 크고 전달이 일어나지 않는 구간이 길어져서 힘의 전달이 일정하지 않게 된다. 또한, 이의 수가 늘어날수록 충격이 일어나는 정도가 줄어들어 진동과 소음은 잇수가 늘어날수록 줄어든다.

14 다음 그림과 같이 안지름이 10[cm]인 실린더에서 양쪽 입·출구에 함께 같은 공압 2[MPa]이 공급될 때 피스톤이 10[cm/s²] 가속도로 전진한다면 실린더 로드의 지름은 몇 [cm]인가?(단, 피스톤이 밀어내야 하는 피스톤과 헤드의 중량은 20[kg]이고, 마찰력은 무시한다)

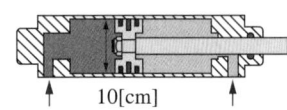

① 5.11
② 7.14
③ 9.15
④ 11.14

해설
실린더 격판 좌·우측 압력차에 의한 가속도가 10[m/s²]이고, 압력차는 로드 단면에 걸리는 압력과 같으므로

$F = ma = PA_{rod} = P\dfrac{\pi d^2}{4}$ 이다.

$20[\text{kg}] \times 10[\text{m/s}^2] = 2[\text{MPa}] \times \dfrac{\pi d_{rod}^2}{4} = 2[\text{N/mm}^2] \times \dfrac{\pi d_{rod}^2}{4}$

$d_{rod}^2 = 50.93[\text{mm}^2]$, $d_{rod} = 7.14$

$\dfrac{4}{\pi} \times 20[\text{kg}] \times 4[\text{m/s}^2] = 2[\text{kg·m/s}^2 \cdot /\text{mm}^2] \times d_{rod}^2$

∴ $d = 7.14[\text{mm}]$

15 토출압력이 10[MPa]인 유압펌프가 토출량 초당 1[cc]일 때 소요동력은?

① 5[W]
② 10[W]
③ 15[W]
④ 20[W]

해설
$H = PQ = 10[\text{N/mm}^2] \times 1[\text{cm}^3/\text{s}]$
$= 10[\text{N/mm}^2] \times 1,000[\text{mm}^3/\text{s}] = 10,000[\text{N·mm/s}]$
$= 10[\text{N·mm/s}] = 10[\text{J/s}] = 10[\text{W}]$

16 NU318C3P6 베어링에 대한 설명으로 옳지 않은 것은?

① 원통 롤러 베어링의 일종이다.
② 지름을 알 수 있도록 하는 기호는 318이다.
③ 베어링의 수명은 베어링 몸체 내의 롤러 집단의 90[%]가 피로파괴가 일어나지 않고 회전할 수 있는 총회전수 또는 시간으로 표시한다.
④ 스코어링은 긁혀서 생기는 흠집으로 스코어링이 발생하면 베어링 링을 조립할 때 중심 간 불일치가 일어난다.

해설
NU3는 베어링의 종류로 원통 롤러 베어링이며, 지름을 알게 해 주는 기호는 18이다.

17 전위기어의 사용목적으로 옳지 않은 것은?

① 전위량과 전위계수 계산하기 위해
② 중심거리를 변화시키기 위해
③ 기어의 강도를 개선하기 위해
④ 언더컷을 피하기 위해

해설
전위기어의 사용목적
• 두 기어 사이의 중심거리를 변화시키기 위해
• 이의 강도를 증가시키기 위해
• 언더컷을 방지하기 위해
• 물림률을 증가시키기 위해
• 최소 잇수를 적게 하기 위해

18 평벨트를 엇걸기로 장착하려 한다. 원동풀리의 지름이 500[mm], 종동풀리의 지름이 80[mm], 두 풀리의 간격이 2[m]라고 하면 여기에 걸어야 할 평벨트의 길이[mm]로 적당한 것은?

① 3,141.5 ② 4,121.1
③ 4,911.1 ④ 5,021.1

해설
$$l \fallingdotseq 2l_c + \frac{\pi}{2}(D_1 + D_2) + \left(\frac{D_2 + D_1}{4l_c}\right)$$
$$= 2 \times 2,000[\text{mm}] + \frac{\pi}{2}(500[\text{mm}] + 80[\text{mm}])$$
$$+ \left(\frac{500[\text{mm}] + 80[\text{mm}]}{4 \times 2,000[\text{mm}]}\right)^2$$
$$= 4,911.067[\text{mm}]$$

19 형상 모델링에서 기본입체(primitive)의 조합을 이용하여 복잡한 형상을 표현하는 기능과 관계있는 작업은?

① 리프팅(lifting) 작업
② 스위핑(sweeping) 작업
③ 불리언(boolean) 작업
④ 스키닝(skinning) 작업

해설
기본 솔리드 모델링 작업
• 평면의 도형을 리프팅, 스위핑 등의 작업에 의해 3차원으로 형성한다.
• 형성된 입체를 유니언(union, 합치기), 서브트랙션(subtraction, 빼기), 인터섹션(intersection, 교차 추출) 등의 불리언(boolean) 작업을 통해 복잡한 형상체로 조합한다.
• 평면에 대한 세부작업(곡면화 등)을 할 때 스키닝(skinning), 전개기능(flatterning)을 이용한다.
• 작업된 곡면을 불러들여 기존 모델링 곡면을 변경할 때 작성된 모서리, 꼭짓점을 잡아 비틀어 트위킹(tweaking)한다.

20 다음 중 컴퓨터 그래픽에서 3차원 공간 위의 한 점을 정의하는 기본적인 3차원 좌표계가 아닌 것은?

① 작업물 좌표계(work coordinate system)
② 모델 좌표계(model coordinate system)
③ 시각 좌표계(viewing coordinate system)
④ 세계 좌표계(world coordinate system)

> 해설

작업물 좌표계(공작물 좌표계)는 위치를 지정하는 프로그램이 현재 공작물을 중심으로 좌표를 설정할 때 사용하는 좌표계로, CNC 공작기계에서 적용한다.
- 모델 좌표계(MCS, Model) / 지역 좌표계(LCS, Local)
  - 개별 객체를 설계(모델링)하는 기준 좌표계로, 각각의 물체를 이러한 고유 좌표계로 표현한다.
- 세계 좌표계(WCS, World)
  - 장면 전체에 대한 기준으로 삼는 좌표로, 장면 내 모든 객체들의 위치를 표현하는 기준이다.
  - 컴퓨터 그래픽스에서 기본으로 사용하는 좌표계이다.
- 시점 좌표계 / 뷰 좌표계(VCS, View)
  - 객체를 바라보는 관측자의 관점을 기준으로, 장면의 뷰(방향, 회전)에 따라 보이는 기준 좌표이다. 즉, 가상카메라가 중심이 되는 위치 및 방향으로, 동일한 화면이라도 시점의 위치 및 바라보는 방향에 따라 다르게 보인다.
- 정규 장치 좌표계(NDCS, Normalized Device)
  - 3D→2D로 정규화시키는 좌표로 객체의 좌표를 출력장치에 독립적일 수 있도록 한다.
  - 투영변환 / 사영변환(projection transformation)
- 화면 좌표계(SCS, Screen) / 장치 좌표계(DCS, Device) / 뷰 포트 좌표계(VCS, Viewport) / 윈도우 좌표계(WCS, Window)
  - 실제 장치 화면에 디스플레이되는 장면이 기준이며, 화면에 픽셀 단위로 표시한다.

> 해설

동소변태 시 온도와 체적의 변화는 다음 그래프와 같다. 상호 간의 변화 그래프에는 조직 변화를 위한 에너지가 필요한 만큼 다른 그래프를 나타낸다.

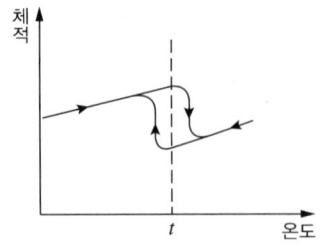

제2과목 기계재료 및 제작

21 금속결정의 변화에 대한 설명으로 옳지 않은 것은?

① 동일한 원소이지만 다른 물질로 존재하는 것을 서로 동소체라고 한다.
② A동소체가 B동소체로 동소변태할 때와 B동소체가 A동소체로 변하는 과정의 온도-체적 그래프는 방향이 다르지만, 경로는 같다.
③ 코발트를 1,160[℃]로 가열하면 자성을 잃는다.
④ 열을 가했을 때 온도의 변화 없이 금속의 상태, 조직, 결정의 변화만 일어나는 구간을 잠열구간이라 한다.

22 Fe-Fe₃C 상태도에 대한 설명으로 옳지 않은 것은?

① 철 용액의 공정점은 0.77%C에서 일어난다.
② 첫 번째 자기변태가 나타나는 온도는 210[℃]이다.
③ 레데부라이트는 오스테나이트와 시멘타이트의 조합물이다.
④ 순수한 철은 1,538[℃]에서 순 액체 상태가 된다.

> 해설

철 용액에서 공정이 일어나는 상태는 1,148[℃], 4.3%C이다. 0.77%C에서는 727[℃]일 때 공석이 일어난다.

23 0.01[%] 이하 순철의 동소변태점으로 적당하지 않은 것은?

① 210[℃]　　② 768[℃]
③ 911[℃]　　④ 1,394[℃]

해설
② 768[℃]은 α고용체의 자기변태점이다.
① 상온상의 순철에서 210[℃]에 이르면 α고용체의 A_0 변태점이 나타난다.
③ 911[℃]에서는 α고용체에서 γ고용체로 A_3 변태점이 나타난다.
④ 1,394[℃]에서는 γ고용체에서 δ고용체로 A_4 변태점이 나타난다.
※ 시험에 나오는 문제 유형은 철의 결정격자구조, 철의 변태점, 공석 · 공정 · 포정반응, 조직구조 등이다. 결정격자구조와 조직구조는 다르므로 구별해야 한다.

24 합성수지 중 고온에서 소성이 부여되며 재가공성이 있어 압출, 사출, 중공재, 진공재 등에 사용되는 재료가 아닌 것은?

① polyethylene
② polycarbonate
③ polyamide
④ PVC(PolyVinyl Chloride)

해설

구분	열가소성	열경화성
소성	고온에서 소성이 부여된다.	열을 받으면 경화된다.
재가공성	재가공이 가능하다.	재가공이 불가능하다.
주요 가공법	압출, 사출, 중공, 진공 등	압축, 인발, 와인딩, 프레스 등
종류	PE, PC, PVC 등	에폭시, 폴리아마이드, 페놀, 멜라민 수지 등

25 탄소강의 조직에 대한 설명으로 옳지 않은 것은?

① 페라이트는 상온에서 최대 0.025%C까지 고용되어 있다.
② 오스테나이트는 보통 공정선 위에서 나타나고, 최대 2.0%C까지 고용되어 있다.
③ 순수한 시멘타이트는 210[℃] 이상에서는 강자성체이고, 이하에서는 상자성체이다.
④ 0.8% Fe_3C(0.77%C)의 γ고용체가 723[℃]에서 분해되어 생긴 페라이트와 시멘타이트의 공석정이며, 혼합 층상조직이다.

해설
순수한 시멘타이트는 210[℃] 이상에서는 상자성체이고, 이하에서는 강자성체이다.

26 다음의 마우러 조직도에서 Ⅱ영역에 해당되는 조직의 명칭은?

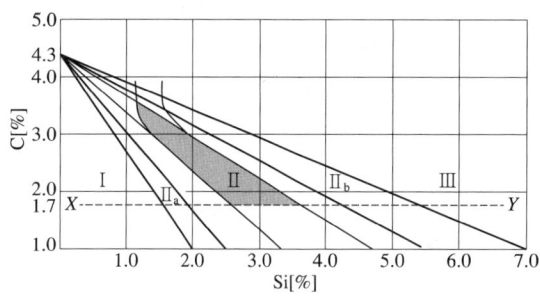

① 백주철　　② 반주철
③ 펄라이트 주철　　④ 페라이트 주철

해설
Ⅱ영역은 펄라이트 주철로 레데부라이트, 펄라이트, 흑연의 조성물이다.

27 탄소강의 5대 불순물 중 적정량 포함되었을 때 강도와 고온가공성을 증가시키고, 연신율 감소를 억제하며 주조성과 담금질효과를 향상시키며 적열취성을 감소시키는 요소는?

① 탄소 ② 규소
③ 인 ④ 황

해설
Mn(망간) : 강도와 고온가공성을 증가시키고, 연신율 감소를 억제한다. 주조성과 담금질효과가 향상되며, 적열취성을 일으키는 FeS(황화철)이 형성되는 S(황)을 MnS(황화망간)이 막는 효과가 있다.

28 Al에 Si 11.6[%] 함유된 합금으로 이 합금에 Na, F, NaOH, 알칼리 염류를 용탕에 넣어 처리하면 조직이 미세화되고 공정점도 조정되도록 개량처리한 합금은?

① 알코아 ② 라우탈
③ 실루민 ④ Y 합금

해설
① 알코아 : 주물용 Cu계 합금으로 Mg을 0.2~1.0[%] 첨가하여 내열기관의 크랭크 케이스, 브레이크 등에 사용한다
② 라우탈 : 알코아에 Si을 3~8[%] 첨가하면 주조성이 개선되며 금형 주물로 사용된다.
④ Y 합금 : 4%Cu, 2%Ni, 1.5%Mg 등을 함유하는 Al 합금이다. 고온에 강한 모래형 또는 금형 주물 및 단조용 합금이다. 경도도 적당하고 열전도율이 크며, 고온에서 기계적 성질이 우수하다. 내연기관용 피스톤, 공랭 실린더 헤드 등에 널리 쓰인다.

29 Cu 분말에 8~12%Sn 분말과 4~5% 흑연 분말을 배합하여 압축성형 후 소결하며 오일리스 베어링이라고도 하는 합금은?

① 켈밋 ② 소결 베어링용 합금
③ 인청동 ④ 흑연 청동

해설
① 켈밋 : 28~42%Pb, 2[%] 이하의 Ni 또는 Ag, 0.8[%] 이하의 Fe, 1[%] 이하의 Sn을 함유하고 있으며 고속회전용 베어링, 토목·광산기계에 사용하는 청동이다.
③ 인청동 : Sn 청동 주조 시 P을 0.05~0.5[%] 남게 하여 용탕의 유동성을 개선하고, 합금의 경도와 강도가 증가한다. 내마멸성과 탄성을 개선한 합금이다.

30 공구재료에 관한 설명 중 옳지 않은 것은?

① 고속도강은 18W-4Cr-1V가 표준 고속도강이며 1,250[℃]에서 담금질하고, 550~600[℃]에서 뜨임한다.
② 공구재료로 사용하는 세라믹은 산화알루미늄(Al_2O_3) 분말을 주성분으로 마그네슘(Mg), 규소(Si) 등의 산화물과 소량의 다른 원소를 첨가·소결하여 만든다.
③ 다이아몬드의 구조와 유사한 강도를 내는 재료로, 탄소공구강·고속도강 등 고온용 강합금의 연마·절삭공구 등으로 이용하는 재료를 CBN이라 한다.
④ 초경합금은 주조로 제작하거나 소결로 제작하며, 주조 초경질 공구강에는 카볼로이(carboloy), 미디아(midia), 텅갈로이(tungalloy), 비디아(widia) 등이 있다.

해설
초경합금은 주조로 제작하거나 소결로 제작한다. 비디아(widia), 카볼로이(carboloy), 미디아(midia), 텅갈로이(tungalloy) 등은 대표적인 소결 초경질 공구강이다.

31 과공석강에서 펄라이트 중 층상 시멘타이트 또는 초석 망상 시멘타이트가 그대로 있으면 좋지 않으므로, 소성가공이나 절삭가공을 쉽게 하거나 기계적 성질을 개선할 목적으로 실시하는 열처리는?

① 항온풀림 ② 응력제거풀림
③ 연화풀림 ④ 구상화풀림

해설
- 풀림 : 재료에 열에 의한 응력, 조직 불균형, 층상조직 등을 목적에 맞게 성질을 개량하기 위해 실시하는 열처리이다. 그중 층상 시멘타이트가 있으면 취성을 갖게 되므로 이를 구상화할 필요가 있어 실시하는 풀림이 구상화풀림이다.
- 구상화풀림 : 과공석강에서 펄라이트 중 층상 시멘타이트 또는 초석 망상 시멘타이트가 그대로 있으면 좋지 않으므로 소성가공이나 절삭가공을 쉽게 하거나 기계적 성질을 개선할 목적으로 탄화물을 구상화시키는 열처리이다.

32 강철 부품을 Si 분말, Fe-Si, Si-C 등의 혼합물 속에 넣고 염소가스를 통과시키며, 염소가스는 용기 안의 Si 카바이드 또는 Fe-Si와 작용하여 강철 속으로 침투·확산하는 표면처리는?

① 쇼트피닝 ② 세라다이징
③ 실리코나이징 ④ 하드페이싱

해설
실리코나이징의 고체분말법에 대한 설명이다.
① 쇼트피닝 : 경화된 철의 작은 볼(쇼트)을 공작물의 표면에 분사하여 그 표면을 매끈하게 하는 동시에 공작물의 피로강도나 기계적 성질을 향상시키는 방법
② 세라다이징 : 아연을 침투·확산시켜 철 표면에 경화층을 생성하는 방법
④ 하드페이싱 : 소재의 표면에 스텔라이트나 경합금 등을 융접 또는 압접으로 융착시키는 표면경화법

33 저탄소강의 표면에 탄소를 침투시키는 고체침탄법에 대한 설명으로 옳지 않은 것은?

① 침탄시간이 길어지면 침탄 깊이가 깊어진다.
② 소량 생산에 적합하다.
③ 큰 부품의 처리가 가능하다.
④ 보통 침탄 깊이는 5~10[mm]이다.

해설
고체침탄법 : 침탄 상자에 강재 부품을 목탄, 코크스 등의 고체 침탄제와 탄산바륨($BaCO_3$), 탄산나트륨(Na_2CO_3) 등의 침탄촉진제와 함께 넣어 밀폐시킨 후 노 속에 넣어 900~950[℃] 온도로 가열하여 4~6시간 정도 유지하면 0.5~2[mm] 정도의 침탄 경화층을 얻을 수 있다.

34 구성인선(built-up edge)의 방지대책으로 옳은 것은?

① 절삭 깊이를 크게 한다.
② 절삭속도를 느리게 한다.
③ 절삭공구 경사각을 작게 한다.
④ 절삭공구의 인선을 예리하게 한다.

해설
구성인선의 발생을 감소시키기 위해서는 깎는 깊이를 작게 하거나 공구 경사각을 크게 한다. 또한, 날 끝을 예리하게 하며 절삭속도를 크게 하고(구성인선 임계 절삭속도 : 120[m/min]), 윤활유를 사용한다.

35 밀링커터의 절삭에 관한 설명으로 옳지 않은 것은?

① 상향 절삭은 일감을 고정하는 데 어려움이 있다.
② 상향 절삭은 이송의 크기가 하향 절삭보다 작게 된다.
③ 하향 절삭은 상향절삭에 비해 기계에 무리를 준다.
④ 하향 절삭은 백래시 제거장치가 필요하다.

해설
상향 절삭은 이송의 크기가 하향 절삭보다 크다.

상향 절삭(올려 깎기)	하향 절삭(내려 깎기)
• 커터날의 회전 방향과 일감의 이송이 서로 반대 방향이다.	• 커터날의 회전 방향과 일감의 이송이 서로 같은 방향이다.
• 커터날이 일감을 들어 올리는 방향이므로 기계에 무리를 주지 않는다.	• 커터날에 마찰작용이 작아 날의 마멸이 작고 수명이 길다.
• 커터날에 처음 작용하는 절삭저항이 작다.	• 커터날을 밑으로 향하게 하여 절삭한다. 일감을 밑으로 눌러서 절삭하므로, 일감의 고정이 쉽다.
• 깎인 칩이 새로운 절삭을 방해하지 않는다.	• 날자리 간격이 짧고, 가공면이 깨끗하다.
• 백래시의 우려가 없다.	
• 커터날이 일감을 들어 올리는 방향으로 일을 하므로 일감을 고정하기 어렵다.	• 상향 절삭과는 달리 기계에 무리를 준다.
• 날의 마찰이 커서 날의 마멸이 크다.	• 커터날이 새로운 면을 절삭저항이 큰 방향에서 진입하므로 날이 약할 경우 부러질 우려가 있다.
• 회전과 이송이 반대여서 이송의 크기가 상대적으로 크며, 이에 따라 피치가 커져서 가공면이 거칠다.	• 가공된 면 위에 칩이 쌓여 절삭열이 남아 있는 칩에 의해 가공된 면이 열 변형을 받을 우려가 있다.
• 가공할 면을 보면서 작업하기 어렵다.	• 백래시 제거장치가 필요하다.

36 상하의 형에 문자나 무늬의 요철을 붙이고, 이 사이에 소재를 놓고 압축하여 문자나 무늬를 생성하는 가공방법은?

① 압인가공(coining)
② 압출가공(extruding)
③ 블랭킹 가공(blanking)
④ 업 세팅 가공(up setting)

해설
• 압인(코이닝, coining) : 형단조로 상하의 형에 문자나 무늬의 요철을 붙이고, 이 사이에 소재를 놓고 압축하여 문자나 무늬를 생성한다. 예를 들어, 동전을 가공할 때 사용하는 가공법이다.
• 펀칭과 블랭킹 : 프레스 가공의 일종으로 판재에 구멍을 만드는 가공을 펀칭이라 하고, 금속판에서 형상의 모양대로 주변을 따내는 프레스 작업을 블랭킹이라 한다.
• 압출 : 재료에 압력을 가하여 다이의 구멍을 통과시키는 것으로, 다이의 형상에 따라 여러 가지 형상의 단면을 가지는 제품을 생산할 수 있다.
• 업 세팅 : 재료를 길이 방향으로 압축하여 일부분 또는 전체의 단면적을 크게 하는 자유단조법이다. 커넥팅 로드, 기어 등의 제조에 적합하다.

37 다음 중 언더컷 방지대책으로 적절하지 않은 것은?

① 전류를 높인다.
② 아크 길이를 짧게 한다.
③ 용접속도를 알맞게 한다.
④ 적절한 용접봉을 사용한다.

해설
언더컷 방지대책
• 전류를 낮춘다.
• 아크 길이를 짧게 한다.
• 용접속도를 알맞게 한다.

38 다음 그림에 해당하는 용접이음은?

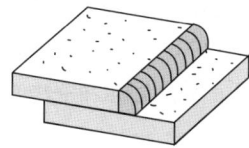

① 겹치기 이음 ② 맞대기 이음
③ 전면 필릿이음 ④ 모서리 이음

해설

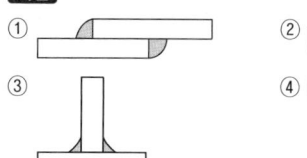

40 일반적인 래핑(lapping)의 특성에 대한 설명으로 옳지 않은 것은?

① 가공면은 윤활성 및 내마모성이 좋다.
② 정밀도가 높은 제품을 가공할 수 있다.
③ 가공이 간단하고 대량 생산이 가능하다.
④ 먼지 발생이 없고 가공면에 랩제가 잔류하지 않는다.

해설
래핑
- 공구와 공작물 사이에 랩제(숫돌입자 또는 액체)를 끼워 넣고 압력을 가한 상태로 상대운동을 하는 마무리 가공이다.
- 가공이 간단하지만 정밀도가 높은 제품의 대량 생산이 가능하다.
- 가공면은 윤활성 및 내마모성이 높다.
- 랩제 : 주철, 연강, 구리 등 금속입자나 연삭입자와 경유, 석유나 스핀들유 또는 점성이 작은 식물성유를 혼합하여 사용한다.
- 가공 시 미세먼지가 발생할 수 있고, 가공면에 랩제가 잔류할 수 있어 관리가 필요하다.

39 연삭기계에 대한 설명으로 옳은 것은?

① 센터리스 연삭기는 범용으로 사용한다.
② 평면 연삭기는 일감의 평면을 연삭하며 일감의 사용면에 따라 수직형과 수평형으로 나뉜다.
③ 플래너터리형은 일감이 회전하며 내면연삭을 한다.
④ 원통 연삭기 중 플런지형은 숫돌바퀴가 회전 및 이동하며 회전하는 공작물을 가공한다.

해설
원통연삭기
- 크기 표시 : 테이블 위의 스윙, 양 센터 간의 최대 거리, 숫돌 크기로 표시한다.
- 트래버스 연삭 : 숫돌을 일정한 위치에서 회전시키면서 일감을 좌우로 이송시키거나 연삭숫돌을 좌우로 이송시켜 연삭한다.
- 플런지 연삭 : 일감은 그 자리에서 회전시키고, 숫돌바퀴에 회전과 전후 이송을 주어 연삭한다.
- 만능연삭기 : 보통 원통 연삭기와 비슷하지만 테이블, 숫돌대, 주축대를 각각 선회시킬 수 있고 주축대는 척을 고정할 수 있다. 내면 연삭장치가 설치되어 있어 내면 연삭을 할 수 있으며, 작업 범위가 넓다.

제3과목 구조 해석

41 다음 그림과 같은 구조물에 1[kN]의 물체가 매달려 있을 때 두 강선에 작용하는 힘의 크기는?

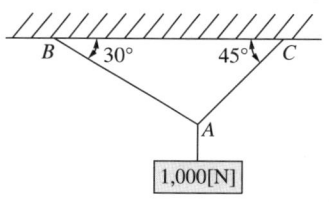

	AB	AC
①	732[N]	897[N]
②	707[N]	500[N]
③	500[N]	707[N]
④	897[N]	732[N]

해설

라미의 정리를 사용하여 계산한다.

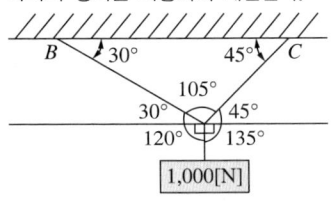

$$\frac{1000}{\sin 105°} = 1,035.28 = \frac{AB}{\sin 135°} = \frac{AC}{\sin 120°}$$

$AB = 732.05$, $AC = 896.58$

42 다음 그림에서 N이 100[N]이라면 AD가 받는 힘은?

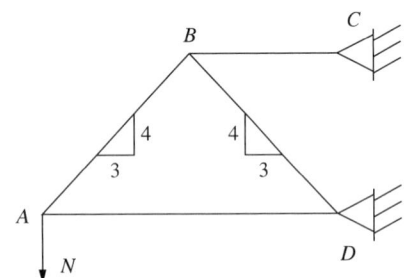

① 50 ② 75
③ 100 ④ 125

해설

자유물체도를 그리면 다음 그림과 같다.

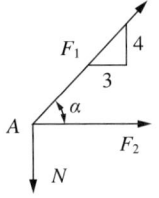

N은 x분력이 없으므로 F_1에서 감당하고, F_1의 x분력은 F_2에서 감당하므로

$F_1 \sin\alpha = 100[N]$, $F_1 = 100 \times \frac{5}{4} = 125[N]$

$F_1 \cos\alpha = F_1\ F_2 = 125[N] \times \frac{3}{5} = 75[N]$

43 다음 그림과 같은 트러스가 점 B에서 그림과 같은 방향으로 5[kN]의 힘을 받을 때 트러스에 저장되는 탄성에너지는 몇 [kJ]인가?(단, 트러스의 단면적은 1.2[cm²], 탄성계수는 10^6[Pa]이다)

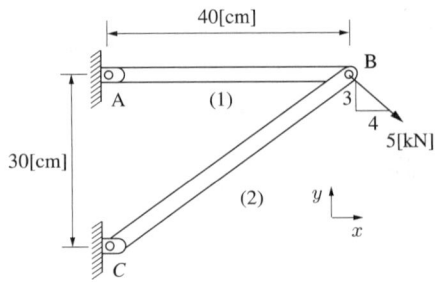

① 52.1 ② 106.7
③ 159.0 ④ 267.7

해설

먼저 (1), (2) 부재에 작용하는 인장력과 압축력을 구한다. Y방향의 힘은 5[kN] 힘의 Y분력밖에 없으므로 부재 CB의 압축력도 5[kN]이다. 라미의 정리를 이용하면 AB의 압축력은 8[kN]이다.

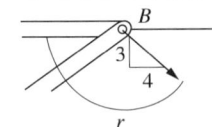

γ의 각도를 구하기 위해 $\sin^{-1}\frac{4}{5} ≒ 53°$를 이용하여 약 106°를 적용한다. 부재의 탄성공식은 $\frac{P^2 l}{2EA}$이므로

(1) AB의 탄성에너지

$$\frac{P^2 l}{2EA} = \frac{8,000^2[\text{N}^2] \times 0.4[\text{m}]}{2 \times 10^2[\text{N/cm}^2] \times 1.2[\text{cm}^2]} = 106,667[\text{J}]$$

(2) CB의 탄성에너지

$$\frac{P^2 l}{2EA} = \frac{5,000^2[\text{N}^2] \times 0.5[\text{m}]}{2 \times 10^2[\text{N/cm}^2] \times 1.2[\text{cm}^2]} = 52,083.33[\text{J}]$$

∴ 탄성에너지의 합은 약 159[kJ]이다.

44 다음 그림과 같은 균일 원형 단면을 갖는 양단 고정 보의 C점에 비틀림 모멘트 $T=98[\text{N}\cdot\text{m}]$를 작용시킬 때, 하중점($C$점)에서의 비틀림 각은 몇 [rad]인가?(단, 전단탄성계수 $G=78.4[\text{GPa}]$, 극관성 모멘트 $I_p=600[\text{cm}^4]$이다)

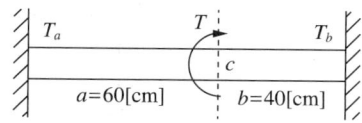

① 4×10^{-4} ② 4×10^{-5}
③ 5×10^{-4} ④ 5×10^{-5}

해설

양단 고정 보에서
$$\phi_a = \frac{TL}{GI_p} = \frac{bT}{a+b}\frac{L}{GI_p} = \frac{bT}{a+b}\frac{a}{GI_p}$$
$$= \frac{ab}{a+b}\frac{T}{GI_p}$$
$$\phi = \frac{0.6[\text{m}]\times 0.4[\text{m}]}{1[\text{m}]}\times\frac{98[\text{N}\cdot\text{m}]}{78.4\times10^9[\text{N/m}^2]\times 600\times10^{-8}[\text{m}^4]}$$
$$= 5\times10^{-5}$$

45 바깥지름 $d_o=40[\text{cm}]$, 안지름 $d_i=20[\text{cm}]$의 중공축은 동일 단면적을 가진 중실축보다 몇 배의 토크를 견디는가?

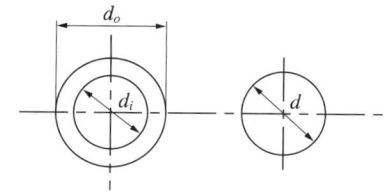

① 1.24 ② 1.44
③ 1.64 ④ 1.84

해설

$T_\text{실} = \tau\times\frac{\pi d^3}{16}$, $T_\text{공} = \tau\times\frac{\pi(d_o^4-d_i^4)}{32}/\left(\frac{d_o}{2}\right)$

단면적이 같으므로 $\frac{\pi}{4}d^2 = \frac{\pi}{4}d_o^2 - \frac{\pi}{4}d_i^2$, $d^2 = d_o^2 - d_i^2$

문제의 조건에는 없지만, 같은 재질이면 τ는 같아서
$$T_\text{공}/T_\text{실} = \left[\tau\times\frac{\pi(d_o^4-d_i^4)}{32}/\left(\frac{d_o}{2}\right)\right]/\left[\tau\times\frac{\pi d^3}{16}\right]$$
$$= \frac{d_o^4-d_i^4}{d^3\cdot d_o} = \frac{d_o^4-d_i^4}{(\sqrt{d_o^2-d_i^2})^3\times d_o}$$
$$= \frac{40^4-20^4}{(\sqrt{40^2-20^2})^3\times 40} \fallingdotseq 1.44$$

46 어떤 물체에 전단력이 작용하였을 때 전단각이 0.01[rad]이라면 이 물체에 저장된 단위부피당 탄성 변형에너지는?(단, 전단탄성계수 210[GPa])

① $10.5\times10^6[\text{N}\cdot\text{m/m}^3]$
② $0.105\times10^6[\text{N}\cdot\text{m/m}^3]$
③ $2.1\times10^8[\text{N}\cdot\text{m/m}^3]$
④ $2.1\times10^7[\text{N}\cdot\text{m/m}^3]$

해설

단위부피당 탄성 변형에너지는
$$u = \frac{1}{2}G\gamma^2$$
$$= \frac{1}{2}\times 210\times10^9[\text{N/m}^2]\times(0.01)^2$$
$$= 10.5\times10^6[\text{N}\cdot\text{m/m}^3]$$

47 폭 3[cm], 높이 4[cm]의 직사각형 단면을 갖는 외팔보가 자유단에 다음 그림과 같이 집중하중을 받을 때 보 속에 발생하는 최대 전단응력은 몇 [N/cm]인가?

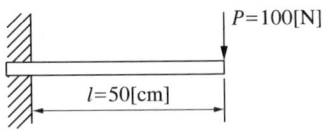

① 12.5
② 13.5
③ 14.5
④ 15.5

해설

$\tau = \dfrac{FQ}{bI}$

사각 단면의 경우 $\tau = \dfrac{6F}{bh^3}\left[\left(\dfrac{h}{2}\right)^2 - y_1^2\right]$, 최대는 $y=0$일 때이므로

$\tau = \dfrac{6 \times 100[N]}{3[cm] \times (4[cm])^3} \times \left(\dfrac{4[cm]}{2}\right)^2 = 12.5[N/cm^2]$

48 다음 그림과 같은 일단 고정 타단 지지보의 한 지점에 $P = 5[kN]$의 하중이 작용하면 지지점의 반력(R_B)은 약 몇 [kN]인가?(단, 전체 길이는 1[m]이며 $a = 40[cm]$이다)

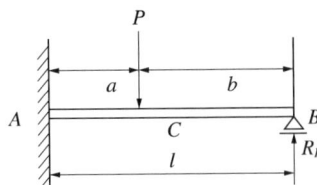

① 약 1[kN]
② 약 1.5[kN]
③ 약 2k[kN]
④ 약 2.5[kN]

해설

$R_B = \dfrac{Pa^2(3l-a)}{2l^3}$, $R_A = \dfrac{Pb(3l^2-b^2)}{2l^3}$

$R_B = \dfrac{Pa^2(3l-a)}{2l^3} = \dfrac{5[kN] \times (0.4[m])^2(3-0.4)[m]}{2 \times (1[m])^3}$
$= 1.04[kN]$

49 단면 20×30[cm], 길이 6[m]의 목재로 된 단순보의 중앙에 20[kN]의 집중하중이 작용할 때, 최대 처짐은 약 몇 [cm]인가?(단, 세로탄성계수 $E = 10[GPa]$이다)

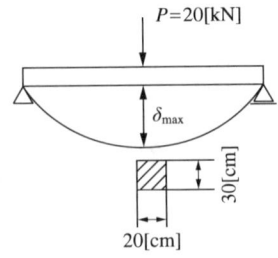

① 1.0
② 1.5
③ 2.0
④ 2.5

해설

$\delta = \dfrac{PL^3}{48EI} = \dfrac{20[kN] \times (6[m])^3}{48 \times 10 \times 10^6[kN/m^2] \times \dfrac{0.2[m] \times (0.3[m])^3}{12}}$
$= 0.02[m] = 2[cm]$

50 재료의 변형에 관한 설명으로 옳지 않은 것은?

① 탄성체의 변형은 응력과 변형률의 관계처럼 변형력에 비례하는데, 이때 영계수에 해당하는 계수가 탄성계수이다.
② 인장과 압축이 함께 작용하는 부재에 가로 변형률과 세로 변형률이 각각 다르게 나타나며, 이 관계를 비율로 수치화한 것이 푸아송의 비이다.
③ 전단응력과 인장응력이 함께 작용할 때 전단탄성계수를 G, 세로탄성계수를 E라 한다면 세로탄성계수 대비 전단탄성계수는 변형률의 비에 대체로 비례한다.
④ 체적탄성계수(K)와 전단탄성계수(G), 세로탄성계수(E)의 관계는 $K = \dfrac{GE}{9G+3E}$이다.

해설

체적탄성계수(K)와 전단탄성계수(G), 세로탄성계수(E)의 관계는 $K = \dfrac{GE}{9G-3E}$이다.

51 부재의 피로현상과 다음 그림에 관한 설명으로 옳지 않은 것은?

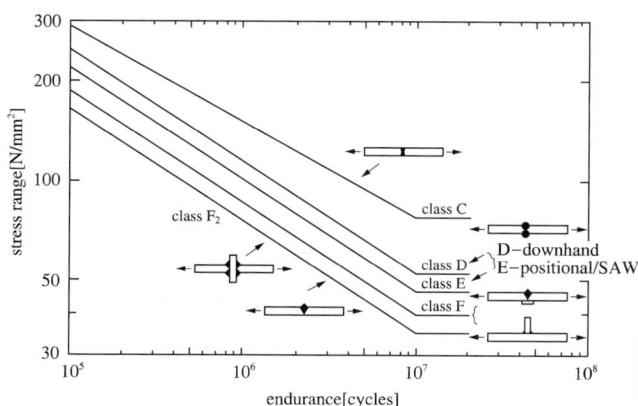

① 반복되는 하중에 의해 발생하는 응력을 표현한 그림이다.
② class C는 반복 횟수가 늘어감에 따라 한계응력이 감소한다.
③ 부재의 접합 형상에 따라 같은 반복 횟수이어도 피로응력이 다르다.
④ 이와 같이 반복하중에 의해 피로응력이 발생하는 현상을 크리프 현상이라 한다.

해설
크리프 현상
- 온도가 있는 환경에서 재료를 일정 하중에 노출하면 시간에 따라 서로 다른 정도로 변형이 일어나는 현상이다.
- 발생원인
  - 지속적인 응력이 물체의 입자 결정립계 미끄러짐을 발생시킨다.
  - 열에너지의 부가에 따른 원자의 이동성이 증가한다.
  - 에너지 부가에 따른 확산, 확산에 따른 전위력이 증가한다.

52 다음 그림과 같은 하중을 받고 있는 수직 봉의 자중을 고려한 총신장량은?(단, 하중은 P, 막대 단면적은 A, 비중량은 γ, 탄성계수는 E이다)

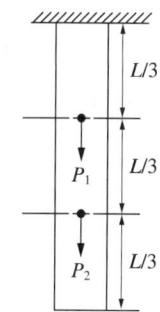

① $\delta = \dfrac{3\gamma L^2 A + 2P_1 L + 4P_2 L}{6EA}$

② $\delta = \dfrac{3\gamma L^2 A + 2P_1 L + 4P_2 L}{3EA}$

③ $\delta = \dfrac{3\gamma LA + 2P_1 L^2 + 2P_2 L^2}{6EA}$

④ $\delta = \dfrac{3\gamma LA + 2P_1 L^2 + 2P_2 L^2}{3EA}$

해설
각 힘에 의한 신장을 δ_{P_1}, δ_{P_2}, δ_3라 한다.

$\delta_{P_1} = \dfrac{P_1}{EA} \times \dfrac{L}{3}$

$\delta_{P_2} = \dfrac{P_2}{EA} \times \dfrac{2L}{3}$

$d\delta_3 = \dfrac{\gamma Ax}{EA} dx = \dfrac{\gamma x}{E} dx$

$\delta_3 = \int_0^L d\delta_3 = \int_0^L \dfrac{\gamma x}{E} dx = \dfrac{\gamma}{E} \dfrac{L^2}{2}$

$\delta = \delta_{P_1} + \delta_{P_2} + \delta_3 = \dfrac{P_1 L}{3EA} + \dfrac{2P_2 L}{3EA} + \dfrac{\gamma L^2}{2E}$

$= \dfrac{3\gamma L^2 + 2P_1 L + 4P_2 L}{6EA}$

53 어떤 금속 막대의 초기 길이 $L_0 = 1.5[\text{m}]$이고, 온도가 20[℃]에서 120[℃]로 상승하였다. 이 금속의 선형 열팽창계수 $\alpha = 12 \times 10^{-6}[/℃]$이며, 탄성계수는 $E = 200[\text{GPa}]$이다. 이 막대가 양 끝이 단단히 고정된 상태에서 온도가 상승하면 내부에 응력이 발생한다. 막대의 자유 팽창 시 길이 증가량 ΔL은?

① 1.4[mm]
② 1.8[mm]
③ 2.2[mm]
④ 2.6[mm]

해설
$\Delta L = \alpha L_0 \Delta T$
$= 12 \times 10^{-6} \times 1.5[\text{m}] \times (120-20)[℃]$
$= 1.8 \times 10^{-3}[\text{m}] = 1.8[\text{mm}]$

54 다음 그림과 같이 외팔보에 저장된 굽힘 변형에너지는?

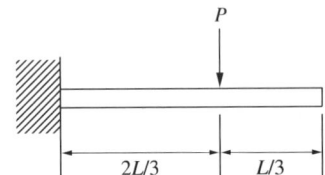

① $\dfrac{P^2 L^3}{8EI}$
② $\dfrac{P^2 L^3}{48EI}$
③ $\dfrac{4P^2 L^3}{81EI}$
④ $\dfrac{5P^2 L^3}{81EI}$

해설
$0 \leq x \leq 2L/3$ 구간에서 $M(x) = P(2L/3 - x)$
나머지 구간에서는 변형에너지가 생성되지 않는다.
변형에너지 공식
$U = \displaystyle\int_0^{2L/3} \dfrac{M^2}{2EI} dx = \dfrac{P^2}{2EI} \int_0^{2L/3} (2L/3 - x)^2 dx$
$\displaystyle\int_0^{2L/3} (2L/3 - x)^2 dx = \dfrac{(2L/3)^3}{3} = \dfrac{8L^3}{81}$
$\therefore U = \dfrac{P^2}{2EI} \times \dfrac{8L^3}{81} = \dfrac{4P^2 L^3}{81EI}$

55 하중을 받고 있는 기계요소의 응력 상태가 σ_1, σ_2, τ_1이 각각 3[MPa], 5[MPa], 8[MPa]이라면 a-a면에서의 수직응력(σ_n)과 전단응력(τ_n)은 각각 몇 [MPa인가]?

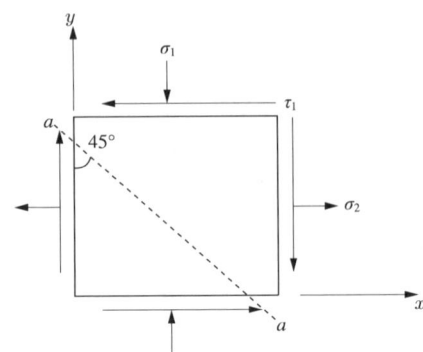

① $\sigma_n = 8$, $\tau_n = -4$
② $\sigma_n = 8$, $\tau_n = -5$
③ $\sigma_n = -10$, $\tau_n = 4$
④ $\sigma_n = -10$, $\tau_n = 5$

해설
부호 규약의 양의 방향은 다음 그림과 같다.

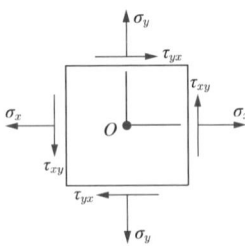

$\sigma_n = \dfrac{1}{2}(\sigma_x + \sigma_y) + \dfrac{1}{2}(\sigma_x - \sigma_y)\cos 2\theta - \tau_{xy}\sin 2\theta$
$= \dfrac{(3-5)}{2} + \dfrac{(3-(-5))}{2} \times \cos 90° - 8\sin 90°$
$= -1 - 9 = -10[\text{MPa}]$
$\tau_n = \dfrac{1}{2}(\sigma_x - \sigma_y)\sin 2\theta + \tau_{xy}\cos 2\theta$
$= \dfrac{(3-(-5)) \times \sin 90°}{2} + (-8) \times \cos 90° = 4[\text{MPa}]$

56
다음 그림과 같이 평면응력이 작용할 때 주평면의 각도는?

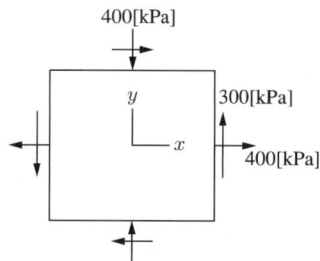

① 18.43° ② 22.12°
③ 36.43° ④ 45°

해설
주평면의 각도 θ_p는 전단응력이 0이 되는 각도이므로
$\tan 2\theta_p = \dfrac{2\tau_{xy}}{\sigma_x - \sigma_y} = \dfrac{2(300)}{400-(-400)} = 0.75$
$2\theta_p = \tan^{-1}(0.75) ≒ 36.87°$
∴ $2\theta_p = 18.43°$

57
양단이 힌지인 기둥의 길이가 3[m]이고, 단면지름이 50[mm]인 압축 부재의 좌굴하중을 오일러 공식으로 구하면?(단, 부재의 탄성계수는 210[GPa]이다)

① 약 50[kN] ② 약 60[kN]
③ 약 70[kN] ④ 약 80[kN]

해설
$P_{cr} = \dfrac{\pi^2 EI}{(KL)^2}$

$= \dfrac{\pi^2 EI}{L^2} = \dfrac{\pi^2 \times 210,000[\mathrm{MPa}] \times \dfrac{\pi(50[\mathrm{mm}])^4}{64}}{(3,000[\mathrm{mm}])^2}$

$= 70,652[\mathrm{N}] = 70.65[\mathrm{kN}]$

58
어느 기계의 부품이 1초에 5회 왕복하는 단순조화운동(SHM ; Simple Harmonic Motion)을 한다. 이 부품의 최대 변위(진폭)가 2[mm]일 때, 이 부품의 최대 속도와 최대 가속도는?(단, 주어진 운동은 $x(t)=A\cos(\omega t)$로 표현되며, $\omega=2\pi f$ 이고, f는 진동수이다)

① 0.06[m/s], 1.97[m/s²]
② 0.12[m/s], 3.97[m/s²]
③ 0.18[m/s], 5.28[m/s²]
④ 0.24[m/s], 6.11[m/s²]

해설
$v(t) = \dfrac{dx}{dt} = -A\omega\sin(\omega t)$
$v_{\max} = A\omega$
$\omega = 2\pi \times 5 = 10\pi [\mathrm{rad/s}]$
$v_{\max} = (0.002) \times (10\pi) = 0.02\pi$
$\qquad = 0.0628[\mathrm{m/s}]$
$a(t) = \dfrac{dv}{dt} = -A\omega^2\cos(\omega t)$
$a_{\max} = A\omega^2 = (0.002) \times (10\pi)^2 = 1.973[\mathrm{m/s^2}]$

59
중량은 1[kN]이고, 스프링 상수는 100[N/cm]인 진동계에서 임계 감쇠계수는 약 몇 [N·s/cm]인가?

① 15 ② 20
③ 25 ④ 30

해설
$W = mg$
$m = \dfrac{W}{g} = \dfrac{1,000[\mathrm{N}]}{9.81[\mathrm{m/s^2}]} ≒ 101.9[\mathrm{kg}]$
$\omega_n = \sqrt{\dfrac{k}{m}} = \sqrt{\dfrac{10,000}{101.9}} ≒ 9.93[\mathrm{rad/s}]$
$c_c = 2m\omega_n = 2(101.9)(9.93) ≒ 2,023.8[\mathrm{N·s/m}]$
$\qquad = 20.24[\mathrm{N·s/cm}]$

60 다음 그림과 같은 양단 고정보에서 처짐량은?

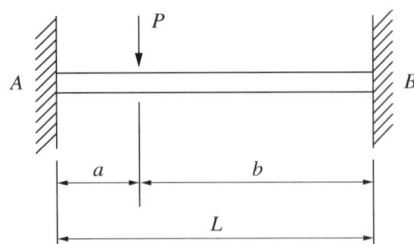

① $\dfrac{Pa^2b^2}{2EIL}$ ② $\dfrac{Pa^2b^2}{3EIL}$

③ $\dfrac{Pa^2b^2}{5EIL}$ ④ $\dfrac{Pa^2b^2}{6EIL}$

해설

$R_A = \dfrac{Pb^2(3a+b)}{L^3}$, $R_B = \dfrac{Pa^2(3b+a)}{L^3}$

$M_A = -\dfrac{Pab^2}{L^2}$, $M_B = \dfrac{Pa^2b}{L^2}$

$M(x) = M_A + R_A x$ (x보다 작은 구간)

$EI\dfrac{d^2y}{dx^2} = M(x)$, $EI\dfrac{d^2y}{dx^2} = M_A + R_A x$ 두 번 적분

$EIy = \dfrac{M_A x^2}{2} + \dfrac{R_A x^3}{6} + C_1 x + C_2$

$M(x) = M_A + R_A x - P(x-a)$ (x를 넘어가는 구간)

$EI\dfrac{d^2y}{dx^2} = M_A + R_A x - P(x-a)$ 두 번 적분

$EIy = \dfrac{M_A x^2}{2} + \dfrac{R_A x^3}{6} - \dfrac{P(x-a)^3}{6} + C_3 x + C_4$

$\therefore \delta_{\max} = \dfrac{Pa^2b^2}{3EIL}$

제4과목 열·유체 해석

61 극좌표계 (r, θ)로 표현되는 2차원 퍼텐셜 유동에서 속도 퍼텐셜(ψ)이 $\psi = A\ln r + Br\cos\theta$라고 할 때 유동함수는?

① $\psi = \dfrac{A}{r}\cos\theta + Br\sin\theta + C$

② $\psi = \dfrac{A}{r}\sin\theta - Br\cos\theta + C$

③ $\psi = A\theta + Br\sin\theta + C$

④ $\psi = A\theta - Br\cos\theta + C$

해설

$u_r = \dfrac{\partial \phi}{\partial r}$, $u_\theta = \dfrac{1}{r}\dfrac{\partial \phi}{\partial \theta}$

$u_r = \dfrac{1}{r}\dfrac{\partial \psi}{\partial \theta}$, $u_\theta = -\dfrac{\partial \psi}{\partial r}$

• r방향 속도 성분

$u_r = \dfrac{\partial \phi}{\partial r} = \dfrac{\partial}{\partial r}(A\ln r + Br\cos\theta)$

$u_r = \dfrac{A}{r} + B\cos\theta$

• θ방향 속도 성분

$u_\theta = \dfrac{1}{r}\dfrac{\partial \phi}{\partial \theta} = \dfrac{1}{r}\dfrac{\partial}{\partial \theta}(A\ln r + Br\cos\theta)$

$u_\theta = \dfrac{1}{r}(-Br\sin\theta) = -B\sin\theta$

$\dfrac{1}{r}\dfrac{\partial \psi}{\partial \theta} = u_r = \dfrac{A}{r} + B\cos\theta$, $-\dfrac{\partial \psi}{\partial r} = u_\theta = -B\sin\theta$이고,

각각 $\dfrac{\partial \psi}{\partial \theta} = r\left(\dfrac{A}{r} + B\cos\theta\right) = A + Br\cos\theta$,

$-\left(B\sin\theta + \dfrac{df}{dr}\right) = -B\sin\theta$, $\dfrac{df}{dr} = 0$(즉, $f(r) = C$)

$\therefore \psi = A\theta + Br\sin\theta + C$

62 다음 중 랭킨사이클(rankine cycle)에 대한 설명으로 옳지 않은 것은?

① 랭킨사이클은 이상적인 증기 동력사이클로, 보일러에서 발생한 증기를 이용하여 터빈에서 일을 수행하고, 이후 응축기에서 다시 액체 상태로 변환한 후 펌프로 압력을 높여 재순환하는 과정으로 이루어진다.
② 랭킨사이클의 열효율을 향상시키기 위해 터빈 입구온도를 올리는 대신 보일러에서 공급하는 열량을 증가시키는 것이 좋다.
③ 실제 랭킨사이클에서는 터빈과 펌프의 비가역성으로 인해 이상적인 경우보다 효율이 낮아지며, 이를 개선하기 위해 재열사이클과 재생사이클과 같은 방법이 사용된다.
④ 랭킨사이클의 응축기에서는 냉각수를 이용해 증기를 포화 액체 상태로 변환하며, 이 과정에서 시스템이 주변으로 열을 방출한다.

[해설]
랭킨사이클의 열효율을 높이기 위해 터빈 입구온도를 높이거나 응축기의 온도를 낮추는 것이 효과적이다.

63 다음 그림은 어떤 순수물질의 $P-T$ 선도이다. 이에 대한 설명으로 옳은 것은?

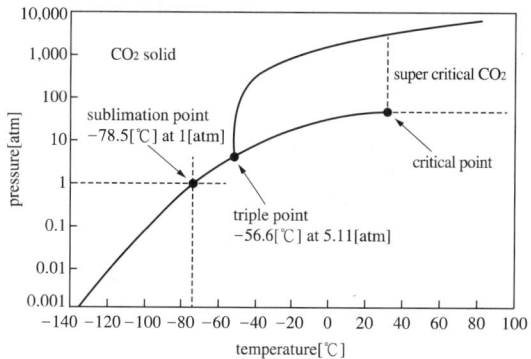

- 상태 1 : 온도 0[℃], 압력 90기압
- 상태 2 : 온도 30[℃], 압력 1기압

① 상태 1은 포화 증기 상태이며, 이 상태에서 압력을 증가시키면 응축이 발생한다.
② 상태 2는 포화 액체 상태이며, 이 상태에서 압력을 감소시키면 응축이 발생한다.
③ 상태 1에서 2로의 변화를 기화라고 한다.
④ −56.6[℃], 5.11기압 상태에서는 플라스마 상태로 존재한다.

[해설]
상태 1은 액체 상태, 상태 2는 기체 상태이며, 삼중점에서는 세 물질이 공존하는 상태이다. 플라스마는 기체 상태에서 전자가 분리되어 이온화가 일어난 상태로, 기체의 일종이지만 고체, 액체와는 전혀 다른 특성을 가진다.

64 이상기체로 가정된 공기가 단열팽창과정에서 입구온도 600[K]에서 출구온도 400[K]로 변화한다. 이 과정에서 단위질량당 변하는 비체적 내부에너지 변화량, ΔU는 얼마인가?(단, 공기의 비열비는 1.4, 기체상수 R은 287[J/kg·K]이다)

① 120.3[kJ/kg]
② 143.5[kJ/kg]
③ 167.8[kJ/kg]
④ 179.2[kJ/kg]

해설
$\Delta U = mC_v(T_1 - T_2)$
$C_p = \frac{1}{\kappa-1}R = \frac{1}{0.4} \times 287[\text{J/kg} \cdot \text{K}] = 717.5[\text{J/kg} \cdot \text{K}]$
$u = U/m = C_v \Delta T = 717.5[\text{J/kg} \cdot \text{K}] \times 200[\text{K}]$
$= 143,500[\text{J/kg}] = 143.5[\text{kJ/kg}]$

65 다음 중 가장 큰 에너지는?

① 100[kW] 출력의 엔진이 10시간 동안 한 일
② 발열량 10,000[kJ/kg]의 연료를 100[kg] 연소시켜 나오는 열량
③ 대기압하에서 10[℃]의 물 10[m³]를 90[℃]로 가열하는 데 필요한 열량(단, 물의 비열은 4.2[kJ/(kg·K)]이다)
④ 시속 100[km]로 주행하는 총질량 2,000[kg]인 자동차의 운동에너지

해설
① 일(W) = 출력(전력)×시간 = 3.6×10^6[kJ] = 3,600,000[kJ]
② Q = 발열량×연료 질량 = 1.0×10^6[kJ] = 1,000,000[kJ]
③ $m = 10 \times 1,000 = 10,000$[kg]
$Q = mc\Delta T = 10,000 \times 4.2 \times (90-10) = 3,360,000$[kJ]
④ $v = 100 \times \frac{1,000}{3,600} = 27.78$[m/s]
$KE = \frac{1}{2}mv^2 = \frac{1}{2} \times 2,000 \times (27.78)^2 = 771,600$[J]
$= 771.6$[kJ]

66 보일러에 온도 40[℃], 엔탈피 167[kJ/kg]인 물이 공급되어 온도 350[℃], 엔탈피 3,115[kJ/kg]인 수증기가 발생한다. 입구와 출구에서의 유속은 각각 5[m/s], 50[m/s]이고, 공급되는 물의 양이 2,000[kg/h]일 때 보일러에 공급해야 할 열량[kW]은?(단, 위치에너지 변화는 무시한다)

① 631
② 832
③ 1,237
④ 1,638

해설
- 입구 : 40[℃], $h_1 = 167$[kJ/kg], $v_1 = 5$[m/s]
- 출구 : 350[℃], $h_2 = 3,115$[kJ/kg], $v_1 = 50$[m/s]
$\dot{m} = 2,000$[kg/h] $= 2,000/3,600$[kg/s] $= 0.5556$[kg/s]
$\dot{Q} = \dot{m}\left[(h_2 - h_1) + \frac{v_2^2 - v_1^2}{2}\right]$
$= 0.5556[\text{kg/s}]((3,115-167)[\text{kJ/kg}] + \frac{50^2 - 5^2}{2}[\text{m}^2/\text{s}^2])$
$= 0.5556[\text{kg/s}](2,948[\text{kJ/kg}] + 1.2375[\text{kJ/kg}])$
$= 1,638[\text{kJ/s}] = 1,638[\text{kW}]$

67 단열된 가스터빈의 입구측에서 압력 2[MPa], 온도 1,200[K]인 가스가 유입되어 출구측에서 압력 100[kPa], 온도 600[K]로 유출된다. 5[MW]의 출력을 얻기 위해 가스의 질량유량[kg/s]은 얼마이어야 하는가?(단, 터빈의 효율은 100[%]이고, 가스의 정압비열은 1.12[kJ/kg·K]이다)

① 6.44
② 7.44
③ 8.44
④ 9.44

해설
$\dot{W} = \dot{m}C_p(T_1 - T_2) = \dot{m}C_p\Delta T$
$\dot{m} = \frac{\dot{W}}{C_p \Delta T} = \frac{5,000[\text{kW}]}{1.12[\text{kg/kg} \cdot \text{K}] \times 600[\text{K}]} = 7.44[\text{kg/s}]$

정답 64 ② 65 ① 66 ④ 67 ②

68 열교환기에 대한 설명으로 옳지 않은 것은?

① 열교환기는 주로 두 개의 유체가 열을 교환하는 방식으로, 두 유체가 물리적으로 섞이지 않도록 설계된다.
② 단열 열교환기에서 열전달은 두 유체 간의 온도차이에 비례하며, 온도차가 작을수록 열전달의 효율이 높다.
③ 열교환기에서의 성능은 주로 열전달 계수와 유체의 흐름 방식, 그리고 유체의 물리적 성질에 의해 결정된다.
④ 유체의 유동 방식에 따라 열교환기는 병렬 흐름, 역흐름, 교차 흐름 등 다양한 형태로 설계된다.

해설
열교환기는 온도차가 크면 전달효율이 높다.

---

69 공기 정압비열(C_p, [kJ/kg·℃])이 다음과 같을 때 공기 5[kg]을 0[℃]에서 100[℃]까지 일정한 압력하에서 가열하는 데 필요한 열량[kJ]은 약 얼마인가?(단, 다음 식에서 t는 섭씨온도를 나타낸다)

$$C_P = 1.0053 + 0.000079 \times t [\text{kJ/kg}\cdot\text{℃}]$$

① 85.5 ② 100.9
③ 312.7 ④ 504.6

해설
$$Q = m\int_{T_1}^{T_2} C_p dT$$
$$= 5 \times \int_0^{100}(1.0053 + 0.000079T)dT$$
$$= 5 \times \left[1.0053T + \frac{0.000079}{2}T^2\right]_0^{100} = 504.625[\text{kJ}]$$

---

70 다음 중 각 사이클에 대한 설명으로 가장 옳지 않은 것은?

① 오토사이클에서는 연료가 점화되는 시점에서 연료-공기 혼합물이 고온과 고압 상태에서 점화되며, 열효율은 압축비와 직결된다.
② 브레이턴 사이클은 고온의 가스를 터빈에서 팽창시키며, 이 과정에서 열효율은 고온에서의 엔트로피 증가로 인해 상대적으로 낮다.
③ 랭킨사이클은 주로 증기터빈을 이용한 발전사이클로, 열효율을 극대화하기 위해 사이클로 공급되는 일의 양을 가능한 한 늘려야 한다.
④ 냉매사이클에서 압축기 효율이 100[%]일 경우, 냉매가 압축기에서 온도와 압력이 상승하더라도 흡수된 열량은 증발기에서의 엔탈피 변화와 같아진다.

해설
랭킨사이클의 효율을 높이는 방법
• 가능한 한 압축펌프에서 소비되는 일이 적어야 한다.
• 가능한 한 터빈에서의 출력이 많아야 한다.
• 가능한 한 공급되는 일의 양이 적어야 한다.

---

71 어느 물리법칙이 $F(a, V, v, L) = 0$과 같은 식으로 주어졌다. 이 식을 무차원수의 함수로 표시하고자 할 때 이에 관계되는 무차원수는 몇 개인가?(단, a, V, v, L은 각각 가속도, 속도, 동점성계수, 길이이다)

① 4 ② 3
③ 2 ④ 1

해설
가속도 $a = LT^{-2}$, 속도 $v = LT^{-1}$, 동점성계수 $\nu = L^2T^{-1}$, 길이 $L = L$로 사용된 차원이 L, T 2개이고, 사용된 변수는 가속도, 속도, 동점성계수, 길이 4개이므로 $\pi = 4 - 2 = 2$이다.
버킹엄의 π 정리
• 수학기호 π에서 유래되었으며, 어떤 수의 곱을 나타낸다는 의미이다.
• 어느 물리계가 n개의 변수와 관련되어 있고, 기본 차수가 m일 때, 독립 무차원 매개변수 π는 $n-m$개로 나타낼 수 있다.

정답 68 ② 69 ④ 70 ③ 71 ③

72 체적탄성계수(K, bulk modulus)와 관련된 설명으로 옳지 않은 것은?

① 체적탄성계수가 크면 유체의 압축성이 작아지며, 이상적인 비압축성 유체는 체적탄성계수가 무한대이다.
② 유체의 체적탄성계수는 온도에 따라 변하며, 일반적으로 온도가 증가하면 체적탄성계수가 감소하는 경향이 있다.
③ 체적탄성계수의 식은 $K = -V\dfrac{dP}{dV}$이며 음의 부호는 압력과 체적의 반비례 관계를 나타낸다.
④ 물의 체적탄성계수는 일반적인 기체의 체적탄성계수보다 작으며, 이는 물이 기체보다 압축성이 크기 때문임을 의미한다.

해설
공기(기체)의 체적탄성계수는 100[kPa](일반 대기압 수준)이며, 물(액체)의 체적탄성계수는 약 2.2[GPa]로 기체보다 약 22,000배 크다.

해설
$$\dot{m} = \rho Q = \rho A V$$
$$= 1{,}000[\text{kg/m}^3] \times \frac{\pi}{4}(0.8[\text{m}])^2 \times 10[\text{m/s}] = 5{,}026.5[\text{kg/s}]$$

터빈의 일 = 위치에너지 − 출구의 운동에너지
$$\dot{m}\left(gh - \frac{V^2}{2}\right)$$
$$= 5{,}026[\text{kg/s}] \times (9.81[\text{m/s}^2] \times 30[\text{m}] - \frac{100}{2}[\text{m}^2/\text{s}^2])$$
$$= 1{,}227{,}851.8[\text{J/s}] = 1{,}227.85[\text{kJ/s}]$$
터빈의 효율이 0.85이므로, 터빈의 출력은 1,043.67[kJ/s]이다.

73 다음 그림과 같이 물이 고여 있는 큰 댐 아래에 터빈이 설치되어 있고, 터빈의 효율이 85[%]이다. 수면과 터빈의 높이차는 30[m]이고, 터빈 이외에서의 다른 모든 손실을 무시할 때 터빈의 출력은 몇 [kW]인가?(단, 터빈 출구관의 지름은 약 0.8[m], 출구속도 V는 10[m/s]이고, 출구압력은 대기압이다)

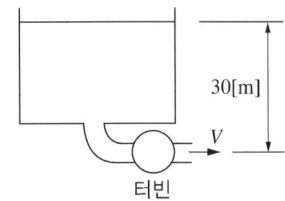

① 1,043   ② 1,227
③ 1,470   ④ 1,732

74 극좌표계 (γ, θ)에서 정상 상태 2차원 이상유체의 연속 방정식으로 옳은 것은?(단, v_γ, v_θ는 각각 γ, θ방향의 속도 성분을 나타내며, 비압축성 유체로 가정한다)

① $\dfrac{\partial v_r}{\partial r} + \dfrac{\partial v_\theta}{\partial \theta} = 0$

② $\dfrac{\partial v_r}{\partial r} + \dfrac{1}{r}\dfrac{\partial v_\theta}{\partial \theta} = 0$

③ $\dfrac{1}{r}\dfrac{\partial (r v_r)}{\partial r} + \dfrac{1}{r}\dfrac{\partial v_\theta}{\partial \theta} = 0$

④ $\dfrac{1}{r}\dfrac{\partial v_r}{\partial r} + \dfrac{1}{r}\dfrac{\partial (r v_\theta)}{\partial \theta} = 0$

해설
연속방정식은 질량의 흐름이 일정해야 하며 $\dfrac{\partial \rho}{\partial t} + \nabla \cdot (\rho \vec{v}) = 0$으로 표현한다. 정상 상태이므로 시간에 대한 미분항은 사라진다. 만약 비압축성 유체라면 밀도가 상수항이어서 $\nabla \cdot \vec{v} = 0$이 된다. 극좌표계에서는 질량 보존을 $\dfrac{1}{r}\dfrac{\partial}{\partial r}(r v_r) + \dfrac{1}{r}\dfrac{\partial v_\theta}{\partial \theta} = 0$으로 표현한다. r방향과 θ방향을 편미분하였는데 r방향은 속도와 둘레 길이 $2\pi r$을 곱하여야 유량을 표현할 수 있으며, $1/r$을 이용하여 단위 반경에 따른 질량을 표현한다.

72 ④　73 ①　74 ③

75 지름 D인 구가 밀도 ρ, 점성계수 μ인 유체 속에서 느린 속도 V로 움직일 때 구가 받는 항력은 $3\pi\mu VD$이다. 이 구의 항력계수는 얼마인가?(단, Re는 레이놀즈수 $Re = \dfrac{\rho VD}{\mu}$를 나타낸다)

① $6/Re$ ② $12/Re$
③ $24/Re$ ④ $64/Re$

해설
항력
$$C_D = \dfrac{F_D}{\dfrac{1}{2}\rho V^2 A} = \dfrac{3\pi\mu VD}{\dfrac{1}{2}\rho V^2 \dfrac{\pi}{4}D^2} = \dfrac{24\mu}{\rho VD}$$

$Re = \dfrac{\rho VD}{\mu}$ 이므로, $C_D = \dfrac{24}{Re}$

76 평판 위를 어떤 유체가 층류로 흐를 때 선단으로부터 10[cm] 지점에서 경계층 두께가 1[mm]이면, 20[cm] 지점에서의 경계층 두께는 얼마인가?

① 1[mm]   ② $\sqrt{2}$[mm]
③ $\sqrt{3}$[mm]   ④ 2[mm]

해설
$\delta \propto \sqrt{x}$
$\dfrac{\delta_2}{\delta_1} = \sqrt{\dfrac{x_2}{x_1}}$
$\delta_2 = \delta_1 \times \sqrt{\dfrac{x_2}{x_1}} = 1 \times \sqrt{\dfrac{20}{10}}$
$\therefore \delta_2 = \sqrt{2}$[mm]

77 다음 그림과 같이 속도 V인 유체가 곡면에 부딪혀 θ의 각도로 유동 방향이 바뀌어 같은 속도로 분출된다. 이때 유체가 곡면에 가하는 힘의 크기를 θ에 대한 함수로 옳게 나타낸 것은?(단, 유동 단면적은 일정하고, θ의 각도는 $0° \leq \theta \leq 180°$ 이내에 있다고 가정한다. 또한, Q는 체적유량, ρ는 유체밀도이다)

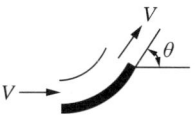

① $F = \dfrac{1}{2}\rho QV\sqrt{1-\cos\theta}$
② $F = \dfrac{1}{2}\rho QV\sqrt{2(1-\cos\theta)}$
③ $F = \rho QV\sqrt{1-\cos\theta}$
④ $F = \rho QV\sqrt{2(1-\cos\theta)}$

해설

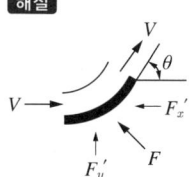

- x방향
  $F_x - F_x' = \rho QV\cos\theta$, $F_x = \rho QV$이므로
  $\rho QV - F_x' = \rho QV\cos\theta$, $F_x' = \rho QV(1-\cos\theta)$
- y방향
  $0 + F_y' = \rho QV\sin\theta$
$\therefore$ 합력 $F = \sqrt{(F_x')^2 + (F_y')^2} = \rho QV\sqrt{2-2\cos\theta}$

정답 75 ③ 76 ② 77 ④

78 다음 그림과 같은 U자관 액주계에서 두 지점의 압력차 $P_x - P_y$는? (단, $\gamma_1, \gamma_2, \gamma_3$는 액체의 비중량이다)

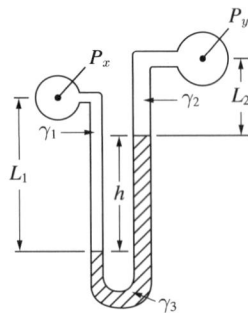

① $P_x - P_y = \gamma_2 L_2 + \gamma_3 h - \gamma_1 L_1$
② $P_x - P_y = \gamma_2 L_2 - \gamma_3 h + \gamma_1 L_1$
③ $P_x - P_y = \gamma_1 L_1 - \gamma_2 L_2 + \gamma_3 h$
④ $P_x - P_y = \gamma_1 L_1 + \gamma_2 L_2 + \gamma_3 h$

해설
기준면을 잡고 그 면에 작용할 수 있는 압력에 대해 수식을 정리한다. 비중과 액체의 높이를 곱한 것이 압력이며, 최초 압력도 합산하여 계산한다.

79 다음 중 관성력과 중력의 상대적 크기에 의해 정해지는 무차원수는?

① Froude수
② Euler수
③ Weber수
④ Mach수

해설
Froude(프루드)수는 수평 유동에서 중력의 영향에 따라 유동 형태의 변화를 판별하며, 유체의 파형에 대해서도 설명한다.
$F_r = \dfrac{V}{\sqrt{gL}}$ (관성력과 중력의 비)

80 한 변이 2[m]인 위가 열려 있는 정육면체 통에 물을 가득 담아 수평 방향으로 9.8[m/s²]의 가속도로 잡아당겼을 때 통에 남아 있는 물의 양은 약 몇 [m³]인가?

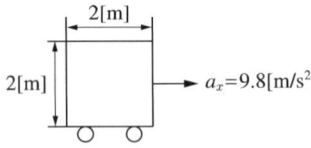

① 8
② 4
③ 2
④ 1

해설
수면이 이루는 각도는 중력 가속도와 힘의 방향 가속도가 이루는 삼각함수의 값으로, 두 힘이 서로 수직이므로
$\tan\alpha = \dfrac{a}{g} = \dfrac{9.8}{9.8} = 1$
$\therefore \alpha = 45°$
즉, 충분히 가속이 유지되는 상태이면 다음 그림처럼 물이 차서 그 부피는 삼각형 넓이 2[m²] × 2[m²] = 4[m³] 이다.

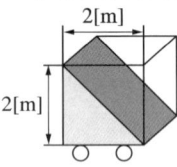

정답 78 ① 79 ① 80 ②

제1과목 기계제도 및 설계

01 다음 중 힘을 측정하기 적합하지 않은 센서는?

① 토크변환기
② 디지털 전자유도기
③ A-E 릴레이
④ 에어 마이크로미터

해설
③ A-E 릴레이는 비상(Alarm), 긴급(Emergency) 상황에 접속을 끊는 용도이므로 힘과는 아무 관련이 없다.
① 토크변환기는 토크를 저항으로 변환한다.
② 디지털 전자유도기는 토크 발생을 측정한다.
④ 에어 마이크로미터는 공기압을 이용한 치수측정기로, 힘을 직접 측정하는 데는 적합하지 않지만 힘이 가해진 전후의 치수측정을 통해 힘을 간접 측정할 수 있다.
※ 답이 두 개라고 생각할 수 있지만, 객관식 시험에서는 가장 문제의 질문에 부합하는 답을 하나만 골라야 하며, CBT로 방식이 바뀐 이후로는 사실상 이의 제기를 통해 복수 정답을 인정받기 힘들다. 시험장에서는 좀 더 답에 가까운 답을 찾도록 한다.

02 다음 도면에 대한 설명으로 옳은 것은?

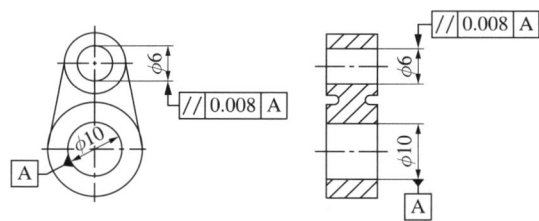

① 도면처럼 데이텀은 정면도와 측면도에 모두 기입해야 한다.
② 데이텀 A는 원통 안쪽면을 기준으로 한 것이다.
③ 적용된 기하공차는 흔들림 공차이다.
④ 데이텀 10[mm] 축선에 대해 지시한 축선이 지름 8[μm] 원통 안에 들어 있어야 한다.

해설
지시선 화살표로 나타내는 지름 10[mm]의 축선은 데이텀 축 직선 A에 평행한 지름 0.008[mm]의 원통 내에 있어야 한다는 의미로, 이 기하공차는 자세공차인 평행도 공차를 설명한다. 데이텀 A는 축선을 기준으로 하며, 데이텀은 지시하고자 하는 공차의 종류에 따라 잘 알 수 있는 투상도를 선택하여 하나만 그린다.

03 스퍼기어의 도시방법에 관한 설명으로 옳은 것은?

① 잇봉우리원은 가는 실선으로 표시한다.
② 피치원은 가는 2점 쇄선으로 표시한다.
③ 이골원은 가는 1점 쇄선으로 그린다.
④ 축에 직각인 방향에서 본 그림을 단면으로 도시할 때 이뿌리원은 굵은 실선으로 그린다.

해설
스퍼기어의 제도방법
• 이끝원(잇봉우리원)은 굵은 실선으로 그린다.
• 피치원은 가는 1점 쇄선으로 그린다.
• 이뿌리원은 가는 실선으로 그린다. 단, 축에 직각 방향으로 단면 투상할 경우에는 굵은 실선으로 그린다.

정답 1 ③ 2 ④ 3 ④

04 다음 그림과 같은 입체도의 화살표 방향 투상도로 가장 적합한 것은?

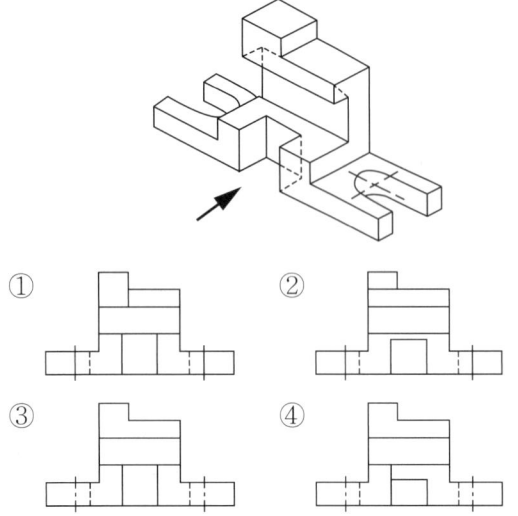

해설
①, ② 정면에서 볼 때 맨 윗부분은 ㄴ자 모양으로 보여야 하므로 옳지 않다.
④ 위의 ㄴ 모양을 제외한 부분은 좌우가 대칭이므로 옳지 않다.

05 치수를 나타내는 방법에 대한 설명으로 옳지 않은 것은?

① 도면에서 정보용으로 사용되는 참고(보조) 치수는 공차를 적용하거나 ( ) 안에 표시한다.
② 척도가 다른 형체의 치수는 치수값 밑에 밑줄을 그어서 표시한다.
③ 정면도에서 높이를 나타낼 때는 수평의 치수선을 꺾어 수직으로 그은 끝에 90°의 개방형 화살표로 표시하며, 높이의 수치값은 수평으로 그은 치수선 위에 표시한다.
④ 같은 형체가 반복될 경우 형체 개수와 그 치수값을 'x' 기호로 표시하여 치수 기입을 해도 된다.

해설
도면에서 정보용으로 사용되는 참고(보조) 치수는 ( ) 안에 표시한다.

06 다음 그림과 같은 제품을 굽힘 가공하기 위한 전개 길이는 약 몇 [mm]인가?

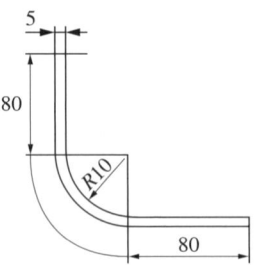

① 169.93
② 179.63
③ 185.83
④ 190.83

해설
전개 길이는 곡면 부분의 길이와 양쪽 평면 부분의 길이를 더하여 구한다. 곡면 부분의 평균 곡률이 12.5이므로(R10과 두께를 더한 R15의 평균).
곡면 부분의 길이 $l = 2\pi Re/4 = 2\pi \times 12.5/4 = 19.63$이므로, 전개 길이는 $160 + l = 179.63$이다.

07 다음 그림과 같은 도면에서 '가' 부분에 들어갈 가장 적절한 기하공차의 기호는?

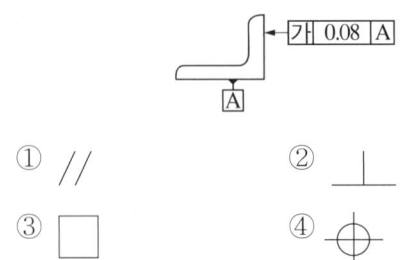

① //
② ⊥
③ □
④ ⊕

해설

종류	의미 및 표현방법	기호
평행도	데이텀에 평행하도록 하고 평면도의 표현방법을 인용한다.	//
직각도	데이텀에 직각이 되도록 하고 진직도 표현방법을 인용한다.	⊥
경사도	데이텀과 요구되는 각을 이루도록 하고 평면도 표현방법을 인용한다.	∠
위치도	데이텀을 기준으로 하고 진직도의 표현방법을 인용한다.	⊕
동축도 또는 동심도	데이텀을 기준으로 하고 진직도의 표현방법을 인용한다.	◎
평면도	얼마나 평평한지를 가상의 완벽한 두 평면 사이에 존재하도록 배치하여 간격을 표현한다.	▱

08 구멍의 치수가 $\varnothing 50^{+0.005}_{-0.004}$이고, 축의 치수가 $\varnothing 50^{+0.005}_{-0.004}$일 때 최대 틈새는?

① 0.004 ② 0.005
③ 0.008 ④ 0.009

해설
구멍이 가장 크고, 축이 가장 작을 때 가장 큰 틈새가 생긴다.
50.005 − 49.996 = 0.009

09 다음 그림의 기호가 의미하는 표면의 무늬결 지시에 대한 설명으로 옳은 것은?

① 표면의 무늬결이 여러 방향이다.
② 표면의 무늬결 방향이 기호가 사용된 투상면에 수직이다.
③ 기호가 적용되는 표면의 중심에 대해 대략적으로 원이다.
④ 기호가 사용되는 투상면에 관해 2개의 경사 방향에 교차한다.

해설

기호	의미	설명 및 도면 지시
=	커터의 줄무늬 방향이 기호를 지시한 도면의 투상면에 평행하다. 예 셰이핑면	
⊥	커터의 줄무늬 방향이 기호를 지시한 도면의 투상면에 직각이다. 예 셰이핑면(옆으로부터 보는 상태), 선삭, 원통 연삭면	
×	커터의 줄무늬 방향이 기호를 지시한 도면의 투상면에 경사지고 두 방향으로 교차한다. 예 호닝 다듬질면	
M	커터의 줄무늬 방향이 여러 방향으로 교차 또는 무방향이다. 예 래핑 다듬질면, 슈퍼 피니싱면, 가로 이송을 한 정면밀링 또는 앤드밀 절삭면	
C	가공에 의한 커터의 줄무늬가 기호를 지시한 면 중심에 대하여 대략 동심원 모양이다. 예 끝면 절삭면	
R	커터의 줄무늬가 기호를 지시한 면의 중심에 대하여 대략 레이디얼 모양이다.	

10 표면의 결 도시기호가 다음 그림과 같이 나타났을 때 설명으로 옳지 않은 것은?

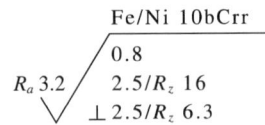

① 니켈-크롬 코팅이 적용되어 있다.
② 가공 여유는 0.8[mm]를 준다.
③ 샘플링 길이 2.5[mm]에서 R_z 6.3~16[μm]를 만족해야 한다.
④ 투상면에 대해 대략 수직인 줄무늬 방향이다.

해설
0.8은 산술평균표면거칠기 외의 표면거칠기이다. 가공 여유는 다음의 위치에 표기한다.

해설

구멍* 볼트, 리벳	구멍			
	카운터 싱크 없음	가까운 면에 카운터 싱크 있음	먼 면에 카운터 싱크 있음	양쪽 면에 카운터 싱크 있음
공장에서 드릴가공 및 끼워맞춤				
공장에서 드릴가공, 현장에서 끼워맞춤				
현장에서 드릴가공 및 끼워맞춤				

* 구멍과 리벳을 구분하기 위해 구멍이나 체결품의 올바른 표시법이 관련 표준에 따라 주어져야 한다.

보기 : 지름 13[mm]의 구멍 표시법은 φ13, 지름 12[mm], 길이 50[mm]의 미터나사의 볼트에 대한 표시방법은 M12×50이며, 지름 12[mm], 길이 50[mm]의 리벳 표시법은 φ12×50이다.

11 구멍에 끼워맞추기 위한 구멍, 볼트, 리벳의 기호 표시에서 구멍 가까운 면에 카운터 싱크가 있고, 공장에서 드릴가공, 현장에서 끼워맞춤에 해당하는 것은?

① 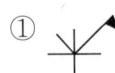 ②

③  ④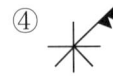

12 치수 보조기호에 대한 설명으로 옳지 않은 것은?

① $R15$: 반지름 15
② $t15$: 판 두께 15
③ (15) : 절대 치수 15
④ $SR15$: 구의 반지름 15

해설
(15) : 참고 치수로 기재하지 않아도 알 수 있는 치수를 편의상 기입할 때 사용한다.

13 1,000[N]을 받고 100[rpm]으로 회전하는 수명 500시간짜리 볼베어링의 정격하중[N]은?

① 1,000 ② 1,442
③ 1,821 ④ 2,402

해설

$\frac{100}{3}$[rpm]으로 100만 회전할 때 500시간이 정격 수명이므로, 정격하중은 사용하중의 $\sqrt[3]{3}$ 배이다.

$1,000 \sqrt[3]{3} = 1,442 [N]$

14 주어진 원 위에 감긴 실을 팽팽히 잡아당기면서 풀 때, 실의 끝점이 그리는 궤적으로 만든 기어의 특징으로 옳지 않은 것은?

① 곡선이 단조롭고 가공이 쉽다.
② 가격이 저렴하고, 대중적으로 사용하여 호환이 쉽다.
③ 주로 시계나 계기류의 운동 전달용 기어로 사용한다.
④ 맞물린 기어를 미는 힘이 상대적으로 커 미끄러짐이 발생할 수 있다.

해설

운동 전달용 기어로는 미끄러짐 오차가 작은 사이클로이드 기어를 사용한다.
인벌류트 기어
- 주어진 원 위에 감긴 실을 팽팽히 잡아당기면서 풀 때, 실의 끝점이 그리는 궤적이 인벌류트 곡선이다.
- 이 곡선으로 만든 치형이 인벌류트 치형이다.
- 이 치형을 적용한 기어가 인벌류트 기어이다.
- 동력 전달용 기어에 사용한다.
- 장점 : 곡선이 단조로워 가공이 쉽고 가격이 저렴하며 호환성이 좋다. 이뿌리가 튼튼하고 중심거리 오차에 둔감하다.
- 단점 : 맞물린 기어를 미는 힘이 크고, 미끄러짐이 커 마멸되기 쉽다.

15 V벨트 전동에 대한 설명으로 옳지 않은 것은?

① 전동효율이 95[%] 이상으로 높다.
② 엇걸기를 사용하거나 이어서 사용하기 어렵다.
③ 속도비가 10 : 1 이상인 사용환경에서 효율적이다.
④ 중심거리가 2~5[m]에서 적당하나 몇 십 [cm]에서도 효과적으로 사용한다.

해설

V벨트 전동은 속도비가 7 : 1에서 10 : 1 이내에 적당하다.

16 미터나사의 허용응력이 112[kgf/mm²]이고, 나사에 작용할 최대 인장력이 200[kgf]일 때 이 나사의 규격은?(지름은 호칭지름을 사용한다)

① M1.4 ② M1.6
③ M1.8 ④ M2

해설

$d_2 = \sqrt{\frac{4P}{2\sigma_u}} = \sqrt{\frac{2 \times 200 [\text{kgf}]}{112 [\text{kgf/mm}^2]}} = 1.890 [\text{mm}]$

최솟값보다 큰 지름을 선택한다.

17 한쪽 축은 로드 끝(로드엔드)에 홈을 파고, 다른 한쪽 축은 소켓을 만들어서 홈을 판 후 두 축을 맞물리고, 쐐기와 같은 것으로 연결하는 축이음은?

① 유니버설 조인트
② 탠덤 커플링
③ 원심력 클러치
④ 코터

해설
코터이음
다음 그림과 같이 두 축에 홈을 판 후 코터를 박아 사용한다. 운전 중 그대로 결합하여 사용하거나 분해할 필요가 있는 곳에 사용한다.

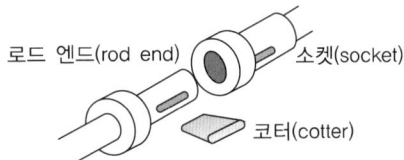

18 리벳이음에 대한 설명으로 옳지 않은 것은?

① 용접에 비해 작업이 쉽고, 열응력의 영향이 없다.
② 리벳에는 주로 전단응력이 작용한다.
③ 한 줄 이음은 두 줄 이음에 비해 강판의 효율이 높다.
④ 한 줄 이음은 두 줄 이음에 비해 리벳의 효율이 높다.

해설
평행형 이음의 경우 직각 방향의 힘에 대해 힘을 받는 남은 강판의 단면적은 변화가 없으므로 효율의 변화도 없다. 같은 수의 줄이음의 경우 강판효율은 원판의 강도 대비 남은 판의 강도로 기준 길이 내에 리벳을 더 박을수록 강판의 효율은 낮아지고, 리벳의 효율은 상승하므로, 작용력 대비 적절한 리벳의 개수를 정해야 한다.

19 다음 회로도에 대한 설명 중 옳은 것만 모두 고른 것은?

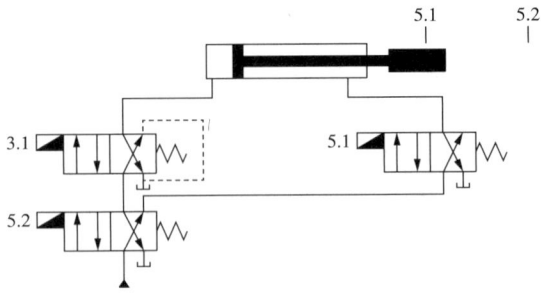

ㄱ. 이 회로도는 유압회로도이다.
ㄴ. 초기 상태는 실린더 후진 상태이다.
ㄷ. 이 회로도 외에 전기제어 회로도가 존재할 것이다.
ㄹ. 실린더가 전진 후 리밋 스위치에 닿으면 자동 복귀한다.

① ㄱ, ㄴ
② ㄷ, ㄹ
③ ㄴ, ㄷ, ㄹ
④ ㄱ, ㄴ, ㄷ

해설
ㄱ. 탱크가 검은색으로 막혀 있어 유압이 공급되고 있음을 알 수 있다.
ㄴ. 5.2의 신호가 없으면 첫 방향전환밸브는 오른쪽 밸브로 유압을 공급하며, 실린더 후진 상태에서는 5.1에 신호가 들어와 있으므로 실린더는 후진을 유지한다.
ㄷ. 방향전환밸브가 솔레노이드 밸브이며, 솔레노이드 밸브는 전기제어 회로도가 필요하다.
ㄹ. 5.2의 리밋 스위치에 신호가 닿으면 첫 방향전환밸브가 작동하여 왼쪽으로 유압이 공급되지만, 3.1의 신호가 들어오기 전까지는 실린더에 전진 유압이 작동하지 않는다.

20 곡면 모델링 시스템에 의해 만들어진 곡면을 불러들여 기존 모델의 평면을 바꾸는 모델링 기능은?

① 필렛팅(filleting) ② 트위킹(tweaking)
③ 리프팅(lifting)   ④ 스키닝(skinning)

> 해설
> 기본 솔리드 모델링 작업
> • 평면의 도형을 리프팅, 스위핑 등의 작업에 의해 3차원으로 형성한다.
> • 형성된 입체들을 유니언(union, 합치기), 서브트랙션(subtraction, 빼기), 인터섹션(intersection, 교차 추출) 등의 불리언(boolean) 작업을 통해 복잡한 형상체로 조합한다.
> • 평면에 대한 세부작업(곡면화 등)을 할 때 스키닝(skinning), 전개기능(flattening)을 이용한다.
> • 작업된 곡면을 불러들여 기존 모델링 곡면을 변경할 때 작성된 모서리, 꼭짓점을 잡아 비틀어 트위킹(tweaking)한다.

> 해설
> 문제의 그림은 가로축을 A금속-B금속(또는 A합금, B합금)의 2원 조성[%]으로 하고, 세로축을 온도[℃]로 하여 각 조성의 비율에 따라 나타나는 변태점을 연결하여 만든 평형상태도이다. α는 순수한 금속 A에 금속 B가 불순물로 침입하여 만들어낸 고용체이고, β 또한 B에 A가 고용된 고용체이다.

제2과목 기계재료 및 제작

21 금속에 대한 다음 그림의 설명으로 옳지 않은 것은?

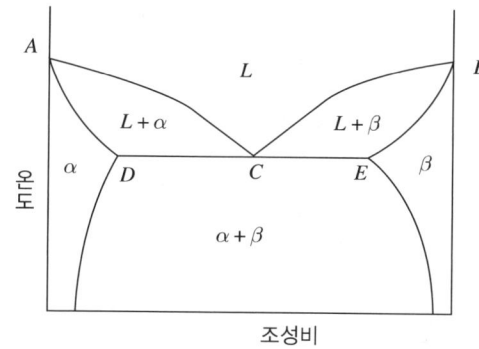

① 그림은 2원 조성 평형상태도이다.
② α 구역의 금속은 순수한 A 금속으로 이루어져 있다.
③ C점에서는 액상과 고상이 공존한다.
④ 직선 $D-C$와 곡선 $A-C$ 사이에 존재하는 α와 $D-C$선 아래에 나타나는 α는 서로 같은 금속체이다.

22 다음 그림의 C점 직하에 나타나는 금속분율[%]로 옳은 것은?

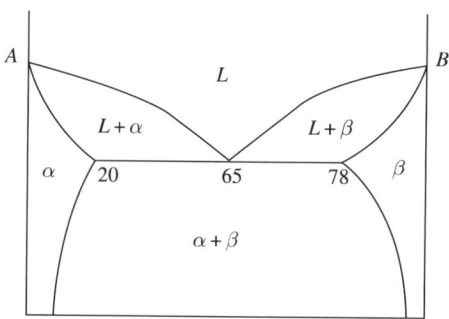

① α : 65, β : 35
② α : 35, β : 65
③ α : 22.4, β : 77.6
④ α : 11.7, β : 88.3

> 해설
> C점 직하의 선을 따라 20점 바로 좌측은 α가 100[%], 78점 바로 우측은 β가 100[%]인 점이므로 78-20선에서의 비율을 분율로 표시한다. 따라서 C점 직하에서 금속 α의 분율은 $\dfrac{(78-65)}{(78-20)} ≒ 22.4$이다.

23 Fe-Fe₃C에서 공석강에서 12[%]의 조성분율을 나타내는 철탄화물로 매우 단단하고 취성이 커서 부스러지기 쉬운 성질을 나타내며, 1,130[℃] 가열 시 흑연 분리가 일어나는 금속은?

① 펄라이트   ② 페라이트
③ 시멘타이트 ④ 레데부라이트

해설
시멘타이트(cementite, Fe₃C)
- 6.67[%]의 C를 함유한 철탄화물이다.
- 매우 단단하고 취성이 커서 부스러지기 쉽다.
- 1,130[℃]로 가열하면 빠른 속도로 흑연을 분리시킨다.
- 현미경으로 보면 희게 보이고 페라이트와 흡사하다.
- 순수한 시멘타이트는 210[℃] 이상에서 상자성체이고, 이 온도 이하에서는 강자성체이다. 이 온도를 A_0변태, 시멘타이트의 자기변태라고 한다.

24 탄소강의 기계적 성질에 대한 설명으로 옳지 않은 것은?

① 탄소의 함유량이 많을수록 기계적 성질은 증가하나 강도가 감소되고, 냉간가공이 잘되지 않는다.
② 탄소강이 200~300[℃]에서 상온일 때보다 인성이 저하하여 취성이 커지는 특성을 청열취성이라 한다.
③ 인을 많이 함유한 탄소강이 상온에서도 인성이 저하하여 취성이 커지는 특성을 적열취성이라 한다.
④ 과공석강에서 망상의 시멘타이트가 생기면서부터 변형이 잘 일어나지 않는다.

해설
인을 많이 함유한 탄소강이 상온에서도 인성이 저하하여 취성이 커지는 특성을 상온취성이라 한다. 적열취성은 황을 많이 함유한 탄소강이 약 950[℃]에서 인성이 저하하여 취성이 커지는 특성이다.

25 SM20C 재(材)에 대한 설명으로 옳지 않은 것은?

① 일반구조용 압연강재이다.
② 탄소 함유량이 0.2%C이다.
③ 열처리하면 각종 기계류의 부품재 및 구조용재로 사용한다.
④ SM20CK와 같이 끝에 (K)를 붙인 것은 침탄 표면 경화를 한 재료이다.

해설
SM재(材)는 기계구조용 탄소강이며, 일반구조용 압연강재는 SS재이다.

26 다음 보기에서 설명하는 합금은?

┌보기┐
- 단련용 Al합금으로, Al-Cu-Mg계이다.
- 4%Cu, 0.5%Mg, 0.5%Mn으로 구성된 시효경화성 합금이다.
- 가볍고 강도가 커서 항공기, 자동차, 운반기계 등에 사용한다.

① 실루민   ② Y합금
③ 두랄루민 ④ 알드리

해설
① 실루민 : Al에 Si를 11.6[%] 첨가한 합금이고, 공정점은 577[℃]이다. 이 조성을 실루민이라 한다.
② Y 합금 : 4%Cu, 2%Ni, 1.5%Mg 등을 함유하는 Al 합금이다. 고온에 강한 모래형 또는 금형 주물 및 단조용 합금으로, 경도가 적당하고 열전도율이 크다. 고온에서 기계적 성질이 우수하다. 내연기관용 피스톤, 공랭 실린더 헤드 등에 널리 쓰인다.
④ 알드리 : Al-Mg-Si계 합금이다. 상온가공과 고온가공이 가능하며, 내식성이 우수하고 전기전도율이 좋고 비중이 낮아서 송전선 등에 사용한다.

정답 23 ③ 24 ③ 25 ① 26 ③

27 6-4황동으로, 배의 밑바닥 피막을 입히거나 그 외 해수에 직접 닿을 수 있는 장소의 볼트 및 리벳 등에 사용하며, 적열하면 단조할 수 있어서 가단황동이라고도 하는 합금은?

① 문쯔메탈　　② 탄피황동
③ 톰백　　　　④ 애드미럴티

해설
① 문쯔메탈 : 영국인 Muntz가 개발한 합금으로 6-4황동이다. 적열하면 단조할 수 있어서 가단황동이라고도 한다. 배의 밑바닥 피막을 입히거나 그 외 해수에 직접 닿을 수 있는 장소의 볼트 및 리벳 등에 사용된다.
② 탄피황동 : 7-3 Cu-Zn 합금으로 강도와 연성이 좋아 딥드로잉(deep drawing)용으로 사용된다.
③ 톰백 : 8~20[%]의 아연을 구리에 첨가한 구리 합금은 황동 중에서 가장 금빛에 가까우며, 소량의 납을 첨가하여 가격이 저렴한 금색 합금을 만든다. 특히, 금종이의 대용품으로서 서적의 금박 입히기, 금색 인쇄에 사용된다.
④ 애드미럴티 황동 : 7-3황동에 Sn을 넣은 것으로 70%Cu-29%Zn-1%Sn이다. 전연성이 좋아 관 또는 판을 만들어 복수기, 증발기, 열교환기 등의 관에 이용한다.

28 고로에서의 각은 80~83° 정도, 높이는 3~4[m] 정도이며 고온에서 장입물이 용해되는 영역이기 때문에 내화물의 침식이 매우 심한 부분은?

① 노흉(shaft)　　② 노복(belly)
③ 보시(bosh)　　④ 노상(hearth)

해설
③ 보시(bosh) : 노흉, 노복으로부터 강하한 장입물이 용해되어 용적이 줄어들므로 보시 부위는 하부 지름이 상부 지름보다 작은 형상으로 되어 있다. 보시각도는 80~83° 정도이며, 높이는 3~4[m] 정도이다. 고온에서 장입물이 용해되는 영역이기 때문에 내화물의 침식이 매우 심한 부분이다.
① 노흉(shaft) : 노흉각이 너무 작으면 많은 양의 가스가 노벽을 따라 상승하므로 노벽연와 손상 우려가 있고, 노흉각이 너무 크면 장입물의 원활한 강하가 방해되어 노벽연와 손상 우려가 있다.
② 노복(belly) : 노상의 지름, 보시의 각도와 높이로 인하여 노복의 지름이 결정된다. 노복의 높이는 보시 높이, 노흉각, 높이를 감안하며 약 3[m] 전후이다.
④ 노상(hearth) : 용선, 용재를 일시 저장하는 부위이며, 풍구 앞에서 연료를 연소시키는 부분이다. 노상 크기는 저선재의 용량과 연료의 연소 능력, 즉 선철의 생산능력과 밀접한 관계가 있다.

29 조직을 가열하여 오스테나이트화한 후 조용한 공기 또는 약간 교반시킨 공기 중에서 냉각시키는 열처리 과정은?

① 불림　　② 풀림
③ 담금질　④ 뜨임

해설
불림(normalizing)
• 조직을 가열하여 오스테나이트화한 후 조용한 공기 또는 약간 교반시킨 공기 중에서 냉각시키는 과정이다.
• 뒤틀어지고, 응력이 생기고, 불균일해진 조직을 균일화, 표준화하는 것이 가장 큰 목적이다.
• 주조조직을 미세화하고 냉간가공, 단조 등에 의해 생긴 내부응력을 제거하여 결정조직, 기계적·물리적 성질 등을 표준화시킨다.

30 TTT 선도의 변태 시작점의 바로 위의 온도까지 급랭 후 항온을 유지하여 완전 조직을 만든 후 냉각시키는 방법으로 베이나이트 조직을 얻는 열처리는?

① 마퀜칭　　　② 마템퍼링
③ 오스템퍼링　④ 항온뜨임

해설
오스템퍼링 : 윗점까지 급랭 후 계속 항온을 유지하여 완전 조직을 만든 후 냉각시키는 방법이다. 이 과정에서 나온 조직이 베이나이트이며, 인성이 크고 강한 조직이 나온다.

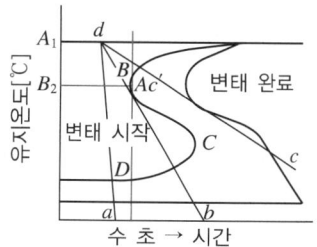

31 서브제로(sub-zero) 처리를 하는 주요 목적은?

① 잔류 오스테나이트 조직을 유지하기 위해
② 잔류 오스테나이트를 레데부라이트화하기 위해
③ 잔류 오스테나이트를 베이나이트화하기 위해
④ 잔류 오스테나이트를 마텐자이트화하기 위해

해설
잔류 오스테나이트 : 냉각 후 상온에서도 변태를 끝내지 못한 오스테나이트가 조직 내에 남는다. 이런 오스테나이트는 조직 내에서 어울리지 못하여 문제가 되므로 심랭처리(0[℃] 이하로 담금질, 서브제로, 과랭)하여 마텐자이트화하여 없앤다.

32 사이안화칼륨(KCN), 사이안화나트륨(NaCN) 등에 염화물이나 탄산염을 첨가하여 600~900[℃]로 가열된 염욕 중에 침탄 소재를 30분~1시간 침지시켜 C와 N이 동시에 침입하도록 하고, 담금질 후 뜨임을 하는 표면처리는?

① 고체침탄법   ② 액체침탄법
③ 가스침탄법   ④ 질화처리

해설
액체침탄법(침탄질화법, 청화법, 사이안화법) : 사이안화칼륨(KCN), 사이안화나트륨(NaCN) 등에 염화물이나 탄산염을 첨가하여 600~900[℃]로 가열된 염욕 중에 침탄 소재를 30분~1시간 침지시키면 C와 N이 동시에 침입하여 침탄과 질화가 이루어지는데, 이를 침탄 질화 또는 청화(cyaniding)라고도 한다. 침탄시간이 짧기 때문에 담금질 후 뜨임한다. 침탄경화층의 깊이는 0.2~0.5[mm], 침탄 부분의 탄소 함유량은 0.7~1.0[%] 정도가 된다.

33 절삭공구로 공작물 가공 시 유동형 칩이 발생하는 조건으로 옳지 않은 것은?

① 절삭 깊이가 클 때
② 연성재료로 가공할 때
③ 경사각이 클 때
④ 절삭속도가 빠를 때

해설
유동형 칩
• 칩이 공구의 윗면 경사면 위를 연속적으로 흘러 나가는 형태의 칩으로, 절삭저항이 작아서 가공 표면이 가장 깨끗하고 공구수명이 길다.
• 생성조건 : 절삭 깊이가 작은 경우, 공구의 윗면 경사각이 큰 경우, 절삭공구의 날 끝 온도가 낮은 경우, 윤활성이 좋은 절삭유를 사용하는 경우, 재질이 연하고 인성이 큰 재료를 큰 경사각으로 고속절삭하는 경우

34 다음 그림과 같은 리벳이음에서 피치를 p, 리벳지름을 d, 판의 두께를 T, 판의 인장응력을 f_t 라고 할 때 리벳효율 η를 구하면?(단, 리벳의 전단응력은 f_s 이다)

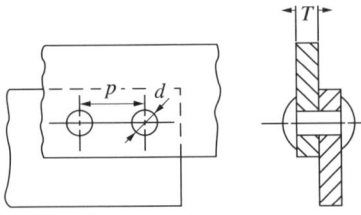

① $\eta = \dfrac{p-d}{p}$ ② $\eta = \dfrac{p-d}{d}$

③ $\eta = \dfrac{\pi d^2 f_t}{4pTf_s}$ ④ $\eta = \dfrac{\pi d^2 f_s}{4pTf_t}$

해설
리벳의 효율은 리벳이 없는 완전한 판의 힘 대비 리벳이 버티는 힘의 비이다.

$$\eta = \frac{\text{리벳이 버티는 힘}}{\text{완전한 판의 힘}} = \frac{f_s \frac{\pi}{4} d^2 \times 1[\text{개}]}{f_t \cdot p \cdot T}$$

35 브라운 샤프형 분할대로 5.5°의 각도를 분할할 때, 분할 크랭크의 회전을 어떻게 해야 하는가?

① 27구멍 분할판으로 14구멍씩
② 18구멍 분할판으로 11구멍씩
③ 21구멍 분할판으로 7구멍씩
④ 24구멍 분할판으로 15구멍씩

해설

브라운 샤프형 분할대는 9°씩 40개로 분할되어 있으므로 $\frac{5.5}{9}$와 비율이 같은 답은 $\frac{11}{18}$이다.

36 프레스 전단가공에서 두께 5[mm]인 SM40C 강판에 지름 50[mm]의 구멍을 펀칭할 때 최대 전단력은 약 얼마인가?(단, 전단강도 τ = 45[kg/mm²]이다)

① 10,831[kg]
② 17,663[kg]
③ 35,343[kg]
④ 70,686[kg]

해설

전단력은 전단강도와 면적의 곱이므로 구멍의 둘레 길이는
$\pi d = 3.14 \times 50[\text{mm}] = 157[\text{mm}]$

∴ $45[\text{kg/mm}^2] \times 157.08[\text{mm}] \times 5[\text{mm}] = 35,343[\text{kg}]$

37 다음 보기의 특징을 가진 용접결함은?

|보기|
- 이음설계결함이며 용접속도가 빠를 때, 용접 전류가 낮을 때, 부적당한 용접봉 사용 시 발생하는 결함이다.
- 맞닿은 모재의 뒷면까지 충분히 용접이 이루어지지 않는 결함이다.
- 루트 간격 및 치수를 크게 하거나 전류를 높이고 용접속도를 조절하여 방지한다.

① 언더컷 ② 오버랩
③ 기공   ④ 용입 불량

해설

결함	언더컷	오버랩
모양		
원인	• 전류가 높을 때 • 아크 길이가 길 때 • 용접속도가 적당하지 않을 때 • 적당하지 않은 용접봉 사용 시	• 전류가 낮을 때 • 운봉, 작업각과 진행각 불량 시 • 적당하지 않은 용접봉 사용 시
방지대책	• 전류를 낮춘다. • 아크 길이를 짧게 한다. • 용접 속도를 알맞게 한다. • 적절한 용접봉을 사용한다.	• 전류를 높인다. • 작업각과 진행각을 조정한다. • 적절한 용접봉을 사용한다.

결함	용입 불량	기공
모양		
원인	• 이음 설계 결함 • 용접속도가 빠를 때 • 용접전류가 낮을 때 • 적당하지 않은 용접봉 사용 시	• 수소나 일산화탄소 과잉 시 • 용접부의 급속한 응고 시 • 용접속도가 빠를 때 • 아크 길이가 적절하지 않을 때
방지대책	• 루트 간격 및 치수를 크게 한다. • 용접속도를 적당히 조절한다. • 전류를 높인다. • 적절한 용접봉을 사용한다.	• 건조된 저수소계 용접봉을 사용한다. • 전류 및 용접속도를 적절하게 한다. • 이음 표면을 깨끗이 하고 예열한다.

정답 35 ② 36 ③ 37 ④

38 용접 부위에 미세한 입상의 플럭스를 도포한 뒤 용접선과 나란히 설치된 레일 위를 주행대차가 지나가면서 와이어를 용접부로 공급시켜 플럭스 내부에 아크를 일으키는 용접법은?

① SAW
② ESW
③ EBW
④ STUD

해설
① 서브머지드 아크용접(SAW ; Submerged Arc Welding)
② 일렉트로 슬래그 용접(ESW ; Electro Slag Welding)
③ 전자빔 용접(EBW ; Electron Beam Welding)
④ 스터드 용접(STUD welding)

39 와이어 컷 방전가공에 대한 설명으로 옳지 않은 것은?

① 와이어를 전극으로 사용하여 띠톱을 사용하듯 가공한다.
② 전극에 음극을, 공작물에 양극을 걸어서 사용한다.
③ 방전현상을 이용하여 가공한다.
④ 일반적으로 수동 이송을 통하여 가공한다.

해설
방전가공의 전극 이동은 NC 코드를 이용하여 수치제어로 가공경로를 생성한다. 인체에 가까이 대고 가공하는 것은 위험하다.

40 레이저 가공에 대한 설명으로 옳지 않은 것은?

① 레이저는 밀도가 매우 높은 단색성을 갖는다.
② 레이저는 평행도가 높은 지향성을 갖는다.
③ 렌즈나 반사경을 이용하여 에너지를 집적한다.
④ 접촉가공을 실시한다.

해설
레이저 가공의 특징
• 밀도가 매우 높은 단색성, 평행도가 높은 지향성을 갖는다.
• 렌즈나 반사경을 이용하여 집적하여 순간적으로 가열, 용해, 증발한다.
• 비접촉가공을 한다.

제3과목 구조 해석

41 다음 그림과 같은 정삼각형 트러스의 B점에 수직 방향으로 100[N], C점에 수평 방향 100[N]이 작용할 때 AB에 작용하는 하중은?

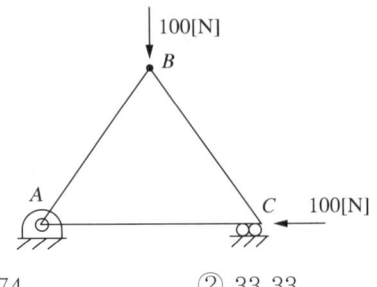

① 57.74
② 33.33
③ 173.21
④ 50

해설
강재 AB는 C점에 작용하는 100[N]의 영향을 받지 않으므로(삼각형을 강체로 볼 때 A점에서 x방향의 힘 100[N]을 상쇄하고, B점을 기준으로 AB, BC가 각각 x방향 힘의 평형을 이루어 C점의 100[N]에 영향을 주지 않음) B점을 중심으로 라미의 정리를 사용하여 B점에 작용하는 100[N]의 AB에 작용하는 힘을 찾는다.

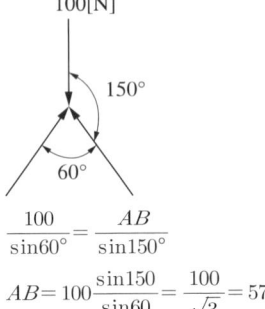

$$\frac{100}{\sin 60°} = \frac{AB}{\sin 150°}$$

$$AB = 100\frac{\sin 150}{\sin 60} = \frac{100}{\sqrt{3}} = 57.74$$

42 다음 그림과 같이 힘이 작용하는 같은 단면적과 재질을 가진 부재로 이루어진 구조물 안에 저장되는 탄성 변형에너지는?

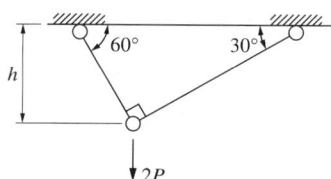

① $\dfrac{P^2h}{4AE}(1+\sqrt{3})$ ② $\dfrac{P^2h}{2AE}(1+\sqrt{3})$

③ $\dfrac{P^2h}{AE}(1+\sqrt{3})$ ④ $\dfrac{2P^2h}{AE}(1+\sqrt{3})$

해설

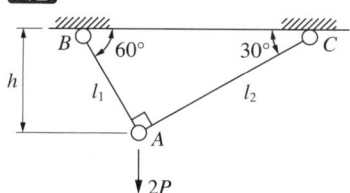

- 위의 그림과 같다고 하면 라미의 정리에 의해
  $F_{AB}=\sqrt{3}\,P$, $F_{AC}=P$
- 삼각비에 의해
  $l_1=\dfrac{2}{\sqrt{3}}h$, $l_2=2h$
- 각 부재의 탄성에너지 공식 $\dfrac{P^2 l}{2EA}$
  - 부재 AB에 저장된 탄성에너지
    $\dfrac{(\sqrt{3}\,P)^2\,\dfrac{2h}{\sqrt{3}}}{2EA}=\dfrac{2\sqrt{3}\,P^2 h}{2EA}$
  - 부재 AC에 저장된 탄성에너지
    $\dfrac{P^2\,2h}{2EA}$

∴ 구조물에 저장된 탄성에너지
$\dfrac{2\sqrt{3}\,P^2h}{2EA}+\dfrac{P^2\,2h}{2EA}=\dfrac{P^2h}{EA}\left(\dfrac{2\sqrt{3}+2}{2}\right)=\dfrac{P^2h}{EA}(\sqrt{3}+1)$

43 양단이 고정된 직경 30[mm], 길이가 10[m]인 중실축에서 다음 그림과 같이 비틀림 모멘트 1.5[kN·m]가 작용할 때 모멘트 작용점에서의 비틀림 각은 약 몇 [rad]인가?(단, 봉재의 전단탄성계수 G=100[GPa]이다)

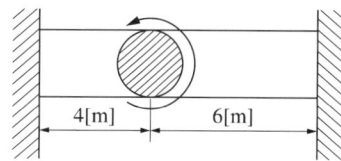

① 0.45 ② 0.56
③ 0.63 ④ 0.77

해설

$\phi_a=\dfrac{TL}{GI_p}=\dfrac{bT}{a+b}\dfrac{L}{GI_p}=\dfrac{bT}{a+b}\dfrac{a}{GI_p}$

$=\dfrac{ab}{a+b}\dfrac{T}{GI_p}$

$I_p=\dfrac{\pi d^4}{32}=79.5\times10^{-9}\,[\mathrm{m}^4]$

$\phi=\dfrac{6[\mathrm{m}]\times4[\mathrm{m}]}{10[\mathrm{m}]}\times\dfrac{1{,}500[\mathrm{N}\cdot\mathrm{m}]}{100\times10^9[\mathrm{N/m}^2]\times79.5\times10^{-9}[\mathrm{m}^4]}$

$=0.4528$

44 다음 그림과 같은 단순 지지보에서 반력 R_A는 몇 [kN]인가?

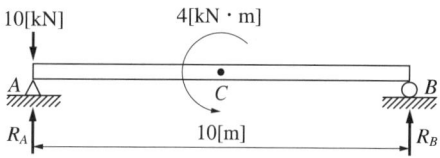

① 8 ② 8.4
③ 10 ④ 10.4

해설

$\sum M_A=M_C+R_B\times l=4[\mathrm{kN}\cdot\mathrm{m}]+R_B\times10[\mathrm{m}]=0$
$R_B=-0.4[\mathrm{kN}]$
$10[\mathrm{kN}]=R_A+R_B=0$
$R_A=10[\mathrm{kN}]+0.4[\mathrm{kN}]=10.4[\mathrm{kN}]$

45 다음 그림에서와 같이 지름이 50[cm], 무게가 100[N]의 잔디밭용 롤러를 높이 5[cm]의 계단 위로 밀어서 막 움직이게 하는 데 필요한 힘 F는 몇 [N]인가?

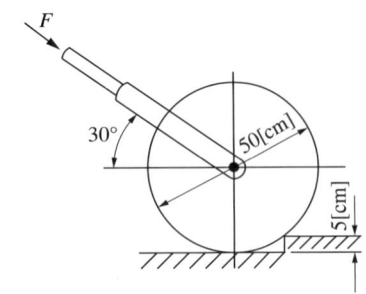

① 200 ② 87
③ 125 ④ 153

해설
막 움직이게 하는 힘을 요구하므로 롤러는 정지해 있다. 롤러와 계단 접촉점을 C라고 할 때 M_C가 시계 방향으로 0이 넘어서는 모멘트가 필요하며, 시계 방향을 양으로 하는 모멘트식을 기술한다.

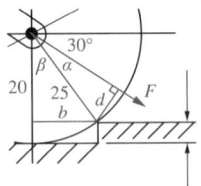

$M_C = F \times d - W \times b \geq 0$
위의 그림에 따라 각과 거리는
$\cos \beta = \dfrac{20}{25}$, $\beta = 36.87°$
$\alpha + \beta + 30° = 90°$
$\therefore \alpha = 23.13°$
또한, $b = 25[\text{cm}] \times \sin 36.87° = 15.00[\text{cm}]$
$d = 25[\text{cm}] \times \sin 23.13° = 9.82[\text{cm}]$
$M_C = F \times d - W \times b = F \times 9.82 - 100[\text{N}] \times 15 \geq 0$
$F \geq 1,500/9.82$, $F \geq 152.75[\text{N}]$

46 길이 60[cm]짜리 봉 끝에 전단력 100[N]이 작용할 때 원형 단면에 작용하는 최대 전단응력을 구하면?(단, 지름은 $d = 3[\text{cm}]$)

① 18.86[MPa] ② 2.65[MPa]
③ 265[kPa] ④ 188.6[kPa]

해설
원형 단면을 가진 원형 보의 전단응력
$\tau = \dfrac{4F}{3\pi r^2}\left[1 - \left(\dfrac{y_1}{r}\right)^2\right]$
$\tau = \dfrac{4F}{3\pi r^2} = \dfrac{4 \times 100[\text{N}]}{3\pi (15[\text{mm}])^2} = 0.1886[\text{MPa}] = 188.6[\text{kPa}]$

47 보의 자중을 무시할 때 다음 그림과 같이 자유단 C에 집중하중 $2P$가 작용할 때 B점에서 처짐 곡선의 기울기각은?(단, 세로탄성계수를 E, 단면 2차 모멘트를 I라고 한다)

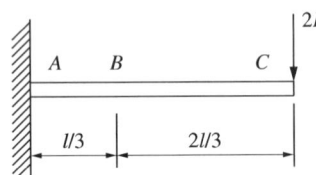

① $\dfrac{5}{9}\dfrac{Pl^2}{EI}$ ② $\dfrac{5}{18}\dfrac{Pl^2}{EI}$
③ $\dfrac{5}{27}\dfrac{Pl^2}{EI}$ ④ $\dfrac{5}{36}\dfrac{Pl^2}{EI}$

해설
외팔보의 중간 지점에서의 처짐각은 처짐량 $\dfrac{M}{EI}$의 x에 관한 식

$\dfrac{1}{EI}(Pl - Px)$를 적분한 $\dfrac{Plx}{EI} - \dfrac{Px^2}{2EI} + C = \dfrac{Plx}{EI} - \dfrac{Px^2}{2EI}$
(C는 상수이며, $x = 0$일 때 처짐각이 0이므로 $C = 0$)
$\theta_x = \dfrac{Px}{2EI}(2l - x)$

$\theta_B = \dfrac{2P \times \left(\dfrac{1}{3}l\right)}{2EI}\left(2l - \dfrac{1}{3}l\right) = \dfrac{5Pl^2}{9EI}$

48 다음 그림처럼 분포하중이 1차 함수 형태로 작용한다. $w = 0.5[\text{kN/m}]$, $l = 1[\text{m}]$일 때 $x = 0.25[\text{m}]$ 지점에서의 모멘트는?

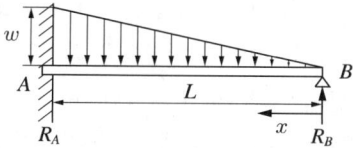

① $2.69[\text{kN} \cdot \text{m}]$ ② $1.12[\text{kN} \cdot \text{m}]$
③ $26[\text{N} \cdot \text{m}]$ ④ $11.2[\text{N} \cdot \text{m}]$

해설

$$M_x = \frac{wx}{30l}(5x^2 - 3l^2)$$
$$= \frac{0.5[\text{kN/m}] \times 0.25[\text{m}]}{30[\text{m}]}(5 \times 0.25^2 - 3 \times 1^2)[\text{m}^2]$$
$$= -0.0112[\text{kN} \cdot \text{m}] = -11.2[\text{N} \cdot \text{m}]$$

모멘트 식에서 부호는 힘의 방향을 의미한다.

49 다음 그림과 같이 간격이 있는 단면 $3[\text{cm}^2]$ 막대를 잡아당겨 홈에 볼트를 끼워 연결하려고 한다. 이때 볼트가 받는 전단응력은?(단, 부재 AB의 세로탄성계수는 $210[\text{GPa}]$, 부재 CD의 세로탄성계수는 $200[\text{GPa}]$이며, $d_1 = 2.5[\text{m}]$, $d_2 = 20[\text{mm}]$, $d_3 = 1.5[\text{m}]$이고 볼트의 지름은 $5[\text{mm}]$이다)

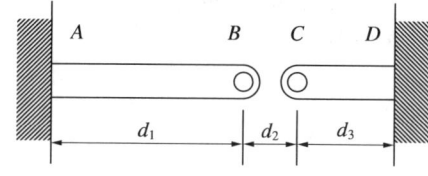

① $10.23[\text{GPa}]$ ② $15.74[\text{GPa}]$
③ $18.11[\text{GPa}]$ ④ $21[\text{GPa}]$

해설

$$\delta_1 + \delta_2 = \frac{PL_1}{E_1 A} + \frac{PL_2}{E_2 A}$$
$$\delta_1 + \delta_2 = 20[\text{mm}]$$
$$0.02[\text{m}] = \frac{P \times 2.5[\text{m}]}{210[\text{GN/m}^2] \times 0.0003[\text{m}^2]}$$
$$+ \frac{P \times 1.5[\text{m}]}{200[\text{GN/m}^2] \times 0.0003[\text{m}^2]} \quad (3.97 \times 10^{-8}[\text{m}]$$
$$+ 2.5 \times 10^{-8}[\text{m}]) \times P = 0.02[\text{m}]$$
$$6.47P = 0.02 \times 10^8$$
$$P = 309,119[\text{N}]$$
$$\tau = \frac{P}{A} = \frac{4 \times 309,119[\text{N}]}{\pi \times (5[\text{mm}])^2} = 15,743[\text{MPa}] = 15.74[\text{GPa}]$$

50 강재의 응력과 변형률에 관한 설명으로 옳지 않은 것은?

① 영계수는 응력과 변형률이 일정 구간 비례하는 것을 발견하여 비례율을 수치로 표현한 것이다.
② 탄성한계까지 변형을 일으키고 힘을 제거하면 처음 상태와 비교하여 약간 변형이 일어나는데 이를 히스테리시스 변형이라 한다.
③ 인장시험에서 최초 단면적에 대하여 작용하는 힘을 응력으로 계산한 것을 진응력이라고 하며, 부피가 보존된다는 것을 고려하여 계산한다.
④ 진변형률은 변형이 일어날수록 점점 큰 값을 나타내며, 진변형률 = ln(변형률 + 1)의 관계를 가진다.

해설

진응력은 부피가 보존된다는 것을 고려하여 길이가 늘어남에 따라 작아진 단면적을 적용한 응력으로, 적용하는 단면적이 지속적으로 변화한다.

51 지름 20[mm], 길이 1,000[mm]의 연강봉이 500[℃]의 고온환경에서 장시간 50[kN]의 인장하중을 받을 때, 크리프 변형을 포함한 총신장량은 약 몇 [mm]인가?(단, 탄성계수 E = 210[GPa]이며, 크리프에 의한 추가 변형률은 1.5×10^{-3}이다)

① 0.758[mm] ② 1.5[mm]
③ 2.3[mm]   ④ 4.15[mm]

해설

- 탄성 변형량 계산

$$\delta_L = \frac{PL}{AE}$$
$$= \frac{50,000 \times 1,000}{314.16 \times 210 \times 10^3}$$
$$= 0.758[\text{mm}]$$

- $P = 50[\text{kN}] = 50,000[\text{N}]$
- $L = 1,000[\text{mm}]$
- $A = \frac{\pi d^2}{4} = \frac{\pi (20)^2}{4} = 3.1416[\text{mm}^2]$
- $E = 210[\text{GPa}] = 210 \times 10^3[\text{MPa}]$

- 크리프 변형량 계산
  - 크리프 변형률 : $\varepsilon_C = 1.5 \times 10^{-3}$
  - 봉의 길이 : $L = 1,000[\text{mm}]$

$$\delta_C = (1.5 \times 10^{-3}) \times 1,000 = 1.5[\text{mm}]$$
$$\delta_{total} = \delta_L + \delta_C = 0.758 + 1.5 = 2.258[\text{mm}]$$

52 다음 그림과 같이 지름이 각각 연강 10[mm], 구리합금 20[mm], 스테인리스강 20[mm]인 세 개의 막대가 강성판 사이에 배치되어 있다. 또한, 연강(E_1 = 210[GPa]), 구리합금(E_2 = 110[GPa]), 스테인리스강(E_3 = 190[GPa])으로 이루어져 있다. 전체 구조물에 인장하중 P = 100[kN]이 가해질 때, 재료 1(연강)과 재료 3(스테인리스강)에 발생하는 수직응력은 얼마인가?(단, 강성판은 항상 수평을 유지하며 세 재료의 변형량은 동일하다)

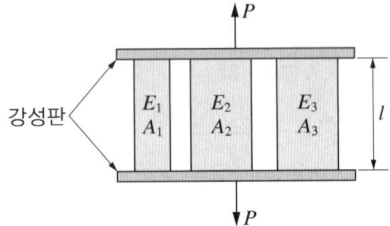

① 약 190[MPa], 약 170[MPa]
② 약 190[kPa], 약 170[kPa]
③ 약 210[MPa], 약 110[MPa]
④ 약 210[kPa], 약 170[kPa]

해설

$$\sigma_1 = \frac{PE_1}{A_1E_1 + A_2E_2 + A_3E_3}$$

$$\sigma_3 = \frac{PE_3}{A_1E_1 + A_2E_2 + A_3E_3}$$ 이므로

$A_1E_1 + A_2E_2 + A_3E_3 = 210[\text{GPa}] \times 78.54[\text{mm}^2]$
$+ 110[\text{GPa}] \times 314.16[\text{mm}^2] + 190[\text{GPa}] \times 314.16[\text{mm}^2]$
$= 110,741.4[\text{GPa} \cdot \text{mm}^2]$

$$\sigma_1 = \frac{PE_1}{E_1A_1 + E_2A_2 + E_3A_3} = \frac{100[\text{kN}] \times 210[\text{GPa}]}{110,741.4[\text{GPa} \cdot \text{mm}^2]}$$
$$= 0.190[\text{GPa}] = 190[\text{MPa}]$$

$$\sigma_3 = \frac{PE_3}{E_1A_1 + E_2A_2 + E_3A_3} = \frac{100[\text{kN}] \times 190[\text{GPa}]}{110,741.4[\text{GPa} \cdot \text{mm}^2]}$$
$$= 0.172[\text{GPa}] = 172[\text{MPa}]$$

※ $\text{GPa} = \text{kN}/\text{mm}^2$

53 지름이 50[mm], 높이가 1.2[m]인 원추형 연강 막대가 위쪽에서 고정되어 있을 때 자중에 의해 발생하는 신장량 δ는 약 몇 [mm]인가?(단, 연강의 탄성계수는 210[GPa]이고, 단위체적당 중량은 78.5 [kN/m³]이다)

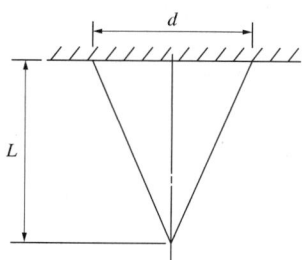

① 8.97×10^{-5}[mm] ② 2.97×10^{-5}[mm]
③ 5.4×10^{-5}[mm]   ④ 7.5×10^{-5}[mm]

해설

$$d\delta = \frac{1}{3}\frac{\gamma Ax}{EA}dx = \frac{1}{3}\frac{\gamma x}{E}dx$$

$$\delta = \int_0^L d\delta = \int_0^L \frac{1}{3}\frac{\gamma x}{E}dx = \frac{\gamma}{3E}\frac{L^2}{2} = \frac{\gamma L^2}{6E}$$

$$\delta = \frac{78,500[\text{N/m}^3] \times (1.2[\text{m}])^2}{6 \times 210[\text{GPa}]} = 8.97 \times 10^{-5}[\text{mm}]$$

54 양단이 고정된 단면적 1[cm²]인 길이 2[m]의 케이블이 있다. 이 케이블은 왼쪽 지점에서 1.5[m], 오른쪽 지점에서 0.5[m] 떨어진 위치에서 지지되고 있으며, 중앙 B점에서 아래로 10[mm] 처지게 하려면 필요한 힘 P는 얼마인가?(단, E = 200[GPa], g와 자중은 무시한다)

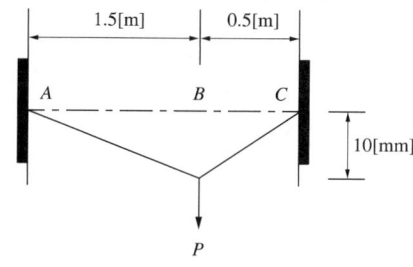

① 약 40[N]   ② 약 80[N]
③ 약 120[N] ④ 약 160[N]

해설

하중 방향으로 10[mm]가 늘어났으므로 부재 AB는 1.5[m]에서 1,500.033[mm]로 늘었고, 부재 BC는 500.099[mm]로 늘었으므로

$$\delta = \frac{T_1 L_1}{EA}$$

$$0.033[\text{mm}] = \frac{T_1 \times 1,500[\text{mm}]}{200[\text{kN/mm}^2] \times 100[\text{mm}^2]}$$

$T_1 = 0.44[\text{kN}] = 440[\text{N}]$

$$\delta = \frac{T_2 L_2}{EA}$$

$$0.099[\text{mm}] = \frac{T_2 \times 500[\text{mm}]}{200[\text{kN/mm}^2] \times 100[\text{mm}^2]}$$

$T_2 = 3.96[\text{kN}] = 3,960[\text{N}]$

T_1, T_2에 의한 P방향 분력은 각각

$\sin a = \dfrac{10}{1,500}$, $\sin b = \dfrac{10}{500}$

$440 \times \dfrac{10}{1,500} = 2.933[\text{N}]$, $3,960 \times \dfrac{10}{500} = 79.2[\text{N}]$

따라서 합력은 82.133[N]이다.

※ $200[\text{GPa}] = 200[\text{kN/mm}^2]$

55 다음 그림과 같이 외팔보의 끝점 L에서의 처짐량은?

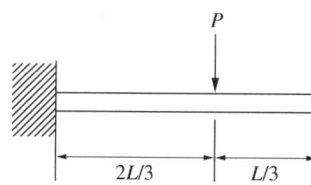

① $\dfrac{5PL^3}{48EI}$ ② $\dfrac{15PL^3}{83EI}$

③ $\dfrac{34PL^3}{243EI}$ ④ $\dfrac{86PL^3}{125EI}$

해설

$2L/3$지점에서의 변형에너지는 $\dfrac{4P^2L^3}{81EI}$이고, 이에 따른 처짐은 P에 대한 편미분값과 같으므로 $\dfrac{8PL^3}{81EI}$이다.

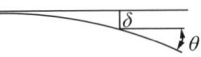

위의 그림과 같으므로 이 점에서의 처짐각은

$\theta_{2L/3} = \dfrac{\partial U}{\partial M_A}$, $\theta_{2L/3} = \dfrac{10PL^2}{81EI}$

$\delta_L = \delta_{2L/3} + \theta_{2L/3} \times (L - 2L/3)$

$= \dfrac{8PL^3}{81EI} + \dfrac{10PL^2}{81EI} \times \dfrac{L}{3} = \dfrac{8PL^3}{81EI} + \dfrac{10PL^3}{243EI} = \dfrac{34PL^3}{243EI}$

※ 선다형 문제에서 가능한 답안 선택방법

이 문제는 2~3문제를 합쳐 놓은 분량이 되므로 시간을 아끼기 위해서는 추정에 의한 선택도 가능하다. $2L/3$지점의 처짐량이 약 0.099의 계수를 갖고 있는데, ①의 계수는 거의 0.10에 가까워진 $L/3$이 더해진 지점이므로 답이 되기 어렵다. 대략 1.2~1.4가 곱해진 수라고 추정하며, 이에 ④의 계수는 지나치게 커서 ②, ③ 중에서 정답이 될 것이다. 그러나 ②의 분모 83은 소수여서 어떤 계산과정을 거쳐 나올 수 있는 수가 아니므로, 계산에 의해 나올 수 있는 정답은 ③밖에 없다.

56 다음 그림과 같이 P가 작용할 때 모멘트의 최댓값은?

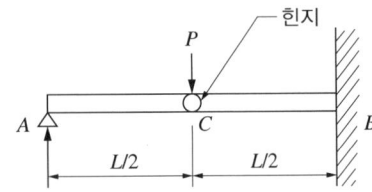

① $\dfrac{PL}{4}$ ② $\dfrac{3PL}{8}$

③ $\dfrac{PL}{2}$ ④ $\dfrac{3PL}{4}$

해설

$R_A + R_B + R_C = P$

$\sum M_B = R_A \times L + P \times \dfrac{L}{2} = 0$

$R_A = \dfrac{PL}{4}$

57 단면의 넓이가 1,000[mm²]인 사각 단면봉을 1,000[N]으로 잡아당길 때 $\theta = 60°$인 단면에 생기는 전단응력은?

① 50[kPa] ② 151[kPa]
③ 357[kPa] ④ 433[kPa]

해설

$\sigma = \dfrac{F}{A} = \dfrac{1,000[N]}{1,000[mm^2]} = 1[MPa]$

$\tau_\theta = -\dfrac{\sigma}{2}\sin 2\theta = -\dfrac{1}{2} \times \sin(120°)$

$= -0.433[MPa] = -433[kPa]$

58 끝이 닫혀 있는 벽의 둥근 원통형 압력용기에 내압 2[MPa]이 작용한다. 용기 벽의 안쪽 표면응력 상태에서 일어나는 절대 최대 전단응력을 구하면?(단, 탱크의 반경은 500[mm], 벽 두께는 5[mm]이다)

① 50[MPa] ② 100[MPa]
③ 150[MPa] ④ 200[MPa]

해설

3축 응력을 계산하면
- 원주 방향 응력

$\sigma_h = \dfrac{Pr}{t} = \dfrac{2[MPa] \times 500[mm]}{5[mm]} = 200[MPa]$

- 축 방향 응력

$\sigma_a = \dfrac{Pr}{2t} = \dfrac{2[MPa] \times 500[mm]}{2 \times 5[mm]} = 100[MPa]$

내압 $P = -2[MPa]$
최대 주응력 $\sigma_h = 200[MPa]$
최소 주응력 $\sigma_r = -2[MPa]$

$\tau_{max} = \dfrac{200 - (-2)}{2} = \dfrac{202}{2} = 101[MPa]$

59 직사각형 단면의 단주에 100[kN] 하중이 중심에서 0.5[m]만큼 편심되어 작용할 때 이 부재 AC에서 생기는 최대 인장응력은 몇 [kPa]인가?(단, 단면은 2[m]×2[m] 정사각형이다)

① 55.5[kPa] ② 62.5[kPa]
③ 70[kPa]   ④ 75.5[kPa]

해설

$$\sigma_N = \frac{P}{A} = \frac{100[\text{kN}]}{4[\text{m}^2]} = 25[\text{kPa}]$$

$$\sigma_M = \frac{M}{Z} = \frac{Pe}{\frac{bh^2}{6}} = \frac{6 \times 100[\text{kN}] \times 0.5[\text{m}]}{2 \times 2^2[\text{m}^3]} = 37.5[\text{kPa}]$$

최대 인장응력은 축력에 의한 응력과 휨에 의한 응력이 같은 방향(인장 방향)으로 작용하는 곳에서 발생하므로,
$\sigma_{\max} = \sigma_N + \sigma_M = 62.5[\text{kPa}]$
※ $\text{kPa} = \text{kN/m}^2$

60 다음 그림과 같이 분포하중이 작용하는 보에서 모멘트가 최대가 되는 A에서부터의 거리는?

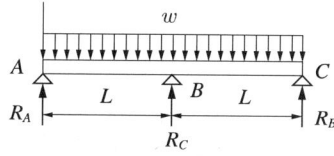

① $5L/8$, $11L/8$ ② $L/2$, $3L/2$
③ $3L/4$, $5L/4$ ④ $3L/5$, $6L/5$

해설

$R_A + R_B + R_C = wL$

$M_A = R_B(L/2) + R_C L = wL \cdot \frac{L}{2}$

$M_C = R_A L + R_B(L/2) = wL \cdot \frac{L}{2}$

$R_A = R_C = \frac{3}{8}wL$, $R_B = \frac{5}{8}wL$

SFD를 그리면 다음 그림과 같고, 전단력 0인 지점에서 최대 모멘트이다.

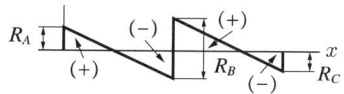

제4과목 열·유체 해석

61 열역학 상태량에 대한 설명으로 옳은 것은?

① 엔탈피는 점함수이다.
② 엔트로피는 비가역과정에 대해서 경로함수이다.
③ 시스템 내 기체가 열평형 상태라고 하는 것은 압력이 시간에 따라 변하지 않는 상태이다.
④ 비체적은 종량적(extensive) 상태량이다.

해설

① $H = U + PV$이고 내부에너지, 압력, 체적이 모두 상태량이므로 엔탈피도 상태량이다. 점함수는 경로와 무관하게 결정되는 함수이므로 옳은 설명이다.
② 엔트로피(S)는 상태량이며, 경로에 의존하지 않고 초기 및 최종 상태에 의해 결정된다.
③ 열평형은 온도가 변하지 않는 상태이다.
④ 종량적(extensive) 상태량은 질량에 따라 변화하는 상태량이고, 강도성(intensive) 상태량은 질량과 무관한 상태량이다. 비체적은 질량을 고정하는 상태량이므로 강도성 상태량이다.

62 다음 중 카르노 사이클(carnot cycle)에 대한 설명으로 옳지 않은 것은?

① 카르노 사이클은 가역과정으로만 이루어져 있으며, 동일한 온도범위에서 작동하는 모든 열기관 중 가장 높은 열효율을 가진다.
② 카르노 사이클의 열효율은 고온 열원의 온도가 높을수록 증가하고, 저온 열원의 온도가 낮을수록 증가한다.
③ 카르노 사이클이 실제 열기관보다 높은 효율을 가져 그대로 실현은 불가능하나 열기관 설계의 기반이 된다.
④ 카르노 사이클을 구성하는 4개의 과정(두 개의 등온과정, 두 개의 단열과정) 중 단열과정에서는 열의 출입이 없으므로 엔트로피만 변화한다.

해설

단열과정에서는 열 출입이 없어 엔트로피 변화도 없다.

정답 59 ② 60 ① 61 ① 62 ④

63 유동일(viscoelasticity) 거동을 보이는 재료의 특성에 대한 설명으로 가장 옳은 것은?

① 응력과 변형률이 항상 선형관계를 유지하며, 하중 제거 후 즉시 원래 형상으로 복원된다.
② 일정한 응력이 가해질 때 변형률이 시간에 따라 증가하거나, 일정한 변형률이 가해질 때 응력이 시간에 따라 감소할 수 있다.
③ 단순한 뉴턴유체(newtonian fluid)처럼 점성계수(viscosity)만으로 거동이 결정되며, 탄성적 변형은 나타나지 않는다.
④ 하중이 가해질 때 변형률의 크기는 변형속도와 관계없이 항상 동일하며, 오직 탄성계수(elastic modulus)에 의해 결정된다.

해설
유동일은 유체에 의한 힘에 의해 발생하는 일이다. ①, ③은 고형 재료에서 이루어지는 하중과의 관계에 대한 설명이다. ④는 유동일과는 무관한 설명이다.

64 이상기체로 가정된 공기가 단열압축기를 통해 흐르며 입구온도는 300[K], 출구온도는 450[K]이다 압축기의 단위질량당 소요되는 일(비체적 일, W_c)은 얼마인가?(단, 공기의 비열비 1.4, $R = 287$[J/kg·K]).

① 120.3[kJ/kg]   ② 135.9[kJ/kg]
③ 150.7[kJ/kg]   ④ 165.2[kJ/kg]

해설
$W_c = mC_p(T_1 - T_2)$
$C_p = \frac{\kappa}{\kappa-1}R = \frac{1.4}{0.4} \times 287[\text{J/kg·K}] = 1,004.5[\text{J/kg·K}]$
$w_c = W_c/m = C_p \Delta T = 1,004.5[\text{J/(kg·K)}] \times 150[\text{K}]$
$= 150,675[\text{J/kg}] = 150.7[\text{kJ/kg}]$

65 실린더 내의 공기가 100[kPa], 20[℃] 상태에서 300[kPa]이 될 때까지 가역단열과정으로 압축된다. 이 과정에서 실린더 내의 계에서 엔트로피의 변화[kJ/(kg·K)]는?(단, 공기의 비열비(k)는 1.4이다)

① −1.35   ② 0
③ 1.35   ④ 13.5

해설
가역단열과정은 열변화가 없는 과정이어서 엔트로피 변화량은 없다.

66 랭킨사이클에서 보일러 입구 엔탈피 192.5[kJ/kg], 터빈 입구 엔탈피 3,002.5[kJ/kg], 응축기 입구 엔탈피 2,361.8[kJ/kg]일 때 열효율[%]은?(단, 펌프의 동력은 무시한다)

① 20.3   ② 22.8
③ 25.7   ④ 29.5

해설
$\eta = \frac{W_{net}}{Q_{in}} \times 100$이고, $W_{net} = W_{turbine}$으로 간주한다.
$W_{turbine} = h_2 - h_3$, $Q_{in} = h_2 - h_1$
$W_{turbine} = 3,002.5 - 2,361.8 = 640.7[\text{kJ/kg}]$
$Q_{in} = 3,002.5 - 192.5 = 2,810[\text{kJ/kg}]$
$\eta = \frac{640.7}{2,810} = 0.228 = 22.8[\%]$

67 실린더의 지름 200[mm], 행정 200[mm], 400[rpm], 기통 수가 3기통인 냉동기의 냉동능력이 5.72[RT]이다. 이때 냉동효과[kJ/kg]는?(단, 체적효율은 0.75, 압축기의 흡입 시의 비체적은 0.5[m³/kg]이고, 1[RT]는 3.8[kW]이다)

① 115.3 ② 110.8
③ 89.4   ④ 68.8

해설
냉동능력 = 냉동 순환량 × 냉동효과
- 냉동 순환량
  먼저, 실린더의 체적효율을 감안한 총공기 흡입량은
  $\frac{\pi d^2}{4} \times l \times n \times N \times 0.75$
  $= \frac{\pi}{4} \times (0.2[m])^2 \times 0.2[m] \times 3 \times \frac{20}{3}[rps] \times 0.75$
  $= 0.0942[m^3/s]$
  이 체적의 공기 무게는
  $\frac{0.0942[m^3/s]}{0.5[m^3/kg]} = 0.1884[kg/s]$
- 냉동능력
  5.72[RT] = 5.72×3.8[kW] = 21.736[kW] = 21.736[kJ/s]
- 냉동효과
  21.736[kJ/s] = 0.1884[kg/s] × 냉동효과
  ∴ 냉동효과 = 115.37[kJ/kg]

68 비압축성 유체의 2차원 정상 유동에서 x방향의 속도를 u, y방향의 속도를 v라고 할 때 다음에 주어진 식들 중에서 연속 방정식을 만족하는 것은?

① $u = 2x + 2y, \ v = 2x - 2y$
② $u = x + 2y, \ v = x^2 - 2y$
③ $u = 2x + y, \ v = x^2 + 2y$
④ $u = x + 2y, \ v = 2x - y^2$

해설
비압축성 유체의 연속 방정식은 $\frac{\partial u}{\partial x} + \frac{\partial v}{\partial y} = 0$이다.

② $\frac{\partial u}{\partial x} = 0, \ \frac{\partial v}{\partial y} = -2$
③ $\frac{\partial u}{\partial x} = 2, \ \frac{\partial v}{\partial y} = 2$
④ $\frac{\partial u}{\partial x} + \frac{\partial v}{\partial y} = 1 - 2y$

69 증기터빈에서 질량유량이 1.5[kg/s]이고, 열손실률이 8.5[kW]이다. 터빈으로 출입하는 수증기에 대하여 다음 그림에 표시한 바와 같은 데이터가 주어진다면 터빈의 출력[kW]은 약 얼마인가?

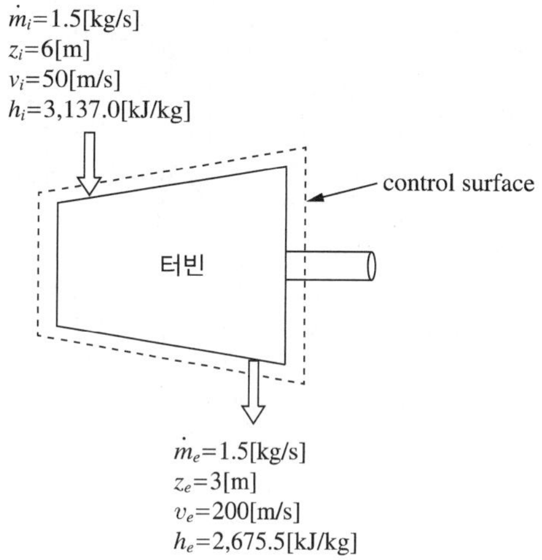

$\dot{m}_i = 1.5[kg/s]$
$z_i = 6[m]$
$v_i = 50[m/s]$
$h_i = 3,137.0[kJ/kg]$

control surface
터빈

$\dot{m}_e = 1.5[kg/s]$
$z_e = 3[m]$
$v_e = 200[m/s]$
$h_e = 2,675.5[kJ/kg]$

① 273.3   ② 655.7
③ 1,357.2 ④ 2,616.8

해설
$\dot{Q} - \dot{W} = \dot{m}\left[(h_2 - h_1) + \frac{V_2^2 - V_1^2}{2g} + g(z_2 - z_1)\right]$
$h_2 - h_1 = 2,675.5 - 3,137.0 = -461.5[kJ/kg]$
$\frac{V_2^2 - V_1^2}{2 \times 1,000} = \frac{200^2 - 50^2}{2 \times 1,000} = 18.75[kJ/kg]$
위치 E 변화량 $= 9.81(3,000 - 6,000) = -0.02943[kJ/kg]$
$-8.5 - W_T = (1.5) \times (-442.78)$
$W_T = 655.67[kW]$

70 사바테 사이클에 대한 설명으로 옳지 않은 것은?

① 고속 복합 디젤사이클이다.
② 정압연소와 정적연소가 동시에 일어난다.
③ 압축비(ε), 폭발비(ρ), 단절비(σ), 비열비(κ)를 이용하여 효율을 구할 수 있으며, 그 식은 $\eta_s = \left[1 - \left(\dfrac{1}{\varepsilon}\right)^{\kappa-1}\right] \cdot \left[\dfrac{\rho \cdot \sigma^\kappa - 1}{(\rho-1)+\kappa\rho(\sigma-1)}\right]$ 이다.
④ 사바테 사이클은 이상적인 사이클이다.

해설
사바테 사이클은 다음 그림과 같이 고속 디젤사이클에서 연소속도를 확보하기 위하여 압축폭발 전 정적연소를 시행하는 사이클이다. 이론적인 사이클이며 피스톤이 연속적으로 운동하는 시점에 밀폐 상태에서 폭발하므로 폭발순간 정적연소로 간주하지만 실제 체적이 유지되는 것은 아니다.

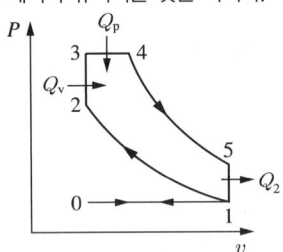

71 다음 중 점성계수를 측정하는 점도계가 아닌 것은?

① 오스트발트(ostwald) 점도계
② 세이볼트(saybolt) 점도계
③ 낙구식 점도계
④ 마노미터식 점도계

해설
④ 마노미터식 점도계 : 마노미터는 압력측정기기이다.
① 오스트발트(ostwald) 점도계 : 모세관 점도계의 일종으로 뉴턴 유체의 점도 측정에 이용한다.
② 세이볼트(saybolt) 점도계 : 석유 제품 점도를 측정하는 점도계이다.
③ 낙구식 점도계 : 스토크스 법칙을 이용하며, 공을 떨어뜨려 떨어지는 속도를 이용하여 점도를 측정한다.

72 실온에서 공기의 점성계수는 1.8×10^{-5}[Pa·s], 밀도는 1.2[kg/m³]이고, 물의 점성계수가 1.0×10^{-3}[Pa·s], 밀도는 1,000[kg/m³]이다. 지름이 25[mm]인 파이프 내의 유동을 고려할 때, 층류 상태를 유지할 수 있는 최대 Reynolds수가 2,300이라면, 층류유동 시 공기의 최대 평균속도는 물의 최대 평균속도의 약 몇 배인가?

① 3.2   ② 8.4
③ 15   ④ 180

해설
문제에서 층류가 가능한 레이놀즈수가 2,300으로 주어졌으므로
$Re = \dfrac{\rho VD}{\mu}$
$V_{air} = \dfrac{Re \times \mu_{air}}{\rho_{air} \times D_1} = \dfrac{2,300 \times 1.8 \times 10^{-5}}{1.2 \times 0.025} = 1.38$[m/s]
$V_{water} = \dfrac{Re \times \mu_{water}}{\rho_{water} \times D_1} = \dfrac{2,300 \times 1.0 \times 10^{-3}}{1,000 \times 0.025} = 0.092$[m/s]
$V_{air}/V_{water} = 1.38/0.092 = 15$

73 x, y평면의 2차원 비압축성 유동장에서 유동함수(stream function) ψ는 $\psi = 3xy$로 주어진다. 점 (6, 2)과 점 (4, 2) 사이를 흐르는 유량은?

① 6   ② 12
③ 16   ④ 24

해설
유동함수 ψ의 값은 같은 유선(streamline) 위에서 동일하며, 두 점 사이의 유량 Q는
$Q = |\psi_1 - \psi_2|$
점 (6, 2)에서의 유동함수 값 $\psi_1 = 3 \times 6 \times 2 = 36$
점 (4, 2)에서의 유동함수 값 $\psi_2 = 3 \times 4 \times 2 = 24$
∴ $Q = |\psi_1 - \psi_2| = 36 - 24 = 12$

74 위가 열린 원뿔형 용기에 다음 그림과 같이 물이 채워져 있을 때 아랫면에 작용하는 정수압은 약 몇 [Pa]인가?(단, 물이 채워진 공간의 높이는 0.4[m], 윗면 반지름은 0.3[m], 아랫면 반지름은 0.5[m]이다)

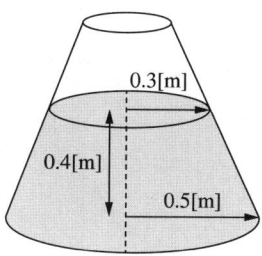

① 1,944
② 2,920
③ 3,924
④ 4,925

해설
유체는 같은 높이 면에 작용하는 압력은 방향에 상관없이 같으므로 바닥면에 작용하는 압력은
$P = \rho g h = 1,000 [\text{kg/m}^3] \times 9.81 [\text{m/s}^2] \times 0.4 [\text{m}]$
$= 3,924 [\text{N/m}^2]$

75 속도 퍼텐셜 함수에 대한 설명으로 옳지 않은 것은?

① 속도 퍼텐셜은 비회전 유동에서 사용이 가능하다.
② 속도 퍼텐셜을 각 방향으로 편미분하면 각 방향의 속도성분이 된다.
③ 원통 좌표계에서 속도 퍼텐셜은 $v_r = \dfrac{\partial \phi}{\partial r}$, $v_\theta = \dfrac{1}{r}\dfrac{\partial \phi}{\partial r}$, $v_z = \dfrac{\partial \phi}{\partial z}$ (지름, 각, z축)으로 표현한다.
④ 등퍼텐셜선과 유선은 평행하다.

해설
등퍼텐셜선과 유선은 직교한다.

76 어떤 액체의 밀도는 890[kg/m³], 체적 탄성계수는 2,200[MPa]이다. 이 액체 속에서 전파되는 소리의 속도는 약 몇 [m/s]인가?

① 1,572
② 1,483
③ 981
④ 345

해설
$c = \sqrt{\dfrac{K}{\rho}}$
$= \sqrt{\dfrac{2,200 \times 10^6 [\text{kg} \cdot \text{m/s}^2 \cdot \text{m}^2]}{890 [\text{kg/m}^3]}} = 1,572.23 [\text{m/s}]$

77 다음 그림과 같이 유속 10[m/s]인 물 분류에 대하여 평판을 3[m/s]의 속도로 접근하기 위하여 필요한 힘은 약 몇 [N]인가?(단, 분류의 단면적은 0.01[m²]이다)

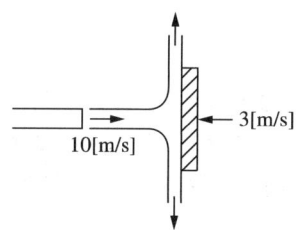

① 130
② 490
③ 1,350
④ 1,690

해설
이 평판이 직각으로 다가가고 있다면, y방향 힘은 서로 상쇄되므로 고려하지 않는다.
$F = mV$
$F = \rho A v^2 = 1,000 [\text{kg/m}^3] \times 0.01 [\text{m}^2] \times (13 [\text{m/s}])^2$
$= 1,690 [\text{N}]$

78 다음 그림과 같이 물이 유량 Q로 저수조로 들어가고, 속도 $V=\sqrt{2gh}$로 저수조 바닥에 있는 면적 A_2의 구멍을 통하여 나간다. 저수조의 구면 높이가 변화하는 속도 $\dfrac{dh}{dt}$는?

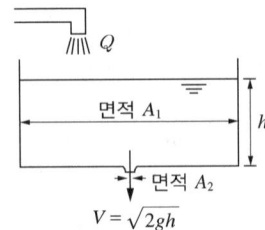

① $\dfrac{Q}{A_2}$
② $\dfrac{A_2\sqrt{2gh}}{A_1}$
③ $\dfrac{Q-A_2\sqrt{2gh}}{A_2}$
④ $\dfrac{Q-A_2\sqrt{2gh}}{A_1}$

해설
부피의 변화율을 구하는 것이므로
$A_1 h(t) = Q - A_2\sqrt{2gh}$
$h(t) = \dfrac{Q - A_2\sqrt{2gh}}{A_1}$

79 반지름 0.1[m]의 두 평판이 0.1[mm] 간격으로 놓여 있다. 위판이 1,800[rpm]으로 회전할 때 작용하는 돌림 힘은 몇 [N·m]인가?(단 μ = 0.2[N·s/m²])

① 9.4
② 38.3
③ 46.3
④ 59.2

해설
$w = \dfrac{2\pi N}{60} = 188.5 [\text{rad/s}]$
돌림 힘 $T = \dfrac{\pi\mu R^4 w}{2h} = \dfrac{\pi\times(0.2)\times(0.1)^4\times 188.5}{2\times 0.0001}$
∴ $T = 59.2 [\text{N·m}]$

80 길이 150[m]인 배를 길이 10[m]인 모형으로 조파 저항에 관한 실험을 하고자 한다. 실형의 배가 70[km/h]로 움직인다면, 실형과 모형 사이의 역학적 상사를 만족하기 위한 모형의 속도는 약 몇 [km/h]인가?

① 271
② 56
③ 18
④ 10

해설
$Fr = \dfrac{V}{\sqrt{gL}}$
$Fr_{실형} = Fr_{모형}$
$V_{모형} = V_{실형} \times \sqrt{\dfrac{L_{모형}}{L_{실형}}} = 70 \times \sqrt{\dfrac{10}{150}} \fallingdotseq 18.1 [\text{km/h}]$

참 / 고 / 문 / 헌

- 강연준, 국형석, 배성용, 백승훈, 이시복, 이재응, 정광영 역(2022). **동역학(Dynamics)**. 시그마프레스.
- **공유압 일반**. 서울대 생산기술연구소.
- 권해욱(2002). **주철의 미세조직 결함과 그 원인**. 한국주조공학회지. 22권 4호. 200-215
- **금속열처리**. 고려대학교 생산기술연구소.
- **금속재료**. 홍익대학교 과학기술연구소.
- **금속처리(상, 하)**. 한국직업능력개발원.
- **금형설계**. 서울산업대 산업교육연구소.
- **기계공작법**. 교육과학기술부.
- **기계설계**. 교육과학기술부.
- **기계설계**. 서울대학교 공학연구소.
- **기계설계 · 공작**(2009). 한국해양대학교 국정도서편찬위원회.
- **기계재료**(2009). 한국산업인력공단.
- **기계재료**. 한양대 기계기술연구소.
- 박철희(2014). **재료역학 문제 및 해설**. 삼성실업.
- 부경대학교(양보석) 진동해석이론 강의자료.
- 신원장(2024). **Win-Q 설비보전기사 필기 단기합격**. 시대에듀.
- 신원장(2024). **Win-Q 자동화설비산업기사 필기 단기합격**. 시대에듀.
- 신원장(2024). **Win-Q 침투비파괴검사기능사 필기 단기합격**. 시대에듀.
- **유체기계**. 충남교육청.
- **유체기기**. 동양공업전문대학 산업기술연구소.
- **유체기기**. 한국직업능력개발원.
- 유헌일(2007). **기계설계공학**. 동명사.
- 윤종호, 류봉조, 임병덕, 홍동표, 김중완(2015). **(공업역학) 동역학**. Protec media.
- 이국환, 고병갑, 박종남, 양진호, 이양창, 이태근, 김영상(2023). **알기 쉬운 기계제도 도면해석**. 교보문고.
- 인하대학교 일반물리학 강의자료.

- 재료가공. 한국직업능력개발원.
- (주)쌍용 기술정보 BIM의 파라메트릭 모델링 기법.
- (주)알앤비 기술자료 RB-Fa-G004 피로파손.
- (주)에이티에스 Business용 기술자료.
- 충남대학교 열역학 강의자료.
- 충북대학교 재료역학 강의자료.
- 포스텍 일반물리학 강의자료.
- 한국교통대학교 일반물리 강의자료.
- 한영출, 명현국, 박경근(2004). **공업열역학**. 문운당.
- John K. Vennard& Robert L. Street(1995). *Elementary fluid mecahnics sixth edition*.

[인터넷 사이트]

- 국가직무능력표준 https://www.ncs.go.kr/index.do
- e나라표준인증 https://standard.go.kr/KSCI/portalindex.do

교육은 우리 자신의 무지를 점차 발견해 가는 과정이다.

– 윌 듀란트 –

교육이란 사람이 학교에서 배운 것을 잊어버린 후에 남은 것을 말한다.

– 알버트 아인슈타인 –

Win-Q 일반기계기사 필기

초 판 발 행	2026년 01월 05일 (인쇄 2025년 07월 25일)
발 행 인	박영일
책 임 편 집	이해욱
편 저	신원장
편 집 진 행	윤진영 · 최 영 · 천명근
표지디자인	권은경 · 길전홍선
편집디자인	정경일 · 이현진
발 행 처	(주)시대고시기획
출 판 등 록	제10-1521호
주 소	서울시 마포구 큰우물로 75 [도화동 538 성지 B/D] 9F
전 화	1600-3600
팩 스	02-701-8823
홈 페 이 지	www.sdedu.co.kr
I S B N	979-11-383-9599-1(13550)
정 가	37,000원

※ 저자와의 협의에 의해 인지를 생략합니다.
※ 이 책은 저작권법의 보호를 받는 저작물이므로 동영상 제작 및 무단전재와 배포를 금합니다.
※ 잘못된 책은 구입하신 서점에서 바꾸어 드립니다.

기능사 / 기사·산업기사 / 기능장 / 기술사

단기합격을 위한 완전 학습서

Win-Q 윙크시리즈
WIN QUALIFICATION

Win-Q
승강기기능사
필기+실기

Win-Q
전기기능사
필기

Win-Q
피복아크용접기능사
필기

Win-Q
컴퓨터응용선반·밀링기능사
필기

Win-Q
설비보전기능사
필기+실기

Win-Q
자동화설비기능사
필기

Win-Q
전산응용기계제도기능사
필기

Win-Q
화학분석기능사
필기+실기

자격증 취득에 승리할 수 있도록 **Win-Q시리즈**가 완벽하게 준비하였습니다.

Win-Q
위험물기능사
필기

Win-Q
환경기능사
필기+실기

Win-Q
화훼장식기능사
필기

Win-Q
원예기능사
필기+실기

Win-Q
공조냉동기계산업기사
필기

Win-Q
화학분석기사
필기

Win-Q
위험물산업기사
필기

Win-Q
소방설비기사[전기편]
필기

Win-Q
설비보전산업기사
필기+실기

Win-Q
가스산업기사
필기

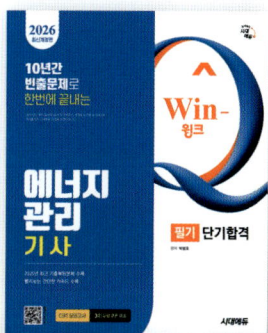
Win-Q
에너지관리기사
필기

Win-Q
실내건축산업기사
필기

※ 도서의 이미지 및 구성은 변경될 수 있습니다.

기출분석에 집중하여 합격을 현실로!

무조건 단기에 뽀개기

이런 분들에게 추천해요!

| 이론도, 문제 풀이도 막막해서 **책 한 권으로 해결**하고 싶은 분들 | 노베이스에 혼자 공부하기 어려워 **동영상 강의 도움**이 필요하신 분들 | CBT 시험이 처음이라 시험 전 실전처럼 **온라인 모의고사를** 경험해 보고 싶은 분들 |

무단뽀 한권으로 한번에! 초단기 합격전략!
무단뽀가 곧 합격이다!